水稻品种抗稻瘟病全程监控技术研究与应用

吴双清　著

中国农业科学技术出版社

图书在版编目（CIP）数据

水稻品种抗稻瘟病全程监控技术研究与应用 / 吴双清著. —北京：中国农业科学技术出版社，2021.6

ISBN 978-7-5116-5248-5

Ⅰ.①水… Ⅱ.①吴… Ⅲ.①稻瘟病-抗性育种-研究 Ⅳ.①S435.111.4

中国版本图书馆 CIP 数据核字（2021）第 049754 号

责任编辑 张国锋
责任校对 李向荣
责任印制 姜义伟 王思文

出 版 者 中国农业科学技术出版社
北京市中关村南大街 12 号 邮编：100081
电　　话 （010）82106625（编辑室） （010）82109702（发行部）
（010）82109709（读者服务部）
传　　真 （010）82106650
网　　址 http://www.castp.cn
经 销 者 各地新华书店
印 刷 者 北京建宏印刷有限公司
开　　本 787mm×1 092mm 1/16
印　　张 42.5 彩插 24 面
字　　数 1 120 千字
版　　次 2021 年 6 月第 1 版 2021 年 6 月第 1 次印刷
定　　价 268.00 元

著者简介

吴双清，男，汉族，1964 年 10 月出生，湖北天门市人，中国民主建国会会员，本科学历，正高职高级农艺师，湖北省恩施土家族苗族自治州农业科学院（以下简称恩施州农科院）植保土肥研究所所长。1985 年毕业后扎根恩施山区从事农业科研工作 35 年来，充分利用恩施山区独特的生态地理条件，在国家现代农业产业技术体系项目、国家和湖北省水稻区试项目和中国科学院战略性先导科技专项等项目资金支持下，专注于水稻品种抗逆性鉴定技术研究，在水稻品种抗稻瘟病、稻曲病、稻纹枯病以及耐冷性鉴定技术研发方面取得了显著进展，特别是在水稻品种抗稻瘟病全程监控技术体系研发方面成效显著，为保障武陵山区和湖北省水稻生产安全做出了应有贡献。30 余年来，获农业农村部、湖北省和恩施州科技成果奖励 10 项，各级政府荣誉表彰 30 余次，发表论文 10 余篇，参编编著 10 部，制订国家农业行业标准和地方标准 3 个，撰写国家武陵山区和湖北省水稻区试品种抗性鉴定汇总报告 30 余个，湖北省水稻区试考察报告 20 余个。先后被授予“2012 年度湖北省有突出贡献中青年专家”“2007 年度湖北省政府专项津贴人员”“首届恩施州有突出贡献专家”“全州优秀科技工作者”等荣誉称号。

一、主要研发历程

1981 年，恩施州农科院为了解决恩施山区人民由于水稻稻瘟病为害而造成的温饱问题，根据稻瘟病发生和为害规律首次选址建立了水稻稻瘟病两河病圃，开始了水稻品种抗稻瘟病鉴定技术研发；1985 年，为了解决低山水稻纹枯病的为害，启动了水稻纹枯病发生规律及其防治技术研究；1993 年，为了解决恩施州稻曲病大爆发的危害性，启动了恩施山区稻曲病发生规律及其防治技术研究；2008 年，为了解决复杂气候变化对水稻品种的影响，在全国农业技术推广服务中心和湖北省种子管理局支持下，启动了水稻品种耐冷性鉴定技术研发。

二、承担的主要研发项目

第一，主持国家水稻产业技术体系恩施综合试验站项目（2011—2020 年）。每年信用评级均为优秀，农业农村部综合考评 5 年优秀。

第二，主持国家武陵山区水稻区试品种抗病性和耐冷性鉴定项目（2003 年至今），每年鉴定结果均被国家品种审定委员会采用。

第三，参与中国科学院战略性先导科技专项子课题东北粳稻抗稻瘟病品种设计与培育研发（子课题编号：XDA08030102）（2016—2017 年），合作撰写论文在 *Science* 上公开发表。

第四，主持湖北省水稻区试品种抗病性和耐冷性鉴定项目（1998 年至今），每年鉴定结果均被湖北省品种审定委员会采用。

三、重点研发进展

1. 利用自主研发的核心技术主笔及参与制定了 3 个技术标准

1998 年主笔制定的湖北省地方标准《农作物品种区域试验抗病性鉴定操作规程》

（DB42/T 208—2001），由湖北省质量技术监督局 2001-12-12 发布，2002-01-01 实施。参与制定的中华人民共和国农业行业标准《水稻品种试验稻瘟病抗性鉴定与评价技术规程》（NY/T 2646—2014），由中华人民共和国农业部 2014-10-17 发布，2015-01-01 实施。主持制定的湖北省地方标准《水稻品种抽穗扬花期耐冷性鉴定与评价技术规程》（DB42/T 1404—2018），由湖北省质量技术监督局 2018-09-04 发布，2018-11-24 实施。

2. 研发团队在该研究领域学术水平的不断提升

吴双清于 2008 年 10 月 11 日在安徽合肥全国农业技术推广服务中心举办的“2008 年国家稻品种区试抗性鉴定培训班”上作了专题报告《稻瘟病自然诱发鉴定体系的建立与应用》，为国家农业行业标准的制定提供技术支持；于 2019 年 9 月 25 日在江西南昌中国水稻研究所举办的“水稻产业技术发展报告会”上作了学术报告《水稻品种抗稻瘟病全程监控技术研究与应用》，该报告通过 10 年的进一步探索和总结，为团队未来在该领域的深入研发奠定了基础；《Epigenetic regulation of antagonistic receptors confers rice blast resistance with yield balance》是作者研发团队与中国科学院合作完成，并于 2017 年在 *Science* 正刊上发表的研究成果。受到了国内外广泛的关注，被认为是植物免疫模型的重大突破和作物抗病研究的奠基性工作，多次被 ESI 评为热点论文（引用最优 0. 1%），并入选 2017 年度中国生命科学十大进展。

3. 成果应用效果

第一，实事求是的研发成果为政府主管部门决策提供科学依据。作为国家和湖北省水稻品种抗性鉴定标准的制定者和执行人，近 20 年来鉴定评价了水稻区试品种 5 000 余个次，国审和省审品种累计推广面积覆盖武陵山区和湖北省稻区。其中，抗病和耐冷品种增长 50%，为保障国家武陵山区和湖北省水稻生产安全奠定了坚实基础，大大地降低了农药使用量，经济、社会和生态效益显著，获得主管部门的高度肯定，至今一直被采用。作为国家水稻产业技术体系恩施综合试验站站长，专注于水稻品种抗病性和耐冷性技术研发，获得国内同行公认。进而促进恩施现已成为农业农村部恩施稻瘟病野外科学观察实验站建设依托基地、湖北省恩施州国家水稻新品种审定特性鉴定站和国家水稻产业技术体系恩施综合试验站建设依托单位以及全国水稻抗病育种基地。

第二，对外科技成果转化取得显著进展。利用自主研发的水稻品种抗病性鉴定技术规程和耐冷性鉴定技术规程开展对外技术服务，常年为中国科学院、中国农业大学、华中农业大学、南京农业大学、中国种子集团有限公司、袁隆平农业高科技股份有限公司、福建六三种业有限责任公司、安徽荃银高科种业股份有限公司、北京金色农华种业科技有限公司、湖北省种子协会等 150 余家企业和相关机构提供鉴定技术服务。信誉度不断提升，市场前景良好。

四、科技交流与合作成效显著

图 1　2019 年 3 月 21 日中国农业科学院副院长、中国工程院院士万建民研究员（右二）考察恩施稻瘟病系统鉴定圃

图 2　2018 年 7 月 18 日全国农业技术推广服务中心病虫防治处处长杨普云（中）考察恩施稻瘟病两河主鉴圃

图 3　2018 年 6 月 8 日国家水稻产业技术体系岗位科学家吕仲贤研究员（右二）考察恩施稻瘟病系统鉴定圃

图 4　2017 年 9 月国家农作物品种审定委员会稻专业委员会专家一行考察恩施稻瘟病两河主鉴圃

图 5　2015 年 9 月 23 日“长江学者”、中国农业大学博士生导师彭友良教授（右一）考察恩施稻瘟病两河主鉴圃

图 6　2014 年 4 月 3 日上海市农业生物基因中心首席科学家罗利军研究员（右二）一行考察恩施稻瘟病系统鉴定圃

图 7　2012 年 9 月 15 日中国科学院院士方荣祥研究员（右二）一行考察恩施稻瘟病两河主鉴圃

图 8　2010 年 9 月 9 日中国科学院院士谢华安研究员（左一）一行考察恩施稻瘟病龙洞辅鉴圃

图 9　2009 年 8 月 7 日国家农作物品种审定委员会稻专业委员会专家一行考察恩施水稻耐冷性鉴定圃

前　言

稻瘟病是我国水稻产业发展的最重要制约因素之一。实践证明，选育和推广抗病良种是防治水稻稻瘟病最经济实用、最环保有效的首选方法。然而如何科学准确地鉴定评价水稻品种资源的抗病性以及抗病良种的推广利用价值，一直是各国科技工作者探讨的重点领域之一。恩施土家族苗族自治州地处武陵山区，是水稻稻瘟病常发区和重发区，是开展稻瘟病研究的理想场所。因此著者充分利用恩施山区独特生态地理条件，专注水稻品种抗稻瘟病鉴定技术研究 30 余年，特别是 2011 年以来在国家现代农业产业技术体系项目的支持下，通过收集、整理、总结和分析著者 30 多年来特别是参加水稻产业技术体系 10 年来专注水稻品种抗稻瘟病鉴定技术研发的资料和数据，历时 3 年完成了本书的撰写工作。

本书的创新点：一是首次公开提出了“稻瘟病菌致病性时空假说”，并以此为基础构建和完善了湖北省和武陵山区水稻稻瘟病全谱生态模式菌群；二是创立了五圃网络鉴定法。首次建立和完善了系统圃、活化圃、主鉴圃、辅鉴圃和生态圃 5 圃网络体系；三是首次筛选确定了监测品种、活化品种、诱发品种和指示品种等系列检测品种；四是首次建立和完善了一套水稻品种抗稻瘟病全程监控技术标准；五是为开展农作物品种抗逆性鉴定提供了一个通用模式；六是该技术现已成为保障国家武陵山区和湖北省水稻生产安全的技术支撑以及提高我国水稻抗病育种水平的公共技术服务平台，为推动我国水稻绿色发展探索出了一条可在生产实践中广泛推广应用的新模式。

本书出版发行的应用价值：第一，为政府主管部门服务。完善国家水稻新品种抗稻瘟病鉴定与评价技术规范，为建立以抗病品种布局为基础的水稻稻瘟病绿色综合防控体系提供技术和公共服务平台支撑。第二，为市场服务。以水稻品种抗稻瘟病全程监控技术公共服务平台为基础，为全国各大专院校、科研机构和相关企业开展抗病遗传规律研究、抗病基因发掘、抗病品种选育提供真实有效的鉴定结论，为提高我国抗病育种水平提供理想场所。第三，为种植合作社和农民服务。通过技术培训和真实有效的抗病品种展示示范，让种植合作社和农民在示范现场得到真实体验，提高种植合作社和农民在市场选择和鉴别抗病品种的能力，为水稻绿色综合防控技术落地提供公益服务。

最后希望本书的出版发行能进一步加强与同行的交流与合作，不妥之处敬请批评指正！

目　　录

第一部分　稻瘟病全程监控的概念和研究进展

第二部分　稻瘟病全程监控技术标准

第三部分　关于稻瘟病撰写的标准、相关实验报告和论文

·技术标准·

·未公开发表的相关实验报告和论文·

·公开发表的相关论文·

第四部分　应用成效

第一部分

稻瘟病全程监控的概念和研究进展

全程监控的概念与定义规范

1　基本概念

1.1　全程监控

通过对稻瘟病全病程、水稻抗病育种全过程和抗性遗传群体全子代与抗性鉴定人工操作全过程科学合理的规范监控，真正持久地实现以抗病品种布局为基础的绿色综合防控目标。

1.2　稻瘟病全病程监控

根据稻瘟病发病规律和水稻敏感生育期实施秧苗期、分蘖期叶瘟和黄熟期穗瘟全病程监控。

1.3　水稻抗病育种全过程监控

根据水稻抗病品种选育进程开展不同选育阶段抗病性选择与评价。其主要选育进程及其主要任务如下。

1.3.1　抗源筛选与评价

为开展抗病育种和抗病基因的发掘与利用提供抗源亲本材料。

1.3.2　水稻杂交世代混合群体抗性材料选择

明确低世代杂交混合群体抗病单株的鉴定与选择标准。

1.3.3　水稻杂交世代株系抗性材料选择

明确高世代杂交株系抗病单株的鉴定与选择标准。

1.3.4　水稻区试品种抗性鉴定与评价

明确参加水稻区域试验品种的生产利用价值。

1.3.5　水稻推广品种抗性衰变监测

明确审定推广抗病品种的使用年限和生态稻区。

1.4　水稻品种抗性遗传群体全子代监控

根据抗病遗传规律研发要求开展抗性亲本杂交世代混合群体抗感分离现象调查与分析，为抗病基因的发掘与利用提供抗性鉴定技术标准。

2　主要定义规范

2.1　基本计算公式

叶瘟平均病级＝∑（各级病叶数×各病级代表值）/调查总叶数 ……………………（1）

穗瘟病穗率（%）= 发病穗数/调查总穗数×100 …………………………………………………（2）

穗瘟损失率(%)= ∑(各级病穗数×各级损失率代表值)/(调查总穗数×最高级损失率代表值）×100 ……………………………………………………………………………………（3）

综合指数，主要反映参鉴水稻材料在各病圃的抗病生态适应性。其计算公式：

综合指数=病圃叶瘟抗级×25%+病圃穗瘟病穗率抗级×25%+病圃穗瘟损失率抗级×50% ……………………………………………………………………………………………（4）

抗性指数，主要反映参鉴水稻材料各年度的抗病生态适应性。其计算公式：

抗性指数=各有效病圃综合指数之和/有效病圃总数 ……………………………………（5）

2.2 病圃调查记载标准

2.2.1 叶瘟

叶瘟定义：水稻三叶期以后叶片、叶枕或叶鞘上发生稻瘟病症状的总称。

调查时期：叶瘟调查 2 次。在病圃发现诱发品种或者其他品种叶瘟发病达 7 级或以上时进行首次调查；秧苗期叶瘟 7~10d 后调查第 2 次；成株期叶瘟在分蘖盛期至拔节阶段病害流行高峰期调查第 2 次。

取样方法：根据不同病圃和不同试验要求选择不同的取样方法。

调查对象：单株（穴）中发病最严重的稻叶。

分级标准：遵照图 1 至图 22 水稻叶瘟发生症状及其分级标准和表 1 水稻叶瘟单叶调查分级标准的规定调查记载。

记载项目：详见表 2。

表 1　水稻叶瘟单叶调查分级标准

病　级	病　情
0	无病。
1	针头状大小褐点。
2	褐点较大。
3	圆形至椭圆形的灰色病斑，边缘褐色，直径 1~2mm。
4	每叶片 1 个典型病斑，长 1~2cm，为害面积小于叶面积的 2%。
5	每叶片 2 个典型病斑，为害面积占叶面积的 2%~10%。
6	每叶片 3 个典型病斑，或者出现病斑融合现象，或者为害面积占叶面积的 11%~25%。
7	每叶片 3 个以上典型病斑，或者出现叶片枯死现象，或者为害面积占叶面积的 26%~50%。
8	前期有典型病斑，出现叶片枯死现象，为害面积占叶面积的 51%以上。
9	前期有典型病斑，出现叶片枯死现象，叶片和叶鞘全部枯死。

注：1. 0~3 级按病斑型考查，以严重病斑型为准；4~5 级按典型病斑数考查；6~9 级，按为害面积比例估测。

2. 叶片上无叶瘟，但有叶枕瘟发生者记作 5 级。

图 1　叶瘟综合症状

图 2　叶瘟 3 级症状-1

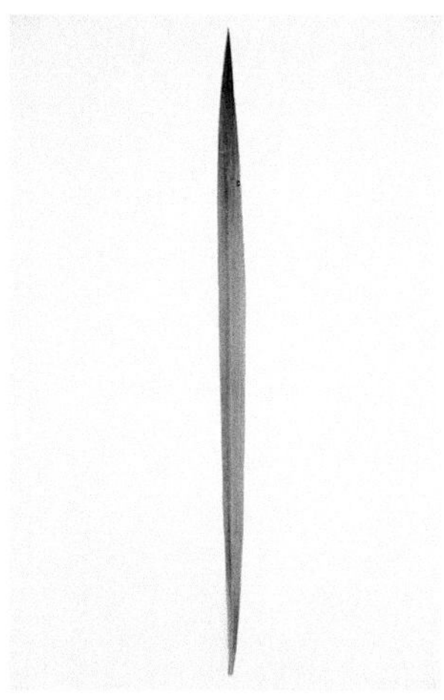
图 3　叶瘟 3 级症状-2

图 4　叶瘟 4 级症状-1

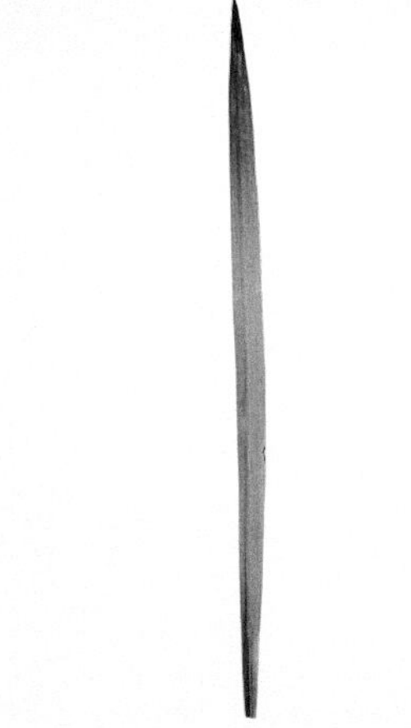
图 5　叶瘟 4 级症状-2

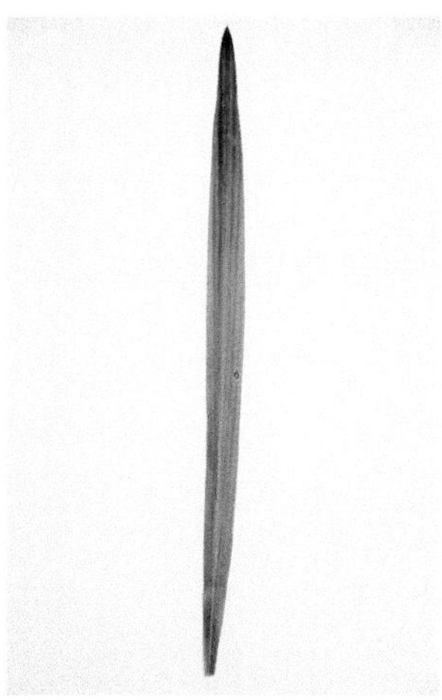
图 6　叶瘟 4 级症状-3

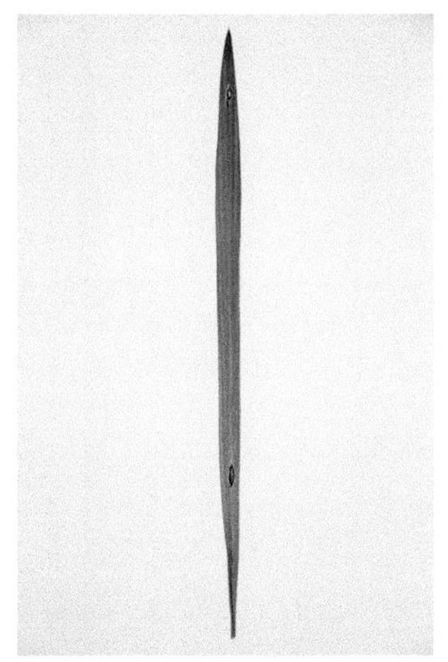
图 7　叶瘟 5 级症状-1

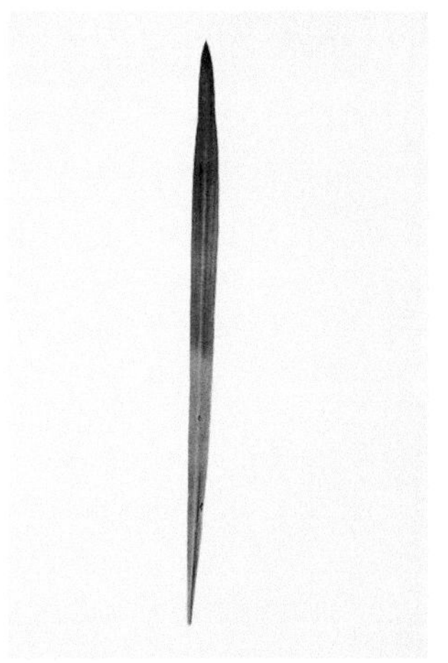
图 8　叶瘟 5 级症状-2

图 9　叶瘟 5 级叶鞘症状-3

图 10　叶瘟 5 级叶枕症状-4

图 11　叶瘟 5 级叶枕症状-5

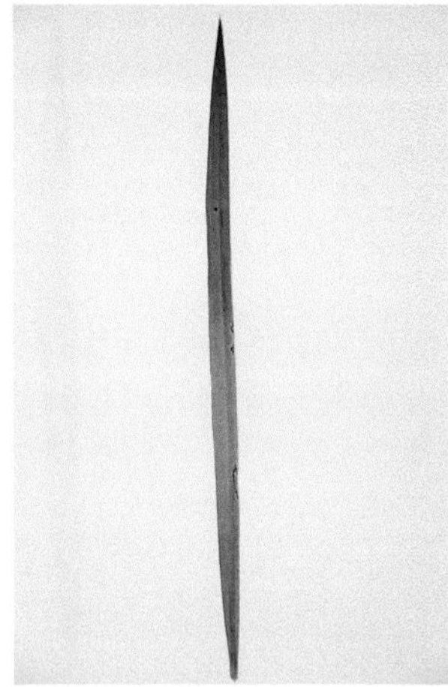

图 12　叶瘟 6 级症状-1

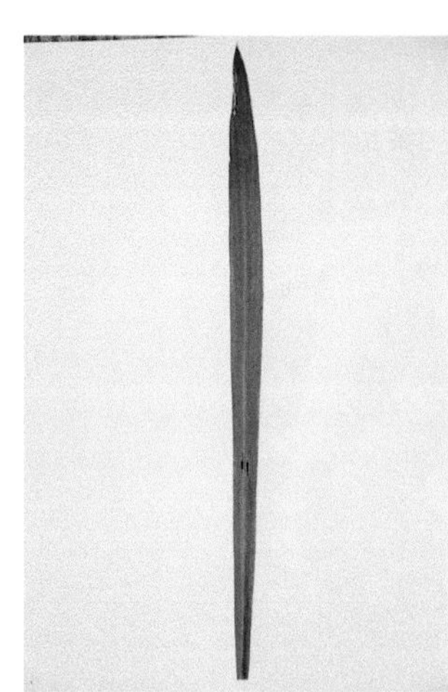

图 13　叶瘟 6 级症状-2

图 14　叶瘟 7 级症状-1

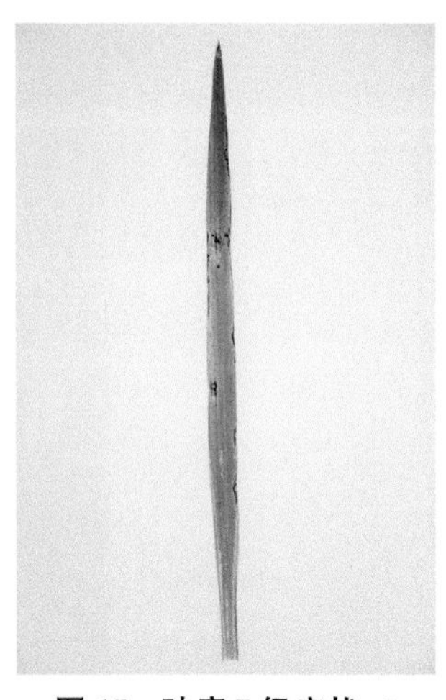

图 15　叶瘟 7 级症状-2

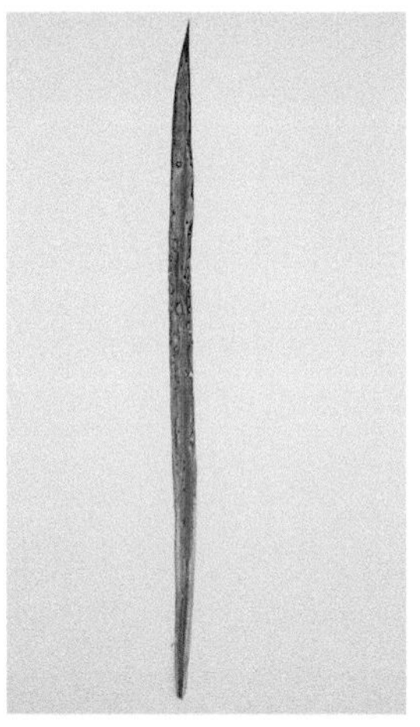

图 16　叶瘟 7 级症状-3

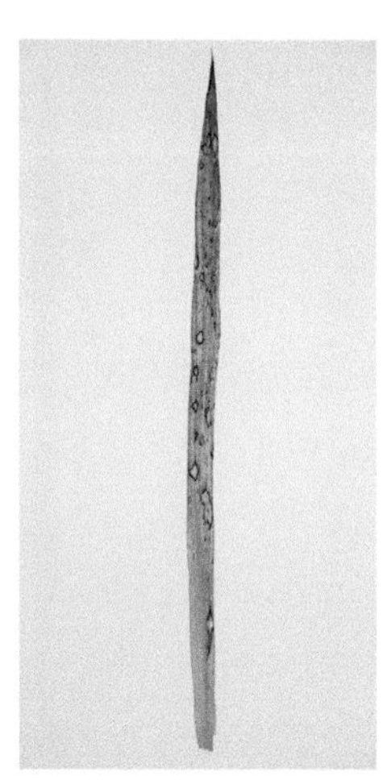

图 17　叶瘟 7 级症状-4

图 18　叶瘟 8 级症状-1

图 19　叶瘟 8 级症状-2

图 20　叶瘟 9 级症状

图 21　叶瘟为害全景图-1

图 22　叶瘟为害全景图-2

表 2 水稻叶瘟单叶调查记载

播种日期：		移栽日期：			调查人：			记载人：			病圃名称：			
材料名称	田间编号	调查日期	生育期	总株数	0	1	2	3	4	5	6	7	8	9	备注

2.2.2 穗瘟

穗瘟定义：水稻抽穗后穗颈、主轴、枝梗、谷粒以及茎秆和稻节上发生稻瘟病症状的总称。

调查时期：穗瘟调查 2 次。穗瘟在黄熟初期（80%稻穗尖端 5～10 粒谷子进入黄熟时）进行首次调查，7～10d 后调查第 2 次。

取样方法：根据不同病圃和不同试验要求选择不同的取样方法。

调查对象：全部稻穗或单株（穴）中发病最严重的稻穗。

分级标准：遵照图 23 至图 40 水稻穗瘟发生症状及其分级标准和表 3 水稻穗瘟单穗调查分级标准的规定调查记载。

记载项目：详见表 4。

表 3 水稻穗瘟单穗调查分级标准

病级	病 情
0	无病。
1	个别枝梗发病，每穗损失 5%以下。
2	1/3 左右的枝梗发病，每穗损失 20%左右。
3	穗颈或主轴发病，谷粒半瘪，每穗损失 50%左右。
4	穗颈发病，大部分瘪谷，每穗损失 70%左右。
5	穗颈发病，造成白穗，每穗损失 100%。

注：1. 主轴是指穗颈基部 1/3 的穗轴部分，即穗下部三盘枝梗以下的穗轴部分，其余作枝梗瘟计。
2. 枝梗瘟指穗轴第一次枝梗（包括穗上端 2/3 的穗轴部分）发病。
3. 当没有穗瘟，而有节瘟和秆瘟时，按穗颈瘟标准计。
4. 穗颈或主轴虽然发病，但未见半瘪谷，每穗损失低于 20%者，应归入二级。
5. 当只发生枝梗瘟且枝梗瘟造成的损失大于 50%时，应根据实际损失率，确定病级。
6. 有时由于谷粒瘟造成严重损失者，亦应根据实际损失率确定病级。

表 4 水稻穗瘟单穗调查记载

播种日期：		移栽日期：			调查人：		记载人：		病圃名称：		
品种名称	田间编号	调查日期	生育期	总穗数	0	1	2	3	4	5	备注

图 23　穗瘟综合症状

图 24　穗瘟 1 级症状-1

图 25　穗瘟 1 级症状-2

图 26　穗瘟 2 级症状-1

图 27　穗瘟 2 级症状-2

图 28　穗瘟 3 级症状-1

图 29　穗瘟 3 级症状-2

图 30　穗瘟 3 级症状-3

图 31　穗瘟 3 级症状-4

图 32　穗瘟 4 级症状-1

图 33　穗瘟 4 级症状-2

图 34　穗瘟 4 级症状-3

图 35　穗瘟 5 级症状-1

图 36　穗瘟 5 级症状-2

图 37　穗瘟 5 级症状-3

图 38　穗瘟秆瘟症状

图 39　穗瘟节瘟症状

图 40　穗瘟为害全景

2.3 病圃群体抗性评价标准（表5~表7）

表5 水稻叶瘟群体抗性评价标准

抗级	抗感类型	评价指标		
		叶瘟平均病级	叶瘟病级	抗感代表值
0	高抗 HR	0	0	抗病 0
1	抗 R	≤2.5	1 2	
3	中抗 MR	2.6~3.5	3	
5	中感 MS	3.6~4.5	4 5	感病 1
7	感 S	4.6~6.5	6 7	
9	高感 HS	>6.5	8 9	

表6 水稻穗瘟损失率群体抗性评价标准

抗级	抗感类型	评价指标		
		损失率（%）	穗瘟病级	抗感代表值
0	高抗 HR	0	0	抗病 0
1	抗 R	≤5.0	1	
3	中抗 MR	5.1~15.0	2	
5	中感 MS	15.1~30.0	3	感病 1
7	感 S	30.1~50.0	4	
9	高感 HS	>50.0	5	

表7 水稻穗瘟病穗率群体抗性评价标准

抗级	评价指标	
	抗感类型	病穗率（%）
0	高抗 HR	0
1	抗 R	≤5.0
3	中抗 MR	5.1~10.0
5	中感 MS	10.1~25.0
7	感 S	25.1~50.0
9	高感 HS	>50.0

2.4 年度综合抗性评价标准（表8）

表8 水稻品种稻瘟病年度综合抗性评价标准

综合抗级	抗感类型	综合抗级评价指标			
		最高损失率抗级	最高叶瘟抗级	最高病穗率抗级	抗性指数
0	高抗 HR	0	0	0	0
1	抗 R	0~1	0~1	0~3	0~2
3	中抗 MR	0~3	0~3	0~5	0~4
5	中感 MS	0~5	0~5	0~7	0~5
7	感 S	0~7	0~7	0~9	0~6
9	高感 HS	0~9	0~9	0~9	0~9
重病区淘汰标准		综合抗级>5.0			
轻病区淘汰标准		抗性指数>6.5			

全程监控核心技术研究进展

要真正实现水稻品种对稻瘟病抗性的全程监控，就必须明确抗病基因的来源、转移、应用及其衰变的全过程。而每一过程的变化规律都必须研发出相应的检测方法进行科学合理检测。如何建立一个水稻品种抗稻瘟病全程监控公共技术服务平台，保障检测方法科学、检测过程合理以及评价结论符合生产实际和实验目标，需要大量的研发成果作为技术支撑。其中主鉴机构的选择标准、病圃网络体系的组建与应用技术、系列检测品种的筛选与应用技术以及全谱生态模式菌群的构建与应用技术成为建设该公共技术服务平台的关键和核心技术。

1　主鉴机构的选择标准及其主要职责

1.1　基本概念

主鉴机构：在特定生态稻区稻瘟病常年重病区长期从事稻瘟病研究、具备完善的病圃网络体系、系列检测品种和全谱生态模式菌群构建体系等相关技术研发成果的专业鉴定机构。

1.2　选择标准

第一，应在稻瘟病常年重病区域内，指定专业鉴定机构承担，远离病区的专业鉴定机构很难完成病圃全程调查和监控工作。

第二，具备完善的病圃网络系统、系列检测品种和全谱生态模式菌群构建体系等相关技术研发成果。

第三，每个生态稻区只需设立 1 个主鉴机构。

1.3　主要职责

第一，负责组建该稻区病圃网络系统，直接负责完成系统圃、活化圃、主鉴圃和辅鉴圃鉴定工作，指导和检查各生态圃实施情况。

第二，负责筛选、提纯和繁殖监测品种、活化品种、指示品种、诱发品种等系列检测品种。

第三，制订和完善病害鉴定技术规程。

第四，撰写该稻区病害鉴定汇总报告。

2　稻瘟病病圃网络体系的组建与应用技术

2.1　基本概念

稻瘟病病圃网络体系由系统圃、活化圃、主鉴圃、辅鉴圃和生态圃五圃网络组成。各病圃均应在水稻稻瘟病生态区划研究的基础上，充分应用大生态环境选址技术，由主鉴机构选择有代表性区域的田块组建由 1 个系统圃、1 个活化圃、1 个主鉴圃、1~3 个辅鉴圃和若干个生态圃组成的病圃网络。其基本概念如下。

稻瘟病系列病圃：由特定生态稻区内设立的系统圃、活化圃、主鉴圃、辅鉴圃和生态圃 5 个不同功能的稻瘟病病圃网络组成。

单孢接种病圃：通过人工接种手段将人工分离培养的稻瘟病菌单孢培养液接种于特定水稻品种的鉴定方法称为单孢接种鉴定法。根据其方法建设的病圃称为单孢接种病圃。

自然诱发病圃：通过自然和人工相结合的手段增加水稻品种感染稻瘟病机会的鉴定方法称为自然诱发鉴定法。根据其方法建设的病圃称为自然诱发病圃。

自然鉴定病圃：在水稻正常生长条件下，通过当地自然环境中稻瘟病菌侵染水稻品种的鉴定方法称为自然鉴定法。根据其方法建设的病圃称为自然鉴定病圃。

系统圃：在生态稻区开展稻瘟病菌株致病型监测的单孢接种病圃。

活化圃：在生态稻区起活化病菌致病性作用的单孢接种病圃。

主鉴圃：在生态稻区起主导鉴定作用的自然诱发病圃。

辅鉴圃：在生态稻区起辅助鉴定作用的自然诱发病圃。

生态圃：在生态稻区具有区域代表性的自然鉴定病圃。

2.2 技术支撑

第一，开展生态稻区稻瘟病区划研究。

第二，开展不同类型检测品种年度监测。

第三，5 年以上气候环境监测数据。

否则，会出现由于经验选择，而导致病圃功能定位不准确，进而降低有效鉴定频率和鉴定结果的可靠性。

2.3 重要意义

第一，病圃是开展水稻品种抗稻瘟病鉴定的理想场所。

由于稻瘟病的发生受水稻品种、栽培措施、气候环境和病菌等因素影响，其发生区域和为害程度有显著的随机性，只有极少数区域是常发区，极个别区域是常年重发区。只有在常发区或常年重发区选择基地设置病圃，才能提高年有效鉴定频率。否则，就会增加无效鉴定年而出现避病与抗病混淆的现象。

第二，病圃网络体系是开展水稻品种抗稻瘟病全程监控的必备条件。

由于病圃区域环境和人工接种技术等不可控因素影响，任何病圃和接种方法都存在优势和不足。因此，为了克服不足，根据不同用户需求和病圃功能使用病圃网络体系进行全程监控，可获得更加科学、合理的精确鉴定结论。

第三，病圃网络体系是建立水稻病害绿色综合防控公共技术服务平台的基础。

选育和推广抗病品种是水稻病害绿色综合防控的基础，病圃网络体系是获得持久抗病品种的基础平台。因此要建立真正有效的水稻病害绿色综合防控技术体系，就必须首先建立病圃网络公共技术服务平台。否则，不可能实现可持续的绿色防控效果。

2.4　主要功能

系统圃：第一，开展稻瘟病菌单孢致病型监测；第二，筛选水稻稻瘟病全谱生态模式菌株。

活化圃：第一，保障稻瘟病全谱生态模式菌株致病稳定性；第二，进行稻瘟病全谱生态模式菌株孢子扩繁，提供致病稳定性的人工接种菌源；第三，开展水稻品种抗谱检测。

主鉴圃：第一，开展水稻品种资源抗病性筛选；第二，开展水稻品种杂交世代群体抗病性选择；第三，开展水稻区试新品种抗病性鉴定与评价；第四，开展水稻推广品种抗病性衰变监测与评价；第五，提供病标样定位采集点。

辅鉴圃：第一，开展水稻品种资源抗病性筛选；第二，开展水稻品种杂交世代群体抗病性选择；第三，开展水稻区试新品种抗病性鉴定与评价；第四，开展水稻推广品种抗病性衰变监测与评价；第五，提供病标样定位采集点。

生态圃：第一，开展水稻区试品种抗病性鉴定与评价；第二，开展水稻推广品种抗病性衰变监测与评价；第三，提供病标样采集点。

2.5　标准病圃设计

2.5.1　系统圃设计

系统圃建设独立智能温网室大棚，大棚内搭建独立单孢鉴定小棚，每个单孢鉴定小棚接种一个单孢菌株。单孢鉴定小棚内监测品种顺序排列，不设重复，每个品种播种 1 行，5 穴，每穴播 1 粒种子，株行距为 2.5cm×5cm，每排宽 10cm，每两排间距 10cm 播插 1 行‘丽江新团黑谷’共计 30cm 组成一厢，厢间和四周走道 30cm。详见图 1。

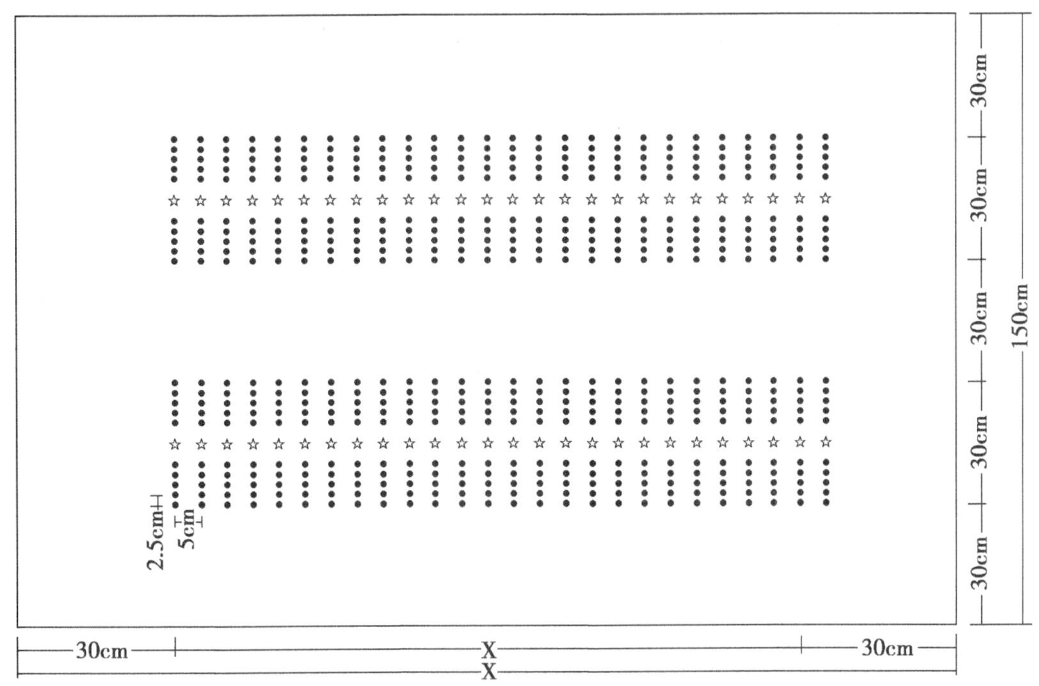

图 1　稻瘟病系统圃标准设计

注：“●”代表监测品种　“☆”代表诱发品种

2.5.2 活化圃设计

活化圃建设独立小温网室，每个独立小温网室接种一个单孢菌株。病圃内选择 2 个活化品种和 3~5 个诱发品种，每个活化品种栽插 1 排，由 X 穴（4 行×N 穴）组成，株行距为 13.3cm×20cm，每穴栽 1 粒谷苗。每两排活化品种间栽插 3 行混合诱发品种，连同两排活化品种共 11 行，合并为一厢，两侧栽 2 行混合诱发品种作保护行，病圃混合诱发行中均匀扦插单孢菌株病稻节。详见图 2。

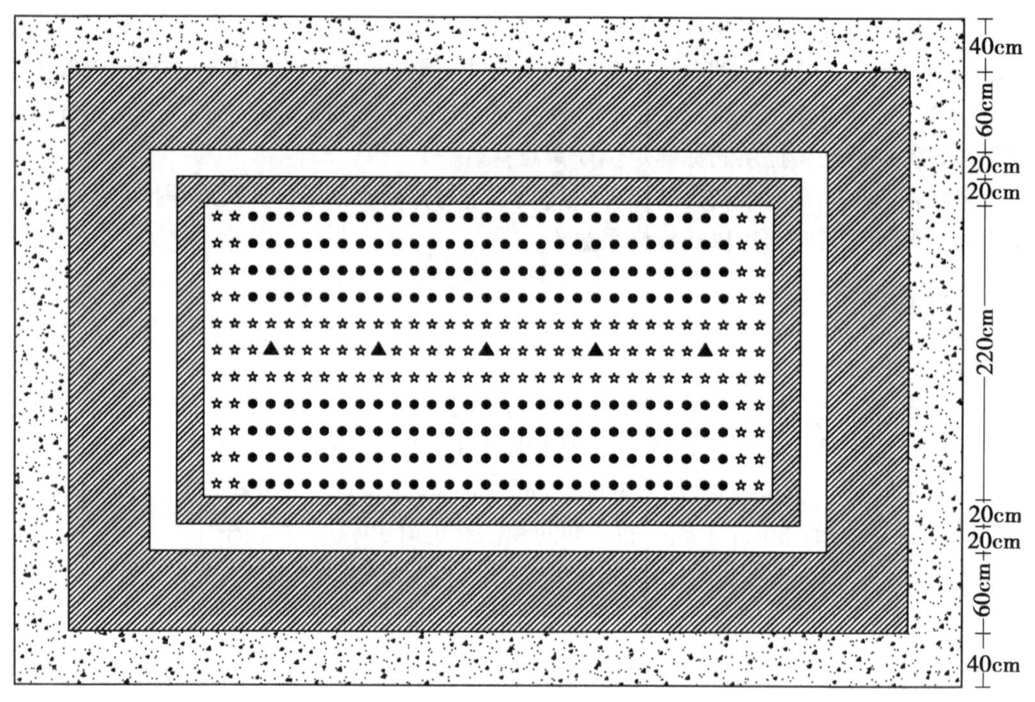

图 2 稻瘟病活化圃标准设计

注："●"代表鉴定材料 "☆"代表诱发品种 "▲"代表单孢菌株病稻节

2.5.3 自然诱发病圃田间设计

参与鉴定材料顺序排列，不设重复，每份材料由 20 穴（4 行×5 穴）组成一个鉴定小区，株行距为 13.3cm×20cm，每穴栽 1 粒谷苗。鉴定小区垂直两侧各栽 4 穴'丽江新团黑谷'，每两排鉴定小区间栽 3 行混合诱发品种，连同两排鉴定小区共 11 行，合并为一厢，厢宽 200cm，厢间走道 60cm，两侧走道 40cm。病圃栽一组指示品种，四周栽 3~5 行混合诱发品种作保护行，病圃混合诱发行中均匀扦插病稻节。详见图 3。

2.5.4 生态圃田间设计

参与鉴定材料顺序排列，不设重复，每份材料由 20 穴（4 行×5 穴）组成一个鉴定小区，株行距为 13.3cm×20cm，每穴栽 1 粒谷苗。鉴定小区垂直两侧各栽 4 穴紫稻隔离品种，每两排鉴定小区间栽 1 行紫稻隔离品种，连同两排鉴定小区共 9 行，合并为一厢，厢宽 160cm，厢间走道 60cm，两侧走道 40cm，四周栽 3 行紫稻隔离品种作保护行。详见图 4。

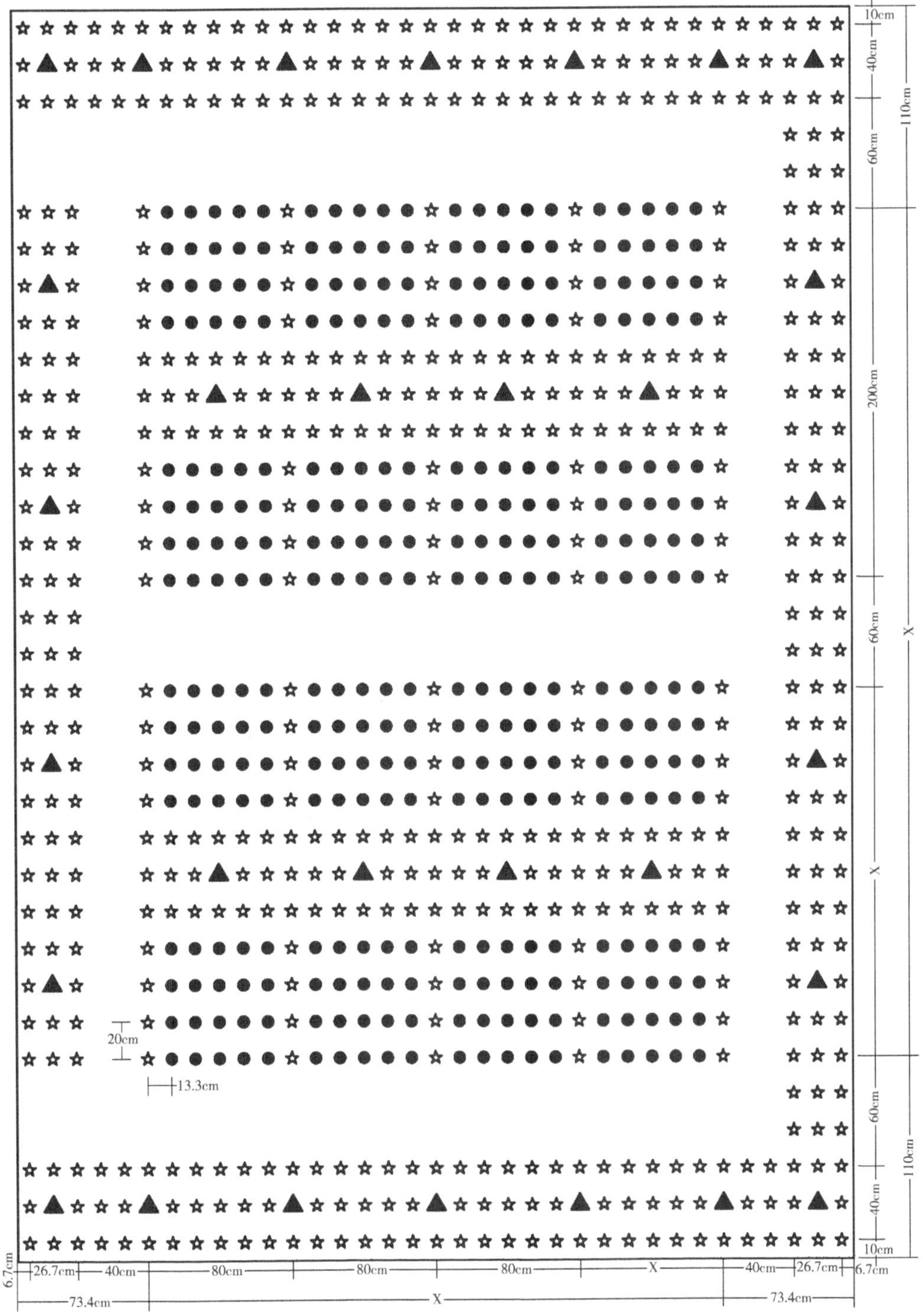

图3 稻瘟病自然诱发病圃标准设计

注："●"代表鉴定材料 "☆"代表诱发品种 "▲"代表病稻节

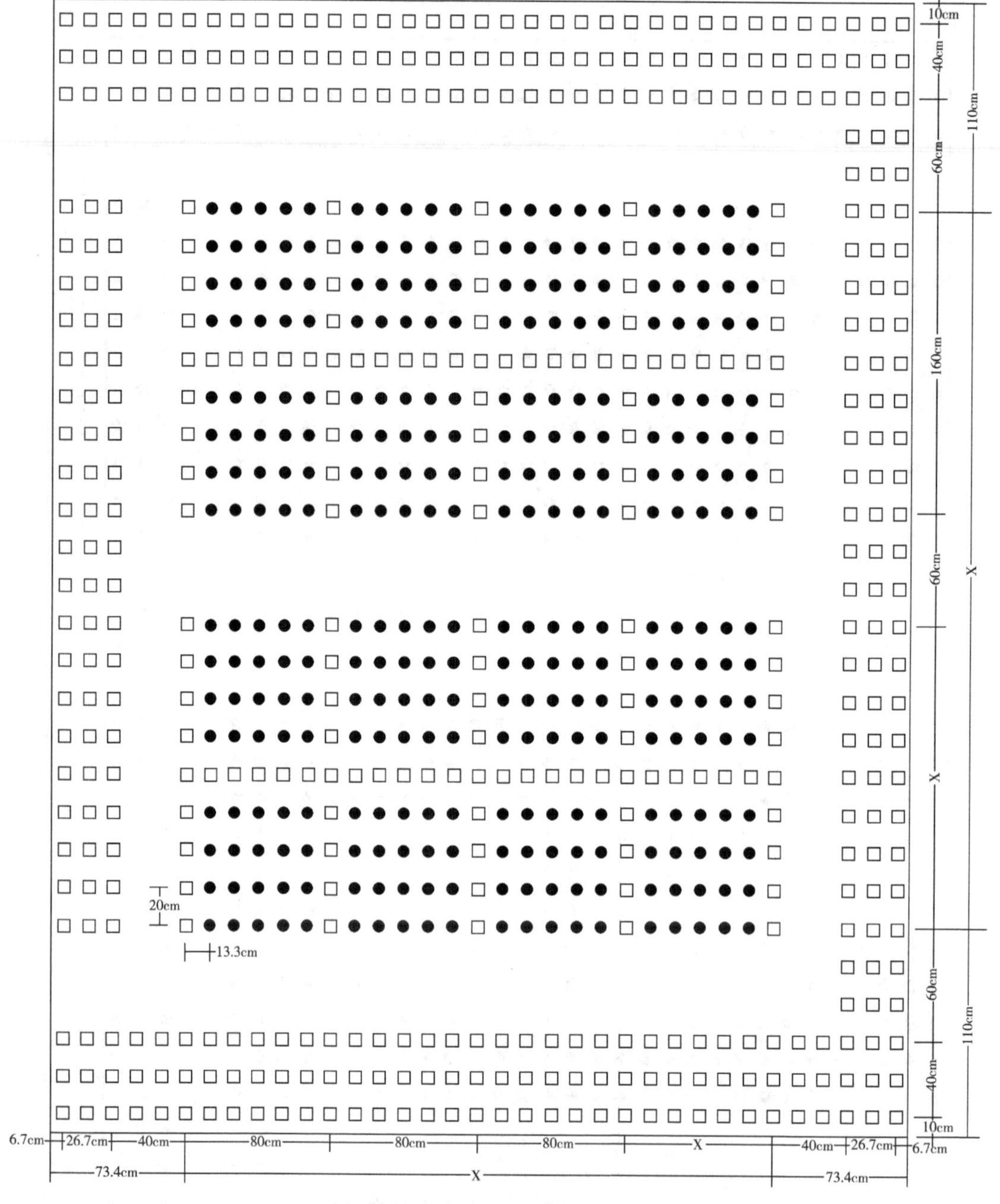

图 4　稻瘟病生态圃标准设计

注："●"代表鉴定材料　"□"代表紫稻隔离品种

2.6　恩施州农科院稻瘟病病圃网络建设历程及其分布概况

1981 年，恩施州农科院为了解决恩施山区人民由于水稻稻瘟病为害而造成的温饱问题，根据稻瘟病发生和为害规律首次建立了水稻稻瘟病两河病圃；1991 年笔者利用该病圃开展了湖北省武陵山区恩施州水稻区试品种抗性鉴定与评价工作以及抗源鉴定与筛选研究，进而确定了两河病圃为稻瘟病主鉴圃；1998 年笔者为了最大限度鉴定出每个水稻品种的真抗性，结合两河主鉴圃的生态互补性，首次建立了红庙辅鉴圃；2008 年笔者根据水稻生产实际需要，不仅要最大限度鉴定出每个水稻品种真抗性，而且要鉴定其生产适应性，以保障鉴定结果的生态互补性和品种抗性评价的准确性，因而首次建立了咸丰、崇阳等生态圃；2012 年笔者根据稻瘟病菌种群致病性变异的特点，为了监测不同稻瘟病菌单孢的致病型，构建稻瘟病全谱生态模式菌群，首次建立了红庙系统圃；随着研究的不断深入，2016 年笔者根据稻瘟病菌株致病力衰变的问题，为了保障稻瘟病全谱生态模式菌株致病稳定性，首次建立了红庙活化圃。通过 30 多年的不断探索，笔者于 2018 年建立和完善了武陵山区和湖北省水稻稻瘟病系统圃、活化圃、主鉴圃、辅鉴圃和生态圃五圃网络体系。

目前，恩施州农科院植保土肥研究所是国家武陵山区和湖北省水稻稻瘟病抗性鉴定主鉴机构，现已建立了由 1 个系统圃、1 个活化圃、1 个主鉴圃、1~2 个辅鉴圃和若干个生态圃组成稻瘟病五圃网络体系，同时对各病圃年度发病程度进行了跟踪监测。监测结果表明：两河主鉴圃、青山辅鉴圃和红庙辅鉴圃海拔高差梯度分布合理，生态互补性强，保证了鉴定结果的代表性。同时两河主鉴圃和青山辅鉴圃年有效鉴定频率均在 90% 以上，保证了鉴定结果的准确性。详见表 1 和表 2 稻瘟病病圃年度指示品种病穗率平均病级监测结果（恩施 1996—2018 年）。

表 1　国家武陵山区和湖北省水稻稻瘟病病圃网络建设和分布现状

鉴定机构	病圃类型	病圃名称	建圃年份	经纬度	海拔高度（m）	地址
恩施州农科院植保土肥所	主鉴圃	两河病圃	1981	E109°12′，N30°07′	1 005	恩施市白果乡两河口村
恩施州农科院植保土肥所	辅鉴圃	红庙病圃	1998	E109°28′，N30°19′	430	恩施州农科院红庙基地
恩施州农科院植保土肥所	辅鉴圃	龙洞病圃	2003	E109°30′，N30°18′	429	恩施州农科院龙洞基地
恩施州农科院植保土肥所	辅鉴圃	把界病圃	2008	E109°03′，N29°43′	550	咸丰县清平镇把界村
恩施州农科院植保土肥所	生态圃	各区试点	2008	一般 10~20 个区试点		可根据实际情况调整
恩施州农科院植保土肥所	辅鉴圃	青山病圃	2011	E109°11′，N29°43′	680	咸丰县高乐山镇青山坡村
恩施州农科院植保土肥所	系统圃	红庙系统圃	2012	E109°28′，N30°19′	430	恩施州农科院高新园区
恩施州农科院植保土肥所	活化圃	红庙活化圃	2016	E109°28′，N30°19′	430	恩施州农科院高新园区
宜昌市农业科学研究院	辅鉴圃	望家病圃	1981	E111°22′，N31°18′	640	远安县荷花镇望家村

表 2　稻瘟病病圃年度指示品种病穗率平均抗级监测结果（恩施 1996—2018 年）

监测年份	两河病圃		红庙病圃		龙洞病圃		把界病圃	青山病圃	
	早稻	中晚稻	早稻	中晚稻	早稻	中晚稻	中晚稻	早稻	中晚稻
1996	5.6	1.5							
1997	5.9	4.6							
1998	5.2	4.5	2.8	2.6					
1999	5.6	6.6	1.1	1.9					
2000	7.7	6.5	1.8	1.2					
2001	5.3	6.6	1.0	0.5					
2002	7.0	8.0	1.6	1.4	3.5	4.0			
2003	4.3	3.8	2.0	0.3	2.6	1.5			
2004	7.5	8.2			4.3	4.2			

（续表）

监测年份	两河病圃		红庙病圃		龙洞病圃		把界病圃	青山病圃	
	早稻	中晚稻	早稻	中晚稻	早稻	中晚稻	中晚稻	早稻	中晚稻
2005	7.9	9.0			3.7	2.3			
2006	7.4	8.6			4.7	5.1			
2007	7.5	8.4			1.9	0.4			
2008	9.0	9.0			5.5	3.5	8.2		
2009	8.1	8.4			1.4	0.9	5.8		
2010	9.0	7.0			9.0	4.7	6.3		
2011	9.0	9.0			5.8	5.0		9.0	7.0
2012	9.0	8.2			7.0	4.0		8.3	6.4
2013	8.6	7.9	9.0	6.1				8.6	7.0
2014	9.0	8.8	9.0	5.7				9.0	7.5
2015	9.0	8.5	9.0	6.3				9.0	8.8
2016	9.0	8.7	9.0	6.8				9.0	8.0
2017	9.0	7.3	9.0	5.8				9.0	6.5
2018	9.0	7.5	9.0	6.2				9.0	6.8
有效年频率（%）	95.6	91.3	50.0	50.0	45.5	27.3	100.0	100.0	100.0
严重年频率（%）	73.9	78.3	50.0	0.8	1.8	0.0	33.3	100.0	75.0

注：0~3 为轻病年；3.1~4.5 为中等偏轻年；4.6~6.5 为中等偏重年；6.6~9.0 为严重病年。

3　稻瘟病系列检测品种的筛选与应用技术

3.1　基本概念

稻瘟病系列检测品种包括监测品种、活化品种、指示品种和诱发品种四类，其中活化品种、指示品种和诱发品种可在监测品种中选择。其基本概念如下。

稻瘟病系列检测品种：由特定生态稻区筛选确定的监测品种、活化品种、诱发品种和指示品种 4 组不同功能的常规水稻品种组成。

监测品种：由开展稻瘟病菌单孢致病型监测的一系列不同类型不同抗性的早中熟常规水稻品种组成，其数量控制在 50~100 个。

活化品种：由用于活化稻瘟病全谱生态模式菌株，保持菌株致病稳定性的一系列不同类型不同抗性的早熟常规水稻品种组成，其数量控制在 5~10 个。

诱发品种：由均匀分布于病圃中，起均等诱发和隔离双重作用的 1 组不同类型不同熟期的高感、易感病常规水稻品种组成，其数量控制在 5~10 个。

指示品种：由用于监测各自然诱发病圃不同年份间不同熟期水稻品种病害发生程度的 1 组不同抗性的常规水稻品种组成，每个熟期其数量控制在 5~10 个。

3.2　技术支撑

第一，拥有丰富的常规水稻品种资源。

第二，具备完善的病圃网络及其规范的操作技术规程。

第三，保存了丰富的稻瘟病单孢致病型菌株。

第四，10 年以上鉴定筛选数据。

否则，会出现由于稻瘟病系列检测品种筛选过程不科学、不规范，而导致系列检测品种功能降低。

3.3　重要意义

第一，指示品种和诱发品种有效解决了病圃发病的均等性和可比性问题。自然诱发病圃鉴定存在两个主要问题：一是年度间病圃发病程度不稳定；二是同一品种在病圃内不同区域发病程度存在差异。通过病圃指示品种的抗性表现可进行病圃年度间发病程度比较，确定当年鉴定结果的有效性；通过病圃诱发品种间距均匀播插，不仅增加病圃菌源总量，而且保障了全病圃菌源传播的均等性，有效解决了病圃内不同区域发病程度的差异问题。

第二，监测品种为构建最广泛代表性稻瘟病全谱生态模式菌群奠定品种基础。稻瘟病菌是一个组成非常复杂的动态群体，在开展水稻品种抗病性鉴定工作中不可能实现全菌株覆盖，选择代表性最广泛的菌群鉴定水稻品种的抗性，才能获得具有更持久的水稻抗病品种。而筛选出一套具有广泛代表性的水稻监测品种是科学准确监测和构建具有广泛代表性稻瘟病全谱生态模式菌群的基础。否则将直接影响鉴定菌群的代表性，最后导致鉴定结果的失真。

第三，活化品种为保障稻瘟病菌株致病稳定性提供了保存和繁殖材料。科学实践证明，病原微生物在通过人工分离、保存或继代繁殖后，其致病性都有不同程度变化，这些变化直接影响病菌人工接种效果及其致病力。在人工接种前对人工培养菌株的致病性进行活化处理能最大限度保障菌株的致病稳定性，同时还可以避免人为引起的病菌致病性变异问题产生。

3.4　主要功能

监测品种：第一，主要用于监测稻瘟病单孢菌株的致病型，为筛选稻瘟病全谱生态模式菌株提供评价依据；第二，为活化品种、诱发品种和指示品种筛选提供参考依据。

活化品种：第一，主要用于活化稻瘟病全谱生态模式菌株，保持菌株致病稳定性；第二，用于全谱生态模式菌株培养和保存；第三，进行全谱生态模式菌株孢子扩繁，提供人工接种鉴定菌源。

诱发品种：第一，均匀分布于病圃中，将试验品种均匀分开，起诱发和隔离双重作用，同时提高病圃病菌孢子数量及其分布的均匀度；第二，进行孢子扩繁，提供人工接种鉴定菌源。

指示品种：第一，主要用于检验自然诱发病圃年度发病差异；第二，确定各病圃当年鉴定结果的有效性。

3.5　恩施州农科院系列检测品种筛选概况

1981 年，恩施州农科院建立水稻稻瘟病两河病圃后，就利用该病圃开展抗源鉴定与筛选、抗病品种世代选择以及湖北省、武陵山区、恩施州水稻区试品种抗病性鉴定与评价等研发工作。在研发工作中发现自然病圃存在明显地发病不均等问题：一是年度间病圃发病程度不稳定；二是同一品种在病圃内不同区域发病程度存在差异。根据上述存在的主要问题，笔者起初选择病圃参鉴品种抗级算数平均数开展病圃年度发病程度检验比较，使用单一的高感病品种间距诱发，初显成效。但由于参鉴品种年度变动较大，单一品种诱发无法覆盖病圃全生育期等原因，致使病圃发病的均等性和可比性出现不稳定现象。因此，1995 年笔者通过总结 15 年来的研发成果开展了指示品种和诱发品种鉴定筛选工作，现已形成了较为稳定的指示品种和诱发品种系列。2011 年笔者主持国家水稻产业技术体系恩施综合试验站工作后，为了建立筛选出稻瘟病全谱生态模式菌群，根据稻瘟病菌种群致病性变异的特点，结合 30 年开展自然诱发鉴定研究成果，开展了监测品种的鉴定筛选工作。2012—2018 年对来源于恩施州农科院植保土肥所 1981—2018 年筛选的 349 个不同抗病水稻品种资源进行系统鉴定与筛选，于 2018 年完成了武陵山区和湖北省水稻稻瘟病监测品种、活化品种、诱发品种和指示品种等系列检测品种的鉴定与筛选工作。

目前，恩施州农科院植保土肥研究所作为国家武陵山区和湖北省水稻稻瘟病抗性鉴定主鉴机构，现已筛选的系列检测品种 104 个。其中，诱发品种由 9 个品种组成，指示品种由早稻 5 个，中晚稻 12 个品种组成，监测品种由 100 个品种组成，活化品种由 8 个品种组成。详见表 3～表 7。

表 3　国家武陵山区和湖北省水稻稻瘟病检测品种筛选历程及其现状

筛选机构	检测品种类型	筛选年份	确定年份	2018 年现状
恩施州农科院植保土肥所	诱发品种	1981	1995	由 9 个品种组成
恩施州农科院植保土肥所	指示品种	1981	1995	早稻 5 个中晚稻 12 个
恩施州农科院植保土肥所	监测品种	2012	2015	由 100 个品种组成
恩施州农科院植保土肥所	活化品种	2012	2015	由 8 个品种组成

表 4　稻瘟病诱发品种及其对应系列检测品种代号

诱发品种	品种类型	检测品种	监测品种	活化品种	指示品种
YF1	粳	JC102			WS10
YF2	籼稻	JC021	M020		WS01
YF3	籼稻	JC015	M014	HH7	ZS04
YF4	籼稻	JC018	M017	HH8	ZS05
YF5	籼稻	JC005	M004	HH3	ZS02
YF6	籼稻	JC080	M079		WS08
YF7	糯米	JC093	M092		WS09
YF8	粳糯	JC103			WS11
YF9	粳	JC104			WS12

表 5　稻瘟病指示品种及其对应系列检测品种代号

指示品种	品种类型	检测品种	监测品种	活化品种	诱发品种
WS01	籼稻	JC021	M020		YF2
WS02	籼稻	JC025	M024		

（续表）

指示品种	品种类型	检测品种	监测品种	活化品种	诱发品种
WS03	籼稻	JC029	M028		
WS04	籼稻	JC060	M059		
WS05	籼稻	JC073	M072		
WS06	籼稻	JC081	M080		
WS07	籼稻	JC083	M082		
WS08	籼稻	JC080	M079		YF6
WS09	糯米	JC093	M092		YF7
WS10	粳	JC102			YF1
WS11	粳糯	JC103			YF8
WS12	粳	JC104			YF9
ZS01	籼稻	JC004	M003	HH2	
ZS02	籼稻	JC005	M004	HH3	YF5
ZS03	籼稻	JC008	M007	HH5	
ZS04	籼稻	JC015	M014	HH7	YF3
ZS05	籼稻	JC018	M017	HH8	YF4

表 6　稻瘟病监测品种类型与代号

监测品种	品种类型	监测品种	品种类型	监测品种	品种类型	监测品种	品种类型
M001	籼稻	M026	籼稻	M051	籼稻	M076	籼稻
M002	籼稻	M027	籼稻	M052	籼稻	M077	籼稻
M003	籼稻	M028	籼稻	M053	籼稻	M078	籼稻
M004	籼稻	M029	籼稻	M054	籼稻	M079	籼稻
M005	籼稻	M030	籼稻	M055	籼稻	M080	籼稻
M006	籼稻	M031	籼稻	M056	籼稻	M081	籼稻
M007	籼稻	M032	籼稻	M057	籼稻	M082	籼稻
M008	籼稻	M033	籼稻	M058	籼稻	M083	黄壳籼稻
M009	籼稻	M034	籼稻	M059	籼稻	M084	黄壳籼稻
M010	籼稻	M035	籼稻	M060	籼稻	M085	黄壳籼稻
M011	籼稻	M036	籼稻	M061	籼稻	M086	光壳稻
M012	籼稻	M037	籼稻	M062	籼稻	M087	光壳稻
M013	籼稻	M038	籼稻	M063	籼稻	M088	光壳稻
M014	籼稻	M039	籼稻	M064	籼稻	M089	光壳稻
M015	籼稻	M040	籼稻	M065	籼稻	M090	光壳稻
M016	籼稻	M041	籼稻	M066	籼稻	M091	光壳稻
M017	籼稻	M042	籼稻	M067	籼稻	M092	糯稻
M018	籼稻	M043	籼稻	M068	籼稻	M093	糯稻
M019	籼稻	M044	籼稻	M069	籼稻	M094	粳稻
M020	籼稻	M045	籼稻	M070	籼稻	M095	粳稻
M021	籼稻	M046	籼稻	M071	籼稻	M096	粳稻
M022	籼稻	M047	籼稻	M072	籼稻	M097	粳稻
M023	籼稻	M048	籼稻	M073	籼稻	M098	粳稻

（续表）

监测品种	品种类型	监测品种	品种类型	监测品种	品种类型	监测品种	品种类型
M024	籼稻	M049	籼稻	M074	籼稻	M099	粳稻
M025	籼稻	M050	籼稻	M075	籼稻	M100	粳稻

表 7　稻瘟病活化品种及其对应系列检测品种代号

活化品种	品种类型	检测品种	监测品种	诱发品种	指示品种
HH1	籼稻	JC003	M002		
HH2	籼稻	JC004	M003		ZS1
HH3	籼稻	JC005	M004	YF5	ZS2
HH4	籼稻	JC007	M006		
HH5	籼稻	JC008	M007		ZS3
HH6	籼稻	JC010	M009		
HH7	籼稻	JC015	M014	YF3	ZS4
HH8	籼稻	JC018	M017	YF4	ZS5

4　稻瘟病全谱生态模式菌群的构建与应用技术

4.1　基本概念

稻瘟病全谱生态模式菌群：在特定生态稻区内通过稻瘟病单孢致病型监测及其相关数据分析，选择的代表该生态稻区稻瘟病菌种群综合致病力的不同致病型菌株组成的群体。

稻瘟病菌种群综合致病力：在特定生态稻区内稻瘟病菌种群不同菌株致病谱总和。

4.2　技术支撑

稻瘟病全谱生态模式菌群的构建应具备完善的病圃网络及其规范的操作技术规程；拥有一套符合生态稻区实际的系列检测品种；具有一项保障全谱生态模式菌株致病稳定性的活化技术；具备规范的逐年监测稻瘟病单孢菌株致病型操作技术规程。否则，会出现由于全谱生态模式菌株筛选过程不科学、不规范，而导致鉴定结论出现偏差。

4.3　“稻瘟病菌致病性时空假说”的基本观点和主要内容

“稻瘟病菌致病性时空假说”的基本观点：稻瘟病菌种群综合致病力在任意空间范围内是相对稳定的；但在不同的时间范围内，其致病力强弱随着各种环境因素的改变在种群综合致病力区间范围内变化较为频繁。其主要内容如下。

第一，稻瘟病菌是可以远距离传播的，在任何生态稻区都有相对稳定的综合致病力。建立在大生态稻区下的“稻瘟病全谱生态模式菌群”种群综合致病力相对更稳定。

第二，在不同的时间范围内，稻瘟病菌种群随着各种环境条件的变化其组成结构变化较为频繁，造成水稻品种出现抗性不稳定的现象。因此，使用种群综合致病力相对稳定的“稻瘟病全谱生态模式菌群”为筛选稳定的抗病品种提供菌源保障。

第三，从理论上讲，水稻品种的发病程度主要取决于品种易感病生育期和最佳发病气候条件以及丰富菌源量三者的吻合度。吻合度越高，抗感表现越充分，反之失真概率会越高。由此可见，提高三者的吻合度是保障鉴定结果是否真实有效的前提条件。但在实际鉴定工作中没有任何一种鉴定方法可以真正实现三者的完全吻合。因此，只有利用不同病圃网络体系开展综合鉴定，才能最大限度鉴定出不同水稻品种的真实抗性。

第四，受水稻品种抗性遗传因素、稻瘟病菌致病型以及自然和人为操作等因素的影响，造成叶瘟与穗瘟的发生与为害以及病穗率和损失率的表现并非一一对应关系，而是非常复杂的不对称关系。由此可见，损失率抗级、叶瘟抗级和病穗率抗级中任何一个单一评价指标评价的结论均存在评价风险，只有利用 3 个评价指标进行综合评价，才能得出更为科学、更符合生产实际的结论。因此，综合抗级和抗性指数就成为科学评价水稻品种抗性结论和生态适应性的合理指标，损失率抗级、叶瘟抗级和病穗率抗级只能作为第一、第二和第三评价分级指标。

4.4 构建生态模式菌群的重要意义

4.4.1 开启了稻瘟病菌致病性宏观研究的新途径

构建生态模式菌群标志着水稻品种抗病性研究进入了以“生态模式菌群”理论为基础的宏观研究方法和 以“生理小种”理论为基础的微观研究方法相结合的新时期，为保持抗病品种的稳定性奠定了理论基础。

实践证明，选育和推广抗病良种是防治水稻稻瘟病最经济实用、最环保有效的首选方法，建立一套水稻品种抗稻瘟病全程监控技术体系是提高抗病品种选育水平、保障其推广应用安全性的必备条件，而构建一个符合客观生产实际且病菌种群综合致病力相对稳定的“稻瘟病全谱生态模式菌群”是一切工作的基础。否则就会出现假抗性品种或抗性丧失快，使用年限短的品种等。

稻瘟病菌在自然界是一个动态的种群，组成非常复杂。从 1922 年日本学者佐佐木首次报道稻瘟病菌存在致病性不同菌系开始，90 多年来，各国科技工作者进行了许多稻瘟病菌致病性鉴别方法的探索。到目前为止有两个主要研究方向进展显著。一是根据具有不同抗病基因水稻鉴别品种的致病反应型划分为不同生理小种类型，一般分为 4 个发展阶段：①选择抗病基因组成不清楚的鉴别品种；②选择已知抗病基因的鉴别品种；③选择具有 *CO39* 遗传背景的近等基因系；④选择具有‘丽江新团黑谷’遗传背景的近等基因系或单基因系。其中单基因鉴别系统的构建是其未来发展的主要方向。二是根据稻瘟病菌无毒基因型划分为不同致病型类型，随着稻瘟病菌全基因组序列的公布，开展稻瘟病无毒基因定位、克隆及其功能研究成为可能，但由于病原物与寄主之间的互作关系十分复杂，相关机理研究还很有限，因此该技术的应用有待进一步探索。总结上述两个研究方向可以得出如下结论：两者均从微观角度对稻瘟病菌致病性进行精确鉴别分类，现阶段研究的结果是随着鉴别品种和无毒基因不断增加，病菌致病型种类愈来愈多，其市场利用价值受限。

为了探索更经济实用、更符合宏观生产实际的新途径，笔者提出“稻瘟病菌致病性时空假说”并构建了“稻瘟病全谱生态模式菌群”筛选技术体系。它不仅改变了传统“生理小种”理论体系对抗源筛选、抗病品种选育与评价以及抗病基因发掘的认识，而且回答了恩施州农科院 30 余年来自主研发的“水稻品种抗稻瘟病自然诱发鉴定体系”能以抗病品种布局为基础控制全国发病最严重的武陵山区水稻稻瘟病危害的原因。

4.4.2 为稻瘟病生态稻区的划分提供了理论依据

由于“稻瘟病全谱生态模式菌群”是建立在“稻瘟病菌致病性时空假说”理论基础之上的。根据“稻瘟病菌致病性时空假说”理论，稻瘟病生态稻区的划分应按地理相邻、种植模式相似进行大区划分，区域过小在客观生产实际中应用效果较差。因此，利用大生态区“稻瘟病全谱生态模式菌群”开展抗源鉴定与筛选、抗病育种中间世代材料选择、新品种抗性鉴定与评价、审定推广品种抗病性监测以及抗病基因的鉴定与发掘，可实现长期、稳定、有效控制病害的目标。

4.4.3 为最大限度鉴定水稻品种抗性提供了更为理想的鉴定方法

以大生态区“稻瘟病全谱生态模式菌群”为基础，提高品种易感病生育期和最佳发病气候条件以及充足菌源量三者吻合度为前提的条件下，利用五圃网络体系开展叶瘟和穗瘟综合鉴定，能最大限度鉴定出不同水稻品种的真实抗性。

4.4.4 为评价水稻品种的抗性提供了更为科学合理的评价标准

由于复杂因素影响，损失率抗级、叶瘟抗级和病穗率抗级是非常复杂的不对称关系。因此，任何一个单一评价指标评价的结论均存在评价风险，综合抗级和抗性指数就成为科学评价水稻品种抗性结论和生态适应性的合理指标。

4.5 稻瘟病全谱生态模式菌群的主要功能

第一，提供更加科学、全面的人工接种菌源；

第二，开展水稻品种抗谱精确分析；

第三，补充主鉴圃和辅鉴圃菌源。

4.6 国家武陵山区和湖北省稻瘟病全谱生态模式菌群构建概况

1981 年恩施州农科院从建立水稻稻瘟病两河病圃开始，就持续不断地开展“水稻品种抗稻瘟病自然鉴定方法”研发工作；1995 年后笔者通过总结前 15 年研发成果，开展了“水稻品种抗稻瘟病自然诱发鉴定体系”研发；2011 年笔者主持国家水稻产业技术体系恩施综合试验站工作后，又结合“水稻品种抗稻瘟病自然诱发鉴定体系”研究成果开展了“稻瘟病菌致病性研究”。2012—2018 年分离保存稻瘟病菌株 4 778 份，菌源分别来源于湖北 11 县和湖南 4 县以及 1986—1987 年本所保存的 288 个单孢 788 管中分离的有活性单孢 183 个。其中 1 251 个单孢完成了致病型监测。根据单孢致病的广谱性和特异性，利用排列组合分析方法研究发现，构建一个符合客观生产实际且病菌种群综合致病力相对稳定的代表性菌群是建立水稻品种抗稻瘟病全程监控技术体系的基础，是提高抗病品种使用年限的前提。因此，2015 年首次提出了“稻瘟病全谱生态模式菌群”概念，并建立了稻瘟病全谱生态模式菌株的筛选方法；2017 年笔者在总结前期研发“水稻品种抗稻瘟病自然诱发鉴定体系”和”“稻瘟病全谱生态模式菌群”研发成果的基础上首次公开提出了“稻瘟病菌致病性时空假说”。随着研究的不断深入，通过 30 多年的不断探索，笔者于 2018 年初步完成了以“稻瘟病菌致病性时空假说”为理论基础的“稻瘟病全谱生态模式菌群”构建与应用技术研发工作。截至 2020 年，在稻瘟病全谱生态模式菌株的优化、病圃网络建立以及水稻品种抗性综合评价标准等方面取得了重大突破。

2012—2020 年恩施州农科院植保土肥研究所已完成有效监测稻瘟病单孢菌株 615 个，筛选了 102 个水稻稻瘟病全谱生态模式菌株和 39 个核心菌株，为进一步优化稻瘟病全谱生态模式菌群提供了基础菌株。2020 年度武陵山区和湖北省稻瘟病全谱生态模式菌群及优化结果详见表 8。

表 8　武陵山区和湖北省稻瘟病全谱生态模式菌群优化结果（2020 年）

菌群类型	生态模式菌株代号					数量（个）
全谱生态模式菌群	EBEL122-2	ENLD099-3	EBEH046-4	EBEL340-2	EBXT032-2	30
	EBEL126-1	EBEL124-1	EBXQ052-2	EBEL123-4	EBXT071-3	
	EBEL128-1	ENTM059-3	EBEA051-4	EBCQ044-1	EBEL127-1	
	EBXT026-2	EBSN208-2	EBEL125-1	EBXT026-3	86043-1	
	EBEL121-1	EBEL357-3	EBSN170-2	EBXT025-3	EBEX069-3	
	ENTM095-2	EBXT031-1	EBSN175-2	EBSJ218-5	EBXT024-1	
核心菌群	EBEL121-1	EBEL122-2	EBEL124-1	EBSN208-2	ENLD099-3	10
	EBEL128-1	EBEL126-1	ENTM095-2	EBXT026-2	ENTM059-3	

第二部分

稻瘟病全程监控技术标准

稻瘟病系列病圃建设技术规程

1　范围

本标准规定了稻瘟病系列病圃建设的有关定义、建设方法与技术指标。

本标准适用于稻瘟病系列病圃建设。

2　引用标准

自主研发。

3　术语和定义

下列术语和定义适用于本标准。

3.1　稻瘟病系列病圃

由特定生态稻区内设立的系统圃、活化圃、主鉴圃、辅鉴圃和生态圃 5 个不同功能的稻瘟病病圃网络组成。

3.2　单孢接种病圃

通过人工接种手段将人工分离培养的稻瘟病菌单孢培养液接种于特定水稻品种的鉴定方法称为人工单孢接种鉴定法。根据其方法建设的病圃称为单孢接种病圃。

3.3　自然诱发病圃

通过自然和人工相结合的手段增加水稻品种感染稻瘟病机会的鉴定方法称为自然诱发鉴定法。根据其方法建设的病圃称为自然诱发病圃。

3.4　自然鉴定病圃

在水稻正常生长条件下，通过当地自然环境中稻瘟病菌侵染水稻品种的鉴定方法称为自然鉴定法。根据其方法建设的病圃称为自然鉴定病圃。

3.5　系统圃

在生态稻区开展稻瘟病菌株致病型监测的单孢接种病圃。

3.6 活化圃

在生态稻区起活化病菌致病性作用的单孢接种病圃。

3.7 主鉴圃

在生态稻区起主导鉴定作用的自然诱发病圃。

3.8 辅鉴圃

在生态稻区起辅助鉴定作用的自然诱发病圃。

3.9 生态圃

在生态稻区具有区域代表性的自然鉴定病圃。

3.10 主鉴机构

在特定生态稻区稻瘟病常年重病区长期从事稻瘟病研究、具备完善的病圃网络体系、系列检测品种和全谱生态模式菌群构建体系等相关技术研发成果的专业鉴定机构。

4 系统圃建设技术规程

4.1 选址

4.1.1 一般标准

系统圃在该生态稻区主鉴机构内设试验基地建立，切忌建在水稻主产区，具有适温、寡照、多雨气候特点的独立山谷条件最佳。每个生态稻区只设立 1 个系统圃。

4.1.2 主要气候指标

系统圃所处区域环境年平均气温 14.0~15.8℃、最热月平均温度 24~28℃、≥10℃年积温 4 500~5 000℃、平均无霜期 263~272d、年日照时数 1 200~1 400h、年相对湿度 80%~82%、全年雨日 160~180d、年平均降水量 1 500mm。

4.2 主要建设内容

4.2.1 建设规模

系统圃按每 1 000m^2 监测 75 个单孢菌株计算，设计一个周期监测 300 个单孢菌株，共计需建设用地 5 000m^2。

4.2.2 建设标准

系统圃建设高标准独立智能温网室大棚，远离稻田和病区，试验区严格清理菌源。

4.2.3 主要技术指标

4.2.3.1 工程技术指标

每个独立温网室大棚间距至少 4m 以上，建设长度不超过 50m，高度 3~4m，宽度 20m，网室固定内宽 19m，四周水泥走道宽 150 cm，排灌沟宽 30cm，走道宽 20 cm。水泥池间走道宽 120 cm，内宽 180cm，池深 30cm，固定内长 15m，南北向，池内填充菜园土，土层深度为 15cm。每个单孢鉴定小棚长度根据监测品种数量确定，宽度固定 150cm，高度 180cm，间距 100~150cm，四周和顶部采用透光、透气、保湿、隔菌材料封闭。详见图 1。

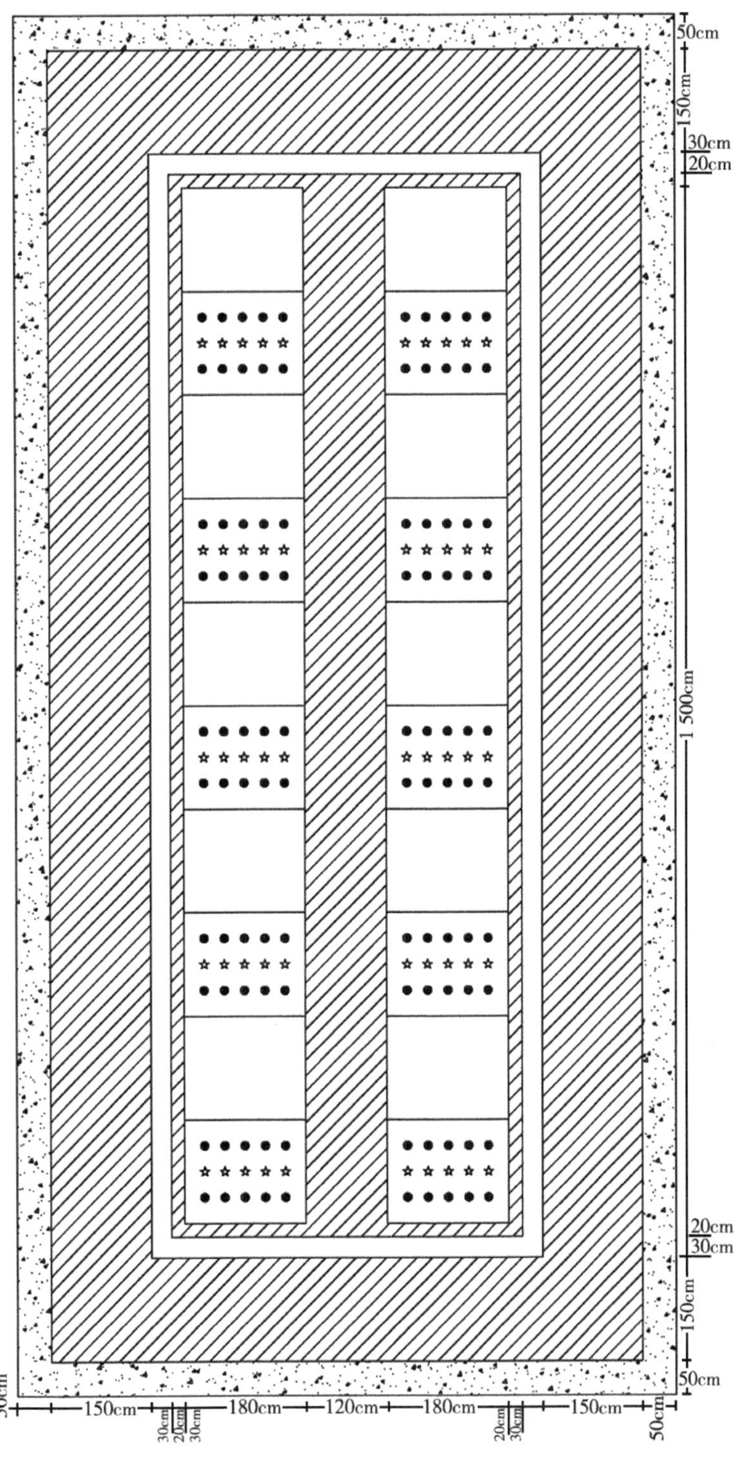

图 1　稻瘟病系统圃工程平面设计

注：“☆”代表诱发品种　“●”代表鉴定材料

4.2.3.2 气候控制指标

大棚四周和顶部使用防虫网封闭，使用遮阳、保湿、防雨、透气的材料保证温度、光照、湿度和空气疏通，通过智能设计控制温度范围 18~28℃，相对湿度范围 50%~100%，光照强度 1~10 000lx，通气采用自然通气。整个单孢鉴定小棚内在大棚智能控制气候的条件下，必须保障小棚内 48 小时有雾滴且弥雾均匀。

4.2.3.3 病圃设计指标

系统圃建设独立智能温网室大棚，大棚内搭建独立单孢鉴定小棚，每个单孢鉴定小棚接种一个单孢菌株。单孢鉴定小棚内监测品种顺序排列，不设重复，每个品种播种 1 行，5 穴，每穴播 1 粒种子，株行距为 2.5cm×5cm，每排宽 10cm，每两排间距 10cm 播插 1 行丽江新团黑谷共计 30cm 组成一厢，厢间和四周走道 30cm。详见全程监控核心技术研究进展图 1。

4.3 鉴定测试

通过 5~10 批次稻瘟病单孢致病型监测修正气候指标、智能温室控制性技术指标，为规范标准病圃提供依据。

4.4 管理机构

由主鉴机构直接管理。

5 活化圃建设技术规程

5.1 选址

5.1.1 一般标准

同 4.1.1。每个生态稻区只设立 1 个活化圃。

5.1.1 主要气候指标

同 4.1.2。

5.2 主要建设内容

5.2.1 建设规模

活化圃按每个菌株 200m^2 计算，设计一个周期活化 25 个菌株，共计需建设用地 10 000m^2。

5.2.2 建设标准

活化圃建设高标准独立小温网室，远离稻田和病区，试验区严格清理菌源。

5.2.3 主要技术指标

5.2.3.1 工程技术指标

每个独立小温网室间距至少 4m 以上，建设长度不超过 50m，南北向，高度 3~4m，固定宽度 5m，网室固定内宽 4.2m，四周水泥走道宽 60 cm，排灌沟宽 20cm，走道宽 20cm，水泥池固定内宽 220cm，池深 30cm，池内填充菜园土，土层深度为 25cm。详见全程监控核心技术研发进展图 2。

5.2.3.2　气候控制指标

独立小温网室四周和顶部使用透光、透气、防雨、隔菌材料封闭。温度、光照、水、湿度和空气使用遮阳、保湿、防雨、透气等材料，通过智动设计控制温度范围 18~28℃，相对湿度范围 50%~100%，光照强度 1~10 000lx，通气采用自然通气。

5.2.3.3　病圃设计指标

活化圃建设独立小温网室，每个独立小温网室接种一个单孢菌株。病圃内选择 2 个活化品种和 3~5 个诱发品种，每个活化品种栽插 1 排，由 *X* 穴（4 行×*N* 穴）组成，株行距为 13.3cm×20cm，每穴栽 1 粒谷苗。每两排活化品种间栽插 3 行混合诱发品种，连同两排活化品种共 11 行，合并为一厢，两侧栽 2 行混合诱发品种作保护行，病圃混合诱发行中均匀扦插单孢病稻节。详见全程监控核心技术研发进展图 2。

5.3　鉴定测试

通过 5~10 批次稻瘟病全谱生态模式菌群活化检测修正气候指标、智能温室控制性技术指标，为规范标准病圃提供依据。

5.4　管理机构

由主鉴机构直接管理。

6　主鉴圃建设技术规程

6.1　选址

6.1.1　一般标准

主鉴圃在该生态稻区距离主鉴机构较近、水源和交通较为方便的稻瘟病常年重发区选择固定基地建设，切忌建在水稻主产区，具有适温、寡照、多雨、雾浓、露重气候特点的独立山谷条件最佳，每个生态稻区只设立 1 个主鉴圃。

6.1.2　主要气候指标

主鉴圃所处区域环境年平均气温 12.0~14℃，≥10℃年积温 3 500~4 500℃，平均无霜期 230~260d、年日照时数 1 200~1 300h，年相对湿度 83%左右，全年雨日 180d 以上，年平均降水量 1 300~1 900mm。

6.2　主要建设内容

6.2.1　建设规模

50~100 亩。

6.2.2　建设标准

主鉴圃建设网室大棚，配备弥雾喷雾增湿装备和智能气象观测站，加强防鼠、防鸟、防虫、防风和灌溉等基础设施建设，以保障有效鉴定年份达 100%。

6.2.3　主要技术指标

6.2.3.1　基地主要气候指标

基地最热月平均温度 23~24℃、6~8 月日平均结露时间在 15h 以上，弥雾喷雾降温

28℃以下，相对湿度80%以上。

6.2.3.2 病圃设计指标

参鉴材料顺序排列，不设重复，每份材料由20穴（4行×5穴）组成一个鉴定小区，株行距为13.3cm×20cm，每穴栽1粒谷苗。鉴定小区垂直两侧各栽4穴‘丽江新团黑谷’，每两排鉴定小区间栽3行混合诱发品种，连同两排鉴定小区共11行，合并为一厢，厢宽200cm，厢间走道60cm，两侧走道40cm。病圃栽一组指示品种，四周栽3~5行混合诱发品种作保护行，病圃混合诱发行中均匀扦插病稻节。详见全程监控核心技术研究进展图3。

6.3 鉴定测试

通过5~10年检测品种鉴定结果分析确定主鉴圃基地。

6.4 管理机构

由主鉴机构直接管理。

7 辅鉴圃建设技术规程

7.1 选址

7.1.1 一般标准

辅鉴圃在该生态稻区主鉴机构内设试验基地附近或者其他区域，选择水源和交通较为方便的稻瘟病常发区固定基地建设，远离系统圃与活化圃。该基地应与主鉴圃具有较好生态互补性、以弥补主鉴圃鉴定不稳定因素，以保障鉴定结果的生态互补性和品种抗性评价的准确性，切忌设在水稻主产区，具有适温、寡照、多雨气候特点的独立山谷水稻种植基地条件最佳。每个生态稻区设立1~3个辅鉴圃。

7.1.2 主要气候指标

辅鉴圃所处区域环境年平均气温14.0~15.8℃、≥10℃年积温 4 500~5 000℃、平均无霜期263~272d、年日照时数 1 200~1 400h、年相对湿度80%~82%、全年雨日160~180d、年平均降水量 1 500mm左右。

7.2 主要建设内容

7.2.1 建设规模

50~100亩。

7.2.2 建设标准

辅鉴圃建设网室大棚，配备弥雾喷雾增湿装备和智能气象观测站，增加人工接种和调节光照等设施设备，加强防鼠、防鸟、防虫、防风和灌溉等基础设施建设。

7.2.3 主要技术指标

7.2.3.1 主要气候指标

基地最热月平均温度24~28℃、弥雾喷雾降温28℃以下，相对湿度80%以上；人工接种时期独立区域控制温度范围18~28℃，相对湿度范围50%~100%，光照强度 1~10 000lx，通气采用自然通气。

7.2.3.2　病圃设计指标

同主鉴圃病圃设计，详见全程监控核心技术研究进展图 3。

7.3　鉴定测试

通过 5~10 年检测品种鉴定结果分析确定辅鉴圃基地。

7.4　管理机构

由主鉴机构直接管理或者委托专业鉴定机构按试验实施方案管理。

8　生态圃建设技术规程

8.1　选址

8.1.1　一般标准

生态圃在生态稻区水稻主产区稻瘟病生态区划研究的基础上建立，与该稻区水稻区域试验同步布局，每个生态稻区可设立多个生态圃。

8.1.2　主要气候指标

遵循各生态圃稻区自然气候条件。

8.2　主要建设内容

8.2.1　建设规模

20~30 亩。

8.2.2　建设标准

生态圃建设网室大棚，配备智能气象观测站，加强防鼠、防鸟、防虫、防风和灌溉等基础设施建设。

8.2.3　主要技术指标

8.2.3.1　主要气候指标

遵循各生态圃稻区自然气候条件。

8.2.3.2　病圃设计指标

参鉴材料顺序排列，不设重复，每份材料由 20 穴（4 行×5 穴）组成一个鉴定小区，株行距为 13.3cm×20cm，每穴栽 1 粒谷苗。鉴定小区垂直两侧各栽 4 穴紫稻隔离品种，每两排鉴定小区间栽 1 行紫稻隔离品种，连同两排鉴定小区共 9 行，合并为一厢，厢宽 160cm，厢间走道 60cm，两侧走道 40cm，四周栽 3 行紫稻隔离品种作保护行。详见全程监控核心技术研究进展图 4。

8.3　鉴定测试

通过 5~10 年水稻区试品种鉴定结果分析确定生态圃基地。

8.4　管理机构

生态圃各区试点应在主鉴机构的指导下，负责执行本病圃的实施方案，主鉴机构可根据实际情况调整病圃地点，以保障品种抗性适应性评价的准确性。

稻瘟病系列检测品种筛选技术规程

1 范围

本标准规定了稻瘟病系列检测品种筛选的有关定义、筛选方法与技术指标。

本标准适用于稻瘟病系列检测品种的筛选。

2 引用标准

自主研发

3 术语和定义

下列术语和定义适用于本标准。

3.1 稻瘟病系列检测品种

由特定生态稻区筛选确定的监测品种、活化品种、诱发品种和指示品种 4 组不同功能的常规水稻品种组成。

3.2 监测品种

由开展稻瘟病菌单孢致病型监测的一系列不同类型不同抗性的早中熟常规水稻品种组成，其数量控制在 50~100 个。

3.3 活化品种

由用于活化稻瘟病全谱生态模式菌株，保持菌株致病稳定性的 1 组不同类型不同抗性的早熟常规水稻品种组成，其数量控制在 5~10 个。

3.4 诱发品种

由均匀分布于病圃中，起均等诱发和隔离双重作用的 1 组不同类型不同熟期的高感、易感病常规水稻品种组成，其数量控制在 5~10 个。

3.5 指示品种

由用于监测各自然诱发病圃不同年份间不同熟期水稻品种病害发生程度的 1 组不同抗性的常规水稻品种组成，每个熟期其数量控制在 5~10 个。

3.6　水稻品种稻瘟病抗谱

水稻品种对不同致病型稻瘟病菌株抗感反应的分布规律。

3.7　水稻品种稻瘟病抗病频率

水稻品种未致病的稻瘟病菌株数量占参与检测的不同致病型稻瘟病菌株总数之百分比。

4　筛选标准

4.1　监测品种

第一，监测品种一般由50~100个常规稻品种组成；
第二，该品种应由适合该稻区生长的早、中熟品种组成；
第三，品种类型应由籼稻、粳稻、糯稻等按比例组成；
第四，品种在病圃生长的秆高应小于100cm；
第五，在该稻区自然诱发病圃抗性表现以及系统圃抗谱分布差异明显；
第六，在正常条件下生长旺盛，结实率高。

4.2　活化品种

第一，活化品种一般由5~10个常规稻品种组成；
第二，该品种应由适合该稻区生长的早熟品种组成；
第三，品种类型以稻区主栽稻类为主；
第四，品种的在病圃生长的秆高应小于90cm；
第五，在该稻区自然诱发病圃表现典型的发病症状，同时在系统圃对特定全谱生态模式菌株感病症状明显；
第六，在正常条件下茎秆坚硬、较粗壮、生长旺盛、结实率高。

4.3　诱发品种

第一，诱发品种一般由5~10个常规稻品种组成；
第二，品种类型应由籼稻、粳稻、糯稻等按比例组成；
第三，在该稻区自然诱发病圃和系统圃抗性表现均为高感病品种；
第四，品种熟期应覆盖整个水稻敏感生长期。

4.4　指示品种

第一，指示品种每个熟期一般由5~10个常规稻品种组成，要求农艺性状较好，最好选择不同时期主栽品种中的常规稻品种或主栽组合的恢复系或保持系，分别组成早、中、晚稻指示品种组；
第二，品种类型应由籼稻、粳稻、糯稻等按比例组成；
第三，在该稻区自然诱发病圃和系统圃抗性梯度表现明显；
第四，品种熟期应覆盖整个水稻生长期。

5 筛选方法

5.1 筛选机构

由主鉴机构负责筛选。

5.2 病圃选择

每个生态稻区的系统圃、主鉴圃和辅鉴圃

5.3 水稻品种资源来源

广泛收集各种稻类常规水稻品种资源。

5.4 稻瘟病菌株选择

系统圃选择稻瘟病单孢分离菌株；主鉴圃和辅鉴圃菌群由该病圃上年度菌源、生态稻区上年度菌源以及稻瘟病单孢分离菌株组成。

5.5 筛选年限

10 年以上。第 1 年进行主鉴圃和辅鉴圃初筛；第 2 年进行主鉴圃和辅鉴圃复筛；第 3 年进行主鉴圃和辅鉴圃重点筛选；第 4 年主鉴圃和辅鉴圃两期播种初筛以及系统圃抗谱检测；第 5 年主鉴圃两期播种复筛和系统圃抗谱扩测；然后进行 5 年以上各病圃功能测试确定各系列检测品种名录。

6 操作规程

6.1 收集常规水稻品种资

广泛收集各种常规水稻品种资源，包括不同稻区、不同类型、不同熟期和不同抗性的水稻品种资源，数量越多越好。具体收集分类详见表 1。

表 1 常规水稻品种资源分类收集记载

稻类型	栽培季节	收集份数
	早稻	>500 份
籼稻	中稻	>500 份
	晚稻	>500 份
	早稻	>100 份
粳稻	中稻	>100 份
	晚稻	>100 份
糯稻		不限
其他类型		不限

6.2　主鉴圃和辅鉴圃初筛

6.2.1　病圃设计

主鉴圃和辅鉴圃田间设计：参鉴材料顺序排列，不设重复，每份材料由 20 穴（4 行×5 穴）组成一个鉴定小区，株行距为 13.3cm×20cm，每穴栽 1 粒谷苗。鉴定小区垂直两侧各栽 4 穴‘丽江新团黑谷’，每两排鉴定小区间栽 3 行混合诱发品种，连同两排鉴定小区共 11 行，合并为一厢，厢宽 200cm，厢间走道 60cm，两侧走道 40cm。四周栽 3~5 行混合诱发品种作保护行，病圃混合诱发行中均匀扦插病稻节。详见全程监控核心技术研究进展图 3。

6.2.2　栽培管理

6.2.2.1　分种

种子收集、登记、排序、清理空瘪粒、分装小纸袋、编号，然后晒种备用。

6.2.2.2　做秧田

首先按实验计划确定播种日期。秧田在播种前 10~15d 整田浸泡；播种前 4~5d 第二次整田平田，播种前 2~3d 做秧田。秧田围沟、厢沟畅通，厢宽 110~150cm，沟宽 60cm，厢面保持平整湿润；播种前 1d 进行条播分区，条长和条宽根据种子量确定，条间间距 10~30cm；然后按顺序插号码牌、插竹弓、覆膜备用。

6.2.2.3　播种

选择晴天播种哑谷。播种前揭开覆膜，按顺序条播。播种量约 $50g/m^2$ 或 2 500 粒$/m^2$，播种哑谷。播完后压谷、喷药、覆膜管理。指定诱发品种同步播种。

6.2.2.4　育苗管理

采用小拱棚保温育苗技术管理，整个管理按培育带蘖壮秧方法进行。

6.2.2.5　移栽前工作

试验田在移栽前 10~15d 整田浸泡；移栽前 3~4d 第二次整田平田，同时秧田编插移栽顺序号；移栽前 1d 试验田划行、用麦草节或其他秸秆按病圃设计分区、顺序插号码牌，同时秧田安排顺序扯秧扎号码牌、校对、装框、运输。

6.2.2.6　移栽

适宜秧龄移栽。先插诱发品种分隔，然后对号排秧，校对后栽插，多余秧苗和标签牌寄插在第一行和第二行空白处。栽插完后检查是否错插和漏插。

6.2.2.7　病圃管理

移栽后应及早进行查苗补缺，同时按病圃设计方案插病稻节。根据病圃田块土质、肥力等状况，按当地丰产田标准加强管理，注意防虫、除草，但禁用植物生长调节剂和杀菌剂。试验过程中肥、水管理应及时，可酌情增施氮肥，尽量创造发病条件。同时防止鼠、鸟、畜、禽等对试验的为害。

6.2.3　调查记载内容

6.2.3.1　调查项目

安全性项目：叶瘟、穗瘟、稻曲病、其他病害、温敏性、抗倒性。

常规项目：稻类型、始穗期、齐穗期、成熟期、秆高、结实率。

6.2.3.2　调查方法

调查时期：除生育期外，叶瘟在分蘖盛期调查，其他调查项目均在黄熟期进行。

取样方法：安全性项目调查目测整个调查单元中全部单穴（株）；常规项目按常规方法

进行。

目测标准：按照为害程度轻、中、重 3 个等级调查分级详见表 2。

记载项目：稻瘟病候选检测品种自然诱发病圃初筛调查项目包括稻类型、叶瘟、始穗期、齐穗期、成熟期、穗瘟、稻曲病、其他病害；温敏性、抗倒性、秆高和结实率等。

表 2　稻瘟病候选检测品种自然诱发病圃初筛安全性项目调查目测标准

为害程度	代表值	叶瘟症状	穗瘟病穴数	稻曲病病穴数	其他病害损失率	温敏损失率	抗倒性
轻度发生	1	所有叶片无典型病斑	≤1	≤1	≤5.0%	≤5.0%	直立
中度发生	5	3 穴以上稻株严重发病叶片有 1~3 个典型病斑，叶片无枯死现象	2~10	2~5	5.1%~50.0%	5.1%~50.0%	倾斜
严重发生	9	3 穴以上稻株严重发病叶片有 3 个以上典型病斑或叶片有枯死现象	>10	>5	>50.0%	>50.0%	倒伏

6.2.4　种子收获

每个品种选择有代表性单株全收，并从该单株中选择 1 个单穗单收种子一起保存备用。

6.2.5　数据整理

按照常规调查标准统计稻类型、生育期天数、茎颈高、结实率以及稻曲病、其他病害、温敏性、抗倒性、叶瘟和穗瘟的为害程度。

6.2.6　结果分析与评价

根据表 3 中所列稻瘟病候选检测品种自然诱发病圃初筛淘汰指标淘汰不合格品种，保留初筛合格品种资源。

表 3　稻瘟病候选检测品种自然诱发病圃初筛淘汰指标

生育期	秆高	结实率	稻曲病	其他病害	温敏性	抗倒性
不能成熟	≥100cm	<50%	9	9	9	9

6.2.7　撰写主鉴圃和辅鉴圃初筛报告

根据初筛结果确定进入复筛的品种名录，并按初筛生育期由早熟到迟熟排序进入复筛程序。

6.3　主鉴圃和辅鉴圃复筛

病圃设计、栽培管理、调查记载内容、种子收获、数据整理和结果分析与评价同 6.2 主鉴圃和辅鉴圃初筛。主鉴圃和辅鉴圃复筛报告根据复筛结果确定进入重点筛选的品种名录，同时综合初筛和复筛稻类型和生育期结果分类分生育期排序进入重点筛选程序。

6.4　主鉴圃和辅鉴圃重点筛选

6.4.1　病圃设计

同 6.2.1 病圃设计。

6.4.2　栽培管理

同6.2.2栽培管理。

6.4.3　调查记载内容

6.4.3.1　调查项目

安全性项目：叶瘟、穗瘟、稻曲病、其他病害、温敏性、抗倒性。

常规项目：稻类型、始穗期、齐穗期、成熟期、秆高、结实率。

6.4.3.2　调查方法

叶瘟、穗瘟采用专业系统调查方法；其他调查项目同6.2.3.2调查方法。

6.4.3.3　叶瘟调查记载标准

调查时期：叶瘟调查2次。在病圃发现诱发品种或者其他品种叶瘟发病达7级或以上时进行首次调查；在分蘖盛期至拔节阶段病害流行高峰期调查第2次。

取样方法：整个调查单元中全部单穴（株）。

调查对象：单株（穴）中发病最严重的稻叶。

分级标准：按照全程监控的概念与定义规范图1~图22和表1分级标准和规定进行调查分级。

记载项目：按照全程监控的概念与定义规范表2的规定记载发病最严重3片叶的病级。

6.4.3.4　穗瘟调查记载标准

调查时期：穗瘟调查2次。在黄熟初期（80%稻穗尖端5~10粒谷子进入黄熟时）进行首次调查，7~10d后调查第2次。

取样方法：随机调查的100穗，不足100穗者，查完全部稻穗。

调查对象：所有稻穗。

分级标准：按照全程监控的概念与定义规范图23~图40表3分级标准和规定进行调查分级。

记载项目：按照全程监控的概念与定义规范表4的规定记载每穗穗瘟病级。

6.4.4　种子收获

每个品种去杂去劣后小区全收，同时选择有代表性单株中1个单穗单收种子一起保存备用。为纯化种子单独扩繁和继续实验提供种源。

6.4.5　数据整理

按照全程监控的概念与定义规范基本计算公式（1）至公式（5）和表5水稻叶瘟群体抗性评价标准、表6水稻穗瘟损失率群体抗性评价标准、表7水稻穗瘟病穗率群体抗性评价标准、表8水稻品种稻瘟病抗性综合抗级评价标准分别统计叶瘟平均病级及其抗级、穗瘟损失率及其抗级、穗瘟病穗率及其抗级、综合指数以及最高叶瘟抗级、最高损失率抗级、最高病穗率抗级、抗性指数和综合抗级以及评价结论。其他项目数据整理同6.2.5数据整理。

6.4.6　鉴定结果分析

稻瘟病首先根据病圃最高损失率抗级、最高叶瘟抗级、最高病穗率抗级和抗性指数按照表8水稻品种稻瘟病抗性综合抗级评价标准进行综合抗级评价；然后根据各参鉴材料综合抗级进行抗性等级评价，分别划分为高抗、抗病、中抗、中感、感病和高感6个类型。一年一圃、一年多圃、多年一圃和多年多圃的抗性评价结论均以有效主鉴圃和辅鉴圃最高综合抗级为评价指标；最后应用最高综合抗级或者最高抗性指数进行抗源品种资源淘汰。其他项目评价指标详见表3稻瘟病候选检测品种自然诱发病圃初筛淘汰指标。

6.4.7 抗性结论评价

6.4.7.1 抗性评价指标

稻瘟病评价指标：综合抗级和抗性指数。其他项目评价指标详见表3稻瘟病候选检测品种自然诱发病圃初筛淘汰指标。

6.4.7.2 抗性评价结论检验

稻瘟病主鉴圃和辅鉴圃实行指示品种监测法检验制度。若指示品种穗瘟病穗率平均抗级>4.5时，则认为该病圃当年抗性鉴定结果有效。只有有效病圃的鉴定结果才能作为抗性评价依据使用。

6.4.7.3 抗性评价结论利用

根据表3稻瘟病候选检测品种自然诱发病圃初筛淘汰指标淘汰相关品种后，再根据稻类型、品种生育期、稻瘟病抗性以及系列检测品种筛选标准确定监测品种、诱发品种和指示品种候选名录。

6.4.8 撰写主鉴圃和辅鉴圃重点筛选报告

根据重点筛结果确定进入分期播种筛选和系统圃抗谱检测的品种名录，同时综合分析初筛、复筛和重点筛选结果以及系列检测品种筛选标准确定监测品种、诱发品种和指示品种候选名录。

6.5 主鉴圃和辅鉴圃两期播种初筛

6.5.1 病圃设计

同6.2.1病圃设计。

6.5.2 栽培管理

同6.2.2栽培管理。

6.5.3 调查记载内容

同6.4.3调查记载内容。

6.5.4 种子收获

纯化种子单独扩繁、去杂去劣后单独收获保存备用。

6.5.5 数据整理

除选择两期播种中最高抗级作为分析数据外，其他数据整理方法同6.4.5数据整理。

6.5.6 鉴定结果分析

同6.4.6鉴定结果分析。

6.5.7 抗性结论评价

6.5.7.1 抗性评价指标

同6.4.7.1抗性评价指标。

6.5.7.2 抗性评价结论检验

同6.4.7.2抗性评价结论检验。

6.5.7.3 抗性评价结论利用

根据表J5稻瘟病候选检测品种自然诱发病圃初筛淘汰指标淘汰相关品种后，再进行各类候选检测品种稻瘟病抗性分类选择。

6.5.8 撰写主鉴圃和辅鉴圃两期播种初筛报告

根据主鉴圃和辅鉴圃两期播种初筛结果确定进入主鉴圃分期播种和系统圃抗谱扩测的品

种名录，同时综合分析初筛、复筛和重点筛选结果以及系统圃抗谱检测结果和系列检测品种筛选标准再次确定监测品种、诱发品种和指示品种候选名录以及候选活化品种名录。

6.6　主鉴圃两期播种复筛

6.6.1　病圃设计

同 6.2.1 病圃设计。

6.6.2　栽培管理

同 6.2.2 栽培管理。

6.6.3　调查记载内容

同 6.4.3 调查记载内容。

6.6.4　种子收获

同 6.5.4 种子收获。

6.6.5　数据整理

同 6.5.5 数据整理。

6.6.6　鉴定结果分析

同 6.4.6 鉴定结果分析。

6.6.7　抗性结论评价

6.6.7.1　抗性评价指标

同 6.4.7.1 抗性评价指标。

6.6.7.2　抗性评价结论检验

同 6.4.7.2 抗性评价结论检验。

6.6.7.3　抗性评价结论利用

同 6.5.7.3 抗性评价结论利用。

6.6.8　撰写主鉴圃两期播种复筛报告

同 6.5.8 撰写主鉴圃和辅鉴圃两期播种初筛报告。

6.7　系统圃抗谱检测

6.7.1　病圃设计

系统圃设计：系统圃建设独立智能温网室大棚，大棚内搭建独立单孢鉴定小棚，每个单孢鉴定小棚接种一个单孢菌株。单孢鉴定小棚内监测品种顺序排列，不设重复，每个品种播种 1 行，5 穴，每穴播 1 粒种子，株行距为 2.5cm×5cm，每排宽 10cm，每两排间距 10cm 播插 1 行‘丽江新团黑谷’共计 30cm 组成一厢，厢间和四周走道 30cm。详见全程监控的概念与定义规范图 1 稻瘟病系统圃标准设计。

6.7.2　操作过程

6.7.2.1　病菌的采集、分离与保存

病标样采集地点：根据该稻区稻瘟病生态区划研究结果，在不同区域选择发病较为频繁和严重的稻田建立病圃，每个病圃种植一组检测品种，连同当地推广种植品种一起成为采集病标样的重点取样地点，其他发病区域一并采集。

病标样采集方法：可在穗瘟发病初期采集病穗颈和病茎秆或者在叶瘟发病盛期采集典型叶瘟病斑的病叶，每个品种或取样点采集 3~10 个。病穗颈和病茎秆保留病症部，标样长度

20cm，装入纱网袋中，病叶保留全叶装入牛皮纸袋中，同时注明采集时间、地点和采集人，知道寄主名称或代号的也要标注。然后带回实验室阴凉处风干或放入玻璃干燥器利用硅胶干燥备用。特别注意，叶瘟标样保存时间较短，采集后应尽快分离。

病标样分离方法：病菌纯化采用单孢分离法。先修剪整理标样，保存病标样长度一致，用无氯清水浸泡 8~12h，取出后用自来水刷洗，除去表面菌丝、孢子和灰尘，再用无菌水冲洗 2 次，病叶搓卷成索状，尽量让病斑外露。然后将标样搁置在灭菌培养皿中滤纸做成的小支架上。每皿放置同类标样 3~5 个，培养皿上标注标样代号和处理时间，然后放置 28℃霉菌培养箱保湿培养，诱导分生孢子产生。1~2d 后即可进行挑取单孢工作。分离单孢时将标本固定在显微镜的载物台上，先在酒精灯上灼烧挑针，然后将挑针固定在玻片夹上。100 倍视野下，移动玻片夹用挑针直接在标本上轻轻挑取单个稻瘟病孢子，然后移开挑针，用小块灭菌的水琼脂将针尖上的孢子粘下，放到番茄燕麦平板培养基中培养，再次灼烧挑针消毒准备挑取下一个单孢，每个标本分离 3 个以上单孢。该过程在超净工作台上完成。

菌株保存方法：菌株保存方法有两种。一是滤纸片保存：将滤纸剪成约 0.5cm×0.5cm 大小的碎片，灭菌，然后铺在平板培养基表面，接种，培养。待菌丝布满滤纸片后，将滤纸片收起，放入 2mL 离心管，敞开管口，放入牛皮纸袋，再将牛皮纸袋放入玻璃干燥器干燥，待滤纸片完全干燥后密封-20℃保存。该方法保存的菌种，在多年后仍有活力。二是稻草节保存：将稻草节用粉碎机粉碎，灭菌，然后铺在平板培养基表面，接种，培养。处理方法同上。

6.7.2.2 候选检测品种纯化、扩繁与保存

候选检测品种经过主鉴圃和辅鉴圃初筛和复筛选择的单穗，在重点筛选年份每个品种挑选 40 粒饱满种子单繁单收。单繁期间出现杂株的品种，首先去杂去劣，成熟后首先采收能代表候选检测品种性状的单穗留种，剩余部分按编号全收。然后将收获的种子浸入浓度为 1.08~1.10°Bé 的盐水中搅拌，捞出盐水表层的秕谷、病粒和杂质，将下沉底部的种子装入纱网袋用清水充分漂洗，然后将水选后的种子浸入 0.5%高锰酸钾溶液中浸泡消毒 1h，取出用流水冲洗 2~3 次，晒干、保存备用。

6.7.2.3 候选检测品种预播种

一般在实验当年 1~2 月进行。其预播程序：第一，裁剪种植纸成 12.5cm×50cm 条状规格，数量根据实验设计要求确定。第二，安装吸气式播种器，每次按 10 个品种连号顺序将种子分别倒入震动槽内的 10 个小格。第三，取一张裁好的种植纸铺平，用毛刷刷上稀糨糊。第四，播种。开电源，用吸种针将种子吸起转移至纸条上，每张纸条播 10 个品种，每个品种播 5 粒种子，另取单层草纸对齐贴在播好种子的纸条上，播种纸条编号、晒干或晾干备用。

6.7.2.4 大棚整理、整地、播种与育苗

每年 3 月初整理维修大棚，育秧池施复合肥（N-P-K=16-16-16）40kg/亩做底肥，翻挖田土；3 月下旬灌水、平厢面。先播诱发品种，诱发品种出苗定株后再播候选检测品种；4 月初按设计要求播候选检测品种。将纸条按编号贴于厢面，用滚刷按压抚平，覆盖细土，插上标签。

播种后保持厢面湿润，厢沟有水，一叶一心后厢面灌水，苗期酌施氮肥，在接种前 3~4d 再增施 1 次氮肥，使秧苗生长嫩绿，避免过老或批叶。幼苗在 3~4 叶期（不完全叶在外）喷雾接种。整过育苗过程注意防虫、除草，但禁用植物生长调节剂和杀菌剂。同时防

止鼠、鸟、畜、禽等对试验的为害。

6.7.2.5 单孢菌株活化、扩繁与诱导产孢

一般播种后10d左右开始菌株培养。将保存的菌株取出，在室温下静置，待温度恒定后，打开保存容器。取一片滤纸或少许基质载体接种到番茄燕麦培养基上，28℃下黑暗培养，5~7d后观察记录菌株存活情况。

诱导产包所采用培养基质为易感稻瘟病水稻品种稻草节，将稻草节剪成1cm长小段，用容积为500mL的聚碳酸酯（PC）塑料培养瓶分装，每瓶分装5g，加入15mL浓度为1.67%的蔗糖溶液，混匀，湿热灭菌30min，自然冷却。然后挑取活化菌落边缘健壮菌丝，转接至稻草节中，一个菌株接种一瓶，28℃黑暗培养12d，期间每天摇动1次，促进菌丝均匀迅速生长。当菌丝布满稻草节后，向培养瓶中倒入100mL无菌水，震荡，将稻草节表面气生菌丝洗掉，每瓶重复洗3次，用纱布封口沥干，然后轻轻摇动培养瓶，使稻草节平铺在瓶底，尽量不要堆叠，虚盖上瓶盖，温度25℃，黑光灯照射，继续培养3d后稻草节表面即有大量分生孢子产生，待用。

6.7.2.6 喷雾前准备工作

接种前3~5d：第一，按照系统圃建设技术规程中工程技术标准安装单孢鉴定小棚；第二，安装自制喷雾装置；第三，选择接种日期，最好是阴凉的雨天进行接种。

接种前1~2d：病圃灌水保持秧面水深3~5cm。

6.7.2.7 喷雾接种与管理

（1）接种当天

第一，封闭大棚四周遮阳网和薄膜。第二，接种大棚地表灌水湿透，整个空间定时迷雾增湿，保持整个大棚相对湿度100%。第三，配制菌液。通过肉眼和显微镜观察各菌株的产孢情况，挑选产孢量符合标准的菌株使用0.02%的吐温20溶液配制孢子悬浮液。其配制方法：首先用蒸馏水配制0.02%的吐温20溶液；然后向产孢的培养瓶中倒入300mL吐温20溶液，振荡洗脱孢子，取样镜检，100倍视野下统计孢子个数。第四，喷雾接种。利用自制喷雾装置将菌液均匀喷施于小区内水稻叶片上，每个小区约接种菌液300mL。

（2）接种48h内

封闭大棚四周遮阳网和薄膜，保持大棚内内湿度100%，温度24~27℃，不能超过28℃。

（3）接种48h后

打开大棚四周遮阳网和薄膜，保持温度20~30℃，湿度保持在50%以上。接种后7~10d即可在叶片上发现感病病斑。

6.7.2.8 调查记载内容

调查时期：叶瘟调查2次。在病圃发现诱发品种或者其他品种叶瘟发病达7级或以上时进行首次调查，7~10d后调查第2次。

取样方法：全部5株秧苗。

调查对象：单株（穴）中发病最严重的稻叶。

分级标准：按照全程监控的概念与定义规范图1~图23中水稻叶瘟发生症状及其分级标准和表1水稻叶瘟单叶调查分级标准的规定调查记载。

记载项目：按照全程监控的概念与定义规范表2水稻叶瘟单叶调查记载表的规定记载发病最严重3片叶的病级。

6.7.2.9 大棚病残体处理

根据试验需要采集相关小区内某个和多个候选检测品种的感病叶片，用牛皮纸袋封装，登记接种菌株名和候选检测品种代号，干燥密封保存备用。

试验结束后将秧苗用剪刀剪取感病叶片，将各小区采集到的叶片混合均匀，用0.02%吐温溶液搓洗，洗脱病叶孢子，双层纱网袋过滤，用机动喷雾器将滤液喷洒至辅鉴圃；剩余残体全部拔起，带出大棚外处理；然后封闭大棚2个月左右，利用夏季高温高湿将稻瘟病菌杀死，待下一轮试验再用。

6.7.3 数据整理

首先，按照全程监控的概念与定义规范基本计算公式（1）统计叶瘟平均病级及其抗级，然后选择两次调查中最高抗级作为依据，根据全程监控的概念与定义规范表5水稻叶瘟群体抗性评价标准中抗感代表值分级标准整理稻瘟病候选检测品种抗谱分布表4。

表4 水稻品种稻瘟病抗谱分布表

水稻品种代号	参试菌株代号									感病频次
	J001	J002	J003	J004	J005	J006	J007	J008	……	
P001	1	1	1	1	1	1	1	1	1	
P002	1	1	1	1	1	1	1	1	1	
P003	1	0	1	1	1	1	1	1	1	
P004	1	1	1	1	1	1	1	0	1	
P005	1	1	1	0	1	1	0	0	1	
P006	1	1	1	1	1	1	1	0	1	
P007	1	1	0	0	1	0	0	0	1	
P008	1	1	1	1	1	1	1	1	1	
……	0	1	1	1	1	1	1	1	1	
致病频次										

6.7.4 鉴定结果分析

利用电子表格进行候选检测品种抗谱排列。其分析方法：第一，按候选检测品种感病频次由低到高纵向排列。第二，按单孢菌株致病频次由低到高横向排列。第三，再以候选检测品种抗谱和感病频次为依据，淘汰抗谱相同的候选检测品种，通过叶瘟抗谱检测结果筛选不同抗谱的候选检测品种。

6.7.5 抗性结论评价

6.7.5.1 抗性评价指标

候选检测品种的抗谱和感病频次以及系列检测品种筛选标准。

6.7.5.2 抗性评价结论检验

系统圃诱发品种叶瘟抗级>7级时，则认为该病圃当年抗性鉴定结果有效。只有有效病圃的鉴定结果才能作为抗性评价依据使用。

6.7.5.3 抗性评价结论利用

通过系统圃抗谱检测结果筛选不同抗谱的候选检测品种。为筛选活化品种、监测品种、指示品种和诱发品种提供抗谱依据。

6.7.6　撰写候选检测品种系统圃抗谱检测报告

根据系统圃抗谱检测结果和系列检测品种选择标准综合分析评价确定活化品种、指示品种、监测品种和诱发品种名录。

6.8　系统圃抗谱扩测

6.8.1　病圃设计

同 6.7.1 病圃设计。

6.8.2　操作过程

同 6.7.2 操作过程。

6.8.3　数据整理

同 6.7.3 数据整理。

6.8.4　鉴定结果分析

同 6.7.4 鉴定结果分析

6.8.5　抗性结论评价

同 6.7.5 抗性结论评价。

6.8.6　撰写候选检测品种系统圃抗谱扩测报告

根据叶瘟系统圃抗谱检测结果和系列检测品种选择标准综合分析评价进一步确定活化品种、指示品种、监测品种和诱发品种名录。

6.9　撰写系列检测品种筛选汇总报告

根据 5 年主鉴圃、辅鉴圃和系统圃鉴定筛选结果，按照系列检测品种筛选标准分别确定诱发品种、指示品种、活化品种和监测品种的数量和稻类型。

6.10　系列检测品种功能性测试

监测品种在系统圃测试，活化品种在活化圃测试，诱发品种在系统圃、活化圃、主鉴圃和辅鉴圃测试，指示品种在主鉴圃和辅鉴圃测试。5 年以上测试结果确定各系列检测品种名录。

稻瘟病全谱生态模式菌群构建技术规程

1 范围

本标准规定了稻瘟病全谱生态模式菌群构建的有关定义、鉴定方法与选择标准。

本标准适用于稻瘟病全谱生态模式菌群构建。

2 引用标准

自主研发。

3 术语和定义

下列术语和定义适用于本标准。

稻瘟病全谱生态模式菌群：在特定生态稻区内通过稻瘟病单孢致病型监测及其相关数据分析，选择的代表该生态稻区稻瘟病菌种群综合致病力的不同致病型菌株组成的群体。

稻瘟病菌种群综合致病力：在特定生态稻区内稻瘟病菌种群不同菌株致病谱总和。

稻瘟病菌株致病谱：稻瘟病菌单孢菌株对不同抗性水稻监测品种致病反应的分布规律。

稻瘟病菌株致病型：稻瘟病菌株致病谱不同的单孢菌株。

稻瘟病菌株致病频率：稻瘟病菌单孢菌株感染水稻监测品种的数量占监测品种总数之百分比。

4 构建方法

4.1 构建机构

由主鉴机构负责构建。

4.2 病圃选择

每个生态稻区的系统圃。

4.3 检测品种选择

监测品种和诱发品种。

4.4　稻瘟病菌株选择

从该生态稻区不同病区病标样分离培养的单孢菌株。

4.5　构建年限

逐年进行初测和复测。

5　操作规程

5.1　病圃设计

系统圃设计：系统圃建设独立智能温网室大棚，大棚内搭建独立单孢鉴定小棚，每个单孢鉴定小棚接种一个单孢菌株。病圃内监测品种顺序排列，不设重复，每个品种播种 1 行，5 穴，每穴播 1 粒种子，株行距为 2.5cm×5cm，每排宽 10cm，每两排间距 10cm 播插 1 行‘丽江新团黑谷’共计 30cm 组成一厢，厢间和四周走道 30cm。详见全程监控核心技术研究进展图 1。

5.2　操作过程

5.2.1　病菌的采集、分离与保存

病标样采集地点：根据该稻区稻瘟病生态区划研究结果，在不同区域选择发病较为频繁和严重的稻田建立病圃，每个病圃种植一组候选检测品种，连同当地推广种植品种一起成为采集病标样的重点取样地点，其他发病地点一并采集。

病标样采集方法：可在穗瘟发病初期采集病穗颈和病茎秆或者在叶瘟发病盛期采集典型叶瘟病斑的病叶，每个品种或取样点采集 3~10 个。病穗颈和病茎秆保留病症部，标样长度 20cm，装入纱网袋中，病叶保留全叶装入牛皮纸袋中，同时注明采集时间、地点和采集人，知道寄主名称或代号的也要标注。然后带回实验室阴凉处风干或放入玻璃干燥器利用硅胶干燥备用。特别注意，叶瘟标样保存时间较短，采集后应尽快分离。

病标样分离方法：病菌纯化采用单孢分离法。先修剪整理标样，保存病标样长度一致，用无氯清水浸泡 8~12h，取出后用自来水刷洗，除去表面菌丝、孢子和灰尘，再用无菌水冲洗 2 次，病叶搓卷成索状，尽量让病斑外露。然后将标样搁置在灭菌培养皿中滤纸做成的小支架上。每皿放置同类标样 3~5 个，培养皿上标注标样代号和处理时间，然后放置 28℃霉菌培养箱保湿培养，诱导分生孢子产生。1~2d 后即可进行挑取单孢工作。分离单孢时将标本固定在显微镜的载物台上，先在酒精灯上灼烧挑针，然后将挑针固定在玻片夹上。100 倍视野下，移动玻片夹用挑针直接在标本上轻轻挑取单个稻瘟病孢子，然后移开挑针，用小块灭菌的水琼脂将针尖上的孢子粘下，放到番茄燕麦平板培养基中培养，再次灼烧挑针消毒准备挑取下一个单孢，每个标本分离 3 个以上单孢。该过程在超净工作台上完成。

菌株保存方法：菌株保存方法有两种。一是滤纸片保存：将滤纸剪成约 0.5cm×0.5cm 大小的碎片，灭菌，然后铺在平板培养基表面，接种，培养。待菌丝布满滤纸片后，将滤纸片收起，放入 2mL 离心管，敞开管口，放入牛皮纸袋，再将牛皮纸袋放入玻

璃干燥器干燥，待滤纸片完全干燥后密封-20℃保存。该方法保存的菌种，在多年后仍有活力。二是稻草节保存：将稻草节用粉碎机粉碎，灭菌，然后铺在平板培养基表面，接种，培养。处理方法同上。

5.2.2　监测品种纯化、扩繁与保存

监测品种每年每个品种挑选具有该品种代表性的单株单繁单收。单繁期间出现杂株的品种，首先去杂去劣，成熟后首先采收能代表该品种性状的单穗留种，剩余部分按编号全收。然后将收获的种子浸入浓度为1.08~1.10°Bé的盐水中搅拌，捞出盐水表层的秕谷、病粒和杂质，将下沉底部的种子装入纱网袋用清水充分漂洗，然后将水选后的种子浸入0.5%高锰酸钾溶液中浸泡消毒1h，取出用流水冲洗2~3次，晒干、保存备用。

5.2.3　监测品种预播种

一般在实验当年1~2月进行。其预播程序：第一，裁剪种植纸成12.5cm×50cm条状规格，数量根据实验设计要求确定。第二，安装吸气式播种器，每次按10个品种连号顺序将种子分别倒入震动槽内的10个小格。第三，取一张裁好的种植纸铺平，用毛刷刷上稀糨糊。第四，播种。开电源，用吸种针将种子吸起转移至纸条上，每张纸条播10个品种，每个品种播5粒种子，另取单层草纸对齐贴在播好种子的纸条上，播种纸条编号、晒干或晾干备用。

5.2.4　大棚整理、整地、播种与育苗

每年3月初整理维修大棚，育秧池施复合肥（N-P-K=16-16-16）40kg/亩做底肥，翻挖田土；3月下旬灌水、平厢面。先播诱发品种，诱发品种出苗定株后再播监测品种；4月初按设计要求播监测品种。将纸条按编号贴于厢面，用滚刷按压抚平，覆盖细土，插上标签。

播种后保持厢面湿润，厢沟有水，一叶一心后厢面灌水，苗期酌施氮肥，在接种前3~4d再增施一次氮肥，使秧苗生长嫩绿，避免过老或批叶。幼苗在3~4叶期（不完全叶在外）喷雾接种。整过育苗过程注意防虫、除草，但禁用植物生长调节剂和杀菌剂。同时防止鼠、鸟、畜、禽等对试验的为害。

5.2.5　单孢菌株活化、扩繁与诱导产孢

一般播种后10d左右开始菌株培养。将保存的菌株取出，在室温下静置，待温度恒定后，打开保存容器。取一片滤纸或少许基质载体接种到番茄燕麦培养基上，28℃下黑暗培养，5~7d后观察记录菌株存活情况。

诱导产包所采用培养基质为易感稻瘟病水稻品种稻草节，将稻草节剪成1cm长小段，用容积为500mL的PC塑料培养瓶分装，每瓶分装5g，加入15ml浓度为1.67%的蔗糖溶液，混匀，湿热灭菌30min，自然冷却。然后挑取活化菌落边缘健壮菌丝，转接至稻草节中，一个菌株接种一瓶，28℃黑暗培养12d，期间每天摇动1次，促进菌丝均匀迅速生长。当菌丝布满稻草节后，向培养瓶中倒入100mL无菌水，震荡，将稻草节表面气生菌丝洗掉，每瓶重复洗3次，用纱布封口沥干，然后轻轻摇动培养瓶，使稻草节平铺在瓶底，尽量不要堆叠，虚盖上瓶盖，温度25℃，黑光灯照射，继续培养3d后稻草节表面即有大量分生孢子产生，待用。

5.2.6　喷雾前准备工作

5.2.6.1　接种前3~5d

第一，按照系统圃建设技术规程中工程技术标准安装单孢鉴定小棚。第二，安装自制喷雾装置。第三、选择接种日期，最好是阴凉雨天进行接种。

5.2.6.2　接种前1~2d

病圃灌水保持秧面水深3~5cm。

5.2.7　喷雾接种与管理

5.2.7.1　接种当天

第一，封闭大棚四周遮阳网和薄膜。第二，接种大棚地表灌水湿透，整个空间定时迷雾增湿，保持整个大棚相对湿度100%。第三，配制菌液。通过肉眼和显微镜观察各菌株的产孢情况，挑选产孢量符合标准的菌株使用0.02%的吐温20溶液配制孢子悬浮液。其配制方法：首先用蒸馏水配制0.02%的吐温20溶液；然后向产孢的培养瓶中倒入300mL吐温20溶液，振荡洗脱孢子，取样镜检，100倍视野下统计孢子个数。第四，喷雾接种。利用自制喷雾装置将菌液均匀喷施于小区内水稻叶片上，每个小区约接种菌液300mL。

5.2.7.2　接种48h内

封闭大棚四周遮阳网和薄膜，保持大棚内内湿度100%，温度24~27℃，不能超过28℃。

5.2.7.3　接种48h后

打开大棚四周遮阳网和薄膜，保持温度20~30℃，湿度保持在50%以上。接种后7~10d即可在叶片上发现感病病斑。

5.2.8　调查记载内容

调查时期：叶瘟调查2次。在病圃发现诱发品种或者其他品种叶瘟发病达7级或以上时进行首次调查，7~10d后调查第二次。

取样方法：全部5株秧苗。

调查对象：单株（穴）中发病最严重的稻叶。

分级标准：按照全程监控的概念与定义规范图1~图22中水稻叶瘟发生症状及其分级标准和表1水稻叶瘟单叶调查分级标准的规定调查记载。

记载项目：按照全程监控的概念与定义规范表2水稻叶瘟单叶调查记载表的规定记载发病最严重3片叶的病级。

5.2.9　大棚病残体处理

根据试验需要采集相关小区内某个和多个监测品种的感病叶片，用牛皮纸袋封装，登记接种菌株名和候选检测品种代号，干燥密封保存备用。

试验结束后将秧苗用剪刀剪取感病叶片，将各小区采集到的叶片混合均匀，用0.02%吐温溶液搓洗，洗脱病叶孢子，双层纱网袋过滤，用机动喷雾器将滤液喷洒至辅鉴圃；剩余残体全部拔起，带出大棚外处理；然后封闭大棚2个月左右，利用夏季高温高湿将稻瘟病菌杀死，待下一轮试验再用。

5.3　数据整理

首先，按照全程监控的概念与定义规范基本计算公式（1）统计叶瘟平均病级及其抗级，然后选择两次调查中最高抗级作为依据，根据表5水稻叶瘟群体抗性评价标准中抗感代表值分级标准整理成稻瘟病单孢菌株致病谱分布表。详见表1。

表 1　稻瘟病单孢菌株致病谱分布表

参试菌株代号	监测品种代号									致病频次
	P001	P002	P003	P004	P005	P006	P007	P008	……	
J001	1	1	1	1	1	1	1	1	1	
J002	1	1	1	1	1	1	1	1	1	
J003	1	0	1	1	1	1	1	1	1	
J004	1	1	1	1	1	1	1	0	1	
J005	1	1	1	0	1	1	0	0	1	
J006	1	1	1	1	1	1	1	0	1	
J007	1	1	0	0	1	0	0	0	1	
J008	1	1	1	1	1	1	1	1	1	
……	0	1	1	1	1	1	1	1	1	
感病频次										

5.4　鉴定结果分析

利用电子表格进行稻瘟病全谱生态模式菌群分析。第一，按单孢菌株致病频次由低到高纵向排列。第二，按监测品种的感病频次由低到高横向排列。第三，以致病频次最高的菌株为基础，按照监测品种感病频次低于 5 的菌株全部当选，高于 5 的至少满足 5 频次的分析方法，确定稻瘟病全谱生态模式菌株。第四，淘汰致病型完全一致的稻瘟病全谱生态模式菌株后，确定稻瘟病全谱生态模式菌群组成菌株，同时以最少全谱生态模式菌株组成核心菌群。

5.5　抗性结论评价

5.5.1　抗性评价指标

单孢菌株的致病谱和致病频次、监测品种的感病频次以及广谱致病菌株和特异致病菌株致病谱的互补性和重复性。

5.5.2　抗性评价结论检验

系统圃诱发品种叶瘟抗级>7 级时，则认为该病圃当年抗性鉴定结果有效。只有有效病圃的鉴定结果才能作为抗性评价依据使用。

5.5.3　抗性评价结论利用

构建稻瘟病全谱生态模式菌群。其应用价值不仅能可降低筛选水稻持久抗病品种、发掘广谱抗病基因的鉴定与评价成本，而且可显著提高其鉴定与评价的科学性和精确性。

5.6　撰写稻瘟病全谱生态模式菌群构建报告

根据系统圃监测结果和稻瘟病全谱生态模式菌群构建方法确定稻瘟病全谱生态模式菌群的组成菌株和核心菌株。

稻瘟病全谱生态模式菌株致病性活化技术规程

1　范围

本标准规定了稻瘟病全谱生态模式菌株致病性活化技术的有关定义、鉴定方法与选择标准。

本标准适用于稻瘟病全谱生态模式菌株致病性活化与保存。水稻品种抗谱检测可参考该标准执行。

2　引用标准

自主研发。

3　术语和定义

下列术语和定义适用于本标准。

稻瘟病全谱生态模式菌株：在特定生态稻区内通过稻瘟病单孢致病型监测及其相关数据分析，选择的代表该生态稻区稻瘟病菌种群综合致病力的不同致病型菌株。

稻瘟病全谱生态模式菌株致病性活化技术：通过单孢接种鉴定法定期将稻瘟病全谱生态模式菌株分别接种于对应的活化品种，让其发病，以保持模式菌株致病稳定性的一项技术措施。

4　活化方法

4.1　活化机构

由主鉴机构负责筛选。

4.2　病圃选择

每个生态稻区的活化圃。

4.3　检测品种选择

活化品种和诱发品种。

4.4 稻瘟病菌株选择

稻瘟病全谱生态模式菌株。

4.5 活化年限

逐年进行。

5 操作规程

5.1 病圃设计

活化圃设计：活化圃建设独立小温网室，每个独立小温网室接种一个单孢菌株。病圃内选择 2 个活化品种和 3～5 个诱发品种，每个活化品种栽插 1 排，由 *X* 穴（4 行×*N* 穴）组成，株行距为 13.3cm×20cm，每穴栽 1 粒谷苗。每两排活化品种间栽插 3 行混合诱发品种，连同两排活化品种共 11 行，合并为一厢，两侧栽 2 行混合诱发品种作保护行，病圃混合诱发行中均匀扦插单孢病稻节。详见全程监控核心技术研究进展图 2。

5.2 生态模式菌株的选择

根据上年度稻瘟病全谱生态模式菌群监测结果，确定当年人工接种所需生态模式菌株种类和数量。

5.3 活化品种纯化、扩繁与保存

活化品种每年每个品种挑选具有该品种代表性的单株单繁单收。单繁期间出现杂株的品种，首先去杂去劣，成熟后首先采收能代表该品种性状的单穗留种，剩余部分按编号全收。然后将收获的种子浸入浓度为 1.08～1.10°Bé 的盐水中搅拌，捞出盐水表层的秕谷、病粒和杂质，将下沉底部的种子装入纱网袋用清水充分漂洗，然后将水选后的种子浸入 0.5%高锰酸钾溶液中浸泡消毒 1h，取出用流水冲洗 2～3 次，晒干、保存备用。

5.4 栽培管理

5.4.1 分种

确定所需活化品种种类和数量，然后分装纱网袋、编号，然后晒种备用。

5.4.2 做秧田

首先根据不同病圃要求确定播种日期。秧田在播种前 10～15d 整田浸泡；播种前 4～5d 第二次整田平田；播种前 2～3d 做秧田。秧田围沟、厢沟畅通，厢宽 110～150cm，沟宽 60cm，厢面保持平整湿润；播种前 1d 进行条播分区，条长和条宽根据种子量确定，条间间距 10～30cm；然后按顺序插号码牌备用。

5.4.3 催芽播种

最好选择晴天播种，利用纱网袋浸种催芽，待破口时按顺序条播。条长和条宽根据种子量确定，条间间距 10～30cm，播种量约 50g/m^2 或 2 500 粒/m^2。播完后压谷、喷药、插竹弓、覆膜管理。诱发品种同步播种。

5.4.4　育苗管理

采用小拱棚保温育苗技术管理，整个管理按培育带蘖壮秧方法进行。

5.4.5　移栽前工作

活化圃在移栽前 10~15d 施复合肥（N-P-K=16-16-16）40kg/亩做底肥，整田浸泡；移栽前 3~4d 第二次整田平田，同时秧田编插移栽顺序号；移栽前 1d 活化圃划行、用麦草节或其他秸秆按病圃设计分区、顺序插号码牌，同时秧田安排顺序扯秧扎号码牌、校对、装框、运输。

5.4.6　移栽

适宜秧龄移栽。先插诱发品种分隔，然后对号排秧，校对后栽插，多余秧苗和标签牌寄插在第一行和第二行空白处。栽插完后检查是否错插和漏插。

5.4.7　病圃管理

移栽后应及早进行查苗补缺，同时按病圃设计方案插病稻节。根据病圃田块土质、肥力等状况，按当地丰产田标准加强管理，注意防虫、除草，但禁用植物生长调节剂和杀菌剂。试验过程中肥、水管理应及时，可酌情增施氮肥，尽量创造发病条件。同时防止鼠、鸟、畜、禽等对试验的为害。

5.5　叶瘟喷雾接种

5.5.1　确定接种适期

一般选择移栽后 15~20d，水稻分蘖中期进行。

5.5.2　模式菌株活化、扩繁与诱导产孢

一般移栽前 5d 开始菌株培养。将保存的菌株取出，在室温下静置，待温度恒定后，打开保存容器。取一片滤纸或少许基质载体接种到番茄燕麦培养基上，28℃下黑暗培养，5~7d 后观察记录菌株存活情况。

诱导产包所采用培养基质为易感稻瘟病水稻品种稻草节，将稻草节剪成 1cm 长小段，用容积为 500mL 的聚碳酸酯（PC 塑料）培养瓶分装，每瓶分装 5g，加入 15mL 浓度为 1.67%的蔗糖溶液，混匀，湿热灭菌 30min，自然冷却。然后挑取活化菌落边缘健壮菌丝，转接至稻草节中，一个菌株接种一瓶，28℃黑暗培养 12d，期间每天摇动 1 次，促进菌丝均匀迅速生长。当菌丝布满稻草节后，向培养瓶中倒入 100mL 无菌水，震荡，将稻草节表面气生菌丝洗掉，每瓶重复洗 3 次，用纱布封口沥干，然后轻轻摇动培养瓶，使稻草节平铺在瓶底，尽量不要堆叠，虚盖上瓶盖，温度 25℃，黑光灯照射，继续培养 3d 后稻草节表面即有大量分生孢子产生，待用。

5.5.3　配制菌液

通过肉眼和显微镜观察各菌株的产孢情况，挑选产孢量符合标准的菌株使用 0.02%的吐温 20 溶液配制孢子悬浮液。其配制方法：首先用蒸馏水配制 0.02%的吐温 20 溶液；然后向产孢的培养瓶中倒入 300mL 吐温 20 溶液，振荡洗脱孢子，取样镜检，100 倍视野下统计孢子个数。

5.5.4　喷雾接种与管理

一般选择阴凉雨天进行接种。接种前一天病圃灌水保持秧面水深 3cm~5cm；接种当天遮阳，接种大棚地表灌水湿透，整个空间定时迷雾增湿，保持整个大棚相对湿度 100%，然后利用自制喷雾装置将菌液均匀喷施于小区内水稻叶片上，每个平方米约接种菌液 100mL。

最后闭棚，保持棚内温度在 24~27℃，不能超过 28℃；48h 后取下遮阳网，后期保持温度 20~30℃，湿度保持在 50%以上；接种后 7~10d 即可在叶片上发现感病病斑。

5.6 病菌再浸染管理

5.6.1 菌株回收

第一次接种发病后，每个活化病圃按叶瘟病标样采集方法采集诱发品种和活化品种感病叶片。采集数量由叶瘟发病过程决定，总体要求控制病圃内叶瘟群体抗级≤5 级。采集后用牛皮纸袋封装，登记模式菌株和活化品种名称，干燥密封保存备用。特别注意，叶瘟标样保存时间较短，采集后应尽快分离。

5.6.2 再浸染管理

为了保持病圃叶瘟发病的可持续性和可控性，当病圃诱发品种叶片无病斑时，可回收的病叶菌株保湿培养后，用 0.02%吐温 20 溶液搓洗，洗脱病叶孢子，双层纱网袋过滤后继续喷雾补接后期秧苗。

5.7 穗瘟接种

5.7.1 选择待接种的独立活化圃

根据接种适期确定待接种独立活化圃及其配套模式菌株培养时间。

5.7.2 模式菌株活化、扩繁与诱导产孢

一般在孕穗初期开始菌株培养。其模式菌株活化、扩繁与诱导产孢方法同 5.5.2 模式菌株活化、扩繁与诱导产孢。

5.7.3 配制菌液

通过肉眼和显微镜观察各菌株的产孢情况，然后挑选模式菌株使用磷酸缓冲盐溶液（PBS）配制 100 倍视野下 20 个孢子的缓冲孢子溶液，放置 4℃低温保存备用。

5.7.4 注射接种

接种时期：破口期至见穗期

接种部位：幼嫩穗颈部

接种菌液浓度和用量：100 倍视野下孢子个数 20 个以上，每穗接种菌液 1 滴，最多 0.5mL。

接种方法：使用自制注射装置，用见穗穗长比较确定接种部位后，从破口正面倾斜注射菌液。

5.7.5 接种后病圃管理

按水稻高产栽培技术管理。

5.8 病穗采集与大棚清理

5.8.1 病穗采集与保存

每个活化病圃按栽插接种穗瘟病标样采集方法采集所有诱发品种和活化品种感病穗颈。病穗颈在穗瘟发病初期采集，保留病症部，标样长度 20cm，装入纱网袋中，同时登记模式菌株和活化品种名称，注明采集时间、地点和采集人。然后带回实验室阴凉处风干或放入玻璃干燥器利用硅胶干燥备用。

5.8.2　病圃稻残体处理

随后将大棚内水稻收获，运出病鉴大棚，销毁或留做他用，同时将小区内秧苗残渣捞出，带离大棚深埋，并进行彻底冲洗，封闭大棚，消毒灭菌。铲除大棚四周杂草，清除稻瘟病菌寄主。待下一轮试验再用。

完成上述工作后，撰写稻瘟病全谱生态模式菌株致病性活化汇总报告。

稻瘟病抗源筛选与评价技术规程

1 范围

本标准规定了稻瘟病抗源筛选与评价的有关定义、鉴定方法与选择标准。本标准适用于稻瘟病抗源筛选与评价。

2 引用标准

自主研发。

3 术语和定义

下列术语和定义适用于本标准。

3.1 稻瘟病抗源

特指对稻瘟病具有一定抵抗能力的常规水稻品种资源。

3.2 叶瘟

水稻三叶期以后叶片、叶枕或叶鞘上发生稻瘟病症状的总称。

3.3 穗瘟

水稻抽穗后穗颈、主轴、枝梗、谷粒以及茎秆和稻节上发生稻瘟病症状的总称。

4 筛选方法

4.1 筛选机构

由主鉴机构负责筛选。

4.2 病圃选择

每个生态稻区的活化圃、主鉴圃和辅鉴圃。

4.3 检测品种选择

诱发品种和指示品种。

4.4　稻瘟病菌株选择

主鉴圃和辅鉴圃菌株由该病圃上年度菌源、生态稻区上年度菌源以及稻瘟病全谱生态模式菌株组成；活化圃选择稻瘟病全谱生态模式菌株。

4.5　筛选年限

5个生产周期以上。第一年进行主鉴圃和辅鉴圃初筛；第二年进行主鉴圃和辅鉴圃复筛；第三年进行主鉴圃和辅鉴圃重点筛选；第四年主鉴圃和辅鉴圃两期播种初筛和活化圃抗谱检测；第五年主鉴圃两期播种复筛和活化圃抗谱扩测。

5　操作规程

5.1　收集常规水稻品种资源

广泛收集各种常规水稻品种资源，包括不同稻区、不同类型、不同熟期和不同抗性的水稻品种资源，数量越多越好。

5.2　主鉴圃和辅鉴圃初筛

5.2.1　病圃设计

主鉴圃和辅鉴圃田间设计：参鉴材料顺序排列，不设重复，每份材料由20穴（4行×5穴）组成一个鉴定小区，株行距为13.3cm×20cm，每穴栽1粒谷苗。鉴定小区垂直两侧各栽4穴‘丽江新团黑谷’，每两排鉴定小区间栽3行混合诱发品种，连同两排鉴定小区共11行，合并为一厢，厢宽200cm，厢间走道60cm，两侧走道40cm。病圃栽一组指示品种，四周栽3~5行混合诱发品种作保护行，病圃混合诱发行中均匀扦插病稻节。具体详见全程监控核心技术研究进展图3。

5.2.2　栽培管理

5.2.2.1　分种

种子收集、登记、排序、清理空瘪粒、分装小纸袋、编号，然后晒种备用。

5.2.2.2　做秧田

首先按实验计划确定播种日期。秧田在播种前10~15d整田浸泡；播种前4~5d第二次整田平田，播种前2~3d做秧田。秧田围沟、厢沟畅通，厢宽110~150cm，沟宽60cm，厢面保持平整湿润；播种前1d进行条播分区，条长和条宽根据种子量确定，条间间距10~30cm；然后按顺序插号码牌、插竹弓、覆膜备用。

5.2.2.3　播种

选择晴天播种哑谷。播种前揭开覆膜，按顺序条播。播种量约50g/m^2或2 500粒/m^2。播完后压谷、喷药、覆膜管理。指定指示品种和诱发品种同步播种。

5.2.2.4　育苗管理

采用小拱棚保温育苗技术管理，整个管理按培育带蘖壮秧方法进行。

5.2.2.5　移栽前工作

试验田在移栽前10~15d整田浸泡；移栽前3~4d第二次整田平田，同时秧田编插移栽顺序号；移栽前1d试验田划行、用麦草节或其他秸秆按病圃设计分区、顺序插号码牌，同时秧田安排顺序扯秧扎号码牌、校对、装框、运输。

5.2.2.6 移栽

适宜秧龄移栽。先插诱发品种分隔，然后对号排秧，校对后栽插，多余秧苗和标签牌寄插在第一行和第二行空白处。栽插完后检查是否错插和漏插。

5.2.2.7 病圃管理

移栽后应及早进行查苗补缺，同时按病圃设计方案插病稻节。根据病圃田块土质、肥力等状况，按当地丰产田标准加强管理，注意防虫、除草，但禁用植物生长调节剂和杀菌剂。试验过程中肥、水管理应及时，可酌情增施氮肥，尽量创造发病条件。同时防止鼠、鸟、畜、禽等对试验的为害。

5.2.3 调查记载内容

5.2.3.1 叶瘟调查与分级记载标准

调查时期：叶瘟调查2次。在病圃发现诱发品种或者其他品种叶瘟发病达7级或以上时进行首次调查；分蘖盛期至拔节阶段病害流行高峰期调查第二次。

取样方法：整个调查单元中全部20穴（株）。

调查对象：单株（穴）中发病最严重的稻叶。

分级标准：按照全程监控核心技术研究发展图1至图22中水稻叶瘟发生症状及其分级标准和全程监控核心技术研究发展表1水稻叶瘟单叶调查分级标准的规定调查分级。

记载项目：按照全程监控核心技术研究发展表2的规定记载发病最严重3片叶的病级。

5.2.3.2 穗瘟调查与分级记载标准

调查时期：穗瘟调查2次。穗瘟在黄熟初期（80%稻穗尖端5~10粒谷子进入黄熟时）进行首次调查，7~10d后调查第二次。

取样方法：随机调查的100穗，不足100穗者，查完全部稻穗。

调查对象：所有稻穗。

分级标准：按照全程监控的概念与规范图23~图40中水稻穗瘟发生症状及其分级标准和全程监控的概念与规范表3水稻穗瘟单穗调查分级标准的规定调查分级。

记载项目：按照全程监控的概念与规范表4的规定记载每穗穗瘟病级。

5.2.4 种子收获

选择有代表性抗病单株中的1~3个单穗收获种子，保存备用。

5.2.5 数据整理

按照全程监控的概念与规范基本计算公式（1）至公式（5）和全程监控的概念与规范表5水稻叶瘟群体抗性评价标准、表6水稻穗瘟损失率群体抗性评价标准、表7水稻穗瘟病穗率群体抗性评价标准、表8水稻品种稻瘟病抗性综合抗级评价标准分别统计叶瘟平均病级及其抗级、穗瘟损失率及其抗级、穗瘟病穗率及其抗级、综合指数以及最高叶瘟抗级、最高损失率抗级、最高病穗率抗级、抗性指数和综合抗级以及评价结论。

5.2.6 鉴定结果分析

首先根据病圃最高损失率抗级、最高叶瘟抗级、最高病穗率抗级和抗性指数按照全程监控的概念与规范表8水稻品种稻瘟病抗性综合抗级评价标准进行综合抗级评价；然后根据各参鉴材料综合抗级进行抗性等级评价，分别划分为高抗、抗病、中抗、中感、感病和高感6个类型。一年一圃、一年多圃、多年一圃和多年多圃的抗性评价结论均以有效主鉴圃和辅鉴圃最高综合抗级为评价指标；最后应用最高综合抗级或者最高抗性指数进行抗源品种资源淘汰。

5.2.7　抗性结论评价

5.2.7.1　抗性评价指标

综合抗级和抗性指数。

5.2.7.2　抗性评价结论检验

主鉴圃和辅鉴圃实行指示品种监测法检验制度。若指示品种穗瘟病穗率平均抗级>4.5时，则认为该病圃当年抗性鉴定结果有效。只有有效病圃的鉴定结果才能作为抗性评价依据使用。

5.2.7.3　抗性评价结论利用

初筛淘汰综合抗级为9级且抗性指数>5.0的品种资源。

5.2.8　撰写主鉴圃和辅鉴圃初筛报告

根据初筛结果确定进入复筛的品种名录。

5.3　主鉴圃和辅鉴圃复筛

5.3.1　病圃设计

同5.2.1病圃设计。

5.3.2　栽培管理

同5.2.2栽培管理。

5.3.3　调查记载内容

同5.2.3调查记载内容。

5.3.4　种子收获

同5.2.4种子收获。

5.3.5　数据整理

同5.2.5数据整理。

5.3.6　鉴定结果分析

同5.2.6鉴定结果分析。

5.3.7　抗性结论评价

5.3.7.1　抗性评价指标

同5.2.7.1抗性评价指标。

5.3.7.2　抗性评价结论检验

同5.2.7.2抗性评价结论检验。

5.3.7.3　抗性评价结论利用

复筛淘汰连续两年综合抗级均为9级的品种资源。

5.3.8　撰写主鉴圃和辅鉴圃复筛报告

根据复筛结果确定进入重点筛选的品种名录。

5.4　主鉴圃和辅鉴圃重点筛选

5.4.1　病圃设计

同5.2.1病圃设计。

5.4.2 栽培管理

同 5.2.2 栽培管理。

5.4.3 调查记载内容

同 5.2.3 调查记载内容。

5.4.4 种子收获

单独扩繁，去杂去劣后小区全收保存备用。

5.4.5 数据整理

同 5.2.5 数据整理。

5.4.6 鉴定结果分析

同 5.2.6 鉴定结果分析。

5.4.7 抗性结论评价

5.4.7.1 抗性评价指标

同 5.2.7.1 抗性评价指标。

5.4.7.2 抗性评价结论检验

同 5.2.7.2 抗性评价结论检验。

5.4.7.3 抗性评价结论利用

淘汰连续 3 年综合抗级≥7 级的品种资源。

5.4.8 撰写主鉴圃和辅鉴圃重点筛选报告

根据重点筛选结果确定进入主鉴圃和辅鉴圃分期播种筛选以及活化圃抗谱检测品种名录。

5.5 主鉴圃和辅鉴圃两期播种初筛

5.5.1 病圃设计

同 5.2.1 病圃设计。

5.5.2 栽培管理

同 5.2.2 栽培管理。

5.5.3 调查记载内容

同 5.2.3 调查记载内容。

5.5.4 种子收获

同 5.4.4 种子收获。

5.5.5 数据整理

除选择两期播种中最高抗级作为分析数据外，其他数据整理方法同 5.2.5 数据整理。

5.5.6 鉴定结果分析

同 5.2.6 鉴定结果分析。

5.5.7 抗性结论评价

5.5.7.1 抗性评价指标

同 5.2.7.1 抗性评价指标。

5.5.7.2 抗性评价结论检验

同 5.2.7.2 抗性评价结论检验。

5.5.7.3　抗性评价结论利用

淘汰综合抗级≥7 级的品种资源。

5.5.8　撰写主鉴圃和辅鉴圃两期播种初筛报告

根据主鉴圃和辅鉴圃两期播种初筛结果确定进入主鉴圃分期播种复筛以及活化圃抗谱扩测的品种名录。

5.6　主鉴圃两期播种复筛

5.6.1　病圃设计

同 5.2.1 病圃设计。

5.6.2　栽培管理

同 5.2.2 栽培管理。

5.6.3　调查记载内容

同 5.2.3 调查记载内容。

5.6.4　种子收获

同 5.4.4 种子收获。

5.6.5　数据整理

同 5.5.5 数据整理。

5.6.6　鉴定结果分析

同 5.2.6 鉴定结果分析。

5.6.7　抗性结论评价

同 5.5.7 抗性结论评价。

5.6.8　撰写主鉴圃两期播种复筛报告

根据主鉴圃两期播种复筛结果确定保留抗源名录。

5.7　活化圃抗谱检测

5.7.1　病圃设计

活化圃设计：活化圃建设独立小温网室，每个独立小温网室接种一个单孢菌株。病圃内栽插候选抗源和 3~5 个诱发品种，根据候选抗源品种数量确定每个候选抗源的栽插方式，每个候选抗源至少由 4 穴（4 行×1 穴）组成，株行距为 13.3cm×20cm，每穴栽 1 粒谷苗。每两排活化品种间栽插 3 行混合诱发品种，连同两排活化品种共 11 行，合并为一厢，两侧栽 2 行混合诱发品种作保护行，病圃混合诱发行中均匀扦插单孢病稻节。具体参考全程监控核心技术研究进展图 2。

5.7.2　生态模式菌株的选择

根据上年度稻瘟病全谱生态模式菌群监测结果，确定当年人工接种所需生态模式菌株种类和数量。

5.7.3　候选抗源扩繁与保存

第一年候选抗源成熟后单穗采收、晒干，第二年每个品种挑选 20 粒饱满种子播种扩繁，按高产栽培方式进行管理，生长期间及时去杂，成熟后首先采收能代表监测品种性状的单株留种，剩余部分按编号全收。然后将收获的种子浸入浓度为 1.08~1.10°Bé 的盐水中搅拌，捞出盐水表层的秕谷、病粒和杂质，将下沉底部的种子装入纱网袋用清水充分漂洗，然后将水选后的种子浸入0.5%高锰酸钾溶液中浸泡消毒1h，取出用流水冲洗2~3次，晒干、保存备用。

5.7.4 栽培管理

5.7.4.1 分种

确定候选抗源种类和数量，然后分装纱网袋、编号，然后晒种备用。

5.7.4.2 做秧田

首先根据不同病圃要求确定播种日期。秧田在播种前10~15d整田浸泡；播种前4~5d第二次整田平田；播种前2~3d做秧田。秧田围沟、厢沟畅通，厢宽110~150cm，沟宽60cm，厢面保持平整湿润；播种前1d进行条播分区，条长和条宽根据种子量确定，条间间距10~30cm；然后按顺序插号码牌备用。

5.7.4.3 催芽播种

最好选择晴天播种，利用纱网袋浸种催芽，待破口时按顺序条播。条长和条宽根据种子量确定，条间间距10~30cm，播种量约50g/m^2 或 2 500粒/m^2。播完后压谷、喷药、插竹弓、覆膜管理。诱发品种同步播种。

5.7.4.4 育苗管理

采用小拱棚保温育苗技术管理，整个管理按培育带蘖壮秧方法进行。

5.7.4.5 移栽前工作

活化圃在移栽前10~15d施复合肥（N-P-K=16-16-16）40kg/亩做底肥，整田浸泡；移栽前3~4d第二次整田平田，同时秧田编插移栽顺序号；移栽前1d活化圃划行、用麦草节或其他秸秆按病圃设计分区、顺序插号码牌，同时秧田安排顺序扯秧扎号码牌、校对、装框、运输。

5.7.4.6 移栽

适宜秧龄移栽。先插诱发品种分隔，然后对号排秧，校对后栽插，多余秧苗和标签牌寄插在第一行和第二行空白处。栽插完后检查是否错插和漏插。

5.7.4.7 病圃管理

移栽后应及早进行查苗补缺，同时按病圃设计方案插病稻节。根据病圃田块土质、肥力等状况，按当地丰产田标准加强管理，注意防虫、除草，但禁用植物生长调节剂和杀菌剂。试验过程中肥、水管理应及时，可酌情增施氮肥，尽量创造发病条件。同时防止鼠、鸟、畜、禽等对试验的为害。

5.7.5 叶瘟喷雾接种

5.7.5.1 确定接种适期

一般选择移栽后10~15d，水稻分蘖中期进行。

5.7.5.2 模式菌株活化、扩繁与诱导产孢

一般移栽前5d开始菌株培养。将保存的菌株取出，在室温下静置，待温度恒定后，打开保存容器。取一片滤纸或少许基质载体接种到番茄燕麦培养基上，28℃下黑暗培养，5~7d后观察记录菌株存活情况。

诱导产包所采用培养基质为易感稻瘟病水稻品种稻草节，将稻草节剪成1cm长小段，用容积为500mL的PC塑料培养瓶分装，每瓶分装5g，加入15mL浓度为1.67%的蔗糖溶液，混匀，湿热灭菌30min，自然冷却。然后挑取活化菌落边缘健壮菌丝，转接至稻草节中，一个菌株接种一瓶，28℃黑暗培养12d，期间每天摇动1次，促进菌丝均匀迅速生长。

当菌丝布满稻草节后，向培养瓶中倒入100mL无菌水，震荡，将稻草节表面气生菌丝洗掉，每瓶重复洗3次，用纱布封口沥干，然后轻轻摇动培养瓶，使稻草节平铺在瓶底，尽量不要堆叠，虚盖上瓶盖，温度25℃，黑光灯照射，继续培养3d后稻草节表面即有大量分生孢子产生，待用。

5.7.5.3　配制菌液

通过肉眼和显微镜观察各菌株的产孢情况，然后挑选不同模式菌株分别用蒸馏水配制0.02%的吐温20溶液，向产孢的培养瓶中倒入300mL吐温20溶液，振荡洗脱孢子，取样镜检，100倍视野下统计孢子个数。

5.7.5.4　喷雾接种与管理

一般选择阴凉的雨天进行接种。接种前一天病圃灌水保持秧面水深3~5cm；接种当天遮阳，接种大棚地表灌水湿透，整个空间定时迷雾增湿，保持整个大棚相对湿度100%，然后利用自制喷雾装置将菌液均匀喷施于小区内水稻叶片上，每个平方米约接种菌液100mL。最后闭棚，保持棚内温度在24~27℃，不能超过28℃；48h后取下遮阳网，后期保持温度20~30℃，湿度保持在50%以上；接种后7~10d即可在叶片上发现感病病斑。

5.7.5.5　叶瘟调查与分级记载标准

调查时期：叶瘟调查2次。在病圃发现诱发品种或者其他品种叶瘟发病达7级或以上时进行首次调查；分蘖盛期至拔节阶段病害流行高峰期调查第二次。

取样方法：调查单元中全部4株（穴）。

调查对象：单株（穴）中发病最严重的稻叶。

分级标准：按照全程监控的概念与定义规范图1~图22中水稻叶瘟发生症状及其分级标准和全程监控的概念与定义规范表1水稻叶瘟单叶调查分级标准的规定调查分级。

记载项目：按照全程监控的概念与定义规范表2的规定记载发病最严重3片叶的病级。

5.7.6　病菌再浸染管理

5.7.6.1　菌株回收

第一次接种发病后，每个活化病圃按叶瘟病标样采集方法采集诱发品种和活化品种感病叶片。采集数量由叶瘟发病过程决定，总体要求控制病圃内叶瘟群体抗级≤5级。采集后用牛皮纸袋封装，登记模式菌株和活化品种名称，干燥密封保存备用。特别注意，叶瘟标样保存时间较短，采集后应尽快分离。

5.7.6.2　再浸染管理

为了保持病圃叶瘟发病的可持续性和可控性，当病圃诱发品种叶片无病斑时，可回收的病叶菌株保湿培养后，用0.02%吐温20溶液搓洗，洗脱病叶孢子，双层纱网袋过滤后继续喷雾补接后期秧苗。

5.7.7　穗瘟注射接种

5.7.7.1　选择待接种的独立活化圃

根据接种适期确定待接种独立活化圃及其配套模式菌株培养时间。

5.7.7.2　模式菌株活化、扩繁与诱导产孢

一般在孕穗初期开始菌株培养。其模式菌株活化、扩繁与诱导产孢方法同5.7.5.2模式菌株活化、扩繁与诱导产孢。

5.7.7.3　配制菌液

通过肉眼和显微镜观察各菌株的产孢情况，然后挑选模式菌株使用磷酸缓冲盐溶液

（PBS）配制100倍视野下20个孢子的缓冲孢子溶液，放置4℃低温保存备用。

5.7.7.4 注射接种

接种适期：破口期至见穗期。

接种部位：幼嫩穗颈部。

接种液量：100倍视野下孢子个数20个以上，每穗接种菌液1滴，最多0.5mL。

接种数量：每个抗源接种3个单株，每个单株接种一个单穗。

接种方法：使用自制注射装置，用见穗穗长比较确定接种部位后，从破口正面倾斜注射菌液。

5.7.7.5 接种后病圃管理

按水稻高产栽培技术管理。

5.7.7.6 穗瘟调查与分级记载标准

调查时期：穗瘟调查2次。穗瘟在黄熟初期（80%稻穗尖端5~10粒谷子进入黄熟时）进行首次调查，7~10d后调查第二次。

取样方法：调查全部接种的3株。

调查对象：单株中的接种单穗。

分级标准：按照全程监控的概念与定义规范图23~图40中水稻穗瘟发生症状及其分级标准和全程监控的概念与定义规范表3水稻穗瘟单穗调查分级标准的规定调查分级。

记载项目：按照全程监控的概念与定义规范表4水稻穗瘟单穗调查记载表的规定记载3个接种单穗的病级。

5.7.7.7 种子收获

对全谱生态模式菌群表现抗病的抗源收集一部分备用。

5.7.8 菌株回收与大棚清理

5.7.8.1 病穗收集与利用

以单孢菌株为病穗采集单位。根据试验需要按标准采集感病穗颈，用牛皮纸袋封装，登记接种菌株名称，干燥密封保存备用。

5.7.8.2 病圃稻残体处理

随后将大棚内水稻收获，运出病鉴大棚，销毁或留做他用，同时将小区内秧苗残渣捞出，带离大棚深埋，并进行彻底冲洗，封闭大棚，消毒灭菌。铲除大棚四周杂草，清除稻瘟病菌寄主。待下一轮试验再用。

5.7.9 数据整理

首先，按照全程监控的概念与定义规范基本计算公式（1）和公式（3）分别统计叶瘟平均病级及其抗级和穗瘟损失率及其抗级，然后选择两次调查中最高抗级作为依据，根据全程监控的概念与定义规范表5水稻叶瘟群体抗性评价标准和表6水稻穗瘟损失率群体抗性评价标准中抗感代表值分级标准整理成稻瘟病候选抗源抗谱分布。详见稻瘟病系列检测品种筛选技术规程表4。

5.7.10 鉴定结果分析

利用电子表格进行候选抗源抗谱排列。其分析方法：第一，按候选抗源感病频次由低到高纵向排列；第二，按生态模式菌株致病频次由低到高横向排列；第三，再以候选抗源抗谱和感病频次为依据进行抗源抗谱互补和抗病频率分类。

5.7.11　抗性结论评价

5.7.11.1　评价指标

候选抗源抗谱互补和抗病频率以及抗源筛选标准。

5.7.11.2　评价结论检验

活化圃诱发品种叶瘟病级>7 级时，则认为该病圃当年叶瘟抗性鉴定结果有效；活化圃诱发品种穗瘟病级>3 级时，则认为该病圃当年穗瘟抗性鉴定结果有效；只有有效病圃的鉴定结果才能作为抗性评价依据使用。

5.7.11.3　评价结论利用

通过活化圃抗谱检测结果筛选不同抗谱的抗源，为抗源分类与利用价值评价提供抗谱依据。

5.7.12　撰写稻瘟病抗源抗谱检测报告

5.8　活化圃抗谱扩测

同 5.7 活化圃抗谱检测。撰写稻瘟病抗源抗谱扩测报告。

5.9　撰写稻瘟病抗源自然诱发病圃筛选报告

根据 5 年自然诱发病圃鉴定筛选结果，综合评价抗源的类型及其利用价值。

5.10　撰写稻瘟病抗源抗谱检测报告

根据 2 年单孢接种病圃抗谱检测结果，综合评价抗源的互补性及其利用价值。

5.11　撰写稻瘟病抗源综合评价报告

根据 5 个生产周期初筛、复筛、重点筛选、分期播种初筛和复筛以及抗谱检测和扩测结果，对保留抗源进行分类及其利用价值进行综合评价。

水稻杂交世代混合群体稻瘟病抗性选择技术规程

1 范围

本标准规定了水稻杂交世代混合群体稻瘟病抗性选择的有关定义、鉴定方法与选择标准。

本标准适用于水稻杂交世代混合群体稻瘟病抗性选择。

2 引用标准

自主研发。

3 术语和定义

下列术语和定义适用于本标准。

3.1 水稻杂交世代混合群体

水稻品种通过常规杂交技术或生物技术形成的杂合群体及其后代各分离群体。

3.2 叶瘟

水稻三叶期以后叶片、叶枕或叶鞘上发生稻瘟病症状的总称。

3.3 穗瘟

水稻抽穗后穗颈、主轴、枝梗、谷粒以及茎秆和稻节上发生稻瘟病症状的总称。

4 选择方法

4.1 选择机构

由主鉴机构负责提供平台。

4.2 病圃选择

每个生态稻区的主鉴圃、辅鉴圃和生态圃。

4.3　检测品种选择

诱发品种。

4.4　稻瘟病菌株选择

主鉴圃和辅鉴圃菌株由该病圃上年度菌源、生态稻区上年度菌源以及稻瘟病全谱生态模式菌株组成；生态圃只有该病圃上年度菌源。

4.5　选择年限

3~5 个水稻生产周期。

5　操作规程

5.1　病圃设计

主鉴圃和辅鉴圃田间设计：参鉴材料顺序排列，不设重复，每份材料由 *X* 穴（4 行×*N* 穴）组成一个鉴定小区，株行距为 13.3cm×20cm，每穴栽 1 粒谷苗。鉴定小区垂直两侧各栽 4 穴‘丽江新团黑谷’，每两排鉴定小区间栽 3 行混合诱发品种，连同两排鉴定小区共 11 行，合并为一厢，厢宽 200cm，厢间走道 60cm，两侧走道 40cm。四周栽 3~5 行混合诱发品种作保护行，病圃混合诱发行中均匀扦插病稻节。具体参考全程监控核心技术研究进展图 3。

生态圃田间设计：参鉴材料顺序排列，不设重复，每份材料由 *X* 穴（4 行×*N* 穴）组成一个鉴定小区，株行距为 13.3cm×20cm，每穴栽 1 粒谷苗。鉴定小区垂直两侧各栽 4 穴紫稻隔离品种，每两排鉴定小区间栽 1 行紫稻隔离品种，连同两排鉴定小区共 9 行，合并为一厢，厢宽 160cm，厢间走道 60cm，两侧走道 40cm，四周栽 3 行紫稻隔离品种作保护行。具体参考全程监控核心技术研究进展图 4。

5.2　栽培管理

5.2.1　分种

确定组合种类和数量，然后登记、排序、清理空瘪粒、分装纱网袋、编号、晒种备用。

5.2.2　做秧田

首先根据不同病圃要求确定播种日期。秧田在播种前 10~15d 整田浸泡；播种前 4~5d 施复合肥做底肥，进行第二次整田平田；播种前 2~3d 做秧田。秧田围沟、厢沟畅通，厢宽 110~150cm，沟宽 60cm，厢面保持平整湿润；播种前 1d 进行条播分区，条长和条宽根据种子量确定，条间间距 10~30cm；然后按顺序插号码牌备用。

5.2.3　催芽播种

最好选择晴天播种，利用纱网袋浸种催芽，待破口时按顺序条播。条长和条宽根据种子量确定，条间间距 10~30cm，播种量约 50g/m^2 或 2 500 粒/m^2。播完后压谷、喷药、插竹弓、覆膜管理。指定隔离品种和诱发品种同步播种。

5.2.4 育苗管理

采用小拱棚保温育苗技术管理。整个管理按培育带蘖壮秧方法进行。

5.2.5 移栽前工作

试验田在移栽前10~15d整田浸泡；移栽前3~4d施复合肥做底肥，进行第二次整田平田，同时秧田编插移栽顺序号；移栽前1d试验田划行、用麦草节或其他秸秆按病圃设计分区、顺序插号码牌，同时秧田安排顺序扯秧扎号码牌、校对、装框、运输。

5.2.6 移栽

适宜秧龄移栽。先插诱发品种或隔离品种分隔，然后对号排秧，校对后栽插，多余秧苗和标签牌寄插在第一行和第二行空白处。栽插完后检查是否错插和漏插。

5.2.7 病圃管理

移栽后应及早进行查苗补缺，主鉴圃和辅鉴圃同时按病圃设计方案插病稻节。根据病圃田块土质、肥力等状况，按当地丰产田标准加强管理，注意防虫、除草，但禁用植物生长调节剂和杀菌剂。试验过程中肥、水管理应及时，可酌情增施氮肥，尽量创造发病条件。同时防止鼠、鸟、畜、禽等对试验的为害。

5.3 F_1代抗病材料选择

5.3.1 病圃选择

在辅鉴圃进行。

5.3.2 种子来源

亲本杂交F_1代组合种子。

5.3.3 抗性鉴定方法

自然诱发鉴定、叶瘟喷雾接种鉴定和穗瘟注射接种鉴定同时进行。

5.3.4 抗性材料选择时期和方法

5.3.4.1 叶瘟

叶瘟选择2次。在病圃诱发品种叶瘟发病达7级或以上时进行首次选择，在分蘖盛期至拔节阶段病害流行高峰期第二次选择。每次选择时必须标识叶瘟病级≥6级的单株。分级标准按照全程监控的概念与定义规范图1~图22中水稻叶瘟发生症状及其分级标准和全程监控的概念与定义规范表1水稻叶瘟单叶调查分级标准的规定调查分级。

5.3.4.2 穗瘟

穗瘟选择2次。在黄熟初期（80%稻穗尖端5~10粒谷子进入黄熟时）进行首次选择，7~10d后第二次选择。每次选择时必须标识穗瘟病级≥3级的单株。分级标准按照全程监控的概念与定义规范图23~图40中水稻穗瘟发生症状及其分级标准和全程监控的概念与定义规范表3水稻穗瘟单穗调查分级标准的规定调查分级。

5.3.5 去伪杂

以同期母本为对照，参考父本农艺性状，去除非杂交单株。

5.3.6 收获种子

在除去上述标识单株后，根据其他农艺性状标准，进行单株选择，混合收获。

5.3.7 撰写水稻杂交F_1代混合群体稻瘟病抗性选择报告

综合分析确定进入F_2代混合选择的组合名录。

5.4　F_2 代抗性材料选择

5.4.1　病圃选择

在主鉴圃进行。

5.4.2　种子来源

辅鉴圃 F_1 代组合混收的 F_2 代种子全部进入主鉴圃选择。

5.4.3　抗性鉴定方法

自然诱发鉴定。

5.4.4　抗性材料选择时期和方法

只在收获期进行一次穗瘟选择。单株发病最严重的病穗穗瘟病级≥3 级的淘汰。

5.4.5　农艺性状选择

根据组合杂种优势和其他农艺性状标准进行选择。

5.4.6　收获种子

在淘汰上述标识单株后，根据选育目标进行单株选择，混合收获。

5.4.7　撰写水稻杂交 F_2 代混合群体稻瘟病抗性选择报告

综合分析确定 F_3 代分别进入主鉴圃和生态圃混合选择的组合名单及其种子来源。

5.5　F_3 代抗性材料选择

5.5.1　病圃选择

主鉴圃和生态圃同时进行。

5.5.2　种子来源

主鉴圃 F_2 代组合混收的 F_3 代种子平均分两份分别进入主鉴圃和生态圃选择。

5.5.3　抗性鉴定方法

自然诱发鉴定和自然鉴定同时进行。

5.5.4　抗性材料选择时期和方法

只在收获期进行一次穗瘟选择。主鉴圃中单株发病最严重的病穗穗瘟病级≥3 级的淘汰。生态圃中单株发病最严重的病穗穗瘟病级≥2 级的淘汰。

5.5.5　农艺性状选择

同 5.4.5 农艺性状选择。

5.5.6　收获种子

同 5.4.6 收获种子。但主鉴圃和生态圃种子分开收获、晾晒和保存。

5.5.7　撰写水稻杂交 F_3 代混合群体稻瘟病抗性选择报告

综合分析确定 F_4 代分别进入主鉴圃和生态圃混合选择的组合名单及其种子来源。

5.6　F_4 代抗性材料选择

5.6.1　病圃选择

同 5.5.1 病圃选择。

5.6.2　种子来源

主鉴圃和生态圃 F_3 代组合混收的 F_4 代种子分别平均分两份，然后分别进入主鉴圃和生态圃选择。

5.6.3　抗性鉴定方法

同5.5.3抗性鉴定方法。

5.6.4　抗性材料选择时期和方法

同5.5.4抗性材料选择时期和方法。

5.6.5　农艺性状选择

同5.4.5农艺性状选择。

5.6.6　收获种子

同5.5.6收获种子。

5.6.7　撰写水稻杂交 F_4 代混合群体稻瘟病抗性选择报告

综合分析确定 F_5 代分别进入主鉴圃或者生态圃混合选择的组合名单及其种子来源。

5.7　F_5 代抗性材料选择

5.7.1　病圃选择

同5.5.1病圃选择。

5.7.2　种子来源

主鉴圃和生态圃 F_4 代组合混收的 F_5 代种子根据主鉴圃和生态圃生态特点进行种子混合，然后分别进入主鉴圃和生态圃选择。

5.7.3　抗性鉴定方法

同5.5.3抗性鉴定方法。

5.7.4　抗性材料选择时期和方法

同5.5.4抗性材料选择时期和方法。

5.7.5　农艺性状选择

同5.4.5农艺性状选择。

5.7.6　收获种子

根据选育目标和生态特点，进行 F_6 代单株选择。主鉴圃和生态圃种子分开收获、晾晒和保存。

5.7.7　撰写水稻杂交 F_5 代混合群体稻瘟病抗性选择报告

综合分析确定 F_5 代进入主鉴圃或者生态圃进行株系选择的组合名录及其种子来源。

水稻杂交世代株系稻瘟病抗性选择技术规程

1　范围

本标准规定了水稻杂交世代株系稻瘟病抗性选择的有关定义、鉴定方法与选择标准。

本标准适用于水稻杂交世代株系稻瘟病抗性选择。

2　引用标准

自主研发。

3　术语和定义

下列术语和定义适用于本标准。

3.1　水稻杂交世代株系

从水稻品种常规杂交技术或生物技术形成的杂合群体中选择的趋于稳定的单株所组成的系谱。

3.2　叶瘟

水稻三叶期以后叶片、叶枕或叶鞘上发生稻瘟病症状的总称。

3.3　穗瘟

水稻抽穗后穗颈、主轴、枝梗、谷粒以及茎秆和稻节上发生稻瘟病症状的总称。

4　选择方法

4.1　病圃选择

每个生态稻区的主鉴圃、辅鉴圃和生态圃。

4.2　检测品种选择

隔离品种和诱发品种。

4.3 稻瘟病菌株选择

主鉴圃和辅鉴圃菌株由该病圃上年度菌源、生态稻区上年度菌源以及稻瘟病全谱生态模式菌株组成；生态圃只有该病圃上年度菌源。

4.4 选择年限

3~5 个水稻生产周期。

5 操作规程

5.1 病圃设计

主鉴圃和辅鉴圃田间设计：参鉴材料顺序排列，不设重复，每份材料由 20 穴（4 行×5 穴）组成一个鉴定小区，株行距为 13.3cm×20cm，每穴栽 1 粒谷苗。鉴定小区垂直两侧各栽 4 穴‘丽江新团黑谷’，每两排鉴定小区间栽 3 行混合诱发品种，连同两排鉴定小区共 11 行，合并为一厢，厢宽 200cm，厢间走道 60cm，两侧走道 40cm。四周栽 3~5 行混合诱发品种作保护行，病圃混合诱发行中均匀扦插病稻节。详见全程监控核心技术研究进展图 3。

生态圃田间设计：参鉴材料顺序排列，不设重复，每份材料由 20 穴（4 行×5 穴）组成一个鉴定小区，株行距为 13.3cm×20cm，每穴栽 1 粒谷苗。鉴定小区垂直两侧各栽 4 穴紫稻隔离品种，每两排鉴定小区间栽 1 行紫稻隔离品种，连同两排鉴定小区共 9 行，合并为一厢，厢宽 160cm，厢间走道 60cm，两侧走道 40cm，四周栽 3 行紫稻隔离品种作保护行。具体详见全程监控核心技术研究进展图 4。

5.2 栽培管理

5.2.1 分种

种子收集、登记、排序、清理空瘪粒、分装小纸袋、编号，然后晒种备用。

5.2.2 做秧田

首先按实验计划确定播种日期。秧田在播种前 10~15d 整田浸泡；播种前 4~5d 第二次整田平田，播种前 2~3d 做秧田。秧田围沟、厢沟畅通，厢宽 110~150cm，沟宽 60cm，厢面保持平整湿润；播种前 1d 进行条播分区，条长和条宽根据种子量确定，条间间距 10~30cm；然后按顺序插号码牌、插竹弓、覆膜备用。

5.2.3 播种

选择晴天播种哑谷。播种前揭开覆膜，按顺序条播，播种量约 50g/m^2 或 2 500 粒/m^2。播完后压谷、喷药、覆膜管理。指定隔离品种和诱发品种同步播种。

5.2.4 育苗管理

采用小拱棚保温育苗技术管理，整个管理按带蘖壮秧的培育方法进行。

5.2.5 移栽前工作

试验田在移栽前 10~15d 整田浸泡；移栽前 3~4d 第二次整田平田，同时秧田编插移栽顺序号；移栽前 1d 试验田划行、用麦草节或其他秸秆按病圃设计分区、顺序插号码牌，同时秧田安排顺序扯秧扎号码牌、校对、装框、运输。

5.2.6 移栽

适宜秧龄移栽。先插诱发品种或隔离品种分隔，然后对号排秧，校对后栽插，多余秧苗和标签牌寄插在第一行和第二行空白处。栽插完后检查是否错插和漏插。

5.2.7 病圃管理

移栽后应及早进行查苗补缺，同时按病圃设计方案插病稻节。根据病圃田块土质、肥力等状况，按当地丰产田标准加强管理，注意防虫、除草，但禁用植物生长调节剂和杀菌剂。试验过程中肥、水管理应及时，可酌情增施氮肥，尽量创造发病条件。同时防止鼠、鸟、畜、禽等对试验的为害。

5.3 F_6 代抗病株系材料选择

5.3.1 病圃选择

在主鉴圃、辅鉴圃和生态圃同时进行。详见 5.1 病圃设计。

5.3.2 种子来源

所有选择的 F_6 代株系材料平分为 3 等分，分别在主鉴圃、辅鉴圃和生态圃同时进行株系选择。

5.3.3 抗性鉴定方法

自然诱发鉴定、叶瘟喷雾接种鉴定和穗瘟注射接种鉴定以及自然鉴定分别在不同病圃进行。

5.3.4 抗性材料选择时期和方法

5.3.4.1 叶瘟

叶瘟选择 2 次。在病圃诱发品种叶瘟发病达 7 级或以上时进行首次选择，在分蘖盛期至拔节阶段病害流行高峰期第二次选择。每次选择时，主鉴圃必须标识叶瘟病级≥7 级的单株；辅鉴圃必须标识叶瘟病级≥6 级的单株；生态圃必须标识叶瘟病级≥4 级的单株。分级标准按照全程监控的概念与定义规范图 1～图 22 中水稻叶瘟发生症状及其分级标准和全程监控的概念与定义规范表 1 水稻叶瘟单叶调查分级标准的规定调查分级。

5.3.4.2 穗瘟

只在收获期进行一次穗瘟选择。主鉴圃中单株发病最严重的病穗穗瘟病级≥4 级的淘汰；辅鉴圃中单株发病最严重的病穗穗瘟病级≥3 级的淘汰；生态圃中单株发病最严重的病穗穗瘟病级≥2 级的淘汰。分级标准按照全程监控的概念与定义规范图 23～图 40 中水稻穗瘟发生症状及其分级标准和全程监控的概念与定义规范表 3 水稻穗瘟单穗调查分级标准的规定调查分级。

5.3.5 农艺性状选择

获选 F_7 代单株要求记载生育期和秆高度等农艺性状。

5.3.6 收获种子

在除去上述标识单株后，根据其他主要农艺性状标准，进行单株选择，单收保存。

5.3.7 撰写水稻杂交 F_6 代株系材料稻瘟病抗性选择报告

综合分析确定进入 F_7 代株系材料选择的组合名录和株系。

5.4 F_7 代抗病株系材料选择

5.4.1 病圃选择

同5.3.1病圃选择。

5.4.2 种子来源

所有选择的 F_7 代株系材料都必须在辅鉴圃种植选择。秆高度超标的材料只能在主鉴圃种植选择；生育期过长的材料只能在生态圃种植选择；其他材料可在主鉴圃和生态圃同时种植选择。

5.4.3 抗性鉴定方法

同5.3.3抗性鉴定方法。

5.4.4 抗性材料选择时期和方法

同5.3.4抗性材料选择时期和方法。

5.4.5 农艺性状选择

F_8 代株系获选单株要求记载生育期和秆高度等农艺性状，同时还要开展目测外观米质分析。

5.4.6 收获种子

同5.3.6收获种子。

5.4.7 撰写水稻杂交 F_7 代株系材料稻瘟病抗性选择报告

综合分析确定进入 F_8 代株系材料选择的组合名录和株系。

5.5 F_8 代抗病株系材料选择

5.5.1 病圃选择

同5.3.1病圃选择。

5.5.2 种子来源

所有选择的 F_8 代株系材料都必须在辅鉴圃种植选择。秆高度超标或外观米质差的材料只能在主鉴圃种植选择；生育期过长的材料只能在生态圃种植选择；其他材料可在主鉴圃和生态圃同时种植选择。

5.5.3 抗性鉴定方法

同5.3.3抗性鉴定方法。

5.5.4 抗性材料选择时期和方法

同5.3.4抗性材料选择时期和方法。

5.5.5 农艺性状选择

F_9 代株系获选单株要求记载生育期、秆高度以及株系圃整齐度和相似度等农艺性状，目测外观米质分析同时进行。

5.5.6 收获种子

同5.3.6收获种子，同时整齐度好的株系圃要求全收。

5.5.7 撰写水稻杂交 F_8 代株系材料稻瘟病抗性选择报告

综合分析确定进入 F_9 代株系材料选择的组合名录和株系。

5.6　F_9 代抗病株系材料选择

5.6.1　病圃选择

同 5.3.1 病圃选择。

5.6.2　种子来源

所有选择的 F_9 代株系材料都必须在辅鉴圃种植选择；抗性好的材料在主鉴圃种植选择；秆高度矮的材料在生态圃种植选择。

5.6.3　抗性鉴定方法

同 5.3.3 抗性鉴定方法。

5.6.4　抗性材料选择时期和方法

同 5.3.4 抗性材料选择时期和方法。

5.6.5　农艺性状选择

F_{10} 代株系材料的选择主要记载株系圃整齐度和相似度，获选单株记载生育期、秆高度等农艺性状，目测外观米质分析同时进行。

5.6.6　收获种子

同 5.5.6 收获种子。

5.6.7　撰写水稻杂交 F_9 代株系材料稻瘟病抗性选择报告

综合分析确定进入 F_{10} 代株系材料选择的组合名录和株系。

水稻区试品种稻瘟病抗性鉴定与评价技术规程

1 范围

本标准规定了水稻区试品种稻瘟病抗性鉴定与评价的有关定义、鉴定方法与评价标准。

本标准适用于水稻区试品种稻瘟病抗性鉴定与评价，品种比较试验等可参照执行。

2 引用标准

下列文件中的条款通过本标准的引用而成为本标准的条款。

NY/T 2646—2014 水稻品种试验稻瘟病抗性鉴定与评价技术规程。

3 术语和定义

下列术语和定义适用于本标准。

3.1 区试

区试是区域试验的简称。区域试验是指在同一生态类型区的不同自然区域，选择能代表该地区土壤特点、气候条件、耕作制度、生产水平的地点，按照统一的试验方案和技术规程鉴定试验品种的丰产性、稳产性、适应性、米质、抗性及其他重要特征特性，从而确定品种的利用价值和适宜种植区域的试验。

3.2 水稻区试品种

是指提供参加水稻区域试验的，由人工选育或发现并经过改良，与现有品种有明显区别，遗传性状相对稳定，形态特征和生物学特性一致，具有适当名称的水稻群体。

3.3 对照品种

符合试验品种定义，在生产上或特征特性上具有代表性，用于与区试新品种比较的品种。

3.4 叶瘟

水稻三叶期以后叶片、叶枕或叶鞘上发生稻瘟病症状的总称。

3.5　穗瘟

水稻抽穗后穗颈、主轴、枝梗、谷粒以及茎秆和稻节上发生稻瘟病症状的总称。

4　鉴定方法

4.1　鉴定机构

由主鉴机构负责管理与汇总。

4.2　病圃选择

每个生态稻区选择 1 个主鉴圃、1~3 个辅鉴圃和若干个生态圃组成病圃网络。

4.3　检测品种选择

病圃内同步栽插指示品种和诱发品种。

4.4　稻瘟病菌株选择

主鉴圃和辅鉴圃菌株由该病圃上年度菌源、生态稻区上年度菌源以及稻瘟病全谱生态模式菌株组成；生态圃只有该病圃上年度菌源。

4.5　鉴定年限

与水稻区域试验同步进行的两个正季生产周期。

5　操作规程

5.1　主鉴圃和辅鉴圃操作规程

5.1.1　病圃设计

主鉴圃和辅鉴圃田间设计：参鉴材料顺序排列，不设重复，每份材料由 20 穴（4 行×5 穴）组成一个鉴定小区，株行距为 13.3cm×20cm，每穴栽 1 粒谷苗。鉴定小区垂直两侧各栽 4 穴‘丽江新团黑谷’，每两排鉴定小区间栽 3 行混合诱发品种，连同两排鉴定小区共 11 行，合并为一厢，厢宽 200cm，厢间走道 60cm，两侧走道 40cm。四周栽 3~5 行混合诱发品种作保护行，病圃混合诱发行中均匀扦插病稻节。详见全程监控核心技术研究进展图 3。

5.1.2　栽培管理

5.1.2.1　分种

种子收集、登记、排序、清理空瘪粒、分装小纸袋、编号，然后晒种备用。

5.1.2.2　做秧田

首先按实验计划确定播种日期。秧田在播种前 10~15d 整田浸泡；播种前 4~5d 第二次整田平田，播种前 2~3d 做秧田。秧田围沟、厢沟畅通，厢宽 110~150cm，沟宽 60cm，厢面保持平整湿润；播种前 1d 进行条播分区，条长和条宽根据种子量确定，条间间距 10~

30cm；然后按顺序插号码牌、插竹弓、覆膜备用。

5.1.2.3 播种

选择晴天播种哑谷。播种前揭开覆膜，按顺序条播。播种量约 50g/m^2 或 2 500 粒/m^2，播种哑谷。播完后压谷、喷药、覆膜管理。指定指示品种和诱发品种同步播种。

5.1.2.4 育苗管理

采用小拱棚保温育苗技术管理，整个管理按培育带蘖壮秧方法进行。

5.1.2.5 移栽前工作

试验田在移栽前 10~15d 整田浸泡；移栽前 3~4d 第二次整田平田，同时秧田编插移栽顺序号；移栽前 1d 试验田划行、用麦草节或其他秸秆按病圃设计分区、顺序插号码牌，同时秧田安排顺序扯秧扎号码牌、校对、装框、运输。

5.1.2.6 移栽

适宜秧龄移栽。先插诱发品种分隔，然后对号排秧，校对后栽插，多余秧苗和标签牌寄插在第一行和第二行空白处。栽插完后检查是否错插和漏插。

5.1.2.7 病圃管理

移栽后应及早进行查苗补缺，同时按病圃设计方案插病稻节。根据病圃田块土质、肥力等状况，按当地丰产田标准加强管理，注意防虫、除草，但禁用植物生长调节剂和杀菌剂。试验过程中肥、水管理应及时，可酌情增施氮肥，尽量创造发病条件。同时防止鼠、鸟、畜、禽等对试验的为害。

5.1.3 调查记载内容

5.1.3.1 叶瘟调查与分级记载标准

调查时期：叶瘟调查 2 次。在病圃发现诱发品种或者其他品种叶瘟发病达 7 级或以上时进行首次调查；分蘖盛期至拔节阶段病害流行高峰期调查第二次。

取样方法：整个调查单元中全部 20 穴（株）。

调查对象：单株（穴）中发病最严重的稻叶。

分级标准：按照全程监控的概念与定义规范图 1~图 22 中水稻叶瘟发生症状及其分级标准和全程监控的概念与定义规范表 1 水稻叶瘟单叶调查分级标准的规定调查分级。

记载项目：按照全程监控的概念与定义规范表 2 的规定记载发病最严重 3 片叶的病级。

5.1.3.2 穗瘟调查与分级记载标准

调查时期：穗瘟调查 2 次。穗瘟在黄熟初期（80%稻穗尖端 5~10 粒谷子进入黄熟时）进行首次调查，7~10d 后调查第二次。

取样方法：随机调查的 100 穗，不足 100 穗者，查完全部稻穗。

调查对象：所有稻穗。

分级标准：按照全程监控的概念与定义规范图 23~图 40 中水稻穗瘟发生症状及其分级标准和全程监控的概念与定义规范表 3 水稻穗瘟单穗调查分级标准的规定调查分级。

记载项目：按照全程监控的概念与定义规范表 4 的规定记载每穗穗瘟病级。

5.1.4 数据整理

按照基本计算全程监控的概念与定义规范公式（1）~公式（5）和全程监控的概念与定义规范表 5 水稻叶瘟群体抗性评价标准、表 6 水稻穗瘟损失率群体抗性评价标准、表 7 水稻穗瘟病穗率群体抗性评价标准、表 8 水稻品种稻瘟病抗性综合抗级评价标准分别统计叶瘟平均病级及其抗级、穗瘟损失率及其抗级、穗瘟病穗率及其抗级、综合指数以及最高叶瘟抗级、最高损失率抗级、最高病穗率抗级、抗性指数和综合抗级以及评价结论。

5.2 生态圃操作规程

5.2.1 病圃设计

区试生态圃设计：按水稻区试方案进行。

专业生态圃设计：参鉴材料顺序排列，不设重复，每份材料由 200 穴（4 行×50 穴）组成一个鉴定小区，株行距为 13.3cm×20cm，每穴栽 1 粒谷苗。鉴定小区垂直两侧各栽 4 穴紫稻隔离品种，每两排鉴定小区间栽 1 行紫稻隔离品种，连同两排鉴定小区共 9 行，合并为一厢，厢宽 160cm，厢间走道 60cm，两侧走道 40cm，四周栽 3 行紫稻隔离品种作保护行。具体参考全程监控核心技术研究进展图 4。

5.2.2 栽培管理

同 5.1.2 栽培管理。

5.2.3 调查记载内容

5.2.3.1 叶瘟调查与分级记载标准

调查时期：叶瘟调查 2 次。秧田期进行首次调查，分蘖盛期至拔节阶段病害流行高峰期调查第二次。

取样方法：观察整个鉴定小区未发现 7~9 级病叶时不调查；当发现 7~9 级病叶时，每个品种随机调查 100 个单株（穴）。

调查对象：单株（穴）中发病最严重的稻叶。

分级标准：按照全程监控的概念与定义规范图 1~图 22 中水稻叶瘟发生症状及其分级标准和全程监控的概念与定义规范表 1 水稻叶瘟单叶调查分级标准的规定调查分级。

记载项目：记载叶瘟发病达 7 级或以上的叶片数（表 1）。

5.2.3.2 穗瘟调查与分级记载标准

调查时期：穗瘟在黄熟期调查 1 次。

取样方法：观察整个鉴定小区未发现 3~5 级病穗时不调查；发现 3~5 级病穗时，每个品种随机调查 100 个单株（穴）。

调查对象：单株（穴）中发病最严重的稻穗

记载项目：记载病穗数（表 1）。

表 1 水稻区试品种稻瘟病生态圃调查记载

调查地点： 调查人： 记载人：

品种名称	秧田 7~9 级苗瘟			分蘖期 7~9 级叶瘟			穗瘟			
	日期	总穴数	病叶数	日期	总穴数	病叶数	日期	生育期	总穴数	病穗数
A1		100			100				100	
A2										
A3										
A4										
A5										
A6										

5.2.4 数据整理

统计叶瘟 7~9 级病叶率和穗瘟病穗率详见表 2；统计严重发病病圃数详见表 3。当叶瘟 7~9 级病叶率或者穗瘟病穗率>10% 的品种其发病程度标识严重发病，其代表值标识为“1”。

表 2 水稻区试品种稻瘟病抗性各生态圃鉴定结果整理

品种名称	病圃 1			病圃 2			病圃 3		
	病叶率（%）	病穗率（%）	发病程度	病叶率（%）	病穗率（%）	发病程度	病叶率（%）	病穗率（%）	发病程度
A1									
A2									
A3									
A4									
A5									
A6									

表 3 水稻区试品种稻瘟病抗性年度生态圃评价结论汇总

品种名称	严重发病代表值“1”					严重病圃数	评价结论
	病圃 1	病圃 2	病圃 3	病圃 4	病圃 5		
A1							
A2							
A3							
A4							
A5							
A6							

5.3 鉴定结果分析

首先根据主鉴圃和辅鉴圃最高损失率抗级、最高叶瘟抗级、最高病穗率抗级和抗性指数按照全程监控的概念与定义规范表 8 水稻品种稻瘟病抗性综合抗级评价标准进行综合抗级评价；然后根据各参鉴材料综合抗级进行抗性等级评价，分别划分为高抗、抗病、中抗、中感、感病和高感 6 个类型。一年一圃、一年多圃、多年一圃和多年多圃的抗性评价结论均以有效主鉴圃和辅鉴圃最高综合抗级为评价指标；最后应用最高综合抗级或者最高抗性指数或者严重发病生态圃个数进行品种淘汰。

5.4 抗性结论评价

5.4.1 抗性评价指标

主鉴圃和辅鉴圃评价指标：综合抗级和抗性指数。

生态圃评价指标：严重发病生态圃个数。

5.4.2 抗性评价结论检验

主鉴圃和辅鉴圃实行指示品种监测法检验制度。若指示品种穗瘟病穗率平均抗级>4. 5

时，则认为该病圃当年抗性鉴定结果有效。只有有效病圃的鉴定结果才能作为抗性评价依据使用。

5.4.3　抗性评价结论利用

区试品种抗性评价结论是抗病品种区试、续试和审定的依据，也是淘汰高感病品种的依据；所有审定品种的公告都应使用统一的抗性评价结论。

凡是抗性评价结论为中抗或中抗以上的品种的建议作为抗病品种优先推荐区试、续试或审定；凡是抗性评价结论为中感的品种建议作为抗性较好品种推荐区试、续试或审定；凡是轻病区抗性指数大于6.5或者3个及以上生态圃抗性评价结论为严重发生的品种建议作为淘汰对象。重病区综合抗级大于5级的品种建议作为淘汰对象；其余品种应以产量和品质为主要依据进行评价。

5.5　撰写水稻区试品种稻瘟病抗性鉴定汇总报告

5.5.1　试验概况

概述试验目的、鉴定材料、鉴定机构及病圃分布、鉴定方法与执行标准等基本情况。

5.5.2　结果与分析

以各试验组别为单位，分析评价各品种的抗性表现。只有一年鉴定结果的进行一年结果分析；有两年鉴定结果的进行最终结论评价，并列出相应的数据表。

5.5.3　小结与讨论

首先根据指示品种监测结果阐明各病圃该年度抗性鉴定结果的有效性；其次对该年度区试品种的抗性分布概况进行简要描述；最后阐述各病圃鉴定过程中存在的问题及其解决办法。

水稻抗稻瘟病品种抗性衰变监测与评价技术规程

1　范围

本标准规定了水稻抗病品种稻瘟病抗性衰变监测与评价的有关定义、鉴定方法与评价标准。

本标准适用于水稻抗病品种稻瘟病抗性衰变监测与评价。

2　引用标准

自主研发。

3　术语和定义

下列术语和定义适用于本标准。

3.1　抗病品种

特指通过种子法授权可大面积推广应用且抗级在中感或中感以上的水稻抗稻瘟病品种。

3.2　叶瘟

水稻三叶期以后叶片、叶枕或叶鞘上发生稻瘟病症状的总称。

3.3　穗瘟

水稻抽穗后穗颈、主轴、枝梗、谷粒以及茎秆和稻节上发生稻瘟病症状的总称。

4　监测方法

4.1　监测机构

由主鉴机构负责管理与汇总。

4.2　病圃选择

每个生态稻区的主鉴圃和1~3个辅鉴圃。

4.3　检测品种选择

诱发品种和指示品种。

4.4　稻瘟病菌株选择

主鉴圃和辅鉴圃菌株由该病圃上年度菌源、生态稻区上年度菌源以及稻瘟病全谱生态模式菌株组成。

4.5　鉴定年限

每个正季生产周期跟踪监测。

5　操作规程

5.1　病圃设计

主鉴圃和辅鉴圃田间设计：参鉴材料顺序排列，不设重复，每份材料由 20 穴（4 行×5 穴）组成一个鉴定小区，株行距为 13. 3cm×20cm，每穴栽 1 粒谷苗。鉴定小区垂直两侧各栽 4 穴‘丽江新团黑谷’，每两排鉴定小区间栽 3 行混合诱发品种，连同两排鉴定小区共 11 行，合并为一厢，厢宽 200cm，厢间走道 60cm，两侧走道 40cm。四周栽 3~5 行混合诱发品种作保护行，病圃混合诱发行中均匀扦插病稻节。具体详见全程监控核心技术研究进展图 3。

5.2　栽培管理

5.2.1　分种

种子收集、登记、排序、清理空瘪粒、分装小纸袋、编号，然后晒种备用。

5.2.2　做秧田

首先按实验计划确定播种日期。秧田在播种前 10~15d 整田浸泡；播种前 4~5d 第二次整田平田，播种前 2~3d 做秧田。秧田围沟、厢沟畅通，厢宽 110~150cm，沟宽 60cm，厢面保持平整湿润；播种前 1d 进行条播分区，条长和条宽根据种子量确定，条间间距 10~30cm；然后按顺序插号码牌、插竹弓、覆膜备用。

5.2.3　播种

选择晴天播种哑谷。播种前揭开覆膜，按顺序条播。播种量约 50g/m^2 或 2 500 粒/m^2，播种哑谷。播完后压谷、喷药、覆膜管理。指定指示品种和诱发品种同步播种。

5.2.4　育苗管理

采用小拱棚保温育苗技术管理，整个管理按培育带蘖壮秧方法进行。

5.2.5　移栽前工作

试验田在移栽前 10~15d 整田浸泡；移栽前 3~4d 第二次整田平田，同时秧田编插移栽顺序号；移栽前 1d 试验田划行、用麦草节或其他秸秆按病圃设计分区、顺序插号码牌，同时秧田安排顺序扯秧扎号码牌、校对、装框、运输。

5.2.6 移栽

适宜秧龄移栽。先插诱发品种分隔，然后对号排秧，校对后栽插，多余秧苗和标签牌寄插在第一行和第二行空白处。栽插完后检查是否错插和漏插。

5.2.7 病圃管理

移栽后应及早进行查苗补缺，同时按病圃设计方案插病稻节。根据病圃田块土质、肥力等状况，按当地丰产田标准加强管理，注意防虫、除草，但禁用植物生长调节剂和杀菌剂。试验过程中肥、水管理应及时，可酌情增施氮肥，尽量创造发病条件。同时防止鼠、鸟、畜、禽等对试验的为害。

5.3 调查记载内容

5.3.1 叶瘟调查与分级记载标准

调查时期：叶瘟调查 2 次。在病圃发现诱发品种或者其他品种叶瘟发病达 7 级或以上时进行首次调查；分蘖盛期至拔节阶段病害流行高峰期调查第二次。

取样方法：整个调查单元中全部 20 穴（株）。

调查对象：单株（穴）中发病最严重的稻叶。

分级标准：按照全程监控的概念与定义规范图 1~图 22 中水稻叶瘟发生症状及其分级标准和全程监控的概念与定义规范表 1 水稻叶瘟单叶调查分级标准的规定调查分级。

记载项目：按照全程监控的概念与定义规范表 2 的规定记载发病最严重 3 片叶的病级。

5.3.2 穗瘟调查与分级记载标准

调查时期：穗瘟调查 2 次。穗瘟在黄熟初期（80%稻穗尖端 5~10 粒谷子进入黄熟时）进行首次调查，7~10d 后调查第二次。

取样方法：随机调查的 100 穗，不足 100 穗者，查完全部稻穗。

调查对象：所有稻穗。

分级标准：按照全程监控的概念与定义规范图 23~图 40 中水稻穗瘟发生症状及其分级标准和全程监控的概念与定义规范表 3 水稻穗瘟单穗调查分级标准的规定调查分级。

记载项目：按照全程监控的概念与定义规范表 4 的规定记载每穗穗瘟病级。

5.4 数据整理

按照全程监控的概念与定义规范基本计算公式（1）~公式（5）和全程监控的概念与定义规范表 5 水稻叶瘟群体抗性评价标准、表 6 水稻穗瘟损失率群体抗性评价标准、表 7 水稻穗瘟病穗率群体抗性评价标准、表 8 水稻品种稻瘟病抗性综合抗级评价标准分别统计叶瘟平均病级及其抗级、穗瘟损失率及其抗级、穗瘟病穗率及其抗级、综合指数以及最高叶瘟抗级、最高损失率抗级、最高病穗率抗级、抗性指数和综合抗级以及评价结论。

5.5 鉴定结果分析

首先根据主鉴圃和辅鉴圃最高损失率抗级、最高叶瘟抗级、最高病穗率抗级和抗性指数按照全程监控的概念与定义规范表 8 水稻品种稻瘟病抗性综合抗级评价标准进行综合抗级评价；然后根据各参鉴材料综合抗级进行抗性等级评价，分别划分为高抗、抗病、中抗、中感、感病和高感 6 个类型。一年一圃、一年多圃、多年一圃和多年多圃的抗性评价结论均以有效主鉴圃和辅鉴圃最高综合抗级为评价指标；最后应用最高综合抗级制定抗病品种退出机制。

5.6　抗性结论评价

5.6.1　抗性评价指标

综合抗级和抗性指数。

5.6.2　抗性评价结论检验

主鉴圃和辅鉴圃实行指示品种监测法检验制度。若指示品种穗瘟病穗率平均抗级>4.5时，则认为该病圃当年抗性鉴定结果有效。只有有效病圃的鉴定结果才能作为抗性评价依据使用。

5.6.3　抗性评价结论利用

抗病品种的抗性衰变监测评价结论是高感病品种退出机制的评价依据。凡是抗性评价结论为中感或中感以上的抗（耐）病品种连续两年监测其综合抗级表现为感病或高感的品种应退出抗（耐）病品种标识，其销售说明书中不得标识抗（耐）病品种，应改为监测抗级，建议只在非病区推广应用；当抗性指数大于6.5或者生产上出现严重发病的品种建议作为淘汰对象。

5.7　撰写水稻抗病品种稻瘟病抗性衰变监测报告

5.7.1　试验概况

概述试验目的、监测品种、鉴定机构及病圃分布、鉴定方法与执行标准等基本情况。

5.7.2　结果与分析

根据抗病品种的抗性监测结果进行衰变规律分析。只有一年鉴定结果的进行一年结果分析；有两年鉴定结果的进行两年结论评价；有多年鉴定结果的进行多年结论评价。

5.7.3　小结与讨论

首先根据指示品种监测结果阐明各病圃该年度抗性鉴定结果的有效性；其次明确抗病品种抗性衰变规律及其生产应用价值；最后阐述各病圃鉴定过程中存在的问题及其解决办法。

水稻品种抗性遗传群体全子代稻瘟病鉴定技术规程

1 范围

本标准规定了水稻品种抗性遗传群体全子代稻瘟病鉴定技术的有关定义、鉴定方法与评价标准。

本标准适用于水稻品种抗性遗传群体全子代稻瘟病鉴定。

2 引用标准

自主研发。

3 术语和定义

下列术语和定义适用于本标准。

3.1 抗性遗传群体

采用常规杂交或生物技术等手段将抗性基因转入水稻品种后，通过基因重组形成的可遗传的杂合群体。

3.2 叶瘟

水稻三叶期以后叶片、叶枕或叶鞘上发生稻瘟病症状的总称。

3.3 穗瘟

水稻抽穗后穗颈、主轴、枝梗、谷粒以及茎秆和稻节上发生稻瘟病症状的总称。

4 鉴定方法

4.1 鉴定机构

由主鉴机构负责提供平台。

4.2 病圃选择

每个生态稻区的主鉴圃和1个辅鉴圃。

4.3 检测品种选择

诱发品种。

4.4 稻瘟病菌株选择

主鉴圃和辅鉴圃菌株由该病圃上年度菌源、生态稻区上年度菌源以及人工培养的全谱生态模式菌株组成。

4.5 鉴定年限

每个抗性遗传群体鉴定一个正季生产周期。

5 操作规程

5.1 病圃设计

主鉴圃和辅鉴圃田间设计：参鉴材料顺序排列，不设重复，每份材料由 2 000~5 000 穴（4行×*N*穴）组成一个鉴定小区，株行距为13.3cm×20cm，每穴栽1粒谷苗。鉴定小区垂直两侧各栽4穴‘丽江新团黑谷’，每两排鉴定小区间栽3行混合诱发品种，连同两排鉴定小区共11行，合并为一厢，厢宽200cm，厢间走道60cm，两侧走道40cm。四周栽3~5行混合诱发品种作保护行，病圃混合诱发行中均匀扦插病稻节。具体参考全程监控核心技术研究进展图3。

5.2 栽培管理

5.2.1 分种

种子收集、登记、排序、清理空瘪粒、分装纱网袋、编号，然后晒种备用。

5.2.2 做秧田

首先按实验计划确定播种日期。秧田在播种前10~15d整田浸泡；播种前4~5d第二次整田平田，播种前2~3d做秧田。秧田围沟、厢沟畅通，厢宽110~150cm，沟宽60cm，厢面保持平整湿润；播种前1d进行条播分区，条长和条宽根据种子量确定，条间间距10~30cm；然后按顺序插号码牌备用。

5.2.3 催芽播种

利用纱网袋浸种催芽，待破口时选择晴天播种。播种前揭开覆膜，按顺序播种，播种量约50g/m^{2}或2 500粒/m^2。播完后压谷、喷药、插竹弓、覆膜管理。诱发品种同步播种。

5.2.4 育苗管理

采用小拱棚保温育苗技术管理。整个管理按培育带蘖壮秧方法进行。

5.2.5 移栽前工作

试验田在移栽前10~15d整田浸泡；移栽前3~4d第二次整田平田，同时秧田编插移栽顺序号；移栽前 1d 试验田划行、用麦草节或其他秸秆按病圃设计分区、顺序插号码牌，同时秧田安排顺序扯秧扎号码牌、校对、装框、运输。

5.2.6 移栽

适宜秧龄移栽。先插诱发品种分隔，然后对号排秧，校对后栽插，多余秧苗和标签牌寄插在第一行和第二行空白处。栽插完后检查是否错插和漏插。

5.2.7 病圃管理

移栽后应及早进行查苗补缺，同时按病圃设计方案插病稻节。根据病圃田块土质、肥力等状况，按当地丰产田标准加强管理，注意防虫、除草，但禁用植物生长调节剂和杀菌剂。试验过程中肥、水管理应及时，可酌情增施氮肥，尽量创造发病条件。同时防止鼠、鸟、畜、禽等对试验的为害。

5.3 调查记载内容

5.3.1 叶瘟调查与分级记载标准

调查时期：叶瘟调查 2 次。在病圃发现诱发品种或者其他品种叶瘟发病达 7 级或以上时进行首次调查；在分蘖盛期至拔节阶段病害流行高峰期调查第二次。

取样方法：每个群体以 4 行区为调查单位，定行定株调查 500 株（穴）。

调查对象：单株（穴）中发病最严重的稻叶。

分级标准：按照全程监控的概念与定义规范图 1～图 22 中水稻叶瘟发生症状及其分级标准和全程监控的概念与定义规范表 1 水稻叶瘟单叶调查分级标准的规定调查分级。

记载项目：记载每株发病最严重叶片的病级（表 1）。

5.3.2 穗瘟调查与分级记载标准

调查时期：穗瘟调查 2 次。穗瘟在黄熟初期（80%稻穗尖端 5～10 粒谷子进入黄熟时）进行首次调查，7～10d 后调查第二次。

取样方法：与叶瘟定行定株调查的 500 株（穴）相同。

调查对象：单株（穴）中发病最严重的稻穗。

分级标准：按照全程监控的概念与定义规范图 23～图 40 中水稻穗瘟发生症状及其分级标准和全程监控的概念与定义规范表 3 水稻穗瘟单穗调查分级标准的规定调查分级。

记载项目：记载每株发病最严重稻穗的病级（表 1）。

表 1 水稻品种抗性遗传群体全子代定株叶瘟和穗瘟调查记载

材料名称：　　　　病圃名称：　　　　调查人：　　　　记载人：

编号	叶瘟病级		穗瘟病级		编号	叶瘟病级		穗瘟病级		编号	叶瘟病级		穗瘟病级	
	Ⅰ	Ⅱ	Ⅰ	Ⅱ		Ⅰ	Ⅱ	Ⅰ	Ⅱ		Ⅰ	Ⅱ	Ⅰ	Ⅱ

5.4　数据整理

首先叶瘟和穗瘟均选择两次调查中最高病级作为分析数据。然后分三步整理具体如下。

第一，按照全程监控的概念与定义规范表 5 水稻叶瘟群体抗性评价标准和表 6 水稻穗瘟损失率群体抗性评价标准抗病和感病代表值分级标准统计抗病叶片数、感病叶片数及其抗感比；抗病穗数、感病穗数及其抗感比。详见表 2。

表 2　水稻品种抗性遗传群体全子代稻瘟病鉴定各病圃抗感比结果汇总

材料名称	病圃名称	总株数	叶瘟			穗瘟		
			抗病叶片数	感病叶片数	抗感比	抗病穗数	感病穗数	抗感比
A1	主鉴圃							
	辅鉴圃							
A2	主鉴圃							
	辅鉴圃							
A3	主鉴圃							
	辅鉴圃							

第二，按照全程监控的概念和研究进展基本计算公式（1）~公式（5）和表 5 水稻叶瘟群体抗性评价标准、表 6 水稻穗瘟损失率群体抗性评价标准、表 7 水稻穗瘟病穗率群体抗性评价标准、表 8 水稻品种稻瘟病抗性综合抗级评价标准分别统计叶瘟平均病级及其抗级、穗瘟损失率及其抗级、穗瘟病穗率及其抗级、综合指数以及最高叶瘟抗级、最高损失率抗级、最高病穗率抗级、抗性指数和综合抗级以及评价结论。

5.5　鉴定结果分析

首先分析不同病圃间叶瘟和穗瘟抗感比的差异；其次分析同一病圃中叶瘟和穗瘟抗感比的差异；最后根据综合抗级和抗性指数评价参鉴水稻品种抗性遗传群体的总体抗性水平和生态适应性。

5.6　抗性结论评价

5.6.1　抗性评价指标

叶瘟和穗瘟抗感比、综合抗级和抗性指数。

5.6.2　抗性评价结论检验

主鉴圃和辅鉴圃实行诱发品种监测法检验制度。若诱发品种组病穗率平均病级大于或等于 7.0 时，则认为该病圃当年抗性鉴定结果有效。只有有效病圃的鉴定结果才能作为抗性评价依据使用。

5.6.3　抗性评价结论利用

根据其子代抗性分离比例阐明其遗传规律，进而开展抗性遗传研究。

5.7　撰写水稻品种抗性遗传群体全子代稻瘟病鉴定报告

5.7.1　试验概况

概述试验目的、鉴定材料、鉴定机构及病圃分布、鉴定方法与执行标准等基本情况。

5.7.2 结果与分析

根据实验目的进行抗性遗传规律分析。

5.7.3 小结与讨论

首先根据诱发品种监测结果阐明各病圃该年度抗性鉴定结果的有效性；其次明确抗性遗传群体稻瘟病抗性分离规律及其群体抗性水平；最后阐述各病圃鉴定过程中存在的问题及其解决办法。

第三部分

关于稻瘟病撰写的标准、相关实验报告和论文

·技术标准·

恩施土家族苗族自治州农业科学院开展《水稻品种抗稻瘟病全程监控技术研究与应用》始于1981年。30多年来笔者主笔、指导和参与撰写了多个地方或行业标准，发表了多篇相关论文，还有部分未公开发表实验报告。现整理如下，供相关人员查阅参考。

农作物品种区域试验抗病性鉴定操作规程

恩施土家族苗族自治州地方标准 DB4228/T 001—2001

湖北省地方标准 DB42/T 208—2001

引　言

农作物品种区域试验是农作物新品种审定的法定程序，它从高产、优质、抗性等方面对新品种进行全面评价。但长期以来，抗病性鉴定工作由于没有明确统一的标准来规范其操作过程，致使其抗病鉴定结果不准确或可比性差。为了使湖北省病鉴工作走上标准化轨道，有必要制订《农作物品种区域试验抗病性鉴定操作规程》。

本标准在编写规则上采用GB/T 1. 1—2000《标准化工作导则结构和编写规则》，在技术上采用国际国内有关农作物品种抗病性鉴定方法及田间调查分级与评价标准，并结合农作物病害发生特点和农业生产实际制订而成。通过本标准规范湖北省农作物品种区域试验抗病性鉴定的操作程序、技术措施，以确保其抗病性鉴定工作的统一性、可操作性及其结果的科学性、准确性、权威性以及与国内外资料的可比性。本标准对原试行操作规程做了更明确、更准确地规定与说明，可最大限度地减少病害田间调查过程中人为误差的产生。

1　范　围

2　定　义

3　总　则

4　细　则

附录A（规范性附录）水稻病害田间调查分级记载标准

附录B（规范性附录）水稻病害群体抗性分级标准

附录C（资料性附录）水稻病害抗性鉴定结果汇总表

附录D（规范性附录）玉米病害田间调查分级记载标准

附录E（规范性附录）玉米病害群体抗性分级标准

附录F（资料性附录）玉米病害抗性鉴定结果汇总表

附录G（规范性附录）小麦病害田间调查分级记载标准

附录H（规范性附录）小麦病害群体抗性分级标准

附录I（资料性附录）小麦病害抗性鉴定结果汇总表

附录 J（规范性附录） 油菜病害田间调查分级记载标准
附录 K（规范性附录） 油菜病害群体抗性分级标准
附录 L（资料性附录） 油菜病害抗性鉴定结果汇总表
附录 M（规范性附录） 马铃薯病害田间调查分级记载标准
附录 N（规范性附录） 马铃薯病害群体抗性分级标准
附录 O（资料性附录） 马铃薯病害抗性鉴定结果汇总表
附录 P（规范性附录） 甘薯病害田间调查分级记载标准
附录 Q（规范性附录） 甘薯病害群体抗性分级标准
附录 R（资料性附录） 甘薯病害抗性鉴定结果汇总表

1　范围

本标准规定了水稻、玉米、小麦、油菜、马铃薯、甘薯六大作物主要病害病圃抗性鉴定和田间抗性鉴定的方法。

本标准适用于湖北省六大作物品种区域试验及主栽品种对主要病害的抗性鉴定与监测。

2　定义

下列定义适用于本标准。

2.1　病圃

本标准中指根据不同病害发病特点，在该病害常年重病区设计、建立的适合该病害均等发生的自然诱发鉴定圃。

2.2　抗性

本标准中特指农作物品种抗病性即品种对病原菌的侵染与传播，有一定的抑制作用，可避免或减轻其危害的能力。

2.3　病圃抗性

本标准中指参试品种在病圃重病高压条件下所表现出的抗感反应。

2.4　田间抗性

本标准中指参试品种在区域试验栽培条件下，对病菌自然侵染所表现出的抗感反应。

2.5　混合诱发种

本标准中指用于诱导病害发生，增加病原菌菌源量的一系列不同类型的高感、易感病品种。

2.6　指示品种

本标准中指用于监测不同年份间病害发生轻重程度差异的一组品种，它由抗感程度不同的品种按一定比例组成。

2.7　鉴别品种

本标准中指用于鉴别与监测病菌小种及其种群变化的一组经特别筛选出的品种。

2.8　反应型

本标准中指农作物受到病菌侵染后所产生的各种症状反应，如：枯死、失绿、病斑大小、形状、数量或菌源量等。它是通过植物自身的保卫反应来表现其抗性水平的。

3 总则

本标准采用病圃抗性与田间抗性相结合的综合鉴定方法，全面评价各参试品种的遗传抗性和田间抗病适应能力及其适栽范围，其一般操作规程如下。

3.1 明确鉴定对象

根据不同作物不同病害的为害程度及发病规律，确定鉴定对象。

3.2 病圃抗性鉴定的一般操作规程

3.2.1 选择鉴定地点

在重病区内选择常年重病田块设置病圃，具体鉴定点由国家、湖北省区试病鉴选定。

3.2.2 病圃设计原则

根据不同作物的栽培要求，以有利于创造最佳发病条件为准则进行病圃设计。

3.2.3 确定混合诱发种、鉴别品种和指示品种

根据病圃所鉴定的病害种类，收集不同品种类型的高感病品种混合组成“混合诱发种”。同时确定不同病害的“鉴别品种”和“指示品种”，以监测病菌种群变化和年度间病害发生轻重程度差异。

3.2.4 病圃管理原则

一是按区域试验要求进行田间管理，必要时根据发病情况采取一些促使发病的特殊管理措施。二是整个生育期间禁用杀菌剂。

3.2.5 确定鉴定方法

病圃抗性鉴定以自然诱发鉴定为主，酌情辅以人工接种。

3.2.6 调查方法和记载标准

随机取样法或调查病圃全样。样本分级采用国际 9 级或国内 5 级。

3.2.7 资料整理内容

以株、茎或穗为调查单位的必须计算病指和发病率，有的还要计算平均抗级；以叶为调查单位的必须计算病叶率、病指和平均反应级。

3.2.8 抗性评价标准

群体抗性评价采用国际 9 级分级法。

3.2.9 抗性评价检验

为了消除环境因素造成的无病年或轻病年对抗性鉴定结果真实性的影响，必须开展抗性评价检验，即将病圃中诱发种、鉴别品种或者指示品种出现中感至高感类型的年份称为有效鉴定年份；只有有效鉴定年份的鉴定结果，才能作为评价品种抗性的依据。

3.2.10 抗性评价结果的利用

有效鉴定结果一方面可反映各参试品种的遗传抗性水平包括抗病、耐病、避病、感病等类型，另一方面可与对照及本组其他品种进行比较分析，从而阐明其在生产上的利用价值。编制病圃抗性鉴定结果汇总表。

3.3 田间抗性鉴定的一般操作规程

3.3.1　确定病害调查地点

一般以各区试点为调查点。

3.3.2　调查方法和记载标准

每个区试点调查两个重复，以小区为单位随机取样或病圃全样调查，样本分级见3.2.6。

3.3.3　资料整理内容

先按3.2.7方法进行各点的资料整理，然后求出各点的算术平均数。

3.3.4　抗性评价标准

见3.2.8。

3.3.5　抗性评价结果的利用价值

通过各参试品种在各点的抗性表现，了解各参试品种在不同生态病区内的抗病适应能力，为品种布局提供依据；通过参试品种各点平均抗级，可比较分析其田间抗性水平。编制田间抗性鉴定结果汇总表。

3.4　撰写农作物品种综合抗病性鉴定报告

报告撰写应以每种作物的一种或几种主要病害为主，兼顾其他病害，以病圃抗性和田间抗性的评价结论为依据，阐述各参试品种的抗性遗传特点及其在生产上、育种上的利用价值，比较分析田间抗性水平，为新品种的审（认）定、品种布局及其综防提供抗性依据。

4　细则

4.1　水稻病害

4.1.1　鉴定对象

稻瘟病（*Pyricularia oryzae* Cav.）、稻曲病［*Ustilaginoidea virens*（Cooke）Takahashi］、稻纹枯病［*Pellicularia sasakii*（Shirai）Ito］。

4.1.2　病圃抗性鉴定操作规程

4.1.2.1　鉴定地点

见3.2.1。

4.1.2.2　病圃设计

参试材料顺序排列，不设重复，每份材料由20穴（4行×5穴）组成一个小病圃，株行距为13.3cm×20cm，每穴栽1粒谷苗。每两个小病圃间栽4穴混合诱发种，每两排病圃间栽1行紫色稻连同两排病圃共9行，合并为一厢，厢间走道40~60cm，全圃栽一组鉴别品种和一组指示品种。四周栽3~4行当地品种作保护行。

4.1.2.3　混合诱发种、鉴别品种、指示品种

稻瘟病的混合诱发种由‘丽江新团黑谷’‘鄂宜105’‘鄂早6号’等感病品种组成；鉴别品种为全国统一的7个鉴别品种（‘珍龙13’‘东农363’‘四丰43’‘特特勃’‘关东51’‘合江18’‘丽江新团黑谷’）；指示品种，早稻由20份常规早稻品种组成，中、晚稻由22份中、晚稻品种组成。其他病害待定。

4.1.2.4 病圃管理

育苗采用塑膜保温育苗法。保温苗床围沟、厢沟畅通，厢宽 110cm，先划行，插弓，双幅播种，幅间间距 10cm，顺序条播，条长 50cm，条宽 2~3cm，条间间距 5cm，每条约播 100 粒哑谷，然后用过筛细砂压谷，最后覆膜保温育苗，整个管理按培育带蘖壮秧方法进行。本田根据病圃的土质、肥力等状况，按当地丰产田标准加强管理，注意防虫、除草，但禁用杀菌剂，全生育期不断水，不晒田。酌情增施氮肥，尽量创造发病条件。

4.1.2.5 鉴定方法

采取自然诱发鉴定法。

4.1.2.6 调查方法和记载标准

叶瘟在分蘖盛期至拔节阶段病害流行高峰期调查，遵照附录 A 表 A1 中田间调查分级标准的规定记载。穗瘟、稻曲病、稻纹枯病均在黄熟初期（80%稻穗尖端 5~10 粒谷子进入黄熟时）调查，每小病圃随机取样调查 100 穗（茎），不足 100 穗（茎）者，查完全部稻穗（茎）。分别按照附录 A 表 A2、表 A3、表 A4 中单穗分级标准的规定记载。

4.1.2.7 资料整理

叶瘟统计群体病级，穗瘟和稻曲病计算病穗率和病指，稻纹枯病计算病指和病茎率。

4.1.2.8 抗性评价标准

叶瘟、穗瘟、稻曲病、稻纹枯病分别按附录 B 中 B1、B2、B3 中规定的群体抗性分级标准进行病圃抗性水平评价。

4.1.2.9 抗性评价检验

稻瘟病，当病圃中‘丽江新团黑谷’‘鄂宜 105’‘鄂早 6 号’等感病品种表现为中感至高感的年份，视为有效鉴定年份；否则为无效鉴定年份。其他病害待定。

4.1.2.10 抗性评价结果的利用

见 3.2.10。

4.1.2.11 编制水稻病害病圃抗性鉴定结果汇总表

病圃抗性鉴定结果汇总表的编写细则见附录 C 中表 C1。

4.1.3 田间抗性鉴定操作规程

4.1.3.1 调查方法和记载标准

选择各区试点为调查点，调查方法见 3.3.2。调查时期见 4.1.2.6。调查内容为：叶瘟以小区为单位调查，遵照附录 A 中 A1 中田间调查分级标准的规定记载；穗瘟和稻曲病每小区随机取样 200 穗调查病穗数（穗瘟指穗颈、主轴、稻节发病或者枝梗发病造成产量损失 5%以上的稻穗），分别按照附录 A 中 A2、A3 中单穗分级标准的规定记载；纹枯病每小区随机取样 100 茎，遵照附录 A 中 A4 中单穗分级标准的规定记载。

4.1.3.2 资料整理

叶瘟统计各区试点的群体病级，穗瘟和稻曲病统计各区试点的病穗率，稻纹枯病统计各区试点病指及 3~5 级病茎数和病茎率，然后分别求其算术平均数。

4.1.3.3 抗性评价标准

叶瘟、穗瘟、稻曲病、稻纹枯病分别按附录 B 中 B1、B2、B3 中规定的群体抗性分级标准先分别对每个区试点参试品种进行田间抗性水平评价，再依据所求算术平均数对每个参试品种进行总田间抗性水平评价。

4.1.3.4　抗性评价结果的利用

见3.3.5。

4.1.3.5　水稻病害田间抗性鉴定结果汇总表

田间抗性鉴定结果汇总表的编写细则见附录C中C2。

4.1.4　撰写水稻品种综合抗病性鉴定报告

见3.4。

4.2　玉米病害

4.2.1　鉴定对象

玉米大斑病（*Helminthosporium turcicum* Pass）、玉米小斑病（*Helminthosporium maydis* Nishik. et Miyake）、玉米纹枯病（*Maize rhizoctonia* Solani）、玉米青枯病（*Maize stalk* Rot）、玉米丝黑穗病［*Sphacelotheca reiliana*（Kuhn） Clint.］。

4.2.2　病圃抗性鉴定操作规程

4.2.2.1　鉴定地点

见3.2.1。

4.2.2.2　病圃设计

参试材料顺序排列，不设重复，每份材料种植3行，行距0.60 m，株距0.25m，行长2.5m，共30株组成一个小病圃，每两个小病圃间栽3株隔离品种S37，每两排病圃间种一行混合诱发种，整个病圃种一套对照品种（由‘M017’‘获白’‘罗31’组成），四周种植当地推广品种3~4行作保护行。

4.2.2.3　混合诱发种、鉴别品种、指示品种

混合诱发种由‘罗31’‘8112’等感病品种组成；鉴别品种和指示品种待定。

4.2.2.4　病圃管理

苗圃采用白籽营养块育苗，每份材料做60个营养块，培育壮苗，三叶一心时，选择生长一致的壮苗30株移栽到病圃，其余作补苗备用。病圃按国家、湖北省区域试验要求施肥、防虫、除草，整个生育期禁用杀菌剂。

4.2.2.5　鉴定方法

玉米大小斑病以自然诱发鉴定为主，必要时辅以人工接种鉴定；其他病害均采取自然诱发鉴定。玉米大小斑病人工接种方法为：将上年采集低温干燥保存的或当年低山采集的风干病叶粉碎过20目筛后，按病叶粉：水：红砂=1：1：4的重量比调配成接种物，在玉米可见叶6~7片和13~14片时，对混合诱发种人工接种2次，每次每株在心叶中撒施接种物6~12g（折合病叶粉1~2g）；气候干燥时，可按每700g/亩病叶粉兑水30~50kg浸泡，拌匀过滤后于傍晚对所有参试品种进行喷雾保湿接种。最好选择在降雨前或小雨时或露水未干时接种。

4.2.2.6　调查方法和记载标准

玉米大小斑病在雌穗吐丝15~20d后调查，分别遵照附录D中D1、D2中单株分级标准的规定记载；玉米纹枯病和玉米青枯病在乳熟后期调查，分别遵照附录D中D3、D4中单株分级标准的规定记载；玉米丝黑穗病在收获前调查小病圃全部30株的病株数。

4.2.2.7　资料整理

玉米大小斑病计算病株率、病指和平均病级；玉米纹枯病和玉米青枯病计算病株率和病

指；玉米丝黑穗病计算病株率。

4.2.2.8 抗性评价标准

玉米大小斑病、玉米青枯病、玉米纹枯病、玉米丝黑穗病分别按附录 E 表 E1、表 E2、表 E3、表 E4 中规定的群体抗性分级标准进行病圃抗性水平评价。

4.2.2.9 抗性评价检验

当病圃中‘罗 31’‘8112’等感病品种表现为中感至高感类型时的年份，视为有效鉴定年份；否则为无效鉴定年份。

4.2.2.10 抗性评价结果的利用

见 3.2.10。

4.2.2.11 玉米病害病圃抗性鉴定结果汇总表

病圃抗性鉴定结果汇总表的编写细则见附录 F 中表 F1。

4.2.3 田间抗性鉴定操作规程

4.2.3.1 选择各区试点为调查点

4.2.3.2 调查方法与记载标准

调查方法见 3.3.2。调查时期见 4.2.2.6。调查内容为：玉米大小斑病、玉米纹枯病和玉米青枯病全区调查，分别遵照附录 D 中 D1、D2、D3、D4 中单株分级标准的规定记载；玉米丝黑穗病全区调查，记载病株数。

4.2.3.3 资料整理

玉米大小斑病统计各区试点的病株率、病指和平均病级，玉米纹枯病和玉米青枯病统计各区试点的病株率和病指，玉米丝黑穗病统计各区试点的病株率，然后分别求其算术平均数。

4.2.3.4 抗性评价标准

玉米大小斑病、玉米青枯病、玉米纹枯病、玉米丝黑穗病分别按附录 E 中 E1、E2、E3、E4 中规定的群体抗性分级标准先分别对每个区试点参试品种进行田间抗性水平评价，再依据所求算术平均数对每个参试品种进行总田间抗性水平评价。

4.2.3.5 抗性评价结果的利用

见 3.3.5。

4.2.3.6 玉米田间抗性鉴定结果汇总表

田间抗性鉴定结果汇总表的编写细则见附录 F 中表 F2。

4.2.4 撰写玉米品种综合抗病性鉴定报告

见 3.4。

4.3 小麦病害

4.3.1 鉴定对象

麦类赤霉病［*Gibberella zeae*（Schw.）Petch］、小麦锈病包括秆锈病［*Puccinia graminis tritici* Eriks. et Henn.］、条锈病［*Puccinia striiformis* Westend］、叶锈病［*Puccinia recondita* Rob. ex Desm. f. sp. *tritici* Eriks.］、麦类白粉病［*Erysiphe graminis* DC.］、麦类纹枯病［*Pellicularia gramineum* Ikata et Matsmura］、小麦叶枯病［*Septoria tritici* Rob.］。

4.3.2 病圃抗性鉴定操作规程

4.3.2.1 鉴定地点

见3.2.1。

4.3.2.2 病圃设计

参试材料顺序排列，不设重复，种子分厢分行条播，每份材料种植2行，行长1m，行距25cm，每行播50粒种子，每份材料间插播1行混合诱发种，每两排病圃间种1列混合诱发种合并为一厢，厢宽2.5m，厢间走道40~60cm，整个病圃种一套对照品种（由‘苏麦3号’‘鄂恩一号’‘铭贤169’组成），四周种植3~4行当地推广品种作保护行。

4.3.2.3 混合诱发种、鉴别品种、指示品种

混合诱发种由‘铭贤169’‘豫麦18’‘农大1817’等感病品种组成；鉴别品种和指示品种待定。

4.3.2.4 病圃管理

按国家、湖北省区试要求施肥、除草、防虫，但整个生育期禁用杀菌剂，可酌情增施氮肥。

4.3.2.5 鉴定方法

采用自然诱发鉴定。

4.3.2.6 调查方法与记载标准

麦类赤霉病在收获前调查，每小病圃随机取样100穗，不足者，查小病圃全样，遵照附录G的G1中单穗分级标准的规定记载。条锈病在灌浆期、叶锈病在乳熟后期、秆锈病在收获前7d左右调查，每小病圃随机取样100茎，不足者，查小病圃全样；条锈病查倒三叶，叶锈病查倒二叶，秆锈病查上部两节中最严重的一节，分别遵照附录G的G2、G3中单叶（茎）分级标准和单叶（茎）反应型分级标准的规定记载。麦类白粉病在扬花至灌浆初期调查，每小病圃随机取样100茎，不足者，查小病圃全样，分别遵照附录G的G4、G5中单茎分级标准和单茎反应型分级标准的规定记载病级和每茎中最严重叶片的反应级。麦类纹枯病在灌浆期调查，调查方法同麦类白粉病，遵照附录G的G6中单茎分级标准的规定记载。小麦叶枯病亦在灌浆期调查，每小病圃随机取样35茎，查上部3片叶，遵照附录G的G2中单茎分级标准的规定记载。

4.3.2.7 资料整理

麦类赤霉病计算病穗率和病指；条锈病、叶锈病、秆锈病计算病叶（茎）率、病指和最高反应级；麦类白粉病计算病茎率、病指和最高反应级；麦类纹枯病计算病茎率和病指；小麦叶枯病计算病叶率和病指。

4.3.2.8 抗性评价标准

麦类赤霉病、小麦锈病、麦类白粉病、麦类纹枯病和小麦叶枯病分别按附录H的H1、H2、H3中规定的群体抗性分级标准进行病圃抗性水平评价。

4.3.2.9 抗性评价检验

病圃中‘铭贤169’‘豫麦18’‘农大1817’等感病品种表现为中感至高感时的年份，视为有效鉴定年份，否则为无效鉴定年份。

4.3.2.10 抗性评价结果的利用

见3.2.10。

4.3.2.11 小麦病害病圃抗性鉴定结果汇总表

病圃抗性鉴定结果汇总表的编写细则见附录I中表I1。

4.3.3 田间抗性鉴定操作规程

4.3.3.1 选择各区试点为调查点

4.3.3.2 调查方法与记载标准

调查方法见3.3.2。调查时期、调查内容和记载标准见4.3.2.6。

4.3.3.3 资料整理

麦类赤霉病统计各区试点的病穗率和病指，小麦锈病统计各区试点病叶（茎）率、病指和最高反应级，麦类白粉病统计各区试点病茎率、病指和最高反应级，麦类纹枯病统计各区试点的病茎率和病指，小麦叶枯病统计各区试点的病叶率和病指，然后分别求其算术平均数。

4.3.3.4 抗性评价标准

麦类赤霉病、小麦锈病、麦类白粉病、麦类纹枯病和小麦叶枯病分别按附录H中H1、H2、H3中规定的群体抗性分级标准先分别对每个区试点参试品种进行田间抗性水平评价，再依据所求算术平均数对每个参试品种进行总田间抗性水平评价。

4.3.3.5 抗性评价结果的利用

见3.3.5。

4.3.3.6 小麦病害田间抗性鉴定结果汇总

田间抗性鉴定结果汇总表的编写细则见附录I中I2。

4.3.4 撰写小麦品种综合抗病性鉴定报告

见3.4。

4.4 油菜病害

4.4.1 鉴定对象

油菜菌核病［*Sclerotinia sclerotiorum*（Lib.）de Bary］。

4.4.2 病圃抗性鉴定操作规程

4.4.2.1 鉴定地点

见3.2.1。

4.4.2.2 病圃设计

参试材料顺序排列，不设重复，每份材料种植3行，行距33cm，株距20cm，行长2.0m，共计30株组成一个小病圃，每两个小病圃间种3株隔离品种，每两排病圃间种一行混合诱发种，整个病圃种一套对照品种，四周种植当地品种3~4行作保护行。

4.4.2.3 混合诱发种、鉴别品种、指示品种

混合诱发种、鉴别品种和指示品种均待定。

4.4.2.4 病圃管理

按病圃规格适时播种，五叶定苗，按国家、省区试要求施肥、防虫、中耕除草，酌情增施氮肥，整个生育期禁用杀菌剂。

4.4.2.5 鉴定方法

采取自然诱发与人工接种相结合的鉴定方法。其人工接种方法为：将上年低温干燥保存的菌核按菌核：红砂=1：10的容积比，混合均匀后，在油菜播种前和抽苔前分两次均匀撒入病圃土壤中，每次施撒菌核1.2万粒/亩；若遇干旱天气，可进行湿润灌溉。

4.4.2.6　调查方法和记载标准

在收获前 2~3d 调查小病圃全样，遵照附录 J 表 J1 中单株分级标准的规定记载。

4.4.2.7　资料整理

计算病指和病株率。

4.4.2.8　抗性评价标准

油菜菌核病按附录 K 的 K1 中规定的群体抗性分级标准进行病圃抗性水平评价。

4.4.2.9　抗性评价检验

病圃中感病品种（待定）出现中感至高感时的年份，为有效鉴定年份；否则为无效鉴定年份。

4.4.2.10　抗性评价结果的利用

见 3.2.10。

4.4.2.11　油菜菌核病病圃抗性鉴定结果汇总

病圃抗性鉴定结果汇总表的编写细则见附录 L 中表 L1。

4.4.3　田间抗性鉴定操作规程

4.4.3.1　选择各区试点为调查点

4.4.3.2　调查方法与记载标准

调查方法见 3.3.2。调查时期、调查内容和记载标准见 4.4.2.6。

4.4.3.3　资料整理

统计各区试点的病指和病株率，然后求其算术平均数。

4.4.3.4　抗性评价标准

油菜菌核病按附录 K 中规定的群体抗性分级标准先分别对每个区试点参试品种进行田间抗性水平评价，再依据所求算术平均数对每个参试品种进行总田间抗性水平评价。

4.4.3.5　抗性评价结果的利用

见 3.3.5。

4.4.3.6　油菜菌核病田间抗性鉴定结果汇总

田间抗性鉴定结果汇总表的编写细则见附录 L 中表 L1。

4.4.4　撰写油菜品种综合抗病性鉴定报告

见 3.4。

4.5　马铃薯病害

4.5.1　鉴定对象

马铃薯晚疫病［*Phytophthora infestans*（Mont.）deBary］、马铃薯青枯病［*Pseudomonas solanacearum*（E. F. Sm.）Dowson］。

4.5.2　病圃抗性鉴定操作规程

4.5.2.1　鉴定地点

见 3.2.1。

4.5.2.2　病圃设计

参试材料顺序排列，不设重复，每份材料种植 5 行，行距 50cm，株距 33.3cm，共 40 穴组成一个小病圃，每穴种一个薯块。每两个小病圃间种 1 行隔离品种（兰花洋芋）。每两排病圃间种 1 列混合诱发种。整个病圃种鉴别品种和指示品种各一套。四周走道宽 40cm。

走道外栽种当地主栽品种为保护行。

4.5.2.3 混合诱发种、鉴别品种、指示品种

混合诱发种由‘Mira’‘南中 552’等感病品种组成。鉴别品种有‘鄂马铃薯 3 号’‘783-1’‘74-6-9’。指示品种为地霉松、多籽白等。

4.5.2.4 病圃管理

病圃力求与常规种植时间保持一致，按国家、省区试要求施肥、除草、防虫，全生育期禁用杀菌剂和植物生长调节剂。现蕾期气候干燥的年份，要喷水增加湿度，尽量创造发病条件。

4.5.2.5 鉴定方法

采取自然诱发鉴定

4.5.2.6 调查方法和记载标准

马铃薯晚疫病在开花后病情稳定时全圃调查，遵照附录 M 的 M1 中单株分级标准的规定记载。马铃薯青枯病在现蕾期全圃调查，遵照附录 M 的 M2 中单株分级标准的规定记载。

4.5.2.7 资料整理

马铃薯晚疫病、马铃薯青枯病均统计病株率和病指。

4.5.2.8 抗性评价标准

马铃薯晚疫病、马铃薯青枯病分别按附录 N 的 N1、N2 中规定的群体抗性分级标准进行病圃抗性水平评价。

4.5.2.9 抗性评价检验

马铃薯晚疫病病圃中‘鄂马铃薯 3 号’‘783-1’等品种表现为中感至高感的年份视为有效鉴定年份，否则为无效鉴定年份；马铃薯青枯病病圃中“74-6-9”表现为中感至高感年份视为有效鉴定年份，否则为无效鉴定年份。

4.5.2.10 抗性评价结果的利用

见 3.2.10。

4.5.2.11 编制马铃薯病害病圃抗性鉴定结果汇总

病圃抗性鉴定结果汇总表的编写细则见附录 O 中表 O1。

4.5.3 田间抗性鉴定操作规程

选择各区试点为调查点。

调查方法和记载标准：调查方法见 3.3.2。调查时期、调查内容和记载标准见 4.5.2.6。

资料整理：马铃薯晚疫病、马铃薯青枯病都统计各区试点的平均病株率和平均病情指数。

抗性评价标准：马铃薯晚疫病、马铃薯青枯病分别按附录 N 表 N1、表 N2 中规定的群体抗性分级标准先分别对每个区试点参试品种进行田间抗性水平评价，再依据所求算术平均数对每个参试品种进行总田间抗性水平评价。

抗性评价结果的利用：见 3.3.5。

马铃薯病害田间抗性鉴定结果汇总：田间抗性鉴定结果汇总表的编写细则见附录 O 中 O2。

4.5.4 撰写马铃薯品种综合抗病性鉴定报告

见 3.4。

4.6　甘薯病害

4.6.1　鉴定对象

甘薯根腐病（Sweet potato root rot）。

4.6.2　病圃抗性鉴定操作规程

4.6.2.1　鉴定地点

见 3.2.1。

4.6.2.2　病圃设计

参试材料顺序排列，不设重复，每份材料采取单垄双行种植，垄长 4.0m，垄宽 0.67m，垄高 0.33m，垄距 0.33m，行距 0.33m，株距 0.33m，共计 24 株组成一个小病圃。每两垄间种植 1 垄混合诱发种（‘胜利百号’等），整个病圃种植一套对照品种（由‘徐薯 18’‘胜利百号’等组成），四周种植当地推广品种作保护行。

4.6.2.3　混合诱发种、鉴别品种、指示品种

混合诱发种由‘胜利百号’等组成，鉴别品种和指示品种待定。

4.6.2.4　病圃管理

苗圃采用酿热塑膜温床育苗法培育壮苗。每份材料播种 0.5kg 种薯，待幼苗长到 25cm 左右时，选择生长一致的壮苗 24 株移栽到病圃中。病圃按国家、省区域试验要求施肥、防虫、除草，整个生育期禁用杀菌剂。

4.6.2.5　鉴定方法

采取自然诱发鉴定。

4.6.2.6　调查方法和记载标准

调查分两个时期，地上部分在诱发品种发病高峰时，地下部分于收获时进行。遵照附录 P 的 P1 中单株分级标准的规定记载。

4.6.2.7　资料整理

计算病株率和病指。

4.6.2.8　抗性评价标准

甘薯根腐病按附录 Q 的 Q1 中规定的群体抗性分级标准进行病圃抗性水平评价。

4.6.2.9　抗性评价检验

病圃中‘胜利百号’等感病品种出现中感至高感时的年份，为有效鉴定年份，否则为无效鉴定年份。

4.6.2.10　抗性评价结果的利用

见 3.2.10。

4.6.2.11　甘薯根腐病病圃抗性鉴定结果汇总

病圃抗性鉴定结果汇总表的编写细则见附录 R 表 R1。

4.6.3　田间抗性鉴定操作规程

选择各区试点为调查点。

调查方法与记载标准：调查方法见 3.3.2，调查时期、调查内容和记载标准见 4.6.2.6。

资料整理：统计各区试点的病株率和病指，然后求其算术平均数。

抗性评价标准：甘薯根腐病按附录 Q 中规定的群体抗性分级标准先分别对每个区试点参试品种进行田间抗性水平评价，再依据所求算术平均数对每个参试品种进行总田间抗性水

平评价。

抗性评价结果的利用：见 3. 3. 5。

甘薯根腐病田间抗性鉴定结果汇总：田间抗性鉴定结果汇总表的编写细则见附录 R 表 R1。

4. 6. 4 撰写甘薯品种综合抗病性鉴定报告

见 3. 4。

附录A　水稻病害田间调查分级记载标准

（规范性附录）

A1　水稻叶瘟田间调查分级标准

病　级	病　　情
0	无病。
1	针头大小褐点。
2	褐点较大，带圆形。
3	带圆形小斑略为伸长，形成边缘褐色的灰色病斑，直径1~2mm。
4	有典型的纺锤形病斑，为害面积小于叶面积的2%。
5	有典型的纺锤形病斑，为害面积占叶面积的1%~10%。
6	有典型的纺锤形病斑，为害面积占叶面积的11%~25%。
7	有典型的纺锤形病斑，为害面积占叶面积的26%~50%。
8	有典型的纺锤形病斑，为害面积占叶面积的51%~75%。
9	有典型的纺锤形病斑，为害面积大于叶面积的75%。

注：①0~3级按病斑型考查，以查看到的最严重病斑型为准；4~9级，按为害面积比例进行估测。

②叶片上无叶瘟，但有叶枕瘟发生者记作5级。

A2　水稻穗瘟单穗分级标准

病　级	病　　情
0	无　病。
1	个别枝梗发病，每穗损失5%以下。
2	1/3左右的枝梗发病，每穗损失20%左右（5%~35%）。
3	穗颈或主轴发病，谷粒半瘪，每穗损失50%左右（36%~60%）。
4	穗颈发病，大部分瘪谷，每穗损失70%左右（61%~80%）。
5	穗颈发病，造成白穗，每穗损失90%左右（81%~100%）。

注：①主轴是指穗颈上部1/3的穗轴部分，即穗下部三盘枝梗以下的穗轴部分，其余作枝梗瘟计。

②穗颈或主轴虽然发病，但未见半瘪谷，每穗损失低于36%者，应归入二级。

③当没有穗瘟，而有节瘟时，节瘟按穗瘟标准计。

④当既无节瘟，又无穗（颈、轴）瘟，而有枝梗瘟且枝梗瘟造成的损失大于35%时，应根据实际损失率，确定病级。

⑤枝梗瘟指穗轴第一次枝梗（包括穗上端2/3的穗轴部分）发病。

⑥有时由于谷粒瘟造成严重损失者，亦应根据实际损失率确定病级。

A3 稻曲病单穗分级标准

病 级	每 穗 病 粒 数
0	0
1	1 粒
2	2~5 粒
3	6~10 粒
4	11~15 粒
5	≥16 粒

注：“病粒数”包括尚未形成菌球的病谷粒。

A4 水稻、小麦纹枯病单茎分级标准

病 级	病情（以剑叶为第一叶）
0	全茎无病。
1	第四叶及其以下叶片、叶鞘发病。
2	第三叶及其以下叶片、叶鞘发病。
3	第二叶及其以下叶片、叶鞘发病。
4	第一叶及其以下叶片、叶鞘发病。
5	全茎严重发病或过早枯死。

注：①“叶片、叶鞘发病”指只要有病斑，均称发病，并非叶片、叶鞘全部枯死。

②全茎严重发病：指第一叶病斑面积占叶面积 50%以上，且其下叶片、叶鞘基本枯死。

附录 B　水稻病害群体抗性分级标准

（规范性附录）

B1　水稻叶瘟群体抗性分级标准

抗级	抗感类型	病圃病级	田间平均病级
0	高抗 HR	0	0
1	抗 R	1~2	≤2.5
3	中抗 MR	3	2.6~3.5
5	中感 MS	4~5	3.6~5.5
7	感 S	6~7	5.6~7.5
9	高感 HS	8~9	>7.5

B2　水稻穗瘟、稻曲病群体抗性分级标准

抗　级	抗感类型	病穗率（%）	
		稻瘟病	稻曲病
0	高抗 HR	0	0
1	抗 R	<5.0	<2.5
3	中抗 MR	5.1~10.0	2.6~5.0
5	中感 MS	10.1~25.0	5.1~12.5
7	感 S	25.1~50.0	12.6~25.0
9	高感 HS	>50.0	>25.0

B3　水稻、玉米、小麦纹枯病、小麦叶枯病群体抗性分级标准

抗　级	抗感类型	病指及 3~5 级病茎
0	高抗 HR	≤10.0，无 3~5 级病茎。
1	抗 R	10.1~20.0，无 4~5 级病茎。
3	中抗 MR	20.1~30.0，无 5 级病茎。
5	中感 MS	30.1~40.0。
7	感 S	40.1~50.0。
9	高感 HS	>50.0。

注：在上述 MR—HR 类型中，若出现少数该抗级不应出现的 3~5 级病茎者，应降一个抗级。如 HR 中有 3~5 级病茎时，应归入 R 级中；MR 中有 5 级病茎时，应归入 MS 中；………等。

附录C　水稻病害抗性鉴定结果汇总表

（资料性附录）

C1　水稻病害病圃抗性鉴定结果汇总

<table>
<tr><th rowspan="3">序号</th><th rowspan="3">品种名称</th><th colspan="5">稻瘟病</th><th colspan="3">稻纹枯病</th><th colspan="3">稻曲病</th><th rowspan="3">备注</th></tr>
<tr><th colspan="2">叶瘟</th><th colspan="3">穗瘟</th><th rowspan="2">病茎（%）</th><th rowspan="2">病指</th><th rowspan="2">抗级/抗感类型</th><th rowspan="2">病穗（%）</th><th rowspan="2">病指</th><th rowspan="2">抗级/抗感类型</th></tr>
<tr><th>病级</th><th>抗级/抗感类型</th><th>病穗（%）</th><th>病指</th><th>抗级/抗感类型</th></tr>
<tr><td></td><td></td><td></td><td></td><td></td><td></td><td></td><td></td><td></td><td></td><td></td><td></td><td></td><td></td></tr>
<tr><td></td><td></td><td></td><td></td><td></td><td></td><td></td><td></td><td></td><td></td><td></td><td></td><td></td><td></td></tr>
</table>

C2　水稻病害田间抗性鉴定结果汇总

<table>
<tr><th rowspan="3">序号</th><th rowspan="3">品种名称</th><th rowspan="3">区试地点</th><th colspan="5">稻瘟病</th><th colspan="3">稻纹枯病</th><th colspan="2">稻曲病</th><th rowspan="3">备注</th></tr>
<tr><th colspan="2">叶瘟</th><th colspan="3">穗瘟</th><th rowspan="2">病茎（%）</th><th rowspan="2">病指</th><th rowspan="2">抗级/抗感类型</th><th rowspan="2">病穗（%）</th><th rowspan="2">抗级/抗感类型</th></tr>
<tr><th>病级</th><th>抗级/抗感类型</th><th>病穗（%）</th><th>病指</th><th>抗级/抗感类型</th></tr>
<tr><td rowspan="6"></td><td rowspan="6"></td><td></td><td></td><td></td><td></td><td></td><td></td><td></td><td></td><td></td><td></td><td></td><td></td></tr>
<tr><td></td><td></td><td></td><td></td><td></td><td></td><td></td><td></td><td></td><td></td><td></td><td></td></tr>
<tr><td></td><td></td><td></td><td></td><td></td><td></td><td></td><td></td><td></td><td></td><td></td><td></td></tr>
<tr><td></td><td></td><td></td><td></td><td></td><td></td><td></td><td></td><td></td><td></td><td></td><td></td></tr>
<tr><td></td><td></td><td></td><td></td><td></td><td></td><td></td><td></td><td></td><td></td><td></td><td></td></tr>
<tr><td></td><td></td><td></td><td></td><td></td><td></td><td></td><td></td><td></td><td></td><td></td><td></td></tr>
</table>

附录 D　玉米病害田间调查分级记载标准

（规范性附录）

D1　玉米大斑病单株分级标准

病　级	病　　情
0	全株叶片无病斑。
0.5	全株叶片有 1~2 个零星病斑（占整株叶面积 1%左右）。
1	全株叶片有少量病斑（占整株叶面积 5%~10%）。
2	全株叶片有中量病斑（占整株叶面积 10.1%~25%）。
3	植株下部叶片有多量病斑（占下部叶面积 50%以上），出现大批枯死现象；中上部叶片有中量病斑（占中上部叶面积的 10.1%~25%）。
4	植株下部叶片基本枯死；中部叶片有多量病斑（占中部叶面积的 50%以上），出现大批枯死现象；上部叶片有中量病斑（占上部叶面积的 10.1~25%）。
5	全株基本枯死。即植株下、中部叶片基本枯死；上部叶片有多量病斑（占上部叶面积 50%以上），且出现大批枯死现象。

注：①0~2 级，根据全株叶片的病斑数及其所占整株叶面积的比例来判断。

②3~5 级，以穗位叶及上、下两片叶为“中部叶片”，中部以上叶片为“上部叶片”，中部以下叶片为“下部叶片”。

D2　玉米小斑病单株分级标准

病　级	病　　情
0	全株叶片无病斑。
0.5	植株下部叶片有零星病斑（占下部叶片面积 1%以下）。
1	植株下部叶片有少量病斑（占下部叶片面积 10%~25%）。
2	植株下部叶片有中量病斑（占下部叶片面积 25.1%~50%）；中部叶片有少量病斑（占中部叶片面积 10%~25%）。
3	植株下部叶片有多量病斑（占下部叶片面积 50%以上），出现大批枯死现象；中部叶片有中量病斑（占中部叶片面积 25.1%~50%）；上部叶片有少量病斑（占上部叶片面积 10%~25%）。
4	植株下部叶片基本枯死；中部叶片有多量病斑（占中部叶片面积 50%以上），出现大批枯死现象；上部叶片有中量病斑（占上部叶片面积 25%~50%）。
5	全株基本枯死。即下、中部叶片基本枯死；上部叶片有多量病斑（占上部叶片面积 50%以上），且出现大批枯死现象。

注：以穗位叶及上、下两片叶为“中部叶片”，中部以上叶片为“上部叶片”，中部以下叶片为“下部叶片”。

D3　玉米纹枯病单株分级标准

病　级	病情（以穗位叶为第一叶）
0	全株无病。
1	第五片叶以下叶鞘发病，有少量病斑。
2	第四片叶以下叶鞘发病，病斑数较多。
3	第三片叶以下叶鞘发病，造成叶片枯死。
4	第二片叶以下叶鞘发病，造成叶片枯死，果穗上有病斑。
5	穗位叶以下叶鞘发病，果穗霉烂，有大量菌核。

D4　玉米青枯病单株分级标准

病　级	病　　情
0	全株生长正常。
1	病株叶片由下而上青枯，占全株叶片数的 1/4 以下；茎基部表皮不变色，不变软，茎基 1~2 节生长正常。
2	青枯叶片占全株叶片数的 1/2 左右，茎基部变色且稍有水渍状，手捏有软感。
3	青枯叶片占全株叶片数的 2/3 以上，茎基部明显变软，果穗开始下垂。
4	病株叶片均发生青枯现象或枯死，茎基部变褐色、松软，果穗下垂，植株易倒折。

附录 E　玉米病害群体抗性分级标准

（规范性附录）

E1　玉米大、小斑病群体抗性分级标准

抗级	抗感类型	大斑病平均病级	小斑病平均病级
0	高抗 HR	0	≤0.5
1	抗 R	≤0.5	6~1.4
3	中抗 MR	0.6~1.4	1.5~2.4
5	中感 MS	1.5~2.4	2.5~3.4
7	感 S	2.5~3.4	3.5~4.4
9	高感 HS	≥3.5	≥4.5

注：$平均病级=\frac{\Sigma（各级代表值\times各级病株数）}{调查总株数}$

E2　玉米大、小斑病群体抗性分级标准

抗　级	抗感类型	病　　指
0	高抗 HR	≤10.0
3	中抗 MR	10.1~20.0
7	感 S	20.1~30.0
9	高感 HS	>30.0

E3　玉米丝黑穗病群体抗性分级标准

抗　级	抗感类型	病株率（%）
0	高抗 HR	0
1	抗 R	1~5.0
3	中抗 MR	5.1~10.0
5	中感 MS	10.1~20.0
7	感 S	20.1~30.0
9	高感 HS	>30.0

附录F 玉米病害抗性鉴定结果汇总表

（资料性附录）

F1 玉米病害病圃抗性鉴定结果汇总表

序号	品种名称	玉米大斑病				玉米小斑病				玉米纹枯病			玉米青枯病			玉米丝黑穗病		备注
		病株（%）	病指	平均病级	抗级/抗感类型	病株（%）	病指	平均病级	抗级/抗感类型	病株（%）	病指	抗级/抗感类型	病株（%）	病指	抗级/抗感类型	病穗（%）	抗级/抗感类型	

F2 玉米病害田间抗性鉴定结果汇总表

序号	品种名称	区试地点	玉米大斑病				玉米小斑病				玉米纹枯病			玉米青枯病			玉米丝黑穗病		备注
			病株（%）	病指	平均病级	抗级/抗感类型	病株（%）	病指	平均病级	抗级/抗感类型	病株（%）	病指	抗级/抗感类型	病株（%）	病指	抗级/抗感类型	病穗（%）	抗级/抗感类型	

附录G 小麦病害田间调查分级记载标准

（规范性附录）

G1 麦类赤霉病单穗分级标准

病 级	病小穗占全穗小穗的比例（%）
0	0
1	<25
2	25～50
3	50～75
4	>75

G2 小麦锈病、小麦叶枯病单叶（茎）分级标准

病 级	病斑面积占所调查叶（茎）面积百分比（%）
0	0
1	<5
2	5～25
3	26～50
4	51～75
5	>75

G3 小麦锈病单叶（茎）反应型分级标准

反应级	病情（孢子堆大小、数量多少和植物反应）
0	完全无症状或者叶上产生大小不同的过敏性枯斑，但不产生夏孢子堆。
1	夏孢子堆很小，数量很少，不破裂，孢子堆四周有枯死反应。
2	夏孢子堆小到中等，数量较少而分散，其孢子堆往往产生在绿岛中，绿岛周围有明显的褪绿圈或坏死边缘。
3	夏孢子堆中等，数量较多，但合并现象很少见，夏孢子堆四周呈失绿现象。
4	夏孢子堆大，数量较多，常常合并在一起，夏孢子堆四周生长正常，无失绿现象。

G4　麦类白粉病单茎分级标准

病　级	病情（以剑叶为第一叶）
0	无病。
1	第三叶及以下叶片轻度至中度发病（菌丝层面积占5%~25%）；其他叶片无病；或整茎仅个别叶片或穗上有零星菌丝层（1%以下）
2	第三叶及以下叶片轻度至中度发病（5%~25%），第二叶或第一叶有零星菌丝层（1%以下）；或者整茎叶片均轻度发病（5%）。
3	第三叶及以下叶片严重发病（50%以上），第二叶和第一叶轻度到中度发病（5%~25%）。
4	第二叶及以下叶片严重发病（50%以上），第一叶发病显著（25%~50%），穗部有一定程度发病。
5	整茎叶片严重发病，全穗为菌丝层所覆盖。

G5　麦类白粉病单茎反应型分级标准

反应级	病　　情
0	叶片无肉眼可见的症状。
1	叶片病斑上有少量菌丝体，但无分生孢子；叶正反两面有明显的坏死反应。
2	叶片病斑上有薄层菌丝和分生孢子；叶正反两面有明显的坏死反应。
3	叶片上病斑有棉絮状较厚的菌丝层和分生孢子层；叶反面有失绿岛。
4	叶片上病斑有棉絮状较厚的菌丝层和分生孢子层，互相融合成大斑；叶反面无明显失绿岛。

附录 H　小麦病害群体抗性分级标准

（规范性附录）

H1　麦类赤霉病群体抗性分级标准

抗　级	抗感类型	病　　指
0	高抗 HR	<5
1	抗 R	5～10
3	中抗 MR	10.1～20
5	中感 MS	20.1～30
7	感 S	30.1～40
9	高感 HS	>40

H2　小麦锈病、麦类白粉病群体抗性分级标准

抗级	抗感类型	病圃最高反应级	田间平均反应级
0	免疫 0	0	0.5
1	高抗 HR	1	0.5～1.4
3	中抗 MR	2	1.5～2.4
5	中感 MS	3	2.4～3.4
9	高感 HS	4	>3.4

附录 I　小麦病害抗性鉴定结果汇总表

（资料性附录）

I1　小麦病害病圃抗性鉴定结果汇总表

序号	品种名称	麦类恶赤霉病			小麦条锈病				小麦叶锈病				小麦秆锈病				麦类白粉病				麦类纹枯病			小麦叶枯病			备注
		病穗（%）	病指	抗级/抗感类型	病叶（%）	病指	最高反应级	抗级/抗感类型	病叶（%）	病指	最高反应级	抗级/抗感类型	病茎（%）	病指	最高反应级	抗级/抗感类型	病茎（%）	病指	最高反应级	抗级/抗感类型	病茎（%）	病指	抗级/抗感类型	病叶（%）	病指	抗级/抗感类型	

I2　小麦病害田间抗性鉴定结果汇总表

序号	品种名称	区试地点	麦类恶赤霉病			小麦条锈病				小麦叶锈病				小麦秆锈病				麦类白粉病				麦类纹枯病			小麦叶枯病			备注
			病穗（%）	病指	抗级/抗感类型	病叶（%）	病指	最高反应级	抗级/抗感类型	病叶（%）	病指	最高反应级	抗级/抗感类型	病茎（%）	病指	最高反应级	抗级/抗感类型	病茎（%）	病指	最高反应级	抗级/抗感类型	病茎（%）	病指	抗级/抗感类型	病叶（%）	病指	抗级/抗感类型	

附录 J　油菜病害田间调查分级记载标准

（规范性附录）

J1　油菜菌核病单株分级标准

病　级	病情（主茎和分枝发病状况）
0	无病。
1	主茎无病，全株 1/3 以下的分枝数发病（产量损失小于 10%）。
2	主茎无病，全株 1/3～2/3 分枝数发病；或主茎及全株 1/3 以下的分枝数均发病（产量损失 11%～30%）。
3	主茎无病，全株 2/3 以上的分枝数发病；或主茎及全株 1/3～2/3 的分枝数均发病（产量损失 31%～60%）。
4	全株严重发病，即主茎及全株 2/3 以上分枝数均发病，或全株枯死（产量损失 60%以上）。

附录 K　油菜病害群体抗性分级标准

（规范性附录）

K1　油菜菌核病群体抗性分级标准

抗　级	抗感类型	病　　指
0	高抗 HR	≤10.0
1	抗 R	10.1～20.0
3	中抗 MR	20.1～30.0
5	中感 MS	30.1～40.0
7	感 S	40.1～50.0
9	高感 HS	>50.0

附录 L　油菜病害抗性鉴定结果汇总表

（资料性附录）

L1　油菜菌核病抗性鉴定结果汇总表

序号	品种名称	区试地点	病圃抗鉴结果				田间抗鉴结果				备注
			病株（%）	病指数	抗级	抗感类型	病株（%）	病指数	抗级	抗感类型	

附录 M　马铃薯病害田间调查分级记载标准

（规范性附录）

M1　马铃薯晚疫病单株分级标准

病　级	病　　情
0	无　病。
1	病斑较少，每株只有 5~10 个病斑。
2	病斑较多，叶发病率不超过 25%。
3	植株中度发病，50%叶片感病。
4	植株严重落叶，但未枯死。
5	植株枯死。

M2　马铃薯青枯病单株分级标准

病　级	病　　情
0	无　病。
1	1~3 片复叶萎蔫。
2	4~5 片复叶萎蔫。
3	1/3 叶片萎蔫。
4	2/3 叶片萎蔫。
5	全株萎蔫直至枯死。

附录 N　马铃薯病害群体抗性分级标准

（规范性附录）

N1　马铃薯晚疫病群体抗性分级标准

抗　级	抗感类型	病　　指
0~1	高抗 HR	≤5.0
3	抗 R	5.1~10.0
5	中抗 MR	10.1~20.0
7	感 S	20.1~40.0
9	高感 HS	>40.0

N2　马铃薯青枯病群体抗性分级标准

抗　级	抗感类型	相对病指
0~1	高抗 HR	≥75
3	抗 R	74~50
7	感 S	49~30
9	高感 HS	<30

注：①对照种为‘74-6-9’

②相对病指(%) = $\frac{\text{对照病指}-\text{评价品种病指}}{\text{对照病指}}\times 100$

附录 O　马铃薯病害抗性鉴定结果汇总表

（资料性附录）

O1　马铃薯病害病圃抗性鉴定结果汇总表

序号	品种名称	马铃薯晚疫病				马铃薯青枯病				备注
		病株（%）	病指	平均病级	抗级/抗感类型	病株（%）	病指	平均病级	抗级/抗感类型	

O2　马铃薯病害田间抗性鉴定结果汇总表

序号	品种名称	区试地点	马铃薯晚疫病				马铃薯青枯病				备注
			病株（%）	病指	平均病级	抗级/抗感类型	病株（%）	病指	平均病级	抗级/抗感类型	

附录 P　甘薯病害田间调查分级记载标准
（规范性附录）

P1　甘薯根腐病单株分级标准

病级	病　　情	
	地上部	地下部
0	看不到病症。	看不到病症。
1	叶色稍发黄，其他正常。	个别根变黑（病根数占总根数 10%以下），地下茎（拐子）无病斑，对结薯无明显影响。
2	分枝少而短，叶色显著发黄，有的品种现蕾或开花。	少数根变黑（病根数占总根数 10%~25%），地下茎及薯块有个别病斑，对结薯有轻度影响。
3	植株生长停滞，显著矮化，不分枝，老叶自下向上脱落。	近半数根变黑（病根数占总根数 25.1%~50.0%），地下茎和薯块病斑较多，对结薯有显著影响，有柴根。
4	全株死亡。	多数根变黑（病根数占总根数 50%以上），地下茎病斑多而大，不结薯，甚至死亡。

附录 Q　甘薯病害群体抗性分级标准

（规范性附录）

Q1　甘薯根腐病群体抗性分级标准

抗级	抗感类型	地下部病指
0	高抗 HR	0
1	抗 R	≤5.0
3	中抗 MR	5.1～10.0
5	中感 MS	10.1～20.0
7	感 S	20.1～40.0
9	高感 HS	>40.0

附录 R　甘薯病害抗性鉴定结果汇总表

（资料性附录）

R1　甘薯根腐病抗性鉴定结果汇总表

序号	品种名称	区试地点	地上部结果				地下部结果				备注
			病株（%）	病指	抗级	抗感类型	病株（%）	病指	抗级	抗感类型	

·未公开发表的相关实验报告和论文·

2012—2020年稻瘟病全谱生态模式菌株筛选汇总报告

吴双清　吴　尧　韩　玉　王　林　揭春玉

（恩施州农科院植保土肥所　邮编　445000）

实践证明，选育和推广抗病良种是防治水稻稻瘟病最经济实用、最环保有效的首选方法。而如何科学准确地鉴定评价水稻品种的抗病性以及抗病良种的推广利用价值，一直是各国科技工作者探讨的问题。恩施自治州地处武陵山区，是水稻稻瘟病常发区和重发区，是开展稻瘟病研究的理想场所。笔者充分利用恩施山区独特生态地理条件，专注水稻品种抗稻瘟病鉴定技术研究30余年，特别是2011年以来在国家水稻产业技术体系项目和国家、湖北省水稻区试品种抗病性鉴定项目以及中国科学院战略先导科技专项的支持下，开展了水稻稻瘟病全谱生态模式菌株筛选研究。现将2012—2020年研究结果总结如下，以便与同行交流，继续深入研究。

1　材料与方法

1.1　实验材料

2012—2020年计划监测稻瘟病菌株 1 029个次，实际监测菌株997个次，有效监测菌株895个次，参与筛选的水稻监测品种837个次，有效监测品种715个次。恩施试验站2012—2020年详细情况见表1。

该实验共计有效监测稻瘟病单孢菌株615个，分别来源于湖北和湖南两省以及湖北省恩施州农科院植保土肥所1986年分离保存的单孢菌株。详细情况见表2（恩施试验站2012—2020年）。

该实验共计筛选监测品种349个，均来源于湖北省恩施州农科院植保土肥所1981—2018年鉴定筛选的不同抗病水稻品种资源。详细情况见表3（恩施试验站2012—2020年）。

表1　各年度监测的稻瘟病菌株和水稻品种数量（恩施试验站2012—2020年）

年份	计划监测菌株（个次）	实际监测菌株（个次）	有效监测菌株（个次）	实际监测品种（个次）	有效监测品种（个次）
2012	224	193	128	31	31
2013	224	223	216	50	50
2014	169	169	167	100	99

（续表）

年份	计划监测菌株（个次）	实际监测菌株（个次）	有效监测菌株（个次）	实际监测品种（个次）	有效监测品种（个次）
2015	88	88	61	300	190
2017	18	18	18	50	49
2018	102	102	101	102	97
2019	102	102	102	102	101
2020	102	102	102	102	98
合计	1 029	997	895	837	715

表 2 各年度监测菌株代号及其对应序号（恩施试验站 2012—2020 年）

菌株代号	2012 年	2013 年	2014 年	2015 年	2017 年	2018 年	2019 年	2020 年
EBCX097-3		13016	14113	15005	17002	18065		20001
ENJX088-2	12117		14150					20002
EBEL011-2	12008							20003
EBXT071-3		13171	14144					20004
EBCQ044-1	12090							20005
EBCD057-1	12088							20006
EBZH082-4	12074							20007
EBXQ046-1	12030							20008
EBXQ091-2		13151	14136	15042				20009
ENTM096-4		13212	14166					20010
ENTM095-2	12105		14165	15060	17010	18020		20011
ENJX089-1	12118	13199	14152					20012
EBEL123-4				15018	17006	18077		20013
ENTM101-3		13215	14167	15061				20014
EBXD031-2		13121	14132	15039		18056	19072	20015
EBEL125-1				15021		18050		20016
EBED033-2		13034	14117					20017
EBLH086-2		13111	14129	15036				20018
EBEL122-1				15015				20019
EBEH075-3		13084	14127					20020
ENTM101-4	12103	13216						20021
EBEH046-4		13080	14125					20022
EBCD042-3	12091	13003						20023
EBED040-3		13038	14119	15008		18057		20024
EBCM045-3		13008	14112	15004		18062		20025
ENTM058-1		13210	14162	15058	17001	18060		20026
ENTM055-3		13209	14161					20027
EBEA022-3		13018	14114					20028
EBXD031-3		13122	14133	15040				20029
EBXQ023-4		13132	14134					20030
EBEH041-4		13077	14124	15010				20031

（续表）

菌株代号	2012 年	2013 年	2014 年	2015 年	2017 年	2018 年	2019 年	2020 年
EBEX069-3		13107	14128	15035				20032
ENJX025-3	12125	13195	14148	15051				20033
ENJX027-1	12111							20034
EBXT026-2		13161	14139	15045				20035
ENTM059-3	12107	13211	14163	15059				20036
EBSS020-3	12084	13120	14131	15038				20037
EBXT026-3		13162	14140	15046		18063		20038
EBED098-2		13060	14123					20039
EBCM045-2	12089							20040
EBXQ033-4	12042							20041
ENJX025-4	12112							20042
ENJX053-3		13197	14149					20043
EBXT024-1		13157	14137	15043				20044
EBXT031-1		13163	14141	15047				20045
EBSN206-1						18031	19050	20046
EBXT032-2		13164	14142	15048				20047
EBXQ029-3	12037	13133						20048
ENTM096-3	12104							20049
EBED091-3	12056	13056						20050
EBZL056-4		13184	14145	15049	17004	18093		20051
ENLD054-4	12095		14157					20052
EBLJ039-2		13113	14130	15037	17005			20053
EBZY034-3		13192	14147	15050				20054
EBEL357-3								20055
ENLD076-2	12093	13205	14158	15055				20056
ENLD099-3	12092		14159	15056	17015	18076	19070	20057
ENJX094-1		13200	14154	15053				20058
86425-1	12115	13001	14058	15001	17016	18038		20059
86203-3							19019	20060
EBSN179-4						18101	19065	20061
EBSN167-3						18087	19051	20062
EBSZ166-2						18008	19067	20063
EBCN329-1							19084	20064
86609-1							19034	20065
867112-3							19029	20066
867106-3							19003	20067
86431-3							19038	20068
86027-2							19021	20069
EBEL121-1				15012	17007	18040	19053	20070
EBEL343-2							19088	20071
EBXQ052-2		13144	14135	15041		18017	19057	20072

（续表）

菌株代号	2012 年	2013 年	2014 年	2015 年	2017 年	2018 年	2019 年	2020 年
EBSJ218-5						18069	19049	20073
EBXT025-3		13159	14138	15044	17013	18007	19066	20074
EBEL126-1				15022		18094	19068	20075
EBEL128-1				15024	17008	18074	19056	20076
EBEA051-4		13020	14115	15006		18021	19048	20077
EBEL124-1				15019	17011	18096	19071	20078
EBEL122-2				15016	17012	18067	19064	20079
EBEL340-2							19094	20080
EBED035-4		13037	14118	15007	17017	18027	19062	20081
EBEL130-2				15026	17014	18052	19061	20082
86050-1							19031	20083
EBEL127-1				15023	17009	18073	19054	20084
ENJX090-2	12121		14153	15052				20085
ENJX094-2	12116	13201						20086
EBSN184-1						18005	19045	20087
EBSN175-2						18079	19059	20088
EBSN195-4						18041	19069	20089
EBSN205-4						18059	19063	20090
EBSN208-2						18030	19046	20091
EBSN170-2						18080	19055	20092
EBSN177-2						18061	19058	20093
86426-1	12127	13002	14060					20094
ENLD014-1	12100	13202	14155	15054				20095
EBXT037-4		13167	14143					20096
86043-1								20097
86426-4								20098
86422-2								20099
86002-3								20100
EBHH363-1								20101
EBEH355-2								20102
EBEL041-2	12001							
EBEL041-3	12002							
ENLD014-3	12003							
EBEL031-2	12004							
EBEL031-1	12005							
EBEL010-2	12006							
EBEL010-4	12007							
EBEL012-3	12009							
ENLD016-3	12010							
EBEL007-1	12011							
ENLD004-2	12012							

（续表）

菌株代号	2012 年	2013 年	2014 年	2015 年	2017 年	2018 年	2019 年	2020 年
EBEL098-4	12013							
EBEL098-1	12014							
EBEL092-3	12015							
EBEL091-3	12016							
EBEL080-1	12017							
EBEL080-3	12018							
EBEL052-2	12019							
EBEL052-3	12020							
EBEL002-3	12021							
EBXQ079-1	12022							
EBXQ080-1	12023	13148						
EBXQ092-1	12024							
EBXP093-4	12025							
EBXD074-2	12026							
EBXQ063-4	12027							
EBXX054-3	12028							
EBXQ052-3	12029							
EBXX041-4	12031							
EBXQ041-2	12032							
EBXL067-4	12033							
EBXT071-2	12034							
EBXD074-1	12035							
EBXT078-3	12036							
EBXQ030-4	12038							
EBXD031-1	12039							
EBXT031-2	12040							
EBXT032-1	12041							
EBXQ035-2	12043							
EBXT037-2	12044							
EBXQ029-2	12045							
EBXX023-4	12046							
ENLD006-3	12047							
EBXQ002-3	12048							
EBED035-3	12049							
EBED033-4	12050							
EBED029-1	12051							
EBED023-1	12052							
EBED002-3	12053							
EBED001-4	12054							
EBED098-3	12055							
EBED080-1	12057							

（续表）

菌株代号	2012 年	2013 年	2014 年	2015 年	2017 年	2018 年	2019 年	2020 年
EBED079-1	12058		14122					
ENTM085-2	12059							
EBED043-4	12060							
ENTM096-2	12061							
EBED040-1	12062							
EBEH048-1	12063							
EBEH041-3	12064							
EBEH075-2	12065							
EBEH066-3	12066							
EBEH063-2	12067							
EBEH054-1	12068							
EBLH086-4	12069							
ENLD038-2	12070							
EBEA050-4	12071							
EBES051-4	12072							
ENLD064-2	12073							
EBZQ081-3	12075							
EBZS058-3	12076							
EBZL056-1	12077							
EBZP056-4	12078							
EBZQ055-3	12079							
EBZY034-4	12080							
EBZH021-3	12081							
EBZZ018-4	12082							
EBSS018-3	12083					18015		
EBCX097-1	12085							
EBCQ087-3	12086							
EBCN083-1	12087							
ENLD064-1	12094							
ENLD038-4	12096		14156					
ENLD019-4	12097							
EBZZ018-1	12098							
ENLD016-1	12099							
ENLD006-4	12101							
ENLD004-4	12102							
ENTM085-3	12106		14164					
ENJX090-3	12108							
ENJX089-2	12109							
ENJX090-4	12110							
ENJX013-4	12113							
ENLD099-1	12114							

（续表）

菌株代号	2012 年	2013 年	2014 年	2015 年	2017 年	2018 年	2019 年	2020 年
ENJX089-3	12119							
ENJX089-4	12120							
ENJX090-1	12122							
ENJX062-1	12123							
ENJX027-2	12124							
ENJX025-2	12126	13194						
ENTM055-4	12128							
EBCD042-4		13004						
EBCD057-2		13005						
EBCD057-3		13006						
EBCM045-1		13007						
EBCM045-4		13009						
EBCN083-4		13010						
EBCN084-3		13011						
EBCQ044-3		13012						
EBCQ044-4		13013						
EBCQ087-2		13014						
EBCX097-2		13015						
EBCX097-4		13017						
EBEA050-2		13019						
EBEA070-1		13021	14116					
EBEA070-2		13022						
EBEA070-3		13023						
EBED001-2		13024						
EBED002-1		13025						
EBED012-1		13026						
EBED012-2		13027						
EBED023-3		13028						
EBED023-4		13029						
EBED029-4		13030						
EBED030-1		13031						
EBED030-2		13032						
EBED030-4		13033						
EBED033-3		13035						
EBED035-1		13036						
EBED040-4		13039						
EBED041-1		13040						
EBED041-2		13041						
EBED041-3		13042						
EBED041-4		13043						
EBED043-2		13044						

（续表）

菌株代号	2012 年	2013 年	2014 年	2015 年	2017 年	2018 年	2019 年	2020 年
EBED046-1		13045						
EBED046-2		13046						
EBED063-2		13047	14120					
EBED063-3		13048						
EBED063-4		13049						
EBED073-1		13050						
EBED073-2		13051	14121	15009	17018	18047		
EBED079-2		13052						
EBED079-3		13053						
EBED080-4		13054						
EBED091-1		13055						
EBED092-3		13057						
EBED092-4		13058						
EBED098-1		13059						
EBEH002-1		13061						
EBEH002-2		13062						
EBEH002-3		13063						
EBEH007-3		13064						
EBEH007-4		13065						
EBEH015-1		13066						
EBEH015-3		13067						
EBEH015-4		13068						
EBEH023-3		13069						
EBEH023-4		13070						
EBEH028-1		13071						
EBEH028-3		13072						
EBEH035-3		13073						
EBEH039-1		13074						
EBEH039-3		13075						
EBEH041-2		13076						
EBEH046-2		13078						
EBEH046-3		13079						
EBEH048-4		13081	14126					
EBEH054-3		13082						
EBEH063-3		13083						
EBEH083-1		13085						
EBEH083-2		13086						
EBEH083-3		13087						
EBEH092-2		13088						
EBEH092-3		13089						
EBEL007-3		13090						

（续表）

菌株代号	2012 年	2013 年	2014 年	2015 年	2017 年	2018 年	2019 年	2020 年
EBEL008-3		13091						
EBEL012-4		13092						
EBEL023-4		13093						
EBEL029-3		13094						
EBEL030-4		13095						
EBEL031-3		13096						
EBEL035-2		13097						
EBEL035-4		13098						
EBEL040-2		13099						
EBEL040-3		13100						
EBEL077-1		13101						
EBEL077-2		13102						
EBEL092-2		13103						
EBES051-3		13104						
EBES068-2		13105						
EBEX051-1		13106						
EBEX069-4		13108						
EBLG074-2		13109						
EBLH086-1		13110						
EBLH086-3		13112						
EBLJ039-4		13114						
EBLM065-1		13115						
EBLM065-2		13116						
EBSS018-1		13117				18013		
EBSS018-4		13118				18068		
EBSS020-1		13119				18006		
EBXH040-4		13123						
EBXP072-3		13124						
EBXP072-4		13125						
EBXP093-3		13126						
EBXQ002-1		13127						
EBXQ002-2		13128						
EBXQ012-3		13129						
EBXQ012-4		13130						
EBXQ023-3		13131						
EBXQ029-4		13134						
EBXQ030-1		13135						
EBXQ030-2		13136						
EBXQ033-2		13137						
EBXQ035-1		13138						
EBXQ035-4		13139						

（续表）

菌株代号	2012 年	2013 年	2014 年	2015 年	2017 年	2018 年	2019 年	2020 年
EBXQ041-1		13140						
EBXQ041-3		13141						
EBXQ046-2		13142						
EBXQ052-1		13143						
EBXQ063-1		13145						
EBXQ079-2		13146						
EBXQ079-4		13147						
EBXQ080-2		13149						
EBXQ091-1		13150						
EBXQ091-4		13152						
EBXQ092-3		13153						
EBXQ093-2		13154						
EBXQ093-3		13155						
EBXT001-1		13156						
EBXT024-2		13158						
EBXT026-1		13160						
EBXT037-1		13165						
EBXT037-3		13166						
EBXT041-1		13168						
EBXT041-4		13169						
EBXT071-1		13170						
EBXT100-2		13172						
EBXT100-3		13173						
EBXX054-2		13174						
EBXX054-4		13175						
EBXY078-1		13176						
EBXY078-2		13177						
EBZD036-2		13178						
EBZD036-3		13179						
EBZD036-4		13180						
EBZH021-2		13181						
EBZH060-1		13182						
EBZL005-1		13183						
EBZN049-2		13185	14146					
EBZN049-4		13186						
EBZN061-3		13187						
EBZN061-4		13188						
EBZP056-3		13189						
EBZS058-2		13190						
EBZY034-2		13191						
EBZZ018-3		13193						

（续表）

菌株代号	2012 年	2013 年	2014 年	2015 年	2017 年	2018 年	2019 年	2020 年
ENJX053-1		13196						
ENJX088-4		13198	14151					
ENLD016-4		13203						
ENLD017-2		13204						
ENLD076-3		13206						
ENTM016-1		13207						
ENTM016-4		13208	14160	15057	17003	18035		
ENTM101-1		13213						
ENTM101-2		13214						
86613-2							19001	
86615-1							19002	
86405-1							19004	
86451-1							19005	
86025-1							19006	
86210-2							19007	
86456-2							19008	
86615-2							19009	
86405-2							19010	
86428-2							19011	
86451-2							19012	
86447-4							19013	
86609-2							19014	
860271-1							19015	
86011-2							19016	
86431-2							19017	
86430-2							19018	
86607-3							19020	
86016-2							19022	
86026-2							19023	
86005-2							19024	
86616-2							19025	
86445-3							19026	
86019-1							19027	
86010-1							19028	
86604-2							19030	
86029-1							19032	
86604-3							19033	
86607-5							19035	
86045-1							19036	
86425-5							19037	
86441-3							19039	

（续表）

菌株代号	2012 年	2013 年	2014 年	2015 年	2017 年	2018 年	2019 年	2020 年
86015-1							19040	
86040-1							19041	
86449-1							19042	
86405-4							19043	
867106-1							19044	
EBSZ166-3						18003	19047	
EBSW157-2						18078	19052	
EBSN208-1						18034	19060	
EBCN329-2							19073	
EBJY349-2							19074	
EBJY349-3							19075	
EBCN327-4							19076	
EBCN327-2							19077	
EBCN328-1							19078	
EBXQ351-1							19079	
EBEL344-1							19080	
EBCN328-2							19081	
EBCN328-3							19082	
EBEH342-1							19083	
EBEL353-1							19085	
EBEL348-2							19086	
EBEL353-2							19087	
EBEL344-2							19089	
EBXQ347-2							19090	
EBEL340-1							19091	
EBXQ347-1							19092	
EBEL344-3							19093	
EBJY349-1							19095	
EBXQ350-3							19096	
EBEH346-1							19097	
EBXQ347-4							19098	
EBCN327-1							19099	
EBCN329-4							19100	
EBEH345-2							19101	
EBEL348-1							19102	
EBSN174-1						18001		
EBSN174-2						18002		
EBSN196-2						18004		
EBSN170-4						18009		
EBSN187-1						18010		
EBSN192-1						18011		

（续表）

菌株代号	2012 年	2013 年	2014 年	2015 年	2017 年	2018 年	2019 年	2020 年
EBSJ218-2						18012		
EBSN191-2						18014		
EBSL154-3						18016		
EBSL211-2						18018		
EBSL154-2						18019		
EBSL154-1						18022		
EBSZ199-1						18023		
EBSZ199-3						18024		
EBSN163-3						18025		
EBSZ199-2						18026		
EBSZ169-2						18028		
EBSN188-1						18029		
EBSN205-2						18032		
EBSW213-2						18033		
EBSN173-1						18036		
EBSN191-1						18037		
EBSL211-1						18039		
EBSN195-1						18042		
EBSN181-1						18043		
EBSN184-2						18044		
EBSJ155-3						18045		
EBSN200-1						18046		
EBSN194-1						18048		
EBSS020-1						18049		
EBSN163-4						18051		
EBSN198-1						18053		
EBSN181-2						18054		
EBSN197-1						18055		
EBSN187-2						18058		
EBSN172-2						18064		
EBSN185-2						18066		
EBSN178-3						18070		
EBSN174-3						18071		
EBSN180-1						18072		
EBSJ218-4						18075		
EBSN165-2						18081		
EBSN168-2						18082		
EBSN180-2						18083		
EBSN164-1						18084		
EBSN164-2						18085		
EBSN167-4						18086		

（续表）

菌株代号	2012 年	2013 年	2014 年	2015 年	2017 年	2018 年	2019 年	2020 年
EBSN179-2						18088		
EBSN193-1						18089		
EBSN193-2						18090		
EBSN183-2						18091		
EBSN167-2						18092		
EBSN164-3						18095		
EBSN167-1						18097		
EBSN179-1						18098		
EBSN175-1						18099		
EBSN179-3						18100		
86601-1			14087	15002				
86609-3			14097	15003				
EBEL120-2				15011				
EBEL121-2				15013				
EBEL121-3				15014				
EBEL123-3				15017				
EBEL124-2				15020				
EBEL129-2				15025				
EBEL131-1				15027				
EBEL137-1				15028				
EBEL139-2				15029				
EBEL143-2				15030				
EBEL145-2				15031				
EBEL147-2				15032				
EBEL148-1				15033				
EBEL149-1				15034				
86001-1			14001					
86001-2			14002					
86003-1			14003					
86003-2			14004					
86004-1			14005					
86005-1			14006					
86006-2			14007					
86009-1			14008					
86009-2			14009					
86018-2			14010					
86021-3			14011					
86023-1			14012					
86024-1			14013					
86026-1			14014					
86027-1			14015					

（续表）

菌株代号	2012 年	2013 年	2014 年	2015 年	2017 年	2018 年	2019 年	2020 年
86028-1			14016					
86028-2			14017					
86029-2			14018					
86030-1			14019					
86030-2			14020					
86031-1			14021					
86031-2			14022					
86032-1			14023					
86032-2			14024					
86033-3			14025					
86034-1			14026					
86034-2			14027					
86036-1			14028					
86036-2			14029					
86037-2			14030					
86038-1			14031					
86041-1			14032					
86041-2			14033					
86047-1			14034					
86047-2			14035					
86049-1			14036					
86050-2			14037					
86051-2			14038					
86052-2			14039					
86055-3			14040					
86055-4			14041					
86401-1			14042					
86401-3			14043					
86401-4			14044					
864015-4			14045					
86403-1			14046					
86403-3			14047					
86404-1			14048					
86404-3			14049					
86407-1			14050					
86407-2			14051					
86407-3			14052					
86407-4			14053					
86409-1			14054					
86422-1			14055					
86422-4			14056					

（续表）

菌株代号	2012年	2013年	2014年	2015年	2017年	2018年	2019年	2020年
86423-3			14057					
86425-2			14059					
86426-2			14061					
86426-5			14062					
86427-2			14063					
86428-4			14064					
86429-1			14065					
86429-2			14066					
86430-3			14067					
86431-4			14068					
86431-5			14069					
86434-1			14070					
86434-2			14071					
86434-3			14072					
86434-5			14073					
86439-1			14074					
86443-1			14075					
86444-2			14076					
86444-3			14077					
86445-1			14078					
86445-2			14079					
86447-2			14080					
86449-5			14081					
86451-5			14082					
86452-1			14083					
86453-3			14084					
86454-2			14085					
86454-3			14086					
86601-4			14088					
86602-1			14089					
86602-2			14090					
86602-3			14091					
86603-2			14092					
86605-1			14093					
86606-2			14094					
86607-1			14095					
86608-1			14096					
86610-2			14098					
86610-3			14099					
86612-1			14100					
86612-4			14101					

（续表）

菌株代号	2012 年	2013 年	2014 年	2015 年	2017 年	2018 年	2019 年	2020 年
86614-1			14102					
86615-3			14103					
867001-3			14104					
867106-2			14105					
867108-4			14106					
867112-1			14107					
867112-2			14108					
867119-1			14109					
867120-1			14110					
86801-2			14111					

表 3　监测品种代号与年度序号对照表（恩施试验站 2012—2020 年）

监测品种代号	2012 年	2013 年	2014 年	2015 年	2017 年	2018 年	2019 年	2020 年
P001	mv001	mv001	ky001	ky001				
P002	mv002	mv002	ky002	ky002				
P003	mv003	mv003	ky003	ky003				
P004	mv004	mv004	ky004	ky004				
P005	mv005	mv005	ky005	ky005				
P006	mv006	mv006	ky006	ky006				
P007	mv007	mv007	ky007	ky007				
P008	mv008	mv008	ky008	ky008				
P009	mv009	mv009	ky009	ky009				
P010	mv010	mv010	ky010	ky010				
P011	mv011	mv011	ky011	ky011				
P012	mv012	mv012	ky012	ky012				
P013	mv013	mv013	ky013	ky013				
P014	mv014	mv014	ky014	ky014				
P015	mv015	mv015	ky015	ky015				
P016	mv016	mv016	ky016	ky016				
P017	mv017	mv017	ky017	ky017				
P018	mv018	mv018	ky018	ky018				
P019	mv019	mv019	ky019	ky019				
P020	mv020	mv020	ky020	ky020				
P021	mv021	mv021	ky021	ky021				
P022	mv022	mv022	ky022	ky022				
P023	mv023	mv023	ky023	ky023				
P024	mv024	mv024	ky024	ky024				
P025	mv025	mv025	ky025	ky025				
P026	mv026	mv026	ky026	ky026				

（续表）

监测品种代号	2012 年	2013 年	2014 年	2015 年	2017 年	2018 年	2019 年	2020 年
P027	mv027	mv027	ky027	ky027				
P028	mv028	mv028	ky028	ky028				
P029	mv029	mv029	ky029	ky029				
P030	mv030	mv030	ky030	ky030				
P031		mv031	ky031	ky031		m001	m001	m001
P032		mv032	ky032	ky032		m017	m017	m017
P033		mv033	ky033	ky033		m009	m009	m009
P034		mv034	ky034	ky034		m095	m095	m095
P035		mv035	ky035	ky035		m101	m101	m101
P036		mv036	ky036	ky036		m100	m100	m100
P037	mv031	mv037	ky037	ky037	mv047	m102	m102	m102
P038		mv038	ky038	ky038		m004	m004	m004
P039		mv039	ky039	ky039	mv003	m015	m015	m015
P040		mv040	ky040	ky040		m005	m005	m005
P041		mv041	ky041	ky041		m008	m008	m008
P042		mv042	ky042	ky042	mv004	m018	m018	m018
P043		mv043	ky043	ky043	mv005	m021	m021	m021
P044		mv044	ky044	ky044	mv006	m025	m025	m025
P045		mv045	ky045	ky045	mv029	m073	m073	m073
P046		mv046	ky046	ky046	mv044	m081	m081	m081
P047		mv047	ky047	ky047	mv020	m060	m060	m060
P048		mv048	ky048	ky048	mv045	m083	m083	m083
P049		mv049	ky049	ky049	mv037	m080	m080	m080
P050		mv050	ky050	ky050	mv007	m029	m029	m029
P051			ky051	ky051	mv050	m093	m093	m093
P052			ky052	ky052	mv049	m103	m103	m103
P053			ky053	ky053	mv048	m104	m104	m104
P054			ky054	ky054	mv022			
P055			ky055	ky055				
P056			ky056	ky056				
P057			ky057	ky057				
P058			ky058	ky058	mv040			
P059			ky059	ky059	mv002	m010	m010	m010
P060			ky060	ky060		m011	m011	m011
P061			ky061	ky061				
P062			ky062	ky062				
P063			ky063	ky063		m044	m044	m044
P064			ky064	ky064		m039	m039	m039
P065			ky065	ky065	mv034			
P066			ky066	ky066		m035	m035	m035

（续表）

监测品种代号	2012 年	2013 年	2014 年	2015 年	2017 年	2018 年	2019 年	2020 年
P067			ky067	ky067		m045	m045	m045
P068			ky068	ky068		m049	m049	m049
P069			ky069	ky069		m037	m037	m037
P070			ky070	ky070	mv012	m038	m038	m038
P071			ky071	ky071				
P072			ky072	ky072				
P073			ky073	ky073	mv015	m048	m048	m048
P074			ky074	ky074	mv013	m046	m046	m046
P075			ky075	ky075	mv019			
P076			ky076	ky076	mv014	m047	m047	m047
P077			ky077	ky077	mv038			
P078			ky078	ky078	mv017	m055	m055	m055
P079			ky079	ky079	mv036			
P080			ky080	ky080				
P081			ky081	ky081				
P082			ky082	ky082				
P083			ky083	ky083		m071	m071	m071
P084			ky084	ky084		m094	m094	m094
P085			ky085	ky085	mv027			
P086			ky086	ky086				
P087			ky087	ky087	mv021			
P088			ky088	ky088				
P089			ky089	ky089				
P090			ky090	ky090				
P091			ky091	ky091				
P092			ky092	ky092				
P093			ky093	ky093				
P094			ky094	ky094				
P095			ky095	ky095				
P096			ky096	ky096				
P097			ky097	ky097				
P098			ky098	ky098				
P099			ky099	ky099				
P100			ky100	ky100				
P101				ky101				
P102				ky102	mv035	m078	m078	m078
P103				ky103				
P104				ky104	mv033			
P105				ky105				
P106				ky106		m059	m059	m059

（续表）

监测品种代号	2012 年	2013 年	2014 年	2015 年	2017 年	2018 年	2019 年	2020 年
P107				ky107				
P108				ky108				
P109				ky109		m061	m061	m061
P110				ky110	mv028	m072	m072	m072
P111				ky111				
P112				ky112				
P113				ky113				
P114				ky114				
P115				ky115		m090	m090	m090
P116				ky116		m054	m054	m054
P117				ky117				
P118				ky118				
P119				ky119				
P120				ky120		m089	m089	m089
P121				ky121				
P122				ky122		m064	m064	m064
P123				ky123				
P124				ky124				
P125				ky125				
P126				ky126				
P127				ky127				
P128				ky128				
P129				ky129				
P130				ky130				
P131				ky131				
P132				ky132				
P133				ky133				
P134				ky134				
P135				ky135				
P136				ky136				
P137				ky137		m063	m063	m063
P138				ky138		m062	m062	m062
P139				ky139				
P140				ky140				
P141				ky141		m092	m092	m092
P142				ky142				
P143				ky143				
P144				ky144				
P145				ky145	mv023			
P146				ky146				

（续表）

监测品种代号	2012 年	2013 年	2014 年	2015 年	2017 年	2018 年	2019 年	2020 年
P147				ky147				
P148				ky148				
P149				ky149				
P150				ky150		m019	m019	m019
P151				ky151				
P152				ky152				
P153				ky153				
P154				ky154		m024	m024	m024
P155				ky155				
P156				ky156				
P157				ky157				
P158				ky158				
P159				ky159				
P160				ky160		m091	m091	m091
P161				ky161		m041	m041	m041
P162				ky162				
P163				ky163		m058	m058	m058
P164				ky164				
P165				ky165		m020	m020	m020
P166				ky166				
P167				ky167		m087	m087	m087
P168				ky168		m016	m016	m016
P169				ky169				
P170				ky170				
P171				ky171				
P172				ky172				
P173				ky173				
P174				ky174				
P175				ky175		m042	m042	m042
P176				ky176				
P177				ky177				
P178				ky178				
P179				ky179				
P180				ky180				
P181				ky181				
P182				ky182	mv024	m065	m065	m065
P183				ky183	mv046			
P184				ky184				
P185				ky185				
P186				ky186		m079	m079	m079

（续表）

监测品种代号	2012 年	2013 年	2014 年	2015 年	2017 年	2018 年	2019 年	2020 年
P187				ky187				
P188				ky188				
P189				ky189				
P190				ky190				
P191				ky191				
P192				ky192				
P193				ky193				
P194				ky194				
P195				ky195				
P196				ky196				
P197				ky197				
P198				ky198				
P199				ky199				
P200				ky200				
P201				ky201				
P202				ky202				
P203				ky203				
P204				ky204				
P205				ky205				
P206				ky206				
P207				ky207				
P208				ky208				
P209				ky209				
P210				ky210				
P211				ky211				
P212				ky212				
P213				ky213				
P214				ky214				
P215				ky215				
P216				ky216				
P217				ky217				
P218				ky218				
P219				ky219				
P220				ky220				
P221				ky221				
P222				ky222				
P223				ky223				
P224				ky224				
P225				ky225				
P226				ky226				

（续表）

监测品种代号	2012 年	2013 年	2014 年	2015 年	2017 年	2018 年	2019 年	2020 年
P227				ky227				
P228				ky228				
P229				ky229				
P230				ky230				
P231				ky231				
P232				ky232				
P233				ky233				
P234				ky234				
P235				ky235				
P236				ky236				
P237				ky237				
P238				ky238				
P239				ky239				
P240				ky240				
P241				ky241				
P242				ky242				
P243				ky243				
P244				ky244				
P245				ky245				
P246				ky246				
P247				ky247				
P248				ky248				
P249				ky249				
P250				ky250				
P251				ky251				
P252				ky252				
P253				ky253				
P254				ky254				
P255				ky255				
P256				ky256				
P257				ky257				
P258				ky258				
P259				ky259				
P260				ky260				
P261				ky261				
P262				ky262				
P263				ky263				
P264				ky264				
P265				ky265				
P266				ky266				

（续表）

监测品种代号	2012 年	2013 年	2014 年	2015 年	2017 年	2018 年	2019 年	2020 年
P267				ky267				
P268				ky268				
P269				ky269				
P270				ky270				
P271				ky271				
P272				ky272				
P273				ky273				
P274				ky274				
P275				ky275				
P276				ky276				
P277				ky277				
P278				ky278				
P279				ky279				
P280				ky280				
P281				ky281				
P282				ky282				
P283				ky283				
P284				ky284				
P285				ky285				
P286				ky286				
P287				ky287				
P288				ky288				
P289				ky289				
P290				ky290				
P291				ky291				
P292				ky292				
P293				ky293				
P294				ky294				
P295				ky295				
P296				ky296				
P297				ky297				
P298				ky298				
P299				ky299				
P300				ky300				
P301					mv001	m007	m007	m007
P302					mv008	m032	m032	m032
P303					mv009	m033	m033	m033
P304					mv010	m034	m034	m034
P305					mv011	m036	m036	m036
P306					mv016	m052	m052	m052

（续表）

监测品种代号	2012 年	2013 年	2014 年	2015 年	2017 年	2018 年	2019 年	2020 年
P307					mv018	m056	m056	m056
P308					mv025	m066	m066	m066
P309					mv026	m067	m067	m067
P310					mv030	m074	m074	m074
P311					mv031			
P312					mv032	m075	m075	m075
P313					mv039			
P314					mv041			
P315					mv042			
P316					mv043			
P317						m002	m002	m002
P318						m003	m003	m003
P319						m006	m006	m006
P320						m012	m012	m012
P321						m013	m013	m013
P322						m014	m014	m014
P323						m022	m022	m022
P324						m023	m023	m023
P325						m026	m026	m026
P326						m027	m027	m027
P327						m028	m028	m028
P328						m030	m030	m030
P329						m031	m031	m031
P330						m040	m040	m040
P331						m043	m043	m043
P332						m050	m050	m050
P333						m051	m051	m051
P334						m053	m053	m053
P335						m057	m057	m057
P336						m068	m068	m068
P337						m069	m069	m069
P338						m070	m070	m070
P339						m076	m076	m076
P340						m077	m077	m077
P341						m082	m082	m082
P342						m084	m084	m084
P343						m085	m085	m085
P344						m086	m086	m086
P345						m088	m088	m088
P346						m096	m096	m096

（续表）

监测品种代号	2012 年	2013 年	2014 年	2015 年	2017 年	2018 年	2019 年	2020 年
P347						m097	m097	m097
P348						m098	m098	m098
P349						m099	m099	m099

1.2　菌种鉴定过程

通过设计稻瘟病系统鉴定圃，采用人工喷雾接种鉴定法鉴定。其操作过程如下。

1.2.1　系统圃设计

试验在温室大棚内水泥育秧池中进行。水泥育秧池尺寸为 16m×3.5m×0.25m（长×宽×深），育秧池填充菜园土，土层深度为 20cm。病圃为正方形，边长 150cm。小区内 4 排监测品种，品种间行距 5cm，株距 2.5cm，每排监测品种间留 15cm 用于播种诱发品种。

1.2.2　病菌的采集、分离与保存

病标样可在穗瘟发病初期采集病穗颈和病茎秆或者在叶瘟发病盛期采集典型叶瘟病斑的病叶，每个品种或取样点采集 3～10 个。病穗颈和病茎秆保留病症部，标样长度 8～10cm，装入纱网袋中，病叶保留全叶装入牛皮纸袋中，同时注明采集时间、地点和采集人，知道寄主名称或代号的也要标注。然后带回实验室阴凉处风干或放入玻璃干燥器利用硅胶干燥备用。特别注意，叶瘟标样保存时间较短，采集后应尽快分离。

病菌纯化采用单孢分离法。先修剪整理标样，保存病标样长度一致，用无氯清水浸泡 8～12h，取出后用自来水刷洗，除去表面菌丝、孢子和灰尘，再用无菌水冲洗 2 次，病叶搓卷成索状，尽量让病斑外露。然后将标样搁置在灭菌培养皿中滤纸做成的小支架上。每皿放置同类标样 3～5 个，培养皿上标注标样代号和处理时间，然后放置 28℃霉菌培养箱保湿培养，诱导分生孢子产生。1～2d 后即可进行挑取单孢工作。分离单孢时将标本固定在显微镜的载物台上，先在酒精灯上灼烧挑针，然后将挑针固定在玻片夹上。100 倍视野下，移动玻片夹用挑针直接在标本上轻轻挑取单个稻瘟病孢子，然后移开挑针，用小块灭菌的水琼脂将针尖上的孢子粘下，放到番茄燕麦平板培养基中培养，再次灼烧挑针消毒准备挑取下一个单孢，每个标本分离 3 个以上单孢。该过程在超净工作台上完成。

菌株保存方法有两种。一是滤纸片保存：将滤纸剪成约 0.5cm×0.5cm 大小的碎片，灭菌，然后铺在平板培养基表面，接种，培养。待菌丝布满滤纸片后，将滤纸片收起，放入 2mL 离心管中，敞开管口，放入牛皮纸袋，再将牛皮纸袋放入玻璃干燥器干燥，待滤纸片完全干燥后密封-20℃保存。该方法保存的菌种，在多年后仍有活力。二是稻草节保存：将稻草节用粉碎机粉碎，灭菌，然后铺在平板培养基表面，接种，培养。处理方法同上。

1.2.3　监测品种纯化、扩繁与保存

第一年监测品种成熟后单穗采收、晒干，第二年每个品种挑选 20 粒饱满种子播种扩繁，按高产栽培方式进行管理，生长期间及时去杂，成熟后首先采收能代表监测品种性状的单穗留种，剩余部分按编号全收。然后将收获的种子浸入浓度为 1.08～1.10°Bé 的盐水中搅拌，捞出盐水表层的秕谷、病粒和杂质，将下沉底部的种子装入纱网袋用清水充分漂洗，然后将水选后的种子浸入 0.5%高锰酸钾溶液中浸泡消毒 1h，取出用流水冲洗 2～3 次，晒干、保存备用。

1.2.4 监测品种预播种

一般在实验当年 1~2 月进行。提前将种植纸裁剪成 12.5cm×50cm 条状；吸气式播种器按说明书组装好；品种按编号摆放排序，每次取连号的 10 个品种，按序倒入震动槽内的 10 个小格，开电源，取一张裁好的种植纸铺平，用毛刷刷上稀浆糊，用吸种针将种子吸起转移至纸条上，每张纸条播 10 个品种，每个品种播 5 粒种子，另取单层草纸对齐贴在播好种子的纸条上，播种纸条编号、晒干或晾干备用。每个品种播 108 条。

1.2.5 大棚整理、整地、播种与育苗

每年 3 月初整理维修大棚，施复合肥（N-P-K=16-16-16）40kg/亩做底肥，翻挖田土；3 月下旬，灌水，平厢面，先播诱发品种，诱发品种出苗定株后再播监测品种；4 月初按设计要求播监测品种。将纸条按编号贴于厢面，用滚刷按压抚平，覆盖细土，插上标签。

播种后保持厢面湿润，厢沟有水，一叶一心后厢面灌水，苗期酌施氮肥，在接种前 3~4d 再增施一次氮肥，使到苗生长嫩绿，避免过老或批叶。幼苗在 3~4 叶期（不完全叶在外）喷雾接种。

1.2.6 单孢菌株活化、扩繁与诱导产孢

一般播种后 10d 左右开始菌株培养。将保存的菌株取出，在室温下静置，待温度恒定后，打开保存容器。取一片滤纸或少许基质载体接种到番茄燕麦培养基上，28℃下黑暗培养，5~7d 后观察记录菌株存活情况。

诱导产包所采用培养基质为易感稻瘟病水稻品种稻草节，将稻草节剪成 1cm 长小段，用容积为 500mL 的 PC 塑料培养瓶分装，每瓶分装 5g，加入 15mL 浓度为 1.67%的蔗糖溶液，混匀，湿热灭菌 30min，自然冷却。然后挑取活化菌落边缘健壮菌丝，转接至稻草节中，一个菌株接种一瓶，28℃黑暗培养 12d，期间每天摇动 1 次，促进菌丝均匀迅速生长。当菌丝布满稻草节后，向培养瓶中倒入 100mL 无菌水，震荡，将稻草节表面气生菌丝洗掉，每瓶重复洗 3 次，用纱布封口沥干，然后轻轻摇动培养瓶，使稻草节平铺在瓶底，尽量不要堆叠，虚盖上瓶盖，温度 25℃，黑光灯照射，继续培养 3d 后稻草节表面即有大量分生孢子产生，待用。

1.2.7 喷雾前准备工作

单孢隔离小区用 16mm 包塑钢管搭建框架，大棚四周安装遮阳网，安装自制接种喷雾装置，选择阴凉雨天进行接种。人工喷雾接种前将各小区四周和顶部用白色无纺布隔离，放下大棚遮阳网和四周薄膜。接种前一天病圃灌水保持秧面水深 3~5cm；接种当天遮阳，接种大棚地表灌水湿透，整个空间定时迷雾增湿，保持整个大棚相对湿度 100%。

配制菌液：通过肉眼和显微镜观察各菌株的产孢情况，最后挑选 102 个产孢状况较好的菌株用于接种。用蒸馏水配制 0.02%的吐温 20 溶液，向产孢的培养瓶中倒入 300mL 吐温 20 溶液，振荡洗脱孢子，取样镜检，100 倍视野下统计孢子个数。

1.2.8 喷雾接种与管理

将自制文丘里喷头液管插入培养瓶中，气管连接空气压缩机，压缩空气工作压力保持为 206.8~413.6kPa，将菌液均匀喷施于小区内水稻叶片上，每个小区约接种菌液 300mL。封闭小区，并盖上遮阳网，保持小区内高湿，温度保持在 24~27℃，不能超过 28℃；48h 后取下遮阳网，后期保持温度 20~30℃，湿度保持在 50%以上；接种后 7~10d 即可在叶片上发现感病病斑。

1.2.9　调查记载标准

调查时期：叶瘟调查 2 次。在病圃发现诱发品种或者其他品种叶瘟发病达 7 级或以上时进行首次调查；秧苗期叶瘟 7~10d 后调查第二次。

调查对象：单株（穴）中发病最严重的稻叶。

取样方法：全部 5 株秧苗。

分级标准：详见表 4。

记载项目：详见表 5。

表 4　水稻叶瘟单叶调查分级标准

病级	病　　情
0	无病。
1	针头状大小褐点。
2	褐点较大。
3	圆形至椭圆形的灰色病斑，边缘褐色，直径 1~2mm。
4	每叶片 1 个典型病斑，长 1~2cm，为害面积小于叶面积的 2%。
5	每叶片 2 个典型病斑，为害面积占叶面积的 2%~10%。
6	每叶片 3 个典型病斑，或者出现病斑融合现象，或者为害面积占叶面积的 11%~25%。
7	每叶片 3 个以上典型病斑，或者出现叶片枯死现象，或者为害面积占叶面积的 26%~50%。
8	前期有典型病斑，出现叶片枯死现象，为害面积占叶面积的 51%以上。
9	前期有典型病斑，出现叶片枯死现象，叶片和叶鞘全部枯死。

注：①0~3 级按病斑型考查，以严重病斑型为准；4~5 级按典型病斑数考查；6~9 级，按为害面积比例估测。

②叶片上无叶瘟，但有叶枕瘟发生者记作 5 级。

表 5　水稻叶瘟单叶调查记载

播种日期：　　　　移栽日期：　　　　调查人：　　　　记载人：　　　　病圃名称：

材料名称	田间编号	调查日期	生育期	总株数	病级										备注
					0	1	2	3	4	5	6	7	8	9	

1.2.10　大棚病残体处理

根据试验需要采集相关小区内某个和多个检测材料的感病叶片，用牛皮纸袋封装，登记接种菌株名和检测品种代号，干燥密封保存备用。

试验结束后将秧苗用剪刀剪取感病叶片，将各小区采集到的叶片混合均匀，用 0.02% 吐温溶液搓洗，洗脱病叶孢子，双层纱网袋过滤，用机动喷雾器将滤液喷撒至红庙大田病圃；剩余材料全部拔起，带出大棚外处理；然后封闭大棚 2 个月左右，利用夏季高温高湿将稻瘟病菌杀死，待下一轮试验再用。

1.3 数据处理和分析方法

在进行数据分析时将感病株数大于或等于 2 且叶瘟级别大于或等于 4 的监测品种记为感病，标识特征值“1”，其他记为抗病，标识特征值“0”，详见表 6。然后整理成菌株致病谱和监测品种抗谱分析数据表。其分析方法：第一，按单孢菌株致病频次由低到高纵向排列；第二，按监测品种的感病频次由低到高横向排列；第三，以致病频次最高的菌株为基础，按照监测品种感病频次低于 5 的菌株全部当选，高于 5 的至少满足 5 频次的分析方法，确定稻瘟病全谱生态模式菌群。同时以最少全谱生态模式菌株组成核心菌群。

表 6 系统圃水稻叶瘟群体抗性评价标准

<table>
<tr><th>抗级代表值</th><th>抗感类型</th><th>叶瘟病级</th></tr>
<tr><td rowspan="4">0</td><td rowspan="4">抗病 R</td><td>0</td></tr>
<tr><td>1</td></tr>
<tr><td>2</td></tr>
<tr><td>3</td></tr>
<tr><td rowspan="6">1</td><td rowspan="6">感病 S</td><td>4</td></tr>
<tr><td>5</td></tr>
<tr><td>6</td></tr>
<tr><td>7</td></tr>
<tr><td>8</td></tr>
<tr><td>9</td></tr>
</table>

1.4 评价方法

1.4.1 全谱生态模式菌株筛选评价指标

评价指标有：单孢菌株的致病谱和致病频次、监测品种的抗谱和感病频次、广谱致病菌株和特异致病菌株致病谱的互补性和重复性。

1.4.2 生态模式菌株筛选评价结论检验

系统圃诱发品种病级>7 级时，则认为该病圃当年抗性鉴定结果有效。只有有效病圃的鉴定结果才能作为抗性评价依据使用。

1.4.3 全谱生态模式菌群的应用价值

筛选和评价水稻持久抗病品种，开展广谱抗病基因发掘与应用研究。

2 结果与分析

2012 年 128 个稻瘟病菌株生态模式菌群筛选结果详见表 7。

2013 年 216 个稻瘟病菌株生态模式菌群筛选结果详见表 8。

2014 年 167 个稻瘟病菌株生态模式菌群筛选结果详见表 9。

2015 年 41 个稻瘟病菌株生态模式菌群筛选结果详见表 10。

2017 年 18 个稻瘟病菌株生态模式菌群筛选结果详见表 11。

2018 年 101 个稻瘟病菌株生态模式菌群筛选结果详见表 12。

2019 年 102 个稻瘟病菌株生态模式菌群筛选结果详见表 13。

2020 年 102 个稻瘟病菌株生态模式菌群筛选结果详见表 14。

2012—2020 年稻瘟病各年度全谱生态模式菌株核心菌群筛选结果详见表 15。

2012—2020 年稻瘟病全谱生态模式菌株及其核心菌株统计结果详见表 16。

表 7　128 个稻瘟病菌株生态模式菌群筛选结果（恩施试验站 2012 年）

全谱生态模式菌株代号	水稻监测品种代号										
	p009	p007	p024	p021	p017	p030	p019	p006	p008	p005	p010
86425-1	0	0	1	0	1	0	1	1	0	1	0
ENLD099-3	0	0	0	1	0	1	1	0	1	0	1
ENTM085-3	0	1	1	0	1	0	0	1	0	1	0
ENTM095-2	0	1	1	0	1	0	0	1	0	1	0
ENTM096-3	0	1	1	0	1	0	0	1	0	1	0
ENJX089-3	0	1	0	0	1	1	1	1	1	0	1
ENJX025-3	1	0	0	0	0	1	0	0	1	0	1
ENJX094-2	1	0	0	1	0	1	1	1	1	1	0
ENJX089-1	1	0	0	1	0	1	1	1	1	0	1
EBCD042-3	1	0	0	1	1	1	1	0	1	0	1
ENLD054-4	0	1	1	0	1	0	0	1	0	1	0
ENJX088-2	1	0	0	1	1	1	1	1	1	1	1
感病频次	5	5	5	5	8	7	7	9	7	7	6
感病总频次	5	5	10	12	14	15	17	21	21	25	25

全谱生态模式菌株代号	水稻监测品种代号										
	p020	p003	p004	p001	p011	p018	p016	p002	p027	p015	p023
86425-1	1	0	1	1	1	1	1	1	1	1	1
ENLD099-3	0	0	0	1	1	1	1	1	1	1	1
ENTM085-3	1	0	0	0	0	0	1	1	0	1	1
ENTM095-2	1	0	1	1	0	0	1	1	0	1	1
ENTM096-3	1	0	1	1	0	0	1	1	1	1	1
ENJX089-3	1	1	1	1	1	1	1	1	0	1	1
ENJX025-3	0	1	1	1	0	1	1	1	0	1	1
ENJX094-2	1	1	1	1	0	1	1	1	0	1	1
ENJX089-1	0	1	1	1	1	1	1	1	1	1	1
EBCD042-3	0	1	1	1	1	1	1	1	1	1	1
ENLD054-4	1	1	1	1	0	1	1	1	1	1	1
ENJX088-2	1	1	1	1	1	1	1	1	0	1	1
感病频次	8	7	10	11	6	9	12	12	6	12	12
感病总频次	26	28	29	33	35	36	44	45	51	54	54

（续表）

全谱生态模式菌株代号	水稻监测品种代号									致病频次
	p026	p014	p029	p025	p012	p022	p013	p028	p037	
86425-1	1	1	0	1	0	0	0	1	1	20
ENLD099-3	1	1	1	1	1	1	1	1	1	22
ENTM085-3	0	1	1	1	1	1	1	0	1	17
ENTM095-2	1	1	1	1	1	1	1	1	1	21
ENTM096-3	1	1	1	1	1	1	1	1	1	22
ENJX089-3	0	1	1	1	1	1	1	1	1	25
ENJX025-3	0	1	1	1	1	1	1	1	1	20
ENJX094-2	0	1	1	1	1	1	1	1	1	24
ENJX089-1	0	1	1	1	1	1	1	1	1	25
EBCD042-3	1	1	1	1	1	1	1	1	1	26
ENLD054-4	1	1	1	1	1	1	1	0	1	23
ENJX088-2	0	1	1	1	1	1	1	1	1	27
感病频次	6	12	11	12	11	11	11	10	12	
感病总频次	54	64	68	72	73	74	80	80	82	

表 8　216 个稻瘟病菌株生态模式菌群筛选结果（恩施试验站 2013 年）

全谱生态模式菌株代号	水稻监测品种代号									
	P050	P044	P034	P031	P021	P046	P048	P047	P009	P045
EBXD031-2	0	0	0	0	0	0	0	0	1	0
EBLJ039-2	0	0	0	0	0	1	0	0	1	1
EBEH063-3	0	0	0	0	1	1	0	0	1	0
EBXQ091-2	0	0	1	0	1	1	1	1	1	0
EBXD031-3	0	1	0	0	0	0	0	0	0	0
EBXT031-1	0	1	0	0	0	0	0	0	0	0
EBXQ052-1	0	1	0	0	0	0	0	0	0	0
EBZL005-1	0	1	0	0	0	1	1	1	0	1
EBES051-3	1	0	1	1	0	1	1	1	0	1
EBXT025-3	1	0	0	1	1	1	1	1	0	1
EBXT026-3	1	0	1	1	0	1	1	1	0	1
EBEX069-3	1	0	1	1	1	1	1	1	0	1
EBXQ052-2	0	1	0	0	0	0	0	0	0	1
EBEA051-4	1	0	1	1	1	1	1	1	1	1
感病频次	5	5	5	5	5	9	7	7	5	8
感病总频次	9	9	15	18	39	41	44	48	61	65

全谱生态模式菌株代号	水稻监测品种代号									
	P032	P024	P030	P033	P010	P007	P040	P036	P035	P019
EBXD031-2	0	1	1	0	0	1	1	1	1	1
EBLJ039-2	1	1	1	1	1	0	1	1	1	0

（续表）

全谱生态模式菌株代号	水稻监测品种代号									
	P032	P024	P030	P033	P010	P007	P040	P036	P035	P019
EBEH063-3	0	1	1	1	0	1	0	1	1	1
EBXQ091-2	1	1	0	1	1	1	1	0	1	1
EBXD031-3	0	0	0	0	0	0	1	1	1	1
EBXT031-1	0	1	1	0	0	1	1	1	1	0
EBXQ052-1	0	0	1	0	0	1	1	1	1	1
EBZL005-1	1	1	0	1	1	0	1	0	0	1
EBES051-3	1	1	0	1	1	1	1	1	1	1
EBXT025-3	1	1	0	1	1	1	1	1	1	1
EBXT026-3	1	1	0	1	1	1	1	1	1	1
EBEX069-3	1	1	0	1	1	1	1	1	1	1
EBXQ052-2	0	1	1	1	0	1	1	1	1	1
EBEA051-4	1	1	1	1	1	1	1	1	1	1
感病频次	8	12	7	10	8	11	13	12	13	12
感病总频次	68	70	87	89	99	103	113	116	117	120

全谱生态模式菌株代号	水稻监测品种代号									
	P017	P041	P026	P027	P005	P008	P011	P038	P018	P039
EBXD031-2	1	1	1	1	1	1	1	1	1	1
EBLJ039-2	1	1	1	1	1	1	1	1	1	1
EBEH063-3	0	0	1	1	1	1	0	1	1	1
EBXQ091-2	1	1	1	1	1	1	1	1	1	1
EBXD031-3	1	1	1	1	1	1	1	1	1	1
EBXT031-1	1	1	1	1	1	1	1	1	1	1
EBXQ052-1	1	1	1	1	1	1	1	1	1	1
EBZL005-1	0	1	1	1	0	1	1	1	1	1
EBES051-3	1	1	1	1	1	1	1	1	1	1
EBXT025-3	1	1	1	1	1	1	1	1	1	1
EBXT026-3	1	1	1	1	1	1	1	1	1	1
EBEX069-3	1	1	1	1	1	1	1	1	1	1
EBXQ052-2	1	1	1	1	1	1	1	1	1	1
EBEA051-4	1	1	1	1	1	1	1	1	1	1
感病频次	12	13	14	14	13	14	13	14	14	14
感病总频次	139	139	154	156	159	159	163	168	172	173

全谱生态模式菌株代号	水稻监测品种代号										
	P049	P006	P003	P042	P001	P020	P029	P028	P002	P043	P015
EBXD031-2	1	1	1	1	1	1	1	1	1	1	1
EBLJ039-2	1	1	1	1	1	1	1	1	1	1	1
EBEH063-3	1	1	1	1	1	1	1	1	1	1	1
EBXQ091-2	1	1	1	1	1	1	1	1	1	1	1
EBXD031-3	1	1	1	1	1	1	1	1	1	1	1

（续表）

全谱生态模式菌株代号	水稻监测品种代号										
	P049	P006	P003	P042	P001	P020	P029	P028	P002	P043	P015
EBXT031-1	0	1	0	1	1	1	1	1	1	1	1
EBXQ052-1	0	1	1	1	1	1	1	1	1	1	1
EBZL005-1	1	0	1	1	1	0	1	1	1	1	1
EBES051-3	1	1	1	1	1	1	1	1	1	1	1
EBXT025-3	1	1	1	1	1	1	1	1	1	1	1
EBXT026-3	1	1	1	1	1	1	1	1	1	1	1
EBEX069-3	1	1	1	1	1	1	1	1	1	1	1
EBXQ052-2	1	1	1	1	1	1	1	1	1	1	1
EBEA051-4	1	1	1	1	1	1	1	1	1	1	1
感病频次	12	13	13	14	14	13	14	14	14	14	14
感病总频次	173	178	183	186	188	188	189	194	198	199	200

全谱生态模式菌株代号	水稻监测品种代号									致病频次
	P025	P016	P004	P022	P012	P013	P023	P014	P037	
EBXD031-2	1	1	1	1	1	1	1	1	1	37
EBLJ039-2	1	1	1	1	1	1	1	1	1	40
EBEH063-3	1	1	1	1	1	1	1	1	1	36
EBXQ091-2	1	1	1	1	1	1	1	1	1	44
EBXD031-3	1	1	1	1	1	1	1	1	1	34
EBXT031-1	1	1	1	1	1	1	1	1	1	34
EBXQ052-1	1	1	1	1	1	1	1	1	1	35
EBZL005-1	1	1	0	1	1	1	1	1	1	36
EBES051-3	1	1	1	1	1	1	1	1	1	46
EBXT025-3	1	1	1	1	1	1	1	1	1	46
EBXT026-3	1	1	1	1	1	1	1	1	1	46
EBEX069-3	1	1	1	1	1	1	1	1	1	47
EBXQ052-2	1	1	1	1	1	1	1	1	1	39
EBEA051-4	1	1	1	1	1	1	1	1	1	49
感病频次	14	14	13	14	14	14	14	14	14	
感病总频次	201	202	205	209	211	212	214	216	216	

表 9　167 个稻瘟病菌株生态模式菌群筛选结果（恩施试验站 2014 年）

全谱生态模式菌株代号	水稻监测品种代号									
	P099	P090	P091	P093	P097	P100	P079	P078	P080	P098
EBEX069-3	0	0	0	0	0	0	0	0	0	0
EBXQ023-4	0	0	0	0	0	0	0	0	0	0
EBXQ052-2	0	0	0	0	0	0	0	0	0	0
ENTM016-4	0	0	0	0	0	0	0	0	0	0
ENJX090-2	0	0	0	0	0	0	0	0	0	0

（续表）

全谱生态模式菌株代号	水稻监测品种代号									
	P099	P090	P091	P093	P097	P100	P079	P078	P080	P098
ENTM101-3	0	0	0	0	0	0	0	0	0	0
EBSS020-3	0	0	0	0	0	0	0	0	0	0
EBXT024-1	0	0	0	0	0	0	0	0	0	0
EBED033-2	0	0	0	0	0	0	0	0	0	0
ENJX025-3	0	0	0	0	0	0	0	0	0	0
86425-1	0	0	0	0	0	0	0	0	0	0
ENLD014-1	0	0	0	0	0	0	0	0	0	0
EBXT026-2	0	0	0	0	0	0	0	0	0	0
EBLJ039-2	0	0	0	0	0	0	0	0	0	0
ENTM058-1	0	0	0	0	0	0	0	0	0	0
EBXT071-3	0	0	0	0	0	0	0	0	0	0
EBEH041-4	0	0	0	0	0	0	0	0	0	0
EBED035-4	0	0	0	0	0	0	0	0	0	0
EBXT031-1	0	0	0	0	0	0	0	0	0	0
EBXD031-3	0	0	0	0	0	0	0	0	0	0
EBXT026-3	0	0	0	0	0	0	0	0	0	1
EBCX097-3	0	0	0	0	0	0	0	1	1	0
EBXT032-2	0	0	0	0	1	1	1	0	0	1
EBEA051-4	0	0	0	0	0	0	1	1	1	0
EBXT025-3	0	1	1	1	0	0	0	0	0	0
EBXD031-2	1	0	0	0	1	1	0	0	0	1
感病频次	1	1	1	1	2	2	2	2	2	3
感病总频次	1	1	1	1	2	2	2	2	2	3

全谱生态模式菌株代号	水稻监测品种代号									
	P074	P095	P094	P057	P068	P069	P070	P059	P064	P081
EBEX069-3	0	0	0	0	0	0	0	0	0	0
EBXQ023-4	0	0	0	0	0	0	0	0	0	0
EBXQ052-2	0	0	0	0	0	0	0	0	0	0
ENTM016-4	0	0	0	0	0	0	0	0	0	0
ENJX090-2	0	0	0	0	0	0	0	0	0	0
ENTM101-3	0	0	0	0	0	0	0	0	0	0
EBSS020-3	0	0	0	0	0	0	0	0	0	0
EBXT024-1	0	0	0	0	0	0	0	0	0	0
EBED033-2	0	0	0	0	0	0	0	0	0	0
ENJX025-3	0	0	0	0	0	0	0	0	0	0
86425-1	0	0	0	0	0	0	0	0	0	0
ENLD014-1	0	0	0	0	0	0	0	0	1	0
EBXT026-2	0	0	0	0	0	0	0	1	0	0
EBLJ039-2	0	0	0	0	0	0	0	1	0	0

（续表）

全谱生态模式菌株代号	水稻监测品种代号									
	P074	P095	P094	P057	P068	P069	P070	P059	P064	P081
ENTM058-1	0	0	0	0	0	0	1	0	0	0
EBXT071-3	0	0	0	0	1	1	0	0	0	1
EBEH041-4	0	0	0	1	0	0	0	0	0	0
EBED035-4	0	0	0	1	0	0	0	1	0	0
EBXT031-1	0	1	0	0	0	0	0	0	0	1
EBXD031-3	1	0	0	0	1	1	1	0	1	1
EBXT026-3	0	0	1	0	0	0	0	0	0	0
EBCX097-3	0	0	0	0	0	0	0	0	0	0
EBXT032-2	1	1	0	0	1	1	1	0	1	1
EBEA051-4	0	0	1	1	0	0	0	0	1	0
EBXT025-3	0	0	1	0	0	0	0	0	0	0
EBXD031-2	1	1	0	0	1	1	1	1	1	1
感病频次	3	3	3	3	4	4	4	4	5	5
感病总频次	3	3	3	3	4	4	4	4	5	5

全谱生态模式菌株代号	水稻监测品种代号									
	P089	P050	P061	P083	P086	P063	P071	P076	P082	P096
EBEX069-3	0	1	0	0	0	0	0	0	0	0
EBXQ023-4	0	0	0	0	0	0	0	0	0	0
EBXQ052-2	0	0	0	0	0	0	0	0	0	0
ENTM016-4	0	1	0	0	0	0	0	0	0	0
ENJX090-2	0	0	0	0	0	0	0	0	0	0
ENTM101-3	0	0	0	0	1	0	0	1	0	1
EBSS020-3	0	0	1	0	1	1	0	0	0	1
EBXT024-1	0	0	0	0	0	0	0	0	0	0
EBED033-2	0	0	1	0	1	0	0	0	1	1
ENJX025-3	1	0	0	0	0	0	0	0	0	0
86425-1	1	0	0	0	0	0	0	1	0	0
ENLD014-1	0	0	0	0	0	0	0	0	0	0
EBXT026-2	0	0	0	0	0	0	0	0	0	0
EBLJ039-2	0	0	0	0	1	0	0	0	0	0
ENTM058-1	0	0	0	0	0	0	0	0	0	0
EBXT071-3	0	0	0	1	0	1	1	1	1	0
EBEH041-4	0	0	0	0	0	1	0	0	0	0
EBED035-4	0	0	0	0	0	0	0	0	0	0
EBXT031-1	0	0	1	1	0	1	1	0	1	0
EBXD031-3	0	0	1	1	0	1	1	1	1	0
EBXT026-3	1	1	0	0	0	0	0	0	1	1
EBCX097-3	0	0	0	0	0	0	0	0	0	0
EBXT032-2	0	0	1	1	0	1	1	1	1	1

（续表）

全谱生态模式菌株代号	水稻监测品种代号									
	P089	P050	P061	P083	P086	P063	P071	P076	P082	P096
EBEA051-4	1	1	0	1	0	0	1	0	0	0
EBXT025-3	1	1	0	0	1	0	0	0	0	0
EBXD031-2	0	0	1	1	0	1	1	1	1	1
感病频次	5	5	6	6	5	7	6	6	7	6
感病总频次	5	6	6	6	6	7	7	7	7	7

全谱生态模式菌株代号	水稻监测品种代号									
	P031	P054	P060	P092	P067	P075	P087	P084	P073	P088
EBEX069-3	0	0	0	0	0	0	0	0	0	1
EBXQ023-4	1	0	0	0	0	0	0	0	0	0
EBXQ052-2	0	0	1	0	0	0	0	0	1	0
ENTM016-4	0	0	0	0	0	0	0	0	0	0
ENJX090-2	0	0	0	0	0	0	0	1	0	0
ENTM101-3	0	0	0	1	1	1	1	1	1	1
EBSS020-3	0	0	1	1	0	1	1	1	1	1
EBXT024-1	0	0	0	0	0	1	0	1	1	0
EBED033-2	0	0	1	0	1	0	1	1	1	1
ENJX025-3	1	0	0	1	0	0	0	0	0	0
86425-1	0	0	0	0	1	0	0	0	1	0
ENLD014-1	0	0	0	0	0	0	0	0	0	0
EBXT026-2	0	0	0	0	0	1	0	0	0	0
EBLJ039-2	0	0	0	0	0	0	1	1	0	1
ENTM058-1	0	1	1	0	0	0	0	0	1	1
EBXT071-3	0	1	0	0	1	1	0	0	1	0
EBEH041-4	0	0	0	0	0	0	0	0	0	0
EBED035-4	0	1	0	0	1	0	1	0	0	0
EBXT031-1	0	1	1	0	1	0	0	0	1	0
EBXD031-3	0	1	1	0	1	1	0	0	1	0
EBXT026-3	1	0	0	1	0	0	1	1	1	1
EBCX097-3	0	0	0	0	0	0	0	0	0	1
EBXT032-2	0	1	1	0	1	1	0	0	1	1
EBEA051-4	1	0	0	1	0	0	0	0	0	1
EBXT025-3	1	0	0	1	0	1	1	1	0	1
EBXD031-2	0	1	1	1	1	1	1	0	1	1
感病频次	5	7	8	7	9	9	8	8	13	12
感病总频次	8	8	8	8	9	10	10	12	15	15

全谱生态模式菌株代号	水稻监测品种代号									
	P072	P044	P062	P066	P009	P046	P056	P058	P048	P021
EBEX069-3	1	0	1	0	0	1	0	0	1	0
EBXQ023-4	1	0	0	0	0	0	0	1	1	0

（续表）

全谱生态模式菌株代号	水稻监测品种代号									
	P072	P044	P062	P066	P009	P046	P056	P058	P048	P021
EBXQ052-2	0	1	0	0	1	0	0	0	0	0
ENTM016-4	1	0	0	0	0	0	0	0	0	1
ENJX090-2	0	1	0	0	1	1	1	1	1	1
ENTM101-3	0	1	0	1	0	1	0	1	0	1
EBSS020-3	0	1	0	1	1	1	0	1	0	1
EBXT024-1	0	0	1	1	0	1	1	1	1	1
EBED033-2	0	1	1	1	0	1	1	1	1	0
ENJX025-3	1	0	0	0	0	1	0	0	1	0
86425-1	1	1	0	0	1	0	0	0	0	1
ENLD014-1	0	0	0	0	0	0	1	0	0	1
EBXT026-2	0	1	0	0	0	0	0	1	0	1
EBLJ039-2	0	1	1	1	0	1	1	1	1	0
ENTM058-1	0	0	0	0	0	0	0	1	0	0
EBXT071-3	0	1	0	0	0	1	0	0	1	0
EBEH041-4	0	1	1	1	0	1	1	0	1	0
EBED035-4	0	0	1	1	0	1	1	1	1	0
EBXT031-1	0	1	0	1	0	1	0	0	1	0
EBXD031-3	0	1	1	0	0	0	0	1	1	0
EBXT026-3	1	1	1	1	0	1	1	1	1	0
EBCX097-3	0	0	0	1	0	0	0	0	0	0
EBXT032-2	0	1	1	1	0	1	0	1	1	0
EBEA051-4	1	0	1	1	1	1	1	1	1	0
EBXT025-3	1	0	1	1	0	1	1	1	1	0
EBXD031-2	0	1	1	1	0	1	1	1	1	1
感病频次	8	15	12	14	5	17	11	16	17	9
感病总频次	16	17	17	17	18	25	26	27	28	30

全谱生态模式菌株代号	水稻监测品种代号									
	P065	P030	P010	P032	P034	P055	P047	P085	P038	P035
EBEX069-3	0	0	1	1	1	0	1	1	1	1
EBXQ023-4	0	0	0	1	1	1	0	1	1	1
EBXQ052-2	0	0	0	0	0	1	0	1	1	1
ENTM016-4	0	0	1	1	1	0	1	0	0	1
ENJX090-2	1	0	1	1	0	1	1	1	1	0
ENTM101-3	1	1	0	1	0	0	1	1	0	0
EBSS020-3	1	1	1	1	0	0	1	1	1	0
EBXT024-1	1	1	0	0	1	1	1	1	1	1
EBED033-2	1	0	1	1	1	1	1	1	1	1
ENJX025-3	1	0	1	0	1	0	0	0	0	0
86425-1	0	0	0	1	1	0	0	1	1	1

（续表）

全谱生态模式菌株代号	水稻监测品种代号									
	P065	P030	P010	P032	P034	P055	P047	P085	P038	P035
ENLD014-1	1	1	0	1	0	1	1	0	1	0
EBXT026-2	0	1	1	0	0	0	1	1	1	0
EBLJ039-2	1	0	0	1	1	1	1	1	1	1
ENTM058-1	0	0	0	0	0	0	1	1	0	0
EBXT071-3	1	0	0	1	0	1	1	0	1	0
EBEH041-4	1	0	1	1	0	0	1	1	1	0
EBED035-4	1	0	0	1	0	1	1	1	1	0
EBXT031-1	0	0	0	0	0	1	0	1	1	0
EBXD031-3	0	0	0	0	0	1	1	1	1	0
EBXT026-3	1	0	1	1	1	1	1	1	1	0
EBCX097-3	0	0	1	1	0	0	1	1	1	0
EBXT032-2	1	0	1	0	0	1	1	1	1	0
EBEA051-4	1	1	1	1	1	1	1	0	1	1
EBXT025-3	1	0	1	1	1	1	1	1	1	1
EBXD031-2	1	0	1	1	0	1	1	1	1	0
感病频次	16	6	14	18	11	16	21	21	22	10
感病总频次	30	33	34	35	37	39	42	49	51	52

全谱生态模式菌株代号	水稻监测品种代号									
	P051	P036	P024	P007	P040	P008	P033	P049	P045	P005
EBEX069-3	1	1	1	1	1	1	0	0	1	1
EBXQ023-4	0	1	1	1	1	1	0	1	0	1
EBXQ052-2	1	1	1	1	1	1	0	1	0	1
ENTM016-4	1	1	1	1	1	1	1	1	1	1
ENJX090-2	1	0	0	1	1	1	1	1	1	0
ENTM101-3	1	0	0	0	1	1	1	1	1	0
EBSS020-3	1	0	1	0	0	1	1	1	1	0
EBXT024-1	1	1	0	1	1	1	1	1	1	1
EBED033-2	1	0	0	0	1	1	1	1	1	0
ENJX025-3	0	0	1	0	0	0	0	0	0	0
86425-1	1	1	1	1	1	1	1	1	1	1
ENLD014-1	1	0	1	1	0	1	1	1	1	1
EBXT026-2	1	0	0	0	1	1	1	1	1	0
EBLJ039-2	1	1	0	1	1	1	1	1	1	1
ENTM058-1	0	0	0	1	1	1	0	0	0	1
EBXT071-3	1	0	0	0	1	1	1	1	1	0
EBEH041-4	1	0	0	0	1	1	1	1	1	0
EBED035-4	1	0	1	1	1	1	1	1	1	1
EBXT031-1	1	0	0	0	1	1	0	1	1	0
EBXD031-3	1	0	0	0	1	1	1	1	1	0

（续表）

全谱生态模式菌株代号	水稻监测品种代号									
	P051	P036	P024	P007	P040	P008	P033	P049	P045	P005
EBXT026-3	1	1	1	1	1	1	1	1	1	1
EBCX097-3	1	0	0	0	1	1	0	1	1	1
EBXT032-2	1	0	1	0	1	1	0	1	1	1
EBEA051-4	1	1	1	1	1	1	1	1	1	1
EBXT025-3	1	1	1	1	1	1	1	1	1	1
EBXD031-2	1	0	0	1	1	1	1	1	1	1
感病频次	23	10	13	15	23	25	18	23	22	16
感病总频次	54	56	57	60	63	64	70	74	77	79

全谱生态模式菌株代号	水稻监测品种代号									
	P017	P026	P027	P041	P039	P019	P042	P006	P022	P011
EBEX069-3	1	1	1	1	1	0	1	1	1	1
EBXQ023-4	1	1	1	1	1	1	1	1	1	1
EBXQ052-2	1	1	1	1	1	1	1	1	1	1
ENTM016-4	1	1	1	1	1	0	1	1	1	1
ENJX090-2	1	1	1	1	1	1	1	1	1	1
ENTM101-3	1	1	1	1	1	0	1	1	1	1
EBSS020-3	0	1	1	1	1	0	1	0	1	1
EBXT024-1	1	1	1	1	1	1	1	1	1	1
EBED033-2	0	1	1	1	1	1	1	1	1	1
ENJX025-3	1	1	1	1	0	0	1	0	0	0
86425-1	1	1	1	1	1	1	1	1	1	1
ENLD014-1	1	1	1	0	1	1	1	1	1	0
EBXT026-2	1	1	1	1	1	0	1	0	1	1
EBLJ039-2	0	1	1	1	1	1	1	1	1	1
ENTM058-1	1	1	1	1	0	1	1	1	1	1
EBXT071-3	1	1	1	1	1	1	1	0	1	1
EBEH041-4	0	1	1	1	1	1	1	0	1	1
EBED035-4	1	1	1	1	1	1	1	1	1	1
EBXT031-1	0	1	1	1	1	1	1	1	1	1
EBXD031-3	0	1	1	1	1	1	1	0	1	1
EBXT026-3	1	1	1	1	1	0	1	1	1	1
EBCX097-3	0	1	1	1	1	0	1	1	1	1
EBXT032-2	0	1	1	1	1	1	1	0	1	1
EBEA051-4	1	1	1	1	1	1	1	1	1	1
EBXT025-3	1	1	1	1	1	1	1	1	1	1
EBXD031-2	0	1	1	1	1	1	1	1	1	1
感病频次	17	26	26	25	24	18	26	19	25	24
感病总频次	80	80	83	84	85	88	88	101	104	105

（续表）

全谱生态模式菌株代号	水稻监测品种代号									
	P020	P053	P003	P029	P025	P013	P012	P004	P028	P001
EBEX069-3	1	1	1	1	1	1	1	1	1	1
EBXQ023-4	1	1	1	1	1	1	1	1	1	1
EBXQ052-2	1	1	1	1	1	1	1	1	1	1
ENTM016-4	1	1	1	1	1	1	1	1	1	1
ENJX090-2	1	1	1	1	1	1	1	1	1	1
ENTM101-3	1	0	1	1	1	1	1	1	1	1
EBSS020-3	0	0	1	1	1	1	1	1	1	1
EBXT024-1	1	1	1	1	1	1	1	1	1	1
EBED033-2	1	1	1	1	1	1	1	1	1	1
ENJX025-3	1	0	0	1	1	1	1	0	1	0
86425-1	1	1	1	1	1	1	1	1	1	1
ENLD014-1	1	1	1	1	1	1	1	1	1	1
EBXT026-2	1	0	1	1	1	1	1	1	1	1
EBLJ039-2	1	1	1	1	1	1	1	1	1	1
ENTM058-1	1	1	1	1	1	1	1	1	1	1
EBXT071-3	0	1	1	1	1	1	1	1	1	1
EBEH041-4	1	1	1	1	1	1	1	1	1	1
EBED035-4	1	1	1	1	1	1	1	1	1	1
EBXT031-1	1	1	1	1	1	1	1	1	1	1
EBXD031-3	0	1	1	1	1	1	1	1	1	1
EBXT026-3	1	0	1	1	1	1	1	1	1	0
EBCX097-3	0	1	1	1	1	1	1	1	1	1
EBXT032-2	1	1	1	1	1	1	1	1	1	1
EBEA051-4	1	1	1	1	1	1	1	1	1	1
EBXT025-3	1	1	1	1	1	1	1	1	1	1
EBXD031-2	1	1	1	1	1	1	1	1	1	1
感病频次	22	21	25	26	26	26	26	25	26	24
感病总频次	107	107	109	116	120	121	126	129	134	135

全谱生态模式菌株代号	水稻监测品种代号									致病频次
	P043	P018	P015	P016	P052	P023	P014	P037	P002	
EBEX069-3	0	1	1	1	1	1	1	1	1	48
EBXQ023-4	1	1	1	1	0	1	1	1	1	45
EBXQ052-2	1	1	1	1	1	1	1	1	1	45
ENTM016-4	1	1	1	1	1	1	1	1	1	46
ENJX090-2	1	1	1	1	1	1	1	1	1	51
ENTM101-3	1	1	1	1	1	1	1	1	1	53
EBSS020-3	1	1	1	1	1	1	1	1	1	54
EBXT024-1	1	1	1	1	1	1	1	1	1	56
EBED033-2	1	1	1	1	0	1	1	1	1	59

（续表）

全谱生态模式菌株代号	水稻监测品种代号									致病频次
	P043	P018	P015	P016	P052	P023	P014	P037	P002	
ENJX025-3	0	0	0	1	0	1	1	1	1	26
86425-1	1	1	1	1	1	1	1	1	1	51
ENLD014-1	1	1	1	1	1	1	1	1	1	44
EBXT026-2	1	1	1	1	1	1	1	1	1	42
EBLJ039-2	1	1	1	1	1	1	1	1	1	57
ENTM058-1	1	1	1	1	1	1	1	1	1	40
EBXT071-3	1	1	1	1	1	1	1	1	1	53
EBEH041-4	1	1	1	1	1	1	1	1	1	47
EBED035-4	1	1	1	1	1	1	1	1	1	55
EBXT031-1	1	1	1	1	1	1	1	1	1	51
EBXD031-3	1	1	1	1	1	1	1	1	1	57
EBXT026-3	1	1	1	1	0	1	1	1	1	63
EBCX097-3	1	1	1	1	1	1	1	1	1	41
EBXT032-2	1	1	1	1	1	1	1	1	1	70
EBEA051-4	1	1	1	1	1	1	1	1	1	69
EBXT025-3	1	1	1	1	1	1	1	1	1	68
EBXD031-2	1	1	1	1	1	1	1	1	1	78
感病频次	24	25	25	26	22	26	26	26	26	
感病总频次	135	137	138	139	143	160	161	162	163	

表 10　61 个稻瘟病菌株生态模式菌群筛选结果（恩施试验站 2015 年）

全谱生态模式菌株代号	水稻监测品种代号									
	P090	P122	P131	P165	P238	P146	P173	P182	P205	P261
ENTM101-3	0	0	0	0	0	0	0	0	0	0
EBEH041-4	0	0	0	0	0	0	0	0	0	0
EBEL124-2	0	0	0	0	0	0	0	0	0	0
EBLJ039-2	0	0	0	0	0	0	0	0	0	0
ENJX025-3	0	0	0	0	0	0	0	0	0	0
EBEL122-1	0	0	0	0	0	0	0	0	0	0
EBLH086-2	0	0	0	0	0	0	0	0	0	0
EBEL121-2	0	0	0	0	0	0	0	0	0	0
EBEA051-4	0	0	0	0	0	0	0	0	0	0
EBEL121-3	0	0	0	0	0	0	0	0	0	0
EBXT026-2	0	0	0	0	0	0	0	0	0	0
EBXT032-2	0	0	0	0	0	0	0	0	0	0
ENLD099-3	0	0	0	0	0	0	0	0	0	0
EBZY034-3	0	0	0	0	0	0	0	0	0	0
ENJX094-1	0	0	0	0	0	0	0	0	0	0
ENJX090-2	0	0	0	0	0	0	0	0	0	0

（续表）

全谱生态模式菌株代号	水稻监测品种代号									
	P090	P122	P131	P165	P238	P146	P173	P182	P205	P261
EBED073-2	0	0	0	0	0	0	0	0	0	0
EBXD031-3	0	0	0	0	0	0	0	0	0	0
ENTM058-1	0	0	0	0	0	0	0	0	0	0
EBXQ091-2	0	0	0	0	0	0	0	0	0	0
EBXD031-2	0	0	0	0	0	0	0	0	0	0
EBCX097-3	0	0	0	0	0	0	0	0	0	0
EBED035-4	0	0	0	0	0	0	0	0	0	0
ENTM095-2	0	0	0	0	0	0	0	0	0	0
86425-1	0	0	0	0	0	0	0	0	0	0
EBZL056-4	0	0	0	0	0	0	0	0	0	0
EBCM045-3	0	0	0	0	0	0	0	0	0	0
EBEL123-4	0	0	0	0	0	0	0	0	0	0
EBEL122-2	0	0	0	0	0	0	0	0	0	0
EBXQ052-2	0	0	0	0	0	0	0	0	0	0
EBED040-3	0	0	0	0	0	0	0	0	0	0
EBEL124-1	0	0	0	0	0	0	0	0	0	0
EBEL125-1	0	0	0	0	0	0	0	0	0	0
EBEL126-1	0	0	0	0	0	0	0	0	0	0
EBEL127-1	0	0	0	0	0	0	0	0	0	0
EBXT026-3	0	0	0	0	0	0	0	0	0	0
EBEL128-1	0	0	0	0	0	0	0	0	0	0
ENTM016-4	0	0	0	0	0	0	0	0	0	0
EBEL130-2	0	0	0	0	0	0	0	0	0	0
EBXT025-3	0	0	0	0	0	1	1	1	1	1
EBEL121-1	1	1	1	1	1	0	0	0	0	0
感病频次	1	1	1	1	1	1	1	1	1	1
感病总频次	1	1	1	1	1	1	1	1	1	1

全谱生态模式菌株代号	水稻监测品种代号									
	P265	P128	P260	P175	P267	P268	P234	P070	P298	P176
ENTM101-3	0	0	0	0	0	0	0	0	0	0
EBEH041-4	0	0	0	0	0	0	0	0	0	0
EBEL124-2	0	0	0	0	0	0	0	0	0	0
EBLJ039-2	0	0	0	0	0	0	0	0	0	0
ENJX025-3	0	0	0	0	0	0	0	0	0	0
EBEL122-1	0	0	0	0	0	0	0	0	0	0
EBLH086-2	0	0	0	0	0	0	0	0	0	0
EBEL121-2	0	0	0	0	0	0	0	0	0	0
EBEA051-4	0	0	0	0	0	0	0	0	0	0
EBEL121-3	0	0	0	0	0	0	0	0	0	0

（续表）

全谱生态模式菌株代号	水稻监测品种代号									
	P265	P128	P260	P175	P267	P268	P234	P070	P298	P176
EBXT026-2	0	0	0	0	0	0	0	0	0	0
EBXT032-2	0	0	0	0	0	0	0	0	0	0
ENLD099-3	0	0	0	0	0	0	0	0	0	0
EBZY034-3	0	0	0	0	0	0	0	0	0	0
ENJX094-1	0	0	0	0	0	0	0	0	0	0
ENJX090-2	0	0	0	0	0	0	0	0	0	0
EBED073-2	0	0	0	0	0	0	0	0	0	0
EBXD031-3	0	0	0	0	0	0	0	0	0	0
ENTM058-1	0	0	0	0	0	0	0	0	0	0
EBXQ091-2	0	0	0	0	0	0	0	0	0	0
EBXD031-2	0	0	0	0	0	0	0	0	0	0
EBCX097-3	0	0	0	0	0	0	0	0	0	0
EBED035-4	0	0	0	0	0	0	0	0	0	0
ENTM095-2	0	0	0	0	0	0	0	0	0	0
86425-1	0	0	0	0	0	0	0	0	0	0
EBZL056-4	0	0	0	0	0	0	0	0	0	0
EBCM045-3	0	0	0	0	0	0	0	0	0	0
EBEL123-4	0	0	0	0	0	0	0	0	0	0
EBEL122-2	0	0	0	0	0	0	0	0	0	0
EBXQ052-2	0	0	0	0	0	0	0	0	0	0
EBED040-3	0	0	0	0	0	0	0	0	0	0
EBEL124-1	0	0	0	0	0	0	0	0	0	0
EBEL125-1	0	0	0	0	0	0	0	0	0	0
EBEL126-1	0	0	0	0	0	0	0	0	0	1
EBEL127-1	0	0	0	0	0	0	0	1	1	0
EBXT026-3	0	0	0	0	0	0	1	0	0	0
EBEL128-1	0	0	0	1	1	1	0	0	0	0
ENTM016-4	0	0	1	0	0	0	0	0	0	0
EBEL130-2	0	1	0	0	0	0	0	0	0	0
EBXT025-3	1	0	0	0	0	0	0	0	0	0
EBEL121-1	0	0	0	0	0	0	0	0	0	0
感病频次	1	1	1	1	1	1	1	1	1	1
感病总频次	1	1	1	1	1	1	1	1	1	1

全谱生态模式菌株代号	水稻监测品种代号									
	P114	P251	P149	P276	P296	P241	P259	P082	P083	P118
ENTM101-3	0	0	0	0	0	0	0	0	0	0
EBEH041-4	0	0	0	0	0	0	0	0	0	0
EBEL124-2	0	0	0	0	0	0	0	0	0	0
EBLJ039-2	0	0	0	0	0	0	0	0	0	0

（续表）

全谱生态模式菌株代号	水稻监测品种代号									
	P114	P251	P149	P276	P296	P241	P259	P082	P083	P118
ENJX025-3	0	0	0	0	0	0	0	0	0	0
EBEL122-1	0	0	0	0	0	0	0	0	0	0
EBLH086-2	0	0	0	0	0	0	0	0	0	0
EBEL121-2	0	0	0	0	0	0	0	0	0	0
EBEA051-4	0	0	0	0	0	0	0	0	0	0
EBEL121-3	0	0	0	0	0	0	0	0	0	0
EBXT026-2	0	0	0	0	0	0	0	0	0	0
EBXT032-2	0	0	0	0	0	0	0	0	0	0
ENLD099-3	0	0	0	0	0	0	0	0	0	0
EBZY034-3	0	0	0	0	0	0	0	0	0	0
ENJX094-1	0	0	0	0	0	0	0	0	0	0
ENJX090-2	0	0	0	0	0	0	0	0	0	0
EBED073-2	0	0	0	0	0	0	0	0	0	0
EBXD031-3	0	0	0	0	0	0	0	0	0	0
ENTM058-1	0	0	0	0	0	0	0	0	0	0
EBXQ091-2	0	0	0	0	0	0	0	0	0	0
EBXD031-2	0	0	0	0	0	0	0	0	0	0
EBCX097-3	0	0	0	0	0	0	0	0	0	0
EBED035-4	0	0	0	0	0	0	0	0	0	0
ENTM095-2	0	0	0	0	0	0	0	0	0	0
86425-1	0	0	0	0	0	0	0	0	0	0
EBZL056-4	0	0	0	0	0	0	0	0	0	0
EBCM045-3	0	0	0	0	0	0	0	1	1	1
EBEL123-4	0	0	0	0	0	1	1	0	0	0
EBEL122-2	0	0	0	0	1	0	0	0	0	0
EBXQ052-2	0	0	0	1	0	0	0	0	0	0
EBED040-3	0	0	1	0	0	0	0	0	0	0
EBEL124-1	0	1	0	0	0	0	0	0	0	0
EBEL125-1	1	0	0	0	0	0	0	0	0	0
EBEL126-1	0	0	0	0	0	0	0	0	0	0
EBEL127-1	0	0	0	0	0	0	0	0	0	0
EBXT026-3	0	0	0	0	0	0	0	0	0	0
EBEL128-1	0	0	0	0	0	0	0	0	0	0
ENTM016-4	0	0	0	0	0	0	0	0	0	0
EBEL130-2	0	0	0	0	0	0	0	0	0	0
EBXT025-3	0	0	0	0	0	0	0	0	0	0
EBEL121-1	0	0	0	0	0	0	0	0	0	0
感病频次	1	1	1	1	1	1	1	1	1	1
感病总频次	1	1	1	1	1	1	1	1	1	1

（续表）

全谱生态模式菌株代号	水稻监测品种代号									
	P196	P115	P142	P143	P247	P209	P191	P073	P076	P162
ENTM101-3	0	0	0	0	0	0	0	0	0	0
EBEH041-4	0	0	0	0	0	0	0	0	0	0
EBEL124-2	0	0	0	0	0	0	0	0	0	0
EBLJ039-2	0	0	0	0	0	0	0	0	0	0
ENJX025-3	0	0	0	0	0	0	0	0	0	0
EBEL122-1	0	0	0	0	0	0	0	0	0	0
EBLH086-2	0	0	0	0	0	0	0	0	0	0
EBEL121-2	0	0	0	0	0	0	0	0	0	0
EBEA051-4	0	0	0	0	0	0	0	0	0	0
EBEL121-3	0	0	0	0	0	0	0	0	0	0
EBXT026-2	0	0	0	0	0	0	0	0	0	0
EBXT032-2	0	0	0	0	0	0	0	0	0	0
ENLD099-3	0	0	0	0	0	0	0	0	0	0
EBZY034-3	0	0	0	0	0	0	0	0	0	0
ENJX094-1	0	0	0	0	0	0	0	0	0	0
ENJX090-2	0	0	0	0	0	0	0	0	0	0
EBED073-2	0	0	0	0	0	0	0	0	0	0
EBXD031-3	0	0	0	0	0	0	0	0	0	0
ENTM058-1	0	0	0	0	0	0	0	0	0	0
EBXQ091-2	0	0	0	0	0	0	0	0	0	1
EBXD031-2	0	0	0	0	0	0	0	1	1	0
EBCX097-3	0	0	0	0	0	0	1	0	0	0
EBED035-4	0	0	0	0	0	1	0	0	0	0
ENTM095-2	0	0	0	0	1	0	0	0	0	0
86425-1	0	1	1	1	0	0	0	0	0	0
EBZL056-4	1	0	0	0	0	0	0	0	0	0
EBCM045-3	0	0	0	0	0	0	0	0	0	0
EBEL123-4	0	0	0	0	0	0	0	0	0	0
EBEL122-2	0	0	0	0	0	0	0	0	0	0
EBXQ052-2	0	0	0	0	0	0	0	0	0	0
EBED040-3	0	0	0	0	0	0	0	0	0	0
EBEL124-1	0	0	0	0	0	0	0	0	0	0
EBEL125-1	0	0	0	0	0	0	0	0	0	0
EBEL126-1	0	0	0	0	0	0	0	0	0	0
EBEL127-1	0	0	0	0	0	0	0	0	0	0
EBXT026-3	0	0	0	0	0	0	0	0	0	0
EBEL128-1	0	0	0	0	0	0	0	0	0	0
ENTM016-4	0	0	0	0	0	0	0	0	0	0
EBEL130-2	0	0	0	0	0	0	0	0	0	0
EBXT025-3	0	0	0	0	0	0	0	0	0	0
EBEL121-1	0	0	0	0	0	0	0	0	0	0
感病频次	1	1	1	1	1	1	1	1	1	1
感病总频次	1	1	1	1	1	1	1	1	1	1

（续表）

全谱生态模式菌株代号	水稻监测品种代号									
	P116	P086	P139	P121	P124	P204	P206	P233	P248	P159
ENTM101-3	0	0	0	0	0	0	0	0	0	0
EBEH041-4	0	0	0	0	0	0	0	0	0	0
EBEL124-2	0	0	0	0	0	0	0	0	0	0
EBLJ039-2	0	0	0	0	0	0	0	0	0	0
ENJX025-3	0	0	0	0	0	0	0	0	0	0
EBEL122-1	0	0	0	0	0	0	0	0	0	0
EBLH086-2	0	0	0	0	0	0	0	0	0	0
EBEL121-2	0	0	0	0	0	0	0	0	0	0
EBEA051-4	0	0	0	0	0	0	0	0	0	0
EBEL121-3	0	0	0	0	0	0	0	0	0	0
EBXT026-2	0	0	0	0	0	0	0	0	0	0
EBXT032-2	0	0	0	0	0	0	0	0	0	0
ENLD099-3	0	0	0	0	0	0	0	0	0	0
EBZY034-3	0	0	0	0	0	0	0	0	0	0
ENJX094-1	0	0	0	0	0	0	0	0	0	0
ENJX090-2	0	0	0	0	0	0	0	0	0	0
EBED073-2	0	0	1	0	0	0	0	0	0	0
EBXD031-3	0	1	0	0	0	0	0	0	0	0
ENTM058-1	1	0	0	0	0	0	0	0	0	0
EBXQ091-2	0	0	0	0	0	0	0	0	0	0
EBXD031-2	0	0	0	0	0	0	0	0	0	0
EBCX097-3	0	0	0	0	0	0	0	0	0	0
EBED035-4	0	0	0	0	0	0	0	0	0	0
ENTM095-2	0	0	0	0	0	0	0	0	0	0
86425-1	0	0	0	0	0	0	0	0	0	0
EBZL056-4	0	0	0	0	0	0	0	0	0	0
EBCM045-3	0	0	0	0	0	0	0	0	0	0
EBEL123-4	0	0	0	0	0	0	0	0	0	0
EBEL122-2	0	0	0	0	0	0	0	0	0	0
EBXQ052-2	0	0	0	0	0	0	0	0	0	0
EBED040-3	0	0	0	0	0	0	0	0	0	0
EBEL124-1	0	0	0	0	0	0	0	0	0	0
EBEL125-1	0	0	0	0	0	0	0	0	0	0
EBEL126-1	0	0	0	0	0	0	0	0	0	0
EBEL127-1	0	0	0	0	0	0	0	0	0	0
EBXT026-3	0	0	0	0	0	0	0	0	0	1
EBEL128-1	0	0	0	0	0	0	0	0	0	0
ENTM016-4	0	0	0	0	0	0	0	0	0	0
EBEL130-2	0	0	0	0	0	0	0	0	0	0
EBXT025-3	0	0	0	1	1	1	1	1	1	0
EBEL121-1	0	0	0	1	1	1	1	1	1	1
感病频次	1	1	1	2	2	2	2	2	2	2
感病总频次	1	1	1	2	2	2	2	2	2	2

（续表）

全谱生态模式菌株代号	水稻监测品种代号									
	P099	P080	P282	P103	P130	P133	P184	P208	P183	P199
ENTM101-3	0	0	0	0	0	0	0	0	0	0
EBEH041-4	0	0	0	0	0	0	0	0	0	0
EBEL124-2	0	0	0	0	0	0	0	0	0	0
EBLJ039-2	0	0	0	0	0	0	0	0	0	0
ENJX025-3	0	0	0	0	0	0	0	0	0	0
EBEL122-1	0	0	0	0	0	0	0	0	0	0
EBLH086-2	0	0	0	0	0	0	0	0	0	0
EBEL121-2	0	0	0	0	0	0	0	0	0	0
EBEA051-4	0	0	0	0	0	0	0	0	0	0
EBEL121-3	0	0	0	0	0	0	0	0	0	0
EBXT026-2	0	0	0	0	0	0	0	0	0	0
EBXT032-2	0	0	0	0	0	0	0	0	0	0
ENLD099-3	0	0	0	0	0	0	0	0	0	0
EBZY034-3	0	0	0	0	0	0	1	0	0	0
ENJX094-1	0	0	0	1	0	0	0	0	0	0
ENJX090-2	1	0	0	0	0	0	0	0	0	0
EBED073-2	0	0	0	0	0	0	0	0	0	0
EBXD031-3	0	0	0	0	0	0	0	0	0	0
ENTM058-1	0	0	0	0	0	0	0	0	0	0
EBXQ091-2	0	0	0	0	0	0	0	0	0	0
EBXD031-2	0	0	0	0	0	0	0	0	0	0
EBCX097-3	0	0	0	0	0	0	0	0	0	0
EBED035-4	0	0	0	0	0	0	0	1	0	0
ENTM095-2	0	0	0	0	0	0	0	0	0	0
86425-1	0	0	0	0	0	0	0	0	0	0
EBZL056-4	0	1	0	0	0	0	0	0	0	0
EBCM045-3	0	0	0	0	0	0	1	1	0	0
EBEL123-4	0	0	0	0	0	0	0	0	0	0
EBEL122-2	0	0	0	0	0	0	0	0	0	0
EBXQ052-2	0	0	0	0	1	1	0	0	0	0
EBED040-3	0	0	0	0	0	0	0	0	0	0
EBEL124-1	0	0	0	0	0	1	0	0	0	0
EBEL125-1	0	0	0	0	0	0	0	0	0	0
EBEL126-1	0	0	0	0	1	0	0	0	0	0
EBEL127-1	0	0	1	0	0	0	0	0	0	0
EBXT026-3	0	0	0	1	0	0	0	0	0	0
EBEL128-1	0	0	1	0	0	0	0	0	0	0
ENTM016-4	0	0	0	0	0	0	0	0	0	0
EBEL130-2	0	1	0	0	0	0	0	0	1	1
EBXT025-3	0	0	0	0	0	0	0	0	1	1
EBEL121-1	1	0	0	0	0	0	0	0	1	1
感病频次	2	2	2	2	2	2	2	2	3	3
感病总频次	2	2	2	2	2	2	2	2	3	3

（续表）

全谱生态模式菌株代号	水稻监测品种代号									
	P212	P255	P151	P089	P213	P144	P112	P201	P190	P108
ENTM101-3	0	0	0	0	0	0	0	0	0	0
EBEH041-4	0	0	0	0	0	0	0	0	0	0
EBEL124-2	0	0	0	0	0	0	0	0	0	0
EBLJ039-2	0	0	0	0	0	0	0	0	0	0
ENJX025-3	0	0	0	0	0	0	0	0	0	0
EBEL122-1	0	0	0	0	0	0	0	0	0	0
EBLH086-2	0	0	0	0	0	0	0	0	0	0
EBEL121-2	0	0	0	0	0	0	0	0	0	0
EBEA051-4	0	0	0	0	0	0	0	0	0	0
EBEL121-3	0	0	0	0	0	0	0	0	0	0
EBXT026-2	0	0	0	0	0	0	0	0	0	0
EBXT032-2	0	0	0	0	0	0	0	1	0	0
ENLD099-3	0	0	0	0	0	0	1	0	1	0
EBZY034-3	0	0	0	0	0	0	0	0	0	0
ENJX094-1	0	0	0	0	0	0	0	0	0	0
ENJX090-2	0	0	0	0	0	1	1	0	0	0
EBED073-2	0	0	0	0	0	0	0	0	0	0
EBXD031-3	0	0	0	0	0	0	0	0	0	0
ENTM058-1	0	0	0	0	0	0	0	0	0	0
EBXQ091-2	0	0	0	0	0	0	0	0	0	0
EBXD031-2	0	0	0	0	0	0	0	0	0	1
EBCX097-3	0	0	0	0	0	0	0	0	0	0
EBED035-4	0	0	0	0	0	0	0	0	0	0
ENTM095-2	0	0	0	0	0	0	0	0	0	0
86425-1	0	0	0	0	0	0	0	0	0	0
EBZL056-4	0	0	0	0	0	0	0	0	1	0
EBCM045-3	0	0	0	0	0	0	0	0	0	1
EBEL123-4	0	0	0	0	0	0	0	0	0	0
EBEL122-2	0	0	0	0	0	0	0	0	0	0
EBXQ052-2	0	0	0	0	0	0	0	0	0	0
EBED040-3	0	0	0	0	0	1	0	0	0	0
EBEL124-1	0	0	0	0	0	0	0	0	0	0
EBEL125-1	0	0	0	0	0	0	0	0	0	0
EBEL126-1	0	0	0	0	0	0	0	0	0	0
EBEL127-1	0	0	0	0	0	0	0	0	0	0
EBXT026-3	0	0	0	1	1	0	0	0	0	0
EBEL128-1	0	0	0	0	0	0	0	0	0	0
ENTM016-4	0	0	1	0	0	0	0	0	0	1
EBEL130-2	1	1	0	0	0	0	0	1	0	0
EBXT025-3	1	1	1	1	1	0	0	1	1	0
EBEL121-1	1	1	1	1	1	1	1	0	0	0
感病频次	3	3	3	3	3	3	3	3	3	3
感病总频次	3	3	3	3	3	3	3	3	3	3

（续表）

全谱生态模式菌株代号	水稻监测品种代号									
	P060	P097	P091	P243	P094	P223	P224	P228	P185	P220
ENTM101-3	0	0	0	0	0	0	0	0	0	0
EBEH041-4	0	0	0	0	0	0	0	0	0	0
EBEL124-2	0	0	0	0	0	0	0	0	0	0
EBLJ039-2	0	0	0	0	0	0	0	0	0	0
ENJX025-3	0	0	0	0	0	0	0	0	0	0
EBEL122-1	0	0	0	0	0	0	0	0	0	0
EBLH086-2	0	0	0	0	0	0	0	0	0	0
EBEL121-2	0	0	0	0	0	0	0	0	0	0
EBEA051-4	0	0	0	0	0	0	0	0	0	0
EBEL121-3	0	0	1	0	0	0	0	0	0	0
EBXT026-2	1	0	0	0	0	0	0	0	0	0
EBXT032-2	0	0	0	0	0	0	0	0	0	0
ENLD099-3	0	0	0	0	0	0	0	0	0	1
EBZY034-3	0	0	0	0	0	0	0	0	0	0
ENJX094-1	0	0	0	0	0	0	0	0	0	0
ENJX090-2	0	0	0	0	0	0	0	0	0	0
EBED073-2	0	0	0	0	0	0	0	0	0	0
EBXD031-3	0	0	0	0	0	0	0	0	0	0
ENTM058-1	0	0	0	0	0	0	0	0	0	0
EBXQ091-2	0	0	0	0	0	0	0	0	0	0
EBXD031-2	1	0	0	0	0	0	0	0	0	0
EBCX097-3	0	0	0	0	0	0	0	0	0	0
EBED035-4	0	0	0	0	0	0	0	0	0	0
ENTM095-2	0	0	0	0	0	0	0	0	0	0
86425-1	0	0	0	0	0	0	0	0	0	0
EBZL056-4	0	0	0	0	0	0	0	0	0	0
EBCM045-3	0	0	0	0	0	0	0	0	0	0
EBEL123-4	0	0	1	0	0	0	0	0	0	0
EBEL122-2	0	0	0	0	0	0	0	0	0	0
EBXQ052-2	0	1	0	0	0	0	0	0	0	0
EBED040-3	0	0	0	0	0	0	0	0	0	0
EBEL124-1	0	0	0	0	0	0	0	0	1	0
EBEL125-1	0	0	0	0	0	0	0	0	0	0
EBEL126-1	0	1	1	0	0	0	0	0	0	0
EBEL127-1	1	1	0	0	0	0	0	0	0	0
EBXT026-3	0	0	0	0	1	1	1	1	0	0
EBEL128-1	0	0	0	0	0	0	0	0	0	0
ENTM016-4	0	0	0	1	0	0	0	0	0	0
EBEL130-2	0	0	0	1	1	1	1	1	1	1
EBXT025-3	0	0	0	1	1	1	1	1	1	1
EBEL121-1	0	0	0	1	1	1	1	1	1	1
感病频次	3	3	3	4	4	4	4	4	4	4
感病总频次	3	3	3	4	4	4	4	4	4	4

（续表）

全谱生态模式菌株代号	水稻监测品种代号									
	P245	P231	P239	P240	P085	P061	P098	P138	P056	P077
ENTM101-3	0	0	0	0	0	0	0	0	0	0
EBEH041-4	0	0	0	0	0	0	0	0	0	0
EBEL124-2	0	0	0	0	0	0	0	0	0	0
EBLJ039-2	0	0	0	0	0	0	0	0	1	0
ENJX025-3	0	0	0	0	0	0	0	1	1	0
EBEL122-1	0	0	0	0	0	1	0	0	0	0
EBLH086-2	0	0	0	0	1	0	0	0	0	0
EBEL121-2	0	0	1	1	0	0	0	0	0	0
EBEA051-4	1	0	0	0	0	0	0	0	0	0
EBEL121-3	0	0	0	0	0	0	0	0	0	0
EBXT026-2	0	0	0	0	0	0	0	0	0	0
EBXT032-2	0	0	0	0	0	0	0	0	0	0
ENLD099-3	0	1	0	0	0	0	1	0	0	0
EBZY034-3	0	0	0	0	0	0	0	0	0	0
ENJX094-1	0	0	0	0	0	0	0	0	0	0
ENJX090-2	0	0	0	0	0	1	1	1	0	0
EBED073-2	0	0	0	0	0	0	0	0	0	0
EBXD031-3	0	0	0	0	0	0	0	0	0	0
ENTM058-1	0	0	0	0	0	0	0	0	0	0
EBXQ091-2	0	0	0	0	0	0	0	0	0	0
EBXD031-2	0	0	0	0	1	1	0	0	0	0
EBCX097-3	0	0	0	0	0	0	0	0	0	0
EBED035-4	0	0	0	0	0	0	0	0	0	0
ENTM095-2	0	0	1	1	0	0	0	0	0	0
86425-1	0	0	0	0	0	0	0	0	0	0
EBZL056-4	0	0	0	0	0	0	0	1	0	0
EBCM045-3	0	0	0	0	0	0	1	0	0	0
EBEL123-4	0	0	0	0	0	0	0	0	0	0
EBEL122-2	0	0	0	0	0	0	0	0	0	0
EBXQ052-2	0	0	0	0	0	0	0	0	0	0
EBED040-3	0	0	0	0	1	0	0	0	1	0
EBEL124-1	0	0	0	0	0	0	0	0	0	1
EBEL125-1	0	0	0	0	0	0	0	0	0	0
EBEL126-1	0	0	0	0	0	0	0	0	0	1
EBEL127-1	0	0	0	0	0	0	0	0	0	1
EBXT026-3	0	1	0	0	0	0	0	0	0	0
EBEL128-1	0	0	0	0	0	0	0	0	0	1
ENTM016-4	0	0	1	1	0	0	0	0	0	0
EBEL130-2	1	0	0	0	0	0	0	0	0	0
EBXT025-3	1	1	0	0	0	0	0	0	1	0
EBEL121-1	1	1	1	1	1	1	1	1	0	0
感病频次	4	4	4	4	4	4	4	4	4	4
感病总频次	4	4	4	4	4	4	4	4	4	4

（续表）

全谱生态模式菌株代号	水稻监测品种代号									
	P178	P136	P117	P198	P222	P225	P232	P193	P177	P102
ENTM101-3	0	0	0	0	0	0	0	0	0	1
EBEH041-4	0	0	0	0	0	0	0	0	0	1
EBEL124-2	0	1	0	0	0	0	0	0	0	0
EBLJ039-2	0	0	0	0	0	0	0	0	0	0
ENJX025-3	0	0	0	0	0	0	0	0	0	0
EBEL122-1	0	0	0	0	0	0	0	0	0	0
EBLH086-2	0	0	0	0	0	0	0	0	0	0
EBEL121-2	0	0	0	0	0	0	0	0	0	0
EBEA051-4	0	0	0	0	0	0	1	0	0	0
EBEL121-3	0	1	0	0	0	0	0	0	1	0
EBXT026-2	0	0	0	0	0	0	0	0	0	0
EBXT032-2	0	0	0	0	0	0	0	0	0	0
ENLD099-3	0	0	0	0	1	1	0	1	0	0
EBZY034-3	0	0	0	0	0	0	0	0	0	0
ENJX094-1	0	0	0	0	0	0	0	0	0	0
ENJX090-2	0	0	0	0	0	0	0	1	0	1
EBED073-2	0	0	0	0	0	0	0	0	0	0
EBXD031-3	0	0	0	0	0	0	0	0	0	0
ENTM058-1	0	0	0	0	0	0	0	0	0	0
EBXQ091-2	0	0	0	0	0	0	0	0	0	0
EBXD031-2	0	0	0	0	0	0	0	0	0	0
EBCX097-3	0	0	0	0	0	0	0	0	0	0
EBED035-4	0	0	0	0	0	0	0	0	0	0
ENTM095-2	0	0	0	0	0	0	0	0	0	0
86425-1	0	0	0	0	0	0	0	0	0	0
EBZL056-4	0	0	1	1	0	0	0	1	0	0
EBCM045-3	0	0	0	0	0	0	0	0	0	0
EBEL123-4	0	0	0	0	0	0	0	0	0	0
EBEL122-2	0	0	0	0	0	0	0	0	0	0
EBXQ052-2	1	0	0	0	0	0	0	0	1	0
EBED040-3	0	0	0	0	0	0	0	0	0	1
EBEL124-1	1	1	0	0	0	0	0	0	0	0
EBEL125-1	0	0	0	0	0	0	0	0	0	0
EBEL126-1	1	1	0	0	0	0	0	0	1	0
EBEL127-1	1	0	0	0	0	0	0	0	0	0
EBXT026-3	0	0	1	1	1	1	1	1	0	0
EBEL128-1	0	0	0	0	0	0	0	0	1	0
ENTM016-4	0	0	0	0	0	0	0	0	1	1
EBEL130-2	0	0	1	1	1	1	1	0	0	0
EBXT025-3	0	0	1	1	1	1	1	1	0	0
EBEL121-1	0	0	1	1	1	1	1	0	0	0
感病频次	4	4	5	5	5	5	5	5	5	5
感病总频次	4	4	5	5	5	5	5	5	5	5

（续表）

全谱生态模式菌株代号	水稻监测品种代号									
	P050	P062	P071	P078	P081	P107	P189	P221	P258	P066
ENTM101-3	0	0	0	0	0	0	0	0	0	0
EBEH041-4	0	0	0	0	0	0	0	0	0	0
EBEL124-2	0	0	1	1	0	1	0	0	0	1
EBLJ039-2	0	0	0	0	0	0	0	0	0	0
ENJX025-3	0	0	0	0	0	0	0	0	0	0
EBEL122-1	0	0	0	0	0	0	0	0	0	0
EBLH086-2	0	0	0	0	0	0	0	0	0	0
EBEL121-2	0	0	0	0	0	0	0	0	0	0
EBEA051-4	0	0	0	0	0	0	0	0	0	0
EBEL121-3	0	0	1	0	1	1	0	0	1	1
EBXT026-2	0	0	0	0	0	0	0	0	0	0
EBXT032-2	0	0	0	0	0	0	0	0	0	0
ENLD099-3	1	0	0	0	0	0	1	1	0	0
EBZY034-3	0	0	0	0	1	0	0	0	0	0
ENJX094-1	0	0	0	0	0	0	0	0	0	0
ENJX090-2	0	0	0	0	0	0	1	0	0	0
EBED073-2	0	0	0	0	0	0	0	0	0	0
EBXD031-3	0	0	0	0	0	0	0	0	0	0
ENTM058-1	0	0	0	0	0	0	0	0	0	0
EBXQ091-2	0	0	0	0	0	0	0	0	0	0
EBXD031-2	0	0	0	0	0	1	0	0	0	0
EBCX097-3	0	0	0	0	0	0	0	0	0	0
EBED035-4	0	0	0	0	0	0	0	0	0	0
ENTM095-2	0	0	0	0	0	0	0	0	0	0
86425-1	0	0	0	0	0	0	0	0	0	0
EBZL056-4	0	0	0	0	0	0	1	0	0	1
EBCM045-3	0	0	0	0	0	0	0	0	0	0
EBEL123-4	0	0	1	0	0	0	0	0	0	1
EBEL122-2	1	0	1	0	0	0	0	0	1	1
EBXQ052-2	0	0	0	0	0	0	0	0	1	0
EBED040-3	0	1	0	0	0	0	0	0	0	0
EBEL124-1	0	0	0	1	0	0	0	0	0	1
EBEL125-1	0	0	1	1	0	1	0	0	0	0
EBEL126-1	0	1	0	1	1	1	0	0	1	0
EBEL127-1	0	0	0	1	1	0	0	0	0	1
EBXT026-3	1	1	0	0	0	0	1	1	0	0
EBEL128-1	0	0	0	0	1	1	0	0	1	0
ENTM016-4	1	0	0	0	0	0	0	0	1	0
EBEL130-2	1	1	0	1	0	0	1	1	0	0
EBXT025-3	0	1	0	0	0	0	1	1	0	0
EBEL121-1	1	1	1	0	0	0	0	1	0	0
感病频次	6	6	6	6	5	6	6	5	6	7
感病总频次	6	6	6	6	6	6	6	6	6	7

（续表）

全谱生态模式菌株代号	水稻监测品种代号									
	P068	P111	P180	P237	P079	P242	P031	P063	P069	P172
ENTM101-3	0	0	0	0	0	0	0	0	0	0
EBEH041-4	0	0	0	1	0	0	0	0	0	0
EBEL124-2	0	1	0	0	1	1	0	1	1	1
EBLJ039-2	0	0	0	0	0	0	0	0	0	0
ENJX025-3	0	0	0	0	0	0	0	0	0	0
EBEL122-1	1	0	1	0	0	0	0	0	0	0
EBLH086-2	0	0	0	0	0	0	0	0	0	0
EBEL121-2	1	0	0	0	0	0	0	0	0	0
EBEA051-4	0	0	0	1	0	0	0	0	0	0
EBEL121-3	0	1	1	0	1	1	1	1	1	1
EBXT026-2	0	0	0	0	0	0	0	0	0	0
EBXT032-2	0	0	0	0	0	0	0	0	0	0
ENLD099-3	1	0	0	0	0	0	0	0	1	0
EBZY034-3	0	0	0	0	0	0	0	0	0	0
ENJX094-1	0	0	0	0	0	0	0	0	0	0
ENJX090-2	0	0	0	0	0	0	0	0	0	0
EBED073-2	0	0	0	0	0	0	0	0	0	0
EBXD031-3	0	0	0	0	0	0	0	0	0	0
ENTM058-1	0	0	0	0	0	0	0	0	0	0
EBXQ091-2	0	0	0	0	0	0	0	0	0	0
EBXD031-2	0	0	0	0	0	0	0	0	0	0
EBCX097-3	0	0	0	0	0	0	0	0	0	0
EBED035-4	0	0	0	0	0	0	0	0	0	0
ENTM095-2	0	0	0	0	0	0	0	0	0	0
86425-1	1	0	0	0	0	0	0	0	0	0
EBZL056-4	0	0	0	0	0	0	0	0	0	0
EBCM045-3	0	0	0	0	0	0	0	0	0	0
EBEL123-4	0	0	0	0	0	0	0	1	1	1
EBEL122-2	0	1	0	0	0	1	0	0	1	1
EBXQ052-2	0	1	1	0	0	1	0	1	0	0
EBED040-3	0	0	0	1	0	0	1	0	0	0
EBEL124-1	0	0	0	0	1	1	0	1	1	1
EBEL125-1	0	1	1	0	1	1	0	0	1	1
EBEL126-1	0	1	1	0	1	1	0	1	0	0
EBEL127-1	0	1	1	0	1	0	1	1	1	0
EBXT026-3	0	0	0	1	0	0	0	0	0	0
EBEL128-1	0	0	1	0	1	0	1	1	0	1
ENTM016-4	1	0	0	0	0	0	1	0	1	1
EBEL130-2	0	0	0	1	1	0	1	0	0	0
EBXT025-3	0	0	0	1	0	0	1	0	0	0
EBEL121-1	1	0	0	1	0	0	1	0	0	0
感病频次	6	7	7	7	8	7	8	8	9	8
感病总频次	7	7	7	7	8	8	9	9	9	9

（续表）

全谱生态模式菌株代号	水稻监测品种代号									
	P192	P236	P285	P030	P032	P054	P057	P067	P104	P163
ENTM101-3	0	0	0	0	0	0	0	0	0	0
EBEH041-4	0	0	0	1	0	0	0	0	0	0
EBEL124-2	1	0	1	0	0	1	1	1	1	1
EBLJ039-2	0	0	0	0	0	0	0	0	0	0
ENJX025-3	0	0	0	1	1	0	0	0	0	0
EBEL122-1	1	0	0	0	0	0	0	0	0	0
EBLH086-2	0	0	0	0	0	0	0	0	0	0
EBEL121-2	0	0	0	0	0	0	0	0	0	0
EBEA051-4	0	0	0	0	0	0	0	0	0	0
EBEL121-3	0	1	1	0	0	1	1	1	1	1
EBXT026-2	0	0	0	0	0	0	0	0	0	0
EBXT032-2	0	0	0	0	0	0	0	0	0	0
ENLD099-3	0	1	0	0	0	0	0	0	0	0
EBZY034-3	0	0	0	0	0	0	0	0	0	0
ENJX094-1	0	0	0	0	0	0	0	0	0	0
ENJX090-2	0	0	0	0	1	0	0	0	0	0
EBED073-2	0	0	0	0	0	0	0	0	0	0
EBXD031-3	0	0	0	0	0	0	0	0	0	0
ENTM058-1	0	0	0	0	0	0	0	0	0	0
EBXQ091-2	0	0	0	1	0	0	0	0	0	0
EBXD031-2	0	0	0	0	0	0	0	1	0	0
EBCX097-3	0	0	0	1	1	0	0	0	0	0
EBED035-4	0	0	0	0	0	0	0	0	0	0
ENTM095-2	0	0	0	1	0	0	0	0	0	0
86425-1	0	0	0	0	0	0	0	0	0	0
EBZL056-4	0	0	0	0	1	0	0	0	0	0
EBCM045-3	0	0	0	0	1	0	0	0	0	0
EBEL123-4	1	1	1	0	0	1	1	0	1	1
EBEL122-2	1	1	1	0	0	1	1	1	1	1
EBXQ052-2	1	1	1	0	0	1	0	1	0	0
EBED040-3	0	0	0	0	0	0	0	0	0	0
EBEL124-1	1	0	1	0	0	1	1	1	1	1
EBEL125-1	0	1	1	0	0	1	1	1	1	1
EBEL126-1	0	0	1	0	0	1	1	1	1	0
EBEL127-1	0	0	0	0	1	1	1	1	1	1
EBXT026-3	0	0	0	0	0	0	0	0	0	0
EBEL128-1	1	0	0	1	1	1	1	1	1	0
ENTM016-4	1	1	0	1	0	0	0	0	0	0
EBEL130-2	0	0	0	0	1	0	0	0	0	0
EBXT025-3	0	0	0	0	1	0	0	0	0	0
EBEL121-1	0	0	1	1	1	0	0	0	0	1
感病频次	8	7	9	8	10	10	9	10	9	8
感病总频次	9	9	9	10	10	10	10	10	10	10

（续表）

全谱生态模式菌株代号	水稻监测品种代号									
	P244	P058	P059	P246	P046	P048	P055	P105	P065	P072
ENTM101-3	0	1	0	0	0	0	0	0	0	0
EBEH041-4	0	0	0	0	1	0	0	0	0	0
EBEL124-2	0	0	1	0	0	1	0	1	1	0
EBLJ039-2	0	0	0	0	0	0	0	0	0	0
ENJX025-3	0	0	0	0	0	0	1	0	0	0
EBEL122-1	1	0	0	1	0	0	0	0	0	0
EBLH086-2	0	1	0	0	0	0	1	0	0	0
EBEL121-2	1	0	0	1	0	0	0	0	0	0
EBEA051-4	1	0	0	1	1	0	0	0	0	0
EBEL121-3	0	0	1	0	1	1	0	1	0	0
EBXT026-2	0	0	0	0	0	0	0	0	0	0
EBXT032-2	0	0	0	0	1	0	0	0	0	0
ENLD099-3	1	1	0	1	1	0	1	0	0	0
EBZY034-3	0	1	0	0	0	0	0	0	0	0
ENJX094-1	0	0	0	0	0	1	1	0	0	0
ENJX090-2	0	0	0	0	0	0	1	0	0	0
EBED073-2	0	0	0	0	0	0	0	0	0	0
EBXD031-3	0	0	0	0	0	0	0	0	0	1
ENTM058-1	0	0	0	0	0	0	0	0	0	0
EBXQ091-2	0	0	0	0	0	0	0	0	0	1
EBXD031-2	0	0	0	0	0	0	0	1	0	0
EBCX097-3	0	0	0	0	0	0	0	0	0	1
EBED035-4	0	0	0	0	1	1	1	0	0	0
ENTM095-2	1	0	0	1	0	0	0	0	0	0
86425-1	0	0	0	1	0	0	0	0	0	0
EBZL056-4	0	0	0	0	0	0	0	0	1	0
EBCM045-3	0	0	0	0	0	0	1	0	0	0
EBEL123-4	0	0	1	0	0	0	0	1	1	0
EBEL122-2	0	0	1	0	0	0	0	1	0	0
EBXQ052-2	0	0	0	0	0	1	0	1	1	0
EBED040-3	0	0	0	0	1	1	1	0	1	0
EBEL124-1	0	0	1	0	0	0	0	1	1	1
EBEL125-1	0	0	1	0	0	0	0	1	1	1
EBEL126-1	0	0	1	0	0	1	0	1	1	1
EBEL127-1	0	0	1	0	0	0	0	1	1	1
EBXT026-3	1	1	0	1	1	1	0	0	0	1
EBEL128-1	0	0	1	0	0	1	0	1	1	1
ENTM016-4	1	0	1	1	0	0	0	1	0	1
EBEL130-2	1	1	0	1	1	1	0	0	1	1
EBXT025-3	1	1	0	1	1	1	1	0	1	1
EBEL121-1	1	1	0	1	1	1	1	0	1	1
感病频次	10	8	10	11	11	12	10	12	13	13
感病总频次	10	11	11	11	12	12	12	12	14	14

（续表）

全谱生态模式菌株代号	水稻监测品种代号									
	P101	P034	P009	P010	P047	P044	P036	P106	P008	P051
ENTM101-3	0	0	0	0	0	0	0	0	1	0
EBEH041-4	0	0	0	1	0	0	0	0	0	0
EBEL124-2	1	0	0	1	0	1	0	1	0	0
EBLJ039-2	0	0	0	0	0	0	0	0	0	0
ENJX025-3	0	0	0	0	1	0	0	0	1	0
EBEL122-1	0	1	1	0	0	1	1	1	1	0
EBLH086-2	0	0	0	1	0	0	1	0	0	1
EBEL121-2	0	1	1	0	1	0	1	0	0	0
EBEA051-4	0	0	0	1	0	0	0	0	0	0
EBEL121-3	1	0	0	0	0	1	0	1	1	1
EBXT026-2	0	0	0	0	0	0	0	0	0	1
EBXT032-2	0	0	0	0	0	0	0	0	0	0
ENLD099-3	0	1	1	1	1	1	1	1	1	0
EBZY034-3	0	1	1	1	1	0	1	0	1	0
ENJX094-1	0	0	0	0	1	0	0	0	1	1
ENJX090-2	1	0	0	1	1	0	0	0	0	1
EBED073-2	0	0	0	1	0	0	0	0	1	0
EBXD031-3	0	0	1	0	0	1	0	1	0	0
ENTM058-1	0	0	1	0	0	0	0	0	1	1
EBXQ091-2	0	1	0	0	1	0	1	0	0	0
EBXD031-2	0	0	0	0	0	1	0	1	0	0
EBCX097-3	0	0	0	1	1	0	1	0	1	1
EBED035-4	0	0	1	0	0	0	0	0	0	1
ENTM095-2	0	1	0	0	1	0	1	0	1	0
86425-1	0	1	0	0	0	0	1	0	1	1
EBZL056-4	1	0	1	1	0	0	1	1	0	1
EBCM045-3	1	1	1	0	1	0	1	0	1	1
EBEL123-4	1	0	0	0	0	1	0	1	0	0
EBEL122-2	1	0	0	0	0	1	0	1	0	0
EBXQ052-2	1	0	0	0	0	1	0	1	0	1
EBED040-3	1	1	1	0	1	0	1	0	1	0
EBEL124-1	1	0	0	0	0	1	1	1	1	1
EBEL125-1	0	1	0	1	0	1	0	1	0	0
EBEL126-1	1	0	0	0	0	1	0	1	0	0
EBEL127-1	1	1	0	0	0	1	0	1	0	1
EBXT026-3	0	0	1	1	1	0	1	0	0	1
EBEL128-1	1	0	1	0	0	1	0	1	1	0
ENTM016-4	0	1	1	0	1	1	1	1	0	1
EBEL130-2	0	0	0	0	1	1	1	0	1	1
EBXT025-3	0	0	1	1	1	0	1	0	1	1
EBEL121-1	1	1	1	0	1	1	1	1	1	1
感病频次	14	13	15	13	16	17	18	17	19	19
感病总频次	14	15	17	17	17	19	20	20	21	21

（续表）

全谱生态模式菌株代号	水稻监测品种代号									
	P109	P024	P035	P045	P033	P007	P021	P049	P038	P005
ENTM101-3	1	0	0	0	0	0	0	1	0	0
EBEH041-4	0	1	0	0	0	0	0	0	1	1
EBEL124-2	0	0	0	1	1	1	0	1	1	1
EBLJ039-2	0	0	0	0	1	0	0	0	1	1
ENJX025-3	0	0	0	1	1	1	0	1	1	1
EBEL122-1	1	1	1	0	1	1	1	1	0	1
EBLH086-2	1	0	1	0	1	0	1	1	1	1
EBEL121-2	0	1	1	0	0	1	0	1	0	1
EBEA051-4	0	1	1	0	0	1	0	0	1	1
EBEL121-3	0	0	0	1	1	1	0	1	1	1
EBXT026-2	1	0	0	0	0	0	0	1	0	0
EBXT032-2	0	0	0	0	0	0	0	0	0	0
ENLD099-3	1	1	1	1	1	1	1	1	0	1
EBZY034-3	1	0	1	0	0	1	0	0	0	1
ENJX094-1	1	0	1	0	0	0	1	1	1	1
ENJX090-2	0	0	1	1	1	0	1	1	1	0
EBED073-2	1	0	0	0	0	0	0	0	0	1
EBXD031-3	0	1	1	0	0	1	0	0	0	1
ENTM058-1	1	0	0	0	0	0	1	0	0	1
EBXQ091-2	0	1	1	0	0	1	1	1	0	1
EBXD031-2	0	0	0	0	0	0	0	0	0	0
EBCX097-3	0	1	1	0	0	0	1	1	1	1
EBED035-4	1	0	0	0	0	1	0	1	1	1
ENTM095-2	0	1	1	1	1	1	1	0	0	1
86425-1	1	1	1	0	1	1	1	1	0	1
EBZL056-4	0	1	0	1	1	0	1	1	1	0
EBCM045-3	0	1	1	0	1	1	1	1	1	1
EBEL123-4	1	0	0	0	0	0	1	1	1	0
EBEL122-2	1	0	0	0	0	0	0	0	1	0
EBXQ052-2	0	0	0	1	0	0	0	1	1	0
EBED040-3	0	1	1	1	1	1	1	1	1	1
EBEL124-1	0	0	0	1	0	0	1	0	1	1
EBEL125-1	1	1	0	1	1	0	0	1	1	1
EBEL126-1	0	0	0	1	0	0	1	1	1	0
EBEL127-1	1	1	0	1	1	0	1	0	1	0
EBXT026-3	0	1	1	0	0	1	0	1	0	1
EBEL128-1	1	0	0	1	1	1	1	1	1	1
ENTM016-4	0	1	1	1	1	1	1	1	1	1
EBEL130-2	0	1	1	1	1	0	1	0	1	1
EBXT025-3	0	1	1	1	1	1	1	0	1	1
EBEL121-1	1	1	1	1	1	1	1	1	1	1
感病频次	17	20	20	18	20	20	22	26	26	30
感病总频次	21	22	22	22	24	25	27	31	32	35

（续表）

全谱生态模式菌株代号	水稻监测品种代号									
	P053	P040	P017	P006	P020	P041	P042	P019	P052	P027
ENTM101-3	0	1	1	1	1	1	1	0	1	1
EBEH041-4	0	1	0	1	1	1	1	1	1	1
EBEL124-2	1	1	1	1	1	1	1	1	1	1
EBLJ039-2	1	1	0	1	1	1	0	1	0	0
ENJX025-3	1	1	0	0	1	0	1	0	1	0
EBEL122-1	1	0	1	1	1	0	1	1	1	1
EBLH086-2	1	1	1	1	1	1	1	1	1	1
EBEL121-2	0	0	1	1	1	0	1	0	1	1
EBEA051-4	0	0	1	1	1	1	1	1	0	1
EBEL121-3	1	1	1	1	0	1	1	1	1	1
EBXT026-2	0	0	0	0	0	1	1	0	1	1
EBXT032-2	1	0	0	1	1	0	0	1	1	1
ENLD099-3	1	1	1	1	1	1	1	1	1	1
EBZY034-3	1	1	1	1	1	1	0	1	1	1
ENJX094-1	1	1	1	1	1	1	1	1	1	1
ENJX090-2	1	1	1	0	0	1	1	1	1	1
EBED073-2	1	1	1	1	1	1	0	1	1	0
EBXD031-3	0	1	1	1	1	0	1	1	1	1
ENTM058-1	1	1	1	1	1	1	0	1	1	0
EBXQ091-2	0	0	1	1	1	0	1	1	1	1
EBXD031-2	1	1	0	1	1	1	1	1	1	1
EBCX097-3	0	1	1	1	1	1	1	1	1	1
EBED035-4	1	1	1	1	1	1	1	1	1	1
ENTM095-2	0	0	1	1	1	0	1	0	1	1
86425-1	1	1	1	1	1	1	1	1	1	1
EBZL056-4	0	0	0	1	1	0	1	1	0	1
EBCM045-3	1	0	1	1	1	0	1	1	1	1
EBEL123-4	1	1	1	0	0	1	1	1	1	1
EBEL122-2	1	1	0	1	0	1	1	1	1	1
EBXQ052-2	1	1	1	0	1	1	1	1	1	1
EBED040-3	1	1	1	1	1	1	1	1	1	1
EBEL124-1	1	1	1	0	0	1	1	1	1	1
EBEL125-1	1	1	1	1	1	1	1	1	1	1
EBEL126-1	1	1	1	0	0	1	1	1	1	1
EBEL127-1	1	0	0	0	0	1	1	1	1	1
EBXT026-3	1	1	1	1	1	1	0	1	1	1
EBEL128-1	1	1	1	1	1	1	1	1	1	1
ENTM016-4	1	1	1	1	1	1	1	1	1	1
EBEL130-2	1	1	1	1	1	1	1	1	1	1
EBXT025-3	1	1	1	1	1	1	1	1	1	1
EBEL121-1	1	1	1	1	1	1	1	1	1	1
感病频次	31	31	32	33	33	32	35	36	38	37
感病总频次	36	37	39	40	40	40	42	45	45	46

（续表）

全谱生态模式菌株代号	水稻监测品种代号										
	P028	P043	P011	P016	P004	P018	P025	P029	P003	P015	P023
ENTM101-3	1	1	1	1	1	1	1	1	1	1	1
EBEH041-4	1	1	1	1	1	1	1	1	1	1	1
EBEL124-2	1	1	1	1	1	1	1	1	1	1	1
EBLJ039-2	1	1	0	1	1	1	1	1	1	1	1
ENJX025-3	0	1	1	1	1	1	1	1	1	1	1
EBEL122-1	1	1	1	1	1	1	1	1	1	1	1
EBLH086-2	1	1	1	1	1	1	1	1	1	1	1
EBEL121-2	1	1	1	1	1	1	1	1	1	1	1
EBEA051-4	1	1	1	0	1	1	1	1	1	1	1
EBEL121-3	1	1	1	1	1	1	1	1	1	1	1
EBXT026-2	1	1	0	0	0	0	1	1	0	0	0
EBXT032-2	0	0	0	0	1	1	1	0	1	1	1
ENLD099-3	1	1	1	1	1	1	1	1	1	1	0
EBZY034-3	1	1	1	1	1	1	1	1	1	1	1
ENJX094-1	1	1	1	1	1	1	1	1	1	1	1
ENJX090-2	1	1	1	1	1	1	1	1	1	1	1
EBED073-2	1	1	1	1	1	1	0	1	1	1	1
EBXD031-3	1	1	1	0	0	1	1	1	0	1	1
ENTM058-1	1	1	1	1	1	1	1	1	1	1	1
EBXQ091-2	1	1	0	1	1	1	1	1	1	1	1
EBXD031-2	1	1	1	1	1	1	1	1	1	1	1
EBCX097-3	0	1	1	1	1	1	0	1	1	1	1
EBED035-4	1	1	1	1	1	1	1	1	1	1	1
ENTM095-2	1	1	0	1	1	1	1	1	1	1	1
86425-1	1	1	1	1	1	1	1	1	1	1	1
EBZL056-4	1	1	1	1	1	1	1	0	1	1	0
EBCM045-3	1	1	0	1	1	1	1	1	1	1	1
EBEL123-4	0	1	1	1	1	1	1	1	1	1	0
EBEL122-2	1	1	1	1	1	1	1	1	1	1	1
EBXQ052-2	1	1	1	1	1	1	1	1	1	1	1
EBED040-3	1	1	1	1	1	1	1	1	1	1	1
EBEL124-1	1	1	1	1	1	1	1	1	1	1	1
EBEL125-1	1	1	1	1	1	1	1	1	1	1	1
EBEL126-1	1	1	1	1	1	1	1	1	1	1	1
EBEL127-1	1	1	1	1	1	1	1	1	1	1	1
EBXT026-3	1	1	1	1	1	1	1	1	1	1	1
EBEL128-1	1	0	1	1	1	1	1	1	1	1	1
ENTM016-4	1	1	1	1	1	1	1	1	1	1	1
EBEL130-2	1	1	1	1	1	1	1	1	1	1	1
EBXT025-3	1	1	1	1	1	1	1	1	1	1	1
EBEL121-1	1	1	1	1	1	1	1	1	1	1	1
感病频次	37	39	35	37	39	40	39	39	39	40	37
感病总频次	46	46	47	47	48	48	48	48	49	49	49

（续表）

全谱生态模式菌株代号	水稻监测品种代号									致病频次
	P026	P039	P013	P014	P002	P001	P012	P022	P037	
ENTM101-3	1	1	1	1	1	1	1	1	1	33
EBEH041-4	1	1	1	1	1	1	1	1	1	36
EBEL124-2	1	1	1	1	1	1	1	1	1	62
EBLJ039-2	1	1	1	1	1	1	1	1	1	29
ENJX025-3	0	1	1	1	1	1	0	1	1	35
EBEL122-1	1	1	1	1	1	1	1	1	1	48
EBLH086-2	1	1	1	1	1	1	1	1	1	43
EBEL121-2	1	1	1	1	1	1	1	1	1	40
EBEA051-4	1	1	1	1	1	1	1	1	1	38
EBEL121-3	1	1	1	1	1	1	1	1	1	67
EBXT026-2	1	1	1	1	0	0	1	1	1	19
EBXT032-2	1	1	1	1	1	1	1	1	1	23
ENLD099-3	1	1	1	1	1	1	1	1	1	65
EBZY034-3	1	0	1	1	1	1	1	1	1	41
ENJX094-1	1	1	1	1	1	1	1	1	1	42
ENJX090-2	1	1	1	1	1	1	1	1	1	49
EBED073-2	0	0	1	1	1	1	1	1	1	30
EBXD031-3	1	1	1	1	1	1	1	1	1	34
ENTM058-1	1	0	1	1	1	1	1	1	1	34
EBXQ091-2	1	1	1	1	1	1	1	1	1	38
EBXD031-2	1	1	1	1	1	1	1	1	1	40
EBCX097-3	1	1	1	1	1	1	1	1	1	42
EBED035-4	1	1	1	1	1	1	1	1	1	42
ENTM095-2	1	1	1	1	1	1	1	1	1	42
86425-1	1	1	0	1	1	1	1	1	1	46
EBZL056-4	1	1	1	1	1	1	1	1	1	46
EBCM045-3	0	1	1	1	1	1	1	1	1	50
EBEL123-4	1	1	1	1	1	1	1	1	1	51
EBEL122-2	1	1	1	1	1	1	1	1	1	52
EBXQ052-2	1	1	1	1	1	1	1	1	1	55
EBED040-3	1	1	1	1	1	1	1	1	1	57
EBEL124-1	1	1	1	1	1	1	1	1	1	62
EBEL125-1	1	1	1	1	1	1	1	1	1	62
EBEL126-1	1	1	1	1	1	1	1	1	1	63
EBEL127-1	1	1	1	1	1	1	1	1	1	63
EBXT026-3	1	1	1	1	1	1	1	1	1	66
EBEL128-1	1	1	1	1	1	1	1	1	1	68
ENTM016-4	1	1	1	1	1	1	1	1	1	68
EBEL130-2	1	1	1	1	1	1	1	1	1	78
EBXT025-3	1	1	1	1	1	1	1	1	1	95
EBEL121-1	1	1	1	1	1	1	1	1	1	110
感病频次	38	38	40	41	40	40	40	41	41	
感病总频次	49	49	50	51	52	53	53	54	55	

表 11　18 个稻瘟病菌株生态模式菌群筛选结果（恩施试验站 2017 年）

全谱生态模式菌株代号	水稻监测品种代号									
	P067	P200	P348	P349	P147	P036	P074	P153	P146	P055
ENLD099-3	0	0	0	0	0	0	0	0	0	0
EBEL123-4	0	0	0	0	0	0	0	0	0	0
EBEL130-2	0	0	0	0	0	0	0	0	0	0
86425-1	0	0	0	0	0	0	0	0	0	0
EBEL128-1	0	0	0	0	0	0	0	0	0	1
EBLJ039-2	0	0	0	0	0	0	0	0	1	0
EBED035-4	0	0	0	0	0	0	0	1	0	0
ENTM016-4	0	0	0	0	0	0	1	0	0	0
EBEL124-1	0	0	0	0	0	1	0	0	0	0
EBED073-2	0	0	0	0	0	0	0	1	1	0
EBEL122-2	0	0	0	0	1	0	0	0	0	0
EBXT025-3	0	0	1	1	0	0	0	0	0	0
EBEL121-1	0	1	0	0	0	0	1	0	0	1
EBEL127-1	1	0	0	0	0	1	0	0	0	1
感病频次	1	1	1	1	1	2	2	2	2	3
感病总频次	1	1	1	1	1	2	2	2	2	3

全谱生态模式菌株代号	水稻监测品种代号									
	P034	P065	P010	P169	P046	P347	P047	P056	P038	P228
ENLD099-3	0	0	0	0	0	0	0	1	0	0
EBEL123-4	0	0	0	0	1	0	1	1	1	0
EBEL130-2	0	0	1	0	0	1	0	0	0	1
86425-1	0	0	1	0	1	0	0	0	1	1
EBEL128-1	0	1	0	0	0	0	1	0	1	0
EBLJ039-2	0	0	0	0	0	0	0	0	0	0
EBED035-4	0	0	0	0	0	0	0	0	0	0
ENTM016-4	0	0	0	0	0	0	0	0	0	0
EBEL124-1	1	1	0	0	1	0	1	1	1	1
EBED073-2	1	0	0	1	0	0	0	0	0	0
EBEL122-2	0	0	0	0	0	1	1	1	0	0
EBXT025-3	0	0	0	1	0	1	0	0	0	1
EBEL121-1	0	0	0	1	0	1	0	0	0	1
EBEL127-1	1	1	1	0	1	0	1	1	1	0
感病频次	3	3	3	3	4	4	5	5	5	5
感病总频次	3	3	3	3	4	4	5	5	5	5

（续表）

全谱生态模式菌株代号	水稻监测品种代号									
	P007	P029	P032	P048	P145	P135	P346	P083	P018	P081
ENLD099-3	0	1	1	0	1	0	0	0	0	0
EBEL123-4	1	0	1	1	0	1	1	0	1	0
EBEL130-2	0	1	0	0	1	0	0	1	1	1
86425-1	1	0	1	1	0	1	1	0	1	0
EBEL128-1	1	0	0	1	1	1	1	0	0	0
EBLJ039-2	0	0	0	0	0	0	0	0	0	0
EBED035-4	0	0	0	0	0	0	0	1	1	1
ENTM016-4	0	1	0	0	0	0	0	0	0	0
EBEL124-1	1	0	1	1	0	1	1	1	1	1
EBED073-2	0	0	0	0	0	0	0	0	0	0
EBEL122-2	1	0	1	1	0	1	1	0	1	1
EBXT025-3	0	1	0	0	1	0	0	1	0	1
EBEL121-1	0	1	0	0	1	0	0	1	0	1
EBEL127-1	1	1	1	1	0	1	1	1	1	1
感病频次	6	6	6	6	5	6	6	6	7	7
感病总频次	6	6	6	6	6	6	6	6	7	7

全谱生态模式菌株代号	水稻监测品种代号									
	P025	P066	P033	P345	P075	P078	P060	P151	P073	P142
ENLD099-3	0	0	1	0	0	1	1	0	1	1
EBEL123-4	1	1	1	0	0	0	0	1	1	0
EBEL130-2	1	0	0	1	1	1	1	1	1	1
86425-1	1	1	1	1	1	1	0	1	1	1
EBEL128-1	1	1	1	1	0	0	0	1	1	0
EBLJ039-2	0	0	0	1	1	1	1	1	1	1
EBED035-4	0	0	0	1	1	1	1	1	1	1
ENTM016-4	0	0	0	0	0	0	1	0	1	1
EBEL124-1	1	1	1	0	0	1	1	1	1	1
EBED073-2	0	1	1	1	1	1	1	1	0	1
EBEL122-2	1	1	1	0	1	0	0	1	0	1
EBXT025-3	1	0	0	1	1	1	1	1	1	1
EBEL121-1	0	1	0	1	1	1	1	1	1	1
EBEL127-1	1	1	1	1	1	1	1	1	1	1
感病频次	8	8	8	9	9	10	10	12	12	12
感病总频次	8	8	10	10	10	11	13	13	14	14

（续表）

全谱生态模式菌株代号	水稻监测品种代号									致病频次
	P139	P093	P080	P015	P052	P102	P104	P103	P021	
ENLD099-3	1	1	1	1	1	1	1	1	1	18
EBEL123-4	1	0	1	1	1	1	1	1	1	23
EBEL130-2	1	1	1	1	1	1	1	1	1	25
86425-1	1	1	1	1	1	1	1	1	1	28
EBEL128-1	0	1	0	1	1	1	1	1	1	22
EBLJ039-2	0	1	1	1	1	1	1	1	1	16
EBED035-4	1	1	1	1	1	1	1	1	1	20
ENTM016-4	1	1	1	1	1	0	1	1	1	13
EBEL124-1	1	1	1	1	1	1	1	1	1	33
EBED073-2	1	0	0	0	1	1	1	1	1	18
EBEL122-2	1	1	1	1	1	1	1	1	1	26
EBXT025-3	1	1	1	1	1	1	1	1	1	26
EBEL121-1	1	1	1	1	1	1	1	1	1	27
EBEL127-1	1	1	1	1	1	1	1	1	1	38
感病频次	12	12	12	13	14	13	14	14	14	
感病总频次	14	14	15	16	16	16	17	17	18	

表 12　101 个稻瘟病菌株生态模式菌群筛选结果（恩施试验站 2018 年）

全谱生态模式菌株代号	水稻监测品种代号										
	P337	P141	P120	P182	P160	P325	P059	P167	P345	P338	P186
EBSN167-1	0	0	0	0	0	0	0	0	0	0	0
EBSN179-3	0	0	0	0	0	0	0	0	0	0	0
EBSN205-4	0	0	0	0	0	0	0	0	0	0	0
EBSZ166-3	0	0	0	0	0	0	0	0	0	0	0
EBED035-4	0	0	0	0	0	0	0	0	0	0	0
EBSN208-2	0	0	0	0	0	0	0	0	0	0	0
EBSN167-3	0	0	0	0	0	0	0	0	0	0	0
EBEL122-2	0	0	0	0	0	0	0	0	0	0	0
EBSN170-2	0	0	0	0	0	0	0	0	0	0	0
EBSN179-4	0	0	0	0	0	0	0	0	0	0	0
EBEL124-1	0	0	0	0	0	0	0	0	0	0	0
EBXQ052-2	0	0	0	0	0	0	0	0	0	0	0
EBSZ166-2	0	0	0	0	0	0	0	0	0	0	0
EBSN208-1	0	0	0	0	0	0	0	0	0	0	0
ENLD099-3	0	0	0	0	0	0	0	0	0	0	0
EBSN206-1	0	0	0	0	0	0	0	0	0	0	0
EBSN177-2	0	0	0	0	0	0	0	0	0	0	0
EBSN195-4	0	0	0	0	0	0	0	0	0	0	0
EBSW157-2	0	0	0	0	0	0	0	0	0	0	0
EBEA051-4	0	0	0	0	0	0	0	0	0	0	0
EBSN184-1	0	0	0	0	0	0	0	0	0	0	1
EBXD031-2	0	0	0	0	0	0	0	0	0	0	0
EBEL126-1	0	0	0	0	0	0	0	0	0	0	0

（续表）

全谱生态模式菌株代号	水稻监测品种代号										
	P337	P141	P120	P182	P160	P325	P059	P167	P345	P338	P186
EBEL128-1	0	0	0	0	0	0	0	0	0	1	1
EBSJ218-5	0	0	0	0	0	0	1	0	0	0	0
EBEL130-2	0	0	0	0	0	1	0	0	1	0	0
EBSN175-2	0	0	0	0	1	0	0	0	0	0	0
EBEL127-1	0	0	0	1	0	0	0	0	0	1	0
EBXT025-3	0	0	1	0	0	0	0	1	1	0	0
EBEL121-1	1	1	0	0	0	0	0	1	0	0	0
感病频次	1	1	1	1	1	1	1	2	2	2	2
感病总频次	1	1	1	1	1	1	1	2	2	2	2

全谱生态模式菌株代号	水稻监测品种代号										
	P068	P116	P349	P323	P324	P343	P110	P334	P347	P346	P344
EBSN167-1	0	0	0	0	0	0	0	0	0	0	0
EBSN179-3	0	0	0	0	0	0	0	0	0	0	0
EBSN205-4	0	0	0	0	0	0	0	0	0	1	0
EBSZ166-3	0	0	0	0	0	0	0	0	0	0	0
EBED035-4	0	0	0	0	0	0	0	0	0	0	1
EBSN208-2	0	0	0	0	0	0	0	0	0	0	0
EBSN167-3	0	0	0	0	0	0	0	0	0	0	0
EBEL122-2	0	0	0	0	0	0	0	0	0	0	0
EBSN170-2	0	0	0	0	0	0	0	0	0	0	1
EBSN179-4	0	0	0	0	0	0	0	0	0	0	0
EBEL124-1	0	0	0	0	0	0	0	0	0	0	0
EBXQ052-2	0	0	0	0	0	0	0	0	0	0	0
EBSZ166-2	0	0	0	0	0	0	1	0	0	0	0
EBSN208-1	0	0	0	0	0	0	1	0	0	0	0
ENLD099-3	0	0	0	0	0	0	1	0	0	0	0
EBSN206-1	0	1	0	0	0	0	0	0	0	0	0
EBSN177-2	0	1	0	0	0	0	0	0	0	0	0
EBSN195-4	0	0	1	0	0	0	0	0	1	0	0
EBSW157-2	0	0	0	1	0	1	0	0	0	0	0
EBEA051-4	0	0	0	1	1	1	0	1	1	1	0
EBSN184-1	0	0	0	0	0	0	0	0	0	0	0
EBXD031-2	1	0	0	0	0	0	0	0	0	0	0
EBEL126-1	1	0	0	0	0	0	0	0	0	0	0
EBEL128-1	0	0	0	0	0	0	0	0	0	0	0
EBSJ218-5	0	0	0	0	0	0	0	0	0	0	0
EBEL130-2	0	0	1	0	1	0	0	1	0	1	1
EBSN175-2	0	0	0	0	0	0	1	1	1	0	0
EBEL127-1	0	0	0	0	0	0	0	0	0	0	0
EBXT025-3	0	0	1	1	1	1	0	1	1	1	1
EBEL121-1	0	1	0	0	1	1	0	1	1	1	1
感病频次	2	3	3	3	4	4	4	5	5	5	5
感病总频次	2	3	3	3	4	4	4	5	5	5	5

（续表）

全谱生态模式菌株代号	水稻监测品种代号										
	P348	P341	P168	P064	P175	P333	P083	P050	P342	P327	P066
EBSN167-1	0	0	0	0	0	0	0	0	0	0	0
EBSN179-3	0	0	0	0	0	0	0	0	0	0	0
EBSN205-4	0	0	0	0	0	0	0	0	0	0	0
EBSZ166-3	0	0	1	0	0	0	0	0	0	0	0
EBED035-4	1	0	0	0	0	0	0	0	0	1	0
EBSN208-2	0	1	0	0	0	0	0	0	0	0	0
EBSN167-3	0	0	0	0	0	1	0	0	0	0	0
EBEL122-2	0	0	0	0	1	0	0	0	0	0	0
EBSN170-2	0	0	0	0	0	0	0	0	1	0	0
EBSN179-4	0	1	0	0	0	0	0	0	0	0	0
EBEL124-1	0	0	0	1	0	0	1	0	0	0	0
EBXQ052-2	0	0	1	1	1	1	1	0	0	0	1
EBSZ166-2	0	0	0	0	0	0	0	0	0	0	0
EBSN208-1	0	0	0	0	0	0	0	0	0	0	0
ENLD099-3	0	0	0	0	0	0	0	0	0	0	0
EBSN206-1	0	0	0	0	0	0	0	0	0	0	0
EBSN177-2	0	0	0	0	0	0	0	0	0	0	0
EBSN195-4	1	0	0	0	0	0	0	1	0	0	0
EBSW157-2	0	0	0	0	0	0	0	0	1	1	1
EBEA051-4	1	1	0	0	0	0	0	1	1	1	0
EBSN184-1	0	0	0	0	0	0	0	0	0	0	0
EBXD031-2	0	0	0	0	0	0	0	0	0	0	1
EBEL126-1	0	0	0	1	1	1	1	0	0	0	1
EBEL128-1	0	0	1	1	1	1	1	0	0	0	1
EBSJ218-5	0	0	0	0	0	0	0	0	0	0	0
EBEL130-2	0	0	1	0	0	0	0	1	1	0	0
EBSN175-2	0	1	0	0	0	0	0	0	0	1	0
EBEL127-1	0	0	1	1	1	1	1	0	0	0	1
EBXT025-3	1	0	0	0	0	0	0	1	1	0	0
EBEL121-1	1	1	0	0	0	0	0	1	1	1	1
感病频次	5	5	5	5	5	5	5	5	6	5	7
感病总频次	5	5	5	5	5	5	5	6	6	7	7

全谱生态模式菌株代号	水稻监测品种代号										
	P078	P335	P310	P031	P328	P304	P305	P330	P302	P303	P069
EBSN167-1	1	0	1	0	0	0	0	0	0	0	0
EBSN179-3	1	0	0	0	0	0	0	0	0	0	0
EBSN205-4	0	0	0	0	0	0	0	0	0	0	0
EBSZ166-3	0	0	0	0	0	0	0	0	0	0	0
EBED035-4	0	0	0	0	0	0	0	0	0	0	0
EBSN208-2	0	0	0	0	0	0	0	0	0	0	0
EBSN167-3	0	0	0	0	0	0	0	0	0	0	0

（续表）

全谱生态模式菌株代号	水稻监测品种代号										
	P078	P335	P310	P031	P328	P304	P305	P330	P302	P303	P069
EBEL122-2	0	0	0	0	0	1	1	1	0	1	1
EBSN170-2	0	0	1	0	0	0	0	0	0	0	0
EBSN179-4	1	1	0	0	0	0	0	0	0	0	0
EBEL124-1	0	0	0	0	0	1	1	1	1	1	1
EBXQ052-2	0	0	0	0	0	1	1	1	1	1	1
EBSZ166-2	0	0	0	0	0	0	0	0	0	0	0
EBSN208-1	0	0	0	0	0	0	0	0	0	0	0
ENLD099-3	0	0	1	0	0	0	0	0	0	0	0
EBSN206-1	1	0	0	0	0	0	0	0	0	0	0
EBSN177-2	0	0	0	0	0	0	0	0	0	0	0
EBSN195-4	0	1	0	0	1	0	0	0	0	0	0
EBSW157-2	0	0	0	0	0	0	0	0	0	0	0
EBEA051-4	0	1	1	1	1	0	0	0	0	0	0
EBSN184-1	0	0	0	0	0	0	0	0	0	0	0
EBXD031-2	0	0	0	0	0	1	1	1	1	1	1
EBEL126-1	0	0	0	0	0	1	1	1	1	1	1
EBEL128-1	0	0	0	0	0	1	0	1	1	1	1
EBSJ218-5	0	0	0	0	0	0	0	0	0	0	0
EBEL130-2	0	0	0	1	1	0	0	0	0	0	0
EBSN175-2	0	0	0	1	1	0	0	0	0	0	0
EBEL127-1	0	0	0	0	0	1	1	1	1	1	1
EBXT025-3	0	1	0	1	1	0	0	0	0	0	0
EBEL121-1	1	1	1	1	1	0	0	0	0	0	0
感病频次	5	5	5	5	6	7	6	7	6	7	7
感病总频次	7	7	7	8	8	8	8	8	9	9	9

全谱生态模式菌株代号	水稻监测品种代号										
	P070	P063	P074	P122	P308	P060	P073	P307	P044	P067	P076
EBSN167-1	0	0	0	0	0	0	0	0	0	0	0
EBSN179-3	0	0	0	0	0	0	0	0	0	0	0
EBSN205-4	0	0	0	0	0	0	0	0	0	0	0
EBSZ166-3	0	0	0	0	0	0	0	0	0	0	0
EBED035-4	0	0	0	1	0	0	0	0	0	0	0
EBSN208-2	0	0	0	0	0	0	0	0	0	0	0
EBSN167-3	0	0	0	0	0	0	0	0	0	0	0
EBEL122-2	1	1	1	0	1	1	1	1	1	1	1
EBSN170-2	0	0	0	0	0	0	0	0	0	0	0
EBSN179-4	0	0	0	0	0	0	0	0	0	0	0
EBEL124-1	1	1	1	0	1	1	1	1	1	1	1
EBXQ052-2	1	1	1	0	1	1	1	1	1	1	1
EBSZ166-2	0	0	0	0	0	0	0	0	0	0	0
EBSN208-1	0	0	0	0	0	0	0	0	0	0	0

（续表）

全谱生态模式菌株代号	水稻监测品种代号										
	P070	P063	P074	P122	P308	P060	P073	P307	P044	P067	P076
ENLD099-3	0	0	0	0	0	0	0	0	0	0	0
EBSN206-1	0	0	0	0	0	0	0	0	0	0	0
EBSN177-2	0	0	0	0	0	0	0	0	0	0	0
EBSN195-4	0	0	0	0	0	0	0	0	0	0	0
EBSW157-2	0	0	0	1	0	0	0	0	0	0	0
EBEA051-4	0	0	0	1	0	0	0	0	0	0	0
EBSN184-1	0	0	0	0	0	0	0	0	0	0	0
EBXD031-2	1	1	1	0	1	1	1	1	1	1	1
EBEL126-1	1	1	1	0	1	1	1	1	1	1	1
EBEL128-1	1	1	1	0	1	1	1	1	1	1	1
EBSJ218-5	0	0	0	0	0	0	0	0	0	0	0
EBEL130-2	0	0	0	1	0	0	0	0	0	0	0
EBSN175-2	0	0	0	0	0	0	0	0	0	0	0
EBEL127-1	1	1	1	0	1	1	1	1	1	1	1
EBXT025-3	0	0	0	1	0	0	0	0	0	0	0
EBEL121-1	0	0	0	1	0	0	0	0	0	0	0
感病频次	7	7	7	6	7	7	7	7	7	7	7
感病总频次	9	9	9	9	9	10	10	10	11	11	11

全谱生态模式菌株代号	水稻监测品种代号										
	P106	P034	P317	P301	P036	P046	P035	P137	P048	P150	P163
EBSN167-1	0	0	0	0	0	0	0	1	0	0	1
EBSN179-3	0	0	0	0	0	0	0	1	0	1	1
EBSN205-4	0	0	1	0	1	0	1	0	0	0	0
EBSZ166-3	0	0	0	0	0	0	0	0	0	0	0
EBED035-4	0	0	0	0	0	1	0	0	1	1	0
EBSN208-2	0	0	0	1	0	0	0	0	0	0	1
EBSN167-3	0	0	0	0	0	0	0	1	0	1	1
EBEL122-2	1	0	0	1	0	0	0	0	1	0	0
EBSN170-2	0	0	0	0	0	0	0	0	1	1	1
EBSN179-4	0	0	0	0	0	0	0	1	0	1	1
EBEL124-1	1	0	1	1	0	0	0	0	0	0	1
EBXQ052-2	1	0	0	1	0	1	0	0	1	1	0
EBSZ166-2	0	0	0	0	0	0	0	0	0	0	0
EBSN208-1	0	0	0	0	0	0	0	0	0	0	1
ENLD099-3	0	0	0	0	0	0	0	1	0	0	1
EBSN206-1	0	0	0	0	0	0	0	0	0	0	1
EBSN177-2	0	0	0	0	0	0	0	1	0	0	1
EBSN195-4	0	0	1	0	1	1	1	0	1	0	0
EBSW157-2	0	0	0	0	0	1	0	0	1	1	1
EBEA051-4	0	1	1	0	1	0	1	1	1	1	1
EBSN184-1	0	0	0	0	0	0	0	0	0	0	0
EBXD031-2	1	0	0	1	0	0	0	0	0	0	0

（续表）

全谱生态模式菌株代号	水稻监测品种代号										
	P106	P034	P317	P301	P036	P046	P035	P137	P048	P150	P163
EBEL126-1	1	0	0	1	0	0	0	0	1	0	0
EBEL128-1	1	0	0	1	0	0	0	0	0	0	0
EBSJ218-5	0	1	0	0	1	0	0	0	0	1	0
EBEL130-2	0	0	1	0	1	1	1	0	1	0	0
EBSN175-2	1	1	1	0	1	1	1	1	1	1	0
EBEL127-1	1	0	0	1	0	1	0	0	1	0	0
EBXT025-3	0	1	1	0	1	1	1	1	1	1	1
EBEL121-1	0	1	1	0	0	1	1	1	1	1	1
感病频次	8	5	7	8	7	9	7	10	13	12	15
感病总频次	11	11	12	12	12	14	14	19	19	29	35

全谱生态模式菌株代号	水稻监测品种代号										
	P340	P320	P084	P138	P336	P318	P165	P339	P102	P042	P032
EBSN167-1	1	1	1	1	1	1	1	1	1	1	1
EBSN179-3	1	1	1	1	1	1	1	1	1	1	1
EBSN205-4	0	0	0	0	0	0	0	0	0	0	0
EBSZ166-3	1	0	0	0	1	1	0	1	1	1	1
EBED035-4	0	0	0	0	1	0	1	0	0	1	0
EBSN208-2	1	1	1	1	1	1	1	1	1	1	1
EBSN167-3	0	1	1	0	1	1	1	1	1	1	1
EBEL122-2	0	0	0	0	0	0	1	0	0	0	0
EBSN170-2	1	1	1	1	1	1	1	1	1	1	1
EBSN179-4	1	1	1	1	1	1	1	1	1	1	1
EBEL124-1	0	0	0	0	0	0	0	0	0	1	0
EBXQ052-2	0	0	0	0	0	0	1	0	0	1	0
EBSZ166-2	1	0	0	0	0	0	0	1	1	1	0
EBSN208-1	0	1	1	1	1	1	1	1	1	1	1
ENLD099-3	1	1	1	1	1	1	1	1	1	1	1
EBSN206-1	1	1	1	1	1	1	1	1	1	1	1
EBSN177-2	1	1	1	1	1	1	1	1	1	1	1
EBSN195-4	1	0	0	1	1	1	0	1	1	1	1
EBSW157-2	1	1	1	1	1	1	1	1	1	1	1
EBEA051-4	0	1	0	1	1	1	1	1	1	1	1
EBSN184-1	0	0	0	0	0	0	0	0	0	1	1
EBXD031-2	0	0	0	0	0	0	0	1	0	0	0
EBEL126-1	0	0	0	0	0	0	0	0	0	1	0
EBEL128-1	0	0	0	1	0	1	0	1	0	1	1
EBSJ218-5	0	0	0	0	0	0	1	0	0	0	0
EBEL130-2	0	0	1	1	1	0	1	1	1	1	0
EBSN175-2	1	1	1	1	1	1	0	1	1	0	1
EBEL127-1	0	0	0	0	0	0	0	0	0	1	0
EBXT025-3	0	1	1	1	1	1	1	1	1	1	1
EBEL121-1	0	1	0	1	1	1	1	1	1	1	1
感病频次	13	15	14	17	19	18	19	21	19	25	19
感病总频次	37	38	38	43	55	57	57	58	59	60	61

（续表）

全谱生态模式菌株代号	水稻监测品种代号										
	P045	P312	P322	P047	P033	P331	P038	P049	P041	P319	P039
EBSN167-1	1	1	1	1	1	1	1	1	1	1	1
EBSN179-3	1	1	1	1	1	1	1	1	1	1	1
EBSN205-4	0	0	0	1	0	0	0	0	1	0	1
EBSZ166-3	1	1	1	0	1	1	1	1	0	1	0
EBED035-4	1	1	1	0	0	1	1	1	1	1	1
EBSN208-2	1	1	1	1	1	1	1	1	1	0	1
EBSN167-3	1	1	1	1	1	1	1	1	1	1	1
EBEL122-2	0	0	0	0	1	1	1	1	1	1	1
EBSN170-2	1	1	1	1	1	1	1	1	1	1	1
EBSN179-4	1	1	1	1	1	1	1	1	1	1	1
EBEL124-1	0	0	1	0	1	1	1	1	1	1	1
EBXQ052-2	1	1	1	0	1	1	1	1	1	1	1
EBSZ166-2	1	1	0	0	1	1	1	1	0	1	1
EBSN208-1	1	1	1	1	1	1	1	1	1	1	1
ENLD099-3	1	1	1	1	1	1	1	1	1	1	1
EBSN206-1	1	1	1	1	1	1	1	1	1	1	1
EBSN177-2	1	1	1	1	1	1	1	1	1	1	1
EBSN195-4	1	1	1	1	1	1	1	1	1	1	1
EBSW157-2	1	1	1	1	1	1	1	1	1	1	1
EBEA051-4	1	1	1	1	1	1	1	1	1	1	1
EBSN184-1	0	0	0	0	0	1	1	0	1	1	1
EBXD031-2	0	0	1	0	1	1	1	1	1	1	1
EBEL126-1	1	1	1	0	1	1	1	1	1	1	1
EBEL128-1	1	1	1	0	1	1	1	1	1	1	1
EBSJ218-5	0	0	1	1	1	1	1	0	1	1	1
EBEL130-2	1	1	0	1	1	1	1	0	0	1	1
EBSN175-2	1	1	1	0	1	1	1	1	1	1	1
EBEL127-1	1	1	0	0	1	1	1	1	1	1	1
EBXT025-3	1	1	1	1	1	1	1	0	1	1	1
EBEL121-1	1	1	1	1	1	1	1	1	1	1	1
感病频次	24	24	24	18	27	29	29	25	27	28	29
感病总频次	63	66	67	68	69	76	77	79	82	83	83

全谱生态模式菌株代号	水稻监测品种代号									致病频次
	P051	P040	P109	P306	P043	P326	P321	P329	P037	
EBSN167-1	1	1	1	1	1	1	1	1	1	35
EBSN179-3	1	1	1	1	1	1	1	1	1	35
EBSN205-4	1	1	1	1	1	1	1	1	1	16
EBSZ166-3	1	0	0	1	1	1	1	1	1	23
EBED035-4	1	1	1	1	1	1	1	1	1	28
EBSN208-2	1	1	1	1	1	1	1	1	1	33
EBSN167-3	1	1	1	1	1	1	1	1	1	33

（续表）

全谱生态模式菌株代号	水稻监测品种代号									致病频次
	P051	P040	P109	P306	P043	P326	P321	P329	P037	
EBEL122-2	0	1	1	1	1	1	1	1	1	35
EBSN170-2	1	1	1	1	1	1	1	1	1	37
EBSN179-4	1	1	1	1	1	1	1	1	1	37
EBEL124-1	1	1	1	1	1	1	1	1	1	39
EBXQ052-2	1	1	1	1	1	1	1	1	1	48
EBSZ166-2	1	0	0	1	1	1	1	1	1	20
EBSN208-1	1	1	1	1	1	1	1	1	1	32
ENLD099-3	1	1	1	1	1	1	1	1	1	35
EBSN206-1	1	1	1	1	1	1	1	1	1	34
EBSN177-2	1	1	1	1	1	1	1	1	1	34
EBSN195-4	1	1	1	1	1	1	1	1	1	39
EBSW157-2	1	1	1	1	1	1	1	1	1	41
EBEA051-4	1	1	1	1	1	1	1	1	1	53
EBSN184-1	1	1	1	1	1	1	1	1	1	17
EBXD031-2	1	1	1	1	1	0	1	1	1	37
EBEL126-1	1	1	1	1	1	1	1	1	1	45
EBEL128-1	1	1	1	1	1	1	1	1	1	49
EBSJ218-5	1	1	1	1	1	1	1	1	1	22
EBEL130-2	1	1	1	1	1	1	1	0	1	41
EBSN175-2	1	1	1	1	1	1	1	1	1	45
EBEL127-1	1	1	1	1	1	1	1	1	1	47
EBXT025-3	1	1	1	1	1	1	1	1	1	56
EBEL121-1	1	1	1	1	1	1	1	1	1	59
感病频次	29	28	28	30	30	29	30	29	30	
感病总频次	83	85	85	88	89	92	97	98	101	

表 13　102 个稻瘟病菌株生态模式菌群筛选结果（恩施试验站 2019 年）

全谱生态模式菌株代号	水稻监测品种代号									
	P078	P110	P333	P338	P349	P332	P160	P324	P050	P309
86604-3	0	0	0	0	0	0	0	0	0	0
ENLD099-3	0	0	0	0	0	0	0	0	0	0
EBEL340-1	0	0	0	0	0	0	0	0	0	0
EBSN184-1	0	0	0	0	0	0	0	0	0	0
86029-1	0	0	0	0	0	0	0	0	0	0
86203-3	0	0	0	0	0	0	0	0	0	0
86027-2	0	0	0	0	0	0	0	0	0	0
86050-1	0	0	0	0	0	0	0	0	0	0
86449-1	0	0	0	0	0	0	0	0	0	0
EBEL353-1	0	0	0	0	0	0	0	0	0	0

（续表）

全谱生态模式菌株代号	水稻监测品种代号									
	P078	P110	P333	P338	P349	P332	P160	P324	P050	P309
EBSJ218-5	0	0	0	0	0	0	0	0	0	0
86441-3	0	0	0	0	0	0	0	0	0	0
EBCN329-4	0	0	0	0	0	0	0	0	0	0
86604-2	0	0	0	0	0	0	0	0	0	0
86609-1	0	0	0	0	0	0	0	0	0	0
EBEL340-2	0	0	0	0	0	0	0	0	0	0
867106-1	0	0	0	0	0	0	0	0	0	0
EBSN167-3	0	0	0	0	0	0	0	0	0	0
EBED035-4	0	0	0	0	0	0	0	0	0	0
EBEL126-1	0	0	0	0	0	0	0	0	0	0
EBXQ052-2	0	0	0	0	0	0	0	0	0	0
EBSZ166-2	0	0	0	0	0	0	0	0	0	1
EBEL122-2	0	0	0	0	0	0	0	0	0	1
EBEA051-4	0	0	0	0	0	0	0	1	1	0
86431-3	0	0	0	0	0	0	1	0	0	0
867106-3	0	0	0	0	0	1	0	0	0	0
EBEL124-1	0	0	0	1	0	0	0	0	0	0
EBEL130-2	0	0	0	0	1	0	0	0	0	0
EBEL343-2	0	0	0	0	0	0	0	0	0	0
EBSN179-4	0	0	0	0	0	0	0	0	0	0
EBEL121-1	0	0	0	0	0	0	0	1	1	1
EBEL128-1	0	0	1	0	0	1	0	0	0	0
EBXT025-3	0	0	0	0	1	0	0	1	1	0
EBEL127-1	0	0	1	1	0	0	0	0	0	0
867112-3	0	1	0	0	0	0	0	0	0	0
EBCN329-1	1	0	0	0	0	0	1	0	0	0
感病频次	1	1	2	2	2	2	2	3	3	3
感病总频次	1	1	2	2	2	2	2	3	3	3

全谱生态模式菌株代号	水稻监测品种代号									
	P141	P115	P064	P069	P330	P154	P346	P347	P120	P068
86604-3	0	0	0	0	0	0	0	0	0	0
ENLD099-3	0	0	0	0	0	0	0	0	0	0
EBEL340-1	0	0	0	0	0	0	0	0	0	0
EBSN184-1	0	0	0	0	0	0	0	0	0	0
86029-1	0	0	0	0	0	0	0	0	1	0
86203-3	0	0	0	0	0	0	0	0	0	1
86027-2	1	0	0	0	0	0	0	0	1	0
86050-1	0	0	0	0	0	0	0	0	1	0
86449-1	0	1	0	0	0	0	0	0	0	0

（续表）

全谱生态模式菌株代号	水稻监测品种代号									
	P141	P115	P064	P069	P330	P154	P346	P347	P120	P068
EBEL353-1	0	0	0	0	0	0	0	0	0	0
EBSJ218-5	0	0	0	0	0	0	0	0	0	0
86441-3	0	0	0	0	0	1	0	0	0	0
EBCN329-4	0	0	0	0	0	0	0	0	0	0
86604-2	0	0	0	0	1	0	0	0	0	0
86609-1	0	0	0	0	0	0	0	1	0	0
EBEL340-2	0	0	0	0	0	0	0	0	0	0
867106-1	0	0	0	0	0	0	0	0	0	0
EBSN167-3	0	0	0	0	0	0	0	0	0	0
EBED035-4	0	0	0	0	0	0	1	0	0	0
EBEL126-1	0	0	0	1	0	1	0	0	0	0
EBXQ052-2	0	0	1	1	1	1	0	0	0	0
EBSZ166-2	0	0	0	0	0	0	0	0	0	0
EBEL122-2	0	0	1	0	0	0	0	0	0	1
EBEA051-4	0	0	0	0	0	0	0	1	0	0
86431-3	0	1	0	0	0	0	0	0	0	0
867106-3	0	0	0	0	0	0	0	0	0	0
EBEL124-1	0	0	0	0	0	0	0	0	0	1
EBEL130-2	1	0	0	0	0	0	1	0	0	0
EBEL343-2	0	0	0	0	0	0	0	0	0	0
EBSN179-4	0	0	0	0	0	0	0	0	0	0
EBEL121-1	0	0	0	0	0	0	1	1	0	0
EBEL128-1	0	0	1	1	1	0	0	0	0	1
EBXT025-3	1	1	0	0	0	0	1	1	1	0
EBEL127-1	1	1	1	1	1	1	0	0	0	0
867112-3	0	0	0	0	0	0	0	0	0	0
EBCN329-1	0	0	0	0	0	0	0	0	0	0
感病频次	4	4	4	4	4	4	4	4	4	4
感病总频次	4	4	4	4	4	4	4	4	4	4

全谱生态模式菌株代号	水稻监测品种代号									
	P337	P310	P116	P059	P325	P182	P305	P031	P335	P334
86604-3	0	0	0	0	0	0	0	0	0	0
ENLD099-3	0	0	0	0	0	0	0	0	0	0
EBEL340-1	0	0	0	0	0	0	0	0	0	1
EBSN184-1	0	0	0	0	0	0	1	0	0	0
86029-1	0	0	0	0	0	0	0	0	0	0
86203-3	0	0	0	1	0	0	0	0	0	0
86027-2	0	0	0	0	0	0	0	0	0	0
86050-1	0	0	0	0	0	0	0	0	0	0

（续表）

全谱生态模式菌株代号	水稻监测品种代号									
	P337	P310	P116	P059	P325	P182	P305	P031	P335	P334
86449-1	0	0	0	0	0	0	0	0	0	0
EBEL353-1	0	0	0	1	0	0	0	0	0	0
EBSJ218-5	0	0	0	1	0	0	0	0	0	0
86441-3	0	0	0	0	0	0	0	0	0	0
EBCN329-4	0	0	1	0	0	0	0	0	0	0
86604-2	0	0	0	0	0	0	0	0	0	0
86609-1	0	0	0	0	0	0	0	0	0	0
EBEL340-2	0	0	1	0	0	0	0	0	1	0
867106-1	0	1	0	0	0	0	0	0	0	0
EBSN167-3	0	0	1	0	0	0	0	0	0	0
EBED035-4	0	1	0	0	0	1	0	1	0	0
EBEL126-1	0	0	0	0	1	1	1	0	0	0
EBXQ052-2	0	0	0	0	1	1	1	0	0	0
EBSZ166-2	0	0	0	0	0	0	0	0	0	0
EBEL122-2	0	0	0	0	0	1	1	0	0	0
EBEA051-4	1	0	0	0	1	0	0	1	1	1
86431-3	0	0	0	0	0	0	0	0	0	0
867106-3	0	0	0	0	0	0	0	0	0	0
EBEL124-1	0	0	0	0	0	0	0	0	0	0
EBEL130-2	0	0	0	0	0	0	0	1	1	1
EBEL343-2	0	0	0	1	0	0	0	0	0	0
EBSN179-4	1	1	1	0	0	0	0	0	0	0
EBEL121-1	1	1	0	0	0	0	0	1	1	1
EBEL128-1	1	0	0	0	1	0	0	0	0	0
EBXT025-3	0	0	0	0	0	0	0	1	1	1
EBEL127-1	0	0	0	0	1	1	1	0	0	0
867112-3	0	0	0	0	0	0	0	0	0	0
EBCN329-1	0	0	0	0	0	0	0	0	0	0
感病频次	4	4	4	4	5	5	5	5	5	5
感病总频次	4	4	4	4	5	5	5	5	5	5

全谱生态模式菌株代号	水稻监测品种代号									
	P345	P301	P168	P175	P074	P083	P167	P348	P323	P307
86604-3	0	0	0	0	0	0	0	1	0	0
ENLD099-3	0	0	0	0	0	0	0	0	0	0
EBEL340-1	0	0	0	0	0	0	0	0	0	0
EBSN184-1	0	0	0	0	0	0	0	0	0	0
86029-1	1	0	0	0	0	0	0	0	0	0
86203-3	0	0	0	0	0	0	0	0	0	0
86027-2	0	0	0	0	0	0	0	0	0	0

（续表）

全谱生态模式菌株代号	水稻监测品种代号									
	P345	P301	P168	P175	P074	P083	P167	P348	P323	P307
86050-1	1	0	0	0	0	0	0	0	0	0
86449-1	0	0	0	0	0	0	0	0	0	0
EBEL353-1	0	0	0	0	1	0	0	0	0	0
EBSJ218-5	0	0	0	1	0	0	0	0	0	0
86441-3	0	0	0	0	0	0	0	0	0	0
EBCN329-4	0	0	0	0	0	0	0	0	0	0
86604-2	0	0	0	0	0	0	0	0	0	0
86609-1	0	0	0	0	0	0	0	0	0	0
EBEL340-2	0	0	0	0	0	0	0	0	0	0
867106-1	0	0	0	0	0	0	1	0	0	0
EBSN167-3	0	0	0	0	0	0	0	0	0	0
EBED035-4	0	0	0	0	0	0	0	1	1	0
EBEL126-1	0	1	1	1	1	1	0	0	1	1
EBXQ052-2	0	1	1	0	1	1	0	0	1	1
EBSZ166-2	0	0	0	0	0	0	0	0	0	0
EBEL122-2	0	1	0	1	0	1	0	0	0	1
EBEA051-4	0	0	0	0	0	0	1	0	1	0
86431-3	0	0	1	0	0	0	0	0	0	0
867106-3	0	0	0	0	0	0	0	0	0	0
EBEL124-1	0	1	1	0	0	1	0	0	0	0
EBEL130-2	1	0	0	0	0	0	1	1	0	0
EBEL343-2	0	0	0	0	0	0	0	0	0	0
EBSN179-4	0	0	0	0	0	0	0	0	0	0
EBEL121-1	1	0	0	0	0	0	1	1	1	0
EBEL128-1	0	1	1	1	1	1	0	0	0	1
EBXT025-3	1	0	0	1	0	0	1	1	1	0
EBEL127-1	0	1	1	1	1	1	0	0	1	1
867112-3	0	0	0	0	0	0	0	0	0	0
EBCN329-1	0	0	0	0	0	0	0	0	0	0
感病频次	5	6	6	6	5	6	5	5	7	5
感病总频次	5	6	6	6	6	6	6	6	7	7

全谱生态模式菌株代号	水稻监测品种代号									
	P060	P304	P070	P341	P067	P106	P186	P084	P327	P328
86604-3	0	0	0	0	0	0	0	0	0	0
ENLD099-3	0	0	1	1	0	0	0	1	0	0
EBEL340-1	0	0	0	0	0	0	0	0	0	0
EBSN184-1	0	1	0	0	0	0	0	0	0	0
86029-1	0	0	0	0	0	0	0	0	0	0
86203-3	1	0	0	0	0	0	0	0	0	0

（续表）

全谱生态模式菌株代号	水稻监测品种代号									
	P060	P304	P070	P341	P067	P106	P186	P084	P327	P328
86027-2	0	0	0	0	0	0	0	0	0	1
86050-1	0	0	0	0	0	0	0	0	0	1
86449-1	0	0	0	0	0	0	0	0	0	1
EBEL353-1	0	0	0	0	1	0	0	0	0	0
EBSJ218-5	1	0	0	0	1	0	0	0	0	0
86441-3	0	0	0	0	0	0	0	0	0	0
EBCN329-4	0	0	0	0	0	0	0	1	0	0
86604-2	0	0	0	0	0	0	0	0	0	0
86609-1	0	0	0	1	0	0	0	0	0	0
EBEL340-2	0	0	0	0	0	0	0	0	1	1
867106-1	0	0	0	1	0	0	1	1	0	0
EBSN167-3	0	0	0	0	0	0	0	1	0	0
EBED035-4	0	0	0	0	0	0	0	0	1	0
EBEL126-1	0	1	1	0	0	1	1	0	1	0
EBXQ052-2	1	1	1	0	1	1	1	0	1	0
EBSZ166-2	0	0	0	0	0	0	0	0	0	0
EBEL122-2	1	1	1	0	1	1	1	0	1	0
EBEA051-4	0	0	0	1	0	1	0	0	1	1
86431-3	0	0	0	0	1	0	0	0	0	0
867106-3	0	0	0	0	0	0	0	0	0	0
EBEL124-1	1	0	1	0	1	1	1	0	1	0
EBEL130-2	0	0	0	0	0	0	0	0	0	1
EBEL343-2	1	0	0	0	1	0	0	0	0	0
EBSN179-4	0	0	0	0	0	0	0	1	0	0
EBEL121-1	0	0	0	1	0	0	0	0	1	1
EBEL128-1	1	1	1	0	1	1	1	0	1	0
EBXT025-3	0	0	0	0	0	1	0	1	1	1
EBEL127-1	1	1	1	0	1	1	1	0	1	0
867112-3	0	0	0	0	0	0	0	0	0	0
EBCN329-1	0	0	0	0	0	0	0	1	0	0
感病频次	8	6	7	5	9	8	7	7	11	8
感病总频次	8	8	8	8	10	10	11	12	13	13

全谱生态模式菌株代号	水稻监测品种代号									
	P066	P063	P150	P342	P044	P076	P137	P122	P308	P343
86604-3	1	0	0	0	0	0	0	0	0	1
ENLD099-3	0	0	0	0	0	0	1	0	0	0
EBEL340-1	0	0	0	1	0	0	0	0	0	0
EBSN184-1	0	0	1	0	0	1	0	0	1	0
86029-1	0	0	0	0	0	0	0	0	0	0

（续表）

全谱生态模式菌株代号	水稻监测品种代号									
	P066	P063	P150	P342	P044	P076	P137	P122	P308	P343
86203-3	0	1	0	0	0	1	0	0	1	0
86027-2	0	0	0	0	0	1	0	0	0	0
86050-1	0	0	0	0	0	0	0	0	0	0
86449-1	0	0	0	0	0	0	0	0	0	0
EBEL353-1	0	1	0	0	0	1	0	1	1	0
EBSJ218-5	0	1	0	0	0	1	0	0	0	0
86441-3	0	0	0	0	1	0	0	0	0	0
EBCN329-4	0	0	0	0	0	0	0	0	0	0
86604-2	1	0	1	0	0	0	1	0	0	0
86609-1	0	0	0	0	0	0	1	0	0	0
EBEL340-2	0	0	0	1	0	0	0	1	0	1
867106-1	0	0	0	1	0	0	1	0	1	0
EBSN167-3	0	0	0	0	1	0	0	0	0	0
EBED035-4	1	0	1	1	0	0	0	1	1	1
EBEL126-1	1	1	0	0	1	1	0	0	1	1
EBXQ052-2	1	1	0	1	1	1	0	1	1	1
EBSZ166-2	0	0	0	0	0	0	0	0	0	0
EBEL122-2	0	1	0	0	1	1	0	1	1	1
EBEA051-4	1	0	1	1	0	0	1	1	0	1
86431-3	0	0	0	0	0	0	0	0	1	0
867106-3	0	0	1	0	0	0	0	0	0	0
EBEL124-1	0	1	0	1	1	1	0	0	1	1
EBEL130-2	0	0	0	1	0	0	1	1	0	1
EBEL343-2	0	1	0	0	0	1	0	0	0	0
EBSN179-4	0	0	1	0	0	0	1	1	0	1
EBEL121-1	0	0	1	1	0	0	1	1	0	1
EBEL128-1	1	1	0	1	1	1	0	1	0	1
EBXT025-3	1	0	0	1	0	0	0	1	0	1
EBEL127-1	1	1	0	1	1	1	0	1	1	1
867112-3	0	1	0	0	0	0	0	0	0	0
EBCN329-1	0	0	1	0	0	0	1	0	0	0
感病频次	9	11	8	12	8	12	9	12	11	14
感病总频次	13	13	14	14	15	15	15	15	15	15

全谱生态模式菌株代号	水稻监测品种代号									
	P344	P302	P073	P034	P317	P048	P046	P036	P336	P035
86604-3	1	0	0	0	0	0	1	1	0	1
ENLD099-3	0	0	0	0	0	0	0	0	1	0
EBEL340-1	0	0	0	0	0	1	0	0	0	0
EBSN184-1	0	0	1	1	0	0	0	1	0	0

（续表）

全谱生态模式菌株代号	水稻监测品种代号									
	P344	P302	P073	P034	P317	P048	P046	P036	P336	P035
86029-1	0	0	0	0	1	0	0	1	0	1
86203-3	0	0	1	0	0	0	0	0	0	0
86027-2	0	0	0	0	1	0	0	1	0	1
86050-1	0	0	0	1	1	0	0	1	0	1
86449-1	0	1	0	1	1	0	0	1	0	1
EBEL353-1	0	1	1	0	1	0	0	0	0	0
EBSJ218-5	0	0	1	0	1	0	1	0	0	0
86441-3	0	1	0	0	0	0	0	0	1	0
EBCN329-4	0	0	0	0	0	0	0	0	1	0
86604-2	0	0	0	0	0	1	1	0	0	0
86609-1	1	0	0	1	0	1	1	1	0	0
EBEL340-2	1	0	0	0	1	1	1	1	1	1
867106-1	0	0	0	0	0	0	1	0	1	0
EBSN167-3	0	1	0	0	0	0	0	0	1	0
EBED035-4	1	0	0	1	1	1	1	0	1	1
EBEL126-1	0	1	1	0	0	1	1	0	0	0
EBXQ052-2	1	1	1	0	0	1	1	0	0	0
EBSZ166-2	0	0	0	0	0	0	0	0	1	0
EBEL122-2	1	1	1	0	0	1	0	0	0	0
EBEA051-4	1	1	0	1	1	1	1	1	1	1
86431-3	0	0	1	1	1	0	0	1	0	1
867106-3	0	0	0	0	0	0	0	0	0	0
EBEL124-1	1	0	1	0	0	1	1	0	0	0
EBEL130-2	1	0	0	0	1	1	1	1	0	1
EBEL343-2	0	1	1	1	1	0	0	0	0	0
EBSN179-4	0	0	0	0	0	1	0	0	1	0
EBEL121-1	1	0	0	1	1	1	1	1	1	1
EBEL128-1	1	1	1	0	0	1	1	0	0	0
EBXT025-3	1	0	0	1	1	1	1	1	1	1
EBEL127-1	1	1	1	0	0	1	1	0	0	0
867112-3	0	0	0	0	0	0	0	0	0	0
EBCN329-1	0	0	0	0	0	0	0	0	1	0
感病频次	13	11	12	10	14	16	16	13	13	12
感病总频次	15	16	16	18	20	20	21	25	27	27

全谱生态模式菌株代号	水稻监测品种代号										
	P163	P138	P340	P320	P303	P165	P318	P102	P312	P339	P042
86604-3	0	0	0	1	0	1	0	1	0	0	0
ENLD099-3	1	1	1	1	0	1	1	1	1	1	1
EBEL340-1	0	0	0	0	0	0	0	0	0	1	0

（续表）

全谱生态模式菌株代号	水稻监测品种代号										
	P163	P138	P340	P320	P303	P165	P318	P102	P312	P339	P042
EBSN184-1	1	0	0	1	1	1	0	0	0	0	0
86029-1	0	0	0	0	0	0	0	0	0	0	1
86203-3	1	0	0	1	0	0	0	0	0	0	0
86027-2	0	0	0	0	0	0	0	0	0	0	0
86050-1	0	0	0	0	0	0	0	0	0	0	1
86449-1	0	0	0	1	1	0	0	0	0	0	0
EBEL353-1	0	0	0	0	0	1	0	0	0	0	0
EBSJ218-5	0	0	0	0	1	1	0	0	0	1	0
86441-3	0	1	1	0	1	0	1	1	1	1	1
EBCN329-4	0	1	1	1	0	0	1	1	1	1	1
86604-2	1	0	1	1	1	0	1	1	0	1	0
86609-1	0	0	1	1	1	1	0	1	0	0	0
EBEL340-2	0	0	0	1	0	1	1	1	1	1	0
867106-1	0	1	1	1	0	0	1	1	1	1	1
EBSN167-3	1	1	1	1	1	1	1	1	1	1	1
EBED035-4	1	1	1	0	1	1	1	1	1	1	1
EBEL126-1	0	0	0	0	1	1	1	0	1	0	1
EBXQ052-2	0	0	0	0	1	0	1	0	1	1	1
EBSZ166-2	0	1	1	0	1	0	1	1	1	1	1
EBEL122-2	0	0	0	0	1	0	1	0	0	0	1
EBEA051-4	1	1	1	0	0	1	1	1	1	1	1
86431-3	0	0	0	0	1	0	0	0	0	0	0
867106-3	0	1	0	0	0	0	1	1	0	0	1
EBEL124-1	0	0	1	0	1	1	1	0	1	1	0
EBEL130-2	1	1	1	0	0	1	1	1	1	1	1
EBEL343-2	0	0	0	0	1	1	0	0	0	0	0
EBSN179-4	1	1	1	1	1	1	1	1	1	1	1
EBEL121-1	1	1	0	1	0	1	1	1	1	1	1
EBEL128-1	1	1	0	1	1	1	1	1	1	0	1
EBXT025-3	1	1	1	1	0	1	1	1	1	1	1
EBEL127-1	0	1	0	0	1	0	1	1	1	1	1
867112-3	0	1	1	0	0	0	1	1	1	1	1
EBCN329-1	1	1	1	1	0	1	1	1	1	1	1
感病频次	13	17	16	16	18	19	23	21	20	21	22
感病总频次	28	31	32	35	35	39	41	41	43	44	46

全谱生态模式菌株代号	水稻监测品种代号										
	P032	P306	P038	P322	P319	P331	P047	P040	P109	P049	P033
86604-3	1	0	0	1	1	1	1	1	1	1	1
ENLD099-3	1	1	1	1	1	1	1	1	1	1	1
EBEL340-1	0	0	0	0	0	0	0	0	0	0	0

（续表）

全谱生态模式菌株代号	水稻监测品种代号										
	P032	P306	P038	P322	P319	P331	P047	P040	P109	P049	P033
EBSN184-1	0	0	1	0	0	0	1	1	1	0	0
86029-1	0	0	0	0	0	0	0	0	1	0	0
86203-3	0	0	0	0	0	0	0	1	1	0	0
86027-2	0	0	0	0	0	0	0	1	1	0	1
86050-1	0	0	0	0	0	0	0	0	1	1	1
86449-1	0	1	0	0	0	1	0	1	0	0	0
EBEL353-1	0	1	0	0	0	0	1	1	1	0	0
EBSJ218-5	0	0	0	0	0	1	1	1	1	0	0
86441-3	1	1	1	1	0	0	0	0	1	1	1
EBCN329-4	1	1	1	1	1	0	1	1	1	1	1
86604-2	1	1	1	1	1	1	0	1	1	1	1
86609-1	1	1	1	1	1	1	1	1	1	1	1
EBEL340-2	1	1	1	1	0	0	0	0	1	1	0
867106-1	0	1	1	1	1	1	1	1	1	0	1
EBSN167-3	1	1	1	1	1	1	1	1	1	1	1
EBED035-4	1	1	1	1	1	1	1	1	1	1	1
EBEL126-1	1	1	1	0	1	1	1	1	1	1	1
EBXQ052-2	0	1	1	1	1	1	0	1	1	1	1
EBSZ166-2	1	1	1	1	1	1	1	1	1	1	1
EBEL122-2	0	1	1	0	1	1	1	1	1	1	1
EBEA051-4	1	1	1	1	1	1	1	1	1	1	1
86431-3	0	0	0	0	0	0	0	1	1	0	0
867106-3	0	1	0	1	0	0	1	1	1	1	1
EBEL124-1	1	1	1	1	1	1	0	1	1	1	0
EBEL130-2	1	1	1	1	1	1	1	1	1	1	1
EBEL343-2	0	1	0	0	0	1	1	1	1	0	0
EBSN179-4	1	1	1	1	1	1	1	1	1	1	1
EBEL121-1	1	1	1	1	1	0	1	1	1	1	1
EBEL128-1	1	1	1	1	1	1	1	1	1	1	1
EBXT025-3	1	1	1	1	1	1	1	1	1	1	1
EBEL127-1	0	1	1	1	1	1	1	1	1	1	1
867112-3	1	1	1	1	1	1	1	1	1	1	1
EBCN329-1	1	1	1	1	1	1	1	1	1	1	1
感病频次	20	27	24	23	22	23	24	31	34	25	25
感病总频次	49	50	51	51	53	55	55	63	63	64	65

全谱生态模式菌株代号	水稻监测品种代号									致病频次
	P045	P039	P041	P051	P043	P326	P321	P329	P037	
86604-3	1	1	1	1	1	1	1	1	1	28
ENLD099-3	1	1	1	1	1	1	1	1	1	35
EBEL340-1	1	0	0	0	0	0	0	0	1	6
EBSN184-1	0	0	1	1	1	0	1	0	1	21

（续表）

全谱生态模式菌株代号	水稻监测品种代号									致病频次
	P045	P039	P041	P051	P043	P326	P321	P329	P037	
86029-1	0	0	0	1	1	1	1	1	1	13
86203-3	0	0	1	0	1	1	1	1	1	17
86027-2	0	0	1	1	1	1	1	1	1	17
86050-1	0	0	1	1	0	1	1	1	1	17
86449-1	0	0	1	1	1	1	1	1	1	19
EBEL353-1	0	0	1	0	1	1	1	1	1	21
EBSJ218-5	0	0	1	0	1	1	1	1	1	22
86441-3	1	1	0	1	1	1	1	1	1	27
EBCN329-4	1	1	1	1	1	1	1	1	1	30
86604-2	1	1	1	1	1	1	1	1	1	32
86609-1	1	1	1	1	1	1	1	1	1	33
EBEL340-2	1	1	1	1	1	1	1	1	1	35
867106-1	1	1	1	1	1	1	1	1	1	36
EBSN167-3	1	1	1	1	1	1	1	1	1	36
EBED035-4	1	1	1	1	1	1	1	1	1	50
EBEL126-1	1	1	1	1	1	1	1	1	1	51
EBXQ052-2	1	1	1	1	1	1	1	1	1	56
EBSZ166-2	1	1	1	1	1	1	1	1	1	30
EBEL122-2	1	1	1	1	1	1	1	1	1	47
EBEA051-4	1	1	1	1	1	1	1	1	1	58
86431-3	0	0	1	1	0	1	1	1	1	19
867106-3	1	1	1	1	1	1	1	1	1	22
EBEL124-1	1	1	1	1	1	1	1	1	1	45
EBEL130-2	1	1	1	1	1	1	1	1	1	49
EBEL343-2	0	0	1	0	1	1	1	1	1	22
EBSN179-4	1	1	1	1	1	1	1	1	1	41
EBEL121-1	1	1	1	1	1	1	1	1	1	58
EBEL128-1	1	1	1	1	1	1	1	1	1	62
EBXT025-3	1	1	1	1	1	1	1	1	1	62
EBEL127-1	1	1	1	1	1	1	1	1	1	64
867112-3	1	1	1	1	1	1	1	1	1	29
EBCN329-1	1	1	1	1	1	1	1	1	1	36
感病频次	26	25	33	31	33	34	35	34	36	
感病总频次	67	68	72	77	82	89	90	98	102	

表 14　102 个稻瘟病菌株生态模式菌群筛选结果（恩施试验站 2020 年）

全谱生态模式菌株代号	水稻监测品种代号										
	P337	P110	P154	P325	P182	P160	P068	P310	P059	P341	P309
EBXT071-3	0	0	0	0	0	0	0	0	0	0	0
EBEL127-1	0	0	0	0	0	0	0	0	0	0	0
86043-1	0	0	0	0	0	0	0	0	0	0	0
EBEX069-3	0	0	0	0	0	0	0	0	0	0	0
EBXT024-1	0	0	0	0	0	0	0	0	0	0	0

（续表）

全谱生态模式菌株代号	水稻监测品种代号										
	P337	P110	P154	P325	P182	P160	P068	P310	P059	P341	P309
EBCQ044-1	0	0	0	0	0	0	0	0	0	0	0
EBXT026-3	0	0	0	0	0	0	0	0	0	0	0
EBXT025-3	0	0	0	0	0	0	0	0	0	0	0
EBSJ218-5	0	0	0	0	0	0	0	0	0	0	0
EBXT032-2	0	0	0	0	0	0	0	0	0	0	0
EBEL125-1	0	0	0	0	0	0	0	0	0	0	0
EBSN170-2	0	0	0	0	0	0	0	0	0	0	0
EBSN175-2	0	0	0	0	0	0	0	0	0	0	0
EBEL340-2	0	0	0	0	0	0	0	0	0	0	0
EBEL123-4	0	0	0	0	0	0	0	0	0	0	0
EBEL357-3	0	0	0	0	0	0	0	0	0	0	0
EBXT031-1	0	0	0	0	0	0	0	0	0	0	0
EBEH046-4	0	0	0	0	0	0	0	0	0	0	0
EBXQ052-2	0	0	0	0	0	0	0	0	0	0	1
EBEA051-4	0	0	0	0	0	0	0	0	0	1	0
ENTM095-2	0	0	0	0	0	0	0	0	0	0	0
ENLD099-3	0	0	0	0	0	0	0	0	0	0	0
EBEL124-1	0	0	0	0	0	0	0	0	0	0	0
ENTM059-3	0	0	0	0	0	0	0	0	1	0	0
EBSN208-2	0	0	0	0	0	0	0	1	0	0	0
EBEL122-2	0	0	0	0	0	0	1	0	0	0	0
EBEL126-1	0	0	0	0	0	1	0	0	0	0	0
EBEL128-1	0	0	0	0	1	0	0	0	0	0	0
EBXT026-2	0	0	1	1	0	0	0	0	0	0	0
EBEL121-1	1	1	0	0	0	0	0	0	0	1	1
感病频次	1	1	1	1	1	1	1	1	1	2	2
感病总频次	1	1	1	1	1	1	1	1	1	2	2

全谱生态模式菌株代号	水稻监测品种代号										
	P116	P066	P338	P074	P168	P167	P078	P083	P064	P175	P120
EBXT071-3	0	0	0	0	0	0	0	0	0	0	0
EBEL127-1	0	0	0	0	0	0	0	0	0	0	0
86043-1	0	0	0	0	0	0	0	0	0	0	0
EBEX069-3	0	0	0	0	0	0	0	0	0	0	0
EBXT024-1	0	0	0	0	0	0	0	0	0	0	0
EBCQ044-1	0	0	0	0	0	0	0	0	0	0	1
EBXT026-3	0	0	0	0	0	0	0	0	0	0	1
EBXT025-3	0	0	0	0	0	0	0	0	0	0	1
EBSJ218-5	0	0	0	0	0	0	0	0	0	1	0
EBXT032-2	0	0	0	0	0	0	0	0	0	1	0
EBEL125-1	0	0	0	0	0	0	0	1	0	0	0

（续表）

全谱生态模式菌株代号	水稻监测品种代号										
	P116	P066	P338	P074	P168	P167	P078	P083	P064	P175	P120
EBSN170-2	0	0	0	0	0	0	1	0	0	0	0
EBSN175-2	0	0	0	0	0	0	1	0	0	0	0
EBEL340-2	0	0	0	0	0	1	0	0	0	0	0
EBEL123-4	0	0	0	0	1	0	0	0	1	0	0
EBEL357-3	0	0	0	1	0	0	0	0	1	1	0
EBXT031-1	0	1	0	0	0	0	0	0	0	0	0
EBEH046-4	1	0	0	0	0	0	0	0	0	0	0
EBXQ052-2	0	0	0	0	0	0	0	0	0	0	0
EBEA051-4	0	0	0	0	0	1	0	0	0	0	1
ENTM095-2	0	0	1	0	0	0	0	0	0	1	0
ENLD099-3	0	0	0	0	1	0	0	0	0	0	0
EBEL124-1	0	0	0	1	0	0	0	1	1	0	0
ENTM059-3	0	0	0	0	0	0	0	0	0	0	0
EBSN208-2	0	0	0	0	0	0	0	0	0	0	0
EBEL122-2	0	0	0	0	0	0	0	0	0	0	0
EBEL126-1	0	0	1	0	0	0	0	0	1	0	0
EBEL128-1	0	1	0	0	0	0	0	1	0	0	0
EBXT026-2	0	0	0	0	0	0	0	0	0	0	0
EBEL121-1	1	0	0	0	0	1	1	0	0	0	1
感病频次	2	2	2	2	2	3	3	3	4	4	5
感病总频次	2	2	2	2	2	3	3	3	4	4	5

全谱生态模式菌株代号	水稻监测品种代号										
	P141	P330	P305	P069	P345	P070	P115	P323	P349	P335	P137
EBXT071-3	0	0	1	1	0	1	0	0	0	0	0
EBEL127-1	0	1	1	1	0	0	0	0	0	0	0
86043-1	1	0	0	0	0	0	0	0	0	0	0
EBEX069-3	1	0	0	0	0	0	0	0	1	1	0
EBXT024-1	1	0	0	0	1	0	1	1	1	1	0
EBCQ044-1	0	0	0	0	0	0	0	0	0	0	0
EBXT026-3	0	0	0	0	0	0	0	1	1	1	0
EBXT025-3	0	0	0	0	1	0	0	1	1	0	0
EBSJ218-5	0	0	0	0	0	0	0	0	0	0	0
EBXT032-2	0	0	0	1	0	1	0	0	0	0	0
EBEL125-1	0	0	0	0	0	0	0	0	0	0	0
EBSN170-2	0	0	0	0	0	0	0	0	0	0	0
EBSN175-2	0	0	0	0	0	0	0	0	0	0	0
EBEL340-2	1	0	0	0	1	0	0	0	1	1	0
EBEL123-4	0	0	0	0	0	0	0	0	0	0	1
EBEL357-3	0	0	1	1	0	0	0	0	0	0	0

（续表）

全谱生态模式菌株代号	水稻监测品种代号										
	P141	P330	P305	P069	P345	P070	P115	P323	P349	P335	P137
EBXT031-1	0	0	0	0	0	1	0	0	0	0	0
EBEH046-4	0	0	0	0	0	0	0	0	0	0	1
EBXQ052-2	0	0	0	0	0	0	0	0	0	0	0
EBEA051-4	0	0	0	0	1	0	1	1	0	1	0
ENTM095-2	0	0	0	0	0	0	0	0	0	0	0
ENLD099-3	0	0	0	0	0	0	0	0	0	0	0
EBEL124-1	0	1	1	1	0	1	1	0	0	0	0
ENTM059-3	0	0	0	0	0	0	0	0	0	0	0
EBSN208-2	0	0	0	0	0	0	0	0	0	0	0
EBEL122-2	0	1	0	0	0	1	0	0	0	0	0
EBEL126-1	0	1	0	0	0	1	0	0	0	0	0
EBEL128-1	0	1	1	0	0	1	0	0	0	1	0
EBXT026-2	0	0	0	0	0	0	0	1	1	1	0
EBEL121-1	1	0	0	0	1	0	1	1	0	1	1
感病频次	5	5	5	5	5	7	4	6	6	8	3
感病总频次	5	5	5	5	6	7	7	8	8	9	9

全谱生态模式菌株代号	水稻监测品种代号										
	P324	P304	P031	P050	P076	P334	P346	P150	P302	P303	P067
EBXT071-3	0	0	0	0	1	0	0	0	1	1	1
EBEL127-1	0	1	0	0	0	0	0	0	1	1	1
86043-1	0	0	0	0	0	0	0	0	0	0	0
EBEX069-3	1	0	1	1	0	1	1	0	0	0	0
EBXT024-1	1	0	1	1	0	1	1	0	0	0	0
EBCQ044-1	0	0	0	0	0	0	0	0	0	0	0
EBXT026-3	1	0	1	1	0	1	1	0	0	0	0
EBXT025-3	1	0	1	1	0	1	0	0	1	0	0
EBSJ218-5	0	0	0	0	0	0	0	1	1	0	0
EBXT032-2	0	1	0	0	1	0	0	0	1	1	1
EBEL125-1	0	0	0	0	1	0	0	0	0	1	1
EBSN170-2	0	0	0	0	0	0	0	1	0	0	0
EBSN175-2	0	0	0	0	0	1	0	1	0	0	0
EBEL340-2	1	0	1	1	0	1	0	0	0	0	0
EBEL123-4	0	1	0	0	1	0	0	0	0	0	1
EBEL357-3	0	1	0	0	1	0	0	0	1	1	1
EBXT031-1	0	1	0	0	1	0	0	0	1	1	1
EBEH046-4	0	0	0	0	0	0	0	0	0	0	0
EBXQ052-2	0	0	0	1	0	0	0	0	0	0	0
EBEA051-4	1	0	1	1	0	1	1	0	0	0	0
ENTM095-2	0	0	0	0	0	0	0	0	0	0	0

（续表）

全谱生态模式菌株代号	水稻监测品种代号										
	P324	P304	P031	P050	P076	P334	P346	P150	P302	P303	P067
ENLD099-3	0	0	0	0	0	0	0	1	0	0	0
EBEL124-1	0	1	0	0	1	0	0	0	1	1	1
ENTM059-3	0	0	0	0	0	0	0	0	0	0	0
EBSN208-2	0	0	0	0	0	0	0	1	0	0	0
EBEL122-2	1	1	0	0	1	0	0	0	1	1	1
EBEL126-1	0	1	0	0	1	0	0	0	1	1	1
EBEL128-1	0	1	0	0	1	0	0	0	1	1	1
EBXT026-2	1	0	0	1	0	1	1	0	0	1	0
EBEL121-1	1	0	1	1	0	1	1	0	1	0	0
感病频次	9	9	7	9	10	9	6	5	12	11	11
感病总频次	10	10	11	11	11	11	11	12	12	12	12

全谱生态模式菌株代号	水稻监测品种代号										
	P106	P308	P328	P063	P073	P347	P348	P301	P060	P044	P307
EBXT071-3	1	1	0	1	1	0	0	1	0	1	1
EBEL127-1	1	1	0	1	1	0	0	1	1	1	1
86043-1	0	0	0	0	0	0	0	0	0	0	0
EBEX069-3	0	0	1	0	0	1	1	0	1	0	0
EBXT024-1	0	0	1	0	0	1	1	0	0	0	0
EBCQ044-1	0	0	0	0	0	0	0	0	0	0	0
EBXT026-3	0	0	1	0	0	1	1	0	0	0	0
EBXT025-3	0	0	1	0	0	1	1	0	0	0	0
EBSJ218-5	0	0	0	0	0	0	0	0	0	0	0
EBXT032-2	1	1	0	1	1	0	0	1	1	1	1
EBEL125-1	1	1	0	1	1	0	0	1	1	1	1
EBSN170-2	0	0	0	0	0	0	0	0	0	0	0
EBSN175-2	0	0	0	0	0	0	0	0	0	0	0
EBEL340-2	0	0	1	0	0	1	1	0	1	0	1
EBEL123-4	0	1	0	1	1	0	0	1	0	1	1
EBEL357-3	1	1	0	1	1	0	0	1	1	1	1
EBXT031-1	1	1	0	1	1	0	0	1	1	1	1
EBEH046-4	0	0	0	0	0	0	0	0	0	0	0
EBXQ052-2	1	0	0	0	0	0	0	1	1	1	1
EBEA051-4	0	0	1	0	0	1	1	0	0	0	0
ENTM095-2	0	0	0	0	0	0	1	0	0	0	0
ENLD099-3	0	0	0	0	0	0	0	0	0	0	0
EBEL124-1	1	1	0	1	1	0	0	1	1	1	1
ENTM059-3	0	0	0	0	0	1	0	0	0	0	0
EBSN208-2	0	0	0	0	0	0	0	1	0	0	0
EBEL122-2	1	1	0	1	1	0	0	1	1	1	1

（续表）

全谱生态模式菌株代号	水稻监测品种代号										
	P106	P308	P328	P063	P073	P347	P348	P301	P060	P044	P307
EBEL126-1	1	1	0	1	1	0	0	1	1	1	1
EBEL128-1	1	1	0	1	1	0	0	1	1	1	1
EBXT026-2	0	0	1	0	0	1	1	0	0	0	0
EBEL121-1	0	0	1	0	0	1	1	0	0	0	0
感病频次	11	11	8	11	11	9	9	13	12	12	13
感病总频次	12	12	13	13	13	13	13	14	14	14	14

全谱生态模式菌株代号	水稻监测品种代号										
	P342	P163	P343	P344	P317	P138	P084	P327	P340	P320	P122
EBXT071-3	0	0	0	0	0	0	0	1	0	0	0
EBEL127-1	0	0	0	0	0	0	0	1	0	0	1
86043-1	0	0	0	0	0	0	0	0	0	0	0
EBEX069-3	1	0	1	1	1	1	1	1	0	1	1
EBXT024-1	1	1	1	1	1	1	1	1	0	1	1
EBCQ044-1	0	0	0	0	0	0	0	0	0	0	0
EBXT026-3	1	0	1	1	1	0	0	1	0	1	0
EBXT025-3	0	0	1	1	1	0	0	1	0	0	1
EBSJ218-5	0	0	0	0	0	0	0	0	0	0	0
EBXT032-2	0	0	0	0	0	0	0	0	0	0	0
EBEL125-1	0	0	0	0	0	0	0	0	0	0	0
EBSN170-2	0	1	0	0	0	1	1	0	1	1	0
EBSN175-2	0	1	0	0	0	1	1	0	1	1	1
EBEL340-2	1	1	1	1	1	1	1	1	0	1	1
EBEL123-4	0	0	0	0	0	0	0	0	0	0	0
EBEL357-3	0	0	0	0	0	0	0	0	0	0	0
EBXT031-1	0	0	0	0	0	0	0	0	0	0	0
EBEH046-4	0	0	0	0	0	0	0	0	1	0	0
EBXQ052-2	0	0	1	0	0	0	0	1	0	0	0
EBEA051-4	1	1	1	1	1	1	0	1	0	1	1
ENTM095-2	0	0	0	0	1	0	0	0	0	0	0
ENLD099-3	0	1	0	0	0	0	1	0	1	1	0
EBEL124-1	0	0	0	0	0	0	0	0	0	0	0
ENTM059-3	0	0	0	0	0	0	0	0	0	0	0
EBSN208-2	0	1	0	0	0	0	1	0	0	0	0
EBEL122-2	0	0	0	0	0	0	0	1	0	0	0
EBEL126-1	0	0	1	0	1	0	0	0	0	0	0
EBEL128-1	0	0	0	0	1	0	0	0	0	0	1
EBXT026-2	1	1	1	1	1	1	1	1	0	1	1
EBEL121-1	1	1	1	1	1	1	0	1	1	1	1
感病频次	7	9	10	8	11	8	8	12	5	10	10
感病总频次	15	16	16	16	18	18	18	19	19	22	22

（续表）

全谱生态模式菌株代号	水稻监测品种代号										
	P034	P046	P336	P036	P048	P035	P165	P032	P045	P312	P047
EBXT071-3	0	0	0	0	1	0	0	1	1	0	0
EBEL127-1	0	1	0	0	1	0	0	0	1	1	0
86043-1	0	0	0	1	0	1	0	0	0	0	0
EBEX069-3	1	1	1	1	1	1	1	1	0	1	1
EBXT024-1	1	1	1	1	1	1	1	1	1	1	1
EBCQ044-1	0	0	0	0	0	0	1	1	1	0	1
EBXT026-3	0	1	0	1	1	1	1	1	0	0	0
EBXT025-3	1	1	1	1	1	1	1	0	1	1	1
EBSJ218-5	1	1	0	0	0	1	0	0	0	0	1
EBXT032-2	0	0	0	0	1	0	0	0	0	0	0
EBEL125-1	0	0	0	0	0	0	0	0	0	0	0
EBSN170-2	0	0	1	0	0	0	1	1	1	1	1
EBSN175-2	0	0	1	0	0	0	1	1	1	1	0
EBEL340-2	1	1	1	1	1	1	1	1	1	1	1
EBEL123-4	0	0	0	0	0	0	0	0	0	0	0
EBEL357-3	0	1	0	0	1	0	0	0	0	0	0
EBXT031-1	0	0	0	0	0	0	0	0	0	0	0
EBEH046-4	0	0	1	0	0	0	0	0	0	1	1
EBXQ052-2	0	0	0	0	1	0	0	0	0	0	0
EBEA051-4	1	1	1	1	1	1	1	1	1	1	1
ENTM095-2	1	0	0	1	0	1	0	1	0	0	1
ENLD099-3	0	0	1	0	0	0	1	1	1	0	1
EBEL124-1	0	0	0	0	1	0	0	0	0	1	0
ENTM059-3	0	0	0	0	0	1	0	0	1	0	0
EBSN208-2	1	0	1	1	0	0	1	1	1	1	1
EBEL122-2	0	1	0	0	1	0	0	0	0	1	0
EBEL126-1	0	1	0	0	1	0	0	0	1	1	0
EBEL128-1	1	1	0	1	1	1	1	0	0	0	0
EBXT026-2	1	1	0	1	1	1	1	1	1	1	1
EBEL121-1	1	1	1	1	1	1	1	1	1	1	1
感病频次	11	14	11	12	17	13	14	14	15	15	14
感病总频次	27	29	32	33	34	35	37	44	44	45	46

全谱生态模式菌株代号	水稻监测品种代号										
	P339	P102	P318	P042	P322	P033	P038	P051	P040	P306	P109
EBXT071-3	0	0	0	0	0	1	1	1	1	1	1
EBEL127-1	1	0	0	1	1	1	1	1	1	1	1
86043-1	0	0	0	1	0	1	0	0	1	1	1
EBEX069-3	1	1	1	1	1	1	1	1	1	1	1
EBXT024-1	1	1	1	1	1	1	1	1	1	1	1

（续表）

全谱生态模式菌株代号	水稻监测品种代号										
	P339	P102	P318	P042	P322	P033	P038	P051	P040	P306	P109
EBCQ044-1	0	0	0	0	0	1	0	1	0	1	1
EBXT026-3	1	1	1	1	1	1	1	1	1	1	1
EBXT025-3	1	1	1	0	1	1	0	1	1	1	1
EBSJ218-5	0	0	0	0	0	0	0	0	1	1	1
EBXT032-2	0	0	0	0	0	0	1	1	1	1	1
EBEL125-1	0	0	0	1	0	1	1	0	1	1	1
EBSN170-2	1	1	1	1	1	1	1	1	1	1	1
EBSN175-2	1	1	1	1	1	1	1	1	1	1	1
EBEL340-2	1	1	1	1	1	1	1	1	1	1	1
EBEL123-4	0	0	1	0	0	1	1	0	1	1	0
EBEL357-3	0	0	1	1	0	0	1	0	1	1	1
EBXT031-1	0	0	0	1	1	1	1	1	1	1	1
EBEH046-4	0	1	1	1	1	1	1	1	1	1	0
EBXQ052-2	0	0	1	1	0	1	1	1	1	1	1
EBEA051-4	1	1	1	1	1	1	1	1	1	1	1
ENTM095-2	0	0	0	0	1	1	0	1	0	0	0
ENLD099-3	0	1	1	1	1	1	1	1	1	1	1
EBEL124-1	0	0	0	0	1	0	1	1	1	1	1
ENTM059-3	0	0	0	0	1	1	0	1	0	0	1
EBSN208-2	1	1	1	1	1	1	1	1	1	1	1
EBEL122-2	1	0	0	1	0	0	1	1	1	1	1
EBEL126-1	0	0	1	1	1	1	1	1	1	1	1
EBEL128-1	0	0	0	1	1	1	1	1	1	1	1
EBXT026-2	1	1	1	1	1	0	1	1	1	1	1
EBEL121-1	1	1	1	1	1	1	1	1	1	1	1
感病频次	13	13	17	21	20	24	24	25	27	28	27
感病总频次	46	46	47	47	56	67	70	74	79	80	81

全谱生态模式菌株代号	水稻监测品种代号										致病频次
	P331	P319	P041	P039	P049	P326	P321	P043	P329	P037	
EBXT071-3	1	1	1	1	1	1	1	1	1	1	34
EBEL127-1	1	1	1	1	1	1	1	1	1	1	40
86043-1	0	1	1	1	1	0	1	1	1	1	16
EBEX069-3	1	1	1	1	1	1	1	1	1	1	52
EBXT024-1	1	1	1	1	1	1	1	1	1	1	56
EBCQ044-1	1	1	1	1	1	1	1	1	1	1	19
EBXT026-3	1	1	1	1	0	1	1	1	1	1	44
EBXT025-3	1	1	1	1	0	1	0	1	1	1	44
EBSJ218-5	1	0	1	0	0	1	1	1	1	1	17
EBXT032-2	1	1	1	1	1	0	1	1	1	1	31

（续表）

全谱生态模式菌株代号	水稻监测品种代号										致病频次
	P331	P319	P041	P039	P049	P326	P321	P043	P329	P037	
EBEL125-1	1	1	1	1	1	1	1	1	1	1	28
EBSN170-2	1	1	1	1	1	1	1	1	1	1	34
EBSN175-2	1	1	1	1	1	1	1	1	1	1	35
EBEL340-2	1	1	1	1	1	1	1	1	1	1	56
EBEL123-4	1	0	1	1	1	1	1	1	1	1	26
EBEL357-3	1	1	1	1	1	0	1	1	1	1	35
EBXT031-1	1	1	1	1	1	1	1	1	1	1	33
EBEH046-4	1	1	0	1	1	1	1	1	1	1	24
EBXQ052-2	1	1	1	1	1	0	1	1	1	1	27
EBEA051-4	1	1	1	1	1	1	1	1	1	1	56
ENTM095-2	1	1	0	1	1	1	1	1	1	1	21
ENLD099-3	1	1	1	1	1	1	1	0	1	1	30
EBEL124-1	1	1	1	1	1	1	1	1	1	1	39
ENTM059-3	1	1	1	1	1	1	1	1	1	1	18
EBSN208-2	1	1	1	1	1	1	1	1	1	1	34
EBEL122-2	1	1	1	1	1	0	1	1	1	1	37
EBEL126-1	1	1	1	1	1	1	1	1	1	1	43
EBEL128-1	1	1	1	1	1	1	1	1	1	1	46
EBXT026-2	1	1	1	1	1	0	1	1	1	1	52
EBEL121-1	1	1	1	1	1	1	1	1	1	1	65
感病频次	29	28	28	29	27	24	29	29	30	30	
感病总频次	82	83	83	84	84	85	97	99	102	102	

表 15　2012—2020 年稻瘟病各年度全谱生态模式菌株核心菌群筛选结果

年度	2012 年	2013 年	2014 年	2015 年	2017 年		2018 年	2019 年	2020 年
全谱生态模式菌群核心菌群	ENJX088-2	EBEA051-4	EBXT025-3	EBCM045-3	EBEL121-1	EBEL121-1	EBEL121-1	EBEL121-1	EBEL121-1
	ENLD054-4	EBXQ052-2	EBEA051-4	EBCX097-3	EBXT025-3	EBXT025-3	EBXT025-3	EBXT025-3	EBEL128-1
			EBXD031-2	EBED035-4	EBEL127-1	EBEL127-1	EBEL127-1	EBEL127-1	EBEL122-2
				EBED040-3	EBEL128-1	EBEL122-2	EBEL128-1	EBEL128-1	EBEL126-1
				EBEL123-4	EBEL122-2	EBED073-2	EBEL126-1	867112-3	EBEL124-1
				EBEL125-1	EBEL126-1		EBEL130-2	EBCN329-1	ENTM095-2
				EBXD031-3	EBED073-2		EBSJ218-5	EBEL343-2	EBSN208-2
				EBXQ091-2	EBEL124-1		EBSN175-2	EBSN179-4	EBXT026-2
				EBXT026-3	EBEL130-2				ENLD099-3
				EBZL056-4	EBXD031-2				ENTM059-3
				ENJX090-2	EBXQ052-2				
				ENTM016-4	ENTM095-2				
				ENTM058-1	86425-1				
核心菌株（个）	2	2	3	26		5	8	8	10
模式菌株（个）	12	14	26	41		14	30	36	30
监测菌株（个）	128	216	167	61		18	101	102	102
监测品种（个）	31	50	100	300		50	102	102	102

表 16　2012—2020 年稻瘟病全谱生态模式菌株及其核心菌株统计结果

全谱生态模式菌株 102 个					核心菌株 39 个	
EBXT025-3	EBXT026-2	ENTM101-3	86604-2	EBSN177-2	EBEL121-1	EBEL123-4
EBXQ052-2	EBXT031-1	EBCX097-3	86604-3	EBSN179-3	EBXT025-3	EBEL125-1
ENLD099-3	EBXT032-2	EBSN175-2	86609-1	EBSN195-4	EBEL127-1	EBEL343-2
EBEL127-1	ENTM016-4	867112-3	867106-1	EBSN205-4	EBEL128-1	EBSJ218-5
EBEL128-1	ENTM095-2	EBCM045-3	867106-3	EBSN206-1	EBEL122-2	EBSN175-2
EBED035-4		EBCN329-1	EBCD042-3	EBSN208-1	EBEL126-1	EBSN179-4
EBEL121-1	EBED073-2	EBED040-3	EBCN329-4	EBSS020-3	EBEA051-4	EBSN208-2
EBEL122-2	EBEH041-4	EBEL343-2	EBCQ044-1	EBSW157-2	EBED073-2	EBXD031-3
EBEL124-1	EBEL125-1	EBZL056-4	EBED033-2	EBSZ166-3	EBEL124-1	EBXQ091-2
86425-1	EBEL340-2	ENJX088-2	EBEH046-4	EBXQ023-4	EBEL130-2	EBXT026-2
EBEA051-4	EBSN167-3	ENLD054-4	EBEH063-3	EBXQ052-1	EBXD031-2	EBXT026-3
EBEL126-1	EBSN170-2	ENTM059-3	EBEL121-2	EBZL005-1	EBXQ052-2	EBZL056-4
EBEL130-2	EBSN179-4	EBZY034-3	EBEL121-3	ENJX089-1	ENTM095-2	ENJX088-2
EBLJ039-2	EBSN184-1	86027-2	EBEL122-1	ENJX089-3	86425-1	ENJX090-2
EBXD031-2	EBSN208-2	86029-1	EBEL124-2	ENJX094-1	867112-3	ENLD054-4
EBXT026-3	EBSZ166-2	86043-1	EBEL340-1	ENJX094-2	EBCM045-3	ENLD099-3
ENJX025-3	EBXQ091-2	86050-1	EBEL353-1	ENLD014-1	EBCN329-1	ENTM016-4
EBEL123-4	EBXT024-1	86203-3	EBEL357-3	ENTM085-3	EBCX097-3	ENTM058-1
EBEX069-3	EBXT071-3	86431-3	EBES051-3	ENTM096-3	EBED035-4	ENTM059-3
EBSJ218-5	ENJX090-2	86441-3	EBLH086-2		EBED040-3	
EBXD031-3	ENTM058-1	86449-1	EBSN167-1			

注：监测菌株 615 个，水稻监测品种 349 个。

3　小结与讨论

3.1　生态模式菌株筛选评价结论检验

2012—2020 年各年度系统圃各小区诱发品种叶瘟病级均>7，均为有效鉴定年。

3.2　生态模式菌株筛选评价结论利用

2012—2020 年筛选的 102 个水稻稻瘟病全谱生态模式菌株和 39 个核心菌株为进一步优化稻瘟病全谱生态模式菌群提供了基础菌株；同时筛选的 100 个水稻监测品种为进一步优化稻瘟病菌致病型监测品种奠定了品种基础；各年度筛选的稻瘟病全谱生态模式菌群及其各年度核心菌群为科学准确地鉴定和评价水稻品种的抗病性提供了菌源保障。

3.3　生态模式菌株筛选工作的改进措施

第一，进一步规范病菌致病型监测系统圃的设计和基础设施建设。在 2012—2020 年实验数据的基础上，设计建造标准化和半自动化系统圃监测大棚。设计规模 10 000m^2。

第二，进一步规范单孢菌株小区的设计和基础设施建设。在 2012—2020 年实验数据的基础上，设计建造标准化和模块化小区接种棚。设计规模一次性监测单孢菌株 500 个以上。

第三，进一步规范遮阳系统、灌溉系统、迷雾降温增湿系统，特别是自动喷雾接种系统。在 2012—2020 年实验数据的基础上，完善大棚四周可撤挂遮阳系统，自动灌溉系统、自然迷雾降温增湿系统和自制自动喷雾接种系统。

第四，进一步改进监测品种播种器。在 2012—2020 年实验数据的基础上，实现机械化播种一次性 25 个品种的目标。

第五，进一步优化监测品种。在 2012—2020 年实验数据的基础上，优化监测品种至 80 个。

第六，进一步优化全谱生态模式菌株。在 2012—2020 年实验数据的基础上，优化全谱生态模式菌株至 15~20 个，核心菌株 5~8 个。

第七，开展全谱生态模式菌株筛选穗瘟鉴定方法研究。在 2012—2020 年实验数据的基础上，通过改善大棚水稻生长条件，完善穗瘟鉴定法。

2020 年 5 月 15 日

水稻品种稻瘟病抗性评价指标比较分析

吴双清

(恩施州农科院植保土肥所)

科学合理评价水稻品种的抗病性是应用抗病品种布局实现水稻病害绿色防控的基础，而评价指标的选择又直接影响抗性评价的科学合理性。由于稻瘟病发生流行的复杂性和抗性鉴定方法的局限性，没有一个评价指标可全面准确地反映水稻品种的抗性水平。为了探讨水稻品种抗稻瘟病全程监控技术体系下抗性评价指标的科学性和合理性，笔者利用 2003 年以来负责湖北省和国家武陵山区水稻区试品种抗稻瘟病鉴定工作所获得的试验数据，对不同评价指标进行对比分析，制订了一个可通用的综合评价标准。现总结汇报如下。

1 现行评价标准

现行评价标准有损失率抗级、病穗率抗级、叶瘟抗级和抗性指数抗级等单一的指标评价体系。其分级标准详见表 1。

表 1 水稻品种稻瘟病抗性现行评价指标分级标准

抗级	抗感类型	损失率（%）	病穗率（%）	叶瘟病级	抗性指数
0	高抗 HR	0	0	0	0
1	抗病 R	≤5.0	≤5.0	1~2	≤2.0
3	中抗 MR	5.1~15.0	5.1~10.0	3	2.1~4.0
5	中感 MS	15.1~30.0	10.1~25.0	4~5	4.1~6.0
7	感病 S	30.1~50.0	25.1~50.0	6~7	6.1~7.5
9	高感	>50.0	>50.0	8~9	>7.5

2 建议评价标准

为了避免单一评价指标造成同一品种抗性水平差异显著性，综合分析各单一指标所反映的抗病真实性，同时结合多年水稻区试品种抗性评价数据，特制订水稻品种稻瘟病抗性综合评价标准。其分级标准详见表 2。

表 2 水稻品种稻瘟病年度综合抗性评价标准

综合抗级	抗感类型	综合抗级评价指标			
		最高损失率抗级	最高叶瘟抗级	最高病穗率抗级	抗性指数
0	高抗 HR	0	0	0	0
1	抗病 R	0~1	0~1	0~3	0~2
3	中抗 MR	0~3	0~3	0~5	0~4
5	中感 MS	0~5	0~5	0~7	0~5
7	感病 S	0~7	0~7	0~9	0~6
9	高感	0~9	0~9	0~9	0~9
重病区淘汰标准		综合抗级>5			
轻病区淘汰标准		抗性指数>6.5			

3 对比分析数据来源

水稻品种稻瘟病抗性评价损失率抗级、病穗率抗级和叶瘟抗级相关性分析数据，采用笔者鉴定或汇总的 2003—2019 年国家武陵山区和湖北省 3 630 个水稻区试品种鉴定数据。

水稻品种稻瘟病抗性评价不同分级标准评价结论比较分析，采用笔者鉴定或汇总的 2003—2019 年国家武陵山区和湖北省 876 个水稻区试品种重复鉴定数据。

4 结果与分析

4.1 水稻品种稻瘟病抗性评价损失率抗级和病穗率抗级比较分析结果

由表 3 可知，损失率抗级和病穗率抗级评价结论不是一一对应关系，而是非常复杂的不对称关系。特别是损失率抗级评价为 1 级和 3 级的品种，相对应的病穗率抗级评价绝大多数是 5 级和 7 级。

表 3 水稻品种稻瘟病抗性评价损失率抗级和病穗率抗级比较分析结果

损失率抗级	品种数	占比（%）	病穗率不同抗级占比（%）				
			1	3	5	7	9
1	425	11.7	12.7	34.1	52.7	0.5	0.0
3	517	14.2	0.0	0.2	37.9	60.3	1.5
5	426	11.7	0.0	0.0	1.2	50.7	48.1
7	497	13.7	0.0	0.0	0.0	2.8	97.2
9	1 765	48.6	0.0	0.0	0.0	0.0	100.0

注：作者汇总的 2003—2019 年国家武陵山区和湖北省水稻区试 3 630 个品种鉴定数据。

4.2 水稻品种稻瘟病抗性评价损失率抗级和叶瘟抗级比较分析结果

由表 4 可知，损失率抗级和叶瘟抗级评价结论也不是一一对应关系，也是非常复杂的不对称关系。特别是损失率抗级评价为 9 级的品种，相对应叶瘟抗级评价还有 1 级和 3 级的品种；而损失率抗级评价为 1 级的品种，相对应叶瘟抗级评价还有 7 级的品种。

表 4　水稻品种稻瘟病抗性评价损失率抗级和叶瘟抗级比较分析结果

损失率抗级	品种数	占比（%）	叶瘟不同抗级占比（%）				
			1	3	5	7	9
1	425	11.7	11.1	48.5	38.6	1.9	0.0
3	517	14.2	3.5	17.6	65.0	13.9	0.0
5	426	11.7	0.9	4.7	58.3	35.7	0.4
7	497	13.7	1.0	2.8	44.9	48.9	2.4
9	1 765	48.6	0.2	0.8	16.3	53.6	29.2

注：作者汇总的 2003—2019 年国家武陵山区和湖北省水稻区试 3 630 个品种鉴定数据。

4.3　水稻品种稻瘟病抗性评价病穗率抗级和叶瘟抗级比较分析结果

由表 5 可知，病穗率抗级和叶瘟抗级评价结论不是一一对应关系，也是非常复杂的不对称关系。特别是叶瘟抗级评价为 1~3 级的品种，相对应病穗率抗级评价很多是 5~9 级的品种；而病穗率抗级评价为 1~3 级的品种，相对应叶瘟抗级评价很多是 5~7 级的品种。

表 5　水稻品种稻瘟病抗性评价病穗率抗级和叶瘟抗级比较分析结果

病穗率抗级	品种数	占比（%）	叶瘟不同抗级占比（%）				
			1	3	5	7	9
1	54	1.5	20.4	50.0	29.6	0.0	0.0
3	146	4.0	15.8	60.3	21.2	2.7	0.0
5	425	11.7	5.6	34.4	55.8	4.2	0.0
7	544	15.0	1.8	9.0	66.4	22.8	0.0
9	2 461	67.8	0.4	1.5	24.9	51.8	21.5

注：作者汇总的 2003—2019 年国家武陵山区和湖北省水稻区试 3 630 个品种鉴定数据。

4.4　水稻品种稻瘟病抗性评价不同分级标准比较分析结果

由图 1、表 6 和表 7 可知，损失率抗级评价结果中抗以上的水稻品种比例偏高；病穗率抗级评价结果高感水稻品种比例偏高；叶瘟抗级评价结果高感水稻品种比例偏低；年度抗指抗级评价结果中抗以上的水稻品种比例偏高，同时高感水稻品种比例偏低。上述 4 种现象与水稻品种抗感复杂性有关，其单一指标评价结论与生产实际不符，而综合抗级评价指标，一方面规范了抗病品种每个单一评价指标，能保障抗病品种结论的真实性；另一方面规范了高感品种每个单一评价指标，能保障高感品种结论的真实性，为淘汰风险品种提供科学依据。因此，综合抗级评价结论更科学、更符合生产实际。

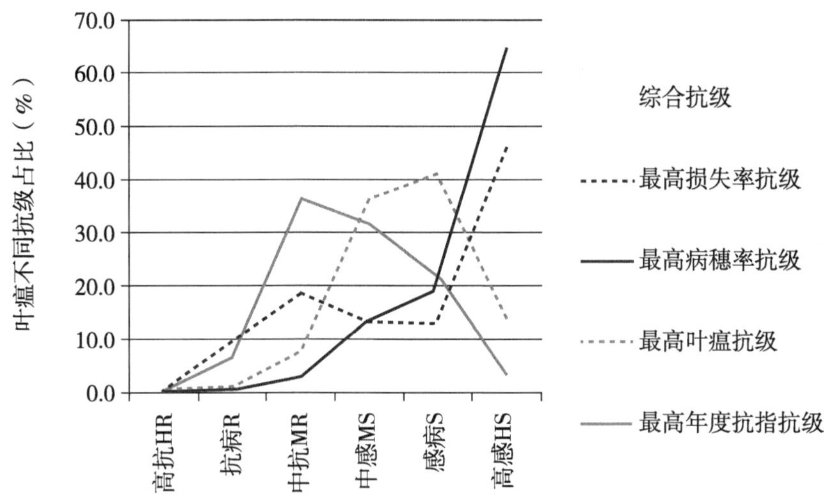

图 1　水稻品种稻瘟病抗性评价不同分级标准比较分析结果

表 6　水稻品种稻瘟病抗性评价不同分级标准比较分析结果　　（单位：%）

评价指标	高抗 HR	抗病 R	中抗 MR	中感 MS	感病 S	高感 HS
综合抗级	0.0	2.2	9.7	17.9	18.5	51.7
最高损失率抗级	0.0	9.5	18.8	13.1	12.9	45.7
最高病穗率抗级	0.0	0.2	2.6	13.8	19.1	64.3
最高叶瘟抗级	0.0	0.7	7.9	36.2	41.2	14.0
最高年度抗指抗级	0.0	6.5	36.1	31.8	22.4	3.2

注：作者汇总的 2003—2019 年国家武陵山区和湖北省水稻区试 876 个重复鉴定品种数据。

5　小结与讨论

（1）表 3、表 4 和表 5 比较分析结果表明，损失率抗级、病穗率抗级和叶瘟抗级评价结论不是一一对应关系，均为复杂的不对称关系。利用单一的损失率抗级、叶瘟抗级或者病穗率抗级对水稻品种的抗性进行评价，其评价结论差异明显，均不能全面反映品种的真实抗性和生产应用价值。因此，使用任何单一的评价指标对水稻品种抗性进行评价都存在评价风险。只有采用综合评价指标，才能获得科学合理的评价结论。

（2）图 1、表 6 和表 7 比较分析结果表明，4 个单一抗性评价指标的评价结论均不能全面反映品种的真实抗性和生产应用价值，只有综合抗性评价指标的评价结论更科学、更符合生产实际。

（3）利用综合抗性评价指标评价水稻品种的抗瘟性具有承上启下、方便实用、可操作性强、更科学、更符合生产实际的特点，值得推广应用。首先能保证每个品种只有一个科学合理的评价结论。其次更有利于保障抗病品种评价结论的真实性。再次能为不同病区风险品种的否决提供更为准确合理的科学依据。总之，避免了多个评价指标或者一个评价指标评价结论的多样性和否决条件的复杂性。

表 7　876 个水稻区试品种抗稻瘟病重复鉴定评价结论

水稻品种序号	最高损失率抗级	最高叶瘟抗级	最高病穗率抗级	抗性指数	综合抗级	评价结论
P0001	1	1	3	1.8	1	抗病
P0002	1	1	3	1.8	1	抗病
P0003	1	1	5	2.0	3	中抗
P0004	1	1	5	2.3	3	中抗
P0005	1	3	1	1.4	3	中抗
P0006	1	3	3	1.3	3	中抗
P0007	1	3	3	1.4	3	中抗
P0008	1	3	3	1.5	3	中抗
P0009	1	3	3	1.6	3	中抗
P0010	1	3	3	1.7	3	中抗
P0011	1	3	3	1.7	3	中抗
P0012	1	3	3	1.7	3	中抗
P0013	1	3	3	1.7	3	中抗
P0014	1	3	3	1.7	3	中抗
P0015	1	3	3	1.8	3	中抗
P0016	1	3	3	1.8	3	中抗
P0017	1	3	3	1.8	3	中抗
P0018	1	3	3	1.8	3	中抗
P0019	1	3	3	1.8	3	中抗
P0020	1	3	3	1.8	3	中抗
P0021	1	3	3	1.9	3	中抗
P0022	1	3	5	1.5	3	中抗
P0023	1	3	5	1.6	3	中抗
P0024	1	3	5	1.6	3	中抗
P0025	1	3	5	1.7	3	中抗
P0026	1	3	5	1.8	3	中抗
P0027	1	3	5	1.8	3	中抗
P0028	1	3	5	1.9	3	中抗
P0029	1	3	5	1.9	3	中抗
P0030	1	3	5	1.9	3	中抗
P0031	1	3	5	1.9	3	中抗
P0032	1	3	5	1.9	3	中抗
P0033	1	3	5	1.9	3	中抗
P0034	1	3	5	1.9	3	中抗
P0035	1	3	5	2.0	3	中抗
P0036	1	3	5	2.0	3	中抗
P0037	1	3	5	2.0	3	中抗
P0038	1	3	5	2.0	3	中抗
P0039	1	3	5	2.0	3	中抗
P0040	1	3	5	2.1	3	中抗
P0041	1	3	5	2.2	3	中抗

（续表）

水稻品种序号	最高损失率抗级	最高叶瘟抗级	最高病穗率抗级	抗性指数	综合抗级	评价结论
P0042	1	3	5	2.2	3	中抗
P0043	1	3	5	2.2	3	中抗
P0044	1	3	5	2.3	3	中抗
P0045	3	3	5	1.9	3	中抗
P0046	3	3	5	2.2	3	中抗
P0047	3	3	5	2.4	3	中抗
P0048	3	3	5	2.4	3	中抗
P0049	3	3	5	2.4	3	中抗
P0050	3	3	5	2.4	3	中抗
P0051	3	3	5	2.4	3	中抗
P0052	3	3	5	2.4	3	中抗
P0053	3	3	5	2.5	3	中抗
P0054	3	3	5	2.5	3	中抗
P0055	3	3	5	2.6	3	中抗
P0056	3	3	5	2.8	3	中抗
P0057	3	3	5	2.9	3	中抗
P0058	3	3	5	3.4	3	中抗
P0059	1	5	1	1.4	5	中感
P0060	1	5	3	1.2	5	中感
P0061	1	5	3	1.5	5	中感
P0062	1	5	3	1.9	5	中感
P0063	1	5	3	1.7	5	中感
P0064	1	5	3	2.1	5	中感
P0065	1	5	5	1.8	5	中感
P0066	1	5	5	1.8	5	中感
P0067	1	5	5	1.8	5	中感
P0068	1	5	5	1.8	5	中感
P0069	1	5	5	2.0	5	中感
P0070	1	5	5	2.0	5	中感
P0071	1	5	5	2.0	5	中感
P0072	1	5	5	2.0	5	中感
P0073	1	5	5	2.0	5	中感
P0074	1	5	5	2.1	5	中感
P0075	1	5	5	2.1	5	中感
P0076	1	5	5	2.1	5	中感
P0077	1	5	5	2.2	5	中感
P0078	1	5	5	2.2	5	中感
P0079	1	5	5	2.3	5	中感
P0080	1	5	5	2.3	5	中感
P0081	1	5	5	2.4	5	中感
P0082	1	5	5	2.4	5	中感

（续表）

水稻品种序号	最高损失率抗级	最高叶瘟抗级	最高病穗率抗级	抗性指数	综合抗级	评价结论
P0083	1	5	5	2.5	5	中感
P0084	1	5	5	2.8	5	中感
P0085	1	5	5	1.9	5	中感
P0086	1	5	5	2.0	5	中感
P0087	1	5	5	2.1	5	中感
P0088	1	5	5	2.2	5	中感
P0089	1	5	5	2.2	5	中感
P0090	1	5	5	2.2	5	中感
P0091	1	5	5	2.2	5	中感
P0092	1	5	5	2.4	5	中感
P0093	1	5	5	2.4	5	中感
P0094	1	5	5	2.6	5	中感
P0095	1	5	5	2.7	5	中感
P0096	3	1	7	2.2	5	中感
P0097	3	3	7	2.2	5	中感
P0098	3	3	7	2.3	5	中感
P0099	3	3	7	2.6	5	中感
P0100	3	3	7	2.8	5	中感
P0101	3	3	7	3.2	5	中感
P0102	3	3	7	3.4	5	中感
P0103	3	3	7	3.9	5	中感
P0104	3	5	5	1.9	5	中感
P0105	3	5	5	2.0	5	中感
P0106	3	5	5	2.3	5	中感
P0107	3	5	5	2.3	5	中感
P0108	3	5	5	2.3	5	中感
P0109	3	5	5	2.3	5	中感
P0110	3	5	5	2.4	5	中感
P0111	3	5	5	2.5	5	中感
P0112	3	5	5	2.5	5	中感
P0113	3	5	5	2.5	5	中感
P0114	3	5	5	2.5	5	中感
P0115	3	5	5	2.5	5	中感
P0116	3	5	5	2.5	5	中感
P0117	3	5	5	2.5	5	中感
P0118	3	5	5	2.6	5	中感
P0119	3	5	5	2.6	5	中感
P0120	3	5	5	2.6	5	中感
P0121	3	5	5	2.6	5	中感
P0122	3	5	5	2.6	5	中感
P0123	3	5	5	2.7	5	中感

（续表）

水稻品种序号	最高损失率抗级	最高叶瘟抗级	最高病穗率抗级	抗性指数	综合抗级	评价结论
P0124	3	5	5	2.8	5	中感
P0125	3	5	5	2.9	5	中感
P0126	3	5	5	2.4	5	中感
P0127	3	5	5	2.5	5	中感
P0128	3	5	5	2.5	5	中感
P0129	3	5	5	2.5	5	中感
P0130	3	5	5	2.6	5	中感
P0131	3	5	5	2.6	5	中感
P0132	3	5	5	2.6	5	中感
P0133	3	5	5	2.6	5	中感
P0134	3	5	5	2.7	5	中感
P0135	3	5	5	2.7	5	中感
P0136	3	5	5	2.8	5	中感
P0137	3	5	5	2.8	5	中感
P0138	3	5	5	2.9	5	中感
P0139	3	5	5	2.9	5	中感
P0140	3	5	5	3.0	5	中感
P0141	3	5	5	3.2	5	中感
P0142	3	5	5	3.2	5	中感
P0143	3	5	5	3.2	5	中感
P0144	3	5	5	3.3	5	中感
P0145	3	5	7	2.2	5	中感
P0146	3	5	7	2.4	5	中感
P0147	3	5	7	2.4	5	中感
P0148	3	5	7	2.5	5	中感
P0149	3	5	7	2.6	5	中感
P0150	3	5	7	2.7	5	中感
P0151	3	5	7	2.8	5	中感
P0152	3	5	7	2.8	5	中感
P0153	3	5	7	2.8	5	中感
P0154	3	5	7	2.8	5	中感
P0155	3	5	7	2.8	5	中感
P0156	3	5	7	2.8	5	中感
P0157	3	5	7	3.0	5	中感
P0158	3	5	7	3.0	5	中感
P0159	3	5	7	3.0	5	中感
P0160	3	5	7	3.0	5	中感
P0161	3	5	7	3.0	5	中感
P0162	3	5	7	3.1	5	中感
P0163	3	5	7	3.1	5	中感
P0164	3	5	7	3.2	5	中感

（续表）

水稻品种序号	最高损失率抗级	最高叶瘟抗级	最高病穗率抗级	抗性指数	综合抗级	评价结论
P0165	3	5	7	3.2	5	中感
P0166	3	5	7	3.3	5	中感
P0167	3	5	7	3.4	5	中感
P0168	3	5	7	3.4	5	中感
P0169	3	5	7	3.4	5	中感
P0170	3	5	7	3.9	5	中感
P0171	3	5	7	2.4	5	中感
P0172	3	5	7	2.4	5	中感
P0173	3	5	7	2.4	5	中感
P0174	3	5	7	2.4	5	中感
P0175	3	5	7	2.4	5	中感
P0176	3	5	7	2.4	5	中感
P0177	3	5	7	2.4	5	中感
P0178	3	5	7	2.4	5	中感
P0179	3	5	7	2.5	5	中感
P0180	3	5	7	2.5	5	中感
P0181	3	5	7	2.6	5	中感
P0182	3	5	7	2.6	5	中感
P0183	3	5	7	2.7	5	中感
P0184	3	5	7	2.7	5	中感
P0185	3	5	7	2.7	5	中感
P0186	3	5	7	2.7	5	中感
P0187	3	5	7	2.8	5	中感
P0188	3	5	7	2.8	5	中感
P0189	3	5	7	2.9	5	中感
P0190	3	5	7	2.9	5	中感
P0191	3	5	7	2.9	5	中感
P0192	3	5	7	2.9	5	中感
P0193	3	5	7	3.0	5	中感
P0194	3	5	7	3.0	5	中感
P0195	3	5	7	3.0	5	中感
P0196	3	5	7	3.0	5	中感
P0197	3	5	7	3.0	5	中感
P0198	3	5	7	3.0	5	中感
P0199	3	5	7	3.0	5	中感
P0200	3	5	7	3.0	5	中感
P0201	3	5	7	3.0	5	中感
P0202	3	5	7	3.1	5	中感
P0203	3	5	7	3.2	5	中感
P0204	3	5	7	3.2	5	中感
P0205	3	5	7	3.2	5	中感

（续表）

水稻品种序号	最高损失率抗级	最高叶瘟抗级	最高病穗率抗级	抗性指数	综合抗级	评价结论
P0206	3	5	7	3. 2	5	中感
P0207	3	5	7	3. 3	5	中感
P0208	3	5	7	3. 3	5	中感
P0209	3	5	7	3. 4	5	中感
P0210	3	5	7	3. 4	5	中感
P0211	3	5	7	3. 4	5	中感
P0212	3	5	7	3. 4	5	中感
P0213	3	5	7	3. 4	5	中感
P0214	3	5	7	3. 4	5	中感
P0215	3	5	7	3. 4	5	中感
P0216	3	5	7	3. 5	5	中感
P0217	3	5	7	3. 6	5	中感
P0218	3	5	7	3. 6	5	中感
P0219	3	5	7	3. 6	5	中感
P0220	3	5	7	3. 6	5	中感
P0221	3	5	7	3. 7	5	中感
P0222	3	5	7	3. 8	5	中感
P0223	5	3	7	2. 9	5	中感
P0224	5	3	7	3. 1	5	中感
P0225	5	3	7	4. 3	5	中感
P0226	5	5	5	3. 1	5	中感
P0227	5	5	5	2. 8	5	中感
P0228	5	5	5	3. 3	5	中感
P0229	5	5	5	3. 4	5	中感
P0230	5	5	7	2. 7	5	中感
P0231	5	5	7	2. 7	5	中感
P0232	5	5	7	2. 7	5	中感
P0233	5	5	7	2. 9	5	中感
P0234	5	5	7	3. 0	5	中感
P0235	5	5	7	3. 2	5	中感
P0236	5	5	7	3. 3	5	中感
P0237	5	5	7	3. 3	5	中感
P0238	5	5	7	3. 3	5	中感
P0239	5	5	7	3. 5	5	中感
P0240	5	5	7	4. 6	5	中感
P0241	5	5	7	2. 7	5	中感
P0242	5	5	7	2. 7	5	中感
P0243	5	5	7	2. 9	5	中感
P0244	5	5	7	2. 9	5	中感
P0245	5	5	7	2. 9	5	中感
P0246	5	5	7	2. 9	5	中感

（续表）

水稻品种序号	最高损失率抗级	最高叶瘟抗级	最高病穗率抗级	抗性指数	综合抗级	评价结论
P0247	5	5	7	3. 0	5	中感
P0248	5	5	7	3. 1	5	中感
P0249	5	5	7	3. 3	5	中感
P0250	5	5	7	3. 3	5	中感
P0251	5	5	7	3. 4	5	中感
P0252	5	5	7	3. 4	5	中感
P0253	5	5	7	3. 5	5	中感
P0254	5	5	7	3. 5	5	中感
P0255	5	5	7	3. 5	5	中感
P0256	5	5	7	3. 7	5	中感
P0257	5	5	7	3. 7	5	中感
P0258	5	5	7	3. 9	5	中感
P0259	5	5	7	4. 2	5	中感
P0260	5	5	7	4. 5	5	中感
P0261	5	5	7	4. 8	5	中感
P0262	1	7	5	2. 3	7	感病
P0263	1	7	5	2. 7	7	感病
P0264	3	5	9	3. 1	7	感病
P0265	3	7	5	2. 2	7	感病
P0266	3	7	5	2. 9	7	感病
P0267	3	7	5	3. 0	7	感病
P0268	3	7	5	3. 0	7	感病
P0269	3	7	7	2. 5	7	感病
P0270	3	7	7	2. 6	7	感病
P0271	3	7	7	2. 6	7	感病
P0272	3	7	7	2. 8	7	感病
P0273	3	7	7	2. 8	7	感病
P0274	3	7	7	2. 9	7	感病
P0275	3	7	7	3. 0	7	感病
P0276	3	7	7	3. 1	7	感病
P0277	3	7	7	3. 2	7	感病
P0278	3	7	7	3. 3	7	感病
P0279	3	7	7	3. 3	7	感病
P0280	3	7	7	3. 4	7	感病
P0281	3	7	7	3. 5	7	感病
P0282	3	7	7	4. 0	7	感病
P0283	3	7	7	4. 1	7	感病
P0284	3	7	7	2. 6	7	感病
P0285	3	7	7	3. 3	7	感病
P0286	3	7	7	3. 3	7	感病
P0287	3	7	9	4. 3	7	感病

（续表）

水稻品种序号	最高损失率抗级	最高叶瘟抗级	最高病穗率抗级	抗性指数	综合抗级	评价结论
P0288	5	3	9	2.9	7	感病
P0289	5	5	9	2.7	7	感病
P0290	5	5	9	3.4	7	感病
P0291	5	5	9	3.7	7	感病
P0292	5	5	9	3.9	7	感病
P0293	5	5	9	4.0	7	感病
P0294	5	5	9	4.2	7	感病
P0295	5	5	9	4.4	7	感病
P0296	5	5	9	4.8	7	感病
P0297	5	5	9	3.1	7	感病
P0298	5	5	9	3.5	7	感病
P0299	5	5	9	3.5	7	感病
P0300	5	5	9	3.7	7	感病
P0301	5	5	9	3.8	7	感病
P0302	5	5	9	3.9	7	感病
P0303	5	5	9	3.9	7	感病
P0304	5	5	9	3.9	7	感病
P0305	5	5	9	3.9	7	感病
P0306	5	5	9	3.9	7	感病
P0307	5	5	9	3.9	7	感病
P0308	5	5	9	4.0	7	感病
P0309	5	5	9	4.0	7	感病
P0310	5	5	9	4.0	7	感病
P0311	5	5	9	4.2	7	感病
P0312	5	5	9	4.2	7	感病
P0313	5	5	9	4.5	7	感病
P0314	5	5	9	4.6	7	感病
P0315	5	5	9	4.7	7	感病
P0316	5	5	9	5.0	7	感病
P0317	5	7	7	2.7	7	感病
P0318	5	7	7	2.8	7	感病
P0319	5	7	7	3.0	7	感病
P0320	5	7	7	3.1	7	感病
P0321	5	7	7	3.4	7	感病
P0322	5	7	7	3.5	7	感病
P0323	5	7	7	3.7	7	感病
P0324	5	7	7	4.0	7	感病
P0325	5	7	7	4.0	7	感病
P0326	5	7	7	4.2	7	感病
P0327	5	7	7	4.2	7	感病
P0328	5	7	7	4.2	7	感病

（续表）

水稻品种序号	最高损失率抗级	最高叶瘟抗级	最高病穗率抗级	抗性指数	综合抗级	评价结论
P0329	5	7	7	4.3	7	感病
P0330	5	7	7	5.1	7	感病
P0331	5	7	7	3.4	7	感病
P0332	5	7	7	3.7	7	感病
P0333	5	7	7	3.9	7	感病
P0334	5	7	7	4.5	7	感病
P0335	5	7	7	4.8	7	感病
P0336	5	7	9	2.8	7	感病
P0337	5	7	9	3.4	7	感病
P0338	5	7	9	3.7	7	感病
P0339	5	7	9	3.7	7	感病
P0340	5	7	9	3.7	7	感病
P0341	5	7	9	3.7	7	感病
P0342	5	7	9	3.8	7	感病
P0343	5	7	9	3.9	7	感病
P0344	5	7	9	3.9	7	感病
P0345	5	7	9	4.0	7	感病
P0346	5	7	9	4.3	7	感病
P0347	5	7	9	4.3	7	感病
P0348	5	7	9	4.4	7	感病
P0349	5	7	9	4.5	7	感病
P0350	5	7	9	4.6	7	感病
P0351	5	7	9	4.8	7	感病
P0352	5	7	9	6.0	7	感病
P0353	5	7	9	3.0	7	感病
P0354	5	7	9	3.2	7	感病
P0355	5	7	9	3.9	7	感病
P0356	5	7	9	4.3	7	感病
P0357	5	7	9	4.4	7	感病
P0358	5	7	9	4.5	7	感病
P0359	5	7	9	4.6	7	感病
P0360	5	7	9	4.7	7	感病
P0361	5	7	9	5.1	7	感病
P0362	5	7	9	5.3	7	感病
P0363	7	1	9	3.4	7	感病
P0364	7	3	9	3.9	7	感病
P0365	7	5	7	3.6	7	感病
P0366	7	5	7	3.9	7	感病
P0367	7	5	9	2.9	7	感病
P0368	7	5	9	3.5	7	感病
P0369	7	5	9	3.7	7	感病

（续表）

水稻品种序号	最高损失率抗级	最高叶瘟抗级	最高病穗率抗级	抗性指数	综合抗级	评价结论
P0370	7	5	9	3.7	7	感病
P0371	7	5	9	4.1	7	感病
P0372	7	5	9	4.1	7	感病
P0373	7	5	9	4.3	7	感病
P0374	7	5	9	4.5	7	感病
P0375	7	5	9	5.0	7	感病
P0376	7	5	9	5.3	7	感病
P0377	7	5	9	5.9	7	感病
P0378	7	5	9	3.0	7	感病
P0379	7	5	9	3.1	7	感病
P0380	7	5	9	3.3	7	感病
P0381	7	5	9	3.4	7	感病
P0382	7	5	9	3.4	7	感病
P0383	7	5	9	3.6	7	感病
P0384	7	5	9	3.8	7	感病
P0385	7	5	9	3.9	7	感病
P0386	7	5	9	3.9	7	感病
P0387	7	5	9	4.0	7	感病
P0388	7	5	9	4.0	7	感病
P0389	7	5	9	4.0	7	感病
P0390	7	5	9	4.3	7	感病
P0391	7	5	9	4.3	7	感病
P0392	7	5	9	4.5	7	感病
P0393	7	5	9	4.5	7	感病
P0394	7	5	9	4.9	7	感病
P0395	7	5	9	4.9	7	感病
P0396	7	5	9	4.9	7	感病
P0397	7	5	9	5.0	7	感病
P0398	7	5	9	5.0	7	感病
P0399	7	5	9	5.2	7	感病
P0400	7	5	9	5.3	7	感病
P0401	7	5	9	5.6	7	感病
P0402	7	5	9	5.6	7	感病
P0403	7	7	7	3.6	7	感病
P0404	7	7	7	3.8	7	感病
P0405	7	7	7	3.8	7	感病
P0406	7	7	7	3.8	7	感病
P0407	7	7	7	3.9	7	感病
P0408	7	7	7	4.0	7	感病
P0409	7	7	7	4.0	7	感病
P0410	7	7	9	3.1	7	感病

（续表）

水稻品种序号	最高损失率抗级	最高叶瘟抗级	最高病穗率抗级	抗性指数	综合抗级	评价结论
P0411	7	7	9	3.2	7	感病
P0412	7	7	9	3.3	7	感病
P0413	7	7	9	3.6	7	感病
P0414	7	7	9	3.6	7	感病
P0415	7	7	9	3.7	7	感病
P0416	7	7	9	3.8	7	感病
P0417	7	7	9	3.8	7	感病
P0418	7	7	9	3.9	7	感病
P0419	7	7	9	3.9	7	感病
P0420	7	7	9	3.9	7	感病
P0421	7	7	9	4.0	7	感病
P0422	7	7	9	4.0	7	感病
P0423	7	7	9	4.2	7	感病
P0424	7	7	9	4.3	7	感病
P0425	7	7	9	4.4	7	感病
P0426	7	7	9	4.5	7	感病
P0427	7	7	9	4.5	7	感病
P0428	7	7	9	4.5	7	感病
P0429	7	7	9	4.5	7	感病
P0430	7	7	9	4.6	7	感病
P0431	7	7	9	4.6	7	感病
P0432	7	7	9	4.6	7	感病
P0433	7	7	9	4.8	7	感病
P0434	7	7	9	4.9	7	感病
P0435	7	7	9	4.9	7	感病
P0436	7	7	9	4.9	7	感病
P0437	7	7	9	4.9	7	感病
P0438	7	7	9	4.9	7	感病
P0439	7	7	9	5.1	7	感病
P0440	7	7	9	5.2	7	感病
P0441	7	7	9	5.3	7	感病
P0442	7	7	9	5.4	7	感病
P0443	7	7	9	5.5	7	感病
P0444	7	7	9	5.8	7	感病
P0445	7	7	9	5.9	7	感病
P0446	7	7	9	3.5	7	感病
P0447	7	7	9	3.7	7	感病
P0448	7	7	9	4.0	7	感病
P0449	7	7	9	4.0	7	感病
P0450	7	7	9	4.0	7	感病
P0451	7	7	9	4.1	7	感病

（续表）

水稻品种序号	最高损失率抗级	最高叶瘟抗级	最高病穗率抗级	抗性指数	综合抗级	评价结论
P0452	7	7	9	4.3	7	感病
P0453	7	7	9	4.5	7	感病
P0454	7	7	9	4.7	7	感病
P0455	7	7	9	5.0	7	感病
P0456	7	7	9	5.1	7	感病
P0457	7	7	9	5.1	7	感病
P0458	7	7	9	5.2	7	感病
P0459	7	7	9	5.3	7	感病
P0460	7	7	9	5.4	7	感病
P0461	7	7	9	5.4	7	感病
P0462	7	7	9	5.5	7	感病
P0463	7	7	9	5.5	7	感病
P0464	7	7	9	5.6	7	感病
P0465	7	7	9	5.7	7	感病
P0466	7	7	9	5.8	7	感病
P0467	7	7	9	5.8	7	感病
P0468	7	7	9	5.9	7	感病
P0469	5	9	9	4.4	9	高感
P0470	7	9	9	4.5	9	高感
P0471	7	7	9	6.3	9	高感
P0472	7	5	9	6.5	9	高感
P0473	7	7	9	6.5	9	高感
P0474	7	7	9	6.5	9	高感
P0475	7	7	9	6.5	9	高感
P0476	9	5	9	3.7	9	高感
P0477	9	5	9	3.9	9	高感
P0478	9	7	9	3.9	9	高感
P0479	9	5	9	4.2	9	高感
P0480	9	7	9	4.2	9	高感
P0481	9	5	9	4.3	9	高感
P0482	9	5	9	4.4	9	高感
P0483	9	5	9	4.4	9	高感
P0484	9	5	9	4.4	9	高感
P0485	9	7	9	4.4	9	高感
P0486	9	3	9	4.5	9	高感
P0487	9	5	9	4.5	9	高感
P0488	9	7	9	4.5	9	高感
P0489	9	7	9	4.5	9	高感
P0490	9	7	9	4.5	9	高感
P0491	9	7	9	4.5	9	高感
P0492	9	7	9	4.5	9	高感

（续表）

水稻品种序号	最高损失率抗级	最高叶瘟抗级	最高病穗率抗级	抗性指数	综合抗级	评价结论
P0493	9	5	9	4.6	9	高感
P0494	9	5	9	4.6	9	高感
P0495	9	7	9	4.6	9	高感
P0496	9	7	9	4.7	9	高感
P0497	9	7	9	4.7	9	高感
P0498	9	7	9	4.7	9	高感
P0499	9	7	9	4.7	9	高感
P0500	9	5	9	4.8	9	高感
P0501	9	5	9	4.8	9	高感
P0502	9	7	9	4.8	9	高感
P0503	9	7	9	4.8	9	高感
P0504	9	7	9	4.8	9	高感
P0505	9	7	9	4.8	9	高感
P0506	9	9	9	4.8	9	高感
P0507	9	9	9	4.8	9	高感
P0508	9	5	9	4.9	9	高感
P0509	9	5	9	4.9	9	高感
P0510	9	7	9	4.9	9	高感
P0511	9	7	9	4.9	9	高感
P0512	9	7	9	4.9	9	高感
P0513	9	7	9	4.9	9	高感
P0514	9	5	9	5.0	9	高感
P0515	9	5	9	5.0	9	高感
P0516	9	7	9	5.0	9	高感
P0517	9	7	9	5.0	9	高感
P0518	9	7	9	5.0	9	高感
P0519	9	7	9	5.0	9	高感
P0520	9	7	9	5.0	9	高感
P0521	9	9	9	5.0	9	高感
P0522	9	9	9	5.0	9	高感
P0523	9	9	9	5.0	9	高感
P0524	9	5	9	5.1	9	高感
P0525	9	5	9	5.1	9	高感
P0526	9	5	9	5.1	9	高感
P0527	9	5	9	5.1	9	高感
P0528	9	7	9	5.1	9	高感
P0529	9	7	9	5.1	9	高感
P0530	9	7	9	5.1	9	高感
P0531	9	7	9	5.1	9	高感
P0532	9	7	9	5.1	9	高感
P0533	9	7	9	5.1	9	高感

（续表）

水稻品种序号	最高损失率抗级	最高叶瘟抗级	最高病穗率抗级	抗性指数	综合抗级	评价结论
P0534	9	9	9	5. 1	9	高感
P0535	9	5	9	5. 2	9	高感
P0536	9	7	9	5. 2	9	高感
P0537	9	7	9	5. 2	9	高感
P0538	9	7	9	5. 2	9	高感
P0539	9	7	9	5. 2	9	高感
P0540	9	9	9	5. 2	9	高感
P0541	9	5	9	5. 3	9	高感
P0542	9	5	9	5. 3	9	高感
P0543	9	5	9	5. 3	9	高感
P0544	9	7	9	5. 3	9	高感
P0545	9	7	9	5. 3	9	高感
P0546	9	7	9	5. 3	9	高感
P0547	9	9	9	5. 3	9	高感
P0548	9	9	9	5. 3	9	高感
P0549	9	9	9	5. 3	9	高感
P0550	9	9	9	5. 3	9	高感
P0551	9	9	9	5. 3	9	高感
P0552	9	3	9	5. 4	9	高感
P0553	9	5	9	5. 4	9	高感
P0554	9	5	9	5. 4	9	高感
P0555	9	5	9	5. 4	9	高感
P0556	9	7	9	5. 4	9	高感
P0557	9	7	9	5. 4	9	高感
P0558	9	7	9	5. 4	9	高感
P0559	9	7	9	5. 4	9	高感
P0560	9	7	9	5. 4	9	高感
P0561	9	7	9	5. 4	9	高感
P0562	9	7	9	5. 4	9	高感
P0563	9	7	9	5. 4	9	高感
P0564	9	7	9	5. 4	9	高感
P0565	9	7	9	5. 4	9	高感
P0566	9	7	9	5. 4	9	高感
P0567	9	9	9	5. 4	9	高感
P0568	9	9	9	5. 4	9	高感
P0569	9	9	9	5. 4	9	高感
P0570	9	9	9	5. 4	9	高感
P0571	9	5	9	5. 5	9	高感
P0572	9	5	9	5. 5	9	高感
P0573	9	5	9	5. 5	9	高感
P0574	9	7	9	5. 5	9	高感

（续表）

水稻品种序号	最高损失率抗级	最高叶瘟抗级	最高病穗率抗级	抗性指数	综合抗级	评价结论
P0575	9	7	9	5.5	9	高感
P0576	9	7	9	5.5	9	高感
P0577	9	7	9	5.5	9	高感
P0578	9	7	9	5.5	9	高感
P0579	9	7	9	5.5	9	高感
P0580	9	9	9	5.5	9	高感
P0581	9	9	9	5.5	9	高感
P0582	9	5	9	5.6	9	高感
P0583	9	5	9	5.6	9	高感
P0584	9	5	9	5.6	9	高感
P0585	9	5	9	5.6	9	高感
P0586	9	7	9	5.6	9	高感
P0587	9	7	9	5.6	9	高感
P0588	9	7	9	5.6	9	高感
P0589	9	7	9	5.6	9	高感
P0590	9	7	9	5.6	9	高感
P0591	9	7	9	5.6	9	高感
P0592	9	7	9	5.6	9	高感
P0593	9	7	9	5.6	9	高感
P0594	9	9	9	5.6	9	高感
P0595	9	9	9	5.6	9	高感
P0596	9	5	9	5.7	9	高感
P0597	9	7	9	5.7	9	高感
P0598	9	7	9	5.7	9	高感
P0599	9	7	9	5.7	9	高感
P0600	9	7	9	5.7	9	高感
P0601	9	7	9	5.7	9	高感
P0602	9	7	9	5.7	9	高感
P0603	9	7	9	5.7	9	高感
P0604	9	7	9	5.7	9	高感
P0605	9	7	9	5.7	9	高感
P0606	9	7	9	5.7	9	高感
P0607	9	9	9	5.7	9	高感
P0608	9	9	9	5.7	9	高感
P0609	9	5	9	5.8	9	高感
P0610	9	5	9	5.8	9	高感
P0611	9	5	9	5.8	9	高感
P0612	9	5	9	5.8	9	高感
P0613	9	7	9	5.8	9	高感
P0614	9	7	9	5.8	9	高感
P0615	9	7	9	5.8	9	高感

（续表）

水稻品种序号	最高损失率抗级	最高叶瘟抗级	最高病穗率抗级	抗性指数	综合抗级	评价结论
P0616	9	7	9	5.8	9	高感
P0617	9	7	9	5.8	9	高感
P0618	9	7	9	5.8	9	高感
P0619	9	7	9	5.8	9	高感
P0620	9	7	9	5.8	9	高感
P0621	9	7	9	5.8	9	高感
P0622	9	7	9	5.8	9	高感
P0623	9	7	9	5.8	9	高感
P0624	9	7	9	5.8	9	高感
P0625	9	9	9	5.8	9	高感
P0626	9	5	9	5.9	9	高感
P0627	9	7	9	5.9	9	高感
P0628	9	7	9	5.9	9	高感
P0629	9	7	9	5.9	9	高感
P0630	9	7	9	5.9	9	高感
P0631	9	7	9	5.9	9	高感
P0632	9	7	9	5.9	9	高感
P0633	9	7	9	5.9	9	高感
P0634	9	7	9	5.9	9	高感
P0635	9	7	9	5.9	9	高感
P0636	9	7	9	5.9	9	高感
P0637	9	7	9	5.9	9	高感
P0638	9	9	9	5.9	9	高感
P0639	9	9	9	5.9	9	高感
P0640	9	5	9	6.0	9	高感
P0641	9	5	9	6.0	9	高感
P0642	9	7	9	6.0	9	高感
P0643	9	7	9	6.0	9	高感
P0644	9	7	9	6.0	9	高感
P0645	9	7	9	6.0	9	高感
P0646	9	7	9	6.0	9	高感
P0647	9	7	9	6.0	9	高感
P0648	9	7	9	6.0	9	高感
P0649	9	7	9	6.0	9	高感
P0650	9	7	9	6.0	9	高感
P0651	9	9	9	6.0	9	高感
P0652	9	9	9	6.0	9	高感
P0653	9	9	9	6.0	9	高感
P0654	9	9	9	6.0	9	高感
P0655	9	9	9	6.0	9	高感
P0656	9	9	9	6.0	9	高感

（续表）

水稻品种序号	最高损失率抗级	最高叶瘟抗级	最高病穗率抗级	抗性指数	综合抗级	评价结论
P0657	9	9	9	6.0	9	高感
P0658	9	3	9	6.1	9	高感
P0659	9	7	9	6.1	9	高感
P0660	9	7	9	6.1	9	高感
P0661	9	7	9	6.1	9	高感
P0662	9	7	9	6.1	9	高感
P0663	9	7	9	6.1	9	高感
P0664	9	7	9	6.1	9	高感
P0665	9	7	9	6.1	9	高感
P0666	9	7	9	6.1	9	高感
P0667	9	7	9	6.1	9	高感
P0668	9	7	9	6.1	9	高感
P0669	9	7	9	6.1	9	高感
P0670	9	7	9	6.1	9	高感
P0671	9	9	9	6.1	9	高感
P0672	9	9	9	6.1	9	高感
P0673	9	9	9	6.1	9	高感
P0674	9	9	9	6.1	9	高感
P0675	9	9	9	6.1	9	高感
P0676	9	9	9	6.1	9	高感
P0677	9	5	9	6.2	9	高感
P0678	9	5	9	6.2	9	高感
P0679	9	7	9	6.2	9	高感
P0680	9	7	9	6.2	9	高感
P0681	9	7	9	6.2	9	高感
P0682	9	7	9	6.2	9	高感
P0683	9	7	9	6.2	9	高感
P0684	9	7	9	6.2	9	高感
P0685	9	7	9	6.2	9	高感
P0686	9	7	9	6.2	9	高感
P0687	9	7	9	6.2	9	高感
P0688	9	7	9	6.2	9	高感
P0689	9	9	9	6.2	9	高感
P0690	9	9	9	6.2	9	高感
P0691	9	9	9	6.2	9	高感
P0692	9	7	9	6.3	9	高感
P0693	9	7	9	6.3	9	高感
P0694	9	7	9	6.3	9	高感
P0695	9	7	9	6.3	9	高感
P0696	9	7	9	6.3	9	高感
P0697	9	7	9	6.3	9	高感

（续表）

水稻品种序号	最高损失率抗级	最高叶瘟抗级	最高病穗率抗级	抗性指数	综合抗级	评价结论
P0698	9	7	9	6.3	9	高感
P0699	9	7	9	6.3	9	高感
P0700	9	7	9	6.3	9	高感
P0701	9	7	9	6.3	9	高感
P0702	9	7	9	6.3	9	高感
P0703	9	7	9	6.3	9	高感
P0704	9	7	9	6.3	9	高感
P0705	9	7	9	6.3	9	高感
P0706	9	7	9	6.3	9	高感
P0707	9	7	9	6.3	9	高感
P0708	9	7	9	6.3	9	高感
P0709	9	9	9	6.3	9	高感
P0710	9	9	9	6.3	9	高感
P0711	9	9	9	6.3	9	高感
P0712	9	9	9	6.3	9	高感
P0713	9	9	9	6.3	9	高感
P0714	9	9	9	6.3	9	高感
P0715	9	9	9	6.3	9	高感
P0716	9	5	9	6.4	9	高感
P0717	9	7	9	6.4	9	高感
P0718	9	7	9	6.4	9	高感
P0719	9	7	9	6.4	9	高感
P0720	9	7	9	6.4	9	高感
P0721	9	7	9	6.4	9	高感
P0722	9	7	9	6.4	9	高感
P0723	9	7	9	6.4	9	高感
P0724	9	7	9	6.4	9	高感
P0725	9	7	9	6.4	9	高感
P0726	9	7	9	6.4	9	高感
P0727	9	9	9	6.4	9	高感
P0728	9	9	9	6.4	9	高感
P0729	9	9	9	6.4	9	高感
P0730	9	9	9	6.4	9	高感
P0731	9	9	9	6.4	9	高感
P0732	9	9	9	6.4	9	高感
P0733	9	9	9	6.4	9	高感
P0734	9	7	9	6.5	9	高感
P0735	9	7	9	6.5	9	高感
P0736	9	7	9	6.5	9	高感
P0737	9	7	9	6.5	9	高感
P0738	9	7	9	6.5	9	高感

(续表)

水稻品种序号	最高损失率抗级	最高叶瘟抗级	最高病穗率抗级	抗性指数	综合抗级	评价结论
P0739	9	7	9	6.5	9	高感
P0740	9	7	9	6.5	9	高感
P0741	9	7	9	6.5	9	高感
P0742	9	7	9	6.5	9	高感
P0743	9	7	9	6.5	9	高感
P0744	9	7	9	6.5	9	高感
P0745	9	7	9	6.5	9	高感
P0746	9	7	9	6.5	9	高感
P0747	9	7	9	6.5	9	高感
P0748	9	7	9	6.5	9	高感
P0749	9	9	9	6.5	9	高感
P0750	9	9	9	6.5	9	高感
P0751	9	9	9	6.5	9	高感
P0752	7	5	9	6.6	9	淘汰
P0753	9	5	9	6.6	9	淘汰
P0754	9	7	9	6.6	9	淘汰
P0755	9	7	9	6.6	9	淘汰
P0756	9	7	9	6.6	9	淘汰
P0757	9	7	9	6.6	9	淘汰
P0758	9	7	9	6.6	9	淘汰
P0759	9	7	9	6.6	9	淘汰
P0760	9	7	9	6.6	9	淘汰
P0761	9	9	9	6.6	9	淘汰
P0762	9	9	9	6.6	9	淘汰
P0763	9	9	9	6.6	9	淘汰
P0764	9	9	9	6.6	9	淘汰
P0765	9	9	9	6.6	9	淘汰
P0766	9	9	9	6.6	9	淘汰
P0767	9	9	9	6.6	9	淘汰
P0768	9	9	9	6.6	9	淘汰
P0769	9	7	9	6.7	9	淘汰
P0770	9	7	9	6.7	9	淘汰
P0771	9	7	9	6.7	9	淘汰
P0772	9	7	9	6.7	9	淘汰
P0773	9	7	9	6.7	9	淘汰
P0774	9	9	9	6.7	9	淘汰
P0775	9	5	9	6.8	9	淘汰
P0776	9	5	9	6.8	9	淘汰
P0777	9	7	9	6.8	9	淘汰
P0778	9	7	9	6.8	9	淘汰
P0779	9	7	9	6.8	9	淘汰

（续表）

水稻品种序号	最高损失率抗级	最高叶瘟抗级	最高病穗率抗级	抗性指数	综合抗级	评价结论
P0780	9	7	9	6.8	9	淘汰
P0781	9	7	9	6.8	9	淘汰
P0782	9	7	9	6.8	9	淘汰
P0783	9	7	9	6.8	9	淘汰
P0784	9	7	9	6.8	9	淘汰
P0785	9	7	9	6.8	9	淘汰
P0786	9	9	9	6.8	9	淘汰
P0787	9	9	9	6.8	9	淘汰
P0788	9	9	9	6.8	9	淘汰
P0789	9	5	9	6.9	9	淘汰
P0790	9	5	9	6.9	9	淘汰
P0791	9	7	9	6.9	9	淘汰
P0792	9	7	9	6.9	9	淘汰
P0793	9	7	9	6.9	9	淘汰
P0794	9	7	9	6.9	9	淘汰
P0795	9	7	9	6.9	9	淘汰
P0796	9	9	9	6.9	9	淘汰
P0797	9	9	9	6.9	9	淘汰
P0798	9	9	9	6.9	9	淘汰
P0799	9	9	9	6.9	9	淘汰
P0800	9	9	9	6.9	9	淘汰
P0801	9	5	9	7.0	9	淘汰
P0802	9	7	9	7.0	9	淘汰
P0803	9	7	9	7.0	9	淘汰
P0804	9	7	9	7.0	9	淘汰
P0805	9	7	9	7.0	9	淘汰
P0806	9	7	9	7.0	9	淘汰
P0807	9	9	9	7.0	9	淘汰
P0808	9	9	9	7.0	9	淘汰
P0809	9	9	9	7.0	9	淘汰
P0810	9	9	9	7.0	9	淘汰
P0811	9	9	9	7.0	9	淘汰
P0812	9	9	9	7.0	9	淘汰
P0813	9	9	9	7.0	9	淘汰
P0814	9	5	9	7.1	9	淘汰
P0815	9	7	9	7.1	9	淘汰
P0816	9	7	9	7.1	9	淘汰
P0817	9	7	9	7.1	9	淘汰
P0818	9	9	9	7.1	9	淘汰
P0819	9	9	9	7.1	9	淘汰
P0820	9	9	9	7.1	9	淘汰

（续表）

水稻品种序号	最高损失率抗级	最高叶瘟抗级	最高病穗率抗级	抗性指数	综合抗级	评价结论
P0821	9	9	9	7.1	9	淘汰
P0822	9	9	9	7.1	9	淘汰
P0823	9	5	9	7.2	9	淘汰
P0824	9	5	9	7.2	9	淘汰
P0825	9	7	9	7.2	9	淘汰
P0826	9	9	9	7.2	9	淘汰
P0827	9	9	9	7.2	9	淘汰
P0828	9	9	9	7.2	9	淘汰
P0829	9	7	9	7.3	9	淘汰
P0830	9	7	9	7.3	9	淘汰
P0831	9	7	9	7.3	9	淘汰
P0832	9	9	9	7.3	9	淘汰
P0833	9	9	9	7.3	9	淘汰
P0834	9	7	9	7.4	9	淘汰
P0835	9	7	9	7.4	9	淘汰
P0836	9	7	9	7.4	9	淘汰
P0837	9	7	9	7.4	9	淘汰
P0838	9	7	9	7.4	9	淘汰
P0839	9	9	9	7.4	9	淘汰
P0840	9	9	9	7.4	9	淘汰
P0841	9	9	9	7.4	9	淘汰
P0842	9	9	9	7.4	9	淘汰
P0843	9	7	9	7.5	9	淘汰
P0844	9	9	9	7.5	9	淘汰
P0845	9	9	9	7.5	9	淘汰
P0846	9	9	9	7.5	9	淘汰
P0847	9	9	9	7.5	9	淘汰
P0848	9	9	9	7.5	9	淘汰
P0849	9	5	9	7.6	9	淘汰
P0850	9	7	9	7.6	9	淘汰
P0851	9	9	9	7.6	9	淘汰
P0852	9	9	9	7.6	9	淘汰
P0853	9	9	9	7.6	9	淘汰
P0854	9	5	9	7.7	9	淘汰
P0855	9	7	9	7.7	9	淘汰
P0856	9	9	9	7.7	9	淘汰
P0857	9	7	9	7.8	9	淘汰
P0858	9	7	9	7.8	9	淘汰
P0859	9	9	9	7.8	9	淘汰
P0860	9	9	9	7.8	9	淘汰
P0861	9	7	9	7.9	9	淘汰

（续表）

水稻品种序号	最高损失率抗级	最高叶瘟抗级	最高病穗率抗级	抗性指数	综合抗级	评价结论
P0862	9	9	9	7.9	9	淘汰
P0863	9	9	9	7.9	9	淘汰
P0864	9	9	9	7.9	9	淘汰
P0865	9	9	9	7.9	9	淘汰
P0866	9	9	9	7.9	9	淘汰
P0867	9	7	9	8.0	9	淘汰
P0868	9	9	9	8.0	9	淘汰
P0869	9	9	9	8.0	9	淘汰
P0870	9	9	9	8.0	9	淘汰
P0871	9	9	9	8.0	9	淘汰
P0872	9	9	9	8.1	9	淘汰
P0873	9	9	9	8.2	9	淘汰
P0874	9	9	9	8.4	9	淘汰
P0875	9	9	9	8.6	9	淘汰
P0876	9	9	9	8.6	9	淘汰

2020 年 6 月 28 日

·公开发表的相关论文·

稻瘟病持久抗源的鉴定、筛选与评价

吴双清　龙家顺　颜学明　李荣芳

(恩施自治州红庙农科所　恩施　445002)

摘要：通过对 25 865 份次材料的鉴定，筛选出具有 3 年以上的持久抗源 143 份，占实鉴材料的 0. 58%。其中籼稻 122 份，粳稻 14 份，糯稻 7 份；有 21 份引自国外，30 份来自恩施州农科所自选材料，92 份来自全国各地的地方品种。在恩施州病圃采用自然诱发鉴定法鉴定品种的抗瘟性，必须以穗瘟抗性表现作为评价指标。

关键词：稻瘟病，持久抗源，鉴定

稻瘟病是湖北恩施州水稻稳产、高产的最大障碍因素，发病严重的年份，造成减产15%以上，部分田块绝收。实践证明，选育和推广抗病良种是防治稻瘟病最经济、有效的措施，而抗源的鉴定、筛选与评价又是选育抗病良种的关键。因此，自 1980 年以来，恩施自治州红庙农科所在常年重病区定点开展了稻瘟病自然诱发鉴定、筛选与利用研究。21 年来，为恩施州乃至武陵山区提供了许多抗瘟新良种如‘恩稻 3 号’‘恩恢 58’‘恩恢 80’系列组合等。但由于恩施州稻瘟病菌生理小种复杂，致使品种抗性丧失迅速。为了延长抗病良种的使用年限，笔者在以前研究的基础上，开展了稻瘟病持久抗源的鉴定、筛选与评价研究。

1　材料与方法

1.1　供试材料

1980—2000 年供试材料共计 25 865 份次，分别为恩施州地方品种、恩施州农科所自选新品种（系）以及国内外引进品种。

1.2　试验方法

1.2.1　鉴定方法

病圃设在湖北省恩施市白果乡两河基点，位于海拔 1 005m 的深山峡谷中，当地常年“多雨、寡照、适温、荫湿、雾浓露重”的独特生态环境加之冷泉串灌，使该基点年发病频率高达 100%，且发病严重。21 年来，参加全国和湖北省水稻品种区域试验数千份材料中 99%以上的在该病圃均表现为高感。因此，在该病圃进行抗源鉴定、筛选与评价研究具有经济、实用、准确、代表性强等优势。供试材料顺序排列，不设重复，每份材料由 20 穴（4 行×5 穴）组成一个小病圃，株行距 13. 3cm×20. 0cm，每穴栽 1 粒谷苗。每小病圃间栽 4 穴

‘丽江新团黑谷’等作诱发种，每两排病圃间栽1行紫色稻连同两排病圃共9行合并为1厢，厢间走道宽40~60cm，四周栽3~4行当地品种作保护行。其田间管理按当地丰产田标准防虫、除草，但禁用杀菌剂，全生育期不断水、不晒田，根据具体情况增施氮肥，以利创造更好的发病条件。叶瘟在拔节至抽穗前，按国际9级标准进行调查与分级记载。穗瘟在黄熟初期调查记载病穗数，然后按国际9级标准进行年度群体抗级评价。

1.2.2　筛选步骤

采取初筛、复筛和重点筛选同时进行。凡供试材料当年穗瘟表现为中抗至高抗者，视为初筛当选材料参加复筛。凡经复筛穗瘟连续两年表现为中抗至高抗者，可视为复筛当选材料，参加重点筛选。若穗瘟连续3年以上均表现为中抗至高抗者，可视为持久抗源材料继续进行持久抗性鉴定与筛选。

1.2.3　评价标准

持久抗源分为3年以上、5年以上、10年以上、15年以上4种类型。自材料参鉴之年起，连续3年或3年以上表现为中抗至高抗者，视为3年以上持久抗源；连续5年或5年以上表现为中抗至高抗者，视为5年以上持久抗源；依此类推为10年以上持久抗源、15年以上持久抗源。

2　结果与分析

通过对25 865份次材料的抗性鉴定、筛选和评价研究，筛选出了具有3年以上的持久抗源143份，占实鉴材料的0.58%；5年以上的99份，占0.38%；10年以上的26份，占0.10%；15年以上的16份，占0.06%。由此可见，获得持久抗源的机率极小，应引起重视。部分10年以上抗源抗瘟性资料见表1。

在143份持久抗源中，籼稻122份、糯稻7份、粳稻14份。其中21份来自国外引进材料，30份来自恩施自治州红庙农科所利用抗源改良的自选材料，92份来自全国各地的地方品种和推广品种。上述结果表明，从不同地区的不同类型稻种资源中均能获得持久抗源，关键在于广泛搜集鉴定。另外，从恩施州农科所自选材料可以看出，加强对持久抗源特别是10年以上持久抗源的改良和利用研究，具有显著效果。

从143份持久抗源可以看出，穗瘟连续多年表现为中抗至高抗者，其叶瘟均表现为IR1~3级；但从所有供试材料抗性结果来看，叶瘟表现为IR1~3级者，穗瘟并非均表现为中抗至高抗。因此在该病圃采取自然诱发鉴定法鉴定品种的抗性必须以穗瘟的抗性表现作为评价标准。

表1　部分10年以上持久抗源抗瘟性资料

抗源名称	起止年份	持抗年限	抗瘟程度IR级
托罗	1980—2000	21	0~3
青谷矮3号	1983—2000	18	0~3
1127	1983—2000	18	0~1
散块	1983—2000	18	0~1
三斛70萝选1	1983—2000	18	0~1
谷梅1号	1984—2000	17	0~3

（续表）

抗源名称	起止年份	持抗年限	抗瘟程度 IR 级
双科早	1984—2000	17	0~3
国际所 1 号	1984—2000	17	0~3
BG367-2（单）	1985—2000	16	0~1
早杂选	1986—2000	15	0~3
恩稻 3 号	1987—2000	14	0
873-1100	1987—2000	14	0
谷云糯	1987—2000	14	0~1
884-378	1988—2000	13	0

［此文原刊载于《湖北农业科学》，2001（1）：44-45］

水稻品种抗瘟性自然诱发鉴定体系探讨

吴双清　龙家顺　张和炎

（湖北省恩施自治州红庙农科所　恩施　445002）

摘要：利用湖北省恩施自治州稻瘟病圃优势，开展水稻品种抗瘟性自然诱发鉴定体系探讨．实践证明：自然诱发鉴定法是较为符合生产实际和经济实用的科学方法；该方法虽然存在一些缺陷，但通过设计科学合理的抗瘟性自然诱发鉴定体系，可保证自然诱发鉴定法获得真实可靠的结论；该体系已在科研和生产中发挥了重要作用，并取得了显著的效果。

关键词：水稻，抗瘟性，自然诱发鉴定，体系

湖北省恩施州是水稻稻瘟病的重灾区，其100%的年发病频率和复杂的种群结构全国少有，因此该州成为开展稻瘟病研究的理想场所。12 年来，笔者在前人研究的基础上，进一步开展了水稻品种抗瘟性自然诱发鉴定体系探讨，其结果如下。

1　自然诱发鉴定法评价

目前水稻品种抗瘟性鉴定方法，按菌源来源可分为 3 种，即优势小种混合接种鉴定法、活体病株人工接种鉴定法和自然诱发鉴定法。这 3 种鉴定方法各有利弊。实践证明：稻瘟病菌在自然界是一个动态的群体，组成非常复杂，不同稻区的菌株其毒力存在明显的差异加上病菌存在易变性和异质性，这就决定了用有限的几个鉴别品种鉴定出来的小种难以完全反映小种的类群，而且用某一单孢菌株鉴定出来的小种并不一定能反映该小种其他菌株的致病力。因此，优势小种混合接种鉴定法存在一定的局限性；同时其鉴定成本高，工序复杂，不经济实用。活体病株人工接种法，虽然菌源来源于自然，但由于病菌的接种、侵染和发病过程需要人工控制，而小环境气候、病菌的侵染活力以及供试材料的易感病期等诸多因素的人工控制是无法达到自然标准的，因此，它也给鉴定结果的客观性带来一定影响；同时其鉴定成本较高，工序也较复杂，与自然诱发鉴定法比较，也不经济实用。而自然诱发鉴定法，菌源来源于自然，接种也是自然接种，气候也是自然控制，因此它的鉴定结果基本能反映客观生产实际，而且其鉴定成本较上述两种方法低，工序简便易行。因此笔者认为在 3 种鉴定方法中，自然诱发鉴定法更能反映客观生产实际，是一种较为经济实用的科学方法。

2　自然诱发鉴定法存在的问题

由于自然诱发鉴定法的菌源、接种、气候条件均依赖自然，而且多变的自然因素又常常使其鉴定结果出现多样性现象。主要表现为：不同生态稻区稻瘟病年发病频率和严重程度不

同，使有效鉴定年份出现频率不同；自然诱发的不均等性造成不同品种间所表现的抗性鉴定结果有差异；同一品种在不同生态稻区所表现的抗性鉴定结果有差异；同一品种在同一生态稻区不同年份所表现的抗性鉴定结果不同；不同种类的品种在同年同一生态稻区有利发病的气候条件与品种易感病生育期的吻合度不同造成抗性鉴定结果有差异等。为此，设计适应自然因素多变规律的抗瘟性自然诱发鉴定体系，是保证自然诱发鉴定法获得真实结论的首要工作。

3 自然诱发鉴定体系的核心内容

3.1 选好点，定好田，专人负责

病圃的选择是自然诱发鉴定结果是否真实的关键。因此病圃应在常年病重、菌源量大、年发病频率达100%的地点，选择适合发病的田块设置病圃。若病圃年发病频率低、菌源量小、气候不利发病就会出现假抗性。病圃确定后应指定专人负责，按试验要求严格执行，若经常换人，会出现操作误差，因此，定点、定人是保证自然诱发鉴定结果可靠性的首要条件。

3.2 搞好病圃设计和管理

病圃的设计和管理应充分满足自然诱发的均等性和不同年份间发病程度的可批性。实践证明，在病圃中均匀布置诱发品种，加上均匀一致的特殊田间管理措施，能达到诱发均等的目的。利用病圃中指示品种群体发病程度，结合气象资料分析能对各年度的发病程度及是否为有效鉴定年份做出正确评价。因此选栽诱发品种和指示品种是保证自然诱发鉴定结果可靠性的重要条件。

3.3 确保鉴定的多年连续性其及结果的可比性

病菌优势种群是易变的，而一个品种是否具有真正的抗瘟性，除了要经受重病高压条件的检验外，还必须经过多次优势种群变更的致病性检验。而对多年抗性结果的比较，必须有一个统一的调查方法、记载标准和资料整理内容以及群体抗性分级评价标准。若随意改变其中的任何一个部分，都可能造成鉴定结果的无可比性。因此，确保鉴定的多年连续性其及结果的可比性是自然诱发鉴定结果是否科学合理的重要保证。

3.4 开展抗性评价检验

为了消除环境因素造成的无病年或轻病年对抗性鉴定结果真实性的影响，必须开展抗性评价检验，即将病圃中诱发品种或指示品种出现中感至高感类型的年份称为有效鉴定年份；只有有效鉴定年份的鉴定结果，才能作为评价品种抗性的依据。

3.5 品种抗瘟性评价规则

一年一点抗性评价应对每个参试品种进行绝对抗性和相对抗性比较；多年一点抗性评价，每个参试品种必须选择发病较重年份的抗级进行绝对抗性和相对抗性比较；多年多点抗性评价，每个参试品种必须选择稻瘟病较重的生态地区、较重年份的抗级进行绝对抗性和相对抗性比较；综合抗性评价通过对多年多点病圃绝对抗性评价结果阐述其遗传抗性水平，通过其相对抗性评价结果阐述其田间抗性水平。

4　自然诱发鉴定体系的应用效果

4.1　水稻区域试验新品种抗瘟性鉴定

应用该体系进行了国家、湖北省、恩施自治州水稻区域试验新品种抗瘟性鉴定工作，为新品种审定提供了抗瘟性依据，得到了相关部门认可。

4.2　水稻稻瘟病抗源筛选

应用该体系从2万余份稻种资源中筛选出100余份抗源，已在水稻抗瘟新品种选育中发挥了重要作用，如选育的抗瘟性品种‘恩稻’1~6号、‘恩恢58’、‘恩恢80’、‘恩A’等，在恩施乃至武陵山区稻瘟病综合防治上发挥了关键作用。

4.3　中间材料的抗瘟性选择

多年来恩施自治州红庙农科所应用该体系开展抗瘟性育种中间材料选择，获得了经济、实用、高效的选择效果。

4.4　主栽品种的抗瘟性监测

多年来，恩施自治州应用该体系开展主栽品种的抗瘟性监测，为大面积品种布局与更换提供了抗瘟性依据。

［此文原刊载于《湖北农业科学》，2002（2）：14-15］

关于建立湖北省稻瘟病抗性研究与利用规范的建议

吴双清

（恩施州农科院　恩施　445000）

摘要：分析了湖北省水稻稻瘟病抗性研究与利用工作中存在的主要问题，提出了建立水稻品种抗瘟性研究与利用工作规范的建议，以达到提高抗病育种水平、完善品种合理布局、保护病区水稻生产安全、促进非病区优质品种推广的目的。

关键词：水稻，稻瘟病抗性，研究与利用，工作规范，建议

水稻是我国最重要的粮食作物，但随着其耕作方式的变革和自然条件的改变，稻瘟病已成为威胁水稻安全性生产的主要障碍因素之一。加上人们的环保意识和绿色食品需求不断提高以及生物技术的迅速发展，选育和推广抗病良种现已成为国内、外防治稻瘟病的首选方法。但由于其病原菌种群的致病性变异频繁，给抗病品种的选育和推广利用造成严重困难，致使先后在鄂西南、鄂东南等地多次出现流行高峰，造成大面积减产，部分田块绝收。为有效地利用水稻品种的抗瘟性，减少稻瘟病流行次数，降低其为害程度，笔者根据 20 余年从事水稻病害抗源筛选[1] 和评价体系研究[2] 的结论以及承担国家、湖北省等各级水稻区试抗病性鉴定工作的实践经验[3,4] 提出如下建议，以供有关部门参考。

1　湖北省稻瘟病抗性研究与评价存在的问题

1.1　抗源筛选与评价体系不完善

目前，湖北省水稻稻瘟病抗源筛选与评价，没有专项资金长期支持，抗源不能登记、保护，植保研究人员从事抗源筛选与改良创新的工作积极性受到影响。育种者一般只凭自己经验认定，这样就使稻瘟病抗源释放处于自发状态，许多育种单位和个人无法方便地得到有效抗源而进行高效地抗稻瘟病育种。同时，由于抗源的释放缺乏统一管理，不同抗性基因在田间分批释放无法检验，使许多育种专家盲目配组，浪费时间和精力，最终导致抗病育种水平落后。

1.2　新品种评价结论与生产实际有差异

目前湖北省水稻新品种审定以两年、两地穗颈瘟最高病级为评价标准。但自水稻实现品种多样化以来，在部分病圃表现高感的品种，在中、轻病区种植所受损失仍然较小，只是在病菌对其抗性产生适应后，当遇到特殊的病害生态环境时，才造成严重损失。因此，在大多

数年份，部分病圃表现高感的品种在大多数稻区也是可以种植的。出现上述问题的原因，一是目前的稻瘟病抗性鉴定工作中，由于资金短缺，只能注重结果，不能改善鉴定环节中基础设施和专业鉴定人员培训等条件，从而无法严格推行科学统一的操作规程；二是目前的评价体系中，只注意到了单基因控制的质量性状抗性和品种在抗病遗传上的应用价值，而忽略了多基因控制的数量性状抗性和品种在生产上的利用价值；三是目前湖北省水稻区试抗病性鉴定的几个病圃不能完全代表全境内稻瘟病流行区域和病菌种群类型。

1.3　生态病区区划研究滞后

在只重视品种选育，不重视植保科研的大环境下，水稻病害区划研究无法开展，因此不可能进行科学的生态病区区划，从而使抗病品抗病品种布局不合理。

区域审定的抗病品种只能在小范围内种植，不能在广大病区推广应用；但高产、优质、高感品种却在病区大量销售、种植。

1.4　主栽品种抗性监测体系未建立

对生产上已丧失抗性的品种不能实施退出制度，致使高感品种在病区长期销售和种植，这是造成病害大面积流行的主要原因。同时某些新审定的高感品种在病区大面积推广种植，妨碍了新抗病品种的迅速推广。因此，一旦发病的生态条件适宜，就会造成大面积减产，影响粮食安全。

1.5　生物工程技术在生产中应用有限

稻瘟病病菌致病性变异快，病菌种群随着主推品种的变化而变化，因此基因克隆和转入技术在抗瘟性品种选育中的应用受到极大影响。同时，基因检测技术也未能应用于生产。即使这些技术得到应用，最终也需通过田间病圃鉴定检验，才能符合生产实际。

2　湖北省稻瘟病抗性研究与评价的改进措施

通过专项资金提供持续支持，完善系统研究，维护体系持续运行。

2.1　开展稻瘟病流行区划研究

通过收集、分析湖北省各县、市近10年稻瘟病发生情况的有关数据和资料，初步确立相关生态范围。然后分别利用早、中、晚稻指示品种进行系统监测。最后根据年发病频率和产量损失率，确定生态区划结果，明确重病区、中病区、轻病区和无病区的生态范围。

2.2　建立病圃联鉴体系

在区划研究的基础上，在不同生态区设立代表性病圃。建立和完善1个中心病圃，3~4个生态病圃的联鉴体系。生态病圃应选择该区域内有代表性的田块，按自然诱发病圃建设标准建立。中心病圃应满足年发病频率100%、产量损失率最高、且经济适用、便于观察和管理等条件。同时中心病圃负责联鉴体系的技术规范和结果汇总等工作。

2.3 规范抗源筛选与评价工作

收集各类水稻品种资源，通过联鉴体系进行连续5年以上多年多点鉴定筛选。按抗源评价标准，确定抗源类型，同时利用基因检测手段进行分类。建立抗源登记及释放制度，对含有新抗性基因的抗源予以登记，分批释放不同抗性基因的抗源材料给育种单位，合理利用抗源，提高湖北省抗病品种选育和利用水平。

2.4 规范新品种抗性鉴定与评价工作

区试新品种，通过联鉴体系进行连续2年多点鉴定与综合评价，确立品种的抗性程度。建立新品种抗性标志制度和品种布局控制制度。要求种子包装按高抗、抗病、中抗，中感、感病和高感等类型以不同颜色标记。严禁中感、感病和高感品种在重病区销售、种植；严禁感病和高感品种在中病区销售、种植；严禁高感品种在轻病区销售、种植。同时推荐不同抗性基因品种在不同病区轮换种植。

2.5 规范主栽品种抗性监测工作

对通过审定推广的主栽品种，应通过联鉴体系进行跟踪监测，建立品种抗性标记变更制度。对连续2年多点表现为感病的品种，取消其抗性标记，禁止其在病区销售及种植。

总之，通过上述系统工作，将从源头全程监控湖北省水稻品种的抗瘟性，达到提高抗病育种水平、完善品种合理布局、保护病区水稻生产安全、促进非病区优质品种推广的目的。从而保障湖北省粮食安全，为粮食的绿色化生产创出一条全新的途径。

参考文献

[1] 吴双清，龙家顺，颜学明，等. 稻瘟病持久抗源的鉴定、筛选与评价 [J]. 湖北农业科学，2001（1）：44-45.

[2] 吴双清，龙家顺，张和炎，等. 水稻品种抗瘟性自然诱发鉴定体系探讨 [J]. 湖北农业科学，2002（2）：14-15.

[3] DB42/T 208—2001，农作物品种区域试验抗病性鉴定操作规程 [S]. 湖北省地方标准.

[4] 杨仕华，廖琴. 中国水稻品种试验与审定 [M]. 北京：中国农业科学技术出版社，2005，31-35.

[此文原刊载于《湖北农业科学》，2007（6）：852-853]

建立稻瘟病自然诱发鉴定体系的关键技术

吴双清　王　林

（恩施州农科院　恩施　445000）

摘要：本文通过总结笔者20多年来开展稻瘟病自然诱发鉴定体系研究成果，提出了建立稻瘟病自然诱发鉴定体系的7项关键技术，以期达到提高水稻品种抗稻瘟病鉴定技术水平的目的。

关键词：稻瘟病，自然诱发鉴定，体系，关键技术

稻瘟病是威胁水稻生产安全的主要障碍因素之一，选育和推广抗病良种是防治稻瘟病的首选方法，而科学准确地鉴定与评价品种的抗病性是基础。然而，由于稻瘟病病菌在自然界是一个动态的种群，组成非常复杂，其鉴定与评价方法也多种多样，技术规范难以形成，因此，如何确保鉴定程序的统一性、可操作性及其鉴定结果的科学性、准确性以及相关数据的可比性等问题，就成为大家长期争议的焦点。恩施地处武陵山区，是稻瘟病常发区和重发区，笔者充分利用其独特的生态条件进行了20多年的探索。实践证明：自然诱发鉴定更能反映客观生产实际，是一种较为经济实用的科学方法。现将其关键技术总结交流如下，供参考。

1　明确自然诱发鉴定的含义

自然诱发鉴定是指采用自然诱发病圃网络鉴定品种抗病性的一种技术手段。其病菌来源自然，不使用试管扩繁菌源；其主要气候环境由自然控制，只实施人工微调；其发病过程顺其自然，只对风向和发病中心实施人为均等调节技术；同时采取一系列监测手段对自然诱发病圃发病状况进行年度监测。

2　确立主鉴机构，组建自然诱发病圃网络

要充分应用大生态环境选址技术，确立主鉴机构，组建自然诱发病圃网络。每个稻区只需设立一个主鉴机构，每个主鉴机构负责组建由一个主鉴圃、一个辅鉴圃和1~3个生态圃（早稻、晚稻和中稻各一个）组成的自然诱发病圃网络；而对于跨区种植现象普遍的中稻等品种而言，还应通过不同稻区主鉴机构联合鉴定，以确定其真抗性结论的唯一性和抗病适应性区域。主鉴机构和各类病圃的选址要求及其功能如下。

主鉴机构应设立在常年重病区长期从事该项目研究的地、市级以上农业科研机构。远离

病区的专业鉴定机构很难完成病圃自然诱发鉴定工作。其职责是：负责组建该稻区病圃网络体系，直接完成主鉴圃和辅鉴圃鉴定工作，指导和检查各生态圃实施情况；制订和完善病害鉴定技术规程；负责筛选、提纯和繁殖诱发品种、指示品种、鉴别品种和近等基因系品种等；撰写该稻区试验品种抗病性鉴定汇总报告。

主鉴圃在稻区起主导鉴定作用。该病圃应设在距主鉴机构较近，水源和交通较方便的稻瘟病常年重发区，由主鉴机构直接管理，不宜设在水稻主产区，要保持相对稳定性，以保障有效鉴定年份达 100%。试验品种的播期以该病圃叶瘟和穗瘟高发病时期为依据确定。

辅鉴圃在稻区起辅助鉴定作用。该病圃应设在主鉴机构所在地，与主鉴圃具有较好的互补性，由主鉴机构直接管理，要保持相对稳定性。试验品种的播期以主鉴机构所在地气候条件为依据确定。

生态圃在稻区具有区域代表性作用。该病圃应设在不同稻类主产区，并在主鉴机构的指导下，负责执行本病圃的实施方案，主鉴机构可根据实际情况调整病圃地点。试验品种的播期按当地习惯执行。

3 规范标准病圃田间设计技术

标准自然诱发病圃田间设计要求应用诱发品种组和病稻节等均等诱发技术以及指示品种组、鉴别品种组和近等基因系品种监测技术。其中，诱发品种组要求由不同类型水稻高感病品种组成，且均匀移栽于病圃中，将试验品种均匀分开，起诱发和隔离双重作用；指示品种要求农艺性状较好，最好选择不同时期主导品种中的常规稻品种或主导组合的恢复系或保持系，分别组成早、中、晚稻指示品种组，主要用于检测各病圃当年鉴定结果的有效性，与试验品种在同等条件下鉴定；鉴别品种组特指 7 个中国鉴别品种，主要用于监测各病圃病菌小种种群变化，与试验品种在同等条件下鉴定；近等基因系品种可从现有近等基因系品种中选择 10~15 个组成，主要用于监测各病圃病菌无毒基因型变化，与试验品种在同等条件下鉴定。

标准病圃设计：参鉴材料顺序排列，不设重复，每份材料由 20 穴（4 行×5 穴）组成一个小病圃，株行距为 13. 3cm×20cm，每穴栽 1 粒谷苗。每两个小病圃间栽 4 穴‘丽江新团黑谷’，每两排病圃间栽 4 行诱发品种（早、中、晚籼和籼糯等品种各一个品种），连同两排病圃共 12 行，合并为一厢。厢间走道 40~60cm。病圃栽早、中、晚稻指示品种、鉴别品种和近等基因系品种各一组。四周栽 5 行诱发品种作保护行。病圃诱发行中均匀扦插病稻节形成相对均匀的发病中心。

4 加强病圃小环境监控基础设施建设

主鉴圃和辅鉴圃要建立网室大棚，具备蓄水、防鸟、防鼠、防牲畜破坏的功能。辅鉴圃还应安装弥留喷雾和光照等环境调节设备。整个生育期间要使用气象自计仪监测记录气象资料。

5　统一调查时期和分级标准

在自然诱发鉴定体系中，调查时期和病情分级密切相关，特别是有些生育期调查时还会严重影响对病情的分辨，造成显著误差。因此如何通过调整调查次数，使每个品种的叶瘟和穗瘟均能获得最佳时期的调查结果，这就要鉴定人员根据病圃发病特点确定。一般来讲，叶瘟在分蘖盛期至拔节阶段病害流行高峰期调查；穗瘟在黄熟初期（80%稻穗尖端 5～10 粒谷子进入黄熟时）调查。

6　科学选择抗性评价指标

首先，水稻品种对稻瘟病的抗性受品种和气候条件等因素的影响，一般会出现 3 种现象：一是自身具有主效抗病基因的品种，在任何气候条件下均表现抗病。二是自身具有微效抗病基因的品种，具有一定的耐病性。在有利发病的环境条件下，表现不同程度的感病，在不利发病的环境条件下，表现抗病。三是没有抗病基因的品种，一般应表现感病。在有利发病的环境条件下均表现高感。在不利发病的环境条件下，有时表现不同程度的感病或生态避病性。因此，要对一个品种的真实抗病性作出唯一的结论，应选择最有利发病环境条件下鉴定的结果。所以抗性评价结论的选择应以最严重病圃的最严重年份鉴定结果为依据，才是科学合理的。

其次，水稻品种对稻瘟病抗性评价指标有三项，即，叶瘟、病穗率和损失率等。其中，叶瘟虽然发病症状明显，可操作性强，且与产量损失有一定相关性，但其相关性没有病穗率对产量的影响显著；损失率虽然评价最直接，但由于影响产量损失的环境条件太复杂，可信度不高，病圃间和年度间的结论没有病穗率的稳定；而病穗率发病症状明显，可操作性强，且与产量损失极显著相关。所以，选择发病率作为品种真实抗病性的评价指标是最符合生产实际的。

然而，对于耐病品种和感病品种而言，它们虽然不具有真实抗病性，但在不同生态稻区的感病程度或避病特点各有差别。因此评价感病品种的差异性对淘汰抗病适应性极差的感病品种具有现实意义。鉴于在病圃鉴定实践中，感病品种在不同病圃的表现各不相同，有的叶瘟重，有的穗瘟重，有的损失率高。而且每一项指标对该品种的抗病适应性评价都有着同等重要的意义。同时抗病品种的抗病适应性也存在一定差别。所以，品种抗病适应性评价可选择抗性指数评价。抗性指数是各病圃叶瘟、穗瘟病穗率和穗瘟损失率病级的算术平均数。

由此可见，真抗性由品种自身存在的抗病基因所控制，应采用病圃穗瘟发病率最高病级（简称“最高抗级”）评价。可根据各参试材料的最高抗级划分为高抗、抗病、中抗、中感、感病和高感 6 个级别。真抗性评价结果需实行指示品种组检验制度。若当年该病圃指示品种组病穗率平均病级大于或等于 4.5 时，则认为该病圃当年抗性评价结果有效。

抗病适应性是品种生态适应性的表现，它包括品种的真抗性、耐病性和生态避病性等。应采用病圃平均综合指数（简称“抗性指数”）评价。通过比较各参试材料与该组对照品种的抗性指数，划分为显著优于（与对照相差 3.5 个等级差以上）、优于（与对照相差 1.5～3.4 个等级差）、轻于（与对照相差 0.5～1.4 个等级差）、相当（与对照相差-0.5～0.4 个等级差）、劣于（与对照相差-0.5 个等级以下）5 种类型。

7 合理利用抗性评价结果

真抗性评价结果是抗病品种区试、续试和审定的依据；抗病适应性评价结果则是非抗病品种区试、续试、审定和淘汰的依据；所有审定品种的公告都应统一使用真抗性评价结果。

凡是真抗性评价结果为中抗或中抗以上的品种的建议作为抗病品种优先推荐区试、续试或审定；凡是真抗性评价结果为中感的品种建议作为抗性较好品种推荐区试、续试或审定；凡是抗病适应性评价结果的抗性指数大于或等于 7.0 的品种建议作为淘汰对象；其余品种应以产量和品质为主要依据进行评价。

综上所述，稻瘟病自然诱发鉴定是一种最经济实用，最符合生产实际的鉴定技术手段。但是，设计适应自然因素多变规律的稻瘟病自然诱发鉴定体系是保证自然诱发鉴定结果真实、有效的前提。实践证明，实施上述 7 项关键技术能产生显著的效果。

参考文献

[1] 吴双清，龙家顺，张和炎，等. 水稻品种抗瘟性自然诱发鉴定体系探讨 [J]. 湖北农业科学，2002 (2)：14-15.

[2] DB42/T 208—2001，农作物品种区域试验抗病性鉴定操作规程 [S]. 湖北省地方标准.

[3] 吴双清. 关于建立湖北省稻瘟病抗性研究与利用规范的建议 [J]. 湖北农业科学，2007，46 (6)：852-853.

[4] 杨士华，廖琴. 中国水稻品种试验与审定 [M]. 北京：中国农业科学技术出版社，2005.

[此文原刊载于《中国稻米》，2010，16 (2)：47-48，66]

水稻区试品种抗稻瘟病鉴定结果分析

吴双清 王 林 卿明凤

(恩施州农科院 恩施 445000)

摘要：水稻品种区域试验是筛选抗病良种的主要途径。定点分析了2004—2010年近7年来湖北恩施两河病圃水稻区试品种抗稻瘟病鉴定结果，提出以往高产、优质育种工作中的不足，建议加大抗性品种的筛选力度，促进抗病品种选育水平提高。

关键词：水稻，区试品种，抗稻瘟病，鉴定

水稻是我国最重要的粮食作物，稻瘟病是威胁水稻生产安全的主要障碍因素之一，选育和推广抗病良种是防治稻瘟病的首选方法。水稻品种区域试验是筛选抗病良种的主要途径。笔者通过对水稻区试品种抗稻瘟病鉴定结果的分析，为相关的管理机构、科研机构和企业提供有效的参考依据。

1 材料与方法

1.1 参鉴材料来源

共计1 860份次，其中，2004—2010年国家武陵山区水稻区试参鉴材料319份次，2004—2010年湖北省水稻区试参鉴材料 1 260份次，2004—2010年湖北省恩施州水稻区试参鉴材料281份次。

1.2 鉴定方法及数据来源

通过设置病圃，采用自然诱发鉴定法对各参鉴材料进行稻瘟病抗性鉴定。

恩施州地处武陵山区，常年阴雨寡照、雾浓露重、低温夏凉、病菌种群复杂、寄主种类繁多，是水稻稻瘟病的常发区和重发区。为此，恩施州农科院植保所从1979年开始从事水稻品种抗稻瘟病鉴定技术研究，其中承担国家、湖北省和恩施州水稻区试品种抗稻瘟病鉴定工作20多年，其数据就来源于恩施两河病圃历年鉴定结果。

两河病圃位于湖北省恩施市两河村，距市区60km，海拔 1 005m。该点设在武陵山脉深山峡谷“Y”形地带中，冷泉串灌，常年6—8月日平均结露时间均在15h以上，平均日照4.7h，月降水量213.8mm，月雨日14.3d，平均温度23.2℃，平均相对湿度81%，且稻瘟病病菌种群繁多，小种毒性强。稻瘟病有效鉴定年份达100%，是最佳的稻瘟病自然诱发鉴定圃，也是国家、湖北省和恩施州水稻区试品种稻瘟病鉴定主鉴圃。

1.3 评价标准

执行国家水稻区试品种抗稻瘟病鉴定穗瘟病穗率划分标准。详见表1。

表1 水稻穗瘟发病率群体抗性分级标准

抗级	抗感类型	病穗率（%）
0	高抗	0
1	抗病	≤5.0
3	中抗	5.1~10.0
5	中感	10.1~25.0
7	感病	25.1~50.0
9	高感	≧50.1

1.4 抗性评价结果检验

由表2可知，两河病圃15年来早稻品种只有2003年为中偏轻发生年，中晚稻品种至有1996年和2003年为中偏轻以下发生年，其余各年均为重发年。由此可见，恩施两河病圃是一个很理想的稻瘟病自然诱发鉴定圃。

表2 两河病圃发病程度指示品种年份监测结果

年份	早稻指示品种		中晚稻指示品种	
	年度抗级	发病程度	年度抗级	发病程度
1996	5.6	中偏重	1.5	轻病
1997	5.9	中偏重	4.6	中偏重
1998	5.2	中偏重	4.5	中偏轻
1999	5.6	中偏重	6.6	严重
2000	7.7	严重	6.5	严重
2001	5.3	中偏重	6.6	严重
2002	7.0	严重	8.0	严重
2003	4.3	中偏轻	3.8	中偏轻
2004	7.5	严重	8.2	严重
2005	7.9	严重	9.0	严重
2006	7.4	严重	8.6	严重
2007	7.5	严重	8.4	严重
2008	9.0	严重	9.0	严重
2009	8.1	严重	8.4	严重
2010	9.0	严重	7.0	严重

注：0~3为轻病年；3.1~4.5中等偏轻年；4.6~6.5中等偏重年；6.6~9.0严重发病年。

2　结果与分析

2.1　不同年份间参鉴材料抗性结果分析

由表3可知，各年度间参鉴材料抗性水平分布趋势基本一致，感病材料在各级水稻区试品种中占有极显著优势。但年份间由于环境和参鉴品种不同存在一定差异。

表3　不同年份参鉴材料抗性分布　　（单位：%）

年份	高抗	抗病	中抗	中感	感病	高感
2004	0.0	10.2	11.3	7.6	15.4	55.5
2005	0.0	1.4	5.1	1.9	2.4	89.2
2006	2.5	2.9	12.8	6.9	5.2	69.8
2007	0.0	0.3	5.7	10.6	4.1	79.3
2008	0.0	0.6	1.9	9.4	7.4	80.6
2009	0.3	7.3	8.6	8.6	3.0	72.2
2010	0.0	1.8	18.0	13.3	15.1	51.8

2.2　早、中、晚稻间参鉴材料抗性结果分析

由表4可知，早、中、晚稻间参鉴材料抗性水平分布趋势基本一致，感病材料是在各级水稻区试品种中占有极显著优势。但不同稻类间中稻抗病材料相对较多，而早、晚稻抗病材料极度缺乏。

表4　不同类型水稻品种抗性比较结果　　（单位：%）

品种类型	高抗	抗病	中抗	中感	感病	高感
早稻	0.0	0.0	0.6	3.8	5.7	89.9
中稻	0.3	1.2	3.0	2.4	5.2	87.8
晚稻	0.7	5.5	11.1	8.6	6.0	68.0

2.3　不同级别中稻区试参鉴材料抗性结果分析

由表5可知，湖北省区试参鉴材料感病材料高达95%左右，占有绝对优势；国家武陵山区和恩施州区试参鉴材料抗病材料和感病材料几乎各占50%。这充分表明我国抗病品种选育已进入了一个较快发展阶段，在区试品种审定过程中实行高感品种淘汰制度是行之有效的措施。

表5　不同级别中稻区试参鉴材料抗性结果　　（单位：%）

区试级别	高抗	抗病	中抗	中感	感病	高感
国家	0.6	13.5	25.1	12.9	9.1	38.9
湖北省	0.0	0.3	2.6	2.2	4.1	90.8
恩施州	2.8	11.0	18.5	21.4	7.8	38.4

2.4 早稻不同年份间参鉴材料抗性结果分析

由表 6 可知，早稻各年度间参鉴材料抗性水平分布趋势基本一致，感病材料是在各级早稻区试品种中占有绝对优势。这表明，加强早稻抗病品种选育和区试筛选应成为今后的重点。

表 6　早稻不同年份间参鉴材料抗性结果　　　　（单位:%）

年份	高抗	抗病	中抗	中感	感病	高感
2004	0.0	0.0	2.9	2.9	5.7	88.6
2005	0.0	0.0	0.0	0.0	0.0	100.0
2006	0.0	0.0	0.0	12.1	9.1	78.8
2007	0.0	0.0	0.0	0.0	9.4	90.6
2008	0.0	0.0	0.0	0.0	0.0	100.0
2009	0.0	0.0	0.0	4.2	4.2	91.7
2010	0.0	0.0	0.0	0.0	0.0	100.0

2.5 晚稻不同年份间参鉴材料抗性结果分析

由表 7 可知，晚稻各年度间参鉴材料抗性水平分布趋势基本一致，感病材料是在各级晚稻区试品种中占有极显著优势，但抗病材料多于早稻。这表明，加强晚稻抗病品种选育和区试筛选也应成为今后的重点。

表 7　晚稻不同年份间参鉴材料抗性结果　　　　（单位:%）

年份	高抗	抗病	中抗	中感	感病	高感
2004	0.0	2.3	6.8	2.3	20.5	68.2
2005	0.0	4.5	0.0	1.5	3.0	90.9
2006	1.6	0.0	6.5	6.5	3.2	82.3
2007	0.0	0.0	0.0	0.0	1.5	98.5
2008	0.0	1.5	1.5	6.0	4.5	86.6
2009	0.0	0.0	3.4	2.3	3.4	90.9
2010	0.0	1.8	7.1	14.3	19.6	57.1

2.6 中稻不同年份间参鉴材料抗性结果分析

由表 8 可知，中稻各年度间参鉴材料抗性水平分布趋势基本一致，感病材料是在各级中稻区试品种中占有显著优势，但抗病材料明显多于早稻和晚稻。这充分表明中稻抗病品种选育和区试筛选工作有成效，但也有待进一步提高。

表 8　中稻不同年份间参鉴材料抗性结果　　　　（单位:%）

年份	高抗	抗病	中抗	中感	感病	高感
2004	0.0	12.8	13.2	9.1	15.8	49.1
2005	0.0	0.7	7.0	2.2	2.6	87.4

（续表）

年份	高抗	抗病	中抗	中感	感病	高感
2006	2.9	3.8	15.4	6.4	5.1	66.3
2007	0.0	0.4	7.8	14.6	4.1	73.1
2008	0.0	0.4	2.2	11.0	8.8	77.5
2009	0.4	10.4	11.2	11.2	2.7	64.1
2010	0.0	1.9	22.1	14.3	15.5	46.1

3 小结与讨论

（1）长期以来，我国水稻品种选育和区试筛选工作一直是以高产、优质为主要目标，致使品种的抗性基因在不断地筛选过程中被淘汰，从而造成现行推广的高产优质品种中感病品种占据了绝对优势，使水稻生产的安全隐患越来越大，农药的使用量也随之增加。

（2）早稻和晚稻抗病品种极度缺乏，应加大区试抗性品种的筛选力度，促进抗病品种选育水平提高。

（3）国家区试（武陵山区）和恩施州区试表明，加大区试抗病品种筛选力度，能显著提高品种的抗病性，该工作应该逐步加强。特别是在抗病性鉴定基础设施和体系建设方面应引起足够重视。

参考文献

[1] 吴双清，龙家顺，张和炎，等. 水稻品种抗瘟性自然诱发鉴定体系探讨［J］. 湖北农业科学，2002（2）：14-15.

[2] DB42/T 208—2001，农作物品种区域试验抗病性鉴定操作规程［S］. 湖北省地方标准.

[3] 杨士华，廖琴. 中国水稻品种试验与审定［M］. 中国农业科学技术出版社，2005.

[4] 吴双清，王林. 建立稻瘟病自然诱发鉴定体系的关键技术［J］. 中国稻米，2010，16（2）：47-48，66.

［此文原刊载于《中国稻米》，2011，17（4）：53-55］

第四部分

应　用　成　效

2002—2019 年国家武陵山区和恩施州水稻区试品种稻瘟病抗性鉴定汇总报告

吴双清 王 林 揭春玉 吴 尧 韩 玉

（恩施州农科院植保土肥所）

水稻稻瘟病是影响武陵山区水稻稳产、高产的制约因素。实践证明推广抗病良种是防灾减灾最经济有效的措施。为此，在全国农业技术推广服务中心和湖北省种子管理局的支持和精心组织下，于 2002—2019 年在武陵山区开展了水稻区试品种稻瘟病抗性鉴定工作，现将结果汇总如下，不妥之处，敬请指正。

1 材料与方法

1.1 参鉴材料

2002—2019 年国家武陵山区和恩施州水稻区试品种稻瘟病抗性鉴定参鉴材料共计 77 组，1 301 份次，实鉴材料 1 286 份次。2002—2019 年国家武陵山区和恩施州水稻区试品种稻瘟病抗性鉴定参鉴材料统计结果见表 1。各年度详细情况见表 2。

表 1 2002—2019 年国家武陵山区和恩施州水稻区试品种稻瘟病抗性鉴定参鉴材料统计

鉴定年份	鉴定组数	参鉴材料份数	实鉴材料份数	鉴定年份	鉴定组数	参鉴材料份数	实鉴材料份数
2002	1	12	11	2012	4	73	73
2003	3	57	57	2013	4	77	77
2004	5	122	121	2014	4	80	80
2005	5	107	107	2015	3	38	37
2006	8	148	136	2016	3	37	37
2007	7	108	108	2017	3	38	38
2008	5	82	82	2018	3	35	35
2009	7	92	92	2019	3	44	44
2010	5	81	81	总计	77	1301	1286
2011	4	70	70				

表 2 国家武陵山区和恩施州水稻区试品种稻瘟病抗性鉴定参鉴材料

年度	组别	参鉴材料（份）	实鉴材料（份）
2002	国家武陵山区中稻区试组	12	11
2003	国家武陵山区中稻区试组	12	12
	国家武陵山区中稻预试组	35	35
	恩施州中稻区试组	10	10
2004	国家武陵山区中稻区试组	12	12
	国家武陵山区中稻预试组	58	58
	恩施州迟熟中稻区试组	13	13
	恩施州中熟中稻区试组	13	13
	恩施州中稻预试组	26	25
2005	国家武陵山区中稻区试组	11	11
	国家武陵山区中稻预试组	62	62
	恩施州迟熟中稻区试 A 组	13	13
	恩施州迟熟中稻区试 B 组	12	12
	恩施州中熟中稻区试组	9	9
2006	国家武陵山区中稻区试组	11	11
	国家武陵山区中稻预试组	52	40
	恩施州迟熟中稻区试 A 组	13	13
	恩施州迟熟中稻区试 B 组	14	14
	恩施州迟熟中稻区试 C 组	14	14
	恩施州早熟中稻区试 A 组	9	9
	恩施州早熟中稻区试 B 组	8	8
	恩施州高山粳稻区试组	27	27
2007	国家武陵山区中稻区试组	11	11
	国家武陵山区中稻预试组	38	38
	恩施州迟熟中稻区试 A 组	13	13
	恩施州迟熟中稻区试 B 组	13	13
	恩施州迟熟中稻区试 C 组	13	13
	恩施州早熟中稻区试 A 组	10	10
	恩施州早熟中稻区试 B 组	10	10
2008	国家武陵山区中稻区试组	12	12
	国家武陵山区中稻预试组	38	38
	恩施州迟熟中稻区试 A 组	11	11
	恩施州迟熟中稻区试 B 组	10	10
	恩施州早熟中稻区试组	11	11
2009	国家武陵山区中稻区试组	13	13
	国家武陵山区中稻预试组	32	32
	恩施州迟熟中稻区试 A 组	14	14
	恩施州迟熟中稻区试 B 组	14	14
	恩施州早熟中稻区试 A 组	10	10
	恩施州早熟中稻区试 B 组	9	9

（续表）

年度	组别	参鉴材料（份）	实鉴材料（份）
2010	国家武陵山区中稻区试组	13	13
	国家武陵山区中稻预试组	36	36
	恩施州迟熟中稻区试 A 组	10	10
	恩施州迟熟中稻区试 B 组	10	10
	恩施州早熟中稻区试组	12	12
2011	国家武陵山区中稻区试组	13	13
	国家武陵山区中稻预试组	38	38
	恩施州迟熟中稻区试组	10	10
	恩施州早熟中稻区试组	9	9
2012	国家武陵山区中稻区试组	12	12
	国家武陵山区中稻预试组	41	41
	恩施州迟熟中稻区试组	10	10
	恩施州早熟中稻区试组	10	10
2013	国家武陵山区中稻区试组	13	13
	国家武陵山区中稻预试组	42	42
	恩施州迟熟中稻区试组	10	10
	恩施州早熟中稻区试组	12	12
2014	国家武陵山区中稻区试组	13	13
	国家武陵山区中稻预试组	43	43
	恩施州迟熟中稻区试组	13	13
	恩施州早熟中稻区试组	11	11
2015	国家武陵山区中稻区试组	13	12
	恩施州迟熟中稻区试组	13	13
	恩施州早熟中稻区试组	12	12
2016	国家武陵山区中稻区试组	13	13
	恩施州迟熟中稻区试组	13	13
	恩施州早熟中稻区试组	11	11
2017	国家武陵山区中稻区试组	13	13
	恩施州迟熟中稻区试组	13	13
	恩施州早熟中稻区试组	12	12
2018	国家武陵山区中稻区试组	13	13
	恩施州迟熟中稻区试组	10	10
	恩施州早熟中稻区试组	12	12
2019	国家武陵山区中稻区试组	16	16
	恩施州迟熟中稻区试组	13	13
	恩施州早熟中稻区试组	15	15

1.2　鉴定机构和病圃分布

2002—2019 年国家武陵山区和恩施州水稻区试品种稻瘟病抗性鉴定先后共使用过 1 个主鉴圃和 4 个辅鉴圃，2002—2019 年国家武陵山区和恩施州水稻区试品种稻瘟病抗性鉴定病圃概况详见表3。各年度病圃网络分布状况详见表4。

表3　2002—2019年国家武陵山区和恩施州水稻区试品种稻瘟病抗性鉴定病圃概况

病圃名称	两河病圃	红庙病圃	龙洞病圃	把界病圃	青山病圃
病圃类型	主鉴圃	辅鉴圃	辅鉴圃	辅鉴圃	辅鉴圃
建圃年份	1981	1998	2003	2008	2011
经度	E109°12′	E109°28′	E109°30′	E109°03′	E109°11′
纬度	N30°07′	N30°19′	N30°18′	N29°43′	N29°43′
海拔高度（m）	1 005	430	429	550	680
病圃地址	恩施市白果乡两河口村	恩施州农科院红庙基地	恩施州农科院龙洞基地	咸丰县清平镇把界村	咸丰县高乐山镇青山坡村
鉴定机构	恩施州农科院植保土肥所				

表4　国家武陵山区和恩施州水稻区试品种各年度稻瘟病病圃网络分布状况

年度	鉴定机构	病圃类型	病圃名称	鉴定对象
2002	恩施州红庙农科所植保室	主鉴圃	两河病圃	中稻
	恩施州红庙农科所植保室	辅鉴圃	红庙病圃	中稻
2003	恩施州红庙农科所植保室	主鉴圃	两河病圃	中稻
	恩施州红庙农科所植保室	辅鉴圃	红庙病圃	中稻
	恩施州红庙农科所植保室	辅鉴圃	龙洞病圃	中稻
2004—2007	恩施州农科院植保土肥所	主鉴圃	两河病圃	中稻
	恩施州农科院植保土肥所	辅鉴圃	龙洞病圃	中稻
2008—2010	恩施州农科院植保土肥所	主鉴圃	两河病圃	中稻
	恩施州农科院植保土肥所	辅鉴圃	龙洞病圃	中稻
	恩施州农科院植保土肥所	辅鉴圃	把界病圃	中稻
2011—2012	恩施州农科院植保土肥所	主鉴圃	两河病圃	中稻
	恩施州农科院植保土肥所	辅鉴圃	龙洞病圃	中稻
	恩施州农科院植保土肥所	辅鉴圃	青山病圃	中稻
2013—2019	恩施州农科院植保土肥所	主鉴圃	两河病圃	中稻
	恩施州农科院植保土肥所	辅鉴圃	红庙病圃	中稻
	恩施州农科院植保土肥所	辅鉴圃	青山病圃	中稻

1.3　鉴定方法

通过在病区设置病圃，采用自然诱发鉴定法鉴定。其调查方法、记载标准以及资料整理均执行国家统一标准。

1.4　评价体系

1.4.1　抗性评价指标

抗性评价指标有：主鉴圃和辅鉴圃最高穗瘟损失率抗级和最高年度抗性指数。

首先根据各参鉴材料最高穗瘟损失率抗级进行抗性等级评价，分别划分为高抗、抗病、中抗、中感、感病和高感6个类型。一年一圃、一年多圃、多年一圃和多年多圃的抗性评价结论均以有效主鉴圃和辅鉴圃最高穗瘟损失率抗级为评价指标。其次再根据最高年度抗性指数进行抗性生态适应性评价，主要分析与区试对照品种的差异性。差异性通过比较各参试材料与该组对照品种的年度抗性指数，划分为显著优于（优于对照 3.5 个等级差或以上）、优于（优于对照 1.5~3.4 个等级差）、轻于（优于对照 0.5~1.4 个等级差）、相当（与对照相差-0.5~0.4 个等级差）、劣于（劣于对照-0.5 个等级以下）5 种类型。一年一圃、一年多圃、多年一圃和多年多圃与对照品种差异性比较均以最高年度抗性指数作为评价指标。

1.4.2　抗性评价结论检验

主鉴圃和辅鉴圃实行指示品种监测法检验制度。若指示品种穗瘟病穗率平均抗级>4.5 时，则认为该病圃当年抗性鉴定结果有效。只有有效病圃的鉴定结果才能作为抗性评价依据使用。

1.4.3　抗性评价结论利用

区试品种抗性评价结论是抗病品种区试、续试和审定的依据，也是淘汰高感病品种的依据；所有审定品种的公告都应使用统一的抗性评价结论。

抗性评价结论执行国家武陵山区水稻品种评审标准，凡是抗性评价结论为中抗或中抗以上的品种的建议作为抗病品种优先推荐区试、续试或审定；凡是抗性评价结论为中感的品种建议作为抗性较好品种推荐区试、续试或审定；凡是凡是抗性评价结论为感病和高感或者年度抗性指数大于 5.0 的品种建议作为淘汰对象。

2　结果与分析

各年度和各组区试品种鉴定结果和评价结论详见表 5~表 171。

表 5　国家武陵山区中稻区试品种稻瘟病抗性鉴定结果与评价结论（2002 年）

品种名称	红庙病圃		两河病圃				最高病穗率抗级	抗性评价
	病穗率（%）	病穗率抗级	叶瘟病级	病指	病穗率（%）	病穗率抗级		
Ⅱ优 527	6.7	3	3	22.0	30.0	7	7	感病
福优 218	0.0	0	2	2.8	4.0	1	1	抗病
福优 325	0.8	1	3	3.8	7.0	3	3	中抗
金穗 9 号	0.0	0	3	3.8	7.0	3	3	中抗
宜香优 3678	0.8	1	5	90.0	100.0	9	9	高感
清江 2 号	0.0	0	3	4.2	7.0	3	3	中抗
冈优 202	0.8	1	4	100.0	100.0	9	9	高感
K 优 8615	1.7	1	5	100.0	100.0	9	9	高感
遵优 1 号	12.5	5	5	100.0	100.0	9	9	高感
亚杂 1 号	—	—	2	迟	—	—	—	
汕优 63CK	1.2	1	5	68.3	83.2	9	9	高感
Ⅱ优 58CK	5.0	3	5	78.0	100.0	9	9	高感

表 6　国家武陵山区中稻区试品种稻瘟病抗性鉴定各病圃结果（2003 年）

品种名称	红庙病圃			龙洞病圃			两河病圃		
	叶瘟病级	病穗率抗级	损失率抗级	叶瘟病级	病穗率抗级	损失率抗级	叶瘟病级	病穗率抗级	损失率抗级
冈优 202	4	3	1	2	0	0	2	5	3
清江 2 号	1	0	0	2	0	0	1	3	1
金穗 9 号	1	0	0	1	0	0	3	0	0
金谷 202	1	0	0	2	1	1	3	5	3
清优 1 号	3	0	0	2	1	1	3	5	3
陆两优 63	1	0	0	1	0	0	3	3	1
陆两优 106	1	1	1	3	1	1	3	1	1
宜香优 3003	2	1	1	3	0	0	3	5	1
福优 310	1	1	1	3	0	0	2	0	0
富优 1 号	2	1	1	2	0	0	2	3	1
准两优 527	2	1	1	2	1	1	2	5	1
Ⅱ优 58CK	2	1	1	2	3	1	2	5	3

表 7　国家武陵山区中稻区试品种稻瘟病抗性评价结果（2003 年）

品种名称	抗性指数	与 CK 比较	最高损失率抗级	抗性评价	综合表现
Ⅱ优 58CK	2.1		3	中抗	好
冈优 202	2.0	相当	3	中抗	好
清江 2 号	0.8	轻于	1	抗病	好
金穗 9 号	0.4	优于	0	高抗	好
金谷 202	1.7	相当	3	中抗	好
清优 1 号	1.8	相当	3	中抗	好
陆两优 63	0.8	轻于	1	抗病	好
陆两优 106	1.3	轻于	1	抗病	好
宜香优 3003	1.5	轻于	1	抗病	好
福优 310	0.8	轻于	1	抗病	好
富优 1 号	1.2	轻于	1	抗病	好
准两优 527	1.6	轻于	1	抗病	好

表 8　国家武陵山区中稻预试品种稻瘟病抗性鉴定各病圃结果（2003 年）

品种名称	红庙病圃			龙洞病圃			两河病圃		
	叶瘟病级	病穗率抗级	损失率抗级	叶瘟病级	病穗率抗级	损失率抗级	叶瘟病级	病穗率抗级	损失率抗级
忠早优 5 号	3	1	1	3	3	1	1	0	0
忠早优 4 号	3	0	0	1	0	0	2	1	1
福优 9805	2	0	0	3	0	0	2	3	1
赛恩 2 号	3	3	1	3	1	1	3	5	3
神农稻 308	1	1	1	2	1	1	2	3	1
神农稻 307	5	1	1	5	0	0	5	3	1

（续表）

品种名称	红庙病圃			龙洞病圃			两河病圃		
	叶瘟病级	病穗率抗级	损失率抗级	叶瘟病级	病穗率抗级	损失率抗级	叶瘟病级	病穗率抗级	损失率抗级
D香优101	3	3	3	3	1	1	3	7	3
D优128	1	1	1	2	3	1	2	5	3
冈优310	4	0	0	4	1	1	6	5	1
Ⅱ优310	2	3	1	3	1	1	4	7	3
Ⅱ优319	2	1	1	4	1	1	2	5	3
水晶3号	7	1	1	8	9	7	8	9	9
Ⅱ优418	2	0	0	4	0	0	1	1	1
渝优5号	0	0	0	3	1	1	3	5	1
冈优808	0	3	1	2	3	1	3	5	3
金优117	0	1	1	3	0	0	2	5	1
WZ11	0	3	1	2	1	1	4	5	3
WZ10	1	1	1	1	0	0	1	5	1
Ⅱ优112	1	1	1	2	1	1	2	5	1
株两优58	3	1	1	3	1	1	3	5	3
川香优3号	2	0	0	3	0	0	2	1	1
中优456	0	1	1	3	1	1	5	3	1
Ⅱ优139	1	1	1	4	1	1	3	5	3
Ⅱ优1273	0	1	1	3	0	0	1	5	1
T优300	1	1	1	2	1	1	2	3	1
T优441	1	0	0	1	0	0	1	3	1
Ⅱ优616	1	3	1	2	7	3	5	5	3
D11A/抗527	1	0	0	3	0	0	2	0	0
Ⅱ优4092	3	1	1	3	1	1	5	5	3
宜香优16号	2	0	0	3	0	0	3	3	1
宜香优1997	0	3	1	3	0	0	3	5	1
Ⅱ优2292	1	0	0	3	0	0	4	5	3
福优桂99	1	0	0	3	1	1	3	1	1
渝优86	1	1	1	3	1	1	2	5	1
Ⅱ优58CK	2	1	1	2	3	1	2	5	3

表9　国家武陵山区中稻预试品种稻瘟病抗性评价结论（2003年）

品种名称	抗性指数	与CK比较	最高损失率抗级	抗性评价	综合表现
Ⅱ优58CK	2.1		3	中抗	好
忠早优5号	1.3	轻于	1	抗病	好
忠早优4号	0.8	轻于	1	抗病	好
福优9805	1.0	轻于	1	抗病	好
赛恩2号	2.3	相当	3	中抗	好
神农稻308	1.3	轻于	1	抗病	好
神农稻307	1.9	相当	1	抗病	好

（续表）

品种名称	抗性指数	与CK比较	最高损失率抗级	抗性评价	综合表现
D香优101	2.8	劣于	3	中抗	好
D优128	2.0	相当	3	中抗	好
冈优310	2.0	相当	1	抗病	好
Ⅱ优310	2.5	相当	3	中抗	好
Ⅱ优319	2.1	相当	3	中抗	好
水晶3号	6.3	劣于	9	高感	淘汰
Ⅱ优418	0.8	轻于	1	抗病	好
渝优5号	1.3	轻于	1	抗病	好
冈优808	2.2	相当	3	中抗	好
金优117	1.3	轻于	1	抗病	好
WZ11	2.1	相当	3	中抗	好
WZ10	1.1	轻于	1	抗病	好
Ⅱ优112	1.5	轻于	1	抗病	好
株两优58	2.2	相当	3	中抗	好
川香优3号	0.8	轻于	1	抗病	好
中优456	1.6	轻于	1	抗病	好
Ⅱ优139	2.1	相当	3	中抗	好
Ⅱ优1273	1.2	轻于	1	抗病	好
T优300	1.3	轻于	1	抗病	好
T优441	0.7	轻于	1	抗病	好
Ⅱ优616	3.1	劣于	3	中抗	好
D11A/抗527	0.5	优于	0	高抗	好
Ⅱ优4092	2.3	相当	3	中抗	好
宜香优16号	1.1	轻于	1	抗病	好
宜香优1997	1.5	轻于	1	抗病	好
Ⅱ优2292	1.6	轻于	3	中抗	好
福优桂99	1.1	轻于	1	抗病	好
渝优86	1.6	轻于	1	抗病	好

表10　恩施州中稻区试品种稻瘟病抗性鉴定各病圃结果（2003年）

品种名称	红庙病圃			龙洞病圃			两河病圃		
	叶瘟病级	病穗率抗级	损失率抗级	叶瘟病级	病穗率抗级	损失率抗级	叶瘟病级	病穗率抗级	损失率抗级
N069	1	0	0	3	0	0	1	5	3
谷丰1号	1	0	0	2	0	0	2	5	3
福优98-5	1	0	0	3	0	0	2	5	1
金优桂99	1	1	1	3	0	0	1	1	1
福优8号	1	0	0	4	0	0	1	3	1
金优82	1	0	0	3	0	0	2	5	3
金优995	1	0	0	2	1	1	2	3	1
Ⅱ优58CK	2	0	0	2	3	1	2	5	3
恩优58	1	1	1	1	1	1	1	1	1
Ⅱ优145	1	0	0	3	0	0	2	1	1

表 11　恩施州中稻区试品种稻瘟病抗性评价结论（2003 年）

品种名称	抗性指数	与 CK 比较	最高损失率抗级	抗性评价	综合表现
Ⅱ优 58CK	1.8		3	中抗	好
N069	1.3	轻于	3	中抗	好
谷丰 1 号	1.3	轻于	3	中抗	好
福优 98-5	1.1	轻于	1	抗病	好
金优桂 99	0.9	轻于	1	抗病	好
福优 8 号	0.9	轻于	1	抗病	好
金优 82	1.4	相当	3	中抗	好
金优 995	1.1	轻于	1	抗病	好
恩优 58	1.0	轻于	1	抗病	好
Ⅱ优 145	0.8	轻于	1	抗病	好

表 12　国家武陵山区中稻区试品种稻瘟病抗性鉴定各病圃结果（2004 年）

品种名称	龙洞病圃			两河病圃		
	叶瘟病级	病穗率（%）	损失率（%）	叶瘟病级	病穗率（%）	损失率（%）
准两优 527	2	6.0	1.8	4	68.0	28.0
富优 1 号	2	0.0	0.0	4	3.0	0.6
金谷 202	2	7.0	2.3	4	39.0	13.3
福优 310	2	0.0	0.0	4	3.0	0.6
宜香优 3003	4	5.0	2.2	5	60.0	22.5
T 优 300	2	1.0	0.2	4	17.0	8.0
金优 117	2	13.0	3.2	3	19.0	6.0
T 优 441	2	0.0	0.0	3	12.0	4.5
宜香优 1979	2	0.0	0.0	4	24.0	7.8
忠早优 4 号	2	0.0	0.0	2	80.0	26.5
冈优 808	2	0.0	0.0	5	43.0	18.6
Ⅱ优 58CK	3	6.0	1.4	4	75.0	35.4

表 13　国家武陵山区中稻区试品种稻瘟病抗性评价结论（2004 年）

品种名称	抗性指数	与 CK 比较	最高损失率抗级	抗性评价	综合表现
Ⅱ优 58CK	4.4		7	感病	一般
准两优 527	4.3	相当	7	感病	淘汰
富优 1 号	1.1	优于	1	抗病	好
金谷 202	3.0	轻于	3	中抗	好
福优 310	1.4	优于	1	抗病	好
宜香优 3003	3.9	轻于	5	中感	较好
T 优 300	2.5	优于	3	中抗	好
金优 117	2.9	优于	3	中抗	好
T 优 441	1.5	优于	1	抗病	好
宜香优 1979	2.1	优于	3	中抗	好
忠早优 4 号	3.4	轻于	7	感病	淘汰
冈优 808	2.8	优于	5	中感	较好

表 14　国家武陵山区中稻预试品种稻瘟病抗性鉴定各病圃结果（2004 年）

品种名称	龙洞病圃			两河病圃		
	叶瘟病级	病穗率（%）	损失率（%）	叶瘟病级	病穗率（%）	损失率（%）
Q 优 5 号	3	3.0	0.5	2	100.0	46.0
渝优 27 号	3	11.0	3.7	4	37.0	14.9
渝优 199	4	8.0	1.8	3	6.0	2.1
科优 13 号	3	6.0	0.8	4	18.0	7.5
株 S/214	3	3.0	1.2	3	85.0	35.0
福伊 A/228	3	4.0	2.0	3	4.0	1.4
科裕 9 号	3	4.0	0.8	4	52.0	21.3
清 04-1	2	1.0	0.5	3	12.0	4.8
金 23A/R61-3-5	2	0.0	0.0	4	47.0	21.9
Ⅱ优 502	4	15.0	3.5	4	21.0	8.8
H297A/527	3	5.0	1.6	2	43.0	14.6
Ⅱ优 360	2	5.0	1.3	4	22.0	9.6
农嘉 3 号	3	2.0	0.6	3	3.0	0.6
金优 175	3	0.0	0.0	3	3.0	0.6
神农稻 317	2	0.0	0.0	5	58.0	24.0
D78A×527	4	5.0	1.8	3	13.0	5.0
WZ-14	2	0.0	0.0	4	37.0	16.8
金优 997	2	2.0	1.0	3	34.0	13.4
渝优 1351	1	17.0	5.8	4	24.0	12.4
新丰 752	2	3.0	1.5	6	100.0	72.0
岗优 88	2	50.0	23.0	5	95.0	47.0
K 优 88	4	1.0	0.5	4	37.0	14.0
Ⅱ优 117	2	11.0	2.4	4	17.8	7.6
为天九号	2	7.8	3.2	5	21.0	7.8
西农优 3 号	3	17.0	7.0	5	65.0	25.0
中优 507	4	15.0	6.6	5	100.0	71.0
遵优 3 号	3	9.0	3.9	5	100.0	45.0
鹤城 2 号	2	9.0	3.9	4	40.0	12.5
宜香 2084	2	0.0	0.0	6	100.0	78.0
宜香 1825	2	0.0	0.0	5	75.0	33.0
Ⅱ优 1525	3	6.0	3.4	4	18.0	10.0
Ⅱ优 1979	2	2.0	1.0	4	47.0	19.9
SD-19	3	4.0	2.4	3	88.0	35.1
F3128	3	6.0	2.4	2	90.0	31.5
F3003	2	3.0	0.9	2	24.0	9.9
F3017	3	6.0	2.4	3	80.0	29.5
宜香 1A/9303	2	0.0	0.0	3	20.0	7.6
净优 2 号	3	0.0	0.0	4	100.0	81.5
谷优 247	3	31.0	13.4	3	3.0	0.6

（续表）

品种名称	龙洞病圃			两河病圃		
	叶瘟病级	病穗率（%）	损失率（%）	叶瘟病级	病穗率（%）	损失率（%）
谷优航 1 号	3	2.0	1.0	4	4.0	0.8
谷优 3139	3	0.0	0.0	4	4.0	0.8
丰优 74	3	2.0	1.0	4	65.0	20.5
D 优 368	3	4.0	2.0	4	61.0	23.6
F3001	1	2.0	0.1	4	14.0	0.4
Ⅱ优 366	2	0.0	0.0	5	75.0	27.0
Ⅱ优 2605	2	2.0	0.1	4	65.0	28.5
Ⅱ优 154	4	2.0	0.7	5	85.0	41.5
汕优 416	3	2.0	1.0	4	85.0	30.5
Ⅱ优 416	3	2.0	0.1	3	13.0	6.4
T 优 416	3	0.0	0.0	3	43.0	13.1
Ⅱ优 1102	3	3.0	0.6	4	43.0	18.6
Ⅱ优 468	3	3.0	1.5	4	34.0	13.7
Ⅱ优 152	3	5.0	0.8	3	31.0	11.6
Ⅱ优 G468	3	4.0	1.1	3	21.0	7.8
深优 469	3	0.0	0.0	4	8.2	3.6
全优 527	2	6.0	0.8	3	2.0	0.4
谷优 3189	2	0.0	0.0	3	2.0	0.4
Ⅱ优 58CK	2	4.0	1.1	5	46.0	22.7

表 15　国家武陵山区中稻预试品种稻瘟病抗性评价结论（2004 年）

品种名称	抗性指数	与 CK 比较	最高损失率抗级	抗性评价	综合表现
Ⅱ优 58CK	3.4		5	中感	较好
Q 优 5 号	3.9	相当	7	感病	淘汰
渝优 27 号	3.4	相当	3	中抗	好
渝优 199	2.9	轻于	3	中抗	好
科优 13 号	2.9	轻于	3	中抗	好
株 S/214	4.0	劣于	7	感病	淘汰
福伊 A/228	1.5	优于	1	抗病	好
科裕 9 号	3.6	相当	5	中感	较好
清 04-1	1.9	优于	1	抗病	好
金 23A/R61-3-5	2.9	轻于	5	中感	较好
Ⅱ优 502	3.3	相当	3	中抗	好
H297A/527	2.6	轻于	3	中抗	好
Ⅱ优 360	2.5	轻于	3	中抗	好
农嘉 3 号	1.5	优于	1	抗病	好
金优 175	1.1	优于	1	抗病	好
神农稻 317	3.3	相当	5	中感	较好
D78A×527	2.1	轻于	1	抗病	好

（续表）

品种名称	抗性指数	与 CK 比较	最高损失率抗级	抗性评价	综合表现
WZ-14	2.9	轻于	5	中感	较好
金优 997	2.6	轻于	3	中抗	好
渝优 1351	3.4	相当	3	中抗	好
新丰 752	4.8	劣于	9	高感	淘汰
岗优 88	5.9	劣于	7	感病	淘汰
K 优 88	3.0	相当	3	中抗	好
Ⅱ优 117	3.0	相当	3	中抗	好
为天九号	2.9	轻于	3	中抗	好
西农优 3 号	4.8	劣于	5	中感	较好
中优 507	5.9	劣于	9	高感	淘汰
遵优 3 号	4.5	劣于	7	感病	淘汰
鹤城 2 号	3.0	相当	3	中抗	好
宜香 2084	4.4	劣于	9	高感	淘汰
宜香 1825	3.8	相当	7	感病	淘汰
Ⅱ优 1525	2.9	轻于	3	中抗	好
Ⅱ优 1979	3.3	相当	5	中感	较好
SD-19	4.0	劣于	7	感病	淘汰
F3128	4.1	劣于	7	感病	淘汰
F3003	2.3	轻于	3	中抗	好
F3017	4.3	劣于	7	感病	淘汰
宜香 1A/9303	2.0	轻于	3	中抗	好
净优 2 号	4.3	劣于	9	高感	淘汰
谷优 247	3.3	相当	5	中感	较好
谷优航 1 号	1.6	优于	1	抗病	好
谷优 3139	1.5	优于	1	抗病	好
丰优 74	3.6	相当	5	中感	较好
D 优 368	3.6	相当	5	中感	较好
F3001	1.9	优于	1	抗病	好
Ⅱ优 366	3.8	相当	7	感病	淘汰
Ⅱ优 2605	4.0	劣于	7	感病	淘汰
Ⅱ优 154	4.4	劣于	7	感病	淘汰
汕优 416	4.1	劣于	7	感病	淘汰
Ⅱ优 416	2.5	轻于	3	中抗	好
T 优 416	2.4	轻于	3	中抗	好
Ⅱ优 1102	3.4	相当	5	中感	较好
Ⅱ优 468	2.9	轻于	3	中抗	好
Ⅱ优 152	2.8	轻于	3	中抗	好
Ⅱ优 G468	2.5	轻于	3	中抗	好
深优 469	1.5	优于	1	抗病	好
全优 527	1.6	优于	1	抗病	好
谷优 3189	1.0	优于	1	抗病	好

表 16　恩施州迟熟中稻区试组品种稻瘟病抗性鉴定各病圃结果（2004 年）

品种名称	龙洞病圃			两河病圃		
	叶瘟病级	病穗率（%）	损失率（%）	叶瘟病级	病穗率（%）	损失率（%）
福优 98-5	2	2.0	0.4	3	9.0	2.4
国丰 1 号	1	2.0	1.0	2	100.0	41.0
Ⅱ优 418	2	4.0	1.4	2	1.0	0.2
27 优 325	2	5.0	1.6	2	8.0	2.8
Ⅱ优 183	3	8.0	3.1	4	23.0	12.5
清丰 248	3	2.0	1.0	4	6.0	1.2
清优 248	2	2.0	0.4	4	9.0	3.6
清优 417	2	29.0	13.1	3	100.0	60.0
谷优 251	2	16.0	7.4	3	23.0	9.6
谷优航 1 号	2	3.0	0.6	3	4.0	0.8
Ⅱ优 145	1	3.0	0.6	3	4.0	0.8
Ⅱ优 264	1	2.0	0.4	3	2.0	0.4
Ⅱ优 58CK	2	2.0	0.4	3	36.0	17.1

表 17　恩施州迟熟中稻组区试品种稻瘟病抗性评价结论（2004 年）

品种名称	抗性指数	与 CK 比较	最高损失率抗级	抗性评价	综合表现
Ⅱ优 58CK	3.1		5	中感	较好
福优 98-5	1.6	优于	1	抗病	好
国丰 1 号	3.6	劣于	7	感病	淘汰
Ⅱ优 418	1.3	优于	1	抗病	好
27 优 325	1.5	优于	1	抗病	好
Ⅱ优 183	2.9	相当	3	中抗	好
清丰 248	1.9	轻于	1	抗病	好
清优 248	1.8	轻于	1	抗病	好
清优 417	6.1	劣于	9	高感	淘汰
谷优 251	3.4	相当	3	中抗	好
谷优航 1 号	1.4	优于	1	抗病	好
Ⅱ优 145	1.3	优于	1	抗病	好
Ⅱ优 264	1.3	优于	1	抗病	好

表 18　恩施州中熟中稻区试组品种稻瘟病抗性鉴定各病圃结果（2004 年）

品种名称	龙洞病圃			两河病圃		
	叶瘟病级	病穗率（%）	损失率（%）	叶瘟病级	病穗率（%）	损失率（%）
金优 132	1	20.0	8.5	2	28.5	13.8
Ⅱ优 132	1	2.0	0.4	3	2.0	1.0
27 优 995	1	7.0	2.9	3	3.0	0.6
宜香优 4723	1	2.0	0.4	3	80.0	32.0

（续表）

品种名称	龙洞病圃			两河病圃		
	叶瘟病级	病穗率（%）	损失率（%）	叶瘟病级	病穗率（%）	损失率（%）
全优福 13	1	4.0	2.0	3	4.0	0.5
全优 82	1	3.0	0.6	2	7.0	2.4
D 优 268	2	6.0	2.1	4	26.0	9.7
福优 150	1	4.0	0.8	3	15.0	2.9
995-100	3	2.0	1.0	4	12.0	2.4
裕丰 2A/237	1	24.0	9.3	5	100.0	58.0
全优 77	2	27.0	9.0	3	31.0	12.2
恩优 58CK1	2	8.0	2.8	4	39.0	18.8
福优 195CK2	2	8.0	2.8	4	9.0	3.9

表 19　恩施州中熟中稻组区试品种稻瘟病抗性评价结论（2004 年）

品种名称	抗性指数	与 CK1 比较	与 CK2 比较	最高损失率抗级	抗性评价	综合表现
恩优 58CK1	3.5		劣于	5	中感	较好
福优 195CK2	2.0	优于		1	抗病	好
金优 132	3.4	相当	劣于	3	中抗	好
Ⅱ优 132	1.3	优于	轻于	1	抗病	好
27 优 995	1.5	优于	轻于	1	抗病	好
宜香优 4723	3.8	相当	劣于	7	感病	淘汰
全优福 13	1.3	优于	轻于	1	抗病	好
全优 82	1.4	优于	轻于	1	抗病	好
D 优 268	3.0	轻于	劣于	3	中抗	好
福优 150	1.8	优于	相当	1	抗病	好
995-100	2.1	轻于	相当	1	抗病	好
裕丰 2A/237	5.5	劣于	劣于	9	高感	淘汰
全优 77	3.9	相当	劣于	3	中抗	好

表 20　恩施州中稻预试组品种稻瘟病抗性鉴定各病圃结果（2004 年）

品种名称	龙洞病圃			两河病圃		
	叶瘟病级	病穗率（%）	损失率（%）	叶瘟病级	病穗率（%）	损失率（%）
品 49	4	8.0	3.1	4	100.0	38.5
03 繁 7	2	6.0	1.2	3	19.0	9.8
9 优 62	3	迟	—	2	迟	—
丝优 62	3	10.0	3.8	2	15.0	3.0
Ⅱ优 3149	2	0.0	0.0	2	21.0	6.6
谷优 70	2	0.0	0.0	2	6.0	1.2
昌优 964	3	0.0	0.0	2	4.0	0.8
Ⅱ优 183	4	6.0	1.8	4	57.0	24.9

（续表）

品种名称	龙洞病圃			两河病圃		
	叶瘟病级	病穗率（%）	损失率（%）	叶瘟病级	病穗率（%）	损失率（%）
谷优 994	3	2.0	0.4	2	3.0	0.6
武香 988	5	8.0	3.1	4	95.0	34.0
川江优 2 号	2	7.0	2.3	4	36.0	14.7
红莲优 6 号	4	12.0	4.8	3	100.0	60.0
金优 175	2	2.0	0.1	4	2.0	0.4
川丰 6 号	2	2.0	1.0	3	39.0	16.8
Q 优 6 号	2	3.0	0.2	5	44.0	21.3
Q 优 2 号	2	0.0	0.0	5	42.0	21.3
Q 优 7 号	3	17.0	7.6	5	100.0	49.0
金优 418	2	3.0	1.5	2	2.0	0.4
麦优 418	2	0.0	0.0	2	2.0	0.4
绵优 418	2	1.0	0.5	2	2.0	0.4
27 优 418	2	1.0	0.5	3	2.0	0.4
金优 264	2	2.0	0.4	2	2.0	0.4
川优 2 号	3	2.0	0.1	4	14.0	4.3
谷优 527	2	2.0	0.4	2	3.0	0.6
Ⅱ优 58CK1	2	3.0	1.5	3	28.0	8.9
恩优 58CK2	2	7.0	2.0	2	24.0	10.2

表 21　恩施州中稻预试组区试品种稻瘟病抗性评价结论（2004 年）

品种名称	抗性指数	与 CK1 比较	与 CK2 比较	最高损失率抗级	抗性评价	综合表现
Ⅱ优 58CK1	2.6		相当	3	中抗	好
恩优 58CK2	2.5	相当		3	中抗	好
品 49	4.5	劣于	劣于	7	感病	淘汰
03 繁 7	2.6	相当	相当	3	中抗	好
丝优 62	2.1	轻于	相当	1	抗病	好
Ⅱ优 3149	1.9	轻于	轻于	3	中抗	好
谷优 70	1.1	优于	轻于	1	抗病	好
昌优 964	1.0	优于	优于	1	抗病	好
Ⅱ优 183	4.0	劣于	劣于	5	中感	较好
谷优 994	1.4	轻于	轻于	1	抗病	好
武香 988	4.6	劣于	劣于	7	感病	淘汰
川江优 2 号	3.0	相当	相当	3	中抗	好
红莲优 6 号	5.1	劣于	劣于	9	高感	淘汰
金优 175	1.5	轻于	轻于	1	抗病	好
川丰 6 号	3.1	劣于	劣于	5	中感	较好
Q 优 6 号	3.4	劣于	劣于	5	中感	较好
Q 优 2 号	3.0	相当	相当	5	中感	较好
Q 优 7 号	5.3	劣于	劣于	7	感病	淘汰

（续表）

品种名称	抗性指数	与 CK1 比较	与 CK2 比较	最高损失率抗级	抗性评价	综合表现
金优 418	1.3	轻于	轻于	1	抗病	好
麦优 418	0.9	优于	优于	1	抗病	好
绵优 418	1.3	轻于	轻于	1	抗病	好
27 优 418	1.4	轻于	轻于	1	抗病	好
金优 264	1.3	轻于	轻于	1	抗病	好
川优 2 号	2.1	轻于	相当	1	抗病	好
谷优 527	1.3	轻于	轻于	1	抗病	好

表 22　国家武陵山区中稻区试品种稻瘟病抗性两年评价结论（2003—2004 年）

区试级别	品种名称	2004 年评价结论		2003 年评价结论		2003—2004 年两年评价结论				
		抗性指数	最高损失率抗级	抗性指数	最高损失率抗级	最高抗性指数	与 CK 比较	最高损失率抗级	抗性评价	综合表现
国家	Ⅱ优 58CK	4.4	7	2.1	3	4.4		7	感病	一般
	福优 310	1.4	1	0.8	1	1.4	优于	1	抗病	好
	富优 1 号	1.1	1	1.2	1	1.2	优于	1	抗病	好
	金谷 202	3.0	3	1.7	3	3.0	轻于	3	中抗	好
	宜香优 3003	3.9	5	1.5	1	3.9	轻于	5	中感	较好
	准两优 527	4.3	7	1.6	1	4.3	相当	7	感病	一般
湖北省	Ⅱ优 58CK	3.1	5	1.8	3	3.1		5	中感	较好
	Ⅱ优 145	1.3	1	0.8	1	1.3	优于	1	抗病	好
	福优 98-5	1.6	1	1.1	1	1.6	优于	1	抗病	好
	清优 248	1.8	1	1.9	1	1.9	轻于	1	抗病	好

表 23　国家武陵山区中稻区试品种稻瘟病抗性鉴定各病圃结果（2005 年）

品种名称	龙洞病圃			两河病圃		
	叶瘟病级	病穗率（%）	损失率（%）	叶瘟病级	病穗率（%）	损失率（%）
F3017	4	3.0	1.5	8	100.0	97.0
全优 527	3	0.0	0.0	3	11.0	3.1
Ⅱ优 468	3	8.0	4.0	8	100.0	88.0
SD-19	3	0.0	0.0	3	7.0	2.0
金优 117	3	13.0	4.4	7	100.0	98.5
Ⅱ优 58CK	3	24.0	8.7	7	100.0	88.0
Ⅱ优 360	4	8.0	4.0	8	100.0	98.5
为天九号	4	27.0	11.1	8	100.0	100.0
T 优 300	4	4.0	2.0	7	100.0	98.5
T 优 441	5	8.0	4.0	6	100.0	93.0
D 优 368	6	42.0	19.0	6	100.0	98.5

表 24　武陵山区中稻区试品种稻瘟病抗性评价结论（2005 年）

品种名称	抗性指数	与 CK 比较	最高损失率抗级	抗性评价	综合表现
Ⅱ优 58CK	6.0		9	高感	差
F3017	5.3	轻于	9	高感	淘汰
全优 527	1.7	显著优于	1	抗病	好
Ⅱ优 468	5.4	轻于	9	高感	淘汰
SD-19	1.4	显著优于	1	抗病	好
金优 117	5.5	轻于	9	高感	淘汰
Ⅱ优 360	5.6	相当	9	高感	淘汰
为天九号	6.6	劣于	9	高感	淘汰
T 优 300	5.2	轻于	9	高感	淘汰
T 优 441	5.4	轻于	9	高感	淘汰
D 优 368	7.1	劣于	9	高感	淘汰

表 25　国家武陵山区中稻预试组品种稻瘟病抗性鉴定各病圃结果（2005 年）

品种名称	龙洞病圃			两河病圃		
	叶瘟病级	病穗率（%）	损失率（%）	叶瘟病级	病穗率（%）	损失率（%）
Ⅱ-32A/R360	5	9.0	5.1	8	100.0	98.5
全优 5138	3	0.0	0.0	3	19.0	6.5
谷优 5148	3	0.0	0.0	3	8.0	2.5
Ⅱ优明 62	3	6.0	2.1	8	100.0	100.0
国豪杂优 29 号	5	19.0	7.4	8	100.0	100.0
谷优明 112	3	3.0	0.6	3	100.0	65.0
嘉农优 1 号	3	3.0	1.5	8	100.0	100.0
绿香 78313	4	8.0	2.8	7	100.0	97.0
金优 107	3	3.0	0.2	5	100.0	71.0
03S/安选 6 号	5	18.0	7.8	6	100.0	91.0
福优 63	3	0.0	0.0	2	80.0	51.0
广抗优 2643	3	3.0	0.2	3	100.0	83.0
冈优 1797	6	10.0	2.3	7	100.0	100.0
SD-88	5	3.0	1.5	7	100.0	82.0
谷优 3119	3	0.0	0.0	3	8.0	3.2
金遂 18	3	2.0	0.1	7	100.0	86.0
奥优 04-2	7	17.0	7.1	7	100.0	98.5
宜香 4145	7	3.0	0.6	8	100.0	94.0
Ⅱ优 264	3	0.0	0.0	4	9.0	3.0
荆两优 10 号	2	20.0	6.4	8	100.0	100.0
Ⅱ优 1423	2	6.0	2.1	7	100.0	88.0
F3027	4	0.0	0.0	7	100.0	97.0
Ⅱ优 231	3	3.0	1.5	8	100.0	98.5
丰年 209	5	11.0	4.0	8	100.0	97.0
F3007	5	4.0	2.0	8	100.0	88.0

（续表）

品种名称	龙洞病圃			两河病圃		
	叶瘟病级	病穗率（%）	损失率（%）	叶瘟病级	病穗率（%）	损失率（%）
富农 2 号	4	6.0	3.4	7	100.0	98.5
谷优 936	3	0.0	0.0	3	9.0	3.7
忠香 78	2	3.0	1.5	7	100.0	97.0
金优 3118	5	7.0	2.3	8	100.0	100.0
丰年 310	5	41.0	16.6	8	100.0	98.5
谷优 148	3	0.0	0.0	3	45.0	29.5
忠优 145	4	9.0	3.3	8	100.0	100.0
Ⅱ优 117	4	2.0	1.0	8	100.0	100.0
绿优 57313	4	8.0	2.2	7	100.0	100.0
全优 1-1	2	0.0	0.0	2	28.0	19.0
谷优 3149	2	0.0	0.0	3	9.0	4.0
国豪杂优 23 号	3	0.0	0.0	6	9.0	1.8
农丰优 256	4	0.0	0.0	7	100.0	91.0
川香 9 号	3	12.0	4.5	3	6.0	1.2
宜香 673	4	0.0	0.0	8	100.0	100.0
Ⅱ优 93	3	0.0	0.0	6	7.0	3.9
Ⅱ优 315（湖北）	3	3.0	1.5	8	100.0	100.0
Ⅱ优 009	3	29.0	14.0	8	99.0	97.8
乐福优 13	3	0.0	0.0	2	35.0	11.5
州两优 699	2	28.0	12.6	7	100.0	100.0
川香 29A/科恢 399	3	0.0	0.0	5	7.0	3.8
湘农优 2 号	3	2.0	1.0	6	100.0	100.0
T98A/R1102	4	0.0	0.0	7	100.0	100.0
川香 29A/3028	4	8.0	4.0	8	100.0	100.0
冈优 611	4	31.0	11.6	7	100.0	100.0
倍香 5 号	3	0.0	0.0	7	100.0	100.0
Ⅱ优 327	3	13.0	4.4	7	100.0	97.0
乐优 5158	2	0.0	0.0	3	50.0	41.0
Ⅱ优 58CK	4	26.0	10.3	7	140.0	115.5
Ⅱ优 416	3	10.0	4.5	8	100.0	97.0
Ⅱ优 315（贵州）	4	16.0	9.4	8	100.0	100.0
46A/128	5	2.0	1.0	7	100.0	97.0
丰优 30	4	0.0	0.0	7	100.0	68.0
32A/319	5	33.0	18.9	8	100.0	97.0
金 23A/R36	4	5.0	1.6	8	100.0	100.0
46A/1193	4	迟	*	7	100.0	100.0
D 香优 707	3	3.0	0.6	3	40.0	15.5

表 26　武陵山区中稻预试品种稻瘟病抗性评价结论（2005 年）

品种名称	抗性指数	与 CK 比较	最高损失率抗级	抗性评价	综合表现
Ⅱ优 58CK	6.4		9	高感	差
Ⅱ-32A/R360	5.7	轻于	9	高感	淘汰
全优 5138	2.2	显著优于	3	中抗	好
谷优 5148	1.4	显著优于	1	抗病	好
Ⅱ优明 62	5.4	轻于	9	高感	淘汰
国豪杂优 29 号	6.4	相当	9	高感	淘汰
谷优明 112	4.5	优于	9	高感	淘汰
嘉农优 1 号	5.2	轻于	9	高感	淘汰
绿香 78313	5.4	轻于	9	高感	淘汰
金优 107	4.8	优于	9	高感	淘汰
03S/安选 6 号	6.2	相当	9	高感	淘汰
福优 63	4.1	优于	9	高感	淘汰
广抗优 2643	4.5	优于	9	高感	淘汰
冈优 1797	5.7	轻于	9	高感	淘汰
SD-88	5.3	轻于	9	高感	淘汰
谷优 3119	1.4	显著优于	1	抗病	好
金遂 18	5.0	轻于	9	高感	淘汰
奥优 04-2	6.5	相当	9	高感	淘汰
宜香 4145	5.7	轻于	9	高感	淘汰
Ⅱ优 264	1.6	显著优于	1	抗病	好
荆两优 10 号	6.1	相当	9	高感	淘汰
Ⅱ优 1423	5.2	轻于	9	高感	淘汰
F3027	4.8	优于	9	高感	淘汰
Ⅱ优 231	5.2	轻于	9	高感	淘汰
丰年 209	5.9	轻于	9	高感	淘汰
F3007	5.4	轻于	9	高感	淘汰
富农 2 号	5.4	轻于	9	高感	淘汰
谷优 936	1.4	显著优于	1	抗病	好
忠香 78	4.9	优于	9	高感	淘汰
金优 3118	5.7	轻于	9	高感	淘汰
丰年 310	7.2	劣于	9	高感	淘汰
谷优 148	3.4	优于	7	感病	淘汰
忠优 145	5.6	轻于	9	高感	淘汰
Ⅱ优 117	5.3	轻于	9	高感	淘汰
绿优 57313	5.4	轻于	9	高感	淘汰
全优 1-1	2.7	优于	5	中感	较好
谷优 3149	1.3	显著优于	1	抗病	好
国豪杂优 23 号	1.8	显著优于	1	抗病	好
农丰优 256	4.8	优于	9	高感	淘汰
川香 9 号	2.3	显著优于	1	抗病	好
宜香 673	4.9	优于	9	高感	淘汰

（续表）

品种名称	抗性指数	与CK比较	最高损失率抗级	抗性评价	综合表现
Ⅱ优93	1.8	显著优于	1	抗病	好
Ⅱ优315（湖北）	5.2	轻于	9	高感	淘汰
Ⅱ优009	6.4	相当	9	高感	淘汰
乐福优13	2.3	显著优于	3	中抗	好
州两优699	6.2	相当	9	高感	淘汰
川香29A/科恢399	1.7	显著优于	1	抗病	好
湘农优2号	4.9	优于	9	高感	淘汰
T98A/R1102	4.8	优于	9	高感	淘汰
川香29A/3028	5.6	轻于	9	高感	淘汰
冈优611	6.4	相当	9	高感	淘汰
倍香5号	4.7	优于	9	高感	淘汰
Ⅱ优327	5.5	轻于	9	高感	淘汰
乐优5158	3.3	优于	7	感病	淘汰
Ⅱ优416	5.4	轻于	9	高感	淘汰
Ⅱ优315（贵州）	6.3	相当	9	高感	淘汰
46A/128	5.3	轻于	9	高感	淘汰
丰优30	4.8	优于	9	高感	淘汰
32A/319	7.2	劣于	9	高感	淘汰
金23A/R36	5.3	轻于	9	高感	淘汰
D香优707	3.3	优于	5	中感	较好
46A/1193			9	高感	淘汰

表27　恩施州迟熟中稻区试A组品种稻瘟病抗性鉴定各病圃结果（2005年）

品种名称	龙洞病圃			两河病圃		
	叶瘟病级	病穗率（%）	损失率（%）	叶瘟病级	病穗率（%）	损失率（%）
超香优1号	5	0.0	0.0	7	100.0	65.0
Ⅱ优145	5	0.0	0.0	3	43.0	28.1
Ⅱ优418	3	0.0	0.0	4	9.0	3.4
川丰6号	3	0.0	0.0	7	100.0	72.0
Ⅱ优58CK	4	2.0	0.4	7	100.0	82.0
Q优一号	4	6.0	4.4	7	100.0	97.0
谷优527	2	2.0	1.0	3	80.0	46.0
Ⅱ优264	4	0.0	0.0	4	13.0	4.1
Ⅱ优183	4	2.0	1.0	7	100.0	97.0
全优527	3	0.0	0.0	2	18.0	5.4
T优300	4	11.0	3.4	7	100.0	100.0
谷优251	3	0.0	0.0	2	4.0	0.8
谷优航1号	3	0.0	0.0	3	9.0	3.9

表 28　恩施州迟熟中稻区试 A 组品种稻瘟病抗性评价结论（2005 年）

品种名称	抗性指数	与 CK 比较	最高损失率抗级	抗性评价	综合表现
Ⅱ优 58CK	5.1	优于	9	高感	差
超香优 1 号	4.9	相当	9	高感	淘汰
Ⅱ优 145	3.6	优于	7	感病	淘汰
Ⅱ优 418	1.5	显著优于	1	抗病	好
川丰 6 号	4.6	轻于	9	高感	淘汰
Q 优一号	5.4	相当	9	高感	淘汰
谷优 527	3.9	轻于	7	感病	淘汰
Ⅱ优 264	1.9	显著优于	1	抗病	好
Ⅱ优 183	5.1	相当	9	高感	淘汰
全优 527	1.5	显著优于	1	抗病	好
T 优 300	5.6	相当	9	高感	淘汰
谷优 251	1.0	显著优于	1	抗病	好
谷优航 1 号	1.4	显著优于	1	抗病	好

表 29　恩施州迟熟中稻区试 B 组品种稻瘟病抗性鉴定各病圃结果（2005 年）

品种名称	龙洞病圃			两河病圃		
	叶瘟病级	病穗率（%）	损失率（%）	叶瘟病级	病穗率（%）	损失率（%）
农丰优 256	3	0.0	0.0	7	100.0	98.5
内香优 9 号	3	2.0	0.4	7	100.0	91.0
京福优 270	4	6.0	1.8	7	100.0	100.0
中优 6 号	4	6.0	2.1	7	100.0	100.0
Ⅱ优 58CK	3	0.0	0.0	7	100.0	100.0
762A/R319	5	26.0	9.1	8	100.0	100.0
金优 997	4	3.0	0.6	7	100.0	100.0
Ⅱ优 N22	3	3.0	0.6	3	17.0	6.4
金健 19 号	2	0.0	0.0	2	32.0	14.9
D46A/R319	4	6.0	1.8	7	100.0	100.0
川香优 2 号	3	0.0	0.0	5	9.0	2.4
新两优 6 号	7	30.0	17.5	6	100.0	98.5

表 30　恩施州迟熟中稻区试 B 组品种稻瘟病抗性评价结论（2005 年）

品种名称	抗性指数	与 CK 比较	最高损失率抗级	抗性评价	综合表现
Ⅱ优 58CK	4.7		9	高感	差
农丰优 256	4.7	相当	9	高感	淘汰
内香优 9 号	5.0	相当	9	高感	淘汰
京福优 270	5.4	劣于	9	高感	淘汰
中优 6 号	5.4	劣于	9	高感	淘汰
762A/R319	6.7	劣于	9	高感	淘汰
金优 997	5.2	相当	9	高感	淘汰

（续表）

品种名称	抗性指数	与 CK 比较	最高损失率抗级	抗性评价	综合表现
Ⅱ优 N22	2.5	优于	3	中抗	好
金健 19 号	2.2	优于	3	中抗	好
D46A/R319	5.4	劣于	9	高感	淘汰
川香优 2 号	1.7	优于	1	抗病	好
新两优 6 号	7.2	劣于	9	高感	淘汰

表 31　恩施州中熟中稻区试组品种稻瘟病抗性鉴定各病圃结果（2005 年）

品种名称	龙洞病圃			两河病圃		
	叶瘟病级	病穗率（%）	损失率（%）	叶瘟病级	病穗率（%）	损失率（%）
金优 132	5	0.0	0.0	5	6.0	1.2
先农 2 号	4	7.0	2.3	7	100.0	94.0
福优 195CK	3	6.0	2.1	2	4.0	0.8
全优 77	3	0.0	0.0	3	8.0	1.6
K 优 877	3	19.0	6.2	6	100.0	100.0
恩优 58CK	3	13.0	4.4	6	100.0	71.0
Ⅱ优 132	4	3.0	1.5	3	7.0	2.0
宜香优 4723	4	16.0	5.3	7	100.0	100.0
茂优 601	3	85.0	32.0	7	100.0	100.0

表 32　恩施州中熟中稻区试品种稻瘟病抗性评价结论（2005 年）

品种名称	抗性指数	与 CK1 比较	与 CK2 比较	最高损失率抗级	抗性评价	综合表现
恩优 58CK1	5.4		劣于	9	高感	差
福优 195CK2	1.6	显著优于		1	抗病	好
金优 132	1.9	显著优于	相当	1	抗病	好
先农 2 号	5.4	相当	劣于	9	高感	淘汰
全优 77	1.4	显著优于	相当	1	抗病	好
K 优 877	5.9	相当	劣于	9	高感	淘汰
Ⅱ优 132	1.9	显著优于	相当	1	抗病	好
宜香优 4723	5.6	相当	劣于	9	高感	淘汰
茂优 601	7.5	劣于	劣于	9	高感	淘汰

表 33　国家武陵山区中稻区试品种稻瘟病抗性两年评价结论（2004—2005 年）

区试级别	品种名称	2005 年评价结论		2004 年评价结论		2004—2005 年两年评价结论				
		抗性指数	最高损失率抗级	抗性指数	最高损失率抗级	最高抗性指数	与 CK 比较	最高损失率抗级	抗性评价	综合表现
国家	Ⅱ优 58CK	6.0	9	4.4	7	6.0		9	高感	差
	T 优 300	5.2	9	2.5	3	5.2	轻于	9	高感	差
	T 优 441	5.4	9	1.5	1	5.4	轻于	9	高感	差
	金优 117	5.5	9	2.9	3	5.5	轻于	9	高感	差

（续表）

区试级别	品种名称	2005年评价结论		2004年评价结论		2004—2005年两年评价结论				
		抗性指数	最高损失率抗级	抗性指数	最高损失率抗级	最高抗性指数	与CK比较	最高损失率抗级	抗性评价	综合表现
湖北省	Ⅱ优58CK	5.1	9	3.1	5	5.1		9	高感	差
	Ⅱ优145	3.6	7	1.3	1	3.6	优于	7	感病	一般
	Ⅱ优183	5.1	9	2.9	3	5.1	相当	9	高感	差
	Ⅱ优264	1.9	1	1.3	1	1.9	显著优于	1	抗病	好
	Ⅱ优418	1.5	1	1.3	1	1.5	显著优于	1	抗病	好
	谷优251	1.0	1	3.4	3	3.4	优于	3	中抗	好
	谷优航1号	1.4	1	1.4	1	1.4	显著优于	1	抗病	好
	福优195CK	1.6	1	2.0	1	2.0		1	抗病	好
	Ⅱ优132	1.9	1	1.3	1	1.9	相当	1	抗病	好
	宜香优4723	5.6	9	3.8	7	5.6	劣于	9	高感	差
	全优77	1.4	1	3.9	3	3.9	劣于	3	中抗	好
	金优132	1.9	1	3.4	3	3.4	劣于	3	中抗	好

表34　国家武陵山区中稻区试品种稻瘟病抗性鉴定各病圃结果（2006年）

品种名称	龙洞病圃			两河病圃		
	叶瘟病级	病穗率（%）	损失率（%）	叶瘟病级	病穗率（%）	损失率（%）
国豪杂优23号	2	2.0	1.0	3	9.0	1.8
金优108	3	12.0	4.5	5	100.0	53.7
谷优航148	2	3.0	1.5	3	7.0	1.4
SD-19	2	4.0	1.1	3	6.0	1.2
Ⅱ优264	2	0.0	-	3	4.0	0.8
全优527	3	4.0	0.8	3	4.0	0.8
谷优5148	2	1.0	0.5	3	9.0	1.8
广抗优2643	1	3.0	0.6	3	13.0	2.6
全优5138	1	0.0	-	3	27.0	8.1
F3027	6	33.0	14.2	5	100.0	35.0
Ⅱ优58CK	2	61.0	26.1	3	70.0	26.6

表35　武陵山区中稻区试品种稻瘟病抗性评价结论（2006年）

品种名称	抗性指数	与CK比较	最高损失率抗级	抗性评价	综合表现
Ⅱ优58CK	5.4		5	中感	较好
国豪杂优23号	1.7	显著优于	1	抗病	好
金优108	5.3	相当	9	高感	淘汰
谷优航148	1.7	显著优于	1	抗病	好
SD-19	1.7	显著优于	1	抗病	好
Ⅱ优264	1.0	显著优于	1	抗病	好
全优527	1.5	显著优于	1	抗病	好

（续表）

品种名称	抗性指数	与 CK 比较	最高损失率抗级	抗性评价	综合表现
谷优 5148	1.7	显著优于	1	抗病	好
广抗优 2643	1.8	显著优于	1	抗病	好
全优 5138	2.2	优于	3	中抗	好
F3027	5.9	相当	7	感病	淘汰

表 36　国家武陵山区中稻预试品种稻瘟病抗性鉴定各病圃结果（2006 年）

品种名称	龙洞病圃			两河病圃		
	叶瘟病级	病穗率（%）	损失率（%）	叶瘟病级	病穗率（%）	损失率（%）
隆安 0402	3	0.0	–	3	6.0	1.2
金优 168	1	0.0	–	3	0.0	–
深优 9770	1	7.0	2.6	3	7.0	1.4
绿优 1703-1	5	27.0	11.6	5	100.0	35.0
忠香 388	4	53.0	23.0	4	100.0	60.0
宜香优 107	4	0.0	–	3	8.0	1.6
Ⅱ优 518	5	35.0	15.4	5	50.0	17.5
深优 9760	4	7.0	2.6	3	7.0	1.4
天香优 5 号	4	8.0	2.2	4	100.0	35.0
全优 3229	3	0.0	–	4	7.0	1.4
泸香 1858	4	76.0	31.2	4	100.0	89.5
SD-87	5	0.0	–	6	100.0	48.5
全亢 A/5118	4	0.0	–	4	8.0	2.5
宜香优 305	5	3.0	1.5	5	100.0	60.0
天优 026	4	3.0	0.6	3	43.0	16.7
川香 8 号	4	3.0	1.5	4	9.0	3.0
谷优 5188	3	12.0	3.9	3	9.0	2.7
C 两优 396	2	17.0	5.8	3	100.0	45.4
768A×科恢 399	3	0.0	–	3	34.0	12.2
F3013	5	20.0	8.8	4	100.0	35.0
全丰 A/R1102	4	2.0	1.0	4	11.0	2.2
为天 11	2	12.0	4.5	3	100.0	35.0
国稻 1 号	6	3.0	1.5	5	100.0	35.0
绿优 8308	3	16.0	5.9	6	100.0	46.1
T 优 611	4	51.0	21.7	5	100.0	39.2
Ⅱ-32A×TR301	3	16.0	6.5	6	100.0	39.2
Ⅱ优 8718	3	6.0	2.1	3	8.0	1.6
中优 117	2	35.0	14.4	4	100.0	35.0
闽优 3139	7	38.0	15.3	6	100.0	34.4
准 S/R1102	4	46.0	17.1	5	100.0	40.4
Ⅱ优 145	3	0.0	–	4	9.0	2.4
冈优 305	4	9.0	3.6	6	100.0	60.0

（续表）

品种名称	龙洞病圃			两河病圃		
	叶瘟病级	病穗率（%）	损失率（%）	叶瘟病级	病穗率（%）	损失率（%）
乐优 5318	2	17.0	4.9	4	12.0	3.3
Ⅱ优 2181	2	0.0	-	4	4.0	0.8
谷优 4002	2	8.0	2.8	3	6.0	1.8
谷优明 118	3	7.0	2.6	3	4.0	0.8
华两优 622	4	37.0	15.8	4	61.0	23.6
荆楚优 1537	6	6.0	1.8	7	51.0	20.1
C815S/R1102	5	17.0	5.2	4	96.0	38.7
谷优 7501	3	6.0	2.4	3	6.0	1.2
中优 8716	4	12.0	3.3	4	11.0	3.1
华两优 472	5			5		
特优 627	4	0.0	-	3	46.0	17.6
D62A×2516	6	57.0	23.0	5	100.0	85.0
B20S/R97	6	81.0	34.5	4	100.0	60.0
谷优 719	3	0.0	-	3	7.0	1.4
金谷 203	5	18.0	7.2	4	100.0	42.0
D 优 133	5	18.0	7.9	4	100.0	40.4
福优 868	3	4.0	0.8	4	6.0	1.2
谷优 1259	4	7.0	2.6	3	9.0	1.8
中优 85	5	3.0	0.6	5	100.0	38.6
Ⅱ优 58CK	5	54.0	24.8	4	77.0	42.1

表 37　武陵山区中稻预试品种稻瘟病抗性评价结论（2006 年）

品种名称	抗性指数	与 CK 比较	最高损失率抗级	抗性评价	综合表现
Ⅱ优 58CK	6.4	优于	7	感病	一般
深优 9770	1.8	显著优于	1	抗病	好
绿优 1703-1	5.8	显著优于	7	感病	淘汰
忠香 388	6.8	相当	9	高感	淘汰
Ⅱ优 518	5.5	轻于	5	中感	较好
深优 9760	2.2	显著优于	1	抗病	好
天香优 5 号	4.6	优于	7	感病	淘汰
泸香 1858	7.3	劣于	9	高感	淘汰
宜香优 305	5.0	轻于	9	高感	淘汰
天优 026	3.4	优于	5	中感	较好
川香 8 号	2.1	显著优于	1	抗病	好
谷优 5188	2.3	显著优于	1	抗病	好
C 两优 396	4.9	优于	7	感病	淘汰
F3013	5.4	轻于	7	感病	淘汰
全丰 A/R1102	2.3	显著优于	1	抗病	好
为天 11	4.4	优于	7	感病	淘汰

（续表）

品种名称	抗性指数	与CK比较	最高损失率抗级	抗性评价	综合表现
国稻1号	4.7	优于	7	感病	淘汰
绿优8308	5.4	轻于	7	感病	淘汰
T优611	6.4	相当	7	感病	淘汰
Ⅱ-32A×TR301	5.4	轻于	7	感病	淘汰
Ⅱ优8718	2.0	显著优于	1	抗病	好
中优117	5.3	轻于	7	感病	淘汰
闽优3139	6.7	相当	7	感病	淘汰
准S/R1102	6.2	相当	7	感病	淘汰
冈优305	5.3	轻于	9	感病	淘汰
乐优5318	2.6	显著优于	1	抗病	好
谷优4002	1.9	显著优于	1	抗病	好
谷优明118	1.8	显著优于	1	抗病	好
华两优622	5.6	轻于	5	中感	较好
荆楚优1537	4.7	优于	5	中感	较好
C815S/R1102	5.4	轻于	7	感病	淘汰
谷优7501	2.0	显著优于	1	抗病	好
中优8716	2.8	显著优于	1	抗病	好
D62A×2516	7.2	劣于	9	高感	淘汰
B20S/R97	7.6	劣于	9	高感	淘汰
金谷203	5.4	轻于	7	感病	淘汰
D优133	5.4	轻于	7	感病	淘汰
福优868	1.9	显著优于	1	抗病	好
谷优1259	2.2	显著优于	1	抗病	好
中优85	4.5	优于	7	感病	淘汰
隆安0402			1	抗病	好
宜香优107			1	抗病	好
全优3229			1	抗病	好
SD-87			7	感病	淘汰
全亢A/5118			1	抗病	好
768A×科恢399			3	中抗	好
Ⅱ优145			1	抗病	好
Ⅱ优2181			1	抗病	好
特优627			5	中感	较好
谷优719			1	抗病	好

表38 恩施州早熟中稻区试A组品种稻瘟病抗性鉴定各病圃结果（2006年）

品种名称	龙洞病圃			两河病圃		
	叶瘟病级	病穗率（%）	损失率（%）	叶瘟病级	病穗率（%）	损失率（%）
农丰优256	4	8.0	2.8	4	98.0	37.6
T优82	4	8.0	6.2	2	100.0	53.8

（续表）

品种名称	龙洞病圃			两河病圃		
	叶瘟病级	病穗率（%）	损失率（%）	叶瘟病级	病穗率（%）	损失率（%）
天优 142	3	4.0	2.0	3	7.0	1.4
内香优 9 号	4	67.0	27.9	2	100.0	71.0
株两优 02	3	14.0	7.0	2	11.0	2.8
全优 2689	3	2.0	0.4	3	0.0	0.0
淦鑫 688	2	6.0	1.8	4	11.0	3.4
福优晚三	2	0.0	0.0	4	4.0	0.8
福优 195CK	3	10.0	2.6	3	6.0	1.2

表 39　恩施州早熟中稻区试 A 组品种稻瘟病抗性评价结论（2006 年）

品种名称	抗性指数	与 CK 比较	最高损失率抗级	抗性评价	综合表现
福优 195CK	2.0		1	抗病	好
农丰优 256	4.6	劣于	7	感病	淘汰
T 优 82	5.3	劣于	9	高感	淘汰
天优 142	1.8	相当	1	抗病	好
内香优 9 号	6.6	劣于	9	高感	淘汰
株两优 02	2.9	劣于	3	中抗	好
全优 2689	1.2	轻于	1	抗病	好
淦鑫 688	2.3	相当	1	抗病	好
福优晚三	1.2	轻于	1	抗病	好

表 40　恩施州早熟中稻区试 B 组品种稻瘟病抗性鉴定各病圃结果（2006 年）

品种名称	龙洞病圃			两河病圃		
	叶瘟病级	病穗率（%）	损失率（%）	叶瘟病级	病穗率（%）	损失率（%）
全优 5218	3	0.0	0.0	2	4.0	0.8
昌丰优 195	2	3.0	1.5	3	3.0	0.6
H86A/HHR-3-3	4	0.0	0.0	5	4.0	0.8
D 优 762	5	33.0	13.6	3	100.0	47.9
全优 402	3	0.0	0.0	3	3.0	0.6
418A/R1138	2	3.0	1.5	4	100.0	35.0
谷优 315	2	2.0	1.0	3	9.0	1.8
福优 195CK	2	6.0	2.1	3	5.0	1.0

表 41　恩施州早熟中稻区试 B 组品种稻瘟病抗性评价结论（2006 年）

品种名称	抗性指数	与 CK 比较	最高损失率抗级	抗性评价	综合表现
福优 195CK	1.7		1	抗病	好
全优 5218	1.1	轻于	1	抗病	好

（续表）

品种名称	抗性指数	与 CK 比较	最高损失率抗级	抗性评价	综合表现
昌丰优 195	1.4	相当	1	抗病	好
H86A/HHR-3-3	1.5	相当	1	抗病	好
D 优 762	5.5	劣于	7	感病	淘汰
全优 402	1.2	轻于	1	抗病	好
418A/R1138	4.1	劣于	7	感病	淘汰
谷优 315	1.7	相当	1	抗病	好

表 42　恩施州迟熟中稻区试 A 组品种稻瘟病抗性鉴定各病圃结果（2006 年）

品种名称	龙洞病圃			两河病圃		
	叶瘟病级	病穗率（%）	损失率（%）	叶瘟病级	病穗率（%）	损失率（%）
川香优 2 号	3	0.0	0.0	3	9.0	1.8
金健 19 号	2	0.0	0.0	3	8.0	2.5
谷优 527	2	12.0	3.9	3	7.0	1.4
Ⅱ优 2576	2	0.0	0.0	3	7.0	1.4
Q 优一号	5	32.0	12.5	6	23.0	8.8
辐优 802	5	20.0	6.4	5	46.0	17.6
全优 527	3	0.0	0.0	3	8.0	1.6
Ⅱ优 N22	2	0.0	0.0	3	8.0	1.6
乐优 94	2	0.0	0.0	3	7.0	1.4
金优 997	5	12.0	3.3	5	100.0	37.4
川丰 6 号	6	67.0	24.8	5	100.0	45.0
华优 7 号	2	6.0	1.8	3	7.0	1.4
Ⅱ优 58CK	5	53.0	19.5	5	84.0	32.7

表 43　恩施州迟熟中稻区试 A 组品种稻瘟病抗性评价结论（2006 年）

品种名称	抗性指数	与 CK 比较	最高损失率抗级	抗性评价	综合表现
Ⅱ优 58CK	6.5		7	感病	一般
川香优 2 号	1.4	显著优于	1	抗病	好
金健 19 号	1.3	显著优于	1	抗病	好
谷优 527	2.2	显著优于	1	抗病	好
Ⅱ优 2576	1.3	显著优于	1	抗病	好
Q 优一号	4.4	优于	3	中抗	好
辐优 802	4.8	优于	5	中感	较好
全优 527	1.4	显著优于	1	抗病	好
Ⅱ优 N22	1.3	显著优于	1	抗病	好
乐优 94	1.3	显著优于	1	抗病	好
金优 997	5.0	优于	7	感病	淘汰
川丰 6 号	6.7	相当	7	感病	淘汰
华优 7 号	1.9	显著优于	1	抗病	好

表 44　恩施州迟熟中稻区试 B 组品种稻瘟病抗性鉴定各病圃结果（2006 年）

品种名称	龙洞病圃			两河病圃		
	叶瘟病级	病穗率（%）	损失率（%）	叶瘟病级	病穗率（%）	损失率（%）
全优 5198	3	0.0	0.0	4	7.0	1.4
福优 217	2	3.0	0.6	3	12.0	2.4
中优 264	3	2.0	1.0	3	0.0	0.0
明优 98	5	40.0	16.0	5	100.0	45.0
乐优 5178	3	0.0	0.0	3	9.0	2.4
宜香优 107	2	0.0	0.0	3	9.0	1.8
谷优 3305	4	4.0	2.0	3	9.0	2.7
中优 85	5	0.0	0.0	5	100.0	37.4
中优 8718	2	2.0	1.0	3	11.0	3.1
华优广抗占	4	14.0	4.3	5	100.0	60.0
三北稻 2 号	4	3.0	0.6	5	100.0	57.6
T 优 501	3	0.0	0.0	3	12.0	2.4
谷优 056	2	0.0	0.0	4	11.0	2.2
Ⅱ优 58CK	3	53.0	19.3	5	100.0	35.0

表 45　恩施州迟熟中稻区试 B 组品种稻瘟病抗性评价结论（2006 年）

品种名称	抗性指数	与 CK 比较	最高损失率抗级	抗性评价	综合表现
Ⅱ优 58CK	6.3		7	感病	一般
全优 5198	1.6	显著优于	1	抗病	好
福优 217	1.9	显著优于	1	抗病	好
中优 264	1.2	显著优于	1	抗病	好
明优 98	6.3	相当	7	感病	淘汰
乐优 5178	1.4	显著优于	1	抗病	好
宜香优 107	1.3	显著优于	1	抗病	好
谷优 3305	1.9	显著优于	1	抗病	好
中优 85	4.2	优于	7	感病	淘汰
中优 8718	1.9	显著优于	1	抗病	好
华优广抗占	5.4	轻于	9	高感	淘汰
三北稻 2 号	4.9	轻于	9	高感	淘汰
T 优 501	1.7	显著优于	1	抗病	好
谷优 056	1.7	显著优于	1	抗病	好

表 46　恩施州迟熟中稻区试 C 组品种稻瘟病抗性鉴定各病圃结果（2006 年）

品种名称	龙洞病圃			两河病圃		
	叶瘟病级	病穗率（%）	损失率（%）	叶瘟病级	病穗率（%）	损失率（%）
全优 5119	2	3.0	0.6	4	17.0	4.3
谷优 817	3	12.0	3.9	3	14.0	2.8

（续表）

品种名称	龙洞病圃			两河病圃		
	叶瘟病级	病穗率（%）	损失率（%）	叶瘟病级	病穗率（%）	损失率（%）
全优 94	2	4.0	0.8	3	9.0	1.8
华优 451	3	4.0	0.8	3	0.0	0.0
全优 3298	3	0.0	0.0	3	8.0	1.6
宜香 1811	4	0.0	0.0	4	87.0	33.6
D 优 858	5	46.0	18.1	6	100.0	85.0
华优 362	2	0.0	0.0	3	11.0	2.2
谷优 171	2	4.0	2.0	4	9.0	1.8
天优 10 号	3	4.0	0.8	3	11.0	2.2
谷优 5328	2	9.0	3.3	3	8.0	1.6
川香南 195	5	30.0	12.1	6	73.0	29.0
绿优 1703-1	4	29.0	15.9	6	100.0	60.0
Ⅱ优 58CK	3	51.0	19.8	6	100.0	35.0

表 47　恩施州迟熟中稻区试 C 组品种稻瘟病抗性评价结论（2006 年）

品种名称	抗性指数	与 CK 比较	最高损失率抗级	抗性评价	综合表现
Ⅱ优 58CK	6.4		7	感病	一般
全优 5119	2.1	显著优于	1	抗病	好
谷优 817	2.5	显著优于	1	抗病	好
全优 94	1.7	显著优于	1	抗病	好
华优 451	1.2	显著优于	1	抗病	好
全优 3298	1.4	显著优于	1	抗病	好
宜香 1811	3.9	优于	7	感病	淘汰
D 优 858	6.9	相当	9	高感	淘汰
华优 362	1.5	显著优于	1	抗病	好
谷优 171	1.8	显著优于	1	抗病	好
天优 10 号	2.0	显著优于	1	抗病	好
谷优 5328	1.9	显著优于	1	抗病	好
川香南 195	5.4	轻于	5	中感	较好
绿优 1703-1	6.8	相当	9	高感	淘汰

表 48　恩施州高山粳稻区试组品种稻瘟病抗性鉴定各病圃结果（2006 年）

品种名称	龙洞病圃			两河病圃		
	叶瘟病级	病穗率（%）	损失率（%）	叶瘟病级	病穗率（%）	损失率（%）
SY1	5	16.0	5.9	7	100.0	100.0
SY2	4	5.0	1.0	7	100.0	85.0
SY3	3	0.0	0.0	7	27.0	8.1
SY4	5	6.0	2.1	6	93.0	36.6

（续表）

品种名称	龙洞病圃			两河病圃		
	叶瘟病级	病穗率（%）	损失率（%）	叶瘟病级	病穗率（%）	损失率（%）
SY5	4	2.0	1.0	6	100.0	67.0
SY6	3	5.0	2.5	5	3.0	1.5
SY7	5	0.0	0.0	6	85.0	50.6
SY8	4	3.0	1.5	5	100.0	51.0
SY9	4	0.0	0.0	5	100.0	60.0
SY14	5	0.0	0.0	5	100.0	62.5
SY15	5	0.0	0.0	5	47.0	15.1
SY17	4	0.0	0.0	2	0.0	0.0
SY18	4	0.0	0.0	6	100.0	72.0
SY20	3	8.0	4.0	2	0.0	0.0
SY21	4	29.0	12.4	2	100.0	50.0
SY22	5	3.0	1.5	5	100.0	50.0
SY23	4	3.0	0.6	2	0.0	0.0
SY24	3	3.0	0.6	2	0.0	0.0
SY25	3	5.0	2.5	2	41.0	13.6
SY26	5	6.0	3.0	7	100.0	52.4
SY28	4	5.0	3.5	6	100.0	35.0
SY29	4	2.0	1.0	3	16.0	6.8
通育 120	3	0.0	0.0	3	26.0	8.5
通育 124	3	0.0	0.0	3	27.0	8.1
通育 308	5	0.0	0.0	3	16.0	3.2
中单 2 号	7	6.0	1.2	5	53.0	21.1
毕粳 37	3	0.0	0.0	3	0.0	0.0

表 49　恩施州高山粳稻区试品种稻瘟病抗性评价结论（2006 年）

品种名称	抗性指数	与 CK 比较	最高损失率抗级	抗性评价	综合表现
SY1	6.3		9	高感	淘汰
SY2	5.1		9	高感	淘汰
SY3	2.9		3	中抗	好
SY4	4.9		7	感病	淘汰
SY5	5.0		9	高感	淘汰
SY6	1.8		1	抗病	好
SY7	4.8		9	高感	淘汰
SY8	4.9		9	高感	淘汰
SY9	4.5		9	高感	淘汰
SY14	4.6		9	高感	淘汰
SY15	3.4		5	中感	较好
SY17	0.8		0	高抗	好
SY18	4.7		9	高感	淘汰

（续表）

品种名称	抗性指数	与 CK 比较	最高损失率抗级	抗性评价	综合表现
SY20	1.3		1	抗病	好
SY21	5.3		7	感病	淘汰
SY22	4.5		7	感病	淘汰
SY23	1.1		1	抗病	好
SY24	1.0		1	抗病	好
SY25	2.7		3	中抗	好
SY26	5.5		9	高感	淘汰
SY28	4.5		7	感病	淘汰
SY29	2.6		3	中抗	好
通育 120	2.4		3	中抗	好
通育 124	2.4		3	中抗	好
通育 308	1.9		1	抗病	好
中单 2 号	4.5		5	中感	较好
毕粳 37	0.8		0	高抗	好

表 50 国家武陵山区中稻区试品种稻瘟病抗性两年评价结论（2005—2006 年）

区试级别	品种名称	2006 年评价结论		2005 年评价结论		2005—2006 年两年评价结论				
		抗性指数	最高损失率抗级	抗性指数	最高损失率抗级	最高抗性指数	与 CK 比较	最高损失率抗级	抗性评价	综合表现
国家	Ⅱ优 58CK	5.4	5	6.0	9	6.0		9	高感	差
	F3027	5.9	7	5.3	9	5.9	相当	9	高感	差
湖北省	Ⅱ优 58CK	6.5	7	5.1	9	6.5		9	高感	差
	Q 优一号	4.4	3	5.4	9	5.4	轻于	9	高感	差
	川丰 6 号	6.7	7	4.6	9	6.7	相当	9	高感	差
	谷优 527	2.2	1	3.9	7	3.9	优于	7	感病	一般
	全优 527	1.4	1	1.5	1	1.5	显著优于	1	抗病	好
	Ⅱ优 58CK	6.5	7	4.7	9	6.5		9	高感	差
	Ⅱ优 N22	1.3	1	2.5	3	2.5	显著优于	3	中抗	好
	川香优 2 号	1.4	1	1.7	1	1.7	显著优于	1	抗病	好
	金健 19 号	1.3	1	2.2	3	2.2	显著优于	3	中抗	好
	金优 997	5.0	7	5.2	9	5.2	轻于	9	高感	差

表 51 国家武陵山区中稻区试品种稻瘟病抗性鉴定各病圃结果（2007 年）

品种名称	龙洞病圃			两河病圃		
	叶瘟病级	病穗率（%）	损失率（%）	叶瘟病级	病穗率（%）	损失率（%）
F3027	2	0.0	0.0	5	100.0	50.0
广抗优 2643	2	0.0	0.0	3	14.0	3.7
特优 627	2	1.0	0.5	4	100.0	42.5
Ⅱ优 264	3	0.0	0.0	3	9.0	1.2

（续表）

品种名称	龙洞病圃			两河病圃		
	叶瘟病级	病穗率（%）	损失率（%）	叶瘟病级	病穗率（%）	损失率（%）
国豪杂优 23 号	2	0.0	0.0	4	21.0	6.6
68A×科恢 399	2	0.0	0.0	3	7.0	0.8
为天 11	2	0.0	0.0	4	100.0	55.0
Ⅱ优 58CK	2	0.0	0.0	4	100.0	59.0
川香 8 号	2	0.0	0.0	3	9.0	2.3
全丰 A/R1102	2	0.0	0.0	2	9.0	1.4
谷优航 148	1	2.0	0.7	3	8.0	2.2

表 52　武陵山区中稻区试品种稻瘟病抗性评价结论（2007 年）

品种名称	抗性指数	与 CK 比较	最高损失率抗级	抗性评价	综合表现
Ⅱ优 58CK	4.1		9	高感	差
F3027	3.8	相当	7	感病	淘汰
广抗优 2643	1.5	优于	1	抗病	好
特优 627	4.0	相当	7	感病	淘汰
Ⅱ优 264	1.4	优于	1	抗病	好
国豪杂优 23 号	2.1	优于	3	中抗	好
768A×科恢 399	1.3	优于	1	抗病	好
为天 11	4.1	相当	9	高感	淘汰
川香 8 号	1.3	优于	1	抗病	好
全丰 A/R1102	1.1	优于	1	中抗	好
谷优航 148	1.5	优于	1	抗病	好

表 53　国家武陵山区中稻筛选试验品种稻瘟病抗性鉴定各病圃结果（2007 年）

品种名称	龙洞病圃			两河病圃		
	叶瘟病级	病穗率（%）	损失率（%）	叶瘟病级	病穗率（%）	损失率（%）
谷优 3301	2	0.0	0.0	2	13.0	3.4
深优 9734	1	0.0	0.0	3	23.0	3.6
绵 7 优 616	3	0.0	0.0	5	100.0	63.0
菲优 600	3	0.0	0.0	5	100.0	75.5
C 两优 293	2	2.0	0.7	7	100.0	94.0
谷优 5158	3	0.0	0.0	3	11.0	2.8
福伊 A/R611	2	1.0	0.2	2	16.0	6.5
抗丰优 202	2	0.0	0.0	2	13.0	3.8
川香 29A/科恢 5108	3	0.0	0.0	3	7.0	1.0
特优 180	1	0.0	0.0	4	24.0	9.3
Ⅱ优恩 22	2	0.0	0.0	2	7.0	1.0
准 S/R1141	2	0.0	0.0	6	100.0	88.0

（续表）

品种名称	龙洞病圃			两河病圃		
	叶瘟病级	病穗率（%）	损失率（%）	叶瘟病级	病穗率（%）	损失率（%）
玉优 691	2	0.0	0.0	6	100.0	85.0
天 7 优 118	2	0.0	0.0	7	100.0	83.5
川种 211	2	0.0	0.0	2	16.0	4.7
奥优 9802	1	0.0	0.0	2	37.0	25.0
荆楚优 087	3	0.0	0.0	7	100.0	97.0
陵两优 584	2	0.0	0.0	7	100.0	85.0
金丰 A/R611	2	0.0	0.0	2	11.0	3.1
谷优明 5014	2	0.0	0.0	3	6.0	1.8
准 S/R344	2	0.0	0.0	7	100.0	86.5
冈优 825	2	0.0	0.0	4	100.0	51.5
天丰优 4 号	3	0.0	0.0	7	100.0	98.5
准 S/R236	2	0.0	0.0	6	100.0	85.0
谷优明占	3	0.0	0.0	3	11.0	3.1
XH06-8	2	0.0	0.0	4	100.0	48.5
资 100A/R6135	2	0.0	0.0	3	33.0	11.5
荆楚优 1573	2	0.0	0.0	7	100.0	97.0
50A/183	2	0.0	0.0	4	100.0	77.0
冈优 16	2	0.0	0.0	3	13.0	4.1
川香优 727	2	0.0	0.0	4	11.0	3.4
宏优 9322	2	0.0	0.0	3	14.0	4.3
准 S/R608	2	0.0	0.0	5	100.0	78.0
谷优光 910	3	0.0	0.0	3	15.0	5.4
深优 9725	3	0.0	0.0	3	7.0	2.3
中百优 5 号	2	0.0	0.0	5	100.0	50.5
谷优 627	2	0.0	0.0	3	8.0	1.9
Ⅱ优 58CK	3	0.0	0.0	4	100.0	57.0

表 54　武陵山区中稻预试品种稻瘟病抗性评价结论（2007 年）

品种名称	抗性指数	与 CK 比较	最高损失率抗级	抗性评价	综合表现
Ⅱ优 58CK	4.3		9	高感	差
谷优 3301	1.4	优于	1	抗病	好
深优 9734	1.4	优于	1	抗病	好
绵 7 优 616	4.4	相当	9	高感	淘汰
菲优 600	4.4	相当	9	高感	淘汰
C 两优 293	4.9	劣于	9	高感	淘汰
谷优 5158	1.6	优于	1	抗病	好
福伊 A/R611	2.3	优于	3	中感	好
抗丰优 202	1.4	优于	1	抗病	好
川香 29A/科恢 5108	1.4	优于	1	抗病	好

（续表）

品种名称	抗性指数	与 CK 比较	最高损失率抗级	抗性评价	综合表现
特优 180	2.0	优于	3	中抗	好
Ⅱ优恩 22	1.1	优于	1	抗病	好
准 S/R1141	4.4	相当	9	高感	淘汰
玉优 691	4.4	相当	9	高感	淘汰
天 7 优 118	4.5	相当	9	高感	淘汰
川种 211	1.4	优于	1	抗病	好
奥优 9802	2.5	优于	5	中感	较好
荆楚优 087	4.6	相当	9	高感	淘汰
陵两优 584	4.5	相当	9	高感	淘汰
金丰 A/R611	1.4	优于	1	抗病	好
谷优明 5014	1.3	优于	1	抗病	好
准 S/R344	4.5	相当	9	高感	淘汰
冈优 825	4.1	相当	9	高感	淘汰
天丰优 4 号	4.6	相当	9	高感	淘汰
准 S/R236	4.4	相当	9	高感	淘汰
谷优明占	1.6	优于	1	抗病	好
XH06-8	3.6	轻于	7	感病	淘汰
资 100A/R6135	2.3	优于	3	中抗	好
荆楚优 1573	4.5	相当	9	高感	淘汰
50A/183	4.1	相当	9	高感	淘汰
冈优 16	1.5	优于	1	抗病	好
川香优 727	1.6	优于	1	抗病	好
宏优 9322	1.5	优于	1	抗病	好
准 S/R608	4.3	相当	9	高感	淘汰
谷优光 910	2.1	优于	3	中抗	好
深优 9725	1.4	优于	1	抗病	好
中百优 5 号	4.3	相当	9	高感	淘汰
谷优 627	1.3	优于	1	抗病	好

表 55　恩施州早熟中稻区试 A 组品种稻瘟病抗性鉴定各病圃结果（2007 年）

品种名称	龙洞病圃			两河病圃		
	叶瘟病级	病穗率（%）	损失率（%）	叶瘟病级	病穗率（%）	损失率（%）
天优 428	3	0.0	0.0	3	17.0	6.1
谷优 0092	2	0.0	0.0	2	6.0	1.2
长优 5238	3	0.0	0.0	3	6.0	1.2
418A/R1138	2	0.0	0.0	4	21.0	11.4
安优 639	2	0.0	0.0	3	16.0	4.7
T98A/RM023	1	0.0	0.0	5	17.0	9.0
硒香 1 号	1	33.0	11.1	5	100.0	61.0
全优 2689	2	0.0	0.0	3	6.0	1.2
昌丰优 195	2	3.0	0.6	3	17.0	4.9
福优 195CK	2	0.0	0.0	3	18.0	3.9

表 56　恩施州早熟中稻区试 A 组品种稻瘟病抗性评价结论（2007 年）

品种名称	抗性指数	与 CK 比较	最高损失率抗级	抗性评价	综合表现
福优 195CK	1.5		1	抗病	好
天优 428	2.1	劣于	3	中抗	好
谷优 0092	1.1	相当	1	抗病	好
长优 5238	1.4	相当	1	抗病	好
418A/R1138	2.1	劣于	3	中抗	好
安优 639	1.5	相当	1	抗病	好
T98A/RM023	2.1	劣于	3	中抗	好
硒香 1 号	5.8	劣于	9	高感	淘汰
全优 2689	1.3	相当	1	抗病	好
昌丰优 195	1.9	相当	1	抗病	好

表 57　恩施州早熟中稻区试 B 组品种稻瘟病抗性鉴定各病圃结果（2007 年）

品种名称	龙洞病圃			两河病圃		
	叶瘟病级	病穗率（%）	损失率（%）	叶瘟病级	病穗率（%）	损失率（%）
长优 2329	2	2.0	0.7	3	10.0	1.7
毕粳 37 号	2	0.0	0.0	3	16.0	5.6
长优 5218	3	0.0	0.0	3	100.0	50.5
谷丰 A/R018	2	0.0	0.0	3	11.0	4.3
中 3A/1681	2	0.0	0.0	4	100.0	56.0
福优 195CK	2	0.0	0.0	3	17.0	7.4
谷优 5218	2	0.0	0.0	3	7.0	1.7
株 1S/202	3	0.0	0.0	4	100.0	98.5
天优 142	3	0.0	0.0	3	4.0	0.4
H41A/R237	1	0.0	0.0	5	29.0	20.8

表 58　恩施州早熟中稻区试 B 组品种稻瘟病抗性评价结论（2007 年）

品种名称	抗性指数	与 CK 比较	最高损失率抗级	抗性评价	综合表现
福优 195CK	2.0		3	中抗	好
长优 2329	1.6	相当	1	抗病	好
毕粳 37 号	2.0	相当	3	中抗	好
长优 5218	4.1	劣于	9	高感	淘汰
谷丰 A/R018	1.5	轻于	1	抗病	好
中 3A/1681	4.1	劣于	9	高感	淘汰
谷优 5218	1.3	轻于	1	抗病	好
株 1S/202	4.3	劣于	9	高感	淘汰
天优 142	1.1	轻于	1	抗病	好
H41A/R237	2.9	劣于	5	中感	较好

表 59　恩施州迟熟中稻区试 A 组品种稻瘟病抗性鉴定各病圃结果（2007 年）

品种名称	龙洞病圃			两河病圃		
	叶瘟病级	病穗率（%）	损失率（%）	叶瘟病级	病穗率（%）	损失率（%）
忠优 52	2	0.0	0.0	4	100.0	75.0
中优 85	1	0.0	0.0	5	100.0	68.5
绿香 313	2	0.0	0.0	5	100.0	70.0
湘华优 88	2	0.0	0.0	2	16.0	5.3
C 两优 293	1	0.0	0.0	6	100.0	83.0
菲优 600	3	0.0	0.0	4	100.0	60.0
华优 7 号	2	0.0	0.0	3	11.0	2.2
天优 10 号	3	0.0	0.0	3	20.0	5.2
中 9A/R6-2	2	0.0	0.0	3	9.0	2.1
Ⅱ优航 2 号	3	0.0	0.0	6	100.0	58.0
44A/R186	2	0.0	0.0	7	100.0	74.5
Ⅱ优 58CK	2	1.0	0.5	5	100.0	60.0
宜香优 107	3	0.0	0.0	4	11.0	2.8

表 60　恩施州迟熟中稻区试 A 组品种稻瘟病抗性评价结论（2007 年）

品种名称	抗性指数	与 CK 比较	最高损失率抗级	抗性评价	综合表现
Ⅱ优 58CK	4.6		9	高感	差
忠优 52	4.1	轻于	9	高感	淘汰
中优 85	4.1	轻于	9	高感	淘汰
绿香 313	4.3	相当	9	高感	淘汰
湘华优 88	1.9	优于	3	中抗	好
C 两优 293	4.3	相当	9	高感	淘汰
菲优 600	4.3	相当	9	高感	淘汰
华优 7 号	1.5	优于	1	抗病	好
天优 10 号	2.1	优于	3	中抗	好
中 9A/R6-2	1.3	优于	1	抗病	好
Ⅱ优航 2 号	4.5	相当	9	高感	淘汰
44A/R186	4.5	相当	9	高感	淘汰
宜香优 107	1.8	优于	1	抗病	好

表 61　恩施州迟熟中稻区试 B 组品种稻瘟病抗性鉴定各病圃结果（2007 年）

品种名称	龙洞病圃			两河病圃		
	叶瘟病级	病穗率（%）	损失率（%）	叶瘟病级	病穗率（%）	损失率（%）
中浙优 2 号	2	0.0	0.0	6	100.0	58.5
天优 026	2	0.0	0.0	6	100.0	53.5
谷丰 A/031	1	0.0	0.0	4	33.0	10.2
瑞 12	2	0.0	0.0	4	100.0	60.0

（续表）

品种名称	龙洞病圃			两河病圃		
	叶瘟病级	病穗率（%）	损失率（%）	叶瘟病级	病穗率（%）	损失率（%）
渝优 600	2	7.0	2.6	5	100.0	70.0
福优 264	2	0.0	0.0	3	6.0	1.2
Y 两优 792	1	0.0	0.0	4	17.0	9.9
全丰 A/R0128	2	0.0	0.0	3	12.0	2.4
全优 3229	3	2.0	1.0	3	9.0	1.8
谷优 964	3	0.0	0.0	3	10.0	3.2
谷优 1186	3	0.0	0.0	3	7.0	1.4
Ⅱ优 58CK	2	0.0	0.0	4	100.0	57.0
金健 6 号	1	0.0	0.0	4	100.0	72.0

表 62　恩施州迟熟中稻区试 B 组品种稻瘟病抗性评价结论（2007 年）

品种名称	抗性指数	与 CK 比较	最高损失率抗级	抗性评价	综合表现
Ⅱ优 58CK	4.1		9	高感	差
中浙优 2 号	4.4	相当	9	高感	淘汰
天优 026	4.4	相当	9	高感	淘汰
谷丰 A/031	2.3	优于	3	中抗	好
瑞 12	4.1	相当	9	高感	淘汰
渝优 600	4.9	劣于	9	高感	淘汰
福优 264	1.3	优于	1	抗病	好
Y 两优 792	2.0	优于	3	中抗	好
全丰 A/R0128	1.5	优于	1	抗病	好
全优 3229	1.8	优于	1	抗病	好
谷优 964	1.4	优于	1	抗病	好
谷优 1186	1.4	优于	1	抗病	好
金健 6 号	4.0	相当	9	高感	淘汰

表 63　恩施州迟熟中稻区试 C 组品种稻瘟病抗性鉴定各病圃结果（2007 年）

品种名称	龙洞病圃			两河病圃		
	叶瘟病级	病穗率（%）	损失率（%）	叶瘟病级	病穗率（%）	损失率（%）
陵两优 624	2	1.0	0.5	6	100.0	72.0
川丰 6 号	2	0.0	0.0	5	100.0	57.0
泽优 999	2	0.0	0.0	3	6.0	1.2
谷优 5138	2	3.0	0.9	3	17.0	4.9
H28A/R291	2	0.0	0.0	3	11.0	2.2
清江 6 号	1	0.0	0.0	3	14.0	3.4
谷优 3301	1	0.0	0.0	3	11.0	1.8
377A/测 12	3	0.0	0.0	5	100.0	75.5

（续表）

品种名称	龙洞病圃			两河病圃		
	叶瘟病级	病穗率（%）	损失率（%）	叶瘟病级	病穗率（%）	损失率（%）
全优 1562	2	0.0	0.0	3	15.0	3.6
Ⅱ优 58CK	2	0.0	0.0	5	100.0	60.0
018A/R501	1	0.0	0.0	3	12.0	1.8
硒香 2 号	2	0.0	0.0	6	100.0	75.5
Q 优 1 号	2	0.0	0.0	5	100.0	60.0

表 64　恩施州迟熟中稻区试 C 组品种稻瘟病抗性评价结论（2007 年）

品种名称	抗性指数	与 CK 比较	最高损失率抗级	抗性评价	综合表现
Ⅱ优 58CK	4.3		9	高感	差
陵两优 624	4.8	相当	9	高感	淘汰
川丰 6 号	4.3	相当	9	高感	淘汰
泽优 999	1.3	优于	1	抗病	好
谷优 5138	1.9	优于	1	抗病	好
H28A/R291	1.5	优于	1	抗病	好
清江 6 号	1.4	优于	1	抗病	好
谷优 3301	1.4	优于	1	抗病	好
377A/测 12	4.4	相当	9	高感	淘汰
全优 1562	1.5	优于	1	抗病	好
018A/R501	1.4	优于	1	抗病	好
硒香 2 号	4.4	相当	9	高感	淘汰
Q 优 1 号	4.3	相当	9	高感	淘汰

表 65　国家武陵山区中稻区试品种稻瘟病抗性两年评价结论（2006—2007 年）

区试级别	品种名称	2007 年评价结论		2006 年评价结论		2006—2007 年两年评价结论				
		抗性指数	最高损失率抗级	抗性指数	最高损失率抗级	最高抗性指数	与 CK 比较	最高损失率抗级	抗性评价	综合表现
国家	Ⅱ优 58CK	4.1	9	5.4	5	5.4		9	高感	差
	Ⅱ优 264	1.4	1	1.0	1	1.4	显著优于	1	抗病	好
	F3027	3.8	7	5.9	7	5.9	相当	7	感病	一般
	谷优航 148	1.5	1	1.7	1	1.7	显著优于	1	抗病	好
	广抗优 2643	1.5	1	1.8	1	1.8	显著优于	1	抗病	好
	国豪杂优 23 号	2.1	3	1.7	1	2.1	优于	3	中抗	好
湖北省	福优 195CK	1.5	1	2.0	1	2.0		1	抗病	好
	全优 2689	1.3	1	1.2	1	1.3	轻于	1	抗病	好
	福优 195CK	2.0	3	2.0	1	2.0		3	中抗	好
	天优 142	1.1	1	1.8	1	1.8	相当	1	抗病	好
	株 1S/202	4.3	9	2.9	3	4.3	劣于	9	高感	差

（续表）

区试级别	品种名称	2007年评价结论		2006年评价结论		2006—2007年两年评价结论				
		抗性指数	最高损失率抗级	抗性指数	最高损失率抗级	最高抗性指数	与CK比较	最高损失率抗级	抗性评价	综合表现
湖北省	福优195CK	1.5	1	1.7	1	1.7		1	抗病	好
	418A/R1138	2.1	3	4.1	7	4.1	劣于	7	感病	一般
	昌丰优195	1.9	1	1.4	1	1.9	相当	1	抗病	好
	福优195CK	2.0	3	1.7	1	2.0		3	中抗	好
	毕粳37号	2.0	3	0.8	0	2.0	相当	3	中抗	好
	Ⅱ优58CK	4.3	9	6.5	7	6.5		9	高感	差
	Q优1号	4.3	9	4.4	3	4.4	优于	9	高感	差
	川丰6号	4.3	9	6.7	7	6.7	相当	9	高感	差
	Ⅱ优58CK	4.6	9	6.3	7	6.3		9	高感	差
	宜香优107	1.8	1	1.3	1	1.8	显著优于	1	抗病	好
	中优85	4.1	9	4.2	7	4.2	优于	9	高感	差
	Ⅱ优58CK	4.6	9	6.4	7	6.4		9	高感	差
	天优10号	2.1	3	2.0	1	2.1	显著优于	3	中抗	好

表66　国家武陵山区中稻区试品种稻瘟病抗性鉴定各病圃结果（2008年）

品种名称	龙洞病圃			把界病圃			两河病圃		
	叶瘟病级	病穗率（%）	损失率（%）	叶瘟病级	病穗率（%）	损失率（%）	叶瘟病级	病穗率（%）	损失率（%）
川香8号	3	0.0	0.0	4	3.0	0.9	4	13.0	3.5
抗丰优202	3	2.0	0.4	3	2.0	0.4	3	11.0	1.0
金丰A/R611	2	0.0	0.0	4	8.0	2.8	3	14.0	4.0
宏优9322	2	0.0	0.0	4	2.0	0.4	4	26.0	7.0
Ⅱ优恩22	3	0.0	0.0	3	3.0	0.6	4	12.0	3.3
川香29A/科恢5108	4	0.0	0.0	5	1.0	0.2	4	14.0	3.7
768A×科恢399	3	0.0	0.0	4	2.0	0.7	3	8.0	2.5
谷优627	2	0.0	0.0	3	1.0	0.5	3	13.0	4.2
谷优明占	3	0.0	0.0	3	2.0	0.4	3	18.0	5.7
全丰A/R1102	2	3.0	0.6	4	3.0	0.6	4	18.0	5.1
谷优3301	2	2.0	0.4	3	3.0	0.9	3	9.0	1.8
Ⅱ优58CK	5	5.0	1.6	6	95.0	40.5	3	100.0	53.0

表67　国家武陵山区中稻区试品种稻瘟病抗性评价结论（2008年）

品种名称	抗性指数	与CK比较	最高损失率抗级	抗性评价	综合表现
Ⅱ优58CK	5.6		9	高感	差
川香8号	1.8	显著优于	1	抗病	好
抗丰优202	1.8	显著优于	1	抗病	好
金丰A/R611	1.8	显著优于	1	抗病	好
宏优9322	2.2	优于	3	中抗	好

（续表）

品种名称	抗性指数	与 CK 比较	最高损失率抗级	抗性评价	综合表现
Ⅱ优恩 22	1.7	显著优于	1	抗病	好
川香 29A/科恢 5108	1.9	显著优于	1	抗病	好
768A×科恢 399	1.5	显著优于	1	抗病	好
谷优 627	1.5	显著优于	1	抗病	好
谷优明占	1.9	显著优于	3	中抗	好
全丰 A/R1102	2.3	优于	3	中抗	好
谷优 3301	1.6	显著优于	1	抗病	好

表 68　国家武陵山区中稻筛选试验品种稻瘟病抗性鉴定各病圃结果（2008 年）

品种名称	龙洞病圃			把界病圃			两河病圃		
	叶瘟病级	病穗率（%）	损失率（%）	叶瘟病级	病穗率（%）	损失率（%）	叶瘟病级	病穗率（%）	损失率（%）
Ⅱ优 790	2	3.0	0.6	2	2.0	0.4	3	23.0	11.8
全丰优 1276	1	2.0	0.4	3	3.0	0.6	3	44.0	11.5
特优 968	5	16.0	7.0	7	100.0	52.5	5	100.0	60.0
深香优 9791	2	2.0	0.4	3	7.0	2.3	4	100.0	59.0
中优 636	3	4.0	0.8	3	6.0	1.8	3	44.0	13.6
C 两优 138	5	8.0	3.7	6	100.0	50.0	4	100.0	85.0
D62A/R1527	4	6.0	3.0	8	100.0	53.0	6	100.0	85.0
广抗优光 90	3	2.0	0.4	3	3.0	0.6	4	41.0	12.1
富优 825	2	5.0	2.5	6	14.0	5.5	4	39.0	19.7
福优 2611	2	3.0	0.9	4	4.0	0.8	3	34.0	15.3
Y58S/R326	4	7.0	2.3	8	100.0	46.0	5	100.0	91.0
全优 208	2	2.0	0.4	3	2.0	0.4	2	24.0	5.4
准两优 9152	3	30.0	17.5	7	95.0	37.0	5	100.0	80.5
荆楚优 232	2	4.0	2.0	4	2.0	0.4	3	100.0	51.5
兴优航 2 号	4	24.0	12.0	8	100.0	48.5	4	100.0	94.0
圣丰优 180	5	56.0	33.2	8	100.0	53.0	5	100.0	98.5
中优 993	3	3.0	0.6	5	6.0	2.4	3	20.0	7.3
川江优 527	2	12.0	5.0	6	100.0	45.0	4	100.0	79.0
准 S/R893	4	19.0	8.9	7	100.0	52.5	5	100.0	85.0
缙香 1A/金恢 1 号	5	32.0	15.5	6	100.0	51.5	4	100.0	85.0
Q4A/R73	4	7.0	2.3	6	90.0	45.0	4	100.0	77.5
内香 187A/9914	3	2.0	0.7	4	5.0	1.9	3	16.0	4.4
深香优 9736	3	3.0	0.9	3	7.0	2.3	3	100.0	46.5
川优 727	2	0.0	0.0	4	3.0	0.6	3	16.0	8.2
成丰 A×蜀恢 498	3	4.0	0.8	3	4.0	0.8	3	36.0	11.7
金谷 212	3	2.0	0.4	2	3.0	0.6	3	42.0	12.6
天源优 5988	3	10.0	3.5	6	90.0	33.0	5	100.0	91.0
两优 336	2	8.0	3.4	7	100.0	48.5	3	100.0	60.0
广抗优明 415	2	3.0	0.9	3	4.0	0.8	3	24.0	7.2

（续表）

品种名称	龙洞病圃			把界病圃			两河病圃		
	叶瘟病级	病穗率（%）	损失率（%）	叶瘟病级	病穗率（%）	损失率（%）	叶瘟病级	病穗率（%）	损失率（%）
川香 29A/04R-1	4	6.0	2.4	8	80.0	31.0	7	100.0	94.0
谷优 769	2	2.0	0.4	4	3.0	0.6	3	100.0	38.0
Ⅱ优 16	3	6.0	2.1	7	75.0	27.0	7	90.0	60.5
荆楚优 632	4	4.0	1.4	7	95.0	37.0	7	100.0	82.0
瑞泰 68	2	4.0	0.8	2	4.0	0.8	4	11.0	1.9
全丰 A×蜀恢 498	3	2.0	0.4	3	5.0	1.6	3	37.0	11.0
广抗优明 637	3	8.0	3.4	4	3.0	1.5	3	33.0	9.0
乐优 216	3	0.0	0.0	4	2.0	0.4	4	47.0	13.9
Ⅱ优 58CK	5	13.0	4.7	5	100.0	48.5	4	100.0	85.0

表 69　国家武陵山区中稻筛选试验品种稻瘟病抗性评价结论（2008 年）

品种名称	抗性指数	与 CK 比较	最高损失率抗级	抗性评价	综合表现
Ⅱ优 58CK	5.9		9	高感	差
Ⅱ优 790	2.0	显著优于	3	中抗	好
全丰优 1276	2.2	显著优于	3	中抗	好
特优 968	6.8	劣于	9	高感	淘汰
深香优 9791	3.7	优于	9	高感	淘汰
中优 636	2.5	优于	3	中抗	好
C 两优 138	5.9	相当	9	高感	淘汰
D62A/R1527	6.5	劣于	9	高感	淘汰
广抗优光 90	2.4	显著优于	3	中抗	好
富优 825	3.6	优于	5	中感	较好
福优 2611	2.7	优于	5	中感	较好
Y58S/R326	6.0	相当	9	高感	淘汰
全优 208	2.0	显著优于	3	中抗	好
准两优 9152	6.8	劣于	9	高感	淘汰
荆楚优 232	3.5	优于	9	高感	淘汰
兴优航 2 号	6.5	劣于	9	高感	淘汰
圣丰优 180	7.9	劣于	9	高感	淘汰
中优 993	2.5	优于	3	中抗	好
川江优 527	5.8	相当	9	高感	淘汰
准 S/R893	6.8	劣于	9	高感	淘汰
缙香 1A/金恢 1 号	7.2	劣于	9	高感	淘汰
Q4A/R73	5.8	相当	9	高感	淘汰
内香 187A/9914	1.9	显著优于	1	抗病	好
深香优 9736	3.3	优于	7	感病	淘汰
川优 727	1.9	显著优于	3	中抗	好
成丰 A×蜀恢 498	2.3	显著优于	3	中抗	好
金谷 212	2.3	显著优于	3	中抗	好

（续表）

品种名称	抗性指数	与 CK 比较	最高损失率抗级	抗性评价	综合表现
天源优 5988	5.8	相当	9	高感	淘汰
两优 336	5.6	相当	9	高感	淘汰
广抗优明 415	2.1	显著优于	3	中抗	好
川香 29A/04R-1	6.2	相当	9	高感	淘汰
谷优 769	3.2	优于	7	感病	淘汰
Ⅱ优 16	5.7	相当	9	高感	淘汰
荆楚优 632	5.9	相当	9	高感	淘汰
瑞泰 68	1.8	显著优于	1	抗病	好
全丰 A×蜀恢 498	2.3	显著优于	3	中抗	好
广抗优明 637	2.6	优于	3	中抗	好
乐优 216	2.3	显著优于	3	中抗	好

表 70　恩施州迟熟中稻区试 A 组品种稻瘟病抗性鉴定各病圃结果（2008 年）

品种名称	龙洞病圃			把界病圃			两河病圃		
	叶瘟病级	病穗率（%）	损失率（%）	叶瘟病级	病穗率（%）	损失率（%）	叶瘟病级	病穗率（%）	损失率（%）
全丰 A/R99	2	4.0	0.8	1	3.0	0.6	3	4.0	0.8
宜香优 208	3	0.0	0.0	4	6.0	1.8	3	42.0	16.5
谷优 964	2	3.0	0.6	4	7.0	2.3	3	42.0	12.3
全优 5138	2	2.0	0.4	4	4.0	0.8	3	24.0	6.3
中优 117	4	17.0	7.6	6	100.0	45.5	3	100.0	85.0
Q 优 18	4	13.0	4.1	6	23.0	10.9	3	100.0	42.5
018A/R501	2	3.0	0.6	4	6.0	1.5	4	100.0	42.5
中优 6-2	3	4.0	0.8	3	2.0	0.4	3	11.0	1.6
H28A/R291	2	2.0	0.4	5	4.0	1.4	3	28.0	8.3
Ⅱ优 58CK	5	17.0	7.9	6	95.0	39.0	4	100.0	75.0
全丰 A/R0128	2	6.0	1.2	2	3.0	0.6	3	11.0	2.8

表 71　恩施州迟熟中稻区试 A 组品种稻瘟病抗性评价结论（2008 年）

品种名称	抗性指数	与 CK 比较	最高损失率抗级	抗性评价	综合表现
Ⅱ优 58CK	6.4		9	高感	差
全丰 A/R99	1.3	显著优于	1	抗病	好
宜香优 208	2.7	显著优于	5	中感	较好
谷优 964	2.5	显著优于	3	中抗	好
全优 5138	2.2	显著优于	3	中抗	好
中优 117	6.2	相当	9	高感	淘汰
Q 优 18	4.5	优于	7	感病	淘汰
018A/R501	3.5	显著优于	7	感病	淘汰
中优 6-2	1.8	显著优于	1	抗病	好
H28A/R291	2.4	显著优于	3	中抗	好
全丰 A/R0128	1.9	显著优于	1	抗病	好

表 72　恩施州迟熟中稻区试 B 组品种稻瘟病抗性鉴定各病圃结果（2008 年）

品种名称	龙洞病圃			把界病圃			两河病圃		
	叶瘟病级	病穗率（%）	损失率（%）	叶瘟病级	病穗率（%）	损失率（%）	叶瘟病级	病穗率（%）	损失率（%）
杰优 8 号	6	15.0	6.0	5	85.0	35.0	3	100.0	73.0
川江优 527	6	27.0	11.4	6	43.0	16.1	4	100.0	75.0
科优 21	5	0.0	0.0	5	15.0	5.4	3	100.0	40.0
恩选 6 号	6	18.0	8.9	9	100.0	100.0	8	100.0	91.0
乐优 107	2	2.0	0.4	3	7.0	2.0	2	53.0	27.3
乐优 94	1	0.0	0.0	5	6.0	1.8	3	95.0	35.5
全优 1186	1	2.0	0.4	3	4.0	0.8	2	10.0	2.9
忠丰 2 号	3	15.0	5.9	5	100.0	48.5	4	100.0	85.0
Ⅱ优 58CK	5	24.0	11.5	6	100.0	51.0	3	100.0	70.0
成优 368	2	0.0	0.0	4	3.0	1.5	3	90.0	41.0

表 73　恩施州迟熟中稻区试 B 组品种稻瘟病抗性评价结论（2008 年）

品种名称	抗性指数	与 CK 比较	最高损失率抗级	抗性评价	综合表现
Ⅱ优 58CK	6.6		9	高感	差
杰优 8 号	6.3	相当	9	高感	淘汰
川江优 527	6.1	轻于	9	高感	淘汰
科优 21	3.9	优于	7	感病	淘汰
恩选 6 号	7.4	劣于	9	高感	淘汰
乐优 107	2.9	显著优于	5	中感	较好
乐优 94	3.1	显著优于	7	感病	淘汰
全优 1186	1.4	显著优于	1	抗病	好
忠丰 2 号	6.1	轻于	9	高感	淘汰
成优 368	2.9	显著优于	7	感病	淘汰

表 74　恩施州早熟中稻区试品种稻瘟病抗性鉴定各病圃结果（2008 年）

品种名称	龙洞病圃			把界病圃			两河病圃		
	叶瘟病级	病穗率（%）	损失率（%）	叶瘟病级	病穗率（%）	损失率（%）	叶瘟病级	病穗率（%）	损失率（%）
深优 9752	3	0.0	0.0				3	48.0	20.5
谷优 0092	3	2.0	0.4				3	35.0	9.4
长丰 A/R251	2	0.0	0.0				4	100.0	73.0
绵 5 优 142	2	0.0	0.0				4	14.0	2.8
金优 107	3	3.0	0.6				3	13.0	4.1
中优 185	2	0.0	0.0				4	100.0	55.0
深优 9725	2	0.0	0.0				5	48.0	20.1
深优 9734	2	2.0	0.4				4	43.0	13.1
湘州优 H104	2	0.0	0.0				3	100.0	67.0
L07A/R522	2	0.0	0.0				3	18.0	4.2
福优 195CK	2	0.0	0.0				3	43.0	16.1

表 75　恩施州早熟中稻区试品种稻瘟病抗性评价结论（2008 年）

品种名称	抗性指数	与 CK 比较	最高损失率抗级	抗性评价	综合表现
福优 195CK	2.8		5	中感	较好
深优 9752	2.9	相当	5	中感	较好
谷优 0092	2.8	相当	3	中抗	好
长丰 A/R251	4.2	劣于	9	高感	淘汰
绵 5 优 142	1.7	轻于	1	抗病	好
金优 107	2.0	轻于	1	抗病	好
中优 185	4.2	劣于	9	高感	淘汰
深优 9725	3.0	相当	5	中感	较好
深优 9734	2.8	相当	3	中抗	好
湘州优 H104	4.0	劣于	9	高感	淘汰
L07A/R522	1.5	轻于	1	抗病	好

表 76　国家武陵山区中稻区试品种稻瘟病抗性两年评价结论（2007—2008 年）

区试级别	品种名称	2008 年评价结论		2007 年评价结论		2007—2008 年两年评价结论				
		抗性指数	最高损失率抗级	抗性指数	最高损失率抗级	最高抗性指数	与 CK 比较	最高损失率抗级	抗性评价	综合表现
国家	Ⅱ优 58CK	5.6	9	4.1	9	5.6		9	高感	差
	768A×科恢 399	1.5	1	1.3	1	1.5	显著优于	1	抗病	好
	川香 8 号	1.8	1	1.3	1	1.8	显著优于	1	抗病	好
	全丰 A/R1102	2.3	3	1.1	1	2.3	优于	3	中抗	好
湖北省	Ⅱ优 58CK	6.4	9	4.1	9	6.4		9	高感	差
	谷优 964	2.5	3	1.4	1	2.5	显著优于	3	中抗	好
	全丰 A/R0128	1.9	1	1.5	1	1.9	显著优于	1	抗病	好
	Ⅱ优 58CK	6.4	9	4.3	9	6.4		9	高感	差
	018A/R501	3.5	7	1.4	1	3.5	优于	7	感病	一般
	H28A/R291	2.4	3	1.5	1	2.4	显著优于	3	中抗	好
	福优 195CK	2.8	5	1.5	1	2.8		5	中感	较好
	谷优 0092	2.8	3	1.1	1	2.8	相当	3	中抗	好

表 77　国家武陵山区中稻区试品种稻瘟病抗性鉴定各病圃结果（2009 年）

品种名称	龙洞病圃			把界病圃			两河病圃		
	叶瘟病级	病穗率（%）	损失率（%）	叶瘟病级	病穗率（%）	损失率（%）	叶瘟病级	病穗率（%）	损失率（%）
中优 993	3	0.0	0.0	2	3.0	0.6	4	23.0	7.0
谷优明占	3	0.0	0.0	3	2.0	0.4	3	4.0	0.8
川香 29A/科恢 5108	3	0.0	0.0	3	2.0	0.4	3	12.0	4.8
谷优 627	2	0.0	0.0	3	3.0	0.6	3	2.0	0.4
广优明 415	2	3.0	0.6	2	2.0	0.4	3	3.0	0.6
谷优 3301	3	0.0	0.0	2	3.0	0.6	2	2.0	0.4
川优 727	2	0.0	0.0	2	2.0	0.4	2	4.0	0.8

（续表）

品种名称	龙洞病圃			把界病圃			两河病圃		
	叶瘟病级	病穗率（%）	损失率（%）	叶瘟病级	病穗率（%）	损失率（%）	叶瘟病级	病穗率（%）	损失率（%）
川谷优 202	2	0.0	0.0	2	2.0	0.4	2	2.0	0.4
广优光 90	2	0.0	0.0	2	2.0	0.4	2	4.0	0.8
全丰 A/R611	2	0.0	0.0	3	6.0	1.2	2	12.0	2.4
全丰 A×蜀恢 498	3	0.0	0.0	3	4.0	0.8	2	7.0	1.4
全优 527CK_2	4	0.0	0.0	3	4.0	0.8	2	2.0	0.4
Ⅱ优 58CK_1	3	3.0	2.5	3	90.0	47.0	4	100.0	48.0

表 78　国家武陵山区中稻区试品种稻瘟病抗性评价结论（2009 年）

品种名称	抗性指数	与 CK1 比较	与 CK2 比较	最高损失率抗级	抗性评价	综合表现
Ⅱ优 58CK_1	4.9		劣于	7	感病	一般
全优 527CK_2	1.3	显著优于		1	抗病	好
中优 993	2.0	优于	劣于	3	中抗	好
谷优明占	1.3	显著优于	相当	1	抗病	好
川香 29A/科恢 5108	1.6	优于	相当	1	抗病	好
谷优 627	1.2	显著优于	相当	1	抗病	好
广优明 415	1.4	显著优于	相当	1	抗病	好
谷优 3301	1.1	显著优于	相当	1	抗病	好
川优 727	1.0	显著优于	相当	1	抗病	好
川谷优 202	1.0	显著优于	相当	1	抗病	好
广优光 90	1.0	显著优于	相当	1	抗病	好
全丰 A/R611	1.6	优于	相当	1	抗病	好
全丰 A×蜀恢 498	1.4	显著优于	相当	1	抗病	好

表 79　国家武陵山区中稻筛选试验品种稻瘟病抗性鉴定各病圃结果（2009 年）

品种名称	龙洞病圃			把界病圃			两河病圃		
	叶瘟病级	病穗率（%）	损失率（%）	叶瘟病级	病穗率（%）	损失率（%）	叶瘟病级	病穗率（%）	损失率（%）
天优华占	3	0.0	0.0	2	4.0	0.8	2	0.0	0.0
全优 128	3	0.0	0.0	2	4.0	0.8	2	4.0	0.8
广优 391	2	0.0	0.0	2	4.0	0.8	3	13.0	3.2
龙两优 918	3	0.0	0.0	4	53.0	18.4	4	100.0	41.0
荆楚优 H8	2	0.0	0.0	2	3.0	0.6	4	3.0	1.5
金优 835	5	0.0	0.0	5	95.0	51.5	7	100.0	75.0
全优 3301	2	0.0	0.0	3	6.0	1.2	3	4.0	0.8
全优 825	3	0.0	0.0	2	8.0	1.6	3	8.0	1.6
川谷优 211	3	0.0	0.0	2	6.0	1.2	2	4.0	0.8
广优 701	3	0.0	0.0	2	8.0	1.6	2	12.0	3.3
1020A/万 R1010	3	0.0	0.0	3	4.0	0.8	2	8.0	1.6

（续表）

品种名称	龙洞病圃			把界病圃			两河病圃		
	叶瘟病级	病穗率（%）	损失率（%）	叶瘟病级	病穗率（%）	损失率（%）	叶瘟病级	病穗率（%）	损失率（%）
宜香优 636	2	0.0	0.0	2	3.0	0.6	2	3.0	0.6
抗丰 A/蜀恢 538	3	0.0	0.0	2	3.0	0.6	2	4.0	0.8
广优明 118	2	0.0	0.0	3	3.0	0.6	3	4.0	0.8
成优 5388	2	0.0	0.0	2	3.0	0.6	3	6.0	1.2
深 97A/R1973	2	0.0	0.0	2	4.0	0.8	3	3.0	0.6
广优 498	2	0.0	0.0	3	4.0	0.8	3	6.0	1.2
川谷优 408	2	0.0	0.0	2	2.0	0.4	3	6.0	1.8
全优 863	3	0.0	0.0	2	4.0	0.8	3	3.0	0.6
0203A/涪恢 9802	3	0.0	0.0	2	3.0	0.6	2	11.0	3.7
蓉 18A/瑞恢 399	3	0.0	0.0	2	3.0	0.6	2	6.0	1.2
全优 1958	2	0.0	0.0	3	6.0	1.2	3	6.0	1.2
837A/R4	2	2.0	0.4	3	12.0	4.8	4	95.0	44.5
福伊 A/R344	2	0.0	0.0	3	4.0	0.8	3	4.0	0.8
深两优 5134	3	0.0	0.0	2	3.0	0.6	2	6.0	1.2
谷优 929	2	0.0	0.0	2	4.0	0.8	2	8.0	1.6
1421A/涪恢 9804	3	0.0	0.0	3	4.0	0.8	5	55.0	25.1
深 97A/R2010	2	0.0	0.0	2	3.0	0.6	2	8.0	1.6
谷优 596	2	0.0	0.0	3	4.0	0.8	2	4.0	0.8
Y 两优 789	2	0.0	0.0	2	3.0	0.6	4	100.0	60.0
Y 两优 1456	2	0.0	0.0	3	2.0	0.4	3	9.0	3.3
全优 527CK	2	0.0	0.0	3	4.0	0.8	3	8.0	1.6

表 80　国家武陵山区中稻筛选试验品种稻瘟病抗性评价结论（2009 年）

品种名称	抗性指数	与 CK 比较	最高损失率抗级	抗性评价	综合表现
全优 527CK	1.3		1	抗病	好
天优华占	0.9	相当	1	抗病	好
全优 128	1.1	相当	1	抗病	好
广优 391	1.4	相当	1	抗病	好
龙两优 918	4.5	劣于	7	感病	淘汰
荆楚优 H8	1.2	相当	1	抗病	好
金优 835	5.9	劣于	9	高感	淘汰
全优 3301	1.3	相当	1	抗病	好
全优 825	1.5	相当	1	抗病	好
川谷优 211	1.3	相当	1	抗病	好
广优 701	1.6	相当	1	抗病	好
1020A/万 R1010	1.4	相当	1	抗病	好
宜香优 636	1.0	相当	1	抗病	好
抗丰 A/蜀恢 538	1.1	相当	1	抗病	好
广优明 118	1.2	相当	1	抗病	好

（续表）

品种名称	抗性指数	与 CK 比较	最高损失率抗级	抗性评价	综合表现
成优 5388	1.3	相当	1	抗病	好
深 97A/R1973	1.1	相当	1	抗病	好
广优 498	1.3	相当	1	抗病	好
川谷优 408	1.3	相当	1	抗病	好
全优 863	1.2	相当	1	抗病	好
0203A/涪恢 9802	1.5	相当	1	抗病	好
蓉 18A/瑞恢 399	1.3	相当	1	抗病	好
全优 1958	1.5	相当	1	抗病	好
837A/R4	3.5	劣于	7	感病	淘汰
福伊 A/R344	1.2	相当	1	抗病	好
深两优 5134	1.3	相当	1	抗病	好
谷优 929	1.2	相当	1	抗病	好
1421A/涪恢 9804	2.8	劣于	5	中感	较好
深 97A/R2010	1.2	相当	1	抗病	好
谷优 596	1.1	相当	1	抗病	好
Y 两优 789	3.2	劣于	9	高感	淘汰
Y 两优 1456	1.3	相当	1	抗病	好

表 81　恩施州迟熟中稻区试 A 组品种稻瘟病抗性鉴定各病圃结果（2009 年）

品种名称	龙洞病圃			把界病圃			两河病圃		
	叶瘟病级	病穗率（%）	损失率（%）	叶瘟病级	病穗率（%）	损失率（%）	叶瘟病级	病穗率（%）	损失率（%）
乐优 94	2	0.0	0.0	3	4.0	0.8	2	6.0	1.2
湘优 109	5	0.0	0.0	2	6.0	1.2	5	100.0	60.0
宜香优 208	2	0.0	0.0	2	3.0	0.6	3	16.0	4.1
广抗 13A/REJ01	2	0.0	0.0	2	2.0	0.4	3	8.0	1.6
FS3A/HR2115	4	0.0	0.0	2	6.0	1.8	5	100.0	48.0
株两优 101	2	0.0	0.0	3	4.0	0.8	5	100.0	56.0
科优 21	3	0.0	0.0	3	3.0	0.6	5	100.0	46.0
T 优 5128	2	0.0	0.0	2	3.0	0.6	6	100.0	58.0
金优 107	2	0.0	0.0	3	4.0	0.8	4	16.0	5.6
Ⅱ优 58 CK_1	2	2.0	1.0	3	3.0	0.6	6	100.0	62.0
宜优 115	4	0.0	0.0	2	11.0	3.4	7	100.0	65.0
Y 两优 6 号	2	0.0	0.0	3	20.0	8.0	7	100.0	85.0
全优 527CK_2	2	0.0	0.0	2	6.0	1.2	4	6.0	1.2
庆优 17	2	0.0	0.0	2	7.0	2.3	7	100.0	73.0

表 82　恩施州迟熟中稻区试 A 组品种稻瘟病抗性评价结论（2009 年）

品种名称	抗性指数	与 CK1 比较	与 CK2 比较	最高损失率抗级	抗性评价	综合表现
Ⅱ优 58CK_1	3.7		劣于	9	高感	差
全优 527CK_2	1.5	优于		1	抗病	好
乐优 94	1.3	优于	相当	1	抗病	好

（续表）

品种名称	抗性指数	与CK1比较	与CK2比较	最高损失率抗级	抗性评价	综合表现
湘优109	3.7	相当	劣于	9	高感	淘汰
宜香优208	1.4	优于	相当	1	抗病	好
广抗13A/REJ01	1.3	优于	相当	1	抗病	好
FS3A/HR2115	3.3	相当	劣于	7	感病	淘汰
株两优101	3.3	相当	劣于	9	高感	淘汰
科优21	3.1	轻于	劣于	7	感病	淘汰
T优5128	3.4	相当	劣于	9	高感	淘汰
金优107	1.9	优于	相当	3	中抗	好
宜优115	3.9	相当	劣于	9	高感	淘汰
Y两优6号	4.2	相当	劣于	9	高感	淘汰
庆优17	3.6	相当	劣于	9	高感	淘汰

表83　恩施州迟熟中稻区试B组品种稻瘟病抗性鉴定各病圃结果（2009年）

品种名称	龙洞病圃			把界病圃			两河病圃		
	叶瘟病级	病穗率（%）	损失率（%）	叶瘟病级	病穗率（%）	损失率（%）	叶瘟病级	病穗率（%）	损失率（%）
乐优107	2	0.0	0.0	3	9.0	1.8	3	11.0	2.8
陵优2号	2	0.0	0.0	2	11.0	3.4	5	100.0	68.0
Q优18	2	0.0	0.0	2	26.0	8.0	4	100.0	48.0
乐优5388	4	0.0	0.0	2	9.0	2.4	6	22.0	7.4
湘优8263	3	0.0	0.0	2	12.0	3.3	6	100.0	48.0
宜香优835	4	0.0	0.0	4	33.0	10.2	7	100.0	54.5
绵7优636	3	0.0	0.0	3	11.0	2.8	3	11.0	2.8
全优3301	2	0.0	0.0	2	8.0	1.6	3	4.0	0.8
奥两优69	2	0.0	0.0	3	89.0	39.3	7	100.0	60.0
长丰A/R01-72	2	0.0	0.0	3	8.0	1.6	5	8.0	1.6
0203A/涪恢9804	2	0.0	0.0	3	11.0	2.8	5	21.0	6.6
全优527CK_2	1	0.0	0.0	2	6.0	1.2	3	6.0	1.2
Ⅱ优58 CK_1	1	0.0	0.0	2	56.0	25.0	6	100.0	52.5
全优5138	2	0.0	0.0	3	8.0	1.6	4	13.0	3.2

表84　恩施州迟熟中稻区试B组品种稻瘟病抗性评价结论（2009年）

品种名称	抗性指数	与CK1比较	与CK2比较	最高损失率抗级	抗性评价	综合表现
Ⅱ优58CK_1	4.6		劣于	9	高感	差
全优527CK_2	1.4	优于		1	抗病	好
乐优107	1.7	优于	相当	1	抗病	好
陵优2号	3.6	轻于	劣于	9	高感	淘汰
Q优18	3.7	轻于	劣于	7	感病	淘汰
乐优5388	2.4	优于	劣于	3	中抗	好
湘优8263	3.5	轻于	劣于	7	感病	淘汰

（续表）

品种名称	抗性指数	与 CK1 比较	与 CK2 比较	最高损失率抗级	抗性评价	综合表现
宜香优 835	4.6	相当	劣于	9	高感	淘汰
绵 7 优 636	1.9	优于	相当	1	抗病	好
全优 3301	1.3	优于	相当	1	抗病	好
奥两优 69	5.2	劣于	劣于	9	高感	淘汰
长丰 A/R01-72	1.7	优于	相当	1	抗病	好
0203A/涪恢 9804	2.3	优于	劣于	3	中抗	好
全优 5138	1.8	优于	相当	1	抗病	好

表 85　恩施州早熟中稻区试 A 组品种稻瘟病抗性鉴定各病圃结果（2009 年）

品种名称	龙洞病圃			把界病圃			两河病圃		
	叶瘟病级	病穗率（%）	损失率（%）	叶瘟病级	病穗率（%）	损失率（%）	叶瘟病级	病穗率（%）	损失率（%）
深优 9734	2	0.0	0.0	2	6.0	1.2	4	16.0	4.4
L07A/R522	2	2.0	0.4	4	13.0	5.1	4	4.0	0.8
金优 107	2	0.0	0.0	2	6.0	1.2	3	20.0	6.4
T78 优 2155	2	0.0	0.0	4	100.0	85.0	6	100.0	65.5
忠优 98	2	0.0	0.0	3	29.0	11.4	6	100.0	56.0
株两优 142	2	4.0	0.8	3	7.0	2.0	4	9.0	2.4
泸香 618A/HR2168	4	2.0	0.4	2	28.0	11.4	7	85.0	44.0
株两优 015	2	2.0	0.4	3	32.0	13.4	6	100.0	45.5
福优 195CK	2	0.0	0.0	2	9.0	1.8	4	43.0	11.0
Q 香 101	2	0.0	0.0	4	85.0	48.5	4	100.0	70.0

表 86　恩施州早熟中稻区试 A 组品种稻瘟病抗性评价结论（2009 年）

品种名称	抗性指数	与 CK 比较	最高损失率抗级	抗性评价	综合表现
福优 195CK	2.2		3	中抗	好
深优 9734	1.7	轻于	1	抗病	好
L07A/R522	2.3	相当	3	中抗	好
金优 107	1.9	相当	3	中抗	好
T78 优 2155	5.5	劣于	9	高感	淘汰
忠优 98	4.3	劣于	9	高感	淘汰
株两优 142	1.9	相当	1	抗病	好
泸香 618A/HR2168	4.4	劣于	7	感病	淘汰
株两优 015	4.2	劣于	7	感病	淘汰
Q 香 101	5.0	劣于	9	高感	淘汰

表 87　恩施州早熟中稻区试 B 组品种稻瘟病抗性鉴定各病圃结果（2009 年）

品种名称	龙洞病圃			把界病圃			两河病圃		
	叶瘟病级	病穗率（%）	损失率（%）	叶瘟病级	病穗率（%）	损失率（%）	叶瘟病级	病穗率（%）	损失率（%）
成优 368	2	2.0	0.1	3	6.0	1.2	4	11.0	2.2
绵 5 优 142	2	2.0	0.1	2	8.0	1.6	4	3.0	0.6

（续表）

品种名称	龙洞病圃			把界病圃			两河病圃		
	叶瘟病级	病穗率（%）	损失率（%）	叶瘟病级	病穗率（%）	损失率（%）	叶瘟病级	病穗率（%）	损失率（%）
宜香优 607	4	0.0	0.0	3	5.0	1.0	4	14.0	3.4
T 优 1328	5	0.0	0.0	3	7.0	1.4	3	8.0	1.6
深优 9752	3	0.0	0.0	3	6.0	1.2	3	11.0	2.2
全优 2155	3	0.0	0.0	3	6.0	1.2	3	3.0	0.6
长丰 A/R0217	3	0.0	0.0	2	6.0	1.2	5	8.0	1.6
Q 优 77	2	3.0	0.6	3	5.0	1.0	3	11.0	2.2
福优 195CK	2	0.0	0.0	2	8.0	1.6	4	23.0	4.6

表 88　恩施州早熟中稻区试 B 组品种稻瘟病抗性评价结论（2009 年）

品种名称	抗性指数	与 CK 比较	最高损失率抗级	抗性评价	综合表现
福优 195CK	1.7		1	抗病	好
成优 368	2.0	相当	1	抗病	好
绵 5 优 142	1.6	相当	1	抗病	好
宜香优 607	1.8	相当	1	抗病	好
T 优 1328	1.8	相当	1	抗病	好
深优 9752	1.8	相当	1	抗病	好
全优 2155	1.4	相当	1	抗病	好
长丰 A/R0217	1.7	相当	1	抗病	好
Q 优 77	1.8	相当	1	抗病	好

表 89　国家武陵山区中稻区试品种稻瘟病抗性两年评价结论（2008—2009 年）

区试级别	品种名称	2009 年评价结论		2008 年评价结论		2008—2009 年两年评价结论				
		抗性指数	最高损失率抗级	抗性指数	最高损失率抗级	最高抗性指数	与 CK 比较	最高损失率抗级	抗性评价	综合表现
国家	Ⅱ优 58CK	4.9	7	5.6	9	5.6		9	高感	差
	川香 29A/科恢 5108	1.6	1	1.9	1	1.9	显著优于	1	中抗	好
	谷优 3301	1.1	1	1.6	1	1.6	显著优于	1	抗病	好
	谷优 627	1.2	1	1.5	1	1.5	显著优于	1	抗病	好
	谷优明占	1.3	1	1.9	3	1.9	显著优于	3	中抗	好
湖北省	Ⅱ优 58CK	3.7	9	6.6	9	6.6		9	高感	差
	乐优 94	1.3	1	3.1	7	3.1	显著优于	7	感病	一般
	科优 21	3.1	7	3.9	7	3.9	优于	7	感病	一般
	Ⅱ优 58CK	3.7	9	6.4	9	6.4		9	高感	差
	宜香优 208	1.4	1	2.7	5	2.7	显著优于	5	中感	较好
	Ⅱ优 58CK	4.6	9	6.6	9	6.6		9	高感	差
	乐优 107	1.7	1	2.9	5	2.9	显著优于	5	中感	较好
	Ⅱ优 58CK	4.6	9	6.4	9	6.4		9	高感	差
	Q 优 18	3.7	7	4.5	7	4.5	优于	7	感病	一般

（续表）

区试级别	品种名称	2009 年评价结论		2008 年评价结论		2008—2009 年两年评价结论				
		抗性指数	最高损失率抗级	抗性指数	最高损失率抗级	最高抗性指数	与 CK 比较	最高损失率抗级	抗性评价	综合表现
湖北省	全优 5138	1.8	1	1.8	3	1.8	显著优于	3	中抗	好
	福优 195CK	2.2	3	2.8	5	2.8		5	中感	较好
	L07A/R522	2.3	3	1.5	1	2.3	轻于	3	中抗	好
	金优 107	1.9	3	2.0	1	2.0	轻于	3	中抗	好
	深优 9734	1.7	1	2.8	3	2.8	相当	3	中抗	好
	福优 195CK	1.7	1	2.8	5	2.8		5	中感	较好
	深优 9752	1.8	1	2.9	5	2.9	相当	5	中感	较好
	绵 5 优 142	1.6	1	1.7	1	1.7	轻于	1	抗病	好

表 90　国家武陵山区中稻区试品种稻瘟病抗性鉴定各病圃结果（2010 年）

品种名称	龙洞病圃			把界病圃			两河病圃		
	叶瘟病级	病穗率（%）	损失率（%）	叶瘟病级	病穗率（%）	损失率（%）	叶瘟病级	病穗率（%）	损失率（%）
全优 3301	3	2.0	0.4	2	6.0	1.2	3	4.0	0.8
广优明 118	2	2.0	0.4	2	4.0	0.8	3	6.0	1.2
成优 5388	2	2.0	0.4	2	7.0	1.4	3	6.0	1.2
天优华占	2	2.0	0.4	2	8.0	2.2	5	8.0	1.6
川优 727	4	2.0	0.4	2	4.0	0.8	3	12.0	3.6
广优 498	2	2.0	0.4	3	6.0	1.2	3	6.0	1.2
川谷优 211	2	3.0	0.6	2	4.0	0.8	3	6.0	1.2
广优明 415	2	2.0	0.4	2	4.0	0.8	3	5.0	1.0
1421A/涪恢 9804	4	2.0	0.4		16.0	5.6	3	12.0	3.6
抗丰 A/蜀恢 538	2	2.0	0.4	2	4.0	0.8	3	9.0	2.7
广优 701	2	3.0	0.6	2	6.0	1.2	3	8.0	1.6
0203A/涪恢 9802	2	2.0	0.4	2	6.0	1.2	3	6.0	1.2
全优 527CK	2	2.0	0.4	2	4.0	0.8	3	6.0	1.2

表 91　国家武陵山区中稻区试品种稻瘟病抗性评价结论（2010 年）

品种名称	抗性指数	与 CK 比较	最高损失率抗级	抗性评价	综合表现
全优 527CK	1.5		1	抗病	好
全优 3301	1.6	相当	1	抗病	好
广优明 118	1.5	相当	1	抗病	好
成优 5388	1.7	相当	1	抗病	好
天优华占	1.9	相当	1	抗病	好
川优 727	1.9	相当	1	抗病	好
广优 498	1.8	相当	1	抗病	好
川谷优 211	1.5	相当	1	抗病	好
广优明 415	1.4	相当	1	抗病	好

（续表）

品种名称	抗性指数	与 CK 比较	最高损失率抗级	抗性评价	综合表现
1421A/涪恢 9804	2.4	劣于	3	中抗	好
抗丰 A/蜀恢 538	1.5	相当	1	抗病	好
广优 701	1.7	相当	1	抗病	好
0203A/涪恢 9802	1.7	相当	1	抗病	好

表 92　国家武陵山区中稻筛选试验品种稻瘟病抗性鉴定各病圃结果（2010 年）

品种名称	龙洞病圃			把界病圃			两河病圃		
	叶瘟病级	病穗率（%）	损失率（%）	叶瘟病级	病穗率（%）	损失率（%）	叶瘟病级	病穗率（%）	损失率（%）
广优 3301	2	2.0	0.4	3	6.0	1.2	2	6.0	1.2
广优 4019	2	2.0	0.4	2	4.0	0.8	3	8.0	1.6
L07A/R522	3	2.0	0.4	2	6.0	1.2	3	6.0	1.2
川农 1A/R137	2	2.0	0.4	2	4.0	0.8	3	6.0	1.2
赣优明占	4	4.0	0.8	5	4.0	0.8	4	17.0	4.6
荆楚优 89	5	4.0	0.8	6	4.0	0.8	7	68.0	31.6
中 9A/TR108	4	3.0	0.6	5	6.0	1.8	7	100.0	53.5
深 97A/1610	2	4.0	0.8	2	6.0	1.8	3	9.0	1.8
冈优 1351	4	4.0	0.8	4	4.0	0.8	4	72.0	32.4
谷优 259	2	4.0	0.8	4	4.0	0.8	3	9.0	1.8
全优 5388	1	2.0	0.4	4	6.0	1.2	3	8.0	1.6
钱优 907	3	3.0	0.6	5	12.0	3.3	5	30.0	12.9
川谷香 204	2	2.0	0.4	3	7.0	1.4	3	6.0	1.2
泰优 3301	4	6.0	1.2	3	7.0	1.4	4	71.0	33.1
炳 1A/R6135	2	9.0	1.8	2	6.0	1.2	3	12.0	2.4
深优 572	2	4.0	0.8	4	11.0	3.1	4	28.0	9.2
FS3A/HR2115	4	3.0	0.6	4	15.0	5.1	5	41.0	16.6
广优航 2 号	2	2.0	0.4	2	6.0	1.2	4	17.0	4.3
川谷 A/瑞恢 399	2	2.0	0.4	2	6.0	1.2	3	6.0	1.2
502 优 636	2	6.0	2.1	3	4.0	0.8	3	8.0	1.6
炳 1A/R2010	2	4.0	0.8	2	6.0	1.2	3	14.0	3.4
川谷 A/R3346	3	2.0	0.4	2	4.0	0.8	2	6.0	1.2
炳 1A/成恢 727	2	4.0	0.8	2	4.0	0.8	3	9.0	1.8
赣香优 855	4	2.0	0.4	6	4.0	0.8	7	9.0	1.8
成优 981	2	2.0	0.4	2	6.0	1.2	3	16.0	4.1
904A/R149	4	2.0	0.4	6	4.0	0.8	3	17.0	5.8
元优 2343	3	2.0	0.4	5	4.0	0.8	4	11.0	3.1
川谷优 132	2	2.0	0.4	3	6.0	1.2	3	8.0	1.6
H595A/R7116	3	2.0	0.4	3	8.0	2.2	3	24.0	7.5
瑞 3A/瑞恢 399	4	3.0	0.6	4	4.0	0.8	4	19.0	6.2
特优 968	2	2.0	0.4	2	6.0	1.2	4	8.0	1.6
全优 2010	2	2.0	0.4	2	6.0	1.2	3	6.0	1.2

（续表）

品种名称	龙洞病圃			把界病圃			两河病圃		
	叶瘟病级	病穗率（%）	损失率（%）	叶瘟病级	病穗率（%）	损失率（%）	叶瘟病级	病穗率（%）	损失率（%）
全优 515	2	3.0	0.6	2	6.0	1.2	3	6.0	1.2
冈优 538	3	3.0	0.6	4	4.0	0.8	4	14.0	3.4
全优 527CK	3	2.0	0.4	2	6.0	1.2	3	6.0	1.2
乐优 107	2	2.0	0.4	2	8.0	1.6	3	7.0	1.4

表 93　国家武陵山区中稻筛选试验品种稻瘟病抗性评价结论（2010 年）

品种名称	抗性指数	与 CK 比较	最高损失率抗级	抗性评价	综合表现
全优 527CK	1.8		1	抗病	好
广优 3301	1.7	相当	1	抗病	好
广优 4019	1.5	相当	1	抗病	好
L07A/R522	1.8	相当	1	抗病	好
川农 1A/R137	1.5	相当	1	抗病	好
赣优明占	2.2	相当	1	抗病	好
荆楚优 89	3.9	劣于	7	感病	淘汰
中 9A/TR108	4.3	劣于	9	高感	淘汰
深 97A/1610	1.7	相当	1	抗病	好
冈优 1351	3.5	劣于	7	感病	淘汰
谷优 259	1.7	相当	1	抗病	好
全优 5388	1.8	相当	1	抗病	好
钱优 907	3.0	劣于	3	中抗	好
川谷香 204	1.8	相当	1	抗病	好
泰优 3301	3.7	劣于	7	感病	淘汰
炳 1A/R6135	2.0	相当	1	抗病	好
深优 572	2.8	劣于	3	中抗	好
FS3A/HR2115	3.7	劣于	5	中感	较好
广优航 2 号	2.0	相当	1	抗病	好
川谷 A/瑞恢 399	1.7	相当	1	抗病	好
502 优 636	1.8	相当	1	抗病	好
炳 1A/R2010	1.9	相当	1	抗病	好
川谷 A/R3346	1.5	相当	1	抗病	好
炳 1A/成恢 727	1.5	相当	1	抗病	好
赣香优 855	2.4	相当	1	抗病	好
成优 981	1.9	相当	1	抗病	好
904A/R149	2.5	劣于	3	中抗	好
元优 2343	2.1	相当	1	抗病	好
川谷优 132	1.8	相当	1	抗病	好
H595A/R7116	2.3	相当	3	中抗	好
瑞 3A/瑞恢 399	2.5	劣于	3	中抗	好
特优 968	1.8	相当	1	抗病	好

（续表）

品种名称	抗性指数	与 CK 比较	最高损失率抗级	抗性评价	综合表现
全优 2010	1.7	相当	1	抗病	好
全优 515	1.7	相当	1	抗病	好
冈优 538	2.0	相当	1	抗病	好
乐优 107	1.7	相当	1	抗病	好

表 94　恩施州迟熟中稻区试 A 组品种稻瘟病抗性鉴定各病圃结果（2010 年）

品种名称	龙洞病圃			把界病圃			两河病圃		
	叶瘟病级	病穗率（%）	损失率（%）	叶瘟病级	病穗率（%）	损失率（%）	叶瘟病级	病穗率（%）	损失率（%）
华优 7156	3	6.0	1.8	3	11.0	3.1	4	14.0	3.4
Q 优 8 号	4	4.0	1.4	4	8.0	1.6	5	88.0	40.6
全优 3301	2	2.0	0.4	3	7.0	1.4	3	6.0	1.2
广抗 13A/R0172	2	3.0	0.6	3	4.0	0.8	3	8.0	1.6
宜香优 142	2	2.0	0.4	2	6.0	1.2	3	8.0	1.6
绵香 576	6	12.0	3.6	7	27.0	10.8	8	100.0	100.0
FS3A/HR2115	4	3.0	0.6	4	9.0	1.8	6	37.0	12.8
中 9 优 99	2	4.0	0.8	2	8.0	2.2	4	14.0	2.8
湘优 18	5	61.0	27.1	5	62.0	26.8	8	100.0	97.0
全优 527CK	2	2.0	0.4	2	9.0	1.8	3	6.0	1.2

表 95　恩施州迟熟中稻区试 A 组品种稻瘟病抗性评价结论（2010 年）

品种名称	抗性指数	与 CK 比较	最高损失率抗级	抗性评价	综合表现
全优 527CK	1.7		1	抗病	好
华优 7156	2.4	劣于	1	抗病	好
Q 优 8 号	3.7	劣于	7	感病	淘汰
全优 3301	1.8	相当	1	抗病	好
广抗 13A/R0172	1.6	相当	1	抗病	好
宜香优 142	1.7	相当	1	抗病	好
绵香 576	5.7	劣于	9	高感	淘汰
FS3A/HR2115	3.0	劣于	3	中抗	好
中 9 优 99	2.0	相当	1	抗病	好
湘优 18	6.9	劣于	9	高感	淘汰

表 96　恩施州迟熟中稻区试 B 组品种稻瘟病抗性鉴定各病圃结果（2010 年）

品种名称	龙洞病圃			把界病圃			两河病圃		
	叶瘟病级	病穗率（%）	损失率（%）	叶瘟病级	病穗率（%）	损失率（%）	叶瘟病级	病穗率（%）	损失率（%）
长丰 A/R01-72	2	6.0	1.2	2	4.0	0.8	4	17.0	4.3
宜香优恩 62	4	2.0	0.4	5	6.0	1.2	5	13.0	3.2

（续表）

品种名称	龙洞病圃			把界病圃			两河病圃		
	叶瘟病级	病穗率（%）	损失率（%）	叶瘟病级	病穗率（%）	损失率（%）	叶瘟病级	病穗率（%）	损失率（%）
成优 527	2	2.0	0.4	3	6.0	1.2	3	14.0	2.8
广优 1586	2	4.0	0.8	2	9.0	2.7	3	6.0	1.2
宜香优 607	2	2.0	0.4	2	7.0	1.4	3	8.0	1.6
瑞优 98	6	55.0	24.6	7	100.0	66.0	8	100.0	97.0
乐优 5178	2	2.0	0.4	4	4.0	0.8	2	4.0	0.8
华优 7103	1	5.0	1.0	3	6.0	1.2	2	11.0	2.2
绵 7 优 636	2	3.0	0.6	2	8.0	1.6	3	13.0	3.2
全优 527CK	2	4.0	0.8	2	4.0	0.8	3	6.0	1.2

表 97　恩施州迟熟中稻区试 B 组品种稻瘟病抗性评价结论（2010 年）

品种名称	抗性指数	与 CK1 比较	最高损失率抗级	抗性评价	综合表现
全优 527CK	1.5		1	抗病	好
长丰 A/R01-72	2.0	相当	1	抗病	好
宜香优恩 62	2.4	劣于	1	抗病	好
成优 527	1.9	相当	1	抗病	好
广优 1586	1.7	相当	1	抗病	好
宜香优 607	1.7	相当	1	抗病	好
瑞优 98	7.9	劣于	9	高感	淘汰
乐优 5178	1.5	相当	1	抗病	好
华优 7103	1.8	相当	1	抗病	好
绵 7 优 636	1.9	相当	1	抗病	好

表 98　恩施州早熟中稻区试组品种稻瘟病抗性鉴定各病圃结果（2010 年）

品种名称	龙洞病圃			把界病圃			两河病圃		
	叶瘟病级	病穗率（%）	损失率（%）	叶瘟病级	病穗率（%）	损失率（%）	叶瘟病级	病穗率（%）	损失率（%）
州两优 142	3	3.0	0.6	2	6.0	1.2	3	16.0	5.6
骏优二号	2	3.0	0.6	3	6.0	1.2	4	11.0	2.2
广优 2155	3	3.0	0.6	4	25.0	9.8	5	100.0	60.0
中 9 优 591	1	3.0	0.6	3	6.0	1.2	3	8.0	1.6
金科 1A/R118	7	55.0	26.0	6	100.0	51.0	8	100.0	100.0
忠优 51	3	7.0	2.6	3	8.0	1.6	6	100.0	60.0
T98 优 2155	2	3.0	0.6	3	6.0	1.2	5	59.0	20.8
深优 9792	2	4.0	0.8	3	8.0	2.2	3	6.0	1.2
中 9 优恩 66	2	3.0	0.6	2	6.0	1.2	2	6.0	1.2
全丰优 2155	2	3.0	0.6	2	8.0	1.6	3	8.0	1.6
中优 668	2	4.0	0.8	4	9.0	1.8	7	100.0	60.0
福优 195CK	2	4.0	0.8	2	8.0	1.6	3	19.0	4.7

表 99　恩施州早熟中稻区试组品种稻瘟病抗性评价结论（2010 年）

品种名称	抗性指数	与 CK 比较	最高损失率抗级	抗性评价	综合表现
福优 195CK	1.9		1	抗病	好
州两优 142	2.3	相当	3	中抗	好
骏优二号	2.0	相当	1	抗病	好
广优 2155	4.4	劣于	9	高感	淘汰
中 9 优 591	1.7	相当	1	抗病	好
金科 1A/R118	7.9	劣于	9	高感	淘汰
忠优 51	4.1	劣于	9	高感	淘汰
T98 优 2155	3.1	劣于	5	中感	较好
深优 9792	1.8	相当	1	抗病	好
中 9 优恩 66	1.6	相当	1	抗病	好
全丰优 2155	1.7	相当	1	抗病	好
中优 668	4.0	劣于	9	高感	淘汰

表 100　国家武陵山区中稻区试品种稻瘟病抗性两年评价结论（2009—2010 年）

区试级别	品种名称	2010 年评价结论		2009 年评价结论		2009—2010 年两年评价结论				
		抗性指数	最高损失率抗级	抗性指数	最高损失率抗级	最高抗性指数	与 CK 比较	最高损失率抗级	抗性评价	综合表现
国家	全优 527CK	1.5	1	1.3	1	1.5		1	抗病	好
	川优 727	1.9	1	1.0	1	1.9	相当	1	抗病	好
	广优明 415	1.4	1	1.4	1	1.4	相当	1	抗病	好
湖北省	全优 527CK	1.7	1	1.4	1	1.7		1	抗病	好
	全优 3301	1.8	1	1.3	1	1.8	相当	1	抗病	好
	全优 527CK	1.7	1	1.5	1	1.7		1	抗病	好
	FS3A/HR2115	3.0	3	3.3	7	3.3	劣于	7	感病	一般
	全优 527CK	1.5	1	1.4	1	1.5		1	抗病	好
	绵 7 优 636	1.9	1	1.9	1	1.9	相当	1	抗病	好
	福优 195CK	1.9	1	1.7	1	1.9		1	抗病	好
	全丰优 2155	1.7	1	1.4	1	1.7	相当	1	抗病	好

表 101　国家武陵山区中稻区试品种稻瘟病抗性鉴定各病圃结果（2011 年）

品种名称	龙洞病圃			青山病圃			两河病圃		
	叶瘟病级	病穗率（%）	损失率（%）	叶瘟病级	病穗率（%）	损失率（%）	叶瘟病级	病穗率（%）	损失率（%）
0203A/涪恢 9802	3	21.0	8.4	4	14.0	3.4	6	50.0	20.5
瑞 3A/瑞恢 399	2	7.0	1.4	2	7.0	1.4	4	8.0	2.2
冈优 538	2	6.0	1.2	2	8.0	1.6	4	32.0	10.6
天优华占	2	13.0	3.5	3	17.0	5.5	4	43.0	13.7
广优 3301	2	4.0	0.8	4	9.0	2.7	2	12.0	2.7
抗丰 A/蜀恢 538	2	3.0	0.6	2	8.0	1.6	2	12.0	3.3
1421A/涪恢 9804	2	14.0	3.7	3	24.0	8.1	2	41.0	15.7

（续表）

品种名称	龙洞病圃			青山病圃			两河病圃		
	叶瘟病级	病穗率（%）	损失率（%）	叶瘟病级	病穗率（%）	损失率（%）	叶瘟病级	病穗率（%）	损失率（%）
广优明 118	3	3.0	0.6	4	16.0	3.8	3	12.0	3.0
川谷香 204	2	8.0	1.9	2	9.0	1.8	2	8.0	1.6
广优 4019	2	4.0	0.8	3	13.0	3.5	2	23.0	7.9
成优 981	2	8.0	1.6	2	8.0	1.6	2	19.0	5.3
全优 3301	2	6.0	1.2	2	14.0	2.8	2	12.0	3.3
Ⅱ优 264CK	2	3.0	0.6	3	15.0	3.6	3	22.0	6.8

表 102　国家武陵山区中稻区试品种稻瘟病抗性评价结论（2011 年）

品种名称	抗性指数	与 CK 比较	最高损失率抗级	抗性评价	综合表现
Ⅱ优 264CK	2.4		3	中抗	好
0203A/涪恢 9802	4.0	劣于	5	中感	较好
瑞 3A/瑞恢 399	2.0	相当	1	抗病	好
冈优 538	2.6	相当	3	中抗	好
天优华占	3.4	劣于	3	中抗	好
广优 3301	2.0	相当	1	抗病	好
抗丰 A/蜀恢 538	1.8	轻于	1	抗病	好
1421A/涪恢 9804	3.5	劣于	5	中感	较好
广优明 118	2.3	相当	1	抗病	好
川谷香 204	1.8	轻于	1	抗病	好
广优 4019	2.4	相当	3	中抗	好
成优 981	2.3	相当	3	中抗	好
全优 3301	2.1	相当	1	抗病	好

表 103　国家武陵山区中稻筛选试验品种稻瘟病抗性鉴定各病圃结果（2011 年）

品种名称	龙洞病圃			青山病圃			两河病圃		
	叶瘟病级	病穗率（%）	损失率（%）	叶瘟病级	病穗率（%）	损失率（%）	叶瘟病级	病穗率（%）	损失率（%）
广优 831	2	7.0	1.4	4	15.0	4.5	4	18.0	4.8
广抗优 666	2	2.0	0.4	2	6.0	1.2	3	9.0	2.4
吉天 A/R193	2	8.0	1.6	3	19.0	5.9	6	65.0	25.0
龙两优 981	2	24.0	8.7	5	34.0	11.6	7	100.0	51.5
川优 6203	2	7.0	1.4	3	15.0	3.0	4	32.0	10.9
川谷优 5729	2	3.0	0.6	2	3.0	0.6	3	13.0	4.1
川谷优 818	2	16.0	4.4	2	12.0	2.4	3	16.0	4.4
广抗优 T16	2	3.0	0.6	2	3.0	0.6	3	13.0	3.5
荆楚优 57	3	6.0	1.2	7	44.0	14.5	7	100.0	60.0
蓉优 265	2	12.0	3.0	3	14.0	2.8	3	15.0	4.2
全优华占	2	7.0	1.4	2	8.0	1.6	3	9.0	1.8

（续表）

品种名称	龙洞病圃			青山病圃			两河病圃		
	叶瘟病级	病穗率（%）	损失率（%）	叶瘟病级	病穗率（%）	损失率（%）	叶瘟病级	病穗率（%）	损失率（%）
深两优 834	4	65.0	23.5	5	70.0	30.5	7	100.0	62.0
广抗优 8018	2	2.0	0.4	2	6.0	1.2	3	17.0	5.8
赣优 884	3	8.0	1.6	5	21.0	6.3	7	58.0	20.6
广抗 13A×海恢 8021	2	6.0	1.2	3	9.0	1.8	3	12.0	3.6
炳优 9113	2	8.0	1.6	4	19.0	5.0	2	13.0	4.1
丰源优 1249	2	17.0	4.9	5	27.0	9.6	6	100.0	60.0
川谷优 5078	2	12.0	3.0	4	17.0	5.2	2	11.0	3.4
欣荣优华占	2	6.0	1.2	3	8.0	1.6	3	38.0	13.6
内香 5 优 2115	2	8.0	1.6	3	8.0	1.6	3	28.0	8.9
2998A/蜀恢 820	2	7.0	1.4	4	16.0	3.2	4	31.0	9.8
炳优 900	2	19.0	4.4	7	100.0	71.0	4	100.0	48.5
川谷优 T16	2	6.0	1.2	5	14.0	3.1	3	15.0	4.5
德优 4727	4	8.0	1.6	2	6.0	1.2	3	7.0	1.7
炳优华占	2	9.0	2.1	3	7.0	1.4	2	8.0	1.6
谷优 089	6	100.0	51.0	5	100.0	50.5	7	100.0	64.0
广优 816	2	8.0	1.6	4	17.0	4.6	3	16.0	3.8
乐优 3301	2	2.0	0.4	5	28.0	10.7	4	80.0	34.0
炳优 3207	2	15.0	3.0	4	12.0	2.4	4	52.0	25.4
川谷优 523	2	8.0	1.6	3	6.0	1.2	3	6.0	1.2
广优 915	2	6.0	1.2	4	13.0	3.2	4	28.0	7.4
冈优 2115	2	7.0	1.4	4	8.0	1.6	2	12.0	2.4
成优 T16	2	7.0	1.4	4	9.0	1.8	4	22.0	6.2
广优 380	2	3.0	0.6	2	3.0	0.6	3	12.0	2.4
内香 5A/蜀恢 820	4	14.0	3.1	4	14.0	2.8	3	40.0	11.9
冈优 8818	2	15.0	3.6	4	20.0	5.2	3	20.0	6.4
08 正 2258A/成恢 727	2	13.0	3.5	4	13.0	3.2	3	6.0	1.8
Ⅱ优 264CK	2	6.0	1.2	4	9.0	1.8	3	7.0	1.7

表 104　国家武陵山区中稻筛选试验品种稻瘟病抗性评价结论（2011 年）

品种名称	抗性指数	与 CK 比较	最高损失率抗级	抗性评价	综合表现
Ⅱ优 264CK	2.0		1	抗病	好
广优 831	2.4	相当	1	抗病	好
广抗优 666	1.7	相当	1	抗病	好
吉天 A/R193	3.9	劣于	5	中感	较好
龙两优 981	5.4	劣于	9	高感	淘汰
川优 6203	2.9	劣于	3	中抗	好
川谷优 5729	1.7	相当	1	抗病	好
川谷优 818	2.4	相当	1	抗病	好
广抗优 T16	1.7	相当	1	抗病	好

（续表）

品种名称	抗性指数	与 CK 比较	最高损失率抗级	抗性评价	综合表现
荆楚优 57	5.2	劣于	9	高感	淘汰
蓉优 265	2.4	相当	1	抗病	好
全优华占	1.9	相当	1	抗病	好
深两优 834	7.1	劣于	9	高感	淘汰
广抗优 8018	2.2	相当	3	中抗	好
赣优 884	4.2	劣于	5	中感	较好
广抗 13A×海恢 8021	2.1	相当	1	抗病	好
炳优 9113	2.3	相当	1	抗病	好
丰源优 1249	5.0	劣于	9	高感	淘汰
川谷优 5078	2.8	劣于	3	中抗	好
欣荣优华占	2.6	劣于	3	中抗	好
内香 5 优 2115	2.6	劣于	3	中抗	好
2998A/蜀恢 820	3.0	劣于	3	中抗	好
炳优 900	5.9	劣于	9	高感	淘汰
川谷优 T16	2.4	相当	1	抗病	好
德优 4727	2.0	相当	1	抗病	好
炳优华占	1.9	相当	1	抗病	好
谷优 089	8.3	劣于	9	高感	淘汰
广优 816	2.4	相当	1	中抗	好
乐优 3301	4.2	劣于	7	感病	淘汰
炳优 3207	3.6	劣于	5	中感	较好
川谷优 523	1.9	相当	1	抗病	好
广优 915	3.0	劣于	3	中抗	好
冈优 2115	2.1	相当	1	抗病	好
成优 T16	2.6	劣于	3	中抗	好
广优 380	1.7	相当	1	抗病	好
内香 5A/蜀恢 820	3.2	劣于	3	中抗	好
冈优 8818	3.2	劣于	3	中抗	好
08 正 2258A/成恢 727	2.4	相当	1	抗病	好

表 105　恩施州迟熟中稻区试组品种稻瘟病抗性鉴定各病圃结果（2011 年）

品种名称	龙洞病圃			青山病圃			两河病圃		
	叶瘟病级	病穗率（%）	损失率（%）	叶瘟病级	病穗率（%）	损失率（%）	叶瘟病级	病穗率（%）	损失率（%）
中 9 优 99	2	15.0	3.9	5	23.0	6.7	3	54.0	21.5
成优 527	2	8.0	1.6	4	13.0	2.6	2	27.0	7.8
全优 5691	2	3.0	0.6	3	6.0	1.2	3	8.0	1.6
中 9 优 591	2	8.0	1.6	2	12.0	2.4	3	23.0	7.3
全丰优 1193	2	6.0	1.2	2	7.0	1.4	3	6.0	1.2
深优 9792	2	12.0	2.4	2	15.0	3.0	4	45.0	18.6
宜香优恩 62	2	9.0	1.8	2	3.0	0.6	4	18.0	4.2
内香 2 优 2115	2	10.0	2.6	2	8.0	1.6	4	36.0	12.0
Y 两优 835	4	36.0	14.1	5	40.0	14.6	6	100.0	24.5
Ⅱ优 264CK	2	3.0	0.6	2	8.0	1.6	4	13.0	3.2

表 106　恩施州迟熟中稻区试组品种稻瘟病抗性评价结论（2011 年）

品种名称	抗性指数	与 CK 比较	最高损失率抗级	抗性评价	综合表现
Ⅱ优 264CK	2.0		1	抗病	好
中 9 优 99	3.9	劣于	5	中感	较好
成优 527	2.8	劣于	3	中抗	好
全优 5691	1.8	相当	1	抗病	好
中 9 优 591	2.5	相当	3	中抗	好
全丰优 1193	1.9	相当	1	抗病	好
深优 9792	3.3	劣于	5	中感	较好
宜香优恩 62	2.0	相当	1	抗病	好
内香 2 优 2115	2.6	劣于	3	中抗	好
Y 两优 835	5.0	劣于	5	中感	较好

表 107　恩施州早熟中稻区试组品种稻瘟病抗性鉴定各病圃结果（2011 年）

品种名称	龙洞病圃			青山病圃			两河病圃		
	叶瘟病级	病穗率（%）	损失率（%）	叶瘟病级	病穗率（%）	损失率（%）	叶瘟病级	病穗率（%）	损失率（%）
绵 7 优 140	2	23.0	6.4	2	21.0	5.1	3	36.0	14.7
中骏优 1 号	2	17.0	3.7	2	7.0	1.4	5	31.0	11.3
深优 9775	4	47.0	17.9	4	24.0	8.1	5	100.0	44.0
89A/R2599	4	24.0	6.9	4	13.0	2.9	6	55.0	25.4
中 9 优恩 66	2	22.0	5.0	2	30.0	11.1	3	30.0	9.3
骏优二号	2	14.0	2.8	4	22.0	7.4	3	60.0	22.5
川香优 525	2	19.0	3.8	3	21.0	7.2	4	40.0	12.5
内香 5 优 2168	3	16.0	4.7	5	33.0	10.8	6	65.0	23.5
福优 195CK	2	16.0	3.2	4	17.0	4.6	3	21.0	5.7

表 108　恩施州早熟中稻区试组品种稻瘟病抗性评价结论（2011 年）

品种名称	抗性指数	与 CK 比较	最高损失率抗级	抗性评价	综合表现
福优 195CK	2.9		3	中抗	好
绵 7 优 140	3.5	劣于	3	中抗	好
中骏优 1 号	2.9	相当	3	中抗	好
深优 9775	5.4	劣于	7	感病	淘汰
89A/R2599	4.3	劣于	5	中感	较好
中 9 优恩 66	3.4	相当	3	中抗	好
骏优二号	3.9	劣于	5	中感	较好
川香优 525	3.4	相当	3	中抗	好
内香 5 优 2168	4.4	劣于	5	中感	较好

表 109　国家武陵山区中稻区试品种稻瘟病抗性两年评价结论（2010—2011 年）

区试级别	品种名称	2011 年评价结论		2010 年评价结论		2010—2011 年两年评价结论				
		抗性指数	最高损失率抗级	抗性指数	最高损失率抗级	最高抗性指数	与 CK 比较	最高损失率抗级	抗性评价	综合表现
国家	Ⅱ优 264CK	2.4	3	1.5	1	2.4		3	中抗	好
	抗丰 A/蜀恢 538	1.8	1	1.5	1	1.8	轻于	1	抗病	好
	全优 3301	2.1	1	1.6	1	2.1	相当	1	抗病	好
	广优明 118	2.3	1	1.5	1	2.3	相当	1	抗病	好
	天优华占	3.4	3	1.9	1	3.4	劣于	3	中抗	好
	0203A/涪恢 9802	4.0	5	1.7	1	4.0	劣于	5	中感	较好
	1421A/涪恢 9804	3.5	5	2.4	3	3.5	劣于	5	中感	较好
湖北省	Ⅱ优 264CK	2.0	1	1.7	1	2.0		1	抗病	好
	中 9 优 99	3.9	5	2.0	1	3.9	劣于	5	中感	较好
	Ⅱ优 264CK	2.0	1	1.5	1	2.0		1	抗病	好
	成优 527	2.8	3	1.9	1	2.8	劣于	3	中抗	好
	宜香优恩 62	2.0	1	2.4	1	2.4	相当	1	抗病	好
	福优 195CK	2.9	3	1.9	1	2.9		3	中抗	好
	中 9 优恩 66	3.4	3	1.6	1	3.4	相当	3	中抗	好
	骏优二号	3.9	5	2.0	1	3.9	劣于	5	中感	较好

表 110　国家武陵山区中稻区试品种稻瘟病抗性鉴定各病圃结果（2012 年）

品种名称	龙洞病圃			青山病圃			两河病圃		
	叶瘟病级	病穗率（%）	损失率（%）	叶瘟病级	病穗率（%）	损失率（%）	叶瘟病级	病穗率（%）	损失率（%）
广优 831	2	3.0	0.5	3	4.0	0.8	4	22.0	6.2
德优 4727	3	4.0	0.5	2	2.0	0.4	5	30.0	10.0
欣荣优华占	2	8.0	0.7	2	7.0	1.7	3	8.0	2.8
瑞 3A/瑞恢 399	2	3.0	0.3	2	8.0	1.6	4	17.0	5.7
川谷优 T16	3	4.0	0.5	2	6.0	1.2	5	26.0	10.4
成优 T16	4	12.0	1.4	5	28.0	9.8	6	30.0	8.4
成优 981	3	4.0	0.5	3	12.0	3.0	4	25.0	8.3
蓉优 265	2	4.0	0.4	3	9.0	1.8	5	26.0	9.9
广抗优 T16	4	9.0	1.1	3	3.0	0.6	5	23.0	6.7
广优 915	2	3.0	0.3	2	4.0	0.8	4	15.0	4.5
广优 4019	2	4.0	0.5	2	4.0	0.8	3	11.0	3.4
Ⅱ优 264CK	3	4.0	0.4	2	2.0	0.4	3	7.0	2.3

表 111　国家武陵山区中稻组区试品种稻瘟病抗性评价结论（2012 年）

品种名称	抗性指数	与 CK 比较	最高损失率抗级	抗性评价	综合表现
Ⅱ优 264CK	1.6		1	抗病	好
广优 831	2.2	劣于	3	中抗	好
德优 4727	2.4	劣于	3	中抗	好

（续表）

品种名称	抗性指数	与 CK 比较	最高损失率抗级	抗性评价	综合表现
欣荣优华占	1.9	相当	1	抗病	好
瑞 3A/瑞恢 399	2.3	劣于	3	中抗	好
川谷优 T16	2.6	劣于	3	中抗	好
成优 T16	4.0	劣于	3	中抗	好
成优 981	2.6	劣于	3	中抗	好
蓉优 265	2.6	劣于	3	中抗	好
广抗优 T16	2.6	劣于	3	中抗	好
广优 915	1.8	相当	1	抗病	好
广优 4019	1.7	相当	1	抗病	好

表 112　国家武陵山区中稻筛选试验品种稻瘟病抗性鉴定各病圃结果（2012 年）

品种名称	龙洞病圃			青山病圃			两河病圃		
	叶瘟病级	病穗率（%）	损失率（%）	叶瘟病级	病穗率（%）	损失率（%）	叶瘟病级	病穗率（%）	损失率（%）
Y 两优 143	5	14.0	1.6	5	29.0	9.4	5	34.0	13.8
炳优 98	2	4.0	0.4	3	11.0	3.1	5	100.0	43.0
赣香优 6332	4	8.0	1.0	4	10.0	2.6	5	80.0	43.0
蓉 18A/768	2	2.0	0.3	3	4.0	0.8	4	35.0	13.1
深优 9597	2	9.0	1.4	2	4.0	0.7	5	70.0	29.0
繁优 188	3	4.0	0.5	2	12.0	2.4	4	15.0	4.8
凤两优 346	4	6.0	0.8	3	11.0	2.2	5	40.0	15.0
天龙优 150	5	14.0	1.9	4	17.0	4.6	6	37.0	12.5
荆楚优 55	4	9.0	0.9	4	11.0	2.2	6	37.0	11.9
闽优华占	2	4.0	0.5	3	6.0	1.2	4	11.0	2.8
广优 1030	2	3.0	0.3	3	3.0	0.6	2	6.0	1.2
G 两优 05-1	4	8.0	1.2	4	30.0	10.2	7	100.0	60.0
广抗 13A/蜀恢 208	2	2.0	0.4	2	3.0	0.6	2	16.0	3.8
广抗 13A/蜀恢 158	4	6.0	0.6	4	13.0	3.5	4	13.0	3.8
吉天 A/R196	2	3.0	0.2	3	4.0	0.8	5	34.0	9.8
谷优 3 号	2	4.0	0.7	4	12.0	3.0	4	9.0	1.8
39A/R69	3	4.0	0.5	4	12.0	3.3	6	30.0	12.1
广两优 636	5	16.0	2.0	7	70.0	33.5	7	48.0	15.0
兆优 245	3	4.0	0.4	3	4.0	0.8	5	35.0	15.9
吉优 3316	2	4.0	0.4	4	11.0	3.1	5	75.0	28.0
炳 1A/C1110	4	14.0	1.6	4	16.0	5.6	4	29.0	9.4
谷优 1126	2	3.0	0.6	2	3.0	0.6	2	8.0	1.9
荣优华占	2	4.0	0.4	3	13.0	2.6	5	23.0	7.3
深优 166	2	3.0	0.2	2	12.0	3.0	5	37.0	13.1
冈优 8218	4	11.0	1.3	4	11.0	2.5	4	14.0	3.1
天龙优 976	2	4.0	0.5	3	3.0	0.6	6	60.0	25.5
鹏两优 5437	2	4.0	0.4	4	11.0	2.2	5	26.0	9.4

（续表）

品种名称	龙洞病圃			青山病圃			两河病圃		
	叶瘟病级	病穗率（%）	损失率（%）	叶瘟病级	病穗率（%）	损失率（%）	叶瘟病级	病穗率（%）	损失率（%）
全丰 A/R1999	2	3.0	0.2	2	4.0	0.8	4	12.0	3.0
川谷 A/DR781	2	4.0	0.7	4	14.0	3.4	5	24.0	7.5
蓉 11 优 2115	3	6.0	0.6	2	6.0	1.2	3	4.0	0.8
陵 1A/涪恢 060	4	11.0	1.3	4	14.0	3.1	6	35.0	10.9
H638S/华占	2	3.0	0.6	4	6.0	1.2	5	27.0	8.4
广抗 13A/绵恢 528	2	4.0	0.2	2	4.0	0.8	4	13.0	3.5
仁 101A/R830	4	11.0	1.2	3	7.0	1.4	5	32.0	10.6
广优 7017	3	5.0	0.6	3	3.0	0.6	4	11.0	3.1
谷优 6 号	2	6.0	0.6	2	4.0	0.8	2	4.0	0.8
川谷 A/蜀恢 208	2	3.0	0.6	3	3.0	0.6	3	8.0	1.6
陵 1A/丰恢 68	5	15.0	1.8	5	19.0	5.0	7	100.0	45.0
广优 3207	2	4.0	0.5	2	7.0	1.4	4	14.0	4.3
繁优 5468	2	9.0	0.5	4	13.0	3.8	4	14.0	3.4
Ⅱ优 264CK	3	7.0	0.8	4	8.0	1.6	5	26.0	7.6

表 113　国家武陵山区中稻筛选试验品种稻瘟病抗性评价结论（2012 年）

品种名称	抗性指数	与 CK 比较	最高损失率抗级	抗性评价	综合表现
Ⅱ优 264CK	2.9		3	中抗	好
Y 两优 143	4.0	劣于	3	中抗	好
炳优 98	3.6	劣于	7	感病	淘汰
赣香优 6332	3.9	劣于	7	感病	淘汰
蓉 18A/768	2.4	轻于	3	中抗	好
深优 9597	3.0	相当	5	中感	较好
繁优 188	2.2	轻于	1	抗病	好
凤两优 346	3.1	相当	3	中抗	好
天龙优 150	3.5	劣于	3	中抗	好
荆楚优 55	3.3	相当	3	中抗	好
闽优华占	2.0	轻于	1	抗病	好
广优 1030	1.5	轻于	1	抗病	好
G 两优 05-1	5.0	劣于	9	高感	淘汰
广抗 13A/蜀恢 208	1.6	轻于	1	抗病	好
广抗 13A/蜀恢 158	2.6	相当	1	抗病	好
吉天 A/R196	2.4	轻于	3	中抗	好
谷优 3 号	2.1	轻于	1	抗病	好
39A/R69	3.0	相当	3	中抗	好
广两优 636	5.2	劣于	7	感病	淘汰
兆优 245	2.8	相当	5	中感	较好
吉优 3316	3.4	相当	5	中感	较好
炳 1A/C1110	3.6	劣于	3	中抗	好

（续表）

品种名称	抗性指数	与 CK 比较	最高损失率抗级	抗性评价	综合表现
谷优 1126	1.5	轻于	1	抗病	好
荣优华占	2.6	相当	3	中抗	好
深优 166	2.7	相当	3	中抗	好
冈优 8218	2.8	相当	1	抗病	好
天龙优 976	3.0	相当	5	中感	较好
鹏两优 5437	2.9	相当	3	中抗	好
全丰 A/R1999	1.8	轻于	1	抗病	好
川谷 A/DR781	2.7	相当	3	中抗	好
蓉 11 优 2115	1.8	轻于	1	抗病	好
陵 1A/涪恢 060	3.5	劣于	3	中抗	好
H638S/华占	2.7	相当	3	中抗	好
广抗 13A/绵恢 528	1.8	轻于	1	抗病	好
仁 101A/R830	3.1	相当	3	中抗	好
广优 7017	1.9	轻于	1	抗病	好
谷优 6 号	1.5	轻于	1	抗病	好
川谷 A/蜀恢 208	1.6	轻于	1	抗病	好
陵 1A/丰恢 68	4.5	劣于	7	感病	淘汰
广优 3207	2.0	轻于	1	抗病	好
繁优 5468	2.5	轻于	1	抗病	好

表 114　恩施州迟熟中稻区试组品种稻瘟病抗性鉴定各病圃结果（2012 年）

品种名称	龙洞病圃			青山病圃			两河病圃		
	叶瘟病级	病穗率（%）	损失率（%）	叶瘟病级	病穗率（%）	损失率（%）	叶瘟病级	病穗率（%）	损失率（%）
湘优 9 号	5	11.0	1.2	5	28.0	8.6	7	100.0	57.5
Y 两优 998	4	8.0	0.7	5	26.0	7.6	6	100.0	60.0
杰优 12 号	3	3.0	0.2	2	4.0	0.8	4	11.0	2.2
中 9 优 591	2	5.0	0.4	2	6.0	1.2	4	17.0	5.2
恩 25 优 636	2	3.0	0.3	4	11.0	3.1	5	22.0	6.8
Y 两优 835	2	4.0	0.4	5	25.0	6.8	7	100.0	52.5
野香优 2273	3	2.0	0.1	2	4.0	0.8	4	30.0	10.2
黔优 636	3	4.0	0.4	3	8.0	1.6	3	14.0	5.2
川谷优 2119	2	4.0	0.5	4	13.0	2.9	4	18.0	5.7
Ⅱ优 264CK	2	4.0	0.5	2	3.0	0.2	4	14.0	4.6

表 115　恩施州迟熟中稻区试组品种稻瘟病抗性评价结论（2012 年）

品种名称	抗性指数	与 CK 比较	最高损失率抗级	抗性评价	综合表现
Ⅱ优 264CK	1.8		1	抗病	好
湘优 9 号	5.3	劣于	9	高感	淘汰
Y 两优 998	5.0	劣于	9	高感	淘汰

（续表）

品种名称	抗性指数	与 CK 比较	最高损失率抗级	抗性评价	综合表现
杰优 12 号	1.9	相当	1	抗病	好
中 9 优 591	2.3	相当	3	中抗	好
恩 25 优 636	2.7	劣于	3	中抗	好
Y 两优 835	4.6	劣于	9	高感	淘汰
野香优 2273	2.4	劣于	3	中抗	好
黔优 636	2.3	相当	3	中抗	好
川谷优 2119	2.6	劣于	3	中抗	好

表 116　恩施州早熟中稻区试组品种稻瘟病抗性鉴定各病圃结果（2012 年）

品种名称	龙洞病圃			青山病圃			两河病圃		
	叶瘟病级	病穗率（%）	损失率（%）	叶瘟病级	病穗率（%）	损失率（%）	叶瘟病级	病穗率（%）	损失率（%）
恒丰优 2155	2	9.0	0.9	2	12.0	2.4	5	37.0	13.7
中 9 优 140	3	9.0	1.1	2	8.0	1.6	4	18.0	5.7
蓉 18 优 1018	2	6.0	0.6	3	9.0	1.8	4	17.0	4.9
深优 9775	3	4.0	0.2	5	26.0	8.8	7	100.0	60.0
中骏优 1 号	4	12.0	1.4	5	28.0	6.5	6	80.0	36.0
繁优桂 99	3	6.0	0.6	5	28.0	5.6	5	27.0	8.7
川谷 A/R8784	2	4.0	0.4	2	4.0	0.8	2	3.0	0.6
株两优 159	3	8.0	0.6	4	20.0	5.2	7	100.0	58.0
金科优恩 66	3	4.0	0.7	3	8.0	1.6	5	27.0	7.8
福优 195CK	2	3.0	0.3	2	4.0	0.8	5	17.0	4.9

表 117　恩施州早熟中稻区试组品种稻瘟病抗性评价结论（2012 年）

品种名称	抗性指数	与 CK 比较	最高损失率抗级	抗性评价	综合表现
福优 195CK	1.9		1	抗病	好
恒丰优 2155	2.9	劣于	3	中抗	好
中 9 优 140	2.5	劣于	3	中抗	好
蓉 18 优 1018	2.2	相当	1	抗病	好
深优 9775	4.8	劣于	9	高感	淘汰
中骏优 1 号	4.9	劣于	7	感病	淘汰
繁优桂 99	3.7	劣于	3	中抗	好
川谷 A/R8784	1.3	轻于	1	抗病	好
株两优 159	4.8	劣于	9	高感	淘汰
金科优恩 66	2.7	劣于	3	中抗	好

表 118　国家武陵山区中稻区试品种稻瘟病抗性两年评价结论（2011—2012 年）

区试级别	品种名称	2012 年评价结论		2011 年评价结论		2011—2012 年两年评价结论				
		抗性指数	最高损失率抗级	抗性指数	最高损失率抗级	最高抗性指数	与 CK 比较	最高损失率抗级	抗性评价	综合表现
国家	Ⅱ优 264CK	1.6	1	2.4	3	2.4		3	中抗	好
	广优 4019	1.7	1	2.4	3	2.4	相当	3	中抗	好
	瑞 3A/瑞恢 399	2.3	3	2.0	1	2.3	相当	3	中抗	好
	成优 981	2.6	3	2.3	3	2.6	相当	3	中抗	好
湖北省	Ⅱ优 264CK	1.8	1	2.0	1	2.0		1	抗病	好
	中 9 优 591	2.3	3	2.5	3	2.5	相当	3	中抗	好
	Y 两优 835	4.6	9	5.0	5	5.0	劣于	9	高感	差
	福优 195CK	1.9	1	2.9	3	2.9		3	中抗	好
	深优 9775	4.8	9	5.4	7	5.4	劣于	9	高感	差
	中骏优 1 号	4.9	7	2.9	3	4.9	劣于	7	感病	一般

表 119　国家武陵山区中稻区试品种稻瘟病抗性鉴定各病圃结果（2013 年）

品种名称	红庙病圃			青山病圃			两河病圃		
	叶瘟病级	病穗率（%）	损失率（%）	叶瘟病级	病穗率（%）	损失率（%）	叶瘟病级	病穗率（%）	损失率（%）
成优 T16	4	11.0	1.8	4	11.0	2.8	6	38.0	15.0
Y 两优 143	5	13.0	2.5	5	16.0	4.4	5	100.0	44.0
广抗 13A/绵恢 528	3	6.0	0.8	2	2.0	0.4	2	4.0	0.8
Ⅱ优 264CK	2	2.0	0.3	4	11.0	2.2	2	4.0	1.1
陵 1A/涪恢 060	4	11.0	2.4	5	12.0	3.6	4	21.0	8.0
川谷优 T16	2	4.0	0.5	4	11.0	2.5	4	14.0	3.7
荣优华占	3	6.0	0.8	2	2.0	0.4	2	12.0	4.2
荆楚优 55	2	2.0	0.3	2	4.0	0.8	4	21.0	9.0
广抗优 T16	3	12.0	2.7	2	3.0	0.6	4	11.0	3.1
广优 3207	2	3.0	0.5	2	4.0	0.8	2	6.0	1.2
H638S/华占	2	4.0	0.5	2	7.0	1.4	2	2.0	0.4
冈优 8218	2	9.0	1.5	3	7.0	1.7	2	7.0	2.0
吉天 A/R196	3	6.0	0.6	2	3.0	0.6	4	39.0	16.2

表 120　国家武陵山区中稻组区试品种稻瘟病抗性评价结论（2013 年）

品种名称	抗性指数	与 CK 比较	最高损失率抗级	抗性评价	综合表现
Ⅱ优 264CK	1.8		1	抗病	好
成优 T16	3.5	劣于	3	中抗	好
Y 两优 143	4.3	劣于	7	感病	淘汰
广抗 13A/绵恢 528	1.5	相当	1	抗病	好
陵 1A/涪恢 060	3.2	劣于	3	中抗	好
川谷优 T16	2.3	相当	1	抗病	好
荣优华占	1.9	相当	1	抗病	好

（续表）

品种名称	抗性指数	与 CK 比较	最高损失率抗级	抗性评价	综合表现
荆楚优 55	2.1	相当	3	中抗	好
广抗优 T16	2.2	相当	1	抗病	好
广优 3207	1.5	相当	1	抗病	好
H638S/华占	1.5	相当	1	抗病	好
冈优 8218	1.9	相当	1	抗病	好
吉天 A/R196	2.9	劣于	5	中感	较好

表 121　国家武陵山区中稻筛选试验品种稻瘟病抗性鉴定各病圃结果（2013 年）

品种名称	红庙病圃			青山病圃			两河病圃		
	叶瘟病级	病穗率（%）	损失率（%）	叶瘟病级	病穗率（%）	损失率（%）	叶瘟病级	病穗率（%）	损失率（%）
繁优 2086	2	4.0	0.4	4	11.0	2.2	4	12.0	3.0
川 345A/泸恢 37	3	6.0	0.9	3	8.0	1.6	2	14.0	4.9
凤两优 58	2	4.0	0.5	4	14.0	3.1	4	29.0	9.4
泸优 2816	2	2.0	0.3	4	11.0	0.6	2	9.0	3.3
深两优 810	5	16.0	4.4	5	20.0	6.4	5	100.0	52.0
繁优 3301	4	11.0	2.8	4	12.0	3.0	4	16.0	6.5
全优 995	2	2.0	0.4	2	2.0	0.4	3	8.0	2.2
赣优 671	2	3.0	0.3	2	2.0	0.4	2	4.0	0.8
繁优 1133	2	6.0	0.6	4	11.0	2.5	3	12.0	4.2
晶两优华占	2	2.0	0.3	2	2.0	0.4	2	3.0	0.6
Ⅱ优 264CK	2	4.0	0.7	2	4.0	0.8	4	15.0	5.1
龙香 2A\ \ 天龙恢 0675	4	8.0	1.0	4	13.0	3.5	4	23.0	7.3
深优 953	2	3.0	0.5	4	15.0	3.6	4	84.0	38.2
广 8 优 2156	2	4.0	0.5	2	7.0	1.7	3	16.0	6.9
09 冬 E42A/成恢 727	2	4.0	0.4	3	8.0	1.9	2	6.0	1.8
福两优 2166	2	7.0	1.0	2	7.0	1.7	2	28.0	12.7
蓉优 489	2	12.0	2.1	3	13.0	3.2	2	11.0	4.2
广优 0117	2	3.0	0.3	3	7.0	1.4	3	7.0	1.7
H638S/茉莉丝苗	2	4.0	0.5	2	4.0	0.8	2	4.0	0.8
蓉优 9931	2	2.0	0.3	2	3.0	0.6	4	13.0	4.7
荆楚优 3837	2	3.0	0.3	5	15.0	3.6	5	24.0	9.9
川农优 820	2	3.0	0.3	3	8.0	1.6	4	15.0	4.2
陵 4A/涪恢 060	2	4.0	0.7	3	6.0	1.2	3	14.0	4.3
广抗 13A/蜀恢 365	2	4.0	0.4	2	4.0	0.8	2	11.0	2.8
33S/佳福占	5	100.0	58.0	6	45.0	15.0	6	100.0	77.0
Y58S/恩恢 24	2	9.0	1.5	5	16.0	5.0	2	12.0	3.3
广抗 13A/绵恢 768	2	6.0	0.6	2	4.0	0.8	2	9.0	2.7
炳优 8031	3	6.0	0.9	2	6.0	1.2	4	14.0	4.6
兆优 1394	2	6.0	0.8	5	15.0	4.5	4	42.0	18.4
86315s×岳恢 94	2	8.0	1.2	2	7.0	1.4	3	15.0	5.1

（续表）

品种名称	红庙病圃			青山病圃			两河病圃		
	叶瘟病级	病穗率（%）	损失率（%）	叶瘟病级	病穗率（%）	损失率（%）	叶瘟病级	病穗率（%）	损失率（%）
冈优 8638	2	4.0	0.4	3	9.0	1.8	4	19.0	6.2
金冈优 313	2	3.0	0.3	3	8.0	1.6	3	39.0	15.5
冈优 8188	2	2.0	0.3	2	6.0	1.2	2	9.0	3.0
全优 2632	2	3.0	0.5	2	2.0	0.4	2	8.0	2.2
广优 489	2	2.0	0.4	3	8.0	1.6	3	8.0	1.6
广优 1186	2	2.0	0.3	2	6.0	1.2	4	14.0	4.0
兆优 6377	2	4.0	0.4	3	6.0	1.2	3	3.0	0.6
内香 6 优 2816	3	9.0	1.1	2	9.0	1.8	3	8.0	1.6
明两优 143	5	18.0	4.8	5	18.0	5.7	5	80.0	39.0
赣香优 86	4	13.0	3.5	2	18.0	6.6	4	20.0	7.6
05030A/涪恢 060	2	4.0	0.4	2	5.0	1.3	2	6.0	1.2
川农优 1257	2	4.0	0.5	4	12.0	3.3	3	8.0	1.6

表 122　国家武陵山区中稻筛选试验品种稻瘟病抗性评价结论（2013 年）

品种名称	抗性指数	与 CK 比较	最高损失率抗级	抗性评价	综合表现
Ⅱ优 264CK	2.1		3	中抗	好
繁优 2086	2.3	相当	1	抗病	好
川 345A/泸恢 37	2.1	相当	1	抗病	好
凤两优 58	2.8	劣于	3	中抗	好
泸优 2816	2.0	相当	1	抗病	好
深两优 810	5.0	劣于	9	高感	淘汰
繁优 3301	3.1	劣于	3	中抗	好
全优 995	1.5	轻于	1	抗病	好
赣优 671	1.3	轻于	1	抗病	好
繁优 1133	2.4	相当	1	抗病	好
晶两优华占	1.3	轻于	1	抗病	好
龙香 2A\ \ 天龙恢 0675	3.0	劣于	3	中抗	好
深优 953	3.6	劣于	7	感病	淘汰
广 8 优 2156	2.2	相当	3	中抗	好
09 冬 E42A/成恢 727	1.7	相当	1	抗病	好
福两优 2166	2.5	相当	3	中抗	好
蓉优 489	2.4	相当	1	抗病	好
广优 0117	1.8	相当	1	抗病	好
H638S/茉莉丝苗	1.3	轻于	1	抗病	好
蓉优 9931	1.8	相当	1	抗病	好
荆楚优 3837	2.8	劣于	3	中抗	好
川农优 820	2.0	相当	1	抗病	好
陵 4A/涪恢 060	1.9	相当	1	抗病	好
广抗 13A/蜀恢 365	1.6	轻于	1	抗病	好

（续表）

品种名称	抗性指数	与 CK 比较	最高损失率抗级	抗性评价	综合表现
33S/佳福占	7.0	劣于	9	高感	淘汰
Y58S/恩恢 24	2.4	相当	1	抗病	好
广抗 13A/绵恢 768	1.6	轻于	1	抗病	好
炳优 8031	2.2	相当	1	抗病	好
兆优 1394	3.4	劣于	5	中感	较好
86315s×岳恢 94	2.4	相当	3	中抗	好
冈优 8638	2.4	相当	3	中抗	好
金冈优 313	2.8	劣于	5	中感	较好
冈优 8188	1.6	轻于	1	抗病	好
全优 2632	1.5	轻于	1	抗病	好
广优 489	1.8	相当	1	抗病	好
广优 1186	2.0	相当	1	抗病	好
兆优 6377	1.6	轻于	1	抗病	好
内香 6 优 2816	1.9	相当	1	抗病	好
明两优 143	4.7	劣于	7	感病	淘汰
赣香优 86	3.3	劣于	3	中抗	好
05030A/涪恢 060	1.5	轻于	1	抗病	好
川农优 1257	2.0	相当	1	抗病	好

表 123　恩施州早熟中稻区试组品种稻瘟病抗性鉴定各病圃结果（2013 年）

品种名称	红庙病圃			青山病圃			两河病圃		
	叶瘟病级	病穗率（%）	损失率（%）	叶瘟病级	病穗率（%）	损失率（%）	叶瘟病级	病穗率（%）	损失率（%）
中 9 优 140	2	8.0	1.6	2	6.0	1.2	2	13.0	2.6
深优 9716	2	4.0	0.4	2	5.0	0.4	4	25.0	8.9
金科优恩 66	2	4.0	0.8	2	17.0	4.3	4	23.0	7.3
福优 195CK	2	6.0	1.2	2	7.0	1.4	4	20.0	6.1
Y 两优 602	3	6.0	0.8	4	12.0	2.4	5	16.0	5.9
盛 093A/R1628	2	3.0	0.6	2	4.0	0.8	2	6.0	1.8
明兴优 805	3	9.0	1.8	2	18.0	6.0	2	52.0	19.2
繁优桂 99	2	4.0	0.8	2	7.0	1.4	2	8.0	1.6
炳优 246	2	8.0	1.6	3	9.0	1.4	4	16.0	7.1
川谷 A/R8784	2	3.0	0.6	3	6.0	0.9	3	9.0	2.4
蓉 18 优 1018	2	4.0	0.8	3	9.0	1.1	3	22.0	7.7
五丰优 569	2	11.0	3.4	4	13.0	1.6	4	24.0	9.9

表 124　恩施州早熟中稻区试品种稻瘟病抗性评价结论（2013 年）

品种名称	抗性指数	与 CK 比较	最高损失率抗级	抗性评价	综合表现
福优 195CK	2.5		3	中抗	好
中 9 优 140	2.0	轻于	1	抗病	好

（续表）

品种名称	抗性指数	与 CK 比较	最高损失率抗级	抗性评价	综合表现
深优 9716	2.1	相当	3	中抗	好
金科优恩 66	2.5	相当	3	中抗	好
Y 两优 602	2.9	相当	3	中抗	好
盛 093A/R1628	1.5	轻于	1	抗病	好
明兴优 805	3.5	劣于	5	中感	较好
繁优桂 99	1.6	轻于	1	抗病	好
炳优 246	2.5	相当	3	中抗	好
川谷 A/R8784	1.8	轻于	3	中抗	好
蓉 18 优 1018	2.3	相当	3	中抗	好
五丰优 569	3.0	相当	3	中抗	好

表 125　恩施州迟熟中稻区试组品种稻瘟病抗性鉴定各病圃结果（2013 年）

品种名称	红庙病圃			青山病圃			两河病圃		
	叶瘟病级	病穗率（%）	损失率（%）	叶瘟病级	病穗率（%）	损失率（%）	叶瘟病级	病穗率（%）	损失率（%）
鹏两优 5437	2	4.0	0.4	4	13.0	1.9	3	6.0	1.8
136A/忠恢 99	2	23.0	6.7	5	40.0	14.0	4	100.0	61.0
兆优 245	2	14.0	2.8	2	2.0	0.4	3	22.0	7.8
Ⅱ优 264CK	2	3.0	0.3	5	16.0	4.1	3	9.0	2.1
恩 25 优 636	2	9.0	1.4	3	7.0	1.4	2	4.0	0.8
杰优 109	5	19.0	5.3	5	26.0	9.1	5	100.0	58.5
广优 114	2	3.0	0.5	2	4.0	0.8	2	8.0	1.6
深两优 5814	6	19.0	4.4	5	19.0	5.3	5	30.0	12.0
恩 25 优 454	4	11.0	1.5	4	11.0	2.8	4	11.0	3.4
内香 8518	2	7.0	1.0	3	8.0	1.6	2	9.0	3.0

表 126　恩施州迟熟中稻区试品种稻瘟病抗性评价结论（2013 年）

品种名称	抗性指数	与 CK 比较	最高损失率抗级	抗性评价	综合表现
Ⅱ优 264CK	2.1		1	抗病	好
鹏两优 5437	2.0	相当	1	抗病	好
136A/忠恢 99	5.2	劣于	9	高感	淘汰
兆优 245	2.4	相当	3	中抗	好
恩 25 优 636	1.7	相当	1	抗病	好
杰优 109	5.5	劣于	9	高感	淘汰
广优 114	1.5	轻于	1	抗病	好
深两优 5814	3.9	劣于	3	中抗	好
恩 25 优 454	2.8	劣于	1	抗病	好
内香 8518	1.9	相当	1	抗病	好

表 127　国家武陵山区中稻区试品种稻瘟病抗性两年评价结论（2012—2013 年）

区试级别	品种名称	2013 年评价结论		2012 年评价结论		2012—2013 年两年评价结论				
		抗性指数	最高损失率抗级	抗性指数	最高损失率抗级	最高抗性指数	与 CK 比较	最高损失率抗级	抗性评价	综合表现
国家	Ⅱ优 264CK	1.8	1	1.6	1	1.8		1	抗病	好
	广抗优 T16	2.2	1	2.6	3	2.6	劣于	3	中抗	好
	川谷优 T16	2.3	1	2.6	3	2.6	劣于	3	中抗	好
	成优 T16	3.5	3	4.0	3	4.0	劣于	3	中抗	好
湖北省	福优 195CK	2.5	3	1.9	1	2.5		3	中抗	好
	中 9 优 140	2.0	1	2.5	3	2.5	相当	3	中抗	好
	金科优恩 66	2.5	3	2.7	3	2.7	相当	3	中抗	好
	繁优桂 99	1.6	1	3.7	3	3.7	劣于	3	中抗	好
	川谷 A/R8784	1.8	3	1.3	1	1.8	轻于	3	中抗	好
	蓉 18 优 1018	2.3	3	2.2	1	2.3	相当	3	中抗	好
	Ⅱ优 264CK	2.1	1	1.8	1	2.1		1	抗病	好
	恩 25 优 636	1.7	1	2.7	3	2.7	劣于	3	中抗	好

表 128　国家武陵山区中稻区试品种抗瘟性抗性鉴定各病圃结果（2014 年）

品种名称	红庙病圃			青山病圃			两河病圃		
	叶瘟病级	病穗率（%）	损失率（%）	叶瘟病级	病穗率（%）	损失率（%）	叶瘟病级	病穗率（%）	损失率（%）
晶两优华占	2	2.0	0.4	3	6.0	1.8	3	9.0	3.3
兆优 6377	3	3.0	0.6	3	6.0	1.2	3	8.0	2.5
05030A/涪恢 060	4	7.0	1.0	2	2.0	0.4	2	11.0	2.8
H638S/华占	2	2.0	0.4	3	3.0	0.6	5	25.0	10.6
全优 995	2	11.0	2.2	3	4.0	0.8	4	8.0	1.6
川农优 1257	2	6.0	1.2	3	4.0	0.8	3	11.0	3.1
Ⅱ优 264CK	2	4.0	0.8	2	3.0	0.6	3	38.0	16.9
荣优华占	3	2.0	0.4	3	4.0	0.8	2	17.0	4.3
泸优 2816	2	3.0	0.6	3	7.0	2.3	3	12.0	4.2
冈优 8638	4	8.0	1.3	3	8.0	1.9	4	9.0	2.7
H638S/茉莉丝苗	2	2.0	0.4	4	8.0	2.2	6	38.0	18.7
赣香优 86	4	12.0	3.9	3	11.0	2.8	4	60.0	28.5
广优 489	2	4.0	0.8	4	8.0	1.9	5	17.0	7.4

表 129　国家武陵山区中稻组区试品种稻瘟病抗性评价结论（2014 年）

品种名称	抗性指数	与 CK 比较	最高损失率抗级	抗性评价	综合表现
Ⅱ优 264CK	2.5		5	中感	较好
荣优华占	1.8	轻于	1	抗病	好
H638S/华占	2.3	相当	3	中抗	好
晶两优华占	1.8	轻于	1	抗病	好
兆优 6377	1.8	轻于	1	抗病	好

（续表）

品种名称	抗性指数	与 CK 比较	最高损失率抗级	抗性评价	综合表现
05030A/涪恢 060	1.9	轻于	1	抗病	好
全优 995	2.0	轻于	1	抗病	好
川农优 1257	1.9	轻于	1	抗病	好
泸优 2816	1.9	轻于	1	抗病	好
冈优 8638	2.2	相当	1	抗病	好
H638S/茉莉丝苗	3.1	劣于	5	中感	较好
赣香优 86	3.7	劣于	5	中感	较好
广优 489	2.5	相当	3	中抗	好

表 130　国家武陵山区中稻筛选试验品种抗瘟性抗性鉴定各病圃结果（2014 年）

品种名称	红庙病圃			青山病圃			两河病圃		
	叶瘟病级	病穗率（%）	损失率（%）	叶瘟病级	病穗率（%）	损失率（%）	叶瘟病级	病穗率（%）	损失率（%）
隆两优黄莉占	3	6.0	1.2	2	3.0	0.6	3	4.0	1.1
明两优 727	2	3.0	0.6	2	15.0	4.8	4	13.0	4.4
珞优 9348	4	8.0	1.6	3	8.0	2.5	3	24.0	9.9
深两优 816	5	36.0	15.9	5	16.0	5.3	7	100.0	54.0
川 345A/德恢 2831	2	7.0	1.4	2	6.0	1.2	2	16.0	6.5
广抗 13A/绵恢 523	2	8.0	1.6	3	4.0	0.8	3	2.0	0.4
川农优 3318	3	11.0	2.2	2	4.0	0.8	5	11.0	2.2
广优 538	2	2.0	0.4	3	7.0	1.4	3	4.0	0.8
05030A/青恢 4270	2	6.0	1.2	4	11.0	3.1	6	27.0	11.3
川农优 2336	2	4.0	0.8	3	12.0	3.9	3	12.0	3.6
福两优 276	2	3.0	0.6	3	7.0	2.0	5	26.0	7.9
N 两优华占	2	2.0	0.4	2	3.0	0.6	2	3.0	0.6
0737A/涪恢 060	2	2.0	0.4	5	13.0	3.2	4	16.0	5.3
福两优 161	2	3.0	0.6	4	8.0	2.2	5	29.0	9.7
Ⅱ优 264CK	2	3.0	0.6	2	24.0	8.7	4	75.0	28.5
隆两优 534	2	2.0	0.4	3	6.0	1.5	3	8.0	2.2
川谷优 516	2	3.0	0.6	2	6.0	1.8	3	3.0	0.6
民源优 16	2	15.0	3.9	5	16.0	4.4	7	100.0	53.0
谷优 168	3	3.0	0.6	2	4.0	0.8	3	4.0	0.8
成丰优 538	2	3.0	0.6	3	34.0	12.2	5	80.0	34.0
内 5 优 263	2	17.0	4.9	5	100.0	43.0	5	90.0	46.0
732-26-1A/涪恢 060	3	8.0	1.6	4	11.0	3.1	4	7.0	2.0
新源 9 优 368	4	19.0	3.8	5	16.0	3.8	5	13.0	2.9
恩 25 优 636	4	7.0	1.1	2	9.0	2.1	5	14.0	3.7
乐优 190	4	6.0	1.5	4	11.0	2.8	5	16.0	4.7
07118A/涪恢 060	2	3.0	0.6	4	12.0	3.0	4	7.0	1.4
云两优 567	2	6.0	1.5	5	100.0	71.0	7	100.0	87.5
隆两优 1206	2	2.0	0.3	2	3.0	0.6	4	15.0	3.9

（续表）

品种名称	红庙病圃			青山病圃			两河病圃		
	叶瘟病级	病穗率（%）	损失率（%）	叶瘟病级	病穗率（%）	损失率（%）	叶瘟病级	病穗率（%）	损失率（%）
9A/Q 恢 28	2	2.0	0.4	4	14.0	4.6	4	19.0	5.9
延优 5568	3	8.0	1.2	5	18.0	5.7	5	17.0	4.0
隆两优 1212	2	3.0	0.6	3	4.0	0.8	3	6.0	1.2
凤两优 1046	5	13.0	3.2	4	83.0	36.3	6	100.0	84.0
辐优 7832	3	12.0	3.9	2	46.0	17.0	4	100.0	44.5
安丰优 3301	2	6.0	1.2	3	15.0	3.0	3	4.0	1.1
晶两优 1212	2	2.0	0.4	2	4.0	0.8	3	2.0	0.4
M76 优 1131	2	3.0	0.6	2	3.0	0.6	2	3.0	0.6
Q 优 705	2	4.0	0.8	2	9.0	2.4	2	12.0	4.9
成丰 A/天恢 900	2	3.0	0.6	3	9.0	1.8	4	8.0	1.6
B8 优 4308	4	11.0	3.7	5	22.0	6.5	5	100.0	53.5
乐丰优 2398	4	8.0	2.5	5	14.0	3.1	7	40.0	15.0
两优黄莉占	5	8.0	2.8	4	16.0	5.3	4	24.0	14.5
Y 两优 77	2	4.0	0.8	3	7.0	2.0	5	44.0	18.6
川谷优 2830	2	4.0	0.8	4	12.0	2.7	5	13.0	3.5

表 131　国家武陵山区中稻筛选试验品种稻瘟病抗性评价结论（2014 年）

品种名称	抗性指数	与 CK 比较	最高损失率抗级	抗性评价	综合表现
Ⅱ优 264CK	3.4		5	中感	较好
N 两优华占	1.3	优于	1	抗病	好
晶两优 1212	1.3	优于	1	抗病	好
M76 优 1131	1.3	优于	1	抗病	好
谷优 168	1.4	优于	1	抗病	好
川谷优 516	1.5	优于	1	抗病	好
隆两优黄莉占	1.6	优于	1	抗病	好
广抗 13A/绵恢 523	1.6	优于	1	抗病	好
广优 538	1.6	优于	1	抗病	好
隆两优 1212	1.6	优于	1	抗病	好
隆两优 534	1.8	优于	1	抗病	好
隆两优 1206	1.8	优于	1	抗病	好
Q 优 705	1.8	优于	1	抗病	好
成丰 A/天恢 900	1.8	优于	1	抗病	好
安丰优 3301	1.9	优于	1	抗病	好
明两优 727	2.1	轻于	1	抗病	好
川农优 2336	2.1	轻于	1	抗病	好
07118A/涪恢 060	2.1	轻于	1	抗病	好
川农优 3318	2.3	轻于	1	抗病	好
732-26-1A/涪恢 060	2.3	轻于	1	抗病	好
恩 25 优 636	2.3	轻于	1	抗病	好

（续表）

品种名称	抗性指数	与 CK 比较	最高损失率抗级	抗性评价	综合表现
川谷优 2830	2.3	轻于	1	抗病	好
乐优 190	2.7	轻于	1	抗病	好
新源 9 优 368	2.9	轻于	1	抗病	好
川 345A/德恢 2831	2.3	轻于	3	中抗	好
珞优 9348	2.6	轻于	3	中抗	好
福两优 276	2.6	轻于	3	中抗	好
9A/Q 恢 28	2.6	轻于	3	中抗	好
0737A/涪恢 060	2.7	轻于	3	中抗	好
福两优 161	2.7	轻于	3	中抗	好
延优 5568	3.0	相当	3	中抗	好
05030A/青恢 4270	3.1	相当	3	中抗	好
两优黄莉占	3.3	相当	3	中抗	好
乐丰优 2398	3.4	相当	3	中抗	好
Y 两优 77	2.9	轻于	5	中感	较好
成丰优 538	4.1	劣于	7	感病	淘汰
辐优 7832	4.7	劣于	7	感病	淘汰
内 5 优 263	5.4	劣于	7	感病	淘汰
民源优 16	4.6	劣于	9	高感	淘汰
B8 优 4308	4.9	劣于	9	高感	淘汰
深两优 816	6.0	劣于	9	高感	淘汰
凤两优 1046	6.0	劣于	9	高感	淘汰
云两优 567	6.1	劣于	9	高感	淘汰

表 132　恩施州早熟中稻区试品种抗瘟性抗性鉴定各病圃结果（2014 年）

品种名称	红庙病圃			青山病圃			两河病圃		
	叶瘟病级	病穗率（%）	损失率（%）	叶瘟病级	病穗率（%）	损失率（%）	叶瘟病级	病穗率（%）	损失率（%）
炳优 0117	6	9.0	3.0	4	11.0	3.1	7	70.0	35.5
9 香 A/R51	3	7.0	1.4	6	100.0	60.0	7	100.0	47.5
赣香优 982	2	6.0	1.2	3	24.0	8.7	4	41.0	16.7
炳优 246	2	3.0	0.6	2	7.0	2.0	5	18.0	6.3
31 优 99	2	2.0	0.4	3	8.0	1.6	3	4.0	0.8
福优 195CK	2	2.0	0.4	2	7.0	1.4	2	3.0	0.6
长优恩 66	2	4.0	0.8	4	39.0	12.3	4	60.0	25.6
忠优 2 号	3	19.0	4.4	6	60.0	25.5	6	100.0	54.0
繁优 5568	2	6.0	1.2	6	45.0	17.5	7	100.0	84.0
深优 9716	2	3.0	0.6	5	42.0	15.0	5	60.0	16.5
繁优 638	2	3.0	0.6	7	100.0	35.0	7	70.0	22.5

表 133　恩施州早熟中稻区试品种稻瘟病抗性评价结论（2014 年）

品种名称	抗性指数	与 CK 比较	最高损失率抗级	抗性评价	综合表现
福优 195CK	1.4		1	抗病	好
炳优 246	2.3	劣于	3	中抗	好
深优 9716	3.9	劣于	5	中感	较好
炳优 0117	4.3	劣于	7	感病	淘汰
9 香 A/R51	5.9	劣于	9	高感	淘汰
赣香优 982	3.5	劣于	5	中感	较好
31 优 99	1.6	相当	1	抗病	好
长优恩 66	3.8	劣于	5	中感	较好
忠优 2 号	5.7	劣于	9	高感	淘汰
繁优 5568	5.3	劣于	9	高感	淘汰
繁优 638	5.1	劣于	7	感病	淘汰

表 134　恩施州迟熟中稻区试品种抗瘟性抗性鉴定各病圃结果（2014 年）

品种名称	红庙病圃			青山病圃			两河病圃		
	叶瘟病级	病穗率（%）	损失率（%）	叶瘟病级	病穗率（%）	损失率（%）	叶瘟病级	病穗率（%）	损失率（%）
深两优 5814	5	13.0	4.4	7	100.0	45.0	7	100.0	95.5
聚两优 751	3	3.0	0.5	3	4.0	0.8	3	3.0	0.6
鄂丰优 726	5	13.0	3.2	3	12.0	3.0	5	16.0	5.0
锦优 518	2	7.0	1.4	4	11.0	3.1	5	28.0	9.9
恩 25 优 454	2	7.0	1.4	4	16.0	4.4	5	27.0	9.6
广优 0117	2	3.0	0.6	2	3.0	0.6	5	17.0	6.7
Ⅱ优 264CK	2	3.0	0.6	2	4.0	0.8	4	71.0	29.3
兆优 245	4	10.0	2.6	3	3.0	0.6	5	12.0	3.0
全优 16	3	6.0	1.2	4	13.0	3.2	5	9.0	2.1
L 优 2013	2	9.0	3.0	6	100.0	81.0	7	100.0	92.5
两优 1086	2	6.0	1.8	6	100.0	84.0	7	100.0	82.5
鹏两优 5437	2	4.0	0.8	5	19.0	5.9	5	15.0	4.5
内香 5321	3	7.0	1.4	3	9.0	1.8	4	12.0	2.4

表 135　恩施州迟熟中稻区试品种稻瘟病抗性评价结论（2014 年）

品种名称	抗性指数	与 CK 比较	最高损失率抗级	抗性评价	综合表现
Ⅱ优 264CK	2.8		5	中感	较好
恩 25 优 454	3.0	相当	3	中抗	好
兆优 245	2.3	轻于	1	抗病	好
鹏两优 5437	2.8	相当	3	中抗	好
深两优 5814	6.3	劣于	9	高感	淘汰
聚两优 751	1.5	轻于	1	抗病	好
鄂丰优 726	2.8	相当	1	抗病	好
锦优 518	3.0	相当	3	中抗	好

（续表）

品种名称	抗性指数	与 CK 比较	最高损失率抗级	抗性评价	综合表现
广优 0117	2.2	轻于	3	中抗	好
全优 16	2.4	相当	1	抗病	好
L 优 2013	6.2	劣于	9	高感	淘汰
两优 1086	6.2	劣于	9	高感	淘汰
内香 5321	2.3	轻于	1	抗病	好

表 136 国家武陵山区中稻区试品种稻瘟病抗性两年评价结论（2013—2014 年）

区试级别	品种名称	2014 年评价结论		2013 年评价结论		2013—2014 年两年评价结论				
		抗性指数	最高损失率抗级	抗性指数	最高损失率抗级	最高抗性指数	与 CK 比较	最高损失率抗级	抗性评价	综合表现
国家	Ⅱ优 264（CK）	2.5	5	1.8	1	2.5		5	中感	较好
	荣优华占	1.8	1	1.8	1	1.8	轻于	1	抗病	好
	H638S/华占	2.3	3	1.4	1	2.3	相当	3	中抗	好
湖北省	福优 195（CK）	1.4	1	2.4	3	2.4		3	中抗	好
	炳优 246	2.3	3	2.5	3	2.5	相当	3	中抗	好
	深优 9716	3.9	5	2.1	3	3.9	劣于	5	中感	较好
	Ⅱ优 264（CK）	2.8	5	2.1	1	2.8		5	中感	较好
	恩 25 优 454	3.0	3	2.8	1	3.0	相当	3	中抗	好
	兆优 245	2.3	1	2.3	3	2.3	相当	3	中抗	好
	鹏两优 5437	2.8	3	2.0	1	2.8	相当	3	中抗	好
	深两优 5814	6.3	9	3.9	3	6.3	劣于	9	高感	差

表 137 国家武陵山区中稻区试品种稻瘟病抗性鉴定各病圃结果（2015 年）

品种名称	红庙病圃			青山病圃			两河病圃		
	叶瘟病级	病穗率（%）	损失率（%）	叶瘟病级	病穗率（%）	损失率（%）	叶瘟病级	病穗率（%）	损失率（%）
谷优 168	3	3.0	0.3	2	9.0	1.8	2	13.0	2.6
冈优 8638	3	6.0	0.6	3	7.0	1.4	2	15.0	3.0
05030A/涪恢 060	2	6.0	0.6	3	7.0	1.7	2	8.0	1.9
兆优 6377	—	—	—	—	—	—	—	—	—
隆两优 1212	2	3.0	0.3	3	6.0	1.8	2	14.0	4.6
晶两优华占	2	5.0	0.6	2	6.0	1.2	2	9.0	2.7
泸优 2816	2	16.0	1.9	3	42.0	14.1	2	32.0	10.6
Ⅱ优 264CK	2	16.0	2.5	4	90.0	37.5	4	81.1	35.2
川农优 1257	2	9.0	1.4	3	57.0	19.5	4	46.0	16.9
9A/Q 恢 28	2	17.0	4.3	4	80.0	28.9	3	35.0	12.1
延优 5568	3	17.0	5.5	4	12.0	2.4	3	13.0	3.2
赣香优 86	3	24.0	8.1	4	100.0	85.0	5	100.0	55.5
隆两优黄莉占	2	11.0	2.8	3	12.0	3.9	2	15.0	3.9

表 138　国家武陵山区中稻组区试品种稻瘟病抗性评价结论（2015 年）

品种名称	抗性指数	与 CK 比较	最高损失率抗级	抗性评价	综合表现
Ⅱ优 264CK	6.4	—	9	高感	差
晶两优华占	1.6	显著优于	1	抗病	好
05030A/涪恢 060	1.8	显著优于	1	抗病	好
冈优 8638	2.1	显著优于	1	抗病	好
泸优 2816	3.3	显著优于	3	中抗	好
川农优 1257	4.2	优于	5	中感	较好
谷优 168	5.3	轻于	7	感病	淘汰
兆优 6377	—	—	—	—	—
隆两优 1212	1.8	显著优于	1	抗病	好
隆两优黄莉占	1.8	显著优于	1	抗病	好
延优 5568	2.3	显著优于	1	抗病	好
9A/Q 恢 28	2.9	显著优于	3	中抗	好
赣香优 86	4.0	优于	5	中感	较好

表 139　恩施州早熟中稻区试品种稻瘟病抗性鉴定各病圃结果（2015 年）

品种名称	红庙病圃			青山病圃			两河病圃		
	叶瘟病级	病穗率（%）	损失率（%）	叶瘟病级	病穗率（%）	损失率（%）	叶瘟病级	病穗率（%）	损失率（%）
繁优 168	2	6.0	0.6	3	13.0	2.6	2	11.0	3.1
内香优 61	3	6.0	0.6	4	13.0	3.8	2	16.0	5.0
恩禾 A/R85-2	3	28.0	8.3	5	51.0	18.9	5	100.0	48.3
奥富优 200	4	19.0	7.1	4	40.0	14.5	4	42.0	16.2
闽香优 683	2	6.0	1.8	2	6.0	1.2	3	20.0	7.0
赣香优 982	2	3.0	0.5	3	42.9	14.8	6	100.0	50.0
闽标优 1095	2	4.0	0.5	3	13.0	3.2	4	77.0	30.1
绵 5 优 142CK2	2	3.0	0.5	4	16.0	4.9	2	14.0	3.4
绵 7 优恩 66	2	3.0	0.3	3	9.0	2.1	2	9.0	2.1
五丰优 9821	2	4.0	0.4	2	19.0	6.5	6	100.0	50.0
忠优 177	2	4.0	0.5	3	18.0	4.5	7	100.0	59.0
福优 195CK1	2	4.0	0.4	3	8.0	1.6	2	6.0	1.2

表 140　恩施州早熟中稻组区试品种稻瘟病抗性评价结论（2015 年）

品种名称	抗性指数	与 CK2 比较	最高损失率抗级	抗性评价	综合表现
绵 5 优 142CK2	2.1		1	抗病	好
赣香优 982	4.2	劣于	7	感病	淘汰
繁优 168	2.2	相当	1	抗病	好
内香优 61	2.3	相当	1	抗病	好
恩禾 A/R85-2	5.7	劣于	7	感病	淘汰
奥富优 200	4.4	劣于	5	中感	较好
闽香优 683	2.3	相当	3	中抗	好

（续表）

品种名称	抗性指数	与 CK2 比较	最高损失率抗级	抗性评价	综合表现
闽标优 1095	3.5	劣于	7	感病	淘汰
绵 7 优恩 66	1.7	相当	1	抗病	好
五丰优 9821	3.9	劣于	7	感病	淘汰
忠优 177	4.1	劣于	9	高感	淘汰
福优 195CK1	1.7	相当	1	抗病	好

表 141　恩施州迟熟中稻区试品种稻瘟病抗性鉴定各病圃结果（2015 年）

品种名称	红庙病圃			青山病圃			两河病圃		
	叶瘟病级	病穗率（%）	损失率（%）	叶瘟病级	病穗率（%）	损失率（%）	叶瘟病级	病穗率（%）	损失率（%）
H 优 399	2	2.0	0.1	2	7.0	1.7	4	23.0	7.0
锦优 518	2	5.0	0.6	3	18.0	5.7	2	20.0	5.8
晶两优 1212	2	2.0	0.3	2	6.0	2.4	2	7.0	1.7
恩两优 636	2	6.0	0.6	3	11.0	2.8	4	18.5	5.9
乐优 1208	3	13.0	1.7	4	33.0	12.9	4	30.0	11.1
Ⅱ优 264CK	3	15.0	2.3	2	81.0	33.0	6	93.0	44.1
延优 168	2	8.0	1.2	2	6.0	1.2	2	6.0	1.2
全优 16	2	4.0	0.4	2	7.0	1.4	3	9.0	1.8
泰丰 A/RFH2098	2	13.0	3.8	2	33.0	13.5	5	100.0	49.1
宜香优恩 66	2	3.0	0.3	4	12.0	2.4	2	14.0	2.8
浙两优 20	5	41.0	17.5	7	100.0	90.0	7	100.0	95.5
中研优 739	4	9.0	1.2	4	100.0	33.8	6	100.0	60.0
金两优 697	4	11.0	4.0	6	100.0	75.0	7	100.0	53.0

表 142　恩施州迟熟中稻组区试品种稻瘟病抗性评价结论（2015 年）

品种名称	抗性指数	与 CK 比较	最高损失率抗级	抗性评价	综合表现
Ⅱ优 264CK	5.3		7	感病	一般
锦优 518	2.7	优于	3	中抗	好
全优 16	1.7	显著优于	1	抗病	好
H 优 399	2.3	优于	3	中抗	好
晶两优 1212	1.6	显著优于	1	抗病	好
恩两优 636	2.7	优于	3	中抗	好
乐优 1208	3.7	轻于	3	中抗	好
延优 168	1.8	显著优于	1	抗病	好
泰丰 A/ RFH2098	4.3	轻于	7	感病	淘汰
宜香优恩 66	2.1	优于	1	抗病	好
浙两优 20	7.5	劣于	9	高感	淘汰
中研优 739	5.8	相当	9	高感	淘汰
金两优 697	6.5	劣于	9	高感	淘汰

表 143　国家武陵山区中稻区试品种稻瘟病抗性两年评价结论（2014—2015 年）

区试级别	品种名称	2015 年评价结论		2014 年评价结论		2014—2015 年两年评价结论				
		抗性指数	最高损失率抗级	抗性指数	最高损失率抗级	最高抗性指数	与 CK 比较	最高损失率抗级	抗性评价	综合表现
国家	Ⅱ优 264CK	6.4	9	2.5	5	6.4		9	高感	差
	05030A/涪恢 060	1.8	1	1.9	1	1.9	显著优于	1	抗病	好
	川农优 1257	4.2	5	1.9	1	4.2	优于	5	中感	较好
	赣香优 86	4.0	5	3.7	5	4.0	优于	5	中感	较好
	冈优 8638	2.1	1	2.2	1	2.2	显著优于	1	抗病	好
	晶两优华占	1.6	1	1.8	1	1.8	显著优于	1	抗病	好
	泸优 2816	3.3	3	1.9	1	3.3	优于	3	中抗	好
湖北省	福优 195CK	1.7	1	1.4	1	1.7		1	抗病	好
	赣香优 982	4.2	7	3.5	5	4.2	劣于	7	感病	一般
	Ⅱ优 264CK	5.3	7	2.8	5	5.3		7	感病	一般
	全优 16	1.7	1	2.4	1	1.7	显著优于	1	抗病	好
	锦优 518	2.7	3	3.0	3	2.7	优于	3	中抗	好

表 144　国家武陵山区中稻区试品种稻瘟病抗性鉴定各病圃结果（2016 年）

品种名称	红庙病圃			青山病圃			两河病圃		
	叶瘟病级	病穗率（%）	损失率（%）	叶瘟病级	病穗率（%）	损失率（%）	叶瘟病级	病穗率（%）	损失率（%）
川农优 1152	3	3.0	0.3	3	12.0	3.0	3	13.0	3.2
繁优 631	2	6.0	0.6	2	8.0	1.9	4	16.0	3.8
隆两优黄莉占	2	3.0	0.3	4	11.0	2.2	2	7.0	1.4
广两优 373	5	9.0	1.4	5	13.0	3.8	5	18.0	6.3
荃优华占	2	4.0	0.4	3	7.0	1.4	3	14.0	4.6
瑞优 399CK1	2	4.0	0.5	4	11.0	3.1	4	36.0	12.0
川农优 308	2	4.0	0.4	2	6.0	1.2	2	8.0	2.2
9A/Q 恢 28	2	3.0	0.3	2	13.0	1.9	3	31.0	10.9
M 两优 1689	2	4.0	0.5	4	14.0	2.8	2	6.0	1.2
晶两优 1237	2	3.0	0.2	2	4.0	0.8	2	6.0	1.2
隆两优 1212	2	6.0	0.6	2	4.0	0.8	2	14.0	3.4
Ⅱ优 264CK2	3	7.0	0.8	2	15.0	4.5	4	45.0	20.3
谷优 168	2	6.0	0.6	2	8.0	1.6	3	12.0	3.0

表 145　国家武陵山区中稻组区试品种稻瘟病抗性评价结论（2016 年）

品种名称	抗性指数	与 CK2 比较	最高损失率抗级	抗性评价	综合表现
Ⅱ优 264CK2	3.2		5	中感	较好
隆两优 1212	1.8	轻于	1	抗病	好
隆两优黄莉占	2.0	轻于	1	抗病	好
谷优 168	2.0	轻于	1	抗病	好
9A/Q 恢 28	2.5	轻于	3	中抗	好

（续表）

品种名称	抗性指数	与 CK2 比较	最高损失率抗级	抗性评价	综合表现
晶两优 1237	1.5	优于	1	抗病	好
川农优 308	1.6	优于	1	抗病	好
荃优华占	1.9	轻于	1	抗病	好
M 两优 1689	2.0	轻于	1	抗病	好
繁优 631	2.1	轻于	1	抗病	好
川农优 1152	2.2	轻于	1	抗病	好
瑞优 399（CK1）	2.8	相当	3	中抗	好
广两优 373	3.2	相当	3	中抗	好

表 146 恩施州早熟中稻区试品种稻瘟病抗性鉴定各病圃结果（2016 年）

品种名称	红庙病圃			青山病圃			两河病圃		
	叶瘟病级	病穗率（%）	损失率（%）	叶瘟病级	病穗率（%）	损失率（%）	叶瘟病级	病穗率（%）	损失率（%）
长农优 231	2	11.0	2.1	3	11.0	2.8	5	21.0	5.4
忠优 199	2	15.0	3.9	4	14.0	4.0	4	47.0	23.0
珞优 636	2	6.0	0.8	2	6.0	1.2	3	15.0	3.6
闽香优 683	2	9.0	2.4	2	8.0	1.6	2	7.0	1.4
繁优 1508	4	17.0	3.7	3	9.0	2.1	5	13.0	3.5
泰丰优 17 号	3	16.0	3.1	4	30.9	12.5	5	57.0	28.2
绵 5 优 142CK	2	9.0	1.8	2	7.0	1.4	5	17.0	4.3
绵 7 优恩 66	2	6.0	0.6	2	13.3	2.7	3	11.0	2.5
瑜晶优 50	2	4.0	0.4	4	11.0	1.6	3	26.0	7.6
中 100A/R65	2	8.0	1.0	2	7.0	1.4	6	28.0	8.9
赣 73 优 518	2	10.0	2.2	2	9.1	1.8	2	9.0	2.4

表 147 恩施州早熟中稻组区试品种稻瘟病抗性评价结论（2016 年）

品种名称	抗性指数	与 CK 比较	最高损失率抗级	抗性评价	综合表现
绵 5 优 142CK	2.2		1	抗病	好
绵 7 优恩 66	2.2	相当	1	抗病	好
闽香优 683	1.8	相当	1	抗病	好
赣 73 优 518	1.8	相当	1	抗病	好
珞优 636	2.0	相当	1	抗病	好
繁优 1508	2.6	相当	1	抗病	好
瑜晶优 50	2.7	劣于	3	中抗	好
中 100A/R65	2.8	劣于	3	中抗	好
长农优 231	2.9	劣于	3	中抗	好
忠优 199	3.5	劣于	5	中感	较好
泰丰优 17 号	4.3	劣于	5	中感	较好

表 148 恩施州迟熟中稻区试品种稻瘟病抗性鉴定各病圃结果（2016 年）

品种名称	红庙病圃			青山病圃			两河病圃		
	叶瘟病级	病穗率（%）	损失率（%）	叶瘟病级	病穗率（%）	损失率（%）	叶瘟病级	病穗率（%）	损失率（%）
繁优 16	3	6.0	0.6	3	7.0	1.4	5	19.0	4.7
瑞优 399CK	5	10.0	1.6	3	13.0	3.5	6	40.0	17.1
晶两优 1212	2	2.0	0.3	3	7.0	0.4	2	9.0	2.4
延优 168	2	4.0	0.5	2	8.0	1.6	3	14.0	4.0
两优 522	2	9.0	0.9	3	30.0	11.4	5	23.0	8.8
恩两优 636	2	7.0	0.7	3	26.0	7.9	4	25.0	10.1
扬籼优 258	3	11.0	2.1	3	13.0	3.8	7	100.0	67.5
Q 优 705	2	4.0	0.4	3	20.0	6.1	7	100.0	66.0
宜香优恩 66	2	4.0	0.4	5	14.0	3.4	6	22.0	8.6
H 优 399	4	8.0	1.0	2	11.0	3.1	2	17.0	5.5
恩两优 66	2	6.0	0.8	3	13.0	1.6	3	12.0	3.6
内 10 优 702	4	11.0	1.5	5	16.0	3.5	5	28.0	11.3
318A/R639	3	7.0	0.8	3	15.0	3.3	5	28.0	9.2

表 149 恩施州迟熟中稻组区试品种稻瘟病抗性评价结论（2016 年）

品种名称	抗性指数	与 CK 比较	最高损失率抗级	抗性评价	综合表现
瑞优 399CK	3.6		5	中感	较好
晶两优 1212	1.7	优于	1	抗病	好
延优 168	1.9	优于	1	抗病	好
H 优 399	2.6	轻于	3	中抗	好
宜香优恩 66	2.9	轻于	3	中抗	好
恩两优 636	3.2	相当	3	中抗	好
恩两优 66	2.3	轻于	1	抗病	好
繁优 16	2.3	轻于	1	抗病	好
318A/R639	3.0	轻于	3	中抗	好
两优 522	3.3	相当	3	中抗	好
内 10 优 702	3.4	相当	3	中抗	好
Q 优 705	4.4	劣于	9	高感	淘汰
扬籼优 258	4.5	劣于	9	高感	淘汰

表 150 国家武陵山区中稻区试品种稻瘟病抗性两年评价结论（2015—2016 年）

区试级别	品种名称	2016 年评价结论		2015 年评价结论		2015—2016 年两年评价结论				
		抗性指数	最高损失率抗级	抗性指数	最高损失率抗级	最高抗性指数	与 CK 比较	最高损失率抗级	抗性评价	综合表现
国家	Ⅱ优 264CK	3.2	5	5.3	7	5.3		7	感病	一般
	隆两优 1212	1.8	1	1.8	1	1.8	优于	1	抗病	好
	隆两优黄莉占	2.0	1	2.3	1	2.3	优于	1	抗病	好
	谷优 168	2.0	1	1.8	1	2.0	优于	1	抗病	好
	9A/Q 恢 28	2.5	3	4.0	5	4.0	轻于	5	中感	较好

（续表）

区试级别	品种名称	2016年评价结论		2015年评价结论		2015—2016年两年评价结论				
		抗性指数	最高损失率抗级	抗性指数	最高损失率抗级	最高抗性指数	与CK比较	最高损失率抗级	抗性评价	综合表现
湖北省	绵5优142CK	2.2	1	2.1	1	2.2		1	抗病	好
	绵7优恩66	2.2	1	1.7	1	2.2	相当	1	抗病	好
	闽香优683	1.8	1	2.3	3	2.3	相当	3	中抗	好
	瑞优399CK	3.6	5	5.3	7	5.3		7	感病	一般
	晶两优1212	1.7	1	1.6	1	1.7	显著优于	1	抗病	好
	延优168	1.9	1	1.8	1	1.8	显著优于	1	抗病	好
	H优399	2.6	3	2.3	3	2.6	优于	3	中抗	好
	宜香优恩66	2.9	3	2.1	1	2.8	优于	3	中抗	好
	恩两优636	3.2	3	2.7	3	3.3	优于	3	中抗	好

表151　国家武陵山区中稻区试品种稻瘟病抗性鉴定各病圃结果（2017年）

品种名称	红庙病圃			青山病圃			两河病圃		
	叶瘟病级	病穗率（%）	损失率（%）	叶瘟病级	病穗率（%）	损失率（%）	叶瘟病级	病穗率（%）	损失率（%）
晶两优1377	2	7.0	0.8	3	12.0	1.2	3	18.0	6.3
瑞优399CK	2	12.0	2.1	3	31.0	9.1	4	36.0	12.9
川农优1152	2	4.0	0.5	3	17.0	3.3	3	22.0	5.9
涵优308	2	8.0	1.0	3	20.0	4.3	2	21.0	5.1
川优454	2	9.0	1.1	3	14.0	2.1	2	26.0	8.2
晶两优534	2	6.0	0.9	3	8.0	1.0	2	25.0	4.6
川农优308	2	5.0	0.4	3	9.0	1.2	2	17.0	3.4
繁优609	2	4.0	0.5	3	28.0	10.4	3	31.0	10.4
广两优985	5	11.0	1.9	4	38.0	14.5	5	52.0	19.1
M两优1689	2	7.0	1.1	3	11.0	1.3	2	13.0	2.0
晶两优1206	2	8.0	1.0	2	8.0	1.2	2	6.0	0.8
晶两优1237	2	6.0	0.9	2	7.0	0.8	2	15.0	2.3
荃优华占	3	7.0	1.0	3	12.0	1.7	4	20.0	5.2

表152　国家武陵山区中稻组区试品种稻瘟病抗性评价结论（2017年）

品种名称	抗性指数	与CK比较	最高损失率抗级	抗性评价	综合表现
瑞优399CK	3.5		3	中抗	好
川农优308	1.8	优于	1	抗病	好
晶两优1237	1.9	优于	1	抗病	好
川农优1152	2.4	轻于	3	中抗	好
荃优华占	2.8	轻于	3	中抗	好
晶两优1377	2.6	轻于	3	中抗	好
涵优308	2.5	轻于	3	中抗	好
川优454	2.7	轻于	3	中抗	好

（续表）

品种名称	抗性指数	与 CK 比较	最高损失率抗级	抗性评价	综合表现
晶两优 534	2.0	优于	1	抗病	好
繁优 609	3.1	相当	3	中抗	好
广两优 985	4.4	劣于	5	中感	好
M 两优 1689	2.2	轻于	1	抗病	好
晶两优 1206	1.8	优于	1	抗病	好

表 153　恩施州早熟中稻区试品种稻瘟病抗性鉴定各病圃结果（2017 年）

品种名称	红庙病圃			青山病圃			两河病圃		
	叶瘟病级	病穗率（%）	损失率（%）	叶瘟病级	病穗率（%）	损失率（%）	叶瘟病级	病穗率（%）	损失率（%）
长农优 231	2	6.0	0.8	3	6.0	0.8	2	16.0	5.6
沅两优华占	3	6.0	0.8	3	6.0	0.6	2	18.3	5.7
中 100A/R65	2	6.0	0.6	4	7.0	0.8	3	20.0	5.2
琪两优 534	2	4.0	0.5	2	9.0	0.9	2	18.5	3.0
绵 5 优 142CK	3	8.0	0.9	4	13.0	2.8	2	16.0	5.6
金泰优 2050	2	4.0	0.5	2	6.0	0.6	2	12.0	3.0
简两优黄莉占	4	12.0	1.7	2	12.0	2.7	2	16.0	5.9
繁优香占	2	4.0	0.5	3	11.0	1.3	2	12.0	2.9
恩两优 490	2	3.0	0.3	3	9.0	1.4	3	16.0	3.5
简两优 534	2	4.0	0.4	3	8.0	0.9	2	7.0	1.0
滇禾优 34	2	9.0	1.2	5	23.0	5.5	5	27.0	8.4
芙蓉香占	7	100.0	50.0	6	100.0	60.0	8	100.0	98.5

表 154　恩施州早熟中稻组区试品种稻瘟病抗性评价结论（2017 年）

品种名称	抗性指数	与 CK 比较	最高损失率抗级	抗性评价	综合表现
绵 5 优 142CK	2.7		3	中抗	好
长农优 231	2.3	相当	3	中抗	好
中 100A/R65	2.5	相当	3	中抗	好
沅两优华占	2.4	相当	3	中抗	好
琪两优 534	1.8	轻于	1	抗病	好
金泰优 2050	1.8	轻于	1	抗病	好
简两优黄莉占	2.8	相当	3	中抗	好
繁优香占	2.0	轻于	1	抗病	好
恩两优 490	1.9	轻于	1	抗病	好
简两优 534	1.7	轻于	1	抗病	好
滇禾优 34	3.4	劣于	3	中抗	好
芙蓉香占	8.2	劣于	9	高感	淘汰

表 155　恩施州迟熟中稻区试品种稻瘟病抗性鉴定各病圃结果（2017 年）

品种名称	红庙病圃			青山病圃			两河病圃		
	叶瘟病级	病穗率（%）	损失率（%）	叶瘟病级	病穗率（%）	损失率（%）	叶瘟病级	病穗率（%）	损失率（%）
源两优 967	2	7.0	0.8	3	23.0	3.4	4	20.0	5.2
隆两优 534	3	8.0	0.9	2	7.0	1.0	2	18.0	5.7
瑞优 399CK	2	14.0	1.8	2	27.0	6.0	4	35.0	12.7
川优 542	3	9.0	1.1	4	18.0	4.2	3	21.0	5.4
川华优 3203	2	4.0	0.5	3	18.0	3.8	2	20.0	5.8
恩两优 66	2	8.0	0.9	3	8.0	1.0	2	22.0	5.9
繁优 16	4	17.0	3.0	2	12.0	1.4	5	100.0	48.2
晶两优 1252	2	3.0	0.3	3	7.0	0.8	2	9.0	1.2
内 10 优 702	4	12.0	1.7	3	23.0	5.2	2	54.0	17.1
瑜晶优 50	2	4.0	0.4	2	30.0	7.2	3	31.0	10.4
318A/R639	2	4.0	0.5	3	12.0	1.7	2	16.0	3.2
明优 609	2	6.0	0.8	3	27.0	5.9	2	26.0	8.2
泰两优 1332	4	11.0	1.8	3	12.0	1.8	5	28.0	8.3

表 156　恩施州迟熟中稻组区试品种稻瘟病抗性评价结论（2017 年）

品种名称	抗性指数	与 CK 比较	最高损失率抗级	抗性评价	综合表现
瑞优 399CK	3.4		3	中抗	好
318A/R639	2.0	轻于	1	抗病	好
恩两优 66	2.3	轻于	3	中抗	好
内 10 优 702	3.8	相当	5	中感	好
繁优 16	4.0	劣于	7	感病	淘汰
源两优 967	2.7	轻于	3	中抗	好
隆两优 534	2.3	轻于	3	中抗	好
川优 542	2.8	轻于	3	中抗	好
川华优 3203	2.3	轻于	3	中抗	好
晶两优 1252	1.7	优于	1	抗病	好
瑜晶优 50	3.0	相当	3	中抗	好
明优 609	3.2	相当	3	中抗	好
泰两优 1332	3.3	相当	3	中抗	好

表 157　国家武陵山区中稻区试品种稻瘟病抗性两年评价结论（2016—2017 年）

区试级别	品种名称	2017 年评价结论		2016 年评价结论		2016—2017 年两年评价结论				
		抗性指数	最高损失率抗级	抗性指数	最高损失率抗级	最高抗性指数	与 CK 比较	最高损失率抗级	抗性评价	综合表现
国家	瑞优 399（CK）	3.5	3	3.2	5	3.5		5	中感	较好
	川农优 308	1.8	1	1.6	1	1.8	优于	1	抗病	好
	晶两优 1237	1.9	1	1.5	1	1.9	优于	1	抗病	好
	川农优 1152	2.4	3	2.2	1	2.4	轻于	3	中抗	好
	荃优华占	2.8	3	1.9	1	2.8	轻于	3	中抗	好

（续表）

区试级别	品种名称	2017年评价结论		2016年评价结论		2016—2017年两年评价结论				
		抗性指数	最高损失率抗级	抗性指数	最高损失率抗级	最高抗性指数	与CK比较	最高损失率抗级	抗性评价	综合表现
湖北省	绵5优142（CK）	2.7	3	2.2	1	2.7		3	中抗	好
	长农优231	2.3	3	2.9	3	2.9	相当	3	中抗	好
	中100A/R65	2.5	3	2.8	3	2.8	相当	3	中抗	好
	瑞优399（CK）	3.4	3	3.6	5	3.6		5	中感	较好
	318A/R639	2.0	1	3.0	3	3.0	轻于	3	中抗	好
	恩两优66	2.3	3	2.3	1	2.3	轻于	3	中抗	好
	内10优702	3.8	5	3.4	3	3.8	相当	5	中感	较好
	繁优16	4.0	7	2.3	1	4.0	相当	7	感病	一般

表158　国家武陵山区中稻区试品种稻瘟病抗性鉴定各病圃结果（2018年）

品种名称	红庙病圃			青山病圃			两河病圃		
	叶瘟病级	病穗率（%）	损失率（%）	叶瘟病级	病穗率（%）	损失率（%）	叶瘟病级	病穗率（%）	损失率（%）
荃9优83	2	6	0.8	3	9	1.1	4	15	4.4
陵优7904	2	6	0.6	3	9	1.2	2	7	1.4
蓉优981	2	6	0.6	3	11	1.5	2	14	2.8
晶两优8612	2	6	0.8	4	12	1.5	2	9	1.2
旺两优958	2	13	1.7	4	33	8.7	4	48	15.3
宜香优2115	2	7	0.8	3	14	1.8	2	17	2.5
涵优308	2	9	1.1	3	15	3.2	2	18	3
恩两优542	2	9	1.2	3	8	0.9	2	11	1.6
晶两优1377	2	4	0.5	3	12	1.8	2	9	1.1
明优308	2	6	0.6	3	7	0.8	2	16	3.8
瑞优399CK	2	4	0.5	6	26	7.9	4	30	12.5
晶两优534	2	6	0.6	3	7	0.7	2	8	1
晶两优1206	2	4	0.5	2	6	0.8	2	9	1.2

表159　国家武陵山区中稻区试品种稻瘟病抗性评价结论（2018年）

品种名称	抗性指数	与CK比较	最高损失率抗级	抗性评价	综合表现
瑞优399CK	3.5		3	中抗	好
晶两优1206	1.6	优于	1	抗病	好
晶两优534	1.9	优于	1	抗病	好
涵优308	2.2	轻于	1	抗病	好
晶两优1377	1.9	优于	1	抗病	好
荃9优83	2.2	轻于	1	抗病	好
陵优7904	1.9	优于	1	抗病	好
蓉优981	2.2	轻于	1	抗病	好
晶两优8612	2.1	轻于	1	抗病	好

（续表）

品种名称	抗性指数	与 CK 比较	最高损失率抗级	抗性评价	综合表现
旺两优 958	3.9	相当	5	中感	较好
宜香优 2115	2.2	轻于	1	抗病	好
恩两优 542	2.0	优于	1	抗病	好
明优 308	2.0	优于	1	抗病	好

表 160　恩施州早熟中稻区试品种稻瘟病抗性鉴定各病圃结果（2018 年）

品种名称	红庙病圃			青山病圃			两河病圃		
	叶瘟病级	病穗率（%）	损失率（%）	叶瘟病级	病穗率（%）	损失率（%）	叶瘟病级	病穗率（%）	损失率（%）
泰丰优 7 号	2	12.0	1.2	3	12.0	2.6	4	100.0	34.0
恩优 3306	2	12.0	1.7	3	9.0	0.9	3	13.0	2.3
骏优 239	4	31.0	7.7	7	100.0	48.0	6	100.0	82.0
赣 73 优 66	2	16.0	4.7	3	9.0	1.2	2	12.0	1.5
红两优 2205	2	11.0	1.3	3	13.0	1.7	2	7.0	0.8
绵 5 优 142CK	2	11.0	1.2	2	12.0	1.7	2	15.0	1.8
长农优 1531	2	8.0	0.9	3	12.0	1.5	2	11.0	1.3
沅两优华占	2	8.0	0.9	3	8.0	1.0	2	15.0	3.6
琪两优 534	2	9.0	1.1	3	13.0	1.9	2	9.0	1.1
金泰优 2050	2	9.0	0.9	3	9.0	1.1	3	14.0	6.2
恩两优 490	2	6.0	0.6	4	14.0	2.5	2	16.0	4.0
繁优香占	2	6.0	0.8	3	9.0	0.9	2	11.0	1.2

表 161　恩施州早熟中稻组区试品种稻瘟病抗性评价结论（2018 年）

品种名称	抗性指数	与 CK 比较	最高损失率抗级	抗性评价	综合表现
绵 5 优 142CK	2.3		1	抗病	好
琪两优 534	2.0	相当	1	抗病	好
恩两优 490	2.3	相当	1	抗病	好
繁优香占	2.0	相当	1	抗病	好
沅两优华占	2.0	相当	1	抗病	好
金泰优 2050	2.4	相当	3	中抗	好
泰丰优 7 号	3.8	劣于	7	感病	淘汰
恩优 3306	2.3	相当	1	抗病	好
骏优 239	6.7	劣于	9	高感	淘汰
赣 73 优 66	2.2	相当	1	抗病	好
红两优 2205	2.2	相当	1	抗病	好
长农优 1531	2.2	相当	1	抗病	好

表 162　恩施州迟熟中稻区试品种稻瘟病抗性鉴定各病圃结果（2018 年）

品种名称	红庙病圃			青山病圃			两河病圃		
	叶瘟病级	病穗率（%）	损失率（%）	叶瘟病级	病穗率（%）	损失率（%）	叶瘟病级	病穗率（%）	损失率（%）
荃 9 优 117	2	7.0	0.7	3	13.0	3.1	3	16.0	5.2
简两优 534	2	8.0	1.0	2	9.0	1.8	2	12.0	3.0
华两优 2821	4	14.0	3.0	3	9.0	1.1	2	11.0	1.5
宜香优 542	2	8.0	0.9	4	14.0	3.3	4	15.0	2.9
繁优 901	2	9.0	1.2	3	9.0	1.2	2	15.0	5.7
瑞优 399CK	2	4.0	0.5	4	24.0	6.2	4	19.0	5.6
明优 609	2	7.0	0.7	3	9.0	0.9	3	12.0	1.8
瑜晶优 50	2	7.0	0.8	4	9.0	0.9	4	23.0	9.4
川优 542	2	9.0	1.2	4	14.0	1.8	3	14.0	3.4
晶两优 1252	2	6.0	0.8	2	6.0	0.6	2	9.0	1.2

表 163　恩施州迟熟中稻组区试品种稻瘟病抗性评价结论（2018 年）

品种名称	抗性指数	与 CK 比较	最高损失率抗级	抗性评价	综合表现
瑞优 399CK	3.0		3	中抗	好
晶两优 1252	1.8	轻于	1	抗病	好
川优 542	2.3	轻于	1	抗病	好
明优 609	2.1	轻于	1	抗病	好
瑜晶优 50	2.6	相当	3	中抗	好
荃 9 优 117	2.6	相当	3	中抗	好
简两优 534	2.0	轻于	1	抗病	好
华两优 2821	2.3	轻于	1	抗病	好
宜香优 542	2.5	轻于	1	抗病	好
繁优 901	2.4	轻于	3	中抗	好

表 164　国家武陵山区中稻区试品种稻瘟病抗性两年评价结论（2017—2018 年）

区试级别	品种名称	2018 年评价结论		2017 年评价结论		2017—2018 年两年评价结论				
		抗性指数	最高损失率抗级	抗性指数	最高损失率抗级	最高抗性指数	与 CK 比较	最高损失率抗级	抗性评价	综合表现
国家	瑞优 399CK	3.5	3	3.5	3	3.5		3	中抗	好
	晶两优 1206	1.6	1	1.8	1	1.8	优于	1	抗病	好
	晶两优 534	1.9	1	2.0	1	2.0	优于	1	抗病	好
	涵优 308	2.2	1	2.5	3	2.5	轻于	3	中抗	好
	晶两优 1377	1.9	1	2.6	3	2.6	轻于	3	中抗	好
湖北省	绵 5 优 142CK	2.3	1	2.7	3	2.7		3	中抗	好
	琪两优 534	2.0	1	1.8	1	2.0	相当	1	抗病	好
	恩两优 490	2.3	1	1.9	1	2.3	相当	1	抗病	好
	繁优香占	2.0	1	2.0	1	2.0	相当	1	抗病	好
	沅两优华占	2.0	1	2.4	3	2.4	相当	3	中抗	好

（续表）

区试级别	品种名称	2018 年评价结论		2017 年评价结论		2017—2018 年两年评价结论				
		抗性指数	最高损失率抗级	抗性指数	最高损失率抗级	最高抗性指数	与 CK 比较	最高损失率抗级	抗性评价	综合表现
湖北省	金泰优 2050	2.4	3	1.8	1	2.4	相当	3	中抗	好
	瑞优 399CK	3.0	3	3.4	3	3.4		3	中抗	好
	晶两优 1252	1.8	1	1.7	1	1.8	优于	1	抗病	好
	川优 542	2.3	1	2.8	3	2.8	轻于	3	中抗	好
	明优 609	2.1	1	3.2	3	3.2	相当	3	中抗	好
	瑜晶优 50	2.6	3	3.0	3	3.0	相当	3	中抗	好

表 165　武陵山区中稻区试品种稻瘟病抗性鉴定各病圃结果（2019 年）

品种名称	红庙病圃			青山病圃			两河病圃		
	叶瘟病级	病穗率（%）	损失率（%）	叶瘟病级	病穗率（%）	损失率（%）	叶瘟病级	病穗率（%）	损失率（%）
宜香优 466	4	14.0	3.7	4	13.0	4.1	6	29.0	9.1
陵优 7904	2	6.0	0.8	2	8.0	1.9	2	7.0	1.4
蓉优 981	2	9.0	1.1	2	7.0	1.7	3	9.0	1.8
魅两优 601	2	11.0	1.5	2	7.0	2.0	2	19.0	5.9
明优 308	2	8.0	1.2	2	8.0	2.2	2	16.0	5.0
瑞优 399CK	4	14.0	2.7	7	45.0	17.8	6	43.0	19.9
臻两优 5438	2	9.0	1.4	2	8.0	1.0	2	9.0	1.8
创两优美林	2	8.0	1.0	5	12.0	2.3	5	14.0	2.8
创优华占	2	6.0	0.6	4	7.0	2.3	2	12.0	2.4
荃 9 优 83	3	7.0	1.0	3	8.0	1.6	3	14.0	4.6
艳两优 808	2	9.0	1.1	3	13.3	4.2	2	14.3	2.9
宜香优 2115	2	8.0	1.0	4	11.0	3.4	4	12.0	2.4
晶两优 8612	2	8.0	0.9	4	11.0	2.4	2	7.0	1.4
晶两优 1377	2	7.0	0.8	2	8.0	1.0	2	11.0	2.8
涵优 308	2	6.0	0.8	2	14.0	1.3	2	14.0	3.4
瑞优 399CK	4	15.0	3.2	7	37.0	14.6	5	47.0	21.1

表 166　武陵山区中稻区试品种稻瘟病抗性评价结论（2019 年）

品种名称	抗性指数	与 CK 比较	最高损失率抗级	抗性评价	综合表现
瑞优 399CK	4.9		5	中感	较好
宜香优 466	3.5	轻于	3	中抗	好
陵优 7904	1.8	优于	1	抗病	好
蓉优 981	1.9	优于	1	抗病	好
魅两优 601	2.5	优于	3	中抗	好
明优 308	2.0	优于	1	抗病	好
臻两优 5438	1.8	优于	1	抗病	好
创两优美林	2.6	优于	1	抗病	好

（续表）

品种名称	抗性指数	与 CK 比较	最高损失率抗级	抗性评价	综合表现
创优华占	2.1	优于	1	抗病	好
荃 9 优 83	2.2	优于	1	抗病	好
艳两优 808	2.2	优于	1	抗病	好
宜香优 2115	2.5	优于	1	抗病	好
晶两优 8612	2.1	优于	1	抗病	好
瑞优 399CK	4.4		5	中感	较好
晶两优 1377	2.0	优于	1	抗病	好
涵优 308	2.1	优于	1	抗病	好

表 167　恩施州早熟中稻区试品种稻瘟病抗性鉴定各病圃结果（2019 年）

品种名称	红庙病圃			青山病圃			两河病圃		
	叶瘟病级	病穗率（%）	损失率（%）	叶瘟病级	病穗率（%）	损失率（%）	叶瘟病级	病穗率（%）	损失率（%）
神 9 优 25	2	9.0	1.2	2	18.0	5.1	3	30.0	11.6
恩 3 优 542	2	7.0	0.8	5	14.0	2.8	2	14.0	3.1
启优 9709	3	57.0	25.7	2	13.3	3.7	4	100.0	70.5
福稻 88	2	12.0	2.9	2	11.0	2.8	2	21.0	6.6
宜香优 220	2	12.0	1.4	2	13.0	1.9	3	51.0	19.9
赣 73 优 66	2	12.0	1.7	2	12.0	1.5	2	13.0	3.2
绵 5 优 142CK	2	13.0	2.8	3	14.0	4.9	2	19.0	7.1
明福优 518	2	12.0	1.4	2	12.0	1.4	2	13.0	2.6
康 9 优 1051	4	15.0	3.3	5	33.3	11.7	2	12.0	3.3
长农优 1531	2	10.0	2.3	3	12.0	2.4	2	19.0	4.3
琪两优 534	2	12.0	2.7	2	12.5	3.3	2	11.0	3.1
繁优香占	2	9.0	1.2	2	9.0	1.2	3	10.0	2.8
绵 5 优 142CK	2	14.0	3.6	2	14.0	4.0	2	17.0	4.6
金泰优 2050	2	6.0	0.8	2	14.0	1.8	2	8.0	1.2
沅两优华占	2	8.0	1.0	3	8.0	0.9	2	9.0	2.4

表 168　恩施州早熟中稻区试品种稻瘟病抗性评价结论（2019 年）

品种名称	抗性指数	与 CK 比较	最高损失率抗级	抗性评价	综合表现
绵 5 优 142CK	2.7		3	中抗	好
神 9 优 25	3.0	相当	3	中抗	好
恩 3 优 542	2.4	相当	1	抗病	好
启优 9709	5.2	劣于	9	高感	淘汰
福稻 88	2.6	相当	3	中抗	好
宜香优 220	3.4	劣于	5	中感	较好
赣 73 优 66	2.3	相当	1	抗病	好
明福优 518	2.3	相当	1	抗病	好
康 9 优 1051	3.2	相当	3	中抗	好

（续表）

品种名称	抗性指数	与 CK 比较	最高损失率抗级	抗性评价	综合表现
长农优 1531	2.2	轻于	1	抗病	好
绵 5 优 142CK	2.3		1	抗病	好
琪两优 534	2.3	相当	1	抗病	好
繁优香占	1.9	相当	1	抗病	好
金泰优 2050	2.0	相当	1	抗病	好
沅两优华占	1.9	相当	1	抗病	好

表 169　恩施州迟熟中稻区试品种稻瘟病抗性鉴定各病圃结果（2019 年）

品种名称	红庙病圃			青山病圃			两河病圃		
	叶瘟病级	病穗率（%）	损失率（%）	叶瘟病级	病穗率（%）	损失率（%）	叶瘟病级	病穗率（%）	损失率（%）
广两优 1369	2	12.0	1.7	2	9.0	2.4	3	13.0	3.2
宜香优 646	2	9.0	1.2	2	7.0	2.0	4	15.0	3.9
荃 9 优 117	4	11.0	2.5	2	9.0	1.2	2	17.0	4.9
宜香优 542	3	8.0	1.0	4	14.0	4.6	4	28.0	8.9
繁优 901	4	12.0	2.7	3	8.0	1.5	3	50.0	19.0
简两优 534	2	8.0	1.0	5	9.0	1.5	3	8.0	2.2
瑞优 399CK	2	14.0	2.7	4	19.0	6.5	5	45.0	18.7
恩两优 466	2	9.0	1.1	2	7.0	1.0	2	80.0	32.4
明优 609	2	13.0	1.7	2	13.0	2.0	2	18.0	4.8
瑜晶优 50	2	9.0	1.1	3	8.0	1.3	3	11.0	3.1
瑞优 399CK	4	18.0	4.2	5	26.0	8.8	6	51.0	21.8
川优 542	4	14.0	1.8	4	11.0	2.1	3	29.0	10.0
晶两优 1252	2	9.0	1.1	2	8.0	1.0	2	9.0	1.8

表 170　恩施州迟熟中稻区试品种稻瘟病抗性评价结论（2019 年）

品种名称	抗性指数	与 CK 比较	最高损失率抗级	抗性评价	综合表现
瑞优 399CK	3.9		5	中感	较好
广两优 1369	2.2	优于	1	抗病	好
宜香优 646	2.1	优于	1	抗病	好
荃 9 优 117	2.3	优于	1	抗病	好
宜香优 542	3.0	轻于	3	中抗	好
繁优 901	3.3	轻于	5	中感	较好
简两优 534	2.1	优于	1	抗病	好
恩两优 466	3.3	轻于	7	感病	淘汰
瑞优 399CK	4.5		5	中感	较好
明优 609	2.3	优于	1	抗病	好
瑜晶优 50	2.1	优于	1	抗病	好
川优 542	3.2	轻于	3	中抗	好
晶两优 1252	1.8	优于	1	抗病	好

表 171　国家武陵山区和恩施州中稻区试品种稻瘟病抗性两年评价结论（2018—2019 年）

区试级别	品种名称	2019 年评价结论		2018 年评价结论		2018—2019 年两年评价结论				
		抗性指数	最高损失率抗级	抗性指数	最高损失率抗级	最高抗性指数	与 CK 比较	最高损失率抗级	抗性评价	综合表现
国家	瑞优 399CK	4.9	5	3.5	3	4.9		5	中感	较好
	晶两优 8612	2.1	1	2.1	1	2.1	优于	1	抗病	好
	陵优 7904	1.8	1	1.9	1	1.9	优于	1	抗病	好
	明优 308	2.0	1	2.0	1	2.0	优于	1	抗病	好
	荃 9 优 83	2.2	1	2.2	1	2.2	优于	1	抗病	好
	蓉优 981	1.9	1	2.2	1	2.2	优于	1	抗病	好
	宜香优 2115	2.5	1	2.2	1	2.5	优于	1	抗病	好
湖北省	绵 5 优 142CK	2.7	3	2.3	1	2.7		3	中抗	好
	赣 73 优 66	2.3	1	2.2	1	2.3	相当	1	抗病	好
	长农优 1531	2.2	1	2.2	1	2.2	轻于	1	抗病	好
	瑞优 399CK	3.9	5	3.0	3	3.9		5	中感	较好
	宜香优 542	3.0	3	2.5	1	3.0	轻于	3	中抗	好
	荃 9 优 117	2.3	1	2.6	3	2.6	轻于	3	中抗	好
	简两优 534	2.1	1	2.0	1	2.1	优于	1	抗病	好
	繁优 901	3.3	5	2.4	3	3.3	轻于	5	较好	较好

3　小结与讨论

3.1　抗性评价结果检验

2002—2019 年各病圃年度检验结果详见表 172。监测结果表明只有 2003 年为无效鉴定年，其余均为有效鉴定年。

表 172　稻瘟病病圃年度发病程度指示品种病穗率平均抗级监测结果（恩施 2002—2019 年）

监测年份	两河病圃		红庙病圃		龙洞病圃		把界病圃	青山病圃		年度评价结论
	早稻	中晚稻	早稻	中晚稻	早稻	中晚稻	中晚稻	早稻	中晚稻	
2002	7.0	8.0	1.6	1.4	3.5	4.0				有效
2003	4.3	3.8	2.0	0.3	2.6	1.5				无效
2004	7.5	8.2			4.3	4.2				有效
2005	7.9	9.0			3.7	2.3				有效
2006	7.4	8.6			4.7	5.1				有效
2007	7.5	8.4			1.9	0.4				有效
2008	9.0	9.0			5.5	3.5	8.2			有效
2009	8.1	8.4			1.4	0.9	5.8			有效
2010	9.0	7.0			9.0	4.7	6.3			有效
2011	9.0	9.0			5.8	5.0		9.0	7.0	有效
2012	9.0	8.2			7.0	4.0		8.3	6.4	有效

（续表）

监测年份	两河病圃		红庙病圃		龙洞病圃		把界病圃	青山病圃		年度评价结论
	早稻	中晚稻	早稻	中晚稻	早稻	中晚稻	中晚稻	早稻	中晚稻	
2013	8.6	7.9	9.0	6.1				8.6	7.0	有效
2014	9.0	8.8	9.0	5.7				9.0	7.5	有效
2015	9.0	8.5	9.0	6.3				9.0	8.8	有效
2016	9.0	8.7	9.0	6.8				9.0	8.0	有效
2017	9.0	7.3	9.0	5.8				9.0	6.5	有效
2018	9.0	7.5	9.0	6.2				9.0	6.8	有效
2019	9.0	8.3	9.0	7.3				9.0	7.7	有效
有效年频率（%）	95.8	87.5	53.8	53.8	45.5	27.3	100.0	100.0	100.0	
严重年频率（%）	75.0	79.2	53.8	15.4	18.2	0.0	33.3	100.0	77.8	

注：0~3 为轻病年；3.1~4.5 中等偏轻年；4.6~6.5 中等偏重年；6.6~9.0 严重病年。

3.2 抗性评价结果利用

2003—2019 年国家武陵山区和恩施州水稻区试品种稻瘟病抗性分布统计结果详见表 173。17 年统计结果表明排除 2003 年无效鉴定年结果，整体上呈现出抗病品种比例不断上升，高感品种持续下降的趋势，为更好利用抗病品种布局开展水稻病害绿色防控提供物质基础。

表 173　2003—2019 年国家武陵山区和恩施州水稻区试品种稻瘟病抗性分布统计结果

鉴定年度	实鉴份数	抗级分布（%）						综合表现（%）	
		0 级	1 级	3 级	5 级	7 级	9 级	好	淘汰
2003	54	3.7	61.1	33.3	0.0	0.0	1.9	98.1	1.9
2004	114	0.0	35.1	28.1	14.0	16.7	6.1	63.2	22.8
2005	101	0.0	19.8	4.0	2.0	4.0	70.3	23.8	74.3
2006	137	0.0	48.9	6.6	6.6	21.9	16.1	55.5	38.0
2007	101	0.0	44.6	12.9	2.0	3.0	37.6	57.4	40.6
2008	77	0.0	22.1	27.3	7.8	9.1	33.8	49.4	42.9
2009	83	0.0	65.1	7.2	1.2	9.6	16.9	72.3	26.5
2010	76	0.0	71.1	10.5	2.6	5.3	10.5	81.6	15.8
2011	66	0.0	39.4	31.8	16.7	3.0	9.1	71.2	12.1
2012	69	0.0	34.2	45.2	5.5	6.8	8.2	79.5	15.1
2013	73	0.0	56.2	28.8	5.5	4.1	5.5	84.9	9.6
2014	76	0.0	48.7	22.4	7.9	6.6	14.5	71.1	21.1
2015	34	0.0	41.2	20.6	8.8	17.6	11.8	61.8	29.4
2016	34	0.0	52.9	35.3	5.9	0.0	5.9	88.2	5.9
2017	35	0.0	34.3	54.3	5.7	2.9	2.9	94.3	5.7
2018	32	0.0	78.1	12.5	3.1	3.1	3.1	90.6	6.3
2019	38	0.0	71.1	18.4	5.3	2.6	2.6	89.5	5.3

3.3 抗性鉴定工作的改进措施

第一，加强主鉴机构和病圃网络建设，在前期工作的基础上开展主鉴机构抗性鉴定资格论证，颁发市场准入资格证，实行鉴定结论专家负责制和鉴定费用市场化管理制度，为鉴定结论的真实性和准确性提供保障。同时为不断开放的品种审定市场化提供科学和法制基础。

第二，增加辅鉴圃生态模式菌株人工精准接种鉴定方法，提高鉴定结果的有效性和准确性。2002 年以来水稻品种抗稻瘟病鉴定方法主要采用自然诱发鉴定法，由于病菌种群和自然环境变化的影响其鉴定结果和年有效鉴定频率都受到了不同程度影响，因此精准接种能代表该生态稻区稻瘟病综合致病力的全谱生态模式菌株，能真实反映水稻品种抗性的持久性和应用价值。

第三，进一步完善现有品种抗性评价标准，提高抗病品种评价的科学性和准确性。2002 年以来水稻品种抗稻瘟病评价标准很多，总体来看以单一评价指标为主，抗性指数虽然是一个综合评价指标，它以加权平均算法获得数据，可以综合反映生产上水稻品种抗病适应性，但和单一评价指标一样不能全面真实地体现水稻品种抗性反应实质。因此 2019 年以前实施的评价标准只能帮助我们淘汰高感病品种，但抗病品种的结论是有待进一步商榷的。为此在前期研发的基础上，建立一个统一的综合抗级评价标准势在必行。

总之，随着改革的不断深入，水稻品种抗逆性鉴定工作如果要保持现状或进一步提高鉴定水平，就必须与时俱进。否则，随着时间推移，该工作面临的问题将越来越复杂。

2019 年 12 月 15 日

2002—2019 年湖北省水稻区试品种稻瘟病抗性鉴定汇总报告

吴双清[1]　王　林[1]　吴　尧[1]　揭春玉[1]　韩　玉[1]　田进山[2]

（1. 恩施州农科院植保土肥所；2. 宜昌市农科院）

水稻稻瘟病是影响湖北省水稻稳产、高产的主要因素。实践证明推广抗病良种是防灾减灾最经济有效的措施。为此，在湖北省种子管理局的支持和精心组织下，于 2002—2019 年在湖北省开展了水稻区试品种稻瘟病抗性鉴定工作，现将结果汇总如下，不妥之处，敬请指正。

1　材料与方法

1.1　参鉴材料

2002—2019 年湖北省水稻区试品种稻瘟病抗性鉴定参鉴材料共计 312 组，4 213 份次，实鉴材料 4 160 份次，2002—2019 年湖北省水稻区试品种稻瘟病抗性鉴定材料统计详见表 1。各年度详细情况分别见表 2～表 19。

表 1　2002—2019 年湖北省水稻区试品种稻瘟病抗性鉴定材料统计

鉴定年份	鉴定组数	鉴定份数	实鉴份数	鉴定年份	鉴定组数	鉴定份数	实鉴份数
2002	12	156	143	2012	15	219	219
2003	12	171	146	2013	17	248	247
2004	16	216	210	2014	23	274	273
2005	18	263	258	2015	25	295	295
2006	12	142	141	2016	26	387	387
2007	18	260	259	2017	18	216	216
2008	16	223	223	2018	18	211	211
2009	18	272	272	2019	16	192	192
2010	17	252	252				
2011	15	216	216	合计	312	4213	4160

表 2 湖北省水稻区试品种稻瘟病抗性鉴定参鉴材料（2002 年）

组别	参鉴份数	实鉴份数	组别	参鉴份数	实鉴份数
常规早稻区试组	12	12	晚杂区试组	12	12
杂交早稻区试组	9	9	晚籼区试组	12	12
杂交早稻预试组	13	12	晚粳区试组	11	11
中稻引种区试组	12	12	晚稻预试组	17	6
中稻区试 组	12	12	迟熟晚稻区试组	11	11
中稻预试 A 组	17	17			
中稻预试 B 组	18	17	合计	156	143

表 3 湖北省水稻区试品种稻瘟病抗性鉴定参鉴材料（2003 年）

组别	参鉴份数	实鉴份数	组别	参鉴份数	实鉴份数
常规早稻区试组	10	10	中稻预试 B 组	22	18
杂交早稻区试组	12	12	迟熟晚稻区试组	12	11
杂交早稻预试组	11	11	晚杂区试组	11	10
中稻区试 A 组	12	12	晚粳区试组	12	12
中稻区试 B 组	12	12	晚稻预试组	23	10
中稻区试 C 组	12	12			
中稻预试 A 组	22	16	合计	171	146

表 4 湖北省水稻区试品种稻瘟病抗性鉴定参鉴材料（2004 年）

组别	参鉴份数	实鉴份数	组别	参鉴份数	实鉴份数
杂交早稻区试 A 组	12	12	中稻预试 B 组	20	19
杂交早稻区试 B 组	11	11	中稻预试 C 组	20	19
常规早稻区试组	12	11	中稻预试 D 组	20	20
中稻区试 A 组	11	11	迟熟晚稻区试组	11	11
中稻区试 B 组	12	12	晚粳区试组	9	9
中稻区试 C 组	12	11	晚籼区试 A 组	12	12
中稻区试 D 组	12	12	晚籼区试 B 组	10	10
中稻区试 E 组	12	12			
中稻预试 A 组	20	18	合计	216	210

表 5 湖北省水稻区试品种稻瘟病抗性鉴定参鉴材料（2005 年）

组别	参鉴份数	实鉴份数	组别	参鉴份数	实鉴份数
早稻中熟区试 A 组	12	12	中稻预试 C 组	20	19
早稻中熟区试 B 组	12	12	中稻预试 D 组	20	19
早稻迟熟区试组	11	10	中稻预试 E 组	20	20
中稻区试 A 组	12	12	一季晚稻区试组	12	12
中稻区试 B 组	12	12	双季晚区试 A 组	12	11
中稻区试 C 组	12	12	双季晚区试 B 组	12	11
中稻区试 D 组	12	12	晚粳区试组	12	12
中稻区试 E 组	12	12	晚籼预备试验	20	20
中稻预试 A 组	20	20			
中稻预试 B 组	20	20	合计	263	258

表 6　湖北省水稻区试品种稻瘟病抗性鉴定参鉴材料（2006 年）

组别	参鉴份数	实鉴份数	组别	参鉴份数	实鉴份数
早稻中熟区试 A 组	11	10	中稻区试 A 组	14	14
早稻中熟区试 B 组	12	12	中稻区试 B 组	12	12
早稻迟熟区试组	11	11	中稻区试 C 组	12	12
迟熟晚稻区试组	12	12	中稻区试 D 组	12	12
双季晚区试 A 组	12	11	中稻区试 E 组	12	12
双季晚区试 B 组	12	11			
晚粳区试组	10	10	合计	142	141

表 7　湖北省水稻区试品种稻瘟病抗性鉴定参鉴材料（2007 年）

组别	参鉴份数	实鉴份数	组别	参鉴份数	实鉴份数
早稻区试 A 组	11	11	中稻区试 C 组	12	12
早稻区试 B 组	11	11	中稻区试 D 组	12	12
早稻区试 C 组	10	10	中稻区试 E 组	12	12
迟熟晚稻区试组	12	12	中稻筛选试验 A 组	20	20
双季晚籼区试 A 组	12	12	中稻筛选试验 B 组	20	20
双季晚籼区试 B 组	12	12	中稻筛选试验 C 组	20	20
晚粳区试组	12	12	中稻筛选试验 D 组	20	20
晚稻筛选试验	20	19	中稻筛选试验 E 组	20	20
中稻区试 A 组	12	12			
中稻区试 B 组	12	12	合计	260	259

表 8　湖北省水稻区试品种稻瘟病抗性鉴定参鉴材料（2008 年）

组别	参鉴份数	实鉴份数	组别	参鉴份数	实鉴份数
早稻区试 A 组	8	8	中稻筛选试验 C 组	20	20
早稻区试 B 组	8	8	中稻筛选试验 D 组	20	20
中稻区试 A 组	12	12	一季晚稻区试组	12	12
中稻区试 B 组	12	12	双季晚籼区试 A 组	11	11
中稻区试 C 组	12	12	双季晚籼区试 B 组	12	12
中稻区试 D 组	12	12	晚粳区试组	12	12
中稻区试 E 组	12	12	晚稻筛选试验	20	20
中稻筛选试验 A 组	20	20			
中稻筛选试验 B 组	20	20	合计	223	223

表 9　湖北省水稻区试品种稻瘟病抗性鉴定参鉴材料（2009 年）

组别	参鉴份数	实鉴份数	组别	参鉴份数	实鉴份数
早稻区试 A 组	12	12	晚粳区试组	12	12
早稻区试 B 组	12	12	中稻筛选试验 A 组	20	20
中稻区试 A 组	12	12	中稻筛选试验 B 组	20	20
中稻区试 B 组	12	12	中稻筛选试验 C 组	20	20
中稻区试 C 组	12	12	中稻筛选试验 D 组	20	20
中稻区试 D 组	12	12	中稻筛选试验 E 组	20	20
中稻区试 E 组	12	12	晚稻筛选试验 A 组	20	20
一季晚稻区试组	12	12	晚稻筛选试验 B 组	20	20
双季晚籼区试 A 组	12	12			
双季晚籼区试 B 组	12	12	合计	272	272

表 10 湖北省水稻区试品种稻瘟病抗性鉴定参鉴材料（2010 年）

组别	参鉴份数	实鉴份数	组别	参鉴份数	实鉴份数
早稻区试 A 组	12	12	晚籼区试 B 组	12	12
早稻区试 B 组	12	12	晚粳区试组	12	12
中稻区试 A 组	12	12	中稻筛选试验 A 组	20	20
中稻区试 B 组	12	12	中稻筛选试验 B 组	20	20
中稻区试 C 组	12	12	中稻筛选试验 C 组	20	20
中稻区试 D 组	12	12	中稻筛选试验 D 组	20	20
中稻区试 E 组	12	12	中稻筛选试验 E 组	20	20
中稻联合试验组	12	12	晚稻筛选试验组	20	20
晚籼区试 A 组	12	12	合计	252	252

表 11 湖北省水稻区试品种稻瘟病抗性鉴定参鉴材料（2011 年）

组别	参鉴份数	实鉴份数	组别	参鉴份数	实鉴份数
早稻区试 A 组	11	11	晚籼区试 B 组	12	12
早稻区试 B 组	12	12	晚粳区试组	9	9
中稻区试 A 组	12	12	中稻筛选试验 A 组	20	20
中稻区试 B 组	12	12	中稻筛选试验 B 组	20	20
中稻区试 C 组	12	12	中稻筛选试验 C 组	20	20
中稻区试 D 组	12	12	中稻筛选试验 D 组	20	20
中稻联合试验组	12	12	晚稻筛选试验组	20	20
晚籼区试 A 组	12	12	合计	216	216

表 12 湖北省水稻区试品种稻瘟病抗性鉴定参鉴材料（2012 年）

组别	参鉴份数	实鉴份数	组别	参鉴份数	实鉴份数
早稻区试 A 组	12	12	晚籼区试 B 组	12	12
早稻区试 B 组	12	12	晚粳区试组	12	12
中稻区试 A 组	12	12	中稻筛选试验 A 组	20	20
中稻区试 B 组	12	12	中稻筛选试验 B 组	20	20
中稻区试 C 组	12	12	中稻筛选试验 C 组	20	20
中稻区试 D 组	12	12	中稻筛选试验 D 组	20	20
中稻区试 E 组	12	12	晚稻筛选试验组	19	19
晚籼区试 A 组	12	12	合计	219	219

表 13 湖北省水稻区试品种稻瘟病抗性鉴定参鉴材料（2013 年）

组别	参鉴份数	实鉴份数	组别	参鉴份数	实鉴份数
早稻区试 A 组	12	12	晚籼区试 B 组	12	12
早稻区试 B 组	12	12	晚粳区试组	12	12
中稻区试 A 组	12	12	中稻筛选试验 A 组	20	20
中稻区试 B 组	12	12	中稻筛选试验 B 组	20	19
中稻区试 C 组	12	12	中稻筛选试验 C 组	20	20
中稻区试 D 组	12	12	中稻筛选试验 D 组	20	20
中稻区试 E 组	12	12	中粳筛选组	16	16
中粳区试组	12	12	晚稻筛选试验组	20	20
晚籼区试 A 组	12	12	合计	248	247

表 14　湖北省水稻区试品种稻瘟病抗性鉴定参鉴材料（2014 年）

组别	参鉴份数	实鉴份数	组别	参鉴份数	实鉴份数
早稻区试 A 组	11	11	中籼区试 G 组	12	12
早稻区试 B 组	11	11	中粳 H 组	12	12
双季晚籼 A 组	12	12	中稻 I 组	12	12
双季晚籼 B 组	12	12	中稻 J 组	12	12
双季晚粳组	12	12	中稻 K 组	12	12
双季晚籼筛选组	12	12	中稻 L 组	12	12
中籼区试 A 组	12	12	中稻 M 组	12	12
中籼区试 B 组	12	12	中稻 N 组	12	11
中籼区试 C 组	12	12	中稻 O 组	12	12
中籼区试 D 组	12	12	中稻 P 组	12	12
中籼区试 E 组	12	12	中粳 Q 组	12	12
中籼区试 F 组	12	12	合计	274	273

表 15　湖北省水稻区试品种稻瘟病抗性鉴定参鉴材料（2015 年）

组别	参鉴份数	实鉴份数	组别	参鉴份数	实鉴份数
早稻 A 组	10	10	中籼 H 组	12	12
早稻 B 组	9	9	中粳 I 组	12	12
晚籼 A 组	12	12	中籼 J 组	12	12
晚籼 B 组	12	12	中籼 K 组	12	12
晚粳 C 组	12	12	中籼 L 组	12	12
晚籼 D 组	12	12	中籼 M 组	12	12
中籼 A 组	12	12	中籼 N 组	12	11
中籼 B 组	12	12	中籼 O 组	12	12
中籼 C 组	12	12	中籼 P 组	12	12
中籼 D 组	12	12	中籼 Q 组	12	12
中籼 E 组	12	12	中稻直播 1 组	12	12
中籼 F 组	12	12	中稻直播 2 组	12	12
中籼 G 组	12	12	合计	295	295

表 16　湖北省水稻区试品种稻瘟病抗性鉴定参鉴材料（2016 年）

组别	参鉴份数	实鉴份数	组别	参鉴份数	实鉴份数
早稻组	12	12	中粳 J 组	12	12
晚籼 A 组	12	12	中稻 K 组	20	20
晚籼 B 组	12	12	中稻 L 组	20	20
晚粳 C 组	12	12	中稻 M 组	20	20
晚籼 D 组	20	20	中稻 N 组	20	20
中稻 A 组	12	12	中稻 O 组	20	20
中稻 B 组	12	12	中稻 P 组	17	17
中稻 C 组	12	12	早熟中稻 ZA 组	12	12
中稻 D 组	12	12	早熟中稻 ZB 组	20	20
中稻 E 组	12	12	早熟中稻 ZC 组	20	20
中稻 F 组	12	12	早熟中稻 ZD 组	20	20
中稻 G 组	12	12	糯稻组	10	10
中稻 H 组	12	12			
中稻 I 组	12	12	合计	387	387

表 17 湖北省水稻区试品种稻瘟病抗性鉴定参鉴材料（2017 年）

组别	参鉴份数	实鉴份数	组别	参鉴份数	实鉴份数
早稻 A 组	12	12	中稻 C 组	12	12
早稻 B 组	12	12	中稻 D 组	12	12
晚籼 A 组	12	12	中稻 E 组	12	12
晚籼 B 组	12	12	中稻 F 组	12	12
晚粳组	12	12	中稻 G 组	12	12
早熟中稻 ZA 组	12	12	中稻 H 组	12	12
早熟中稻 ZB 组	12	12	中粳组	12	12
早熟中稻 ZC 组	12	12	糯稻组	12	12
中稻 A 组	12	12			
中稻 B 组	12	12	合计	216	216

表 18 湖北省水稻区试品种稻瘟病抗性鉴定参鉴材（2018 年）

组别	参鉴份数	实鉴份数	组别	参鉴份数	实鉴份数
早稻 A 组	12	12	中稻 B 组	12	12
早稻 B 组	12	12	中稻 C 组	12	12
晚籼 A 组	12	12	中稻 D 组	12	12
晚籼 B 组	12	12	中稻 E 组	12	12
晚粳 C 组	10	10	中稻 F 组	12	12
早熟中稻 ZA 组	12	12	中稻 G 组	12	12
早熟中稻 ZB 组	12	12	中稻 H 组	9	9
早熟中稻 ZC 组	12	12	中稻 N 组	12	12
早熟中稻 ZD 组	12	12			
中稻 A 组	12	12	合计	211	211

表 19 湖北省水稻区试品种稻瘟病抗性鉴定参鉴材（2019 年）

组别	参鉴份数	实鉴份数	组别	参鉴份数	实鉴份数
早稻 A 组	11	11	中稻 E 组	12	12
早稻 B 组	11	11	中稻 F 组	12	12
晚稻 A 组	12	12	中粳 G 组	12	12
晚稻 B 组	13	13	中糯 N 组	12	12
中稻 A 组	12	12	早熟中稻 ZA 组	13	13
中稻 B 组	12	12	早熟中稻 ZB 组	12	12
中稻 C 组	12	12	早熟中稻 ZC 组	12	12
中稻 D 组	12	12	早熟中稻 ZD 组	12	12
			合计	192	192

1.2 鉴定机构和病圃分布

2002—2019 年湖北省水稻区试品种稻瘟病抗性鉴定先后共使用过 1 个主鉴圃、5 个辅鉴圃和若干个生态圃 2002—2019 年湖北省水稻区试品种稻瘟病抗性鉴定病圃概况详见表 20。

各年度详细情况分别见表21。

表20　2002—2019年湖北省水稻区试品种稻瘟病抗性鉴定病圃概况

鉴定机构	病圃类型	病圃名称	建圃年份	经纬度	海拔高度（m）	地址
恩施州农科院植保土肥所	主鉴圃	两河病圃	1981	E109°12′，N30°07′	1 005	恩施市白果乡两河口村
恩施州农科院植保土肥所	辅鉴圃	红庙病圃	1998	E109°28′，N30°19′	430	恩施州农科院红庙基地
恩施州农科院植保土肥所	辅鉴圃	龙洞病圃	2003	E109°30′，N30°18′	429	恩施州农科院龙洞基地
恩施州农科院植保土肥所	辅鉴圃	把界病圃	2008	E109°03′，N29°43′	550	咸丰县清平镇把界村
恩施州农科院植保土肥所	生态圃	各类区试点	2008	一般10~20个区试点		可根据实际情况调整
恩施州农科院植保土肥所	辅鉴圃	青山病圃	2011	E109°11′，N29°43′	680	咸丰县高乐山镇青山坡村
宜昌市农科院	辅鉴圃	望家病圃	1981	E111°22′，N31°18′	640	远安县荷花镇望家村

表21　湖北省水稻区试品种稻瘟病抗性鉴定各年度病圃分布状况

鉴定年度	鉴定机构	病圃类型	病圃名称	鉴定对象
2002	恩施州红庙农科所植保室	主鉴圃	两河病圃	早、中、晚稻
	恩施州红庙农科所植保室	辅鉴圃	红庙病圃	早、中、晚稻
2003	恩施州红庙农科所植保室	主鉴圃	两河病圃	早、中、晚稻
	恩施州红庙农科所植保室	辅鉴圃	红庙病圃	早、中、晚稻
	恩施州红庙农科所植保室	辅鉴圃	龙洞病圃	早、中、晚稻
2004—2005	恩施州农科院植保所	主鉴圃	两河病圃	早、中、晚稻
	恩施州农科院植保所	辅鉴圃	龙洞病圃	早、中、晚稻
2006—2007	恩施州农科院植保所	主鉴圃	两河病圃	早、中、晚稻
	恩施州农科院植保所	辅鉴圃	龙洞病圃	早、中、晚稻
	宜昌市农科所	辅鉴圃	望家病圃	早、中、晚稻
	各区试承担单位	生态圃	各区试点	只记载严重发病的品种
2008	恩施州农科院植保所	主鉴圃	两河病圃	早、中、晚稻
	恩施州农科院植保所	辅鉴圃	龙洞病圃	早、中、晚稻
	宜昌市农科所	辅鉴圃	望家病圃	早、中、晚稻
	崇阳县农业局	辅鉴圃	石城病圃	早、中、晚稻
	各区试承担单位	生态圃	各区试点	只记载严重发病的品种
2009—2010	恩施州农科院植保土肥所	主鉴圃	两河病圃	早、中、晚稻
	恩施州农科院植保土肥所	辅鉴圃	龙洞病圃	早、中、晚稻
	恩施州农科院植保土肥所	辅鉴圃	把界病圃	中稻
	崇阳县农业局	辅鉴圃	石城病圃	早、晚稻
	宜昌市农科所	辅鉴圃	望家病圃	早、中、晚稻
	各区试承担单位	生态圃	各区试点	只记载严重发病的品种

（续表）

鉴定年度	鉴定机构	病圃类型	病圃名称	鉴定对象
2011	恩施州农科院植保土肥所	主鉴圃	两河病圃	早、中、晚稻
	恩施州农科院植保土肥所	辅鉴圃	龙洞病圃	早、中、晚稻
	恩施州农科院植保土肥所	辅鉴圃	青山病圃	早、中、晚稻
	崇阳县农业局	辅鉴圃	石城病圃	早、晚稻
	宜昌市农科所	辅鉴圃	望家病圃	早、中、晚稻
	各区试承担单位	生态圃	各区试点	只记载严重发病的品种
2012	恩施州农科院植保土肥所	主鉴圃	两河病圃	早、中、晚稻
	恩施州农科院植保土肥所	辅鉴圃	龙洞病圃	早、中、晚稻
	恩施州农科院植保土肥所	辅鉴圃	青山病圃	早、中、晚稻
	崇阳县农业局	辅鉴圃	崇阳病圃	早、晚稻
	宜昌市农科所	辅鉴圃	望家病圃	早、中、晚稻
	各区试承担单位	生态圃	各区试点	只记载严重发病的品种
2013—2015	恩施州农科院植保土肥所	主鉴圃	两河病圃	早、中、晚稻
	恩施州农科院植保土肥所	辅鉴圃	红庙病圃	早、中、晚稻
	恩施州农科院植保土肥所	辅鉴圃	青山病圃	早、中、晚稻
	崇阳县农业局	辅鉴圃	崇阳病圃	早、晚稻
	宜昌市农科所	辅鉴圃	望家病圃	早、中、晚稻
	各区试承担单位	生态圃	各区试点	只记载严重发病的品种
2016	恩施州农科院植保土肥所	主鉴圃	两河病圃	早、中、晚稻
	恩施州农科院植保土肥所	辅鉴圃	红庙病圃	早、中、晚稻
	恩施州农科院植保土肥所	辅鉴圃	青山病圃	早、中、晚稻
	宜昌市农科所	辅鉴圃	望家病圃	早、中、晚稻
	各地主管部门管理、病鉴专家指导调查严重发病品种	生态圃	崇阳病圃	早、中、晚稻
		生态圃	监利病圃	早、中、晚稻
		生态圃	天门病圃	早、中、晚稻
		生态圃	当阳病圃	中稻
		生态圃	随州病圃	中稻
		生态圃	英山病圃	中稻
	各区试承担单位	生态圃	各区试点	只记载严重发病的品种
2017—2019	恩施州农科院植保土肥所	主鉴圃	两河病圃	早、中、晚稻
	恩施州农科院植保土肥所	辅鉴圃	红庙病圃	早、中、晚稻
	宜昌市农科所	辅鉴圃	望家病圃	早、中、晚稻
	各地主管部门管理、病鉴专家指导调查严重发病品种	生态圃	崇阳病圃	中稻
		生态圃	监利病圃	中稻
		生态圃	京山病圃	中稻
		生态圃	当阳病圃	中稻
		生态圃	曾都病圃	中稻
		生态圃	英山病圃	中稻
	各区试承担单位	生态圃	各区试点	只记载严重发病的品种

1.3　鉴定方法

通过在病区设置病圃，采用自然诱发鉴定法鉴定。其调查方法、记载标准以及资料整理均参考执行国家统一标准。

1.4　评价体系

1.4.1　抗性评价指标

抗性评价指标有：主鉴圃和辅鉴圃最高穗瘟损失率抗级和最高抗性指数以及严重发病生态圃个数。

首先根据各参鉴材料最高穗瘟损失率抗级进行抗性等级评价，分别划分为高抗、抗病、中抗、中感、感病和高感6个类型。一年一圃、一年多圃、多年一圃和多年多圃的抗性评价结论均以有效主鉴圃和辅鉴圃最高穗瘟损失率抗级为评价指标；其次再根据最高年度抗性指数进行抗性生态适应性评价，主要分析与区试对照品种的差异性。差异性通过比较各参试材料与该组对照品种的年度抗性指数，划分为显著优于（优于对照3.5个等级差或以上）、优于（优于对照1.5~3.4个等级差）、轻于（优于对照0.5~1.4个等级差）、相当（与对照相差-0.5~0.4个等级差）、劣于（劣于对照-0.5个等级以下）5种类型。一年一圃、一年多圃、多年一圃和多年多圃与对照品种差异性比较均以最高抗性指数作为评价指标。

1.4.2　抗性评价结论检验

主鉴圃和辅鉴圃实行指示品种监测法检验制度。若指示品种穗瘟病穗率平均抗级>4.5时，则认为该病圃当年抗性鉴定结果有效。只有有效病圃的鉴定结果才能作为抗性评价依据使用。

1.4.3　抗性评价结论利用

区试品种抗性评价结论是抗病品种区试、续试和审定的依据，也是淘汰高感病品种的依据；所有审定品种的公告都应使用统一的抗性评价结论。

抗性评价结论利用参考执行国家长江中下游水稻品种评审标准，凡是抗性评价结论为中抗或中抗以上的品种的建议作为抗病品种优先推荐区试、续试或审定；凡是抗性评价结论为中感的品种建议作为抗性较好品种推荐区试、续试或审定；凡是抗性指数大于7.0或者3个及以上生态圃抗性评价结论为严重发生的品种建议作为淘汰对象；其余品种应以产量和品质为主要依据进行评价。

2　结果与分析

各年度和各组区试品种鉴定结果和评价结论详见表22~表649。

表22　湖北省常规早稻区试组品种稻瘟病抗性鉴定结果与评价（2002年）

品种名称	红庙病圃		两河病圃				最高病穗率抗级	抗性评价
	病穗率（%）	病穗率抗级	叶瘟病级	病指	病穗率（%）	病穗率抗级		
2118	0.0	0	4	50.4	93.0	9	9	高感
963	2.0	1	2	77.0	95.0	9	9	高感

（续表）

品种名称	红庙病圃		两河病圃				最高病穗率抗级	抗性评价
	病穗率（%）	病穗率抗级	叶瘟病级	病指	病穗率（%）	病穗率抗级		
嘉育 948CK	0.0	0	2	60.0	100.0	9	9	高感
荆优早 48	—	—	8	100.0	100.0	9	9	高感
3376	0.0	0	3	9.4	32.7	7	7	感病
中早品 49	1.0	1	4	58.0	100.0	9	9	高感
早糯 1003	0.0	0	3	64.0	100.0	9	9	高感
20257	0.0	0	3	8.0	15.0	5	5	中感
早籼 061	0.0	0	4	38.0	70.0	9	9	高感
99-518	0.0	0	4	46.0	90.0	9	9	高感
中香早 4 号	0.0	0	2	20.0	40.0	7	7	感病
G99-21	0.0	0	3	54.0	90.0	9	9	高感

表 23　湖北省杂交早稻区试组品种稻瘟病抗性鉴定结果与评价（2002 年）

品种名称	红庙病圃		两河病圃				最高病穗率抗级	抗性评价
	病穗率（%）	病穗率抗级	叶瘟病级	病指	病穗率（%）	病穗率抗级		
金优早 2 号	0.0	0	2	34.0	60.0	9	9	高感
禾盛早优 1 号	0.0	0	3	7.0	15.0	5	5	中感
两优 218	0.0	0	3	52.0	80.0	9	9	高感
海两优 1 号	0.0	0	2	20.0	30.0	7	7	感病
两优 103	0.0	0	2	42.0	80.0	9	9	高感
金优 402CK	0.0	0	3	38.0	60.0	9	9	高感
两优 106	100.0	9	9	100.0	100.0	9	9	高感
两优 816	35.0	7	8	100.0	100.0	9	9	高感
两优 345	0.0	0	2	34.0	60.0	9	9	高感

表 24　湖北省杂交早稻预试组品种稻瘟病抗性鉴定结果与评价（2002 年）

品种名称	红庙病圃		两河病圃				最高病穗率抗级	抗性评价
	病穗率（%）	病穗率抗级	叶瘟病级	病指	病穗率（%）	病穗率抗级		
两优 102	1.0	1	2	66.0	100.0	9	9	高感
金优 38	16.0	5	2	46.0	70.0	9	9	高感
两优 209	0.0	0	4	46.0	70.0	9	9	高感
两优 1078	0.0	0	5	90.0	100.0	9	9	高感
两优 343	0.0	0	4	58.0	100.0	9	9	高感
3213	0.0	0	2	38.0	70.0	9	9	高感
荆楚优 215	0.0	0	3	90.0	100.0	9	9	高感
两优 101	0.0	0	3	26.0	40.0	7	7	感病
八优 974	0.0	0	2	14.0	30.0	7	7	感病

（续表）

品种名称	红庙病圃		两河病圃				最高病穗率抗级	抗性评价
	病穗率（%）	病穗率抗级	叶瘟病级	病指	病穗率（%）	病穗率抗级		
金优 21	1.0	1	4	23.0	35.0	7	7	感病
金优 402CK	0.0	0	4	21.0	45.0	7	7	感病
鄂早 6 号	100.0	9	9	100.0	100.0	9	9	高感

表 25 湖北省中稻引种区试组品种稻瘟病抗性鉴定结果与评价（2002 年）

品种名称	红庙病圃		两河病圃				最高病穗率抗级	抗性评价
	病穗率（%）	病穗率抗级	叶瘟病级	病指	病穗率（%）	病穗率抗级		
D 优 3232	2.5	1	4	56.0	100.0	9	9	高感
中糯 2055	1.7	1	4	54.0	90.0	9	9	高感
中籼 357	0.0	0	4	16.0	30.0	7	7	感病
省作 537	15.0	5	5	68.0	100.0	9	9	高感
汕优 63-1	13.3	5	5	70.0	80.0	9	9	高感
汕优 63CK	3.3	1	4	64.0	70.0	9	9	高感
宜优 29	2.5	1	5	60.0	90.0	9	9	高感
红莲 9 号	4.2	1	3	80.0	100.0	9	9	高感
粤优 938	1.2	1	5	68.3	83.2	9	9	高感
丰两优 1 号	5.0	3	3	17.0	35.0	7	7	感病
粤优 997	5.0	3	2	44.0	55.0	9	9	高感
Ⅱ优 87	3.3	1	2	54.0	60.0	9	9	高感

表 26 湖北省中稻区试组品种稻瘟病抗性鉴定结果与评价（2002 年）

品种名称	红庙病圃		两河病圃				最高病穗率抗级	抗性评价
	病穗率（%）	病穗率抗级	叶瘟病级	病指	病穗率（%）	病穗率抗级		
D 优 3232	4.2	1	5	70.0	80.0	9	9	高感
中糯 2055	5.6	3	5	26.0	40.0	7	7	感病
中籼 357	95.0	9	9	98.0	100.0	9	9	高感
省作 537	16.7	5	4	50.0	55.0	9	9	高感
汕优 63-1	1.2	1	5	68.3	83.2	9	9	高感
汕优 63CK	1.7	1	4	9.0	15.0	5	5	中感
宜优 29	8.3	3	4	37.2	68.0	9	9	高感
红莲 9 号	0.8	1	3	95.0	95.0	9	9	高感
粤优 938	0.8	1	4	50.0	65.0	9	9	高感
丰两优 1 号	3.3	1	3	23.0	35.0	7	7	感病
粤优 997	7.5	3	3	36.0	51.0	9	9	高感
Ⅱ优 87	0.8	1	4	7.6	15.0	5	5	中感

表 27 湖北省中稻预试 A 组品种稻瘟病抗性鉴定结果与评价（2002 年）

品种名称	红庙病圃		两河病圃				最高病穗率抗级	抗性评价
	病穗率（%）	病穗率抗级	叶瘟病级	病指	病穗率（%）	病穗率抗级		
两优 1206	4.2	1	4	21.0	35.0	7	7	感病
华香优-2	26.7	7	4	100.0	100.0	9	9	高感
超优 2 号	6.7	3	6	58.0	65.0	9	9	高感
两优 237	5.3	3	4	26.4	28.0	7	7	感病
培两优 160	4.2	1	3	10.0	20.0	5	5	中感
两优 4826	2.5	1	4	13.0	25.0	5	5	中感
Ⅱ优 803	5.8	3	3	40.0	40.0	7	7	感病
Ⅱ优 47	5.8	3	4	59.0	65.0	9	9	高感
Ⅱ优 084	9.2	3	3	61.0	85.0	9	9	高感
金优 527	3.3	1	3	60.0	80.0	9	9	高感
培矮 2286	1.7	1	3	14.0	25.0	5	5	中感
正大Ⅱ优 99	10.0	3	5	55.0	55.0	9	9	高感
Ⅱ优 898	16.7	5	5	62.0	70.0	9	9	高感
培矮 9113	2.5	1	2	8.0	15.0	5	5	中感
扬两优 6 号	1.7	1	4	68.0	100.0	9	9	高感
光优 591	0.8	1	6	78.0	100.0	9	9	高感
汕优 63CK	1.2	1	5	68.3	83.2	9	9	高感

表 28 湖北省中稻预试 B 组品种稻瘟病抗性鉴定结果与评价（2002 年）

品种名称	红庙病圃		两河病圃				最高病穗率抗级	抗性评价
	病穗率（%）	病穗率抗级	叶瘟病级	病指	病穗率（%）	病穗率抗级		
金优 325	0.8	1	3	68.2	98.0	9	9	高感
Ⅱ优 93	5.0	3	4	46.0	80.0	9	9	高感
绵香Ⅰ优 527	5.8	3	4	42.0	55.0	9	9	高感
Ⅱ优 1237	4.2	1	6	61.0	95.0	9	9	高感
内香优 23 号	5.8	3	5	64.0	80.0	9	9	高感
内香优 9 号	5.0	3	4	66.0	95.0	9	9	高感
绵 5 优 838	2.5	1	4	78.0	100.0	9	9	高感
宜香优 2308	2.5	1	5	71.0	100.0	9	9	高感
803A/527	10.8	5	4	86.0	100.0	9	9	高感
三父糯	无苗		2	92.0	100.0	9	9	高感
59	3.3	1	4	90.0	100.0	9	9	高感
荐香 1 号	21.7	5	5	100.0	100.0	9	9	高感
固优 21	0.8	1	4	88.0	100.0	9	9	高感
优选 1 号	4.2	1	6	98.0	100.0	9	9	高感
中籼糯	9.2	3	6	100.0	100.0	9	9	高感
冈优 906	5.0	3	4	82.0	100.0	9	9	高感
汕优 63CK	1.2	1	5	68.3	83.2	9	9	高感

表 29　湖北省晚杂区试组品种稻瘟病抗性鉴定结果与评价（2002 年）

品种名称	红庙病圃		两河病圃				最高病穗率抗级	抗性评价
	病穗率（%）	病穗率抗级	叶瘟病级	病指	病穗率（%）	病穗率抗级		
常菲 22A/91001	0.0	0	4	100.0	100.0	9	9	高感
协优 96	0.0	0	6	100.0	100.0	9	9	高感
汕优 64CK	3.0	1	4	92.0	100.0	9	9	高感
岳优 26	0.0	0	5	96.0	100.0	9	9	高感
金优 77	1.0	1	4	94.0	100.0	9	9	高感
中优 288	0.0	0	5	98.0	100.0	9	9	高感
宜优 207	0.0	0	3	38.0	70.0	9	9	高感
宜优 99	0.0	0	3	46.0	70.0	9	9	高感
金优晚三	3.0	1	5	100.0	100.0	9	9	高感
武香 880	5.0	3	4	94.0	100.0	9	9	高感
正大宜优 22	0.0	0	3	49.0	75.0	9	9	高感
新香优 80	0.0	0	5	92.0	100.0	9	9	高感

表 30　湖北省晚籼区试组品种稻瘟病抗性鉴定结果与评价（2002 年）

品种名称	红庙病圃		两河病圃				最高病穗率抗级	抗性评价
	病穗率（%）	病穗率抗级	叶瘟病级	病指	病穗率（%）	病穗率抗级		
金优 234	0.0	0	3	98.0	100.0	9	9	高感
两优 2186	2.5	1	4	42.0	70.0	9	9	高感
禾盛晚优 1 号	2.0	1	6	100.0	100.0	9	9	高感
汕优 64CK	1.0	1	5	90.0	100.0	9	9	高感
Y620	0.0	0	5	66.0	100.0	9	9	高感
岳优 9113	0.0	0	2	96.0	100.0	9	9	高感
9724	1.7	1	4	58.0	100.0	9	9	高感
培两优 288	0.0	0	4	84.0	100.0	9	9	高感
香 313	无苗		5	80.0	100.0	9	9	高感
南厦 060	0.0	0	3	20.0	40.0	7	7	感病
香香 98	1.0	1	7	34.0	50.0	7	7	感病
金优 38	0.8	1	4	31.0	50.0	7	7	感病

表 31　湖北省晚粳区试组品种稻瘟病抗性鉴定结果与评价（2002 年）

品种名称	红庙病圃		两河病圃				最高病穗率抗级	抗性评价
	病穗率（%）	病穗率抗级	叶瘟病级	病指	病穗率（%）	病穗率抗级		
Z1401	0.0	0	3	60.0	100.0	9	9	高感
6193	54.2	9	9	100.0	100.0	9	9	高感
两优 8828	24.1	5	5	31.0	45.0	7	7	感病
鄂粳杂 1 号 CK2	0.0	0	3	7.2	12.0	5	5	中感

（续表）

品种名称	红庙病圃		两河病圃				最高病穗率抗级	抗性评价
	病穗率（%）	病穗率抗级	叶瘟病级	病指	病穗率（%）	病穗率抗级		
甬优3号	0.0	0	2	0.0	0.0	0	0	高抗
9927	0.0	0	7	42.0	60.0	9	9	高感
鄂宜105CK1	79.2	9	9	100.0	100.0	9	9	高感
香粳R109	36.7	7	9	100.0	100.0	9	9	高感
春江101	0.0	0	3	18.0	35.0	7	7	感病
晚粳061	0.0	0	6	3.6	6.0	3	3	中抗
98023	10.0	3	6	68.0	80.0	9	9	高感

表32　湖北省晚稻预试组品种稻瘟病抗性鉴定结果与评价（2002年）

品种名称	红庙病圃		两河病圃				最高病穗率抗级	抗性评价
	病穗率（%）	病穗率抗级	叶瘟病级	病指	病穗率（%）	病穗率抗级		
9优143	1.7	1	5	76.0	90.0	9	9	高感
恩稻220	0.0	0	3	80.0	90.0	9	9	高感
岳优29	0.0	0	5	68.0	100.0	9	9	高感
八优九二	0.0	0	5	84.0	100.0	9	9	高感
金优117	2.5	1	3	42.0	60.0	9	9	高感
汕优64CK	0.0	0	5	68.0	70.0	9	9	高感

表33　湖北省迟熟晚稻区试组品种稻瘟病抗性鉴定结果与评价（2002年）

品种名称	红庙病圃		两河病圃				最高病穗率抗级	抗性评价
	病穗率（%）	病穗率抗级	叶瘟病级	病指	病穗率（%）	病穗率抗级		
53278	5.8	3	5	51.0	55.0	9	9	高感
中浙2838	0.0	0	4	50.0	90.0	9	9	高感
Apr-95	0.8	1	3	28.0	40.0	7	7	感病
2227	0.0	0	4	24.0	35.0	7	7	感病
培两优210	0.0	0	5	20.0	40.0	7	7	感病
宜优63	0.8	1	4	26.0	50.0	7	7	感病
光优589	0.0	0	6	48.0	90.0	9	9	高感
胜泰1号	19.2	5	4	90.0	100.0	9	9	高感
湘晚籼13	65.0	9	9	100.0	100.0	9	9	高感
香珍稻	3.3	1	6	74.0	100.0	9	9	高感
汕优63CK	0.0	0	4	31.0	45.0	7	7	感病

表 34　湖北省常规早稻组区试品种稻瘟病抗性鉴定各病圃结果（2003 年）

品种名称	红庙病圃			龙洞病圃			两河病圃		
	叶瘟病级	病穗率抗级	损失率抗级	叶瘟病级	病穗率抗级	损失率抗级	叶瘟病级	病穗率抗级	损失率抗级
2431	1	0	0	3	0	0	4	5	3
早糯 1003	2	3	1	2	0	0	2	5	1
5129	5	5	3	5	9	7	6	9	9
早优 925	3	0	0	4	0	0	3	1	1
中早品 49	2	0	0	4	0	0	2	7	3
荐早 1 号	2	0	0	3	0	0	1	1	1
嘉育 948CK	1	0	0	3	1	1	1	3	1
21048	4	9	7	5	9	5	8	9	9
N_2	2	1	1	4	0	0	1	1	1
科长 2098	1	1	1	5	0	0	3	7	3

表 35　湖北省常规早稻组区试品种稻瘟病抗性评价结论（2003 年）

品种名称	抗性指数	与 CK 比较	最高损失率抗级	抗性评价	综合表现
2431	1. 6	相当	3	中抗	好
早糯 1003	1. 5	相当	1	抗病	好
5129	6. 4	劣于	9	高感	差
早优 925	1. 1	相当	1	抗病	好
中早品 49	1. 8	劣于	3	中抗	好
荐早 1 号	0. 8	相当	1	抗病	好
嘉育 948CK	1. 1		1	抗病	好
21048	7. 2	劣于	9	高感	淘汰
N_2	1. 1	相当	1	抗病	好
科长 2098	2. 1	劣于	3	中抗	好

表 36　湖北省杂交早稻组区试品种稻瘟病抗性鉴定各病圃结果（2003 年）

品种名称	红庙病圃			龙洞病圃			两河病圃		
	叶瘟病级	病穗率抗级	损失率抗级	叶瘟病级	病穗率抗级	损失率抗级	叶瘟病级	病穗率抗级	损失率抗级
新香优 138	0	5	3	5	0	0	4	7	3
常优 168	1	0	0	4	0	0	2	5	3
两优 25	1	1	1	4	0	0	1	5	3
海两优 1 号	0	1	1	4	0	0	3	7	3
两优 3419	4	1	1	4	1	1	5	9	9
两优 287	1	0	0	4	0	0	1	5	3
两优 103	1	3	1	3	0	0	1	7	3
金优 66	1	0	0	4	1	1	1	7	3
金优 21	1	5	1	4	1	1	2	7	3
金优 67	3	5	1	4	5	3	4	9	7
金优 402CK	0	3	1	4	0	0	2	3	1
金优 332	2	1	1	3	1	1	2	5	3

表 37　湖北省杂交早稻组区试品种稻瘟病抗性评价结论（2003 年）

品种名称	抗性指数	与 CK 比较	最高损失率抗级	抗性评价	综合表现
新香优 138	2. 8	劣于	3	中抗	好
常优 168	1. 5	相当	3	中抗	好
两优 25	1. 7	相当	3	中抗	好
海两优 1 号	1. 9	劣于	3	中抗	好
两优 3419	3. 8	劣于	9	高感	差
两优 287	1. 4	相当	3	中抗	好
两优 103	1. 9	劣于	3	中抗	好
金优 66	1. 8	相当	3	中抗	好
金优 21	2. 5	劣于	3	中抗	好
金优 67	4. 3	劣于	7	感病	一般
金优 402CK	1. 3		1	抗病	好
金优 332	2. 0	劣于	3	中抗	好

表 38　湖北省杂交早稻预试品种稻瘟病抗性鉴定各病圃结果（2003 年）

品种名称	红庙病圃			龙洞病圃			两河病圃		
	叶瘟病级	病穗率抗级	损失率抗级	叶瘟病级	病穗率抗级	损失率抗级	叶瘟病级	病穗率抗级	损失率抗级
两优 109	1	0	0	1	0	0	1	3	1
两优 105	3	3	1	5	0	0	5	9	9
金优 1018	4	3	1	5	0	0	6	9	9
两优 42	1	0	0	2	0	0	2	1	1
金优 d19	1	1	1	3	1	1	4	7	3
4A 优早恢-2	1	1	1	3	0	0	4	5	3
两优 346	4	5	3	5	1	1	5	9	9
正大籼杂 6 号	3	1	1	5	1	1	6	3	1
金优 990	3	3	1	5	1	1	4	7	5
T 优 705	2	1	1	3	0	0	2	5	3
金优 402	2	1	1	2	1	1	4	5	3

表 39　湖北省杂交早稻预试品种稻瘟病抗性评价结论（2003 年）

品种名称	抗性指数	与 CK 比较	最高损失率抗级	抗性评价	综合表现
两优 109	0. 7	轻于	1	抗病	好
两优 42	0. 7	轻于	1	抗病	好
T 优 705	1. 8	相当	3	中抗	好
4A 优早恢-2	1. 8	相当	3	中抗	好
正大籼杂 6 号	2. 1	相当	1	抗病	好
金优 402CK	2. 1		3	中抗	好
金优 d19	2. 3	相当	3	中抗	好
金优 990	3. 1	劣于	5	中感	较好
两优 105	3. 8	劣于	9	高感	差
金优 1018	3. 9	劣于	9	高感	差
两优 346	4. 6	劣于	9	高感	差

表 40　湖北省中稻 A 组区试品种稻瘟病抗性鉴定各病圃结果（2003 年）

品种名称	红庙病圃			龙洞病圃			两河病圃		
	叶瘟病级	病穗率抗级	损失率抗级	叶瘟病级	病穗率抗级	损失率抗级	叶瘟病级	病穗率抗级	损失率抗级
中糯 2055	2	1	1	2	5	3	2	9	3
K 优 818	1	5	3	2	5	1	5	9	5
宜优 29	1	1	1	3	5	3	2	9	7
汕优 63-1	4	1	1	4	1	1	6	7	3
正大两优 88	2	1	1	3	1	1	4	7	3
Ⅱ优 87	2	3	1	3	3	1	4	7	3
粤优 997	2	5	3	2	5	3	4	7	3
D 优 3232	2	7	3	2	0	0	4	7	5
粤优 938	2	5	3	3	1	1	5	7	3
宜香优 1577	3	0	0	3	1	1	6	5	3
丰两优 1 号	2	1	1	2	3	1	5	7	3
汕优 63CK	2	3	1	3	1	1	4	7	3

表 41　湖北省中稻 A 组区试品种稻瘟病抗性评价结论（2003 年）

品种名称	抗性指数	与 CK 比较	最高损失率抗级	抗性评价	综合表现
中糯 2055	2.9	相当	3	中抗	好
K 优 818	3.8	劣于	5	中感	较好
宜优 29	3.6	劣于	7	感病	一般
汕优 63-1	2.8	相当	3	中抗	好
正大两优 88	2.3	相当	3	中抗	好
Ⅱ优 87	2.7	相当	3	中抗	好
粤优 997	3.6	劣于	3	中抗	好
D 优 3232	3.2	劣于	5	中感	较好
粤优 938	3.1	劣于	3	中抗	好
宜香优 1577	2.2	相当	3	中抗	好
丰两优 1 号	2.5	相当	3	中抗	好
汕优 63CK	2.5		3	中抗	好

表 42　湖北省中稻 B 组区试品种稻瘟病抗性鉴定各病圃结果（2003 年）

品种名称	红庙病圃			龙洞病圃			两河病圃		
	叶瘟病级	病穗率抗级	损失率抗级	叶瘟病级	病穗率抗级	损失率抗级	叶瘟病级	病穗率抗级	损失率抗级
Ⅱ优 084	2	5	3	4	1	1	4	7	5
绵 5 优 838	2	3	1	1	5	1	3	7	3
绵香 2 优 527	3	5	1	2	1	1	3	9	3
华香优-2	4	3	1	2	1	1	4	7	3
正大Ⅱ优 99	1	3	1	2	1	1	4	7	3
Ⅱ优 898	2	3	1	2	5	3	5	7	3

（续表）

品种名称	红庙病圃			龙洞病圃			两河病圃		
	叶瘟病级	病穗率抗级	损失率抗级	叶瘟病级	病穗率抗级	损失率抗级	叶瘟病级	病穗率抗级	损失率抗级
两优 1206	1	3	1	3	1	1	4	7	5
超优 2 号	2	3	1	4	5	1	4	5	3
Ⅱ优 906	3	3	1	2	3	1	3	7	3
803A/527	2	3	3	2	5	1	2	7	3
扬两优 6 号	1	1	1	3	3	1	3	5	3
Ⅱ优 725CK	2	3	1	4	3	1	4	5	3

表 43　湖北省中稻 B 组区试品种稻瘟病抗性评价结论（2003 年）

品种名称	抗性指数	与 CK 比较	最高损失率抗级	抗性评价	综合表现
Ⅱ优 084	3.4	劣于	5	中感	较好
绵 5 优 838	2.6	相当	3	中抗	好
绵香 2 优 527	2.8	相当	3	中抗	好
华香优-2	2.6	相当	3	中抗	好
正大Ⅱ优 99	2.3	相当	3	中抗	好
Ⅱ优 898	3.2	劣于	3	中抗	好
两优 1206	2.8	相当	5	中感	较好
超优 2 号	2.8	相当	3	中抗	好
Ⅱ优 906	2.6	相当	3	中抗	好
803A/527	2.9	相当	3	中抗	好
扬两优 6 号	2.2	相当	3	中抗	好
Ⅱ优 725CK	2.6		3	中抗	好

表 44　湖北省中稻 C 组区试品种稻瘟病抗性鉴定各病圃结果（2003 年）

品种名称	红庙病圃			龙洞病圃			两河病圃		
	叶瘟病级	病穗率抗级	损失率抗级	叶瘟病级	病穗率抗级	损失率抗级	叶瘟病级	病穗率抗级	损失率抗级
金优 718	1	0	0	2	3	1	3	5	3
冈优 906	2	1	1	4	5	3	2	7	3
培两优 436	1	1	1	4	1	1	3	5	1
润珠 537	2	1	1	3	3	1	2	5	1
S-232	1	1	1	3	1	1	2	5	1
绿优 1 号	1	5	3	2	5	3	3	7	5
绵科优 306	3	3	1	3	1	1	4	9	7
红莲优 8 号	2	3	3	4	1	1	3	7	5
两优 299	1	1	1	4	1	1	1	1	1
武香优 988	0	1	1	4	1	1	3	7	3
丰优 293	0	3	1	3	5	3	4	5	3
Ⅱ优 725CK	1	3	1	4	1	1	4	7	3

表 45　湖北省中稻 C 组区试品种稻瘟病抗性评价结论（2003 年）

品种名称	抗性指数	与 CK 比较	最高损失率抗级	抗性评价	综合表现
金优 718	1.8	轻于	3	中抗	好
冈优 906	2.9	相当	3	中抗	好
培两优 436	1.8	轻于	1	抗病	好
润珠 537	1.8	轻于	1	抗病	好
S-232	1.6	轻于	1	抗病	好
绿优 1 号	3.8	劣于	5	中感	较好
绵科优 306	3.4	劣于	7	感病	一般
红莲优 8 号	3.2	劣于	5	中感	较好
两优 299	1.3	轻于	1	抗病	好
武香优 988	2.2	相当	3	中抗	好
丰优 293	2.8	相当	3	中抗	好
Ⅱ优 725CK	2.5		3	中抗	好

表 46　湖北省中稻 A 组预试品种稻瘟病抗性鉴定各病圃结果（2003 年）

品种名称	红庙病圃			龙洞病圃			两河病圃		
	叶瘟病级	病穗率抗级	损失率抗级	叶瘟病级	病穗率抗级	损失率抗级	叶瘟病级	病穗率抗级	损失率抗级
汕优 570	1	0	0	4	1	1	3	5	1
协优 116	2	0	0	5	1	1	4	9	7
两优 507	1	3	3				缺苗		
粤优 95	2	3	1	3	7	3	6	9	7
Ⅱ优 52	1	3	1	3	3	1	6	5	3
培矮 64S/2230	2	0	0	2	1	1	4	7	3
宜香优 2292	3	1	1	3	0	0	4	7	3
Ⅱ优航 2 号	1	5	3	3	1	1	5	5	3
金优 d6 号	4	1	1	5	3	1	6	7	5
金优 399	1	1	1	3	1	1	4	7	3
糯优 28	2	0	0	3	1	1	4	7	5
W9909	1	3	1	3	3	1	2	5	3
宜香优 26	3	1	1	3	1	1	4	5	3
协优 2029	1	1	1	2	3	1	4	7	3
红优 166	2	3	1	2	3	1	5	7	3
玉优香二号	2	1	1	2	1	1	4	7	3
Ⅱ优 725CK	2	3	1	3	1	1	5	5	3

表 47　湖北省中稻 A 组预试品种稻瘟病抗性评价结论（2003 年）

品种名称	抗性指数	与 CK 比较	最高损失率抗级	抗性评价	综合表现
汕优 570	1.5	轻于	1	抗病	好
培矮 64S/2230	2.0	相当	3	中抗	好
宜香优 2292	2.2	相当	3	中抗	好

（续表）

品种名称	抗性指数	与 CK 比较	最高损失率抗级	抗性评价	综合表现
金优 399	2.3	相当	3	中抗	好
W9909	2.3	相当	3	中抗	好
宜香优 26	2.3	相当	3	中抗	好
玉优香二号	2.3	相当	3	中抗	好
协优 2029	2.3	相当	3	中抗	好
糯优 28	2.4	相当	5	中感	较好
Ⅱ优 725CK	2.4		3	中抗	好
Ⅱ优 52	2.6	相当	3	中抗	好
红优 166	2.7	相当	3	中抗	好
Ⅱ优航 2 号	2.8	相当	3	中抗	好
协优 116	3.1	劣于	7	感病	一般
金优 d6 号	3.3	劣于	5	中感	较好
粤优 95	4.3	劣于	7	感病	一般

表 48　湖北省中稻 B 组预试品种稻瘟病抗性鉴定各病圃结果（2003 年）

品种名称	红庙病圃			龙洞病圃			两河病圃		
	叶瘟病级	病穗率抗级	损失率抗级	叶瘟病级	病穗率抗级	损失率抗级	叶瘟病级	病穗率抗级	损失率抗级
54646	1	1	1	4	1	1	6	3	1
Ⅱ优 305	1	1	1	2	3	1	4	7	3
早优 299	3	0	0	1	1	1	2	5	3
中籼 512	1	1	1	3	0	0	4	5	3
金优 188	1	0	0	3	5	3	2	7	5
2039	0	0	0	3	0	0	2	3	1
D0424S	1	0	0	2	1	1	5	7	5
天两优 1288	1	1	1	1	0	0	4	5	3
丰优 8 号	1	0	0	3	0	0	2	5	1
J16（常）	2	0	0	2	1	1	2	5	1
红优 2095	1	7	5	1	5	3	4	7	5
内香 2A/99-14	0	0	0	1	0	0	2	1	1
冈优 188	4	1	1						
粤优 527	2	1	1	1	0	0	2	5	3
SG-485	2	1	1	4	3	1	4	7	3
N 优 95-2	3	0	0	2	0	0	2	5	3
冈优 177	2	0	0	4	0	0	4	5	3
M8064S/1175	1	1	1	2	1	1	2	5	3
Ⅱ优 725CK	3	1	1	4	1	1	5	7	5

表 49　湖北省中稻 B 组预试品种稻瘟病抗性评价结论（2003 年）

品种名称	抗性指数	与 CK 比较	最高损失率抗级	抗性评价	综合表现
内香 2A/99-14	0.5	优于	1	抗病	好
2039	0.8	优于	1	抗病	好
丰优 8 号	1.1	优于	1	抗病	好
J16	1.3	优于	1	抗病	好
N 优 95-2	1.5	轻于	3	中抗	好
粤优 527	1.6	轻于	3	中抗	好
早优 299	1.7	轻于	3	中抗	好
天两优 1288	1.7	轻于	3	中抗	好
冈优 177	1.8	轻于	3	中抗	好
54646	1.8	轻于	1	抗病	好
中籼 512	1.8	轻于	3	中抗	好
M8064S/1175	1.8	轻于	3	中抗	好
Ⅱ优 305	2.3	轻于	3	中抗	好
D0424S	2.3	轻于	5	中感	较好
SG-485	2.6	相当	3	中抗	好
金优 188	2.8	相当	5	中感	较好
Ⅱ优 725CK	2.9		5	中感	较好
红优 2095	4.3	劣于	5	中感	较好

表 50　湖北省迟熟晚稻组区试品种稻瘟病抗性鉴定各病圃结果（2003 年）

品种名称	红庙病圃			龙洞病圃			两河病圃		
	叶瘟病级	病穗率抗级	损失率抗级	叶瘟病级	病穗率抗级	损失率抗级	叶瘟病级	病穗率抗级	损失率抗级
丰华占	2	1	1	2	0	0	3	5	3
2227	1	1	1	3	1	1	2	5	1
金优 210	1	1	1	3	1	1	4	7	3
Ⅱ优 3159	4	5	3	2	1	1	5	7	3
协优 211	2	5	3	1	3	1	4	7	5
香杂 39	2	3	1	5	1	1	4	5	3
两优 3169	1	3	1	4	1	1	3	5	1
金优 117	1	3	1	2	1	1	1	5	1
金优 d211	1	3	1	1	1	1	2	5	3
两优 2186	3	0	0	1	1	1	3	5	3
汕优 63CK	2	1	1	3	1	1	3	7	3

表 51　湖北省迟熟晚稻组区试品种稻瘟病抗性评价结论（2003 年）

品种名称	抗性指数	与 CK 比较	最高损失率抗级	抗性评价	综合表现
丰华占	1.8	轻于	3	中抗	好
2227	1.6	轻于	1	抗病	好
金优 210	2.3	相当	3	中抗	好

（续表）

品种名称	抗性指数	与 CK 比较	最高损失率抗级	抗性评价	综合表现
Ⅱ优 3159	3.2	劣于	3	中抗	好
协优 211	3.3	劣于	5	中感	较好
香杂 39	2.5	相当	3	中抗	好
两优 3169	1.9	相当	1	抗病	好
金优 117	1.6	轻于	1	抗病	好
金优 d211	1.9	相当	3	中抗	好
两优 2186	1.8	轻于	3	中抗	好
汕优 63CK	2.3		3	中抗	好

表 52　湖北省晚杂组区试品种稻瘟病抗性鉴定各病圃结果（2003 年）

品种名称	红庙病圃			龙洞病圃			两河病圃		
	叶瘟病级	病穗率抗级	损失率抗级	叶瘟病级	病穗率抗级	损失率抗级	叶瘟病级	病穗率抗级	损失率抗级
正大宜优 22	2	3	1	3	1	1	4	5	3
岳优 9113	1	1	1	2	1	1	3	5	1
农丰 A/YR909	1	0	0	3	0	0	2	3	1
禾盛晚优 1 号	0	1	1	3	1	1	2	5	1
金优 38	0	1	1	3	1	1	3	5	3
Y620	1	5	3	2	1	1	3	5	3
岳优 29	3	0	0	4	1	1	4	5	3
9724	1	1	1	3	1	1	4	1	1
金优 207CK2	1	1	1	4	1	1	3	7	3
汕优 64CK1	0	5	1	缺苗			2	5	1

表 53　湖北省晚杂组区试品种稻瘟病抗性评价结论（2003 年）

品种名称	抗性指数	与 CK1 比较	与 CK2 比较	最高损失率抗级	抗性评价	综合表现
正大宜优 22	2.3	相当	相当	3	中抗	好
岳优 9113	1.6	轻于	轻于	1	抗病	好
农丰 A/YR909	0.9	轻于	轻于	1	抗病	好
禾盛晚优 1 号	1.5	轻于	轻于	1	抗病	好
金优 38	1.9	相当	相当	3	中抗	好
Y620	2.6	相当	相当	3	中抗	好
岳优 29	2.1	相当	相当	3	中抗	好
9724	1.4	轻于	轻于	1	抗病	好
金优 207CK2	2.3	相当		3	中抗	好
汕优 64CK1	2.1		相当	1	抗病	好

表 54　湖北省晚粳组区试品种稻瘟病抗性鉴定各病圃结果（2003 年）

品种名称	红庙病圃			龙洞病圃			两河病圃		
	叶瘟病级	病穗率抗级	损失率抗级	叶瘟病级	病穗率抗级	损失率抗级	叶瘟病级	病穗率抗级	损失率抗级
J8091	7	5	3	6	9	9	7	9	9
6193	7	3	1	5			8	9	9
985-2	0	3	1	4	5	3	5	5	3
两优 8806	7	7	3	3	9	7	8	9	9
9927	1	1	1	3	3	1	5	5	3
两优 8828	3	3	1	6	5	1	4	7	3
Z2402	6	5	1	6	9	7	6	9	9
皖优 18	6	3	1	3	1	1	6	5	5
晚粳 042	6	3	1	2	5	3	5	9	7
98023	1	3	1	7	1	1	4	5	3
鄂宜 105CK1	7	7	3	4	7	5	8	9	7
鄂粳杂 1 号 CK2	2	1	1	4			4	3	1

表 55　湖北省晚粳组区试品种稻瘟病抗性评价结论（2003 年）

品种名称	抗性指数	与 CK1 比较	与 CK2 比较	最高损失率抗级	抗性评价	综合表现
J8091	7.1	劣于	劣于	9	高感	淘汰
6193	4.3	优于	劣于	9	高感	差
985-2	3.0	优于	劣于	3	中抗	好
两优 8806	6.8	劣于	劣于	9	高感	差
9927	2.3	显著优于	劣于	3	中抗	好
两优 8828	3.2	优于	劣于	3	中抗	好
Z2402	6.3	相当	劣于	9	高感	一般
皖优 18	3.2	优于	劣于	5	中感	较好
晚粳 042	4.3	优于	劣于	7	感病	一般
98023	2.6	优于	劣于	3	中抗	好
鄂宜 105CK1	6.0		劣于	7	感病	一般
鄂粳杂 1 号 CK2	1.5	显著优于		1	抗病	好

表 56　湖北省晚稻预试品种稻瘟病抗性鉴定各病圃结果（2003 年）

品种名称	红庙病圃			龙洞病圃			两河病圃		
	叶瘟病级	病穗率抗级	损失率抗级	叶瘟病级	病穗率抗级	损失率抗级	叶瘟病级	病穗率抗级	损失率抗级
武香优 114	3	3	1	3	1	1	3	5	1
天两优 1155	3	1	1	3	1	1	3	5	1
新香优 061	2	0	0	3	1	1	3	5	1
天香优 0288	1	0	0	6	3	1	2	5	1
枫香优 8 号	4	3	1	2	1	1	2	5	3

（续表）

品种名称	红庙病圃			龙洞病圃			两河病圃		
	叶瘟病级	病穗率抗级	损失率抗级	叶瘟病级	病穗率抗级	损失率抗级	叶瘟病级	病穗率抗级	损失率抗级
金优 143	2	1	1	2	5	3	2	7	3
岳优 266	3	5	3	2	5	3	3	5	3
J26	3	1	1	3	0	0	缺苗		
岳优 49	2	1	1	3	1	1	3	7	5
粤丰优 202	2	1	1	3	1	1	缺苗		
正大籼杂 10 号	1	3	1	2	5	1	2	7	5
金优 207CK	0	3	1	3	1	1	2	7	3
金优 131				缺苗			1	7	5

表 57　湖北省晚稻预试品种稻瘟病抗性评价结论（2003 年）

品种名称	抗性指数	与 CK 比较	最高损失率抗级	抗性评价	综合表现
新香优 061	1.5	轻于	1	抗病	好
天香优 0288	1.8	相当	1	抗病	好
天两优 1155	1.8	相当	1	抗病	好
武香优 114	2.0	相当	1	抗病	好
金优 207CK	2.2		3	中抗	好
枫香优 8 号	2.3	相当	3	中抗	好
岳优 49	2.6	相当	5	中感	较好
金优 143	2.8	劣于	3	中抗	好
正大籼杂 10 号	2.8	劣于	5	中感	较好
岳优 266	3.4	劣于	3	中抗	好

表 58　湖北省杂交早稻 A 组区试品种稻瘟病抗性鉴定各病圃结果（2004 年）

品种名称	龙洞病圃			两河病圃		
	叶瘟病级	病穗率（%）	损失率（%）	叶瘟病级	病穗率（%）	损失率（%）
两优 105	2	11.0	3.7	2	86.7	44.0
荆楚优 42	1	11.0	5.0	4	100.0	78.0
T 优 705	2	8.0	2.1	4	83.3	56.5
两优 42	3	6.0	2.7	4	92.4	47.8
两优 25	2	8.0	2.8	2	28.8	17.9
金优 1018	1	7.0	1.6	3	55.0	30.4
两优 3419	3	16.0	5.8	2	100.0	55.8
金优 804	2	11.0	2.7	2	90.9	47.3
2511A/荆恢 382	3	9.0	2.9	2	100.0	91.0
两优 287	2	9.0	1.2	3	93.3	41.3
神农（稻）110	2	5.0	4.4	2	87.5	41.3
金优 402CK	2	3.0	0.3	4	100.0	75.0

表 59　湖北省杂交早稻 A 组区试品种稻瘟病抗性评价结论（2004 年）

品种名称	抗性指数	与 CK 比较	最高损失率抗级	抗性评价	综合表现
两优 105	4.3	相当	7	感病	一般
荆楚优 42	4.9	相当	9	高感	差
T 优 705	4.8	相当	9	高感	差
两优 42	4.4	相当	7	感病	一般
两优 25	3.3	轻于	5	中感	较好
金优 1018	4.0	轻于	7	感病	一般
两优 3419	5.4	劣于	9	高感	差
金优 804	4.3	相当	7	感病	一般
2511A/荆恢 382	4.9	相当	9	高感	差
两优 287	4.4	相当	7	感病	一般
神农（稻）110	3.8	轻于	7	感病	一般
金优 402CK	4.5		9	高感	差

表 60　湖北省杂交早稻 B 组区试品种稻瘟病抗性鉴定各病圃结果（2004 年）

品种名称	龙洞病圃			两河病圃		
	叶瘟病级	病穗率（%）	损失率（%）	叶瘟病级	病穗率（%）	损失率（%）
株两优 819	1	2.5	1.8	3	94.4	59.4
金 23A/R898	1	0.0	0.0	2	9.0	2.9
金优 402CK	1	4.0	0.5	3	90.0	56.0
两优 1 号	3	9.0	2.1	3	100.0	85.0
两优 407	2	7.0	3.3	2	100.0	66.0
德长早 5 号	3	5.0	2.4	4	100.0	81.0
9 优 215	3	5.0	1.5	5	100.0	94.0
天优 R7	4	12.0	6.6	5	100.0	97.0
两优 647	2	11.7	5.1	4	100.0	97.0
两优 17	3	7.0	2.3	4	100.0	91.0
株 IS/R705	2	2.0	0.9	2	100.0	71.0

表 61　湖北省杂交早稻 B 组区试品种稻瘟病抗性评价结论（2004 年）

品种名称	抗性指数	与 CK 比较	最高损失率抗级	抗性评价	综合表现
株两优 819	4.3	相当	9	高感	差
金 23A/R898	1.0	优于	1	抗病	好
金优 402CK	4.3		9	高感	差
两优 1 号	4.8	相当	9	高感	差
两优 407	4.5	相当	9	高感	差
德长早 5 号	4.6	相当	9	高感	差
9 优 215	4.8	相当	9	高感	差
天优 R7	5.9	劣于	9	高感	差
两优 647	5.5	劣于	9	高感	差
两优 17	4.9	劣于	9	高感	差
株 IS/R705	4.3	相当	9	高感	差

表 62 湖北省常规早稻组区试品种稻瘟病抗性鉴定各病圃结果（2004 年）

品种名称	龙洞病圃			两河病圃		
	叶瘟病级	病穗率（%）	损失率（%）	叶瘟病级	病穗率（%）	损失率（%）
昌早一号	1	19.0	5.0	3	100.0	68.0
3003	2	8.7	5.2	2	100.0	94.0
昌早 3 号	3	13.0	4.9	4	100.0	73.0
嘉育 948CK	3	9.4	3.9	2	100.0	61.0
皇呈早 1 号	2	10.0	7.5	4	24.0	13.8
科长 E20-98	2	11.0	5.1	3	91.7	60.8
X357	2	0.0	0.0	2	100.0	57.0
2387	4	3.0	0.9	5	100.0	60.0
WHV-ER-007	3	2.7	1.1	3	100.0	58.0
328	1	1.3	0.1	2	46.7	24.7
3224	—	—	—	4	75.0	46.0
260	3	7.5	2.7	3	80.0	67.3

表 63 湖北省常规早稻组区试品种稻瘟病抗性评价结论（2004 年）

品种名称	抗性指数	与 CK 比较	最高损失率抗级	抗性评价	综合表现
昌早一号	4.8	相当	9	高感	差
3003	5.0	相当	9	高感	差
昌早 3 号	5.1	相当	9	高感	差
嘉育 948CK	4.6		9	高感	差
皇呈早 1 号	3.3	轻于	3	中抗	好
科长 E20-98	5.4	劣于	9	高感	差
X357	3.9	轻于	9	高感	差
2387	4.9	相当	9	高感	差
WHV-ER-007	4.5	相当	9	高感	差
328	2.9	优于	5	中感	较好
260	4.8	相当	9	高感	差

表 64 湖北省中稻 A 组区试品种稻瘟病抗性鉴定各病圃结果（2004 年）

品种名称	龙洞病圃			两河病圃		
	叶瘟病级	病穗率（%）	损失率（%）	叶瘟病级	病穗率（%）	损失率（%）
绵 5 优 838	2	18.0	9.1	4	95.0	44.0
扬两优 6 号	4	12.0	3.9	3	95.0	36.0
803A/527	3	16.0	5.9	3	40.0	18.5
粤优 938	3	17.0	8.5	4	100.0	55.0
超优 2 号	3	17.0	7.0	4	100.0	57.5
Ⅱ优 898	4	51.0	20.7	6	60.0	21.7
粤优 997	3	32.0	15.2	5	100.0	54.0
Ⅱ优 725CK2	2	46.0	23.5	5	80.0	38.5
华香优-2	4	16.0	5.9	4	60.0	31.0
Ⅱ优 906	3	32.0	15.5	4	67.0	29.9
汕优 63CK1	3	18.0	5.8	5	49.0	21.8

表 65　湖北省中稻 A 组区试品种稻瘟病抗性评价结论（2004 年）

品种名称	抗性指数	与 CK1 比较	与 CK2 比较	最高损失率抗级	抗性评价	综合表现
绵 5 优 838	5.0	相当	轻于	7	感病	一般
扬两优 6 号	4.6	相当	轻于	7	感病	一般
803A/527	4.3	相当	优于	5	中感	较好
粤优 938	5.6	劣于	相当	9	高感	差
超优 2 号	5.6	劣于	相当	9	高感	差
Ⅱ优 898	6.0	劣于	相当	5	中感	较好
粤优 997	6.0	劣于	相当	9	高感	差
Ⅱ优 725CK2	5.9	劣于		7	感病	一般
华香优-2	5.3	劣于	轻于	7	感病	一般
Ⅱ优 906	5.9	劣于	相当	7	感病	一般
汕优 63CK1	4.5		轻于	5	中感	较好

表 66　湖北省中稻 B 组区试品种稻瘟病抗性鉴定各病圃结果（2004 年）

品种名称	龙洞病圃			两河病圃		
	叶瘟病级	病穗率（%）	损失率（%）	叶瘟病级	病穗率（%）	损失率（%）
隆安优 1 号	4	14.0	4.2	4	100.0	57.0
武香优 988	4	13.0	6.3	4	58.0	22.4
科优 1 号	2	4.0	0.5	4	41.0	15.8
冈优 906	4	29.0	13.5	3	34.0	18.1
培两优慈 4	2	7.5	3.0	4	8.0	2.2
红莲优 8 号	2	45.0	22.3	4	100.0	75.0
绿优 1 号	4	50.0	24.5	5	100.0	85.0
昌优 2 号	3	46.0	23.7	7	95.0	63.5
Ⅱ优 725CK	3	53.0	26.6	6	75.0	30.5
丰优 293	2	100.0	60.0	6	100.0	85.0
两优 1206	1	12.0	5.2	6	100.0	32.3
富优 1 号	2	3.0	1.5	5	34.0	11.6

表 67　湖北省中稻 B 组区试品种稻瘟病抗性评价结论（2004 年）

品种名称	抗性指数	与 CK 比较	最高损失率抗级	抗性评价	综合表现
培两优慈 4	2.0	显著优于	1	抗病	好
富优 1 号	2.9	显著优于	3	中抗	好
科优 1 号	3.3	显著优于	5	中感	较好
冈优 906	4.6	优于	5	中感	较好
两优 1206	4.6	优于	7	感病	一般
武香优 988	4.8	优于	5	中感	较好
隆安优 1 号	5.3	优于	9	高感	差
红莲优 8 号	6.3	轻于	9	高感	差
绿优 1 号	6.6	相当	9	高感	差
昌优 2 号	6.8	相当	9	高感	差
Ⅱ优 725CK	6.9		7	感病	一般
丰优 293	7.8	劣于	9	高感	差

表 68　湖北省中稻 C 组区试品种稻瘟病抗性鉴定各病圃结果（2004 年）

品种名称	龙洞病圃			两河病圃		
	叶瘟病级	病穗率（%）	损失率（%）	叶瘟病级	病穗率（%）	损失率（%）
庆优 6 号	2	9.0	3.6	7	65.0	42.0
中籼 512	1	–	–	8	58.0	31.6
糯优 28	2	1.0	0.5	7	100.0	52.0
正大籼杂 7 号	2	12.0	7.0	6	100.0	53.0
天优 8 号	2	8.0	1.9	4	100.0	60.0
冈优 177	3	9.0	3.3	5	100.0	45.0
丰优 3391	3	4.0	2.0	4	100.0	39.5
玉香优二号	3	100.0	58.0	4	100.0	67.5
红优 2095	2	43.0	22.2	5	100.0	35.0
Ⅱ优 725CK	4	34.0	16.7	5	100.0	31.0
红优 166	2	69.0	33.3	5	100.0	39.5
Ⅱ优 305	2	75.0	36.0	5	100.0	52.7

表 69　湖北省中稻 C 组区试品种稻瘟病抗性评价结论（2004 年）

品种名称	抗性指数	与 CK 比较	最高损失率抗级	抗性评价	综合表现
丰优 3391	4.1	优于	7	感病	一般
冈优 177	4.5	优于	7	感病	一般
庆优 6 号	4.6	优于	7	感病	一般
天优 8 号	4.8	轻于	9	高感	差
糯优 28	4.9	轻于	9	高感	差
正大籼杂 7 号	5.8	相当	9	高感	差
红优 2095	5.9	相当	7	感病	一般
Ⅱ优 725CK	6.1		7	感病	一般
红优 166	6.6	相当	7	感病	一般
Ⅱ优 305	7.1	劣于	9	高感	淘汰
玉香优二号	7.6	劣于	9	高感	淘汰

表 70　湖北省中稻 D 组区试品种稻瘟病抗性鉴定各病圃结果（2004 年）

品种名称	龙洞病圃			两河病圃		
	叶瘟病级	病穗率（%）	损失率（%）	叶瘟病级	病穗率（%）	损失率（%）
培两优 3076	2	8.0	2.5	2	85.0	38.8
Ⅱ优 456	3	54.0	23.8	5	67.0	32.9
禾盛 98	3	16.0	9.2	5	90.0	50.5
丰优 18	1	6.0	0.6	4	100.0	60.0
宜香 A/R608	1	9.0	3.6	5	100.0	56.0
Ⅱ优 205	5	34.0	17.1	5	100.0	52.0
丰 986	4	98.0	52.6	5	100.0	85.0
Ⅱ优 725CK	3	64.0	29.8	5	85.0	34.0
D 优 202	3	52.0	23.9	3	55.0	22.0
Ⅱ优 118	2	27.0	12.9	4	75.0	22.0
粤泰 A/R569	3	6.0	2.0	4	100.0	42.0
金优 B410	2	4.0	1.7	3	100.0	78.5

表 71　湖北省中稻 D 组区试品种稻瘟病抗性评价结论（2004 年）

品种名称	抗性指数	与 CK 比较	最高损失率抗级	抗性评价	综合表现
培两优 3076	4.0	优于	7	感病	一般
Ⅱ优 456	6.3	轻于	7	感病	一般
禾盛 98	5.3	优于	7	感病	一般
丰优 18	4.6	优于	9	高感	差
宜香 A/R608	4.8	优于	9	高感	差
Ⅱ优 205	6.8	相当	9	高感	差
丰 986	7.9	劣于	9	高感	淘汰
Ⅱ优 725CK	6.8		7	感病	一般
D 优 202	5.5	轻于	5	中感	较好
Ⅱ优 118	4.8	优于	5	中感	较好
粤泰 A/R569	4.4	优于	7	感病	一般
金优 B410	4.4	优于	9	高感	差

表 72　湖北省中稻 E 组区试品种稻瘟病抗性鉴定各病圃结果（2004 年）

品种名称	龙洞病圃			两河病圃		
	叶瘟病级	病穗率（%）	损失率（%）	叶瘟病级	病穗率（%）	损失率（%）
屯 3A/668	3	32.0	12.7	3	85.0	30.0
苯 88S/赛恢 9 号	4	32.0	15.0	3	100.0	60.0
红优 6 号	4	90.0	4.9	5	100.0	68.0
仙丰一号	3	24.0	12.8	4	40.0	12.5
D 优 33	4	11.1	4.9	3	100.0	45.0
协优 102	3	23.0	7.9	3	100.0	60.0
Ⅱ优 725CK	4	30.0	11.1	4	85.0	27.4
Ⅱ优 3139	2	24.0	10.2	5	100.0	42.5
国豪香 8 号	4	12.0	4.2	3	100.0	72.0
天香优 8 号	2	21.0	8.4	4	100.0	56.0
宜香 3003	3	12.0	5.2	5	100.0	50.0
金优佳 1 号	5	25.0	12.6	5	100.0	85.0

表 73　湖北省中稻 E 组区试品种稻瘟病抗性评价结论（2004 年）

品种名称	抗性指数	与 CK 比较	最高损失率抗级	抗性评价	综合表现
屯 3A/668	5.3	相当	7	感病	一般
苯 88S/赛恢 9 号	5.9	相当	9	高感	高感
红优 6 号	7.4	劣于	9	高感	淘汰
仙丰一号	3.9	优于	3	中抗	好
D 优 33	4.6	轻于	7	感病	一般
协优 102	5.5	相当	9	高感	高感
Ⅱ优 725CK	5.5		7	感病	一般
Ⅱ优 3139	5.1	相当	7	感病	一般
国豪香 8 号	5.1	相当	9	高感	高感
天香优 8 号	5.5	相当	9	高感	高感
宜香 3003	4.8	轻于	7	感病	一般
金优佳 1 号	6.0	相当	9	高感	高感

表 74 湖北省中稻 A 组预试品种稻瘟病抗性鉴定各病圃结果（2004 年）

品种名称	龙洞病圃			两河病圃		
	叶瘟病级	病穗率（%）	损失率（%）	叶瘟病级	病穗率（%）	损失率（%）
福丰优 11	3	4.0	2.0	2	100.0	45.0
天盛香优 209	4	7.0	2.5	6	100.0	56.5
两优 637	4	4.0	2.0	4	71.0	25.5
两优 986	2	4.0	2.0	5	100.0	39.5
3661	3	8.0	2.5	7	100.0	60.0
粤泰 A/R614	2	13.0	5.5	6	100.0	66.5
II-32A/R1102	2	9.0	3.3	4	95.0	39.0
Ⅱ优 629	3	5.0	2.2	4	90.0	30.8
天优 188	2	12.0	5.1	4	100.0	72.0
Ⅱ优 95-18	3	8.0	3.1	4	27.0	13.2
德农 301	4	2.0	0.6	5	100.0	52.5
绵优 119	3	4.0	0.4	4	100.0	60.0
丰两优香 1 号	2	20.0	6.9	4	100.0	71.0
丰优 126	2	11.0	4.4	4	100.0	46.0
新两优 6 号	3	9.0	3.8	2	100.0	60.0
培矮 64S/2057	2	1.0	0.2	2	22.0	7.4
天香优 4 号	3	18.0	4.3	4	100.0	100.0
Ⅱ优 725CK	4	29.0	13.3	5	92.0	42.5

表 75 湖北省中稻 A 组预试品种稻瘟病抗性评价结论（2004 年）

品种名称	抗性指数	与 CK 比较	最高损失率抗级	抗性评价	综合表现
培矮 64S/2057	2.3	优于	3	中抗	好
Ⅱ优 95-18	3.1	优于	3	中抗	好
两优 637	3.8	优于	5	中感	较好
福丰优 11	3.9	优于	7	感病	一般
两优 986	4.1	优于	7	感病	一般
Ⅱ优 629	4.1	优于	7	感病	一般
II-32A/R1102	4.3	轻于	7	感病	一般
丰优 126	4.5	轻于	7	感病	一般
绵优 119	4.6	轻于	9	高感	差
新两优 6 号	4.6	轻于	9	高感	差
德农 301	4.9	轻于	9	高感	差
天优 188	5.0	轻于	9	高感	差
天香优 4 号	5.1	轻于	9	高感	差
天盛香优 209	5.3	相当	9	高感	差
3661	5.3	相当	9	高感	差
丰两优香 1 号	5.5	相当	9	高感	差
Ⅱ优 725CK	5.6		7	感病	一般
粤泰 A/R614	5.8	相当	9	高感	差

表 76　湖北省中稻 B 组预试品种稻瘟病抗性鉴定各病圃结果（2004 年）

品种名称	龙洞病圃			两河病圃		
	叶瘟病级	病穗率（%）	损失率（%）	叶瘟病级	病穗率（%）	损失率（%）
D62A/蜀恢 781	3	44.0	17.3	5	70.0	29.5
丰华优 2 号	3	35.0	15.8	5	95.0	38.5
红莲优 2001	2	5.0	2.1	4	100.0	85.0
粤优 962	3	95.0	50.0	5	100.0	85.0
禾盛优 3207	2	20.0	7.3	5	100.0	40.5
Ⅱ优 438	2	60.0	30.5	5	100.0	37.5
超优 437	2	3.0	1.5	4	40.0	12.5
金优 2000	4	29.0	11.8	3	100.0	41.0
宜优 1770	2	85.0	37.0	5	100.0	60.0
丰优 898	2	90.0	43.5	5	100.0	70.0
正大 8377	3	39.0	21.0	5	100.0	91.0
天香优 725	5	39.0	20.3	5	100.0	56.5
菲优 99-14	2	3.0	0.6	3	8.0	3.1
培两优 108	2	7.0	1.9	3	36.0	9.5
华香优 20	2	4.0	0.8	3	21.0	7.8
川香 29A/华恢 007	2	7.0	2.6	5	39.0	16.8
松优 38	2	6.0	3.4	2	75.0	33.5
科优四号	3	4.0	2.0	4	76.0	31.6
Ⅱ优 725CK	3	32.0	12.4	5	83.0	33.7

表 77　湖北省中稻 B 组预试品种稻瘟病抗性评价结论（2004 年）

品种名称	抗性指数	与 CK 比较	最高损失率抗级	抗性评价	综合表现
菲优 99-14	1.6	显著优于	1	抗病	好
华香优 20	2.4	优于	3	中抗	好
超优 437	2.8	优于	3	中抗	好
培两优 108	2.9	优于	3	中抗	好
川香 29A/华恢 007	3.6	优于	5	中感	较好
松优 38	4.0	优于	7	感病	一般
科优四号	4.1	轻于	7	感病	一般
红莲优 2001	4.5	轻于	9	高感	差
禾盛优 3207	5.1	相当	7	感病	一般
金优 2000	5.1	相当	7	感病	一般
Ⅱ优 725CK	5.5		7	感病	一般
D62A/蜀恢 781	6.0	相当	7	感病	一般
丰华优 2 号	6.0	相当	7	感病	一般
正大 8377	6.5	劣于	9	高感	差
Ⅱ优 438	6.6	劣于	7	感病	一般
天香优 725	6.8	劣于	9	高感	差
宜优 1770	7.1	劣于	9	高感	淘汰
丰优 898	7.1	劣于	9	高感	淘汰
粤优 962	7.3	劣于	9	高感	淘汰

表 78　湖北省中稻 C 组预试品种稻瘟病抗性鉴定各病圃结果（2004 年）

品种名称	龙洞病圃			两河病圃		
	叶瘟病级	病穗率（%）	损失率（%）	叶瘟病级	病穗率（%）	损失率（%）
鄂两优 95 号	2	14.0	8.0	5	100.0	85.0
X-3A/4271	2	6.0	1.8	4	100.0	74.5
国豪香 9 号	3	11.0	3.7	5	100.0	71.0
昌优 10 号	1	14.0	6.2	7	80.0	56.0
蜀兴优 1 号	4	25.0	12.1	7	85.0	34.0
辐优 151	4	12.0	4.5	6	100.0	52.0
Ⅱ优 3189	2	17.0	5.8	5	80.0	30.0
HP389S/01-15	5	80.0	31.0	5	100.0	85.0
绮优 1025	4	8.0	3.1	4	100.0	56.0
T 优 988 选	2	4.0	1.7	4	100.0	45.0
丰优 268	2	2.0	0.7	2	80.0	34.5
金优 32	2	14.0	4.6	4	100.0	70.0
中 9 优 205	4	18.0	7.2	4	100.0	56.0
金龙优 1 号	4	18.0	7.5	6	100.0	58.0
中优 293	3	70.0	23.0	5	100.0	85.0
禾盛香 212	4	10.0	4.1	4	45.0	16.0
慈选 5 号	3	11.0	4.5	4	79.0	27.0
科香一号	3	3.0	0.6	3	100.0	29.8
Ⅱ优 725CK	4	48.0	20.1	5	84.0	28.0

表 79　湖北省中稻 C 组预试品种稻瘟病抗性评价结论（2004 年）

品种名称	抗性指数	与 CK 比较	最高损失率抗级	抗性评价	综合表现
丰优 268	3.8	优于	7	感病	一般
禾盛香 212	3.8	优于	5	中感	较好
T 优 988 选	4.0	优于	7	感病	一般
科香一号	4.0	优于	7	感病	一般
慈选 5 号	4.6	优于	7	感病	一般
X-3A/4271	4.8	轻于	9	高感	差
绮优 1025	5.0	轻于	9	高感	差
金优 32	5.0	轻于	9	高感	差
Ⅱ优 3189	5.1	轻于	7	感病	一般
国豪香 9 号	5.3	轻于	9	高感	差
辐优 151	5.5	轻于	9	高感	差
鄂两优 95 号	5.6	轻于	9	高感	差
蜀兴优 1 号	5.6	轻于	7	感病	一般
昌优 10 号	5.8	相当	9	高感	差
中 9 优 205	5.8	相当	9	高感	差
金龙优 1 号	6.0	相当	9	高感	差
Ⅱ优 725CK	6.1		7	感病	一般
中优 293	6.8	劣于	9	高感	差
HP389S/01-15	7.5	劣于	9	高感	淘汰

表 80　湖北省中稻 D 组预试品种稻瘟病抗性鉴定各病圃结果（2004 年）

品种名称	龙洞病圃			两河病圃		
	叶瘟病级	病穗率（%）	损失率（%）	叶瘟病级	病穗率（%）	损失率（%）
正大 7533	3	24.0	9.2	2	45.0	16.5
宁丰 1 号	3	4.0	1.1	4	100.0	50.0
红优香 28	3	33.0	11.4	3	65.2	46.2
5098	4	9.0	2.9	4	100.0	48.0
D 优 193	4	30.0	14.5	5	100.0	50.0
科优 3 号	2	7.0	2.3	3	51.0	22.2
宜优 3 号	3	18.0	5.7	2	100.0	35.0
农丰 A/821	4	9.5	4.5	5	44.0	20.3
Ⅱ优 R93031	4	12.0	5.6	4	78.0	33.6
Q 优 7 号	3	4.0	1.1	5	100.0	48.0
天丰优 2118	3	1.0	0.1	3	7.0	2.9
西农优 1 号	3	1.0	0.2	2	36.0	13.8
Q 优 2 号	2	5.0	1.9	3	90.0	42.0
丰优 998	3	4.0	2.0	4	100.0	40.4
隆农 0402	2	1.0	0.7	5	95.0	44.0
内香 2942	3	7.0	1.6	5	73.0	34.1
泸香优 551	2	5.0	1.0	4	88.0	39.6
扬籼优 32	3	2.0	0.3	5	100.0	91.0
屯优 302	3	55.0	26.5	6	100.0	91.0
Ⅱ优 725CK	3	17.0	6.9	5	95.0	41.0

表 81　湖北省中稻 D 组预试品种稻瘟病抗性评价结论（2004 年）

品种名称	抗性指数	与 CK 比较	最高损失率抗级	抗性评价	综合表现
天丰优 2118	1.8	显著优于	1	抗病	好
西农优 1 号	2.6	优于	3	中抗	好
科优 3 号	3.6	优于	5	中感	较好
农丰 A/821	3.9	轻于	5	中感	较好
Q 优 2 号	3.9	轻于	7	感病	一般
泸香优 551	4.0	轻于	7	感病	一般
正大 7533	4.1	轻于	5	中感	较好
宁丰 1 号	4.1	轻于	7	感病	一般
丰优 998	4.1	轻于	7	感病	一般
隆农 0402	4.1	轻于	7	感病	一般
Q 优 7 号	4.3	轻于	7	感病	一般
5098	4.5	轻于	7	感病	一般
内香 2942	4.5	轻于	7	感病	一般
扬籼优 32	4.8	轻于	9	高感	差
宜优 3 号	4.9	相当	7	感病	一般
红优香 28	5.3	相当	7	感病	一般
Ⅱ优 R93031	5.3	相当	7	感病	一般
Ⅱ优 725CK	5.3		7	感病	一般
D 优 193	5.6	相当	7	感病	一般
屯优 302	7.4	劣于	9	高感	淘汰

表 82 湖北省迟熟晚稻组区试品种稻瘟病抗性鉴定各病圃结果（2004 年）

品种名称	龙洞病圃			两河病圃		
	叶瘟病级	病穗率（%）	损失率（%）	叶瘟病级	病穗率（%）	损失率（%）
全优 3119	3	3.0	0.5	3	10.0	2.9
Ⅱ优明 118	3	3.0	0.8	5	90.0	45.1
粤优 206	3	35.0	13.0	5	100.0	85.0
两优 6316	2	12.0	3.9	6	100.0	60.0
T98A/R608	2	5.0	1.3	5	100.0	48.0
汕优 63CK	3	27.3	8.9	6	90.0	33.0
冈优 669	3	17.0	7.2	5	100.0	49.5
金优 182	2	7.0	2.0	5	100.0	88.0
荆楚优 99	2	3.0	0.8	4	65.0	22.0
粤优 735	3	11.0	4.4	5	100.0	100.0
T 优 207	4	12.0	4.9	5	33.0	19.1

表 83 湖北省迟熟晚稻组区试品种稻瘟病抗性评价结论（2004 年）

品种名称	抗性指数	与 CK 比较	最高损失率抗级	抗性评价	综合表现
全优 3119	1.8	显著优于	1	抗病	好
Ⅱ优明 118	4.3	轻于	7	感病	一般
粤优 206	6.0	相当	9	高感	差
两优 6316	5.3	相当	9	高感	差
T98A/R608	4.1	优于	7	感病	一般
汕优 63CK	5.6		7	感病	一般
冈优 669	5.3	相当	7	感病	一般
金优 182	4.9	轻于	9	高感	差
荆楚优 99	3.5	优于	5	中感	较好
粤优 735	5.3	相当	9	高感	差
T 优 207	4.1	优于	5	中感	较好

表 84 湖北省晚粳组区试品种稻瘟病抗性鉴定各病圃结果（2004 年）

品种名称	龙洞病圃			两河病圃		
	叶瘟病级	病穗率（%）	损失率（%）	叶瘟病级	病穗率（%）	损失率（%）
R786	4	19.0	7.4	5	100.0	68.0
J8091	4	4.0	0.8	6	100.0	100.0
晚粳 042	3	4.0	0.8	2	7.0	2.9
Z3403	3	33.0	12.2	5	100.0	97.0
两优糯 5090	2	1.0	0.1	2	29.0	5.5
鄂粳杂 1 号 CK	2	0.0	0.0	2	3.0	0.2
02-115	2	0.0	0.0	3	43.0	15.2
3A/R228	1	0.0	0.0	2	41.0	13.4
E52	3	3.0	0.6	5	90.0	36.5

表 85　湖北省晚粳组区试品种稻瘟病抗性评价结论（2004 年）

品种名称	抗性指数	与 CK 比较	最高损失率抗级	抗性评价	综合表现
R786	5.9	劣于	9	高感	差
J8091	5.0	劣于	9	高感	差
晚粳 042	1.6	劣于	1	抗病	好
Z3403	6.0	劣于	9	高感	差
两优糯 5090	2.0	劣于	1	抗病	好
鄂粳杂 1 号 CK	0.9		1	抗病	好
02-115	2.3	劣于	3	中抗	好
3A/R228	2.0	劣于	3	中抗	好
E52	4.3	劣于	7	感病	一般

表 86　湖北省晚籼 A 组区试品种稻瘟病抗性鉴定各病圃结果（2004 年）

品种名称	龙洞病圃			两河病圃		
	叶瘟病级	病穗率（%）	损失率（%）	叶瘟病级	病穗率（%）	损失率（%）
松优 266	3	2.0	1.0	3	25.0	10.5
金优 207CK	2	15.8	6.2	4	30.0	11.5
T 优 207	2	11.0	4.6	4	40.0	20.0
金优 130	2	21.0	6.3	2	70.0	26.0
晚籼杂 1688	5	55.0	22.5	4	100.0	62.0
正大 8493	4	7.0	1.9	3	70.0	29.0
丰优 126	3	5.0	1.3	4	100.0	41.0
正大 8468	2	5.0	2.5	4	100.0	43.0
金优 329	1	10.0	3.5	3	100.0	41.0
天丰优 998	3	6.0	2.1	4	10.0	2.9
天香优 0288	2	2.0	0.3	3	40.0	15.0
T98A/R256	3	8.0	3.0	4	100.0	60.0

表 87　湖北省晚籼 A 组区试品种稻瘟病抗性评价结论（2004 年）

品种名称	抗性指数	与 CK 比较	最高损失率抗级	抗性评价	综合表现
松优 266	2.5	轻于	3	中抗	好
金优 207CK	3.8		3	中抗	好
T 优 207	3.5	相当	5	中感	较好
金优 130	4.8	劣于	7	感病	一般
晚籼杂 1688	6.9	劣于	9	高感	差
正大 8493	4.4	劣于	7	感病	一般
丰优 126	4.1	相当	7	感病	一般
正大 8468	4.0	相当	7	感病	一般
金优 329	4.0	相当	7	感病	一般
天丰优 998	2.1	优于	1	抗病	好
天香优 0288	2.6	轻于	3	中抗	好
T98A/R256	4.9	劣于	9	高感	差

表 88　湖北省晚籼 B 组区试品种稻瘟病抗性鉴定各病圃结果（2004 年）

品种名称	龙洞病圃			两河病圃		
	叶瘟病级	病穗率（%）	损失率（%）	叶瘟病级	病穗率（%）	损失率（%）
苯 100S/赛恢 7 号	3	10.0	2.9	3	60.0	23.5
苯 100S/赛恢 1 号	3	9.0	4.2	4	65.0	27.0
屯香优 223	1	4.0	1.4	5	65.0	24.5
898A/常恢 119	2	10.0	5.0	4	70.0	28.0
香 132	1	10.0	3.5	5	72.2	32.0
金优 207CK	3	20.0	9.0	5	100.0	85.0
2511A/荆恢 589	3	18.0	8.7	4	45.0	21.5
香两优 16	2	20.0	5.5	4	100.0	57.0
天禄源 9 号	3	35.0	10.8	6	100.0	86.0
金优 667	2	2.0	0.3	3	26.0	9.7

表 89　湖北省晚籼 B 组区试品种稻瘟病抗性评价结论（2004 年）

品种名称	抗性指数	与 CK 比较	最高损失率抗级	抗性评价	综合表现
苯 100S/赛恢 7 号	3.8	优于	5	中感	较好
苯 100S/赛恢 1 号	4.4	轻于	7	感病	一般
屯香优 223	3.5	优于	5	中感	较好
898A/常恢 119	4.3	优于	7	感病	一般
香 132	4.3	优于	7	感病	一般
金优 207CK	5.8		9	高感	差
2511A/荆恢 589	4.4	轻于	5	中感	较好
香两优 16	5.5	相当	9	高感	差
天禄源 9 号	6.6	劣于	9	高感	差
金优 667	2.6	优于	3	中抗	好

表 90　湖北省水稻区试品种稻瘟病抗性两年评价结论（2003—2004 年）

区试级别	品种名称	2004 年评价结论		2003 年评价结论		2003—2004 年两年评价结论				
		抗性指数	最高损失率抗级	抗性指数	最高损失率抗级	最高抗性指数	与 CK 比较	最高损失率抗级	抗性评价	综合表现
早稻	金优 402CK	4.5	9	1.3	1	4.5		9	高感	差
	两优 25	3.3	5	1.7	3	3.3	轻于	5	中感	较好
	两优 287	4.4	7	1.4	3	4.4	相当	7	感病	一般
	两优 3419	5.4	9	3.8	9	5.4	劣于	9	高感	差
	嘉育 948CK	4.6	9	1.1	1	4.6		9	高感	差
	科长 2098	5.4	9	2.1	3	5.4	劣于	9	高感	差
中稻	Ⅱ优 725CK	5.9	7	2.6	3	5.9		7	感病	一般
	绵 5 优 838	5.0	7	2.6	3	5.0	轻于	7	感病	一般
	扬两优 6 号	4.6	7	2.2	3	4.6	轻于	7	感病	一般
	803A/527	4.3	5	2.9	3	4.3	优于	5	中感	较好

（续表）

区试级别	品种名称	2004年评价结论		2003年评价结论		2003—2004年两年评价结论				
		抗性指数	最高损失率抗级	抗性指数	最高损失率抗级	最高抗性指数	与CK比较	最高损失率抗级	抗性评价	综合表现
中稻	超优2号	5.6	9	2.8	3	5.6	相当	9	高感	差
	Ⅱ优898	6.0	5	3.2	3	6.0	相当	5	中感	较好
	华香优-2	5.3	7	2.6	3	5.3	轻于	7	感病	一般
	Ⅱ优906	5.9	7	2.6	3	5.9	相当	7	感病	一般
	汕优63CK	4.5	5	2.5	3	4.5		5	中感	较好
	粤优938	5.6	9	3.1	3	5.6	劣于	9	高感	差
	粤优997	6.0	9	3.6	3	6.0	劣于	9	高感	差
	Ⅱ优725CK	6.9	7	2.5	3	6.9		7	感病	一般
	武香优988	4.8	5	2.2	3	4.8	优于	5	中感	较好
	冈优906	4.6	5	2.9	3	4.6	优于	5	中感	较好
	红莲优8号	6.3	9	3.2	5	6.3	轻于	9	高感	差
	绿优1号	6.6	9	3.8	5	6.6	相当	9	高感	差
	丰优293	7.8	9	2.8	3	7.8	劣于	9	高感	差
	Ⅱ优725CK	6.9	7	2.6	3	6.9		7	感病	一般
	两优1206	4.6	7	2.8	5	4.6	优于	7	感病	一般
晚稻	鄂粳杂1号CK	0.9	1	1.5	1	1.5		1	抗病	好
	J8091	5.0	9	7.1	9	7.1	劣于	9	高感	差
	晚粳042	1.6	1	4.3	7	4.3	劣于	7	感病	一般

表91 湖北省早稻中熟A组区试品种稻瘟病抗性鉴定各病圃结果（2005年）

品种名称	龙洞病圃			两河病圃		
	叶瘟病级	病穗率（%）	损失率（%）	叶瘟病级	病穗率（%）	损失率（%）
株两优819	2	0.0	0.0	5	100.0	64.0
两优647	3	15.0	8.5	4	100.0	75.0
两优407	3	0.0	0.0	4	100.0	71.0
260	2	33.0	20.9	3	100.0	78.0
两优17	2	5.0	2.5	2	100.0	80.0
两优105	4	21.0	11.0	4	100.0	78.0
金优402CK	4	1.0	0.2	5	100.0	71.5
两优25	4	6.0	2.1	5	100.0	91.0
328	4	8.0	3.0	4	100.0	97.0
嘉育948CK	5	54.0	39.5	2	100.0	65.0
荆楚优567	6	13.0	6.2	5	100.0	83.0
两优1号	2	2.0	1.0	4	100.0	85.0

表 92　湖北省早稻中熟 A 组区试品种稻瘟病抗性评价结论（2005 年）

品种名称	抗性指数	与 CK1 比较	与 CK2 比较	最高损失率抗级	抗性评价	综合表现
株两优 819	4.3	优于	相当	9	高感	差
两优 647	5.6	优于	劣于	9	高感	差
两优 407	4.3	优于	相当	9	高感	差
260	6.1	优于	劣于	9	高感	差
两优 17	4.3	优于	相当	9	高感	差
两优 105	5.8	优于	劣于	9	高感	差
金优 402CK2	4.9	优于		9	高感	差
两优 25	5.1	优于	相当	9	高感	差
328	5.0	优于	相当	9	高感	差
嘉育 948CK1	7.1		劣于	9	高感	淘汰
荆楚优 567	6.1	优于	劣于	9	高感	差
两优 1 号	4.5	优于	相当	9	高感	差

表 93　湖北省早稻中熟 B 组区试品种稻瘟病抗性鉴定各病圃结果（2005 年）

品种名称	龙洞病圃			两河病圃		
	叶瘟病级	病穗率（%）	损失率（%）	叶瘟病级	病穗率（%）	损失率（%）
奥优 15	4	3.0	1.2	5	100.0	79.0
金优 402CK	4	2.0	1.0	6	100.0	75.5
249	4	14.0	7.1	5	100.0	60.0
早籼 151	3	33.0	14.4	3	100.0	60.0
4011	2	3.0	0.6	3	100.0	56.0
嘉育 948CK	6	39.0	27.9	2	100.0	68.0
陆两优 211	4	7.0	2.3	3	100.0	56.0
连优 G91	3	6.0	3.6	6	100.0	80.0
金优 706	6	35.0	20.0	6	100.0	94.0
两优 347	4	40.0	23.3	5	100.0	85.0
Z 两优 718	3	0.0	0.0	6	80.0	46.0
金优 817	4	8.0	2.5	5	100.0	78.0

表 94　湖北省早稻中熟 B 组区试品种稻瘟病抗性评价结论（2005 年）

品种名称	抗性指数	与 CK1 比较	与 CK2 比较	最高损失率抗级	抗性评价	综合表现
奥优 15	4.9	优于	相当	9	高感	差
金优 402CK2	5.0	优于		9	高感	差
249	5.9	轻于	劣于	9	高感	差
早籼 151	5.8	轻于	劣于	9	高感	差
4011	4.4	优于	优于	9	高感	差
嘉育 948CK1	7.0		劣于	9	高感	差
陆两优 211	4.9	优于	相当	9	高感	差
连优 G91	5.1	优于	相当	9	高感	差
金优 706	7.0	相当	劣于	9	高感	差
两优 347	6.6	相当	劣于	9	高感	差
Z 两优 718	4.0	优于	优于	7	感病	一般
金优 817	5.1	优于	相当	9	高感	差

表 95　湖北省早稻迟熟组区试品种稻瘟病抗性鉴定各病圃结果（2005 年）

品种名称	龙洞病圃			两河病圃		
	叶瘟病级	病穗率（%）	损失率（%）	叶瘟病级	病穗率（%）	损失率（%）
4093	6	38.0	30.1	5	100.0	85.0
鄂早 18CK	1	10.0	4.4	4	100.0	81.0
荆楚优 42	5	4.0	1.4	6	100.0	97.0
屯早优 106	7	60.0	45.0	6	100.0	73.0
金优 402CK	4	4.0	1.8	7	100.0	71.0
天优 R7	8	90.0	81.0	7	100.0	89.5
两优 3402	3	2.0	0.4	6	100.0	94.0
两优 42	3	6.0	2.4	5	100.0	80.0
神农（稻）110	7	2.0	1.0	6	100.0	70.0
广源 118	2	5.0	2.5	3	100.0	50.0

表 96　湖北省早稻迟熟组区试品种稻瘟病抗性评价结论（2005 年）

品种名称	抗性指数	与 CK1 比较	与 CK2 比较	最高损失率抗级	抗性评价	综合表现
4093	7.4	劣于	劣于	9	高感	淘汰
鄂早 18CK1	4.6		轻于	9	高感	差
荆楚优 42	5.1	相当	相当	9	高感	差
屯早优 106	7.9	劣于	劣于	9	高感	淘汰
金优 402CK2	5.1	相当		9	高感	差
天优 R7	8.6	劣于	劣于	9	高感	淘汰
两优 3402	4.9	相当	相当	9	高感	差
两优 42	5.0	相当	相当	9	高感	差
神农（稻）110 *	5.4	劣于	相当	9	高感	差
广源 118	3.9	轻于	轻于	7	感病	一般

表 97　湖北省中稻 A 组区试品种稻瘟病抗性鉴定各病圃结果（2005 年）

品种名称	龙洞病圃			两河病圃		
	叶瘟病级	病穗率（%）	损失率（%）	叶瘟病级	病穗率（%）	损失率（%）
D 优 33	7	3.0	0.6	6	100.0	94.0
红莲优 8 号	3	7.0	2.6	7	100.0	100.0
糯优 28	5	0.0	0.0	7	100.0	88.0
屯 3A/668	2	2.0	0.6	5	100.0	97.0
丰优 18	3	6.0	0.9	7	100.0	100.0
金优佳 1 号	2	6.0	1.5	7	100.0	100.0
隆安优 1 号	7	35.0	14.5	8	100.0	100.0
红优 2095	4	0.0	0.0	7	100.0	100.0
Ⅱ优 725CK	5	15.0	5.1	7	100.0	86.0
Ⅱ优 118	5	18.0	7.0	7	100.0	97.0
培两优 3076	6	11.0	4.5	6	100.0	88.0
D 优 202	2	28.0	10.6	7	100.0	100.0

表 98　湖北省中稻 A 组区试品种稻瘟病抗性评价结论（2005 年）

品种名称	抗性指数	与 CK 比较	最高损失率抗级	抗性评价	综合表现
D 优 33	5.4	相当	9	高感	差
红莲优 8 号	5.3	轻于	9	高感	差
糯优 28	4.9	轻于	9	高感	差
屯 3A/668	4.6	轻于	9	高感	差
丰优 18	5.3	轻于	9	高感	差
金优佳 1 号	5.1	轻于	9	高感	差
隆安优 1 号	6.9	劣于	9	高感	差
红优 2095	4.8	轻于	9	高感	差
Ⅱ优 725CK	5.8		9	高感	差
Ⅱ优 118	6.3	相当	9	高感	差
培两优 3076	5.8	相当	9	高感	差
D 优 202	6.1	相当	9	高感	差

表 99　湖北省中稻 B 组区试品种稻瘟病抗性鉴定各病圃结果（2005 年）

品种名称	龙洞病圃			两河病圃		
	叶瘟病级	病穗率（%）	损失率（%）	叶瘟病级	病穗率（%）	损失率（%）
丰 986	8	60.0	28.5	6	100.0	100.0
庆优 6 号	2	9.0	3.8	6	100.0	98.5
培两优慈四	4	3.0	1.1	6	100.0	78.0
仙丰一号	4	28.0	11.9	7	100.0	100.0
天优 8 号	2	31.0	11.8	3	24.0	9.5
协优 102	7	40.0	24.0	6	100.0	100.0
富优 4 号	3	24.0	10.2	6	100.0	85.0
Ⅱ优 725CK	5	51.0	20.9	6	100.0	97.0
蜀龙优 3 号	5	53.0	23.1	7	100.0	100.0
川丰 6 号	4	1.0	0.5	6	100.0	100.0
冈优 827	4	14.0	6.5	6	100.0	97.0
B 优 811	3	3.0	0.9	6	100.0	100.0

表 100　湖北省中稻 B 组区试品种稻瘟病抗性评价结论（2005 年）

品种名称	抗性指数	与 CK 比较	最高损失率抗级	抗性评价	综合表现
天优 8 号	3.6	显著优于	3	中抗	好
B 优 811	4.9	优于	9	高感	差
庆优 6 号	5.0	优于	9	高感	差
培两优慈四	5.0	优于	9	高感	差
川丰 6 号	5.0	优于	9	高感	差
富优 4 号	5.9	轻于	9	高感	差
冈优 827	6.0	轻于	9	高感	差
仙丰一号	6.4	轻于	9	高感	差
协优 102	7.1	相当	9	高感	淘汰
Ⅱ优 725CK	7.1		9	高感	淘汰
蜀龙优 3 号	7.3	相当	9	高感	淘汰
丰 986	8.0	劣于	9	高感	淘汰

表 101　湖北省中稻 C 组区试品种稻瘟病抗性鉴定各病圃结果（2005 年）

品种名称	龙洞病圃			两河病圃		
	叶瘟病级	病穗率（%）	损失率（%）	叶瘟病级	病穗率（%）	损失率（%）
Ⅱ优 1577	5	29.0	5.1	6	100.0	98.5
研优 72	6	10.0	3.8	5	100.0	70.0
天香优 725	5	56.0	24.7	5	100.0	85.0
福丰优 11	5	17.0	7.8	6	100.0	98.5
中农 5 号	3	18.0	3.8	7	100.0	100.0
超优 437	5	17.0	7.0	6	100.0	82.0
正大 7533	4	65.0	30.0	6	100.0	100.0
D62A/蜀恢 781	4	21.0	9.3	7	100.0	100.0
Ⅱ优 725CK	5	13.0	4.9	7	100.0	97.0
五丰优 123	4	7.0	2.6	6	100.0	85.0
鄂两优 95	5	22.0	7.8	7	100.0	100.0
中 9A/中籼 89	7	22.0	10.7	7	100.0	95.5

表 102　湖北省中稻 C 组区试品种稻瘟病抗性评价结论（2005 年）

品种名称	抗性指数	与 CK 比较	最高损失率抗级	抗性评价	综合表现
Ⅱ优 1577	5.9	相当	9	高感	差
研优 72	5.4	相当	9	高感	差
天香优 725	7.0	劣于	9	高感	差
福丰优 11	6.1	相当	9	高感	差
中农 5 号	5.5	相当	9	高感	差
超优 437	6.1	相当	9	高感	差
正大 7533	7.5	劣于	9	高感	淘汰
D62A/蜀恢 781	6.1	相当	9	高感	差
Ⅱ优 725CK	5.8		9	高感	差
五丰优 123	5.3	轻于	9	高感	差
鄂两优 95	6.3	相当	9	高感	差
中 9A/中籼 89	6.5	劣于	9	高感	差

表 103　湖北省中稻 D 组区试品种稻瘟病抗性鉴定各病圃结果（2005 年）

品种名称	龙洞病圃			两河病圃		
	叶瘟病级	病穗率（%）	损失率（%）	叶瘟病级	病穗率（%）	损失率（%）
鄂优 147	3	16.0	4.6	7	100.0	88.0
金龙优 1 号	4	11.0	4.6	7	100.0	100.0
扬籼优 32	4	27.0	11.2	7	100.0	100.0
楚优 1588	6	78.0	44.9	8	100.0	100.0
正大 8377	4	20.0	6.5	6	100.0	100.0
红良优 1 号	5	53.0	22.0	6	100.0	97.0
Ⅱ优 725CK	5	29.0	10.9	6	100.0	98.5
苯 88S/赛恢 9 号	7	7.0	2.8	6	100.0	98.5
Ⅱ优 205	4	17.0	7.6	7	100.0	100.0
鄂丰两优 1 号	5	27.0	17.1	6	100.0	100.0
苯 63S/赛恢 9 号	5	16.0	6.5	6	100.0	100.0
两优 986	6	16.0	7.2	5	100.0	100.0

表 104　湖北省中稻 D 组区试品种稻瘟病抗性评价结论（2005 年）

品种名称	抗性指数	与 CK 比较	最高损失率抗级	抗性评价	综合表现
鄂优 147	5.5	轻于	9	高感	差
金龙优 1 号	5.6	轻于	9	高感	差
苯 88S/赛恢 9 号	5.6	轻于	9	高感	差
正大 8377	6.0	相当	9	高感	差
Ⅱ优 205	6.1	相当	9	高感	差
苯 63S/赛恢 9 号	6.1	相当	9	高感	差
两优 986	6.1	相当	9	高感	差
扬籼优 32	6.4	相当	9	高感	差
Ⅱ优 725CK	6.4		9	高感	差
鄂丰两优 1 号	6.9	相当	9	高感	差
红良优 1 号	7.1	劣于	9	高感	淘汰
楚优 1588	8.0	劣于	9	高感	淘汰

表 105　湖北省中稻 E 组区试品种稻瘟病抗性鉴定各病圃结果（2005 年）

品种名称	龙洞病圃			两河病圃		
	叶瘟病级	病穗率（%）	损失率（%）	叶瘟病级	病穗率（%）	损失率（%）
屯优 302	4	12.0	4.4	7	100.0	100.0
红香优 28	3	8.0	2.1	7	100.0	100.0
菲优 99-14	2	3.0	0.6	3	8.0	2.8
5098（辐香优 98）	6	20.0	12.5	7	100.0	100.0
天丰优 2118	3	3.0	0.6	2	8.0	3.7
两优 6326	7	11.0	4.3	5	100.0	97.0
丰优 268	4	5.0	1.8	6	100.0	98.5
T 优 988 选	3	0.0	0.0	6	100.0	100.0
科优 3 号	3	7.0	2.6	6	100.0	100.0
农丰 A/821	3	18.0	7.1	8	100.0	100.0
培两优 108	2	8.0	2.2	6	100.0	97.0
Ⅱ优 725CK	4	22.0	7.2	7	100.0	95.5

表 106　湖北省中稻 E 组区试品种稻瘟病抗性评价结论（2005 年）

品种名称	抗性指数	与 CK 比较	最高损失率抗级	抗性评价	综合表现
屯优 302	5.6	轻于	9	高感	差
红香优 28	5.3	轻于	9	高感	差
菲优 99-14	1.6	显著优于	1	抗病	好
5098（辐香优 98）	6.4	相当	9	高感	差
天丰优 2118	1.6	显著优于	1	抗病	好
两优 6326	5.8	相当	9	高感	差
丰优 268	5.0	轻于	9	高感	差
T 优 988 选	4.5	优于	9	高感	差
科优 3 号	5.1	轻于	9	高感	差
农丰 A/821	6.1	相当	9	高感	差
培两优 108	5.0	轻于	9	高感	差
Ⅱ优 725CK	6.1		9	高感	差

表 107　湖北省中稻 A 组预试品种稻瘟病抗性鉴定各病圃结果（2005 年）

品种名称	龙洞病圃			两河病圃		
	叶瘟病级	病穗率（%）	损失率（%）	叶瘟病级	病穗率（%）	损失率（%）
中优 2040	4	6.0	2.8	7	100.0	97.0
宜香优 11	4	3.0	0.6	8	100.0	68.0
Ⅱ优 6 号	5	13.0	5.3	8	100.0	90.0
楚香优 800	5	8.0	1.8	8	100.0	78.0
红优 55	3	15.0	6.5	8	100.0	100.0
中籼 4758	3	28.0	7.7	7	100.0	98.5
Ⅱ优 679	5	64.0	25.4	8	100.0	63.0
YW-2S/8027	5	17.0	9.3	6	100.0	72.0
Ⅱ优 418	6	36.0	15.3	8	100.0	70.0
Ⅱ优红 22	5	25.0	11.3	8	100.0	77.0
金穗 1 号	5	11.0	4.6	7	100.0	100.0
钱优 1 号	7	7.0	3.5	4	100.0	45.5
金优 56	6	31.0	15.6	7	100.0	94.0
内 2 优 J111	5	33.0	12.0	8	100.0	100.0
华两优 2035	6	10.0	3.6	8	100.0	94.0
Ⅱ优 602	5	33.0	11.7	8	100.0	100.0
T98A/614	5	5.0	1.9	7	100.0	100.0
绿优 218	4	21.0	7.8	7	100.0	100.0
粤泰 A/R108	4	13.0	4.4	8	100.0	100.0
Ⅱ优 725CK	5	1.0	0.5	8	100.0	77.0

表 108　湖北省中稻 A 组预试品种稻瘟病抗性评价结论（2005 年）

品种名称	抗性指数	与 CK 比较	最高损失率抗级	抗性评价	综合表现
钱优 1 号	4.9	轻于	7	感病	一般
宜香优 11	5.3	相当	9	高感	差
T98A/614	5.3	相当	9	高感	差
中优 2040	5.4	相当	9	高感	差
Ⅱ优 725CK	5.4		9	高感	差
楚香优 800	5.6	相当	9	高感	差
金穗 1 号	5.8	相当	9	高感	差
华两优 2035	5.8	相当	9	高感	差
粤泰 A/R108	5.8	相当	9	高感	差
Ⅱ优 6 号	5.9	相当	9	高感	差
红优 55	6.1	劣于	9	高感	差
YW-2S/8027	6.1	劣于	9	高感	差
绿优 218	6.1	劣于	9	高感	差
中籼 4758	6.3	劣于	9	高感	差
Ⅱ优红 22	6.4	劣于	9	高感	差
内 2 优 J111	6.6	劣于	9	高感	差
Ⅱ优 602	6.6	劣于	9	高感	差
Ⅱ优 418	6.8	劣于	9	高感	差
金优 56	7.1	劣于	9	高感	淘汰
Ⅱ优 679	7.4	劣于	9	高感	淘汰

表 109 湖北省中稻 B 组预试品种稻瘟病抗性鉴定各病圃结果（2005 年）

品种名称	龙洞病圃			两河病圃		
	叶瘟病级	病穗率（%）	损失率（%）	叶瘟病级	病穗率（%）	损失率（%）
盛优一号	6	52.0	21.8	8	100.0	100.0
武新 725	5	33.0	12.0	7	100.0	100.0
D 优 368	5	29.0	13.6	7	100.0	100.0
Ⅱ优 332	5	14.0	5.1	8	100.0	79.0
双丰三号	5	11.0	4.5	8	100.0	95.5
Ⅱ优 1989	5	28.0	11.9	8	100.0	98.5
岗 46A/THR-4-4	6	13.0	5.3	7	100.0	100.0
TK03	4	20.0	9.4	8	100.0	100.0
天香优 5 号	5	33.0	13.5	7	100.0	100.0
两优 9335	4	7.0	2.9	8	100.0	100.0
两优 527	4	20.0	7.3	7	100.0	100.0
Ⅱ优 011	4	10.0	4.9	7	100.0	98.5
Ⅱ优航 2 号	5	8.0	3.0	6	100.0	98.5
番青占 4 号	3	1.0	0.5	6	100.0	85.0
天开宜香稻 05-1	4	11.0	2.8	7	100.0	94.0
两优 35	5	15.0	7.0	8	100.0	94.0
镇优 241	6	18.0	8.0	8	100.0	100.0
蓉优 17 号	2	1.0	0.5	7	100.0	95.5
Ⅱ-32A/泰 R111	4	12.0	5.9	8	100.0	100.0
Ⅱ优 725CK	4	17.0	5.8	8	100.0	100.0

表 110 湖北省中稻 B 组预试品种稻瘟病抗性评价结论（2005 年）

品种名称	抗性指数	与 CK 比较	最高损失率抗级	抗性评价	综合表现
番青占 4 号	4.9	轻于	9	高感	差
蓉优 17 号	4.9	轻于	9	高感	差
Ⅱ优 011	5.4	轻于	9	高感	差
Ⅱ优航 2 号	5.4	轻于	9	高感	差
两优 9335	5.5	轻于	9	高感	差
天开宜香稻 05-1	5.6	轻于	9	高感	差
Ⅱ优 332	5.9	相当	9	高感	差
双丰三号	5.9	相当	9	高感	差
岗 46A/THR-4-4	5.9	相当	9	高感	差
两优 527	6.1	相当	9	高感	差
TK03	6.3	相当	9	高感	差
Ⅱ-32A/泰 R111	6.3	相当	9	高感	差
Ⅱ优 725CK	6.3		9	高感	差
两优 35	6.4	相当	9	高感	差
武新 725	6.5	相当	9	高感	差
D 优 368	6.5	相当	9	高感	差
天香优 5 号	6.5	相当	9	高感	差
镇优 241	6.5	相当	9	高感	差
Ⅱ优 1989	6.6	相当	9	高感	差
盛优一号	7.5	劣于	9	高感	淘汰

表 111 湖北省中稻 C 组预试品种稻瘟病抗性鉴定各病圃结果（2005 年）

品种名称	龙洞病圃			两河病圃		
	叶瘟病级	病穗率（%）	损失率（%）	叶瘟病级	病穗率（%）	损失率（%）
Ⅱ-32A/R498	4	36.0	16.2	8	100.0	82.0
广源 128	5	87.0	59.9	8	100.0	100.0
Ⅱ优 5908	5	29.0	15.7	8	100.0	100.0
全丰 A/枣恢 01-1	3	0.0	0.0	3	8.0	2.5
海丰 1 号	4	25.0	11.0	7	100.0	69.0
丰优 28	4	0.0	0.0	8	100.0	95.5
川香 29A/成恢 178 选	5	9.0	3.1	8	100.0	79.0
田优 8 号	4	13.0	6.0	8	100.0	98.5
Ⅱ优 9635	5	27.0	13.5	8	100.0	98.5
两优华 6	5	7.0	3.5	8	100.0	100.0
Ⅱ优 3149	5	11.0	4.5	8	100.0	100.0
ZY-8S/R133	5	11.0	5.5	8	100.0	100.0
Ⅱ优 748	3	10.0	4.9	7	100.0	100.0
粤优 22	4	75.0	30.0	8	100.0	100.0
泰香 6 号	4	44.0	18.3	8	100.0	98.5
川香 29A/金恢 3 号	4	8.0	3.1	8	100.0	100.0
神州 6 号	5	14.0	5.7	7	100.0	100.0
国豪香 29 号	4	16.0	7.5	8	100.0	100.0
Ⅱ优 725CK	5	55.0	22.2	8	100.0	100.0

表 112 湖北省中稻 C 组预试品种稻瘟病抗性评价结论（2005 年）

品种名称	抗性指数	与 CK 比较	最高损失率抗级	抗性评价	综合表现
全丰 A/枣恢 01-1	1.4	显著优于	1	抗病	好
丰优 28	4.9	优于	9	高感	差
Ⅱ优 748	5.3	优于	9	高感	差
川香 29A/金恢 3 号	5.5	优于	9	高感	差
川香 29A/成恢 178 选	5.6	优于	9	高感	差
两优华 6	5.6	优于	9	高感	差
Ⅱ优 3149	5.9	优于	9	高感	差
海丰 1 号	6.1	轻于	9	高感	差
田优 8 号	6.3	轻于	9	高感	差
神州 6 号	6.3	轻于	9	高感	差
国豪香 29 号	6.3	轻于	9	高感	差
ZY-8S/R133	6.4	轻于	9	高感	差
Ⅱ优 9635	6.6	轻于	9	高感	差
Ⅱ-32A/R498	7.0	相当	9	高感	差
泰香 6 号	7.0	相当	9	高感	差
Ⅱ优 5908	7.1	相当	9	高感	淘汰
Ⅱ优 725CK	7.4		9	高感	淘汰
粤优 22	7.8	相当	9	高感	淘汰
广源 128	8.4	劣于	9	高感	淘汰

表 113　湖北省中稻 D 组预试品种稻瘟病抗性鉴定各病圃结果（2005 年）

品种名称	龙洞病圃			两河病圃		
	叶瘟病级	病穗率（%）	损失率（%）	叶瘟病级	病穗率（%）	损失率（%）
宜香 305	5	16.0	6.5	8	100.0	98.5
岗优 803	3	73.0	28.1	8	100.0	100.0
屯优香 1102	7	53.0	24.0	6	100.0	100.0
Ⅱ优 117	4	17.0	6.8	8	100.0	95.5
485A/3219	4	13.0	4.1	8	100.0	100.0
两优 9 号	3	6.0	2.1	8	100.0	97.0
中农 7 号	4	2.0	0.7	7	100.0	98.5
华胜 1 号	3	7.0	1.7	8	100.0	100.0
两优 216	5	12.0	4.5	8	100.0	100.0
F3020	3	3.0	0.6	6	100.0	98.5
天香 018	4	46.0	17.6	8	100.0	100.0
绿香 78313	5	76.0	29.6	8	100.0	100.0
Ⅱ优 H103	4	46.0	19.7	8	100.0	100.0
新优 205	4	83.0	35.1	8	100.0	100.0
正大两优 054	5	41.0	16.1	7	100.0	100.0
辐香优 003	5	12.0	5.2	7	100.0	100.0
Ⅱ优 2070	3	50.0	24.3	7	100.0	100.0
Ⅱ-32A/R4-206	4	40.0	17.7	7	100.0	97.0
Ⅱ优 725CK	5	68.0	34.9	7	100.0	91.0

表 114　湖北省中稻 D 组预试品种稻瘟病抗性评价结论（2005 年）

品种名称	抗性指数	与 CK 比较	最高损失率抗级	抗性评价	综合表现
F3020	4.9	优于	9	高感	差
中农 7 号	5.1	优于	9	高感	差
两优 9 号	5.4	优于	9	高感	差
华胜 1 号	5.4	优于	9	高感	差
485A/3219	5.8	优于	9	高感	差
辐香优 003	5.8	优于	9	高感	差
两优 216	5.9	优于	9	高感	差
Ⅱ优 117	6.3	优于	9	高感	差
宜香 305	6.4	轻于	9	高感	差
Ⅱ优 2070	6.8	轻于	9	高感	差
Ⅱ-32A/R4-206	6.9	轻于	9	高感	差
天香 018	7.0	轻于	9	高感	差
Ⅱ优 H103	7.0	轻于	9	高感	差
正大两优 054	7.0	轻于	9	高感	差
屯优香 1102	7.4	相当	9	高感	淘汰
岗优 803	7.6	相当	9	高感	淘汰
新优 205	7.8	相当	9	高感	淘汰
Ⅱ优 725CK	7.8		9	高感	淘汰
绿香 78313	7.9	相当	9	高感	淘汰

表 115 湖北省中稻 E 组预试品种稻瘟病抗性鉴定各病圃结果（2005 年）

品种名称	龙洞病圃			两河病圃		
	叶瘟病级	病穗率（%）	损失率（%）	叶瘟病级	病穗率（%）	损失率（%）
正大协优 4678	3	40.0	11.9	7	100.0	100.0
农优 206	2	15.0	5.0	6	100.0	98.5
华胜 2 号	3	14.0	6.5	6	100.0	97.0
中优 7 号	4	4.0	2.0	6	100.0	100.0
马协 519	6	16.0	11.0	7	100.0	100.0
川香 29A/THR-4-4	6	37.0	15.8	7	100.0	94.0
Ⅱ优 1728	6	24.0	11.3	8	100.0	82.0
蜀稻优 151	5	6.0	3.0	8	100.0	97.0
广优 8 号	5	27.0	10.2	8	100.0	77.0
粤丰 A/285	5	18.0	8.4	8	100.0	100.0
鄂两优 28	4	2.0	0.1	7	100.0	75.0
荆农优 369	4	11.0	5.2	7	100.0	85.0
Ⅱ优 207	5	11.0	3.7	8	100.0	97.0
华两优 2106	4	28.0	12.0	8	100.0	100.0
绵 5 优 041	3	6.0	1.1	8	100.0	100.0
丰优 737	3	6.0	2.1	8	100.0	100.0
Ⅱ优 28	3	4.0	0.7	8	100.0	100.0
Ⅱ优 629	4	1.0	0.7	8	100.0	97.0
丰两优 6 号	4	6.0	2.6	8	100.0	100.0
Ⅱ优 725CK	5	66.0	23.5	8	100.0	85.0

表 116 湖北省中稻 E 组预试品种稻瘟病抗性评价结论（2005 年）

品种名称	抗性指数	与 CK 比较	最高损失率抗级	抗性评价	综合表现
中优 7 号	5.0	优于	9	高感	差
鄂两优 28	5.1	优于	9	高感	差
Ⅱ优 28	5.1	优于	9	高感	差
农优 206	5.3	优于	9	高感	差
Ⅱ优 629	5.3	优于	9	高感	差
绵 5 优 041	5.4	优于	9	高感	差
丰优 737	5.4	优于	9	高感	差
丰两优 6 号	5.5	优于	9	高感	差
蜀稻优 151	5.6	优于	9	高感	差
荆农优 369	5.6	优于	9	高感	差
华胜 2 号	5.9	优于	9	高感	差
Ⅱ优 207	5.9	优于	9	高感	差
正大协优 4678	6.3	轻于	9	高感	差
马协 519	6.4	轻于	9	高感	差
粤丰 A/285	6.4	轻于	9	高感	差
Ⅱ优 1728	6.5	轻于	9	高感	差
华两优 2106	6.5	轻于	9	高感	差
广优 8 号	6.6	轻于	9	高感	差
川香 29A/THR-4-4	7.1	相当	9	高感	淘汰
Ⅱ优 725CK	7.4		9	高感	淘汰

表 117　湖北省一季晚稻区试品种稻瘟病抗性鉴定各病圃结果（2005 年）

品种名称	龙洞病圃			两河病圃		
	叶瘟病级	病穗率（%）	损失率（%）	叶瘟病级	病穗率（%）	损失率（%）
T98A/R608	3	13.0	3.4	7	100.0	100.0
汕优 63CK	5	8.0	4.8	8	100.0	100.0
金优 182	4	3.0	1.5	8	100.0	100.0
T 优 207	4	6.0	2.1	7	100.0	100.0
3 优 18	2	0.0	0.0	5	100.0	58.0
Ⅱ优明 112	3	8.0	1.6	8	100.0	100.0
川汉香 36	4	7.0	1.6	8	100.0	100.0
天优 3269	4	5.0	1.9	4	3.0	0.6
两优 633	5	11.0	3.7	6	100.0	100.0
粤优 206	4	85.0	37.0	7	100.0	100.0
两优 6316	7	33.0	14.7	6	100.0	100.0
黄华占	4	17.0	6.1	7	100.0	100.0

表 118　湖北省一季晚稻组区试品种稻瘟病抗性评价结论（2005 年）

品种名称	抗性指数	与 CK 比较	最高损失率抗级	抗性评价	综合表现
T98A/R608	5.5	相当	9	高感	差
汕优 63CK	5.6		9	高感	差
金优 182	5.3	相当	9	高感	差
T 优 207	5.4	相当	9	高感	差
3 优 18	4.3	轻于	9	高感	差
Ⅱ优明 112	5.4	相当	9	高感	差
川汉香 36	5.5	相当	9	高感	差
天优 3269	1.8	显著优于	1	抗病	好
两优 633	5.6	相当	9	高感	差
粤优 206	7.6	劣于	9	高感	淘汰
两优 6316	6.6	劣于	9	高感	差
黄华占	6.1	相当	9	高感	差

表 119　湖北省双季晚稻 A 组区试品种稻瘟病抗性鉴定各病圃结果（2005 年）

品种名称	龙洞病圃			两河病圃		
	叶瘟病级	病穗率（%）	损失率（%）	叶瘟病级	病穗率（%）	损失率（%）
苯 100S/赛恢 1 号	4	8.0	6.0	6	100.0	100.0
两优 1385	4	100.0	49.6	6	100.0	100.0
协优 978	3	3.0	0.0	6	45.0	29.5
金 23A/R118	7	65.0	54.5	6	100.0	100.0
天香优 17	4	54.0	16.3	7	100.0	100.0
荆楚优 528	7	79.0	53.3	7	100.0	58.0
晚籼杂 1688	6	87.0	46.9	8	100.0	53.0
金优 207CK	4	16.0	3.4	8	100.0	53.0
T 优 081	7	42.0	20.1	7	100.0	52.0
898A/常恢 119	3	8.0	3.1	8	100.0	63.5
屯晚杂 39	4	9.0	3.4	7	100.0	85.0
番青占 4 号	4	7.0	2.5	*	*	*

表 120　湖北省双季晚稻 A 组区试品种稻瘟病抗性评价结论（2005 年）

品种名称	抗性指数	与 CK 比较	最高损失率抗级	抗性评价	综合表现
苯 100S/赛恢 1 号	5.8	相当	9	高感	差
两优 1385	7.5	劣于	9	高感	淘汰
协优 978	3.9	优于	7	感病	一般
金 23A/R118	8.4	劣于	9	高感	淘汰
天香优 17	7.1	劣于	9	高感	淘汰
荆楚优 528	8.5	劣于	9	高感	淘汰
晚籼杂 1688	8.0	劣于	9	高感	淘汰
金优 207CK	5.8		9	高感	差
T 优 081	7.3	劣于	9	高感	淘汰
898A/常恢 119	5.4	相当	9	高感	差
屯晚杂 39	5.4	相当	9	高感	差

表 121　湖北省双季晚稻 B 组区试品种稻瘟病抗性鉴定各病圃结果（2005 年）

品种名称	龙洞病圃			两河病圃		
	叶瘟病级	病穗率（%）	损失率（%）	叶瘟病级	病穗率（%）	损失率（%）
金优 690	7	90.0	76.0	8	100.0	100.0
A4/R118	3	25.0	8.0	7	100.0	64.5
粤优 958	3	66.0	32.7	8	100.0	100.0
鄂两优 46	5	60.0	23.4	8	100.0	56.0
天晚优 2 号	6	100.0	66.0	8	100.0	100.0
金优 207CK	5	90.0	34.5	8	100.0	56.0
中优 130	3	18.0	4.7	8	100.0	65.0
金优 130	4	11.0	2.8	8	100.0	58.0
T 优 207	4	6.0	1.2	8	100.0	68.0
金优 667	3	18.0	5.4	8	100.0	91.0
糯优 959	4	4.0	1.1	8	100.0	95.5

表 122　湖北省双季晚稻 B 组区试品种稻瘟病抗性评价结论（2005 年）

品种名称	抗性指数	与 CK 比较	最高损失率抗级	抗性评价	综合表现
金优 690	8.6	劣于	9	高感	淘汰
A4/R118	6.0	优于	9	高感	差
粤优 958	7.6	相当	9	高感	淘汰
鄂两优 46	7.4	轻于	9	高感	淘汰
天晚优 2 号	8.5	劣于	9	高感	淘汰
金优 207CK	7.9		9	高感	淘汰
中优 130	5.6	优于	9	高感	差
金优 130	5.8	优于	9	高感	差
T 优 207	5.5	优于	9	高感	差
金优 667	5.6	优于	9	高感	差
糯优 959	5.3	优于	9	高感	差

表 123　湖北省晚粳组区试品种稻瘟病抗性鉴定各病圃结果（2005 年）

品种名称	龙洞病圃			两河病圃		
	叶瘟病级	病穗率（%）	损失率（%）	叶瘟病级	病穗率（%）	损失率（%）
E52	6	12.0	2.8	8	100.0	70.0
两优糯 590	3	3.0	0.6	4	14.0	6.5
鄂粳杂 1 号 CK	3	3.0	0.6	3	3.0	0.6
20301	3	0.0	0.0	8	100.0	80.0
绿晚 318	7	3.0	0.6	8	100.0	82.0
E92	3	0.0	0.0	8	100.0	98.5
两优 7260	2	3.0	0.6	5	28.0	15.0
珞粳优 1 号	7	4.0	1.4	8	100.0	97.0
两优 2851	6	4.0	0.8	8	100.0	94.0
晚粳 P27	5	0.0	0.0	8	100.0	82.0
02-115	5	0.0	0.0	8	100.0	66.0
香粳 99	8	3.0	0.6	9	100.0	100.0

表 124　湖北省晚粳组区试品种稻瘟病抗性评价结论（2005 年）

品种名称	抗性指数	与 CK 比较	最高损失率抗级	抗性评价	综合表现
E52	6.0	劣于	9	高感	差
两优糯 590	2.6	劣于	3	中抗	好
鄂粳杂 1 号 CK	1.5		1	抗病	好
20301	4.8	劣于	9	高感	差
绿晚 318	5.6	劣于	9	高感	差
E92	4.8	劣于	9	高感	差
两优 7260	2.9	劣于	3	中抗	好
珞粳优 1 号	5.6	劣于	9	高感	差
两优 2851	5.5	劣于	9	高感	差
晚粳 P27	5.0	劣于	9	高感	差
02-115	5.0	劣于	9	高感	差
香粳 99	5.9	劣于	9	高感	差

表 125　湖北省晚籼预备试验品种稻瘟病抗性鉴定各病圃结果（2005 年）

品种名称	龙洞病圃			两河病圃		
	叶瘟病级	病穗率（%）	损失率（%）	叶瘟病级	病穗率（%）	损失率（%）
粤杂 510	4	0.0	0.0	7	100.0	97.0
京福优高 25	5	0.0	0.0	7	100.0	98.5
两优 9196	4	23.0	8.2	7	100.0	70.0
京福优 1112	7	100.0	60.0	7	100.0	100.0
T98 优 2155	3	11.0	3.7	6	100.0	100.0
丰晚优 1 号	6	18.0	7.5	7	100.0	94.0

（续表）

品种名称	龙洞病圃			两河病圃		
	叶瘟病级	病穗率（%）	损失率（%）	叶瘟病级	病穗率（%）	损失率（%）
金优 299	3	6.0	1.5	7	100.0	68.0
华优 66	3	3.0	0.2	4	5.0	1.6
国豪杂优 28 号	4	45.0	15.0	7	100.0	64.0
天 1 优 295	4	5.0	1.6	8	100.0	100.0
华胜 2 号	4	76.0	20.3	6	100.0	94.0
中优 250	3	63.0	15.9	8	100.0	97.0
金两优 4 号	3	27.0	10.8	7	100.0	61.0
宇丰二号	4	19.0	6.2	8	100.0	67.0
金穗 2 号	7	100.0	56.0	8	100.0	71.0
马协 23	5	68.0	22.5	7	100.0	97.0
鄂籼杂 586	3	18.0	7.5	8	100.0	100.0
武新 T18	4	3.0	0.6	7	100.0	94.0
两优 336	6	13.0	4.4	7	100.0	91.0
金优 207CK	4	6.0	1.8	8	100.0	64.0

表 126　湖北省晚籼预备试验品种稻瘟病抗性评价结论（2005 年）

品种名称	抗性指数	与 CK 比较	最高损失率抗级	抗性评价	综合表现
华优 66	1.6	显著优于	1	抗病	好
粤杂 510	4.8	轻于	9	高感	差
京福优高 25	4.9	轻于	9	高感	差
武新 T18	5.1	相当	9	高感	差
金优 299	5.3	相当	9	高感	差
天 1 优 295	5.3	相当	9	高感	差
T98 优 2155	5.4	相当	9	高感	差
金优 207CK	5.5		9	高感	差
两优 336	5.9	相当	9	高感	差
两优 9196	6.1	劣于	9	高感	差
鄂籼杂 586	6.1	劣于	9	高感	差
金两优 4 号	6.3	劣于	9	高感	差
宇丰二号	6.3	劣于	9	高感	差
丰晚优 1 号	6.4	劣于	9	高感	差
国豪杂优 28 号	6.4	劣于	9	高感	差
华胜 2 号	7.0	劣于	9	高感	差
中优 250	7.1	劣于	9	高感	淘汰
马协 23	7.3	劣于	9	高感	淘汰
京福优 1112	8.5	劣于	9	高感	淘汰
金穗 2 号	8.6	劣于	9	高感	淘汰

表 127　湖北省水稻区试品种稻瘟病抗性两年评价结论（2004—2005 年）

区试级别	品种名称	2005 年评价结论		2004 年评价结论		2004—2005 年两年评价结论				
		抗性指数	最高损失率抗级	抗性指数	最高损失率抗级	最高抗性指数	与 CK 比较	最高损失率抗级	抗性评价	综合表现
早稻	金优 402CK	4.9	9	4.5	9	4.9		9	高感	差
	两优 105	5.8	9	4.3	7	5.8	劣于	9	高感	差
	两优 25	5.1	9	3.3	5	5.1	相当	9	高感	差
	金优 402CK	5.1	9	4.5	9	5.1		9	高感	差
	荆楚优 42	5.1	9	4.9	9	5.1	相当	9	高感	差
	两优 42	5.0	9	4.4	7	5.0	相当	9	高感	差
	神农（稻）110	5.4	9	3.8	7	5.4	相当	9	高感	差
	金优 402CK	4.9	9	4.3	9	4.9		9	高感	差
	株两优 819	4.3	9	4.3	9	4.3	轻于	9	高感	差
	两优 1 号	4.5	9	4.8	9	4.8	相当	9	高感	差
	两优 407	4.3	9	4.5	9	4.5	相当	9	高感	差
	两优 647	5.6	9	5.5	9	5.6	劣于	9	高感	差
	两优 17	4.3	9	4.9	9	4.9	相当	9	高感	差
	金优 402CK	5.1	9	4.3	9	5.1		9	高感	差
	天优 R7	8.6	9	5.9	9	8.6	劣于	9	高感	差
中稻	Ⅱ优 725CK	5.8	9	6.9	7	6.9		9	高感	差
	隆安优 1 号	6.9	9	5.3	9	6.9	相当	9	高感	差
	红莲优 8 号	5.3	9	6.3	9	6.3	轻于	9	高感	差
	Ⅱ优 725CK	7.1	9	6.9	7	7.1		9	高感	差
	培两优慈 4	5.0	9	2.0	1	5.0	优于	9	高感	差
	Ⅱ优 725CK	7.1	9	6.1	7	7.1		9	高感	差
	庆优 6 号	5.0	9	4.6	7	5.0	优于	9	高感	差
	天优 8 号	3.6	3	4.8	9	4.8	优于	3	高感	差
	Ⅱ优 725CK	5.8	9	6.1	7	6.1		9	高感	差
	糯优 28	4.9	9	4.9	9	4.9	轻于	9	高感	差
	红优 2095	4.8	9	5.9	7	5.9	相当	9	高感	差
	Ⅱ优 725CK	7.1	9	6.8	7	7.1		9	高感	差
	丰 986（常）	8.0	9	7.9	9	8.0	劣于	9	高感	差
	Ⅱ优 725CK	5.8	9	6.8	7	6.8		9	高感	差
	培两优 3076	5.8	9	4.0	7	5.8	轻于	9	高感	差
	丰优 18	5.3	9	4.6	9	5.3	优于	9	高感	差
	D 优 202	6.1	9	5.5	5	6.1	轻于	9	高感	差
	Ⅱ优 118	6.3	9	4.8	5	6.3	轻于	9	高感	差
	Ⅱ优 725CK	6.4	9	6.8	7	6.8		9	高感	差
	Ⅱ优 205	6.1	9	6.8	9	6.8	相当	9	高感	差
	Ⅱ优 725CK	5.8	9	5.5	7	5.8		9	高感	差
	屯 3A/668	4.6	9	5.3	7	5.3	轻于	9	高感	差
	D 优 33	5.4	9	4.6	7	5.4	相当	9	高感	差
	金优佳 1 号	5.1	9	6.0	9	6.0	相当	9	高感	差

（续表）

区试级别	品种名称	2005年评价结论		2004年评价结论		2004—2005年两年评价结论				
		抗性指数	最高损失率抗级	抗性指数	最高损失率抗级	最高抗性指数	与CK比较	最高损失率抗级	抗性评价	综合表现
中稻	Ⅱ优725CK	6.4	9	5.5	7	6.4		9	高感	差
	苯88S/赛恢9号	5.6	9	5.9	9	5.9	轻于	9	高感	差
	Ⅱ优725CK	7.1	9	5.5	7	7.1		9	高感	差
	仙丰一号	6.4	9	3.9	3	6.4	轻于	9	高感	差
	协优102	7.1	9	5.5	9	7.1	相当	9	高感	差
一季晚稻	汕优63CK	5.6	9	5.6	7	5.6		9	高感	差
	粤优206	7.6	9	6.0	9	7.6	劣于	9	高感	差
	两优6316	6.6	9	5.3	9	6.6	劣于	9	高感	差
	金优182	5.3	9	4.9	9	5.3	相当	9	高感	差
	T优207	5.4	9	4.1	5	5.4	相当	9	高感	差
	T98A/R608	5.5	9	4.1	7	5.5	相当	9	高感	差
晚稻	金优207CK	7.9	9	3.8	3	7.9		9	高感	差
	T优207	5.5	9	3.5	5	5.5	优于	9	高感	差
	金优130	5.8	9	4.8	7	5.8	优于	9	高感	差
	金优207CK	5.8	9	3.8	3	5.8		9	高感	差
	晚籼杂1688	8.0	9	6.9	9	8.0	劣于	9	高感	差
	金优207CK	5.8	9	5.8	9	5.8		9	高感	差
	苯100S/赛恢1号	5.8	9	4.4	7	5.8	相当	9	高感	差
	898A/常恢119	5.4	9	4.3	7	5.4	相当	9	高感	差
	金优207CK	7.9	9	5.8	9	7.9		9	高感	差
	金优667	5.6	9	2.6	3	5.6	优于	9	高感	差
	鄂粳杂1号CK	1.5	1	0.9	1	1.5		1	抗病	好
	02-115	5.0	9	2.3	3	5.0	劣于	9	高感	差
	E52	6.0	9	4.3	7	6.0	劣于	9	高感	差
	两优糯590	2.6	3	2.0	1	2.6	劣于	3	中抗	好

表128　湖北省早稻中熟A组区试品种稻瘟病抗性鉴定各病圃结果（2006年）

品种名称	龙洞病圃			望家病圃			两河病圃		
	叶瘟病级	病穗率（%）	损失率（%）	叶瘟病级	病穗率（%）	损失率（%）	叶瘟病级	病穗率（%）	损失率（%）
德两优早5号	4	28.0	14.5	4	35.8	10.2	3	80.0	26.5
屯优早112	5	53.0	23.6	5	97.5	41.2	6	100.0	75.0
金优早53	6	29.0	12.5	4	47.5	12.5	6	100.0	58.0
嘉育948CK1	5	54.0	26.8	3	95.8	43.4	3	51.0	22.5
陆两优211	5	40.0	19.9	1	10.0	2.3	3	78.0	25.8
金优32	7	85.0	42.5	5	100.0	95.0	3	100.0	38.8
富早杂1号	7	59.0	35.7	4	87.5	46.3	4	88.0	37.6
两优287CK2	5	35.0	17.7	4	100.0	52.8	4	100.0	41.4
两优347	5	100.0	62.0	5	100.0	91.9	4	100.0	35.5
广源11				3	60.0	26.2			
陆两优8号	4	11.0	6.3	1	2.5	0.4	3	19.0	6.2

表 129 湖北省早稻中熟 A 组区试品种稻瘟病抗性评价结论（2006 年）

品种名称	抗性指数	与 CK1 比较	与 CK2 比较	最高损失率抗级	抗性评价	综合表现
德两优早 5 号	4.7	轻于	优于	5	中感	较好
屯优早 112	7.1	劣于	相当	9	高感	淘汰
金优早 53	5.8	相当	轻于	9	高感	差
嘉育 948CK1	6.0		轻于	7	感病	一般
陆两优 211	4.2	优于	优于	5	中感	较好
金优 32	7.3	劣于	劣于	9	高感	淘汰
富早杂 1 号	7.0	劣于	相当	7	感病	一般
两优 287CK2	6.7	劣于		9	高感	差
两优 347	7.6	劣于	劣于	9	高感	淘汰
陆两优 8 号	2.8	优于	显著优于	3	中抗	好

表 130 湖北省早稻中熟 B 组区试品种稻瘟病抗性鉴定各病圃结果（2006 年）

品种名称	龙洞病圃			望家病圃			两河病圃		
	叶瘟病级	病穗率（%）	损失率（%）	叶瘟病级	病穗率（%）	损失率（%）	叶瘟病级	病穗率（%）	损失率（%）
T 优 509	4	30.0	14.0	6	100.0	98.0	4	100.0	47.0
株两优 99	4	7.0	2.6	4	32.5	7.5	4	89.0	37.0
华两优 207	4	16.0	7.7	4	55.8	17.7	4	100.0	62.0
早 1110	4	100.0	65.0	5	97.5	88.8	8	100.0	100.0
两优 287CK2	5	33.0	8.2	4	100.0	80.3	4	100.0	49.9
T 优 705	4	10.0	4.8	5	100.0	50.8	7	100.0	100.0
H628S/华 916	5	5.0	2.2	3	10.8	1.7	3	31.0	11.0
早籼 D89	4	8.0	4.6	4	100.0	69.2	4	100.0	50.0
中 2 优 372	4	6.0	0.8	0	5.8	0.3	3	18.0	4.8
嘉育 948CK1	4	11.0	3.9	4	80.8	32.9	3	36.0	17.0
早糯 0316	3	54.0	30.4	4	100.0	54.9	3	80.0	30.4
金优 18	5	9.0	3.0	4	61.7	15.5	5	100.0	64.4

表 131 湖北省早稻中熟 B 组区试品种稻瘟病抗性评价结论（2006 年）

品种名称	抗性指数	与 CK1 比较	与 CK2 比较	最高损失率抗级	抗性评价	综合表现
T 优 509	6.4	劣于	相当	9	高感	差
株两优 99	4.4	相当	优于	7	感病	一般
华两优 207	5.8	劣于	轻于	9	高感	差
早 1110	8.2	劣于	劣于	9	高感	淘汰
两优 287CK2	6.3	劣于		9	高感	差
T 优 705	6.3	劣于	相当	9	高感	差
H628S/华 916	2.8	优于	显著优于	3	中抗	好
早籼 D89	5.6	劣于	轻于	9	高感	差
中 2 优 372	2.0	优于	显著优于	1	抗病	好
嘉育 948CK1	4.8		优于	7	感病	一般
早糯 0316	6.9	劣于	劣于	9	高感	差
金优 18	5.4	劣于	轻于	9	高感	差

表 132　湖北省早稻迟熟组区试品种稻瘟病抗性鉴定各病圃结果（2006 年）

品种名称	龙洞病圃			望家病圃			两河病圃		
	叶瘟病级	病穗率（%）	损失率（%）	叶瘟病级	病穗率（%）	损失率（%）	叶瘟病级	病穗率（%）	损失率（%）
湘泰优 120	6	17.0	7.5	4	45.0	9.8	6	100.0	72.0
中优 152	6	56.0	31.4	6	100.0	53.9	5	100.0	47.5
两优 287CK2	5	75.0	34.6	4	99.2	55.6	3	100.0	52.6
早优香 58	4	7.0	4.1	2	45.8	17.1	3	95.0	43.0
4011	5	3.0	1.1	1	4.2	0.7	3	22.0	8.2
391	5	9.0	3.0	3	9.2	1.5	4	28.0	10.4
中 2 优 308	3	0.0	0.0	4	5.8	5.8	4	19.0	4.7
鄂早 18CK2	5	8.0	4.0	5	86.7	42.2	4	96.0	43.3
天早三号	6	20.0	9.1	8	100.0	100.0	6	100.0	65.0
冈早 508	6	35.0	18.2	7	100.0	97.4	6	100.0	72.0
鄂 6 优 84	6	66.0	35.6	3	76.7	27.6	3	95.0	41.9

表 133　湖北省早稻迟熟组区试品种稻瘟病抗性评价结论（2006 年）

品种名称	抗性指数	与 CK1 比较	与 CK2 比较	最高损失率抗级	抗性评价	综合表现
湘泰优 120	5.6	优于	相当	9	高感	差
中优 152	7.5	相当	劣于	9	高感	淘汰
两优 287CK1	7.4		劣于	9	高感	淘汰
早优香 58	4.5	优于	轻于	7	感病	一般
4011	2.2	显著优于	优于	3	中抗	好
391	2.9	显著优于	优于	3	中抗	好
中 2 优 308	2.3	显著优于	优于	3	中抗	好
鄂早 18CK2	5.4	优于		7	感病	一般
天早三号	7.1	相当	劣于	9	高感	淘汰
冈早 508	7.5	相当	劣于	9	高感	淘汰
鄂 6 优 84	6.4	轻于	劣于	7	感病	一般

表 134　湖北省迟熟晚稻区试品种稻瘟病抗性鉴定各病圃结果（2006 年）

品种名称	龙洞病圃			望家病圃			两河病圃		
	叶瘟病级	病穗率（%）	损失率（%）	叶瘟病级	病穗率（%）	损失率（%）	叶瘟病级	病穗率（%）	损失率（%）
Ⅱ优 1286	7	94.0	39.6	6	65.8	22.2	5	93.0	44.1
扬籼优 412	8	76.0	28.1	5	74.2	29.3	3	79.0	47.0
晚籼 98	6	42.0	15.0	5	69.2	19.2	3	55.0	32.7
汕优 63CK	5	3.0	0.9	8	93.3	59.7	4	58.0	37.0
昌优 11 号	3	2.0	0.4	4	19.2	1.8	4	0.0	0.0
两优 6316	4	5.0	1.3	5	62.5	18.0	4	93.0	45.0
全优 3229	3	2.0	0.4	5	60.0	17.4	4	53.0	18.7

（续表）

品种名称	龙洞病圃			望家病圃			两河病圃		
	叶瘟病级	病穗率（%）	损失率（%）	叶瘟病级	病穗率（%）	损失率（%）	叶瘟病级	病穗率（%）	损失率（%）
川汉香 36	5	2.0	0.1	6	54.2	11.8	4	86.0	32.6
两优 3 号	7	72.0	27.5	5	47.5	8.5	3	100.0	57.7
15S/明恢选	6	62.0	19.7	4	56.7	21.9	3	66.0	37.1
黄华占	6	43.0	15.6	6	89.2	32.6	5	100.0	45.0
C 两优 63	5	7.0	2.6	7	75.8	31.2	5	100.0	49.4

表 135　湖北省迟熟晚稻区试品种稻瘟病抗性评价结论（2006 年）

品种名称	抗性指数	与 CK 比较	最高损失率抗级	抗性评价	综合表现
Ⅱ优 1286	6.9	劣于	7	感病	一般
扬籼优 412	6.4	劣于	7	感病	一般
晚籼 98	5.8	相当	7	感病	一般
汕优 63CK	5.8		9	高感	差
昌优 11 号	1.8	显著优于	1	抗病	好
两优 6316	4.8	轻于	7	感病	一般
全优 3229	4.4	轻于	5	中感	较好
川汉香 36	4.7	轻于	7	感病	一般
两优 3 号	6.2	相当	9	高感	差
15S/明恢选	6.2	相当	7	感病	一般
黄华占	6.7	劣于	7	感病	一般
C 两优 63	5.7	相当	7	感病	一般

表 136　湖北省双季晚稻 A 组区试品种稻瘟病抗性鉴定各病圃结果（2006 年）

品种名称	龙洞病圃			望家病圃			两河病圃		
	叶瘟病级	病穗率（%）	损失率（%）	叶瘟病级	病穗率（%）	损失率（%）	叶瘟病级	病穗率（%）	损失率（%）
金优 616	6	67.0	26.3	5	73.3	22.8	5	100.0	83.5
中 3 优 1286	6	42.0	16.3	6	77.5	32.7	3	100.0	77.1
全优 717	4	1.0	0.2	5	76.7	31.6	3	21.0	3.8
蓉香优 906	6	37.0	13.7	4	61.7	24.5	4	91.0	43.1
荆楚优 154	5	8.0	1.3	6	38.3	13.4	4	30.0	11.7
鄂两优 246	6	50.0	22.2	7	58.3	22.5	6	100.0	69.1
AL503	7	92.0	41.4	3	65.0	41.5	3	99.0	58.1
金优 624	6	28.0	5.5	5	52.5	22.7	4	75.0	27.0
1103S/明恢选	7	36.0	14.7	4	40.0	16.2	4	94.0	36.8
金优 207CK	6	24.0	11.8	4	72.5	34.3	3	100.0	77.1
冶丰一号	5	14.0	5.1	4	68.3	29.3	4	100.0	60.1
H28A/华 624	5	2.0	0.7	5	100.0	48.8	4	100.0	63.1

表 137　湖北省双季晚稻 A 组区试品种稻瘟病抗性评价结论（2006 年）

品种名称	抗性指数	与 CK 比较	最高损失率抗级	抗性评价	综合表现
金优 616	6.8	劣于	9	高感	差
中 3 优 1286	6.8	劣于	9	高感	差
全优 717	3.8	优于	7	感病	一般
蓉香优 906	5.8	相当	7	感病	一般
荆楚优 154	3.8	优于	3	中抗	好
鄂两优 246	6.8	劣于	9	高感	差
AL503	7.2	劣于	9	高感	淘汰
金优 624	5.5	轻于	5	中感	较好
1103S/明恢选	5.3	轻于	7	感病	一般
金优 207CK	6.2		9	高感	差
冶丰一号	5.8	相当	9	高感	差
H28A/华 624	5.6	轻于	9	高感	差

表 138　湖北省双季晚稻 B 组区试品种稻瘟病抗性鉴定各病圃结果（2006 年）

品种名称	龙洞病圃			望家病圃			两河病圃		
	叶瘟病级	病穗率（%）	损失率（%）	叶瘟病级	病穗率（%）	损失率（%）	叶瘟病级	病穗率（%）	损失率（%）
金优 315	6	13.0	4.1	5	75.0	34.9	5	100.0	62.9
科优 39	6	18.0	7.8	4	51.7	25.3	5	100.0	52.5
荣优 698	2	4.0	1.7	4	100.0	46.3	3	6.0	2.1
中优 250	5	36.0	16.5	4	69.2	31.0	3	100.0	62.0
金穗 2 号	8	100.0	62.6	7	86.7	44.2	5	100.0	62.1
金优 207CK	7	79.0	39.9	4	55.0	23.1	4	90.0	48.2
金优明 531	6	43.0	14.9	4	45.8	13.8	5	100.0	83.5
德农晚 5 号	5	12.0	3.4	5	80.0	35.6	4	62.0	26.1
天优 134	2	0.0	0.0	5	95.0	55.1	3	7.0	1.4
天优 999	3	4.0	1.4	5	95.8	46.3	3	9.0	2.1
粤泰 A/华 148	7	41.0	19.4	4	47.5	9.9	4	100.0	74.0
鄂香两优 025	7	37.0	16.3	8	85.8	46.3	8	100.0	100.0

表 139　湖北省双季晚稻 B 组区试品种稻瘟病抗性评价结论（2006 年）

品种名称	抗性指数	与 CK 比较	最高损失率抗级	抗性评价	综合表现
金优 315	6.1	轻于	9	高感	差
科优 39	6.0	轻于	9	高感	差
荣优 698	3.3	优于	7	感病	一般
中优 250	6.6	相当	9	高感	差
金穗 2 号	8.1	劣于	9	高感	淘汰
金优 207CK	6.7		7	感病	一般
金优明 531	5.7	轻于	9	高感	差
德农晚 5 号	5.3	轻于	7	感病	一般

（续表）

品种名称	抗性指数	与 CK 比较	最高损失率抗级	抗性评价	综合表现
天优 134	3.5	优于	9	高感	差
天优 999	3.5	优于	7	感病	一般
粤泰 A/华 148	6.0	轻于	9	高感	差
鄂香两优 025	7.5	劣于	9	高感	淘汰

表 140　湖北省晚粳区试品种稻瘟病抗性鉴定各病圃结果（2006 年）

品种名称	龙洞病圃			望家病圃			两河病圃		
	叶瘟病级	病穗率（%）	损失率（%）	叶瘟病级	病穗率（%）	损失率（%）	叶瘟病级	病穗率（%）	损失率（%）
两优 7620	2	5.0	0.6	3	75.0	19.7	3	7.0	2.3
香粳 0306	6	2.0	0.1	4	33.3	8.3	5	56.0	25.2
鄂粳杂 1 号 CK	3	0.0	0.0	5	51.7	20.8	3	26.0	7.6
E92	6	7.0	0.8	5	39.2	6.3	5	59.0	16.1
两优 7635	6	38.0	11.7	7	80.0	32.8	9	93.0	77.5
晚粳 P27	6	7.0	2.6	4	45.8	8.2	5	75.0	31.9
6 优 181	6	0.0	0.0	6	92.5	27.5	6	92.0	40.8
两优 7608	2	4.0	0.8	4	65.8	15.9	4	16.0	3.2
香粳优 75	3	0.0	0.0	4	43.3	9.5	4	13.0	2.6
粳两优 1920	6	8.0	2.8	5	74.2	23.0	6	74.0	34.3

表 141　湖北省晚粳区试品种稻瘟病抗性评价结论（2006 年）

品种名称	抗性指数	与 CK 比较	最高损失率抗级	抗性评价	综合表现
两优 7620	2.9	于	5	中感	较好
香粳 0306	4.2	劣于	5	中感	较好
鄂粳杂 1 号 CK	3.6		5	中感	较好
E92	4.4	劣于	5	中感	较好
两优 7635	7.1	劣于	9	高感	淘汰
晚粳 P27	4.7	劣于	7	感病	一般
6 优 181	5.0	劣于	7	感病	一般
两优 7608	3.3	相当	5	中感	较好
香粳优 75	2.6	轻于	3	中抗	好
粳两优 1920	5.3	劣于	7	感病	一般

表 142　湖北省中稻 A 组区试品种稻瘟病抗性鉴定各病圃结果（2006 年）

品种名称	龙洞病圃			望家病圃			两河病圃		
	叶瘟病级	病穗率（%）	损失率（%）	叶瘟病级	病穗率（%）	损失率（%）	叶瘟病级	病穗率（%）	损失率（%）
中农 7 号	6	3.0	0.6	7	71.7	39.1	4	54.0	20.7
两优 35	7	40.0	13.6	7	100.0	64.6	6	100.0	40.4

（续表）

品种名称	龙洞病圃			望家病圃			两河病圃		
	叶瘟病级	病穗率（%）	损失率（%）	叶瘟病级	病穗率（%）	损失率（%）	叶瘟病级	病穗率（%）	损失率（%）
新优 205	6	71.0	32.1	5	95.8	36.2	4	100.0	37.1
Ⅱ优 1989	6	31.0	14.8	6	87.5	31.8	6	74.0	24.7
农优 206	5	36.0	16.2	8	93.3	66.2	7	100.0	88.0
两优培九 CK	6	52.0	22.2	5	79.2	41.8	3	69.0	23.1
国稻一号	6	4.0	1.6	4	61.7	27.0	3	83.0	28.0
双丰三号	6	35.0	13.3	5	67.5	41.2	5	83.0	32.5
丰优 99	2	3.0	0.6	4	100.0	55.0	4	29.0	11.2
协优 4678	5	44.0	14.7	4	90.8	25.7	3	90.0	33.1
Ⅱ优 748	4	40.0	20.2	4	88.3	40.8	5	100.0	50.4
Ⅱ优 H103	6	59.0	26.2	4	90.8	36.0	5	81.0	32.0
扬稻 6 号	6	63.0	29.9	8	100.0	70.7	8	100.0	100.0
丰 986	7	56.0	26.2	7	100.0	65.7	7	100.0	100.0

表 143　湖北省中稻 A 组区试品种稻瘟病抗性评价结论（2006 年）

品种名称	抗性指数	与 CK 比较	最高损失率抗级	抗性评价	综合表现
中农 7 号	5.2	轻于	7	感病	一般
两优 35	6.9	劣于	9	高感	差
新优 205	7.0	劣于	7	感病	一般
Ⅱ优 1989	6.1	相当	7	感病	一般
农优 206	7.6	劣于	9	高感	淘汰
两优培九 CK	6.3		7	感病	一般
国稻一号	4.5	优于	5	中感	较好
双丰三号	6.3	相当	7	感病	一般
丰优 99	4.4	优于	9	高感	差
协优 4678	5.6	轻于	7	感病	一般
Ⅱ优 748	6.7	相当	9	高感	差
Ⅱ优 H103	6.7	相当	7	感病	一般
扬稻 6 号	7.9	劣于	9	高感	淘汰
丰 986	7.8	劣于	9	高感	淘汰

表 144　湖北省中稻 B 组区试品种稻瘟病抗性鉴定各病圃结果（2006 年）

品种名称	龙洞病圃			望家病圃			两河病圃		
	叶瘟病级	病穗率（%）	损失率（%）	叶瘟病级	病穗率（%）	损失率（%）	叶瘟病级	病穗率（%）	损失率（%）
D62A/蜀恢 781	7	91.0	40.8	4	85.8	34.3	4	100.0	40.9
e 福丰优 11	6	51.0	21.7	4	70.8	37.8	4	100.0	58.9
天优 8 号	3	6.0	1.2	4	95.8	54.2	4	24.0	6.6
培两优 108	6	47.0	22.2	4	63.3	29.2	3	82.0	27.5

（续表）

品种名称	龙洞病圃			望家病圃			两河病圃		
	叶瘟病级	病穗率（%）	损失率（%）	叶瘟病级	病穗率（%）	损失率（%）	叶瘟病级	病穗率（%）	损失率（%）
两优 6326	6	27.0	9.6	5	85.0	36.8	4	89.0	34.3
鄂优 147	7	45.0	14.4	5	85.0	43.7	4	100.0	42.3
正大 8377	5	61.0	21.8	4	42.5	19.9	3	94.0	35.1
两优 986	6	19.0	6.6	6	75.8	37.5	4	100.0	39.5
Ⅱ优 725CK	6	24.0	7.8	8	90.8	51.0	5	100.0	43.4
屯优 302	7	45.0	20.4	4	85.8	39.1	4	100.0	79.0
协优 102	5	64.0	18.5	5	98.3	50.9	4	100.0	41.9
天丰优 2118	7	3.0	0.6	4	23.3	1.9	4	13.0	3.8

表 145　湖北省中稻 B 组区试品种稻瘟病抗性评价结论（2006 年）

品种名称	抗性指数	与 CK 比较	最高损失率抗级	抗性评价	综合表现
D62A/蜀恢 781	7.0	相当	7	感病	一般
e 福丰优 11	6.9	相当	9	高感	差
天优 8 号	4.5	优于	9	高感	差
培两优 108	5.7	轻于	5	中感	较好
两优 6326	6.2	轻于	7	感病	一般
鄂优 147	6.3	相当	7	感病	一般
正大 8377	5.9	轻于	7	感病	一般
两优 986	6.1	轻于	7	感病	一般
Ⅱ优 725CK	6.7		9	高感	差
屯优 302	6.8	相当	9	高感	差
协优 102	6.9	相当	9	高感	差
天丰优 2118	2.7	显著优于	1	抗病	好

表 146　湖北省中稻 C 组区试品种稻瘟病抗性鉴定各病圃结果（2006 年）

品种名称	龙洞病圃			望家病圃			两河病圃		
	叶瘟病级	病穗率（%）	损失率（%）	叶瘟病级	病穗率（%）	损失率（%）	叶瘟病级	病穗率（%）	损失率（%）
中优 2040	5	33.0	14.4	6	91.7	34.5	3	100.0	34.4
Ⅱ优 418	4	22.0	8.3	6	51.7	17.3	3	76.0	31.4
Ⅱ优 1577	4	43.0	17.6	6	75.8	40.0	5	100.0	42.6
Ⅱ优 725CK2	4	44.0	22.5	7	97.5	51.4	4	97.0	39.6
绿优 218	5	61.0	26.6	6	100.0	43.6	5	100.0	41.1
苯 63S/赛恢 9 号	4	57.0	22.5	5	71.7	30.3	3	100.0	35.6
川香 29A/成恢 178 选	5	0.0	0.0	4	32.5	3.3	3	14.0	4.3
Ⅱ优 117	4	38.0	13.8	4	45.8	13.9	4	100.0	36.9
中 9A/中籼 89	4	0.0	0.0	5	49.2	16.8	4	75.0	31.9
两优培九 CK1	4	41.0	12.6	5	82.5	37.0	5	100.0	41.0
Ⅱ优 679	3	15.0	6.1	4	60.0	24.1	4	100.0	37.4
T98A/614	5	57.0	19.4	5	67.5	42.6	4	100.0	44.9

表 147 湖北省中稻 C 组区试品种稻瘟病抗性评价结论（2006 年）

品种名称	抗性指数	与 CK1 比较	与 CK2 比较	最高损失率抗级	抗性评价	综合表现
中优 2040	6.1	相当	轻于	7	感病	一般
Ⅱ优 418	5.5	轻于	轻于	7	感病	一般
Ⅱ优 1577	6.5	相当	相当	7	感病	一般
Ⅱ优 725CK2	6.8	劣于		9	高感	差
绿优 218	6.8	劣于	相当	7	感病	一般
苯 63S/赛恢 9 号	6.4	相当	相当	7	感病	一般
川香 29A/成恢 178 选	2.3	显著优于	显著优于	1	抗病	好
Ⅱ优 117	5.1	轻于	优于	7	感病	一般
中 9A/中籼 89	4.4	优于	优于	7	感病	一般
两优培九 CK1	6.1		轻于	7	感病	一般
Ⅱ优 679	5.3	轻于	优于	7	感病	一般
T98A/614	6.6	相当	相当	7	感病	一般

表 148 湖北省中稻 D 组区试品种稻瘟病抗性鉴定各病圃结果（2006 年）

品种名称	龙洞病圃			望家病圃			两河病圃		
	叶瘟病级	病穗率（%）	损失率（%）	叶瘟病级	病穗率（%）	损失率（%）	叶瘟病级	病穗率（%）	损失率（%）
CY802	7	3.0	1.5	7	90.8	46.3	5	100.0	34.1
蜀优 6 号	7	29.0	12.5	4	80.8	40.3	4	100.0	41.6
ZY-8S/R133	4	12.0	3.9	5	65.8	28.7	4	100.0	35.6
两优培九 CK	5	39.0	10.2	5	75.8	31.9	3	100.0	37.1
神州 6 号	5	6.0	2.1	5	69.2	33.3	3	100.0	40.4
502A/HD508	6	7.0	1.7	7	100.0	53.8	3	100.0	47.7
扬籼优 578	6	35.0	13.5	6	95.8	48.8	4	100.0	55.4
襄优 510	5	35.0	14.9	8	100.0	39.8	5	100.0	48.8
皖稻 153	5	94.0	45.6	3	95.0	56.5	4	100.0	57.6
丰优 9752	6	26.0	10.0	7	65.8	30.8	4	100.0	66.6
准 S/R1141	5	26.0	7.3	4	64.2	26.8	4	87.0	37.3
C 两优 513	5	14.0	5.2	6	92.5	40.5	5	73.0	26.0

表 149 湖北省中稻 D 组区试品种稻瘟病抗性评价结论（2006 年）

品种名称	抗性指数	与 CK 比较	最高损失率抗级	抗性评价	综合表现
CY802	5.7	相当	7	感病	一般
蜀优 6 号	6.2	相当	7	感病	一般
ZY-8S/R133	5.2	轻于	7	感病	一般
两优培九 CK	6.0		7	感病	一般
神州 6 号	5.3	轻于	7	感病	一般
502A/HD508	5.9	相当	9	高感	差

（续表）

品种名称	抗性指数	与 CK 比较	最高损失率抗级	抗性评价	综合表现
扬籼优 578	6.6	劣于	9	高感	差
襄优 510	6.4	相当	7	感病	一般
皖稻 153	7.4	劣于	9	高感	淘汰
丰优 9752	6.7	劣于	9	高感	差
准 S/R1141	5.7	相当	7	感病	一般
C 两优 513	5.8	相当	7	感病	一般

表 150　湖北省中稻 E 组区试品种稻瘟病抗性鉴定各病圃结果（2006 年）

品种名称	龙洞病圃			望家病圃			两河病圃		
	叶瘟病级	病穗率（%）	损失率（%）	叶瘟病级	病穗率（%）	损失率（%）	叶瘟病级	病穗率（%）	损失率（%）
泸优 458	7	46.0	19.1	5	100.0	51.0	5	100.0	33.9
阳鑫优 1 号	7	88.0	41.5	4	100.0	55.9	6	100.0	37.4
两优 108	5	35.0	11.1	4	66.7	31.5	3	100.0	37.4
两优培九 CK	5	45.0	14.4	5	80.0	39.2	4	100.0	42.4
两优华 6	5	35.0	14.9	5	70.0	26.9	4	100.0	42.5
鄂丰优 1 号	7	100.0	49.4	6	70.8	25.7	6	100.0	54.4
华香优 191	7	8.0	4.6	7	85.8	43.6	6	65.0	26.9
荆两优 10 号	5	3.0	0.6	6	78.3	26.0	4	97.0	41.4
伍优 5 号	6	49.0	15.6	5	100.0	63.3	4	100.0	42.9
巨风 2 号	5	7.0	4.3	7	100.0	73.4	5	86.0	42.3
国香 8 优 1237	7	8.0	2.5	6	100.0	76.6	5	100.0	42.1
香优 268	8	53.0	23.6	7	97.5	43.9	6	94.0	54.9

表 151　湖北省中稻 E 组区试品种稻瘟病抗性评价结论（2006 年）

品种名称	抗性指数	与 CK 比较	最高损失率抗级	抗性评价	综合表现
泸优 458	7.0	劣于	9	高感	差
阳鑫优 1 号	7.5	劣于	9	高感	淘汰
两优 108	5.9	相当	7	感病	一般
两优培九 CK	6.1		7	感病	一般
两优华 6	5.8	相当	7	感病	一般
鄂丰优 1 号	7.3	劣于	9	高感	淘汰
华香优 191	5.6	轻于	7	感病	一般
荆两优 10 号	5.0	轻于	7	感病	一般
伍优 5 号	6.8	劣于	9	高感	差
巨风 2 号	6.0	相当	9	高感	差
国香 8 优 1237	6.1	相当	9	高感	差
香优 268	7.5	劣于	9	高感	淘汰

表 152　湖北省水稻区试品种稻瘟病抗性两年评价结论（2005—2006 年）

区试级别	品种名称	2006 年评价结论		2005 年评价结论		2005—2006 年两年评价结论				
		抗性指数	最高损失率抗级	抗性指数	最高损失率抗级	最高抗性指数	与 CK 比较	最高损失率抗级	抗性评价	综合表现
早稻	嘉育 948CK	4.8	7	7.0	9	7.0		9	高感	差
	陆两优 211	4.2	5	4.9	9	4.9	优于	9	高感	差
	两优 347	7.6	9	6.6	9	7.6	劣于	9	高感	差
	鄂早 18CK	5.4	7	4.6	9	5.4		9	高感	差
	4011	2.2	3	4.4	9	4.4	轻于	9	高感	差
中稻	两优培九 CK	6.3	7	7.1	9	7.1		9	高感	差
	丰 986	7.8	9	8.0	9	8.0	劣于	9	高感	差
	两优培九 CK	6.1	7	6.4	9	6.4		9	高感	差
	鄂丰优 1 号	7.3	9	6.9	9	7.3	劣于	9	高感	差
	Ⅱ优 725CK	6.7	9	7.1	9	7.1		9	高感	差
	天优 8 号	4.5	9	3.6	3	4.5	显著优于	9	高感	差
	协优 102	6.9	9	7.1	9	7.1	优于	9	高感	差
	Ⅱ优 725CK	6.8	9	5.8	9	6.8		9	高感	差
	Ⅱ优 1577	6.5	7	5.9	9	6.5	相当	9	高感	差
	中 9A/中籼 89	4.4	7	6.5	9	6.5	相当	9	高感	差
	Ⅱ优 725CK	6.7	9	5.8	9	6.7		9	高感	差
	D62A/蜀恢 781	7.0	7	6.1	9	7.0	相当	9	高感	差
	Ⅱ优 725CK	6.8	9	6.4	9	6.8		9	高感	差
	苯 63S/赛恢 9 号	6.4	7	6.1	9	6.4	相当	9	高感	差
	Ⅱ优 725CK	6.7	9	6.4	9	6.7		9	高感	差
	鄂优 147	6.3	7	5.5	9	6.3	相当	9	高感	差
	正大 8377	5.9	7	6.0	9	6.0	轻于	9	高感	差
	两优 986	6.1	7	6.1	9	6.1	轻于	9	高感	差
	Ⅱ优 725CK	6.7	9	6.1	9	6.7		9	高感	差
	屯优 302	6.8	9	5.6	9	6.8	相当	9	高感	差
	天丰优 2118	2.7	1	1.6	1	2.7	显著优于	1	抗病	好
	两优 6326	6.2	7	5.8	9	6.2	相当	9	高感	差
	培两优 108	5.7	5	5.0	9	5.7	轻于	9	高感	差
一季晚稻	汕优 63CK	5.8	9	5.6	9	5.8		9	高感	差
	川汉香 36	4.7	7	5.5	9	5.5	相当	9	高感	差
	黄华占	6.7	7	6.1	9	6.7	劣于	9	高感	差
	两优 6316	4.8	7	6.6	9	6.6	劣于	9	高感	差
晚粳	鄂粳杂 1 号 CK	3.6	5	1.5	1	3.6		5	中感	较好
	E92	4.4	5	4.8	9	4.8	劣于	9	高感	差
	晚粳 P27	4.7	7	5.0	9	5.0	劣于	9	高感	差

表 153　湖北省早稻 A 组区试品种稻瘟病抗性鉴定各病圃结果（2007 年）

品种名称	龙洞病圃			望家病圃			两河病圃		
	叶瘟病级	病穗率（%）	损失率（%）	叶瘟病级	病穗率（%）	损失率（%）	叶瘟病级	病穗率（%）	损失率（%）
广源早 118	5	4.0	1.1	3	34.0	8.9	5	100.0	50.0
早 1110	4	7.0	3.3	5	95.0	57.5	5	100.0	91.0
金优 T1	4	3.0	0.6	4	74.0	44.6	5	100.0	70.5
E8722	3	4.0	1.1	4	83.0	65.8	4	100.0	58.0
O503	4	4.0	1.4	4	70.0	37.0	5	100.0	85.0
两优 287CK	3	0.0	0.0	5	100.0	93.9	5	100.0	85.0
金 23A/R53	3	0.0	0.0	5	94.0	54.4	7	100.0	88.0
富优早 008	3	3.0	0.6	5	49.0	19.5	8	100.0	91.0
15987	2	0.0	0.0	5	40.0	12.6	4	35.0	11.5
中 9A/R152	3	5.0	1.6	4	38.0	14.4	8	100.0	100.0
中优 547	2	0.0	0.0	6	100.0	100.0	6	100.0	94.0

表 154　湖北省早稻 A 组区试品种稻瘟病抗性评价结论（2007 年）

品种名称	抗性指数	与 CK 比较	最高损失率抗级	抗性评价	综合表现
广源早 118	4.3	轻于	7	感病	一般
早 1110	6.1	相当	9	高感	差
金优 T1	5.5	相当	9	高感	差
E8722	5.7	相当	9	高感	差
O503	5.5	相当	9	高感	差
两优 287CK	5.6		9	高感	差
金 23A/R53	5.8	相当	9	高感	差
富优早 008	5.3	相当	9	高感	差
15987	3.1	优于	3	中抗	好
中 9A/R152	4.8	轻于	9	高感	差
中优 547	5.7	相当	9	高感	差

表 155　湖北省早稻 B 组区试品种稻瘟病抗性鉴定各病圃结果（2007 年）

品种名称	龙洞病圃			望家病圃			两河病圃		
	叶瘟病级	病穗率（%）	损失率（%）	叶瘟病级	病穗率（%）	损失率（%）	叶瘟病级	病穗率（%）	损失率（%）
株两优 D1	3	2.0	1.0	3	38.0	16.6	4	32.0	12.8
金优 346	3	3.0	0.6	4	39.0	9.3	3	43.0	16.7
两优 287CK	3	2.0	1.2	5	95.0	84.8	5	100.0	62.0
中 9 优 3190	2	0.0	0.0	4	24.0	10.2	5	100.0	100.0
荆两优 60	2	2.0	0.4	4	60.0	28.9	4	100.0	51.0
早籼 79	2	0.0	0.0	3	96.0	78.8	5	100.0	81.0
H628S/华 916	3	0.0	0.0	4	26.0	6.4	6	100.0	53.5
3615	2	4.0	1.1	4	58.0	38.4	5	100.0	72.0
华两优 457	2	0.0	0.0	4	89.0	55.7	4	100.0	67.0
浙早 15	2	2.0	0.4	6	98.0	86.0	5	100.0	72.5
宜优 347	2	3.0	0.6	6	94.0	92.7	5	100.0	86.5

表 156 湖北省早稻 B 组区试品种稻瘟病抗性评价结论（2007 年）

品种名称	抗性指数	与 CK 比较	最高损失率抗级	抗性评价	综合表现
株两优 D1	3.6	优于	5	中感	较好
金优 346	3.6	优于	5	中感	较好
两优 287CK	5.8		9	高感	差
中 9 优 3190	4.1	优于	9	高感	差
荆两优 60	4.9	轻于	9	高感	差
早籼 79	5.3	轻于	9	高感	差
H628S/华 916	4.4	轻于	9	高感	差
3615	5.3	轻于	9	高感	差
华两优 457	5.3	轻于	9	高感	差
浙早 15	5.8	相当	9	高感	差
宜优 347	5.8	相当	9	高感	差

表 157 湖北省早稻 C 组区试品种稻瘟病抗性鉴定各病圃结果（2007 年）

品种名称	龙洞病圃			望家病圃			两河病圃		
	叶瘟病级	病穗率（%）	损失率（%）	叶瘟病级	病穗率（%）	损失率（%）	叶瘟病级	病穗率（%）	损失率（%）
金香 59	2	0.0	0.0	4	70.0	44.8	5	100.0	57.0
隆早 324	2	0.0	0.0	4	95.0	65.4	4	100.0	62.0
株两优 4026	3	3.0	0.2	4	76.0	36.8	5	100.0	77.5
荆两优 2 号	2	0.0	0.0	4	69.0	38.9	5	100.0	52.5
隆早 108	3	4.0	0.4	5	29.0	12.1	5	100.0	60.0
两优 287CK	3	2.0	0.4	5	96.0	71.0	5	100.0	85.0
荆楚优 5272	2	3.0	0.6	6	84.0	58.5	7	100.0	98.5
陵两优 211	2	4.0	0.8	4	82.0	60.0	4	100.0	80.5
早糯 0316	2	0.0	0.0	3	99.0	71.0	4	100.0	88.0
淦鑫 213	3	0.0	0.0	4	77.0	45.4	5	100.0	91.0

表 158 湖北省早稻 C 组区试品种稻瘟病抗性评价结论（2007 年）

品种名称	抗性指数	与 CK 比较	最高损失率抗级	抗性评价	综合表现
金香 59	5.1	轻于	9	高感	差
隆早 324	5.3	轻于	9	高感	差
株两优 4026	5.4	相当	9	高感	差
荆两优 2 号	5.1	轻于	9	高感	差
隆早 108	4.7	轻于	9	高感	差
两优 287CK	5.8		9	高感	差
荆楚优 5272	6.0	相当	9	高感	差
陵两优 211	5.6	相当	9	高感	差
早糯 0316	5.3	轻于	9	高感	差
淦鑫 213	5.2	轻于	9	高感	差

表 159　湖北省迟熟晚稻区试品种稻瘟病抗性鉴定各病圃结果（2007 年）

品种名称	龙洞病圃			望家病圃			两河病圃		
	叶瘟病级	病穗率（%）	损失率（%）	叶瘟病级	病穗率（%）	损失率（%）	叶瘟病级	病穗率（%）	损失率（%）
昌优 11 号	3	0.0	0.0	3	43.0	13.8	3	43.0	22.5
Ⅱ优 91	3	0.0	0.0	3	54.0	16.2	4	90.0	34.5
天两优 16	3	0.0	0.0	4	66.0	34.7	6	99.0	48.7
陵两优 584	2	27.0	11.9	4	88.0	39.8	5	95.0	43.0
中优 3566	3	1.0	0.5	4	100.0	52.5	8	100.0	100.0
扬籼优 412	3	9.0	1.7	5	100.0	52.4	7	100.0	57.5
鄂丰两优 16201	3	6.0	2.4	5	100.0	58.6	6	98.0	63.6
汕优 63CK	3	6.0	1.5	6	100.0	52.3	3	86.0	32.7
优Ⅰ红优 56	2	3.0	0.6	4	71.0	35.1	5	90.0	35.5
德隆三号	2	13.0	2.0	5	75.0	36.7	7	100.0	85.0
T 优 207CK	3	6.0	0.9	4	90.0	33.6	5	100.0	50.4
晚籼 98	2	5.0	0.6	4	46.0	13.5	7	100.0	47.5

表 160　湖北省迟熟晚稻区试品种稻瘟病抗性评价结论（2007 年）

品种名称	抗性指数	与 CK1 比较	与 CK2 比较	最高损失率抗级	抗性评价	综合表现
昌优 11 号	3.3	优于	优于	5	中感	较好
Ⅱ优 91	4.3	轻于	轻于	7	感病	一般
天两优 16	4.9	轻于	轻于	7	感病	一般
陵两优 584	5.8	相当	相当	7	感病	一般
中优 3566	6.0	相当	相当	9	高感	差
扬籼优 412	6.2	劣于	劣于	9	高感	差
鄂丰两优 16201	6.1	相当	相当	9	高感	差
汕优 63CK	5.6			9	高感	差
优Ⅰ红优 56	5.0	轻于	轻于	7	感病	一般
德隆三号	5.9	相当	相当	9	高感	差
T 优 207CK	5.6			9	高感	差
晚籼 98	4.3	轻于	轻于	7	感病	一般

表 161　湖北省双季晚稻 A 组区试品种稻瘟病抗性鉴定各病圃结果（2007 年）

品种名称	龙洞病圃			望家病圃			两河病圃		
	叶瘟病级	病穗率（%）	损失率（%）	叶瘟病级	病穗率（%）	损失率（%）	叶瘟病级	病穗率（%）	损失率（%）
中 3 优 810	3	14.0	3.1	4	100.0	56.1	5	100.0	62.0
荆楚优 892	2	4.0	0.4	6	73.0	33.7	5	100.0	56.5
SH 优 68	2	0.0	0.0	6	100.0	51.9	5	100.0	97.0
金穗 2 号	3	4.0	1.3	6	82.0	36.5	6	100.0	69.5
金优 13	2	9.0	1.7	5	90.0	36.3	5	100.0	63.1

（续表）

品种名称	龙洞病圃			望家病圃			两河病圃		
	叶瘟病级	病穗率（%）	损失率（%）	叶瘟病级	病穗率（%）	损失率（%）	叶瘟病级	病穗率（%）	损失率（%）
天优 338	2	6.0	1.4	4	91.0	39.9	4	100.0	60.0
广占 63S/明恢选	3	5.0	0.6	5	92.0	51.2	5	100.0	57.5
福优 8 号	2	3.0	0.5	5	96.0	47.7	6	100.0	60.0
金优 207CK	2	2.0	0.1	4	74.0	33.2	6	100.0	72.0
天优 428	2	1.0	0.5	3	71.0	23.8	4	12.0	3.0
金优 135	3	2.0	0.4	4	99.0	35.9	5	100.0	91.0
荣优 698	2	3.0	0.9	4	100.0	51.5	5	100.0	97.0

表 162　湖北省双季晚稻 A 组区试品种稻瘟病抗性评价结论（2007 年）

品种名称	抗性指数	与 CK 比较	最高损失率抗级	抗性评价	综合表现
中 3 优 810	6.1	劣于	9	高感	差
荆楚优 892	5.5	相当	9	高感	差
SH 优 68	5.6	相当	9	高感	差
金穗 2 号	5.7	相当	9	高感	差
金优 13	5.6	相当	9	高感	差
天优 338	5.4	相当	9	高感	差
广占 63S/明恢选	5.8	相当	9	高感	差
福优 8 号	5.5	相当	9	高感	差
金优 207CK	5.4		9	高感	差
天优 428	3.2	轻于	5	中感	较好
金优 135	5.4	相当	9	高感	差
荣优 698	5.7	相当	9	高感	差

表 163　湖北省双季晚稻 B 组区试品种稻瘟病抗性鉴定各病圃结果（2007 年）

品种名称	龙洞病圃			望家病圃			两河病圃		
	叶瘟病级	病穗率（%）	损失率（%）	叶瘟病级	病穗率（%）	损失率（%）	叶瘟病级	病穗率（%）	损失率（%）
广源 33	3	1.0	0.2	5	76.0	29.3	6	100.0	50.5
A 优 338	2	5.0	1.3	4	100.0	31.6	6	100.0	85.0
金优 49	3	2.0	0.4	4	100.0	53.6	6	100.0	93.4
禾盛晚杂 813	3	4.0	1.1	5	94.0	51.1	6	100.0	61.5
天优 134	3	3.0	0.9	4	72.0	33.3	5	83.0	31.0
丰源优 299	3	0.0	0.0	4	76.0	34.2	5	100.0	60.0
中优 250	2	0.0	0.0	4	66.0	32.9	6	100.0	60.0
金优 207CK	2	0.0	0.0	4	71.0	34.8	6	100.0	63.1
惠优晚 1 号	2	0.0	0.0	4	88.0	40.4	5	100.0	85.0
泸优 4100	2	1.0	0.5	4	92.0	42.0	6	100.0	91.0
814A/R13	3	0.0	0.0	5	100.0	54.2	6	100.0	94.0
德农晚 5 号	3	0.0	0.0	4	100.0	49.1	5	100.0	56.6

表 164 湖北省双季晚稻 B 组区试品种稻瘟病抗性评价结论（2007 年）

品种名称	抗性指数	与 CK 比较	最高损失率抗级	抗性评价	综合表现
广源 33	5.3	相当	9	高感	差
A 优 338	5.4	相当	9	高感	差
金优 49	5.8	劣于	9	高感	差
禾盛晚杂 813	5.9	劣于	9	高感	差
天优 134	5.1	相当	7	感病	一般
丰源优 299	5.2	相当	9	高感	差
中优 250	5.2	相当	9	高感	差
金优 207CK	5.2		9	高感	差
惠优晚 1 号	5.1	相当	9	高感	差
泸优 4100	5.4	相当	9	高感	差
814A/R13	5.7	相当	9	高感	差
德农晚 5 号	5.2	相当	9	高感	差

表 165 湖北省晚粳区试品种稻瘟病抗性鉴定各病圃结果（2007 年）

品种名称	龙洞病圃			望家病圃			两河病圃		
	叶瘟病级	病穗率（%）	损失率（%）	叶瘟病级	病穗率（%）	损失率（%）	叶瘟病级	病穗率（%）	损失率（%）
两优 2847	3	0.0	0.0	7	75.0	33.9	7	100.0	75.0
香粳优 575	2	0.0	0.0	5	58.0	29.9	7	100.0	52.5
楚粳优 8 号	3	0.0	0.0	4	62.0	30.4	7	95.0	61.0
W020	3	0.0	0.0	6	87.0	51.7	8	100.0	88.0
粳糯 1 号	2	0.0	0.0	5	66.0	34.1	8	100.0	85.0
鄂晚 17CK	3	0.0	0.0	4	61.0	23.6	6	80.0	34.5
02-35	2	0.0	0.0	5	70.0	33.0	6	85.0	45.0
EJ4088	3	0.0	0.0	4	100.0	55.1	6	100.0	71.5
香糯优 26	2	0.0	0.0	4	91.0	52.4	6	100.0	57.0
鄂粳杂 1 号 CK	2	0.0	0.0	5	60.0	21.1	3	6.0	1.2
香粳优 75	2	0.0	0.0	3	73.0	21.6	3	6.0	1.2
两优 7669	1	0.0	0.0	6	95.0	51.4	4	20.0	6.4

表 166 湖北省晚粳区试品种稻瘟病抗性评价结论（2007 年）

品种名称	抗性指数	与 CK1 比较	与 CK2 比较	最高损失率抗级	抗性评价	综合表现
两优 2847	5.6	劣于	劣于	9	高感	差
香粳优 575	5.0	劣于	相当	9	高感	差
楚粳优 8 号	5.3	劣于	劣于	9	高感	差
W020	5.9	劣于	劣于	9	高感	差
粳糯 1 号	5.4	劣于	劣于	9	高感	差
鄂晚 17CK	4.6			7	感病	一般
02-35	4.9	劣于	相当	7	感病	一般

（续表）

品种名称	抗性指数	与 CK1 比较	与 CK2 比较	最高损失率抗级	抗性评价	综合表现
EJ4088	5.6	劣于	劣于	9	高感	差
香糯优 26	5.5	劣于	劣于	9	高感	差
鄂粳杂 1 号 CK	2.8			5	中感	较好
香粳优 75	2.7	相当	优于	5	中感	较好
两优 7669	4.1	劣于	轻于	9	高感	差

表 167　湖北省晚稻筛选试验品种稻瘟病抗性鉴定各病圃结果（2007 年）

品种名称	龙洞病圃			望家病圃			两河病圃		
	叶瘟病级	病穗率（%）	损失率（%）	叶瘟病级	病穗率（%）	损失率（%）	叶瘟病级	病穗率（%）	损失率（%）
C 两优 80	4	6.0	2.1	6	100.0	58.2	5	100.0	85.0
T78 优 2155	4	3.0	0.6	5	100.0	45.7	7	100.0	69.5
天下农晚优 138	2	3.0	1.2	7	100.0	51.1	5	100.0	56.4
金优晚 39	3	4.0	1.4	无	0.0	0.0	8	100.0	100.0
金谷 361	3	0.0	0.0	4	80.0	42.2	6	90.0	35.4
金 164S/R16254	3	2.0	1.0	6	100.0	45.5	6	100.0	68.2
天香 28	3	4.0	1.1	5	100.0	43.9	5	100.0	81.5
金优 297	3	0.0	0.0	4	98.0	59.3	5	100.0	44.7
天优 142	3	0.0	0.0	3	100.0	53.6	3	9.0	3.0
富优晚 2080	2	0.0	0.0	4	67.0	24.3	3	100.0	29.0
Q 优 892	4	0.0	0.0	5	100.0	48.3	7	100.0	100.0
中 3 优 1681	4	0.0	0.0	3	83.0	36.4	3	100.0	43.4
金晚 8 号	3	3.0	0.6	4	96.0	40.9	5	100.0	50.9
金优 329	3	0.0	0.0	4	88.0	28.8	3	100.0	69.2
M163S/胜泰 1 号	3	0.0	0.0	4	70.0	31.5	5	60.0	49.5
金优 207CK	2	0.0	0.0	5	86.0	35.9	5	100.0	63.4
科优 188	4	0.0	0.0	5	84.0	47.3	5	100.0	78.5
1103S/Q28	3	0.0	0.0	4	100.0	65.1	5	100.0	55.6
H28 优 810	2	0.0	0.0	4	100.0	84.1	2	4.0	0.8
天晚优 7 号	4	0.0	0.0	5	91.0	37.6	5	100.0	88.0

表 168　湖北省晚稻筛选试验品种稻瘟病抗性评价结论（2007 年）

品种名称	抗性指数	与 CK 比较	最高损失率抗级	抗性评价	综合表现
C 两优 80	6.2	劣于	9	高感	差
T78 优 2155	5.8	劣于	9	高感	差
天下农晚优 138	5.9	劣于	9	高感	差
金优晚 39	无		9	高感	差
金谷 361	4.9	相当	7	感病	一般
金 164S/R16254	5.7	相当	9	高感	差

（续表）

品种名称	抗性指数	与 CK 比较	最高损失率抗级	抗性评价	综合表现
天香 28	5.5	相当	9	高感	差
金优 297	5.2	相当	9	高感	差
天优 142	3.4	优于	9	高感	差
富优晚 2080	3.9	轻于	5	中感	较好
Q 优 892	5.5	相当	9	高感	差
中 3 优 1681	4.7	轻于	7	感病	一般
金晚 8 号	5.4	相当	9	高感	差
金优 329	4.7	轻于	9	高感	差
M163S/胜泰 1 号	4.8	相当	7	感病	一般
金优 207CK	5.2		9	高感	差
科优 188	5.3	相当	9	高感	差
1103S/Q28	5.5	相当	9	高感	差
H28 优 810	3.2	优于	9	高感	差
天晚优 7 号	5.3	相当	9	高感	差

表 169　湖北省中稻 A 组区试品种稻瘟病抗性鉴定各病圃结果（2007 年）

品种名称	龙洞病圃			望家病圃			两河病圃		
	叶瘟病级	病穗率（%）	损失率（%）	叶瘟病级	病穗率（%）	损失率（%）	叶瘟病级	病穗率（%）	损失率（%）
中籼 0601	3	2.0	0.4	4	43.0	18.6	6	100.0	73.5
神农 328	3	0.0	0.0	4	53.0	27.8	6	100.0	58.5
82A/R108	3	3.0	0.5	3	52.0	28.9	6	100.0	49.0
扬两优 6 号 CK	3	0.0	0.0	5	70.0	31.5	7	100.0	46.0
两优 1528	3	3.0	0.6	3	72.0	29.1	6	100.0	57.6
P88S/747	3	0.0	0.0	6	77.0	44.3	7	100.0	85.0
龙翔稻 1 号	3	0.0	0.0	5	54.0	27.5	7	100.0	42.0
两优培九 CK	3	0.0	0.0	4	78.0	37.0	7	100.0	47.5
94A/4471	3	0.0	0.0	5	99.0	59.9	6	100.0	85.0
巨风 9 号	3	2.0	0.7	6	97.0	58.3	6	100.0	86.5
荆优 6510	2	0.0	0.0	4	88.0	42.1	6	100.0	78.5
AL501	2	0.0	0.0	5	76.0	36.4	6	100.0	45.0

表 170　湖北省中稻 A 组区试品种稻瘟病抗性评价结论（2007 年）

品种名称	抗性指数	与 CK1 比较	与 CK2 比较	最高损失率抗级	抗性评价	综合表现
中籼 0601	5.0	相当	相当	9	高感	差
神农 328	4.9	相当	相当	9	高感	差
82A/R108	4.8	相当	相当	7	感病	一般
扬两优 6 号 CK	5.1			7	感病	一般
两优 1528	5.1	相当	相当	9	高感	差

（续表）

品种名称	抗性指数	与 CK1 比较	与 CK2 比较	最高损失率抗级	抗性评价	综合表现
P88S/747	5.5	相当	相当	9	高感	差
龙翔稻 1 号	4.8	相当	相当	7	感病	一般
两优培九 CK	5.0			7	感病	一般
94A/4471	5.7	劣于	劣于	9	高感	差
巨风 9 号	6.0	劣于	劣于	9	高感	差
荆优 6510	5.2	相当	相当	9	高感	差
AL501	4.9	相当	相当	7	感病	一般

表 171　湖北省中稻 B 组区试品种稻瘟病抗性鉴定各病圃结果（2007 年）

品种名称	龙洞病圃			望家病圃			两河病圃		
	叶瘟病级	病穗率（%）	损失率（%）	叶瘟病级	病穗率（%）	损失率（%）	叶瘟病级	病穗率（%）	损失率（%）
华两优 9308	2	0.0	0.0	4	92.0	43.4	6	100.0	42.5
广两优 638	2	0.0	0.0	4	87.0	55.2	8	100.0	83.5
K 优 AG	2	0.0	0.0	5	100.0	46.2	7	100.0	89.5
两优培九 CK	1	0.0	0.0	4	83.0	38.6	7	100.0	60.5
N 优 1577	3	0.0	0.0	4	50.0	16.0	8	100.0	100.0
荆两优一号	2	0.0	0.0	4	63.0	27.5	8	100.0	97.0
神州 6 号	2	0.0	0.0	5	87.0	52.4	8	100.0	77.9
健 645A/绵恢 725	3	0.0	0.0	8	100.0	100.0	7	100.0	55.6
扬两优 6 号 CK	2	0.0	0.0	5	89.0	33.6	8	100.0	91.0
川江优 7 号	1	0.0	0.0	4	100.0	53.0	6	100.0	55.0
两优华 6	1	0.0	0.0	4	67.0	32.1	6	100.0	56.0
C 两优 396	2	0.0	0.0	4	91.0	47.0	6	100.0	60.0

表 172　湖北省中稻 B 组区试品种稻瘟病抗性评价结论（2007 年）

品种名称	抗性指数	与 CK1 比较	与 CK2 比较	最高损失率抗级	抗性评价	综合表现
华两优 9308	4.8	轻于	相当	7	感病	一般
广两优 638	5.7	相当	相当	9	高感	差
K 优 AG	5.3	相当	相当	9	高感	差
两优培九 CK	5.2			9	高感	差
N 优 1577	4.9	轻于	相当	9	高感	差
荆两优一号	5.0	相当	相当	9	高感	差
神州 6 号	5.8	相当	劣于	9	高感	差
健 645A/绵恢 725	6.0	劣于	劣于	9	高感	差
扬两优 6 号 CK	5.4			9	高感	差
川江优 7 号	5.4	相当	相当	9	高感	差
两优华 6	5.1	相当	相当	9	高感	差
C 两优 396	5.2	相当	相当	9	高感	差

表 173　湖北省中稻 C 组区试品种稻瘟病抗性鉴定各病圃结果（2007 年）

品种名称	龙洞病圃			望家病圃			两河病圃		
	叶瘟病级	病穗率（%）	损失率（%）	叶瘟病级	病穗率（%）	损失率（%）	叶瘟病级	病穗率（%）	损失率（%）
394A/Q28	3	0.0	0.0	5	98.0	55.3	6	100.0	76.4
C815S/R344	3	0.0	0.0	6	100.0	69.3	7	100.0	83.5
HY20106	3	0.0	0.0	4	63.0	27.9	6	100.0	57.0
F3007	3	0.0	0.0	4	44.0	16.5	6	44.0	20.3
两优培九 CK	3	0.0	0.0	4	79.0	41.1	7	100.0	45.5
中莲优 510	2	0.0	0.0	5	95.0	64.7	6	100.0	93.4
新两优香 4	2	0.0	0.0	4	52.0	15.1	7	100.0	88.0
扬两优 6 号 CK	3	3.0	0.9	5	91.0	32.5	7	100.0	57.0
216 优 71	3	1.0	0.5	4	98.0	56.7	6	100.0	59.9
两优 389	3	2.0	1.0	5	100.0	63.7	5	100.0	67.4
荆楚优 066	3	0.0	0.0	4	66.0	22.4	5	100.0	57.0
398A/140R	3	0.0	0.0	4	97.0	62.3	5	100.0	59.0

表 174　湖北省中稻 C 组区试品种稻瘟病抗性评价结论（2007 年）

品种名称	抗性指数	与 CK1 比较	与 CK2 比较	最高损失率抗级	抗性评价	综合表现
394A/Q28	5.7	相当	劣于	9	高感	差
C815S/R344	5.8	相当	劣于	9	高感	差
HY20106	4.9	轻于	相当	9	高感	差
F3007	3.9	优于	优于	5	中感	较好
两优培九 CK	5.0			7	感病	一般
中莲优 510	5.6	相当	劣于	9	高感	差
新两优香 4	4.6	轻于	相当	9	高感	差
扬两优 6 号 CK	5.7			9	高感	差
216 优 71	5.8	相当	劣于	9	高感	差
两优 389	5.8	相当	劣于	9	高感	差
荆楚优 066	4.8	轻于	相当	9	高感	差
398A/140R	5.5	相当	相当	9	高感	差

表 175　湖北省中稻 D 组区试品种稻瘟病抗性鉴定各病圃结果（2007 年）

品种名称	龙洞病圃			望家病圃			两河病圃		
	叶瘟病级	病穗率（%）	损失率（%）	叶瘟病级	病穗率（%）	损失率（%）	叶瘟病级	病穗率（%）	损失率（%）
皖稻 153	3	0.0	0.0	4	100.0	54.9	6	100.0	63.5
双丰三号	3	0.0	0.0	5	65.0	18.1	6	100.0	48.5
巨风 2 号	2	0.0	0.0	5	82.0	46.8	6	38.0	16.1
两优培九 CK	2	0.0	0.0	4	78.0	42.6	7	100.0	44.0
泸优 458	1	0.0	0.0	4	60.0	31.1	6	100.0	60.0
荆两优 10 号	2	0.0	0.0	5	78.0	31.7	7	100.0	62.5

（续表）

品种名称	龙洞病圃			望家病圃			两河病圃		
	叶瘟病级	病穗率（%）	损失率（%）	叶瘟病级	病穗率（%）	损失率（%）	叶瘟病级	病穗率（%）	损失率（%）
鄂丰优 1 号	2	0.0	0.0	4	40.0	6.4	3	13.0	2.6
两优 036	1	0.0	0.0	4	73.0	35.0	6	100.0	60.0
C 两优 513	2	0.0	0.0	5	88.0	38.9	5	100.0	35.0
扬两优 6 号 CK	2	0.0	0.0	5	85.0	33.1	8	100.0	72.5
准 S/R1141	2	0.0	0.0	4	100.0	60.6	6	100.0	85.0
中优 2040	2	2.0	1.0	4	98.0	43.7	6	100.0	60.0

表 176 湖北省中稻 D 组区试品种稻瘟病抗性评价结论（2007 年）

品种名称	抗性指数	与 CK1 比较	与 CK2 比较	最高损失率抗级	抗性评价	综合表现
皖稻 153	5.6	相当	劣于	9	高感	差
双丰三号	4.7	轻于	相当	7	感病	一般
巨风 2 号	4.4	轻于	轻于	7	感病	一般
两优培九 CK	4.9			7	感病	一般
泸优 458	5.1	相当	相当	9	高感	差
荆两优 10 号	5.3	相当	相当	9	高感	差
鄂丰优 1 号	2.4	优于	优于	3	中抗	好
两优 036	5.1	相当	相当	9	高感	差
C 两优 513	4.8	轻于	相当	7	感病	一般
扬两优 6 号 CK	5.4			9	高感	差
准 S/R1141	5.5	相当	劣于	9	高感	差
中优 2040	5.4	相当	相当	9	高感	差

表 177 湖北省中稻 E 组区试品种稻瘟病抗性鉴定各病圃结果（2007 年）

品种名称	龙洞病圃			望家病圃			两河病圃		
	叶瘟病级	病穗率（%）	损失率（%）	叶瘟病级	病穗率（%）	损失率（%）	叶瘟病级	病穗率（%）	损失率（%）
29A/R3203	2	0.0	0.0	4	11.0	2.1	3	11.0	1.5
两优 738	3	0.0	0.0	5	100.0	70.3	6	100.0	85.0
珞红 3A/R379	3	0.0	0.0	4	89.0	46.9	6	100.0	91.0
两优培九 CK	3	0.0	0.0	4	68.0	40.7	6	100.0	35.0
隆两优 6 号	3	0.0	0.0	4	79.0	44.3	6	100.0	39.5
江两优 3 号	3	0.0	0.0	5	77.0	39.6	7	100.0	52.4
扬两优 6 号 CK	3	0.0	0.0	5	88.0	31.4	7	100.0	57.0
Y 两优 555	2	0.0	0.0	4	93.0	58.1	6	100.0	71.4
健 645A/R754	3	0.0	0.0	8	100.0	100.0	7	100.0	55.0
G201A/蜀恢 527	3	0.0	0.0	4	95.0	42.5	4	98.0	50.6
两优香 66	3	0.0	0.0	4	38.0	16.9	7	100.0	39.0
绵 7 优 725	3	0.0	0.0	7	74.0	37.2	6	100.0	60.0

表 178　湖北省中稻 E 组区试品种稻瘟病抗性评价结论（2007 年）

品种名称	抗性指数	与 CK1 比较	与 CK2 比较	最高损失率抗级	抗性评价	综合表现
29A/R3203	1.9	显著优于	优于	1	抗病	好
两优 738	5.7	相当	劣于	9	高感	差
珞红 3A/R379	5.3	相当	相当	9	高感	差
两优培九 CK	4.9			7	感病	一般
隆两优 6 号	4.9	轻于	相当	7	感病	一般
江两优 3 号	5.4	相当	相当	9	高感	差
扬两优 6 号 CK	5.4			9	高感	差
Y 两优 555	5.5	相当	劣于	9	高感	差
健 645A/R754	6.0	劣于	劣于	9	高感	差
G201A/蜀恢 527	5.1	相当	相当	9	高感	差
两优香 66	4.5	轻于	相当	7	感病	一般
绵 7 优 725	5.5	相当	劣于	9	高感	差

表 179　湖北省中稻 A 组筛选试验品种稻瘟病抗性鉴定各病圃结果（2007 年）

品种名称	龙洞病圃			望家病圃			两河病圃		
	叶瘟病级	病穗率（%）	损失率（%）	叶瘟病级	病穗率（%）	损失率（%）	叶瘟病级	病穗率（%）	损失率（%）
科优 198	3	0.0	0.0	4	71.0	24.7	8	100.0	88.0
香优 1 号	3	0.0	0.0	4	32.0	8.7	4	14.0	5.2
Ⅱ优 16	2	0.0	0.0	4	67.0	36.7	6	100.0	60.0
两优 3399	2	0.0	0.0	4	70.0	36.5	7	100.0	68.0
两优香 1293	2	0.0	0.0	7	73.0	48.2	7	100.0	68.6
两优培九 CK	3	0.0	0.0	4	83.0	30.7	7	100.0	60.0
禾盛优 1398	2	0.0	0.0	7	60.0	40.4	8	100.0	100.0
惠两优 5 号	3	0.0	0.0	4	99.0	62.3	6	100.0	74.0
T 优 7816	2	0.0	0.0	4	24.0	5.0	3	8.0	2.5
华优广抗占	3	2.0	0.7	5	94.0	51.9	6	100.0	72.5
新两优 918	2	0.0	0.0	5	81.0	38.0	7	100.0	60.0
紫金稻 8 号	1	0.0	0.0	5	93.0	54.7	7	100.0	64.5
湖莲优 26	3	0.0	0.0	4	85.0	34.8	7	100.0	60.0
广两优 5274	2	0.0	0.0	5	90.0	44.7	8	100.0	71.5
扬两优 6 号 CK	1	0.0	0.0	4	89.0	31.9	8	100.0	73.0
苯两优 7 号	2	0.0	0.0	4	66.0	33.1	7	100.0	72.0
P88S/0298	3	0.0	0.0	4	42.0	19.1	5	100.0	66.5
闽优 3301	3	0.0	0.0	3	35.0	19.3	6	100.0	85.0
襄优 626	3	0.0	0.0	4	46.0	23.8	6	100.0	72.0
德隆一号	3	0.0	0.0	4	81.0	43.7	6	100.0	77.5

表 180　湖北省中稻 A 组筛选试验品种稻瘟病抗性评价结论（2007 年）

品种名称	抗性指数	与 CK1 比较	与 CK2 比较	最高损失率抗级	抗性评价	综合表现
科优 198	5. 1	相当	相当	9	高感	差
香优 1 号	2. 9	优于	优于	3	中抗	好
Ⅱ优 16	5. 2	相当	相当	9	高感	差
两优 3399	5. 3	相当	相当	9	高感	差
两优香 1293	5. 5	相当	相当	9	高感	差
两优培九 CK	5. 3			9	高感	差
禾盛优 1398	5. 6	相当	相当	9	高感	差
惠两优 5 号	5. 6	相当	相当	9	高感	差
T 优 7816	1. 8	显著优于	显著优于	1	抗病	好
华优广抗占	5. 9	劣于	劣于	9	高感	差
新两优 918	5. 3	相当	相当	9	高感	差
紫金稻 8 号	5. 6	相当	相当	9	高感	差
湖莲优 26	5. 3	相当	相当	9	高感	差
广两优 5274	5. 4	相当	相当	9	高感	差
扬两优 6 号 CK	5. 3			9	高感	差
苯两优 7 号	5. 3	相当	相当	9	高感	差
P88S/O298	4. 7	轻于	轻于	9	高感	差
闽优 3301	4. 7	轻于	轻于	9	高感	差
襄优 626	4. 8	轻于	轻于	9	高感	差
德隆一号	5. 3	相当	相当	9	高感	差

表 181　湖北省中稻 B 组筛选试验品种稻瘟病抗性鉴定各病圃结果（2007 年）

品种名称	龙洞病圃			望家病圃			两河病圃		
	叶瘟病级	病穗率（%）	损失率（%）	叶瘟病级	病穗率（%）	损失率（%）	叶瘟病级	病穗率（%）	损失率（%）
培两优 918	1	0. 0	0. 0	3	40. 0	20. 4	6	100. 0	60. 0
Ⅱ优 586	2	0. 0	0. 0	5	55. 0	29. 1	6	100. 0	57. 0
丰两优八号	1	2. 0	1. 0	5	67. 0	36. 0	6	100. 0	92. 5
Ⅱ优 ZY-1	2	2. 0	0. 3	4	80. 0	24. 7	4	100. 0	59. 0
巨风 A/8669	2	0. 0	0. 0	4	91. 0	42. 3	5	100. 0	60. 0
富香 208	2	0. 0	0. 0	4	36. 0	13. 4	4	100. 0	60. 0
安隆 3S/R55	2	0. 0	0. 0	3	98. 0	43. 1	5	52. 0	21. 4
两优 36	3	0. 0	0. 0	4	99. 0	39. 4	6	100. 0	60. 0
扬两优 6 号 CK	2	4. 0	1. 4	5	86. 0	32. 6	8	100. 0	74. 5
川香 31A/成恢 739	2	0. 0	0. 0	4	36. 0	12. 3	3	7. 0	1. 4
淮两优 3 号	3	0. 0	0. 0	3	89. 0	36. 6	6	100. 0	57. 0
两优 681	1	0. 0	0. 0	4	79. 0	37. 2	6	100. 0	61. 6
天香优 140	2	2. 0	1. 0	8	100. 0	100. 0	6	100. 0	60. 0
Ⅱ优 90	2	0. 0	0. 0	4	82. 0	30. 1	5	100. 0	36. 5
两优培九 CK	2	1. 0	0. 5	4	82. 0	36. 5	6	100. 0	56. 0
金两优 116	2	0. 0	0. 0	5	99. 0	45. 4	6	100. 0	91. 0

（续表）

品种名称	龙洞病圃			望家病圃			两河病圃		
	叶瘟病级	病穗率（%）	损失率（%）	叶瘟病级	病穗率（%）	损失率（%）	叶瘟病级	病穗率（%）	损失率（%）
Q2A/R108	1	0.0	0.0	4	92.0	27.7	5	100.0	74.0
yw-2S/8213	2	0.0	0.0	4	79.0	38.7	6	100.0	47.0
川种 305	2	0.0	0.0	4	86.0	32.0	6	100.0	64.5
蓉 18A/415	1	0.0	0.0	3	30.0	10.3	3	9.0	2.7

表 182　湖北省中稻 B 组筛选试验品种稻瘟病抗性评价结论（2007 年）

品种名称	抗性指数	与 CK1 比较	与 CK2 比较	最高损失率抗级	抗性评价	综合表现
培两优 918	4.5	轻于	轻于	9	高感	差
Ⅱ优 586	4.9	轻于	轻于	9	高感	差
丰两优八号	5.4	相当	相当	9	高感	差
Ⅱ优 ZY-1	4.9	轻于	轻于	9	高感	差
巨风 A/8669	5.1	轻于	相当	9	高感	差
富香 208	4.2	优于	轻于	9	高感	差
安隆 3S/R55	4.3	轻于	轻于	7	感病	一般
两优 36	5.3	相当	相当	9	高感	差
扬两优 6 号 CK	5.7			9	高感	差
川香 31A/成恢 739	2.3	优于	优于	3	中抗	好
淮两优 3 号	5.2	轻于	相当	9	高感	差
两优 681	5.1	轻于	相当	9	高感	差
天香优 140	6.1	相当	劣于	9	高感	差
Ⅱ优 90	4.8	轻于	轻于	7	感病	一般
两优培九 CK	5.4			9	高感	差
金两优 116	5.3	相当	相当	9	高感	差
Q2A/R108	4.7	轻于	轻于	9	高感	差
yw-2S/8213	4.8	轻于	轻于	7	感病	一般
川种 305	5.2	轻于	相当	9	高感	差
蓉 18A/415	2.1	显著优于	优于	3	中抗	好

表 183　湖北省中稻 C 组筛选试验品种稻瘟病抗性鉴定各病圃结果（2007 年）

品种名称	龙洞病圃			望家病圃			两河病圃		
	叶瘟病级	病穗率（%）	损失率（%）	叶瘟病级	病穗率（%）	损失率（%）	叶瘟病级	病穗率（%）	损失率（%）
准两优 305	3	0.0	0.0	4	51.0	22.8	5	100.0	75.0
陵两优 622	3	0.0	0.0	4	96.0	42.3	6	100.0	85.0
泸优 9803	3	0.0	0.0	4	95.0	53.0	6	100.0	48.0
培优 109	2	0.0	0.0	4	90.0	49.8	6	100.0	65.1
两优 6376	3	0.0	0.0	5	45.0	19.2	8	100.0	100.0

（续表）

品种名称	龙洞病圃			望家病圃			两河病圃		
	叶瘟病级	病穗率（%）	损失率（%）	叶瘟病级	病穗率（%）	损失率（%）	叶瘟病级	病穗率（%）	损失率（%）
冈香 1A/8281	2	0.0	0.0	4	41.0	5.8	3	14.0	4.3
京福 4 优 2014	3	0.0	0.0	5	82.0	35.9	5	100.0	60.0
两优培九 CK	3	0.0	0.0	4	80.0	33.8	6	100.0	56.0
华安 1018	3	0.0	0.0	5	99.0	47.4	5	100.0	68.6
天优 1536	3	0.0	0.0	5	77.0	30.3	5	100.0	42.5
荆楚优 1534	3	0.0	0.0	7	100.0	52.1	8	100.0	100.0
华两优 9385	3	0.0	0.0	8	100.0	58.1	7	100.0	88.0
武香优 18	3	3.0	1.2	9	100.0	66.8	7	100.0	89.5
绵 7 优 1237	2	0.0	0.0	8	100.0	52.2	6	100.0	48.0
扬两优 6 号 CK	2	0.0	0.0	5	91.0	33.3	8	100.0	85.0
紫两优 12	1	0.0	0.0	5	100.0	61.2	8	100.0	100.0
珞红 3A/610234	2	0.0	0.0	5	92.0	61.8	7	100.0	98.5
Y58S/R1993	2	0.0	0.0	4	80.0	42.8	5	100.0	60.0
宜香优 59	2	0.0	0.0	7	71.0	34.4	8	100.0	100.0
天源 8A/R392	3	3.0	0.9	5	98.0	51.1	5	100.0	57.0

表 184　湖北省中稻 C 组筛选试验品种稻瘟病抗性评价结论（2007 年）

品种名称	抗性指数	与 CK1 比较	与 CK2 比较	最高损失率抗级	抗性评价	综合表现
准两优 305	4.8	轻于	轻于	9	高感	差
陵两优 622	5.3	相当	相当	9	高感	差
泸优 9803	5.3	相当	相当	9	高感	差
培优 109	5.2	相当	相当	9	高感	差
两优 6376	5.0	相当	相当	9	高感	差
冈香 1A/8281	2.4	优于	优于	3	中抗	好
京福 4 优 2014	5.3	相当	相当	9	高感	差
两优培九 CK	5.3			9	高感	差
华安 1018	5.3	相当	相当	9	高感	差
天优 1536	4.9	轻于	相当	7	感病	一般
荆楚优 1534	6.0	劣于	劣于	9	高感	差
华两优 9385	6.0	劣于	劣于	9	高感	差
武香优 18	6.3	劣于	劣于	9	高感	差
绵 7 优 1237	5.5	相当	相当	9	高感	差
扬两优 6 号 CK	5.4			9	高感	差
紫两优 12	5.7	相当	相当	9	高感	差
珞红 3A/610234	5.7	相当	相当	9	高感	差
Y58S/R1993	5.1	相当	相当	9	高感	差
宜香优 59	5.6	相当	相当	9	高感	差
天源 8A/R392	5.8	相当	相当	9	高感	差

表 185　湖北省中稻 D 组筛选试验品种稻瘟病抗性鉴定各病圃结果（2007 年）

品种名称	龙洞病圃			望家病圃			两河病圃		
	叶瘟病级	病穗率（%）	损失率（%）	叶瘟病级	病穗率（%）	损失率（%）	叶瘟病级	病穗率（%）	损失率（%）
1449A/R175	3	0.0	0.0	5	95.0	58.6	6	100.0	67.0
P88S/R996	3	0.0	0.0	8	100.0	52.9	7	100.0	87.4
绿优 2403	3	0.0	0.0	6	99.0	57.6	6	100.0	67.6
三北稻 4 号	3	0.0	0.0	7	100.0	61.3	6	100.0	85.0
嘉农糯优 5 号	3	3.0	1.5	8	100.0	45.6	6	100.0	68.5
b28S/R1	3	0.0	0.0	8	98.0	51.1	6	100.0	85.0
两优培九 CK	2	0.0	0.0	5	77.0	34.8	6	100.0	73.5
科优香 21	2	0.0	0.0	6	76.0	28.7	5	100.0	54.0
协优 086	1	0.0	0.0	6	79.0	38.5	5	100.0	60.0
华两优 936	2	0.0	0.0	5	69.0	30.0	6	100.0	68.0
国稻 8 号	2	0.0	0.0	4	71.0	30.3	4	100.0	60.0
开天稻 07-1	3	1.0	0.5	7	100.0	55.8	7	100.0	85.0
SD-77	2	0.0	0.0	4	24.0	4.8	3	13.0	4.5
新优 212	3	0.0	0.0	4	82.0	46.4	6	100.0	62.0
福优 3 号	2	0.0	0.0	6	100.0	56.5	7	100.0	79.0
扬两优 6 号 CK	2	0.0	0.0	5	87.0	32.4	7	100.0	85.0
天优银占	1	0.0	0.0	3	21.0	6.6	4	41.0	10.0
香 6 优 1423	3	0.0	0.0	5	49.0	10.4	5	100.0	68.5
香优 810	2	0.0	0.0	6	100.0	49.5	5	100.0	61.0
川香 29A/K335	2	0.0	0.0	8	71.0	37.7	5	100.0	30.5

表 186　湖北省中稻 D 组筛选试验品种稻瘟病抗性评价结论（2007 年）

品种名称	抗性指数	与 CK1 比较	与 CK2 比较	最高损失率抗级	抗性评价	综合表现
1449A/R175	5.7	相当	相当	9	高感	差
P88S/R996	6.0	劣于	劣于	9	高感	差
绿优 2403	5.8	相当	相当	9	高感	差
三北稻 4 号	5.8	相当	相当	9	高感	差
嘉农糯优 5 号	5.8	相当	相当	9	高感	差
b28S/R1	5.9	劣于	劣于	9	高感	差
两优培九 CK	5.3			9	高感	差
科优香 21	4.9	相当	相当	9	高感	差
协优 086	5.2	相当	相当	9	高感	差
华两优 936	4.9	相当	相当	9	高感	差
国稻 8 号	5.0	相当	相当	9	高感	差
开天稻 07-1	6.2	劣于	劣于	9	高感	差
SD-77	1.9	优于	优于	3	中抗	好
新优 212	5.3	相当	相当	9	高感	差
福优 3 号	5.8	相当	相当	9	高感	差

（续表）

品种名称	抗性指数	与 CK1 比较	与 CK2 比较	最高损失率抗级	抗性评价	综合表现
扬两优 6 号 CK	5.3			9	高感	差
天优银占	2.7	优于	优于	3	中抗	好
香 6 优 1423	4.4	轻于	轻于	9	高感	差
香优 810	5.3	相当	相当	9	高感	差
川香 29A/K335	5.1	相当	相当	7	感病	一般

表 187 湖北省中稻 E 组筛选试验品种稻瘟病抗性鉴定各病圃结果（2007 年）

品种名称	龙洞病圃			望家病圃			两河病圃		
	叶瘟病级	病穗率（%）	损失率（%）	叶瘟病级	病穗率（%）	损失率（%）	叶瘟病级	病穗率（%）	损失率（%）
明天优 7 号	2	0.0	0.0	5	100.0	51.2	5	100.0	60.0
两优 3376	3	0.0	0.0	7	60.0	30.1	5	100.0	52.5
蜀香 958	2	0.0	0.0	4	16.0	5.5	3	13.0	4.7
中莲优 950	3	0.0	0.0	4	97.0	42.0	5	100.0	74.0
宜香优 542	2	0.0	0.0	5	75.0	46.6	6	100.0	75.0
Ⅱ优 503	3	0.0	0.0	3	75.0	35.0	5	100.0	60.0
乐 104A/R3618	2	0.0	0.0	5	73.0	25.5	4	100.0	54.2
扬两优 6 号 CK	2	1.0	0.2	5	88.0	34.8	7	100.0	85.0
广占 63-4S/MR0208	1	3.0	0.9	5	99.0	44.9	7	100.0	91.0
T 优 167	2	0.0	0.0	5	100.0	54.7	6	100.0	46.0
Ⅱ优 865	2	0.0	0.0	5	61.0	19.0	6	100.0	60.0
红香 110	3	0.0	0.0	4	75.0	34.3	6	100.0	85.0
渝优 600	2	0.0	0.0	4	99.0	60.2	5	100.0	85.0
803A/3446	2	0.0	0.0	3	100.0	41.1	5	100.0	50.9
两优培九 CK	3	0.0	0.0	4	81.0	31.0	7	100.0	60.0
蓉两优 9072	2	0.0	0.0	4	91.0	49.2	8	100.0	97.0
中新优 9327	2	0.0	0.0	3	52.0	19.6	7	100.0	70.5
襄优 756	1	0.0	0.0	4	100.0	56.6	7	100.0	62.0
Q 优 89	2	0.0	0.0	4	100.0	43.0	6	100.0	72.5
隆优 4 号	3	0.0	0.0	5	82.0	32.9	7	100.0	61.0

表 188 湖北省中稻 E 组筛选试验品种稻瘟病抗性评价结论（2007 年）

品种名称	抗性指数	与 CK1 比较	与 CK2 比较	最高损失率抗级	抗性评价	综合表现
明天优 7 号	5.5	相当	相当	9	高感	差
两优 3376	5.4	相当	相当	9	高感	差
蜀香 958	2.3	优于	优于	5	中感	较好
中莲优 950	5.2	相当	相当	9	高感	差
宜香优 542	5.3	相当	相当	9	高感	差
Ⅱ优 503	5.1	轻于	相当	9	高感	差
乐 104A/R3618	4.8	轻于	轻于	9	高感	差
扬两优 6 号 CK	5.6			9	高感	差

（续表）

品种名称	抗性指数	与CK1比较	与CK2比较	最高损失率抗级	抗性评价	综合表现
广占63-4S/MR0208	5.5	相当	相当	9	高感	差
T优167	5.3	相当	相当	9	高感	差
Ⅱ优865	4.9	轻于	相当	9	高感	差
红香110	5.3	相当	相当	9	高感	差
渝优600	5.4	相当	相当	9	高感	差
803A/3446	5.0	轻于	相当	9	高感	差
两优培九CK	5.3			9	高感	差
蓉两优9072	5.3	相当	相当	9	高感	差
中新优9327	4.8	轻于	轻于	9	高感	差
襄优756	5.5	相当	相当	9	高感	差
Q优89	5.2	相当	相当	9	高感	差
隆优4号	5.4	相当	相当	9	高感	差

表189　湖北省水稻区试品种稻瘟病抗性两年评价结论（2006—2007年）

区试级别	品种名称	2007年评价结论		2006年评价结论		2006—2007年两年评价结论				
		抗性指数	最高损失率抗级	抗性指数	最高损失率抗级	最高抗性指数	与CK比较	最高损失率抗级	抗性评价	综合表现
早稻	两优287CK	5.6	9	6.3	9	6.3		9	高感	差
	早1110	6.1	9	8.2	9	8.2	劣于	9	高感	差
	两优287CK	5.8	9	6.3	9	6.3		9	高感	差
	H628S/华916	4.4	9	2.8	3	4.4	优于	9	高感	差
	两优287CK	5.8	9	6.3	9	6.3		9	高感	差
	早糯0316	5.3	9	6.9	9	6.9	劣于	9	高感	差
中稻	两优培九CK	4.9	7	6.3	7	6.3		7	感病	一般
	双丰三号	4.7	7	6.3	7	6.3	相当	7	感病	一般
	两优培九CK	4.9	7	6.1	7	6.1		7	感病	一般
	中优2040	5.4	9	6.1	7	6.1	相当	9	高感	差
	两优培九CK	5.2	9	6.0	7	6.0		9	高感	差
	神州6号	5.8	9	5.3	7	5.8	相当	9	高感	差
	两优培九CK	5.2	9	6.1	7	6.1		9	高感	差
	两优华6	5.1	9	5.8	7	5.8	相当	9	高感	差
	两优培九CK	4.9	7	6.0	7	6.0		7	感病	一般
	皖稻153	5.6	9	7.4	9	7.4	劣于	9	高感	差
	准S/R1141	5.5	9	5.7	7	5.7	相当	9	高感	差
	C两优513	4.8	7	5.8	7	5.8	相当	7	感病	一般
	两优培九CK	4.9	7	6.1	7	6.1		7	感病	一般
	泸优458	5.1	9	7.0	9	7.0	劣于	9	高感	差
	鄂丰优1号	2.4	3	7.3	9	7.3	劣于	9	高感	差
	荆两优10号	5.3	9	5.0	7	5.3	轻于	9	高感	差
	巨风2号	4.4	7	6.0	9	6.0	相当	9	高感	差

（续表）

区试级别	品种名称	2007年评价结论		2006年评价结论		2006—2007年两年评价结论				
		抗性指数	最高损失率抗级	抗性指数	最高损失率抗级	最高抗性指数	与CK比较	最高损失率抗级	抗性评价	综合表现
一季晚稻	汕优63CK	5.6	9	5.8	9	5.8		9	高感	差
	昌优11号	3.3	5	1.8	1	3.3	优于	5	中感	较好
	晚籼98	4.3	7	5.8	7	5.8	相当	7	感病	一般
	扬籼优412	6.2	9	6.4	7	6.4	劣于	9	高感	差
晚稻	金优207CK	5.4	9	6.7	7	6.7		9	高感	差
	荣优698	5.7	9	3.3	7	5.7	轻于	9	高感	差
	金穗2号	5.7	9	8.1	9	8.1	劣于	9	高感	差
	金优207CK	5.2	9	6.7	7	6.7		9	高感	差
	中优250	5.2	9	6.6	9	6.6	相当	9	高感	差
	德农晚5号	5.2	9	5.3	7	5.3	轻于	9	高感	差
	天优134	5.1	7	3.5	9	5.1	优于	9	高感	差
	鄂粳杂1号CK	2.8	5	3.6	5	3.6		5	中感	较好
	香粳优75	2.7	5	2.6	3	2.7	轻于	5	中感	较好

表190 湖北省早稻A组区试品种稻瘟病抗性鉴定各病圃结果（2008年）

品种名称	龙洞病圃			望家病圃			两河病圃		
	叶瘟病级	病穗率（%）	损失率（%）	叶瘟病级	病穗率（%）	损失率（%）	叶瘟病级	病穗率（%）	损失率（%）
陆两优9959	4	7.0	2.9	5	91.0	22.9	3	100.0	46.3
早糯2016	4	6.0	1.4	5	66.0	32.9	2	100.0	57.0
荆早62	3	17.0	9.2	5	82.0	47.7	3	100.0	60.4
中嘉早32号	1	77.0	39.9	5	79.0	48.9	2	100.0	67.2
早籼81	2	45.0	21.6	6	47.0	31.4	3	100.0	69.5
两优287CK	1	20.0	6.2	5	100.0	51.6	2	100.0	76.0
荆两优60	4	7.0	3.6	5	69.0	18.9	2	100.0	70.0
中优547	3	18.0	6.3	7	93.0	59.2	3	100.0	71.8

表191 湖北省早稻A组区试品种稻瘟病抗性评价结论（2008年）

品种名称	抗性指数	与CK比较	最高损失率抗级	抗性评价	综合表现
两优287CK	6.1		9	高感	差
中优547	6.5	相当	9	高感	差
荆两优60	5.2	轻于	9	高感	差
陆两优9959	4.9	轻于	7	感病	一般
早糯2016	5.5	轻于	9	高感	差
荆早62	6.0	相当	9	高感	差
中嘉早32号	6.8	劣于	9	高感	差
早籼81	6.3	相当	9	高感	差

表 192 湖北省早稻 B 组区试品种稻瘟病抗性鉴定各病圃结果（2008 年）

品种名称	龙洞病圃			望家病圃			两河病圃		
	叶瘟病级	病穗率（%）	损失率（%）	叶瘟病级	病穗率（%）	损失率（%）	叶瘟病级	病穗率（%）	损失率（%）
中 3 优 173	4	12.0	4.2	5	89.0	29.7	3	100.0	50.8
株 1S/R6128	2	19.0	7.1	5	100.0	71.5	2	100.0	63.1
金优 666	4	21.0	8.7	4	88.0	51.2	3	100.0	60.3
两优 168	3	52.0	21.0	5	93.0	52.9	3	100.0	82.0
陵两优 220	4	22.0	9.2	4	81.0	33.6	4	100.0	79.6
两优 287CK	4	60.0	27.4	5	100.0	57.6	3	100.0	82.0
巨风 A/早恢 5255	5	17.0	6.4	6	92.0	31.2	5	100.0	76.0
中 9A/R53	5	34.0	13.0	6	100.0	61.5	4	100.0	70.5

表 193 湖北省早稻 B 组区试品种稻瘟病抗性评价结论（2008 年）

品种名称	抗性指数	与 CK 比较	最高损失率抗级	抗性评价	综合表现
中 3 优 173	5.4	优于	9	高感	差
株 1S/R6128	6.2	轻于	9	高感	差
金优 666	6.3	轻于	9	高感	差
两优 168	7.0	相当	9	高感	差
陵两优 220	6.1	轻于	9	高感	差
两优 287CK	7.1		9	高感	淘汰
巨风 A/早恢 5255	6.4	轻于	9	高感	差
中 9A/R53	6.8	相当	9	高感	差

表 194 湖北省中稻 A 组区试品种稻瘟病抗性鉴定各病圃结果（2008 年）

品种名称	龙洞病圃			望家病圃			两河病圃		
	叶瘟病级	病穗率（%）	损失率（%）	叶瘟病级	病穗率（%）	损失率（%）	叶瘟病级	病穗率（%）	损失率（%）
神州 6 号	5	18.0	4.8	5	85.0	39.2	5	100.0	81.0
荆优 6510	4	15.0	4.7	4	98.0	31.5	5	100.0	72.5
Y 两优 555	5	12.0	2.7	6	89.0	35.9	5	100.0	81.0
两优香 66	4	13.0	4.0	5	42.0	15.2	4	100.0	58.0
新两优香 4	4	31.0	15.0	4	84.0	29.3	6	100.0	88.0
健 645A/绵恢 725	4	12.0	2.9	7	93.0	44.7	4	100.0	57.0
K 优 AG	4	27.0	11.3	5	56.0	32.0	5	100.0	72.5
扬两优 6 号 CK	4	15.0	4.5	5	87.0	40.1	5	100.0	67.5
两优 389	4	73.0	39.4	4	99.0	38.1	5	100.0	88.0
川江优 7 号	3	28.0	11.0	4	84.0	40.1	4	100.0	58.0
C 两优 396	4	33.0	13.7	4	84.0	44.5	4	100.0	64.5
神农 328	4	13.0	3.8	5	86.0	40.2	6	100.0	89.5

表 195　湖北省中稻 A 组区试品种稻瘟病抗性评价结论（2008 年）

品种名称	抗性指数	与 CK 比较	最高损失率抗级	抗性评价	综合表现
神州 6 号	6.0	相当	9	高感	差
荆优 6510	5.8	相当	9	高感	差
Y 两优 555	6.1	相当	9	高感	差
两优香 66	5.3	轻于	9	高感	差
新两优香 4	6.1	相当	9	高感	差
健 645A/绵恢 725	6.0	相当	9	高感	差
K 优 AG	6.4	相当	9	高感	差
扬两优 6 号 CK	5.9		9	高感	差
两优 389	7.2	劣于	9	高感	淘汰
川江优 7 号	6.2	相当	9	高感	差
C 两优 396	6.3	相当	9	高感	差
神农 328	6.0	相当	9	高感	差

表 196　湖北省中稻 B 组区试品种稻瘟病抗性鉴定各病圃结果（2008 年）

品种名称	龙洞病圃			望家病圃			两河病圃		
	叶瘟病级	病穗率（%）	损失率（%）	叶瘟病级	病穗率（%）	损失率（%）	叶瘟病级	病穗率（%）	损失率（%）
渝优 1 号	4	37.0	16.3	5	81.0	28.6	5	100.0	67.0
AL501	3	23.0	10.3	4	67.0	25.8	3	100.0	64.5
两优 1528	4	19.0	8.9	3	80.0	28.4	4	100.0	57.0
紫金稻 8 号	4	18.0	10.2	4	89.0	40.0	4	100.0	64.0
忠丰 2 号	4	35.0	17.9	4	43.0	17.4	4	100.0	65.5
两优 3545	4	16.0	7.3	6	90.0	47.1	4	100.0	54.0
中籼 7064	5	100.0	94.0	8	100.0	63.3	8	100.0	100.0
948A/140R	5	17.0	6.6	4	71.0	33.0	3	100.0	57.0
扬两优 6 号 CK	5	14.0	4.4	4	73.0	32.8	5	100.0	60.0
广占 63S/R15	5	13.0	6.1	4	84.0	36.0	5	100.0	65.5
广两优 476	6	23.0	11.1	4	57.0	24.7	4	100.0	60.0
两优 681	6	17.0	6.9	4	62.0	31.0	4	100.0	60.0

表 197　湖北省中稻 B 组区试品种稻瘟病抗性评价结论（2008 年）

品种名称	抗性指数	与 CK 比较	最高损失率抗级	抗性评价	综合表现
渝优 1 号	6.4	相当	9	高感	差
AL501	5.6	相当	9	高感	差
两优 1528	5.7	相当	9	高感	差
紫金稻 8 号	6.1	相当	9	高感	差
忠丰 2 号	6.1	相当	9	高感	差
两优 3545	6.3	相当	9	高感	差
中籼 7064	8.5	劣于	9	高感	淘汰
948A/140R	6.1	相当	9	高感	差
扬两优 6 号	5.9		9	高感	差
广占 63S/R15	6.3	相当	9	高感	差
广两优 476	5.9	相当	9	高感	差
两优 681	6.3	相当	9	高感	差

表 198 湖北省中稻 C 组区试品种稻瘟病抗性鉴定各病圃结果（2008 年）

品种名称	龙洞病圃			望家病圃			两河病圃		
	叶瘟病级	病穗率（%）	损失率（%）	叶瘟病级	病穗率（%）	损失率（%）	叶瘟病级	病穗率（%）	损失率（%）
蓉两优 9072	6	29.0	11.2	5	75.0	32.3	5	100.0	77.5
华两优 9348	7	37.0	20.2	5	67.0	28.2	4	100.0	85.0
科优 198	7	26.0	11.8	3	48.0	16.9	5	30.0	21.5
b28S/R1	6	85.0	51.5	4	98.0	58.4	3	100.0	82.0
扬两优 6 号 CK	6	8.0	3.7	5	77.0	31.6	5	100.0	60.0
华安 1018	5	100.0	49.0	5	96.0	55.1	5	100.0	85.0
BPh63S/610234	6	21.0	10.1	5	95.0	52.7	5	100.0	62.0
两优 4826	5	95.0	57.5	5	80.0	30.4	5	100.0	85.0
1449A/R175	5	23.0	11.0	5	72.0	38.0	3	95.0	45.0
香两优 204	3	2.0	1.0	4	68.0	42.5	3	100.0	69.5
绿 102S/4H2021	4	12.0	6.4	7	96.0	51.1	4	100.0	57.0
荆楚优 832	4	6.0	1.2	4	29.0	12.3	4	95.0	36.3

表 199 湖北省中稻 C 组区试品种稻瘟病抗性评价结论（2008 年）

品种名称	抗性指数	与 CK 比较	最高损失率抗级	抗性评价	综合表现
蓉两优 9072	6.6	劣于	9	高感	差
华两优 9348	6.6	劣于	9	高感	差
科优 198	5.2	轻于	5	高感	较好
b28S/R1	7.8	劣于	9	高感	淘汰
扬两优 6 号 CK	5.9		9	高感	差
华安 1018	7.7	劣于	9	高感	淘汰
BPh63S/610234	6.8	劣于	9	高感	差
两优 4826	7.7	劣于	9	高感	淘汰
1449A/R175	5.8	相当	7	感病	一般
香两优 204	5.3	轻于	9	高感	差
绿 102S/4H2021	6.7	劣于	9	高感	差
荆楚优 832	4.4	优于	7	感病	一般

表 200 湖北省中稻 D 组区试品种稻瘟病抗性鉴定各病圃结果（2008 年）

品种名称	龙洞病圃			望家病圃			两河病圃		
	叶瘟病级	病穗率（%）	损失率（%）	叶瘟病级	病穗率（%）	损失率（%）	叶瘟病级	病穗率（%）	损失率（%）
湖莲优 26	4	24.0	12.4	6	88.0	37.7	5	100.0	75.0
巨风 8 号	4	6.0	2.1	4	84.0	30.5	5	100.0	68.5
安隆 5S/R801	2	26.0	12.1	5	96.0	51.9	6	100.0	97.0
协优 086	4	15.0	5.5	4	29.0	9.4	5	100.0	65.0
中南优 510	3	10.0	5.9	5	83.0	31.9	4	100.0	75.5
广两优 5436	5	7.0	4.1	5	39.0	12.4	5	100.0	76.5

（续表）

品种名称	龙洞病圃			望家病圃			两河病圃		
	叶瘟病级	病穗率（%）	损失率（%）	叶瘟病级	病穗率（%）	损失率（%）	叶瘟病级	病穗率（%）	损失率（%）
科香优 21	4	0.0	0.0	5	26.0	12.5	5	100.0	71.0
扬两优 6 号 CK	5	7.0	2.9	4	66.0	33.3	5	100.0	72.5
巨风 A/8669	5	4.0	1.1	4	68.0	30.9	5	100.0	80.0
培两优 96	2	4.0	1.4	4	80.0	25.6	4	100.0	55.0
Y58S/R1993	2	5.0	2.9	5	97.0	40.9	6	100.0	88.0
C815S/R608	5	100.0	77.5	5	98.0	50.4	4	100.0	77.5

表 201　湖北省中稻 D 组区试品种稻瘟病抗性评价结论（2008 年）

品种名称	抗性指数	与 CK 比较	最高损失率抗级	抗性评价	综合表现
湖莲优 26	6.3	相当	9	高感	差
巨风 8 号	5.7	相当	9	高感	差
安隆 5S/R801	6.7	劣于	9	高感	差
协优 086	5.3	轻于	9	高感	差
中南优 510	5.9	相当	9	高感	差
广两优 5436	5.0	轻于	9	高感	差
科香优 21	4.5	轻于	9	高感	差
扬两优 6 号 CK	5.8		9	高感	差
巨风 A/8669	5.6	相当	9	高感	差
培两优 96	4.9	轻于	9	高感	差
Y58S/R1993	5.5	相当	9	高感	差
C815S/R608	7.9	劣于	9	高感	淘汰

表 202　湖北省中稻 E 组区试品种稻瘟病抗性鉴定各病圃结果（2008 年）

品种名称	龙洞病圃			望家病圃			两河病圃		
	叶瘟病级	病穗率（%）	损失率（%）	叶瘟病级	病穗率（%）	损失率（%）	叶瘟病级	病穗率（%）	损失率（%）
准两优 725	3	12.0	4.4	5	93.0	29.9	4	100.0	58.0
新二 S/WZH100	4	14.0	7.2	4	48.0	15.6	6	100.0	85.0
广占 63-4S/R96	4	43.0	23.1	4	56.0	18.1	6	100.0	83.0
博两优 202	4	12.0	2.4	5	59.0	20.0	5	100.0	75.5
巨丰优 40	4	35.0	14.9	4	69.0	32.8	3	100.0	74.5
广两优 558	4	23.0	10.0	4	44.0	21.5	5	100.0	72.5
扬两优 6 号 CK	5	34.0	15.6	5	70.0	31.7	4	100.0	79.5
扬两优 419	5	46.0	21.6	4	49.0	25.4	6	100.0	85.0
华香优 910	6	11.0	4.2	6	47.0	23.4	6	100.0	80.0
香优 8015	5	5.0	1.8	5	33.0	10.2	6	100.0	76.5
德隆一号	4	100.0	50.8	5	43.0	16.7	6	100.0	88.0
准两优 305	6	13.0	4.1	4	39.0	13.5	4	100.0	78.5

表 203 湖北省中稻 E 组区试品种稻瘟病抗性评价结论（2008 年）

品种名称	抗性指数	与 CK 比较	最高损失率抗级	抗性评价	综合表现
准两优 725	5.4	轻于	9	高感	差
新二 S/WZH100	5.8	轻于	9	高感	差
广占 63-4S/R96	6.4	相当	9	高感	差
博两优 202	5.6	轻于	9	高感	差
巨丰优 40	6.2	轻于	9	高感	差
广两优 558	5.7	轻于	9	高感	差
扬两优 6 号 CK	6.8		9	高感	差
扬两优 419	6.3	轻于	9	高感	差
华香优 910	5.8	轻于	9	高感	差
香优 8015	4.9	优于	9	高感	差
德隆一号	7.2	相当	9	高感	淘汰
准两优 305	5.1	优于	9	高感	差

表 204 湖北省中稻 A 组筛选试验品种稻瘟病抗性鉴定各病圃结果（2008 年）

品种名称	龙洞病圃			望家病圃			两河病圃		
	叶瘟病级	病穗率（%）	损失率（%）	叶瘟病级	病穗率（%）	损失率（%）	叶瘟病级	病穗率（%）	损失率（%）
金两优 118	5	28.0	10.4	3	72.0	36.3	4	100.0	81.0
全优 208	2	3.0	0.6	4	44.0	19.6	3	10.0	2.0
紫金稻 10 号	4	40.0	18.3	4	58.0	29.4	4	100.0	69.5
协优 92	3	70.0	49.5	6	99.0	59.0	4	100.0	82.0
科优 409	4	10.0	3.5	4	69.0	31.7	3	100.0	73.5
惠两优 1 号	4	15.0	5.1	5	67.0	34.3	4	100.0	76.5
华两优 937	3	7.0	1.7	5	86.0	40.9	4	100.0	88.0
Ⅱ-32A/R15	4	25.0	13.9	4	62.0	24.5	6	100.0	57.0
锦绣一号	4	36.0	17.0	8	100.0	74.9	6	100.0	77.5
得两优 18	4	4.0	0.8	4	66.0	32.1	4	100.0	58.0
扬两优 6 号 CK	4	8.0	2.5	4	66.0	33.3	5	100.0	65.5
两优 3508	3	8.0	4.1	6	82.0	29.4	4	95.0	47.5
08A/63 选	5	57.0	27.3	3	100.0	61.8	4	100.0	85.0
两优 118	4	3.0	0.6	4	78.0	39.6	6	100.0	78.5
奥龙优 H566	5	9.0	3.3	4	72.0	29.0	5	100.0	52.0
03S/2189	4	25.0	13.8	4	54.0	18.6	4	100.0	72.5
冈两优 316	5	37.0	22.8	4	82.0	28.3	5	100.0	78.0
广两优 988	5	26.0	10.3	5	88.0	25.0	5	100.0	77.0
两优 736	4	44.0	19.7	7	99.0	50.3	5	100.0	94.0
广两优 618	4	13.0	6.8	4	86.0	35.0	6	100.0	72.5

表 205　湖北省中稻 A 组筛选试验品种稻瘟病抗性评价结论（2008 年）

品种名称	抗性指数	与 CK 比较	最高损失率抗级	抗性评价	综合表现
金两优 118	6.3	劣于	9	高感	差
全优 208	2.8	优于	5	中感	一般
紫金稻 10 号	6.3	劣于	9	高感	差
协优 92	7.5	劣于	9	高感	淘汰
科优 409	5.5	相当	9	高感	差
惠两优 1 号	6.2	相当	9	高感	差
华两优 937	5.6	相当	9	高感	差
Ⅱ-32A/R15	5.9	相当	9	高感	差
锦绣一号	7.4	劣于	9	高感	淘汰
得两优 18	5.4	相当	9	高感	差
扬两优 6 号 CK	5.7		9	高感	差
两优 3508	5.0	轻于	7	感病	一般
08A/63 选	7.1	劣于	9	高感	淘汰
两优 118	5.6	相当	9	高感	差
奥龙优 H566	5.4	相当	9	高感	差
03S/2189	5.8	相当	9	高感	差
冈两优 316	6.4	劣于	9	高感	差
广两优 988	6.2	相当	9	高感	差
两优 736	7.3	劣于	9	高感	淘汰
广两优 618	6.3	劣于	9	高感	差

表 206　湖北省中稻 B 组筛选试验品种稻瘟病抗性鉴定各病圃结果（2008 年）

品种名称	龙洞病圃			望家病圃			两河病圃		
	叶瘟病级	病穗率（%）	损失率（%）	叶瘟病级	病穗率（%）	损失率（%）	叶瘟病级	病穗率（%）	损失率（%）
广两优 118	5	21.0	13.0	4	99.0	32.2	5	100.0	85.0
绵 5A/Q28	4	17.0	8.9	3	74.0	34.5	4	100.0	55.0
荆优 1361	4	6.0	0.8	5	68.0	25.2	3	95.0	45.8
香优 97	5	5.0	1.3	4	54.0	32.6	5	100.0	55.0
建优 28	5	37.0	24.7	4	72.0	33.2	4	100.0	94.0
珞红 3A/8117	7	80.0	48.9	5	92.0	45.8	6	100.0	79.5
粤优 281	7	85.0	41.1	5	100.0	62.7	6	100.0	95.5
新两优 366	7	43.0	21.7	4	95.0	50.1	6	100.0	82.0
两优 1593	5	13.0	4.9	3	88.0	39.3	5	100.0	69.5
川江优 11 号	4	31.0	14.7	6	86.0	37.8	4	100.0	68.5
扬两优 6 号 CK	5	15.0	8.2	5	76.0	40.6	5	100.0	69.5
中 9A/R1688	6	29.0	14.0	5	69.0	22.2	6	100.0	74.5
荆楚香优 37	5	15.0	4.8	4	67.0	33.6	6	100.0	79.5
开优 8 号	4	8.0	3.1	5	70.0	31.1	6	100.0	85.0
G370	3	3.0	0.6	3	58.0	16.0	3	80.0	38.0
矮占 02S/安香 18	5	55.0	28.9	5	96.0	55.4	3	100.0	85.0
两优 63778	4	55.0	21.9	7	99.0	51.5	6	100.0	64.5
鄂泰 A/6012	4	18.0	7.7	3	86.0	27.5	5	100.0	78.5
科香 2A/R188	5	6.0	1.8	4	62.0	20.2	5	95.0	45.3
Y58S/106	4	6.0	1.8	3	64.0	22.9	5	100.0	60.0

表 207　湖北省中稻 B 组筛选试验品种稻瘟病抗性评价结论（2008 年）

品种名称	抗性指数	与 CK 比较	最高损失率抗级	抗性评价	综合表现
广两优 118	6.3	相当	9	高感	差
绵 5A/Q28	6.0	相当	9	高感	差
荆优 1361	4.9	轻于	7	感病	一般
香优 97	5.6	轻于	9	高感	差
建优 28	6.7	相当	9	高感	差
珞红 3A/8117	7.6	劣于	9	高感	淘汰
粤优 281	7.9	劣于	9	高感	淘汰
新两优 366	7.3	劣于	9	高感	淘汰
两优 1593	5.8	轻于	9	高感	差
川江优 11 号	6.4	相当	9	高感	差
扬两优 6 号 CK	6.3		9	高感	差
中 9A/R1688	6.3	相当	9	高感	差
荆楚香优 37	6.0	相当	9	高感	差
开优 8 号	5.8	轻于	9	高感	差
G370	4.5	优于	7	感病	一般
矮占 02S/安香 18	7.2	劣于	9	高感	淘汰
两优 63778	7.5	劣于	9	高感	淘汰
鄂泰 A/6012	5.8	轻于	9	高感	差
科香 2A/R188	5.1	轻于	7	感病	一般
Y58S/106	5.3	轻于	9	高感	差

表 208　湖北省中稻 C 组筛选试验品种稻瘟病抗性鉴定各病圃结果（2008 年）

品种名称	龙洞病圃			望家病圃			两河病圃		
	叶瘟病级	病穗率（%）	损失率（%）	叶瘟病级	病穗率（%）	损失率（%）	叶瘟病级	病穗率（%）	损失率（%）
泰优 1086	2	16.0	4.4	4	44.0	13.5	5	100.0	73.0
Y 两优 666	6	5.0	1.3	5	100.0	47.4	6	100.0	85.0
两优 777	4	9.0	3.0	4	96.0	41.0	4	100.0	55.0
盛糯 9 号	4	11.0	3.7	6	100.0	60.4	4	100.0	60.0
荆楚香 1A/R185	5	16.0	8.5	4	98.0	28.2	5	100.0	60.0
Q4A/R1022	4	24.0	10.7	4	96.0	29.5	4	100.0	60.0
两优 668	4	8.0	3.3	5	76.0	31.5	5	100.0	67.5
华两优 9326	3	25.0	12.6	4	99.0	53.7	4	100.0	85.0
内 2 优 1849	4	9.0	3.0	5	45.0	14.1	5	100.0	49.8
扬两优 6 号 CK	4	19.0	7.3	6	50.0	17.3	5	100.0	67.5
福优 029	4	21.0	6.6	4	73.0	32.1	5	100.0	70.5
广占 63S/新恢 8	4	3.0	0.6	4	83.0	44.4	5	100.0	70.0
矮占 43S/紫恢 100	4	20.0	8.2	5	78.0	27.1	5	100.0	85.0
荆糯 05-18	3	34.0	14.1	7	100.0	53.0	7	100.0	77.0
FS-3A/蜀恢 498	4	30.0	10.6	4	77.0	37.0	7	100.0	85.0
粤丰 A/288	5	20.0	6.7	5	97.0	51.0	6	100.0	78.5
襄 115A/N187	4	5.0	2.1	3	91.0	48.7	6	95.0	64.5
内 5 优 1811	3	14.0	4.9	4	71.0	29.7	3	100.0	50.0
天丰 A/2526	4	14.0	5.2	4	52.0	16.8	6	100.0	73.0
国杂 77 号	2	6.0	1.5	3	86.0	36.7	6	100.0	91.0

表 209　湖北省中稻 C 组筛选试验品种稻瘟病抗性评价结论（2008 年）

品种名称	抗性指数	与 CK 比较	最高损失率抗级	抗性评价	综合表现
泰优 1086	4.8	轻于	9	高感	差
Y 两优 666	5.8	相当	9	高感	差
两优 777	5.6	相当	9	高感	差
盛糯 9 号	6.3	相当	9	高感	差
荆楚香 1A/R185	5.9	相当	9	高感	差
Q4A/R1022	5.8	相当	9	高感	差
两优 668	5.8	相当	9	高感	差
华两优 9326	6.3	相当	9	高感	差
内 2 优 1849	4.6	轻于	7	感病	一般
扬两优 6 号 CK	5.8		9	高感	差
福优 029	6.2	相当	9	高感	差
广占 63S/新恢 8	5.5	相当	9	高感	差
矮占 43S/紫恢 100	5.9	相当	9	高感	差
荆糯 05-18	7.0	劣于	9	高感	差
FS-3A/蜀恢 498	6.5	劣于	9	高感	差
粤丰 A/288	6.8	劣于	9	高感	差
襄 115A/N187	5.5	相当	9	高感	差
内 5 优 1811	4.9	轻于	7	感病	一般
天丰 A/2526	5.9	相当	9	高感	差
国杂 77 号	5.5	相当	9	高感	差

表 210　湖北省中稻 D 组筛选试验品种稻瘟病抗性鉴定各病圃结果（2008 年）

品种名称	龙洞病圃			望家病圃			两河病圃		
	叶瘟病级	病穗率（%）	损失率（%）	叶瘟病级	病穗率（%）	损失率（%）	叶瘟病级	病穗率（%）	损失率（%）
福稻 19S/RX-9	4	7.0	2.3	6	67.0	16.9	6	100.0	78.0
辐香 218	3	4.0	1.1	4	98.0	50.9	4	100.0	67.0
685A/3446	4	9.0	3.0	4	44.0	15.0	5	100.0	74.0
内 2A/红恢 1 号	5	23.0	12.3	5	68.0	34.1	7	100.0	91.0
强两优 1 号	5	6.0	2.1	4	49.0	14.5	6	100.0	54.0
6105S/K216	4	9.0	2.7	4	33.0	11.2	7	100.0	79.5
两优天占	3	2.0	0.4	4	79.0	34.9	6	100.0	58.0
香 9 优 2698	4	21.0	9.7	5	23.0	5.9	8	100.0	85.0
中糯 4418	3	6.0	2.1	7	38.0	15.7	6	100.0	76.0
宜香 2115	4	4.0	1.1	6	15.0	6.4	7	95.0	54.0
明天优 88	4	9.0	3.8	6	48.0	16.5	4	100.0	100.0
亚华优 792	3	3.0	0.6	4	29.0	9.1	3	21.0	6.6
荆楚优 182	5	4.0	1.7	5	39.0	11.7	7	100.0	77.0
福稻 19S/R18	4	8.0	2.5	5	32.0	17.5	6	100.0	77.0
C 两优 558	4	18.0	11.6	4	50.0	15.4	5	100.0	78.0
扬两优 6 号 CK	4	5.0	1.6	5	73.0	33.5	5	100.0	71.5
新强 8 号	4	29.0	11.2	4	31.0	8.3	6	100.0	79.5
989S/R931	5	2.0	0.4	5	54.0	23.8	4	100.0	75.0
814A/R158	5	7.0	3.9	4	55.0	31.4	5	100.0	57.0
2998A/8258	4	5.0	1.6	4	65.0	36.1	4	100.0	56.0

表 211 湖北省中稻 D 组筛选试验品种稻瘟病抗性评价结论（2008 年）

品种名称	抗性指数	与 CK 比较	最高损失率抗级	抗性评价	综合表现
福稻 19S/RX-9	5.6	相当	9	高感	差
辐香 218	5.7	相当	9	高感	差
685A/3446	4.8	轻于	9	高感	差
内 2A/红恢 1 号	6.5	劣于	9	高感	差
强两优 1 号	5.0	轻于	9	高感	差
6105S/K216	5.0	轻于	9	高感	差
两优天占	5.5	相当	9	高感	差
香 9 优 2698	5.5	相当	9	高感	差
中糯 4418	5.4	相当	9	高感	差
宜香 2115	4.8	轻于	9	高感	差
明天优 88	5.3	相当	9	高感	差
亚华优 792	3.1	优于	3	中抗	好
荆楚优 182	5.0	轻于	9	高感	差
福稻 19S/R18	5.3	相当	9	高感	差
C 两优 558	5.7	相当	9	高感	差
扬两优 6 号 CK	5.6		9	高感	差
新强 8 号	5.6	相当	9	高感	差
989S/R931	5.3	相当	9	高感	差
814A/R158	5.8	相当	9	高感	差
2998A/8258	5.4	相当	9	高感	差

表 212 湖北省一季晚稻区试品种稻瘟病抗性鉴定各病圃结果（2008 年）

品种名称	龙洞病圃			望家病圃			两河病圃		
	叶瘟病级	病穗率（%）	损失率（%）	叶瘟病级	病穗率（%）	损失率（%）	叶瘟病级	病穗率（%）	损失率（%）
黄占一号	4	17.0	3.9	4	60.0	30.6	3	100.0	62.0
华 564	6	78.0	42.1	5	57.0	26.4	6	100.0	95.5
21-139A/23317	4	20.0	4.1	4	76.0	37.0	4	100.0	86.5
德隆三号	5	83.0	39.9	4	78.0	33.3	4	100.0	68.0
荣优淦 3 号	6	14.0	5.1	3	23.0	5.3	5	100.0	71.5
天优 498	3	2.0	0.4	3	21.0	3.6	3	16.0	5.9
T 优 207CK	4	16.0	5.7	5	75.0	31.0	2	100.0	61.0
强两优二号	6	88.0	40.2	4	85.0	28.2	4	100.0	75.5
T98A/红恢 1 号	6	90.0	47.4	5	74.0	31.4	8	100.0	97.0
香优 107	7	94.0	42.7	5	41.0	14.8	5	100.0	95.5
天两优 906	6	94.0	53.5	5	39.0	16.6	5	100.0	79.0
荆楚优 754	3	14.0	4.2	4	15.0	5.4	3	43.0	17.0

表 213　湖北省一季晚稻区试品种稻瘟病抗性评价结论（2008 年）

品种名称	抗性指数	与 CK 比较	最高损失率抗级	抗性评价	综合表现
T 优 207Ck	6.0		9	高感	差
德隆三号	7.2	劣于	9	高感	淘汰
黄占一号	5.7	轻于	9	高感	差
华 564	7.2	劣于	9	高感	淘汰
21-139A/23317	5.8	相当	9	高感	差
荣优淦 3 号	5.3	轻于	9	高感	差
天优 498	2.5	显著优于	3	中抗	好
强两优二号	6.9	劣于	9	高感	差
T98A/红恢 1 号	7.7	劣于	9	高感	淘汰
香优 107	6.7	劣于	9	高感	差
天两优 906	7.3	劣于	9	高感	淘汰
荆楚优 754	3.8	优于	5	中感	较好

表 214　湖北省双季晚籼 A 组区试品种稻瘟病抗性鉴定各病圃结果（2008 年）

品种名称	龙洞病圃			望家病圃			两河病圃		
	叶瘟病级	病穗率（%）	损失率（%）	叶瘟病级	病穗率（%）	损失率（%）	叶瘟病级	病穗率（%）	损失率（%）
金优 112	4	27.0	9.0	5	39.0	14.8	3	100.0	73.5
禾盛晚优 672	4	53.0	18.5	4	46.0	17.4	3	100.0	78.0
巨风晚香	4	59.0	25.5	4	71.0	24.0	4	100.0	68.5
准 S/R280	5	85.0	37.1	4	73.0	37.2	4	100.0	82.5
T 优 2088	5	37.0	15.8	3	52.0	19.7	4	100.0	75.5
旱优 3 号	6	35.0	12.1	6	97.0	52.1	5	100.0	76.5
天 7 优 2588	6	100.0	55.5	5	68.0	30.8	5	100.0	97.0
荆楚优 027	4	75.0	36.9	4	74.0	33.7	4	100.0	79.0
金优 207CK	5	31.0	10.5	5	93.0	45.4	4	100.0	82.5
中 3 优 1811	5	32.0	10.0	3	98.0	53.2	4	100.0	79.5
T 优 318	5	11.0	2.5	5	64.0	26.4	4	100.0	76.5

表 215　湖北省双季晚籼 A 组区试品种稻瘟病抗性评价结论（2008 年）

品种名称	抗性指数	与 CK 比较	最高损失率抗级	抗性评价	综合表现
金优 112	5.4	轻于	9	高感	差
禾盛晚优 672	6.2	相当	9	高感	差
巨风晚香	6.4	相当	9	高感	差
准 S/R280	7.2	劣于	9	高感	淘汰
T 优 2088	6.3	相当	9	高感	差
旱优 3 号	7.0	劣于	9	高感	差
天 7 优 2588	7.8	劣于	9	高感	淘汰
荆楚优 027	7.1	劣于	9	高感	淘汰
金优 207CK	6.4		9	高感	差
中 3 优 1811	6.6	相当	9	高感	差
T 优 318	5.6	轻于	9	高感	差

表 216　湖北省双季晚籼 B 组区试品种稻瘟病抗性鉴定各病圃结果（2008 年）

品种名称	龙洞病圃			望家病圃			两河病圃		
	叶瘟病级	病穗率（%）	损失率（%）	叶瘟病级	病穗率（%）	损失率（%）	叶瘟病级	病穗率（%）	损失率（%）
天优 428	3	2.0	0.4	3	44.0	22.6	4	13.0	7.5
A 优 338	3	91.0	32.6	5	39.0	21.5	4	100.0	86.5
中 3 优 810	4	71.0	19.9	3	38.0	15.6	4	100.0	88.0
禾盛晚杂 813	5	8.0	1.8	4	32.0	16.1	5	100.0	94.0
金优晚 39	6	90.0	44.1	4	28.0	13.5	7	100.0	100.0
金优 297	4	19.0	7.0	3	41.0	24.1	4	100.0	73.5
荆楚优 866	5	39.0	14.6	4	65.0	23.2	4	100.0	79.0
C 两优 80	5	64.0	23.2	4	97.0	50.8	4	100.0	95.5
金优 207CK	6	44.0	17.9	4	77.0	38.3	4	100.0	78.5
荣优 23	7	39.0	18.0	5	33.0	17.9	4	100.0	77.5
03A/Q28	3	5.0	0.7	4	52.0	21.5	3	12.0	4.2
天香 806	7	39.0	13.5	3	62.0	34.4	4	100.0	78.5

表 217　湖北省双季晚籼 B 组区试品种稻瘟病抗性评价结论（2008 年）

品种名称	抗性指数	与 CK 比较	最高损失率抗级	抗性评价	综合表现
金优 207CK	6.8		9	高感	差
天优 428	3.4	优于	5	中感	较好
中 3 优 810	6.2	轻于	9	高感	差
A 优 338	6.6	相当	9	高感	差
禾盛晚杂 813	5.3	优于	9	高感	差
金优晚 39	6.7	相当	9	高感	差
金优 297	5.5	轻于	9	高感	差
荆楚优 866	6.0	轻于	9	高感	差
C 两优 80	7.2	相当	9	高感	淘汰
荣优 23	6.4	相当	9	高感	差
03A/Q28	3.3	显著优于	5	中感	较好
天香 806	6.4	相当	9	高感	差

表 218　湖北省晚粳组区试品种稻瘟病抗性鉴定各病圃结果（2008 年）

品种名称	龙洞病圃			望家病圃			两河病圃		
	叶瘟病级	病穗率（%）	损失率（%）	叶瘟病级	病穗率（%）	损失率（%）	叶瘟病级	病穗率（%）	损失率（%）
44016	5	48.0	18.5	5	48.0	19.3	5	100.0	100.0
粳糯 1 号	5	13.0	5.2	4	59.0	31.8	7	100.0	97.0
荆扬选 03	3	16.0	4.6	4	72.0	34.4	8	100.0	95.5
EJ6031	7	14.0	5.5	3	64.0	31.1	6	100.0	53.0
鄂晚 17CK	2	6.0	1.8	4	55.0	21.4	3	68.0	28.4
M28-45	4	4.0	0.7	4	51.0	25.1	3	7.0	1.3
55S/R11	2	6.0	1.2	4	74.0	41.8	4	3.0	0.6
两优 2847	5	77.0	21.8	5	86.0	52.3	6	100.0	55.5
香粳优 575	4	28.0	6.8	5	52.0	17.2	5	85.0	44.5

（续表）

品种名称	龙洞病圃			望家病圃			两河病圃		
	叶瘟病级	病穗率（%）	损失率（%）	叶瘟病级	病穗率（%）	损失率（%）	叶瘟病级	病穗率（%）	损失率（%）
T8050	5	28.0	14.5	5	77.0	32.8	7	100.0	57.0
两优 7615	2	6.0	1.2	3	82.0	28.8	4	23.0	12.7
香粳优 863	5	13.0	6.7	4	69.0	26.6	4	90.0	61.0

表 219　湖北省晚粳区试品种稻瘟病抗性评价结论（2008 年）

品种名称	抗性指数	与 CK 比较	最高损失率抗级	抗性评价	综合表现
鄂晚 17CK	4.3		5	中感	较好
粳糯 1 号	6.4	劣于	9	高感	差
两优 2847	7.4	劣于	9	高感	淘汰
香粳优 575	5.8	劣于	7	感病	一般
44016	6.3	劣于	9	高感	差
荆扬选 03	6.0	劣于	9	高感	差
EJ6031	6.4	劣于	9	高感	差
M28-45	3.2	轻于	5	中感	较好
55S/R11	3.4	轻于	7	感病	一般
T8050	6.7	劣于	9	高感	差
两优 7615	3.7	轻于	5	中感	较好
香粳优 863	5.8	劣于	9	高感	差

表 220　湖北省晚稻筛选试验品种稻瘟病抗性鉴定各病圃结果（2008 年）

品种名称	龙洞病圃			望家病圃			两河病圃		
	叶瘟病级	病穗率（%）	损失率（%）	叶瘟病级	病穗率（%）	损失率（%）	叶瘟病级	病穗率（%）	损失率（%）
福两优 9 号	6	68.0	30.2	4	46.0	17.2	6	90.0	47.0
矮占 43S/富稻 356	6	69.0	27.7	6	55.0	23.9	8	100.0	88.0
803A/448	4	3.0	0.6	4	46.0	24.4	3	28.0	14.9
两优 4008	3	30.0	11.3	4	51.0	16.8	4	100.0	81.5
荆晚优 1 号	1	3.0	0.6	6	91.0	39.0	3	100.0	63.0
扬 A/R25088	6	86.0	42.2	4	45.0	20.2	7	100.0	91.0
D26A/5211	5	11.0	4.1	3	66.0	28.7	3	100.0	94.0
荆楚 814A/R283	4	29.0	11.2	4	49.0	19.7	5	100.0	85.0
金优 207CK	4	28.0	7.0	5	76.0	36.9	5	100.0	85.0
兴优 627	4	76.0	32.2	5	79.0	41.7	6	100.0	97.0
福优 238	5	79.0	34.7	6	95.0	44.0	6	100.0	97.0
541A/晚恢 39	8	100.0	52.5	4	38.0	18.0	7	100.0	85.0
丰 39S/R2601	4	3.0	0.6	4	24.0	9.4	3	37.0	19.0
中 3 优 1849	4	24.0	8.7	5	42.0	13.4	3	100.0	73.5
H28 优 1487	5	11.0	4.3	5	87.0	40.6	6	100.0	80.5
奥龙优 76	5	17.0	6.7	4	83.0	41.2	6	100.0	85.0
DF21A/MR100	5	26.0	8.8	3	59.0	26.3	5	100.0	88.0
中优 07	4	2.0	0.4	4	73.0	31.1	4	70.0	32.0
814A/R510	3	16.0	3.8	4	65.0	19.6	4	95.0	48.5
03A/E318	3	20.0	7.6	5	64.0	27.0	4	100.0	79.5

表 221　湖北省晚稻筛选试验品种稻瘟病抗性评价结论（2008 年）

品种名称	抗性指数	与 CK 比较	最高损失率抗级	抗性评价	综合表现
福两优 9 号	6.6	相当	7	感病	一般
矮占 43S/富稻 356	7.1	劣于	9	高感	淘汰
803A/448	3.7	优于	5	中感	较好
两优 4008	5.8	轻于	9	高感	差
荆晚优 1 号	5.3	轻于	9	高感	差
扬 A/R25088	7.0	劣于	9	高感	差
D26A/5211	5.3	轻于	9	高感	差
荆楚 814A/R283	5.8	轻于	9	高感	差
金优 207CK	6.4		9	高感	差
兴优 627	7.3	劣于	9	高感	淘汰
福优 238	7.5	劣于	9	高感	淘汰
541A/晚恢 39	7.5	劣于	9	高感	淘汰
丰 39S/R2601	3.5	优于	5	中感	较好
中 3 优 1849	5.3	轻于	9	高感	差
H28 优 1487	6.1	相当	9	高感	差
奥龙优 76	6.3	相当	9	高感	差
DF21A/MR100	6.0	相当	9	高感	差
中优 07	5.1	轻于	7	感病	一般
814A/R510	5.0	轻于	7	感病	一般
03A/E318	5.8	轻于	9	高感	差

表 222　湖北省水稻区试品种稻瘟病抗性两年评价结论（2007—2008 年）

区试级别	品种名称	2008 年评价结论		2007 年评价结论		2007—2008 年两年评价结论				
		抗性指数	最高损失率抗级	抗性指数	最高损失率抗级	最高抗性指数	与 CK 比较	最高损失率抗级	抗性评价	综合表现
早稻	两优 287CK	6.1	9	5.6	9	6.1		9	高感	差
	中优 547	6.5	9	5.7	9	6.5	相当	9	高感	差
	两优 287CK	6.1	9	5.8	9	6.1		9	高感	差
	荆两优 60	5.2	9	4.9	9	5.2	轻于	9	高感	差
中稻	扬两优 6 号 CK	5.9	9	5.4	9	5.9		9	高感	差
	Y 两优 555	6.1	9	5.5	9	6.1	相当	9	高感	差
	两优香 66	5.3	9	4.5	7	5.3	轻于	9	高感	差
	扬两优 6 号 CK	5.9	9	5.7	9	5.9		9	高感	差
	新两优香 4	6.1	9	4.6	9	6.1	相当	9	高感	差
	两优 389	7.2	9	5.8	9	7.2	劣于	9	高感	差
	扬两优 6 号 CK	5.9	9	5.1	7	5.9		9	高感	差
	荆优 6510	5.8	9	5.2	9	5.8	相当	9	高感	差
	神农 328	6.0	9	4.9	9	6.0	相当	9	高感	差
	扬两优 6 号 CK	5.9	9	5.4	9	5.9		9	高感	差
	神州 6 号	6.0	9	5.8	9	6.0	相当	9	高感	差
	健 645A/绵恢 725	6.0	9	6.0	9	6.0	相当	9	高感	差

（续表）

区试级别	品种名称	2008年评价结论		2007年评价结论		2007—2008年两年评价结论				
		抗性指数	最高损失率抗级	抗性指数	最高损失率抗级	最高抗性指数	与CK比较	最高损失率抗级	抗性评价	综合表现
中稻	K优AG	6.4	9	5.3	9	6.4	相当	9	高感	差
	川江优7号	6.2	9	5.4	9	6.2	相当	9	高感	差
	C两优396	6.3	9	5.2	9	6.3	相当	9	高感	差
	扬两优6号CK	5.9	9	5.1	7	5.9		9	高感	差
	AL501	5.6	9	4.9	7	5.6	相当	9	高感	差
	两优1528	5.7	9	5.1	9	5.7	相当	9	高感	差
一季晚稻	T优207CK	6.0	9	5.6	9	6.0		9	高感	差
	德隆三号	7.2	9	5.9	9	7.2	劣于	9	高感	差
晚稻	金优207CK	6.8	9	5.4	9	6.8		9	高感	差
	中3优810	6.2	9	6.1	9	6.2	轻于	9	高感	差
	天优428	3.4	5	3.2	5	3.4	优于	5	中感	较好
	金优207CK	6.8	9	5.2	9	6.8		9	高感	差
	A优338	6.6	9	5.4	9	6.6	相当	9	高感	差
	禾盛晚杂813	5.3	9	5.9	9	5.9	轻于	9	高感	差
	鄂晚17CK	4.3	5	4.6	7	4.6		7	感病	一般
	粳糯1号	6.4	9	5.4	9	6.4	劣于	9	高感	差
	两优2847	7.4	9	5.6	9	7.4	劣于	9	高感	差
	香粳优575	5.8	7	5.0	9	5.8	劣于	9	高感	差

表223　湖北省早稻区试A组品种稻瘟病抗性鉴定各病圃结果（2009年）

品种名称	龙洞病圃			石城病圃			望家病圃			两河病圃		
	叶瘟病级	病穗率（%）	损失率（%）	叶瘟病级	病穗率（%）	损失率（%）	叶瘟病级	病穗率（%）	损失率（%）	叶瘟病级	病穗率（%）	损失率（%）
两优118	3	0.0	0.0	0	0.0	0.0	5	73.0	13.7	4	67.0	30.8
两优150	3	0.0	0.0	2	100.0	100.0	5	63.0	12.3	6	100.0	70.0
两优28	4	6.0	2.0	5	100.0	93.8	5	75.0	17.5	5	100.0	70.0
HD9802S/R302	3	7.0	3.2	3	100.0	72.9	5	86.0	13.1	5	100.0	65.0
荆两优60	4	0.0	0.0	4	51.8	32.0	3	36.0	15.3	5	100.0	52.5
两优168	5	0.0	0.0	2	21.6	6.5	4	63.0	21.2	7	100.0	97.0
两优287CK	3	6.0	2.7	1	63.2	48.8	5	67.0	31.5	7	100.0	95.5
冈早881	4	7.0	1.9	1	17.6	1.5	5	59.0	13.5	8	100.0	100.0
6103	2	0.0	0.0	1	5.8	0.3	3	87.0	16.7	4	64.7	39.4
中嘉早32号	2	2.0	0.7	2	0.0	0.0	4	87.0	17.8	6	100.0	79.3
早糯2016	2	0.0	0.0	1	0.0	0.0	3	81.0	19.2	4	70.0	27.0
广源早138	3	0.0	0.0	1	27.7	9.8	3	73.0	14.3	7	100.0	91.0

表 224　湖北省早稻区试 A 组品种稻瘟病抗性评价结论（2009 年）

品种名称	抗性指数	与 CK1 比较	最高损失率抗级	抗性评价	综合表现
两优 287CK	5.9		9	高感	差
荆两优 60	4.9	轻于	9	高感	差
中嘉早 32 号	3.9	优于	9	高感	差
早糯 2016	3.0	优于	5	中感	较好
两优 168	4.7	轻于	9	高感	差
两优 118	3.1	优于	7	感病	一般
两优 150	5.3	轻于	9	高感	差
两优 28	6.1	相当	9	高感	差
HD9802S/R302	5.6	相当	9	高感	差
冈早 881	4.8	轻于	9	高感	差
6103	3.3	优于	7	感病	一般
广源早 138	4.3	优于	9	高感	差

表 225　湖北省早稻区试 B 组品种稻瘟病抗性鉴定各病圃结果（2009 年）

品种名称	龙洞病圃			石城病圃			望家病圃			两河病圃		
	叶瘟病级	病穗率（%）	损失率（%）	叶瘟病级	病穗率（%）	损失率（%）	叶瘟病级	病穗率（%）	损失率（%）	叶瘟病级	病穗率（%）	损失率（%）
三香优黄 1 号	6	0.0	0.0	3	4.5	1.3	5	71.0	31.4	7	100.0	70.0
德两优早 859	3	0.0	0.0	2	4.8	0.4	2	43.0	23.5	3	12.1	4.2
株两优 19	3	0.0	0.0	3	1.6	0.8	2	33.0	15.6	4	82.9	23.7
天优 7102	8	100.0	85.0	3	85.1	69.0	4	87.0	26.1	8	100.0	100.0
陵两优 108	2	0.0	0.0	2	8.1	1.8	3	89.0	41.3	4	76.2	32.1
两优 287CK	6	19.0	8.5	2	64.7	47.7	5	67.0	45.3	6	100.0	82.0
393S/嘉早 173	2	0.0	0.0	1	10.8	3.3	4	83.0	31.4	3	40.0	8.6
陵两优 139	2	0.0	0.0	1	10.4	1.5	4	75.0	25.0	4	80.0	30.2
陵两优 417	4	0.0	0.0	2	0.0	0.0	6	73.0	23.6	5	60.0	22.5
华两优 288	3	1.0	0.1	1	69.2	38.9	5	65.0	13.4	6	100.0	97.0
巨优 53	4	0.0	0.0	1	0.0	0.0	5	63.0	21.6	6	100.0	49.5
中百优 550	5	0.0	0.0	1	6.3	1.8	4	39.0	8.9	8	100.0	91.0

表 226　湖北省早稻区试 B 组品种稻瘟病抗性评价结论（2009 年）

品种名称	抗性指数	与 CK1 比较	最高损失率抗级	抗性评价	综合表现
两优 287CK	6.4		9	高感	差
三香优黄 1 号	4.4	优于	9	高感	差
德两优早 859	2.3	显著优于	5	中感	较好
株两优 19	3.2	优于	5	中感	较好
天优 7102	7.9	劣于	9	高感	差
陵两优 108	3.9	优于	7	感病	一般
393S/嘉早 173	3.2	优于	7	感病	一般
陵两优 139	3.8	优于	7	感病	一般
陵两优 417	3.4	优于	5	中感	一般
华两优 288	5.1	轻于	9	高感	差
巨优 53	3.6	优于	7	感病	一般
中百优 550	3.9	优于	9	高感	差

表 227　湖北省中稻区试 A 组品种稻瘟病抗性鉴定各病圃结果（2009 年）

品种名称	龙洞病圃			石城病圃			望家病圃			两河病圃		
	叶瘟病级	病穗率（%）	损失率（%）	叶瘟病级	病穗率（%）	损失率（%）	叶瘟病级	病穗率（%）	损失率（%）	叶瘟病级	病穗率（%）	损失率（%）
红香 68	2	0.0	0.0	3	4.0	1.9	4	73.0	16.8	7	100.0	41.0
BPH63-4/610234	6	0.0	0.0	7	27.0	16.0	5	66.0	23.1	9	100.0	100.0
宣 69S/RX-9	5	0.0	0.0	7	68.3	40.7	4	46.0	17.5	9	100.0	100.0
天丰 A/2526	5	5.0	1.8	6	66.0	39.6	4	33.0	14.3	9	100.0	100.0
6105S/K216	6	4.0	1.0	6	44.3	23.6	4	31.0	15.0	9	100.0	100.0
内 2 优 1817	2	0.0	0.0	3	7.0	3.1	4	61.0	28.9	6	100.0	45.0
扬两优 6 号 CK	6	3.0	0.9	5	18.0	9.8	5	79.0	31.5	9	100.0	100.0
华香优 910	6	0.0	0.0	4	6.0	2.9	5	51.0	18.9	7	100.0	57.0
荆优 1361	3	0.0	0.0	2	2.0	0.7	3	49.0	22.1	6	100.0	48.0
Q4A/R78	3	0.0	0.0	2	0.0	0.0	4	87.0	31.3	6	100.0	60.0
Q 优 6 号 CK	2	0.0	0.0	2	3.0	0.9	4	59.0	25.0	6	100.0	68.0
C 两优 392	4	0.0	0.0	3	0.0	0.0	3	35.0	11.9	6	33.0	15.5

表 228　湖北省中稻区试 A 组品种稻瘟病抗性评价结论（2009 年）

品种名称	抗性指数	与 CK1 比较	与 CK2 比较	最高损失率抗级	抗性评价	综合表现
扬两优 6 号 CK	5.6			9	高感	差
BPH63-4/610234	5.6	劣于	相当	9	高感	差
华香优 910	4.6	劣于	轻于	9	高感	差
Q 优 6 号 CK	3.9			9	高感	差
红香 68	3.8	相当	优于	7	感病	一般
宣 69S/RX-9	5.8	劣于	相当	9	高感	差
天丰 A/2526	5.6	劣于	相当	9	高感	差
6105S/K216	5.3	劣于	轻于	9	高感	差
内 2 优 1817	3.9	相当	优于	7	感病	一般
荆优 1361	3.6	相当	优于	7	感病	一般
Q4A/R78	4.1	相当	优于	9	高感	差
C 两优 392	2.9	轻于	优于	5	中感	较好

表 229　湖北省中稻区试 B 组品种稻瘟病抗性鉴定各病圃结果（2009 年）

品种名称	龙洞病圃			石城病圃			望家病圃			两河病圃		
	叶瘟病级	病穗率（%）	损失率（%）	叶瘟病级	病穗率（%）	损失率（%）	叶瘟病级	病穗率（%）	损失率（%）	叶瘟病级	病穗率（%）	损失率（%）
新二 S/WZH100	2	4.0	1.1	4	90.0	46.6	4	85.0	32.6	8	100.0	85.0
扬两优 6 号 CK	5	3.0	0.9	5	22.8	11.2	4	73.0	31.1	8	100.0	100.0
川江优 11 号	3	0.0	0.0	3	42.0	18.5	3	91.0	44.5	5	100.0	35.0
广两优 35	4	0.0	0.0	4	32.0	13.3	5	81.0	36.6	7	100.0	35.0
齐两优 908	5	3.0	0.6	4	50.0	20.1	3	75.0	44.2	8	100.0	100.0
广两优 558	3	0.0	0.0	4	7.0	4.9	3	55.0	19.6	7	65.0	17.5

（续表）

品种名称	龙洞病圃			石城病圃			望家病圃			两河病圃		
	叶瘟病级	病穗率（%）	损失率（%）	叶瘟病级	病穗率（%）	损失率（%）	叶瘟病级	病穗率（%）	损失率（%）	叶瘟病级	病穗率（%）	损失率（%）
Q优6号CK	2	0.0	0.0	2	35.0	19.6	3	53.0	17.2	6	95.0	38.5
巨丰A/明恢选	1	4.0	0.8	3	31.0	14.1	2	65.0	33.0	5	80.0	36.0
新强8号	6	0.0	0.0	7	100.0	84.0	3	76.0	31.3	8	100.0	100.0
德隆一号	6	10.0	4.7	6	100.0	88.0	4	43.0	13.2	8	100.0	100.0
广占63-4S/福恢339	3	8.0	3.3	4	24.0	7.5	5	91.0	33.1	8	100.0	85.0
巨风优2000	2	2.0	0.4	4	9.0	2.8	4	54.0	12.3	7	100.0	46.0

表230　湖北省中稻区试B组品种稻瘟病抗性评价结论（2009年）

品种名称	抗性指数	与CK1比较	与CK2比较	最高损失率抗级	抗性评价	综合表现
扬两优6号CK	5.4			9	高感	差
新二S/WZH100	5.9	劣于	相当	9	高感	差
广两优558	3.8	轻于	优于	5	中感	较好
德隆一号	6.0	劣于	劣于	9	高感	差
Q优6号CK	4.5			7	感病	一般
川江优11号	4.8	相当	轻于	7	感病	一般
广两优35	4.9	相当	轻于	7	感病	一般
齐两优908	5.6	劣于	相当	9	高感	差
巨丰A/明恢选	4.3	相当	轻于	7	感病	一般
新强8号	6.1	劣于	劣于	9	高感	差
广占63-4S/福恢339	5.4	劣于	相当	9	高感	差
巨风优2000	3.9	轻于	优于	7	感病	一般

表231　湖北省中稻区试C组品种稻瘟病抗性鉴定各病圃结果（2009年）

品种名称	龙洞病圃			石城病圃			望家病圃			两河病圃		
	叶瘟病级	病穗率（%）	损失率（%）	叶瘟病级	病穗率（%）	损失率（%）	叶瘟病级	病穗率（%）	损失率（%）	叶瘟病级	病穗率（%）	损失率（%）
强两优一号	5	0.0	0.0	7	45.0	26.8	2	53.0	26.5	8	100.0	75.0
惠两优1号	6	5.0	1.3	7	95.0	51.5	3	51.0	19.7	8	100.0	100.0
荆楚香优37	4	0.0	0.0	3	9.0	3.3	2	69.0	21.0	6	100.0	35.0
广占63S/R15	6	11.0	2.4	6	100.0	66.0	4	57.0	25.5	8	100.0	100.0
中两优8号	6	6.0	2.4	6	100.0	69.5	3	41.0	25.0	8	100.0	100.0
扬两优6号CK	6	0.0	0.0	6	52.0	33.9	4	77.0	33.8	8	100.0	100.0
Q优6号CK	3	0.0	0.0	2	64.0	31.3	4	57.0	21.9	4	90.0	25.5
广两优988	6	7.0	2.3	6	95.0	46.5	4	38.0	20.6	8	100.0	100.0
广两优474	6	42.0	27.6	6	100.0	77.5	3	51.0	23.2	8	100.0	100.0
福两优18	6	14.0	6.6	6	100.0	85.0	2	46.0	18.6	8	100.0	100.0
广占63S/新恢8	6	19.0	7.7	6	100.0	77.0	3	57.0	21.5	8	100.0	100.0
广两优5274	7	2.0	0.7	6	68.0	45.9	4	52.0	20.0	8	100.0	100.0

表 232　湖北省中稻区试 C 组品种稻瘟病抗性评价结论（2009 年）

品种名称	抗性指数	与 CK1 比较	与 CK2 比较	最高损失率抗级	抗性评价	综合表现
扬两优 6 号 CK	6.1			9	高感	差
广占 63S/R15	6.5	劣于	相当	9	高感	差
Q 优 6 号 CK	4.6			7	感病	一般
强两优一号	5.3	劣于	轻于	9	高感	差
惠两优 1 号	6.3	劣于	相当	9	高感	差
荆楚香优 37	3.9	轻于	优于	7	感病	一般
中两优 8 号	6.2	劣于	相当	9	高感	差
广两优 988	6.0	劣于	相当	9	高感	差
广两优 474	7.1	劣于	劣于	9	高感	淘汰
福两优 18	6.5	劣于	相当	9	高感	差
广占 63S/新恢 8	6.7	劣于	劣于	9	高感	差
广两优 5274	6.1	劣于	相当	9	高感	差

表 233　湖北省中稻区试 D 组品种稻瘟病抗性鉴定各病圃结果（2009 年）

品种名称	龙洞病圃			石城病圃			望家病圃			两河病圃		
	叶瘟病级	病穗率（%）	损失率（%）	叶瘟病级	病穗率（%）	损失率（%）	叶瘟病级	病穗率（%）	损失率（%）	叶瘟病级	病穗率（%）	损失率（%）
两优 581	2	3.0	0.6	2	3.0	1.5	3	37.0	15.6	4	34.0	14.3
华风优 6086	2	3.0	0.6	2	1.0	0.2	4	29.0	14.6	7	100.0	85.0
广两优 96	6	3.0	0.6	7	100.0	68.0	4	27.0	11.2	9	100.0	100.0
天优华占	3	0.0	0.0	2	0.0	0.0	2	22.0	10.3	4	3.0	0.6
奥龙 1S/H566	2	0.0	0.0	3	4.0	0.8	4	46.0	27.8	5	100.0	35.0
扬两优 6 号 CK	6	0.0	0.0	6	44.0	23.1	4	69.0	30.5	8	100.0	100.0
34S/R2817	5	0.0	0.0	6	95.0	48.5	4	51.0	19.8	8	100.0	100.0
FS-3A/蜀恢 498	3	0.0	0.0	3	8.0	3.6	3	38.0	15.8	6	100.0	32.0
Y 两优 666	3	0.0	0.0	2	0.0	0.0	5	71.0	31.9	5	110.0	57.5
Q 优 6 号 CK	4	0.0	0.0	2	12.0	4.3	3	52.0	22.7	4	100.0	45.5
C 两优 558	5	0.0	0.0	4	55.0	33.4	4	90.0	54.5	7	100.0	52.5
珞优 8118	3	0.0	0.0	2	35.0	18.8	2	47.0	28.6	7	100.0	50.0

表 234　湖北省中稻区试 D 组品种稻瘟病抗性评价结论（2009 年）

品种名称	抗性指数	与 CK1 比较	与 CK2 比较	最高损失率抗级	抗性评价	综合表现
扬两优 6 号 CK	5.7			9	高感	差
广两优 96	6.0	劣于	相当	9	高感	差
Q 优 6 号 CK	3.9			7	感病	一般
两优 581	2.9	轻于	优于	5	中感	较好
华风优 6086	3.8	相当	优于	9	高感	差
天优华占	1.6	优于	显著优于	3	中抗	好
奥龙 1S/H566	3.7	相当	优于	7	感病	一般

（续表）

品种名称	抗性指数	与CK1比较	与CK2比较	最高损失率抗级	抗性评价	综合表现
34S/R2817	5.8	劣于	相当	9	高感	差
FS-3A/蜀恢498	3.8	相当	优于	7	感病	一般
Y两优666	4.1	相当	优于	9	高感	差
C两优558	6.1	劣于	相当	9	高感	差
珞优8118	4.4	相当	轻于	7	感病	一般

表235　湖北省中稻区试E组品种稻瘟病抗性鉴定各病圃结果（2009年）

品种名称	龙洞病圃			石城病圃			望家病圃			两河病圃		
	叶瘟病级	病穗率（%）	损失率（%）	叶瘟病级	病穗率（%）	损失率（%）	叶瘟病级	病穗率（%）	损失率（%）	叶瘟病级	病穗率（%）	损失率（%）
渝优1号	5	0.0	0.0	4	0.0	0.0	5	52.0	19.7	7	100.0	50.0
两优5344	6	3.0	0.9	4	25.0	12.5	6	71.0	28.9	8	100.0	100.0
广占63S/冈恢24	6	6.0	2.1	4	5.0	2.7	4	53.0	19.8	9	100.0	100.0
扬两优6号CK	6	7.0	3.3	5	21.0	10.7	5	81.0	34.9	9	100.0	100.0
Q优6号CK	3	3.0	0.6	4	6.0	3.4	3	55.0	20.3	5	100.0	60.0
金两优118	3	0.0	0.0	4	7.0	2.8	4	72.0	31.8	7	100.0	50.5
华安501	6	11.0	2.5	7	95.0	62.5	4	61.0	21.5	9	100.0	100.0
紫金稻10号	7	9.0	3.4	7	105.0	70.8	5	26.0	10.5	9	100.0	100.0
广两优476	6	0.0	0.0	5	48.0	30.7	1	50.0	16.5	9	100.0	100.0
两优118	5	0.0	0.0	4	21.0	10.6	3	52.0	25.4	8	100.0	73.0
荆两优28	5	5.0	1.6	5	21.0	9.7	3	56.0	28.4	9	100.0	100.0
扬两优609	3	0.0	0.0	4	14.0	8.6	4	57.0	25.3	8	100.0	85.0

表236　湖北省中稻区试E组品种稻瘟病抗性评价结论（2009年）

品种名称	抗性指数	与CK1比较	与CK2比较	最高损失率抗级	抗性评价	综合表现
扬两优6号CK	5.7			9	高感	差
渝优1号	3.9	相当	优于	7	感病	一般
广两优476	5.4	劣于	相当	9	高感	差
Q优6号CK	4.3			9	高感	差
两优5344	5.3	劣于	相当	9	高感	差
广占63S/冈恢24	4.8	相当	轻于	9	高感	差
金两优118	4.6	相当	轻于	9	高感	差
华安501	6.6	劣于	劣于	9	高感	差
紫金稻10号	6.3	劣于	劣于	9	高感	差
两优118	4.8	相当	轻于	9	高感	差
荆两优28	5.1	劣于	轻于	9	高感	差
扬两优609	4.8	相当	轻于	9	高感	差

表 237　湖北省一季晚稻区试品种稻瘟病抗性鉴定各病圃结果（2009 年）

品种名称	龙洞病圃			石城病圃			望家病圃			两河病圃		
	叶瘟病级	病穗率（%）	损失率（%）	叶瘟病级	病穗率（%）	损失率（%）	叶瘟病级	病穗率（%）	损失率（%）	叶瘟病级	病穗率（%）	损失率（%）
两优 6062	5	3.0	0.6	2	2.4	0.2	3	67.0	23.5	7	100.0	85.0
荣优淦 3 号	6	0.0	0.0	2	0.0	0.0	4	70.0	24.5	8	100.0	79.0
天两优 68	5	3.0	0.2	1	9.5	6.4	3	63.0	18.9	7	100.0	85.0
T 优 207CK	5	2.0	0.1	2	0.0	0.0	5	79.0	31.6	7	100.0	62.0
荆楚优 754	4	0.0	0.0	3	2.0	0.2	3	85.0	28.1	6	80.0	35.5
晚籼 199	7	4.0	0.9	4	1.3	0.1	4	89.0	31.2	8	100.0	100.0
矮两优 863	8	4.0	2.1	2	0.0	0.0	3	66.0	23.1	8	100.0	100.0
21-139A/23317	5	0.0	0.0	3	0.0	0.0	4	95.0	33.3	5	100.0	38.0
强两优二号	7	6.0	2.3	2	6.4	1.0	4	67.0	14.1	8	100.0	100.0
奥两优 59	2	0.0	0.0	1	0.0	0.0	3	55.0	12.7	6	100.0	44.0
T 优 318	5	0.0	0.0	2	3.3	0.5	2	51.0	16.3	7	100.0	74.0
BR915	2	0.0	0.0	4	0.0	0.0	3	71.0	29.1	7	100.0	56.0

表 238　湖北省一季晚稻区试品种稻瘟病抗性评价结论（2009 年）

品种名称	抗性指数	与 CK1 比较	最高损失率抗级	抗性评价	综合表现
T 优 207CK	4.5		9	高感	差
荣优淦 3 号	4.1	相当	9	高感	差
荆楚优 754	3.8	轻于	7	感病	一般
21-139A/23317	3.9	轻于	7	感病	一般
强两优二号	4.6	相当	9	高感	差
两优 6062	3.8	轻于	9	高感	差
天两优 68	4.6	相当	9	高感	差
晚籼 199	4.9	相当	9	高感	差
矮两优 863	3.7	轻于	9	高感	差
奥两优 59	3.1	轻于	7	感病	一般
T 优 318	4.1	相当	9	高感	差
BR915	3.9	轻于	9	高感	差

表 239　湖北省晚籼区试 A 组品种稻瘟病抗性鉴定各病圃结果（2009 年）

品种名称	龙洞病圃			石城病圃			望家病圃			两河病圃		
	叶瘟病级	病穗率（%）	损失率（%）	叶瘟病级	病穗率（%）	损失率（%）	叶瘟病级	病穗率（%）	损失率（%）	叶瘟病级	病穗率（%）	损失率（%）
金优 112	3	0.0	0.0	3	3.1	0.5	4	71.0	41.9	7	100.0	91.0
矮两优 356	6	2.0	0.9	2	0.0	0.0	4	100.0	41.5	7	100.0	74.5
荆楚优 866	7	40.0	12.8	3	5.2	0.9	2	78.0	32.0	8	100.0	100.0
天香 806	6	3.0	1.2	4	3.3	0.3	2	77.0	33.9	7	100.0	74.0
金两优 162	7	14.0	5.5	3	2.5	0.4	4	71.0	23.4	8	100.0	77.0
巨风晚香	4	1.0	0.2	3	1.2	0.2	5	63.0	16.4	6	100.0	73.0

（续表）

品种名称	龙洞病圃			石城病圃			望家病圃			两河病圃		
	叶瘟病级	病穗率（%）	损失率（%）	叶瘟病级	病穗率（%）	损失率（%）	叶瘟病级	病穗率（%）	损失率（%）	叶瘟病级	病穗率（%）	损失率（%）
华两优 2049	4	1.0	0.2	4	2.3	0.3	4	100.0	43.5	7	100.0	85.0
兴优 627	5	0.0	0.0	3	0.0	0.0	3	67.0	23.5	7	100.0	55.5
金优 207CK	4	2.0	0.3	5	1.3	0.3	4	76.0	25.1	6	100.0	85.0
丰 39S/R2601	3	2.0	0.1	2	2.5	0.4	2	89.0	31.2	7	100.0	88.0
荆楚优 868	6	0.0	0.0	2	0.0	0.0	2	78.0	32.0	7	100.0	70.0
Q3A/E318	2	0.0	0.0	3	1.3	0.1	4	100.0	66.5	7	100.0	79.0

表 240　湖北省晚籼区试 A 组品种稻瘟病抗性评价结论（2009 年）

品种名称	抗性指数	与 CK1 比较	最高损失率抗级	抗性评价	综合表现
金优 207CK	4.0		9	高感	差
金优 112	4.4	相当	9	高感	差
巨风晚香	4.4	相当	9	高感	差
荆楚优 866	5.5	劣于	9	高感	差
天香 806	4.7	劣于	9	高感	差
矮两优 356	4.5	相当	9	高感	差
金两优 162	5.1	劣于	9	高感	差
华两优 2049	4.7	劣于	9	高感	差
兴优 627	4.0	相当	9	高感	差
丰 39S/R2601	4.4	相当	9	高感	差
荆楚优 868	4.2	相当	9	高感	差
Q3A/E318	4.6	劣于	9	高感	差

表 241　湖北省晚籼区试 B 组品种稻瘟病抗性鉴定各病圃结果（2009 年）

品种名称	龙洞病圃			石城病圃			望家病圃			两河病圃		
	叶瘟病级	病穗率（%）	损失率（%）	叶瘟病级	病穗率（%）	损失率（%）	叶瘟病级	病穗率（%）	损失率（%）	叶瘟病级	病穗率（%）	损失率（%）
T 优 2088	6	4.0	0.2	0	0.0	0.0	4	89.0	36.5	8	100.0	85.0
岳优 813	6	0.0	0.0	0	0.0	0.0	3	65.0	29.3	8	100.0	77.0
荆优 728	5	3.0	0.2	0	0.0	0.0	4	100.0	65.0	7	100.0	60.0
HD9802S/R807	2	5.0	0.6	2	0.0	0.0	2	71.0	29.8	6	85.0	53.5
金 123A/冈恢 39	2	0.0	0.0	2	12.9	7.1	4	100.0	56.5	6	100.0	60.0
803A/448	2	2.0	0.1	3	2.2	0.8	3	89.0	31.2	3	8.0	1.6
金优 207CK	2	0.0	0.0	3	0.0	0.0	4	75.0	26.3	5	100.0	60.0
814A/R510	4	3.0	0.6	2	0.0	0.0	3	84.0	29.4	6	100.0	62.0
H28 优 1487	5	2.0	0.4	0	0.0	0.0	4	100.0	57.6	6	100.0	67.5
中 3 优 1811	2	2.0	0.1	2	0.0	0.0	3	91.0	37.3	6	100.0	58.0
中 3 优 1849	2	3.0	0.2	2	3.2	0.5	4	95.0	38.0	5	100.0	68.0
岳优 3229	4	4.0	1.3	3	0.0	0.0	3	71.0	31.2	6	100.0	62.0

表 242　湖北省晚籼区试 B 组品种稻瘟病抗性评价结论（2009 年）

品种名称	抗性指数	与 CK1 比较	最高损失率抗级	抗性评价	综合表现
金优 207CK	3.8		9	高感	差
T 优 2088	4.4	劣于	9	高感	差
中 3 优 1811	3.8	相当	9	高感	差
岳优 813	3.9	相当	9	高感	差
荆优 728	4.6	劣于	9	高感	差
HD9802S/R807	3.8	相当	9	高感	差
金 123A/冈恢 39	4.9	劣于	9	高感	差
803A/448	2.8	轻于	7	感病	一般
814A/R510	4.0	相当	9	高感	差
H28 优 1487	4.0	相当	9	高感	差
中 3 优 1849	4.0	相当	9	高感	差
岳优 3229	4.3	相当	9	高感	差

表 243　湖北省晚粳区试品种稻瘟病抗性鉴定各病圃结果（2009 年）

品种名称	龙洞病圃			石城病圃			望家病圃			两河病圃		
	叶瘟病级	病穗率（%）	损失率（%）	叶瘟病级	病穗率（%）	损失率（%）	叶瘟病级	病穗率（%）	损失率（%）	叶瘟病级	病穗率（%）	损失率（%）
7303	7	7.0	2.8	2	0.0	0.0	3	87.0	38.3	8	100.0	74.0
两优 2812	8	4.0	1.4	3	2.0	0.5	2	79.0	39.5	8	100.0	73.5
香粳优 863	2	2.0	1.0	3	6.4	1.9	3	44.0	15.8	6	57.0	22.5
冈晚 20716	2	0.0	0.0	4	3.8	0.4	4	66.0	21.8	7	64.0	26.3
两优糯 590	2	0.0	0.0	2	0.0	0.0	2	75.0	26.3	4	16.0	4.1
甬优 419	2	0.0	0.0	4	0.0	0.0	3	33.0	11.6	3	10.0	2.0
粳两优 5528	3	0.0	0.0	3	10.2	2.0	3	71.0	32.0	6	33.0	9.6
鄂晚 17CK	2	0.0	0.0	3	5.4	0.9	4	58.0	24.9	5	16.0	3.2
香粳优 563	4	0.0	0.0	2	0.0	0.0	3	59.0	20.7	7	43.0	18.1
华粳 295	7	0.0	0.0	2	0.0	0.0	4	61.0	21.4	8	78.0	51.1
T 优 8050	4	0.0	0.0	1	4.6	0.7	3	77.0	27.0	7	65.0	56.0
44016	7	0.0	0.0	2	4.8	1.0	3	89.0	40.1	8	80.0	52.5

表 244　湖北省晚粳区试品种稻瘟病抗性评价结论（2009 年）

品种名称	抗性指数	与 CK1 比较	最高损失率抗级	抗性评价	综合表现
鄂晚 17CK	2.8		5	中感	较好
香粳优 863	3.6	劣于	5	中感	较好
T 优 8050	4.0	劣于	9	高感	差
44016	4.6	劣于	9	高感	差
7303	4.7	劣于	9	高感	差
两优 2812	4.8	劣于	9	高感	差
冈晚 20716	3.6	劣于	5	中感	较好
两优糯 590	2.3	轻于	5	中感	较好

（续表）

品种名称	抗性指数	与 CK1 比较	最高损失率抗级	抗性评价	综合表现
甬优 419	1.9	轻于	3	中抗	好
粳两优 5528	3.6	劣于	7	感病	一般
香粳优 563	3.3	相当	5	中感	较好
华粳 295	4.2	劣于	9	高感	差

表 245　湖北省中稻筛选试验 A 组品种稻瘟病抗性鉴定各病圃结果（2009 年）

品种名称	龙洞病圃			石城病圃			望家病圃			两河病圃		
	叶瘟病级	病穗率（%）	损失率（%）	叶瘟病级	病穗率（%）	损失率（%）	叶瘟病级	病穗率（%）	损失率（%）	叶瘟病级	病穗率（%）	损失率（%）
Y 两优 25	3	0.0	0.0	2	14.0	4.6	4	53.0	19.0	6	100.0	60.0
两优 808	4	0.0	0.0	4	40.0	22.4	3	47.0	15.3	7	100.0	58.0
川香 186	3	0.0	0.0	3	12.0	5.8	2	66.0	25.4	6	100.0	60.0
两优香十	6	0.0	0.0	4	41.0	17.1	3	76.0	15.4	7	100.0	80.0
Y 两优 H696	3	0.0	0.0	4	35.0	16.0	3	84.0	36.0	4	100.0	42.5
广占 63S/冈恢 85	5	0.0	0.0	4	4.0	2.0	4	66.0	10.9	7	100.0	45.0
5206A/泸恢 8258	3	0.0	0.0	2	8.0	2.8	6	85.0	18.8	4	100.0	52.0
万优 2047	4	0.0	0.0	4	2.0	1.0	4	23.0	7.6	6	24.0	6.6
扬两优 6 号 CK	6	2.0	1.0	5	42.0	21.3	5	77.0	34.2	8	100.0	100.0
亚华优 97	2	0.0	0.0	2	4.0	0.8	4	51.0	11.7	4	100.0	46.0
扬 A/R088	8	100.0	60.0	7	100.0	85.0	2	95.0	57.8	8	100.0	85.0
陆两优 10 号	7	23.0	11.6	7	57.0	29.3	3	75.0	23.1	8	100.0	100.0
两优 6301	3	0.0	0.0	3	9.0	3.6	5	43.0	8.3	4	100.0	35.0
培矮 64S/R292	2	2.0	0.4	2	11.0	5.1	2	91.0	48.9	4	100.0	54.0
两优 7 号	7	36.0	21.8	8	100.0	88.0	2	76.0	23.1	8	100.0	100.0
118S/DR7	4	0.0	0.0	3	9.0	3.0	3	61.0	11.2	4	100.0	43.0
两优 3113	4	3.0	0.6	4	7.0	4.3	3	55.0	9.1	7	100.0	75.0
Q 优 6 号 CK	2	0.0	0.0	2	6.0	2.2	4	59.0	26.9	4	100.0	50.0
两优 1104	3	0.0	0.0	3	7.0	2.3	4	43.0	7.2	4	100.0	44.5
C815S/21213-2	2	0.0	0.0	4	85.0	43.0	2	74.0	19.2	4	85.0	40.0

表 246　湖北省中稻筛选试验 A 组品种稻瘟病抗性评价结论（2009 年）

品种名称	抗性指数	与 CK1 比较	与 CK2 比较	最高损失率抗级	抗性评价	综合表现
Q 优 6 号 CK	3.7			7	感病	一般
扬两优 6 号 CK	5.9			9	高感	差
Y 两优 25	4.3	劣于	优于	9	高感	差
两优 808	4.9	劣于	轻于	9	高感	差
川香 186	4.4	劣于	优于	9	高感	差
两优香十	5.2	劣于	轻于	9	高感	差
Y 两优 H696	4.8	劣于	轻于	7	感病	一般

（续表）

品种名称	抗性指数	与 CK1 比较	与 CK2 比较	最高损失率抗级	抗性评价	综合表现
广占 63S/冈恢 85	4.1	相当	优于	7	感病	一般
5206A/泸恢 8258	4.1	相当	优于	9	高感	差
万优 2047	2.7	轻于	优于	3	中抗	好
亚华优 97	3.6	相当	优于	7	感病	一般
扬 A/R088	8.3	劣于	劣于	9	高感	差
陆两优 10 号	6.6	劣于	劣于	9	高感	差
两优 6301	3.8	相当	优于	7	感病	一般
培矮 64S/R292	4.9	劣于	轻于	9	高感	差
两优 7 号	7.4	劣于	劣于	9	高感	淘汰
118S/DR7	3.8	相当	优于	7	感病	一般
两优 3113	4.5	劣于	轻于	9	高感	差
两优 1104	3.4	相当	优于	7	感病	一般
C815S/21213-2	4.8	劣于	轻于	7	感病	一般

表 247　湖北省中稻筛选试验 B 组品种稻瘟病抗性鉴定各病圃结果（2009 年）

品种名称	龙洞病圃			石城病圃			望家病圃			两河病圃		
	叶瘟病级	病穗率（%）	损失率（%）	叶瘟病级	病穗率（%）	损失率（%）	叶瘟病级	病穗率（%）	损失率（%）	叶瘟病级	病穗率（%）	损失率（%）
培两优 716	3	0.0	0.0	4	23.0	13.7	3	77.0	15.9	7	100.0	88.0
广占 63S/R1568	6	0.0	0.0	5	58.0	24.6	4	52.0	14.3	8	100.0	100.0
C 两优 607	4	0.0	0.0	5	100.0	67.5	3	79.0	36.1	8	100.0	85.0
两优 248	4	3.0	0.6	4	100.0	65.0	5	55.0	24.0	7	100.0	85.0
广两优 989	4	0.0	0.0	4	100.0	62.5	4	78.0	21.9	8	100.0	85.0
粤优 6049	5	2.0	0.4	5	85.0	41.5	4	47.0	23.5	8	100.0	73.0
两优 6358	5	9.0	2.7	5	100.0	72.5	5	50.0	14.5	9	100.0	100.0
荃两优 8136	6	0.0	0.0	5	90.0	47.0	3	45.0	15.5	9	100.0	100.0
浙两优 8 号	6	0.0	0.0	5	27.0	15.9	5	73.0	23.9	9	100.0	100.0
两优 618	4	2.0	0.7	4	90.0	52.0	5	50.0	20.0	6	100.0	49.0
Y 两优 133	3	0.0	0.0	3	95.0	53.0	6	74.0	25.5	6	100.0	54.5
GD-7S/V5088	3	0.0	0.0	2	3.0	1.5	4	34.0	11.9	3	6.0	1.2
香两优 612	3	0.0	0.0	4	95.0	55.5	5	71.0	28.9	7	100.0	71.0
扬两优 6 号 CK	5	0.0	0.0	5	68.0	34.5	4	79.0	31.8	8	100.0	100.0
KC08S/D208	4	3.0	0.6	5	95.0	54.5	4	67.0	32.5	7	100.0	85.0
金优 835	4	0.0	0.0	5	90.0	49.0	5	56.0	18.9	8	100.0	85.0
两优 339	3	0.0	0.0	3	7.0	4.1	2	46.0	21.4	5	100.0	57.0
Q 优 6 号 CK	2	6.0	2.4	2	8.0	2.5	3	53.0	19.7	6	100.0	60.0
现农壹千	5	0.0	0.0	4	45.0	21.9	3	38.0	15.5	6	100.0	41.0
Y 两优 1194	3	0.0	0.0	4	6.0	1.8	4	49.0	17.6	7	100.0	73.0

表 248　湖北省中稻筛选试验 B 组品种稻瘟病抗性评价结论（2009 年）

品种名称	抗性指数	与 CK1 比较	与 CK2 比较	最高损失率抗级	抗性评价	综合表现
Q 优 6 号 CK	4.3			9	高感	差
扬两优 6 号 CK	5.9			9	高感	差
培两优 716	4.6	相当	轻于	9	高感	差
广占 63S/R1568	5.3	劣于	轻于	9	高感	差
C 两优 607	6.1	劣于	相当	9	高感	差
两优 248	6.0	劣于	相当	9	高感	差
广两优 989	5.8	劣于	相当	9	高感	差
粤优 6049	5.8	劣于	相当	9	高感	差
两优 6358	6.0	劣于	相当	9	高感	差
荃两优 8136	5.6	劣于	相当	9	高感	差
浙两优 8 号	5.5	劣于	相当	9	高感	差
两优 618	5.6	劣于	相当	7	感病	一般
Y 两优 133	5.7	劣于	相当	9	高感	差
GD-7S/V5088	2.1	优于	显著优于	3	中抗	好
香两优 612	5.8	劣于	相当	9	高感	差
KC08S/D208	6.3	劣于	相当	9	高感	差
金优 835	5.7	劣于	相当	9	高感	差
两优 339	3.9	轻于	优于	9	高感	差
现农壹千	4.7	相当	轻于	7	感病	一般
Y 两优 1194	4.2	相当	优于	9	高感	差

表 249　湖北省中稻筛选试验 C 组品种稻瘟病抗性鉴定各病圃结果（2009 年）

品种名称	龙洞病圃			石城病圃			望家病圃			两河病圃		
	叶瘟病级	病穗率（%）	损失率（%）	叶瘟病级	病穗率（%）	损失率（%）	叶瘟病级	病穗率（%）	损失率（%）	叶瘟病级	病穗率（%）	损失率（%）
广两优 272	7	20.0	10.6	7	100.0	53.0	4	54.0	30.0	8	100.0	100.0
两优 198	4	2.0	0.4	2	3.0	0.6	3	46.0	15.6	4	14.0	4.6
广占 63S/FK012	6	0.0	0.0	7	57.0	27.0	5	47.0	25.1	8	100.0	100.0
金广 S/金香 8 号	6	0.0	0.0	3	6.0	3.6	4	52.0	26.5	7	84.0	60.7
金科优 938	3	0.0	0.0	2	3.0	0.6	3	22.0	11.9	4	6.0	1.2
珞红 3A/R397	2	0.0	0.0	3	8.0	2.8	4	46.0	23.8	4	85.0	32.0
广占 63-4S/R1268	6	0.0	0.0	4	95.0	48.0	4	74.0	38.4	8	100.0	100.0
04 秋 3106A/泸恢 8258	2	0.0	0.0	3	7.0	2.3	4	54.0	35.0	4	95.0	37.0
扬两优 6 号 CK	6	11.0	5.0	5	36.0	17.8	4	78.0	33.3	8	100.0	100.0
株两优 2 号	6	22.0	12.1	6	46.0	25.2	5	71.0	33.4	8	100.0	100.0
两优 1216	3	0.0	0.0	4	13.0	6.2	6	53.0	23.3	6	100.0	39.5
明 1S/盐稻 4 号	2	0.0	0.0	2	23.0	11.7	4	78.0	41.5	5	95.0	41.5
广占 63S/R198	2	0.0	0.0	4	0.0	0.0	3	52.0	28.7	5	95.0	40.0
2998A/乐恢 188	3	0.0	0.0	4	7.0	2.6	3	66.0	31.2	6	80.0	31.0
腾优 177	3	0.0	0.0	3	5.0	1.6	3	37.0	8.9	4	14.0	2.8

（续表）

品种名称	龙洞病圃			石城病圃			望家病圃			两河病圃		
	叶瘟病级	病穗率（%）	损失率（%）	叶瘟病级	病穗率（%）	损失率（%）	叶瘟病级	病穗率（%）	损失率（%）	叶瘟病级	病穗率（%）	损失率（%）
555A/辐恢 166	4	0.0	0.0	4	24.0	10.9	5	80.0	40.5	7	100.0	54.5
Q 优 6 号 CK	2	0.0	0.0	2	12.0	4.5	3	56.0	22.4	4	100.0	41.0
金两优 57	3	0.0	0.0	3	13.0	5.3	4	91.0	54.3	6	95.0	42.0
两优香 16	6	2.0	0.4	6	100.0	71.0	4	41.0	13.4	8	100.0	100.0
建优 56	5	1.0	0.7	4	65.0	40.0	5	46.0	12.5	7	100.0	53.5

表 250 湖北省中稻筛选试验 C 组品种稻瘟病抗性评价结论（2009 年）

品种名称	抗性指数	与 CK1 比较	与 CK2 比较	最高损失率抗级	抗性评价	综合表现
Q 优 6 号 CK	3.8			7	感病	一般
扬两优 6 号 CK	6.1			9	高感	差
广两优 272	6.9	劣于	劣于	9	高感	差
两优 198	2.7	轻于	优于	5	中感	较好
广占 63S/FK012	5.6	劣于	轻于	9	高感	差
金广 S/金香 8 号	4.4	劣于	优于	9	高感	差
金科优 938	1.9	优于	显著优于	3	中抗	好
珞红 3A/R397	3.6	相当	优于	7	感病	一般
广占 63-4S/R1268	5.9	劣于	相当	9	高感	差
04 秋 3106A/泸恢 8258	4.0	相当	优于	7	感病	一般
株两优 2 号	6.4	劣于	相当	9	高感	差
两优 1216	4.5	劣于	优于	7	感病	一般
明 1S/盐稻 4 号	4.4	劣于	优于	7	感病	一般
广占 63S/R198	3.5	相当	优于	7	感病	一般
2998A/乐恢 188	4.2	相当	优于	7	感病	一般
腾优 177	2.3	优于	显著优于	3	中抗	好
555A/辐恢 166	5.1	劣于	轻于	9	高感	差
金两优 57	4.8	劣于	轻于	9	高感	差
两优香 16	5.9	劣于	相当	9	高感	差
建优 56	5.4	劣于	轻于	9	高感	差

表 251 湖北省中稻筛选试验 D 组品种稻瘟病抗性鉴定各病圃结果（2009 年）

品种名称	龙洞病圃			石城病圃			望家病圃			两河病圃		
	叶瘟病级	病穗率（%）	损失率（%）	叶瘟病级	病穗率（%）	损失率（%）	叶瘟病级	病穗率（%）	损失率（%）	叶瘟病级	病穗率（%）	损失率（%）
粤优 99	4	0.0	0.0	3	23.0	13.9	4	75.0	33.5	7	100.0	85.0
宁优 A/辐-002	5	0.0	0.0	6	75.0	52.0	3	67.0	29.8	7	100.0	53.0
香优 98	3	0.0	0.0	3	7.0	1.4	4	66.0	19.3	7	100.0	45.5
株两优 26 号	6	10.0	5.7	6	100.0	76.5	2	71.0	28.9	8	100.0	100.0

（续表）

品种名称	龙洞病圃			石城病圃			望家病圃			两河病圃		
	叶瘟病级	病穗率（%）	损失率（%）	叶瘟病级	病穗率（%）	损失率（%）	叶瘟病级	病穗率（%）	损失率（%）	叶瘟病级	病穗率（%）	损失率（%）
天丰优 8012	3	0.0	0.0	4	11.0	4.3	2	75.0	25.6	6	21.0	5.7
香优 16	5	3.0	0.2	4	12.0	5.7	3	81.0	29.1	7	100.0	68.0
矮两优 183	4	0.0	0.0	4	51.0	31.6	3	57.0	21.6	7	100.0	51.0
新两优 368	4	0.0	0.0	4	60.0	34.0	5	84.0	34.6	7	88.0	64.6
69A/N187	4	0.0	0.0	5	31.0	14.1	4	89.0	27.8	7	50.0	17.8
扬两优 6 号 CK	6	7.0	2.7	4	70.0	35.5	4	83.0	36.9	8	100.0	100.0
龙两优 631	4	2.0	0.1	3	65.0	35.5	5	85.0	32.1	4	70.0	55.8
广占 63S/R3759	5	3.0	0.9	5	90.0	44.5	3	51.0	15.2	4	100.0	35.0
R4132	4	6.0	2.8	4	90.0	47.0	5	50.0	17.8	7	100.0	94.0
深两优 5125	3	0.0	0.0	3	3.0	0.6	3	32.0	15.0	3	8.0	1.6
两优新 90	6	0.0	0.0	5	100.0	63.5	4	68.0	25.3	8	100.0	100.0
Q 优 6 号 CK	2	0.0	0.0	4	100.0	55.0	3	62.0	25.9	4	100.0	45.5
两优 0325	6	6.0	1.5	4	94.0	49.3	3	47.0	22.5	8	100.0	100.0
川农优 498	4	0.0	0.0	4	95.0	38.0	5	41.0	15.4	7	100.0	53.0
广两优 165	3	2.0	0.4	4	20.0	11.8	4	55.0	20.0	8	100.0	53.0
川香 29A/辐恢 305	6	0.0	0.0	3	95.0	51.5	4	61.0	18.9	7	100.0	60.0

表 252　湖北省中稻筛选试验 D 组品种稻瘟病抗性评价结论（2009 年）

品种名称	抗性指数	与 CK1 比较	与 CK2 比较	最高损失率抗级	抗性评价	综合表现
Q 优 6 号 CK	5.1			7	感病	一般
扬两优 6 号 CK	6.3			9	高感	差
粤优 99	4.9	相当	轻于	9	高感	差
宁优 A/辐-002	5.9	劣于	相当	9	高感	差
香优 98	4.0	轻于	优于	7	感病	一般
株两优 26 号	6.5	劣于	相当	9	高感	差
天丰优 8012	3.3	优于	优于	5	中感	较好
香优 16	4.9	相当	轻于	9	高感	差
矮两优 183	5.4	相当	轻于	9	高感	差
新两优 368	5.8	劣于	轻于	9	高感	差
69A/N187	4.3	轻于	优于	5	中感	较好
龙两优 631	5.8	劣于	轻于	9	高感	差
广占 63S/R3759	5.3	相当	轻于	7	感病	一般
R4132	5.8	劣于	轻于	9	高感	差
深两优 5125	2.1	优于	显著优于	3	中抗	好
两优新 90	6.0	劣于	相当	9	高感	差
两优 0325	5.8	劣于	轻于	9	高感	差
川农优 498	5.4	相当	轻于	9	高感	差
广两优 165	4.9	相当	轻于	9	高感	差
川香 29A/辐恢 305	5.8	劣于	轻于	9	高感	差

表 253　湖北省中稻筛选试验 E 组品种稻瘟病抗性鉴定各病圃结果（2009 年）

品种名称	龙洞病圃			石城病圃			望家病圃			两河病圃		
	叶瘟病级	病穗率（%）	损失率（%）	叶瘟病级	病穗率（%）	损失率（%）	叶瘟病级	病穗率（%）	损失率（%）	叶瘟病级	病穗率（%）	损失率（%）
广占 63-4S/D208	6	0.0	0.0	6	77.0	36.6	2	55.0	25.9	8	100.0	100.0
巨风优 636	3	2.0	0.1	3	9.0	3.8	2	33.0	21.3	3	6.0	1.2
金优 8099	4	0.0	0.0	4	100.0	47.3	5	66.0	26.1	6	35.0	10.0
广占 63S/双恢 019	6	8.0	4.1	4	90.0	43.5	4	59.0	19.8	8	100.0	100.0
894A/2070F	6	3.0	0.2	4	70.0	27.5	3	44.0	17.8	7	95.0	72.5
胜籼糯 1 号	6	10.0	3.4	5	95.0	50.5	4	45.0	15.5	8	100.0	100.0
川谷 A/R3348	3	0.0	0.0	3	0.0	0.0	3	21.0	13.5	3	6.0	2.8
两优 1573	4	0.0	0.0	5	11.0	5.8	2	50.0	29.6	7	95.0	43.0
钱优 904	3	0.0	0.0	3	4.0	1.4	5	43.0	22.5	4	23.0	7.0
扬两优 6 号 CK	6	5.0	2.4	5	95.0	48.0	5	89.0	38.1	8	100.0	100.0
深两优 5813	3	3.0	0.6	3	6.0	1.8	1	24.0	10.3	5	23.0	6.7
两优 803	6	5.0	0.6	6	100.0	65.5	3	51.0	24.0	8	100.0	100.0
两优 088	7	14.0	7.8	7	100.0	77.5	2	93.0	51.3	7	100.0	60.0
紫两优 10 号	6	18.0	8.3	7	100.0	78.5	3	41.0	24.3	8	100.0	100.0
两优 289	6	6.0	2.5	5	68.0	24.8	5	64.0	29.6	6	35.0	15.5
Q 优 6 号 CK	4	0.0	0.0	3	37.0	15.8	4	51.0	23.7	4	21.0	6.0
Q 优 588	4	0.0	0.0	4	4.0	0.8	3	61.0	31.5	4	23.0	7.0
Y58S/R3759	3	0.0	0.0	2	9.0	4.0	4	53.0	30.0	3	70.0	30.5
超泰 A/冈恢 199	2	4.0	0.8	2	3.0	0.6	3	50.0	24.1	4	28.0	10.5
深两优 5164	2	0.0	0.0	4	10.0	4.2	2	14.0	5.6	3	6.0	1.2

表 254　湖北省中稻筛选试验 E 组品种稻瘟病抗性评价结论（2009 年）

品种名称	抗性指数	与 CK1 比较	与 CK2 比较	最高损失率抗级	抗性评价	综合表现
Q 优 6 号 CK	3.9			5	中感	较好
扬两优 6 号 CK	6.3			9	高感	差
广占 63-4S/D208	5.7	劣于	轻于	9	高感	差
巨风优 636	2.6	轻于	显著优于	5	中感	较好
金优 8099	4.6	劣于	优于	7	感病	一般
广占 63S/双恢 019	6.0	劣于	相当	9	高感	差
894A/2070F	5.4	劣于	轻于	9	高感	差
胜籼糯 1 号	6.2	劣于	相当	9	高感	差
川谷 A/R3348	1.8	优于	显著优于	3	中抗	好
两优 1573	4.3	相当	优于	7	感病	一般
钱优 904	2.9	轻于	优于	5	中感	较好
深两优 5813	2.6	轻于	显著优于	3	中抗	好
两优 803	6.2	劣于	相当	9	高感	差
两优 088	7.2	劣于	劣于	9	高感	淘汰
紫两优 10 号	6.6	劣于	相当	9	高感	差

（续表）

品种名称	抗性指数	与 CK1 比较	与 CK2 比较	最高损失率抗级	抗性评价	综合表现
两优 289	5.1	劣于	轻于	5	中感	较好
Q 优 588	3.3	轻于	优于	7	感病	一般
Y58S/R3759	3.7	相当	优于	7	感病	一般
超泰 A/冈恢 199	2.9	轻于	优于	5	中感	较好
深两优 5164	2.0	优于	显著优于	3	中抗	好

表 255　湖北省双晚筛选试验 A 组品种稻瘟病抗性鉴定各病圃结果（2009 年）

品种名称	龙洞病圃			石城病圃			望家病圃			两河病圃		
	叶瘟病级	病穗率（%）	损失率（%）	叶瘟病级	病穗率（%）	损失率（%）	叶瘟病级	病穗率（%）	损失率（%）	叶瘟病级	病穗率（%）	损失率（%）
金 23A/FK201	4	0.0	0.0	2	12.7	4.6	3	91.0	41.0	7	100.0	85.0
金优明 705	5	0.0	0.0	1	10.3	3.9	4	100.0	56.0	7	100.0	85.0
HD9802S/R826	3	3.0	0.6	1	0.0	0.0	5	45.0	15.8	6	100.0	85.0
两优 826	4	0.0	0.0	1	21.7	11.8	4	85.0	34.0	7	100.0	68.5
中优 31	3	0.0	0.0	2	5.3	1.2	3	91.0	28.2	7	100.0	48.5
金 23A/双恢 028	4	3.0	0.2	3	8.6	1.6	5	100.0	61.5	7	100.0	85.0
屈香优 1571	2	3.0	0.2	3	11.0	3.3	2	79.0	18.2	7	100.0	82.0
科优 168	3	4.0	0.5	3	0.0	0.0	5	100.0	71.5	6	100.0	94.0
广源 168	2	4.0	0.5	2	0.0	0.0	4	65.0	16.9	5	100.0	53.5
广占 63S/Q28	3	2.0	0.4	2	0.0	0.0	4	41.0	14.4	6	100.0	35.0
矮两优 5 号	2	2.0	0.1	3	0.0	0.0	4	59.0	14.8	7	100.0	79.0
巨优 28	2	2.0	0.1	2	5.2	0.6	4	71.0	22.7	4	100.0	60.0
Q3A/W264	7	25.0	9.8	0	28.3	5.7	3	89.0	40.1	8	100.0	100.0
Q 优 2633	2	0.0	0.0	2	0.0	0.0	3	56.0	17.4	7	100.0	55.5
金优 207CK	3	0.0	0.0	2	0.0	0.0	4	65.0	29.3	5	100.0	72.5
0694A/岳恢 9113	5	3.0	0.6	3	0.0	0.0	3	91.0	41.0	7	100.0	85.0
泸香 618A/岳恢 9113	4	1.0	0.2	3	5.7	0.8	3	34.0	15.3	7	100.0	73.0
中 3A/R199	4	11.0	3.3	0	5.2	1.2	4	95.0	36.1	8	100.0	100.0
金优 886	2	1.0	0.5	0	15.2	3.4	5	73.0	18.3	7	100.0	85.0
齐丰优 1562	2	0.0	0.0	0	0.0	0.0	3	62.0	11.8	7	85.0	24.5

表 256　湖北省双晚筛选试验 A 组品种稻瘟病抗性评价结论（2009 年）

品种名称	抗性指数	与 CK1 比较	最高损失率抗级	抗性评价	综合表现
金优 207CK	3.8		9	高感	差
金 23A/FK201	4.6	劣于	9	高感	差
金优明 705	4.9	劣于	9	高感	差
HD9802S/R826	3.9	相当	9	高感	差
两优 826	4.8	劣于	9	高感	差
中优 31	3.9	相当	7	感病	一般

（续表）

品种名称	抗性指数	与 CK1 比较	最高损失率抗级	抗性评价	综合表现
金 23A/双恢 028	5.1	劣于	9	高感	差
屈香优 1571	4.4	劣于	9	高感	差
科优 168	4.6	劣于	9	高感	差
广源 168	3.9	相当	9	高感	差
广占 63S/Q28	3.4	相当	7	感病	一般
矮两优 5 号	3.8	相当	9	高感	差
巨优 28	4.1	相当	9	高感	差
Q3A/W264	5.8	劣于	9	高感	差
Q 优 2633	3.8	相当	9	高感	差
0694A/岳恢 9113	4.4	劣于	9	高感	差
泸香 618A/岳恢 9113	4.3	相当	9	高感	差
中 3A/R199	4.9	劣于	9	高感	差
金优 886	4.4	劣于	9	高感	差
齐丰优 1562	2.9	轻于	5	中感	较好

表 257　湖北省双晚筛选试验 B 组品种稻瘟病抗性鉴定各病圃结果（2009 年）

品种名称	龙洞病圃			石城病圃			望家病圃			两河病圃		
	叶瘟病级	病穗率（%）	损失率（%）	叶瘟病级	病穗率（%）	损失率（%）	叶瘟病级	病穗率（%）	损失率（%）	叶瘟病级	病穗率（%）	损失率（%）
中优 802	5	4.0	1.7	2	0.0	0.0	3	100.0	65.3	7	100.0	85.0
51A/辐恢 838	4	0.0	0.0	2	2.9	0.3	3	100.0	45.6	6	100.0	62.0
H28A/60382	2	3.0	0.2	3	0.0	0.0	3	100.0	37.5	4	100.0	70.5
泰丰优 398	1	10.0	1.7	1	2.2	0.2	3	87.0	29.6	3	40.0	15.5
福香优 9 号	5	4.0	0.2	2	4.9	0.7	4	100.0	41.5	3	100.0	73.5
新两优 158	4	2.0	0.3	2	4.6	0.4	3	41.0	13.1	8	100.0	85.0
金优 1154	4	0.0	0.0	3	10.4	3.1	4	100.0	54.5	7	100.0	62.0
A5-16A/R530	3	2.0	0.1	4	3.4	0.4	2	50.0	16.0	5	85.0	33.5
金 23A/冈恢 266	5	0.0	0.0	4	5.8	0.5	2	75.0	23.3	7	100.0	60.0
Y58S/R280	4	0.0	0.0	0	2.7	0.5	4	79.0	24.5	7	100.0	85.0
30A/荆恢 9 号	6	0.0	0.0	2	0.0	0.0	2	67.0	21.4	7	100.0	59.0
中 3 优 1817	2	3.0	0.2	2	0.0	0.0	3	100.0	44.5	3	100.0	50.5
两优 3906	3	3.0	0.2	2	10.0	1.9	3	61.0	22.0	6	100.0	60.0
金 23A/R510	4	0.0	0.0	2	17.2	5.6	2	91.0	41.0	6	100.0	85.0
天两优 2070	2	4.0	0.5	3	6.6	1.5	1	100.0	35.1	3	90.0	25.5
川香优 943	2	0.0	0.0	3	12.6	4.9	3	46.0	16.1	3	6.0	1.2
金优 207CK	4	3.0	0.9	3	2.2	0.1	4	81.0	28.4	6	100.0	50.5
Y 两优 991	2	0.0	0.0	4	14.0	2.2	3	95.0	36.1	6	100.0	60.0
深优 9508	3	2.0	0.1	2	4.2	0.6	4	66.0	17.2	6	100.0	44.5
宏优 619	2	0.0	0.0	2	16.7	2.4	4	73.0	22.6	6	100.0	57.0

表 258　湖北省双晚筛选试验 B 组品种稻瘟病抗性评价结论（2009 年）

品种名称	抗性指数	与 CK1 比较	最高损失率抗级	抗性评价	综合表现
金优 207CK	4.3		9	高感	差
中优 802	4.6	相当	9	高感	差
51A/辐恢 838	4.3	相当	9	高感	差
H28A/60382	4.1	相当	9	高感	差
泰丰优 398	3.3	轻于	5	中感	较好
福香优 9 号	4.4	相当	9	高感	差
新两优 158	3.9	相当	9	高感	差
金优 1154	4.9	劣于	9	高感	差
A5-16A/R530	3.8	轻于	7	感病	一般
金 23A/冈恢 266	4.3	相当	9	高感	差
Y58S/R280	4.0	相当	9	高感	差
30A/荆恢 9 号	3.9	相当	9	高感	差
中 3 优 1817	3.9	相当	9	高感	差
两优 3906	4.3	相当	9	高感	差
金 23A/R510	4.7	相当	9	高感	差
天两优 2070	3.7	轻于	5	中感	较好
川香优 943	2.5	优于	5	中感	较好
Y 两优 991	4.5	相当	9	高感	差
深优 9508	3.9	相当	7	感病	一般
宏优 619	4.2	相当	9	高感	差

表 259　湖北省水稻区试品种稻瘟病抗性两年评价结论（2008—2009 年）

区试级别	品种名称	2009 年评价结论		2008 年评价结论		2008—2009 年两年评价结论				
		抗性指数	最高损失率抗级	抗性指数	最高损失率抗级	最高抗性指数	与 CK 比较	最高损失率抗级	抗性评价	综合表现
早稻	两优 287CK	5.9	9	6.1	9	6.1		9	高感	差
	荆两优 60	4.9	9	5.2	9	5.2	轻于	9	高感	差
	中嘉早 32 号	3.9	9	6.8	9	6.8	劣于	9	高感	差
	早糯 2016	3.0	5	5.5	9	5.5	轻于	9	高感	差
	两优 287CK	5.9	9	7.1	9	7.1		9	高感	差
	两优 168	4.7	9	7.0	9	7.0	相当	9	高感	差
中稻	扬两优 6 号 CK	5.6	9	5.9	9	5.9		9	高感	差
	BPH63-4/610234	5.6	9	6.8	9	6.8	劣于	9	高感	差
	扬两优 6 号 CK	5.6	9	6.8	9	6.8		9	高感	差
	华香优 910	4.6	9	5.8	9	5.8	轻于	9	高感	差
	扬两优 6 号 CK	5.7	9	5.9	9	5.9		9	高感	差
	渝优 1 号	3.9	7	6.4	9	6.4	相当	9	高感	差
	广两优 476	5.4	9	5.9	9	5.9	相当	9	高感	差
	扬两优 6 号 CK	5.4	9	6.8	9	6.8		9	高感	差
	新二 S/WZH100	5.9	9	5.8	9	5.9	轻于	9	高感	差
	广两优 558	3.8	5	5.7	9	5.7	轻于	9	高感	差

（续表）

区试级别	品种名称	2009年评价结论		2008年评价结论		2008—2009年两年评价结论				
		抗性指数	最高损失率抗级	抗性指数	最高损失率抗级	最高抗性指数	与CK比较	最高损失率抗级	抗性评价	综合表现
中稻	德隆一号	6.0	9	7.2	9	7.2	相当	9	高感	差
	扬两优6号CK	6.1	9	5.9	9	6.1		9	高感	差
	广占63S/R15	6.5	9	6.3	9	6.5	相当	9	高感	差
	扬两优6号CK	5.7	9	6.8	9	6.8		9	高感	差
	广两优96	6.0	9	6.4	9	6.4	相当	9	高感	差
一季晚稻	T优207CK	4.5	9	6.0	9	6.0		9	高感	差
	荣优淦3号	4.1	9	5.3	9	5.3	轻于	9	高感	差
	荆楚优754	3.8	7	3.8	5	3.8	优于	7	感病	一般
	21-139A/23317	3.9	7	5.8	9	5.8	相当	9	高感	差
	强两优二号	4.6	9	6.9	9	6.9	劣于	9	高感	差
晚稻	金优207CK	4.0	9	6.4	9	6.4		9	高感	差
	金优112	4.4	9	5.4	9	5.4	轻于	9	高感	差
	巨风晚香	4.4	9	6.4	9	6.4	相当	9	高感	差
	金优207CK	4.0	9	6.8	9	6.8		9	高感	差
	荆楚优866	5.5	9	6.0	9	6.0	轻于	9	高感	差
	天香806	4.7	9	6.4	9	6.4	相当	9	高感	差
	金优207CK	3.8	9	6.4	9	6.4		9	高感	差
	T优2088	4.4	9	6.3	9	6.3	相当	9	高感	差
	中3优1811	3.8	9	6.6	9	6.6	相当	9	高感	差
	鄂晚17CK	2.8	5	4.3	5	4.3		5	中感	较好
	香粳优863	3.6	5	5.8	9	5.8	劣于	9	高感	差
	T优8050	4.0	9	6.7	9	6.7	劣于	9	高感	差
	44016	4.6	9	6.3	9	6.3	劣于	9	高感	差

表260　湖北省早稻区试A组品种稻瘟病抗性鉴定各病圃结果（2010年）

品种名称	龙洞病圃			石城病圃			望家病圃			两河病圃		
	叶瘟病级	病穗率（%）	损失率（%）	叶瘟病级	病穗率（%）	损失率（%）	叶瘟病级	病穗率（%）	损失率（%）	叶瘟病级	病穗率（%）	损失率（%）
HD9802S/R326	2	31.0	15.1	4	84.6	30.6	3	78.0	28.7	7	100.0	85.0
HD9802S/FKR028	4	23.0	10.7	5	66.5	24.6	2	40.0	15.6	7	100.0	98.5
两优217	8	100.0	94.0	6	88.3	46.8	4	93.0	43.8	8	100.0	100.0
HD9802S/R302	4	19.0	8.3	5	89.3	35.6	3	37.0	15.5	8	100.0	100.0
两优287CK	4	91.0	45.7	4	72.0	36.0	5	74.0	44.0	7	100.0	100.0
两优45	4	100.0	55.5	4	79.5	41.7	3	76.0	35.6	7	100.0	98.5
两优588	3	88.0	43.9	6	75.2	20.8	3	61.0	19.2	8	100.0	98.5
HD9802S/R358	4	82.0	35.7	2	60.2	18.7	2	29.0	15.9	4	100.0	54.0
两优007	3	28.0	15.0	0	68.4	16.4	2	59.0	27.6	5	100.0	94.0
两优早05	5	95.0	50.5	6	80.0	37.6	3	55.0	27.7	8	100.0	100.0
TY903S/R028	3	23.0	9.8	4	25.9	10.5	3	39.0	15.4	7	100.0	95.5
华两优105	4	14.0	8.3	2	54.2	5.6	3	23.0	8.8	6	100.0	65.0

表 261 湖北省早稻区试 A 组品种稻瘟病抗性评价结论（2010 年）

品种名称	抗性指数	与 CK 比较	最高损失率抗级	抗性评价	严重病圃数（个）	综合表现
两优 287CK	7.3		9	高感	4+2	淘汰
HD9802S/R302	6.1	轻于	9	高感	2	差
HD9802S/R326	6.4	轻于	9	高感	3	差
HD9802S/FKR028	5.8	优于	9	高感	2	差
两优 217	7.9	劣于	9	高感	4+2	淘汰
两优 45	7.4	相当	9	高感	4+2	淘汰
两优 588	6.8	轻于	9	高感	4+1	淘汰
HD9802S/R358	6.1	轻于	9	高感	3	差
两优 007	5.5	优于	9	高感	3	差
两优早 05	7.4	相当	9	高感	4+2	淘汰
TY903S/R028	5.3	优于	9	高感	1	差
华两优 105	4.9	优于	9	高感	2	差

表 262 湖北省早稻区试 B 组品种稻瘟病抗性鉴定各病圃结果（2010 年）

品种名称	龙洞病圃			石城病圃			望家病圃			两河病圃		
	叶瘟病级	病穗率（%）	损失率（%）	叶瘟病级	病穗率（%）	损失率（%）	叶瘟病级	病穗率（%）	损失率（%）	叶瘟病级	病穗率（%）	损失率（%）
民 677S/R1994	4	51.0	23.2	0	65.0	20.8	2	51.0	24.2	6	100.0	97.0
陵两优 012	4	18.0	6.8	0	19.3	2.6	2	46.0	15.6	5	100.0	89.0
五丰优 076	7	100.0	86.5	3	72.8	37.4	4	70.0	28.6	8	100.0	100.0
天丰优 94	4	3.0	1.5	2	33.3	7.6	2	50.0	18.8	6	100.0	100.0
两优 287CK	4	100.0	54.0	6	71.4	35.8	5	73.0	41.3	6	100.0	95.5
G 选 110	3	51.0	30.9	2	24.2	5.6	3	71.0	32.4	5	100.0	91.0
中嘉早 17	4	22.0	8.3	2	33.3	8.9	4	51.0	15.0	5	100.0	66.5
早 1849	5	100.0	63.6	0	61.6	16.7	5	100.0	66.1	7	100.0	100.0
两优 77	4	100.0	62.0	5	49.3	20.6	4	79.0	53.9	6	100.0	100.0
中 2 优 547	5	100.0	63.0	3	33.3	5.6	3	68.0	33.7	7	100.0	100.0
华两优 488	4	100.0	65.0	4	83.1	50.7	3	55.0	18.3	8	100.0	100.0
金优 3190	4	24.0	7.8	1	58.6	30.0	2	47.0	16.5	4	100.0	79.0

表 263 湖北省早稻区试 B 组品种稻瘟病抗性评价结论（2010 年）

品种名称	抗性指数	与 CK 比较	最高损失率抗级	抗性评价	严重病圃数（个）	综合表现
民 677S/R1994	6.0	优于	9	高感	4	淘汰
陵两优 012	4.6	优于	9	高感	1	差
五丰优 076	7.4	相当	9	高感	4+1	淘汰
天丰优 94	4.6	优于	9	高感	1	差
两优 287CK	7.6		9	高感	4+2	淘汰
G 选 110	6.1	优于	9	高感	3	差
中嘉早 17	5.1	优于	9	高感	2	差

（续表）

品种名称	抗性指数	与 CK 比较	最高损失率抗级	抗性评价	严重病圃数（个）	综合表现
早 1849	7.3	相当	9	高感	4	淘汰
两优 77	7.3	相当	9	高感	3+1	淘汰
中 2 优 547	6.8	轻于	9	高感	3	差
华两优 488	7.4	相当	9	高感	4+1	淘汰
金优 3190	5.3	优于	9	高感	2	差

表 264　湖北省中稻区试 A 组品种稻瘟病抗性鉴定各病圃结果（2010 年）

品种名称	龙洞病圃			把界病圃			望家病圃			两河病圃		
	叶瘟病级	病穗率（%）	损失率（%）	叶瘟病级	病穗率（%）	损失率（%）	叶瘟病级	病穗率（%）	损失率（%）	叶瘟病级	病穗率（%）	损失率（%）
齐两优 908	6	18.0	4.5	6	11.0	4.6	2	62.0	16.8	7	100.0	60.0
紫金稻 10 号	7	20.0	8.8	7	100.0	78.0	3	96.0	57.8	8	100.0	85.0
扬两优 609	4	17.0	4.3	4	37.0	15.2	2	37.0	20.0	6	52.0	20.0
荆优 1361	3	2.0	0.4	4	3.0	0.6	4	30.0	11.7	4	19.0	5.9
华安 501	6	16.0	5.3	6	77.0	34.4	5	89.0	53.5	8	100.0	85.0
两优 5344	6	90.0	42.0	6	53.0	23.5	4	37.0	23.7	8	100.0	85.0
6105S/K216	7	62.0	25.9	7	100.0	68.0	4	57.0	32.7	7	100.0	85.0
华风优 6086	4	7.0	2.3	4	13.0	4.1	4	36.0	12.9	5	27.0	9.3
扬两优 6 号 CK	6	26.0	10.9	6	52.0	21.4	3	69.0	30.3	8	100.0	85.0
广两优 35	7	34.0	14.3	6	66.0	31.1	2	36.0	20.2	8	100.0	85.0
广占 63S/新恢 8	7	56.0	26.2	7	100.0	85.0	3	94.0	55.6	8	100.0	85.0
天优华占	2	2.0	0.4	3	6.0	1.2	4	16.0	5.3	3	6.0	1.8

表 265　湖北省中稻区试 A 组品种稻瘟病抗性评价结论（2010 年）

品种名称	抗性指数	与 CK 比较	最高损失率抗级	抗性评价	严重病圃数（个）	综合表现
扬两优 6 号 CK	6.6		9	高感	3	差
齐两优 908	5.1	优于	9	高感	2+1	差
广两优 35	6.4	相当	9	高感	2	差
荆优 1361	2.8	显著优于	3	中抗	0	较好
6105S/ K216	7.6	劣于	9	高感	4+1	淘汰
紫金稻 10 号	7.3	劣于	9	高感	3+1	淘汰
扬两优 609	4.8	优于	5	中感	1+1	一般
华安 501	7.1	相当	9	高感	3+1	淘汰
两优 5344	6.9	相当	9	高感	3	差
华风优 6086	3.4	优于	3	中抗	0+1	较好
天优华占	2.3	显著优于	3	中抗	0	较好
广占 63S/新恢 8	7.8	劣于	9	高感	4	淘汰

表 266　湖北省中稻区试 B 组品种稻瘟病抗性鉴定各病圃结果（2010 年）

品种名称	龙洞病圃			把界病圃			望家病圃			两河病圃		
	叶瘟病级	病穗率（%）	损失率（%）	叶瘟病级	病穗率（%）	损失率（%）	叶瘟病级	病穗率（%）	损失率（%）	叶瘟病级	病穗率（%）	损失率（%）
金两优 118	4	3.0	0.6	4	14.0	3.7	3	59.0	26.5	4	41.0	14.8
两优 118	6	8.0	2.8	6	90.0	51.0	4	77.0	29.2	8	100.0	85.0
福两优 18	6	8.0	2.5	6	95.0	41.5	4	47.0	19.6	8	100.0	85.0
巨风优 2000	3	3.0	0.6	4	8.0	2.5	2	43.0	16.1	6	30.0	8.4
红香 68	4	3.0	0.6	3	11.0	2.8	4	38.0	16.9	6	63.0	21.0
Y 两优 666	5	3.0	0.6	4	6.0	1.2	4	52.0	32.0	6	29.0	12.1
荆两优 28	4	3.0	0.6	4	7.0	1.4	4	17.0	6.2	6	47.0	17.8
广占 63S/冈恢 24	6	12.0	4.5	6	21.0	8.0	3	43.0	16.1	8	100.0	60.0
扬两优 6 号 CK	6	35.0	14.8	6	43.0	20.0	5	71.0	28.7	8	100.0	85.0
两优 1104	5	4.0	0.8	5	12.0	3.9	3	58.0	21.6	5	34.0	12.2
两优 1573	4	7.0	2.3	5	18.0	6.9	4	53.0	18.8	5	31.0	11.6
紫两优 10 号	6	12.0	3.9	6	100.0	53.0	2	88.0	50.6	7	100.0	85.0

表 267　湖北省中稻区试 B 组品种稻瘟病抗性评价结论（2010 年）

品种名称	抗性指数	与 CK 比较	最高损失率抗级	抗性评价	严重病圃数（个）	综合表现
扬两优 6 号 CK	6.3		9	高感	2	差
金两优 118	3.6	优于	5	中感	1+1	一般
两优 118	6.4	相当	9	高感	3	差
荆两优 28	3.4	优于	5	中感	0+1	一般
紫两优 10 号	6.8	相当	9	高感	3+1	淘汰
Y 两优 666	3.9	优于	7	感病	1+1	一般
广占 63S/冈恢 24	5.3	轻于	9	高感	1	差
福两优 18	6.0	相当	9	高感	2+1	差
巨风优 2000	3.3	优于	5	中感	0	一般
红香 68	3.9	优于	5	中感	1	一般
两优 1104	3.8	优于	5	中感	1+1	一般
两优 1573	4.1	优于	5	中感	1+1	一般

表 268　湖北省中稻区试 C 组品种稻瘟病抗性鉴定各病圃结果（2010 年）

品种名称	龙洞病圃			把界病圃			望家病圃			两河病圃		
	叶瘟病级	病穗率（%）	损失率（%）	叶瘟病级	病穗率（%）	损失率（%）	叶瘟病级	病穗率（%）	损失率（%）	叶瘟病级	病穗率（%）	损失率（%）
两优香 16	6	16.0	6.5	6	18.0	7.3	5	88.0	31.2	8	100.0	85.0
两优 6301	4	4.0	0.8	4	8.0	2.5	6	48.0	15.3	5	42.0	16.8
巨风优 636	2	6.0	2.4	3	6.0	1.8	4	37.0	5.9	3	14.0	4.6
广占 63S/R3759	4	3.0	0.6	2	6.0	1.2	5	43.0	16.2	4	27.0	9.0
腾优 177	6	4.0	0.8	2	3.0	0.6	3	37.0	11.6	5	8.0	2.2
两优 0325	6	18.0	8.8	6	100.0	73.0	4	73.0	36.3	8	100.0	85.0

（续表）

品种名称	龙洞病圃			把界病圃			望家病圃			两河病圃		
	叶瘟病级	病穗率（%）	损失率（%）	叶瘟病级	病穗率（%）	损失率（%）	叶瘟病级	病穗率（%）	损失率（%）	叶瘟病级	病穗率（%）	损失率（%）
粤杂 751	3	2.0	0.4	2	6.0	1.8	4	29.0	5.1	3	6.0	1.2
金两优 57	3	4.0	0.8	3	17.0	5.2	5	43.0	13.4	6	54.0	19.4
扬两优 6 号 CK	6	17.0	6.7	6	60.0	24.5	1	69.0	31.8	8	100.0	85.0
Y 两优 H696	4	3.0	0.6	4	7.0	2.0	3	49.0	17.0	5	21.0	6.6
矮两优 3113	6	18.0	7.8	5	100.0	73.0	3	75.0	35.0	8	100.0	85.0
株两优 26 号	6	12.0	4.5	6	100.0	78.0	4	88.0	34.7	8	100.0	85.0

表 269　湖北省中稻区试 C 组品种稻瘟病抗性评价结论（2010 年）

品种名称	抗性指数	与 CK 比较	最高损失率抗级	抗性评价	严重病圃数（个）	综合表现
两优香 16	6.1	相当	9	高感	2	差
两优 6301	3.8	优于	5	中感	0+1	一般
巨风优 636	2.6	显著优于	3	中抗	0	较好
广占 63S/R3759	3.3	优于	5	中感	0+1	一般
腾优 177	2.5	显著优于	3	中抗	0	较好
两优 0325	7.0	劣于	9	高感	3	淘汰
粤杂 751	2.1	显著优于	3	中抗	0+1	较好
金两优 57	3.9	优于	5	中感	1+1	一般
扬两优 6 号 CK	6.3		9	高感	3	差
Y 两优 H696	3.3	优于	5	中感	0+1	一般
矮两优 3113	6.9	劣于	9	高感	3+1	淘汰
株两优 26 号	6.8	相当	9	高感	3+1	淘汰

表 270　湖北省中稻区试 D 组品种稻瘟病抗性鉴定各病圃结果（2010 年）

品种名称	龙洞病圃			把界病圃			望家病圃			两河病圃		
	叶瘟病级	病穗率（%）	损失率（%）	叶瘟病级	病穗率（%）	损失率（%）	叶瘟病级	病穗率（%）	损失率（%）	叶瘟病级	病穗率（%）	损失率（%）
两优 6358	7	12.0	4.2	6	100.0	75.0	4	76.0	45.3	9	100.0	100.0
KC08S/D208	6	28.0	13.4	5	20.0	7.3	5	47.0	12.0	8	100.0	85.0
两优 803	6	17.0	6.5	6	100.0	48.0	4	53.0	19.6	8	100.0	85.0
建优 56	5	27.0	10.8	5	83.0	30.1	4	55.0	25.2	8	100.0	85.0
陆两优 10 号	7	16.0	6.8	7	100.0	64.5	4	80.0	42.3	8	100.0	100.0
荆楚优 2047	5	9.0	3.0	5	4.0	0.8	4	17.0	5.2	6	13.0	4.1
C 两优 607	5	11.0	3.4	3	6.0	1.8	5	51.0	24.5	7	52.0	18.8
广占 63-4S/D208	7	7.0	2.3	7	100.0	51.5	5	75.0	52.3	8	100.0	85.0
两优 808	7	32.0	14.3	7	98.0	37.6	3	57.0	32.7	9	100.0	100.0
两优 618	5	4.0	0.8	4	6.0	2.1	4	93.0	52.4	6	49.0	22.0
扬两优 6 号 CK	6	17.0	6.7	7	66.0	25.2	4	73.0	30.2	8	100.0	85.0
69A/N187	7	11.0	4.3	7	54.0	21.3	3	90.0	40.6	8	100.0	85.0

表 271　湖北省中稻区试 D 组品种稻瘟病抗性评价结论（2010 年）

品种名称	抗性指数	与 CK 比较	最高损失率抗级	抗性评价	严重病圃数（个）	综合表现
两优 6358	6.9	相当	9	高感	3+1	淘汰
KC08S/D208	5.5	轻于	9	高感	1+1	差
两优 803	6.5	相当	9	高感	3	差
建优 56	6.5	相当	9	高感	3	差
陆两优 10 号	7.1	相当	9	高感	3+1	淘汰
荆楚优 2047	2.9	显著优于	3	中抗	0	较好
C 两优 607	4.4	优于	5	中感	2	一般
广占 63-4S/D208	7.1	相当	9	高感	3	淘汰
两优 808	7.0	相当	9	高感	3+1	淘汰
两优 618	4.4	优于	9	高感	1+1	差
扬两优 6 号 CK	6.6		9	高感	3	差
69A/N187	6.3	相当	9	高感	3	差

表 272　湖北省中稻区试 E 组品种稻瘟病抗性鉴定各病圃结果（2010 年）

品种名称	龙洞病圃			把界病圃			望家病圃			两河病圃		
	叶瘟病级	病穗率（%）	损失率（%）	叶瘟病级	病穗率（%）	损失率（%）	叶瘟病级	病穗率（%）	损失率（%）	叶瘟病级	病穗率（%）	损失率（%）
Y 两优 25	5	7.0	2.3	5	4.0	0.8	4	37.0	15.6	5	43.0	14.0
亚华优 97	2	3.0	0.6	5	4.0	0.8	4	43.0	14.3	3	31.0	8.9
荃两优 8136	6	17.0	5.8	6	32.0	14.6	3	79.0	41.4	8	100.0	85.0
两优香十	7	19.0	6.3	7	100.0	48.0	5	52.0	32.7	9	100.0	100.0
广两优 9748	5	11.0	2.8	6	90.0	53.0	3	96.0	58.0	8	100.0	85.0
2998A/乐恢 188	6	7.0	2.3	6	6.0	2.4	3	40.0	19.7	7	80.0	35.5
金科优 938	4	3.0	0.6	4	3.0	0.6	3	26.0	7.5	5	13.0	4.7
扬两优 6 号 CK	6	36.0	14.1	6	21.0	7.8	2	72.0	36.2	8	100.0	85.0
两优 289	5	7.0	1.4	5	13.0	4.7	3	48.0	30.8	7	100.0	35.0
广两优 272	7	31.0	13.7	7	100.0	58.0	4	46.0	19.3	8	100.0	85.0
深两优 5164	4	3.0	0.6	4	2.0	0.4	5	19.0	7.7	4	12.0	3.9
浙两优 8 号	3	3.0	0.6	5	100.0	47.0	4	45.0	18.2	5	78.0	33.6

表 273　湖北省中稻区试 E 组品种稻瘟病抗性评价结论（2010 年）

品种名称	抗性指数	与 CK 比较	最高损失率抗级	抗性评价	严重病圃数（个）	综合表现
Y 两优 25	3.3	优于	5	中感	0+1	差
亚华优 97	2.9	优于	3	中抗	0	较好
荃两优 8136	6.1	相当	9	高感	2+1	差
两优香十	7.0	劣于	9	高感	3+1	淘汰
广两优 9748	6.9	劣于	9	高感	3	淘汰
2998A/乐恢 188	4.5	优于	7	感病	1	一般
金科优 938	2.6	优于	3	中抗	0	差

（续表）

品种名称	抗性指数	与CK比较	最高损失率抗级	抗性评价	严重病圃数（个）	综合表现
扬两优6号CK	6.0		9	高感	2	差
两优289	4.8	轻于	7	感病	1+1	一般
广两优272	6.9	劣于	9	高感	2+1	淘汰
深两优5164	2.6	优于	3	中抗	0	较好
浙两优8号	5.2	轻于	7	感病	2+1	一般

表274　湖北省中稻联合评比试验组品种稻瘟病抗性鉴定各病圃结果（2010年）

品种名称	龙洞病圃			把界病圃			两河病圃		
	叶瘟病级	病穗率（%）	损失率（%）	叶瘟病级	病穗率（%）	损失率（%）	叶瘟病级	病穗率（%）	损失率（%）
中稻品1	2	2.0	0.4	6	17.0	4.3	8	100.0	85.0
中稻品2	8	65.0	30.0	6	100.0	60.0	9	100.0	100.0
中稻品3	2	6.0	1.2	4	6.0	1.2	4	31.0	11.6
中稻品4	7	57.0	24.3	7	100.0	66.0	8	100.0	100.0
中稻品5	7	66.0	29.1	6	95.0	41.5	7	100.0	85.0
中稻品6	5	26.0	7.6	4	21.0	7.8	7	100.0	60.0
中稻品7	6	45.0	19.4	6	65.0	29.5	7	100.0	85.0
中稻品8	6	69.0	30.4	6	57.0	22.8	7	100.0	85.0
中稻品9	4	42.0	18.3	4	29.0	10.6	6	100.0	41.0
中稻品10	5	32.0	11.8	5	30.0	12.7	7	100.0	85.0
中稻品11	6	72.0	31.9	7	100.0	60.0	8	100.0	100.0
中稻品12CK	6	54.0	21.7	6	100.0	56.0	7	100.0	85.0

表275　湖北省中稻联合评比试验品种稻瘟病抗性评价结论（2010年）

品种名称	抗性指数	与CK比较	最高损失率抗级	抗性评价	严重病圃数（个）	综合表现
中稻品1	4.8	优于	9	高感	2	差
中稻品2	8.0	相当	9	高感	4+1	淘汰
中稻品3	3.5	显著优于	5	中感	1	较好
中稻品4	7.8	相当	9	高感	3	淘汰
中稻品5	6.9	轻于	9	高感	3	差
中稻品6	5.6	优于	9	高感	2	差
中稻品7	6.6	轻于	9	高感	3	差
中稻品8	6.9	轻于	9	高感	4	淘汰
中稻品9	6.3	轻于	9	高感	2+1	差
中稻品10	6.1	优于	9	高感	2	差
中稻品11	8.3	劣于	9	高感	4+1	淘汰
中稻品12CK	7.6		9	高感	4	淘汰

表 276　湖北省晚籼区试 A 组品种稻瘟病抗性鉴定各病圃结果（2010 年）

品种名称	龙洞病圃			石城病圃			望家病圃			两河病圃		
	叶瘟病级	病穗率（%）	损失率（%）	叶瘟病级	病穗率（%）	损失率（%）	叶瘟病级	病穗率（%）	损失率（%）	叶瘟病级	病穗率（%）	损失率（%）
中 9A/FKW228	7	12.0	3.6	1	86.1	19.9	8	86.0	47.9	8	100.0	85.0
两优 7201	4	9.0	3.0	1	29.4	1.8	3	59.0	27.1	7	100.0	58.0
两优 158	5	18.0	6.3	2	57.9	11.9	5	48.0	19.9	8	100.0	100.0
金优 37	5	4.0	0.8	0	19.6	1.0	5	75.0	31.8	6	33.0	12.0
两优 3906	4	7.0	2.3	1	24.2	1.8	3	41.0	16.8	4	19.0	5.9
0694A/岳恢 9113	6	11.0	3.7	1	57.6	7.5	6	74.0	48.9	7	100.0	85.0
中 9A/冈恢 168	6	8.0	2.5	1	37.8	5.4	7	68.0	40.6	8	100.0	98.5
金优 207CK	4	12.0	4.9	1	16.7	1.8	5	69.0	34.1	6	52.0	22.4
巨优 28	3	6.0	1.2	0	51.7	5.7	6	58.0	31.8	6	60.0	27.0
中 3 优 1811	4	4.0	0.8	2	51.9	4.8	4	62.0	27.8	6	61.0	26.1
金 23A/冈恢 39	6	27.0	11.8	1	45.6	7.6	5	92.0	32.5	8	100.0	100.0
两优 1128	5	4.0	0.8	1	39.9	2.6	5	51.0	18.9	5	43.0	22.5

表 277　湖北省晚籼区试 A 组品种稻瘟病抗性评价结论（2010 年）

品种名称	抗性指数	与 CK 比较	最高损失率抗级	抗性评价	严重病圃数（个）	综合表现
金优 207CK	4.5		7	感病	2	差
中 3 优 1811	4.3	相当	5	中感	3	一般
金 23A/冈恢 39	6.0	劣于	9	高感	2	差
中 9A/FKW228	6.3	劣于	9	高感	3	差
两优 7201	4.7	相当	9	高感	2	差
两优 158	5.6	劣于	9	高感	2	差
金优 37	3.9	轻于	7	感病	1	差
两优 3906	3.3	轻于	5	中感	0	淘汰
0694A/岳恢 9113	5.8	劣于	9	高感	2	差
中 9A/冈恢 168	5.6	劣于	9	高感	2	差
巨优 28	4.8	相当	7	感病	3	差
两优 1128	4.0	轻于	5	中感	1	一般

表 278　湖北省晚籼区试 B 组品种稻瘟病抗性鉴定各病圃结果（2010 年）

品种名称	龙洞病圃			石城病圃			望家病圃			两河病圃		
	叶瘟病级	病穗率（%）	损失率（%）	叶瘟病级	病穗率（%）	损失率（%）	叶瘟病级	病穗率（%）	损失率（%）	叶瘟病级	病穗率（%）	损失率（%）
D 优 417	4	4.0	0.8	1	45.6	11.9	6	97.0	48.6	5	44.0	24.7
Q 优 2633	7	8.0	1.6	1	53.6	6.6	7	90.0	46.9	7	100.0	62.0
昌 2 优 T025	2	2.0	0.4	1	56.4	9.6	4	32.0	6.1	4	12.0	2.4
Q3A/W264	7	100.0	61.0	2	75.6	31.4	7	92.0	58.7	8	100.0	100.0
Y 两优 991	5	4.0	0.8	2	64.9	9.6	4	79.0	29.9	4	33.0	11.7
荆楚优 7 号	6	8.0	1.6	2	90.3	32.3	5	89.0	44.1	7	100.0	60.0

（续表）

品种名称	龙洞病圃			石城病圃			望家病圃			两河病圃		
	叶瘟病级	病穗率（%）	损失率（%）	叶瘟病级	病穗率（%）	损失率（%）	叶瘟病级	病穗率（%）	损失率（%）	叶瘟病级	病穗率（%）	损失率（%）
中 9A/T3-1	4	4.0	0.8	2	34.2	2.2	3	64.0	21.9	6	61.0	28.1
深优 9508	2	8.0	2.5	1	25.3	2.9	3	74.0	33.8	5	23.0	7.0
金优 207CK	3	9.0	2.4	2	32.8	3.4	5	66.0	36.5	5	45.0	22.5
粤晶丝苗 2 号	2	2.0	0.4	1	4.9	0.2	2	19.0	4.4	2	3.0	0.6
泰丰优 398	3	3.0	0.6	0	48.1	8.0	3	44.0	18.6	4	43.0	19.1
两优 70	4	16.0	5.3	1	74.6	16.7	7	76.0	51.9	6	80.0	44.0

表 279　湖北省晚籼区试 B 组品种稻瘟病抗性评价结论（2010 年）

品种名称	抗性指数	与 CK 比较	最高损失率抗级	抗性评价	严重病圃数（个）	综合表现
D 优 417	4.5	相当	7	感病	1	差
Q 优 2633	5.8	劣于	9	高感	3	差
昌 2 优 T025	3.1	轻于	3	中抗	1	较好
Q3A/W264	8.0	劣于	9	高感	4	淘汰
Y 两优 991	4.1	相当	5	中感	2	一般
荆楚优 7 号	6.1	劣于	9	高感	3	差
中 9A/T3-1	4.1	相当	5	中感	2	一般
深优 9508	3.7	轻于	7	感病	1	差
金优 207CK	4.3		7	感病	1	差
粤晶丝苗 2 号	1.4	优于	1	抗病	0	好
泰丰优 398	3.8	轻于	5	中感	0	一般
两优 70	6.1	劣于	9	高感	3	差

表 280　湖北省晚粳区试组品种稻瘟病抗性鉴定各病圃结果（2010 年）

品种名称	龙洞病圃			石城病圃			望家病圃			两河病圃		
	叶瘟病级	病穗率（%）	损失率（%）	叶瘟病级	病穗率（%）	损失率（%）	叶瘟病级	病穗率（%）	损失率（%）	叶瘟病级	病穗率（%）	损失率（%）
两优 7179	4	4.0	0.8	0	5.2	0.3	4	33.0	18.9	4	6.0	1.2
T 优 8050	4	3.0	0.6	0	44.0	17.2	6	61.0	36.8	4	56.0	22.0
科 7 优 8 号	3	3.0	0.6	3	28.8	2.3	4	26.0	11.8	4	6.0	1.2
华粳 295	7	27.0	11.1	1	30.8	1.5	6	54.0	27.0	7	63.0	31.1
953	7	69.0	30.7	5	100.0	84.9	7	91.0	53.1	8	100.0	85.0
香糯 29	4	14.0	4.6	1	61.1	3.8	6	55.0	25.5	4	18.0	7.5
两优 4524	7	12.0	3.6	3	79.8	14.0	4	51.0	24.6	7	55.0	23.5
鄂晚 17CK	3	8.0	2.8	0	31.3	2.1	3	53.0	15.2	3	19.0	5.3
香粳优 563	5	4.0	0.8	1	42.9	9.2	5	48.0	29.0	5	29.0	11.9
两优糯 590	4	3.0	0.6	1	68.3	6.5	4	42.0	11.9	4	27.0	9.9
甬优 419	3	2.0	0.4	0	15.2	0.8	3	45.0	20.2	3	8.0	1.6
甬优 26	4	2.0	0.4	1	20.1	1.0	4	48.0	25.0	3	9.0	2.1

表 281　湖北省晚粳区试组品种稻瘟病抗性评价结论（2010 年）

品种名称	抗性指数	与 CK 比较	最高损失率抗级	抗性评价	严重病圃数（个）	综合表现
鄂晚 17CK	3.3		5	中感	1	一般
华粳 295	5.3	劣于	7	感病	2	一般
香粳优 563	3.9	劣于	5	中感	0	一般
甬优 419	2.6	轻于	5	中感	0	差
两优 7179	2.6	轻于	5	中感	0	一般
T 优 8050	4.8	劣于	7	感病	2	一般
科 7 优 8 号	2.8	轻于	3	中抗	0	较好
953	8.2	劣于	9	高感	4+4	淘汰
香糯 29	3.9	劣于	5	中感	1	一般
两优 4524	5.1	劣于	5	中感	3	一般
两优糯 590	3.6	相当	3	中抗	0	差
甬优 26	2.8	轻于	5	中感	0	淘汰

表 282　湖北省中稻 A 组筛选品种稻瘟病抗性鉴定各病圃结果（2010 年）

品种名称	龙洞病圃			把界病圃			望家病圃			两河病圃		
	叶瘟病级	病穗率（%）	损失率（%）	叶瘟病级	病穗率（%）	损失率（%）	叶瘟病级	病穗率（%）	损失率（%）	叶瘟病级	病穗率（%）	损失率（%）
泸优明占	4	3.0	0.6	4	6.0	1.2	4	62.0	24.3	5	39.0	12.6
龙两优 725	4	13.0	4.7	6	100.0	60.0	3	98.0	53.1	7	100.0	85.0
创两优 26	4	4.0	0.8	5	7.0	1.4	2	51.0	13.5	5	31.0	11.6
广占 63-4S/R368	4	3.0	0.6	3	4.0	0.8	3	31.0	16.0	3	11.0	3.1
天两优 6 号	6	26.0	9.7	6	91.0	43.7	3	54.0	23.1	8	100.0	85.0
两优 9063	2	6.0	1.2	5	19.0	5.0	4	66.0	29.3	7	100.0	60.0
D29A/福恢 998	5	12.0	3.6	5	4.0	0.8	6	95.0	41.6	5	26.0	7.6
荆两优 8117	4	6.0	2.1	3	8.0	1.6	4	91.0	47.4	4	37.0	12.8
Y 两优 15	4	6.0	2.1	4	11.0	3.1	5	93.0	47.3	4	22.0	8.3
广两优香 6 号	5	28.0	10.1	6	72.0	27.6	4	86.0	49.5	7	100.0	85.0
扬两优 6 号 CK	6	17.0	4.3	6	24.0	10.2	2	72.0	34.2	7	100.0	60.0
天两优香 6	5	12.0	4.8	5	43.0	19.1	3	78.0	39.0	7	100.0	85.0
川香优 1860	4	19.0	7.7	6	4.0	0.8	5	72.0	33.6	4	9.0	2.7
香优 1628	7	4.0	1.3	6	6.0	1.2	2	44.0	17.2	7	100.0	60.0
555A/成恢 2 号	6	8.0	2.5	4	8.0	1.6	2	88.0	35.9	7	100.0	35.0
荆两优 8 号	7	38.0	14.8	7	100.0	58.0	3	86.0	58.3	8	100.0	85.0
539A/辐 1062	6	6.0	1.2	4	8.0	1.6	3	72.0	33.2	6	27.0	7.8
两优 1336	7	48.0	22.5	6	100.0	66.0	4	96.0	68.5	8	100.0	85.0
Y 两优 7 号	4	6.0	1.2	4	8.0	1.6	4	68.0	25.3	6	31.0	10.1
齐丰 128	5	6.0	1.2	4	9.0	2.4	2	93.0	72.6	6	31.0	11.6

表 283 湖北省中稻筛选试验 A 组品种稻瘟病抗性评价结论（2010 年）

品种名称	抗性指数	与 CK 比较	最高损失率抗级	抗性评价	严重病圃数（个）	综合表现
泸优明占	3.6	优于	5	中感	1	一般
龙两优 725	6.8	劣于	9	高感	3	淘汰
创两优 26	3.3	优于	3	中抗	1	较好
广占 63-4S/R368	2.7	优于	5	中感	0	一般
天两优 6 号	6.6	劣于	9	高感	3	淘汰
两优 9063	4.8	轻于	9	高感	2	差
D29A/福恢 998	4.2	轻于	7	感病	1	一般
荆两优 8117	3.8	优于	7	感病	1	一般
Y 两优 15	3.9	优于	7	感病	1	一般
广两优香 6 号	6.5	劣于	9	高感	3	淘汰
扬两优 6 号 CK	5.6		9	高感	2	差
天两优香 6	5.9	相当	9	高感	2	差
川香优 1860	3.8	优于	7	感病	1	一般
香优 1628	4.6	轻于	9	高感	1	差
555A/成恢 2 号	4.7	轻于	7	感病	2	一般
荆两优 8 号	7.4	劣于	9	高感	3	淘汰
539A/辐 1062	4.1	优于	7	感病	1	一般
两优 1336	7.7	劣于	9	高感	3	淘汰
Y 两优 7 号	3.8	优于	5	中感	1	一般
齐丰 128	4.2	轻于	9	高感	1	差

表 284 湖北省中稻筛选 B 组品种稻瘟病抗性鉴定各病圃结果（2010 年）

品种名称	龙洞病圃			把界病圃			望家病圃			两河病圃		
	叶瘟病级	病穗率（%）	损失率（%）	叶瘟病级	病穗率（%）	损失率（%）	叶瘟病级	病穗率（%）	损失率（%）	叶瘟病级	病穗率（%）	损失率（%）
Y 两优 916	4	3.0	0.6	3	6.0	1.2	3	34.0	19.4	6	42.0	15.3
华优 1462	2	2.0	0.4	3	4.0	0.8	4	26.0	7.9	3	6.0	1.2
C815S/3518	6	47.0	17.8	5	90.0	36.0	3	100.0	65.0	8	100.0	85.0
天两优 6510	7	61.0	22.1	7	90.0	39.0	5	75.0	24.9	9	100.0	100.0
广两优 198	6	6.0	1.2	6	44.0	20.7	4	100.0	65.9	8	100.0	85.0
深两优 5179	2	2.0	0.4	2	4.0	0.8	4	11.0	4.1	3	8.0	1.6
华两优 9313	2	2.0	0.4	2	3.0	0.6	5	14.0	3.7	4	9.0	2.7
紫两优 2 号	7	60.0	27.9	6	100.0	60.0	3	100.0	51.9	8	100.0	85.0
蓉 18A/南恢 357	2	4.0	0.8	2	4.0	0.8	5	35.0	12.2	3	8.0	1.6
两优福稻 8 号	7	59.0	21.7	6	100.0	60.0	5	94.0	64.5	8	100.0	85.0
扬两优 6 号 CK	6	31.0	8.9	6	90.0	38.0	6	80.0	36.4	8	100.0	85.0
江优 198	6	16.0	5.3	5	42.0	13.8	4	58.0	30.4	7	100.0	85.0
H595A/R2134	3	2.0	0.4	2	6.0	1.2	5	59.0	36.9	4	27.0	8.1
两优 204 选	4	3.0	0.6	2	9.0	2.7	4	75.0	44.2	4	41.0	12.4
26A/成恢 177	4	7.0	1.7	4	4.0	0.8	4	9.0	2.4	3	6.0	1.2
广优 824	2	2.0	0.4	2	6.0	1.2	5	15.0	4.2	3	8.0	1.6
Y 两优 835	4	6.0	1.2	4	12.0	3.6	2	46.0	19.0	5	44.0	16.6
天丰优 8025	3	11.0	3.1	2	18.0	5.4	3	32.0	15.6	4	32.0	12.2
03S/E14	5	39.0	15.0	6	100.0	60.0	3	90.0	58.5	8	100.0	85.0
Y 两优 35	5	17.0	5.2	5	9.0	2.4	4	100.0	66.2	5	41.0	13.6

表 285 湖北省中稻筛选试验 B 组品种稻瘟病抗性评价结论（2010 年）

品种名称	抗性指数	与 CK 比较	最高损失率抗级	抗性评价	严重病圃数（个）	综合表现
Y 两优 916	3.6	优于	5	中感	0	一般
华优 1462	2.3	显著优于	3	中抗	0	较好
C815S/3518	7.3	相当	9	高感	3	淘汰
天两优 6510	7.3	相当	9	高感	4	淘汰
广两优 198	6.3	轻于	9	高感	2	差
深两优 5179	1.8	显著优于	1	抗病	0	好
华两优 9313	1.9	显著优于	1	抗病	0	好
紫两优 2 号	7.8	劣于	9	高感	4	淘汰
蓉 18A/南恢 357	2.3	显著优于	3	中抗	0	较好
两优福稻 8 号	7.9	劣于	9	高感	4	淘汰
扬两优 6 号 CK	7.0		9	高感	3	淘汰
江优 198	6	轻于	9	高感	2	差
H595A/R2134	3.6	优于	7	感病	1	一般
两优 204 选	3.6	优于	7	感病	1	一般
26A/成恢 177	2.1	显著优于	3	中抗	0	较好
广优 824	2.0	显著优于	1	抗病	0	好
Y 两优 835	3.8	优于	5	中感	0	一般
天丰优 8025	3.8	优于	5	中感	1	一般
03S/E14	7.3	相当	9	高感	3	淘汰
Y 两优 35	4.7	优于	9	高感	1	差

表 286 湖北省中稻筛选 C 组品种稻瘟病抗性鉴定各病圃结果（2010 年）

品种名称	龙洞病圃			把界病圃			望家病圃			两河病圃		
	叶瘟病级	病穗率（%）	损失率（%）	叶瘟病级	病穗率（%）	损失率（%）	叶瘟病级	病穗率（%）	损失率（%）	叶瘟病级	病穗率（%）	损失率（%）
Y 两优 863	5	7.0	1.4	4	6.0	1.2	4	36.0	14.4	5	46.0	17.6
西 5A1/恢 12	5	3.0	0.6	4	4.0	0.8	3	13.0	4.1	6	42.0	18.8
金穗 8 号	5	4.0	0.8	3	7.0	1.4	4	14.0	6.1	4	8.0	1.6
渝优 15	5	3.0	0.6	5	6.0	1.2	2	15.0	6.8	5	16.0	5.3
Q4A/R3185	6	88.0	37.1	6	100.0	60.0	2	77.0	32.9	8	100.0	100.0
中新优 9380	5	4.0	0.8	4	4.0	0.8	3	64.0	44.7	5	37.0	17.4
武香优 74	6	70.0	26.9	5	68.0	28.6	3	52.0	31.9	7	100.0	68.0
广占 63S-2/R529	6	7.0	2.3	5	35.0	14.2	5	65.0	20.4	8	100.0	85.0
兰香优 38	6	6.0	1.2	5	17.0	5.8	4	91.0	62.4	6	32.0	11.8
Y 两优 999	3	3.0	0.6	3	13.0	3.8	4	43.0	11.9	4	21.0	7.8
扬两优 6 号 CK	6	26.0	8.5	6	58.0	26.5	5	73.0	36.3	8	100.0	85.0
巨风 A/07H65	7	6.0	1.2	6	100.0	60.0	3	93.0	36.3	9	100.0	100.0
矮两优 8018	3	3.0	0.6	2	26.0	11.0	5	42.0	17.7	6	65.0	25.9
荆两优 18	3	3.0	0.6	5	9.0	1.8	3	33.0	17.9	7	93.0	34.6
华两优 6384	4	2.0	0.4	4	6.0	1.2	4	16.0	2.9	4	38.0	11.5

（续表）

品种名称	龙洞病圃			把界病圃			望家病圃			两河病圃		
	叶瘟病级	病穗率（%）	损失率（%）	叶瘟病级	病穗率（%）	损失率（%）	叶瘟病级	病穗率（%）	损失率（%）	叶瘟病级	病穗率（%）	损失率（%）
矮两优 86	3	2.0	0.4	4	7.0	1.4	3	40.0	16.6	3	36.0	9.9
川香优 209	4	2.0	0.4	5	4.0	0.8	3	26.0	9.7	6	17.0	6.1
巨丰优 1 号	5	6.0	1.2	5	6.0	1.2	5	97.0	52.8	8	100.0	85.0
阳优 1188	3	3.0	0.6	3	6.0	1.2	4	37.0	14.5	3	6.0	1.2
204S/Q28	2	6.0	1.2	4	8.0	1.6	4	88.0	35.9	4	29.0	10.7

表 287 湖北省中稻筛选试验 C 组品种稻瘟病抗性评价结论（2010 年）

品种名称	抗性指数	与 CK 比较	最高损失率抗级	抗性评价	严重病圃数（个）	综合表现
Y 两优 863	3.6	优于	5	中感	0	一般
西 5A1/恢 12	3.0	显著优于	5	中感	0	差
金穗 8 号	2.5	显著优于	3	中抗	0	较好
渝优 15	2.9	显著优于	3	中抗	0	较好
Q4A/R3185	7.6	劣于	9	高感	4	淘汰
中新优 9380	3.9	优于	7	感病	1	一般
武香优 74	6.8	相当	9	高感	4	淘汰
广占 63S-2/R529	5.5	优于	9	高感	2	差
兰香优 38	4.8	优于	9	高感	1	差
Y 两优 999	3.0	显著优于	3	中抗	0	较好
扬两优 6 号 CK	6.7		9	高感	3	差
巨风 A/07H65	6.7	相当	9	高感	3	差
矮两优 8018	4.3	优于	5	中感	1	一般
荆两优 18	4.1	优于	7	感病	1	一般
华两优 6384	2.8	显著优于	3	中抗	0	较好
矮两优 86	3.2	显著优于	5	中感	0	一般
川香优 209	3.0	显著优于	3	中抗	0	较好
巨丰优 1 号	5.4	优于	9	高感	2	差
阳优 1188	2.4	显著优于	3	中抗	0	较好
204S/Q28	3.8	优于	7	感病	1	一般

表 288 湖北省中稻筛选 D 组品种稻瘟病抗性鉴定各病圃结果（2010 年）

品种名称	龙洞病圃			把界病圃			望家病圃			两河病圃		
	叶瘟病级	病穗率（%）	损失率（%）	叶瘟病级	病穗率（%）	损失率（%）	叶瘟病级	病穗率（%）	损失率（%）	叶瘟病级	病穗率（%）	损失率（%）
Y 两优香 6	3	3.0	0.6	4	7.0	2.3	4	27.0	8.6	5	17.0	4.9
两优 029	5	4.0	0.8	4	12.0	4.2	3	63.0	32.9	7	100.0	47.0
扬两优 818	5	7.0	2.0	4	54.0	25.8	5	40.0	11.7	8	100.0	60.0
两优 6398	7	26.0	8.8	6	100.0	56.0	4	31.0	11.3	8	100.0	85.0
川谷优 408	2	2.0	0.4	2	7.0	2.3	3	11.0	2.2	3	5.0	1.3

（续表）

品种名称	龙洞病圃			把界病圃			望家病圃			两河病圃		
	叶瘟病级	病穗率（%）	损失率（%）	叶瘟病级	病穗率（%）	损失率（%）	叶瘟病级	病穗率（%）	损失率（%）	叶瘟病级	病穗率（%）	损失率（%）
绵 5 优 4002	3	3.0	0.6	3	20.0	6.7	4	56.0	23.1	4	83.0	31.6
农两优 627	6	4.0	0.8	6	11.0	3.7	4	38.0	12.0	7	100.0	50.0
Q 优 1205	4	2.0	0.4	4	6.0	1.2	4	7.0	2.2	4	39.0	16.9
鄂丰 28	3	4.0	0.8	2	4.0	0.8	4	27.0	13.0	3	4.0	0.8
合丰占	3	4.0	0.8	3	6.0	1.2	5	29.0	12.0	3	76.0	32.1
扬两优 6 号 CK	6	17.0	6.1	6	51.0	20.4	4	64.0	32.5	8	100.0	85.0
神农香占	3	4.0	0.8	2	8.0	2.2	4	45.0	15.9	4	20.0	6.7
两优 601	6	83.0	28.6	7	80.0	54.0	3	69.0	36.1	8	100.0	100.0
Y 两优 171	5	8.0	1.6	4	3.0	0.6	3	41.0	16.1	4	39.0	15.7
Y58S/冈恢 166	5	4.0	0.8	4	3.0	0.6	3	54.0	26.4	5	36.0	14.7
金科 8 号	7	43.0	14.3	6	100.0	58.0	5	88.0	45.9	8	100.0	85.0
C 两优 2010	4	6.0	1.2	5	35.0	14.8	3	92.0	42.0	4	100.0	35.0
陵优 2 号	6	4.0	0.8	5	33.0	13.8	4	27.0	14.7	8	100.0	85.0
广两优 309	7	71.0	25.6	6	100.0	60.0	4	60.0	30.9	8	100.0	85.0
广两优 E14	7	13.0	4.4	6	51.0	25.9	5	32.0	10.9	9	100.0	100.0

表 289　湖北省中稻筛选试验 D 组品种稻瘟病抗性评价结论（2010 年）

品种名称	抗性指数	与 CK 比较	最高损失率抗级	抗性评价	严重病圃数（个）	综合表现
Y 两优香 6	2.8	显著优于	3	中抗	0	较好
两优 029	4.7	优于	7	感病	2	一般
扬两优 818	5.4	轻于	9	高感	2	差
两优 6398	6.6	相当	9	高感	2	差
川谷优 408	1.8	显著优于	1	抗病	0	好
绵 5 优 4002	4.4	优于	7	感病	2	一般
农两优 627	4.3	优于	7	感病	1	一般
Q 优 1205	2.9	显著优于	5	中感	0	一般
鄂丰 28	2.1	显著优于	3	中抗	0	较好
合丰占	3.6	优于	7	感病	1	一般
扬两优 6 号 CK	6.5		9	高感	3	差
神农香占	3.1	优于	5	中感	0	一般
两优 601	7.5	劣于	9	高感	4	淘汰
Y 两优 171	3.6	优于	5	中感	0	一般
Y58S/冈恢 166	3.4	优于	5	中感	1	差
金科 8 号	7.3	劣于	9	高感	3	淘汰
C 两优 2010	5.0	优于	7	感病	2	一般
陵优 2 号	4.9	优于	9	高感	1	差
广两优 309	7.6	劣于	9	高感	4	淘汰
广两优 E14	5.8	轻于	9	高感	1	差

表 290　湖北省中稻筛选 E 组品种稻瘟病抗性鉴定各病圃结果（2010 年）

品种名称	龙洞病圃			把界病圃			望家病圃			两河病圃		
	叶瘟病级	病穗率（%）	损失率（%）	叶瘟病级	病穗率（%）	损失率（%）	叶瘟病级	病穗率（%）	损失率（%）	叶瘟病级	病穗率（%）	损失率（%）
海丰 1S/R8627	7	20.0	7.6	6	100.0	60.0	2	96.0	57.3	8	100.0	85.0
N11S/香恢 9 号	6	23.0	8.8	6	33.0	12.0	2	39.0	16.5	8	100.0	85.0
奇香优 8 号	4	6.0	2.1	2	7.0	2.6	5	26.0	10.7	4	11.0	3.7
鄂优 145	6	18.0	6.3	6	41.0	16.0	4	92.0	61.6	7	100.0	60.0
6303S/R1178	6	22.0	9.1	6	57.0	24.8	3	35.0	21.1	8	100.0	85.0
荆两优 6508	4	7.0	2.0	4	31.0	11.0	4	41.0	14.8	6	100.0	35.0
Y 两优 8198	4	3.0	0.6	4	12.0	3.6	3	39.0	16.4	4	12.0	4.2
Y 两优 1205	4	4.0	0.8	5	8.0	2.8	2	34.0	19.2	4	85.0	32.0
D11A/R018	2	6.0	1.8	2	6.0	1.8	5	47.0	13.0	3	7.0	1.4
福两优 58	7	24.0	10.9	6	90.0	51.0	5	89.0	53.1	8	100.0	85.0
扬两优 6 号 CK	6	17.0	5.8	6	44.0	16.6	1	74.0	30.4	8	100.0	85.0
广占 63S-4/R1610	2	19.0	4.7	4	8.0	2.5	3	55.0	32.6	6	100.0	47.0
巨风优 237	4	3.0	0.6	4	37.0	13.1	2	93.0	55.2	6	95.0	37.0
福两优 045	7	63.0	24.6	7	100.0	58.0	3	29.0	15.4	8	100.0	85.0
两优 0388	4	6.0	1.2	4	7.0	1.4	5	28.0	13.5	6	90.0	33.0
天优 826	4	4.0	0.8	4	7.0	2.3	4	26.0	10.1	6	100.0	43.5
风优 1688	6	2.0	0.4	5	6.0	1.8	3	70.0	43.9	8	100.0	85.0
34S/R999	6	58.0	23.0	6	100.0	82.0	4	58.0	36.2	8	100.0	85.0
Y58S/P102 选	5	4.0	0.8	5	31.0	12.8	3	84.0	52.7	7	100.0	60.0
两优 8233	4	6.0	1.8	6	16.0	5.3	3	37.0	16.7	8	100.0	85.0

表 291　湖北省中稻筛选试验 E 组品种稻瘟病抗性评价结论（2010 年）

品种名称	抗性指数	与 CK 比较	最高损失率抗级	抗性评价	严重病圃数（个）	综合表现
海丰 1S/R8627	7.2	劣于	9	高感	3	淘汰
N11S/香恢 9 号	5.6	轻于	9	高感	1	差
奇香优 8 号	2.8	优于	3	中抗	0	较好
鄂优 145	6.6	相当	9	高感	2	差
6303S/R1178	6.1	相当	9	高感	2	差
荆两优 6508	4.5	优于	7	感病	1	差
Y 两优 8198	3.1	优于	5	中感	0	一般
Y 两优 1205	3.9	优于	7	感病	1	一般
D11A/R018	2.5	显著优于	3	中抗	0	较好
福两优 58	7.4	劣于	9	高感	3	淘汰
扬两优 6 号 CK	6.2		9	高感	2	差
广占 63S-4/R1610	4.6	优于	7	感病	2	一般
巨风优 237	5.1	轻于	9	高感	2	差
福两优 045	7.2	劣于	9	高感	3	淘汰
两优 0388	4.1	优于	7	感病	1	差

（续表）

品种名称	抗性指数	与 CK 比较	最高损失率抗级	抗性评价	严重病圃数（个）	综合表现
天优 826	3.9	优于	7	感病	1	一般
风优 1688	5.0	轻于	9	高感	2	差
34S/R999	7.5	劣于	9	高感	4	淘汰
Y58S/P102 选	5.6	轻于	9	高感	2	差
两优 8233	5.1	轻于	9	高感	1	差

表 292 湖北省晚籼筛选组品种稻瘟病抗性鉴定各病圃结果（2010 年）

品种名称	龙洞病圃			石城病圃			望家病圃			两河病圃		
	叶瘟病级	病穗率（%）	损失率（%）	叶瘟病级	病穗率（%）	损失率（%）	叶瘟病级	病穗率（%）	损失率（%）	叶瘟病级	病穗率（%）	损失率（%）
矮两优 356	6	85.0	43.5	2	59.8	10.0	6	93.0	38.9	7	100.0	85.0
襄稻 125	6	4.0	0.8	5	74.6	26.2	6	42.0	15.5	8	100.0	100.0
岳 4A/R112	3	9.0	3.3	1	66.2	4.0	4	97.0	52.1	5	100.0	67.5
Q3A/R108	2	7.0	1.4	1	41.5	6.4	5	39.0	11.7	5	21.0	6.9
5206A/R448	3	4.0	0.8	2	28.1	2.4	2	23.0	7.6	4	14.0	4.3
4123A/R2329	4	13.0	5.1	2	59.0	4.7	4	61.0	28.7	6	35.0	13.6
宏优 5 号	4	4.0	0.8	1	38.9	3.7	5	83.0	34.3	4	43.0	19.1
金优 1126	5	9.0	3.0	2	45.0	5.0	5	62.0	35.1	6	43.0	19.1
中 9A/R917	4	3.0	0.6	2	45.4	2.5	5	74.0	26.6	8	100.0	100.0
龙特甫 A/2291	5	12.0	4.8	3	28.7	2.9	6	85.0	40.1	7	100.0	48.5
金优 207CK	4	8.0	2.5	3	14.8	1.0	5	69.0	33.9	6	98.0	44.6
宜优 250	2	3.0	0.6	3	12.6	1.0	4	66.0	26.5	5	78.0	29.1
金 23A/R276	5	23.0	9.8	3	57.8	13.1	6	89.0	50.5	8	100.0	100.0
五丰优 2168	3	14.0	5.9	1	6.3	0.3	5	68.0	33.8	3	61.0	27.1
C 优 69	6	3.0	0.6	1	14.9	1.1	5	64.0	29.2	8	100.0	100.0
634A/R299	5	6.0	1.2	1	13.7	1.4	6	85.0	51.5	8	100.0	100.0
五丰优 2155	4	7.0	3.9	1	47.8	4.7	5	64.0	26.7	4	95.0	34.0
奥两优 393	4	3.0	0.6	1	62.3	6.1	5	57.0	25.2	5	90.0	33.0
30A/荆恢 8 号	3	48.0	24.0	3	34.4	2.2	4	80.0	33.7	8	100.0	100.0
株两优 16	2	3.0	0.6	1	23.1	3.5	2	31.0	9.8	6	16.0	5.6

表 293 湖北省晚籼筛选试验组品种稻瘟病抗性评价结论（2010 年）

品种名称	抗性指数	与 CK 比较	最高损失率抗级	抗性评价	严重病圃数（个）	综合表现
矮两优 356	6.8	劣于	9	高感	4	淘汰
襄稻 125	5.7	劣于	9	高感	2	差
岳 4A/R112	5.2	相当	9	高感	3	差
Q3A/R108	3.4	轻于	3	中抗	0	较好
5206A/R448	2.6	优于	3	中抗	0	差
4123A/R2329	4.4	相当	5	中感	2	一般

（续表）

品种名称	抗性指数	与CK比较	最高损失率抗级	抗性评价	严重病圃数（个）	综合表现
宏优5号	4.1	轻于	7	感病	1	一般
金优1126	4.5	相当	7	感病	1	一般
中9A/R917	4.8	相当	9	高感	2	差
龙特甫A/2291	5.2	劣于	7	感病	2	差
金优207CK	4.8		7	感病	2	一般
宜优250	3.9	轻于	5	中感	2	一般
金23A/R276	6.4	劣于	9	高感	2	差
五丰优2168	4.4	相当	7	感病	2	差
C优69	4.8	相当	9	高感	2	差
634A/R299	5.4	劣于	9	高感	2	差
五丰优2155	4.4	相当	7	感病	2	差
奥两优393	4.7	相当	7	感病	3	差
30A/荆恢8号	5.9	劣于	9	高感	2	差
株两优16	2.8	优于	3	中抗	0	较好

表294　湖北省水稻区试品种稻瘟病抗性两年评价结论（2009—2010年）

区试级别	品种名称	2010年评价结论		2009年评价结论		2009—2010年两年评价结论				
		抗性指数	最高损失率抗级	抗性指数	最高损失率抗级	最高抗性指数	与CK比较	最高损失率抗级	抗性评价	综合表现
早稻	两优287CK	7.3	9	5.9	9	7.3		9	高感	差
	HD9802S/R302	6.1	9	5.6	9	6.1	轻于	9	高感	差
中稻	扬两优6号CK	6.6	9	5.4	9	6.6		9	高感	差
	齐两优908	5.1	9	5.6	9	5.6	轻于	9	高感	差
	广两优35	6.4	9	4.9	7	6.4	相当	9	高感	差
	扬两优6号CK	6.6	9	5.6	9	6.6		9	高感	差
	荆优1361	2.8	3	3.6	7	3.6	优于	7	感病	一般
	6105S/K216	7.6	9	5.3	9	7.6	劣于	9	高感	差
	扬两优6号CK	6.3	9	6.1	9	6.3		9	高感	差
	福两优18	6.0	9	6.5	9	6.5	相当	9	高感	差
	扬两优6号CK	6.3	9	5.4	9	6.3		9	高感	差
	巨风优2000	3.3	5	3.9	7	3.9	优于	7	感病	一般
	扬两优6号CK	6.6	9	5.7	9	6.6		9	高感	差
	紫金稻10号	7.3	9	6.3	9	7.3	劣于	9	高感	差
	扬两优609	4.8	5	4.8	9	4.8	优于	9	高感	差
	华安501	7.1	9	6.6	9	7.1	相当	9	高感	差
	两优5344	6.9	9	5.3	9	6.9	相当	9	高感	差
	华风优6086	3.4	3	3.8	9	3.8	优于	9	高感	差
	天优华占	2.3	3	1.6	3	2.3	显著优于	3	中抗	好
	扬两优6号CK	6.3	9	5.7	9	6.3		9	高感	差
	金两优118	3.6	5	4.6	9	4.6	优于	9	高感	差

（续表）

区试级别	品种名称	2010年评价结论		2009年评价结论		2009—2010年两年评价结论				
		抗性指数	最高损失率抗级	抗性指数	最高损失率抗级	最高抗性指数	与CK比较	最高损失率抗级	抗性评价	综合表现
中稻	两优118	6.4	9	4.8	9	6.4	相当	9	高感	差
	荆两优28	3.4	5	5.1	9	5.1	轻于	9	高感	差
	紫两优10号	6.8	9	6.3	9	6.8	相当	9	高感	差
	Y两优666	3.9	7	4.1	9	4.1	优于	9	高感	差
	广占63S/冈恢24	5.3	9	4.8	9	5.3	轻于	9	高感	差
	扬两优6号CK	6.6	9	6.1	9	6.6		9	高感	差
	广占63S/新恢8	7.8	9	6.7	9	7.8	劣于	9	高感	差
	扬两优6号CK	6.3	9	5.6	9	6.3		9	高感	差
	红香68	3.9	5	3.8	7	3.9	优于	7	感病	一般
	扬两优6号CK	6.3	9	5.9	9	6.3		9	高感	差
	两优1104	3.8	5	3.4	7	3.8	优于	7	感病	一般
	扬两优6号CK	6.3	9	6.3	9	6.3		9	高感	差
	两优1573	4.1	5	4.3	7	4.3	优于	7	感病	一般
晚稻	金优207CK	4.5	7	3.8	9	4.5		9	高感	差
	中3优1811	4.3	5	3.8	9	4.3	相当	9	高感	差
	金23A/冈恢39	6.0	9	4.9	9	6.0	劣于	9	高感	差
	鄂晚17CK	3.3	5	2.8	5	3.3		5	中感	较好
	华粳295	5.3	7	4.2	9	5.3	劣于	9	高感	差
	香粳优563	3.9	5	3.3	5	3.9	相当	5	中感	较好
	甬优419	2.6	5	1.9	3	2.6	轻于	5	中感	较好

表295　湖北省早稻区试A组品种抗瘟性鉴定各点结果（2011年）

品种名称	龙洞病圃			青山病圃			两河病圃			望家病圃			崇阳病圃		
	叶瘟病级	病穗率(%)	损失率(%)	叶瘟病级	病穗率(%)	损失率(%)	叶瘟病级	病穗率(%)	损失率(%)	叶瘟病级	病穗率(%)	损失率(%)	叶瘟病级	病穗率(%)	损失率(%)
TY903S/R14	2	5.5	1.4	5	100.0	50.0	7	100.0	98.5	4	67.0	45.2	1	37.0	1.8
两优27	4	40.7	19.0	5	80.0	38.0	7	100.0	94.0	4	55.0	26.4	0	94.1	28.7
HD9082S/R358	4	51.9	26.2	7	100.0	85.0	8	100.0	94.0	4	82.0	35.1	0	17.2	0.9
两优265	2	23.2	8.5	4	100.0	57.0	7	100.0	91.0	4	89.0	65.6	0	14.3	0.7
HD9802S/R326	4	50.6	22.9	6	100.0	78.0	7	100.0	94.0	6	59.0	36.0	0	73.3	17.5
两优287	4	61.3	28.6	5	100.0	62.0	7	100.0	97.0	6	98.0	62.7	1	90.9	46.2
中嘉早17	3	14.7	5.2	5	100.0	48.0	4	100.0	47.0	4	46.0	13.1	3	37.2	1.9
鄂早18	3	20.0	7.4	6	85.0	40.5	4	100.0	85.0	4	62.0	27.5	0	0.0	0.0
中2优547	2	8.3	2.2	6	100.0	55.0	4	100.0	77.5	4	49.0	25.1	0	0.0	0.0
中2优188	2	23.1	10.9	5	100.0	49.0	4	100.0	71.5	4	96.0	55.5	3	33.3	2.8
扬籼优656	3	8.2	2.5	6	100.0	60.0	5	95.0	60.0	3	39.0	15.2	1	0.0	0.0

表 296　湖北省早稻区试 A 组品种稻瘟病抗性评价结论（2011 年）

品种名称	抗性指数	与 CK1 比较	与 CK2 比较	最高损失率抗级	抗性评价	严重病圃数(个)	综合表现
两优 287CK1	7.3		劣于	9	高感	5	淘汰
HD9802S/R326	6.9	相当	劣于	9	高感	5	淘汰
中嘉早 17	4.9	优于	相当	7	感病	2	一般
中 2 优 547	4.6	优于	相当	9	高感	2	差
鄂早 18CK2	4.9	优于		9	高感	3	差
TY903S/R14	5.3	优于	相当	9	高感	3	差
两优 27	6.3	轻于	劣于	9	高感	4	淘汰
HD9082S/R358	6.3	轻于	劣于	9	高感	4	淘汰
两优 265	5.8	优于	劣于	9	高感	3	差
中 2 优 188	5.8	优于	劣于	9	高感	3	差
扬籼优 656	4.7	优于	相当	9	高感	3	差

表 297　湖北省早稻区试 B 组品种抗瘟性鉴定各点结果（2011 年）

品种名称	龙洞病圃			青山病圃			两河病圃			望家病圃			崇阳病圃		
	叶瘟病级	病穗率(%)	损失率(%)	叶瘟病级	病穗率(%)	损失率(%)	叶瘟病级	病穗率(%)	损失率(%)	叶瘟病级	病穗率(%)	损失率(%)	叶瘟病级	病穗率(%)	损失率(%)
中 3 优 2286	2	7.1	2.1	5	100.0	46.0	5	80.0	55.5	4	69.0	29.1	0	16.6	0.8
鄂荆早 1 号	4	11.4	4.5	7	100.0	76.0	7	100.0	85.0	6	97.0	65.5	0	37.0	2.4
两优 76	2	9.4	3.6	6	100.0	52.0	7	100.0	75.0	3	37.0	15.8	0	100.0	29.7
D 早优 100	4	28.6	13.8	7	100.0	63.0	7	100.0	100.0	5	94.0	67.1	0	53.8	8.4
株两优 70	2	15.3	5.5	5	75.0	33.0	7	100.0	74.5	4	44.0	8.4	0	23.4	1.2
德两优 7380	2	7.2	2.1	3	23.0	8.2	4	21.0	7.5	5	64.0	36.0	0	8.0	0.4
两优 287	2	31.2	13.8	7	100.0	75.0	6	100.0	88.0	6	93.0	61.0	0	91.3	44.5
安丰优 710	4	8.0	3.0	5	100.0	50.5	6	100.0	67.5	4	74.0	22.8	0	7.7	0.4
鄂早 18	4	14.6	5.0	5	75.0	38.0	4	100.0	65.5	4	68.0	27.0	0	60.2	15.3
早糯 19	2	18.8	7.9	4	62.0	28.3	4	100.0	59.0	3	87.0	29.7	0	16.4	0.8
H50S/华 819	4	17.7	7.9	6	80.0	40.5	5	80.0	46.0	3	72.0	24.0	0	22.2	1.1
株两优 19	3	3.7	0.9	5	46.0	22.7	4	100.0	54.0	3	97.0	48.4	0	17.4	0.9

表 298　湖北省早稻区试 B 组品种稻瘟病抗性评价结论（2011 年）

品种名称	抗性指数	与 CK1 比较	与 CK2 比较	最高损失率抗级	抗性评价	严重病圃数(个)	综合表现
中 3 优 2286	4.9	优于	轻于	9	高感	3	差
鄂荆早 1 号	6.1	轻于	相当	9	高感	3	差
两优 76	5.7	轻于	相当	9	高感	3	差
D 早优 100	6.6	相当	劣于	9	高感	4	淘汰
株两优 70	5.0	优于	轻于	9	高感	2	差
德两优 7380	3.5	优于	优于	7	感病	1	一般
两优 287CK1	6.9		劣于	9	高感	4	淘汰
安丰优 710	5.1	优于	轻于	9	高感	3	差
鄂早 18CK2	5.6	优于		9	高感	4	淘汰
早糯 19	4.8	优于	轻于	9	高感	3	差
H50S/华 819	5.1	优于	轻于	7	感病	3	一般
株两优 19	4.6	优于	轻于	9	高感	2	差

表 299　湖北省中稻区试 A 组品种稻瘟病抗性鉴定各病圃结果（2011 年）

品种名称	龙洞病圃			青山病圃			两河病圃			望家病圃		
	叶瘟病级	病穗率(%)	损失率(%)	叶瘟病级	病穗率(%)	损失率(%)	叶瘟病级	病穗率(%)	损失率(%)	叶瘟病级	病穗率(%)	损失率(%)
Y 两优 613	5	100.0	73.0	7	100.0	75.0	7	100.0	75.0	3	28.0	17.0
武两优 11	4	100.0	50.5	7	100.0	48.0	6	100.0	60.0	4	56.0	27.1
两优 796	2	8.0	1.6	2	8.0	1.6	3	8.0	2.2	3	49.0	21.1
香糯优 561	4	35.0	12.1	7	50.0	20.5	7	100.0	60.0	3	47.0	24.0
69A/42	4	100.0	60.0	7	100.0	100.0	7	100.0	100.0	8	99.0	64.7
巨丰 268	3	21.0	5.7	6	33.0	11.4	6	75.0	31.5	5	31.0	14.6
广占 63-4S/R451	4	30.0	11.7	7	39.0	14.1	7	100.0	62.0	4	55.0	9.5
C815S/华占	2	8.0	1.6	3	8.0	1.6	4	20.0	6.4	4	60.0	8.7
丰两优香 1 号	5	100.0	46.5	7	100.0	73.0	8	100.0	94.0	9	94.0	66.4
福优 18	5	100.0	52.0	7	100.0	53.0	7	100.0	85.0	4	39.0	22.1
华两优 335	4	18.0	5.4	6	30.0	9.6	7	100.0	75.0	4	32.0	14.4
珞优 189	6	95.0	48.5	7	100.0	53.0	8	100.0	85.0	8	92.0	55.1

表 300　湖北省中稻区试 A 组品种稻瘟病抗性评价结论（2011 年）

品种名称	抗性指数	与 CK 比较	最高损失率抗级	抗性评价	严重病圃数(个)	综合表现
Y 两优 613	7.5	轻于	9	高感	3	淘汰
武两优 11	7.3	轻于	9	高感	4	淘汰
两优 796	2.6	显著优于	5	中感	0	较好
香糯优 561	5.9	优于	9	高感	1	差
69A/42	8.4	相当	9	高感	4	淘汰
巨丰 268	5.0	显著优于	7	感病	1	一般
广占 63-4S/R451	5.6	优于	9	高感	2	差
C815S/华占	3.1	显著优于	3	中抗	1	好
丰两优香 1 号 CK	8.5		9	高感	4+1e	淘汰
福优 18	7.6	轻于	9	高感	3	淘汰
华两优 335	5.3	优于	9	高感	1	差
珞优 189	8.3	相当	9	高感	4	淘汰

表 301　湖北省中稻区试 B 组品种稻瘟病抗性鉴定各病圃结果（2011 年）

品种名称	龙洞病圃			青山病圃			两河病圃			望家病圃		
	叶瘟病级	病穗率(%)	损失率(%)	叶瘟病级	病穗率(%)	损失率(%)	叶瘟病级	病穗率(%)	损失率(%)	叶瘟病级	病穗率(%)	损失率(%)
荆两优 233	4	70.0	26.0	7	100.0	46.0	8	100.0	85.0	5	59.0	20.5
两优 896	3	100.0	49.0	7	100.0	50.0	8	100.0	85.0	3	51.0	10.3
天两优 9511	5	63.0	29.3	7	100.0	54.0	8	100.0	85.0	3	41.0	19.1
广两优 259	6	46.0	20.1	7	80.0	32.0	8	100.0	72.0	4	31.0	7.4
丰两优香 1 号	6	100.0	53.0	8	100.0	94.0	8	100.0	97.0	8	90.0	69.6
惠红优 77	6	95.0	50.0	6	100.0	49.5	8	100.0	85.0	4	60.0	38.5
天两优 863	6	100.0	51.5	7	100.0	54.0	8	100.0	85.0	3	51.0	25.5
广两优 272	6	100.0	47.5	8	100.0	51.5	8	100.0	85.0	3	51.0	10.4
两优 289	4	85.0	32.0	7	100.0	52.0	8	100.0	85.0	3	47.0	15.7
扬两优 6 号	6	75.0	28.5	7	90.0	39.0	8	100.0	70.0	4	39.0	11.4
Y 两优 25	7	100.0	53.0	7	100.0	55.0	8	100.0	94.0	4	37.0	14.9
矮两优 313	4	37.0	14.0	6	83.0	34.6	7	100.0	60.0	4	50.0	22.8

表 302　湖北省中稻区试 B 组品种稻瘟病抗性评价结论（2011 年）

品种名称	抗性指数	与 CK1 比较	与 CK2 比较	最高损失率抗级	抗性评价	严重病圃数(个)	综合表现
扬两优 6 号 CK2	7.2	轻于		9	高感	3	一般
广两优 272	6.8	优于	相当	9	高感	4+1e	淘汰
两优 289	6.9	优于	相当	9	高感	3+1e	淘汰
Y 两优 25	7.5	轻于	相当	9	高感	3	淘汰
丰两优香 1 号 CK1	8.5		劣于	9	高感	4+1+1e	淘汰
荆两优 233	7.0	优于	相当	9	高感	4	淘汰
两优 896	6.8	优于	相当	9	高感	4	淘汰
天两优 9511	6.9	优于	相当	9	高感	3+1e	淘汰
广两优 259	6.6	优于	轻于	9	高感	2+1e	差
惠红优 77	7.5	轻于	相当	9	高感	4+1e	淘汰
天两优 863	7.8	轻于	劣于	9	高感	4+1e	淘汰
矮两优 313	6.3	优于	轻于	9	高感	2	差

表 303 湖北省中稻区试 C 组品种稻瘟病抗性鉴定各病圃结果（2011 年）

品种名称	龙洞病圃			青山病圃			两河病圃			望家病圃		
	叶瘟病级	病穗率(%)	损失率(%)	叶瘟病级	病穗率(%)	损失率(%)	叶瘟病级	病穗率(%)	损失率(%)	叶瘟病级	病穗率(%)	损失率(%)
Y 两优 13	6	45.0	18.6	7	85.0	35.0	8	100.0	85.0	3	43.0	17.2
两优 0388	4	36.0	13.8	6	71.0	30.7	8	100.0	75.0	4	85.0	24.5
两优 2038	6	75.0	31.5	7	100.0	46.5	8	100.0	60.0	4	32.0	9.3
两优 6958	4	16.0	5.3	5	14.0	3.7	6	100.0	63.0	4	38.0	17.5
两优 1548	5	29.0	11.2	6	85.0	36.5	8	100.0	60.0	4	62.0	25.9
305 优 2 号	5	16.0	5.6	6	35.0	14.2	8	100.0	64.5	4	33.0	10.5
西 5A/0919	5	33.0	11.7	6	36.0	13.8	7	100.0	60.0	4	49.0	11.2
成乐 1856	2	2.0	0.4	3	3.0	0.6	4	15.0	3.9	3	39.0	15.6
创两优 26	5	18.0	5.7	5	14.0	3.1	6	100.0	60.0	3	43.0	17.2
齐两优 178	6	100.0	41.0	7	100.0	51.0	8	100.0	94.0	3	33.0	18.3
扬两优 6 号	6	81.0	34.7	7	100.0	43.4	8	100.0	60.0	5	79.0	37.7
深两优 814	7	100.0	47.0	7	100.0	52.0	8	100.0	85.0	4	42.0	21.7

表 304 湖北省中稻区试 C 组品种稻瘟病抗性评价结论（2011 年）

品种名称	抗性指数	与 CK 比较	最高损失率抗级	抗性评价	严重病圃数(个)	综合表现
扬两优 6 号 CK	7.2		9	高感	4	淘汰
两优 0388	6.5	轻于	9	高感	3	差
创两优 26	5.1	优于	9	高感	1	差
Y 两优 13	6.8	相当	9	高感	2	差
两优 2038	6.9	相当	9	高感	3+1	淘汰
两优 6958	5.1	优于	9	高感	1+1e	差
两优 1548	6.6	轻于	9	高感	3+1	淘汰
305 优 2 号	5.4	优于	9	高感	1	差
西 5A/0919	5.5	优于	9	高感	1	差
成乐 1856	2.6	显著优于	5	中感	0	较好
齐两优 178	7.4	相当	9	高感	3+1+1e	淘汰
深两优 814	7.5	相当	9	高感	3	淘汰

表 305　湖北省中稻区试 D 组品种稻瘟病抗性鉴定各病圃结果（2011 年）

品种名称	龙洞病圃			青山病圃			两河病圃			望家病圃		
	叶瘟病级	病穗率(%)	损失率(%)	叶瘟病级	病穗率(%)	损失率(%)	叶瘟病级	病穗率(%)	损失率(%)	叶瘟病级	病穗率(%)	损失率(%)
广两优 040	7	100.0	39.0	7	100.0	46.5	8	100.0	56.0	3	37.0	15.8
荆楚优 88	4	60.0	27.0	5	65.0	26.5	6	100.0	58.0	3	48.0	20.4
广两优香 5	6	70.0	31.5	7	100.0	53.0	8	100.0	60.0	4	45.0	11.9
两优 8233	4	60.0	28.5	7	100.0	47.6	7	100.0	60.0	6	96.0	54.2
佳两优 78	7	100.0	58.0	7	100.0	60.0	8	100.0	64.0	4	54.0	16.2
两优 166	5	22.0	7.7	6	19.0	5.3	7	100.0	47.0	4	81.0	51.9
扬两优 6 号	5	70.0	27.5	7	100.0	44.0	7	100.0	60.0	5	70.0	31.5
金科优 651	2	3.0	0.6	3	8.0	1.6	5	45.0	15.0	3	23.0	3.9
天两优 8517	7	100.0	49.0	8	100.0	53.0	8	100.0	75.0	8	98.0	61.2
华两优 9929	4	23.0	7.9	4	20.0	5.2	5	38.0	12.1	4	55.0	28.0
香两优 9077	6	100.0	60.0	7	100.0	62.0	7	100.0	60.0	4	39.0	16.4
惠 34S/R369	4	47.0	21.6	7	95.0	46.0	7	100.0	51.5	4	44.0	13.8

表 306　湖北省中稻区试 D 组品种稻瘟病抗性评价结论（2011 年）

品种名称	抗性指数	与 CK 比较	最高损失率抗级	抗性评价	严重病圃数(个)	综合表现
扬两优 6 号 CK	7.2		9	高感	4+1e	淘汰
两优 8233	7.5	相当	9	高感	4	淘汰
广两优 040	7.2	相当	9	高感	3+1e	淘汰
荆楚优 88	6.3	轻于	9	高感	3+1	淘汰
广两优香 5	6.7	轻于	9	高感	3+1e	淘汰
佳两优 78	7.9	劣于	9	高感	4+1+1e	淘汰
两优 166	5.9	轻于	9	高感	2	差
金科优 651	2.6	显著优于	3	中抗	0	好
天两优 8517	8.4	劣于	9	高感	4+1e	淘汰
华两优 9929	4.4	优于	5	中感	1	较好
香两优 9077	7.6	相当	9	高感	3+1e	淘汰
惠 34S/R369	6.4	轻于	9	高感	2+1e	差

表 307　湖北省中稻联合区试组品种稻瘟病抗性鉴定各病圃结果（2011 年）

品种名称	龙洞病圃			青山病圃			两河病圃			望家病圃		
	叶瘟病级	病穗率(%)	损失率(%)	叶瘟病级	病穗率(%)	损失率(%)	叶瘟病级	病穗率(%)	损失率(%)	叶瘟病级	病穗率(%)	损失率(%)
Q 优 6 号	4	80.0	32.8	5	46.0	15.8	6	100.0	60.0	4	41.0	10.2
珞优 8 号	5	100.0	48.0	7	100.0	49.5	8	100.0	85.0	4	92.0	59.1
新两优 6 号	5	100.0	47.0	7	100.0	50.0	8	100.0	68.0	4	76.0	26.7
天优 8 号	4	80.0	31.0	5	85.0	38.5	6	100.0	52.0	3	69.0	35.8
天两优 616	6	90.0	44.0	7	100.0	60.0	8	100.0	66.5	8	100.0	100.0
荆两优 10 号	6	34.0	13.4	7	80.0	35.5	8	100.0	56.0	5	41.0	6.9
丰两优香一号	6	100.0	60.0	7	100.0	62.0	7	100.0	60.0	9	100.0	100.0
扬两优 6 号	6	48.0	18.3	7	100.0	48.5	8	100.0	60.0	5	46.0	18.1
广两优香 66	6	40.0	15.5	7	100.0	45.5	8	100.0	58.0	4	43.0	9.5
广两优 476	6	65.0	23.5	7	100.0	48.0	8	100.0	58.0	4	71.0	36.0
丰两优四号	5	100.0	46.9	7	100.0	51.0	7	100.0	53.0	3	47.0	18.6
天优华占	5	22.0	7.4	2	19.0	5.6	3	24.0	8.7	4	43.0	19.5

表 308　湖北省中稻联合评比试验组品种稻瘟病抗性评价结论（2011 年）

品种名称	抗性指数	与 CK1 比较	与 CK2 比较	最高损失率抗级	抗性评价	严重病圃数(个)	综合表现
Q 优 6 号	6.2	优于	轻于	9	高感	2	差
珞优 8 号	7.8	轻于	劣于	9	高感	4	淘汰
新两优 6 号	7.3	轻于	相当	9	高感	4	淘汰
天优 8 号	7.1	轻于	相当	9	高感	4	淘汰
天两优 616	8.3	相当	劣于	9	高感	4	淘汰
荆两优 10 号	6.4	优于	轻于	9	高感	2	差
丰两优香一号 CK1	8.5		劣于	9	高感	4	淘汰
扬两优 6 号 CK2	7.2	轻于		9	高感	2	差
广两优香 66	6.6	优于	轻于	9	高感	2	差
广两优 476	7.3	轻于	相当	9	高感	4	淘汰
丰两优四号	7.3	轻于	相当	9	高感	3	淘汰
天优华占	4.0	显著优于	优于	3	中抗	0	好

表 309　湖北省晚籼区试 A 组品种稻瘟病抗性鉴定各病圃结果（2011 年）

品种名称	龙洞病圃			青山病圃			两河病圃			望家病圃		
	叶瘟病级	病穗率(%)	损失率(%)	叶瘟病级	病穗率(%)	损失率(%)	叶瘟病级	病穗率(%)	损失率(%)	叶瘟病级	病穗率(%)	损失率(%)
泰优 398	2	29.0	9.4	6	100.0	47.1	4	100.0	66.0	3	86.0	29.3
两优 7201	4	30.0	10.5	7	100.0	58.0	7	100.0	54.0	4	92.0	36.2
中 9 优冈 168	2	16.0	4.7	6	65.0	26.0	6	100.0	54.0	3	91.0	29.1
昌优 T025	3	27.0	9.6	6	90.0	37.8	7	100.0	56.5	3	90.0	28.3
两优 1128	4	28.0	9.2	6	40.0	13.7	7	100.0	53.0	4	88.0	25.2
两优 3906	4	17.0	6.6	7	85.0	40.0	8	100.0	52.0	3	74.0	16.3
中 9A/T3-1	2	16.0	5.0	5	43.0	14.0	5	100.0	56.0	3	62.0	23.8
金优 207	4	19.0	4.7	4	21.0	5.1	6	100.0	53.0	4	70.0	31.4
Q 优 2633	4	16.0	4.1	5	40.0	14.6	5	100.0	47.5	5	98.0	52.4
两优 70	2	9.0	3.0	5	90.0	57.0	5	100.0	60.0	4	66.0	9.2
0694A/岳 9113	4	14.0	3.1	4	100.0	60.0	5	100.0	63.0	5	45.0	15.0
深优 9508	2	8.0	1.9	3	16.0	3.8	4	31.0	10.1	3	58.0	21.8

表 310　湖北省晚籼区试 A 组品种稻瘟病抗性评价结论（2011 年）

品种名称	抗性指数	与 CK 比较	最高损失率抗级	抗性评价	严重病圃数(个)	综合表现
金优 207CK	5.4		9	高感	2	差
泰优 398	6.1	劣于	9	高感	3	淘汰
昌优 T025	6.3	劣于	9	高感	3	淘汰
中 9A/T3-1	5.1	相当	9	高感	2	差
Q 优 2633	5.6	相当	7	感病	2	一般
两优 70	5.6	相当	9	高感	3	差
深优 9508	3.5	优于	5	中感	1	较好
两优 7201	7.0	劣于	9	高感	3	淘汰
中 9 优冈 168	5.6	相当	9	高感	3	差
两优 1128	5.8	相当	9	高感	2	差
两优 3906	6.4	劣于	9	高感	3	淘汰
0694/岳 9113	5.8	相当	9	高感	2	差

表 311 湖北省晚籼区试 B 组品种稻瘟病抗性鉴定各病圃结果（2011 年）

品种名称	龙洞病圃			青山病圃			两河病圃			望家病圃		
	叶瘟病级	病穗率(%)	损失率(%)	叶瘟病级	病穗率(%)	损失率(%)	叶瘟病级	病穗率(%)	损失率(%)	叶瘟病级	病穗率(%)	损失率(%)
5206A/成恢 448	3	8.0	2.2	4	19.0	4.7	4	46.0	19.2	3	68.0	13.3
A4 优 813	3	22.0	8.6	5	100.0	47.0	5	100.0	53.0	3	61.0	17.2
金优 276	2	16.0	5.6	5	100.0	60.0	5	100.0	70.5	4	50.0	21.7
中 9 优 76	2	12.0	3.6	4	65.0	33.0	5	100.0	70.0	3	73.0	23.5
荆楚优 618	4	30.0	10.5	5	28.0	8.3	5	70.0	42.5	3	91.0	35.9
金优 207	4	18.0	4.8	4	20.0	6.4	6	74.0	33.8	4	80.0	30.2
金优 957	3	8.0	2.2	5	80.0	33.6	6	100.0	54.0	3	64.0	24.1
Q3A/R018	3	20.0	6.7	5	64.0	28.7	5	100.0	69.5	5	81.0	31.0
五丰优 2168	2	35.0	13.6	5	37.0	12.2	6	100.0	55.0	3	58.0	13.3
两优 1654	4	16.0	3.8	3	15.0	3.0	5	46.0	15.5	3	79.0	25.1
巨丰优 28	2	21.0	6.9	5	40.0	16.4	5	100.0	53.0	5	48.0	13.2
湘丰优 69	2	21.0	7.5	4	77.0	35.1	7	100.0	54.0	4	47.0	21.7

表 312 湖北省晚籼区试 B 组品种稻瘟病抗性评价结论（2011 年）

品种名称	抗性指数	与 CK 比较	最高损失率抗级	抗性评价	严重病圃数(个)	综合表现
金优 207CK	5.1		7	感病	2	一般
5206A/成恢 448	3.6	优于	5	中感	1	较好
Q3A/R018	6.1	劣于	9	高感	3	差
五丰优 2168	5.3	相当	9	高感	2	差
A4 优 813	6.0	劣于	9	高感	3	差
金优 276	6.1	劣于	9	高感	2	差
中 9 优 76	5.6	相当	9	高感	3	差
荆楚优 618	5.6	相当	7	感病	2	一般
金优 957	5.7	劣于	9	高感	3	差
两优 1654	4.1	轻于	5	中感	1	较好
巨丰优 28	5.3	相当	9	高感	1	差
湘丰优 69	5.9	劣于	9	高感	2	差

表 313　湖北省晚粳区试组品种稻瘟病抗性鉴定各病圃结果（2011 年）

品种名称	龙洞病圃			青山病圃			两河病圃			望家病圃		
	叶瘟病级	病穗率(%)	损失率(%)	叶瘟病级	病穗率(%)	损失率(%)	叶瘟病级	病穗率(%)	损失率(%)	叶瘟病级	病穗率(%)	损失率(%)
EJ308	4	15.0	4.8	5	33.0	12.3	5	56.0	24.7	4	39.0	10.8
D9523	4	35.0	13.3	6	83.0	38.5	8	100.0	73.0	4	92.0	37.9
香糯 29	4	33.0	13.1	7	55.0	20.6	7	89.0	43.0	5	49.0	9.5
香粳 55 香玉波	4	18.0	5.7	5	33.0	12.0	6	38.0	14.2	4	54.0	7.7
鄂晚 17	2	9.0	2.7	6	30.0	10.8	6	47.0	16.9	4	38.0	15.3
甬优 419	3	2.0	0.4	5	14.0	3.4	4	16.0	3.8	3	43.0	5.3
甬优 2010	4	31.0	12.6	5	100.0	44.0	5	75.0	34.5	4	71.0	21.9
两优糯 590	3	8.0	1.6	4	18.0	4.8	4	15.0	3.9	5	85.0	51.0
两优 4524	3	11.0	3.4	6	42.0	15.6	6	45.0	17.1	4	43.0	17.3

表 314　湖北省晚粳区试组品种稻瘟病抗性评价结论（2011 年）

品种名称	抗性指数	与 CK 比较	最高损失率抗级	抗性评价	严重病圃数(个)	综合表现
鄂晚 17CK	4.4		5	中感	0	较好
香糯 29	5.7	劣于	7	感病	2	一般
甬优 419	2.8	优于	3	中抗	0	好
两优糯 590	3.9	轻于	9	高感	1	差
两优 4524	4.8	相当	5	中感	0	较好
EJ308	4.4	相当	5	中感	0	较好
D9523	6.8	劣于	9	高感	3	差
香粳 55 香玉波	4.4	相当	3	中抗	1	好
甬优 2010	6.0	劣于	7	感病	3	一般

表 315　湖北省中稻筛选试验 A 组品种稻瘟病抗性鉴定各病圃结果（2011 年）

品种名称	龙洞病圃			青山病圃			两河病圃			望家病圃		
	叶瘟病级	病穗率(%)	损失率(%)	叶瘟病级	病穗率(%)	损失率(%)	叶瘟病级	病穗率(%)	损失率(%)	叶瘟病级	病穗率(%)	损失率(%)
深优 9516	3	30.0	11.4	3	26.0	7.3	4	100.0	53.0	3	50.0	15.7
D 中优 123	5	84.0	42.8	5	80.0	34.0	6	100.0	56.0	4	77.0	33.6
华优 638	5	74.0	34.5	5	100.0	48.0	7	100.0	55.0	3	70.0	29.9
甬优 1504	4	4.0	0.8	3	6.0	1.2	3	15.0	3.0	3	18.0	2.6
川香优 56	5	22.0	6.8	7	60.0	25.5	7	75.0	30.0	3	27.0	15.1
丰两优香一号 CK1	6	78.0	36.3	7	100.0	60.0	8	100.0	63.0	9	100.0	100.0
德优 7498	6	40.0	14.9	7	47.0	18.4	7	100.0	46.0	4	21.0	3.3
华 1971A/R8033	4	11.0	2.8	5	19.0	5.9	3	29.0	10.0	3	51.0	28.7
佳香优 1128	2	6.0	1.2	5	16.0	4.4	3	29.0	9.1	3	46.0	16.1
建优 5 号	6	100.0	66.0	7	100.0	53.0	7	100.0	60.0	4	44.0	8.7
华科优 660	4	16.0	5.6	6	31.0	11.9	7	100.0	50.0	7	66.0	17.5

（续表）

品种名称	龙洞病圃			青山病圃			两河病圃			望家病圃		
	叶瘟病级	病穗率(%)	损失率(%)	叶瘟病级	病穗率(%)	损失率(%)	叶瘟病级	病穗率(%)	损失率(%)	叶瘟病级	病穗率(%)	损失率(%)
内 6 优 928	4	27.0	10.8	5	28.0	9.8	7	100.0	60.0	3	54.0	19.7
屈香优 121	3	7.0	1.7	5	14.0	4.0	7	85.0	36.5	4	31.0	11.8
西 5A/0912	6	100.0	52.5	7	100.0	67.0	7	100.0	72.0	3	49.0	16.5
扬两优 6 号 CK2	6	95.0	42.5	7	100.0	44.0	8	100.0	60.0	4	66.0	38.2
中浙优 8 号	2	2.0	0.4	6	18.0	6.6	7	90.0	44.5	4	27.0	11.1
巨风优 337	3	26.0	9.7	5	48.0	17.4	6	100.0	57.0	3	61.0	27.1
C 两优 255	4	85.0	38.0	7	100.0	53.0	7	100.0	60.0	3	44.0	9.0
两优 107	5	100.0	48.5	7	100.0	44.0	7	100.0	55.0	5	73.0	36.5
C 两优 1566	5	75.0	30.5	5	100.0	44.0	7	100.0	60.0	3	41.0	17.7

表 316　湖北省中稻筛选 A 组品种稻瘟病抗性评价结论（2011 年）

品种名称	抗性指数	与 CK1 比较	与 CK2 比较	最高损失率抗级	抗性评价	严重病圃数(个)	综合表现
深优 9516	5.2	优于	优于	9	高感	1	差
D 中优 123	7.3	轻于	相当	9	高感	4	淘汰
华优 638	7.0	优于	相当	9	高感	4	淘汰
甬优 1504	2.2	显著优于	显著优于	1	抗病	0	好
川香优 56	5.5	优于	优于	5	中感	2	较好
丰两优香一号 CK1	8.5		劣于	9	高感	4	淘汰
德优 7498	5.3	优于	优于	7	感病	1	一般
华 1971A/R8033	4.1	显著优于	优于	5	中感	1	较好
佳香优 1128	3.4	显著优于	显著优于	5	中感	0	较好
建优 5 号	7.4	轻于	相当	9	高感	3	淘汰
华科优 660	5.6	优于	优于	7	感病	2	一般
内 6 优 928	5.7	优于	优于	9	高感	2	差
屈香优 121	4.2	显著优于	优于	7	感病	1	一般
西 5A/0912	7.6	轻于	相当	9	高感	3	淘汰
扬两优 6 号 CK2	7.2	轻于		9	高感	4	淘汰
中浙优 8 号	4.3	显著优于	优于	7	感病	1	一般
巨风优 337	5.8	优于	轻于	9	高感	2	差
C 两优 255	6.9	优于	相当	9	高感	4	淘汰
两优 107	7.5	轻于	相当	9	高感	4	淘汰
C 两优 1566	6.9	优于	相当	9	高感	3	差

表 317 湖北省中稻筛选试验 B 组品种稻瘟病抗性鉴定各病圃结果（2011 年）

品种名称	龙洞病圃			青山病圃			两河病圃			望家病圃		
	叶瘟病级	病穗率(%)	损失率(%)	叶瘟病级	病穗率(%)	损失率(%)	叶瘟病级	病穗率(%)	损失率(%)	叶瘟病级	病穗率(%)	损失率(%)
Y 两优 8866	6	70.0	29.0	6	80.0	34.0	7	100.0	60.0	4	40.0	9.4
Y 两优 9312	6	90.0	37.7	7	95.0	38.5	7	100.0	56.0	3	41.0	15.6
Y 两优 555	5	24.0	5.4	6	48.0	19.5	8	100.0	63.0	3	55.0	23.3
Y 两优 087	6	100.0	41.0	6	100.0	48.5	8	100.0	64.0	3	54.0	13.4
Y 两优 7 号	7	100.0	54.0	7	100.0	47.0	8	100.0	75.0	4	70.0	25.1
扬两优 6 号 CK2	6	60.0	24.0	7	95.0	40.0	8	100.0	56.0	3	56.0	14.5
Y 两优 19	5	40.0	15.5	6	40.0	14.8	7	100.0	51.5	4	48.0	8.0
Y 两优 5811	7	100.0	52.0	7	100.0	53.0	8	100.0	85.0	3	41.0	17.7
Y 两优 618	7	100.0	48.0	7	100.0	51.5	7	100.0	60.0	3	33.0	17.8
Y 两优 1188	7	100.0	52.0	6	100.0	53.0	8	100.0	62.0	3	43.0	20.2
Y 两优 5588	7	100.0	55.0	7	100.0	54.0	8	100.0	60.0	3	45.0	19.1
Y 两优 9988	6	80.0	34.0	6	67.0	29.4	7	100.0	59.0	4	26.0	9.0
Y 两优 74	7	100.0	49.0	7	100.0	54.0	7	100.0	65.0	4	18.0	5.1
Y 两优 2 号	7	100.0	65.0	7	100.0	58.0	8	100.0	94.0	3	50.0	21.0
丰两优香一号 CK1	7	100.0	62.0	8	100.0	94.0	8	100.0	70.0	8	92.0	63.8
Y 两优 3 号	7	90.0	37.5	7	100.0	45.5	7	100.0	60.0	3	39.0	16.7
Y 两优 10 号	7	100.0	60.0	7	100.0	62.0	7	100.0	63.0	5	29.0	8.2
准两优 608	6	100.0	50.0	6	100.0	63.0	6	100.0	48.0	4	32.0	3.1
隆两优 698	6	100.0	63.0	7	100.0	69.5	7	100.0	64.5	5	72.0	36.4
双 8S/华恢 666	6	45.0	15.0	7	75.0	31.5	7	100.0	59.0	4	30.0	13.5

表 318 湖北省中稻筛选 B 组品种稻瘟病抗性评价结论（2011 年）

品种名称	抗性指数	与 CK1 比较	与 CK2 比较	最高损失率抗级	抗性评价	严重病圃数(个)	综合表现
Y 两优 8866	6.6	优于	轻于	9	高感	3	一般
Y 两优 9312	7.1	轻于	相当	9	高感	3	淘汰
Y 两优 555	6.0	优于	轻于	9	高感	2+1	差
Y 两优 087	6.9	优于	相当	9	高感	4	淘汰
Y 两优 7 号	7.6	轻于	相当	9	高感	4	淘汰
扬两优 6 号 CK2	7.2	轻于		9	高感	4	淘汰
Y 两优 19	5.8	优于	轻于	9	高感	1	差
Y 两优 5811	7.7	轻于	相当	9	高感	3	淘汰
Y 两优 618	7.4	轻于	相当	9	高感	3	淘汰
Y 两优 1188	7.6	轻于	相当	9	高感	3	淘汰
Y 两优 5588	7.7	轻于	相当	9	高感	3	淘汰
Y 两优 9988	6.6	优于	轻于	9	高感	2	差
Y 两优 74	7.1	轻于	相当	9	高感	3+1	淘汰
两优 288	7.7	轻于	相当	9	高感	3	淘汰
丰两优香一号 CK1	8.5		劣于	9	高感	4+1	淘汰
Y 两优 3 号	7.1	轻于	相当	9	高感	3+1	淘汰
Y 两优 10 号	7.5	轻于	相当	9	高感	3+1	淘汰
准两优 608	6.5	优于	轻于	7	感病	3	一般
隆两优 698	8.1	相当	劣于	9	高感	4+1	淘汰
双 8S/华恢 666	6.3	优于	轻于	9	高感	2+1	差

表 319 湖北省中稻筛选试验 C 组品种稻瘟病抗性鉴定各病圃结果（2011 年）

品种名称	龙洞病圃			青山病圃			两河病圃			望家病圃		
	叶瘟病级	病穗率(%)	损失率(%)	叶瘟病级	病穗率(%)	损失率(%)	叶瘟病级	病穗率(%)	损失率(%)	叶瘟病级	病穗率(%)	损失率(%)
广两优 707	7	100.0	91.0	8	100.0	91.0	7	100.0	85.0	8	98.0	89.7
广选 S/AN108	7	100.0	58.0	7	100.0	64.0	7	100.0	60.0	7	95.0	69.8
广两优 311	4	39.0	15.9	5	42.0	18.1	4	80.0	35.0	4	67.0	17.3
丰两优香一号 CK1	6	100.0	63.0	7	100.0	68.0	7	100.0	64.0	8	100.0	100.0
广占 63-2S/R1128	5	100.0	47.0	6	100.0	49.5	6	100.0	51.0	4	41.0	5.5
广两优 567	5	100.0	44.0	5	100.0	44.5	6	100.0	54.0	3	30.0	16.3
广两优 6367	7	100.0	42.5	8	100.0	41.0	7	100.0	48.5	5	59.0	30.8
珍两优 31	5	33.0	11.1	7	65.0	26.5	8	100.0	60.0	3	33.0	16.0
广两优 158	6	100.0	60.0	7	100.0	60.0	8	100.0	85.0	8	100.0	100.0
两优 898	5	45.0	18.0	7	83.0	31.6	7	100.0	46.0	5	36.0	18.1
广两优 15	4	23.0	7.9	7	60.0	22.5	7	72.0	28.8	3	31.0	15.2
两优 108	5	100.0	54.0	7	100.0	57.0	8	100.0	74.0	4	72.0	32.9
两优 3543	5	35.0	11.8	5	32.0	12.4	5	90.0	49.0	5	48.0	9.5
荆两优 5018	6	100.0	62.0	7	100.0	74.0	8	100.0	100.0	9	100.0	100.0
荃两优 343	6	85.0	36.5	7	75.0	31.0	8	100.0	60.0	7	75.0	30.4
红两优 333	6	100.0	60.0	5	100.0	58.0	6	100.0	54.0	3	66.0	15.7
扬两优 6 号 CK2	5	100.0	49.0	7	100.0	47.0	8	100.0	60.0	4	67.0	31.8
华两优 9929	4	100.0	46.0	4	100.0	48.5	5	100.0	54.0	3	55.0	15.7
新两优 828	5	80.0	34.0	6	100.0	53.0	7	100.0	60.0	5	49.0	10.7
两优 887	8	100.0	85.0	7	100.0	51.0	7	100.0	60.0	4	96.0	50.2

表 320 湖北省中稻筛选 C 组品种稻瘟病抗性评价结论（2011 年）

品种名称	抗性指数	与 CK1 比较	与 CK2 比较	最高损失率抗级	抗性评价	严重病圃数(个)	综合表现
广两优 707	8.6	相当	劣于	9	高感	4+1	淘汰
广选 S/AN108	8.5	相当	劣于	9	高感	4+1	淘汰
广两优 311	5.8	优于	轻于	7	感病	2+1	差
丰两优香一号 CK1	8.5		劣于	9	高感	4+1	淘汰
广占 63-2S/R1128	6.7	优于	轻于	9	高感	2+1	差
广两优 567	6.8	优于	相当	9	高感	3+1	淘汰
广两优 6367	7.4	轻于	相当	7	感病	4+1	淘汰
珍两优 31	6.2	优于	轻于	9	高感	2+1	差
广两优 158	8.6	相当	劣于	9	高感	4+1	淘汰
两优 898	6.5	优于	轻于	7	感病	2+1	一般
广两优 15	5.4	优于	优于	5	中感	2+1	较好
两优 108	8.0	轻于	劣于	9	高感	4+1	淘汰
两优 3543	5.1	优于	优于	7	感病	1+1	一般
荆两优 5018	8.6	相当	劣于	9	高感	4+1	淘汰
荃两优 343	7.8	轻于	劣于	9	高感	4+1	淘汰
红两优 333	7.5	轻于	相当	9	高感	4+1	淘汰
扬两优 6 号 CK2	7.2	轻于		9	高感	4+1	淘汰
合丰占	6.8	优于	相当	9	高感	4	淘汰
新两优 828	7.1	轻于	相当	9	高感	3+1	淘汰
两优 887	8.4	相当	劣于	9	高感	4+1	淘汰

表 321　湖北省中稻筛选试验 D 组品种稻瘟病抗性鉴定各病圃结果（2011 年）

品种名称	龙洞病圃			青山病圃			两河病圃			望家病圃		
	叶瘟病级	病穗率(%)	损失率(%)	叶瘟病级	病穗率(%)	损失率(%)	叶瘟病级	病穗率(%)	损失率(%)	叶瘟病级	病穗率(%)	损失率(%)
糯两优 1 号	4	43.0	17.6	5	41.0	16.3	7	100.0	75.0	3	71.0	23.0
荆两优 8216	6	100.0	49.6	7	100.0	52.0	8	100.0	98.5	3	43.0	9.2
龙 S/P17	6	100.0	50.5	7	100.0	58.0	8	100.0	95.5	3	61.0	21.6
扬两优 6 号 CK2	6	55.0	21.5	7	90.0	37.5	8	100.0	60.0	4	37.0	17.2
两优明占	6	100.0	44.0	7	100.0	44.0	8	100.0	63.0	3	55.0	11.6
两优 320	6	100.0	48.5	7	100.0	52.0	8	100.0	62.0	4	42.0	7.7
深两优 870	5	22.0	8.0	4	13.0	3.5	5	24.0	7.5	2	35.0	13.6
深两优 820	5	38.0	14.5	7	80.0	37.0	7	100.0	50.0	3	60.0	17.0
深两优 837	2	3.0	0.6	3	8.0	2.2	3	15.0	4.5	3	41.0	18.5
深两优 874	6	80.0	29.5	7	100.0	52.0	8	100.0	85.0	3	49.0	18.0
两优 571	6	84.0	37.8	7	90.0	38.4	8	100.0	61.0	3	62.0	19.0
两优 1259	4	36.0	13.7	6	40.0	14.9	8	100.0	58.0	5	42.0	10.0
丰两优香一号 CK1	7	100.0	50.0	7	100.0	89.5	8	100.0	63.0	9	99.0	95.7
T 两优 266	6	85.0	44.0	6	100.0	45.6	7	100.0	58.0	4	66.0	13.4
两优 889	6	73.0	34.1	7	70.0	32.0	7	100.0	56.0	3	68.0	20.8
PsA/R1354	6	100.0	48.0	7	100.0	53.0	8	100.0	82.0	2	54.0	18.3

表 322　湖北省中稻筛选 D 组品种稻瘟病抗性评价结论（2011 年）

品种名称	抗性指数	与 CK1 比较	与 CK2 比较	最高损失率抗级	抗性评价	严重病圃数(个)	综合表现
糯两优 1 号	6.2	优于	轻于	9	高感	2	差
荆两优 8216	7.1	轻于	相当	9	高感	3	淘汰
龙 S/P17	7.8	轻于	劣于	9	高感	4	淘汰
扬两优 6 号 CK2	7.2	轻于	相当	9	高感	3	差
两优明占	7.0	轻于	相当	9	高感	4	淘汰
两优 320	7.2	轻于	相当	9	高感	3	淘汰
深两优 870	3.6	显著优于	显著优于	3	中抗	0	好
深两优 820	6.3	优于	轻于	7	感病	3	一般
深两优 837	2.7	显著优于	显著优于	5	中感	0	较好
深两优 874	7.1	轻于	相当	9	高感	3	淘汰
瑞丰 95S/香恢 8 号	8.3	相当	劣于	9	高感	4	淘汰
香优 117	6.8	优于	相当	9	高感	4	淘汰
珞优 9 号	5.9	优于	轻于	9	高感	2	差
粤香优 165	3.9	显著优于	优于	5	中感	1	较好
两优 571	7.3	轻于	相当	9	高感	4	淘汰
两优 1259	5.6	优于	优于	9	高感	1	差
丰两优香一号 CK1	8.5		劣于	9	高感	4	淘汰
T 两优 266	6.9	优于	相当	9	高感	4	淘汰
两优 889	7.2	轻于	相当	9	高感	4	淘汰
PsA/R1354	7.4	轻于	相当	9	高感	4	淘汰

表 323 湖北省晚籼筛选试验组品种稻瘟病抗性鉴定各病圃结果（2011 年）

品种名称	龙洞病圃			青山病圃			两河病圃			望家病圃		
	叶瘟病级	病穗率(%)	损失率(%)	叶瘟病级	病穗率(%)	损失率(%)	叶瘟病级	病穗率(%)	损失率(%)	叶瘟病级	病穗率(%)	损失率(%)
A 优 55	4	15.0	3.9	4	35.0	11.8	7	100.0	60.0	5	50.0	18.4
金 23A/3-116	4	24.0	7.5	5	91.0	38.0	7	100.0	60.0	4	83.0	25.2
绵 7 优恩 66	2	3.0	0.6	3	13.0	2.6	3	15.0	3.9	4	68.0	17.5
两优 26	6	90.0	41.8	7	100.0	79.0	8	100.0	82.0	3	26.0	6.1
华优 1726	2	6.0	1.2	2	7.0	1.4	2	17.0	4.9	5	46.0	15.6
荆 163A/R28	2	16.0	5.3	4	38.0	12.7	6	100.0	67.5	4	44.0	24.8
竹香优 36	2	14.0	5.2	3	23.0	8.2	6	100.0	85.0	4	43.0	18.4
D 优 984	5	22.0	10.4	7	100.0	85.0	7	100.0	80.0	4	79.0	52.1
金优 307	5	16.0	6.5	7	100.0	75.0	7	100.0	85.0	5	73.0	37.0
蒲糯 120	6	73.0	31.9	7	100.0	57.0	7	100.0	79.0	6	34.0	5.0
五丰优 189	4	7.0	1.7	5	23.0	6.7	7	100.0	83.5	4	38.0	17.5
合美占	3	23.0	8.2	3	23.0	9.3	7	100.0	60.0	3	46.0	17.3
粤综占	3	8.0	1.6	3	15.0	4.2	2	14.0	3.7	3	63.0	28.5
51A/冈恢 258	2	15.0	5.4	5	100.0	51.0	6	100.0	91.0	4	68.0	22.3
深优 9586	2	7.0	1.7	5	22.0	5.9	7	90.0	56.5	6	40.0	7.3
中 3 优 928	4	35.0	12.1	5	22.0	6.5	7	100.0	70.0	4	37.0	8.3
奥两优 900	4	16.0	4.4	5	19.0	5.6	7	100.0	63.0	4	79.0	17.7
五丰 A/HA12	4	22.0	7.1	6	38.0	11.8	7	100.0	62.0	5	48.0	7.5
两优 6328	5	24.0	7.5	7	74.0	32.8	7	100.0	63.0	6	68.0	18.3
金优 207CK	3	22.0	6.8	5	34.0	11.0	6	100.0	57.0	3	51.0	8.3

表 324 湖北省晚籼筛选组品种稻瘟病抗性评价结论（2011 年）

品种名称	抗性指数	与 CK 比较	最高损失率抗级	抗性评价	严重病圃数(个)	综合表现
A 优 55	5.3	相当	9	高感	1	差
金 23A/3-116	6.3	劣于	9	高感	3	淘汰
绵 7 优恩 66	3.0	优于	5	中感	1	较好
两优 26	7.1	劣于	9	高感	3	淘汰
华优 1726	2.8	优于	5	中感	0	较好
荆 163A/R28	5.3	相当	9	高感	1	差
竹香优 36	5.1	相当	9	高感	1	差
D 优 984	7.2	劣于	9	高感	3	淘汰
金优 307	7.0	劣于	9	高感	2	淘汰
蒲糯 120	7.0	劣于	9	高感	2	淘汰
五丰优 189	5.0	相当	9	高感	1	差
合美占	5.1	相当	9	高感	1	差
粤综占	3.1	优于	5	中感	1	较好
51A/冈恢 258	6.3	劣于	9	高感	3	淘汰
深优 9586	4.8	相当	9	高感	1	差
中 3 优 928	5.3	相当	9	高感	1	差
奥两优 900	5.3	相当	9	高感	2	差
五丰 A/HA12	5.4	相当	9	高感	1	差
两优 6328	6.6	劣于	9	高感	3	淘汰
金优 207CK	5.2		9	高感	2	差

表 325 湖北省水稻区试品种稻瘟病抗性两年评价结论（2010—2011 年）

区试组别	品种名称	2011 年评价结论		2010 年评价结论		2010—2011 年两年评价结论				
		抗性指数	最高损失率抗级	抗性指数	最高损失率抗级	最高抗性指数	与 CK 比较	最高损失率抗级	抗性评价	综合表现
早稻	两优 287CK	7.3	9	7.3	9	7.3		9	高感	差
	HD9802S/R326	6.9	9	6.4	9	6.9	相当	9	高感	差
	两优 287CK	7.3	9	7.6	9	7.6		9	高感	差
	中嘉早 17	4.9	7	5.1	9	5.1	优于	9	高感	差
	中 2 优 547	4.6	9	6.8	9	6.8	轻于	9	高感	差
中稻	扬两优 6 号 CK	7.2	9	6.0	9	7.2		9	高感	差
	广两优 272	6.8	9	6.9	9	6.9	相当	9	高感	差
	两优 289	6.9	9	4.8	7	6.9	相当	9	高感	差
	Y 两优 25	7.5	9	3.3	5	7.5	相当	9	高感	差
	扬两优 6 号 CK	7.2	9	6.2	9	7.2		9	高感	差
	两优 0388	6.5	9	4.1	7	6.5	轻于	9	高感	差
	扬两优 6 号 CK	7.2	9	5.6	9	7.2		9	高感	差
	创两优 26	5.1	9	3.3	3	5.1	优于	9	高感	差
	扬两优 6 号 CK	7.2	9	6.2	9	7.2		9	高感	差
	两优 8233	7.5	9	5.1	9	7.5	相当	9	高感	差
晚稻	金优 207CK	5.4	9	4.3	7	5.4		9	高感	差
	泰优 398	6.1	9	3.8	5	6.1	劣于	9	高感	差
	昌优 T025	6.3	9	3.1	3	6.3	劣于	9	高感	差
	中 9A/T3-1	5.1	9	4.1	5	5.1	相当	9	高感	差
	Q 优 2633	5.6	7	5.8	9	5.8	相当	9	高感	差
	两优 70	5.6	9	6.1	9	6.1	劣于	9	高感	差
	深优 9508	3.5	5	3.7	7	3.7	优于	7	感病	一般
	金优 207CK	5.4	9	4.5	7	5.4		9	高感	差
	两优 7201	7.0	9	4.7	9	7.0	劣于	9	高感	差
	中 9 优冈 168	5.6	9	5.6	9	5.6	相当	9	高感	差
	两优 1128	5.8	9	4.0	5	5.8	相当	9	高感	差
	金优 207CK	5.4	9	4.5	7	5.4		9	高感	差
	两优 3906	6.4	9	3.3	5	6.4	劣于	9	高感	差
	0694/岳 9113	5.8	9	5.8	9	5.8	相当	9	高感	差
	金优 207CK	5.1	7	4.8	7	5.1		7	感病	一般
	5206A/成恢 448	3.6	5	2.6	3	3.6	优于	5	中感	较好
	Q3A/R018	6.1	9	3.4	3	6.1	劣于	9	高感	差
	五丰优 2168	5.3	9	4.4	7	5.3	相当	9	高感	差
	鄂晚 17CK	4.4	5	3.3	5	4.4		5	中感	较好
	香糯 29	5.7	7	3.9	5	5.7	劣于	7	感病	一般
	甬优 419	2.8	3	2.6	5	2.8	优于	5	中感	较好
	两优糯 590	3.9	9	3.6	3	3.9	轻于	9	高感	差
	两优 4524	4.8	5	5.1	5	5.1	劣于	5	中感	较好

表 326 湖北省早稻区试 A 组品种稻瘟病抗性鉴定各病圃结果（2012 年）

品种名称	龙洞病圃			青山病圃			两河病圃			望家病圃		
	叶瘟病级	病穗率(%)	损失率(%)	叶瘟病级	病穗率(%)	损失率(%)	叶瘟病级	病穗率(%)	损失率(%)	叶瘟病级	病穗率(%)	损失率(%)
236S/9165	4	12.0	3.6	6	24.0	8.1	7	100.0	48.0	5	100.0	42.0
18 优 547	2	9.0	2.7	4	17.0	5.5	5	100.0	41.4	3	40.0	15.2
两优 126	4	11.0	3.4	4	20.0	5.5	5	47.0	16.9	3	78.0	22.9
HD9802S/R236	4	15.0	5.1	4	46.0	20.6	4	100.0	40.9	4	43.0	11.5
鄂早 18CK	5	20.0	7.6	4	20.0	6.7	4	100.0	59.4	5	41.0	16.6
两优 167	4	43.0	17.0	7	85.0	42.0	7	100.0	95.5	4	36.0	6.2
236S/R0093	5	24.0	8.7	5	17.0	4.3	6	100.0	49.5	5	89.0	50.5
D 早优 107	3	9.0	2.7	4	33.3	10.2	4	100.0	48.5	5	94.0	55.2
富两优 32	3	9.0	2.4	4	24.0	8.7	4	80.0	33.0	4	94.0	41.3
曲优 547	4	13.0	3.8	4	34.4	12.5	5	70.0	31.0	4	95.0	36.3
奥富优 655	5	29.0	10.6	6	80.0	47.5	7	100.0	94.0	6	92.0	88.0
陵两优 38	4	11.0	3.1	4	21.0	5.7	4	40.0	15.2	4	39.0	8.0

表 327 湖北省早稻区试 A 组品种稻瘟病抗性评价结论（2012 年）

品种名称	抗性指数	与 CK 比较	最高损失率抗级	抗性评价	严重病圃数(个)	综合表现
236S/9165	5.4	相当	7	感病	2	一般
18 优 547	4.4	轻于	7	感病	1	一般
两优 126	4.4	轻于	5	中感	1	较好
HD9802S/R236	5.0	相当	7	感病	1	一般
鄂早 18CK	5.3		9	高感	2	差
两优 167	6.4	劣于	9	高感	2	淘汰
236S/R0093	5.6	相当	9	高感	2	差
D 早优 107	5.3	相当	9	高感	2	差
富两优 32	4.8	轻于	7	感病	2	一般
曲优 547	5.2	轻于	7	感病	2	一般
奥富优 655	7.1	劣于	9	高感	3	淘汰
陵两优 38	4.0	轻于	5	中感	0	较好

表 328　湖北省早稻区试 B 组品种稻瘟病抗性鉴定各病圃结果（2012 年）

品种名称	龙洞病圃			青山病圃			两河病圃			望家病圃		
	叶瘟病级	病穗率(%)	损失率(%)	叶瘟病级	病穗率(%)	损失率(%)	叶瘟病级	病穗率(%)	损失率(%)	叶瘟病级	病穗率(%)	损失率(%)
武两优 4290	3	4.0	0.8	4	12.0	2.7	4	100.0	47.5	4	40.0	7.9
两优 59	5	29.0	11.2	5	32.0	9.4	6	100.0	55.0	3	48.0	16.9
两优 76	3	6.0	1.5	5	17.0	5.8	5	100.0	45.0	4	33.0	6.0
早糯 19	2	19.0	8.0	4	12.0	3.3	5	100.0	50.0	4	93.0	31.5
德两优 895	3	3.0	0.6	3	26.0	6.4	2	27.0	9.6	2	9.0	4.3
陵两优 7421	3	11.0	3.1	5	33.0	11.1	6	100.0	44.5	3	41.0	17.7
两优 173	4	13.0	5.0	5	29.8	8.1	5	100.0	45.9	2	100.0	51.1
两优 47	4	31.0	11.3	6	95.0	51.0	6	100.0	65.0	4	33.0	10.4
鄂早 18CK	4	12.0	3.6	4	49.0	18.8	5	100.0	56.1	4	90.0	31.5
陵两优 611	4	11.0	3.1	4	16.9	4.3	6	75.0	36.0	3	46.0	22.4
两优 27	4	21.0	8.1	6	95.0	52.0	7	100.0	92.5	4	38.0	13.5
扬籼优 656	4	12.0	3.9	5	46.0	18.8	7	100.0	60.0	4	83.0	25.3

表 329　湖北省早稻区试 B 组品种稻瘟病抗性评价结论（2012 年）

品种名称	抗性指数	与 CK 比较	最高损失率抗级	抗性评价	严重病圃数(个)	综合表现
鄂早 18CK	5.7		9	高感	2	差
两优 76	4.3	优于	7	感病	1	一般
早糯 19	4.9	轻于	7	感病	2	一般
两优 27	6.2	相当	9	高感	2	差
扬籼优 656	5.6	相当	9	高感	2	差
武两优 4290	3.8	优于	7	感病	1	一般
两优 59	5.6	相当	9	高感	1	差
德两优 895	2.8	优于	3	中抗	0	好
陵两优 7421	4.8	轻于	7	感病	1	一般
两优 173	5.4	相当	9	高感	2	差
两优 47	6.3	劣于	9	高感	2	淘汰
陵两优 611	4.4	轻于	7	感病	1	一般

表 330 湖北省中稻区试 A 组品种稻瘟病抗性鉴定各病圃结果（2012 年）

品种名称	龙洞病圃			青山病圃			两河病圃			望家病圃		
	叶瘟病级	病穗率(%)	损失率(%)	叶瘟病级	病穗率(%)	损失率(%)	叶瘟病级	病穗率(%)	损失率(%)	叶瘟病级	病穗率(%)	损失率(%)
荆两优 22	6	20.0	4.6	7	45.0	16.5	8	100.0	66.0	6	100.0	56.5
广占 63-2S/R1128	4	9.0	1.2	5	33.0	12.0	6	80.0	36.5	5	30.0	6.6
广两优 732	6	17.0	2.8	7	55.0	21.0	8	100.0	100.0	7	74.0	27.0
惠两优 6867	6	18.0	2.1	8	100.0	97.0	8	100.0	97.5	8	95.0	93.1
华两优 9960	4	13.0	1.9	2	12.0	3.0	5	42.0	14.1	3	57.0	19.8
广两优 999	3	4.0	0.7	2	3.0	0.6	4	15.0	5.1	1	15.0	2.4
丰两优香一号 CK	5	26.0	5.2	7	100.0	52.0	8	100.0	100.0	8	100.0	98.9
广两优 636	5	14.0	1.8	7	45.0	18.5	7	19.0	5.0	6	34.0	16.1
C815S/华占	2	4.0	0.5	2	4.0	0.8	2	12.0	4.2	3	16.0	6.5
广两优 188	5	16.0	2.9	6	35.0	11.8	8	100.0	60.0	8	100.0	85.5
天两优 9511	5	18.0	2.4	7	45.0	13.5	8	100.0	60.0	7	100.0	73.9
两优 898	3	2.0	0.4	5	31.0	11.0	5	35.0	14.0	6	50.0	22.5

表 331 湖北省中稻区试 A 组品种稻瘟病抗性评价结论（2012 年）

品种名称	抗性指数	与 CK 比较	最高损失率抗级	抗性评价	严重病圃数(个)	综合表现
丰两优香一号 CK	7.0		9	高感	3	淘汰
C815S/华占	2.1	显著优于	3	中抗	0	好
荆两优 22	6.6	相当	9	高感	2	差
广占 63-2S/R1128	4.6	优于	7	感病	1	一般
广两优 732	6.3	轻于	9	高感	3	差
惠两优 6867	7.4	相当	9	高感	3	淘汰
华两优 9960	3.8	优于	5	中感	1	较好
广两优 999	2.1	显著优于	3	中抗	0	好
广两优 636	4.6	优于	5	中感	0	较好
广两优 188	6.3	轻于	9	高感	2	差
天两优 9511	6.3	轻于	9	高感	2	差
两优 898	4.1	优于	5	中感	0	较好

表 332　湖北省中稻区试 B 组品种稻瘟病抗性鉴定各病圃结果（2012 年）

品种名称	龙洞病圃			青山病圃			两河病圃			望家病圃		
	叶瘟病级	病穗率(%)	损失率(%)	叶瘟病级	病穗率(%)	损失率(%)	叶瘟病级	病穗率(%)	损失率(%)	叶瘟病级	病穗率(%)	损失率(%)
新两优 828	5	17.0	2.8	7	100.0	53.0	8	100.0	100.0	6	46.0	22.5
准两优 608	2	3.0	0.3	4	24.0	8.1	6	100.0	60.0	6	47.0	23.0
两优 1103	4	8.0	1.0	3	7.0	1.4	5	100.0	43.0	5	96.0	46.6
糯两优 1 号	2	4.0	0.5	4	17.0	5.5	6	60.0	23.5	4	92.0	36.4
Y 两优 115	5	16.0	2.0	5	36.0	12.6	7	100.0	85.0	4	19.0	6.9
Y 两优 2018	2	5.0	0.4	4	28.0	9.2	7	100.0	60.0	4	34.0	12.2
Y 两优 1220	3	4.0	0.5	4	29.0	8.8	6	65.0	27.0	3	34.0	15.9
两优 312	4	8.0	0.9	6	46.0	18.7	7	100.0	64.0	4	100.0	52.5
Y 两优 19	6	18.0	1.8	6	33.0	11.4	7	100.0	60.0	4	54.0	15.8
两优 516	7	47.0	13.8	7	100.0	64.0	8	100.0	97.0	7	100.0	88.9
丰两优香一号 CK	6	26.0	5.2	8	100.0	89.5	8	100.0	100.0	8	100.0	96.6
全两优一号	4	12.0	1.2	5	16.0	4.6	6	40.0	12.5	5	99.0	36.8

表 333　湖北省中稻区试 B 组品种稻瘟病抗性评价结论（2012 年）

品种名称	抗性指数	与 CK 比较	最高损失率抗级	抗性评价	严重病圃数(个)	综合表现
新两优 828	6.5	轻于	9	高感	2	差
准两优 608	4.8	优于	9	高感	1	差
两优 1103	4.6	优于	7	感病	2	一般
糯两优 1 号	4.5	优于	7	感病	2	一般
Y 两优 115	4.9	优于	9	高感	1	差
Y 两优 2018	4.6	优于	9	高感	1	差
Y 两优 1220	4.3	显著优于	5	中感	1	较好
两优 312	6.1	优于	9	高感	2	差
Y 两优 19	5.6	优于	9	高感	2	差
两优 516	7.7	相当	9	高感	3	淘汰
丰两优香一号 CK	7.8		9	高感	3	淘汰
全两优一号	4.4	优于	7	感病	1	一般

表 334　湖北省中稻区试 C 组品种稻瘟病抗性鉴定各病圃结果（2012 年）

品种名称	龙洞病圃			青山病圃			两河病圃			望家病圃		
	叶瘟病级	病穗率(%)	损失率(%)	叶瘟病级	病穗率(%)	损失率(%)	叶瘟病级	病穗率(%)	损失率(%)	叶瘟病级	病穗率(%)	损失率(%)
Y 两优 16 号	4	11.0	1.3	6	35.0	11.5	6	80.0	35.0	4	40.0	22.4
深两优 841	3	4.0	0.5	4	12.0	3.6	6	40.0	18.0	3	8.0	0.9
Y 两优 976	4	8.0	1.0	4	11.0	3.1	7	100.0	97.0	4	28.0	6.8
绿稻 Q7	4	9.0	0.9	3	3.0	0.6	6	40.0	18.0	5	28.0	11.8
两优 3313	5	17.0	2.2	7	40.0	12.5	7	100.0	97.0	7	29.0	13.7
Y 两优 336	4	11.0	1.2	6	30.0	9.3	6	100.0	52.0	6	42.0	18.0
4112S/112117	7	23.0	6.6	7	80.0	27.1	8	100.0	97.0	7	99.0	33.0
佳两优 95	7	50.0	13.9	7	100.0	43.6	8	100.0	98.5	7	100.0	53.3
Y 两优 5 号	5	15.0	2.3	7	85.0	39.5	7	100.0	60.0	7	19.0	6.8
扬两优 6 号 CK	5	14.0	1.6	7	47.0	16.9	8	100.0	97.0	4	11.0	5.0
深两优 118	4	14.0	1.8	5	18.0	6.3	5	70.0	33.0	4	17.0	6.1
华两优 655	4	11.0	1.2	5	23.0	7.9	6	70.0	32.0	4	78.0	36.4

表 335　湖北省中稻区试 C 组品种稻瘟病抗性评价结论（2012 年）

品种名称	抗性指数	与 CK 比较	最高损失率抗级	抗性评价	严重病圃数(个)	综合表现
Y 两优 16 号	5.0	相当	7	感病	1	一般
深两优 841	3.0	优于	5	中感	0	较好
Y 两优 976	4.4	轻于	9	高感	1	差
绿稻 Q7	3.5	优于	5	中感	0	较好
两优 3313	5.4	相当	9	高感	1	差
Y 两优 336	5.4	相当	9	高感	1	差
4112S/112117	6.8	劣于	9	高感	3	淘汰
佳两优 95	7.4	劣于	9	高感	3	淘汰
Y 两优 5 号	5.9	劣于	9	高感	2	淘汰
扬两优 6 号 CK	5.1		9	高感	2	差
深两优 118	4.4	轻于	7	感病	1	一般
华两优 655	5.2	相当	7	感病	2	一般

表 336　湖北省中稻区试 D 组品种稻瘟病抗性鉴定各病圃结果（2012 年）

品种名称	龙洞病圃			青山病圃			两河病圃			望家病圃		
	叶瘟病级	病穗率(%)	损失率(%)	叶瘟病级	病穗率(%)	损失率(%)	叶瘟病级	病穗率(%)	损失率(%)	叶瘟病级	病穗率(%)	损失率(%)
两优 492	2	4.0	0.5	4	12.0	2.7	4	33.0	11.2	5	54.0	23.8
香优 116	4	8.0	1.0	6	36.0	10.8	7	60.0	26.5	4	41.0	13.8
广两优香 5	6	16.0	3.8	7	56.0	18.4	8	100.0	60.0	7	100.0	58.0
华两优 9929	2	4.0	0.5	4	11.0	2.8	5	45.0	15.0	4	42.0	19.4
扬两优 6 号 CK	5	18.0	3.5	7	30.0	10.5	8	100.0	100.0	7	88.0	34.4
荆两优 233	2	5.0	0.6	6	33.0	11.4	7	100.0	60.0	5	34.0	13.1
香糯优 561	5	16.0	2.6	7	37.0	11.9	7	100.0	50.0	6	77.0	29.2
金科优 651	4	8.0	0.9	5	14.0	3.1	5	32.0	11.5	3	7.0	2.6
广两优 166	4	11.0	1.3	5	20.0	5.5	6	43.0	14.0	4	41.0	12.1
广两优 105	5	17.0	1.9	6	38.0	12.4	6	35.0	13.1	4	59.0	25.1
两优 317	5	17.0	2.5	5	46.0	17.6	7	100.0	64.0	4	35.0	12.0
两优 T9	5	35.0	13.8	7	100.0	62.0	7	100.0	76.0	5	100.0	51.7

表 337　湖北省中稻区试 D 组品种稻瘟病抗性评价结论（2012 年）

品种名称	抗性指数	与 CK 比较	最高损失率抗级	抗性评价	严重病圃数(个)	综合表现
扬两优 6 号 CK	6.1		9	高感	2	差
广两优香 5	6.8	劣于	9	高感	3	淘汰
荆两优 233	4.8	轻于	9	高感	1	差
香糯优 561	5.4	轻于	7	感病	2	一般
金科优 651	2.9	优于	3	中抗	0	好
广两优 166	3.9	优于	3	中抗	0	好
两优 492	3.6	优于	5	中感	1	较好
香优 116	4.4	优于	5	中感	1	较好
华两优 9929	3.4	优于	5	中感	0	较好
广两优 105	4.6	优于	5	中感	1	较好
两优 317	5.3	轻于	9	高感	1	差
两优 T9	7.4	劣于	9	高感	3	淘汰

表 338 湖北省中稻区试 E 组品种稻瘟病抗性鉴定各病圃结果（2012 年）

品种名称	龙洞病圃			青山病圃			两河病圃			望家病圃		
	叶瘟病级	病穗率(%)	损失率(%)	叶瘟病级	病穗率(%)	损失率(%)	叶瘟病级	病穗率(%)	损失率(%)	叶瘟病级	病穗率(%)	损失率(%)
中南 A/D3745	5	12.0	2.4	5	30.0	11.2	6	100.0	50.0	3	100.0	52.8
Q 优 55	5	14.0	2.1	7	75.0	25.5	7	100.0	83.0	7	100.0	61.2
益丰优 861	5	21.0	8.1	7	90.0	40.5	7	100.0	73.0	5	100.0	49.1
Q 优 6 号 CK	3	4.0	0.5	4	15.0	4.8	5	35.0	14.0	5	80.0	31.4
巨风优 268	4	13.0	2.6	4	14.0	4.0	6	65.0	28.0	4	98.0	42.3
内 5 优 8012	5	14.0	2.8	5	28.0	9.5	6	60.0	20.5	6	98.0	35.0
武香优华占	2	4.0	0.5	3	4.0	0.8	4	31.0	10.7	5	26.0	8.1
金科优 938	5	15.0	1.5	4	8.0	1.6	6	45.0	19.0	6	14.0	5.9
川香 6203	3	4.0	0.7	3	2.0	0.4	4	16.0	4.1	3	22.0	6.5
69A/N187	6	22.0	3.7	7	65.0	19.9	8	100.0	98.5	7	92.0	44.1
44A/R273	2	4.0	0.7	3	3.0	0.6	5	40.0	15.0	3	41.0	17.9
中谷优 6510	4	12.0	1.7	4	11.0	3.4	5	38.0	18.4	5	19.0	6.8

表 339 湖北省中稻区试 E 组品种稻瘟病抗性评价结论（2012 年）

品种名称	抗性指数	与 CK 比较	最高损失率抗级	抗性评价	严重病圃数(个)	综合表现
中南 A/D3745	5.6	劣于	9	高感	2	差
Q 优 55	6.6	劣于	9	高感	3	差
益丰优 861	6.8	劣于	9	高感	3	差
Q 优 6 号 CK	3.9		7	感病	2	差
巨风优 268	4.6	劣于	7	感病	2	一般
内 5 优 8012	5.3	劣于	7	感病	2	一般
武香优华占	2.9	轻于	3	中抗	0	好
金科优 938	3.8	相当	5	中感	0	较好
川香 6203	2.3	优于	3	中抗	0	好
69A/N187	6.5	劣于	9	高感	3	差
44A/R273	3.1	轻于	5	中感	0	较好
中谷优 6510	3.8	相当	5	中感	0	较好

表 340　湖北省晚籼区试 A 组品种稻瘟病抗性鉴定各病圃结果（2012 年）

品种名称	龙洞病圃			青山病圃			两河病圃			望家病圃		
	叶瘟病级	病穗率(%)	损失率(%)	叶瘟病级	病穗率(%)	损失率(%)	叶瘟病级	病穗率(%)	损失率(%)	叶瘟病级	病穗率(%)	损失率(%)
泰丰优 398	5	24.0	7.2	5	28.0	8.9	5	100.0	48.5	5	65.0	33.1
荆楚优 91	4	12.0	2.0	4	18.0	6.6	6	80.0	34.5	5	23.0	6.4
A 优 2609	5	74.0	30.8	7	100.0	55.5	8	100.0	97.0	7	100.0	95.9
荆楚优 885	4	11.0	2.2	5	90.0	34.5	7	100.0	60.0	6	100.0	37.8
51A/冈恢 988	4	12.0	2.7	5	26.0	8.8	5	90.0	41.0	5	74.0	19.2
A 优 326	3	6.0	0.9	4	21.0	6.3	4	31.0	9.5	6	53.0	27.3
金优 207CK	2	4.0	0.5	5	17.0	4.6	5	46.0	15.5	5	37.0	15.2
TY903S/R53	3	6.0	0.6	4	13.0	4.1	4	35.0	11.8	4	39.0	16.3
吉两优 819	4	9.0	1.4	6	100.0	97.0	7	90.0	79.5	5	34.0	18.3
荆楚优 972	2	4.0	0.5	4	12.0	3.6	5	36.0	13.0	4	27.0	6.4
富两优 135	4	13.0	2.2	5	17.0	4.9	7	100.0	50.5	5	26.0	12.8
华两优 1726	3	9.0	1.5	3	8.0	2.8	4	23.0	7.0	4	28.0	15.5

表 341　湖北省晚籼区试 A 组品种稻瘟病抗性评价结论（2012 年）

品种名称	抗性指数	与 CK 比较	最高损失率抗级	抗性评价	严重病圃数(个)	综合表现
泰丰优 398	5.6	劣于	7	感病	2	一般
荆楚优 91	4.4	劣于	7	感病	1	一般
A 优 2609	8.2	劣于	9	高感	4+1	淘汰
荆楚优 885	6.4	劣于	9	高感	3	差
51A/冈恢 988	5.1	劣于	7	感病	2	一般
A 优 326	4.1	相当	5	中感	1	较好
金优 207CK	3.8		5	中感	1	较好
TY903S/R53	3.6	相当	5	中感	0	较好
吉两优 819	6.1	劣于	9	高感	2	差
荆楚优 972	3.2	轻于	3	中抗	0	好
富两优 135	4.7	劣于	9	高感	1	差
华两优 1726	3.3	轻于	5	中感	0	较好

表 342　湖北省晚籼区试 B 组品种稻瘟病抗性鉴定各病圃结果（2012 年）

品种名称	龙洞病圃			青山病圃			两河病圃			望家病圃		
	叶瘟病级	病穗率(%)	损失率(%)	叶瘟病级	病穗率(%)	损失率(%)	叶瘟病级	病穗率(%)	损失率(%)	叶瘟病级	病穗率(%)	损失率(%)
金优 271	2	9.0	2.1	4	30.0	10.2	6	100.0	66.0	4	100.0	43.4
两优 1128	2	8.0	1.3	5	16.0	4.7	5	45.0	19.2	6	31.0	6.2
A 优 257	4	15.0	4.5	5	26.0	7.0	6	65.0	29.5	5	73.0	24.8
金优 957	3	5.0	0.7	4	18.0	6.0	5	100.0	59.0	5	81.0	29.1
金优 207CK	4	11.0	1.5	4	14.0	3.4	5	41.0	13.9	6	65.0	25.1
荆楚优 451	3	3.0	0.3	4	11.0	2.8	5	30.0	10.8	6	49.0	22.2
两优 937	2	4.0	0.5	5	40.0	14.6	5	45.0	22.5	5	42.0	18.7
荆 163A/R28	5	22.0	7.6	7	100.0	59.0	8	100.0	64.0	7	98.0	61.3
湘丰优 69	3	4.0	0.4	5	37.0	14.6	5	95.0	45.0	7	100.0	53.9
华两优 2890	5	18.0	4.2	7	63.0	24.6	7	100.0	58.0	5	56.0	32.3
五丰优 2168	4	7.0	1.0	6	30.0	9.6	6	75.0	33.0	4	26.0	11.7
51A/冈恢 258	2	8.0	2.2	5	24.0	7.8	5	95.0	32.0	6	100.0	52.9

表 343　湖北省晚籼区试 B 组品种稻瘟病抗性评价结论（2012 年）

品种名称	抗性指数	与 CK 比较	最高损失率抗级	抗性评价	严重病圃数(个)	综合表现
金优 207CK	4.1		5	中感	1	较好
金优 957	4.8	劣于	9	高感	2	差
湘丰优 69	5.4	劣于	9	高感	2	差
五丰优 2168	4.6	劣于	7	感病	1	一般
金优 271	5.3	劣于	9	高感	2	差
两优 1128	3.8	相当	5	中感	0	较好
A 优 257	4.9	劣于	5	中感	2	较好
荆楚优 451	3.6	轻于	5	中感	0	较好
两优 937	4.2	相当	5	中感	0	较好
荆 163A/R28	7.4	劣于	9	高感	3+1	淘汰
华两优 2890	6.3	劣于	9	高感	3	差
51A/冈恢 258	5.3	劣于	9	高感	2	差

表 344　湖北省晚粳区试组品种稻瘟病抗性鉴定各病圃结果（2012 年）

品种名称	龙洞病圃			青山病圃			两河病圃			望家病圃		
	叶瘟病级	病穗率(%)	损失率(%)	叶瘟病级	病穗率(%)	损失率(%)	叶瘟病级	病穗率(%)	损失率(%)	叶瘟病级	病穗率(%)	损失率(%)
粳两优 8682	4	11.0	1.6	5	31.0	8.6	6	65.0	23.5	5	41.0	15.5
粳两优 201 香玉波	4	12.0	2.0	5	21.0	6.0	4	34.0	12.5	7	93.0	63.5
WDR11	2	4.0	0.7	5	20.0	5.2	4	18.0	5.4	6	48.0	16.4
6 优 360	5	22.0	3.4	5	24.0	7.8	5	19.0	4.7	3	38.0	16.4
粳两优 55 香玉波	5	21.0	3.3	4	23.0	6.7	6	87.0	38.9	4	71.0	19.0
粳两优 416	4	12.0	2.4	4	19.0	5.6	6	55.0	23.5	5	56.0	11.7
甬优 2010	2	4.0	0.5	4	22.0	6.2	4	100.0	60.0	5	72.0	36.1
鄂晚 17CK	2	7.0	1.0	3	4.0	0.8	5	32.0	10.3	6	55.0	29.4
香糯 91	4	11.0	1.3	4	7.0	1.4	5	65.0	23.5	6	23.0	11.4
粳两优 7179	2	6.0	0.9	3	12.0	2.7	5	41.0	14.5	7	81.0	51.7
EJ403	3	4.0	0.7	4	15.0	4.2	6	45.0	15.0	6	26.0	11.4
甬优 419	3	4.0	0.5	3	7.0	1.4	5	26.0	8.2	5	26.0	11.3

表 345　湖北省晚粳区试组品种稻瘟病抗性评价结论（2012 年）

品种名称	抗性指数	与 CK 比较	最高损失率抗级	抗性评价	严重病圃数(个)	综合表现
鄂晚 17CK	3.5		5	中感	1	较好
粳两优 55 香玉波	4.9	劣于	7	感病	2	一般
甬优 2010	4.9	劣于	9	高感	2	淘汰
甬优 419	3.1	相当	3	中抗	0	好
粳两优 8682	4.8	劣于	5	中感	1	较好
粳两优 201 香玉波	4.9	劣于	9	高感	1	差
WDR11	3.7	相当	5	中感	0	较好
6 优 360	3.8	相当	5	中感	0	较好
粳两优 416	4.4	劣于	5	中感	2	较好
香糯 91	3.8	相当	5	中感	1	较好
粳两优 7179	4.3	劣于	9	高感	1	差
EJ403	3.4	相当	3	中抗	0	好

表 346 湖北省中稻筛选试验 A 组品种稻瘟病抗性鉴定各病圃结果（2012 年）

品种名称	龙洞病圃			青山病圃			两河病圃			望家病圃		
	叶瘟病级	病穗率(%)	损失率(%)	叶瘟病级	病穗率(%)	损失率(%)	叶瘟病级	病穗率(%)	损失率(%)	叶瘟病级	病穗率(%)	损失率(%)
Y58S/R1209	3	7.0	0.8	3	13.0	2.6	5	40.0	13.4	5	36.0	15.1
Y7S/R1	5	14.0	2.2	6	32.0	10.6	6	43.0	14.3	4	35.0	11.4
Y 两优 1146	4	9.0	1.1	6	28.0	8.9	7	80.0	30.0	4	40.0	15.5
Y 两优 1500	4	9.0	0.6	6	70.0	24.8	7	100.0	60.0	5	43.0	22.3
Y 两优 190	5	16.0	2.0	6	100.0	38.1	6	100.0	52.0	7	100.0	88.1
丰两优香一号 CK1	6	21.0	3.6	7	100.0	57.0	8	100.0	100.0	7	75.0	29.2
Y 两优 29	7	23.0	4.0	7	100.0	50.0	8	100.0	100.0	4	34.0	11.0
Y 两优 5266	2	4.0	0.5	3	16.0	4.7	4	23.0	8.5	2	25.0	4.3
Y 两优 5813	3	4.0	0.5	2	2.0	0.4	4	16.0	5.0	7	100.0	97.0
Y 两优 667	7	44.0	14.5	8	100.0	95.5	8	100.0	98.5	7	49.0	18.5
Y 两优 8228	4	8.0	1.0	6	100.0	50.0	7	100.0	98.5	4	80.0	29.7
Y 两优 900	2	7.0	0.7	4	15.0	3.9	6	85.0	41.0	5	75.0	41.6
Y 两优 950	2	4.0	0.5	5	36.0	12.9	6	100.0	57.0	3	36.0	15.2
深两优 1018	3	3.0	0.3	4	14.0	4.3	5	37.0	13.4	7	98.0	54.6
深两优 5845	6	24.0	9.0	7	100.0	58.5	8	100.0	97.0	7	100.0	62.3
安隆 5S/安选 6 号	6	23.0	7.0	7	100.0	43.4	8	100.0	87.0	5	90.0	45.9
丰两优 302	5	19.0	3.5	5	29.0	9.7	7	100.0	50.0	5	62.0	18.0
全两优二号	5	12.0	1.5	6	30.0	9.9	7	100.0	50.0	7	100.0	96.2
瑞丰 95S/8F004	6	16.0	5.2	7	100.0	60.0	8	100.0	97.0	4	32.0	11.5
Q 优 6 号 CK2	2	3.0	0.3	4	17.0	5.2	5	80.0	40.0	8	51.0	28.2

表 347 湖北省中稻筛选试验 A 组品种稻瘟病抗性评价结论（2012 年）

品种名称	抗性指数	与 CK1 比较	与 CK2 比较	最高损失率抗级	抗性评价	严重病圃数(个)	综合表现
Y58S/R1209	3.6	优于	轻于	5	中感	0	较好
Y7S/R1	4.2	优于	轻于	3	中抗	0	好
Y 两优 1146	4.7	优于	相当	5	中感	1	较好
Y 两优 1500	5.6	轻于	劣于	9	高感	2	差
Y 两优 190	6.8	相当	劣于	9	高感	3	差
丰两优香一号 CK1	6.8		劣于	9	高感	3	淘汰
Y 两优 29	6.0	轻于	劣于	9	高感	2	差
Y 两优 5266	2.4	显著优于	优于	3	中抗	0	好
Y 两优 5813	3.5	优于	轻于	9	高感	1	差
Y 两优 667	7.1	相当	劣于	9	高感	2	差
Y 两优 8228	5.9	轻于	劣于	9	高感	3	差
Y 两优 900	4.7	优于	相当	7	感病	2	一般
Y 两优 950	4.8	优于	相当	9	高感	1	差
深两优 1018	4.3	优于	相当	9	高感	1	差
深两优 5845	7.5	劣于	劣于	9	高感	3	淘汰
安隆 5S/安选 6 号	6.9	相当	劣于	9	高感	3	差
丰两优 302	5.3	优于	劣于	7	感病	2	一般
全两优二号	5.9	轻于	劣于	9	高感	2	差
瑞丰 95S/8F004	6.4	相当	劣于	9	高感	2	差
Q 优 6 号 CK2	4.7	优于		7	感病	2	一般

表 348 湖北省中稻筛选试验 B 组品种稻瘟病抗性鉴定各病圃结果（2012 年）

品种名称	龙洞病圃			青山病圃			两河病圃			望家病圃		
	叶瘟病级	病穗率(%)	损失率(%)	叶瘟病级	病穗率(%)	损失率(%)	叶瘟病级	病穗率(%)	损失率(%)	叶瘟病级	病穗率(%)	损失率(%)
金两优 356	4	7.0	0.8	4	11.0	3.1	7	100.0	56.5	7	25.0	5.8
两优 1548	5	15.0	2.0	5	21.0	5.4	7	100.0	60.0	5	46.0	11.2
两优 189	5	18.0	4.1	5	18.0	4.9	7	100.0	64.0	5	36.0	13.5
创两优 605	4	11.0	1.5	5	27.0	9.0	6	100.0	60.0	7	51.0	25.1
两优 281	3	9.0	1.8	2	8.0	1.6	5	100.0	46.0	4	98.0	50.2
两优 3322	4	9.0	1.2	4	19.0	6.3	5	40.0	15.0	4	33.0	10.4
两优 566	4	13.0	1.9	5	55.0	21.2	7	100.0	52.5	6	46.0	12.1
两优 6488	5	18.0	4.2	7	100.0	60.0	8	100.0	100.0	7	98.0	53.5
丰两优香一号 CK1	6	32.0	8.5	7	100.0	63.0	8	100.0	97.0	8	100.0	85.2
两优 701	3	4.0	0.4	3	6.0	1.2	3	6.0	1.2	3	55.0	14.5
两优 7185	5	18.0	2.7	4	16.0	5.3	6	65.0	27.5	5	98.0	36.0
两优 733	6	18.0	2.7	7	90.0	34.2	8	100.0	94.0	6	95.0	49.7
两优 775	5	15.0	1.5	5	34.0	10.4	7	100.0	60.0	5	82.0	34.3
Q 优 6 号 CK2	3	9.0	2.0	3	9.0	2.7	5	55.0	23.0	4	38.0	16.1
两优 98	5	14.0	1.8	5	14.0	2.8	7	100.0	55.0	5	100.0	55.7
0SH143/70124	2	4.0	0.5	2	3.0	0.6	4	30.0	11.4	3	40.0	19.9
F3006S/W11	5	15.0	2.1	7	45.0	14.1	8	100.0	100.0	6	100.0	41.8
H638S/9311	4	9.0	1.1	4	13.0	3.2	7	100.0	60.0	5	100.0	44.6
H 两优 991	3	4.0	0.4	5	85.0	30.0	6	100.0	60.0	5	100.0	47.3
佳两优 19	6	21.0	5.7	7	100.0	38.5	8	100.0	97.0	6	96.0	45.7

表 349 湖北省中稻筛选试验 B 组品种稻瘟病抗性评价结论（2012 年）

品种名称	抗性指数	与 CK1 比较	与 CK2 比较	最高损失率抗级	抗性评价	严重病圃数(个)	综合表现
金两优 356	4.5	优于	劣于	9	高感	1	差
两优 1548	5.0	优于	劣于	9	高感	1	差
两优 189	4.8	优于	劣于	9	高感	1	差
创两优 605	5.5	优于	劣于	9	高感	2	差
两优 281	4.6	优于	劣于	9	高感	2	差
两优 3322	3.7	显著优于	相当	3	中抗	0	好
两优 566	5.5	优于	劣于	9	高感	2	差
两优 6488	7.2	相当	劣于	9	高感	3	淘汰
丰两优香一号 CK1	7.7		劣于	9	高感	3	淘汰
两优 701	2.5	显著优于	优于	3	中抗	0	好
两优 7185	5.0	优于	劣于	7	感病	2	一般
两优 733	6.7	轻于	劣于	9	高感	3	差
两优 775	5.8	优于	劣于	9	高感	2	差
Q 优 6 号 CK2	3.8	显著优于		5	中感	2	较好
两优 98	5.6	优于	劣于	9	高感	2	差
0SH143/70124	2.9	显著优于	轻于	5	中感	0	较好
F3006S/W11	6.0	优于	劣于	9	高感	2	差
H638S/9311	5.1	优于	劣于	9	高感	2	差
H 两优 991	5.7	优于	劣于	9	高感	3	差
佳两优 19	6.9	轻于	劣于	9	高感	3	差

表 350　湖北省中稻筛选试验 C 组品种稻瘟病抗性鉴定各病圃结果（2012 年）

品种名称	龙洞病圃			青山病圃			两河病圃			望家病圃		
	叶瘟病级	病穗率(%)	损失率(%)	叶瘟病级	病穗率(%)	损失率(%)	叶瘟病级	病穗率(%)	损失率(%)	叶瘟病级	病穗率(%)	损失率(%)
双两优 109	2	2.0	0.3	5	17.0	4.3	5	65.0	29.0	4	18.0	3.0
天两优 1 号	7	53.0	21.5	8	100.0	85.0	8	100.0	92.5	7	100.0	87.3
天龙两优 140	5	17.0	3.4	5	60.0	22.0	7	100.0	97.0	6	100.0	50.1
丰两优香一号 CK1	7	39.0	12.6	9	100.0	100.0	9	100.0	100.0	8	97.0	89.9
望两优 9727	5	15.0	3.5	6	40.0	16.1	7	100.0	92.5	5	86.0	60.8
武两优 167	4	11.0	1.8	5	26.0	9.3	7	100.0	53.5	4	16.0	4.7
武两优 72	5	14.0	1.8	5	19.0	3.8	6	65.0	29.5	4	43.0	23.9
武两优 73	5	11.0	1.3	5	20.0	4.6	6	40.0	12.5	4	9.0	2.7
武两优 99	4	11.0	1.0	4	17.0	3.7	6	35.0	11.5	4	28.0	10.8
仙两优 1 号	4	14.0	3.1	5	27.0	8.7	7	100.0	60.0	7	94.0	42.2
新两优 176	2	3.0	0.3	4	14.0	4.0	5	31.0	11.0	4	63.0	32.3
新两优 2 号	6	27.0	5.9	7	75.0	26.0	7	100.0	60.0	5	83.0	57.8
徐优 186	4	8.0	1.3	6	28.0	9.8	6	40.0	12.5	4	44.0	12.1
扬两优 512	4	12.0	1.2	5	19.0	5.3	6	47.0	19.2	4	27.0	11.4
Q 优 6 号 CK2	2	4.0	0.5	4	16.0	4.4	5	100.0	55.0	4	46.0	17.3
广两优 1914	4	13.0	1.4	5	30.0	7.5	6	65.0	27.0	5	74.0	29.5
广两优 45	4	11.0	1.3	5	26.0	7.9	7	95.0	53.0	4	38.0	18.6
华两优 448	2	4.0	0.7	3	6.0	1.2	5	80.0	33.5	4	63.0	31.1
华两优 6372	7	100.0	42.5	8	100.0	100.0	8	100.0	100.0	8	100.0	99.1
惠两优 3487	7	47.0	16.9	7	100.0	59.0	8	100.0	100.0	7	100.0	63.7

表 351　湖北省中稻筛选试验 C 组品种稻瘟病抗性评价结论（2012 年）

品种名称	抗性指数	与 CK1 比较	与 CK2 比较	最高损失率抗级	抗性评价	严重病圃数(个)	综合表现
双两优 109	3.3	显著优于	轻于	5	中感	1	较好
天两优 1 号	8.1	相当	劣于	9	高感	4	淘汰
天龙两优 140	6.4	优于	劣于	9	感病	3	差
丰两优香一号 CK1	7.9		劣于	9	高感	3	淘汰
望两优 9727	6.3	优于	劣于	9	高感	2	差
武两优 167	4.6	优于	相当	9	高感	1	差
武两优 72	4.4	显著优于	相当	5	中感	1	较好
武两优 73	3.3	显著优于	轻于	3	中抗	0	好
武两优 99	3.6	显著优于	轻于	3	中抗	0	好
仙两优 1 号	5.8	优于	劣于	9	高感	2	差
新两优 176	3.8	显著优于	轻于	7	感病	1	一般
新两优 2 号	6.9	轻于	劣于	9	高感	3	差
徐优 186	4.0	显著优于	相当	3	中抗	0	好
扬两优 512	4.2	显著优于	相当	5	中感	0	较好
Q 优 6 号 CK2	4.3	优于		9	高感	2	差
广两优 1914	4.9	优于	劣于	5	高感	2	较好
广两优 45	5.3	优于	劣于	9	高感	1	差
华两优 448	4.3	显著优于	相当	7	感病	2	一般
华两优 6372	8.4	相当	劣于	9	高感	4	淘汰
惠两优 3487	7.9	相当	劣于	9	高感	3	淘汰

表 352　湖北省中稻筛选试验 D 组品种稻瘟病抗性鉴定各病圃结果（2012 年）

品种名称	龙洞病圃			青山病圃			两河病圃			望家病圃		
	叶瘟病级	病穗率(%)	损失率(%)	叶瘟病级	病穗率(%)	损失率(%)	叶瘟病级	病穗率(%)	损失率(%)	叶瘟病级	病穗率(%)	损失率(%)
农香优 6 号	2	4.0	0.7	7	90.0	32.0	8	100.0	97.0	5	99.0	48.2
巨风优 RT45	2	12.0	1.2	5	31.0	8.6	6	47.0	15.7	4	63.0	29.2
476A/R513	4	11.0	1.5	6	39.0	15.1	6	100.0	54.0	7	100.0	51.9
绵 5 优 662	3	4.0	0.5	4	14.0	3.4	4	21.0	5.7	2	13.0	3.2
内香 6A/蜀恢 208	3	3.0	0.5	4	17.0	3.4	2	25.0	8.0	2	18.0	3.0
建优 9 号	5	12.0	1.7	6	100.0	45.0	7	100.0	64.0	5	99.0	54.1
赣优 7026	4	12.0	1.1	6	31.0	8.0	6	70.0	27.0	6	20.0	6.7
Q 优 6 号 CK2	2	4.0	0.5	4	13.0	3.5	5	65.0	31.0	4	30.0	9.9
渝优 7190	4	9.0	0.9	4	21.0	6.3	5	65.0	26.0	5	96.0	37.3
D 优糯 5533	5	22.0	5.3	5	20.0	6.5	7	100.0	95.5	5	92.0	46.4
深优 9521	2	4.0	0.7	4	9.0	1.8	6	70.0	31.0	5	60.0	28.5
兆优 5431	2	2.0	0.4	5	14.0	3.4	5	30.0	9.6	4	34.0	16.4
中种优 109	4	8.0	0.9	5	48.0	20.8	6	100.0	78.0	5	74.0	28.6
139S/92194	4	9.0	1.2	5	17.0	3.7	6	90.0	52.0	5	77.0	27.8
丰两优香一号 CK1	6	33.0	6.6	7	100.0	91.0	8	100.0	98.5	7	100.0	99.4
1892S/YR822	4	8.0	1.0	4	7.0	1.4	6	23.0	7.0	3	41.0	21.3
1892S/丙 4114	6	16.0	1.7	7	48.0	18.0	8	100.0	100.0	7	100.0	48.0
4112S/11501	5	18.0	2.9	5	80.0	31.0	7	100.0	49.0	6	99.0	55.5
8 两优 KM	2	3.0	0.3	5	20.0	5.5	5	39.0	15.4	4	26.0	11.9
两优 668	4	12.0	3.6	6	40.0	12.8	7	100.0	60.0	6	99.0	64.3

表 353　湖北省中稻筛选试验 D 组品种稻瘟病抗性评价结论（2012 年）

品种名称	抗性指数	与 CK1 比较	与 CK2 比较	最高损失率抗级	抗性评价	严重病圃数(个)	综合表现
农香优 6 号	6.1	优于	劣于	9	高感	3	差
巨风优 RT45	4.6	优于	劣于	5	中感	1	较好
476A/R513	6.3	轻于	劣于	9	高感	2	差
绵 5 优 662	2.6	显著优于	轻于	3	中抗	0	好
内香 6A/蜀恢 208	2.4	显著优于	轻于	3	中抗	0	好
建优 9 号	6.7	轻于	劣于	9	高感	3	差
赣优 7026	4.5	优于	劣于	5	中感	1	较好
Q 优 6 号 CK2	3.8	显著优于		7	感病	2	一般
渝优 7190	4.8	优于	劣于	7	感病	2	一般
D 优糯 5533	5.9	优于	劣于	9	高感	2	差
深优 9521	4.2	优于	相当	7	感病	2	一般
兆优 5431	3.5	显著优于	相当	5	中感	0	较好
中种优 109	5.5	优于	劣于	9	高感	2	差
139S/92194	4.9	优于	相当	9	高感	2	差
丰两优香一号 CK1	7.6		劣于	9	高感	3	淘汰
1892S/YR822	3.4	显著优于	相当	5	中感	0	较好
1892S/丙 4114	6.4	轻于	劣于	9	高感	2	差
4112S/11501	6.4	轻于	劣于	9	高感	3	差
8 两优 KM	3.8	显著优于	相当	5	中感	0	较好
两优 668	6.1	优于	劣于	9	高感	2	差

表 354　湖北省晚籼筛选试验组品种稻瘟病抗性鉴定各病圃结果（2012 年）

品种名称	龙洞病圃			青山病圃			两河病圃			望家病圃		
	叶瘟病级	病穗率(%)	损失率(%)	叶瘟病级	病穗率(%)	损失率(%)	叶瘟病级	病穗率(%)	损失率(%)	叶瘟病级	病穗率(%)	损失率(%)
D 晚优 63	5	14.0	1.9	4	20.0	6.1	7	100.0	53.0	5	47.0	18.6
51 优 345	4	12.0	1.4	3	9.0	2.1	6	100.0	48.5	6	44.0	23.2
岳优 536	2	2.0	0.1	3	7.0	1.7	3	18.0	4.8	5	27.0	8.3
盛泰 A/C216	3	9.0	1.4	4	17.0	4.0	6	45.0	15.3	6	31.0	21.3
金优 207CK	2	7.0	0.7	4	24.0	8.4	5	45.0	14.7	6	53.0	29.3
扬两优 353	4	8.0	0.9	7	100.0	56.0	7	100.0	65.0	4	18.0	5.3
隆优 130	4	13.0	2.3	5	75.0	27.0	6	80.0	36.5	5	51.0	24.1
盛优 668	2	5.0	0.6	4	80.0	33.5	6	100.0	50.5	5	35.0	14.7
岳优 518	5	13.0	1.9	5	16.0	4.1	7	100.0	36.0	6	63.0	17.0
华优 618	2	2.0	0.4	2	2.0	0.4	2	4.0	0.8	6	23.0	9.1
建优 2 号	3	4.0	0.5	5	80.0	31.0	5	80.0	36.0	7	98.0	50.5
荆楚优 113	4	12.0	1.8	6	60.0	20.5	6	85.0	34.0	6	31.0	6.7
荆晚优 266	2	4.0	0.8	5	18.0	4.2	6	39.0	14.1	5	11.0	6.0
中 9A/DR21	5	13.0	2.3	6	33.0	11.1	7	48.0	13.5	4	37.0	18.7
两优 77	6	16.0	3.1	7	52.0	19.9	8	100.0	100.0	7	100.0	45.6
金 23A/R56	3	4.0	0.4	5	26.0	7.6	7	100.0	74.5	5	100.0	47.7
五优 92242	5	14.0	2.4	7	45.0	13.5	8	100.0	85.0	7	68.0	38.1
五优 118	4	13.0	2.9	5	13.0	3.2	6	80.0	34.5	5	10.0	2.9
元丰优 7008	4	11.0	1.5	3	3.0	0.6	4	15.0	5.1	4	30.0	5.1

表 355　湖北省晚籼筛选试验组品种稻瘟病抗性评价结论（2012 年）

品种名称	抗性指数	与 CK 比较	最高损失率抗级	抗性评价	严重病圃数(个)	综合表现
D 晚优 63	5.2	劣于	9	高感	1	差
51 优 345	4.4	相当	7	感病	1	一般
岳优 536	2.6	优于	3	中抗	0	好
盛泰 A/C216	4.1	相当	5	中感	0	较好
金优 207CK	4.1		5	中感	1	较好
扬两优 353	5.8	劣于	9	高感	2	差
隆优 130	5.5	劣于	7	感病	3	一般
盛优 668	5.2	劣于	9	高感	2	差
岳优 518	4.9	劣于	7	感病	2	一般
华优 618	2.0	优于	3	中抗	0	好
建优 2 号	6.0	劣于	9	高感	3	差
荆楚优 113	5.3	劣于	7	感病	2	一般
荆晚优 266	3.3	轻于	3	中抗	0	好
中 9A/DR21	4.5	劣于	5	中感	0	较好
两优 77	6.5	劣于	9	高感	3	差
金 23A/R56	5.4	劣于	9	高感	2	差
五优 92242	6.1	劣于	9	高感	2	差
五优 118	3.9	相当	7	感病	1	一般
元丰优 7008	3.1	轻于	3	中抗	0	好

表 356　湖北省水稻区试品种稻瘟病抗性两年评价结论（2011—2012 年）

区试组别	品种名称	2012 年评价结论		2011 年评价结论		2011—2012 年两年评价结论				
		抗性指数	最高损失率抗级	抗性指数	最高损失率抗级	最高抗性指数	与 CK 比较	最高损失率抗级	抗性评价	综合表现
早稻	鄂早 18CK	5.7	9	5.3	9	5.7		9	高感	差
	两优 76	4.3	7	5.7	9	5.7	相当	9	高感	差
	早糯 19	4.9	7	4.8	9	4.9	轻于	9	高感	差
	两优 27	6.2	9	6.3	9	6.3	劣于	9	高感	差
	扬籼优 656	5.6	9	4.7	9	5.6	相当	9	高感	差
中稻	丰两优香一号 CK	7.0	9	8.5	9	8.5		9	高感	差
	C815S/华占	2.1	3	3.1	3	3.1	显著优于	3	中抗	好
	扬两优 6 号 CK	6.1	9	7.2	9	7.2		9	高感	差
	广两优香 5	6.8	9	6.7	9	6.8	相当	9	高感	差
	荆两优 233	4.8	9	7	9	7	相当	9	高感	差
	香糯优 561	5.4	7	5.9	9	5.9	轻于	9	高感	差
	扬两优 6 号 CK	6.1	9	7.2	9	7.2		9	高感	差
	金科优 651	2.9	3	2.6	3	2.9	显著优于	3	中抗	好
	广两优 166	3.9	3	5.9	9	5.9	轻于	9	高感	差
晚稻	金优 207CK	4.1	5	5.1	7	5.1		7	感病	一般
	金优 957	4.8	9	5.7	9	5.7	劣于	9	高感	差
	湘丰优 69	5.4	9	5.9	9	5.9	劣于	9	高感	差
	五丰优 2168	4.6	7	5.3	9	5.3	相当	9	高感	差
	鄂晚 17CK	3.5	5	4.4	5	4.4		5	中感	较好
	粳两优 55 香玉波	4.9	7	4.4	3	4.9	相当	7	感病	一般
	甬优 2010	4.9	9	6	7	6	劣于	9	高感	差
	甬优 419	3.1	3	2.8	3	3.1	轻于	3	中抗	好

表 357　湖北省早稻区试 A 组品种稻瘟病抗性鉴定各病圃结果（2013 年）

品种名称	红庙病圃			青山病圃			两河病圃			望家病圃		
	叶瘟病级	病穗率(%)	损失率(%)	叶瘟病级	病穗率(%)	损失率(%)	叶瘟病级	病穗率(%)	损失率(%)	叶瘟病级	病穗率(%)	损失率(%)
早两优 251	6	95.0	60.0	6	62.5	28.8	6	100.0	58.5	8	97.0	93.7
A 优 219	4	46.0	20.7	5	62.8	28.7	5	90.0	48.5	6	93.0	84.6
两优 131	2	43.0	19.1	4	28.9	10.1	4	46.0	17.8	3	45.0	16.9
两优 9318	5	87.0	40.3	5	47.8	14.5	5	90.0	44.0	4	39.0	8.1
157S/T048	5	24.0	7.5	2	39.5	12.8	4	40.0	15.2	4	19.0	5.5
两优 206	3	15.0	5.8	4	37.8	11.6	4	37.0	13.4	2	34.0	16.0
鄂早 18CK	2	23.0	10.0	4	62.5	20.8	4	47.0	17.5	4	64.0	30.4
两优宁 1	4	85.0	39.5	5	80.0	27.8	4	40.0	15.8	5	69.0	30.8
弘两优 103	4	24.0	9.5	5	34.0	10.1	5	45.0	17.4	3	54.0	26.5
两优 89	3	14.0	3.7	4	39.0	12.9	4	24.0	9.0	3	46.0	15.2
冈早 7 号	2	7.0	1.7	2	27.1	8.4	4	23.0	8.5	2	56.0	22.4
两优 68	5	95.0	51.0	4	42.0	15.7	4	80.5	39.3	4	83.0	54.1

表 358　湖北省早稻区试 A 组品种稻瘟病抗性评价结论（2013 年）

品种名称	抗性指数	与 CK 比较	最高损失率抗级	抗性评价	严重病圃数(个)	综合表现
早两优 251	7.9	劣于	9	高感	4	淘汰
A 优 219	6.6	劣于	9	高感	3	差
两优 131	4.8	轻于	5	中感	0	较好
两优 9318	5.7	相当	7	感病	2	一般
157S/T048	4.2	轻于	5	中感	0	较好
两优 206	4.2	轻于	5	中感	0	较好
鄂早 18CK	5.3		7	感病	2	一般
两优宁 1	6.3	劣于	7	感病	3	一般
弘两优 103	4.8	轻于	5	中感	1	较好
两优 89	3.9	轻于	5	中感	0	较好
冈早 7 号	3.6	优于	5	中感	1	较好
两优 68	6.9	劣于	9	高感	3	差

表 359　湖北省早稻区试 B 组品种稻瘟病抗性鉴定各病圃结果（2013 年）

品种名称	红庙病圃			青山病圃			两河病圃			望家病圃		
	叶瘟病级	病穗率(%)	损失率(%)	叶瘟病级	病穗率(%)	损失率(%)	叶瘟病级	病穗率(%)	损失率(%)	叶瘟病级	病穗率(%)	损失率(%)
HD9802S/R236	5	75.0	33.5	4	32.1	11.4	5	100.0	60.2	4	35.0	15.5
富两优 32	4	25.5	10.0	4	29.5	8.7	4	41.9	20.5	5	70.0	32.9
两优 47	5	82.0	38.9	4	48.0	14.7	4	86.1	41.4	6	40.0	14.2
陵两优 7421	4	20.0	6.4	5	37.9	13.9	5	37.3	14.7	4	49.0	11.3
奥富优 38	5	44.0	17.5	5	43.0	13.7	5	100.0	60.0	4	45.0	14.9
早籼 293	4	16.0	5.6	4	37.9	12.8	4	82.5	38.0	5	100.0	39.2
鄂早 18CK	2	27.0	12.5	5	56.3	18.8	5	100.0	49.4	4	61.0	31.0
A 优 19	6	100.0	85.0	5	71.6	29.7	7	100.0	92.2	8	97.0	61.6
两优 9367	5	100.0	74.5	4	76.8	30.8	5	100.0	73.0	8	100.0	100.0
丰优早 42	5	45.2	16.0	5	63.3	24.3	7	100.0	50.3	6	91.0	27.4
龙优 55	6	100.0	75.5	5	78.2	30.8	7	100.0	93.0	8	100.0	96.2
弘两优 287	6	90.0	60.0	5	64.9	21.7	7	100.0	92.4	5	67.0	34.4

表 360　湖北省早稻区试 B 组品种稻瘟病抗性评价结论（2013 年）

品种名称	抗性指数	与 CK 比较	最高损失率抗级	抗性评价	严重病圃数(个)	综合表现
鄂早 18CK	5.9		7	感病	3	一般
HD9802S/R236	6.1	相当	9	高感	2	差
富两优 32	5.2	轻于	7	感病	1	一般
两优 47	5.7	相当	7	感病	2	一般
陵两优 7421	4.3	优于	3	中抗	0	好
奥富优 38	5.6	相当	9	高感	1	差
早籼 293	5.4	轻于	7	感病	2	一般
A 优 19	7.9	劣于	9	高感	4	淘汰
两优 9367	7.9	劣于	9	高感	4+2	淘汰
丰优早 42	6.6	劣于	9	高感	3	差
龙优 55	8.1	劣于	9	高感	4	淘汰
弘两优 287	7.4	劣于	9	高感	4	淘汰

表 361　湖北省中稻区试 A 组品种稻瘟病抗性鉴定各病圃结果（2013 年）

品种名称	红庙病圃			青山病圃			两河病圃			望家病圃		
	叶瘟病级	病穗率(%)	损失率(%)	叶瘟病级	病穗率(%)	损失率(%)	叶瘟病级	病穗率(%)	损失率(%)	叶瘟病级	病穗率(%)	损失率(%)
全两优一号	5	11.0	3.4	4	11.0	2.8	5	32.0	14.2	6	46.0	9.8
Y 两优 19	4	11.0	1.3	5	16.0	4.4	5	33.0	11.1	3	89.0	25.7
准两优 608	5	26.0	9.7	4	11.0	3.1	5	100.0	37.9	5	76.0	16.7
广占 63-2S/R1128	5	14.0	4.3	5	13.0	4.1	5	29.0	12.2	4	87.0	22.6
Y 两优 1146	4	11.0	2.2	5	12.0	3.3	5	20.0	6.1	5	90.0	27.6
Y 两优 950	5	13.0	2.0	5	14.0	4	5	46.0	18.8	4	100.0	42.2
丰两优香一号 CK	6	100.0	54.5	6	87.0	41.3	7	100.0	55.0	4	14.0	2.7
天龙两优 140	4	11.0	1.6	5	14.0	4.3	5	49.0	20.3	4	7.0	2.0
H2317S/香 5	6	34.0	11.0	6	92.0	42.4	7	100.0	57.0	6	28.0	11.2
广两优 926	5	21.0	6.3	5	26.0	12.8	7	60.0	22.6	7	100.0	95.7
M32S/R192	4	12.0	2.6	5	30.0	10.2	5	76.0	26.2	6	32.0	13.5
1892S/华占	2	4.0	0.5	2	2.0	0.4	4	11.0	3.1	5	96.0	32.1

表 362　湖北省中稻区试 A 组品种稻瘟病抗性评价结论（2013 年）

品种名称	抗性指数	与 CK 比较	最高损失率抗级	抗性评价	严重病圃数(个)	综合表现
丰两优香一号 CK	8.1		9	高感	4	淘汰
全两优一号	3.9	显著优于	5	中感	0	较好
Y 两优 19	3.6	显著优于	3	中抗	0	好
准两优 608	4.9	优于	7	感病	1	一般
广占 63-2S/R1128	3.7	显著优于	3	中抗	0	好
Y 两优 1146	3.1	显著优于	3	中抗	0	好
Y 两优 950	4.6	显著优于	7	感病	1	一般
天龙两优 140	4.3	显著优于	5	中感	1	较好
H2317S/香 5	7.3	轻于	9	高感	3	淘汰
广两优 926	5.8	优于	9	高感	2	差
M32S/R192	5.4	优于	9	高感	2	差
1892S/华占	1.9	显著优于	1	抗病	0	好

表 363　湖北省中稻区试 B 组品种稻瘟病抗性鉴定各病圃结果（2013 年）

品种名称	红庙病圃			青山病圃			两河病圃			望家病圃		
	叶瘟病级	病穗率(%)	损失率(%)	叶瘟病级	病穗率(%)	损失率(%)	叶瘟病级	病穗率(%)	损失率(%)	叶瘟病级	病穗率(%)	损失率(%)
龙两优 15	2	6.0	0.6	2	6.0	1.5	2	17.0	6.3	4	88.0	30.8
荆两优 533	5	28.0	9.8	5	100.0	49	6	95.0	45.5	6	100.0	91.3
全两优 8 号	6	28.0	8.6	6	38.0	16.9	7	77.0	31.9	4	69.0	23.0
1892S/R3113	3	8.0	1.0	5	12.0	3.6	5	32.0	14.5	4	86.0	28.6
095S/92067	3	8.0	1.2	2	4.0	0.2	4	16.0	4.9	2	19.0	2.8
广两优 69	6	20.0	6.4	6	30.0	11.8	7	90.0	37.7	8	100.0	100.0
丰两优香一号 CK	6	27.0	8.1	6	49.0	19.9	7	100.0	55.0	8	100.0	100.0
隆两优 838	2	4.0	0.5	4	12.0	2.7	4	11.0	2.8	3	14.0	3.0
仙两优 6096	4	12.0	3.6	4	15.0	3.9	4	36.0	13.6	4	100.0	39.5
广两优 5359	5	18.0	5.1	5	15.0	4.8	5	87.0	37.4	5	89.0	39.3
广两优 1813	5	18.0	5.1	4	13.0	3.5	4	48.0	19.7	6	93.0	27.0
两优 766	6	49.0	19.3	6	75.0	31	6	100.0	60.5	5	48.0	15.3

表 364　湖北省中稻区试 B 组品种稻瘟病抗性评价结论（2013 年）

品种名称	抗性指数	与 CK 比较	最高损失率抗级	抗性评价	严重病圃数(个)	综合表现
龙两优 15	3.4	显著优于	7	感病	1	一般
荆两优 533	6.8	相当	9	高感	3	差
全两优 8 号	5.9	轻于	7	感病	2	一般
1892S/R3113	3.8	优于	5	中感	1	较好
095S/92067	2.1	显著优于	1	抗病	0	好
广两优 69	6.3	轻于	9	高感	2	差
丰两优香一号 CK	6.9		9	高感	2	差
隆两优 838	2.3	显著优于	1	抗病	0	好
仙两优 6096	4.1	优于	7	感病	1	一般
广两优 5359	5.3	优于	7	感病	2	一般
广两优 1813	4.6	优于	5	中感	1	较好
两优 766	6.7	相当	9	高感	2	差

表 365　湖北省中稻区试 C 组品种稻瘟病抗性鉴定各病圃结果（2013 年）

品种名称	红庙病圃			青山病圃			两河病圃			望家病圃		
	叶瘟病级	病穗率(%)	损失率(%)	叶瘟病级	病穗率(%)	损失率(%)	叶瘟病级	病穗率(%)	损失率(%)	叶瘟病级	病穗率(%)	损失率(%)
深两优 841	4	13.0	1.9	5	19.0	5.6	5	60.0	27.2	3	19.0	3.8
Y 两优 5 号	6	24.0	7.5	5	24.0	8.4	6	90.0	39.5	6	44.0	9.3
两优 3313	6	16.0	4.7	6	22.0	7.4	7	100.0	41.2	4	83.0	30.4
绿稻 Q7	5	15.0	2.9	4	13.0	4.4	4	24.0	8.7	5	29.0	14.0
香糯优 561	5	16.0	4.1	5	18.0	6.3	5	40.0	16.4	4	37.0	7.4
Y 两优 976	4	12.0	1.5	3	7.0	1.4	4	22.0	8.0	5	48.0	12.5
扬两优 6 号 CK	6	19.0	5.3	7	30.0	9	7	95.0	37.5	4	100.0	40.0
华两优 655	5	16.0	4.4	5	14.0	4.3	5	29.0	11.3	4	39.0	12.0
华两优 9929	2	6.0	1.2	2	2.0	0.4	2	22.0	5.6	5	51.0	12.3
两优 668	5	15.0	3.5	6	36.0	12.6	7	100.0	47.4	8	99.0	55.3
广两优 999	4	12.0	2.7	5	38.0	15.1	5	100.0	50.6	4	55.0	27.0
Y 两优 29	5	21.0	6.0	6	36.0	11.4	5	45.0	18.0	2	22.0	4.3

表 366　湖北省中稻区试 C 组品种稻瘟病抗性评价结论（2013 年）

品种名称	抗性指数	与 CK 比较	最高损失率抗级	抗性评价	严重病圃数(个)	综合表现
扬两优 6 号 CK	5.9		7	感病	2	一般
深两优 841	3.8	优于	5	中感	1	较好
Y 两优 5 号	5.1	轻于	7	感病	1	一般
两优 3313	5.4	轻于	7	感病	2	一般
绿稻 Q7	3.5	优于	3	中抗	0	好
Y 两优 976	3.3	优于	3	中抗	0	好
华两优 655	3.7	优于	3	中抗	0	好
香糯优 561	4.2	优于	5	中感	0	较好
华两优 9929	2.8	优于	3	中抗	1	好
两优 668	6.0	相当	9	高感	2	差
广两优 999	5.5	相当	9	高感	2	差
Y 两优 29	4.1	优于	5	中感	0	较好

表 367　湖北省中稻区试 D 组品种稻瘟病抗性鉴定各病圃结果（2013 年）

品种名称	红庙病圃			青山病圃			两河病圃			望家病圃		
	叶瘟病级	病穗率(%)	损失率(%)	叶瘟病级	病穗率(%)	损失率(%)	叶瘟病级	病穗率(%)	损失率(%)	叶瘟病级	病穗率(%)	损失率(%)
F3006S/W11	5	14.0	3.7	7	37.0	14.6	7	100.0	49.5	8	83.0	42.0
广两优 8 号	6	22.0	6.5	7	80.0	28.6	7	90.0	48.5	8	100.0	95.9
华两优 268	5	17.0	4.0	5	15.0	4.2	4	27.0	8.7	3	29.0	5.2
两优 2688	4	20.0	6.4	5	23.0	7.9	6	47.0	16.9	5	44.0	17.1
Y 两优 957	2	9.0	3.0	4	13.0	3.5	5	33.0	13.5	5	45.0	15.8
深两优 136	5	19.0	5.3	6	28.0	10.5	6	85.0	35.0	5	53.0	23.1
扬两优 6 号 CK	5	17.0	3.9	6	40.0	16.4	7	100.0	50.5	7	65.0	38.3
两优 143	4	12.0	1.7	3	4.0	0.8	4	11.0	2.5	3	22.0	4.0
两优 622	4	13.0	2.9	5	23.0	8.2	6	100.0	52.0	2	35.0	8.9
两优 148	5	15.0	4.2	6	52.0	18.2	6	100.0	39.0	6	43.0	11.0
深两优 5183	2	4.0	0.8	3	4.0	0.8	2	6.0	1.2	3	47.0	16.0
福龙两优 750	4	13.0	4.7	4	13.0	3.8	4	32.0	13.5	4	58.0	17.3

表 368　湖北省中稻区试 D 组品种稻瘟病抗性评价结论（2013 年）

品种名称	抗性指数	与 CK 比较	最高损失率抗级	抗性评价	严重病圃数(个)	综合表现
F3006S/W11	5.8	相当	7	感病	1	一般
广两优 8 号	6.8	相当	9	高感	3	差
华两优 268	3.6	优于	3	中抗	0	好
两优 2688	4.8	轻于	5	中感	0	较好
Y 两优 957	3.6	优于	5	中感	0	较好
深两优 136	5.5	轻于	7	感病	2	一般
扬两优 6 号 CK	6.2		9	高感	2	差
两优 143	2.4	显著优于	1	抗病	0	好
两优 622	4.7	优于	9	高感	1	差
两优 148	5.3	轻于	7	感病	2	一般
深两优 5183	2.4	显著优于	5	中感	0	较好
福龙两优 750	3.9	优于	5	中感	1	较好

表 369　湖北省中稻区试 E 组品种稻瘟病抗性鉴定各病圃结果（2013 年）

品种名称	红庙病圃			青山病圃			两河病圃			望家病圃		
	叶瘟病级	病穗率(%)	损失率(%)	叶瘟病级	病穗率(%)	损失率(%)	叶瘟病级	病穗率(%)	损失率(%)	叶瘟病级	病穗率(%)	损失率(%)
武香优华占	5	16.0	4.1	2	3.0	0.6	4	24.0	11.0	4	68.0	23.0
川优 6203	2	9.0	1.4	2	2.0	0.4	2	4.0	1.4	3	33.0	15.3
中南 A/D3745	4	11.0	1.5	4	11.0	2.5	4	84.0	32.4	4	72.0	22.4
兆优 5431	2	2.0	0.3	2	2.0	0.4	3	33.0	12.9	3	21.0	5.7
深优 9521	3	9.0	1.1	2	16.0	5	5	47.0	20.4	7	67.0	28.5
巨风优 108	5	14.0	3.7	5	13.0	4.1	5	48.0	20.0	4	58.0	11.9
Q 优 6 号 CK	3	4.0	0.4	4	12.0	3.3	4	66.0	24.4	6	76.0	35.1
10 冬 6210A/10 秋 R775	5	12.0	2.7	5	12.0	3.3	5	44.0	20.7	5	29.0	10.5
珞优 9348	2	3.0	0.3	2	6.0	1.5	3	6.0	1.8	4	28.0	6.5
鄂香优 313	5	19.0	3.8	4	11.0	2.8	5	24.0	9.6	5	43.0	15.7
H 优 147	4	11.0	1.2	4	11.0	2.5	4	14.0	4.0	4	34.0	5.9
荃优 938	7	34.0	11.6	7	100.0	51.5	7	100.0	71.0	5	36.0	12.3

表 370　湖北省中稻区试 E 组品种稻瘟病抗性评价结论（2013 年）

品种名称	抗性指数	与 CK 比较	最高损失率抗级	抗性评价	严重病圃数(个)	综合表现
Q 优 6 号 CK	4.3		7	感病	2	一般
武香优华占	3.4	轻于	5	中感	1	较好
川优 6203	2.3	轻于	5	中感	0	较好
中南 A/D3745	4.5	相当	7	感病	2	一般
兆优 5431	2.5	轻于	3	中抗	0	好
深优 9521	4.1	相当	5	中感	1	较好
巨风优 108	4.1	相当	5	中感	1	较好
10 冬 6210A/10 秋 R775	4.0	相当	5	中感	0	较好
珞优 9348	2.3	轻于	3	中抗	0	好
鄂香优 313	3.8	轻于	5	中感	0	较好
H 优 147	3.1	轻于	3	中抗	0	好
荃优 938	6.6	劣于	9	高感	2	差

表 371 湖北省中粳区试组品种稻瘟病抗性鉴定各病圃结果（2013 年）

品种名称	红庙病圃			青山病圃			两河病圃			望家病圃		
	叶瘟病级	病穗率(%)	损失率(%)	叶瘟病级	病穗率(%)	损失率(%)	叶瘟病级	病穗率(%)	损失率(%)	叶瘟病级	病穗率(%)	损失率(%)
粳两优 550 香玉波	5	22.0	6.2	4	31.0	10.1	5	32.0	9.4	3	55.0	17.0
华粳 827	5	21.0	6.6	5	21.0	6	5	24.0	6.6	9	74.0	28.9
香粳优 369	4	15.0	4.5	4	38.0	12.4	4	29.0	8.2	4	47.0	11.9
襄中粳 1 号	5	19.0	5.3	5	29.0	10.6	5	13.0	4.1	3	46.0	20.6
鄂垦粳 1 号	6	24.0	7.8	4	33.0	9.9	5	70.0	27.6	8	100.0	89.0
南粳 49	5	32.0	8.6	5	64.0	21.4	5	37.0	12.5	3	46.0	11.6
扬两优 6 号 CK1	6	23.0	6.7	6	100.0	31.1	7	100.0	49.5	7	66.0	29.9
常优 1 号 CK2	5	15.0	4.2	4	18.0	5.1	5	24.0	7.2	2	19.0	3.8
苏优 72	5	19.0	4.0	4	33.0	10.8	5	34.0	11.0	4	37.0	11.5
中稻 1 号	4	17.0	2.2	2	18.0	5.1	7	100.0	53.0	4	69.0	30.2
甬优 4949	2	8.0	2.5	2	10.0	2.9	4	14.0	3.4	5	62.0	23.2
热粳优 35	4	23.0	6.7	4	29.0	10	5	26.0	9.1	3	59.0	15.9

表 372 湖北省中粳区试组品种稻瘟病抗性评价结论（2013 年）

品种名称	抗性指数	与 CK 比较	最高损失率抗级	抗性评价	严重病圃数(个)	综合表现
粳两优 550 香玉波	4.6	轻于	5	中感	1	较好
华粳 827	4.8	轻于	5	中感	1	较好
香粳优 369	3.9	轻于	3	中抗	0	好
襄中粳 1 号	4.1	轻于	5	中感	0	较好
鄂垦粳 1 号	5.8	相当	9	高感	2	差
南粳 49	4.8	轻于	5	中感	1	较好
扬两优 6 号 CK1	6.4		7	感病	3	一般
常优 1 号 CK2	3.3	轻于	3	中抗	0	好
苏优 72	4.0	轻于	3	中抗	0	好
中稻 1 号	5.3	相当	9	高感	2	差
甬优 4949	3.1	轻于	5	中感	1	较好
热粳优 35	4.5	轻于	5	中感	1	较好

表 373 湖北省晚籼区试 A 组品种稻瘟病抗性鉴定各病圃结果（2013 年）

品种名称	红庙病圃			青山病圃			两河病圃			望家病圃		
	叶瘟病级	病穗率(%)	损失率(%)	叶瘟病级	病穗率(%)	损失率(%)	叶瘟病级	病穗率(%)	损失率(%)	叶瘟病级	病穗率(%)	损失率(%)
51A/冈恢 988	4	11.0	3.1	4	30.0	8.4	4	100.0	51.5	4	49.0	17.2
TY903S/R53	2	6.0	1.5	2	9.0	2.4	4	100.0	49.0	4	34.0	13.1
泰丰优 398	5	12.0	3.9	2	28.6	8.6	5	94.0	43.0	4	47.0	15.7
华优 1726	2	8.0	1.6	2	37.8	10.2	2	6.0	2.1	4	27.0	7.7
两优 1128	2	7.0	2.0	4	16.9	5.2	5	27.0	10.4	3	17.0	1.6
隆优 130	4	11.0	3.1	4	37.7	12.6	4	95.0	47.0	4	85.0	33.1
金优 207CK	3	6.0	1.2	4	34.0	8.6	5	39.0	14.1	7	100.0	98.5
盛泰 A/C216	2	6.0	1.5	4	32.0	10.3	4	30.0	12.2	5	54.0	23.2
岳优 518	5	16.0	5.0	5	31.1	9.6	6	95.0	40.0	7	100.0	77.6
A 优 442	4	12.0	3.0	2	9.0	2.1	4	20.0	5.2	6	100.0	76.9
荆楚优 8691	3	6.0	1.2	2	14.0	2.8	4	17.0	4.6	6	100.0	56.7
巨风优 3399	4	13.0	4.1	5	34.0	10.1	5	100.0	52.0	3	15.0	1.8

表 374 湖北省晚籼区试 A 组品种稻瘟病抗性评价结论（2013 年）

品种名称	抗性指数	与 CK 比较	最高损失率抗级	抗性评价	严重病圃数(个)	综合表现
金优 207CK	4.4		7	感病	1	一般
51A/冈恢 988	5.5	劣于	9	高感	2	差
TY903S/R53	3.8	轻于	7	感病	2	一般
泰丰优 398	5.2	劣于	7	感病	2	一般
华优 1726	2.9	优于	3	中抗	0	好
两优 1128	3.9	轻于	5	中感	1	较好
隆优 130	4.6	相当	7	感病	2	一般
盛泰 A/C216	3.8	轻于	3	中抗	1	好
岳优 518	5.8	劣于	9	高感	2	差
A 优 442	3.1	轻于	3	中抗	0	好
荆楚优 8691	2.9	优于	3	中抗	1	好
巨风优 3399	5.4	劣于	9	高感	2	差

表 375　湖北省晚籼区试 B 组品种稻瘟病抗性鉴定各病圃结果（2013 年）

品种名称	红庙病圃			青山病圃			两河病圃			望家病圃		
	叶瘟病级	病穗率(%)	损失率(%)	叶瘟病级	病穗率(%)	损失率(%)	叶瘟病级	病穗率(%)	损失率(%)	叶瘟病级	病穗率(%)	损失率(%)
金 23A/R56	4	13.0	3.2	4	56.0	19.9	4	100.0	51.0	6	100.0	35.7
六福优 900	4	11.0	3.1	4	47.6	16	4	71.0	34.5	4	57.0	12.3
建优 66	6	90.0	44.0	5	50.0	24.1	7	100.0	92.5	5	94.0	35.7
A 优 87	4	17.0	6.7	5	34.0	11.6	5	80.0	35.1	4	37.0	7.4
五丰优 109	2	3.0	0.5	4	22.0	7.1	4	14.9	4.3	4	54.0	16.9
两优 100	5	100.0	61.0	4	64.6	23.3	5	100.0	53.6	3	55.0	10.7
金优 207CK	4	11.0	3.1	4	23.0	6.1	3	40.0	14.4	5	77.0	34.4
奥富优 383	2	4.0	0.5	4	14.0	3.4	3	24.2	6.7	4	56.0	13.2
51 优 518	4	12.0	2.7	4	64.0	21.8	4	100.0	52.0	6	100.0	51.9
Y102 优 442	2	4.0	0.8	3	6.0	1.2	4	22.0	8.4	4	39.0	13.2
中 88 优 163	4	14.0	2.5	3	20.0	5.5	4	41.0	16.7	4	53.0	6.9
多集新 3 号	4	29.0	10.3	4	21.0	5.1	4	40.0	17.8	6	88.0	25.0

表 376　湖北省晚籼区试 B 组品种稻瘟病抗性评价结论（2013 年）

品种名称	抗性指数	与 CK 比较	最高损失率抗级	抗性评价	严重病圃数(个)	综合表现
金 23A/R56	5.4	劣于	9	高感	3	差
六福优 900	5.1	劣于	7	感病	2	一般
建优 66	7.4	劣于	9	高感	3	淘汰
A 优 87	5.3	劣于	7	感病	2	一般
五丰优 109	3.1	轻于	3	中抗	1	好
两优 100	7.4	劣于	9	高感	4	差
金优 207CK	4.4		7	感病	1	一般
奥富优 383	3.3	轻于	5	中感	1	较好
51 优 518	5.5	劣于	9	高感	3	差
Y102 优 442	3.2	轻于	5	中感	1	较好
中 88 优 163	4.3	相当	5	中感	1	较好
多集新 3 号	4.2	相当	5	中感	0	较好

表 377　湖北省晚粳区试组品种稻瘟病抗性鉴定各病圃结果（2013 年）

品种名称	红庙病圃			青山病圃			两河病圃			望家病圃		
	叶瘟病级	病穗率(%)	损失率(%)	叶瘟病级	病穗率(%)	损失率(%)	叶瘟病级	病穗率(%)	损失率(%)	叶瘟病级	病穗率(%)	损失率(%)
香糯 91	5	11.0	3.4	5	26.0	9.1	3	13.0	3.2	3	79.0	19.1
EJ403	5	14.0	4.6	3	69.0	21.3	5	28.0	8.9	3	95.0	30.1
粳两优 8682	4	14.0	2.8	2	38.0	11.8	4	32.0	7.3	6	97.0	93.6
粳两优 7179	6	32.0	12.4	5	45.0	14.1	4	27.0	11.3	4	88.0	29.0
EJ412	5	18.0	6.3	3	75.0	22.5	5	21.0	6.3	3	51.0	10.9
粳两优 20195	3	11.0	3.1	2	14.0	4	3	22.0	5.0	4	93.0	50.9
鄂晚 17CK	4	12.0	2.6	2	22.0	5.3	3	6.0	1.2	5	63.0	39.3
WD116	4	14.0	1.6	5	29.0	9.7	4	12.0	2.4	3	71.0	18.9
O3198	6	16.0	2.3	5	20.0	6.7	6	30.0	9.6	4	87.0	23.0
W1837	3	9.0	1.4	4	34.0	9.5	4	11.0	2.8	4	55.0	25.2
武 1806	4	11.0	1.2	5	20.0	6.1	5	30.0	10.2	3	66.0	16.1
WDR48	4	24.0	2.4	4	17.0	4.9	4	11.0	2.8	3	18.0	5.6

表 378　湖北省晚粳区试组品种稻瘟病抗性评价结论（2013 年）

品种名称	抗性指数	与 CK 比较	最高损失率抗级	抗性评价	严重病圃数(个)	综合表现
鄂晚 17CK	3.7		7	感病	1	一般
香糯 91	3.8	相当	5	中感	0	较好
EJ403	5.1	劣于	7	感病	2	一般
粳两优 8682	3.9	相当	5	中感	0	较好
粳两优 7179	4.7	劣于	5	中感	0	较好
EJ412	5.2	劣于	7	感病	2	一般
粳两优 20195	2.9	轻于	3	中抗	0	好
WD116	3.8	相当	5	中感	0	较好
O3198	4.1	相当	3	中抗	0	好
W1837	3.5	相当	5	中感	0	较好
武 1806	4.0	相当	3	中抗	0	好
WDR48	3.2	轻于	3	中抗	0	好

表 379 湖北省中稻筛选试验 A 组品种稻瘟病抗性鉴定各病圃结果（2013 年）

品种名称	红庙病圃			青山病圃			两河病圃			望家病圃		
	叶瘟病级	病穗率(%)	损失率(%)	叶瘟病级	病穗率(%)	损失率(%)	叶瘟病级	病穗率(%)	损失率(%)	叶瘟病级	病穗率(%)	损失率(%)
中糯优 10 号	4	11.0	3.0	4	11.0	3.4	4	21.0	8.7	4	10.0	1.9
中广优 2 号	2	4.0	0.7	4	13.0	2.6	3	4.0	0.8	4	25.0	4.4
兆两优 7213	5	13.0	4.1	3	30.0	9.9	5	90.0	35.3	4	37.0	10.5
云两优 88	5	11.0	2.8	2	3.0	0.6	4	18.0	4.5	5	31.0	10.7
隆两优 573	2	3.0	0.3	2	4.0	0.8	4	15.0	5.1	4	44.0	11.8
宜优 3301	5	30.0	10.5	5	32.0	10.6	5	48.0	22.6	4	33.0	11.2
新两优 3133	5	15.0	4.5	4	16.0	5.6	5	47.0	20.5	6	86.0	42.0
Q 优 6 号 CK2	5	13.0	4.4	3	15.0	5.1	4	64.0	27.2	4	31.0	12.8
新两优 1671	5	12.0	3.6	5	28.0	10.7	5	26.0	11.2	6	100.0	49.1
香 42S/香恢 17	7	31.0	6.5	6	31.0	11.6	7	100.0	55.0	7	100.0	58.2
武香优 3301	3	8.0	1.5	4	11.0	3.1	4	24.0	8.7	3	44.0	16.1
武两优华占	3	11.0	2.1	5	18.0	4.8	5	14.0	4.6	4	41.0	14.2
武两优 1108	5	14.0	3.4	3	8.0	1.6	4	22.0	9.2	3	23.0	4.3
天优 3137	5	14.0	2.4	6	21.0	6.6	6	36.0	15.1	4	9.0	1.1
丰两优香一号 CK1	6	41.0	15.7	7	100.0	60	7	100.0	51.2	7	100.0	98.5
泰优 8006	5	15.0	3.0	5	20.0	6.4	5	41.0	15.9	4	27.0	11.6
深两优 886	4	10.0	2.0	5	18.0	4.8	4	73.0	29.5	2	13.0	1.7
深两优 856	4	14.0	2.2	5	17.0	5.5	4	24.0	11.1	4	33.0	11.0
深两优 1813	4	12.0	1.2	5	24.0	8.1	4	38.0	13.9	3	19.0	4.9
天龙优 540	5	16.0	3.5	5	29.0	12.2	5	92.0	37.6	6	100.0	47.2

表 380 湖北省中稻筛选试验 A 组品种稻瘟病抗性评价结论（2013 年）

品种名称	抗性指数	与 CK1 比较	与 CK2 比较	最高损失率抗级	抗性评价	严重病圃数(个)	综合表现
中糯优 10 号	2.9	显著优于	轻于	3	中抗	0	好
中广优 2 号	2.1	显著优于	优于	1	抗病	0	好
兆两优 7213	4.6	优于	相当	7	感病	1	一般
云两优 88	2.9	显著优于	轻于	3	中抗	0	好
隆两优 573	2.6	显著优于	优于	3	中抗	0	好
宜优 3301	4.7	优于	劣于	5	中感	0	较好
新两优 3133	4.9	优于	劣于	7	感病	1	一般
Q 优 6 号 CK2	4.1	显著优于		5	中感	1	较好
新两优 1671	4.8	优于	劣于	7	感病	1	一般
香 42S/香恢 17	6.7	轻于	劣于	9	高感	2	差
武香优 3301	3.4	显著优于	轻于	5	中感	0	较好
武两优华占	3.2	显著优于	轻于	3	中抗	0	好
武两优 1108	2.8	显著优于	轻于	3	中抗	0	好
天优 3137	3.8	显著优于	相当	5	中感	0	较好
丰两优香一号 CK1	7.8		劣于	9	高感	3	淘汰
泰优 8006	4.2	显著优于	相当	5	中感	0	较好
深两优 886	3.3	显著优于	轻于	5	中感	1	较好
深两优 856	3.7	显著优于	相当	3	中抗	0	好
深两优 1813	3.4	显著优于	轻于	3	中抗	0	好
天龙优 540	5.4	优于	劣于	7	感病	2	一般

表 381　湖北省中稻筛选试验 B 组品种稻瘟病抗性鉴定各病圃结果（2013 年）

品种名称	红庙病圃			青山病圃			两河病圃			望家病圃		
	叶瘟病级	病穗率(%)	损失率(%)	叶瘟病级	病穗率(%)	损失率(%)	叶瘟病级	病穗率(%)	损失率(%)	叶瘟病级	病穗率(%)	损失率(%)
蓉优 24	2	4.0	0.4	4	20.0	5.5	4	12.0	3.3	4	27.0	7.7
群优 707	2	4.0	0.7	3	7.0	1.4	5	32.0	14.1	5	43.0	16.7
强两优 663	5	15.0	4.2	5	18.0	4.2	5	24.0	8.1	3	32.0	15.9
Q 优 6 号 CK2	5	13.0	3.8	5	25.0	8	5	100.0	52.0	4	39.0	8.7
内香 5070	3	4.0	0.5	4	16.0	4.7	4	90.0	39.8	4	27.0	6.4
珞优 1944	5	45.0	19.4	5	48.0	19.8	5	100.0	53.5	3	100.0	58.6
渝优 1351	4	16.0	3.8	6	61.0	23.1	6	100.0	64.5	3	11.0	1.9
龙两优 862	4	11.0	2.8	4	15.0	5.1	4	24.0	10.7	5	31.0	7.3
两优 917	3	6.0	0.6	4	12.0	3.3	4	46.0	19.1	5	98.0	33.1
两优 472	4	15.0	2.4	4	12.0	3	4	31.0	14.5	3	41.0	15.1
两优 3388	5			5			6			6	0.0	
襄两优 289	7	85.0	38.5	7	100.0	51	7	100.0	70.0	7	100.0	96.6
两优 298	6	19.0	4.6	7	38.0	13	7	48.0	19.6	4	35.0	9.4
丰两优香一号 CK1	6	44.0	19.2	7	100.0	56	7	100.0	59.0	8	100.0	96.6
两优 2924	5	27.0	9.0	6	90.0	39.5	6	100.0	46.0	7	100.0	37.8
两优 2916	5	14.0	2.8	5	13.0	4.1	5	31.0	10.7	4	19.0	7.4
两优 188	5	23.0	7.6	6	18.0	6.3	6	100.0	44.0	3	17.0	4.5
两优 181	5	14.0	4.3	6	25.0	9.3	7	100.0	62.0	3	100.0	60.9
两优 132	5	16.0	5.6	6	20.0	4.9	7	100.0	52.5	6	100.0	56.9
两优 1318	6	21.0	3.2	6	24.0	6.6	7	100.0	44.0	7	95.0	39.7

表 382　湖北省中稻筛选试验 B 组品种稻瘟病抗性评价结论（2013 年）

品种名称	抗性指数	与 CK1 比较	与 CK2 比较	最高损失率抗级	抗性评价	严重病圃数(个)	综合表现
蓉优 24	3.0	显著优于	优于	3	中抗	0	好
群优 707	3.3	显著优于	优于	5	中感	0	较好
强两优 663	3.8	显著优于	轻于	5	中感	0	较好
Q 优 6 号 CK2	4.8	优于		9	高感	1	差
内香 5070	3.8	显著优于	轻于	7	感病	1	一般
珞优 1944	6.6	轻于	劣于	9	高感	2	差
渝优 1351	4.9	优于	相当	9	高感	1	差
龙两优 862	3.7	显著优于	轻于	3	中抗	0	好
两优 917	4.3	显著优于	轻于	7	感病	1	一般
两优 472	3.7	显著优于	轻于	5	中感	0	较好
两优 3388	迟						
襄两优 289	8.3	相当	劣于	9	高感	4	淘汰
两优 298	4.6	优于	相当	5	中感	0	较好
丰两优香一号 CK1	7.9		劣于	9	高感	3	淘汰
两优 2924	6.6	轻于	劣于	7	感病	3	一般
两优 2916	3.6	显著优于	轻于	3	中抗	0	好
两优 188	4.5	优于	相当	7	感病	1	一般
两优 181	5.8	优于	劣于	9	高感	2	差
两优 132	6.0	优于	劣于	9	高感	2	差
两优 1318	5.6	优于	劣于	7	感病	2	一般

表 383　湖北省中稻筛选试验 C 组品种稻瘟病抗性鉴定各病圃结果（2013 年）

品种名称	红庙病圃			青山病圃			两河病圃			望家病圃		
	叶瘟病级	病穗率(%)	损失率(%)	叶瘟病级	病穗率(%)	损失率(%)	叶瘟病级	病穗率(%)	损失率(%)	叶瘟病级	病穗率(%)	损失率(%)
两优 1033	3	6.0	0.6	5	15.0	3.6	5	40.0	14.4	4	56.0	17.8
利两优 8 号	4	16.0	3.7	7	48.0	18	7	100.0	59.0	4	27.0	11.4
科两优 678	2	4.0	0.5	5	19.0	5.9	4	31.0	13.4	3	14.0	4.1
巨风优 2638	4	13.0	4.1	4	12.0	2.7	4	90.0	40.4	4	100.0	40.5
巨 2 优 28	2	9.0	2.1	2	7.0	1.4	3	38.0	13.8	3	91.0	21.8
Q 优 6 号 CK2	4	13.0	3.2	2	16.0	5	5	78.0	35.0	3	61.0	22.1
惠两优 6 号	3	7.0	1.0	4	12.0	3.6	5	100.0	44.0	5	100.0	53.7
黄广油占	2	4.0	0.5	2	2.0	0.4	4	7.0	1.4	3	13.0	3.4
华种优 1 号	4	11.0	3.1	5	14.0	4.3	5	29.0	10.9	5	97.0	28.5
无名	5	12.0	3.0	5	29.0	10.3	7	108.0	55.0	6	100.0	58.9
丰两优香一号 CK1	5	45.0	19.7	6	85.0	38	7	100.0	57.0	6	100.0	98.1
华两优 1355	4	11.0	3.4	5	17.0	5.2	5	75.0	26.3	5	100.0	38.6
广两优 658	5	14.0	4.0	5	37.0	12.5	6	100.0	46.5	5	100.0	92.6
E 两优 476	2	7.0	1.4	4	11.0	2.8	4	18.0	6.0	3	12.0	3.3
广两优 268	4	11.0	1.2	5	12.0	2.7	6	24.0	6.9	5	35.0	5.7
广两优 258	5	13.0	4.1	6	35.0	12.4	7	100.0	55.0	6	100.0	97.5
广 8 优 858	3	15.0	3.6	3	7.0	1.7	3	24.0	9.0	2	42.0	15.4
鄂香优 35	4	11.0	1.5	5	14.0	4.3	5	44.0	14.7	4	9.0	1.4
鄂香优 329	3	6.0	1.2	4	13.0	3.2	4	17.0	5.5	3	20.0	2.4
鄂两优 158	4	18.0	6.3	6	24.0	7.5	6	100.0	50.0	5	92.0	21.7

表 384　湖北省中稻筛选试验 C 组品种稻瘟病抗性评价结论（2013 年）

品种名称	抗性指数	与 CK1 比较	与 CK2 比较	最高损失率抗级	抗性评价	严重病圃数(个)	综合表现
两优 1033	3.8	显著优于	轻于	5	中感	1	较好
利两优 8 号	5.4	优于	劣于	9	高感	1	差
科两优 678	3.0	显著优于	轻于	3	中抗	0	好
巨风优 2638	4.8	优于	相当	7	感病	2	一般
巨 2 优 28	3.3	显著优于	轻于	5	中感	1	较好
Q 优 6 号 CK2	4.4	优于		7	感病	2	一般
惠两优 6 号	4.9	优于	相当	9	高感	2	差
黄广油占	1.8	显著优于	优于	1	抗病	0	好
华种优 1 号	4.1	优于	相当	5	中感	1	较好
无名	6.1	轻于	劣于	9	高感	2	差
丰两优香一号 CK1	7.4		劣于	9	高感	3	淘汰
华两优 1355	4.9	优于	相当	7	感病	2	一般
广两优 658	5.7	优于	劣于	9	高感	2	差
E 两优 476	2.7	显著优于	优于	3	中抗	0	好
广两优 268	3.6	显著优于	轻于	3	中抗	0	好
广两优 258	6.1	轻于	劣于	9	高感	2	差
广 8 优 858	3.2	显著优于	轻于	5	中感	0	较好
鄂香优 35	3.1	显著优于	轻于	3	中抗	0	好
鄂香优 329	2.8	显著优于	优于	3	中抗	0	好
鄂两优 158	5.3	优于	劣于	7	感病	2	一般

表 385　湖北省中稻筛选试验 D 组品种稻瘟病抗性鉴定各病圃结果（2013 年）

品种名称	红庙病圃			青山病圃			两河病圃			望家病圃		
	叶瘟病级	病穗率(%)	损失率(%)	叶瘟病级	病穗率(%)	损失率(%)	叶瘟病级	病穗率(%)	损失率(%)	叶瘟病级	病穗率(%)	损失率(%)
川优 161	4	12.0	1.4	4	11.0	2.5	4	24.0	8.4	6	68.0	17.4
楚糯 1 号	2	14.0	2.8	4	11.0	2.8	2	32.0	12.7	5	91.0	29.0
长香优 3301	2	8.0	2.2	2	8.0	1.6	3	13.0	4.8	4	37.0	15.4
矮两优 998	2	4.0	0.5	2	3.0	0.6	5	38.0	24.5	5	37.0	8.4
Y 两优 919	2	2.0	0.3	4	11.0	3.1	4	33.0	12.2	4	41.0	15.6
Y 两优 77	2	3.0	0.3	2	6.0	1.8	2	6.0	1.8	4	8.0	2.3
Y 两优 753	4	11.0	1.5	2	3.0	0.6	2	9.0	2.4	3	39.0	15.8
Y18S/R07W02	5	18.0	5.4	5	12.0	3.6	5	90.0	42.7	5	92.0	24.4
X22S/兴恢 8 号	2	8.0	1.6	3	6.0	1.2	3	7.0	2.0	4	31.0	9.4
丰两优香一号 CK1	6	18.0	6.3	7	100.0	60	7	100.0	63.0	7	100.0	98.5
DH1S/07-21	6	17.0	3.1	7	40.0	23.2	7	100.0	57.0	7	100.0	92.0
6 优 1104	5	16.0	2.2	5	17.0	5.2	5	45.0	19.0	3	19.0	3.4
6102S/R209	5	16.0	5.6	5	16.0	5	6	100.0	40.5	5	97.0	37.7
51S/20236	4	12.0	3.3	5	22.0	7.1	6	75.0	32.4	4	42.0	12.3
3S/汕恢 277	2	4.0	0.4	2	3.0	0.6	5	24.0	9.4	3	74.0	22.7
0SH088S/8H361	2	4.0	0.7	5	32.0	10.9	5	70.0	27.4	5	91.0	31.0
089S/967	2	3.0	0.5	4	13.0	4.1	3	20.0	7.7	4	51.0	12.6
089S/60207	4	12.0	1.8	3	8.0	1.6	5	19.0	6.7	4	73.0	32.6
088S/粤资 89	3	4.0	0.7	4	11.0	2.5	4	39.0	15.1	3	38.0	17.5
Q 优 6 号 CK2	5	13.0	2.6	5	36.0	13.2	5	100.0	51.5	3	69.0	33.5

表 386　湖北省中稻筛选试验 D 组品种稻瘟病抗性评价结论（2013 年）

品种名称	抗性指数	与 CK1 比较	与 CK2 比较	最高损失率抗级	抗性评价	严重病圃数(个)	综合表现
川优 161	3.9	显著优于	优于	5	中感	1	较好
楚糯 1 号	3.7	显著优于	优于	5	中感	1	较好
长香优 3301	2.8	显著优于	优于	5	中感	0	较好
矮两优 998	3.1	显著优于	优于	5	中感	0	较好
Y 两优 919	3.4	显著优于	优于	5	中感	0	较好
Y 两优 77	1.8	显著优于	显著优于	1	抗病	0	好
Y 两优 753	2.7	显著优于	优于	5	中感	0	较好
Y18S/R07W02	5.0	优于	轻于	7	感病	2	一般
X22S/兴恢 8 号	2.5	显著优于	优于	3	中抗	0	好
丰两优香一号 CK1	7.4		劣于	9	高感	3	淘汰
DH1S/07-21	6.6	轻于	劣于	9	高感	2	差
6 优 1104	3.8	显著优于	优于	5	中感	0	较好
6102S/R209	5.3	优于	相当	7	感病	2	一般
51S/20236	4.6	优于	轻于	7	感病	1	差
3S/汕恢 277	3.0	显著优于	优于	5	中感	1	较好
0SH088S/8H361	4.7	优于	轻于	7	感病	2	一般
089S/967	3.1	显著优于	优于	3	中抗	1	好
089S/60207	3.9	显著优于	优于	7	感病	1	一般
088S/粤资 89	3.6	显著优于	优于	5	中感	0	较好
Q 优 6 号 CK2	5.5	优于		9	高感	2	差

表 387　湖北省中粳筛选试验组品种稻瘟病抗性鉴定各病圃结果（2013 年）

品种名称	红庙病圃			青山病圃			两河病圃			望家病圃		
	叶瘟病级	病穗率(%)	损失率(%)	叶瘟病级	病穗率(%)	损失率(%)	叶瘟病级	病穗率(%)	损失率(%)	叶瘟病级	病穗率(%)	损失率(%)
甬优 4149	2	2.0	0.4	4	14.0	3.4	3	4.0	0.8	2	16.0	5.1
扬两优 6 号 CK1	6	28.0	8.9	7	100.0	39.4	7	100.0	49.0	7	78.0	38.4
武运粳 27 号	5	32.0	10.6	4	31.0	9.8	4	48.0	15.9	3	56.0	28.1
淮 6143	5	20.0	6.4	4	24.0	8.1	5	44.0	14.8	3	42.0	15.5
苏秀 10 号	4	26.0	7.9	2	23.0	6.4	5	85.0	31.9	4	40.0	15.0
蒲粳糯 0537	5	16.0	4.1	5	25.0	7.7	7	100.0	35.0	4	15.0	5.1
南粳 45	5	21.0	6.3	5	31.0	10.7	6	84.0	30.0	5	41.0	17.4
粳两优 24121	6	35.0	13.0	6	100.0	56	6	80.0	35.5	9	85.0	31.1
淮稻 5 号	2	12.0	3.9	5	24.0	7.2	4	16.0	3.8	4	45.0	13.9
武运粳 24 号	5	49.0	16.1	5	68.0	21.7	5	61.0	25.1	9	100.0	87.1
鄂垦粳 2 号	7	45.0	15.0	6	100.0	39.5	8	100.0	60.0	9	100.0	86.5
常优 1 号 CK2	4	11.0	2.8	5	31.0	10.1	5	34.0	11.6	3	35.0	15.1
ZJ319	5	15.0	3.6	5	28.0	8	5	26.0	7.9	7	81.0	35.3
WDR129	2	7.0	1.4	2	27.0	7.2	3	7.0	1.4	4	26.0	10.9
JY12	3	20.0	6.7	5	25.0	5.6	5	71.0	28.5	3	35.0	15.8
嘉育 5 号	2	8.0	1.6	5	19.0	5.6	4	13.0	2.9	4	39.0	13.1

表 388　湖北省中粳筛选试验组品种稻瘟病抗性评价结论（2013 年）

品种名称	抗性指数	与 CK1 比较	与 CK2 比较	最高损失率抗级	抗性评价	严重病圃数(个)	综合表现
甬优 4149	2.2	显著优于	优于	3	中抗	0	好
扬两优 6 号 CK1	6.8		劣于	7	感病	3	一般
武运粳 27 号	4.9	优于	劣于	5	中感	1	较好
淮 6143	4.3	优于	相当	5	中感	0	较好
苏秀 10 号	4.7	优于	相当	7	感病	1	一般
蒲粳糯 0537	4.6	优于	相当	7	感病	1	一般
南粳 45	5.1	优于	劣于	5	中感	1	较好
粳两优 24121	7.1	相当	劣于	9	高感	3	淘汰
淮稻 5 号	3.3	显著优于	轻于	3	中抗	0	好
武运粳 24 号	6.6	相当	劣于	9	高感	3	差
鄂垦粳 2 号	7.5	劣于	劣于	9	高感	3	淘汰
常优 1 号 CK2	4.2	优于		5	中感	0	较好
ZJ319	4.9	优于	劣于	7	感病	1	一般
WDR129	2.9	显著优于	轻于	3	中抗	0	好
JY12	4.6	优于	相当	5	中感	1	较好
嘉育 5 号	3.2	显著优于	轻于	3	中抗	0	好

表 389　湖北省晚籼筛选试验组品种稻瘟病抗性鉴定各病圃结果（2013 年）

品种名称	红庙病圃			青山病圃			两河病圃			望家病圃		
	叶瘟病级	病穗率(%)	损失率(%)	叶瘟病级	病穗率(%)	损失率(%)	叶瘟病级	病穗率(%)	损失率(%)	叶瘟病级	病穗率(%)	损失率(%)
中 9 优 617	5	19.0	5.6	4	23.0	7.9	5	85.0	38.0	3	36.0	16.4
51 优 147	5	19.0	5.9	5	54.0	21.6	6	100.0	93.6	6	71.0	32.1
A 优 116	2	19.0	7.1	5	54.0	25.2	5	100.0	49.5	3	43.0	15.8
99-5A/R9657	2	4.0	0.5	4	11.0	2.2	3	4.0	0.8	4	45.0	27.8
A 优 79	4	17.0	5.2	5	48.0	17.4	5	100.0	63.0	6	72.0	49.3
弘优 305	4	17.0	4.6	5	36.0	12.9	5	100.0	52.4	4	34.0	13.9
金优 207CK	3	7.0	1.4	5	27.0	6.3	5	42.0	17.8	4	59.0	30.5
袁两优 3 号	2	2.0	0.4	4	11.0	2.8	3	48.0	24.1	3	38.0	20.0
两优 636	5	18.0	5.4	5	22.0	8.4	5	48.0	21.3	4	34.0	12.0
101A/成恢 727	2	3.0	0.6	4	30.0	9.9	4	100.0	47.6	3	39.0	16.6
五丰优 7601	3	8.0	1.3	4	15.0	3.9	4	46.0	21.4	6	28.0	8.3
51 优 361	5	34.0	11.0	5	100.0	40.5	5	50.0	27.3	5	41.0	11.8
永 3A/华占	2	4.0	0.8	3	4.0	0.8	2	2.0	0.4	5	73.0	35.2
隆优 886	4	51.0	16.8	5	100.0	50.5	5	100.0	64.5	3	75.0	19.1
荣丰优 8025	5	13.0	3.5	5	18.0	4.5	5	79.0	30.8	3	96.0	25.3
多集新 1 号	4	14.0	3.1	2	7.0	1.7	2	44.0	19.7	3	13.0	5.6
HD9802S/松 06	4	26.0	8.9	5	40.0	14.9	5	90.0	41.5	4	98.0	57.5
荆楚优 3242	5	95.0	53.0	5	21.0	8.7	5	100.0	83.8	5	97.0	31.4
荆楚优 35	5	14.0	4.0	5	31.0	11.2	6	85.0	40.0	5	79.0	16.7
黔丰优 520	2	7.0	1.1	3	17.0	4.3	5	68.0	26.3	3	87.0	21.2

表 390　湖北省晚籼筛选试验组品种稻瘟病抗性评价结论（2013 年）

品种名称	抗性指数	与 CK 比较	最高损失率抗级	抗性评价	严重病圃数(个)	综合表现
中 9 优 617	5.4	劣于	7	感病	2	一般
51 优 147	5.9	劣于	9	高感	3	差
A 优 116	5.4	劣于	7	感病	3	一般
99-5A/R9657	2.3	优于	3	中抗	0	好
A 优 79	6.3	劣于	9	高感	2	差
弘优 305	5.6	劣于	9	高感	2	差
金优 207CK	4.5		5	中感	1	较好
袁两优 3 号	3.6	轻于	5	中感	1	较好
两优 636	4.6	相当	5	中感	0	较好
101A/成恢 727	4.4	相当	7	感病	2	一般
五丰优 7601	4.0	轻于	5	中感	1	较好
51 优 361	5.7	劣于	7	感病	2	一般
永 3A/华占	2.5	优于	5	中感	1	较好
隆优 886	7.1	劣于	9	高感	4	淘汰
荣丰优 8025	3.9	轻于	7	感病	1	一般
多集新 1 号常规	2.9	优于	5	中感	0	较好
HD9802S/松 06	5.1	劣于	7	感病	1	一般
荆楚优 3242	7.1	劣于	9	高感	3	淘汰
荆楚优 35	4.9	相当	7	感病	1	一般
黔丰优 520	4.3	相当	7	感病	2	一般

表 391　湖北省水稻区试品种稻瘟病抗性两年评价结论（2012—2013 年）

区试组别	品种名称	2013 年评价结论		2012 年评价结论		2012—2013 年两年评价结论				
		抗性指数	最高损失率抗级	抗性指数	最高损失率抗级	最高抗性指数	与 CK 比较	最高损失率抗级	抗性评价	综合表现
早稻	鄂早 18CK	5.9	7	5.3	9	5.9		9	高感	差
	HD9802S/R236	6.1	9	5.0	7	6.1	相当	9	高感	差
	富两优 32	5.2	7	4.8	7	5.2	轻于	7	感病	一般
	鄂早 18CK	5.9	7	5.7	9	5.9		9	高感	差
	两优 47	5.7	7	6.3	9	6.3	相当	9	高感	差
	陵两优 7421	4.3	3	4.8	7	4.8	轻于	7	感病	一般
中稻	丰两优香一号 CK	8.1	9	7.8	9	8.1		9	高感	差
	全两优一号	3.9	5	4.4	7	4.4	显著优于	7	感病	一般
	Y 两优 19	3.6	3	5.6	9	5.6	优于	9	高感	差
	准两优 608	4.9	7	4.8	9	4.8	优于	9	高感	差
	丰两优香一号 CK	8.1	9	7.0	9	8.1		9	高感	差
	广占 63-2S/R1128	3.7	3	4.6	7	4.6	显著优于	7	感病	一般
	扬两优 6 号 CK	5.9	7	5.1	9	5.9		9	高感	差
	深两优 841	3.8	5	3.0	5	3.8	优于	5	中感	较好
	Y 两优 5 号	5.1	7	5.9	9	5.9	相当	9	高感	差
	两优 3313	5.4	7	5.4	9	5.4	轻于	9	高感	差
	绿稻 Q7	3.5	3	3.5	5	3.5	优于	5	中感	较好
	Y 两优 976	3.3	3	4.4	9	4.4	优于	9	高感	差
	华两优 655	3.7	3	5.2	7	5.2	轻于	7	感病	一般
	扬两优 6 号 CK	5.9	7	6.1	9	6.1		9	高感	差
	香糯优 561	4.2	5	5.4	7	5.4	轻于	7	感病	一般
	Q 优 6 号 CK	4.3	7	3.9	7	4.3		7	感病	一般
	武香优华占	3.4	5	2.9	3	3.4	轻于	5	中感	较好
	川优 6203	2.3	5	2.3	3	2.3	轻于	5	中感	较好
晚稻	金优 207CK	4.4	7	3.8	5	4.4		7	感病	一般
	51A/冈恢 988	5.5	9	5.1	7	5.5	劣于	9	高感	差
	TY903S/R53	3.8	7	3.6	5	3.8	轻于	7	感病	一般
	泰丰优 398	5.2	7	5.6	7	5.6	劣于	7	感病	一般
	华优 1726	2.9	3	3.3	5	3.3	轻于	5	中感	较好
	金优 207CK	4.4	7	4.1	5	4.4		7	感病	一般
	两优 1128	3.9	5	3.8	5	3.9	相当	5	中感	较好
	鄂晚 17CK	3.7	7	3.5	5	3.7		7	感病	一般
	香糯 91	3.8	5	3.8	5	3.8	相当	5	中感	较好
	EJ403	5.1	7	3.4	3	5.1	劣于	7	感病	一般
	粳两优 8682	3.9	5	4.8	5	4.8	劣于	5	中感	较好
	粳两优 7179	4.7	5	4.3	9	4.7	劣于	9	高感	差

表 392　湖北省早稻区试 A 组品种稻瘟病抗性鉴定各病圃结果（2014 年）

品种名称	红庙病圃			青山病圃			两河病圃			望家病圃		
	叶瘟病级	病穗率(%)	损失率(%)	叶瘟病级	病穗率(%)	损失率(%)	叶瘟病级	病穗率(%)	损失率(%)	叶瘟病级	病穗率(%)	损失率(%)
两优 236	5	85.0	40.7	7	100.0	97.0	7	100.0	100.0	5	63.0	38.3
两优 9327	5	33.0	14.6	6	100.0	57.5	6	100.0	90.5	4	32.0	23.1
早 64	4	23.0	8.8	4	51.0	19.3	5	100.0	50.0	4	53.0	25.2
两优 9318	6	100.0	87.0	5	100.0	100.0	6	100.0	100.0	5	41.0	13.6
两优 206	3	9.0	3.8	5	100.0	53.7	5	100.0	52.5	4	39.0	16.0
两优 89	3	8.0	2.5	5	74.0	33.1	6	100.0	65.0	4	36.0	12.4
鄂早 18CK	2	78.0	31.5	4	43.0	22.3	5	100.0	52.5	5	74.0	33.0
A222	7	100.0	86.0	8	100.0	100.0	8	100.0	100.0	7	100.0	89.8
两优 238	7	100.0	98.5	8	100.0	100.0	8	100.0	100.0	6	44.0	14.8
五丰优 303	5	23.0	6.7	6	79.0	38.7	6	100.0	52.0	5	15.0	6.1
中佳早 19	2	38.0	14.5	4	39.0	26.3	5	100.0	70.0	6	93.0	56.7

表 393　湖北省早稻区试 A 组品种稻瘟病抗性评价结论（2014 年）

品种名称	抗性指数	与 CK 比较	最高损失率抗级	抗性评价	严重病圃数(个)	综合表现
鄂早 18CK	6.6		9	高感	3	差
两优 9318	7.3	劣于	9	高感	3	淘汰
两优 206	5.8	轻于	9	高感	2	差
两优 89	5.4	轻于	9	高感	2	差
两优 236	7.8	劣于	9	高感	4	淘汰
两优 9327	6.6	相当	9	高感	2	差
早 64	5.6	轻于	7	感病	3	一般
A222	8.6	劣于	9	高感	4	淘汰
两优 238	7.7	劣于	9	高感	3	淘汰
五丰优 303	5.9	轻于	9	高感	2	差
中佳早 19	6.3	相当	9	高感	2	差

表 394　湖北省早稻区试 B 组品种稻瘟病抗性鉴定各病圃结果（2014 年）

品种名称	红庙病圃			青山病圃			两河病圃			望家病圃		
	叶瘟病级	病穗率(%)	损失率(%)	叶瘟病级	病穗率(%)	损失率(%)	叶瘟病级	病穗率(%)	损失率(%)	叶瘟病级	病穗率(%)	损失率(%)
HD9802s/R69	6	24.0	8.1	6	100.0	81.0	7	100.0	93.0	5	33.0	14.2
安丰优 7 号	2	4.0	0.8	3	17.0	5.8	3	31.0	13.6	3	13.0	5.1
五优 21	6	100.0	59.0	6	100.0	87.0	7	100.0	98.5	4	29.0	12.4
冈早 8 号	5	67.0	28.1	6	100.0	87.5	7	100.0	100.0	4	21.0	7.0
鄂早 18CK	2	48.0	18.9	4	49.0	30.4	5	100.0	65.5	5	79.0	35.3
华两优 5187	2	6.0	2.1	5	95.0	84.0	5	100.0	94.5	5	13.0	5.2
陵两优 67	2	3.0	0.3	4	29.0	14.3	5	100.0	55.0	5	9.0	2.6
中天早 45	2	6.0	2.1	5	87.0	57.6	5	100.0	90.5	4	23.0	9.5
A4A/R457	4	100.0	44.5	6	100.0	95.5	6	100.0	86.5	6	76.0	39.6
华 5113S/早恢 6 号	2	15.0	5.4	6	100.0	92.0	6	100.0	90.0	5	10.0	5.2
两优 32	5	28.0	9.2	5	100.0	61.4	6	100.0	93.0	6	55.0	26.8

表 395　湖北省早稻区试 B 组品种稻瘟病抗性评价结论（2014 年）

品种名称	抗性指数	与 CK 比较	最高损失率抗级	抗性评价	严重病圃数(个)	综合表现
HD9802s/R69	6.4	相当	9	高感	2	差
安丰优 7 号	3.1	优于	3	中抗	0	好
五优 21	7.3	劣于	9	高感	3	淘汰
冈早 8 号	6.6	相当	9	高感	3	差
鄂早 18CK	6.5		9	高感	2	差
华两优 5187	5.4	轻于	9	高感	2	差
陵两优 67	4.0	优于	9	高感	1	差
中天早 45	5.4	轻于	9	高感	2	差
A4A/R457	7.6	劣于	9	高感	4	淘汰
华 5113S/早恢 6 号	5.8	轻于	9	高感	2	差
两优 32	6.8	相当	9	高感	3	差

表 396 湖北省双季晚籼 A 组品种稻瘟病抗性鉴定各病圃结果（2014 年）

品种名称	红庙病圃			青山病圃			两河病圃			望家病圃		
	叶瘟病级	病穗率(%)	损失率(%)	叶瘟病级	病穗率(%)	损失率(%)	叶瘟病级	病穗率(%)	损失率(%)	叶瘟病级	病穗率(%)	损失率(%)
荆楚优 3242	5	14.0	4.0	6	100.0	66.0	6	100.0	61.0	3	21.0	6.1
隆香优 3217	5	30.0	11.7	7	95.0	72.5	7	100.0	90.0	6	41.0	15.0
荆楚优 79	3	4.0	0.8	4	11.0	2.8	3	11.0	3.4	4	18.0	7.8
金优 207CK	4	18.0	5.4	4	60.0	25.5	5	100.0	51.0	5	28.0	12.2
51 优 229	4	35.0	15.3	7	100.0	98.5	6	100.0	95.5	4	37.0	17.6
51 优 799	4	21.0	5.1	7	100.0	86.5	7	100.0	89.0	5	61.0	35.2
A 优 147	6	100.0	52.0	8	100.0	100.0	8	100.0	98.5	4	38.0	23.4
HD9802S/松 06	4	18.0	7.2	7	100.0	70.0	7	100.0	95.5	4	19.0	7.5
金优 68	4	22.0	6.8	7	100.0	72.5	7	100.0	94.5	5	71.0	39.4
巨风优 1098	4	13.0	3.2	7	100.0	63.5	7	100.0	91.5	6	80.0	47.7
两优 331	4	19.0	7.1	6	100.0	52.0	6	100.0	85.0	5	66.0	31.8
六福优 908	3	8.0	1.9	5	64.0	27.5	6	100.0	60.0	5	42.0	12.9

表 397 湖北省双季晚籼 A 组品种稻瘟病抗性评价结论（2014 年）

品种名称	抗性指数	与 CK 比较	最高损失率抗级	抗性评价	严重病圃数(个)	综合表现
荆楚优 3242	5.8	相当	9	高感	2	差
隆香优 3217	6.6	劣于	9	高感	2	差
荆楚优 79	2.6	优于	3	中抗	0	好
金优 207CK	5.5		9	高感	2	差
51 优 229	6.8	劣于	9	高感	2	差
51 优 799	6.9	劣于	9	高感	3	差
A 优 147	7.8	劣于	9	高感	3	淘汰
HD9802S/松 06	6.1	劣于	9	高感	2	差
金优 68	6.9	劣于	9	高感	3	差
巨风优 1098	6.8	劣于	9	高感	3	差
两优 331	6.8	劣于	9	高感	3	差
六福优 908	5.2	相当	9	高感	2	差

表 398　湖北省双季晚籼 B 组品种稻瘟病抗性鉴定各病圃结果（2014 年）

品种名称	红庙病圃			青山病圃			两河病圃			望家病圃		
	叶瘟病级	病穗率(%)	损失率(%)	叶瘟病级	病穗率(%)	损失率(%)	叶瘟病级	病穗率(%)	损失率(%)	叶瘟病级	病穗率(%)	损失率(%)
巨风优 8643	2	4.0	0.8	4	24.0	9.0	4	46.0	19.7	3	11.0	2.7
奥富优 393	2	11.0	2.8	5	34.0	12.5	5	80.0	42.0	4	31.0	12.4
天源 151A/R15	5	26.0	10.8	7	100.0	50.0	6	100.0	88.0	5	26.0	10.7
A 优 87	4	38.0	16.2	7	100.0	87.5	7	100.0	93.0	5	81.0	42.6
奥富优 383	2	16.0	4.7	6	100.0	70.5	6	100.0	75.0	5	33.0	13.1
金优 207CK	4	21.0	6.6	5	73.0	26.5	6	100.0	50.5	5	69.0	32.8
A 优 442	2	9.0	2.4	3	23.0	8.5	5	72.0	32.0	4	37.0	11.9
荆楚优 8691	3	11.0	2.5	5	41.0	14.2	4	100.0	61.0	5	16.0	7.0
盛泰 A/C216	3	17.0	6.2	7	100.0	85.0	6	100.0	86.5	5	30.0	11.6
A 优 218	4	23.0	9.7	7	100.0	94.5	7	100.0	98.5	6	86.0	52.8
51 优 141	4	19.0	5.9	8	100.0	100.0	6	110.0	95.0	4	57.0	40.9
深优 361	4	12.0	3.9	7	100.0	86.5	5	100.0	58.0	5	57.0	19.1

表 399　湖北省双季晚籼 B 组品种稻瘟病抗性评价结论（2014 年）

品种名称	抗性指数	与 CK 比较	最高损失率抗级	抗性评价	严重病圃数(个)	综合表现
金优 207CK	6.3		9	高感	3	差
A 优 87	7.3	劣于	9	高感	3	淘汰
奥富优 383	5.8	轻于	9	高感	2	差
A 优 442	4.1	优于	7	感病	1	一般
荆楚优 8691	4.7	优于	9	高感	1	差
盛泰 A/C216	6.2	相当	9	高感	2	差
巨风优 8643	3.2	优于	5	中感	0	较好
奥富优 393	4.5	优于	7	感病	1	一般
天源 151A/R15	6.2	相当	9	高感	2	差
A 优 218	7.3	劣于	9	高感	3	淘汰
51 优 141	6.9	劣于	9	高感	3	差
深优 361	6.3	相当	9	高感	3	差

表 400 湖北省双季晚粳组品种稻瘟病抗性鉴定各病圃结果（2014 年）

品种名称	红庙病圃			青山病圃			两河病圃			望家病圃		
	叶瘟病级	病穗率(%)	损失率(%)	叶瘟病级	病穗率(%)	损失率(%)	叶瘟病级	病穗率(%)	损失率(%)	叶瘟病级	病穗率(%)	损失率(%)
EJ412	5	6.0	1.2	7	65.0	37.5	6	50.0	22.5	8	96.0	60.6
3198	6	7.0	2.0	6	43.0	16.1	7	60.0	27.0	7	100.0	100.0
TY036	3	4.0	0.8	5	15.0	4.8	5	19.0	6.2	5	24.0	11.3
W1837	4	4.0	0.8	5	49.0	19.3	5	65.0	31.0	4	21.0	11.0
WDR48	2	2.0	0.4	5	23.0	7.9	4	13.0	5.9	4	12.0	6.6
WDR56	4	2.0	0.4	7	46.0	20.7	7	70.0	35.0	5	40.0	25.7
鄂晚 17CK	5	2.0	0.4	6	19.0	5.9	6	30.0	13.0	6	33.0	15.8
荆粳 3 号	5	2.0	0.4	6	40.0	14.9	7	100.0	45.0	5	73.0	45.8
粳两优 2095	6	9.0	2.7	7	100.0	60.0	8	100.0	97.0	7	47.0	23.3
粳优 213	7	100.0	55.0	7	100.0	100.0	7	100.0	100.0	5	100.0	100.0
武 1806	6	11.0	3.4	6	38.0	13.0	7	42.0	17.9	7	46.0	11.6
武运 2379	7	40.0	15.0	8	100.0	100.0	8	100.0	98.5	6	100.0	97.9

表 401 湖北省双季晚粳组品种稻瘟病抗性评价结论（2014 年）

品种名称	抗性指数	与 CK 比较	最高损失率抗级	抗性评价	严重病圃数(个)	综合表现
鄂晚 17CK	3.6		5	中感	0	较好
EJ412	5.7	劣于	9	高感	2	差
3198	4.9	劣于	9	高感	1	差
W1837	3.9	相当	7	感病	0	一般
WDR48	2.8	轻于	3	中抗	0	好
武 1806	4.3	劣于	5	中感	0	较好
TY036	2.7	轻于	3	中抗	0	好
WDR56	4.9	劣于	7	感病	0	一般
荆粳 3 号	5.2	劣于	7	感病	1	一般
粳两优 2095	7.0	劣于	9	高感	3	差
粳优 213	7.9	劣于	9	高感	5	淘汰
武运 2379	7.0	劣于	9	高感	3	差

表 402　湖北省双季晚籼筛选组品种稻瘟病抗性鉴定各病圃结果（2014 年）

品种名称	红庙病圃			青山病圃			两河病圃			望家病圃		
	叶瘟病级	病穗率(%)	损失率(%)	叶瘟病级	病穗率(%)	损失率(%)	叶瘟病级	病穗率(%)	损失率(%)	叶瘟病级	病穗率(%)	损失率(%)
株两优 6689	3	3.0	0.6	7	100.0	88.0	7	100.0	90.0	5	97.0	73.4
早丰优华占	2	3.0	0.5	2	9.0	3.0	2	35.0	11.2	4	9.0	2.9
尤群 3 号	3	10.0	2.6	5	34.0	15.1	5	80.0	33.8	5	23.0	13.0
湘丰优 459	2	19.0	4.7	4	35.0	14.1	4	32.0	11.9	5	27.0	16.3
深优 9559	2	9.0	3.0	3	24.0	12.1	4	65.0	25.1	3	22.0	8.1
深优 518	2	4.0	0.7	5	12.0	3.3	5	24.0	6.6	4	23.0	9.7
内香 26	6	18.0	6.4	8	100.0	85.5	7	100.0	98.5	7	52.0	28.4
荆楚 814A/R207	6	31.0	12.4	3	8.0	1.9	3	16.0	5.6	4	26.0	16.3
金优 207CK	4	18.0	6.3	7	100.0	75.0	6	100.0	69.0	5	56.0	31.7
华两优 221	4	13.0	3.8	5	24.0	9.0	5	20.0	6.1	6	54.0	30.8
广两优香 88	7	100.0	60.5	8	100.0	92.5	8	100.0	100.0	8	100.0	100.0
1073 优华占	5	29.0	5.7	7	100.0	88.0	7	100.0	87.5	7	100.0	100.0

表 403　湖北省双季晚籼筛选组品种稻瘟病抗性评价结论（2014 年）

品种名称	抗性指数	与 CK 比较	最高损失率抗级	抗性评价	严重病圃数(个)	综合表现
株两优 6689	6.6	相当	9	高感	3	差
早丰优华占	2.3	显著优于	3	中抗	0	好
尤群 3 号	4.6	优于	7	感病	1	一般
湘丰优 459	4.1	优于	5	中感	0	较好
深优 9559	3.6	优于	5	中感	1	较好
深优 518	3.0	显著优于	3	中抗	0	好
内香 26	7.0	相当	9	高感	3	差
荆楚 814A/R207	3.9	优于	5	中感	0	较好
金优 207CK	6.9		9	高感	3	差
华两优 221	4.5	优于	7	感病	1	一般
广两优香 88	8.7	劣于	9	高感	4	淘汰
1073 优华占	7.5	劣于	9	高感	3	淘汰

表 404　湖北省中籼区试 A 组品种稻瘟病抗性鉴定各病圃结果（2014 年）

品种名称	红庙病圃			青山病圃			两河病圃			望家病圃		
	叶瘟病级	病穗率(%)	损失率(%)	叶瘟病级	病穗率(%)	损失率(%)	叶瘟病级	病穗率(%)	损失率(%)	叶瘟病级	病穗率(%)	损失率(%)
广两优 1813	4	12.0	2.4	7	39.0	15.6	7	100.0	74.0	3	21.0	7.8
广两优 988	7	32.0	13.3	8	100.0	85.5	8	100.0	100.0	7	100.0	100.0
华两优 1511	6	15.0	4.2	6	22.0	7.1	6	57.0	21.7	5	15.0	6.1
L 两优华占	5	11.0	3.1	3	6.0	1.2	4	57.0	36.8	4	19.0	5.8
89 优 195	6	21.0	6.6	6	100.0	50.5	7	100.0	67.5	7	59.0	36.9
两优 8 号	7	31.0	12.7	7	100.0	60.0	7	100.0	83.5	7	100.0	73.4
丰两优四号 CK	7	100.0	48.5	7	100.0	50.0	7	100.0	64.0	8	100.0	100.0
隆两优 281	4	18.0	6.9	6	32.0	11.8	5	16.0	4.7	4	11.0	3.0
望两优 2 号	4	12.0	3.9	7	100.0	52.2	7	100.0	95.5	3	7.0	1.1
广两优 143	5	12.0	3.6	8	100.0	60.0	7	100.0	89.0	5	14.0	7.6
隆两优 301	2	3.0	0.9	5	61.0	24.4	5	13.0	4.1	4	11.0	5.7
广占 63-4S/R958	2	4.0	0.8	2	16.0	3.8	2	7.0	1.4	6	42.0	13.1

表 405　湖北省中籼区试 A 组品种稻瘟病抗性评价结论（2014 年）

品种名称	抗性指数	与 CK 比较	最高损失率抗级	抗性评价	严重病圃数(个)	综合表现
广两优 1813	5.2	显著优于	9	高感	1	差
广两优 988	7.8	相当	9	高感	3	淘汰
华两优 1511	4.5	显著优于	5	中感	1	较好
L 两优华占	4.1	显著优于	7	感病	1	一般
89 优 195	7.1	轻于	9	高感	3	淘汰
两优 8 号	7.6	轻于	9	高感	3	淘汰
丰两优四号 CK	8.1		9	高感	4	淘汰
隆两优 281	3.5	显著优于	3	中抗	0	好
望两优 2 号	5.1	显著优于	9	高感	2	差
广两优 143	6.0	优于	9	高感	2	差
隆两优 301	3.7	显著优于	5	中感	1	较好
广占 63-4S/R958	2.8	显著优于	3	中抗	0	好

表 406　湖北省中籼区试 B 组品种稻瘟病抗性鉴定各病圃结果（2014 年）

品种名称	红庙病圃			青山病圃			两河病圃			望家病圃		
	叶瘟病级	病穗率(%)	损失率(%)	叶瘟病级	病穗率(%)	损失率(%)	叶瘟病级	病穗率(%)	损失率(%)	叶瘟病级	病穗率(%)	损失率(%)
两优 54	5	31.0	10.7	7	100.0	52.5	7	105.0	80.0	7	73.0	49.0
两优 232	7	100.0	68.5	8	100.0	90.5	8	100.0	98.5	6	47.0	15.2
深两优 3117	4	13.0	3.8	6	100.0	48.5	7	100.0	85.0	3	8.0	3.2
两优 257	5	15.0	4.5	5	100.0	71.0	7	100.0	75.0	4	31.0	21.4
N 两优 251	5	15.0	5.1	7	100.0	91.0	7	100.0	78.0	6	21.0	12.4
天龙两优 140	4	22.0	9.5	6	100.0	85.0	6	100.0	85.0	3	13.0	4.9
1892S/华占	4	11.0	3.4	6	20.0	5.5	2	15.0	4.8	4	7.0	2.0
095S/92067	2	4.0	1.1	4	5.0	1.3	5	69.0	35.5	4	3.0	1.2
丰两香一号 CK1	7	100.0	65.5	8	100.0	100.0	8	100.0	100.0	8	100.0	100.0
丰两优四号 CK2	6	80.0	40.0	7	70.0	25.5	7	100.0	62.5	7	94.0	79.3
武两优 698	3	7.0	2.0	5	48.0	15.0	5	74.0	30.5	3	9.0	3.4
QF162S/R81	7	56.0	25.2	7	100.0	48.0	7	100.0	89.5	6	93.0	67.3

表 407　湖北省中籼区试 B 组品种稻瘟病抗性评价结论（2014 年）

品种名称	抗性指数	与 CK1 比较	与 CK2 比较	最高损失率抗级	抗性评价	严重病圃数(个)	综合表现
丰两香一号 CK1	8.7		劣于	9	高感	4	淘汰
天龙两优 140	5.8	优于	优于	9	高感	2	差
1892S/华占	2.9	显著优于	显著优于	3	中抗	0	好
095S/92067	3.0	显著优于	显著优于	7	感病	1	一般
丰两优四号 CK2	7.7	轻于		9	高感	4	淘汰
两优 54	7.1	轻于	轻于	9	高感	3	淘汰
两优 232	7.9	轻于	相当	9	高感	3	淘汰
深两优 3117	5.1	显著优于	优于	9	高感	2	差
两优 257	6.3	优于	轻于	9	高感	2	差
N 两优 251	6.1	优于	优于	9	高感	2	差
武两优 698	3.9	显著优于	显著优于	7	感病	1	一般
QF162S/R81	7.7	轻于	相当	9	高感	4	淘汰

表 408　湖北省中籼区试 C 组品种稻瘟病抗性鉴定各病圃结果（2014 年）

品种名称	红庙病圃			青山病圃			两河病圃			望家病圃		
	叶瘟病级	病穗率(%)	损失率(%)	叶瘟病级	病穗率(%)	损失率(%)	叶瘟病级	病穗率(%)	损失率(%)	叶瘟病级	病穗率(%)	损失率(%)
两优 148	7	47.0	18.5	7	100.0	45.5	8	100.0	100.0	6	47.0	17.1
F3006S/W11	7	34.0	11.0	8	100.0	85.0	8	100.0	100.0	8	100.0	100.0
两优 622	6	19.0	6.5	7	100.0	45.0	7	100.0	70.0	3	6.0	1.7
华两优 9929	2	4.0	0.8	4	21.0	7.5	4	31.0	12.4	4	13.0	3.8
扬两优 6 号 CK1	7	31.0	10.7	8	100.0	94.0	8	100.0	100.0	9	100.0	100.0
Y 两优 957	3	13.0	2.6	7	100.0	61.0	7	105.0	98.0	4	19.0	6.0
深两优 5183	2	4.0	0.8	4	13.0	4.4	4	23.0	10.3	4	11.0	3.1
两优 1318	5	9.0	2.4	7	100.0	60.0	7	59.0	24.5	7	94.0	67.4
香优 506	5	15.0	3.3	7	100.0	51.5	7	100.0	95.5	5	45.0	20.7
广优 3485	2	2.0	0.4	3	4.0	0.8	4	14.0	3.4	3	7.0	1.6
丰两优四号 CK2	6	44.0	17.0	7	100.0	45.0	8	100.0	94.5	7	100.0	100.0
两优 471	5	69.0	25.8	6	43.0	14.9	7	100.0	60.0	4	10.0	2.0

表 409　湖北省中籼区试 C 组品种稻瘟病抗性评价结论（2014 年）

品种名称	抗性指数	与 CK1 比较	与 CK2 比较	最高损失率抗级	抗性评价	严重病圃数(个)	综合表现
扬两优 6 号 CK1	7.9		相当	9	高感	3	淘汰
两优 148	7.0	轻于	轻于	9	高感	2	差
F3006S/W11	7.8	相当	相当	9	高感	3	淘汰
两优 622	5.6	优于	优于	9	高感	2	差
Y 两优 957	5.8	优于	优于	9	高感	2	差
深两优 5183	2.6	显著优于	显著优于	3	中抗	0	好
华两优 9929	3.0	显著优于	显著优于	3	中抗	0	好
两优 1318	6.5	轻于	轻于	9	高感	3	差
香优 506	6.4	优于	轻于	9	高感	2	差
广优 3485	1.9	显著优于	显著优于	1	抗病	0	好
丰两优四号 CK2	7.6	相当		9	高感	3	淘汰
两优 471	5.4	优于	优于	9	高感	2	差

表 410　湖北省中籼区试 D 组品种稻瘟病抗性鉴定各病圃结果（2014 年）

品种名称	红庙病圃			青山病圃			两河病圃			望家病圃		
	叶瘟病级	病穗率(%)	损失率(%)	叶瘟病级	病穗率(%)	损失率(%)	叶瘟病级	病穗率(%)	损失率(%)	叶瘟病级	病穗率(%)	损失率(%)
两优 2916	6	18.0	4.5	7	76.0	38.3	7	100.0	72.0	7	27.0	9.2
广两优 658	7	28.0	8.0	8	100.0	100.0	8	100.0	100.0	8	100.0	99.4
E 两优 476	3	3.0	0.6	4	15.0	4.8	4	13.0	3.5	3	6.0	1.2
华两优 1355	6	15.0	4.5	7	100.0	48.5	7	100.0	60.0	6	82.0	56.4
两优 8540	3	24.0	9.0	6	100.0	67.5	6	100.0	79.5	4	43.0	22.6
广两优 67	7	42.0	15.3	8	100.0	95.5	8	100.0	100.0	8	100.0	78.4
广两优 01	4	8.0	2.2	7	55.0	17.0	7	100.0	52.0	6	93.0	46.6
巨 2 优 585	2	32.0	10.9	6	100.0	81.5	7	100.0	94.5	5	56.0	24.7
丰两优四号 CK	6	29.0	10.8	7	100.0	60.0	7	58.0	38.6	5	43.0	18.9
M26-7A/R216	6	12.0	3.6	7	100.0	42.5	7	100.0	51.0	7	48.0	23.1
隆两优 618	5	16.0	4.7	7	100.0	52.0	7	100.0	68.0	6	28.0	10.7
T 两优 8216	6	100.0	52.0	6	100.0	74.5	7	100.0	93.0	5	55.0	27.4

表 411　湖北省中籼区试 D 组品种稻瘟病抗性评价结论（2014 年）

品种名称	抗性指数	与 CK 比较	最高损失率抗级	抗性评价	严重病圃数(个)	综合表现
两优 2916	6.1	相当	9	高感	2	差
广两优 658	7.8	劣于	9	高感	3	淘汰
E 两优 476	2.3	显著优于	1	抗病	0	好
华两优 1355	6.9	相当	9	高感	3	差
两优 8540	6.3	相当	9	高感	2	差
广两优 67	8.1	劣于	9	高感	3	淘汰
广两优 01	6.1	相当	9	高感	3	差
巨 2 优 585	6.6	相当	9	高感	3	差
丰两优四号 CK	6.6		9	高感	2	差
M26-7A/R216	6.3	相当	9	高感	2	差
隆两优 618	6.2	相当	9	高感	2	差
T 两优 8216	7.8	劣于	9	高感	4	淘汰

表 412　湖北省中籼区试 E 组品种稻瘟病抗性鉴定各病圃结果（2014 年）

品种名称	红庙病圃			青山病圃			两河病圃			望家病圃		
	叶瘟病级	病穗率(%)	损失率(%)	叶瘟病级	病穗率(%)	损失率(%)	叶瘟病级	病穗率(%)	损失率(%)	叶瘟病级	病穗率(%)	损失率(%)
广两优 256	7	100.0	69.0	9	100.0	100.0	9	100.0	100.0	8	100.0	92.8
华优 352	2	4.0	0.8	2	7.0	1.4	3	12.0	3.0	4	7.0	3.8
广两优 150	7	69.0	30.5	8	100.0	97.0	8	100.0	100.0	7	100.0	100.0
天两优 6312	6	20.0	5.2	7	100.0	46.0	7	65.0	28.0	6	68.0	39.0
全两优 223	7	95.0	49.0	9	100.0	97.5	8	100.0	97.5	9	100.0	100.0
武两优 244	4	22.0	7.4	5	100.0	49.5	6	100.0	60.5	6	63.0	41.1
惠两优 225	5	13.0	4.7	7	100.0	67.0	7	100.0	81.0	6	59.0	26.0
G 两优 9815	6	100.0	59.5	7	100.0	95.5	8	100.0	100.0	6	64.0	31.9
丰两优四号 CK	6	58.0	23.8	7	100.0	60.0	7	72.0	39.7	7	82.0	57.4
T87S/RY-1	5	70.0	32.0	7	90.0	42.0	7	100.0	95.5	5	94.0	59.4
两优 7792	3	6.0	1.2	4	36.0	13.8	5	35.0	17.5	4	28.0	12.5
瑞两优泰丰	5	65.0	27.0	8	100.0	94.0	7	100.0	97.0	3	2.0	0.4

表 413　湖北省中籼区试 E 组品种稻瘟病抗性评价结论（2014 年）

品种名称	抗性指数	与 CK 比较	最高损失率抗级	抗性评价	严重病圃数(个)	综合表现
广两优 256	8.8	劣于	9	高感	4	淘汰
华优 352	1.9	显著优于	1	抗病	0	好
广两优 150	8.4	劣于	9	高感	4	淘汰
天两优 6312	6.4	轻于	7	感病	3	一般
全两优 223	8.6	劣于	9	高感	4	淘汰
武两优 244	6.6	轻于	9	高感	3	差
惠两优 225	6.6	轻于	9	高感	3	差
G 两优 9815	8.2	相当	9	高感	4	淘汰
丰两优四号 CK	7.7		9	高感	4	淘汰
T87S/RY-1	7.8	相当	9	高感	4	淘汰
两优 7792	4.0	显著优于	5	中感	0	较好
瑞两优泰丰	6.2	优于	9	高感	3	差

表 414 湖北省中籼区试 F 组品种稻瘟病抗性鉴定各病圃结果（2014 年）

品种名称	红庙病圃			青山病圃			两河病圃			望家病圃		
	叶瘟病级	病穗率(%)	损失率(%)	叶瘟病级	病穗率(%)	损失率(%)	叶瘟病级	病穗率(%)	损失率(%)	叶瘟病级	病穗率(%)	损失率(%)
巨 2 优 60	2	17.0	5.5	6	100.0	50.0	6	100.0	68.0	5	36.0	11.3
鄂丰优 9727	2	4.0	0.8	3	14.0	5.2	4	44.0	20.2	4	21.0	11.5
两优 213	6	21.0	5.7	6	70.0	27.5	7	100.0	64.5	4	27.0	6.0
广占 63-4S/R674	5	23.0	8.2	7	100.0	52.0	7	100.0	90.5	5	48.0	25.1
鄂丰丝苗 1 号	4	6.0	1.8	4	22.0	8.6	5	60.0	26.5	3	13.0	4.4
丰两优四号 CK	6	37.0	15.9	7	80.0	29.5	8	100.0	87.0	7	100.0	97.3
丰两优 848	7	95.0	46.5	7	100.0	49.5	8	100.0	97.0	7	100.0	100.0
Q 优 587	6	54.0	20.9	7	100.0	68.0	7	100.0	87.5	7	65.0	48.4
云两优 247	5	16.0	4.7	7	100.0	65.0	7	90.0	42.0	6	43.0	13.9
广占 63-4S/华 99	7	26.0	8.8	8	100.0	91.0	8	100.0	100.0	6	44.0	24.4
深两优 973	6	100.0	54.5	7	75.0	30.0	7	100.0	97.0	3	15.0	7.4
天两优 6214	2	3.0	0.6	5	100.0	50.5	5	100.0	44.0	5	44.0	25.5

表 415 湖北省中籼区试 F 组品种稻瘟病抗性评价结论（2014 年）

品种名称	抗性指数	与 CK 比较	最高损失率抗级	抗性评价	严重病圃数(个)	综合表现
巨 2 优 60	5.8	优于	9	高感	2	差
鄂丰优 9727	3.4	显著优于	5	中感	0	较好
两优 213	5.8	优于	9	高感	2	差
广占 63-4S/R674	6.6	轻于	9	高感	2	差
鄂丰丝苗 1 号	3.6	显著优于	5	中感	1	较好
丰两优四号 CK	7.4		9	高感	3	淘汰
丰两优 848	8.1	劣于	9	高感	4	淘汰
Q 优 587	7.7	相当	9	高感	4	淘汰
云两优 247	5.9	优于	9	高感	2	差
广占 63-4S/华 99	7.1	相当	9	高感	2	淘汰
深两优 973	6.7	轻于	9	高感	3	差
天两优 6214	5.4	优于	9	高感	2	差

表 416 湖北省中籼区试 G 组品种稻瘟病抗性鉴定各病圃结果（2014 年）

品种名称	红庙病圃			青山病圃			两河病圃			望家病圃		
	叶瘟病级	病穗率(%)	损失率(%)	叶瘟病级	病穗率(%)	损失率(%)	叶瘟病级	病穗率(%)	损失率(%)	叶瘟病级	病穗率(%)	损失率(%)
红 2 优 3953	7	60.0	25.5	7	100.0	52.0	8	100.0	98.5	8	81.0	74.4
荃优 822	2	2.0	0.4	3	7.0	2.0	4	43.0	17.1	4	17.0	4.8
丰两优四号 CK	7	38.0	17.0	7	100.0	60.0	7	65.0	44.0	8	99.0	93.9
孝糯优 6 号	2	2.0	0.4	6	80.0	34.0	6	100.0	84.0	7	64.0	46.5
10 冬 6210A/10 秋 R775 *	6	100.0	52.5	6	100.0	50.5	7	100.0	81.5	6	33.0	18.5
兆优 5431	4	8.0	1.6	5	13.0	3.8	5	45.0	19.5	5	13.0	4.4
H 优 147	2	2.0	0.4	6	48.0	22.1	6	60.0	25.5	3	4.0	0.4
巨风优 108	5	14.0	4.3	7	100.0	86.5	7	100.0	92.5	6	43.0	25.5
Q 优 6 号 CK1	4	11.0	3.7	6	100.0	75.0	6	100.0	86.0	5	31.0	15.9
深优 9521	5	8.0	2.5	7	100.0	35.0	7	100.0	85.0	6	11.0	3.7
珞优 9348	2	2.0	0.4	5	28.0	8.9	5	60.0	20.5	4	18.0	7.4
红香糯 1 号	5	20.0	8.0	7	100.0	60.0	6	100.0	82.0	6	92.0	68.3

表 417 湖北省中籼区试 G 组品种稻瘟病抗性评价结论（2014 年）

品种名称	抗性指数	与 CK1 比较	与 CK2 比较	最高损失率抗级	抗性评价	严重病圃数(个)	综合表现
Q 优 6 号 CK1	6.2		优于	9	高感	2	差
10 冬 6210A/10 秋 R775	7.7	劣于	相当	9	高感	3	淘汰
兆优 5431	3.4	优于	显著优于	5	中感	0	较好
H 优 147	3.7	优于	显著优于	5	中感	1	较好
巨风优 108	6.4	相当	轻于	9	高感	2	差
深优 9521	5.4	轻于	优于	9	高感	2	差
珞优 9348	3.9	优于	显著优于	5	中感	1	较好
红 2 优 3953	8.1	劣于	相当	9	高感	4	淘汰
荃优 822	2.8	优于	显著优于	5	中感	0	较好
丰两优四号 CK	7.7	劣于		9	高感	3	淘汰
孝糯优 6 号	6.1	相当	优于	9	高感	3	差
红香糯 1 号	7.3	劣于	相当	9	高感	3	淘汰

表 418 湖北省中粳 H 组品种稻瘟病抗性鉴定各病圃结果（2014 年）

品种名称	红庙病圃			青山病圃			两河病圃			望家病圃		
	叶瘟病级	病穗率(%)	损失率(%)	叶瘟病级	病穗率(%)	损失率(%)	叶瘟病级	病穗率(%)	损失率(%)	叶瘟病级	病穗率(%)	损失率(%)
JY12	5	24.0	10.4	7	100.0	82.0	8	100.0	98.5	7	100.0	100.0
粳两优 5057	5	14.0	4.3	7	100.0	50.0	8	100.0	60.0	8	93.0	69.1
武运 1152	4	22.0	6.5	6	100.0	73.5	7	100.0	79.0	6	54.0	36.1
甬优 4949	2	4.0	0.8	3	4.0	0.8	3	33.0	14.7	7	46.0	25.4
扬两优 6 号 CK1	7	40.0	18.0	8	100.0	85.0	8	100.0	100.0	8	100.0	94.9
甬优 4351	2	4.0	0.8	5	41.0	15.8	4	60.0	25.5	4	17.0	4.6
春优 11	2	3.0	0.6	4	65.0	25.5	4	70.0	32.0	4	14.0	3.3
扬粳 306	5	14.0	4.0	6	100.0	45.0	7	100.0	52.0	4	79.0	50.5
盐稻 12 号	7	23.0	8.8	7	100.0	60.0	7	100.0	47.0	8	100.0	100.0
南粳 9108	7	29.0	10.0	6	100.0	60.0	7	100.0	52.0	9	100.0	100.0
常优 12-11	6	23.0	8.5	7	100.0	35.0	7	55.0	27.0	5	28.0	5.2
甬优 4149	2	2.0	0.4	3	4.0	0.8	3	37.0	13.1	4	27.0	13.3

表 419 湖北省中粳 H 组品种稻瘟病抗性评价结论（2014 年）

品种名称	抗性指数	与 CK 比较	最高损失率抗级	抗性评价	严重病圃数(个)	综合表现
JY12	7.4	轻于	9	高感	3	淘汰
粳两优 5057	7.0	轻于	9	高感	3	差
武运 1152	6.9	轻于	9	高感	3	差
甬优 4949	3.2	显著优于	5	中感	0	较好
扬两优 6 号 CK1	8.1		9	高感	3	淘汰
甬优 4351	3.8	显著优于	5	中感	1	较好
春优 11	4.1	显著优于	7	感病	2	一般
扬粳 306	6.6	优于	9	高感	3	差
盐稻 12 号	7.3	轻于	9	高感	3	淘汰
南粳 9108	7.7	相当	9	高感	3	淘汰
常优 12-11	5.7	优于	7	感病	2	一般
甬优 4149	2.8	显著优于	3	中抗	0	好

表 420　湖北省中稻 I 组品种稻瘟病抗性鉴定各病圃结果（2014 年）

品种名称	红庙病圃			青山病圃			两河病圃			望家病圃		
	叶瘟病级	病穗率(%)	损失率(%)	叶瘟病级	病穗率(%)	损失率(%)	叶瘟病级	病穗率(%)	损失率(%)	叶瘟病级	病穗率(%)	损失率(%)
两优 928	7	80.0	35.5	8	100.0	100.0	8	100.0	100.0	8	100.0	95.8
两优 8710	6	85.0	41.5	7	100.0	50.0	7	100.0	97.0	4	43.0	22.9
D080S/Z115	3	12.0	2.4	7	100.0	49.5	7	100.0	77.5	3	51.0	21.1
荃两优丝苗	4	11.0	2.8	3	7.0	2.3	4	33.0	13.9	5	77.0	47.2
两优 881	3	17.0	5.8	4	24.0	9.3	7	100.0	43.5	5	94.0	66.6
丰两优四号 CK	7	50.0	22.5	7	100.0	60.0	8	100.0	97.0	7	97.0	88.4
徽两优 858	6	30.0	10.8	7	100.0	76.0	7	100.0	92.5	7	71.0	46.9
创两优 5 号	5	30.0	13.3	7	100.0	60.0	7	100.0	89.0	7	53.0	22.7
B621S/望恢 141	6	78.0	33.2	7	100.0	47.0	8	100.0	94.0	3	7.0	0.8
C815S/F904	4	6.0	1.2	7	100.0	84.0	7	100.0	72.0	3	10.0	3.4
广两优 900	7	45.0	15.0	8	100.0	92.5	8	100.0	100.0	8	100.0	93.7
Y 两优 636	2	2.0	0.4	3	8.0	1.9	3	12.0	3.6	4	22.0	6.2

表 421　湖北省中稻 I 组品种稻瘟病抗性评价结论（2014 年）

品种名称	抗性指数	与 CK 比较	最高损失率抗级	抗性评价	严重病圃数(个)	综合表现
两优 928	8.4	相当	9	高感	4	淘汰
两优 8710	7.1	轻于	9	高感	3	淘汰
D080S/Z115	6.0	优于	9	高感	3	差
荃两优丝苗	4.0	显著优于	7	感病	1	一般
两优 881	5.7	优于	9	高感	2	差
丰两优四号 CK	7.9		9	高感	3	淘汰
徽两优 858	7.3	轻于	9	高感	3	淘汰
创两优 5 号	7.0	轻于	9	高感	3	差
B621S/望恢 141	6.4	优于	9	高感	3	差
C815S/F904	5.3	优于	9	高感	2	差
广两优 900	7.8	相当	9	高感	3	淘汰
Y 两优 636	2.4	显著优于	3	中抗	0	好

表 422　湖北省中稻 J 组品种稻瘟病抗性鉴定各病圃结果（2014 年）

品种名称	红庙病圃			青山病圃			两河病圃			望家病圃		
	叶瘟病级	病穗率(%)	损失率(%)	叶瘟病级	病穗率(%)	损失率(%)	叶瘟病级	病穗率(%)	损失率(%)	叶瘟病级	病穗率(%)	损失率(%)
CY52	7	100.0	48.5	7	100.0	79.0	7	100.0	97.0	5	43.0	18.4
嘉浙优 57	2	3.0	0.6	5	80.0	33.5	6	100.0	70.5	4	33.0	17.1
福两优 039	5	13.0	3.2	5	100.0	50.0	7	100.0	90.0	5	22.0	9.1
福龙两优 29	4	8.0	2.5	3	3.0	0.6	6	35.0	13.5	4	5.0	1.6
丰两优四号 CK	6	36.0	13.6	7	100.0	60.0	7	100.0	66.0	7	87.0	56.1
W 两优香 2 号	7	47.0	21.4	8	100.0	85.0	8	100.0	100.0	8	100.0	97.9
和两优 3719	6	35.0	14.6	6	40.0	17.2	7	100.0	89.5	4	9.0	2.1
宝两优 118	8	100.0	100.0	8	100.0	94.5	8	100.0	100.0	9	100.0	100.0
U1A/蜀恢 208	3	6.0	1.2	3	9.0	1.8	3	23.0	6.7	7	27.0	13.7
深两优 871	3	6.0	1.2	5	11.0	3.4	3	6.0	1.5	4	8.0	2.5
荆两优 1166	5	12.0	3.6	7	100.0	60.0	7	100.0	91.0	7	100.0	88.1
广两优 668	7	100.0	52.5	8	100.0	85.0	8	100.0	97.5	7	100.0	97.9

表 423　湖北省中稻 J 组品种稻瘟病抗性评价结论（2014 年）

品种名称	抗性指数	与 CK 比较	最高损失率抗级	抗性评价	严重病圃数(个)	综合表现
CY52	7.5	相当	9	高感	3	淘汰
嘉浙优 57	5.4	优于	9	高感	2	差
福两优 039	5.6	优于	9	高感	2	差
福龙两优 29	2.6	显著优于	3	中抗	0	好
丰两优四号 CK	7.6		9	高感	3	淘汰
W 两优香 2 号	8.1	相当	9	高感	3	淘汰
和两优 3719	5.3	优于	9	高感	1	差
宝两优 118	8.8	劣于	9	高感	4	淘汰
U1A/蜀恢 208	3.1	显著优于	3	中抗	0	好
深两优 871	2.3	显著优于	1	抗病	0	好
荆两优 1166	7.1	相当	9	高感	3	淘汰
广两优 668	8.6	劣于	9	高感	4	淘汰

表 424　湖北省中稻 K 组品种稻瘟病抗性鉴定各病圃结果（2014 年）

品种名称	红庙病圃			青山病圃			两河病圃			望家病圃		
	叶瘟病级	病穗率(%)	损失率(%)	叶瘟病级	病穗率(%)	损失率(%)	叶瘟病级	病穗率(%)	损失率(%)	叶瘟病级	病穗率(%)	损失率(%)
瑞两优 1 号	5	21.0	8.4	7	100.0	42.0	7	100.0	85.0	3	27.0	10.0
广两优 215	7	80.0	38.5	8	100.0	85.0	8	100.0	94.5	8	100.0	100.0
QF162S/R80	7	100.0	55.5	7	100.0	60.0	8	100.0	98.5	7	89.0	51.2
深两优 628	4	10.0	2.6	6	35.0	11.2	7	100.0	93.0	4	13.0	4.5
湘丰优 39418	4	37.0	13.4	5	80.0	37.5	6	100.0	55.5	4	96.0	63.6
广黄丝苗	7	31.0	10.7	7	53.0	23.5	7	100.0	70.0	7	63.0	38.9
巨 2 优 198	5	29.0	9.7	5	100.0	51.5	7	100.0	87.5	6	97.0	76.8
丰两优四号 CK	7	85.0	35.5	7	100.0	60.0	8	100.0	73.5	7	100.0	100.0
QF156S/R81	7	28.0	8.6	7	100.0	45.0	7	100.0	85.0	7	35.0	14.8
繁优 5328	2	8.0	1.6	4	24.0	8.7	5	23.0	10.2	5	31.0	13.9
凤 S/M3059	2	3.0	0.6	2	7.0	1.4	4	34.0	12.3	4	33.0	18.8
全两优 228	7	38.0	11.5	8	100.0	85.0	8	100.0	100.0	7	100.0	100.0

表 425　湖北省中稻 K 组品种稻瘟病抗性评价结论（2014 年）

品种名称	抗性指数	与 CK 比较	最高损失率抗级	抗性评价	严重病圃数(个)	综合表现
瑞两优 1 号	6.0	优于	9	高感	2	差
广两优 215	8.4	相当	9	高感	4	淘汰
QF162S/R80	8.6	相当	9	高感	4	淘汰
深两优 628	4.6	显著优于	9	高感	1	差
湘丰优 39418	6.8	优于	9	高感	3	差
广黄丝苗	6.9	轻于	9	高感	3	差
巨 2 优 198	7.3	轻于	9	高感	3	淘汰
丰两优四号 CK	8.3		9	高感	4	淘汰
QF156S/R81	6.5	优于	9	高感	2	差
繁优 5328	3.5	显著优于	3	中抗	0	好
凤 S/M3059	3.1	显著优于	5	中感	0	较好
全两优 228	7.8	相当	9	高感	3	淘汰

表 426 湖北省中稻 L 组品种稻瘟病抗性鉴定各病圃结果（2014 年）

品种名称	红庙病圃			青山病圃			两河病圃			望家病圃		
	叶瘟病级	病穗率(%)	损失率(%)	叶瘟病级	病穗率(%)	损失率(%)	叶瘟病级	病穗率(%)	损失率(%)	叶瘟病级	病穗率(%)	损失率(%)
荃优华占	2	3.0	0.6	4	11.0	3.7	3	44.0	15.8	5	28.0	14.3
和两优 3117	3	9.0	1.8	3	21.0	7.5	6	100.0	78.0	3	21.0	8.8
深两优 867	2	4.0	0.8	3	6.0	1.5	3	11.0	2.8	4	14.0	3.4
佳两优 208	7	100.0	70.5	7	100.0	91.0	8	100.0	100.0	5	51.0	34.1
广两优 456	7	55.0	21.5	8	100.0	100.0	8	100.0	97.5	9	100.0	100.0
蓉优 7 号	3	4.0	1.1	3	40.0	15.5	4	90.0	43.0	4	56.0	26.0
中浙 A/科 5	7	48.0	15.0	7	100.0	85.0	7	80.0	68.0	8	100.0	99.4
香优 4268	3	4.0	0.8	7	100.0	98.5	7	100.0	95.5	5	26.0	12.7
28S/汕恢 277	5	12.0	3.9	6	100.0	59.0	7	100.0	77.0	6	19.0	11.1
丰两优四号 CK	6	31.0	13.7	7	100.0	60.0	7	65.0	38.5	8	100.0	100.0
潇湘 A/岳恢 9113	5	16.0	5.3	6	95.0	39.0	7	100.0	62.0	6	23.0	12.9
和两优 3206	4	13.0	4.7	6	45.0	17.5	6	100.0	50.5	5	27.0	9.4

表 427 湖北省中稻 L 组品种稻瘟病抗性评价结论（2014 年）

品种名称	抗性指数	与 CK 比较	最高损失率抗级	抗性评价	严重病圃数(个)	综合表现
荃优华占	3.4	显著优于	5	中感	0	较好
和两优 3117	4.3	优于	9	高感	1	差
深两优 867	2.1	显著优于	1	抗病	0	好
佳两优 208	8.2	劣于	9	高感	4	淘汰
广两优 456	8.3	劣于	9	高感	4	淘汰
蓉优 7 号	4.8	优于	7	感病	2	一般
中浙 A/科 5	7.7	相当	9	高感	3	淘汰
香优 4268	5.8	优于	9	高感	2	差
28S/汕恢 277	6.0	轻于	9	高感	2	差
丰两优四号 CK	7.4		9	高感	3	淘汰
潇湘 A/岳恢 9113	6.0	轻于	9	高感	2	差
和两优 3206	5.3	优于	9	高感	1	差

表 428　湖北省中稻 M 组品种稻瘟病抗性鉴定各病圃结果（2014 年）

品种名称	红庙病圃			青山病圃			两河病圃			望家病圃		
	叶瘟病级	病穗率(%)	损失率(%)	叶瘟病级	病穗率(%)	损失率(%)	叶瘟病级	病穗率(%)	损失率(%)	叶瘟病级	病穗率(%)	损失率(%)
创两优 001	4	6.0	1.5	2	6.0	1.8	5	36.0	15.5	4	19.0	8.3
V18S×R183	5	32.0	13.8	7	100.0	47.5	7	100.0	82.0	3	17.0	4.6
旺两优 900	6	19.0	5.9	6	65.0	29.5	7	100.0	70.0	4	9.0	1.8
6303S/12H556	7	55.0	26.0	9	100.0	100.0	9	100.0	100.0	9	100.0	100.0
华两优 1205	5	23.0	7.9	7	100.0	60.0	7	100.0	84.0	8	100.0	100.0
冈两优 15	6	90.0	54.0	8	100.0	95.5	7	100.0	98.5	9	100.0	100.0
丰两优四号 CK	7	36.0	16.4	7	100.0	60.0	7	100.0	70.5	8	100.0	100.0
中 9 优 86	5	13.0	1.9	7	100.0	50.0	6	85.0	33.5	5	10.0	2.9
6 两优香 99	4	10.0	4.5	7	100.0	45.0	7	100.0	51.5	5	27.0	10.2
粘两优 1224	4	12.0	3.9	7	100.0	47.0	7	100.0	91.5	4	9.0	1.8
深 08S/R239	5	16.0	5.3	7	45.0	16.5	7	100.0	91.0	3	3.0	0.9
农香优华占	4	8.0	2.2	6	36.0	17.9	4	34.0	15.3	6	12.0	3.0

表 429　湖北省中稻 M 组品种稻瘟病抗性评价结论（2014 年）

品种名称	抗性指数	与 CK 比较	最高损失率抗级	抗性评价	严重病圃数(个)	综合表现
创两优 001	3.3	显著优于	5	中感	0	较好
V18S×R183	5.8	优于	9	高感	2	差
旺两优 900	5.3	优于	9	高感	2	差
6303S/12H556	8.4	相当	9	高感	4	淘汰
华两优 1205	7.4	相当	9	高感	3	淘汰
冈两优 15	8.6	劣于	9	高感	4	淘汰
丰两优四号 CK	7.9		9	高感	3	淘汰
中 9 优 86	5.1	优于	7	感病	2	一般
6 两优香 99	5.7	优于	9	高感	2	差
粘两优 1224	5.3	优于	9	高感	2	差
深 08S/R239	5.0	优于	9	高感	1	差
农香优华占	4.1	显著优于	5	中感	0	较好

表 430 湖北省中稻 N 组品种稻瘟病抗性鉴定各病圃结果（2014 年）

品种名称	红庙病圃			青山病圃			两河病圃			望家病圃		
	叶瘟病级	病穗率(%)	损失率(%)	叶瘟病级	病穗率(%)	损失率(%)	叶瘟病级	病穗率(%)	损失率(%)	叶瘟病级	病穗率(%)	损失率(%)
荆两优 198	7	100.0	60.0	8	100.0	98.5	8	100.0	91.5	9	100.0	100.0
深两优 92	缺	!						!	!		46.0	20.1
广两优 141	7	30.0	9.9	8	100.0	85.0	8	100.0	100.0	9	100.0	100.0
旱优 547 号	5	20.0	9.0	6	38.0	14.6	6	65.0	38.5	7	61.0	22.7
N 两优 1573	3	8.0	2.5	4	14.0	4.9	6	27.0	8.7	4	43.0	14.5
华两优 2637	4	11.0	3.1	6	100.0	54.5	6	100.0	76.0	7	79.0	40.7
F 优 498	2	6.0	1.5	6	100.0	60.0	7	100.0	68.0	6	33.0	14.2
丰两优四号 CK	6	24.0	11.1	7	100.0	60.0	7	80.0	60.0	9	100.0	95.8
天龙两优 8117	4	31.0	12.2	6	100.0	70.0	6	100.0	60.0	5	23.0	7.6
创两优 627	2	3.0	0.6	2	6.0	1.5	4	46.0	18.2	7	39.0	14.1
两优 1345	4	40.0	13.1	5	48.0	16.5	6	100.0	90.0	4	42.0	12.8
957A/华占	2	2.0	0.4	3	6.0	1.2	4	39.0	14.5	4	19.0	3.7

表 431 湖北省中稻 N 组品种稻瘟病抗性评价结论（2014 年）

品种名称	抗性指数	与 CK 比较	最高损失率抗级	抗性评价	严重病圃数(个)	综合表现
荆两优 198	8.8	劣于	9	高感	4	淘汰
广两优 141	7.9	相当	9	高感	3	淘汰
旱优 547 号	5.6	优于	7	感病	2	一般
N 两优 1573	3.4	显著优于	3	中抗	0	好
华两优 2637	6.7	轻于	9	高感	3	差
F 优 498	5.8	优于	9	高感	2	差
丰两优四号 CK	7.6		9	高感	3	淘汰
天龙两优 8117	6.2	轻于	9	高感	2	差
创两优 627	3.3	显著优于	5	中感	0	较好
两优 1345	5.6	优于	9	高感	1	差
957A/华占	2.6	显著优于	3	中抗	0	好

表 432　湖北省中稻 O 组品种稻瘟病抗性鉴定各病圃结果（2014 年）

品种名称	红庙病圃			青山病圃			两河病圃			望家病圃		
	叶瘟病级	病穗率(%)	损失率(%)	叶瘟病级	病穗率(%)	损失率(%)	叶瘟病级	病穗率(%)	损失率(%)	叶瘟病级	病穗率(%)	损失率(%)
润两优 3 号	6	44.0	16.8	7	100.0	60.0	7	100.0	92.0	8	100.0	86.8
嘉丰 S/R2399	7	70.0	37.0	8	100.0	85.0	8	100.0	97.0	9	100.0	100.0
惠两优 1120	5	7.0	1.7	7	100.0	60.0	7	100.0	76.0	6	69.0	39.8
两优 1056	5	23.0	9.6	7	100.0	68.0	7	100.0	92.5	3	14.0	6.9
丰两优四号 CK	6	25.0	9.4	8	100.0	85.0	8	100.0	61.0	8	100.0	100.0
广两优 304	7	100.0	42.5	9	100.0	100.0	9	100.0	100.0	9	100.0	100.0
万香 8A/R498	3	6.0	1.2	5	23.0	6.4	5	35.0	12.9	4	14.0	6.6
西 5A/R498	6	15.0	5.2	7	100.0	35.0	7	100.0	60.0	6	27.0	9.0
惠两优 3416	6	13.0	5.1	6	100.0	53.0	7	100.0	63.0	6	27.0	9.2
两优 928	7	52.0	20.8	8	100.0	85.0	8	100.0	100.0	9	100.0	97.9
巨 2 优 998	4	14.0	4.6	6	100.0	75.5	6	100.0	45.0	7	89.0	74.3
C815S/M3075	6	10.0	2.6	7	100.0	56.5	7	90.0	43.0	5	27.0	9.1

表 433　湖北省中稻 O 组品种稻瘟病抗性评价结论（2014 年）

品种名称	抗性指数	与 CK 比较	最高损失率抗级	抗性评价	严重病圃数(个)	综合表现
润两优 3 号	7.9	相当	9	高感	3	淘汰
嘉丰 S/R2399	8.5	劣于	9	高感	4	淘汰
惠两优 1120	6.7	轻于	9	高感	3	差
两优 1056	6.1	优于	9	高感	2	差
丰两优四号 CK	7.6		9	高感	3	淘汰
广两优 304	8.6	劣于	9	高感	4	淘汰
万香 8A/R498	3.6	显著优于	3	中抗	0	好
西 5A/R498	6.3	轻于	9	高感	2	差
惠两优 3416	6.4	轻于	9	高感	2	差
两优 928	8.3	劣于	9	高感	4	淘汰
巨 2 优 998	6.7	轻于	9	高感	3	差
C815S/M3075	5.8	优于	9	高感	2	差

表 434　湖北省中稻 P 组品种稻瘟病抗性鉴定各病圃结果（2014 年）

品种名称	红庙病圃			青山病圃			两河病圃			望家病圃		
	叶瘟病级	病穗率(%)	损失率(%)	叶瘟病级	病穗率(%)	损失率(%)	叶瘟病级	病穗率(%)	损失率(%)	叶瘟病级	病穗率(%)	损失率(%)
C815S/望恢 066	5	14.0	4.0	7	100.0	62.0	6	34.0	11.5	5	19.0	4.1
丰两优四号 CK	6	44.0	19.5	8	100.0	85.0	8	100.0	100.0	8	100.0	100.0
荃优 982	5	13.0	3.8	7	100.0	60.0	7	100.0	94.0	4	14.0	2.7
两优 91	5	12.0	3.6	7	100.0	60.0	7	80.0	40.0	4	8.0	3.3
泸 56S/川种恢 203	2	3.0	0.6	4	21.0	7.2	5	29.0	10.7	6	37.0	14.7
福龙两优油占	2	2.0	0.4	3	3.0	0.6	4	12.0	3.9	7	33.0	15.5
矮两优 2877	5	12.0	5.2	2	2.0	0.4	4	8.0	2.5	5	19.0	9.0
云两优 1000	3	13.0	3.5	7	100.0	85.0	7	100.0	81.5	4	15.0	6.3
繁优 709	2	8.0	1.6	5	13.0	3.8	4	8.0	1.9	4	13.0	7.3
Q 优 5 号	5	14.0	5.2	7	100.0	93.0	7	100.0	94.5	3	7.0	2.0
双优 1182	5	36.0	10.5	6	100.0	81.0	7	100.0	50.0	7	100.0	100.0
广两优 93	7	45.0	16.5	8	100.0	60.0	8	100.0	100.0	5	51.0	20.6

表 435　湖北省中稻 P 组品种稻瘟病抗性评价结论（2014 年）

品种名称	抗性指数	与 CK 比较	最高损失率抗级	抗性评价	严重病圃数(个)	综合表现
C815S/望恢 066	4.8	优于	9	高感	1	差
丰两优四号 CK	8.0		9	高感	3	淘汰
荃优 982	5.7	优于	9	高感	2	差
两优 91	5.3	优于	9	高感	2	差
泸 56S/川种恢 203	3.6	显著优于	3	中抗	0	好
福龙两优油占	2.9	显著优于	5	中感	0	较好
矮两优 2877	2.9	显著优于	3	中抗	0	好
云两优 1000	5.8	优于	9	高感	2	差
繁优 709	2.7	显著优于	3	中抗	0	好
Q 优 5 号	5.8	优于	9	高感	2	差
双优 1182	7.2	轻于	9	高感	3	淘汰
广两优 93	7.4	轻于	9	高感	3	淘汰

表 436 湖北省中稻 Q 组品种稻瘟病抗性鉴定各病圃结果（2014 年）

品种名称	红庙病圃			青山病圃			两河病圃			望家病圃		
	叶瘟病级	病穗率(%)	损失率(%)	叶瘟病级	病穗率(%)	损失率(%)	叶瘟病级	病穗率(%)	损失率(%)	叶瘟病级	病穗率(%)	损失率(%)
中优 1307	7	26.0	8.5	8	100.0	95.5	8	100.0	100.0	9	100.0	100.0
徐优 198	5	12.0	3.9	6	40.0	18.5	5	35.0	13.8	4	17.0	5.2
扬两优 6 号 CK1	7	40.0	14.8	7	100.0	51.0	8	100.0	97.5	9	100.0	100.0
早丰优 69	6	39.0	12.3	7	100.0	64.5	7	100.0	85.0	5	27.0	8.7
睿优 900	4	13.0	3.8	6	100.0	73.0	7	100.0	66.0	2	8.0	0.7
D16S×230	6	100.0	50.0	6	100.0	85.0	7	100.0	85.0	3	39.0	11.9
沪旱 35	3	3.0	0.6	4	33.0	11.7	4	8.0	1.9	3	16.0	6.5
W3773	6	30.0	11.4	8	100.0	100.0	8	100.0	97.0	4	85.0	54.3
ZJ3120	5	13.0	3.2	6	41.0	12.7	7	32.0	10.9	5	29.0	10.7
荆香软粳	6	17.0	4.6	7	100.0	79.0	7	100.0	60.0	9	100.0	100.0
镇稻 18 号	3	4.0	0.8	5	15.0	4.5	7	20.0	6.1	9	100.0	100.0
粳优 212	4	65.0	24.0	4	40.0	12.5	5	100.0	43.5	6	90.0	64.3

表 437 湖北省中稻 Q 组品种稻瘟病抗性评价结论（2014 年）

品种名称	抗性指数	与 CK 比较	最高损失率抗级	抗性评价	严重病圃数(个)	综合表现
中优 1307	7.9	相当	9	高感	3	淘汰
徐优 198	4.3	显著优于	5	中感	0	较好
扬两优 6 号 CK1	7.8		9	高感	3	淘汰
早丰优 69	6.6	轻于	9	高感	2	差
睿优 900	5.3	优于	9	高感	2	差
D16S×230	7.0	轻于	9	高感	3	差
沪旱 35	2.9	显著优于	3	中抗	0	好
W3773	7.5	相当	9	高感	3	淘汰
ZJ3120	4.3	显著优于	3	中抗	0	好
荆香软粳	7.3	相当	9	高感	3	淘汰
镇稻 18 号	4.5	优于	9	高感	1	差
粳优 212	6.3	优于	9	高感	3	差

表 438　湖北省水稻区试品种稻瘟病抗性两年评价结论（2013—2014 年）

区试组别	品种名称	2014 年评价结论		2013 年评价结论		2013—2014 年两年评价结论				
		抗性指数	最高损失率抗级	抗性指数	最高损失率抗级	最高抗性指数	与 CK 比较	最高损失率抗级	抗性评价	综合表现
早稻	鄂早 18CK	6.6	9	5.3	7	6.6		9	高感	差
	两优 9318	7.3	9	5.7	7	7.3	劣于	9	高感	差
	两优 206	5.8	9	4.2	5	5.8	轻于	9	高感	差
	两优 89	5.4	9	3.9	5	5.4	轻于	9	高感	差
中稻	丰两香一号 CK	8.7	9	8.1	9	8.7		9	高感	差
	天龙两优 140	5.8	9	4.3	5	5.8	优于	9	高感	差
	1892S/华占	2.9	3	1.9	1	2.9	显著优于	3	中抗	好
	丰两香一号 CK	8.7	9	6.9	9	8.7		9	高感	差
	095S/92067	3.0	7	2.1	1	3.0	显著优于	7	感病	一般
	扬两优 6 号 CK	7.9	9	6.2	9	7.9		9	高感	差
	两优 148	7.0	9	5.3	7	7.0	轻于	9	高感	差
	F3006S/W11	7.8	9	5.8	7	7.8	相当	9	高感	差
	扬两优 6 号 CK	7.9	9	6.2	9	7.9		9	高感	差
	两优 622	5.6	9	4.7	9	5.6	优于	9	高感	差
	Y 两优 957	5.8	9	3.6	5	5.8	优于	9	高感	差
	深两优 5183	2.6	3	2.4	5	2.6	显著优于	5	中感	较好
	扬两优 6 号 CK	7.9	9	5.9	7	7.9		9	高感	差
	华两优 9929	3.0	3	2.8	3	3.0	显著优于	3	中抗	好
	Q 优 6 号 CK	6.2	9	4.3	7	6.2		9	高感	差
	10 冬 6210A/10 秋 R775	7.7	9	4.0	5	7.7	劣于	9	高感	差
	兆优 5431	3.4	5	2.5	3	3.4	优于	5	中感	较好
	H 优 147	3.7	5	3.1	3	3.7	优于	5	中感	较好
	巨风优 108	6.4	9	4.1	5	6.4	相当	9	高感	差
	深优 9521	5.4	9	4.1	5	5.4	轻于	9	高感	差
	珞优 9348	3.9	5	2.3	3	3.9	优于	5	中感	较好
晚稻	金优 207CK	6.3	9	4.4	7	6.3		9	高感	差
	A 优 87	7.3	9	5.3	7	7.3	劣于	9	高感	差
	奥富优 383	5.8	9	3.3	5	5.8	轻于	9	高感	差
	A 优 442	4.1	7	3.1	3	4.1	优于	7	感病	一般
	荆楚优 8691	4.7	9	2.9	3	4.7	优于	9	高感	差
	盛泰 A/C216	6.2	9	3.8	3	6.2	相当	9	高感	差
	鄂晚 17CK	3.6	5	3.7	7	3.7		7	感病	一般
	EJ412	5.7	9	5.2	7	5.7	劣于	9	高感	差
	3198	4.9	9	4.1	3	4.9	劣于	9	高感	差
	W1837	3.9	7	3.5	5	3.9	相当	7	感病	一般
	WDR48	2.8	3	3.2	3	3.2	轻于	3	中抗	好
	武 1806	4.3	5	4.0	3	4.3	相当	5	中感	较好

表 439　湖北省早稻 A 组品种稻瘟病抗性鉴定各病圃结果（2015 年）

品种名称	红高病圃			青山病圃			两河病圃			望家病圃			崇阳病圃		
	叶瘟病级	病穗率(%)	损失率(%)	叶瘟病级	病穗率(%)	损失率(%)	叶瘟病级	病穗率(%)	损失率(%)	叶瘟病级	病穗率(%)	损失率(%)	叶瘟病级	病穗率(%)	损失率(%)
HD9802S/R169	4	19.1	6.4	6	91.4	43.3	5	64.2	35.3	5	27.0	11.2	2	0.5	0.0
早 64	4	21.5	7.7	5	83.0	35.1	5	64.8	27.6	5	44.0	15.2	3	0.7	0.0
两优 19	4	22.4	6.8	7	100.0	100.0	7	100.0	100.0	7	52.0	20.8	6	52.9	6.8
两优 9013	7	100.0	46.3	8	100.0	100.0	8	100.0	100.0	5	91.0	51.5	7	80.1	14.4
HD9802S/R69	5	26.5	8.7	7	100.0	78.0	7	100.0	95.5	8	24.0	8.1	2	8.1	0.4
鄂早 18CK	5	36.7	11.7	5	79.0	36.5	4	71.4	34.6	5	63.0	23.7	3	12.9	1.6
两优 T68	4	22.1	6.0	6	74.0	30.9	5	58.0	33.2	4	68.0	29.4	4	7.2	0.6
两优 M2	6	100.0	51.3	7	100.0	85.0	7	100.0	100.0	7	100.0	74.1	4	57.4	8.6
两优 160	2	11.9	3.2	3	20.0	7.3	3	25.0	10.1	5	31.0	7.0	3	4.7	0.2
华两优 6 号	5	55.0	17.5	7	100.0	98.5	5	100.0	100.0	4	8.0	0.9	2	0.0	0.0

表 440　湖北省早稻 A 组品种稻瘟病抗性评价结论（2015 年）

品种名称	抗性指数	与 CK 比较	最高损失率抗级	抗性评价	严重病圃数(个)	综合表现
鄂早 18CK	5.4		7	感病	0	一般
早 64	4.6	轻于	7	感病	0	一般
HD9802S/R69	5.6	相当	9	高感	0	差
HD9802S/R169	4.6	轻于	7	感病	0	一般
两优 19	6.5	劣于	9	高感	0	差
两优 9013	7.7	劣于	9	高感	0	淘汰
两优 T68	5.2	相当	7	感病	0	一般
两优 M2	7.7	劣于	9	高感	1	淘汰
两优 160	3.1	优于	3	中抗	0	好
华两优 6 号	5.1	相当	9	高感	0	差

表 441 湖北省早稻 B 组品种稻瘟病抗性鉴定各病圃结果（2015 年）

品种名称	红高病圃			青山病圃			两河病圃			望家病圃			崇阳病圃		
	叶瘟病级	病穗率(%)	损失率(%)	叶瘟病级	病穗率(%)	损失率(%)	叶瘟病级	病穗率(%)	损失率(%)	叶瘟病级	病穗率(%)	损失率(%)	叶瘟病级	病穗率(%)	损失率(%)
HD9802S/R3418	6	100.0	80.5	8	100.0	100.0	8	100.0	100.0	4	75.0	38.9	5	64.3	7.3
两优 9011	7	100.0	84.5	8	100.0	100.0	8	100.0	100.0	4	88.0	50.1	6	91.3	7.5
两优 9318	4	4.0	1.1	3	11.0	4.0	4	49.2	16.7	5	26.0	8.1	4	3.8	0.2
W 两优 306	4	18.8	7.2	5	53.0	27.8	5	114.3	66.7	6	29.0	10.7	3	2.8	0.1
中天早 399	5	31.5	9.7	4	66.7	43.1	6	100.0	60.0	5	55.0	18.6	2	2.0	0.1
鄂早 18CK	4	28.6	8.9	4	90.0	40.5	5	81.8	43.8	5	59.0	23.7	2	13.0	1.1
华两优 5187	6	100.0	52.5	7	100.0	98.5	4	100.0	93.0	5	7.0	0.8	3	0.0	0.0
HD9802S/R561	6	100.0	73.0	8	100.0	100.0	7	100.0	100.0	6	76.0	31.6	6	84.8	18.8
两优 638	3	13.0	4.1	3	30.0	9.3	3	44.4	18.4	5	16.0	2.3	7	96.8	58.2

表 442 湖北省早稻 B 组品种稻瘟病抗性评价结论（2015 年）

品种名称	抗性指数	与 CK 比较	最高损失率抗级	抗性评价	严重病圃数(个)	综合表现
鄂早 18CK	5.3		7	感病	0	一般
HD9802S/R3418	7.5	劣于	9	高感	0	淘汰
两优 9011	7.8	劣于	9	高感	0	淘汰
两优 9318	3.2	优于	5	中感	0	较好
W 两优 306	4.8	轻于	9	高感	0	差
中天早 399	5.3	相当	9	高感	0	差
华两优 5187	5.6	相当	9	高感	0	差
HD9802S/R561	7.8	劣于	9	高感	0	淘汰
两优 638	4.6	轻于	9	高感	0	差

表 443　湖北省晚籼 A 组品种稻瘟病抗性鉴定各病圃结果（2015 年）

品种名称	红高病圃			青山病圃			两河病圃			望家病圃			崇阳病圃		
	叶瘟病级	病穗率(%)	损失率(%)	叶瘟病级	病穗率(%)	损失率(%)	叶瘟病级	病穗率(%)	损失率(%)	叶瘟病级	病穗率(%)	损失率(%)	叶瘟病级	病穗率(%)	损失率(%)
奥富优 899	5	97.1	46.4	8	100.0	97.0	8	100.0	89.5	6	46.0	14.7	1	26.9	5.1
荆楚优 79	2	1.4	0.1	4	11.0	3.4	5	35.0	15.3	5	13.0	1.6	4	0.0	0.0
金优 207CK	4	26.4	9.6	5	64.0	23.5	6	100.0	55.0	5	63.0	23.4	4	27.1	1.9
苯两优 993	7	100.0	44.5	8	100.0	98.5	8	100.0	100.0	8	100.0	98.2	3	97.0	37.2
泰丰 A/R2806	2	58.3	23.1	4	70.0	30.1	6	100.0	53.0	4	74.0	28.2	1	26.7	1.3
A 优 698	5	88.8	35.8	7	100.0	92.0	7	100.0	88.0	6	84.0	38.5	5	95.6	41.5
巨风优 8643	4	2.6	0.3	3	25.0	9.8	6	63.3	27.3	4	14.0	2.5	1	29.4	2.8
长农优 982	2	2.8	0.8	3	11.0	3.4	4	23.6	8.0	4	27.0	5.6	5	7.3	0.4
巨风优 1098	4	19.8	7.4	7	100.0	79.0	6	100.0	58.0	7	87.0	45.7	3	18.1	0.9
A 优 162	4	58.4	24.4	7	100.0	60.0	7	100.0	89.5	5	74.0	31.8	5	41.6	5.3
HD9802S/松 06	5	16.4	6.6	5	100.0	48.5	7	100.0	66.0	4	76.0	30.8	4	5.4	0.3
3 两优 471	4	55.8	19.9	6	100.0	45.0	6	100.0	45.7	4	75.0	28.1	1	17.8	1.2

表 444　湖北省晚籼 A 组品种稻瘟病抗性评价结论（2015 年）

品种名称	抗性指数	与 CK 比较	最高损失率抗级	抗性评价	严重病圃数(个)	综合表现
金优 207CK	5.6		9	高感	0	差
荆楚优 79	2.6	优于	5	中感	0	较好
巨风优 1098	6.1	相当	9	高感	1	差
HD9802S/松 06	5.7	相当	9	高感	0	差
巨风优 8643	3.4	优于	5	中感	0	较好
奥富优 899	6.6	劣于	9	高感	1	差
苯两优 993	8.1	劣于	9	高感	1	淘汰
泰丰 A/R2806	5.7	相当	9	高感	0	差
A 优 698	7.7	劣于	9	高感	1	淘汰
长农优 982	2.9	优于	3	中抗	0	好
A 优 162	6.9	劣于	9	高感	1	差
3 两优 471	5.6	相当	7	感病	1	一般

表 445　湖北省晚籼 B 组品种稻瘟病抗性鉴定各病圃结果（2015 年）

品种名称	红高病圃			青山病圃			两河病圃			望家病圃			崇阳病圃		
	叶瘟病级	病穗率(%)	损失率(%)	叶瘟病级	病穗率(%)	损失率(%)	叶瘟病级	病穗率(%)	损失率(%)	叶瘟病级	病穗率(%)	损失率(%)	叶瘟病级	病穗率(%)	损失率(%)
28 优 158	3	17.5	5.8	2	13.0	5.0	3	53.5	21.2	4	19.0	5.7	5	14.0	0.7
五丰 A/R15	4	43.1	17.7	3	70.0	31.8	6	72.0	28.8	5	28.0	12.8	5	12.4	0.6
深优 9559	3	9.7	3.3	2	17.0	6.1	3	64.4	26.9	6	86.0	36.8	2	0.0	0.0
荆楚优 589	5	74.0	25.6	6	100.0	98.5	7	100.0	98.5	7	83.0	45.6	5	29.1	2.8
中 9A/R315	3	14.7	5.8	5	68.0	31.5	6	62.0	26.8	5	59.0	20.2	4	83.3	14.3
广两优 174	5	13.4	5.2	6	60.0	25.0	6	51.1	20.2	4	97.0	51.0	1	5.8	0.3
荆楚优 867	2	10.3	4.6	2	12.0	4.2	3	17.5	5.8	5	47.0	13.3	2	15.7	1.1
金优 207CK	3	12.3	4.6	3	37.0	12.8	7	100.0	46.7	4	58.0	15.6	5	27.5	2.3
早丰优华占	2	3.1	0.3	2	6.0	1.8	2	8.3	1.7	5	19.0	3.8	2	0.0	0.0
弘两优 822	4	16.7	5.8	3	41.0	14.5	5	82.1	34.3	5	20.0	5.1	5	33.1	2.3
玖两优 520	5	82.9	31.4	7	100.0	97.0	7	100.0	93.0	6	91.0	54.9	4	96.5	19.3
中 9 优 586	3	15.9	6.0	7	100.0	46.0	7	100.0	46.0	7	96.0	45.3	1	98.1	54.3

表 446　湖北省晚籼 B 组品种稻瘟病抗性评价结论（2015 年）

品种名称	抗性指数	与 CK 比较	最高损失率抗级	抗性评价	严重病圃数(个)	综合表现
金优 207CK	4.7		7	感病	0	一般
28 优 158	3.6	轻于	5	中感	0	较好
五丰 A/R15	5.1	相当	7	感病	0	一般
深优 9559	3.7	轻于	7	感病	0	一般
荆楚优 589	6.8	劣于	9	高感	0	差
中 9A/R315	5.5	劣于	7	感病	0	一般
广两优 174	5.2	相当	9	高感	0	差
荆楚优 867	3.0	优于	3	中抗	0	好
早丰优华占	1.7	优于	1	抗病	0	好
弘两优 822	4.3	相当	7	感病	0	一般
玖两优 520	7.6	劣于	9	高感	0	淘汰
中 9 优 586	6.6	劣于	9	高感	0	差

表 447　湖北省晚粳 C 组品种稻瘟病抗性鉴定各病圃结果（2015 年）

品种名称	红高病圃			青山病圃			两河病圃			望家病圃			崇阳病圃		
	叶瘟病级	病穗率(%)	损失率(%)	叶瘟病级	病穗率(%)	损失率(%)	叶瘟病级	病穗率(%)	损失率(%)	叶瘟病级	病穗率(%)	损失率(%)	叶瘟病级	病穗率(%)	损失率(%)
粳两优 426	4	8.0	1.6	4	25.0	9.0	3	29.0	7.9	7	73.0	39.0	4	20.3	1.5
TY036	5	17.0	5.8	3	15.0	4.1	5	37.5	13.9	6	24.0	2.4	5	0.0	0.0
长农糯 2 号	6	31.2	12.0	7	100.0	60.0	8	100.0	80.5	7	13.0	5.5	7	53.3	18.3
EF11	5	22.1	8.2	5	34.0	13.1	7	100.0	48.0	5	27.0	6.8	5	12.4	0.6
华粳 996	7	100.0	45.7	8	100.0	98.5	8	100.0	97.0	9	97.0	73.8	9	100.0	100.0
粳两优 7124	3	13.7	2.7	3	25.0	8.0	6	53.8	19.4	6	95.0	55.0	4	12.5	0.6
鄂晚 17CK	5	29.0	10.9	5	28.0	10.4	7	100.0	50.0	5	34.0	8.8	4	5.2	0.3
沪旱 2A/14AC859	2	4.0	0.7	3	21.0	6.3	5	60.0	22.2	8	90.0	44.9	2	14.2	0.7
粳两优 20275	4	12.0	3.0	3	30.0	9.3	5	27.0	9.0	6	41.0	16.1	5	0.0	0.0
黑香优 178	6	100.0	42.0	7	100.0	60.0	7	100.0	73.5	7	99.0	61.5	6	47.2	11.9
EJ108	7	76.8	30.9	8	100.0	95.5	7	100.0	95.5	9	100.0	100.0	7	97.5	40.2
春优 927	6	39.0	16.1	7	100.0	52.0	7	100.0	60.0	5	28.0	6.7	3	41.9	5.7

表 448　湖北省晚粳 C 组品种稻瘟病抗性评价结论（2015 年）

品种名称	抗性指数	与 CK 比较	最高损失率抗级	抗性评价	严重病圃数(个)	综合表现
鄂晚 17CK	4.7		7	感病	0	一般
TY036	3.1	优于	3	中抗	0	好
粳两优 426	4.1	轻于	7	感病	1	差
长农糯 2 号	6.6	劣于	9	高感	6	淘汰
EF11	4.7	相当	7	感病	0	一般
华粳 996	8.6	劣于	9	高感	3	淘汰
粳两优 7124	4.7	相当	9	高感	1	差
沪旱 2A/14AC859	4.2	轻于	7	感病	1	淘汰
粳两优 20275	3.7	轻于	5	中感	0	较好
黑香优 178	7.5	劣于	9	高感	0	淘汰
EJ108	8.3	劣于	9	高感	5	淘汰
春优 927	6.3	劣于	9	高感	1	淘汰

表 449 湖北省晚籼 D 组品种稻瘟病抗性鉴定各病圃结果（2015 年）

品种名称	红高病圃			青山病圃			两河病圃			望家病圃			崇阳病圃		
	叶瘟病级	病穗率(%)	损失率(%)	叶瘟病级	病穗率(%)	损失率(%)	叶瘟病级	病穗率(%)	损失率(%)	叶瘟病级	病穗率(%)	损失率(%)	叶瘟病级	病穗率(%)	损失率(%)
玖两优 1490	4	19.8	7.6	2	13.3	4.7	4	37.5	11.3	6	77.0	38.7	2	0.0	0.0
早丰 A/R0861	2	1.7	0.2	3	6.0	1.2	2	8.0	1.9	5	19.0	3.5	2	14.3	0.7
金菲优 69	7	100.0	52.0	8	100.0	93.5	8	100.0	98.5	9	100.0	76.9	4	93.7	34.2
中 68 优 399	2	2.0	0.3	2	9.0	1.8	2	13.0	3.2	5	18.0	2.6	3	11.9	0.6
57 优 068	2	3.0	0.9	3	9.0	3.3	2	14.0	3.1	4	14.0	2.8	2	18.9	0.9
泰优 628	3	19.0	5.9	3	59.0	20.8	3	81.1	31.9	5	27.0	6.5	1	40.3	3.8
金优 207CK	3	15.3	5.8	7	100.0	52.0	5	83.3	29.8	5	71.0	23.3	4	53.9	11.1
深优 9544	2	9.0	3.3	2	7.5	1.5	2	36.4	12.7	5	68.0	31.1	3	45.0	6.5
玖两优 259	2	4.0	0.5	2	8.0	1.6	2	20.0	4.0	4	40.0	8.9	2	8.6	0.4
五优 1226	3	9.0	3.3	2	31.0	11.0	5	36.7	14.9	4	16.0	4.0	4	17.3	0.9
益优 147	4	30.0	9.6	7	100.0	91.5	7	100.0	93.0	6	71.0	22.9	4	44.3	5.1
318A/夹恢 168	4	70.0	27.7	6	100.0	86.5	6	100.0	55.0	5	44.0	6.4	4	40.4	3.8

表 450 湖北省晚籼 D 组品种稻瘟病抗性评价结论（2015 年）

品种名称	抗性指数	与 CK 比较	最高损失率抗级	抗性评价	严重病圃数(个)	综合表现
金优 207CK	5.8		9	高感	0	差
玖两优 1490	3.6	优于	7	感病	0	一般
早丰 A/R0861	2.1	显著优于	1	抗病	0	好
金菲优 69	8.4	劣于	9	高感	0	差
中 68 优 399	2.2	显著优于	1	抗病	0	好
57 优 068	2.1	显著优于	1	抗病	0	好
泰优 628	4.5	轻于	7	感病	0	一般
深优 9544	3.7	优于	7	感病	0	一般
玖两优 259	2.3	显著优于	3	中抗	0	好
五优 1226	3.2	优于	3	中抗	0	好
益优 147	6.2	相当	9	高感	0	差
318A/夹恢 168	6.0	相当	9	高感	0	差

表 451 湖北省中籼 A 组品种稻瘟病抗性鉴定各病圃结果（2015 年）

品种名称	红庙病圃			青山病圃			两河病圃			望家病圃		
	叶瘟病级	病穗率(%)	损失率(%)	叶瘟病级	病穗率(%)	损失率(%)	叶瘟病级	病穗率(%)	损失率(%)	叶瘟病级	病穗率(%)	损失率(%)
34A/155	3	7.0	1.3	3	6.0	1.2	4	21.0	7.5	5	17.0	5.8
广两优 1813	5	10.0	3.2	7	60.0	22.5	5	41.0	15.8	7	47.0	16.8
全两优 3 号	5	28.0	9.2	8	100.0	85.0	8	100.0	98.5	7	55.0	12.1
深两优 3117	5	22.0	6.5	6	100.0	54.0	7	100.0	56.5	4	38.0	9.3
两优 1318	4	29.0	8.5	5	100.0	70.0	7	100.0	60.0	7	50.0	17.8
丰两优四号 CK	6	36.0	12.3	8	100.0	75.0	7	100.0	60.0	8	73.0	37.8
E 两优 1453	2	3.0	0.6	2	6.0	1.2	2	7.0	1.4	5	16.0	3.2
粤农丝苗	2	2.0	0.1	2	7.0	1.4	2	6.0	1.2	5	15.0	3.2
巨 2 优 450	5	86.0	28.9	4	100.0	47.5	5	88.0	35.0	5	68.0	21.6
襄两优 69	7	100.0	57.0	8	100.0	97.0	8	100.0	98.5	9	93.0	67.4
33S/荆恢 972	7	100.0	57.5	7	100.0	93.0	7	100.0	78.5	7	99.0	74.5
隆两优 281	4	3.0	0.3	3	95.0	46.0	4	20.0	6.4	6	17.0	3.0

表 452 湖北省中籼 A 组品种稻瘟病抗性评价结论（2015 年）

品种名称	抗性指数	与 CK 比较	最高损失率抗级	抗性评价	严重病圃数(个)	综合表现
丰两优四号 CK	7.4		9	高感	0	淘汰
广两优 1813	5.1	优于	5	中感	0	较好
隆两优 281	3.9	显著优于	7	感病	0	一般
深两优 3117	6.3	轻于	9	高感	0	差
两优 1318	6.7	轻于	9	高感	0	差
34A/155	2.9	显著优于	3	中抗	0	好
全两优 3 号	6.9	轻于	9	高感	0	差
E 两优 1453	1.9	显著优于	1	抗病	0	好
粤农丝苗	1.9	显著优于	1	抗病	0	好
巨 2 优 450	6.4	轻于	7	感病	0	一般
襄两优 69	8.8	劣于	9	高感	0	淘汰
33S/荆恢 972	8.5	劣于	9	高感	0	淘汰

表 453　湖北省中籼 B 组品种稻瘟病抗性鉴定各病圃结果（2015 年）

品种名称	红庙病圃			青山病圃			两河病圃			望家病圃		
	叶瘟病级	病穗率(%)	损失率(%)	叶瘟病级	病穗率(%)	损失率(%)	叶瘟病级	病穗率(%)	损失率(%)	叶瘟病级	病穗率(%)	损失率(%)
两优 311	2	1.0	0.1	2	6.0	1.2	2	7.0	1.4	6	14.0	1.0
广占 63-4S/R958	2	7.0	0.4	3	7.0	1.7	3	8.0	1.6	5	13.0	2.0
孝糯优 6 号	4	6.0	1.2	4	15.0	5.7	5	64.0	28.3	6	41.0	9.1
华两优 0131	3	3.0	0.6	3	14.0	4.9	4	12.0	3.9	4	9.0	1.7
惠两优 72	5	23.0	8.5	6	100.0	60.0	5	100.0	58.0	6	52.0	14.6
丰两优四号 CK	5	24.0	8.1	7	100.0	80.0	7	100.0	66.0	8	89.0	51.7
益两优 16	5	22.0	8.0	7	100.0	75.5	7	100.0	65.0	8	94.0	64.7
E 两优 476	2	3.0	0.5	2	7.0	1.4	2	6.0	1.5	5	18.0	3.9
武两优 5 号	5	45.0	16.5	5	100.0	46.2	7	100.0	54.0	5	41.0	16.9
尤群 6 号	3	29.0	11.0	5	100.0	42.5	6	100.0	45.0	7	91.0	36.1
深 08S/R45	7	100.0	53.0	8	100.0	98.5	8	100.0	98.5	9	100.0	100.0
弘两优 326	5	21.0	6.9	5	60.0	28.3	7	100.0	63.0	7	95.0	51.5

表 454　湖北省中籼 B 组品种稻瘟病抗性评价结论（2015 年）

品种名称	抗性指数	与 CK 比较	最高损失率抗级	抗性评价	严重病圃数(个)	综合表现
丰两优四号 CK	7.3		9	高感	1	淘汰
广占 63-4S/R958	2.4	显著优于	1	抗病	0	好
孝糯优 6 号	4.4	优于	5	中感	0	较好
E 两优 476	2.3	显著优于	1	抗病	0	好
两优 311	1.9	显著优于	1	抗病	0	好
华两优 0131	2.5	显著优于	1	抗病	0	好
惠两优 72	6.1	轻于	9	高感	0	差
益两优 16	7.3	相当	9	高感	0	淘汰
武两优 5 号	6.6	轻于	9	高感	0	差
尤群 6 号	6.3	轻于	7	感病	1	差
深 08S/R45	8.6	劣于	9	高感	1	淘汰
弘两优 326	6.9	相当	9	高感	0	差

表 455　湖北省中籼 C 组品种稻瘟病抗性鉴定各病圃结果（2015 年）

品种名称	红庙病圃			青山病圃			两河病圃			望家病圃		
	叶瘟病级	病穗率(%)	损失率(%)	叶瘟病级	病穗率(%)	损失率(%)	叶瘟病级	病穗率(%)	损失率(%)	叶瘟病级	病穗率(%)	损失率(%)
华优 352	4	6.0	1.8	2	18.0	6.9	4	27.0	10.5	3	11.0	1.8
荃优金 1 号	3	7.0	1.0	5	19.0	6.8	5	54.7	27.1	6	37.0	10.3
隆两优 618	4	15.0	4.5	7	100.0	60.0	6	100.0	44.0	6	52.0	12.6
荃优 366	5	63.0	23.1	7	100.0	60.0	7	100.0	62.5	7	97.0	52.0
深两优 973	6	63.0	22.5	7	100.0	88.0	8	100.0	94.0	6	50.0	15.5
E 两优 253	2	6.0	0.6	6	75.0	34.5	6	63.3	25.6	5	10.0	2.5
红香优 279	6	91.0	17.9	7	100.0	65.5	7	100.0	95.5	9	100.0	100.0
丰两优四号 CK	5	18.0	6.6	7	100.0	60.0	7	100.0	48.5	8	87.0	50.1
广占 63-4S/R674	6	41.0	16.9	6	100.0	48.5	7	100.0	50.0	6	53.0	12.7
广占 63S/R4115	4	19.0	6.2	5	90.0	44.4	6	100.0	41.0	7	91.0	39.6
和 620S/P143	3	8.0	2.5	4	58.0	22.7	6	100.0	47.0	6	52.0	13.8
隆两优 1146	3	9.0	2.7	4	21.0	8.1	4	59.0	23.6	6	22.0	5.0

表 456　湖北省中籼 C 组品种稻瘟病抗性评价结论（2015 年）

品种名称	抗性指数	与 CK 比较	最高损失率抗级	抗性评价	严重病圃数(个)	综合表现
丰两优四号 CK	7.2		9	高感	0	淘汰
华优 352	3.4	显著优于	3	中抗	0	好
隆两优 618	5.9	轻于	9	高感	1	差
深两优 973	7.3	相当	9	高感	1	淘汰
广占 63-4S/R674	6.4	轻于	7	感病	0	一般
荃优金 1 号	4.3	优于	5	中感	0	较好
荃优 366	7.9	劣于	9	高感	0	淘汰
E 两优 253	4.4	优于	7	感病	0	一般
红香优 279	8.1	劣于	9	高感	0	淘汰
广占 63S/R4115	6.4	轻于	7	感病	0	一般
和 620S/P143	5.1	优于	7	感病	0	一般
隆两优 1146	3.7	显著优于	5	中感	0	较好

表 457　湖北省中籼 D 组品种稻瘟病抗性鉴定各病圃结果（2015 年）

品种名称	红庙病圃			青山病圃			两河病圃			望家病圃		
	叶瘟病级	病穗率(%)	损失率(%)	叶瘟病级	病穗率(%)	损失率(%)	叶瘟病级	病穗率(%)	损失率(%)	叶瘟病级	病穗率(%)	损失率(%)
巨 2 优 60	3	28.0	9.2	4	100.0	48.0	5	63.3	6.2	6	53.0	18.8
仙两优 6 号	6	29.0	9.3	7	100.0	89.5	8	100.0	94.0	8	99.0	52.8
荃优 822	2	2.0	0.3	2	7.0	2.3	2	16.9	5.2	4	9.0	2.1
丰两优四号 CK	6	28.0	10.7	7	100.0	70.0	7	100.0	89.5	7	83.0	52.8
云两优 247	5	23.0	8.8	6	100.0	60.0	7	100.0	53.0	5	18.0	4.2
武香优 137	6	100.0	39.0	7	100.0	92.0	7	100.0	96.0	5	67.0	20.6
巨风优 650	3	4.0	1.1	2	7.0	1.7	2	6.0	1.2	5	29.0	10.0
鄂丰丝苗 1 号	3	9.0	3.9	3	21.0	7.8	4	24.0	8.7	4	24.0	6.8
C 两优 33	2	3.0	0.3	2	6.0	1.5	3	11.0	3.7	6	23.0	3.6
2075S/R171	2	5.0	1.9	2	7.0	1.4	2	7.7	1.5	6	19.0	5.0
两优 689	5	28.0	9.2	4	69.0	29.9	7	100.0	56.0	6	55.0	18.7
两优 6127	7	100.0	41.0	8	100.0	98.5	8	100.0	94.5	8	99.0	61.7

表 458　湖北省中籼 D 组品种稻瘟病抗性评价结论（2015 年）

品种名称	抗性指数	与 CK 比较	最高损失率抗级	抗性评价	严重病圃数(个)	综合表现
丰两优四号 CK	7.6		9	高感	1	淘汰
巨 2 优 60	5.5	优于	7	感病	0	一般
云两优 247	5.9	优于	9	高感	0	差
鄂丰丝苗 1 号	3.3	显著优于	3	中抗	0	好
荃优 822	2.1	显著优于	3	中抗	0	好
仙两优 6 号	7.7	相当	9	高感	0	淘汰
武香优 137	7.6	相当	9	高感	0	淘汰
巨风优 650	2.4	显著优于	3	中抗	0	好
C 两优 33	2.2	显著优于	1	抗病	0	好
2075S/R171	2.0	显著优于	1	抗病	0	好
两优 689	6.3	轻于	9	高感	0	差
两优 6127	8.4	劣于	9	高感	0	淘汰

表 459　湖北省中籼 E 组品种稻瘟病抗性鉴定各病圃结果（2015 年）

品种名称	红庙病圃			青山病圃			两河病圃			望家病圃		
	叶瘟病级	病穗率(%)	损失率(%)	叶瘟病级	病穗率(%)	损失率(%)	叶瘟病级	病穗率(%)	损失率(%)	叶瘟病级	病穗率(%)	损失率(%)
B621S/望恢 141	6	27.0	10.2	6	100.0	60.0	7	100.0	75.0	5	23.0	3.9
瑞两优 6 号	7	100.0	52.5	7	100.0	96.0	8	100.0	96.0	6	92.0	52.2
Y 两优 828	6	42.0	15.0	5	100.0	48.0	7	100.0	74.5	6	77.0	35.0
和两优 3719	6	41.0	16.5	6	100.0	63.0	7	100.0	81.0	7	98.0	53.6
望两优华占	2	4.0	0.7	4	16.0	5.6	2	8.9	3.1	5	28.0	7.6
U1A/蜀恢 208	2	4.0	0.5	3	15.0	4.2	3	24.0	9.0	5	18.0	3.3
雨两优 471	5	11.0	3.7	7	100.0	72.0	7	100.0	80.0	7	42.0	14.9
襄中稻 1 号	7	43.0	16.9	7	100.0	73.0	7	100.0	98.5	9	100.0	78.8
丰两优四号 CK	6	26.0	7.9	7	100.0	67.5	7	100.0	59.0	8	84.0	32.2
荃优 9 号	6	80.0	28.6	7	100.0	68.0	7	100.0	98.5	5	90.0	56.9
津优 2018	2	26.0	7.9	2	60.0	19.8	4	85.0	30.0	4	9.0	1.8
广两优 210	5	32.0	11.5	5	100.0	48.5	6	100.0	60.0	6	63.0	29.2

表 460　湖北省中籼 E 组品种稻瘟病抗性评价结论（2015 年）

品种名称	抗性指数	与 CK 比较	最高损失率抗级	抗性评价	严重病圃数(个)	综合表现
丰两优四号 CK	7.4		9	高感	0	淘汰
B621S/望恢 141	6.1	轻于	9	高感	0	差
瑞两优 6 号	8.5	劣于	9	高感	0	淘汰
Y 两优 828	6.9	轻于	9	高感	0	差
和两优 3719	7.8	相当	9	高感	0	淘汰
望两优华占	2.8	显著优于	3	中抗	0	好
U1A/蜀恢 208	2.6	显著优于	3	中抗	0	好
雨两优 471	6.3	轻于	9	高感	0	差
襄中稻 1 号	8.0	劣于	9	高感	0	淘汰
荃优 9 号	7.8	相当	9	高感	0	淘汰
津优 2018	4.3	优于	5	中感	0	较好
广两优 210	6.5	轻于	9	高感	0	差

表 461　湖北省中籼 F 组品种稻瘟病抗性鉴定各病圃结果（2015 年）

品种名称	红庙病圃			青山病圃			两河病圃			望家病圃		
	叶瘟病级	病穗率(%)	损失率(%)	叶瘟病级	病穗率(%)	损失率(%)	叶瘟病级	病穗率(%)	损失率(%)	叶瘟病级	病穗率(%)	损失率(%)
深两优 871	2	4.0	0.5	2	8.0	1.6	2	16.0	3.8	6	16.0	2.9
荆两优 628	5	100.0	43.0	5	100.0	79.0	7	100.0	90.0	5	39.0	14.0
荆楚优 39418	5	75.0	25.2	7	100.0	88.0	8	100.0	96.0	7	47.0	13.1
丰两优四号 CK	6	29.0	9.1	7	100.0	45.0	7	100.0	85.5	8	93.0	53.1
荃优华占	4	7.0	1.0	2	7.0	2.6	2	7.1	2.3	4	16.0	2.6
E 两优 1363	4	6.0	1.8	2	6.0	1.5	2	6.0	1.5	5	8.0	1.8
8 优 203	3	4.0	0.7	5	40.0	16.2	6	57.5	24.5	5	68.0	30.0
中 9 优 86	3	6.0	1.4	5	68.0	23.8	7	100.0	41.6	4	31.0	6.2
佳两优 28	5	69.0	25.3	7	100.0	82.0	7	100.0	80.0	5	51.0	28.3
F 优 498	3	19.0	6.8	7	100.0	76.5	7	100.0	71.0	4	29.0	7.2
香丰糯 2000	5	90.0	12.8	7	100.0	77.0	7	100.0	89.5	5	73.0	29.3
7A/R370	3	3.0	0.6	6	65.0	23.5	6	68.8	23.9	6	23.0	3.7

表 462　湖北省中籼 F 组品种稻瘟病抗性评价结论（2015 年）

品种名称	抗性指数	与 CK 比较	最高损失率抗级	抗性评价	严重病圃数(个)	综合表现
丰两优四号 CK	7.4		9	高感	1	淘汰
深两优 871	2.1	显著优于	1	抗病	0	好
荆两优 628	7.0	相当	9	高感	2	淘汰
荆楚优 39418	7.1	相当	9	高感	1	淘汰
荃优华占	2.1	显著优于	1	抗病	0	好
E 两优 1363	2.1	显著优于	1	抗病	0	好
8 优 203	4.8	优于	5	中感	1	差
中 9 优 86	4.9	优于	7	感病	1	差
佳两优 28	7.3	相当	9	高感	1	淘汰
F 优 498	6.2	轻于	9	高感	1	差
香丰糯 2000	7.0	相当	9	高感	2	淘汰
7A/R370	4.3	优于	5	中感	0	较好

表 463　湖北省中籼 G 组品种稻瘟病抗性鉴定各病圃结果（2015 年）

品种名称	红庙病圃			青山病圃			两河病圃			望家病圃		
	叶瘟病级	病穗率(%)	损失率(%)	叶瘟病级	病穗率(%)	损失率(%)	叶瘟病级	病穗率(%)	损失率(%)	叶瘟病级	病穗率(%)	损失率(%)
华两优 2821	2	12.0	2.7	3	8.0	1.6	4	11.4	2.3	4	34.0	12.9
创两优 627	2	6.0	2.4	2	11.0	3.4	3	10.0	2.9	3	37.0	15.6
万象优 111	2	2.0	0.4	4	100.0	43.5	5	62.0	26.4	6	58.0	26.5
六两优 628	2	3.0	0.5	5	100.0	61.0	5	50.0	19.0	4	39.0	14.3
957A/华占	3	4.0	0.5	2	12.0	4.5	2	12.5	3.8	5	27.0	6.0
晶两优 1177	3	4.0	0.5	3	9.0	2.7	2	10.0	3.2	4	8.0	2.2
两优 1056	7	67.0	27.1	7	100.0	62.0	7	100.0	60.0	8	100.0	62.7
丰两优四号 CK	5	18.0	6.9	7	100.0	60.0	7	100.0	77.0	8	83.0	48.2
万香 8A/R498	3	6.0	0.6	5	18.0	4.8	5	11.0	3.4	5	28.0	7.5
华两优 8008	5	93.0	32.0	6	100.0	91.5	7	100.0	87.0	7	57.0	10.4
9 优 6 号	4	11.0	3.4	7	100.0	70.5	6	100.0	42.0	6	63.0	20.3
巨 2 优 3137	3	45.0	15.0	5	65.0	34.5	7	100.0	64.5	7	69.0	18.6

表 464　湖北省中籼 G 组品种稻瘟病抗性评价结论（2015 年）

品种名称	抗性指数	与 CK 比较	最高损失率抗级	抗性评价	严重病圃数(个)	综合表现
丰两优四号 CK	7.2		9	高感	0	淘汰
华两优 2821	2.8	显著优于	3	中抗	0	好
创两优 627	2.8	显著优于	5	中感	0	较好
万象优 111	5.1	优于	7	感病	0	一般
六两优 628	4.8	优于	9	高感	0	差
957A/华占	2.6	显著优于	3	中抗	0	好
晶两优 1177	1.9	显著优于	1	抗病	0	好
两优 1056	8.1	劣于	9	高感	1	淘汰
万香 8A/R498	3.1	显著优于	3	中抗	0	好
华两优 8008	7.3	相当	9	高感	1	淘汰
9 优 6 号	6.2	轻于	9	高感	1	差
巨 2 优 3137	6.5	轻于	9	高感	0	差

表 465　湖北省中籼 H 组品种稻瘟病抗性鉴定各病圃结果（2015 年）

品种名称	红庙病圃			青山病圃			两河病圃			望家病圃		
	叶瘟病级	病穗率(%)	损失率(%)	叶瘟病级	病穗率(%)	损失率(%)	叶瘟病级	病穗率(%)	损失率(%)	叶瘟病级	病穗率(%)	损失率(%)
广两优 1133	5	58.0	24.5	7	100.0	60.0	7	100.0	80.5	5	44.0	14.0
湘两优 2 号	7	59.0	22.3	7	100.0	86.5	7	100.0	72.0	9	100.0	100.0
M 两优 534	2	2.0	0.3	3	9.0	2.4	2	5.0	1.3	4	21.0	3.5
中糯 04-2	2	3.0	0.3	5	77.0	27.1	6	61.1	23.9	5	56.0	23.3
国泰糯优 6 号	6	65.0	19.6	7	100.0	81.0	7	100.0	78.0	5	17.0	3.7
两优 91	5	20.0	7.3	6	100.0	52.5	7	100.0	67.5	4	7.0	1.3
丰两优四号 CK	7	37.0	13.4	7	100.0	73.0	8	100.0	97.0	8	78.0	32.6
矮两优 2877	2	2.0	0.1	2	12.0	3.6	2	9.0	3.6	4	31.0	15.1
繁优 709	2	3.0	0.3	2	6.0	1.2	2	7.0	1.7	5	44.0	16.6
Q 优 5 号	5	19.0	7.1	5	100.0	72.5	7	100.0	63.0	5	42.0	12.5
荃香糯 S/华籼糯	6	75.0	26.7	7	100.0	84.0	8	100.0	97.0	8	100.0	100.0
信优糯 721	4	7.0	2.3	5	50.0	20.0	6	73.8	32.3	4	26.0	9.7

表 466　湖北省中籼 H 组品种稻瘟病抗性评价结论（2015 年）

品种名称	抗性指数	与 CK 比较	最高损失率抗级	抗性评价	严重病圃数(个)	综合表现
丰两优四号 CK	7.5		9	高感	0	淘汰
广两优 1133	6.9	轻于	9	高感	0	差
湘两优 2 号	8.1	劣于	9	高感	1	淘汰
M 两优 534	1.8	显著优于	1	抗病	0	好
中糯 04-2	4.9	优于	5	中感	0	较好
国泰糯优 6 号	6.6	轻于	9	高感	1	差
两优 91	5.8	优于	9	高感	0	差
矮两优 2877	2.6	显著优于	5	中感	0	较好
繁优 709	2.6	显著优于	5	中感	0	较好
Q 优 5 号	6.3	轻于	9	高感	0	差
荃香糯 S/华籼糯	8.1	劣于	9	高感	0	淘汰
信优糯 721	4.8	优于	7	感病	0	一般

表 467　湖北省中籼 I 组品种稻瘟病抗性鉴定各病圃结果（2015 年）

品种名称	红庙病圃			青山病圃			两河病圃			望家病圃		
	叶瘟病级	病穗率(%)	损失率(%)	叶瘟病级	病穗率(%)	损失率(%)	叶瘟病级	病穗率(%)	损失率(%)	叶瘟病级	病穗率(%)	损失率(%)
中嘉 8 号	2	9.0	0.9	3	20.0	4.9	3	17.3	5.9	6	27.0	5.7
徐优 198	3	11.0	1.2	4	15.0	4.5	5	40.0	12.5	9	94.0	47.6
ZJ3120	2	6.0	0.6	3	15.0	4.8	5	41.0	15.1	7	65.0	16.2
粳两优 5747	2	9.0	2.4	2	16.0	5.6	4	19.0	5.6	8	95.0	47.1
扬两优 6 号 CK	6	24.0	7.5	8	100.0	89.5	8	100.0	98.5	8	94.0	51.7
甬优 4149	2	7.0	1.4	3	12.0	4.2	2	21.0	6.0	4	8.0	1.0
津优 4188	3	66.0	16.5	3	41.0	15.7	5	35.0	11.5	5	29.0	7.8
甬优 4953	2	6.0	1.2	2	6.0	1.8	4	21.0	4.8	7	93.0	39.0
香粳优 378	4	55.0	18.8	4	100.0	53.5	7	100.0	80.5	8	88.0	25.0
安粳 1A/14AC859	5	15.0	3.9	4	20.0	7.7	5	52.2	18.4	5	27.0	6.0
浙科优 157	2	37.0	9.5	2	43.9	18.8	4	74.7	21.3	8	89.0	48.1
襄中粳 2 号	6	43.0	16.7	3	40.0	15.8	6	64.7	24.9	5	49.0	20.6

表 468　湖北省中籼 I 组品种稻瘟病抗性评价结论（2015 年）

品种名称	抗性指数	与 CK 比较	最高损失率抗级	抗性评价	严重病圃数(个)	综合表现
扬两优 6 号 CK	7.6		9	高感	0	淘汰
甬优 4149	2.4	显著优于	3	中抗	0	好
中嘉 8 号	3.1	显著优于	3	中抗	0	好
徐优 198	4.4	优于	7	感病	1	差
ZJ3120	4.1	显著优于	5	中感	1	差
粳两优 5747	4.1	显著优于	7	感病	1	差
津优 4188	4.9	优于	5	中感	0	较好
甬优 4953	3.4	显著优于	7	感病	0	一般
香粳优 378	7.2	相当	9	高感	1	淘汰
安粳 1A/14AC859	4.3	优于	5	中感	0	较好
浙科优 157	5.5	优于	7	感病	1	差
襄中粳 2 号	5.6	优于	5	中感	0	较好

表 469　湖北省中籼 J 组品种稻瘟病抗性鉴定各病圃结果（2015 年）

品种名称	红庙病圃			青山病圃			两河病圃			望家病圃		
	叶瘟病级	病穗率(%)	损失率(%)	叶瘟病级	病穗率(%)	损失率(%)	叶瘟病级	病穗率(%)	损失率(%)	叶瘟病级	病穗率(%)	损失率(%)
广两优 1588	6	36.0	12.9	7	100.0	66.5	7	100.0	95.5	5	64.0	26.2
广两优 454	2	4.0	0.5	2	6.0	1.8	3	16.0	3.2	4	43.0	21.4
全两优 8 号	7	85.0	33.0	7	100.0	94.0	7	100.0	94.0	7	96.0	57.3
3 两优 338	4	12.0	2.0	6	100.0	53.0	7	72.0	24.0	4	38.0	17.5
C 两优 068	5	15.0	5.1	4	14.0	5.5	4	26.0	10.5	5	14.0	2.1
两优 255	6	19.0	5.9	7	100.0	44.0	8	100.0	98.5	5	17.0	3.4
丰两优四号 CK	6	31.0	9.5	7	100.0	94.5	7	100.0	89.5	7	91.0	53.7
两优 1801	4	9.0	2.7	4	27.0	10.5	4	32.0	13.1	5	25.0	7.7
荃优秀占	2	5.0	1.3	2	19.0	8.1	4	14.0	4.9	5	27.0	11.1
广两优 99	6	48.6	14.4	5	100.0	90.5	7	100.0	91.0	6	74.0	46.4
内 6 优 929	3	6.0	0.8	3	18.0	4.5	4	20.0	5.2	5	24.0	5.7
巨优 668	5	56.0	17.5	5	90.0	39.5	5	100.0	47.0	5	54.0	24.6

表 470　湖北省中籼 J 组品种稻瘟病抗性评价结论（2015 年）

品种名称	抗性指数	与 CK 比较	最高损失率抗级	抗性评价	严重病圃数(个)	综合表现
丰两优四号 CK	7.6		9	高感	0	淘汰
广两优 1588	6.9	轻于	9	高感	0	差
广两优 454	2.7	显著优于	5	中感	0	较好
全两优 8 号	8.3	劣于	9	高感	0	淘汰
3 两优 338	5.7	优于	9	高感	0	差
C 两优 068	3.8	显著优于	3	中抗	0	好
两优 255	5.9	优于	9	高感	0	差
两优 1801	3.7	显著优于	3	中抗	0	好
荃优秀占	2.9	显著优于	3	中抗	0	好
广两优 99	7.1	轻于	9	高感	0	淘汰
内 6 优 929	3.1	显著优于	3	中抗	0	好
巨优 668	6.5	轻于	7	感病	0	一般

表 471　湖北省中籼 K 组品种稻瘟病抗性鉴定各病圃结果（2015 年）

品种名称	红庙病圃			青山病圃			两河病圃			望家病圃		
	叶瘟病级	病穗率(%)	损失率(%)	叶瘟病级	病穗率(%)	损失率(%)	叶瘟病级	病穗率(%)	损失率(%)	叶瘟病级	病穗率(%)	损失率(%)
两优 4248	5	23.0	7.6	7	100.0	75.0	7	100.0	48.0	6	43.0	16.1
广两优 927	2	2.0	0.3	3	7.0	1.4	4	16.0	4.1	7	35.0	6.0
广两优 818	7	91.2	32.4	8	100.0	100.0	8	100.0	97.0	9	100.0	100.0
科两优 9218	3	15.0	5.1	4	34.0	13.1	2	30.0	12.3	5	30.0	10.6
E 两优 1106	2	2.0	0.4	2	6.0	1.2	3	8.0	1.6	5	9.0	0.9
两优 182	6	60.0	18.6	5	100.0	58.5	6	100.0	74.0	5	34.0	12.2
丰两优四号 CK	6	36.0	12.9	7	100.0	89.5	7	100.0	93.5	7	87.0	37.8
正两优 286	5	100.0	37.7	4	40.0	15.8	5	100.0	42.0	5	57.0	16.8
广两优 32	7	100.0	49.0	8	100.0	93.5	8	100.0	100.0	8	93.0	59.4
尤群 1C	3	33.0	12.0	2	63.0	22.5	5	56.0	23.6	6	29.0	4.8
庆优 528	4	32.0	11.8	4	100.0	49.0	6	100.0	53.0	5	45.0	17.6
益两优 14	7	100.0	50.0	8	100.0	98.5	8	100.0	98.5	8	98.0	72.8

表 472　湖北省中籼 K 组品种稻瘟病抗性评价结论（2015 年）

品种名称	抗性指数	与 CK 比较	最高损失率抗级	抗性评价	严重病圃数(个)	综合表现
丰两优四号 CK	7.3		9	高感	0	淘汰
两优 4248	6.4	轻于	9	高感	0	差
广两优 927	2.8	显著优于	3	中抗	0	好
广两优 818	8.5	劣于	9	高感	0	淘汰
科两优 9218	4.0	优于	3	中抗	0	好
E 两优 1106	1.9	显著优于	1	抗病	0	好
两优 182	6.8	轻于	9	高感	0	差
正两优 286	6.3	轻于	7	感病	0	一般
广两优 32	8.4	劣于	9	高感	0	淘汰
尤群 1C	4.8	优于	5	中感	0	较好
庆优 528	6.2	轻于	9	高感	0	差
益两优 14	8.4	劣于	9	高感	2	淘汰

表 473　湖北省中籼 L 组品种稻瘟病抗性鉴定各病圃结果（2015 年）

品种名称	红庙病圃			青山病圃			两河病圃			望家病圃		
	叶瘟病级	病穗率(%)	损失率(%)	叶瘟病级	病穗率(%)	损失率(%)	叶瘟病级	病穗率(%)	损失率(%)	叶瘟病级	病穗率(%)	损失率(%)
G98S/R958	7	100.0	61.0	7	100.0	66.5	7	100.0	98.5	6	71.0	37.4
云两优 990	4	21.0	7.5	5	100.0	47.0	7	100.0	55.0	5	35.0	7.5
荃优 259	2	2.0	0.1	3	6.0	1.2	2	7.0	2.3	5	28.0	9.9
广大 01S/丙 4114	6	100.0	44.6	7	100.0	86.0	7	100.0	98.5	5	44.0	19.2
丰两优四号 CK	5	12.0	4.2	7	100.0	80.0	7	100.0	91.0	8	89.0	51.2
中浙优 28	5	20.0	5.5	7	100.0	60.0	7	100.0	48.5	7	49.0	23.3
浙两优 2149	3	34.0	11.6	4	87.0	45.5	6	95.0	43.5	5	52.0	31.7
益两优 347	4	23.0	5.2	4	65.5	29.6	7	100.0	56.0	5	77.0	44.9
Z 两优 586	4	21.0	6.9	5	38.0	17.2	6	80.0	31.5	5	74.0	32.9
2075S/R193	3	3.0	0.6	2	6.0	1.2	3	6.0	1.2	5	29.0	11.4
Y 两优 32	4	12.0	4.8	6	100.0	67.5	7	100.0	81.5	6	92.0	56.3
敦优 6 号	3	3.0	0.3	3	13.0	4.1	4	22.0	8.0	5	45.0	15.0

表 474　湖北省中籼 L 组品种稻瘟病抗性评价结论（2015 年）

品种名称	抗性指数	与 CK 比较	最高损失率抗级	抗性评价	严重病圃数(个)	综合表现
丰两优四号 CK	7.2		9	高感	0	淘汰
G98S/R958	8.2	劣于	9	高感	0	淘汰
云两优 990	5.9	轻于	9	高感	0	差
荃优 259	2.4	显著优于	3	中抗	0	好
广大 01S/丙 4114	7.4	相当	9	高感	0	淘汰
中浙优 28	6.5	轻于	9	高感	0	差
浙两优 2149	6.3	轻于	7	感病	0	一般
益两优 347	6.3	轻于	9	高感	0	差
Z 两优 586	5.9	轻于	7	感病	0	一般
2075S/R193	2.4	显著优于	3	中抗	0	好
Y 两优 32	6.9	相当	9	高感	0	差
敦优 6 号	3.1	显著优于	3	中抗	0	好

表 475　湖北省中籼 M 组品种稻瘟病抗性鉴定各病圃结果（2015 年）

品种名称	红庙病圃			青山病圃			两河病圃			望家病圃		
	叶瘟病级	病穗率(%)	损失率(%)	叶瘟病级	病穗率(%)	损失率(%)	叶瘟病级	病穗率(%)	损失率(%)	叶瘟病级	病穗率(%)	损失率(%)
深两优 618	6	100.0	35.7	7	100.0	77.5	8	100.0	97.0	8	100.0	100.0
荆两优 2015	6	28.0	9.2	7	100.0	79.0	8	100.0	100.0	8	93.0	71.7
农香 A/R1-028	4	24.0	7.2	5	80.0	27.7	7	100.0	43.5	5	33.0	10.8
广两优 1949	4	8.0	1.0	7	70.0	32.0	7	100.0	39.0	5	27.0	6.0
丰两优四号 CK	5	11.0	3.4	7	100.0	77.5	7	100.0	79.0	7	96.0	42.3
青优 173	2	6.0	0.9	5	35.0	15.5	5	40.0	15.8	5	21.0	4.5
2075S/R222	2	3.0	0.3	3	9.0	2.4	2	10.0	2.6	4	16.0	2.6
荃优 399	3	17.0	6.1	5	100.0	48.0	7	100.0	56.0	6	51.0	26.0
华两优 1503	2	3.0	0.3	4	11.0	2.8	2	14.0	3.7	5	12.0	1.5
恒丰优 666	2	3.0	0.5	3	43.0	15.8	5	31.0	12.5	5	31.0	6.4
福两优 2262	6	22.0	7.7	8	100.0	92.5	8	100.0	100.0	8	84.0	50.7
华两优 151	2	3.0	0.3	3	8.0	1.6	5	16.4	4.9	6	37.0	16.6

表 476　湖北省中籼 M 组品种稻瘟病抗性评价结论（2015 年）

品种名称	抗性指数	与 CK 比较	最高损失率抗级	抗性评价	严重病圃数(个)	综合表现
丰两优四号 CK	6.9		9	高感	1	差
深两优 618	8.3	劣于	9	高感	0	淘汰
荆两优 2015	7.7	劣于	9	高感	0	淘汰
农香 A/R1-028	5.4	优于	7	感病	0	一般
广两优 1949	5.4	优于	7	感病	0	一般
青优 173	3.9	优于	5	中感	0	较好
2075S/R222	1.9	显著优于	1	抗病	0	好
荃优 399	6.3	轻于	9	高感	0	差
华两优 1503	2.3	显著优于	1	抗病	0	好
恒丰优 666	3.8	优于	5	中感	0	较好
福两优 2262	7.6	劣于	9	高感	0	淘汰
华两优 151	3.0	显著优于	5	中感	0	较好

表 477　湖北省中籼 N 组品种稻瘟病抗性鉴定各病圃结果（2015 年）

品种名称	红庙病圃			青山病圃			两河病圃			望家病圃		
	叶瘟病级	病穗率(%)	损失率(%)	叶瘟病级	病穗率(%)	损失率(%)	叶瘟病级	病穗率(%)	损失率(%)	叶瘟病级	病穗率(%)	损失率(%)
利两优 1 号	2	12.0	0.8	6	100.0	74.0	6	100.0	71.0	5	13.0	1.6
两优 817	5	42.3	14.8	8	100.0	75.0	8	100.0	98.5	8	100.0	100.0
荃香优 88	2	2.0	0.3	2	30.0	9.9	3	28.6	10.0	5	26.0	8.2
荃 9 优 1 号	2	2.0	0.1	3	29.0	9.7	6	90.0	40.5	5	27.0	9.2
丰两优四号 CK	5	16.0	5.9	7	100.0	71.0	7	100.0	74.0	8	87.0	61.3
广两优 1018	6	34.0	11.6	7	100.0	94.5	7	100.0	78.0	5	33.0	18.9
盐两优 2218	7	66.0	25.0	7	100.0	71.5	8	100.0	95.5	8	100.0	100.0
春两优 889	5	32.0	10.3	6	100.0	60.0	7	100.0	72.0	6	54.0	30.1
镇 6411S/镇恢 832	5	12.0	4.2	5	81.0	33.9	7	100.0	45.0	5	29.0	5.2
申两优 357	3	7.0	1.0	4	18.0	6.3	6	28.0	8.6	5	31.0	12.7
两优 509	4	21.0	7.5	4	100.0	48.4	7	100.0	60.0	5	37.0	14.7
华两 1 优 517	2	8.0	2.8	2	48.0	19.2	3	73.3	32.0	6	54.0	29.5

表 478　湖北省中籼 N 组品种稻瘟病抗性评价结论（2015 年）

品种名称	抗性指数	与 CK 比较	最高损失率抗级	抗性评价	严重病圃数(个)	综合表现
丰两优四号 CK	7.4		9	高感	0	淘汰
利两优 1 号	5.4	优于	9	高感	0	差
两优 817	7.7	相当	9	高感	0	淘汰
荃香优 88	3.4	显著优于	3	中抗	0	好
荃 9 优 1 号	4.3	优于	7	感病	0	一般
广两优 1018	6.8	轻于	9	高感	0	差
盐两优 2218	8.1	劣于	9	高感	0	淘汰
春两优 889	7.1	相当	9	高感	0	淘汰
镇 6411S/镇恢 832	5.5	优于	7	感病	0	一般
申两优 357	3.8	显著优于	3	中抗	0	好
两优 509	5.9	优于	9	高感	0	差
华两 1 优 517	4.8	优于	7	感病	0	一般

表 479　湖北省中籼 O 组品种稻瘟病抗性鉴定各病圃结果（2015 年）

品种名称	红庙病圃			青山病圃			两河病圃			望家病圃		
	叶瘟病级	病穗率(%)	损失率(%)	叶瘟病级	病穗率(%)	损失率(%)	叶瘟病级	病穗率(%)	损失率(%)	叶瘟病级	病穗率(%)	损失率(%)
03S/R2000	3	13.0	3.2	5	75.0	36.0	6	61.0	26.1	5	31.0	6.7
隆两优 987	5	16.0	5.9	5	100.0	70.0	6	100.0	50.5	4	13.0	1.3
玖两优 99	7	100.0	53.0	7	100.0	82.0	7	100.0	97.0	5	59.0	32.0
荟丰优 517	3	2.0	0.4	4	40.0	14.3	4	33.3	12.2	5	48.0	15.0
深两优 1177	2	4.0	0.4	3	34.0	12.5	4	18.0	6.0	4	30.0	13.4
扬两优 818	6	28.0	10.1	8	100.0	98.5	8	100.0	100.0	9	82.0	38.7
旱优 749	3	9.0	2.4	3	10.0	2.6	5	17.5	5.8	4	11.0	3.0
两优 249	5	17.0	4.9	2	78.0	34.5	6	90.0	34.0	5	26.0	6.9
丰两优四号 CK	4	18.0	6.3	7	100.0	91.5	7	100.0	78.0	8	77.0	35.9
W 两优 H2661	6	23.0	7.3	7	100.0	86.0	8	100.0	90.5	5	63.0	31.5
徽两优 5 号	7	90.0	34.0	7	100.0	90.5	7	100.0	78.0	7	67.0	37.2
华珍优 8305	5	24.0	9.3	6	100.0	56.0	7	100.0	60.0	7	53.0	25.3

表 480　湖北省中籼 O 组品种稻瘟病抗性评价结论（2015 年）

品种名称	抗性指数	与 CK 比较	最高损失率抗级	抗性评价	严重病圃数(个)	综合表现
丰两优四号 CK	7.1		9	高感	0	淘汰
03S/R2000	5.1	优于	7	感病	0	一般
隆两优 987	5.8	优于	9	高感	0	差
玖两优 99	8.1	劣于	9	高感	1	淘汰
荟丰优 517	3.6	显著优于	3	中抗	0	好
深两优 1177	3.3	显著优于	3	中抗	0	好
扬两优 818	7.6	劣于	9	高感	0	淘汰
旱优 749	2.7	显著优于	3	中抗	0	好
两优 249	5.3	优于	7	感病	0	一般
W 两优 H2661	7.1	相当	9	高感	0	淘汰
徽两优 5 号	8.0	劣于	9	高感	1	淘汰
华珍优 8305	6.8	相当	9	高感	1	差

表 481　湖北省中籼 P 组品种稻瘟病抗性鉴定各病圃结果（2015 年）

品种名称	红庙病圃			青山病圃			两河病圃			望家病圃		
	叶瘟病级	病穗率(%)	损失率(%)	叶瘟病级	病穗率(%)	损失率(%)	叶瘟病级	病穗率(%)	损失率(%)	叶瘟病级	病穗率(%)	损失率(%)
巨 2 优 728	5	34.0	11.6	7	100.0	94.5	7	100.0	60.0	5	61.0	30.1
创两优丝占	2	2.0	0.3	3	9.0	2.4	5	12.5	5.4	5	31.0	7.6
荃优 0861	2	3.0	0.3	2	7.0	2.0	2	6.0	1.2	6	27.0	9.0
广两优 1898	7	80.0	37.0	8	100.0	95.5	8	100.0	98.5	9	88.0	72.7
荆两优 137	7	100.0	40.0	7	100.0	93.5	7	100.0	93.5	8	91.0	51.5
丰两优四号 CK	5	27.0	8.7	8	100.0	88.0	7	100.0	76.0	8	78.0	45.1
广两优 140	6	41.0	15.4	8	100.0	94.5	8	100.0	95.5	9	100.0	69.5
神农优 228	3	12.0	3.9	3	40.0	14.9	6	85.0	29.0	5	29.0	6.0
六两优 6527	7	60.0	22.0	8	100.0	95.5	8	100.0	100.0	8	100.0	100.0
隆两优 3206	5	18.0	5.4	6	70.0	32.5	7	80.0	30.5	5	14.0	2.5
E 优 995	4	14.0	4.9	4	93.0	37.6	6	81.2	31.6	5	28.0	6.3
巨 2 优 454	3	19.0	5.6	5	100.0	45.0	6	100.0	42.0	7	93.0	31.3

表 482　湖北省中籼 P 组品种稻瘟病抗性评价结论（2015 年）

品种名称	抗性指数	与 CK 比较	最高损失率抗级	抗性评价	严重病圃数(个)	综合表现
丰两优四号 CK	7.4		9	高感	0	淘汰
巨 2 优 728	7.1	相当	9	高感	1	淘汰
创两优丝占	2.9	显著优于	3	中抗	0	好
荃优 0861	2.4	显著优于	3	中抗	0	好
广两优 1898	8.5	劣于	9	高感	1	淘汰
荆两优 137	8.3	劣于	9	高感	1	淘汰
广两优 140	8.1	劣于	9	高感	1	淘汰
神农优 228	4.3	优于	5	中感	0	较好
六两优 6527	8.2	劣于	9	高感	0	淘汰
隆两优 3206	5.4	优于	7	感病	1	一般
E 优 995	5.3	优于	7	感病	0	一般
巨 2 优 454	6.3	轻于	7	感病	1	一般

表 483　湖北省中籼 Q 组品种稻瘟病抗性鉴定各病圃结果（2015 年）

品种名称	红庙病圃			青山病圃			两河病圃			望家病圃		
	叶瘟病级	病穗率(%)	损失率(%)	叶瘟病级	病穗率(%)	损失率(%)	叶瘟病级	病穗率(%)	损失率(%)	叶瘟病级	病穗率(%)	损失率(%)
金粳优 9 号	3	24.0	8.4	3	53.8	19.4	6	93.8	31.9	5	13.0	2.3
春优 984	3	46.0	14.3	2	48.9	18.6	3	60.0	18.0	5	52.0	13.6
粳两优 7466	3	7.0	1.0	3	17.0	5.8	6	80.0	29.0	9	83.0	38.5
津优 717	2	18.0	4.2	3	21.0	6.0	3	28.0	8.3	5	31.0	6.5
中粳优 362	3	6.0	0.8	2	12.0	2.4	5	47.0	14.5	5	27.0	5.6
扬两优 6 号 CK	5	31.0	10.7	7	100.0	85.0	8	100.0	100.0	8	73.0	39.7
甬优 6763	5	27.0	9.3	3	100.0	40.0	6	100.0	38.5	7	76.0	35.8
粳丰优 007	2	12.0	2.4	2	20.0	4.6	4	28.0	8.0	5	33.0	10.4
浙优 835	6	53.0	22.9	6	100.0	47.0	7	100.0	52.5	5	37.0	12.2
浙科优 515	7	100.0	49.2	8	100.0	98.5	8	100.0	98.5	9	100.0	100.0
齐两优 1207	3	34.0	11.0	5	100.0	46.5	7	100.0	58.0	7	97.0	60.9
皖垦糯 1 号	5	34.0	11.9	7	100.0	98.5	8	100.0	98.5	9	95.0	67.7

表 484　湖北省中籼 Q 组品种稻瘟病抗性评价结论（2015 年）

品种名称	抗性指数	与 CK 比较	最高损失率抗级	抗性评价	严重病圃数(个)	综合表现
扬两优 6 号 CK	7.4		9	高感	0	淘汰
金粳优 9 号	4.8	优于	7	感病	0	一般
春优 984	4.8	优于	5	中感	0	较好
粳两优 7466	4.9	优于	7	感病	0	一般
津优 717	3.6	显著优于	3	中抗	0	好
中粳优 362	3.3	显著优于	3	中抗	0	好
甬优 6763	6.4	轻于	7	感病	0	一般
粳丰优 007	3.3	显著优于	3	中抗	0	好
浙优 835	6.6	轻于	9	高感	0	淘汰
浙科优 515	8.5	劣于	9	高感	2	淘汰
齐两优 1207	7.0	相当	9	高感	1	淘汰
皖垦糯 1 号	7.7	相当	9	高感	0	淘汰

表 485　湖北省中稻直播 1 组品种稻瘟病抗性鉴定各病圃结果（2015 年）

品种名称	红庙病圃			青山病圃			两河病圃			望家病圃		
	叶瘟病级	病穗率(%)	损失率(%)	叶瘟病级	病穗率(%)	损失率(%)	叶瘟病级	病穗率(%)	损失率(%)	叶瘟病级	病穗率(%)	损失率(%)
Z15	3	18.0	6.3	3	90.0	43.0	3	44.0	16.0	5	13.0	1.6
黄华占 CK2	5	29.0	9.1	4	100.0	43.5	7	100.0	52.0	6	55.0	31.5
华润 2 号	5	24.0	7.2	4	100.0	42.5	7	100.0	85.5	6	56.0	22.7
鄂丰丝苗 1 号	3	6.0	2.1	3	37.0	13.4	5	30.0	9.6	4	17.0	7.2
佳两优 28	4	43.0	16.1	5	100.0	66.0	7	100.0	60.0	5	63.0	37.9
天两优 616CK1	8	100.0	85.0	8	100.0	98.5	8	100.0	98.5	8	96.0	58.7
两优 3599	5	19.0	6.5	2	9.0	3.6	2	18.0	6.6	5	57.0	31.6
田佳优华占	2	2.0	0.1	2	6.0	1.2	2	6.0	1.2	5	30.0	8.3
荆占 1 号	5	34.0	11.9	4	100.0	48.0	7	100.0	89.5	6	59.0	41.9
E 两优 560	3	6.0	0.9	2	9.0	1.8	2	7.0	1.4	5	56.0	32.3
雨两优 708	2	6.0	0.8	2	6.0	1.5	4	24.0	9.8	7	96.0	50.8
两优 235	3	15.0	5.7	3	100.0	60.0	5	100.0	60.0	4	64.0	35.4

表 486　湖北省中稻直播 1 组品种稻瘟病抗性评价结论（2015 年）

品种名称	抗性指数	与 CK1 比较	与 CK2 比较	最高损失率抗级	抗性评价	严重病圃数(个)	综合表现
天两优 616CK1	8.8		劣于	9	高感	0	淘汰
黄华占 CK2	6.8	优于		9	高感	0	差
Z15	4.5	显著优于	优于	7	感病	0	一般
华润 2 号	6.4	优于	相当	9	高感	0	差
鄂丰丝苗 1 号	3.6	显著优于	优于	3	中抗	0	好
佳两优 28	7.2	优于	相当	9	高感	0	淘汰
两优 3599	4.0	显著优于	优于	7	感病	0	一般
田佳优华占	2.3	显著优于	显著优于	3	中抗	0	好
荆占 1 号	6.8	优于	相当	9	高感	0	差
E 两优 560	3.1	显著优于	优于	7	感病	0	一般
雨两优 708	3.9	显著优于	优于	9	高感	0	差
两优 235	6.4	优于	相当	9	高感	0	差

表 487　湖北省中稻直播 2 组品种稻瘟病抗性鉴定各病圃结果（2015 年）

品种名称	红庙病圃			青山病圃			两河病圃			望家病圃		
	叶瘟病级	病穗率(%)	损失率(%)	叶瘟病级	病穗率(%)	损失率(%)	叶瘟病级	病穗率(%)	损失率(%)	叶瘟病级	病穗率(%)	损失率(%)
中天稻 8923	4	33.0	11.4	4	100.0	44.5	5	78.3	32.5	6	57.0	32.5
鄂优华占	2	2.0	0.3	2	6.0	1.2	2	9.0	2.4	5	40.0	10.4
深优 513	2	7.0	2.0	3	12.0	4.2	2	10.0	2.6	5	71.0	39.7
荃优 727	3	4.0	1.4	4	100.0	41.5	5	25.0	8.3	4	11.0	1.3
华两优黄占	2	2.0	0.1	4	10.0	2.9	2	6.0	1.8	5	31.0	10.7
珈华 501	2	3.0	0.5	3	100.0	45.5	5	83.0	33.1	5	28.0	10.1
荣优华占	2	2.0	0.4	2	7.0	2.6	4	12.0	2.7	5	61.0	33.0
黄华占 CK2	5	37.0	12.2	5	96.0	46.1	7	100.0	60.0	6	58.0	28.6
天两优 616CK1	7	100.0	59.5	8	100.0	96.0	8	100.0	95.5	8	100.0	70.9
229A/R209	4	21.0	7.5	7	100.0	60.0	7	100.0	60.0	6	51.0	31.8
福稻 88	2	2.0	0.3	2	6.0	1.2	2	7.0	2.0	5	39.0	12.7
广源占 16 号	2	2.0	0.1	2	5.0	1.3	2	13.0	4.1	5	31.0	10.7

表 488　湖北省中稻直播 2 组品种稻瘟病抗性评价结论（2015 年）

品种名称	抗性指数	与 CK1 比较	与 CK2 比较	最高损失率抗级	抗性评价	严重病圃数(个)	综合表现
天两优 616CK1	8.7		劣于	9	高感	1	淘汰
黄华占 CK2	6.6	优于		9	高感	0	差
中天稻 8923	6.3	优于	相当	7	感病	0	一般
鄂优华占	2.3	显著优于	显著优于	3	中抗	0	较好
深优 513	3.3	显著优于	优于	7	感病	0	一般
荃优 727	3.8	显著优于	优于	7	感病	0	一般
华两优黄占	2.4	显著优于	显著优于	3	中抗	0	好
珈华 501	4.8	显著优于	优于	7	感病	0	一般
荣优华占	3.2	显著优于	优于	7	感病	0	一般
229A/R209	7.0	优于	相当	9	高感	1	淘汰
福稻 88	2.3	显著优于	显著优于	3	中抗	0	好
广源占 16 号	2.3	显著优于	显著优于	3	中抗	0	好

表 489 湖北省水稻区试品种稻瘟病抗性两年评价结论（2014—2015 年）

区试组别	品种名称	2015 年评价结论		2014 年评价结论		2014—2015 年两年评价结论				
		抗性指数	最高损失率抗级	抗性指数	最高损失率抗级	最高抗性指数	与 CK 比较	最高损失率抗级	抗性评价	综合表现
早稻	鄂早 18CK	5.4	7	6.6	9	6.6		9	高感	差
	早 64	4.6	7	5.6	7	5.6	轻于	7	感病	一般
	鄂早 18CK	5.4	7	6.5	9	6.5		9	高感	差
	HD9802S/R69	5.6	9	6.4	9	6.4	相当	9	高感	差
中稻	丰两优四号 CK	7.4	9	8.1	9	8.1		9	高感	差
	广两优 1813	5.1	5	5.2	9	5.2	优于	9	高感	差
	隆两优 281	3.9	7	3.5	3	3.9	显著优于	7	感病	一般
	丰两优四号 CK	7.4	9	7.7	9	7.7		9	高感	差
	深两优 3117	6.3	9	5.1	9	6.3	轻于	9	高感	差
	丰两优四号 CK	7.4	9	7.6	9	7.6		9	高感	差
	两优 1318	6.7	9	6.5	9	6.7	轻于	9	高感	差
	丰两优四号 CK	7.3	9	8.1	9	8.1		9	高感	差
	广占 63-4S/R958	2.4	1	2.8	3	2.8	显著优于	3	中抗	好
	丰两优四号 CK	7.3	9	7.7	9	7.7		9	高感	差
	孝糯优 6 号	4.4	5	6.1	9	6.1	轻于	9	高感	差
	丰两优四号 CK	7.3	9	6.6	9	7.3		9	高感	差
	E 两优 476	2.3	1	2.3	1	2.3	显著优于	1	抗病	好
	丰两优四号 CK	7.2	9	7.7	9	7.7		9	高感	差
	华优 352	3.4	3	1.9	1	3.4	显著优于	3	中抗	好
	丰两优四号 CK	7.2	9	6.6	9	7.2		9	高感	差
	隆两优 618	5.9	9	6.2	9	6.2	轻于	9	高感	差
	丰两优四号 CK	7.2	9	7.4	9	7.4		9	高感	差
	深两优 973	7.3	9	6.7	9	7.3	相当	9	高感	差
	广占 63-4S/R674	6.4	7	6.6	9	6.6	轻于	9	高感	差
	丰两优四号 CK	7.6	9	7.4	9	7.6		9	高感	差
	巨 2 优 60	5.5	7	5.8	9	5.8	优于	9	高感	差
	云两优 247	5.9	9	5.9	9	5.9	优于	9	高感	差
	丰两优四号 CK	7.6	9	7.4	9	7.6		9	高感	差
	鄂丰丝苗 1 号	3.3	3	3.6	5	3.6	显著优于	5	中感	较好
	丰两优四号 CK	7.6	9	7.7	9	7.7		9	高感	差
	荃优 822	2.1	3	2.8	5	2.8	显著优于	5	中感	较好
	扬两优 6 号 CK	7.6	9	8.1	9	8.1		9	高感	差
	甬优 4149	2.4	3	3.2	5	3.2	显著优于	5	中感	较好
晚稻	金优 207CK	5.6	9	5.5	9	5.6		9	高感	差
	荆楚优 79	2.6	5	2.6	3	2.6	优于	5	中感	较好
	巨风优 1098	6.1	9	6.8	9	6.8	劣于	9	高感	差
	HD9802S/松 06	5.7	9	6.1	9	6.1	相当	9	高感	差
	金优 207CK	5.6	9	6.3	9	6.3		9	高感	差
	巨风优 8643	3.4	5	3.2	5	3.4	优于	5	中感	较好
	鄂晚 17CK	4.7	7	3.6	5	4.7		7	感病	一般
	TY036	3.1	3	2.7	3	3.1	优于	3	中抗	好

表 490　湖北省早稻区试品种稻瘟病抗性鉴定各病圃结果（2016 年）

品种名称	红高病圃			青山病圃			两河病圃			望家病圃			崇阳病圃		
	叶瘟病级	病穗率(%)	损失率(%)	叶瘟病级	病穗率(%)	损失率(%)	叶瘟病级	病穗率(%)	损失率(%)	叶瘟病级	病穗率(%)	损失率(%)	叶瘟病级	病穗率(%)	损失率(%)
天两优 9388	5	22.8	10.4	5	100.0	81.0	6	100.0	97.0	5	36.0	12.8	1	79.5	36.4
两优 576	3	9.7	1.7	4	16.0	4.7	4	36.9	11.7	4	18.0	2.3	1	24.5	1.5
HD9802S/R409	2	9.0	1.0	4	14.0	3.7	4	54.0	23.5	5	23.0	5.5	2	7.5	0.6
鄂早 18CK	2	74.8	37.5	4	84.0	44.3	4	60.0	27.0	5	59.0	24.1	2	39.5	4.9
两优 19	3	38.0	17.3	5	100.0	77.5	4	100.0	93.0	4	38.0	10.1	1	41.0	11.4
荣丰优 1486	5	100.0	51.0	7	100.0	95.5	7	100.0	92.0	4	17.0	5.8	3	100.0	96.0
荆楚优 827	4	52.9	23.0	5	80.0	42.5	6	100.0	97.0	4	27.0	4.8	0	16.5	1.3
E 两优 9011	2	11.5	2.7	4	18.0	6.0	4	47.6	21.9	5	56.0	26.7	2	69.0	7.4
两优 1216	5	70.4	32.4	4	46.0	22.6	5	58.0	25.2	6	72.0	39.5	1	40.0	3.0
株两优 171	4	22.7	6.6	5	38.0	16.3	6	38.0	16.2	7	81.0	36.3	4	67.0	4.8
A4A/RT190	4	15.0	5.5	5	100.0	68.5	5	85.0	40.5	6	53.0	23.4	2	44.5	5.2
嘉早 37	2	6.8	0.8	4	30.0	11.8	3	10.0	2.9	4	29.0	6.4	1	47.0	3.2

表 491　湖北省早稻区试品种稻瘟病抗性评价结论（2016 年）

品种名称	抗性指数	与 CK1 比较	与 CK2 比较	最高损失率抗级	抗性评价	严重病圃数(个)	综合表现
鄂早 18CK	5.5			7	感病	1	差
两优 19	5.7	相当		9	高感	1	差
天两优 9388	6.2	劣于		9	高感	1	差
两优 576	2.8	优于		3	中抗	0	好
HD9802S/R409	3.2	优于		5	中感	0	较好
荣丰优 1486	7.3	劣于		9	高感	1	淘汰
荆楚优 827	5.2	相当		9	高感	0	差
E 两优 9011	4.3	轻于		5	中感	0	较好
两优 1216	5.6	相当		7	感病	0	一般
株两优 171	5.3	相当		7	感病	0	一般
A4A/RT190	5.8	相当		9	高感	0	差
嘉早 37	3.0	优于		3	中抗	0	好

表 492　湖北省晚稻区试 A 组品种稻瘟病抗性鉴定各病圃结果（2016 年）

品种名称	红庙病圃			青山病圃			两河病圃			望家病圃		
	叶瘟病级	病穗率(%)	损失率(%)	叶瘟病级	病穗率(%)	损失率(%)	叶瘟病级	病穗率(%)	损失率(%)	叶瘟病级	病穗率(%)	损失率(%)
长农优 982	2	4.0	0.5	3	8.0	2.2	3	8.0	2.2	4	31.0	11.6
盛丰优 2318	2	8.0	1.6	5	20.0	5.2	6	17.0	8.2	6	71.0	39.7
A4A/RT240	4	35.0	12.7	7	62.0	27.6	7	100.0	98.5	5	42.0	18.3
泰丰 A/R2806	3	16.0	0.3	4	90.0	41.4	4	68.0	30.8	5	37.0	17.5
早丰 A/R0861	2	3.0	0.4	2	8.0	1.6	2	9.0	2.4	3	9.0	1.1
荆楚优 867	2	4.0	0.4	4	12.0	3.0	4	30.0	9.9	5	49.0	19.7
金优 207CK	3	24.0	9.0	4	13.0	2.9	5	76.0	34.1	6	53.0	19.7
A158	3	8.0	2.1	3	7.0	0.8	3	8.0	2.2	5	34.0	20.6
28 优 158	4	11.0	1.9	5	27.0	8.7	4	42.0	19.2	4	41.0	15.2
田佳优 1321	3	4.0	0.2	3	9.0	1.4	3	6.0	1.5	5	29.0	12.0
玖两优 259	2	4.0	0.4	2	13.0	2.3	2	7.0	1.7	5	35.0	11.3
318A/夹恢 168	5	32.0	12.1	4	100.0	47.5	7	100.0	49.4	6	59.0	22.4

表 493　湖北省晚稻区试 A 组品种稻瘟病抗性评价结论（2016 年）

品种名称	抗性指数	与 CK 比较	最高损失率抗级	抗性评价	严重病圃数(个)	综合表现
金优 207CK	4.9		7	感病	0	一般
长农优 982	2.4	优于	3	中抗	0	好
泰丰 A/R2806	5.4	相当	7	感病	0	一般
荆楚优 867	3.5	轻于	5	中感	0	较好
28 优 158	4.5	相当	5	中感	0	较好
盛丰优 2318	4.4	轻于	7	感病	0	一般
A4A/RT240	6.2	劣于	9	高感	0	差
早丰 A/R0861	1.7	优于	1	抗病	0	好
A158	2.9	优于	5	中感	0	较好
田佳优 1321	2.5	优于	3	中抗	0	好
玖两优 259	2.5	优于	3	中抗	0	好
318A/夹恢 168	6.3	劣于	7	感病	0	一般

表 494 湖北省晚稻区试 B 组品种稻瘟病抗性鉴定各病圃结果（2016 年）

品种名称	红庙病圃			青山病圃			两河病圃			望家病圃		
	叶瘟病级	病穗率(%)	损失率(%)	叶瘟病级	病穗率(%)	损失率(%)	叶瘟病级	病穗率(%)	损失率(%)	叶瘟病级	病穗率(%)	损失率(%)
57 优 068	2	4.0	0.5	2	9.0	2.4	2	8.0	1.9	5	31.0	6.2
奥富优 899	5	42.0	18.3	6	100.0	65.0	6	100.0	98.5	6	84.0	52.0
弘两优 822	2	17.0	6.1	3	8.0	2.2	4	24.0	6.6	4	9.0	1.4
泰优 628	2	9.0	1.8	4	31.0	11.7	3	22.0	5.9	4	32.0	10.6
玖两优 1689	2	4.0	0.4	2	12.0	1.8	2	14.0	2.7	5	49.0	20.8
深优 9544	2	8.0	1.6	2	9.0	2.1	4	13.0	4.1	5	91.0	52.5
金优 207CK	2	12.0	3.0	5	28.0	8.9	4	31.0	10.1	6	59.0	33.8
中 68 优 399	2	3.0	0.3	2	8.0	1.2	2	6.0	1.8	4	10.0	1.9
玖两优 1490	2	4.0	0.4	4	11.0	3.4	3	7.0	2.0	5	61.0	31.5
五优 1226	3	11.0	3.0	5	17.0	4.9	6	28.0	9.2	4	12.0	1.5
荆楚优 670	4	21.0	6.0	5	31.0	11.0	4	31.0	9.8	6	57.0	22.8
早丰优华占	2	4.0	0.5	2	0.0	0.4	2	8.0	2.5	4	18.0	2.7

表 495 湖北省晚稻区试 B 组品种稻瘟病抗性评价结论（2016 年）

品种名称	抗性指数	与 CK 比较	最高损失率抗级	抗性评价	严重病圃数(个)	综合表现
金优 207CK	4.6		7	感病	0	一般
奥富优 899	7.6	劣于	9	高感	0	淘汰
弘两优 822	2.9	优于	3	中抗	0	好
57 优 068	2.4	优于	3	中抗	0	好
泰优 628	3.5	轻于	3	中抗	0	好
玖两优 1689	2.9	优于	5	中感	0	较好
深优 9544	3.6	轻于	9	高感	0	差
中 68 优 399	1.8	优于	1	抗病	0	好
玖两优 1490	3.3	轻于	7	感病	0	一般
五优 1226	3.3	轻于	3	中抗	0	好
荆楚优 670	4.7	相当	5	中感	0	较好
早丰优华占	1.7	优于	1	抗病	0	好

表 496 湖北省晚稻区试 C 组品种稻瘟病抗性鉴定各病圃结果（2016 年）

品种名称	红庙病圃			青山病圃			两河病圃			望家病圃		
	叶瘟病级	病穗率(%)	损失率(%)	叶瘟病级	病穗率(%)	损失率(%)	叶瘟病级	病穗率(%)	损失率(%)	叶瘟病级	病穗率(%)	损失率(%)
粳两优 5066	3	6.0	0.6	5	29.0	9.4	4	29.0	11.5	5	36.0	12.3
WDR58	6	13.0	2.2	6	21.0	8.4	5	60.0	28.3	5	32.0	12.1
中种粳 1503	3	3.0	0.3	4	14.0	3.1	3	8.0	1.9	7	30.0	6.2
香粳优 318	5	29.0	12.1	5	48.0	20.7	6	100.0	50.0	8	94.0	62.2
粳两优 7124	4	11.0	1.6	4	32.0	10.6	5	14.0	4.6	7	59.0	31.9
鄂香 2 号	5	13.0	3.5	6	26.0	10.0	5	17.0	6.1	5	26.0	5.8
鄂晚 17CK	4	15.0	4.1	4	13.0	3.8	5	35.0	16.0	5	35.0	7.3
粳优 926	2	4.0	0.4	5	15.0	3.6	3	17.0	5.8	4	7.0	0.8
黑香优 178	7	39.0	16.2	7	100.0	50.0	7	100.0	67.5	8	81.0	36.9
粳两优 8412	5	36.0	12.5	6	56.0	25.9	6	62.0	30.3	7	58.0	25.1
XN329	5	29.0	10.9	7	92.9	40.7	5	73.0	32.7	5	31.0	8.0
鄂粳 403	5	23.0	6.3	6	52.6	21.7	6	39.0	13.5	6	57.0	18.5

表 497 湖北省晚稻区试 C 组品种稻瘟病抗性评价结论（2016 年）

品种名称	抗性指数	与 CK 比较	最高损失率抗级	抗性评价	严重病圃数(个)	综合表现
鄂晚 17CK	3.9		5	中感	0	较好
粳两优 7124	4.4	相当	7	感病	0	一般
黑香优 178	7.5	劣于	9	高感	0	淘汰
粳两优 5066	3.8	相当	3	中抗	0	好
WDR58	4.5	劣于	5	中感	1	差
中种粳 1503	2.8	轻于	3	中抗	0	好
香粳优 318	6.5	劣于	9	高感	0	淘汰
鄂香 2 号	4.1	相当	3	中抗	0	好
粳优 926	2.5	轻于	3	中抗	0	好
粳两优 8412	6.2	劣于	7	感病	1	淘汰
XN329	5.9	劣于	7	感病	1	差
鄂粳 403	5.4	劣于	5	中感	0	较好

表 498 湖北省晚稻区试 D 组品种稻瘟病抗性鉴定各病圃结果（2016 年）

品种名称	红庙病圃			青山病圃			两河病圃			望家病圃		
	叶瘟病级	病穗率(%)	损失率(%)	叶瘟病级	病穗率(%)	损失率(%)	叶瘟病级	病穗率(%)	损失率(%)	叶瘟病级	病穗率(%)	损失率(%)
A 优 989	4	76.0	37.3	6	100.0	73.0	6	100.0	88.0	5	87.0	54.5
盛泰优 018	3	14.0	1.3	3	28.0	8.3	5	22.0	5.9	4	16.0	3.2
A 优 167	5	46.0	20.3	6	67.0	30.6	7	100.0	52.0	6	45.0	17.7
华两优 616	5	52.0	23.2	7	100.0	79.0	8	100.0	95.5	6	56.0	29.3
欣荣 A/ZR970	5	13.0	3.8	2	16.0	4.1	2	12.0	3.3	5	34.0	13.6
两优 1149	4	27.0	10.2	7	45.0	19.5	7	100.0	86.5	6	62.0	37.5
越两优 822	2	4.0	0.2	2	8.0	1.6	3	8.0	1.6	4	27.0	7.1
83S/R513	2	6.0	0.8	3	8.0	2.2	2	7.0	1.4	6	56.0	31.5
楚糯 S2/珍糯	4	83.0	41.1	7	100.0	83.5	7	100.0	85.0	6	90.0	51.7
金优 207CK	2	22.0	7.1	4	26.0	9.1	4	58.0	26.2	6	61.0	30.7
CP4	5	60.0	28.0	5	65.0	30.0	6	100.0	64.5	5	28.0	9.3
隆香优 3205	3	13.0	2.3	5	28.0	8.9	7	100.0	79.5	7	89.0	53.7
繁优 3199	2	4.0	0.5	3	8.0	1.6	4	9.0	2.4	5	34.0	9.8
奥富优 29	4	12.0	2.1	7	28.0	11.6	7	71.0	32.7	6	53.0	27.7
荆优 68	2	16.0	4.6	4	30.0	10.5	6	50.0	24.8	5	44.0	13.6
03A/R2806	2	9.0	2.3	4	24.0	8.4	4	41.0	19.4	4	17.0	2.2
隆香优 3150	2	4.0	0.4	2	8.0	1.2	4	13.0	2.5	5	20.0	4.5
益 51 优 442	2	4.0	0.4	2	19.0	5.6	4	14.0	4.6	6	63.0	19.3
楚优 22	3	60.0	26.3	5	64.0	30.2	7	100.0	75.0	6	54.0	24.6
六福优 697	4	21.0	3.3	7	64.0	28.6	7	100.0	71.5	5	28.0	12.0

表 499 湖北省晚稻区试 D 组品种稻瘟病抗性评价结论（2016 年）

品种名称	抗性指数	与 CK 比较	最高损失率抗级	抗性评价	严重病圃数(个)	综合表现
A 优 989	7.9	劣于	9	高感	0	淘汰
盛泰优 018	3.3	优于	3	中抗	0	好
A 优 167	6.8	劣于	9	高感	0	差
华两优 616	7.4	劣于	9	高感	0	淘汰
欣荣 A/ZR970	3.0	优于	3	中抗	0	好
两优 1149	6.5	劣于	9	高感	0	差
越两优 822	2.4	优于	3	中抗	0	好
83S/R513	3.2	优于	7	感病	0	一般
楚糯 S2/珍糯	8.0	劣于	9	高感	0	淘汰
金优 207CK	5.2		7	感病	0	一般
CP4	6.2	劣于	9	高感	0	差
隆香优 3205	6.0	劣于	9	高感	0	差
繁优 3199	2.5	优于	3	中抗	0	好
奥富优 29	5.4	相当	7	感病	0	一般
荆优 68	4.2	轻于	5	中感	0	较好
03A/R2806	3.4	优于	5	中感	0	较好
隆香优 3150	2.2	优于	1	抗病	0	好
益 51 优 442	3.4	优于	5	中感	0	较好
楚优 22	6.8	劣于	9	高感	0	差
六福优 697	5.6	相当	9	高感	0	差

表 500　湖北省中稻区试 A 组品种稻瘟病抗性鉴定各病圃结果（2016 年）

品种名称	红庙病圃			青山病圃			两河病圃			望家病圃		
	叶瘟病级	病穗率(%)	损失率(%)	叶瘟病级	病穗率(%)	损失率(%)	叶瘟病级	病穗率(%)	损失率(%)	叶瘟病级	病穗率(%)	损失率(%)
E 优 995	4	12.0	2.6	5	29.0	9.7	5	61.0	27.8	5	28.0	7.6
粤农丝苗	2	2.0	0.1	3	11.0	1.6	3	10.0	2.6	4	11.0	1.2
望两优华占	3	6.0	0.6	3	11.0	1.8	2	6.0	1.2	5	27.0	7.4
中香糯 17	6	69.0	32.4	7	100.0	88.0	8	100.0	82.5	6	56.0	25.4
957A/华占	2	6.0	0.6	3	16.0	4.4	3	8.0	1.9	5	29.0	6.4
丰两优四号 CK	6	38.0	17.0	7	80.0	43.0	8	100.0	81.0	6	82.0	50.7
Z 两优 586	4	13.0	2.8	5	41.0	18.9	5	62.0	30.4	5	35.0	15.6
荃优 0861	3	7.0	0.8	2	8.0	1.0	5	12.0	4.5	5	21.0	3.6
华两 1 优 517	3	9.0	2.0	3	11.0	3.7	3	15.0	4.8	6	30.0	5.9
神农优 228	4	6.0	0.6	2	8.0	2.2	4	30.0	12.5	4	9.0	1.1
荃优秀占	4	13.0	3.4	5	37.0	14.5	4	23.0	8.5	5	33.0	14.0
华珍优 8305	5	32.0	11.2	5	38.0	16.2	7	100.0	68.0	6	53.0	23.0

表 501　湖北省中稻区试 A 组品种稻瘟病抗性评价结论（2016 年）

品种名称	抗性指数	与 CK 比较	最高损失率抗级	抗性评价	严重病圃数(个)	综合表现
丰两优四号 CK	7.6		9	高感	1	淘汰
粤农丝苗	2.2	显著优于	1	抗病	0	好
望两优华占	2.7	显著优于	3	中抗	0	好
957A/华占	2.7	显著优于	3	中抗	0	好
E 优 995	4.5	优于	5	中感	0	较好
中香糯 17	7.7	相当	9	高感	0	淘汰
Z 两优 586	5.2	优于	7	感病	0	一般
荃优 0861	2.5	显著优于	1	抗病	0	好
华两 1 优 517	3.0	显著优于	3	中抗	0	好
神农优 228	2.7	显著优于	3	中抗	0	好
荃优秀占	3.9	显著优于	3	中抗	0	好
华珍优 8305	6.2	轻于	9	高感	1	差

表 502　湖北省中稻区试 B 组品种稻瘟病抗性鉴定各病圃结果（2016 年）

品种名称	红庙病圃			青山病圃			两河病圃			望家病圃		
	叶瘟病级	病穗率(%)	损失率(%)	叶瘟病级	病穗率(%)	损失率(%)	叶瘟病级	病穗率(%)	损失率(%)	叶瘟病级	病穗率(%)	损失率(%)
巨 2 优 454	4	24.0	8.1	4	40.0	17.8	7	100.0	65.5	5	27.0	14.1
8 优 203	3	12.0	2.1	4	11.0	3.1	6	32.0	11.2	5	33.0	14.4
荃香优 88	2	4.0	0.5	3	8.0	1.8	4	11.0	4.0	5	19.0	4.0
广两优 1133	5	11.0	2.5	5	100.0	50.5	6	100.0	51.5	6	42.0	14.6
籼糯 400	4	18.0	6.9	4	27.0	10.6	5	43.0	20.4	6	47.0	14.3
F 优 498	5	28.0	8.9	5	76.0	35.5	5	100.0	48.0	6	56.0	23.0
丰两优四号 CK	6	50.0	22.7	7	80.0	41.0	7	100.0	82.5	7	87.0	45.3
绿丰占	2	6.0	0.9	2	6.7	1.7	2	6.0	1.8	4	17.0	1.5
龙王糯 81	4	22.0	8.3	4	12.0	3.9	5	32.0	12.1	5	41.0	12.7
Q 优 5 号	3	5.0	0.9	5	78.0	37.7	7	100.0	64.5	4	28.0	8.4
楚糯 1 号	2	14.0	3.6	4	14.0	4.3	4	44.0	21.0	6	36.0	15.2
巨优 668	4	14.0	4.3	5	32.0	12.7	5	56.0	27.2	6	45.0	27.2

表 503　湖北省中稻区试 B 组品种稻瘟病抗性评价结论（2016 年）

品种名称	抗性指数	与 CK 比较	最高损失率抗级	抗性评价	严重病圃数(个)	综合表现
丰两优四号 CK	7.3		9	高感	0	淘汰
8 优 203	3.7	显著优于	3	中抗	0	好
F 优 498	6.2	轻于	7	感病	1	差
广两优 1133	6.0	轻于	9	高感	0	差
Q 优 5 号	5.3	优于	9	高感	0	差
巨 2 优 454	5.5	优于	9	高感	0	差
荃香优 88	2.3	显著优于	1	抗病	1	差
籼糯 400	4.6	优于	5	中感	1	差
绿丰占	2.1	显著优于	1	抗病	0	好
龙王糯 81	3.9	优于	3	中抗	0	好
楚糯 1 号	4.1	优于	5	中感	0	较好
巨优 668	4.8	优于	5	中感	0	较好

表 504　湖北省中稻区试 C 组品种稻瘟病抗性鉴定各病圃结果（2016 年）

品种名称	红庙病圃			青山病圃			两河病圃			望家病圃		
	叶瘟病级	病穗率(%)	损失率(%)	叶瘟病级	病穗率(%)	损失率(%)	叶瘟病级	病穗率(%)	损失率(%)	叶瘟病级	病穗率(%)	损失率(%)
巨风优 650	2	4.0	0.2	3	7.0	1.4	2	7.0	1.4	5	30.0	5.7
荃优华占	3	8.0	1.0	3	6.0	0.6	3	4.0	0.5	4	11.0	1.0
丰两优四号 CK	5	32.0	11.5	8	100.0	85.0	7	100.0	56.0	7	77.0	48.1
华两优 2821	2	6.0	0.6	4	11.0	3.1	2	7.0	1.0	5	40.0	10.3
信优糯 721	2	4.0	0.4	5	18.0	6.3	5	34.0	11.6	5	27.0	7.4
隆两优 1146	4	8.0	0.9	4	8.0	1.9	4	38.0	15.4	4	13.0	1.6
创两优 627	3	7.0	1.4	2	6.0	0.6	2	11.0	4.1	5	29.0	7.9
庆优 528	4	12.0	2.9	4	33.0	10.8	4	45.0	22.4	6	42.0	15.2
成糯优 8511	2	3.0	0.3	2	4.0	0.5	2	6.0	1.8	5	33.0	10.3
巨 2 优 450	3	15.0	3.0	4	36.0	13.8	4	53.0	24.2	6	34.0	5.8
Y 两优 32	5	14.0	4.6	6	74.0	37.3	6	100.0	73.5	5	45.0	16.6
9 优 6 号	4	9.0	1.5	5	44.0	16.9	7	100.0	46.0	5	26.0	9.1

表 505　湖北省中稻区试 C 组品种稻瘟病抗性评价结论（2016 年）

品种名称	抗性指数	与 CK 比较	最高损失率抗级	抗性评价	严重病圃数(个)	综合表现
丰两优四号 CK	7.3		9	高感	0	淘汰
巨风优 650	2.4	显著优于	3	中抗	0	好
荃优华占	2.1	显著优于	1	抗病	0	好
巨 2 优 450	4.2	优于	5	中感	0	较好
华两优 2821	2.7	显著优于	3	中抗	0	好
隆两优 1146	3.1	显著优于	5	中感	0	较好
创两优 627	2.8	显著优于	3	中抗	0	好
9 优 6 号	5.0	优于	7	感病	0	一般
信优糯 721	3.6	显著优于	3	中抗	0	好
庆优 528	4.7	优于	5	中感	1	差
成糯优 8511	2.4	显著优于	3	中抗	0	好
Y 两优 32	5.8	优于	9	高感	0	差

表 506　湖北省中稻区试 D 组品种稻瘟病抗性鉴定各病圃结果（2016 年）

品种名称	红庙病圃			青山病圃			两河病圃			望家病圃		
	叶瘟病级	病穗率(%)	损失率(%)	叶瘟病级	病穗率(%)	损失率(%)	叶瘟病级	病穗率(%)	损失率(%)	叶瘟病级	病穗率(%)	损失率(%)
六两优 628	3	9.0	1.2	2	7.0	1.1	4	12.0	3.9	7	47.0	22.9
亮两优 1212	2	6.0	1.8	2	12.0	3.6	4	22.0	7.7	5	36.0	14.0
益两优 347	4	31.0	12.8	6	77.0	35.2	6	26.0	11.5	6	78.0	41.4
华两优 2817	2	7.0	0.7	2	8.0	1.0	3	11.0	3.1	5	31.0	6.2
G 两优香占	2	12.0	4.2	4	8.0	1.2	4	11.0	3.4	4	24.0	7.4
苯两优 6116	4	9.0	1.5	6	100.0	60.0	6	80.0	42.0	5	30.0	10.2
丰两优四号 CK	5	62.0	27.6	7	100.0	52.5	8	100.0	85.5	6	69.0	37.1
广两优 188	5	16.0	5.0	5	18.0	.6.0	4	12.0	3.3	5	27.0	5.4
两优 199	7	51.0	22.8	8	100.0	95.5	8	100.0	97.0	7	79.0	48.3
深两优 10 号	5	17.0	6.1	5	23.0	9.4	6	100.0	55.5	6	71.0	35.2
巨优 2058	4	8.0	0.9				6	65.0	30.5	5	10.0	1.9
E 两优 536	3	8.0	1.0	2	12.0	3.3	2	9.0	1.1	6	30.0	8.4

表 507　湖北省中稻区试 D 组品种稻瘟病抗性评价结论（2016 年）

品种名称	抗性指数	与 CK 比较	最高损失率抗级	抗性评价	严重病圃数(个)	综合表现
丰两优四号 CK	7.5		9	高感	1	淘汰
六两优 628	3.2	显著优于	5	中感	0	较好
亮两优 1212	3.2	显著优于	3	中抗	0	好
益两优 347	5.9	优于	7	感病	1	差
华两优 2817	3.0	显著优于	3	中抗	0	好
G 两优香占	2.9	显著优于	3	中抗	0	好
苯两优 6116	5.7	优于	9	高感	0	差
广两优 188	3.3	显著优于	3	中抗	1	差
两优 199	7.5	相当	9	高感	2	淘汰
深两优 10 号	5.7	优于	9	高感	0	差
巨优 2058	4.0	显著优于	7	感病	0	一般
E 两优 536	2.9	显著优于	3	中抗	0	好

表 508　湖北省中稻区试 E 组品种稻瘟病抗性鉴定各病圃结果（2016 年）

品种名称	红庙病圃			青山病圃			两河病圃			望家病圃		
	叶瘟病级	病穗率(%)	损失率(%)	叶瘟病级	病穗率(%)	损失率(%)	叶瘟病级	病穗率(%)	损失率(%)	叶瘟病级	病穗率(%)	损失率(%)
两优 548	2	9.0	1.8	2	5.0	1.3	4	8.0	2.5	7	35.0	11.7
利两优 89	2	6.0	0.9	2	7.0	0.7	2	6.0	1.2	5	22.0	6.7
袁氏两优 1000	4	11.0	2.1	4	15.0	5.1	5	70.0	34.4	5	33.0	8.5
徽两优 13	4	24.0	9.0	5	28.0	8.3	6	26.0	11.4	7	32.0	6.1
丰两优四号 CK	6	30.0	9.9	7	85.0	40.7	8	100.0	84.0	6	64.0	33.0
9 优 4 号	5	14.0	5.2	4	31.0	10.1	7	100.0	68.5	6	80.0	45.4
旺两优 900	5	28.0	10.7	4	36.0	13.3	5	100.0	64.5	6	65.0	31.0
襄优 5327	2	4.0	0.4	5	16.0	5.0	4	8.0	2.2	5	31.0	13.1
广 8 优粤禾丝苗	2	3.0	0.3	2	6.0	0.8	3	16.0	5.3	5	27.0	12.5
晶两优 1377	3	4.0	0.4	3	6.0	0.6	2	6.0	1.2	4	6.0	1.1
荃优 53	4	9.0	2.3	4	19.0	7.1	5	100.0	66.5	6	32.0	6.0
华两优 2802	2	4.0	0.5	3	13.0	3.2	3	11.0	2.8	5	14.0	2.4

表 509　湖北省中稻区试 E 组品种稻瘟病抗性评价结论（2016 年）

品种名称	抗性指数	与 CK 比较	最高损失率抗级	抗性评价	严重病圃数(个)	综合表现
两优 548	2.6	显著优于	3	中抗	0	好
利两优 89	2.4	显著优于	3	中抗	0	好
袁氏两优 1000	4.5	优于	7	感病	0	一般
徽两优 13	4.5	优于	3	中抗	0	好
丰两优四号 CK	7.1		9	高感	0	淘汰
9 优 4 号	6.0	轻于	9	高感	2	差
旺两优 900	6.0	轻于	9	高感	0	差
襄优 5327	2.8	显著优于	3	中抗	0	好
广 8 优粤禾丝苗	2.8	显著优于	3	中抗	0	好
晶两优 1377	1.9	显著优于	1	抗病	0	好
荃优 53	4.7	优于	9	高感	0	差
华两优 2802	2.3	显著优于	1	抗病	0	好

表510 湖北省中稻区试F组品种稻瘟病抗性鉴定各病圃结果（2016年）

品种名称	红庙病圃			青山病圃			两河病圃			望家病圃		
	叶瘟病级	病穗率(%)	损失率(%)	叶瘟病级	病穗率(%)	损失率(%)	叶瘟病级	病穗率(%)	损失率(%)	叶瘟病级	病穗率(%)	损失率(%)
Z两优19	4	10.0	1.9	5	19.0	7.1	6	41.0	17.3	5	35.0	10.9
广占63S/L1880	5	11.0	2.8	5	14.0	4.0	7	74.0	35.8	6	37.0	13.3
U1A/蜀恢208	2	3.0	0.5	3	11.0	2.2	3	24.0	7.2	4	17.0	1.5
万象优111	4	7.0	0.8	2	12.0	3.9	5	41.0	14.5	6	28.0	7.0
丰两优四号CK	6	42.0	15.6	7	100.0	52.5	8	100.0	89.5	6	89.0	54.1
万香8A/R498	3	6.0	0.6	3	8.0	2.2	4	22.0	7.7	5	31.0	12.1
C两优068	4	12.0	1.4	5	24.0	6.0	5	32.0	12.1	6	18.0	3.3
青优173	5	14.0	4.0	3	7.0	2.3	5	19.0	6.8	6	29.0	7.0
全两优3号	6	47.0	20.9	7	74.0	34.8	8	100.0	95.5	6	47.0	22.9
雨两优471	4	11.0	2.8	7	70.0	32.5	7	77.0	37.9	4	14.0	3.4
浙两优2149	6	100.0	49.5	7	100.0	60.0	7	100.0	98.5	6	81.0	45.9
旱优749	4	10.0	2.0	2	4.0	0.5	4	15.0	5.7	7	59.0	26.2

表511 湖北省中稻区试F组品种稻瘟病抗性评价结论（2016年）

品种名称	抗性指数	与CK比较	最高损失率抗级	抗性评价	严重病圃数(个)	综合表现
丰两优四号CK	7.9		9	高感	0	淘汰
万象优111	3.5	显著优于	3	中抗	0	好
万香8A/R498	3.1	显著优于	3	中抗	0	好
U1A/蜀恢208	2.5	显著优于	3	中抗	0	好
全两优3号	7.0	轻于	9	高感	0	差
雨两优471	5.2	优于	7	感病	0	一般
Z两优19	4.2	显著优于	5	中感	0	较好
广占63S/L1880	4.6	优于	7	感病	1	差
C两优068	3.7	显著优于	3	中抗	0	好
青优173	3.5	显著优于	3	中抗	1	差
浙两优2149	7.9	相当	9	高感	2	淘汰
旱优749	3.5	显著优于	5	中感	0	较好

表512 湖北省中稻区试G组品种稻瘟病抗性鉴定各病圃结果（2016年）

品种名称	红庙病圃			青山病圃			两河病圃			望家病圃		
	叶瘟病级	病穗率(%)	损失率(%)	叶瘟病级	病穗率(%)	损失率(%)	叶瘟病级	病穗率(%)	损失率(%)	叶瘟病级	病穗率(%)	损失率(%)
7A/R370	4	8.0	1.0	4	7.0	1.7	4	11.0	3.4	5	31.0	5.3
E两优1363	2	4.0	0.5	5	12.0	3.3	4	18.0	6.3	4	10.0	1.3
C两优33	3	6.0	0.8	2	4.0	0.4	3	7.0	1.4	7	56.0	21.9
荃优399	3	23.0	8.2	5	39.0	16.5	7	100.0	58.0	5	12.0	1.4
E两优1453	2	4.0	0.4	2	9.0	2.4	2	6.0	1.2	6	53.0	28.1
创两优丝占	2	7.0	2.0	4	12.0	3.9	3	6.0	1.2	5	43.0	12.8
2075S/R171	4	8.0	0.9	3	14.0	2.8	3	8.0	1.6	6	28.0	10.3
丰两优四号CK	5	24.0	9.6	7	72.0	34.1	8	100.0	85.0	7	67.0	37.3
2075S/R222	2	7.0	0.8	2	13.0	2.6	3	7.0	1.4	7	15.0	5.9
E两优1106	3	4.0	0.5	2	6.0	1.5	3	7.0	1.7	6	63.0	31.8
03S/R2000	4	11.0	3.1	4	13.0	4.4	4	32.0	10.9	7	23.0	9.7
两优91	5	12.0	4.2	5	27.0	9.9	5	36.0	16.4	5	8.0	1.0

表513 湖北省中稻区试G组品种稻瘟病抗性评价结论（2016年）

品种名称	抗性指数	与CK比较	最高损失率抗级	抗性评价	严重病圃数(个)	综合表现
丰两优四号CK	7.0		9	高感	1	差
7A/R370	3.0	显著优于	3	中抗	0	好
E两优1363	2.6	显著优于	3	中抗	0	好
E两优1453	2.8	显著优于	5	中感	0	较好
C两优33	3.0	显著优于	5	中感	0	较好
2075S/R171	2.9	显著优于	3	中抗	0	好
两优91	3.9	优于	5	中感	0	较好
荃优399	5.1	优于	9	高感	0	差
创两优丝占	2.8	显著优于	3	中抗	0	好
2075S/R222	2.7	显著优于	3	中抗	0	好
E两优1106	3.2	显著优于	7	感病	0	一般
03S/R2000	3.6	优于	3	中抗	0	好

表 514 湖北省中稻区试 H 组品种稻瘟病抗性鉴定各病圃结果（2016 年）

品种名称	红庙病圃			青山病圃			两河病圃			望家病圃		
	叶瘟病级	病穗率(%)	损失率(%)	叶瘟病级	病穗率(%)	损失率(%)	叶瘟病级	病穗率(%)	损失率(%)	叶瘟病级	病穗率(%)	损失率(%)
M 两优 534	2	4.0	0.4	2	6.0	0.8	3	6.0	1.5	5	28.0	11.9
红糯 1A/14AC858	4	18.0	7.2	5	37.0	16.3	6	100.0	77.0	6	68.0	33.9
巨 2 优 3137	4	15.0	4.2	5	60.0	29.0	6	100.0	65.0	6	31.0	10.7
华两优 0131	3	6.0	0.8	2	7.0	1.4	4	11.0	3.1	5	30.0	12.0
深两优 871	2	7.0	0.7	2	9.0	1.4	2	8.0	1.0	4	7.0	1.0
丰两优四号 CK	5	35.0	11.8	7	80.0	41.0	7	100.0	55.0	7	81.0	45.3
荃优 259	2	6.0	0.6	3	7.0	1.0	3	6.0	1.5	6	22.0	7.0
晶两优 1177	2	4.0	0.5	2	4.0	0.5	4	8.0	2.5	6	37.0	17.2
国泰糯优 6 号	6	36.0	14.4	6	100.0	53.5	4	74.0	34.2	5	63.0	30.5
34A/155	3	9.0	2.4	4	12.0	3.0	4	20.0	6.7	4	31.0	5.6
Y 两优 828	6	27.0	8.1	4	26.0	9.1	4	43.0	20.8	5	19.0	4.9
中浙优 28	7	15.0	5.1	6	39.0	15.3	7	80.0	41.0	5	31.0	11.5

表 515 湖北省中稻区试 H 组品种稻瘟病抗性评价结论（2016 年）

品种名称	抗性指数	与 CK 比较	最高损失率抗级	抗性评价	严重病圃数(个)	综合表现
丰两优四号 CK	7.0		9	高感	0	差
M 两优 534	2.4	显著优于	3	中抗	0	好
国泰糯优 6 号	6.7	相当	9	高感	2	差
巨 2 优 3137	5.5	优于	9	高感	0	差
晶两优 1177	2.7	显著优于	5	中感	0	较好
华两优 0131	2.8	显著优于	3	中抗	0	好
深两优 871	1.9	显著优于	1	抗病	0	好
34A/155	3.2	显著优于	3	中抗	0	好
Y 两优 828	4.4	显著优于	5	中感	0	较好
红糯 1A/14AC858	6.2	轻于	9	高感	0	差
荃优 259	2.5	显著优于	3	中抗	0	好
中浙优 28	5.6	轻于	7	感病	0	一般

表 516　湖北省中稻区试 I 组品种稻瘟病抗性鉴定各病圃结果（2016 年）

品种名称	红庙病圃			青山病圃			两河病圃			望家病圃		
	叶瘟病级	病穗率(%)	损失率(%)	叶瘟病级	病穗率(%)	损失率(%)	叶瘟病级	病穗率(%)	损失率(%)	叶瘟病级	病穗率(%)	损失率(%)
内 6 优 929	5	49.0	21.5	6	100.0	83.0	7	100.0	65.0	6	24.0	3.8
敦优 6 号	3	7.0	0.7	2	6.0	1.2	4	26.0	8.8	6	27.0	13.1
两优 255	4	13.0	2.8	6	40.0	19.6	7	100.0	48.0	7	45.0	16.4
深两优 1177	2	7.0	0.8	3	8.0	1.0	4	12.0	4.2	4	6.0	0.9
红香糯 1 号	4	12.0	2.9	4	27.0	9.0	4	57.0	28.8	6	47.0	19.9
两优 249	4	8.0	2.2	4	11.0	3.4	4	30.0	14.4	4	35.0	9.6
荃优金 1 号	4	7.0	2.3	4	16.0	5.6	6	56.0	23.6	5	7.0	1.0
荃 9 优 1 号	7	52.0	24.6	8	100.0	94.0	8	100.0	83.0	7	77.0	31.6
丰两优四号 CK	5	34.0	11.6	7	100.0	95.5	8	100.0	89.5	6	80.0	52.5
两优 182	4	14.0	4.3	5	44.0	21.4	5	80.0	36.0	5	31.0	12.4
隆两优 3206	4	8.0	2.2	5	21.0	6.6	5	52.0	21.8	4	27.0	6.0
广两优 927	2	8.0	0.7	5	15.0	4.8	5	32.0	10.9	5	16.0	5.2

表 517　湖北省中稻区试 I 组品种稻瘟病抗性评价结论（2016 年）

品种名称	抗性指数	与 CK 比较	最高损失率抗级	抗性评价	严重病圃数(个)	综合表现
丰两优四号 CK	7.5		9	高感	0	淘汰
荃优金 1 号	3.7	显著优于	5	中感	0	较好
内 6 优 929	6.4	轻于	9	高感	0	差
敦优 6 号	3.2	显著优于	3	中抗	0	好
两优 255	5.5	优于	7	感病	0	一般
深两优 1177	2.2	显著优于	1	抗病	0	好
红香糯 1 号	4.7	优于	5	中感	0	较好
两优 249	3.4	显著优于	3	中抗	1	差
荃 9 优 1 号	7.9	相当	9	高感	2	淘汰
两优 182	5.0	优于	7	感病	0	一般
隆两优 3206	4.2	优于	5	中感	0	较好
广两优 927	3.3	显著优于	3	中抗	0	好

表 518　湖北省中粳区试 J 组品种稻瘟病抗性鉴定各病圃结果（2016 年）

品种名称	红庙病圃			青山病圃			两河病圃			望家病圃		
	叶瘟病级	病穗率(%)	损失率(%)	叶瘟病级	病穗率(%)	损失率(%)	叶瘟病级	病穗率(%)	损失率(%)	叶瘟病级	病穗率(%)	损失率(%)
甬优 6763	3	24.0	8.1	4	12.0	3.9	4	61.0	29.5	7	55.0	21.2
粳两优 3747	2	4.0	0.5	6	25.0	10.1	5	26.0	9.7	5	12.0	2.6
粳两优 8463	3	8.0	1.2	4	17.0	4.6	5	29.0	9.7	8	76.0	36.6
扬两优 6 号 CK	6	34.0	12.2	8	100.0	76.0	8	100.0	88.0	6	69.0	28.3
甬优 4953	2	6.0	0.6	2	4.0	0.8	3	9.0	2.1	6	44.0	19.7
甬优 7053	4	32.0	10.6	4	26.7	11.8	5	100.0	48.5	5	32.0	11.1
甬优 6760	4	30.0	9.6	4	27.0	9.7	5	60.0	28.5	5	59.0	32.0
香粳优 39	4	24.0	7.5	5	80.0	41.0	6	100.0	67.5	6	53.0	20.5
襄中粳 501	4	11.0	3.1	4	22.0	7.7	6	45.0	21.5	7	28.0	6.2
金玉粳	6	19.0	5.9	7	80.0	41.0	7	80.0	41.0	8	94.0	41.7
甬优 4949	2	7.0	0.7	2	12.0	3.9	2	8.0	1.6	5	43.0	16.0
甬优 1526	2	7.0	1.6	2	8.0	2.2	4	39.0	14.7	5	19.0	3.7

表 519　湖北省中稻区试 J 组品种稻瘟病抗性评价结论（2016 年）

品种名称	抗性指数	与 CK 比较	最高损失率抗级	抗性评价	严重病圃数(个)	综合表现
扬两优 6 号 CK	7.2		9	高感	0	淘汰
甬优 4953	2.7	显著优于	5	中感	0	较好
甬优 6763	4.7	显著优于	5	中感	0	较好
粳两优 3747	3.3	显著优于	3	中抗	0	好
粳两优 8463	4.3	显著优于	7	感病	0	一般
甬优 7053	5.0	优于	7	感病	0	一般
甬优 6760	5.4	优于	7	感病	1	差
香粳优 39	6.4	轻于	9	高感	0	差
襄中粳 501	4.4	显著优于	5	中感	1	差
金玉粳	6.8	相当	7	感病	1	差
甬优 4949	2.9	显著优于	5	中感	0	较好
甬优 1526	2.7	显著优于	3	中抗	0	好

表 520　湖北省中稻区试 K 组品种稻瘟病抗性鉴定各病圃结果（2016 年）

品种名称	红庙病圃			青山病圃			两河病圃			望家病圃		
	叶瘟病级	病穗率(%)	损失率(%)	叶瘟病级	病穗率(%)	损失率(%)	叶瘟病级	病穗率(%)	损失率(%)	叶瘟病级	病穗率(%)	损失率(%)
巨 2 优 957	2	7.0	0.7	2	12.0	3.6	5	32.0	10.3	5	7.0	0.8
E 农 1S/7063	2	7.0	0.7	3	11.0	2.2	3	10.0	2.9	5	26.0	8.8
得优 979	2	7.0	0.8	2	9.0	1.8	3	8.0	1.6	6	26.0	6.8
两优 98	2	6.0	0.5	3	9.0	3.0	3	12.0	3.9	5	39.0	17.6
香两优 5019	7	68.0	33.3	8	100.0	92.5	8	100.0	95.5	5	78.0	45.3
襄两优 607	5	21.0	7.5	6	23.0	8.2	7	77.0	36.9	4	8.0	1.3
丰两优四号 CK	5	33.0	11.4	6	100.0	48.5	8	100.0	82.5	7	66.0	30.5
雨两优 167	4	22.0	7.1	7	70.0	35.0	6	100.0	59.0	5	34.0	13.4
旌优 3528	4	11.0	1.8	4	11.0	1.3	4	54.0	24.4	5	33.0	10.2
095S/11059	5	39.0	14.6	5	19.0	4.7	7	100.0	47.0	4	4.0	0.8
荃优 133	4	13.0	3.5	4	16.0	5.9	5	33.0	13.4	4	9.0	1.8
创两优 3191	5	36.0	12.9	5	37.0	16.6	6	76.0	35.1	6	28.0	5.2
E 农 1S/R20	3	6.0	0.6	2	7.0	0.8	3	6.0	1.2	5	29.0	8.7
两优 2876	2	4.0	0.4	3	6.0	0.8	4	13.0	4.1	6	32.0	12.1
两优 388	5	16.0	5.6	6	100.0	76.0	7	100.0	70.5	6	59.0	34.5
晶两优 547	3	14.0	3.9	2	12.0	3.0	3	38.0	16.3	5	31.0	12.2
隆晶优 4393	5	11.0	3.1	2	4.0	0.5	2	6.0	1.5	5	39.0	13.7
福两优 229	4	7.0	0.8	5	11.0	3.4	7	66.0	29.6	5	26.0	9.1
两优 9917	4	18.0	5.4	4	13.0	3.5	5	67.0	29.7	6	66.0	32.1
广两优 299	4	12.0	2.7	5	13.0	3.8	5	14.0	4.9	5	33.0	7.2

表 521　湖北省中稻区试 K 组品种稻瘟病抗性评价结论（2016 年）

品种名称	抗性指数	与 CK 比较	最高损失率抗级	抗性评价	严重病圃数(个)	综合表现
巨 2 优 957	2.8	显著优于	3	中抗	0	好
E 农 1S/7063	2.7	显著优于	3	中抗	0	好
得优 979	2.6	显著优于	3	中抗	0	好
两优 98	3.0	显著优于	5	中感	0	较好
香两优 5019	8.0	劣于	9	高感	0	淘汰
襄两优 607	4.5	优于	7	感病	0	一般
丰两优四号 CK	7.0		9	高感	0	差
雨两优 167	6.0	轻于	9	高感	0	差
旌优 3528	4.0	优于	5	中感	0	较好
095S/11059	4.2	优于	7	感病	0	一般
荃优 133	3.4	显著优于	3	中抗	0	好
创两优 3191	5.5	优于	7	感病	0	一般
E 农 1S/R20	2.6	显著优于	3	中抗	0	好
两优 2876	2.7	显著优于	3	中抗	0	好
两优 388	7.0	相当	9	高感	0	差
晶两优 547	3.6	优于	5	中感	0	较好
隆晶优 4393	2.7	显著优于	3	中抗	0	好
福两优 229	4.1	优于	5	中感	0	较好
两优 9917	5.0	优于	7	感病	0	一般
广两优 299	3.3	显著优于	3	中抗	0	好

表 522　湖北省中稻区试 L 组品种稻瘟病抗性鉴定各病圃结果（2016 年）

品种名称	红庙病圃			青山病圃			两河病圃			望家病圃		
	叶瘟病级	病穗率(%)	损失率(%)	叶瘟病级	病穗率(%)	损失率(%)	叶瘟病级	病穗率(%)	损失率(%)	叶瘟病级	病穗率(%)	损失率(%)
2075S/R411	2	4.0	0.5	2	8.0	1.6	4	12.0	2.4	6	35.0	11.8
华两优 0108	2	7.0	0.7	3	11.0	3.1	3	9.0	1.8	6	55.0	28.1
华两优 2869	2	3.0	0.3	2	7.0	1.4	3	11.0	2.8	5	13.0	2.6
两优 6188	6	25.0	10.1	8	100.0	81.5	8	100.0	95.5	6	74.0	46.5
鄂两优华占	4	13.0	3.2	3	12.0	3.3	5	21.0	9.0	5	34.0	8.3
华香优 902	3	7.0	0.7	2	6.0	1.2	3	12.0	3.0	5	29.0	7.0
繁优 298	2	9.0	1.2	3	8.0	1.9	3	11.0	2.8	6	53.0	28.2
望两优 1152	4	18.0	4.2	5	49.0	24.8	6	100.0	52.5	5	28.0	6.1
丰两优四号 CK	5	32.0	11.2	7	55.0	27.9	7	100.0	56.0	7	70.0	36.9
龙两优 8012	4	11.0	3.7	4	16.0	4.1	4	40.0	14.3	6	54.0	22.7
两优 038	5	12.0	4.2	5	18.0	5.1	5	27.0	8.7	4	6.0	0.6
和两优 312	2	7.0	0.5	2	8.0	1.6	2	6.0	1.5	4	8.0	1.2
全两优华占	2	4.0	0.4	5	13.0	3.2	5	17.0	5.8	5	30.0	11.5
保两优 238	4	9.0	1.1	5	18.0	4.2	5	16.0	5.6	5	33.0	14.0
红莲优 1880	4	16.0	5.9	6	100.0	60.0	7	100.0	82.0	5	26.0	7.2
巨风优 237	2	13.0	3.8	4	15.0	3.9	4	49.0	21.7	5	13.0	2.8
巨 2 优 960	2	4.0	0.4	3	8.0	1.6	4	16.0	6.2	6	22.0	5.6
仙两优 4 号	7	26.0	8.9	7	100.0	61.0	8	100.0	89.0	5	47.0	18.2
荃优 568	5	18.0	5.4	4	29.0	9.1	4	55.0	23.0	6	28.0	5.0
F 两优 158	5	51.0	20.6	7	100.0	50.0	8	100.0	95.5	7	99.0	52.3

表 523　湖北省中稻区试 L 组品种稻瘟病抗性评价结论（2016 年）

品种名称	抗性指数	与 CK 比较	最高损失率抗级	抗性评价	严重病圃数(个)	综合表现
2075S/R411	2.7	显著优于	3	中抗	0	好
华两优 0108	3.2	显著优于	5	中感	0	较好
华两优 2869	2.2	显著优于	1	抗病	0	好
两优 6188	7.3	相当	9	高感	0	淘汰
鄂两优华占	3.5	优于	3	中抗	0	好
华香优 902	2.7	显著优于	3	中抗	0	好
繁优 298	3.2	显著优于	5	中感	0	较好
望两优 1152	5.3	优于	9	高感	0	差
丰两优四号 CK	6.8		9	高感	0	差
龙两优 8012	4.1	优于	5	中感	0	较好
两优 038	3.5	优于	3	中抗	0	好
和两优 312	1.9	显著优于	1	抗病	0	好
全两优华占	3.2	显著优于	3	中抗	0	好
保两优 238	3.5	优于	3	中抗	0	好
红莲优 1880	6.3	轻于	9	高感	0	差
巨风优 237	3.4	优于	5	中感	0	较好
巨 2 优 960	2.9	显著优于	3	中抗	0	好
仙两优 4 号	7.0	相当	9	高感	0	差
荃优 568	4.5	优于	5	中感	0	较好
F 两优 158	7.7	劣于	9	高感	0	淘汰

表 524 湖北省中稻区试 M 组品种稻瘟病抗性鉴定各病圃结果（2016 年）

品种名称	红庙病圃			青山病圃			两河病圃			望家病圃		
	叶瘟病级	病穗率(%)	损失率(%)	叶瘟病级	病穗率(%)	损失率(%)	叶瘟病级	病穗率(%)	损失率(%)	叶瘟病级	病穗率(%)	损失率(%)
隆两优 1307	2	4.0	0.5	2	6.0	1.2	3	8.0	1.9	4	8.0	1.2
E 两优 347	2	8.0	0.9	3	8.0	1.9	4	15.0	3.3	7	66.0	38.5
两优 3306	5	22.0	8.0	5	24.0	9.3	4	49.0	23.2	5	29.0	10.5
荃优 171	5	31.0	11.6	6	43.0	18.8	7	100.0	61.5	6	81.0	53.1
楚两优 662	2	6.0	0.8	3	4.0	0.8	4	9.0	2.4	6	30.0	12.2
聚两优 639	2	7.0	1.0	3	14.0	1.8	3	7.0	1.4	5	34.0	15.1
深两优 9004	5	11.0	3.4	5	35.0	14.4	6	90.0	59.5	6	57.0	23.7
丰两优四号 CK	5	33.0	14.0	7	55.0	26.5	8	100.0	89.5	6	78.0	40.0
荃优 90	3	17.0	5.5	5	27.0	9.6	7	100.0	55.0	5	23.0	8.2
中两优 2727	3	9.0	1.1	2	13.0	3.8	4	37.0	15.2	4	14.0	3.7
广两优 298	4	7.0	1.3	5	30.0	10.5	6	62.0	30.4	5	18.0	3.3
桂育 9 号	3	14.0	4.3	4	48.0	20.7	6	100.0	50.5	5	29.0	9.9
福优 558	3	7.0	0.8	4	11.0	2.8	3	7.0	1.4	5	13.0	2.3
Y 两优 8206	4	9.0	1.8	5	45.0	18.5	5	100.0	52.0	4	17.0	2.7
两优 9901	4	11.0	3.4	4	17.0	5.5	5	44.0	19.3	4	44.0	16.7
华两优 2811	2	5.0	0.6	3	9.0	1.8	3	12.0	2.4	5	23.0	6.0
旺两优 086	5	45.0	20.6	7	100.0	48.5	8	100.0	93.0	5	61.0	35.8
恩两优 542	4	7.0	1.4	3	8.0	1.6	5	16.0	6.3	4	43.0	17.8
龙两优 170	4	9.0	2.4	4	16.0	5.3	5	75.0	36.8	4	39.0	17.3
随两优 6 号	4	14.0	4.3	5	49.0	23.5	7	100.0	56.5	5	28.0	14.0

表 525 湖北省中稻区试 M 组品种稻瘟病抗性评价结论（2016 年）

品种名称	抗性指数	与 CK 比较	最高损失率抗级	抗性评价	严重病圃数(个)	综合表现
隆两优 1307	1.9	显著优于	1	抗病	0	好
E 两优 347	3.5	优于	7	感病	0	一般
两优 3306	4.5	优于	5	中感	0	较好
荃优 171	6.8	相当	9	高感	0	差
楚两优 662	2.6	显著优于	3	中抗	0	好
聚两优 639	3.0	显著优于	5	中感	0	较好
深两优 9004	5.5	轻于	9	高感	0	差
丰两优四号 CK	6.8		9	高感	0	差
荃优 90	5.1	优于	9	高感	0	差
中两优 2727	3.1	显著优于	5	中感	0	较好
广两优 298	4.3	优于	7	感病	0	一般
桂育 9 号	5.2	优于	9	高感	0	差
福优 558	2.5	显著优于	1	抗病	0	好
Y 两优 8206	4.7	优于	9	高感	0	差
两优 9901	4.4	优于	5	中感	0	较好
华两优 2811	2.5	显著优于	3	中抗	0	好
旺两优 086	7.2	相当	9	高感	0	淘汰
恩两优 542	3.4	优于	5	中感	0	较好
龙两优 170	4.6	优于	7	感病	0	一般
随两优 6 号	5.3	优于	9	高感	0	差

表 526 湖北省中稻区试 N 组品种稻瘟病抗性鉴定各病圃结果（2016 年）

品种名称	红庙病圃			青山病圃			两河病圃			望家病圃		
	叶瘟病级	病穗率(%)	损失率(%)	叶瘟病级	病穗率(%)	损失率(%)	叶瘟病级	病穗率(%)	损失率(%)	叶瘟病级	病穗率(%)	损失率(%)
1638S/R56	7	51.0	23.0	8	100.0	98.5	9	100.0	100.0	8	100.0	77.7
天源 6S/11068	2	7.0	0.5	4	13.0	4.4	4	22.0	7.1	5	38.0	11.7
荃优晶占	2	6.0	1.1	3	9.0	1.4	3	13.0	3.8	4	13.0	2.3
广两优 1028	5	14.0	1.8	7	27.0	10.8	7	100.0	46.0	5	54.0	31.1
荆两优 972	4	100.0	50.5	6	100.0	89.5	6	100.0	71.5	5	34.0	10.2
广两优 1916	5	39.0	15.6	7	100.0	85.0	8	100.0	89.0	6	67.0	34.7
C 两优 300	2	3.0	0.3	2	4.0	0.8	3	8.0	2.2	5	7.0	0.8
广两优 7018	6	40.0	15.5	8	100.0	88.0	8	100.0	97.0	7	78.0	50.2
深两优 77	4	20.0	6.1	6	100.0	64.5	7	100.0	64.5	4	21.0	2.6
两优 622	3	12.0	2.3	4	16.0	5.9	3	15.0	3.9	5	45.0	18.0
丰两优四号 CK	5	33.0	12.8	7	80.0	41.0	8	100.0	84.0	6	61.0	33.5
玖两优 1574	4	80.0	37.8	5	100.0	61.0	6	100.0	51.5	4	29.0	12.5
陵优 747	3	4.0	0.5	2	9.0	1.1	2	9.0	1.8	6	31.0	9.1
全两优 5 号	2	3.0	0.3	2	2.0	0.4	2	7.0	1.4	5	22.0	5.8
Z1A/旱恢 208	6	20.0	7.3	5	100.0	68.5	7	100.0	82.0	7	57.0	18.5
两优 1526	2	6.0	0.6	2	7.0	1.4	3	12.0	2.4	4	9.0	2.4
荃优 588	2	4.0	0.4	3	23.0	7.9	6	43.0	20.3	5	28.0	8.3
国两优 817	5	76.0	38.8	7	100.0	85.0	8	100.0	95.5	6	32.0	14.3
两优 336	4	8.0	0.9	5	16.0	4.1	7	74.0	35.3	5	33.0	8.9
安优 18	3	8.0	2.5	5	30.0	9.9	5	61.0	27.4	6	56.0	26.8

表 527 湖北省中稻区试 N 组品种稻瘟病抗性评价结论（2016 年）

品种名称	抗性指数	与 CK 比较	最高损失率抗级	抗性评价	严重病圃数(个)	综合表现
1638S/R56	8.3	劣于	9	高感	0	淘汰
天源 6S/11068	3.2	显著优于	3	中抗	0	好
荃优晶占	2.3	显著优于	1	抗病	0	好
广两优 1028	5.6	轻于	7	感病	0	一般
荆两优 972	7.2	相当	9	高感	0	淘汰
广两优 1916	7.5	劣于	9	高感	0	淘汰
C 两优 300	1.8	显著优于	1	抗病	0	好
广两优 7018	8.0	劣于	9	高感	0	淘汰
深两优 77	5.9	轻于	9	高感	0	差
两优 622	3.6	优于	5	中感	0	较好
丰两优四号 CK	7.0		9	高感	0	差
玖两优 1574	6.9	相当	9	高感	0	差
陵优 747	2.5	显著优于	3	中抗	0	好
全两优 5 号	2.1	显著优于	3	中抗	0	好
Z1A/旱恢 208	6.8	相当	9	高感	0	差
两优 1526	2.1	显著优于	1	抗病	0	好
荃优 588	3.8	优于	5	中感	0	较好
国两优 817	7.3	相当	9	高感	0	淘汰
两优 336	4.3	优于	7	感病	0	一般
安优 18	4.7	优于	5	中感	0	较好

表 528　湖北省中稻区试 O 组品种稻瘟病抗性鉴定各病圃结果（2016 年）

品种名称	红庙病圃			青山病圃			两河病圃			望家病圃		
	叶瘟病级	病穗率(%)	损失率(%)	叶瘟病级	病穗率(%)	损失率(%)	叶瘟病级	病穗率(%)	损失率(%)	叶瘟病级	病穗率(%)	损失率(%)
渝优 8264	5	18.0	6.3	4	27.0	10.2	7	100.0	86.0	5	31.0	13.4
两优 1001	5	100.0	51.5	7	100.0	55.0	7	100.0	89.5	6	56.0	32.6
秾两优 312	5	100.0	58.0	7	100.0	80.0	7	100.0	94.5	6	55.0	24.8
T 两优华占	2	3.0	0.3	5	12.0	3.0	3	7.0	2.0	4	11.0	1.8
广占 63-4S/HR573	5	43.0	19.0	6	47.0	21.9	7	100.0	57.0	7	83.0	51.1
浙两优 2714	3	8.0	1.2	3	6.0	1.2	5	60.0	25.0	5	32.0	10.6
华浙优 1534	4	9.0	1.7	2	12.0	4.5	3	15.0	3.6	5	7.0	1.4
大农两优 2 号	3	57.0	27.7	5	72.0	33.8	6	100.0	53.0	6	59.0	27.0
旱优 99	3	8.0	1.5	4	14.0	4.0	3	22.0	8.1	4	15.0	3.5
粤禾丝苗	2	5.0	0.4	2	4.0	0.5	2	9.0	2.4	4	8.0	1.0
丰两优四号 CK	5	36.0	12.6	7	80.0	41.0	7	100.0	72.5	7	69.0	34.3
宁两优 732	6	100.0	55.0	8	100.0	98.5	8	100.0	95.5	7	65.0	33.9
两优 66	4	8.0	1.3	4	12.0	3.9	4	25.0	10.1	5	21.0	6.3
田佳优 099	2	2.0	0.3	2	4.0	0.8	3	17.0	5.5	5	15.0	3.0
兆优 6377	2	3.0	0.3	3	7.0	0.8	5	12.0	3.6	4	13.0	3.2
广两优 567	4	14.0	4.0	4	15.0	4.8	6	53.0	23.5	6	59.0	24.0
明两优雅占	2	2.0	0.3	2	7.0	1.4	2	21.0	7.8	4	6.0	0.8
73 优 18	2	2.0	0.3	3	8.0	1.2	3	20.0	6.4	5	37.0	11.5
玻香两优 596	4	26.0	8.6	5	29.0	9.4	7	100.0	62.0	6	26.0	6.1
T 两优 1519	2	26.0	10.3	4	53.0	24.5	5	84.0	46.3	6	54.0	24.8

表 529　湖北省中稻区试 O 组品种稻瘟病抗性评价结论（2016 年）

品种名称	抗性指数	与 CK 比较	最高损失率抗级	抗性评价	严重病圃数(个)	综合表现
渝优 8264	5.3	优于	9	高感	0	差
两优 1001	8.1	劣于	9	高感	0	淘汰
秾两优 312	7.8	劣于	9	高感	0	淘汰
T 两优华占	2.3	显著优于	1	抗病	0	好
广占 63-4S/HR573	7.1	相当	9	高感	0	淘汰
浙两优 2714	3.6	优于	5	中感	0	较好
华浙优 1534	2.4	显著优于	1	抗病	0	好
大农两优 2 号	6.8	相当	9	高感	0	差
旱优 99	2.8	显著优于	3	中抗	0	好
粤禾丝苗	1.7	显著优于	1	抗病	0	好
丰两优四号 CK	7.0		9	高感	0	差
宁两优 732	8.4	劣于	9	高感	0	淘汰
两优 66	3.2	显著优于	3	中抗	0	好
田佳优 099	2.3	显著优于	3	中抗	0	好
兆优 6377	2.3	显著优于	1	抗病	0	好
广两优 567	4.6	优于	5	中感	0	较好
明两优雅占	2.2	显著优于	3	中抗	0	好
73 优 18	2.8	显著优于	3	中抗	0	好
玻香两优 596	5.5	优于	9	高感	0	差
T 两优 1519	5.7	轻于	7	感病	0	一般

表 530　湖北省中稻区试 P 组品种稻瘟病抗性鉴定各病圃结果（2016 年）

品种名称	红庙病圃			青山病圃			两河病圃			望家病圃		
	叶瘟病级	病穗率(%)	损失率(%)	叶瘟病级	病穗率(%)	损失率(%)	叶瘟病级	病穗率(%)	损失率(%)	叶瘟病级	病穗率(%)	损失率(%)
C 两优 018	3	7.0	1.4	2	6.0	1.5	2	11.0	3.1	5	26.0	7.9
N 两优 1133	2	7.0	0.7	4	10.0	2.6	5	42.0	20.1	5	11.0	1.3
青优 118	4	7.0	0.8	3	8.0	2.2	5	12.0	3.9	5	30.0	11.8
安两优 259	4	24.0	7.5	6	26.0	10.6	6	74.0	35.0	6	26.0	5.7
深两优 8386	3	16.0	2.5	5	26.0	10.0	4	53.0	22.9	5	28.0	5.9
浙两优 2468	3	16.0	5.0	3	15.0	4.5	5	53.0	26.5	6	33.0	14.9
创两优 965	2	3.0	0.3	4	12.0	3.6	4	22.0	6.8	4	40.0	9.5
吉两优 1 号	2	4.0	0.5	4	11.0	3.1	3	7.0	1.4	4	32.0	11.7
两优 1800	3	20.0	3.9	4	11.0	3.7	6	100.0	64.5	6	35.0	19.6
丰两优四号 CK	6	36.0	13.8	7	80.0	44.0	8	100.0	84.5	7	60.0	37.3
广两优 8118	5	15.0	5.1	4	33.0	12.3	6	100.0	60.0	6	54.0	28.1
两优 5458	5	29.0	11.2	5	52.0	23.3	8	100.0	94.5	6	46.0	15.1
E 两优 2408	2	7.0	1.1	2	13.0	3.2	4	24.0	8.1	5	60.0	33.6
两优 3308	2	11.0	2.1	2	7.0	2.3	4	31.0	10.1	6	57.0	32.9
EK2S/R20	2	3.0	0.3	2	8.0	1.6	4	16.0	3.8	4	8.0	1.5
华两优 808	5	65.0	32.4	8	100.0	97.0	8	100.0	92.5	5	14.0	3.0
深两优 6911	5	23.0	8.8	7	100.0	85.0	7	100.0	89.0	5	19.0	5.6

表 531　湖北省中稻区试 P 组品种稻瘟病抗性评价结论（2016 年）

品种名称	抗性指数	与 CK 比较	最高损失率抗级	抗性评价	严重病圃数(个)	综合表现
C 两优 018	2.7	显著优于	3	中抗	0	好
N 两优 1133	3.2	显著优于	5	中感	0	较好
青优 118	3.0	显著优于	3	中抗	0	好
安两优 259	5.2	优于	7	感病	0	一般
深两优 8386	4.3	优于	5	中感	0	较好
浙两优 2468	4.0	优于	5	中感	0	较好
创两优 965	3.1	显著优于	3	中抗	0	好
吉两优 1 号	2.6	显著优于	3	中抗	0	好
两优 1800	4.9	优于	9	高感	0	差
丰两优四号 CK	7.2		9	高感	0	淘汰
广两优 8118	5.7	优于	9	高感	0	差
两优 5458	6.3	轻于	9	高感	0	差
E 两优 2408	3.7	显著优于	7	感病	0	一般
两优 3308	3.9	优于	7	感病	0	一般
EK2S/R20	2.1	显著优于	1	抗病	0	好
华两优 808	6.9	相当	9	高感	0	差
深两优 6911	6.3	轻于	9	高感	0	差

表 532　湖北省早熟中稻区试 ZA 组品种稻瘟病抗性鉴定各病圃结果（2016 年）

品种名称	红庙病圃			青山病圃			两河病圃			望家病圃		
	叶瘟病级	病穗率(%)	损失率(%)	叶瘟病级	病穗率(%)	损失率(%)	叶瘟病级	病穗率(%)	损失率(%)	叶瘟病级	病穗率(%)	损失率(%)
深优 513	2	8.0	1.0	2	11.0	2.8	2	16.0	3.8	5	33.0	8.0
广源占 16 号	2	3.0	0.3	2	4.0	0.5	2	4.0	0.8	4	15.0	2.4
福稻 88	2	6.0	0.6	2	7.0	2.3	2	6.0	1.5	5	31.0	8.2
鄂优华占	2	3.0	0.3	2	6.0	1.2	2	7.0	1.7	5	15.0	3.0
荣优华占	2	4.0	0.4	2	7.0	2.0	2	6.0	1.5	4	9.0	0.9
荆占 1 号	3	40.0	15.8	3	20.0	5.8	4	84.0	39.3	5	34.0	8.8
黄华占 CK	4	32.0	10.0	4	65.0	30.9	7	100.0	63.0	6	53.0	30.4
华两优黄占	2	4.0	0.5	2	6.0	1.2	3	15.0	4.5	6	27.0	8.1
田佳优华占	2	4.0	0.4	2	2.0	0.4	2	6.0	1.2	5	37.0	13.6
两优 1316	2	7.0	0.7	3	8.0	1.6	4	12.0	3.3	5	31.0	8.6
荃优 727	4	11.0	3.7	2	4.0	0.8	5	34.0	11.3	6	33.0	11.2
鄂丰丝苗 1 号	4	7.0	1.3	3	13.0	4.1	5	42.0	17.1	5	36.0	15.7

表 533　湖北省早熟中稻区试 ZA 组品种稻瘟病抗性评价结论（2016 年）

品种名称	抗性指数	与 CK 比较	最高损失率抗级	抗性评价	严重病圃数(个)	综合表现
深优 513	2.7	显著优于	3	中抗	0	好
广源占 16 号	1.7	显著优于	1	抗病	0	好
福稻 88	2.5	显著优于	3	中抗	0	好
鄂优华占	2.0	显著优于	1	抗病	0	好
荣优华占	1.8	显著优于	1	抗病	0	好
荆占 1 号	5.0	优于	7	感病	0	一般
黄华占 CK	6.7		9	高感	0	差
华两优黄占	2.6	显著优于	3	中抗	0	好
田佳优华占	2.2	显著优于	3	中抗	0	好
两优 1316	2.8	显著优于	3	中抗	0	好
荃优 727	3.4	优于	3	中抗	0	好
鄂丰丝苗 1 号	4.0	优于	5	中感	0	较好

表 534　湖北省早熟中稻区试 ZB 组品种稻瘟病抗性鉴定各病圃结果（2016 年）

品种名称	红庙病圃			青山病圃			两河病圃			望家病圃		
	叶瘟病级	病穗率(%)	损失率(%)	叶瘟病级	病穗率(%)	损失率(%)	叶瘟病级	病穗率(%)	损失率(%)	叶瘟病级	病穗率(%)	损失率(%)
鹏优 6377	2	5.0	0.6	2	7.0	1.0	2	7.0	1.4	6	53.0	31.3
惠丰 1239	4	19.0	6.2	6	41.0	17.9	7	42.0	19.3	6	62.0	31.9
和两优 7185	4	7.0	2.0	4	35.0	15.0	4	46.0	20.3	4	8.0	0.9
华润 5 号	4	17.0	4.9	5	51.0	22.5	5	77.0	36.9	5	51.0	30.4
两优 748	2	6.0	1.2	2	11.0	3.4	2	11.0	4.0	5	31.0	11.5
黄华占 CK	4	9.0	2.0	5	55.0	24.9	6	100.0	49.0	7	55.0	23.7
楚优 126	3	6.0	0.6	4	12.0	3.6	5	25.0	10.1	6	62.0	35.5
华两优 2808	2	2.0	0.3	2	13.0	4.4	3	13.0	3.5	5	20.0	4.6
襄两优 138	2	7.0	0.7	2	6.0	1.5	3	9.0	2.7	4	17.0	3.0
华两优 6508	2	8.0	1.0	2	7.0	1.0	2	7.0	1.4	6	52.0	18.6
EK18	2	3.0	0.3	2	3.0	0.6	2	6.0	1.2	5	14.0	1.3
鹏优 1553	4	8.0	0.9	5	14.0	4.3	7	21.0	8.1	5	29.0	11.2
早优晶占	2	2.0	0.3	3	6.0	0.8	2	7.0	1.4	6	30.0	11.2
两优 132	4	11.0	3.4	5	27.0	8.1	6	46.0	24.2	7	58.0	26.9
广两优 729	4	11.0	1.6	6	41.0	18.1	5	41.0	18.6	5	33.0	5.6
美香新占	2	3.0	0.3	2	6.0	1.2	3	29.0	8.8	6	55.0	33.5
田佳优 087	2	4.0	0.5	3	7.0	1.0	4	30.0	11.8	5	28.0	9.6
鑫两优 6159	6	34.0	11.9	7	100.0	85.0	8	100.0	90.0	6	60.0	31.5
中广优 2 号	2	7.0	0.8	2	6.0	0.6	2	8.0	1.6	5	13.0	2.8
申两优华占	3	9.0	1.2	3	4.0	0.5	4	12.0	3.3	6	57.0	36.3

表 535　湖北省早熟中稻区试 ZB 组品种稻瘟病抗性评价结论（2016 年）

品种名称	抗性指数	与 CK 比较	最高损失率抗级	抗性评价	严重病圃数(个)	综合表现
鹏优 6377	3.1	优于	7	感病	0	一般
惠丰 1239	5.7	相当	7	感病	0	一般
和两优 7185	3.6	优于	5	中感	0	较好
华润 5 号	5.7	相当	7	感病	0	一般
两优 748	2.7	优于	3	中抗	0	好
黄华占 CK	5.5		7	感病	0	一般
楚优 126	4.0	优于	7	感病	0	一般
华两优 2808	2.3	优于	1	抗病	0	好
襄两优 138	2.1	优于	1	抗病	0	好
华两优 6508	2.9	优于	5	中感	0	较好
EK18	1.9	显著优于	1	抗病	0	好
鹏优 1553	3.6	优于	3	中抗	0	好
早优晶占	2.5	优于	3	中抗	0	好
两优 132	4.9	轻于	5	中感	0	较好
广两优 729	4.7	轻于	5	中感	0	较好
美香新占	3.6	优于	7	感病	0	一般
田佳优 087	3.0	优于	3	中抗	0	好
鑫两优 6159	7.4	劣于	9	高感	0	淘汰
中广优 2 号	2.1	优于	1	抗病	0	好
申两优华占	3.4	优于	7	感病	0	一般

表 536　湖北省早熟中稻区试 ZC 组品种稻瘟病抗性鉴定各病圃结果（2016 年）

品种名称	红庙病圃			青山病圃			两河病圃			望家病圃		
	叶瘟病级	病穗率(%)	损失率(%)	叶瘟病级	病穗率(%)	损失率(%)	叶瘟病级	病穗率(%)	损失率(%)	叶瘟病级	病穗率(%)	损失率(%)
浙两优 263	2	8.0	0.9	2	4.0	0.8	2	9.0	2.1	7	91.0	53.9
泰优 332	3	13.0	3.5	4	35.0	12.7	6	100.0	74.5	6	37.0	10.3
粳 38S/R9194	4	29.0	10.3	4	26.0	8.5	6	100.0	60.0	5	68.0	37.4
黄华占 CK	5	30.0	10.2	4	24.0	8.1	7	100.0	63.0	6	65.0	34.3
五丰优 028	5	14.0	4.6	6	80.0	37.0	7	100.0	56.5	6	58.0	34.7
银莲占	4	21.0	7.2	5	47.0	17.8	7	100.0	64.5	5	29.0	7.0
荃优 071	5	22.0	6.8	6	27.0	11.1	7	100.0	80.0	6	33.0	12.0
德优 498	4	41.0	19.4	7	100.0	56.0	6	100.0	53.0	5	34.0	8.7
六福优 618	4	100.0	59.0	6	100.0	92.0	5	100.0	86.5	7	56.0	25.5
益 46 两优 347	4	18.0	5.1	5	38.0	14.2	6	100.0	48.0	5	36.0	9.8
楚两优华占	3	6.0	0.6	3	8.0	1.0	4	12.0	4.2	6	30.0	6.6
武两优 364	4	9.0	1.1	3	8.0	2.2	5	15.0	5.4	5	32.0	8.7
星粳 1 号	2	11.0	1.8	4	18.0	5.1	4	32.0	12.2	7	57.0	18.1
恒丰优华占	2	2.0	0.3	2	4.0	0.5	2	6.0	1.2	6	30.0	9.6
五丰优 1301	3	50.0	22.9	4	67.0	28.4	4	80.0	43.0	6	52.0	19.5
Y 两优 911	2	11.0	2.7	3	13.0	3.8	4	74.0	35.8	6	57.0	28.2
谷神两优 3 号	5	75.0	37.1	7	100.0	79.0	7	100.0	95.5	7	91.0	53.5
58 优 128	2	8.0	0.7	5	15.0	3.9	4	55.0	26.5	6	74.0	50.5
桂育 8 号	5	23.0	7.3	6	34.0	12.5	8	100.0	97.0	6	35.0	8.1
垦选 9276	2	4.0	0.4	2	4.0	0.5	3	14.0	3.1	5	27.0	8.4

表 537　湖北省早熟中稻区试 ZC 组品种稻瘟病抗性评价结论（2016 年）

品种名称	抗性指数	与 CK 比较	最高损失率抗级	抗性评价	严重病圃数(个)	综合表现
浙两优 263	3.4	优于	9	高感	0	差
泰优 332	5.0	轻于	9	高感	0	差
粳 38S/R9194	6.0	相当	9	高感	0	差
黄华占 CK	6.0		9	高感	0	差
五丰优 028	6.5	相当	9	高感	0	差
银莲占	5.6	相当	9	高感	0	差
荃优 071	5.5	轻于	9	高感	0	差
德优 498	6.7	劣于	9	高感	0	差
六福优 618	7.7	劣于	9	高感	0	淘汰
益 46 两优 347	5.0	轻于	7	感病	0	一般
楚两优华占	2.9	优于	3	中抗	0	好
武两优 364	3.2	优于	3	中抗	0	好
星粳 1 号	4.2	优于	5	中感	0	较好
恒丰优华占	2.3	显著优于	3	中抗	0	好
五丰优 1301	6.0	相当	7	感病	0	一般
Y 两优 911	4.5	优于	7	感病	0	一般
谷神两优 3 号	8.1	劣于	9	高感	0	淘汰
58 优 128	4.7	轻于	9	高感	0	差
桂育 8 号	5.6	相当	9	高感	0	差
垦选 9276	2.4	显著优于	3	中抗	0	好

表 538 湖北省早熟中稻区试 ZD 组品种稻瘟病抗性鉴定各病圃结果（2016 年）

品种名称	红庙病圃			青山病圃			两河病圃			望家病圃		
	叶瘟病级	病穗率(%)	损失率(%)	叶瘟病级	病穗率(%)	损失率(%)	叶瘟病级	病穗率(%)	损失率(%)	叶瘟病级	病穗率(%)	损失率(%)
合丰油占	3	35.0	13.3	4	28.0	10.7	6	100.0	60.0	6	56.0	27.2
锦 506	4	9.0	1.5	6	70.0	34.5	7	64.0	28.3	4	29.0	5.8
广 8 优 5 号	2	9.0	2.4	2	9.0	1.8	4	60.0	28.4	5	28.0	10.9
皖两优 218	3	12.0	3.9	5	18.0	6.3	5	54.0	24.9	5	19.0	3.2
ZY37	3	8.0	1.2	4	14.0	3.4	6	34.0	13.4	3	4.0	0.4
强两优 520	4	9.0	1.7	7	74.0	34.8	7	74.0	34.8	5	32.0	6.6
越两优华占	2	8.0	1.0	2	8.0	1.2	3	15.0	5.4	5	30.0	8.5
黄华占 CK	3	23.0	7.6	5	52.0	24.8	7	100.0	57.0	6	57.0	30.7
楚禾占	7	100.0	57.0	8	100.0	94.5	8	100.0	97.0	7	77.0	50.9
祥两优 569	3	12.0	3.9	4	14.0	4.9	5	77.0	38.9	5	36.0	18.5
粤禾丝苗	2	4.0	0.5	2	4.0	0.5	2	11.0	2.8	4	30.0	7.8
万象优华占	3	8.0	1.5	3	6.0	1.1	3	14.0	4.9	5	17.0	3.4
绿占 2 号	5	100.0	57.5	7	100.0	97.0	8	100.0	95.5	6	56.0	24.6
两优 6588	2	9.0	1.8	5	22.0	6.5	3	28.0	8.3	5	30.0	5.3
G409	2	16.0	5.9	4	27.0	10.5	4	67.0	28.4	5	31.0	5.9
新两优 611	2	7.0	0.7	3	11.0	3.1	3	10.0	2.9	6	59.0	31.7
泰优 390	3	7.0	1.0	4	16.0	5.0	3	41.0	20.0	5	27.0	6.4
吉优华占	3	6.0	0.8	3	8.0	1.6	2	8.0	2.2	4	34.0	11.0
星优 712	3	9.0	1.8	4	15.0	4.8	5	38.0	15.4	7	56.0	28.9
泰优 98	2	4.0	0.5	2	7.0	1.4	2	4.0	0.8	6	33.0	8.6

表 539 湖北省早熟中稻区试 ZD 组品种稻瘟病抗性评价结论（2016 年）

品种名称	抗性指数	与 CK 比较	最高损失率抗级	抗性评价	严重病圃数(个)	综合表现
合丰油占	5.7	轻于	9	高感	0	差
锦 506	5.1	轻于	7	感病	0	一般
广 8 优 5 号	3.5	优于	5	中感	0	较好
皖两优 218	3.9	优于	5	中感	0	较好
ZY37	2.8	显著优于	3	中抗	0	好
强两优 520	5.5	轻于	7	感病	0	一般
越两优华占	2.9	优于	3	中抗	0	好
黄华占 CK	6.3		9	高感	0	差
楚禾占	8.7	劣于	9	高感	0	淘汰
祥两优 569	4.5	优于	7	感病	0	一般
粤禾丝苗	2.3	显著优于	3	中抗	0	好
万象优华占	2.4	显著优于	1	中抗	0	好
绿占 2 号	7.9	劣于	9	高感	0	淘汰
两优 6588	3.6	优于	3	中抗	0	好
G409	4.5	优于	5	中感	0	较好
新两优 611	3.4	优于	7	感病	0	一般
泰优 390	3.6	优于	5	中感	0	较好
吉优华占	2.5	显著优于	3	中抗	0	好
星优 712	4.2	优于	5	中感	0	较好
泰优 98	2.3	显著优于	3	中抗	0	好

表 540　湖北省糯稻区试品种稻瘟病抗性鉴定各病圃结果（2016 年）

品种名称	红庙病圃			青山病圃			两河病圃			望家病圃		
	叶瘟病级	病穗率(%)	损失率(%)	叶瘟病级	病穗率(%)	损失率(%)	叶瘟病级	病穗率(%)	损失率(%)	叶瘟病级	病穗率(%)	损失率(%)
荆糯 8 号	3	8.0	2.5	4	12.0	3.9	4	100.0	49.0	6	38.0	11.8
15AH1327	2	14.0	3.7	3	8.0	1.9	4	46.0	19.1	6	47.0	17.3
糯两优 6 号	4	9.0	0.9	3	7.0	0.8	6	37.0	14.1	7	67.0	38.2
荆楚糯 1 号	4	12.0	4.2	3	11.0	2.8	7	100.0	60.0	5	52.0	24.7
皖垦糯 1116	3	7.0	1.4	5	32.0	10.9	6	60.0	25.4	5	30.0	5.6
糯两优 767	5	100.0	64.5	7	100.0	98.5	8	100.0	96.0	7	91.0	53.2
龙王糯 99	3	21.0	8.4	4	28.0	9.5	7	100.0	62.5	5	31.0	11.5
明糯优 2086	4	21.0	6.6	4	17.0	6.4	7	100.0	77.0	6	53.0	22.5
楚糯 S2	3	37.0	17.7	4	17.0	5.8	7	100.0	50.5	7	62.0	33.7
丰两优四号 CK	5	32.0	13.0	7	90.0	42.0	8	100.0	84.0	6	59.0	31.2

表 541　湖北省糯稻区试品种稻瘟病抗性评价结论（2016 年）

品种名称	抗性指数	与 CK 比较	最高损失率抗级	抗性评价	严重病圃数(个)	综合表现
荆糯 8 号	4.1	优于	7	感病	0	一般
15AH1327	3.9	优于	5	中感	0	较好
糯两优 6 号	4.2	优于	7	感病	0	一般
荆楚糯 1 号	5.0	优于	9	高感	0	差
皖垦糯 1116	4.3	优于	5	中感	0	较好
糯两优 767	8.5	劣于	9	高感	0	淘汰
龙王糯 99	5.2	优于	9	高感	0	差
明糯优 2086	5.6	轻于	9	高感	0	差
楚糯 S2	6.2	轻于	9	高感	0	差
丰两优四号 CK	7.0		9	高感	0	差

表 542　湖北省水稻区试品种稻瘟病抗性两年评价结论（2015—2016 年）

区试组别	品种名称	2016 年评价结论		2015 年评价结论		2015—2016 年两年评价结论				
		抗性指数	最高损失率抗级	抗性指数	最高损失率抗级	最高抗性指数	与 CK 比较	最高损失率抗级	抗性评价	综合表现
早稻	鄂早 18CK	5.5	7	5.4	7	5.5		7	感病	一般
	两优 19	5.7	9	6.5	9	6.5	劣于	9	高感	差
中稻	丰两优四号 CK	7.6	9	7.4	9	7.6		9	高感	差
	粤农丝苗	2.2	1	1.9	1	2.2	显著优于	1	抗病	好
	望两优华占	2.7	3	2.8	3	2.8	显著优于	3	中抗	好
	丰两优四号 CK	7.6	9	7.2	9	7.6		9	高感	差
	957A/华占	2.7	3	2.6	3	2.7	显著优于	3	中抗	好
	丰两优四号 CK	7.3	9	7.4	9	7.4		9	高感	差
	8 优 203	3.7	3	4.8	5	4.8	优于	5	中感	较好
	F 优 498	6.2	7	6.2	9	6.2	轻于	9	高感	差
	丰两优四号 CK	7.3	9	7.5	9	7.5		9	高感	差
	广两优 1133	6.0	9	6.9	9	6.9	轻于	9	高感	差
	丰两优四号 CK	7.3	9	7.6	9	7.6		9	高感	差
	巨风优 650	2.4	3	2.4	3	2.4	显著优于	3	中抗	好
	丰两优四号 CK	7.3	9	7.4	9	7.4		9	高感	差
	荃优华占	2.1	1	2.1	1	2.1	显著优于	1	抗病	好
	巨 2 优 450	4.2	5	6.4	7	6.4	轻于	7	感病	差
	丰两优四号 CK	7.3	9	7.2	9	7.3		9	高感	差
	华两优 2821	2.7	3	2.8	3	2.8	显著优于	3	中抗	好
	隆两优 1146	3.1	5	3.7	5	3.7	显著优于	5	中感	较好
	创两优 627	2.8	3	2.8	5	2.8	显著优于	5	中感	较好
	9 优 6 号	5.0	7	6.2	9	6.2	轻于	9	高感	差
	丰两优四号 CK	7.3	9	7.5	9	7.5		9	高感	差
	信优糯 721	3.6	3	4.8	7	4.8	优于	7	感病	一般
	丰两优四号 CK	7.5	9	7.2	9	7.5		9	高感	差
	六两优 628	3.2	5	4.8	9	4.8	优于	9	高感	差
	丰两优四号 CK	7.9	9	7.2	9	7.9		9	高感	差
	万象优 111	3.5	3	5.1	7	5.1	优于	7	感病	一般
	万香 8A/R498	3.1	3	3.1	3	3.1	显著优于	3	中抗	好
	丰两优四号 CK	7.9	9	7.4	9	7.9		9	高感	差
	U1A/蜀恢 208	2.5	3	2.6	3	2.6	显著优于	3	中抗	好
	全两优 3 号	7.0	9	6.9	9	7.0	轻于	9	高感	差
	雨两优 471	5.2	7	6.3	9	6.3	优于	9	高感	差
	丰两优四号 CK	7.0	9	7.4	9	7.4		9	高感	差
	7A/R370	3.0	3	4.3	5	4.3	优于	5	中感	较好
	E 两优 1363	2.6	3	2.1	1	2.6	显著优于	3	中抗	好

（续表）

区试组别	品种名称	2016 年评价结论		2015 年评价结论		2015—2016 年两年评价结论				
		抗性指数	最高损失率抗级	抗性指数	最高损失率抗级	最高抗性指数	与 CK 比较	最高损失率抗级	抗性评价	综合表现
中稻	E 两优 1453	2.8	5	1.9	1	2.8	显著优于	5	中感	较好
	丰两优四号 CK	7.0	9	7.6	9	7.6		9	高感	差
	C 两优 33	3.0	5	2.2	1	3.0	显著优于	5	中感	较好
	2075S/R171	2.9	3	2.0	1	2.9	显著优于	3	中抗	好
	丰两优四号 CK	7.0	9	7.5	9	7.5		9	高感	差
	两优 91	3.9	5	5.8	9	5.8	优于	9	高感	差
	丰两优四号 CK	7.0	9	7.3	9	7.3		9	高感	差
	华两优 0131	2.8	3	2.5	1	2.8	显著优于	3	中抗	好
	丰两优四号 CK	7.0	9	7.5	9	7.5		9	高感	差
	M 两优 534	2.4	3	1.8	1	2.4	显著优于	3	中抗	好
	国泰糯优 6 号	6.7	9	6.6	9	6.7	轻于	9	高感	差
	丰两优四号 CK	7.0	9	7.2	9	7.2		9	高感	差
	巨 2 优 3137	5.5	9	6.5	9	6.5	轻于	9	高感	差
	晶两优 1177	2.7	5	1.9	1	2.7	显著优于	5	中感	较好
	丰两优四号 CK	7.0	9	7.4	9	7.4		9	高感	差
	深两优 871	1.9	1	2.1	1	2.1	显著优于	1	抗病	好
	34A/155	3.2	3	2.9	3	3.2	显著优于	3	中抗	好
	Y 两优 828	4.4	5	6.9	9	6.9	轻于	9	高感	差
	丰两优四号 CK	7.5	9	7.2	9	7.5		9	高感	差
	荃优金 1 号	3.7	5	4.3	5	4.3	优于	5	中感	较好
	扬两优 6 号 CK	7.2	9	7.6	9	7.6		9	高感	差
	甬优 4953	2.7	5	3.4	7	3.4	显著优于	7	感病	一般
晚稻	金优 207CK	4.9	7	5.6	9	5.6		9	高感	差
	长农优 982	2.4	3	2.9	3	2.9	优于	3	中抗	好
	泰丰 A/R2806	5.4	7	5.7	9	5.7	相当	9	高感	差
	金优 207CK	4.9	7	4.7	7	4.9		7	感病	一般
	荆楚优 867	3.5	5	3.0	3	3.5	轻于	5	中感	较好
	28 优 158	4.5	5	3.6	5	4.5	相当	5	中感	较好
	金优 207CK	4.6	7	5.6	9	5.6		9	高感	差
	奥富优 899	7.6	9	6.6	9	7.6	劣于	9	高感	差
	金优 207CK	4.6	7	4.7	7	4.7		7	感病	一般
	弘两优 822	2.9	3	4.3	7	4.3	相当	7	感病	一般
	鄂晚 17CK	3.9	5	4.7	7	4.7		7	感病	一般
	粳两优 7124	4.4	7	4.7	9	4.7	相当	9	高感	差
	黑香优 178	7.5	9	7.5	9	7.5	劣于	9	高感	差

表 543　湖北省早稻区试 A 组品种稻瘟病抗性鉴定各病圃结果（2017 年）

品种名称	红庙病圃			两河病圃			望家病圃		
	叶瘟病级	病穗率(%)	损失率(%)	叶瘟病级	病穗率(%)	损失率(%)	叶瘟病级	病穗率(%)	损失率(%)
HD9802S/R1719	3	8.0	2.8	5	32.0	11.8	3	28.0	18.5
两优 576	2	4.0	0.5	3	8.0	1.6	5	56.0	27.5
E 两优 236	2	9.0	2.6	4	14.0	5.5	4	31.0	16.8
华两优 578	2	11.0	2.4	2	17.0	5.8	4	27.0	9.0
鄂早 18CK	3	52.0	20.5	4	88.0	43.5	5	30.0	5.6
E 两优 9013	2	8.0	2.2	2	11.0	4.3	6	64.0	20.1
荆楚优 827	3	12.0	1.5	3	62.0	25.2	4	14.0	5.1
陵两优 286	2	4.0	0.4	2	9.0	2.4	5	61.0	38.4
两优 1208	3	11.0	3.0	4	73.0	33.9	5	29.0	12.2
两优早 68	5	32.6	11.4	7	100.0	94.5	4	32.0	13.0
两优 14	4	16.0	4.3	7	100.0	60.0	7	74.0	49.5
福两优 1069	3	7.0	1.0	5	31.0	15.9	5	51.0	31.5

表 544　湖北省早稻区试 A 组品种稻瘟病抗性评价结论（2017 年）

品种名称	抗性指数	与 CK 比较	最高损失率抗级	抗性评价	严重病圃数(个)	综合表现
鄂早 18CK	5.6		7	感病	0	一般
两优 576	3.1	优于	5	中感	0	较好
荆楚优 827	3.6	优于	5	中感	0	较好
HD9802S/R1719	3.8	优于	5	中感	0	较好
E 两优 236	3.6	优于	5	中感	0	较好
华两优 578	3.3	优于	3	中抗	0	好
E 两优 9013	3.4	优于	5	中感	0	较好
陵两优 286	3.3	优于	7	感病	0	一般
两优 1208	4.6	轻于	7	感病	0	一般
两优早 68	5.8	相当	9	高感	0	差
两优 14	6.3	劣于	9	高感	0	差
福两优 1069	4.8	轻于	7	感病	0	一般

表 545　湖北省早稻区试 B 组品种稻瘟病抗性鉴定各病圃结果（2017 年）

品种名称	红庙病圃			两河病圃			望家病圃		
	叶瘟病级	病穗率(%)	损失率(%)	叶瘟病级	病穗率(%)	损失率(%)	叶瘟病级	病穗率(%)	损失率(%)
早 6287	7	100.0	98.5	8	100.0	100.0	4	16.0	6.1
金早 610	2	4.0	0.4	2	16.0	5.6	6	54.0	23.7
嘉早 37	2	9.0	2.4	3	38.0	15.1	3	10.0	1.3
G189S/R118	2	32.0	12.0	4	45.0	17.6	5	13.0	1.3
冈早籼 11 号	2	12.0	2.0	2	26.0	11.3	5	32.0	7.3
鄂早 18CK	3	100.0	41.1	4	100.0	70.0	4	31.0	7.1
吉丰优 4631	2	4.0	0.5	3	9.0	1.4	3	11.0	4.7
E 两优 652	3	6.0	0.6	2	6.0	1.2	4	34.0	15.1
早丰 45	7	100.0	96.0	8	100.0	100.0	4	28.0	7.9
1101	6	100.0	90.5	7	100.0	100.0	5	37.0	17.2
潭两优 116	5	100.0	93.0	7	100.0	96.0	7	100.0	66.0
芯两优 9011	4	73.0	29.8	5	100.0	95.5	4	9.0	1.7

表 546　湖北省早稻区试 B 组品种稻瘟病抗性评价结论（2017 年）

品种名称	抗性指数	与 CK 比较	最高损失率抗级	抗性评价	严重病圃数(个)	综合表现
鄂早 18CK	6.2		9	高感	0	差
嘉早 37	2.9	优于	5	中感	0	较好
早 6287	7.0	劣于	9	高感	0	差
金早 610	3.6	优于	5	中感	0	较好
G189S/R118	4.0	优于	5	中感	0	较好
冈早籼 11 号	3.5	优于	3	中抗	0	好
吉丰优 4631	1.9	显著优于	1	抗病	0	好
E 两优 652	3.0	优于	5	中感	0	较好
早丰 45	7.2	劣于	9	高感	1	淘汰
1101	7.4	劣于	9	高感	1	淘汰
潭两优 116	8.3	劣于	9	高感	1	淘汰
芯两优 9011	5.3	轻于	9	高感	0	差

表 547 湖北省晚籼区试 A 组品种稻瘟病抗性鉴定各病圃结果（2017 年）

品种名称	红庙病圃			两河病圃			望家病圃		
	叶瘟病级	病穗率(%)	损失率(%)	叶瘟病级	病穗率(%)	损失率(%)	叶瘟病级	病穗率(%)	损失率(%)
玖两优 259	2	3.0	0.5	2	19.0	5.2	3	8.0	1.0
奥富优 29	5	14.0	2.7	5	55.0	21.1	5	61.0	40.2
早丰优华占	2	4.0	0.5	2	22.0	5.2	3	13.0	2.5
G 两优 182	5	52.0	6.1	4	55.0	22.8	5	35.0	9.0
荆楚优 670	5	90.0	41.1	6	100.0	52.5	4	37.0	12.2
金优 207CK	4	13.0	4.1	3	47.0	17.5	6	53.0	29.1
泰优 628	3	7.0	1.3	4	40.0	15.7	6	55.0	22.3
越两优 822	2	4.0	1.1	2	15.0	3.6	3	9.0	2.0
03A/R2806	2	35.0	10.3	5	44.0	16.9	4	27.0	14.6
荆优 68	3	9.0	1.2	3	22.0	6.5	2	17.0	2.7
田佳优 338	7	100.0	63.0	8	100.0	94.5	7	88.0	59.3
83S/R513	2	4.0	0.4	2	11.0	3.1	5	28.0	9.4

表 548 湖北省晚籼区试 A 组品种稻瘟病抗性评价结论（2017 年）

品种名称	抗性指数	与 CK 比较	最高损失率抗级	抗性评价	严重病圃数(个)	综合表现
金优 207CK	4.7		5	中感	0	较好
玖两优 259	2.2	优于	3	中抗	0	好
早丰优华占	2.3	优于	3	中抗	0	好
荆楚优 670	6.5	劣于	9	高感	0	差
泰优 628	4.5	相当	5	中感	0	较好
奥富优 29	5.3	相当	7	感病	0	一般
G 两优 182	5.1	相当	5	中感	0	较好
越两优 822	1.8	显著优于	1	抗病	0	好
03A/R2806	4.5	相当	5	中感	0	较好
荆优 68	2.6	优于	3	中抗	0	好
田佳优 338	8.6	劣于	9	高感	0	淘汰
83S/R513	2.7	优于	3	中抗	0	好

表 549　湖北省晚籼区试 B 组品种稻瘟病抗性鉴定各病圃结果（2017 年）

品种名称	红庙病圃			两河病圃			望家病圃		
	叶瘟病级	病穗率(%)	损失率(%)	叶瘟病级	病穗率(%)	损失率(%)	叶瘟病级	病穗率(%)	损失率(%)
隆香优 3150	2	8.0	0.9	4	19.0	5.9	4	12.0	2.1
腾两优恒占	4	12.0	2.4	5	26.0	7.9	3	14.0	5.2
E 农 1S/R2806	3	6.0	0.8	3	22.0	5.3	5	33.0	15.9
早丰 A/R0861	2	4.0	0.4	2	7.0	1.0	4	6.0	1.8
金优 207CK	4	14.0	3.3	3	37.0	13.4	6	56.0	29.2
盛泰优 018	5	28.0	8.9	5	36.0	15.1	5	31.0	13.3
A4A/RT536	6	67.0	28.0	5	70.0	30.2	4	15.0	6.7
隆香优 5945	3	7.0	0.7	2	15.0	2.9	6	30.0	15.9
益 51 优 442	3	6.0	0.6	3	23.0	5.2	6	57.0	28.3
田佳优 1321	3	7.0	1.0	3	15.0	3.0	5	29.0	7.8
欣荣 A/ZR970	2	4.0	0.5	3	20.0	5.8	6	54.0	19.7
玖两优 1689	2	4.0	0.5	3	24.0	5.4	6	55.0	27.7

表 550　湖北省晚籼区试 B 组品种稻瘟病抗性评价结论（2017 年）

品种名称	抗性指数	与 CK 比较	最高损失率抗级	抗性评价	严重病圃数(个)	综合表现
金优 207CK	4.3		5	中感	0	较好
早丰 A/R0861	1.8	优于	1	抗病	0	好
田佳优 1321	3.0	轻于	3	中抗	0	好
玖两优 1689	3.7	轻于	5	中感	0	较好
隆香优 3150	2.8	优于	3	中抗	0	好
腾两优恒占	3.6	轻于	3	中抗	0	好
E 农 1S/R2806	3.7	轻于	5	中感	0	较好
盛泰优 018	4.8	相当	5	中感	0	较好
A4A/RT536	5.7	劣于	7	感病	0	一般
隆香优 5945	3.3	轻于	5	中感	0	较好
益 51 优 442	3.9	相当	5	中感	0	较好
欣荣 A/ZR970	3.7	轻于	5	中感	0	较好

表 551 湖北省晚粳区试组品种稻瘟病抗性鉴定各病圃结果（2017 年）

品种名称	红庙病圃			两河病圃			望家病圃		
	叶瘟病级	病穗率(%)	损失率(%)	叶瘟病级	病穗率(%)	损失率(%)	叶瘟病级	病穗率(%)	损失率(%)
粳两优 1266	4	19.0	6.8	6	66.0	18.5	7	66.0	46.7
粳两优 5066	4	12.0	2.7	4	30.0	10.2	4	30.0	10.5
15D751	2	58.0	21.8	4	62.0	20.8	6	46.0	23.5
鄂香 2 号	3	8.0	1.0	5	20.0	5.2	4	28.0	8.5
香粳优 1158	4	59.0	22.9	5	100.0	50.5	5	57.0	19.8
鄂晚 17CK	3	12.0	3.3	5	58.0	24.3	5	34.0	13.4
5315	4	26.0	6.7	7	100.0	42.9	3	12.0	1.5
长农粳 2 号	2	30.0	8.7	3	36.0	10.1	7	95.0	63.1
申稻 6 号	2	15.0	2.4	6	100.0	42.5	3	11.0	4.7
粳优 926	2	7.0	0.8	5	30.0	11.5	5	36.0	10.8
粳两优 4466	4	20.0	6.1	6	80.0	36.9	6	52.0	18.6
粳 9-3406	2	9.0	1.2	4	53.0	22.5	4	25.0	9.6

表 552 湖北省晚粳区试品种稻瘟病抗性评价结论（2017 年）

品种名称	抗性指数	与 CK 比较	最高损失率抗级	抗性评价	严重病圃数(个)	综合表现
鄂晚 17CK	4.3		5	中感	0	较好
粳两优 5066	3.8	轻于	3	中抗	0	好
鄂香 2 号	3.4	轻于	3	中抗	0	好
粳优 926	3.6	轻于	3	中抗	0	好
粳两优 1266	5.8	劣于	7	感病	0	一般
15D751	5.6	劣于	5	中感	0	较好
香粳优 1158	6.6	劣于	9	高感	0	差
5315	4.8	相当	7	感病	0	一般
长农粳 2 号	5.4	劣于	9	高感	1	差
申稻 6 号	4.0	相当	7	感病	0	一般
粳两优 4466	5.8	劣于	7	感病	1	差
粳 9-3406	3.8	轻于	5	中感	1	差

表 553　湖北省早熟中稻区试 ZA 组品种稻瘟病抗性鉴定各病圃结果（2017 年）

品种名称	红庙病圃			两河病圃			望家病圃		
	叶瘟病级	病穗率(%)	损失率(%)	叶瘟病级	病穗率(%)	损失率(%)	叶瘟病级	病穗率(%)	损失率(%)
楚两优华占	2	4.0	0.5	3	15.0	5.1	5	63.0	38.9
粤禾丝苗	2	4.0	0.4	2	14.0	2.8	4	19.0	9.2
泰优 390	2	8.0	1.2	4	70.0	32.0	6	54.0	35.9
两优 748	2	4.0	0.5	4	26.0	8.5	5	26.0	6.4
黄华占 CK	3	15.0	2.7	4	48.0	15.9	6	75.0	30.3
福稻 88	2	4.0	0.4	2	8.0	1.0	3	11.0	3.0
早优晶占	2	4.0	0.4	3	20.0	6.1	4	28.0	10.7
银莲占	2	7.0	1.3	4	100.0	42.0	5	65.0	34.3
垦选 9276	2	4.0	0.4	2	9.0	2.4	3	29.0	17.7
吉优华占	2	4.0	0.2	3	16.0	5.3	4	18.0	7.2
荣优华占	2	3.0	0.2	2	8.0	1.5	5	37.0	15.9
荆占 1 号	2	11.0	4.6	3	55.0	20.9	3	15.0	3.5

表 554　湖北省早熟中稻区试 ZA 组品种稻瘟病抗性评价结论（2017 年）

品种名称	抗性指数	与 CK 比较	最高损失率抗级	抗性评价	严重病圃数(个)	综合表现
黄华占 CK	5.0		7	感病	1	差
福稻 88	1.8	优于	1	抗病	0	好
荣优华占	2.8	优于	5	中感	0	较好
荆占 1 号	3.4	优于	5	中感	0	较好
楚两优华占	3.9	轻于	7	感病	0	一般
粤禾丝苗	2.4	优于	3	中抗	0	好
泰优 390	5.3	相当	7	感病	0	一般
两优 748	3.3	优于	3	中抗	0	好
早优晶占	3.0	优于	3	中抗	0	好
银莲占	5.2	相当	7	感病	0	一般
垦选 9276	2.7	优于	5	中感	0	较好
吉优华占	2.8	优于	3	中抗	0	好

表 555　湖北省早熟中稻区试 ZB 组品种稻瘟病抗性鉴定各病圃结果（2017 年）

品种名称	红庙病圃			两河病圃			望家病圃		
	叶瘟病级	病穗率(%)	损失率(%)	叶瘟病级	病穗率(%)	损失率(%)	叶瘟病级	病穗率(%)	损失率(%)
Y 两优 911	3	7.0	0.8	4	51.0	18.8	3	13.0	5.8
鄂优华占	3	6.0	0.6	2	17.0	5.2	4	27.0	11.3
鄂丰丝苗 1 号	2	8.0	1.0	2	30.0	10.8	5	32.0	7.3
中广优 2 号	2	4.0	0.4	2	7.0	1.0	3	9.0	3.0
黄华占 CK	3	41.0	13.3	5	100.0	42.5	4	26.0	7.3
田佳优 087	2	4.0	0.5	2	8.0	1.2	5	64.0	40.1
荃优 727	2	3.0	0.3	2	21.0	5.7	2	14.0	4.3
EK18	3	12.0	2.7	2	69.0	18.9	4	28.0	11.5
华两优 2808	2	4.0	0.4	4	23.0	6.4	5	24.0	15.6
襄两优 138	2	4.0	0.5	2	23.0	5.2	4	12.0	3.2
珈广 38S/香 5	2	4.0	0.5	3	15.0	5.1	5	61.0	25.8
Z 两优华占	4	14.0	5.2	4	41.0	15.4	6	57.0	27.4

表 556　湖北省早熟中稻区试 ZB 组品种稻瘟病抗性评价结论（2017 年）

品种名称	抗性指数	与 CK 比较	最高损失率抗级	抗性评价	严重病圃数(个)	综合表现
黄华占 CK	5.1		7	感病	0	一般
鄂优华占	3.2	优于	3	中抗	0	好
鄂丰丝苗 1 号	3.3	优于	3	中抗	0	好
荃优 727	2.3	优于	3	中抗	0	好
Y 两优 911	3.8	轻于	5	中感	0	较好
中广优 2 号	1.7	优于	1	抗病	0	好
田佳优 087	3.3	优于	7	感病	0	一般
EK18	4.0	轻于	5	中感	0	较好
华两优 2808	3.3	优于	5	中感	0	较好
襄两优 138	2.4	优于	3	中抗	0	好
珈广 38S/香 5	3.6	优于	5	中感	0	较好
Z 两优华占	5.1	相当	5	中感	0	较好

表 557 湖北省早熟中稻区试 ZC 组品种稻瘟病抗性鉴定各病圃结果（2017 年）

品种名称	红庙病圃			两河病圃			望家病圃		
	叶瘟病级	病穗率(%)	损失率(%)	叶瘟病级	病穗率(%)	损失率(%)	叶瘟病级	病穗率(%)	损失率(%)
敦煌 122	2	14.0	4.3	4	100.0	45.5	6	52.0	27.0
创两优 510	3	6.0	0.6	3	18.0	6.3	5	30.0	13.9
黄华占 CK	4	31.0	8.9	5	52.0	17.6	4	17.0	5.1
华两优 3796	2	3.0	0.3	2	7.0	1.0	4	21.0	5.3
两优 308	2	9.0	0.9	5	67.0	20.5	7	76.0	48.4
荃优 071	3	30.0	6.0	6	100.0	48.0	2	8.0	1.8
华两优 3703	2	3.0	0.3	3	18.0	5.4	6	47.0	32.2
泰两优 1332	2	4.0	0.5	4	19.0	5.2	5	44.0	20.4
荆两优 2378	4	24.0	5.4	5	100.0	51.4	5	61.0	40.4
香两优 5019	7	100.0	36.0	8	100.0	97.0	6	56.0	16.2
两优丝苗 1 号	2	4.0	0.5	2	9.0	1.4	5	48.0	19.3
福稻 99	2	2.0	0.3	2	8.0	1.2	6	43.0	23.1

表 558 湖北省早熟中稻区试 ZC 组品种稻瘟病抗性评价结论（2017 年）

品种名称	抗性指数	与 CK 比较	最高损失率抗级	抗性评价	严重病圃数(个)	综合表现
黄华占 CK	4.7		5	中感	0	较好
敦煌 122	5.1	相当	7	感病	0	一般
创两优 510	3.3	轻于	3	中抗	0	好
华两优 3796	2.3	优于	3	中抗	0	好
两优 308	5.1	相当	7	感病	0	一般
荃优 071	4.3	相当	7	感病	0	一般
华两优 3703	3.8	轻于	7	感病	0	一般
泰两优 1332	3.5	轻于	5	中感	0	较好
荆两优 2378	6.3	劣于	9	高感	0	差
香两优 5019	7.5	劣于	9	高感	0	淘汰
两优丝苗 1 号	2.8	优于	5	中感	0	较好
福稻 99	2.9	优于	5	中感	0	较好

表 559 湖北省中稻区试 A 组品种稻瘟病抗性鉴定各病圃结果（2017 年）

品种名称	红庙病圃			两河病圃			望家病圃		
	叶瘟病级	病穗率(%)	损失率(%)	叶瘟病级	病穗率(%)	损失率(%)	叶瘟病级	病穗率(%)	损失率(%)
广 8 优粤禾丝苗	2	4.0	0.4	2	17.0	5.2	6	42.0	32.0
隆晶优 4393	2	4.0	0.5	2	12.0	3.0	3	29.0	17.8
E 两优 347	2	6.0	0.6	2	13.0	2.0	5	54.0	35.9
绿丰占	2	3.0	0.3	2	7.0	1.0	4	16.0	6.0
聚两优 639	2	6.0	0.8	2	21.0	5.1	4	31.0	19.4
丰两优四号 CK	6	67.0	27.1	8	100.0	96.0	7	71.0	44.9
荃香优 88	2	3.0	0.3	2	19.0	5.6	5	34.0	15.2
深两优 10 号	2	9.0	1.2	4	61.0	26.5	6	56.0	34.0
襄优 5327	2	4.0	0.4	2	15.0	5.1	6	48.0	33.6
亮两优 1212	2	6.0	0.6	2	22.0	8.6	4	24.0	15.8
华浙优 1534	4	11.0	1.9	5	30.0	9.6	5	67.0	37.5
两优 548	2	6.0	0.6	4	19.0	5.3	4	30.0	10.9

表 560 湖北省中稻区试 A 组品种稻瘟病抗性评价结论（2017 年）

品种名称	抗性指数	与 CK 比较	最高损失率抗级	抗性评价	严重病圃数(个)	综合表现
丰两优四号 CK	7.5		9	高感	0	淘汰
广 8 优粤禾丝苗	3.8	显著优于	7	感病	0	一般
襄优 5327	3.8	显著优于	7	感病	0	一般
两优 548	3.3	显著优于	3	中抗	0	好
绿丰占	2.3	显著优于	3	中抗	0	好
荃香优 88	3.3	显著优于	5	中感	0	较好
深两优 10 号	4.9	优于	7	感病	0	一般
亮两优 1212	3.3	显著优于	5	中感	0	较好
隆晶优 4393	2.8	显著优于	5	中感	0	较好
E 两优 347	3.7	显著优于	7	感病	0	一般
聚两优 639	3.4	显著优于	5	中感	0	较好
华浙优 1534	4.8	优于	7	感病	0	差

表 561　湖北省中稻区试 B 组品种稻瘟病抗性鉴定各病圃结果（2017 年）

品种名称	红庙病圃			两河病圃			望家病圃		
	叶瘟病级	病穗率(%)	损失率(%)	叶瘟病级	病穗率(%)	损失率(%)	叶瘟病级	病穗率(%)	损失率(%)
浙两优 2714	3	12.0	1.8	4	100.0	48.5	4	15.0	2.1
荃优秀占	4	14.0	3.0	7	70.0	32.8	7	67.0	39.8
荃优 259	2	4.0	0.5	2	19.0	5.9	5	19.0	11.4
73 优 18	2	6.0	0.6	4	42.0	15.3	6	45.0	22.5
丰两优四号 CK	6	74.0	31.7	8	100.0	89.5	6	64.0	31.9
大农两优 2 号	2	12.0	1.7	3	100.0	49.5	5	17.0	7.3
C 两优 018	2	7.0	0.7	5	24.0	9.0	3	16.0	6.6
创两优 965	3	9.0	1.2	4	27.0	10.5	4	13.0	6.8
G 两优香占	3	6.0	0.8	3	18.0	5.1	5	31.0	15.6
广两优 188	2	4.0	0.4	2	14.0	2.8	6	59.0	32.1
全两优 5 号	2	7.0	0.8	3	7.0	1.0	2	16.0	7.7
楚两优 662	2	4.0	0.5	3	17.0	5.8	3	17.0	5.5

表 562　湖北省中稻区试 B 组品种稻瘟病抗性评价结论（2017 年）

品种名称	抗性指数	与 CK 比较	最高损失率抗级	抗性评价	严重病圃数(个)	综合表现
丰两优四号 CK	7.8		9	高感	0	淘汰
荃优秀占	5.9	优于	7	感病	0	一般
荃优 259	2.8	显著优于	3	中抗	0	好
G 两优香占	3.7	显著优于	5	中感	0	较好
广两优 188	3.6	显著优于	7	感病	0	一般
浙两优 2714	4.0	显著优于	7	感病	0	一般
73 优 18	4.3	显著优于	5	中感	0	较好
大农两优 2 号	4.3	显著优于	7	感病	0	一般
C 两优 018	3.1	显著优于	3	中抗	0	好
创两优 965	3.3	显著优于	3	中抗	0	好
全两优 5 号	2.3	显著优于	3	中抗	0	好
楚两优 662	2.8	显著优于	3	中抗	0	好

表 563　湖北省中稻区试 C 组品种稻瘟病抗性鉴定各病圃结果（2017 年）

品种名称	红庙病圃			两河病圃			望家病圃		
	叶瘟病级	病穗率(%)	损失率(%)	叶瘟病级	病穗率(%)	损失率(%)	叶瘟病级	病穗率(%)	损失率(%)
荃优 0861	2	4.0	0.4	2	8.0	0.9	4	26.0	15.1
荃优 53	3	15.0	2.3	2	100.0	38.1	3	13.0	5.5
全两优华占	2	4.0	0.4	2	16.0	5.3	4	60.0	32.3
丰两优四号 CK	5	51.0	22.4	7	100.0	53.0	5	31.0	9.3
荃优 133	2	4.0	0.5	3	58.0	21.2	4	34.0	13.2
广两优 299	4	11.0	2.5	4	18.0	5.4	7	65.0	36.3
利两优 89	2	4.0	0.5	2	20.0	5.5	7	59.0	31.1
2075S/R222	2	4.0	0.5	4	18.0	5.1	4	23.0	6.6
旺两优 900	3	13.0	2.8	6	100.0	81.0	6	46.0	16.0
03S/R2000	2	3.0	0.3	4	61.0	23.9	4	17.0	6.1
两优 66	2	4.0	0.4	4	16.0	5.3	3	14.0	3.7
两优 336	6	28.0	8.3	6	70.0	22.4	7	86.0	61.0

表 564　湖北省中稻区试 C 组品种稻瘟病抗性评价结论（2017 年）

品种名称	抗性指数	与 CK 比较	最高损失率抗级	抗性评价	严重病圃数(个)	综合表现
丰两优四号 CK	6.3		9	高感	0	差
荃优 0861	2.8	显著优于	5	中感	0	较好
荃优 53	4.1	优于	7	感病	0	一般
利两优 89	4.0	优于	7	感病	0	一般
旺两优 900	5.5	轻于	9	高感	0	差
2075S/R222	2.9	优于	3	中抗	0	好
03S/R2000	3.6	优于	5	中感	0	较好
全两优华占	3.8	优于	7	感病	0	一般
荃优 133	3.7	优于	5	中感	0	较好
广两优 299	4.7	优于	7	感病	0	一般
两优 66	2.5	显著优于	3	中抗	0	好
两优 336	6.5	相当	9	高感	0	差

表 565 湖北省中稻区试 D 组品种稻瘟病抗性鉴定各病圃结果（2017 年）

品种名称	红庙病圃			两河病圃			望家病圃		
	叶瘟病级	病穗率(%)	损失率(%)	叶瘟病级	病穗率(%)	损失率(%)	叶瘟病级	病穗率(%)	损失率(%)
C 两优 300	2	3.0	0.3	3	17.0	5.2	2	12.0	5.1
兆优 6377	2	4.0	0.5	2	18.0	5.1	3	30.0	10.3
E 农 1S/R20	2	4.0	0.4	3	20.0	5.2	7	91.0	47.3
明两优雅占	2	2.0	0.3	4	24.0	6.9	5	58.0	37.6
华两优 2817	2	4.0	0.5	3	16.0	5.3	6	45.0	31.1
晶两优 1377	2	2.0	0.3	2	14.0	5.2	4	13.0	4.4
C 两优 068	3	7.0	1.0	5	44.0	16.0	5	37.0	8.3
荃优晶占	2	2.0	0.3	2	18.0	5.1	4	25.0	15.4
丰两优四号 CK	7	83.0	33.0	7	100.0	83.0	6	61.0	42.7
福优 558	2	3.0	0.3	2	21.0	5.1	6	49.0	30.4
创两优丝占	2	4.0	0.4	3	16.0	5.3	4	30.0	11.1
龙王糯 99	5	22.0	8.0	4	100.0	53.0	5	36.0	12.8

表 566 湖北省中稻区试 D 组品种稻瘟病抗性评价结论（2017 年）

品种名称	抗性指数	与 CK 比较	最高损失率抗级	抗性评价	严重病圃数(个)	综合表现
丰两优四号 CK	7.8		9	高感	0	淘汰
华两优 2817	3.8	显著优于	7	感病	0	一般
晶两优 1377	2.4	显著优于	3	中抗	0	好
C 两优 068	4.0	显著优于	5	中感	0	较好
创两优丝占	3.0	显著优于	3	中抗	0	好
C 两优 300	2.7	显著优于	3	中抗	0	好
兆优 6377	2.8	显著优于	3	中抗	0	好
E 农 1S/R20	4.1	显著优于	7	感病	0	一般
明两优雅占	4.0	显著优于	7	感病	0	一般
荃优晶占	3.1	显著优于	5	中感	0	较好
福优 558	3.8	显著优于	7	感病	0	一般
龙王糯 99	5.4	优于	9	高感	0	差

表 567 湖北省中稻区试 E 组品种稻瘟病抗性鉴定各病圃结果（2017 年）

品种名称	红庙病圃			两河病圃			望家病圃		
	叶瘟病级	病穗率(%)	损失率(%)	叶瘟病级	病穗率(%)	损失率(%)	叶瘟病级	病穗率(%)	损失率(%)
两优 249	4	13.0	2.8	2	90.0	38.8	7	53.0	47.6
苯两优 6116	4	21.0	5.1	5	100.0	52.5	6	61.0	40.8
2075S/R411	3	6.0	0.6	2	17.0	5.2	6	43.0	32.5
隆两优 3206	2	6.0	0.6	5	52.0	18.8	4	30.0	15.6
旱优 749	4	12.0	1.2	4	21.0	6.3	6	55.0	29.0
华两优 2869	2	6.0	0.8	2	14.0	1.6	6	46.0	30.7
深两优 1177	3	6.0	0.8	3	19.0	5.3	1	7.0	1.3
丰两优四号 CK	7	71.0	29.6	8	100.0	94.5	7	66.0	42.2
华两优 2802	2	4.0	0.5	2	18.0	5.4	5	19.0	9.3
青优 173	4	13.0	1.7	4	95.0	42.8	4	29.0	10.2
华两优 2811	2	7.0	0.7	3	24.0	6.6	5	50.0	32.2
川优 553	2	3.0	0.3	3	29.0	10.6	5	19.0	5.6

表 568 湖北省中稻区试 E 组品种稻瘟病抗性评价结论（2017 年）

品种名称	抗性指数	与 CK 比较	最高损失率抗级	抗性评价	严重病圃数(个)	综合表现
丰两优四号 CK	7.6		9	高感	0	淘汰
两优 249	5.5	优于	7	感病	0	一般
苯两优 6116	6.3	轻于	9	高感	0	差
隆两优 3206	4.3	优于	5	中感	0	较好
深两优 1177	2.3	显著优于	3	中抗	0	好
旱优 749	4.3	优于	5	中感	0	较好
青优 173	4.6	优于	7	感病	0	一般
华两优 2802	2.8	显著优于	3	中抗	0	好
2075S/R411	4.0	显著优于	7	感病	0	一般
华两优 2869	3.6	显著优于	7	感病	0	一般
华两优 2811	3.9	显著优于	7	感病	0	一般
川优 553	3.1	显著优于	3	中抗	0	好

表 569　湖北省中稻区试 F 组品种稻瘟病抗性鉴定各病圃结果（2017 年）

品种名称	红庙病圃			两河病圃			望家病圃		
	叶瘟病级	病穗率(%)	损失率(%)	叶瘟病级	病穗率(%)	损失率(%)	叶瘟病级	病穗率(%)	损失率(%)
荃优 7810	2	6.0	0.9	2	17.0	5.5	7	41.0	17.7
两优 58	4	14.0	2.7	5	100.0	48.0	6	35.0	20.4
Z1S/R222	5	23.0	7.2	7	100.0	94.0	7	56.0	33.8
华两优 3734	2	4.0	0.5	3	19.0	5.2	4	25.0	9.7
丰两优四号 CK	7	76.0	31.2	8	100.0	94.5	7	64.0	41.8
泉两优 1790	4	11.0	1.3	5	100.0	39.5	5	48.0	31.6
N 两优 70	2	4.0	0.4	4	21.0	5.7	6	52.0	27.2
襄优 657	3	6.0	0.8	2	17.0	5.5	5	64.0	35.5
巨 2 优 280	3	4.0	0.5	2	20.0	7.7	7	62.0	46.7
香两优 16	2	7.0	2.6	2	17.0	6.1	4	35.0	12.4
荃优 412	2	4.0	0.5	3	32.0	9.7	6	48.0	31.6
强两优 688	3	8.0	1.0	5	32.0	10.3	4	37.0	11.8

表 570　湖北省中稻区试 F 组品种稻瘟病抗性评价结论（2017 年）

品种名称	抗性指数	与 CK 比较	最高损失率抗级	抗性评价	严重病圃数(个)	综合表现
丰两优四号 CK	7.9		9	高感	1	淘汰
荃优 7810	3.7	显著优于	5	中感	0	较好
两优 58	5.2	优于	7	感病	0	一般
Z1S/R222	6.7	轻于	9	高感	0	差
华两优 3734	2.8	显著优于	3	中抗	0	好
泉两优 1790	5.4	优于	7	感病	0	一般
N 两优 70	3.8	显著优于	5	中感	0	较好
襄优 657	4.1	显著优于	7	感病	0	一般
巨 2 优 280	4.1	显著优于	7	感病	0	一般
香两优 16	3.1	显著优于	3	中抗	0	好
荃优 412	4.0	显著优于	7	感病	0	一般
强两优 688	3.6	显著优于	3	中抗	0	好

表 571　湖北省中稻区试 G 组品种稻瘟病抗性鉴定各病圃结果（2017 年）

品种名称	红庙病圃			两河病圃			望家病圃		
	叶瘟病级	病穗率(%)	损失率(%)	叶瘟病级	病穗率(%)	损失率(%)	叶瘟病级	病穗率(%)	损失率(%)
7A/R88	4	12.0	1.4	5	40.0	15.4	4	30.0	17.3
旱优 Z7	4	13.0	2.5	6	100.0	78.0	5	47.0	31.9
荃优丝苗 1 号	2	4.0	0.5	3	18.0	5.1	3	32.0	18.1
韵两优 5187	2	6.0	0.6	2	21.0	6.3	6	78.0	59.8
两优 0845	4	17.0	3.1	4	100.0	52.0	6	43.0	20.2
达两优 7116	2	7.0	1.0	2	64.0	22.4	4	21.0	5.3
丰两优四号 CK	6	62.0	27.1	8	100.0	91.0	6	63.0	37.9
龙两优粤禾丝苗	2	3.0	0.5	2	14.0	2.5	6	54.0	32.8
H068S/R1368	3	4.0	0.4	2	15.0	5.4	5	39.0	12.8
G 两优 S8	2	24.0	7.4	3	100.0	77.5	4	28.0	8.2
荃优 967	2	7.0	1.3	2	20.0	5.8	3	10.0	2.0
源优 7235	4	100.0	34.1	7	100.0	86.5	7	90.0	58.9

表 572　湖北省中稻区试 G 组品种稻瘟病抗性评价结论（2017 年）

品种名称	抗性指数	与 CK 比较	最高损失率抗级	抗性评价	严重病圃数(个)	综合表现
丰两优四号 CK	7.4		9	高感	0	淘汰
7A/R88	4.5	优于	5	中感	0	较好
旱优 Z7	5.8	优于	9	高感	0	差
荃优丝苗 1 号	3.3	显著优于	5	中感	0	较好
韵两优 5187	4.4	优于	9	高感	0	差
两优 0845	5.4	优于	9	高感	0	差
达两优 7116	3.6	显著优于	5	中感	0	较好
龙两优粤禾丝苗	3.6	显著优于	7	感病	0	一般
H068S/R1368	3.1	显著优于	3	中抗	0	好
G 两优 S8	5.0	优于	9	高感	0	差
荃优 967	2.3	显著优于	3	中抗	0	好
源优 7235	7.9	相当	9	高感	0	淘汰

表 573　湖北省中稻区试 H 组品种稻瘟病抗性鉴定各病圃结果（2017 年）

品种名称	红庙病圃			两河病圃			望家病圃		
	叶瘟病级	病穗率(%)	损失率(%)	叶瘟病级	病穗率(%)	损失率(%)	叶瘟病级	病穗率(%)	损失率(%)
两优 110	2	7.0	1.0	6	100.0	47.5	6	69.0	44.6
华两优 1462	2	7.0	0.8	3	17.0	5.5	5	54.0	19.9
PRT1 号	8	100.0	98.5	8	100.0	98.5	7	80.0	52.7
襄两优 322	2	6.0	1.2	3	21.0	5.4	5	93.0	60.6
益 46 两优 15	5	31.0	13.3	8	100.0	96.0	5	47.0	27.2
荃优 303	2	4.0	0.5	2	21.0	5.7	4	31.0	10.7
丰两优四号 CK	5	45.0	18.9	8	100.0	93.5	6	69.0	38.3
楚两优 2 号	2	4.0	0.5	5	23.0	7.3	4	24.0	9.9
两优 0109	2	4.0	0.4	2	17.0	5.2	3	13.0	1.7
亚两优黄莉占	2	2.0	0.3	2	17.0	6.1	5	18.0	6.5
C 两优 518	4	7.0	0.8	2	14.0	3.4	5	57.0	31.6
望两优 889	2	6.0	0.6	5	29.0	9.7	4	32.0	15.3

表 574　湖北省中稻区试 H 组品种稻瘟病抗性评价结论（2017 年）

品种名称	抗性指数	与 CK 比较	最高损失率抗级	抗性评价	严重病圃数(个)	综合表现
丰两优四号 CK	7.2		9	高感	0	淘汰
两优 110	5.4	优于	7	感病	0	一般
华两优 1462	3.8	优于	5	中感	0	较好
PRT1 号	8.7	劣于	9	高感	0	淘汰
襄两优 322	4.4	显著优于	9	高感	1	差
益 46 两优 15	6.3	轻于	9	高感	0	差
荃优 303	2.9	显著优于	3	中抗	0	好
楚两优 2 号	3.0	显著优于	3	中抗	0	好
两优 0109	2.3	显著优于	3	中抗	0	好
亚两优黄莉占	2.8	显著优于	3	中抗	0	好
C 两优 518	3.8	优于	7	感病	0	一般
望两优 889	3.8	优于	5	中感	0	较好

表 575　湖北省中粳区试组品种稻瘟病抗性鉴定各病圃结果（2017 年）

品种名称	红庙病圃			两河病圃			望家病圃		
	叶瘟病级	病穗率(%)	损失率(%)	叶瘟病级	病穗率(%)	损失率(%)	叶瘟病级	病穗率(%)	损失率(%)
甬优 6763	5	16.0	4.7	4	100.0	38.0	5	28.0	16.2
常粳 17-1	4	11.0	1.3	5	60.0	27.0	6	57.0	22.4
甬优 6760	4	13.0	2.0	2	100.0	60.0	6	41.0	17.0
粳两优 8912	2	8.0	1.0	5	65.0	29.5	7	100.0	96.7
甬优 1526	2	6.0	0.6	3	39.0	17.9	3	8.0	1.2
津粳优 103	3	7.0	0.8	3	27.0	6.9	6	81.0	52.4
甬优 1847	2	4.0	0.5	2	28.0	8.0	4	30.0	15.3
5 优 360	2	6.0	0.6	2	28.0	8.9	5	38.0	17.6
扬两优 6 号 CK	5	31.0	14.8	8	100.0	98.5	6	74.0	33.7
粳两优 4147	2	4.0	0.5	2	17.0	5.5	6	93.0	75.1
甬优 7053	4	12.0	4.5	5	100.0	40.0	4	18.0	6.1
甬优 6711	2	8.0	0.9	4	45.0	18.2	5	43.0	24.8

表 576　湖北省中粳区试组品种稻瘟病抗性评价结论（2017 年）

品种名称	抗性指数	与 CK 比较	最高损失率抗级	抗性评价	严重病圃数(个)	综合表现
扬两优 6 号 CK	6.8		9	高感	0	差
甬优 6763	5.1	优于	7	感病	0	一般
甬优 1526	2.9	显著优于	5	中感	0	较好
甬优 6760	5.3	优于	9	高感	0	差
甬优 7053	4.5	优于	7	感病	0	一般
常粳 17-1	5.0	优于	5	中感	1	差
粳两优 8912	5.4	轻于	9	高感	0	差
津粳优 103	4.8	优于	9	高感	0	差
甬优 1847	3.4	优于	5	中感	0	较好
5 优 360	3.7	优于	5	中感	0	较好
粳两优 4147	4.3	优于	9	高感	0	差
甬优 6711	4.2	优于	5	中感	0	较好

表 577　湖北省糯稻区试组品种稻瘟病抗性鉴定各病圃结果（2017 年）

品种名称	红庙病圃			两河病圃			望家病圃		
	叶瘟病级	病穗率(%)	损失率(%)	叶瘟病级	病穗率(%)	损失率(%)	叶瘟病级	病穗率(%)	损失率(%)
楚糯 S3/珍糯	4	15.0	2.3	4	100.0	68.0	6	74.0	36.8
糯两优 568	6	35.0	14.6	8	100.0	98.5	7	96.0	69.1
鄂糯 98	4	11.0	2.1	5	100.0	50.0	7	77.0	46.7
糯两优 8 号	4	15.0	3.0	7	100.0	93.0	5	64.0	27.2
信优糯 2528	4	31.0	9.5	5	100.0	50.0	7	67.0	32.3
丰两优四号 CK	5	48.0	22.0	7	100.0	79.0	6	65.0	41.3
糯香 896	2	8.0	1.5	2	86.0	37.5	7	61.0	39.9
荆楚糯 28	4	19.0	3.5	4	100.0	80.0	8	100.0	64.1
中糯 04-2	2	8.0	0.7	4	100.0	42.2	6	82.0	51.7
国泰糯优 6 号	2	11.0	1.8	4	100.0	84.5	5	38.0	12.8
糯星 2 号	5	43.0	17.3	7	100.0	95.5	6	57.0	19.8
红糯 1 号	3	16.0	3.2	4	100.0	39.1	7	65.0	42.6

表 578　湖北省糯稻区试组品种稻瘟病抗性评价结论（2017 年）

品种名称	抗性指数	与 CK 比较	最高损失率抗级	抗性评价	严重病圃数(个)	综合表现
丰两优四号 CK	7.1		9	高感	0	淘汰
楚糯 S3/珍糯	5.9	轻于	9	高感	0	差
糯两优 568	7.3	相当	9	高感	0	淘汰
鄂糯 98	5.8	轻于	7	感病	0	一般
糯两优 8 号	5.8	轻于	9	高感	0	差
信优糯 2528	6.3	轻于	7	感病	0	一般
糯香 896	5.2	优于	7	感病	0	一般
荆楚糯 28	6.4	轻于	9	高感	0	差
中糯 04-2	5.6	优于	9	高感	0	差
国泰糯优 6 号	4.8	优于	9	高感	0	差
糯星 2 号	6.8	相当	9	高感	0	差
红糯 1 号	5.6	优于	7	感病	0	一般

表 579　湖北省水稻区试品种稻瘟病抗性两年评价结论（2016—2017 年）

区试组别	品种名称	2017 年评价结论		2016 年评价结论		2016—2017 年两年评价结论				
		抗性指数	最高损失率抗级	抗性指数	最高损失率抗级	最高抗性指数	与 CK 比较	最高损失率抗级	抗性评价	综合表现
早稻	鄂早 18CK	5.6	7	5.5	7	5.6		7	感病	一般
	两优 576	3.1	5	2.8	3	3.1	优于	5	中感	较好
	荆楚优 827	3.6	5	5.2	9	5.2	相当	9	高感	差
	鄂早 18CK	6.2	9	5.5	7	6.2		9	高感	差
	嘉早 37	2.9	5	3.0	3	3.0	优于	5	中感	较好
早熟中稻	黄华占 CK	5.0	7	6.7	9	6.7		9	高感	差
	福稻 88	1.8	1	2.5	3	2.5	显著优于	3	中抗	好
	荣优华占	2.8	5	1.8	1	2.8	显著优于	5	中感	较好
	荆占 1 号	3.4	5	5.0	7	5.0	优于	7	感病	一般
	黄华占 CK	5.1	7	6.7	9	6.7		9	高感	差
	鄂优华占	3.2	3	2.0	1	3.2	显著优于	3	中抗	好
	鄂丰丝苗 1 号	3.3	3	4.0	5	4.0	优于	5	中感	较好
	荃优 727	2.3	3	3.4	3	3.4	优于	3	中抗	好
中稻	丰两优四号 CK	7.5	9	7.1	9	7.5		9	高感	差
	广 8 优粤禾丝苗	3.8	7	2.8	3	3.8	显著优于	7	感病	一般
	襄优 5327	3.8	7	2.8	3	3.8	显著优于	7	感病	一般
	两优 548	3.3	3	2.6	3	3.3	显著优于	3	中抗	好
	丰两优四号 CK	7.5	9	7.3	9	7.5		9	高感	差
	绿丰占	2.3	3	2.1	1	2.3	显著优于	3	中抗	好
	荃香优 88	3.3	5	2.3	1	3.3	显著优于	3	中抗	好
	丰两优四号 CK	7.5	9	7.5	9	7.5		9	高感	差
	深两优 10 号	4.9	7	5.7	9	5.7	优于	9	高感	差
	亮两优 1212	3.3	5	3.2	3	3.3	显著优于	5	中感	较好
	丰两优四号 CK	7.8	9	7.6	9	7.8		9	高感	差
	荃优秀占	5.9	7	3.9	3	5.9	优于	7	感病	一般
	丰两优四号 CK	7.8	9	7.0	9	7.8		9	高感	差
	荃优 259	2.8	3	2.5	3	2.8	显著优于	3	中抗	好
	丰两优四号 CK	7.8	9	7.5	9	7.8		9	高感	差
	G 两优香占	3.7	5	2.9	3	3.7	显著优于	5	中感	较好
	广两优 188	3.6	7	3.3	3	3.6	显著优于	7	感病	一般
	丰两优四号 CK	6.3	9	7.6	9	7.6		9	高感	差
	荃优 0861	2.8	5	2.5	1	2.8	显著优于	5	中感	较好
	丰两优四号 CK	6.3	9	7.1	9	7.1		9	高感	差
	荃优 53	4.1	7	4.7	9	4.7	优于	9	高感	差
	利两优 89	4.0	7	2.4	3	4.0	优于	7	感病	一般
	旺两优 900	5.5	9	6.0	9	6.0	轻于	9	高感	差
	丰两优四号 CK	6.3	9	7.0	9	7.0		9	高感	差
	2075S/R222	2.9	3	2.7	3	2.9	显著优于	3	中抗	好
	03S/R2000	3.6	5	3.6	3	3.6	优于	5	中感	较好

（续表）

区试组别	品种名称	2017年评价结论		2016年评价结论		2016—2017年两年评价结论				
		抗性指数	最高损失率抗级	抗性指数	最高损失率抗级	最高抗性指数	与CK比较	最高损失率抗级	抗性评价	综合表现
中稻	丰两优四号CK	7.8	9	7.5	9	7.8		9	高感	差
	华两优2817	3.8	7	3.0	3	3.8	显著优于	7	感病	一般
	丰两优四号CK	7.8	9	7.1	9	7.8		9	高感	差
	晶两优1377	2.4	3	1.9	1	2.4	显著优于	3	中抗	好
	丰两优四号CK	7.8	9	7.9	9	7.9		9	高感	差
	C两优068	4.0	5	3.7	3	4.0	显著优于	5	中感	较好
	丰两优四号CK	7.8	9	7.0	9	7.8		9	高感	差
	创两优丝占	3.0	3	2.8	3	3.0	显著优于	3	中抗	好
	丰两优四号CK	7.6	9	7.5	9	7.6		9	高感	差
	两优249	5.5	7	3.4	3	5.5	优于	7	感病	一般
	苯两优6116	6.3	9	5.7	9	6.3	轻于	9	高感	差
	隆两优3206	4.3	5	4.2	5	4.3	优于	5	中感	较好
	深两优1177	2.3	3	2.2	1	2.3	显著优于	3	中抗	好
	丰两优四号CK	7.6	9	7.9	9	7.9		9	高感	差
	旱优749	4.3	5	3.5	5	4.3	显著优于	5	中感	较好
	青优173	4.6	7	3.5	3	4.6	优于	7	感病	一般
	丰两优四号CK	7.6	9	7.1	9	7.6		9	高感	差
	华两优2802	2.8	3	2.3	1	2.8	显著优于	3	中抗	好
中粳	扬两优6号CK	6.8	9	7.2	9	7.2		9	高感	差
	甬优6763	5.1	7	4.7	5	5.1	优于	7	感病	一般
	甬优1526	2.9	5	2.7	3	2.9	显著优于	5	中感	较好
	甬优6760	5.3	9	5.4	7	5.4	优于	9	高感	差
	甬优7053	4.5	7	5.0	7	5.0	优于	7	感病	一般
晚稻	金优207CK	4.7	5	4.9	7	4.9		7	感病	一般
	玖两优259	2.2	3	2.5	3	2.5	优于	3	中抗	好
	金优207CK	4.7	5	4.6	7	4.7		7	感病	一般
	早丰优华占	2.3	3	1.7	1	2.3	优于	3	中抗	好
	荆楚优670	6.5	9	4.7	5	6.5	劣于	9	高感	差
	泰优628	4.5	5	3.5	3	4.5	相当	5	中感	较好
	金优207CK	4.3	5	4.9	7	4.9		7	感病	一般
	早丰A/R0861	1.8	1	1.7	1	1.8	优于	1	抗病	好
	田佳优1321	3.0	3	2.5	3	3.0	优于	3	中抗	好
	金优207CK	4.3	5	4.6	7	4.6		7	感病	一般
	玖两优1689	3.7	5	2.9	5	3.7	轻于	5	中感	较好
	鄂晚17CK	4.3	5	3.9	5	4.3		5	中感	较好
	粳两优5066	3.8	3	3.8	3	3.8	轻于	3	中抗	好
	鄂香2号	3.4	3	4.1	3	4.1	相当	3	中抗	好
	粳优926	3.6	3	2.5	3	3.6	轻于	3	中抗	好

表 580　湖北省早稻区试 A 组品种稻瘟病抗性鉴定各病圃结果（2018 年）

品种名称	红庙病圃			两河病圃			望家病圃		
	叶瘟病级	病穗率(%)	损失率(%)	叶瘟病级	病穗率(%)	损失率(%)	叶瘟病级	病穗率(%)	损失率(%)
陵两优 286	2	7.0	0.8	2	24.0	9.0	3	14.0	3.1
华盛早香	5	100.0	48.0	7	100.0	95.5	3	6.0	1.4
冈早籼 11 号	2	8.0	0.9	2	29.4	11.2	4	28.0	10.0
钰两优 238	2	7.0	0.8	2	9.1	1.8	4	42.0	21.3
嘉早 37	2	14.0	4.6	4	72.4	25.9	5	29.0	7.4
鄂早 18CK	3	65.0	29.7	4	100.0	50.2	5	38.0	13.2
珈早 620	2	8.0	1.0	2	27.8	7.2	6	63.0	29.8
D 两优早丰占	2	8.0	1.9	2	7.1	1.4	4	30.0	12.9
早籼 709	5	100.0	81.0	7	100.0	100.0	5	54.0	28.7
两优 1208	2	14.0	3.7	4	54.0	22.4	6	47.0	28.2
两优 528	2	19.0	5.6	5	77.0	33.5	4	11.0	2.5
HD9802-7S/R144	2	12.0	2.9	3	55.7	18.0	5	31.0	10.6

表 581　湖北省早稻区试 A 组品种稻瘟病抗性评价结论（2018 年）

品种名称	抗性指数	与 CK 比较	最高损失率抗级	抗性评价	严重病圃数(个)	综合表现
鄂早 18CK	5.9		9	高感	0	差
陵两优 286	2.5	优于	3	中抗	0	好
两优 1208	4.6	轻于	5	中感	0	较好
冈早籼 11 号	3.3	优于	3	中抗	0	好
华盛早香	5.8	相当	9	高感	0	差
钰两优 238	2.9	优于	5	中感	0	较好
嘉早 37	4.2	优于	5	中感	0	较好
珈早 620	3.9	优于	5	中感	0	较好
D 两优早丰占	2.6	优于	3	中抗	0	好
早籼 709	7.5	劣于	9	高感	0	淘汰
两优 528	4.3	优于	7	感病	0	一般
HD9802-7S/R144	4.1	优于	5	中感	0	较好

表 582　湖北省早稻区试 B 组品种稻瘟病抗性鉴定各病圃结果（2018 年）

品种名称	红庙病圃			两河病圃			望家病圃		
	叶瘟病级	病穗率(%)	损失率(%)	叶瘟病级	病穗率(%)	损失率(%)	叶瘟病级	病穗率(%)	损失率(%)
荆楚优 8572	3	8.0	1.0	4	30.0	10.8	4	7.0	2.2
两优 678	2	9.0	1.2	3	16.0	3.2	4	19.0	3.9
华两优 37	2	40.0	14.6	3	70.0	30.2	3	26.0	7.7
E 两优 16	2	12.0	2.1	3	46.8	16.4	5	52.0	26.7
HD9802-7S/R446	3	54.0	20.6	4	100.0	48.0	6	60.0	30.0
两优 9818	2	11.0	1.2	2	14.0	3.7	5	32.0	9.4
鄂早 18CK	2	90.0	42.0	4	100.0	53.0	4	40.0	17.8
佳优 6345	5	100.0	91.0	6	100.0	96.0	7	78.0	42.9
福两优 653	2	9.0	1.7	3	9.0	1.8	3	9.0	1.7
华两优 578	2	7.0	0.8	3	18.8	5.6	4	33.0	12.1
锦两优 128	2	23.0	8.5	2	37.0	14.1	7	50.0	21.6
芯两优 9011	2	11.0	2.1	2	37.7	14.3	4	12.0	2.7

表 583　湖北省早稻区试 B 组品种稻瘟病抗性评价结论（2018 年）

品种名称	抗性指数	与 CK 比较	最高损失率抗级	抗性评价	严重病圃数(个)	综合表现
鄂早 18CK	6.4		9	高感	0	差
华两优 578	3.1	优于	3	中抗	0	好
芯两优 9011	2.9	显著优于	3	中抗	0	好
荆楚优 8572	2.8	显著优于	3	中抗	0	好
两优 678	2.3	显著优于	1	抗病	0	好
华两优 37	4.7	优于	7	感病	0	一般
E 两优 16	4.4	优于	5	中感	0	较好
HD9802-7S/R446	6.2	相当	7	感病	0	一般
两优 9818	3.0	优于	3	中抗	0	好
佳优 6345	7.9	劣于	9	高感	0	淘汰
福两优 653	1.9	显著优于	1	抗病	0	好
锦两优 128	4.3	优于	5	中感	0	较好

表 584　湖北省晚籼区试 A 组品种稻瘟病抗性鉴定各病圃结果（2018 年）

品种名称	红庙病圃			两河病圃			望家病圃		
	叶瘟病级	病穗率(%)	损失率(%)	叶瘟病级	病穗率(%)	损失率(%)	叶瘟病级	病穗率(%)	损失率(%)
荆楚优 8671	2	12.0	2.9	4	12.0	3.0	3	9.0	1.8
金优 207CK	2	13.0	2.9	3	71.0	26.8	6	57.0	29.5
隆香优 3150	2	7.0	0.7	3	14.0	2.5	2	5.0	1.0
腾两优恒占	2	7.0	0.8	3	9.0	3.0	4	15.0	3.7
G 两优 182	3	90.0	41.0	7	100.0	74.5	6	81.0	38.3
华两优 69	2	7.0	0.7	2	11.0	1.3	4	16.0	6.1
和丰优 5774	3	30.0	10.8	6	44.0	16.9	5	33.0	11.0
伍两优鄂莹丝苗	2	26.0	7.9	3	18.0	5.6	4	27.0	8.9
6609	2	4.0	0.5	2	6.0	0.6	6	51.0	29.2
益 133 优 447	2	9.0	0.9	3	13.0	1.9	5	52.0	28.3
A4A/RT7	3	34.0	11.9	3	80.0	33.1	5	30.0	6.9
长农优 691	2	4.0	0.5	2	6.0	0.8	3	6.0	1.8

表 585　湖北省晚籼区试 A 组品种稻瘟病抗性评价结论（2018 年）

品种名称	抗性指数	与 CK 比较	最高损失率抗级	抗性评价	严重病圃数(个)	综合表现
金优 207CK	4.7		5	中感	0	较好
隆香优 3150	1.8	优于	1	抗病	0	好
腾两优恒占	2.2	优于	1	抗病	0	好
G 两优 182	7.4	劣于	9	高感	0	淘汰
荆楚优 8671	2.3	优于	1	抗病	0	好
华两优 69	2.6	优于	3	中抗	0	好
和丰优 5774	4.7	相当	5	中感	0	较好
伍两优鄂莹丝苗	3.8	轻于	3	中抗	0	好
6609	3.1	优于	5	中感	0	较好
益 133 优 447	3.4	轻于	5	中感	0	较好
A4A/RT7	5.0	相当	7	感病	0	一般
长农优 691	1.7	优于	1	抗病	0	好

表 586　湖北省晚籼区试 B 组品种稻瘟病抗性鉴定各病圃结果（2018 年）

品种名称	红庙病圃			两河病圃			望家病圃		
	叶瘟病级	病穗率(%)	损失率(%)	叶瘟病级	病穗率(%)	损失率(%)	叶瘟病级	病穗率(%)	损失率(%)
鑫两优 181	2	9.0	1.1	3	17.0	4.9	5	46.0	19.4
广泰优 446	2	9.0	0.9	2	12.0	1.7	6	65.0	25.2
尚两优华占	3	8.0	1.0	4	12.0	1.8	5	57.0	27.1
华 5113S/R75	2	9.0	0.9	3	23.0	7.3	6	53.0	29.0
尚两优丰占	2	8.0	1.0	2	8.0	0.9	4	26.0	7.1
益 33 优 447	2	6.0	0.6	2	9.0	1.1	6	46.0	16.4
83S/R513	2	13.0	1.3	2	14.0	1.8	5	46.0	15.5
盛泰优 018	2	21.0	8.1	2	22.0	5.8	4	21.0	6.6
益 133 优 651	2	9.0	0.8	3	11.0	1.2	4	28.0	7.6
金优 207CK	2	16.0	3.4	4	38.0	13.3	6	57.0	32.6
恒丰优 1179	3	7.0	0.8	3	7.0	1.1	3	12.0	2.4
华 6 优 288	2	19.0	6.2	2	19.0	5.5	5	41.0	9.7

表 587　湖北省晚籼区试 B 组品种稻瘟病抗性评价结论（2018 年）

品种名称	抗性指数	与 CK 比较	最高损失率抗级	抗性评价	严重病圃数(个)	综合表现
金优 207CK	4.6		7	感病	0	一般
83S/R513	3.3	轻于	5	中感	0	较好
盛泰优 018	3.4	轻于	3	中抗	0	好
鑫两优 181	3.3	轻于	5	中感	0	较好
广泰优 446	3.4	轻于	5	中感	0	较好
尚两优华占	3.6	轻于	5	中感	0	较好
华 5113S/R75	3.8	轻于	5	中感	0	较好
尚两优丰占	2.6	优于	3	中抗	0	好
益 33 优 447	3.1	优于	5	中感	0	好
益 133 优 651	2.9	优于	3	中抗	0	好
恒丰优 1179	2.1	优于	1	抗病	0	好
华 6 优 288	3.7	轻于	3	中抗	0	好

表 588　湖北省晚粳区试 C 组品种稻瘟病抗性鉴定各病圃结果（2018 年）

品种名称	红庙病圃			两河病圃			望家病圃		
	叶瘟病级	病穗率(%)	损失率(%)	叶瘟病级	病穗率(%)	损失率(%)	叶瘟病级	病穗率(%)	损失率(%)
香粳优 379	3	9.0	2.0	2	14.3	4.6	4	7.0	0.7
粳两优 5066	4	13.0	1.7	2	31.0	11.3	6	54.0	28.4
鄂晚 17CK	3	9.0	1.2	5	58.0	23.0	5	28.0	8.6
中种粳 6007	2	6.0	0.8	5	28.0	10.1	3	5.0	1.0
嘉优 926	2	9.0	0.9	3	16.4	4.4	4	9.0	2.7
长粳优 582	2	15.0	1.4	2	15.0	3.9	5	30.0	10.3
汉粳 2 号	2	8.0	1.0	3	9.0	2.4	4	19.0	4.1
鄂优 926	2	9.0	0.8	3	9.0	3.0	4	8.0	3.4
天隆优 619	2	8.0	0.9	2	16.0	3.4	6	61.0	26.6
申稻 8 号	3	9.0	1.1	5	39.0	16.4	3	14.0	5.5

表 589　湖北省晚粳区试 C 组品种稻瘟病抗性评价结论（2018 年）

品种名称	抗性指数	与 CK 比较	最高损失率抗级	抗性评价	严重病圃数(个)	综合表现
鄂晚 17CK	4.2		5	中感	0	较好
香粳优 379	2.2	优于	1	抗病	0	好
粳两优 5066	4.2	相当	5	中感	0	较好
中种粳 6007	2.6	优于	3	中抗	0	好
嘉优 926	2.1	优于	1	抗病	0	好
长粳优 582	3.0	轻于	3	中抗	0	好
汉粳 2 号	2.1	优于	1	抗病	0	好
鄂优 926	2.0	优于	1	抗病	0	好
天隆优 619	3.4	轻于	5	中感	0	较好
申稻 8 号	3.7	轻于	5	中感	0	较好

表 590　湖北省早熟中稻区试 ZA 组品种稻瘟病抗性鉴定各病圃结果（2018 年）

品种名称	红庙病圃			两河病圃			望家病圃		
	叶瘟病级	病穗率(%)	损失率(%)	叶瘟病级	病穗率(%)	损失率(%)	叶瘟病级	病穗率(%)	损失率(%)
创两优 510	2	9.0	1.2	2	8.0	2.5	4	27.0	9.2
惠丰丝苗	2	4.0	0.5	2	12.0	1.4	3	12.0	2.7
敦优 972	3	9.0	1.1	2	9.0	1.1	4	25.0	5.7
隆华占	4	12.0	1.4	3	13.0	1.9	5	36.0	10.0
太青丝苗	2	13.0	1.7	5	21.0	5.7	6	30.0	8.0
黄华占 CK	2	42.0	15.0	7	100.0	74.0	4	15.0	2.9
华两优 125	3	13.0	4.1	4	27.0	8.4	6	43.0	15.7
润珠香占	7	100.0	49.5	8	100.0	94.0	3	9.0	2.0
恒丰优金丝占	3	4.0	0.5	2	9.0	3.0	4	13.0	4.0
鄂香 4A/康农 R06	2	8.0	1.0	3	21.0	6.3	5	26.0	9.0
福稻 99	2	9.0	1.4	2	8.0	0.9	5	27.0	11.2
中广优 2 号	2	9.0	1.2	2	11.0	1.6	3	11.0	1.9

表 591　湖北省早熟中稻区试 ZA 组品种稻瘟病抗性评价结论（2018 年）

品种名称	抗性指数	与 CK 比较	最高损失率抗级	抗性评价	严重病圃数(个)	综合表现
黄华占 CK	5.0		9	高感	0	差
创两优 510	2.6	优于	3	中抗	0	好
福稻 99	2.7	优于	3	中抗	0	好
中广优 2 号	2.2	优于	1	抗病	0	好
惠丰丝苗	2.0	优于	1	抗病	0	好
敦优 972	2.5	优于	3	中抗	0	好
隆华占	3.3	优于	3	中抗	0	好
太青丝苗	3.7	轻于	3	中抗	0	好
华两优 125	4.2	轻于	5	中感	0	较好
润珠香占	6.1	劣于	9	高感	0	差
恒丰优金丝占	2.0	优于	1	抗病	0	好
鄂香 4A/康农 R06	3.3	优于	3	中抗	0	好

表 592 湖北省早熟中稻区试 ZB 组品种稻瘟病抗性鉴定各病圃结果（2018 年）

品种名称	红庙病圃			两河病圃			望家病圃		
	叶瘟病级	病穗率(%)	损失率(%)	叶瘟病级	病穗率(%)	损失率(%)	叶瘟病级	病穗率(%)	损失率(%)
襄两优 138	2	14.0	1.8	3	12.0	3.0	4	17.0	4.3
垦选 9276	2	7.0	0.8	2	8.0	1.0	4	8.0	1.8
粤禾丝苗	2	11.0	1.2	2	12.0	3.6	5	32.0	11.3
Y 两优 911	3	12.0	1.5	4	40.0	12.8	3	10.0	1.6
荃优 071	3	16.0	4.1	5	100.0	48.5	3	9.0	2.0
两优 748	2	9.0	1.1	3	15.0	5.7	5	35.0	11.5
华两优 2822	2	9.0	0.9	3	12.0	2.3	4	8.0	1.8
黄华占 CK	5	58.0	19.7	7	100.0	78.0	5	22.0	5.7
E 两优 347	2	8.0	0.9	2	9.0	1.1	5	27.0	9.3
谷神占	2	9.0	1.1	6	100.0	72.5	4	6.0	0.8
广两优 373	4	15.0	1.8	7	29.0	9.7	5	28.0	6.4
吉优华占	2	11.0	1.5	2	12.0	2.9	5	29.0	7.8

表 593 湖北省早熟中稻区试 ZB 组品种稻瘟病抗性评价结论（2018 年）

品种名称	抗性指数	与 CK 比较	最高损失率抗级	抗性评价	严重病圃数(个)	综合表现
黄华占 CK	6.2		9	高感	0	差
襄两优 138	2.5	显著优于	1	抗病	0	好
Y 两优 911	2.9	优于	3	中抗	0	好
垦选 9276	1.9	显著优于	1	抗病	0	好
粤禾丝苗	3.0	优于	3	中抗	0	好
两优 748	3.3	优于	3	中抗	0	好
荃优 071	3.8	优于	7	感病	0	一般
吉优华占	3.0	优于	3	中抗	0	好
华两优 2822	2.2	显著优于	1	抗病	0	好
E 两优 347	2.7	显著优于	3	中抗	0	好
谷神占	4.1	优于	9	高感	0	差
广两优 373	4.1	优于	3	中抗	0	好

表 594　湖北省早熟中稻区试 ZC 组品种稻瘟病抗性鉴定各病圃结果（2018 年）

品种名称	红庙病圃			两河病圃			望家病圃		
	叶瘟病级	病穗率(%)	损失率(%)	叶瘟病级	病穗率(%)	损失率(%)	叶瘟病级	病穗率(%)	损失率(%)
天丝莹占	2	100.0	40.4	7	100.0	77.5	3	7.0	1.1
魅两优美占	2	8.0	0.9	2	21.0	5.7	4	16.0	3.2
利丰占	2	8.0	1.0	2	9.0	1.2	3	4.0	0.5
黄泰占	4	23.0	7.3	3	29.0	10.9	4	16.0	4.6
浙两优 2652	2	15.0	2.9	4	35.0	9.6	4	10.0	2.5
黄华占 CK	4	100.0	31.3	7	100.0	77.0	5	51.0	19.4
旺两优 911	2	23.0	7.3	2	40.0	12.2	4	26.0	6.5
中两优 2877	2	16.0	5.6	4	28.0	8.3	2	8.0	1.0
春两优华占	2	7.0	0.7	4	11.0	1.2	3	4.0	1.0
仙两优 757	2	4.0	0.5	3	7.0	0.8	4	13.0	2.6
东香 1 号	4	88.0	25.1	7	100.0	74.5	5	30.0	9.4
徽两优鄂莹丝苗	2	4.0	0.5	3	12.0	2.9	3	6.0	0.6

表 595　湖北省早熟中稻区试 ZC 组品种稻瘟病抗性评价结论（2018 年）

品种名称	抗性指数	与 CK 比较	最高损失率抗级	抗性评价	严重病圃数(个)	综合表现
黄华占 CK	7.1		9	高感	0	淘汰
天丝莹占	5.6	优于	9	高感	0	差
魅两优美占	2.6	显著优于	3	中抗	0	好
利丰占	1.7	显著优于	1	抗病	0	好
黄泰占	3.5	显著优于	3	中抗	0	好
浙两优 2652	2.9	显著优于	3	中抗	0	好
旺两优 911	3.8	优于	3	中抗	0	好
中两优 2877	3.1	显著优于	3	中抗	0	好
春两优华占	2.0	显著优于	1	抗病	0	好
仙两优 757	2.0	显著优于	1	抗病	0	好
东香 1 号	6.3	轻于	9	高感	0	差
徽两优鄂莹丝苗	1.9	显著优于	1	抗病	0	好

表 596　湖北省早熟中稻区试 ZD 组品种稻瘟病抗性鉴定各病圃结果（2018 年）

品种名称	红庙病圃			两河病圃			望家病圃		
	叶瘟病级	病穗率(%)	损失率(%)	叶瘟病级	病穗率(%)	损失率(%)	叶瘟病级	病穗率(%)	损失率(%)
徽两优得丰占	2	6.0	0.6	2	14.0	4.6	5	18.0	3.5
田佳两优 1587	2	6.0	0.6	2	9.0	1.2	4	16.0	2.3
丰鄂占	4	78.0	25.4	6	100.0	91.0	5	27.0	8.8
黄华占 CK	4	50.0	12.7	7	100.0	82.0	6	40.0	15.9
华两优 0312	2	9.0	1.1	2	8.0	1.0	4	14.0	3.0
天源 6S/R179	2	7.0	0.7	4	18.0	3.9	3	7.0	0.7
金丰丝苗	3	16.0	3.1	2	26.0	9.1	3	10.0	2.3
安优粤农丝苗	2	11.0	1.2	2	9.0	1.4	4	26.0	8.0
创两优 412	2	9.0	1.5	2	22.0	7.1	4	9.0	2.0
华两优 515	2	13.0	1.7	3	13.0	1.9	4	21.0	5.5
恒丰优珍丝苗	2	8.0	0.9	4	17.0	4.3	3	12.0	2.1
亮两优华占	2	9.0	0.8	3	14.0	1.9	4	23.0	7.4

表 597　湖北省早熟中稻区试 ZD 组品种稻瘟病抗性评价结论（2018 年）

品种名称	抗性指数	与 CK 比较	最高损失率抗级	抗性评价	严重病圃数(个)	综合表现
黄华占 CK	6.2		9	高感	0	差
徽两优得丰占	2.3	显著优于	1	抗病	0	好
田佳两优 1587	2.1	显著优于	1	抗病	0	好
丰鄂占	6.2	相当	9	高感	0	差
华两优 0312	2.1	显著优于	1	抗病	0	好
天源 6S/R179	2.2	显著优于	1	抗病	0	好
金丰丝苗	2.7	显著优于	3	中抗	0	好
安优粤农丝苗	2.8	优于	3	中抗	0	好
创两优 412	2.4	显著优于	3	中抗	0	好
华两优 515	2.8	优于	3	中抗	0	好
恒丰优珍丝苗	2.3	显著优于	1	抗病	0	好
亮两优华占	2.6	显著优于	3	中抗	0	好

表 598 湖北省中稻区试 A 组品种稻瘟病抗性鉴定各病圃结果（2018 年）

品种名称	红庙病圃			两河病圃			望家病圃		
	叶瘟病级	病穗率(%)	损失率(%)	叶瘟病级	病穗率(%)	损失率(%)	叶瘟病级	病穗率(%)	损失率(%)
7A/R88	2	8.0	0.9	6	27.0	8.4	7	20.0	6.8
华两优 2869	2	12.0	1.5	2	12.0	1.8	5	12.0	2.7
E 两优 191	2	8.0	0.9	2	18.0	3.5	6	35.0	16.7
广 8 优粤禾丝苗	2	6.0	0.6	2	7.0	0.8	5	26.0	6.4
全两优华占				3	9.0	2.7	5	16.0	4.0
丰两优四号 CK	4	60.0	22.8	5	100.0	48.5	6	41.0	13.7
E 两优 100	2	9.0	0.9	3	11.0	1.5	4	25.0	7.7
荆两优 6671	2	9.0	1.1	3	9.0	2.4	5	18.0	3.3
两优 66	2	13.0	1.7	4	18.0	6.0	3	9.0	2.1
襄两优 322	3	19.0	7.4	3	40.0	15.2	4	30.0	8.7
荃优锦禾	3	8.0	1.0	2	14.0	2.5	4	13.0	2.9
利两优 704	2	27.0	10.5	5	46.0	17.3	5	37.0	15.1

表 599 湖北省中稻区试 A 组品种稻瘟病抗性评价结论（2018 年）

品种名称	抗性指数	与 CK 比较	最高损失率抗级	抗性评价	严重病圃数(个)	综合表现
丰两优四号 CK	5.8		7	感病	0	一般
7A/R88	3.7	优于	3	中抗	0	好
华两优 2869	2.5	优于	1	抗病	0	好
全两优华占	2.5	优于	1	抗病	0	好
两优 66	2.7	优于	3	中抗	0	好
襄两优 322	4.2	优于	5	中感	0	较好
E 两优 191	3.3	优于	5	中感	0	较好
广 8 优粤禾丝苗	2.7	优于	3	中抗	1	差
E 两优 100	2.7	优于	3	中抗	0	好
荆两优 6671	2.2	显著优于	1	抗病	0	好
荃优锦禾	2.3	显著优于	1	抗病	0	好
利两优 704	4.6	轻于	5	中感	0	较好

表 600　湖北省中稻区试 B 组品种稻瘟病抗性鉴定各病圃结果（2018 年）

品种名称	红庙病圃			两河病圃			望家病圃		
	叶瘟病级	病穗率(%)	损失率(%)	叶瘟病级	病穗率(%)	损失率(%)	叶瘟病级	病穗率(%)	损失率(%)
明两优雅占	2	12.0	1.2	3	14.0	1.8	3	6.0	1.7
全两优 5 号	2	7.0	0.7	3	9.0	1.1	5	27.0	11.3
荃优 412	2	11.0	1.2	3	14.0	1.6	5	25.0	5.3
忠育 603	4	14.0	3.0	4	26.0	8.2	3	9.0	2.4
武两优 16	2	23.0	7.3	4	26.0	8.8	5	36.0	7.8
丰两优四号 CK	4	100.0	41.8	7	100.0	44.6	6	42.0	17.8
领优华占	2	9.0	1.1	2	13.0	1.6	7	54.0	17.2
创两优 965	2	12.0	1.7	5	20.0	7.3	4	15.0	6.8
大农两优 2 号	2	8.0	0.9	3	12.0	1.8	4	9.0	2.6
C 两优 018	2	7.0	0.8	4	16.0	5.6	5	16.0	5.2
H068S/R1368	3	12.0	1.4	3	22.0	7.1	5	13.0	2.9
荃优晶占	3	7.0	1.0	3	7.0	0.8	4	7.0	1.7

表 601　湖北省中稻区试 B 组品种稻瘟病抗性评价结论（2018 年）

品种名称	抗性指数	与 CK 比较	最高损失率抗级	抗性评价	严重病圃数(个)	综合表现
丰两优四号 CK	6.7		7	感病	0	一般
明两优雅占	2.3	显著优于	1	抗病	0	好
全两优 5 号	2.8	显著优于	3	中抗	0	好
创两优 965	3.3	优于	3	中抗	0	好
大农两优 2 号	2.1	显著优于	1	抗病	0	好
C 两优 018	3.2	显著优于	3	中抗	0	好
荃优晶占	2.1	显著优于	1	抗病	0	好
荃优 412	2.9	显著优于	3	中抗	0	好
H068S/R1368	3.0	显著优于	3	中抗	0	好
忠育 603	3.0	显著优于	3	中抗	0	好
武两优 16	4.0	优于	3	中抗	0	好
领优华占	3.5	优于	5	中感	1	差

表 602 湖北省中稻区试 C 组品种稻瘟病抗性鉴定各病圃结果（2018 年）

品种名称	红庙病圃			两河病圃			望家病圃		
	叶瘟病级	病穗率(%)	损失率(%)	叶瘟病级	病穗率(%)	损失率(%)	叶瘟病级	病穗率(%)	损失率(%)
荃优 133	2	17.0	3.7	3	20.0	6.7	3	8.0	1.5
亚两优黄莉占	2	9.0	1.1	3	18.0	6.0	6	45.0	16.0
荃优 303	2	7.0	1.0	2	14.0	4.3	4	17.0	5.1
丰两优四号 CK	4	70.0	27.2	7	100.0	50.0	6	41.0	13.6
C 两优 518	2	4.0	0.5	3	12.0	1.7	4	16.0	2.5
福优 9188	3	6.0	0.8	4	11.0	2.1	5	15.0	4.7
铁两优 638	2	13.0	1.4	3	26.0	7.3	6	42.0	16.4
恩两优 454	2	7.0	0.7	2	12.0	1.4	3	6.0	1.2
华两优 456	2	14.0	3.6	3	22.0	7.7	6	39.0	17.8
C815S/望恢 143	2	13.0	1.7	2	12.0	1.4	4	14.0	3.0
内 10 优 8012	2	9.0	1.2	2	12.0	1.2	6	26.0	6.3
威两优 2 号	2	38.0	14.8	4	100.0	52.0	3	6.0	1.4

表 603 湖北省中稻区试 C 组品种稻瘟病抗性评价结论（2018 年）

品种名称	抗性指数	与 CK 比较	最高损失率抗级	抗性评价	严重病圃数(个)	综合表现
丰两优四号 CK	6.0		7	感病	0	一般
荃优 133	2.6	优于	3	中抗	0	好
亚两优黄莉占	3.6	优于	5	中感	0	较好
荃优 303	2.6	优于	3	中抗	0	好
C 两优 518	2.2	显著优于	1	抗病	0	好
福优 9188	2.6	优于	1	抗病	0	好
铁两优 638	4.0	优于	5	中感	0	较好
恩两优 454	2.0	显著优于	1	抗病	0	好
华两优 456	3.8	优于	5	中感	0	较好
C815S/望恢 143	2.4	显著优于	1	抗病	0	好
内 10 优 8012	2.9	优于	3	中抗	1	差
威两优 2 号	4.5	优于	9	高感	0	淘汰

表 604　湖北省中稻区试 D 组品种稻瘟病抗性鉴定各病圃结果（2018 年）

品种名称	红庙病圃			两河病圃			望家病圃		
	叶瘟病级	病穗率(%)	损失率(%)	叶瘟病级	病穗率(%)	损失率(%)	叶瘟病级	病穗率(%)	损失率(%)
巨 2 优 68	3	81.0	27.3	4	74.0	31.4	4	15.0	2.9
强两优 688	4	13.0	2.6	3	16.0	5.6	3	9.0	1.4
荃优 967	2	13.0	2.9	4	16.0	4.3	3	10.0	2.3
E 两优 2071	2	8.0	1.0	2	6.0	0.6	5	30.0	9.0
巨优华占	2	38.0	13.3	4	77.0	31.3	3	3.0	0.3
荃优 1175	3	8.0	1.0	2	11.0	1.6	3	5.0	0.6
华荃优 5195	3	18.0	4.5	4	32.0	11.2	4	13.0	3.2
丰两优四号 CK	4	54.0	21.6	6	86.0	31.9	6	38.0	13.7
龙 S/RT639	2	9.0	1.2	2	14.0	1.8	4	22.0	5.0
华浙优 1534	3	11.0	2.4	7	100.0	47.0	7	29.0	12.2
华两优 3734	2	9.0	0.9	3	11.0	1.3	2	8.0	1.3
隆晶优 4393	2	7.0	0.8	2	10.0	1.1	4	16.0	3.7

表 605　湖北省中稻区试 D 组品种稻瘟病抗性评价结论（2018 年）

品种名称	抗性指数	与 CK 比较	最高损失率抗级	抗性评价	严重病圃数(个)	综合表现
丰两优四号 CK	5.9		7	感病	0	一般
强两优 688	2.8	优于	3	中抗	0	好
华两优 3734	2.0	显著优于	1	抗病	0	好
荃优 967	2.4	显著优于	1	抗病	0	好
华浙优 1534	5.0	轻于	7	感病	0	一般
隆晶优 4393	2.1	显著优于	1	抗病	0	好
巨 2 优 68	5.0	轻于	7	感病	0	一般
E 两优 2071	2.7	优于	3	中抗	0	好
巨优华占	4.0	优于	7	感病	0	一般
荃优 1175	1.9	显著优于	1	抗病	0	好
华荃优 5195	3.2	优于	3	中抗	0	好
龙 S/RT639	2.3	显著优于	1	抗病	0	好

表 606　湖北省中稻区试 E 组品种稻瘟病抗性鉴定各病圃结果（2018 年）

品种名称	红庙病圃			两河病圃			望家病圃		
	叶瘟病级	病穗率(%)	损失率(%)	叶瘟病级	病穗率(%)	损失率(%)	叶瘟病级	病穗率(%)	损失率(%)
香两优 16	2	7.0	0.8	4	16.0	3.5	4	10.0	2.2
E 农 1S/R20	2	4.0	0.5	2	13.0	1.6	5	25.0	7.7
楚两优 662	2	6.0	0.8	3	8.0	0.9	3	7.0	1.6
荃优丝苗 1 号	2	9.0	1.1	3	9.0	0.9	5	18.0	5.0
兆优 6377	2	8.0	1.0	4	18.0	5.1	4	11.0	2.2
天两优 688	2	9.0	1.1	4	16.0	5.3	5	15.0	4.5
C 两优 300	2	8.0	0.9	2	8.0	1.0	3	9.0	1.1
丰两优四号 CK	4	100.0	39.5	7	100.0	52.5	7	42.0	14.1
韵两优 5187	2	9.0	0.9	2	12.0	3.6	5	20.0	5.8
荃优 368	2	4.0	0.5	2	7.0	2.0	2	3.0	0.3
创两优挺占	2	8.0	0.9	2	14.0	4.3	4	6.0	1.1
荃优 7810	3	8.0	1.0	3	14.0	1.8	3	10.0	3.5

表 607　湖北省中稻区试 E 组品种稻瘟病抗性评价结论（2018 年）

品种名称	抗性指数	与 CK 比较	最高损失率抗级	抗性评价	严重病圃数(个)	综合表现
丰两优四号 CK	6.8		9	高感	0	差
香两优 16	2.3	显著优于	1	抗病	0	好
荃优 7810	2.2	显著优于	1	抗病	0	好
E 农 1S/R20	2.5	显著优于	3	中抗	0	好
楚两优 662	1.9	显著优于	1	抗病	0	好
兆优 6377	2.8	显著优于	3	中抗	0	好
C 两优 300	1.8	显著优于	1	抗病	0	好
荃优丝苗 1 号	2.3	显著优于	1	抗病	0	好
韵两优 5187	2.7	显著优于	3	中抗	0	好
天两优 688	2.8	显著优于	3	中抗	0	好
荃优 368	1.4	显著优于	1	抗病	0	好
创两优挺占	2.1	显著优于	1	抗病	0	好

表 608　湖北省中稻区试 F 组品种稻瘟病抗性鉴定各病圃结果（2018 年）

品种名称	红庙病圃			两河病圃			望家病圃		
	叶瘟病级	病穗率(%)	损失率(%)	叶瘟病级	病穗率(%)	损失率(%)	叶瘟病级	病穗率(%)	损失率(%)
荃优 106	2	4.0	0.5	2	11.0	1.3	5	23.0	5.8
华两优 2885	2	9.0	1.1	2	9.0	1.1	5	19.0	4.7
天香 421	7	100.0	38.0	8	100.0	70.0	8	100.0	100.0
徽两优晶华占	2	8.0	1.0	2	8.0	1.2	4	2.0	0.4
荃优 8238	2	6.0	0.8	2	8.0	1.0	5	26.0	5.7
丰两优四号 CK	5	46.0	18.2	6	100.0	50.5	6	36.0	11.1
益 46 两优 813	2	13.0	3.5	6	20.0	7.3	5	19.0	5.3
广两优 86	2	9.0	0.9	2	9.0	1.2	3	8.0	1.5
荃优 425	3	9.0	0.9	3	15.0	2.1	5	25.0	7.5
深两优 3745	2	13.0	2.8	4	26.0	11.8	6	51.0	25.6
锦两优 115	4	14.0	1.9	4	31.0	11.0	4	11.0	3.4
华两优 414	2	11.0	1.2	2	14.0	1.8	5	20.0	10.6

表 609　湖北省中稻区试 F 组品种稻瘟病抗性评价结论（2018 年）

品种名称	抗性指数	与 CK 比较	最高损失率抗级	抗性评价	严重病圃数(个)	综合表现
丰两优四号 CK	6.2		9	高感	0	差
荃优 106	2.5	显著优于	3	中抗	0	好
华两优 2885	2.2	显著优于	1	抗病	0	好
天香 421	8.3	劣于	9	高感	0	淘汰
徽两优晶华占	1.8	显著优于	1	抗病	0	好
荃优 8238	2.7	显著优于	3	中抗	0	好
益 46 两优 813	3.5	优于	3	中抗	0	好
广两优 86	1.8	显著优于	1	抗病	0	好
荃优 425	2.9	优于	3	中抗	0	好
深两优 3745	4.3	优于	5	中感	0	较好
锦两优 115	3.2	优于	3	中抗	0	好
华两优 414	2.8	优于	3	中抗	0	好

表 610　湖北省中稻区试 G 组品种稻瘟病抗性鉴定各病圃结果（2018 年）

品种名称	红庙病圃			两河病圃			望家病圃		
	叶瘟病级	病穗率(%)	损失率(%)	叶瘟病级	病穗率(%)	损失率(%)	叶瘟病级	病穗率(%)	损失率(%)
襄两优 338	2	15.0	4.8	3	23.0	8.5	7	46.0	22.6
荃优 3818	3	9.0	1.1	4	11.0	2.2	4	13.0	2.2
两优粤禾丝苗	2	8.0	1.0	2	12.0	3.8	5	19.0	5.8
E 农 1S/香 5	2	11.0	2.2	2	12.0	3.9	6	39.0	10.1
广两优 863	2	6.0	0.6	4	13.0	2.3	4	21.0	7.6
丰两优四号 CK	4	58.0	21.8	7	100.0	50.0	6	38.0	11.6
荆两优 1107	2	8.0	1.0	3	10.0	2.5	5	9.0	1.7
矮两优 4301	2	9.0	0.9	5	26.0	10.0	6	47.0	18.1
超两优全香占	2	13.0	2.6	4	15.0	4.5	7	37.0	12.2
韵两优 1965	3	12.0	1.4	2	12.0	3.9	3	0.0	0.0
旌 3 优 4038	2	18.0	6.3	4	18.0	6.3	5	18.0	4.4
巨 2 优 67	2	28.0	10.4	3	32.0	12.1	4	11.0	1.6

表 611　湖北省中稻区试 G 组品种稻瘟病抗性评价结论（2018 年）

品种名称	抗性指数	与 CK 比较	最高损失率抗级	抗性评价	严重病圃数(个)	综合表现
丰两优四号 CK	6.0		7	感病	0	一般
襄两优 338	3.9	优于	5	中感	0	较好
荃优 3818	2.5	显著优于	1	抗病	0	好
两优粤禾丝苗	2.7	优于	3	中抗	0	好
E 农 1S/香 5	3.1	优于	3	中抗	0	好
广两优 863	2.8	优于	3	中抗	0	好
荆两优 1107	2.1	显著优于	1	抗病	0	好
矮两优 4301	4.0	优于	5	中感	0	较好
超两优全香占	3.3	优于	3	中抗	1	差
韵两优 1965	1.8	显著优于	1	抗病	0	好
旌 3 优 4038	3.3	优于	3	中抗	0	好
巨 2 优 67	3.5	优于	3	中抗	0	好

表 612 湖北省中稻区试 H 组品种稻瘟病抗性鉴定各病圃结果（2018 年）

品种名称	红庙病圃			两河病圃			望家病圃		
	叶瘟病级	病穗率(%)	损失率(%)	叶瘟病级	病穗率(%)	损失率(%)	叶瘟病级	病穗率(%)	损失率(%)
襄中粳 292	4	13.0	4.1	5	59.0	27.3	6	47.0	16.3
甬优 6711	2	17.0	6.1	4	34.0	11.6	4	8.0	0.9
甬优 4919	2	14.0	2.1	3	19.0	7.1	5	23.0	5.5
扬两优 6 号 CK	4	76.0	32.3	8	100.0	82.5	6	40.0	22.9
甬优 7055	2	26.0	7.6	3	74.0	27.3	4	15.0	2.9
徐稻 9 号	2	14.0	4.6	4	23.0	7.3	6	53.0	29.3
粳两优 1835	3	63.0	17.3	4	100.0	47.0	5	27.0	6.5
甬优 3804	2	24.0	8.1	3	29.0	9.7	5	19.0	6.6
甬优 6720	3	20.0	6.1	3	24.0	9.0	5	20.0	4.2

表 613 湖北省中稻区试 H 组品种稻瘟病抗性评价结论（2018 年）

品种名称	抗性指数	与 CK 比较	最高损失率抗级	抗性评价	严重病圃数(个)	综合表现
扬两优 6 号 CK	7.1		9	高感	0	淘汰
甬优 6711	3.3	显著优于	3	中抗	0	好
襄中粳 292	4.9	优于	5	中感	0	较好
甬优 4919	3.2	显著优于	3	中抗	0	好
甬优 7055	4.0	优于	5	中感	0	较好
徐稻 9 号	4.1	优于	5	中感	1	差
粳两优 1835	5.6	优于	7	感病	0	一般
甬优 3804	3.8	优于	3	中抗	0	好
甬优 6720	3.3	显著优于	3	中抗	0	好

表 614　湖北省中稻区试 N 组品种稻瘟病抗性鉴定各病圃结果（2018 年）

品种名称	红庙病圃			两河病圃			望家病圃		
	叶瘟病级	病穗率(%)	损失率(%)	叶瘟病级	病穗率(%)	损失率(%)	叶瘟病级	病穗率(%)	损失率(%)
荆楚糯 28	2	32.0	13.0	6	61.0	23.9	6	36.0	10.6
鄂糯 98	2	13.0	1.9	5	100.0	38.8	5	12.0	4.2
闽糯 1 号	2	12.0	1.4	5	29.0	10.0	5	17.0	4.5
楚糯 258	2	28.0	8.9	4	62.0	23.5	3	3.0	0.3
红糯 1 号	2	13.0	4.1	4	21.0	6.9	4	11.0	2.2
贵妃糯 2 号	7	100.0	48.5	8	100.0	98.5	8	59.0	27.5
丰两优四号 CK	4	100.0	37.7	8	100.0	80.0	7	43.0	15.7
楚糯 2 号	5	33.0	10.5	7	100.0	63.5	5	55.0	21.5
福糯 1 号	4	32.0	11.2	6	35.0	13.3	4	10.0	1.9
锦糯 10 号	2	15.0	4.8	4	42.0	16.5	5	21.0	4.4
龙王糯 99	2	23.0	6.4	5	81.0	35.1	3	6.0	0.8
嘉糯 6 优 8 号	2	14.0	2.5	3	75.0	26.7	5	17.0	2.8

表 615　湖北省中稻区试 N 组品种稻瘟病抗性评价结论（2018 年）

品种名称	抗性指数	与 CK 比较	最高损失率抗级	抗性评价	严重病圃数(个)	综合表现
丰两优四号 CK	7.2		9	高感	0	淘汰
荆楚糯 28	4.9	优于	5	中感	0	较好
鄂糯 98	4.1	优于	7	感病	0	一般
红糯 1 号	2.9	显著优于	3	中抗	0	好
闽糯 1 号	3.2	显著优于	3	中抗	0	好
楚糯 258	3.7	显著优于	5	中感	0	较好
贵妃糯 2 号	7.7	劣于	9	高感	0	淘汰
楚糯 2 号	6.3	轻于	9	高感	1	差
福糯 1 号	3.8	优于	3	中抗	0	好
锦糯 10 号	3.5	显著优于	5	中感	0	较好
龙王糯 99	4.1	优于	7	感病	0	一般
嘉糯 6 优 8 号	3.6	显著优于	5	中感	0	较好

表 616 湖北省水稻区试品种稻瘟病抗性两年评价结论（2017—2018 年）

区试组别	品种名称	2018 年评价结论		2017 年评价结论		2017—2018 年两年评价结论				
		抗性指数	最高损失率抗级	抗性指数	最高损失率抗级	最高抗性指数	与 CK 比较	最高损失率抗级	抗性评价	综合表现
早稻	鄂早 18CK	5.9	9	5.6	7	5.9		9	高感	差
	陵两优 286	2.5	3	3.3	7	3.3	优于	7	感病	一般
	两优 1208	4.6	5	4.6	7	4.6	轻于	7	感病	一般
	鄂早 18CK	5.9	9	6.2	9	6.2		9	高感	差
	嘉早 37	4.2	5	2.9	5	4.2	优于	5	中感	较好
	冈早籼 11 号	3.3	3	3.5	3	3.5	优于	3	中抗	好
	鄂早 18CK	6.4	9	5.6	7	6.4		9	高感	差
	华两优 578	3.1	3	3.3	3	3.3	优于	3	中抗	好
	鄂早 18CK	6.4	9	6.2	9	6.4		9	高感	差
	芯两优 9011	2.9	3	5.3	9	5.3	轻于	9	高感	差
早熟中稻	黄华占 CK	5.0	9	4.7	5	5.0		9	高感	差
	创两优 510	2.6	3	3.3	3	3.3	优于	3	中抗	好
	福稻 99	2.7	3	2.9	5	2.9	优于	5	中感	较好
	黄华占 CK	5.0	9	5.1	7	5.1		9	高感	差
	中广优 2 号	2.2	1	1.7	1	2.2	优于	1	抗病	好
	黄华占 CK	6.2	9	5.1	7	6.2		9	高感	差
	襄两优 138	2.5	1	2.4	3	2.5	显著优于	3	中抗	好
中稻	Y 两优 911	2.9	3	3.8	5	3.8	优于	5	中感	较好
	黄华占 CK	6.2	9	5.0	7	6.2		9	高感	差
	垦选 9276	1.9	1	2.7	5	2.7	显著优于	5	中感	较好
	粤禾丝苗	3.0	3	2.4	3	3.0	优于	3	中抗	好
	两优 748	3.3	3	3.3	3	3.3	优于	3	中抗	好
	吉优华占	3.0	3	2.8	3	3.0	优于	3	中抗	好
	黄华占 CK	6.2	9	4.7	5	6.2		9	高感	差
	荃优 071	3.8	7	4.3	7	4.3	优于	7	感病	较好
	丰两优四号 CK	5.8	7	7.4	9	7.4		9	高感	差
	7A/R88	3.7	3	4.5	5	4.5	显著优于	5	中感	较好
	丰两优四号 CK	5.8	7	7.6	9	7.6		9	高感	差
	华两优 2869	2.5	1	3.6	7	3.6	显著优于	7	感病	一般
	丰两优四号 CK	5.8	7	6.3	9	6.3		9	高感	差
	全两优华占	2.5	1	3.8	7	3.8	优于	7	感病	一般
	两优 66	2.7	3	2.5	3	2.7	显著优于	3	中抗	好
	丰两优四号 CK	5.8	7	7.2	9	7.2		9	高感	差
	襄两优 322	4.2	5	4.4	9	4.4	优于	9	高感	差
	丰两优四号 CK	6.7	7	7.8	9	7.8		9	高感	差
	明两优雅占	2.3	1	4.0	7	4.0	显著优于	7	感病	一般
	全两优 5 号	2.8	3	2.3	3	2.8	显著优于	3	中抗	好
	创两优 965	3.3	3	3.3	3	3.3	显著优于	3	中抗	好
	大农两优 2 号	2.1	1	4.3	7	4.3	显著优于	7	感病	一般
	C 两优 018	3.2	3	3.1	3	3.1	显著优于	3	中抗	好
	荃优晶占	2.1	1	3.1	5	3.1	显著优于	5	中感	较好
	丰两优四号 CK	6.7	7	7.9	9	7.9		9	高感	差
	荃优 412	2.9	3	4.0	7	4.0	显著优于	7	感病	一般

（续表）

区试组别	品种名称	2018 年评价结论		2017 年评价结论		2017—2018 年两年评价结论				
		抗性指数	最高损失率抗级	抗性指数	最高损失率抗级	最高抗性指数	与 CK 比较	最高损失率抗级	抗性评价	综合表现
中稻	丰两优四号 CK	6.7	7	7.4	9	7.4		9	高感	差
	H068S/R1368	3.0	3	3.1	3	3.1	显著优于	3	中抗	好
	丰两优四号 CK	6.0	7	6.3	9	6.3		9	高感	差
	荃优 133	2.6	3	3.7	5	3.7	优于	5	中感	较好
	丰两优四号 CK	6.0	7	7.2	9	7.2		9	高感	差
	亚两优黄莉占	3.6	5	2.8	3	3.6	显著优于	5	中感	较好
	荃优 303	2.6	3	2.9	3	2.9	显著优于	3	中抗	好
	C 两优 518	2.2	1	3.8	7	3.8	优于	7	感病	一般
	丰两优四号 CK	5.9	7	7.9	9	7.9		9	高感	差
	强两优 688	2.8	3	3.6	3	3.6	显著优于	3	中抗	好
	华两优 3734	2.0	1	2.8	3	2.8	显著优于	3	中抗	好
	丰两优四号 CK	5.9	7	7.4	9	7.4		9	高感	差
	荃优 967	2.4	1	2.3	3	2.4	显著优于	3	中抗	好
	丰两优四号 CK	5.9	7	7.5	9	7.5		9	高感	差
	华浙优 1534	5.0	7	4.8	7	5.0	优于	7	感病	一般
	隆晶优 4393	2.1	1	2.8	5	2.8	显著优于	5	中感	较好
	丰两优四号 CK	6.8	9	7.9	9	7.9		9	高感	差
	香两优 16	2.3	1	3.1	3	3.1	显著优于	3	中抗	好
	荃优 7810	2.2	1	3.7	5	3.7	显著优于	5	中感	较好
	丰两优四号 CK	6.8	9	7.8	9	7.8		9	高感	差
	E 农 1S/R20	2.5	3	4.1	7	4.1	显著优于	7	感病	一般
	楚两优 662	1.9	1	2.8	3	2.8	显著优于	3	中抗	好
	兆优 6377	2.8	3	2.8	3	2.8	显著优于	3	中抗	好
	C 两优 300	1.8	1	2.7	3	2.7	显著优于	3	中抗	好
	丰两优四号 CK	6.8	9	7.4	9	7.4		9	高感	差
	荃优丝苗 1 号	2.3	1	3.3	5	3.3	显著优于	5	中感	较好
	韵两优 5187	2.7	3	4.4	9	4.4	优于	9	高感	差
	扬两优 6 号 CK	7.1	9	6.8	9	7.1		9	高感	差
	甬优 6711	3.3	3	4.2	5	4.2	优于	5	中感	较好
	丰两优四号 CK	7.2	9	7.1	9	7.2		9	高感	差
	荆楚糯 28	4.9	5	6.4	9	6.4	轻于	9	高感	差
	鄂糯 98	4.1	7	5.8	7	5.8	轻于	7	感病	一般
	红糯 1 号	2.9	3	5.6	7	5.8	轻于	7	感病	一般
晚稻	金优 207CK	4.7	5	4.3	5	4.7		5	中感	较好
	隆香优 3150	1.8	1	2.8	3	2.8	优于	3	中抗	好
	腾两优恒占	2.2	1	3.6	3	3.6	轻于	3	中抗	好
	金优 207CK	4.7	5	4.7	5	4.7		5	中感	较好
	G 两优 182	7.4	9	5.1	5	7.4	劣于	9	高感	差
	金优 207CK	4.6	7	4.7	5	4.7		7	感病	一般
	83S/R513	3.3	5	2.7	3	3.3	轻于	5	中感	较好
	金优 207CK	4.6	7	4.3	5	4.6		7	感病	一般
	盛泰优 018	3.4	3	4.8	5	4.8	相当	5	中感	较好

表 617　湖北省早稻 A 组区试品种稻瘟病抗性鉴定各病圃结果（2019 年）

品种名称	红庙病圃			两河病圃			望家病圃		
	叶瘟病级	病穗率(%)	损失率(%)	叶瘟病级	病穗率(%)	损失率(%)	叶瘟病级	病穗率(%)	损失率(%)
珈早 620	2	6.0	1.8	2	22.0	7.4	4	15.0	6.0
冈早籼 12 号	2	19.0	7.7	4	100.0	48.3	5	11.0	4.6
早 248	2	37.0	15.5	5	100.0	46.3	4	53.0	28.3
15D751	2	53.0	21.7	5	81.0	35.5	7	67.0	37.0
早占 312	5	90.0	42.0	8	100.0	98.5	8	81.0	46.6
鄂早 18CK	2	71.0	33.5	5	100.0	90.0	6	53.0	25.1
G189S/R611	4	33.0	13.5	4	55.0	23.3	5	24.0	8.7
福两优 653	2	9.0	3.0	3	8.0	1.6	4	20.0	9.4
E 两优 32	3	11.0	3.4	5	100.0	69.0	3	25.0	13.6
D 两优 978	2	6.0	0.8	3	15.0	4.5	7	54.0	29.3
潇两优 771	2	6.0	0.8	4	14.0	3.7	4	9.0	1.4

表 618　湖北省早稻 A 组区试品种稻瘟病抗性评价结论（2019 年）

品种名称	抗性指数	与 CK 比较	最高损失率抗级	抗性评价	严重病圃数(个)	综合表现
珈早 620	2.9	显著优于	3	中抗	0	好
冈早籼 12 号	4.3	优于	7	感病	0	一般
早 248	5.8	轻于	7	感病	0	一般
15D751	6.6	相当	7	感病	0	一般
早占 312	7.8	劣于	9	高感	0	淘汰
鄂早 18CK	6.8		9	高感	0	差
G189S/R611	4.7	优于	5	中感	0	较好
福两优 653	2.5	显著优于	3	中抗	0	好
E 两优 32	4.7	优于	9	高感	0	差
D 两优 978	3.6	优于	5	中感	0	较好
潇两优 771	2.3	显著优于	1	抗病	0	好

表 619　湖北省早稻 B 组区试品种稻瘟病抗性鉴定各病圃结果（2019 年）

品种名称	红庙病圃			两河病圃			望家病圃		
	叶瘟病级	病穗率(%)	损失率(%)	叶瘟病级	病穗率(%)	损失率(%)	叶瘟病级	病穗率(%)	损失率(%)
两优 528	2	28.0	11.3	5	100.0	97.0	5	56.0	19.5
HD9802-7S/R144	3	48.0	23.0	5	100.0	69.0	4	29.0	12.3
两优 678	2	16.0	7.0	5	62.0	24.9	3	11.0	3.2
两优 T318	2	8.0	1.2	6	100.0	68.0	5	26.0	11.3
天两优 181	2	15.0	4.8	5	100.0	80.5	5	31.0	10.6
鄂早 18CK	2	90.0	40.0	4	100.0	79.0	6	56.0	28.0
陵两优 1706	2	16.0	6.2	5	55.0	26.8	5	14.0	5.4
株两优 159	3	38.0	13.6	7	100.0	79.0	8	81.0	45.9
1511A/15CR646	2	8.0	1.0	3	8.0	1.6	2	13.0	3.1
桃优 718	4	100.0	55.5	8	100.0	97.0	9	100.0	72.9
荆楚优 5572	2	9.0	1.2	3	27.0	9.7	3	13.0	5.9

表 620　湖北省早稻 B 组区试品种稻瘟病抗性评价结论（2019 年）

品种名称	抗性指数	与 CK 比较	最高损失率抗级	抗性评价	严重病圃数(个)	综合表现
两优 528	5.9	轻于	9	高感	0	差
HD9802-7S/R144	5.8	轻于	9	高感	0	差
两优 678	3.9	优于	5	中感	0	较好
两优 T318	4.8	优于	9	高感	0	差
天两优 181	4.9	优于	9	高感	0	差
鄂早 18CK	6.8		9	高感	0	差
陵两优 1706	4.4	优于	5	中感	0	较好
株两优 159	6.8	相当	9	高感	0	差
1511A/15CR646	2.0	显著优于	1	抗病	0	好
桃优 718	8.5	劣于	9	高感	0	淘汰
荆楚优 5572	3.1	显著优于	3	中抗	0	好

表 621　湖北省晚稻 A 组区试品种稻瘟病抗性鉴定各病圃结果（2019 年）

品种名称	红庙病圃			两河病圃			望家病圃		
	叶瘟病级	病穗率(%)	损失率(%)	叶瘟病级	病穗率(%)	损失率(%)	叶瘟病级	病穗率(%)	损失率(%)
荆楚优 8671	2	9.0	2.3	7	24.0	6.6	4	17.0	3.7
益 133 优 447	2	6.0	0.8	7	52.0	18.2	4	43.0	20.3
金优 207CK	2	15.0	5.7	4	81.7	34.2	5	59.0	32.3
益 133 优 651	2	9.0	2.0	4	43.3	17.7	3	13.0	3.3
恒丰优金丝苗	2	7.0	0.8	2	20.0	5.9	4	33.0	11.0
益 51 优 447	2	8.0	1.0	2	52.0	17.9	4	29.0	17.7
华两优 69	2	8.0	1.0	3	26.3	9.5	3	14.0	5.6
伍两优鄂莹丝苗	2	9.0	1.1	3	20.0	5.8	4	19.0	7.3
A4A/RT416	2	9.0	1.4	5	100.0	62.7	5	40.0	20.7
益 33 优 442	2	6.0	0.8	4	27.3	9.3	5	55.0	31.3
尚两优丰占	3	34.0	17.4	6	43.8	23.6	5	30.0	6.9
益 33 优 447	2	8.0	1.5	5	45.0	20.0	4	31.0	18.8

表 622　湖北省晚稻 A 组区试品种稻瘟病抗性评价结论（2019 年）

品种名称	抗性指数	与 CK 比较	最高损失率抗级	抗性评价	严重病圃数(个)	综合表现
荆楚优 8671	3.0	优于	3	中抗	0	好
益 133 优 447	4.5	轻于	5	中感	0	较好
金优 207CK	5.7		7	感病	0	一般
益 133 优 651	3.2	优于	5	中感	0	较好
恒丰优金丝苗	3.1	优于	3	中抗	0	好
益 51 优 447	4.1	优于	5	中感	0	较好
华两优 69	3.1	优于	3	中抗	0	好
伍两优鄂莹丝苗	3.0	优于	3	中抗	0	好
A4A/RT416	5.1	轻于	9	高感	0	差
益 33 优 442	4.3	轻于	7	感病	0	一般
尚两优丰占	5.1	轻于	5	中感	0	较好
益 33 优 447	4.2	优于	5	中感	0	较好

表 623　湖北省晚稻 B 组区试品种稻瘟病抗性鉴定各病圃结果（2019 年）

品种名称	红庙病圃			两河病圃			望家病圃		
	叶瘟病级	病穗率(%)	损失率(%)	叶瘟病级	病穗率(%)	损失率(%)	叶瘟病级	病穗率(%)	损失率(%)
粳两优 5335	4	17.0	7.6	5	85.0	38.8	7	40.0	15.1
嘉优 926	4	8.0	2.2	6	75.0	34.2	4	17.0	5.6
长粳优 582	2	11.0	1.3	4	31.0	11.3	3	15.0	5.8
汉粳 2 号	2	9.0	1.2	5	31.0	12.6	8	56.0	28.2
鄂优 926	2	7.0	0.8	5	45.0	19.4	4	16.0	6.2
香粳优 1582	3	11.0	2.4	5	34.0	13.9	6	45.0	15.7
鄂晚 17CK	2	9.0	1.1	5	33.0	12.8	8	74.0	32.0
粳两优 5066	2	16.0	5.6	7	100.0	48.0	5	41.0	15.4
中种粳 6007	4	8.0	1.0	4	27.0	8.7	7	57.0	23.7
天隆优 619	3	13.0	3.5	3	35.6	15.3	5	31.0	13.9
申稻 8 号	4	8.0	1.8	6	60.0	22.3	6	40.0	13.0
汉粳 113	5	75.0	38.5	4	100.0	50.5	6	57.0	17.7
襄粳 275	2	9.0	1.1	6	53.0	23.0	8	73.0	44.1

表 624　湖北省晚稻 B 组区试品种稻瘟病抗性评价结论（2019 年）

品种名称	抗性指数	与 CK 比较	最高损失率抗级	抗性评价	严重病圃数(个)	综合表现
粳两优 5335	5.6	劣于	7	感病	0	一般
嘉优 926	4.4	相当	7	感病	0	一般
长粳优 582	3.3	轻于	3	中抗	0	好
汉粳 2 号	4.3	相当	5	中感	0	较好
鄂优 926	3.7	轻于	5	中感	0	较好
香粳优 1582	4.3	相当	5	中感	0	较好
鄂晚 17CK	4.7		7	感病	1	差
粳两优 5066	5.4	劣于	7	感病	0	一般
中种粳 6007	4.3	相当	5	中感	0	较好
天隆优 619	4.0	轻于	5	中感	0	较好
申稻 8 号	4.4	相当	5	中感	1	差
汉粳 113	7.0	劣于	9	高感	0	差
襄粳 275	5.3	劣于	7	感病	0	一般

表 625　湖北省中稻 A 组区试品种稻瘟病抗性鉴定各病圃结果（2019 年）

品种名称	红庙病圃			两河病圃			望家病圃		
	叶瘟病级	病穗率(%)	损失率(%)	叶瘟病级	病穗率(%)	损失率(%)	叶瘟病级	病穗率(%)	损失率(%)
荆两优 6671	2	8.0	0.9	4	45.0	19.6	3	9.0	1.8
恩两优 454	2	7.0	0.8	3	16.0	4.1	4	15.0	5.4
浙两优 645	5	100.0	96.0	5	100.0	71.0	6	61.0	39.4
铁两优 1503	2	8.0	2.5	2	19.0	5.9	6	43.0	16.9
两优 1724	2	13.0	4.4	4	34.0	13.3	5	16.0	7.4
创两优 612	2	6.0	0.6	3	20.0	6.7	3	11.0	2.7
丰两优四号 CK	4	100.0	47.0	8	100.0	89.5	8	84.0	40.7
华两优 409	2	9.0	1.2	2	14.0	4.0	2	6.0	1.4
C815S/望恢 143	2	7.0	1.0	4	17.0	5.2	5	29.0	13.1
E 两优 2071	2	6.0	1.5	2	19.0	5.9	4	16.0	5.3
烨两优 1057	2	6.0	0.6	2	16.0	5.3	5	26.0	6.4
广湘优 718	2	6.0	0.6	4	34.0	14.7	5	37.0	15.1

表 626　湖北省中稻 A 组区试品种稻瘟病抗性评价结论（2019 年）

品种名称	抗性指数	与 CK 比较	最高损失率抗级	抗性评价	严重病圃数(个)	综合表现
荆两优 6671	3.0	显著优于	5	中感	0	较好
恩两优 454	2.7	显著优于	3	中抗	0	好
浙两优 645	7.8	相当	9	高感	0	淘汰
铁两优 1503	3.6	显著优于	5	中感	0	较好
两优 1724	3.5	显著优于	3	中抗	0	好
创两优 612	2.6	显著优于	3	中抗	0	好
丰两优四号 CK	7.8		9	高感	0	淘汰
华两优 409	1.9	显著优于	1	抗病	0	好
C815S/望恢 143	3.3	显著优于	3	中抗	0	好
E 两优 2071	2.9	显著优于	3	中抗	0	好
烨两优 1057	3.2	显著优于	3	中抗	0	好
广湘优 718	3.5	显著优于	3	中抗	0	好

表 627　湖北省中稻 B 组区试品种稻瘟病抗性鉴定各病圃结果（2019 年）

品种名称	红庙病圃			两河病圃			望家病圃		
	叶瘟病级	病穗率(%)	损失率(%)	叶瘟病级	病穗率(%)	损失率(%)	叶瘟病级	病穗率(%)	损失率(%)
创两优挺占	2	6.0	0.8	3	14.0	4.0	6	28.0	16.3
华两优 2885	2	8.0	1.0	2	12.0	3.0	3	13.0	4.2
佳两优四号	6	100.0	66.5	7	100.0	93.5	6	55.0	28.5
香两优 6218	3	7.0	1.0	4	15.0	4.8	3	6.0	1.2
忠两优荃晶丝苗	2	8.0	1.0	4	27.0	10.2	4	11.0	4.0
丰两优四号 CK	4	68.0	29.4	7	100.0	83.0	8	78.0	49.4
隆两优 3703	2	6.0	0.6	2	13.0	4.4	3	8.0	1.6
两优 T159	2	6.0	0.8	2	13.0	3.8	4	15.0	6.4
源两优 8590	2	12.0	3.2	4	19.0	5.9	5	22.0	7.3
两优 257	2	8.0	1.6	2	11.0	2.8	5	16.0	5.2
徽两优晶华占	2	6.0	0.6	2	8.0	1.6	4	17.0	5.7
益 46 两优 813	4	20.0	8.1	5	63.0	29.0	7	35.0	16.5

表 628　湖北省中稻 B 组区试品种稻瘟病抗性评价结论（2019 年）

品种名称	抗性指数	与 CK 比较	最高损失率抗级	抗性评价	严重病圃数(个)	综合表现
创两优挺占	3.3	显著优于	5	中感	0	较好
华两优 2885	2.2	显著优于	1	抗病	0	好
佳两优四号	7.7	相当	9	高感	0	淘汰
香两优 6218	2.3	显著优于	1	抗病	0	好
忠两优荃晶丝苗	2.9	显著优于	3	中抗	0	好
丰两优四号 CK	7.3		9	高感	0	淘汰
隆两优 3703	2.0	显著优于	1	抗病	0	好
两优 T159	2.6	显著优于	3	中抗	0	好
源两优 8590	3.3	显著优于	3	中抗	0	好
两优 257	2.7	显著优于	3	中抗	0	好
徽两优晶华占	2.4	显著优于	3	中抗	0	好
益 46 两优 813	5.3	优于	5	中感	0	较好

表 629 湖北省中稻 C 组区试品种稻瘟病抗性鉴定各病圃结果（2019 年）

品种名称	红庙病圃			两河病圃			望家病圃		
	叶瘟病级	病穗率(%)	损失率(%)	叶瘟病级	病穗率(%)	损失率(%)	叶瘟病级	病穗率(%)	损失率(%)
天两优 688	2	6.0	0.8	4	19.0	5.9	5	32.0	12.8
创两优 348	2	7.0	1.0	3	20.0	6.4	3	17.0	4.7
锦两优 6 号	4	70.0	34.6	7	100.0	74.5	4	27.0	12.1
益两优 979	3	22.0	8.3	5	100.0	48.0	5	41.0	13.6
C 两优 361	2	7.0	0.8	4	21.0	6.9	2	6.0	0.9
丰两优四号 CK	3	100.0	45.5	8	100.0	89.5	8	81.0	55.1
荆两优 1107	2	8.0	1.2	2	24.0	7.2	4	30.0	16.6
超两优全香占	2	9.0	1.5	4	33.3	11.7	5	35.0	15.8
EK2S/R603	2	7.0	1.0	3	14.0	2.8	3	5.0	1.5
C 两优 2289	3	7.0	0.8	3	15.0	4.8	2	9.0	1.7
黄两优 913	2	9.0	1.5	4	42.0	15.0	5	26.0	6.3
襄两优 386	2	13.0	2.5	4	36.0	16.2	5	49.0	16.3

表 630 湖北省中稻 C 组区试品种稻瘟病抗性评价结论（2019 年）

品种名称	抗性指数	与 CK 比较	最高损失率抗级	抗性评价	严重病圃数(个)	综合表现
天两优 688	3.3	显著优于	3	中抗	0	好
创两优 348	2.6	显著优于	3	中抗	0	好
锦两优 6 号	6.5	优于	9	高感	0	差
益两优 979	5.0	优于	7	感病	0	一般
C 两优 361	2.4	显著优于	3	中抗	0	好
丰两优四号 CK	8.0		9	高感	0	淘汰
荆两优 1107	3.4	显著优于	5	中感	0	较好
超两优全香占	3.8	显著优于	5	中感	0	较好
EK2S/R603	1.9	显著优于	1	抗病	0	好
C 两优 2289	2.1	显著优于	1	抗病	0	好
黄两优 913	3.5	显著优于	3	中抗	0	好
襄两优 386	4.3	显著优于	5	中感	0	较好

表 631　湖北省中稻 D 组区试品种稻瘟病抗性鉴定各病圃结果（2019 年）

品种名称	红庙病圃			两河病圃			望家病圃		
	叶瘟病级	病穗率(%)	损失率(%)	叶瘟病级	病穗率(%)	损失率(%)	叶瘟病级	病穗率(%)	损失率(%)
锦两优 115	3	11.0	2.1	7	100.0	44.5	6	47.0	20.8
两优粤禾丝苗	3	8.0	1.2	2	24.0	9.3	4	26.0	10.7
深两优 595	2	8.0	1.0	3	18.0	5.7	3	6.0	1.7
丰两优香 71	2	13.0	1.6	2	14.3	2.9	6	54.0	25.3
金两优 1 号	3	6.0	0.8	2	9.0	2.4	5	17.0	5.7
丰两优四号 CK	4	100.0	48.6	7	100.0	87.0	7	77.0	45.8
隆两优珍丝苗	2	6.0	0.6	6	34.0	13.1	4	31.0	17.4
两优 708	2	11.0	2.2	4	24.0	7.2	6	38.0	15.6
华两优 601	2	9.0	1.1	2	27.0	8.7	2	10.0	1.9
和两优 7011	2	10.0	2.3	4	63.0	28.5	5	29.0	12.2
鼎两优 730	2	4.0	0.5	2	8.0	1.6	3	12.0	2.9
广 8 优粤禾丝苗	2	12.0	3.9	2	15.0	4.8	6	44.0	18.9

表 632　湖北省中稻 D 组区试品种稻瘟病抗性评价结论（2019 年）

品种名称	抗性指数	与 CK 比较	最高损失率抗级	抗性评价	严重病圃数(个)	综合表现
锦两优 115	5.3	优于	7	感病	0	一般
两优粤禾丝苗	3.2	显著优于	3	中抗	0	好
深两优 595	2.4	显著优于	3	中抗	0	好
丰两优香 71	3.6	显著优于	5	中感	0	较好
金两优 1 号	2.6	显著优于	3	中抗	0	好
丰两优四号 CK	7.6		9	高感	0	淘汰
隆两优珍丝苗	3.9	显著优于	5	中感	0	较好
两优 708	3.9	显著优于	5	中感	0	较好
华两优 601	2.4	显著优于	3	中抗	0	好
和两优 7011	4.0	显著优于	5	中感	0	较好
鼎两优 730	1.8	显著优于	1	抗病	0	好
广 8 优粤禾丝苗	3.4	显著优于	5	中感	0	较好

表 633　湖北省中稻 E 组区试品种稻瘟病抗性鉴定各病圃结果（2019 年）

品种名称	红庙病圃			两河病圃			望家病圃		
	叶瘟病级	病穗率(%)	损失率(%)	叶瘟病级	病穗率(%)	损失率(%)	叶瘟病级	病穗率(%)	损失率(%)
荃优 1175	2	6.0	0.8	2	9.0	1.8	4	11.0	1.9
华荃优 5195	4	100.0	53.5	5	100.0	52.5	3	45.0	15.4
荃优 368	2	7.0	2.0	3	14.0	4.9	3	31.0	15.8
荃优 106	3	12.0	2.7	4	22.0	8.3	4	40.0	20.9
荃优挺占	3	8.0	2.8	3	28.0	9.5	4	13.0	4.1
荃优 60	3	15.0	3.6	4	100.0	49.5	3	15.0	4.6
荃优 9320	4	15.0	3.6	5	100.0	59.0	5	28.0	11.0
巨 2 优 80	3	9.0	1.1	2	16.0	5.3	5	33.0	12.6
丰两优四号 CK	5	90.0	48.5	8	100.0	90.5	8	86.0	44.2
荃优 425	3	11.0	2.4	4	22.0	6.8	3	11.0	5.2
荃优 3818	2	7.0	0.8	3	14.0	4.3	5	32.0	12.2
旌 3 优 4038	4	8.0	0.9	7	100.0	69.5	5	14.0	4.3

表 634　湖北省中稻 E 组区试品种稻瘟病抗性评价结论（2019 年）

品种名称	抗性指数	与 CK 比较	最高损失率抗级	抗性评价	严重病圃数(个)	综合表现
荃优 1175	2.1	显著优于	1	抗病	0	好
华荃优 5195	6.9	轻于	9	高感	0	差
荃优 368	3.1	显著优于	5	中感	0	较好
荃优 106	3.8	显著优于	5	中感	0	较好
荃优挺占	2.9	显著优于	3	中抗	0	好
荃优 60	3.9	显著优于	7	感病	0	一般
荃优 9320	5.1	优于	9	高感	0	差
巨 2 优 80	3.3	显著优于	3	中抗	0	好
丰两优四号 CK	7.8		9	高感	0	淘汰
荃优 425	3.3	显著优于	3	中抗	0	好
荃优 3818	2.9	显著优于	3	中抗	0	好
旌 3 优 4038	4.6	优于	9	高感	0	差

表 635　湖北省中稻 F 组区试品种稻瘟病抗性鉴定各病圃结果（2019 年）

品种名称	红庙病圃			两河病圃			望家病圃		
	叶瘟病级	病穗率(%)	损失率(%)	叶瘟病级	病穗率(%)	损失率(%)	叶瘟病级	病穗率(%)	损失率(%)
荃优 8238	2	9.0	1.4	3	18.0	6.0	3	16.0	5.3
巨 2 优 67	2	14.0	3.7	4	100.0	41.5	5	33.0	15.2
冈特优 8024	3	11.0	1.3	2	27.0	9.0	5	21.0	9.6
丰两优四号 CK	4	70.0	34.5	8	100.0	88.0	7	67.0	48.7
中禾优 1 号	5	16.0	3.8	4	27.0	8.7	7	56.0	27.4
荃优鄂丰丝苗	2	8.0	1.0	3	15.0	4.2	2	9.0	2.0
中香优绿新占	2	12.0	4.9	4	44.0	17.4	4	17.0	4.9
隆晶优 570	2	11.0	3.1	2	21.0	6.9	3	15.0	5.6
荃优锦禾	2	8.0	1.0	2	13.0	3.5	4	22.0	6.4
领优华占	2	8.0	2.2	4	55.0	23.3	6	54.0	29.9
福优 9188	2	8.0	1.0	3	14.0	4.0	3	11.0	3.4
巨 2 优 68	4	14.0	3.4	5	100.0	51.0	5	30.0	17.6

表 636　湖北省中稻 F 组区试品种稻瘟病抗性评价结论（2019 年）

品种名称	抗性指数	与 CK 比较	最高损失率抗级	抗性评价	严重病圃数(个)	综合表现
荃优 8238	2.9	显著优于	3	中抗	0	好
巨 2 优 67	4.8	优于	7	感病	0	一般
冈特优 8024	3.4	显著优于	3	中抗	0	好
丰两优四号 CK	7.7		9	高感	0	淘汰
中禾优 1 号	4.6	优于	5	中感	0	较好
荃优鄂丰丝苗	2.0	显著优于	1	抗病	0	好
中香优绿新占	3.4	显著优于	5	中感	0	较好
隆晶优 570	3.0	显著优于	3	中抗	0	好
荃优锦禾	2.6	显著优于	3	中抗	0	好
领优华占	4.6	优于	5	中感	0	较好
福优 9188	2.3	显著优于	1	抗病	0	好
巨 2 优 68	5.4	优于	9	高感	0	差

表 637　湖北省中粳 G 组区试品种稻瘟病抗性鉴定各病圃结果（2019 年）

品种名称	红庙病圃			两河病圃			望家病圃		
	叶瘟病级	病穗率(%)	损失率(%)	叶瘟病级	病穗率(%)	损失率(%)	叶瘟病级	病穗率(%)	损失率(%)
粳两优 1835	6	100.0	57.0	7	100.0	94.5	8	51.0	23.6
甬优 3804	4	14.0	3.3	3	35.0	14.7	4	13.0	2.2
扬两优 6 号 CK1	5	62.0	26.8	8	100.0	97.0	8	73.0	43.2
丰两优四号 CK2	5	100.0	47.5	8	100.0	96.0	7	69.0	31.5
甬优 6720	4	13.0	2.9	4	85.0	29.8	5	21.0	7.6
粳两优 863	5	32.0	10.9	7	100.0	45.0	5	38.0	11.6
旱优 79	3	16.0	2.0	3	12.0	3.3	4	17.0	4.9
睿德粳 1 号	7	100.0	60.0	8	100.0	97.0	9	87.0	42.1
甬优 4919	2	7.0	0.8	5	32.0	10.6	4	14.0	3.0
甬优 7055	2	59.0	23.5	4	75.0	29.8	5	13.0	5.6
甬优 6719	4	18.0	6.3	4	100.0	41.5	6	39.0	16.2
甬优 4918	2	8.0	1.0	5	57.0	21.0	4	11.0	1.6

表 638　湖北省中粳 G 组区试品种稻瘟病抗性评价结论（2019 年）

品种名称	抗性指数	与 CK1 比较	与 CK2 比较	最高损失率抗级	抗性评价	严重病圃数(个)	综合表现
粳两优 1835	7.8	相当	相当	9	高感	0	淘汰
甬优 3804	3.2	显著优于	显著优于	3	中抗	0	好
扬两优 6 号 CK1	7.5	相当		9	高感	1	淘汰
丰两优四号 CK2	7.8		相当	9	高感	1	淘汰
甬优 6720	4.2	显著优于	优于	5	中感	0	较好
粳两优 863	5.5	优于	优于	7	感病	0	一般
旱优 79	2.6	显著优于	显著优于	1	抗病	0	好
睿德粳 1 号	8.4	劣于	劣于	9	高感	1	淘汰
甬优 4919	3.0	显著优于	显著优于	3	中抗	0	好
甬优 7055	5.0	优于	优于	5	中感	0	较好
甬优 6719	5.4	优于	优于	7	感病	0	一般
甬优 4918	3.5	显著优于	显著优于	5	中感	0	较好

表 639　湖北省中糯 N 组区试品种稻瘟病抗性鉴定各病圃结果（2019 年）

品种名称	红庙病圃			两河病圃			望家病圃		
	叶瘟病级	病穗率(%)	损失率(%)	叶瘟病级	病穗率(%)	损失率(%)	叶瘟病级	病穗率(%)	损失率(%)
龙王糯 99	4	15.0	2.7	4	42.0	17.7	5	20.0	5.6
M 糯 863	5	100.0	57.0	7	100.0	98.5	7	64.0	31.3
三糯 20	4	100.0	77.5	8	100.0	98.5	8	65.0	28.2
楚糯 3 号	2	16.0	4.1	4	90.0	42.2	5	40.0	22.9
S532	3	23.0	8.5	3	65.0	26.6	5	30.0	9.6
鄂糯优 98	3	30.0	10.8	7	100.0	64.5	4	36.0	19.8
扬辐糯 4 号 CK	2	20.0	7.6	4	100.0	47.0	6	35.0	13.0
糯两优 71	3	13.0	4.1	4	24.0	9.0	5	12.0	3.1
龙王糯 81	3	12.0	3.3	4	19.0	5.0	3	10.0	2.2
信糯 863	2	100.0	91.5	8	100.0	100.0	7	61.0	25.3
楚糯 9 号	4	100.0	66.5	8	100.0	98.5	9	67.0	35.6
软糯杂 1 号	2	8.0	1.2	4	40.0	16.0	5	8.0	1.5

表 640　湖北省中糯 N 组区试品种稻瘟病抗性评价结论（2019 年）

品种名称	抗性指数	与 CK 比较	最高损失率抗级	抗性评价	严重病圃数(个)	综合表现
龙王糯 99	4.0	轻于	5	中感	0	较好
M 糯 863	8.0	劣于	9	高感	0	淘汰
三糯 20	7.8	劣于	9	高感	0	淘汰
楚糯 3 号	4.8	相当	7	感病	0	一般
S532	4.5	相当	5	中感	0	较好
鄂糯优 98	5.9	劣于	9	高感	0	差
扬辐糯 4 号 CK	4.9		7	感病	0	一般
糯两优 71	3.1	优于	3	中抗	0	好
龙王糯 81	2.4	优于	1	抗病	0	好
信糯 863	7.5	劣于	9	高感	3	淘汰
楚糯 9 号	8.2	劣于	9	高感	3	淘汰
软糯杂 1 号	3.2	优于	5	中感	0	较好

表 641　湖北省中稻 ZA 组区试品种稻瘟病抗性鉴定各病圃结果（2019 年）

品种名称	红庙病圃			两河病圃			望家病圃		
	叶瘟病级	病穗率(%)	损失率(%)	叶瘟病级	病穗率(%)	损失率(%)	叶瘟病级	病穗率(%)	损失率(%)
利丰占	2	9.0	1.2	2	8.0	1.6	4	18.0	6.2
黄科香 2 号	2	8.0	1.0	2	14.0	3.7	5	32.0	15.7
惠丰丝苗	2	9.0	1.2	2	11.0	2.8	3	8.0	1.8
隆华占	2	6.0	0.8	2	12.0	3.6	4	14.0	5.3
润珠香占	7	100.0	76.0	8	100.0	97.0	9	53.0	32.4
黄华占 CK	4	32.0	13.0	6	100.0	79.0	6	59.0	27.3
谷神占	2	21.0	6.9	5	71.0	28.8	5	30.0	12.2
黄泰占	3	13.0	3.2	4	69.0	26.6	5	34.0	19.0
华香 111	2	12.0	3.6	2	11.0	3.1	3	10.0	2.2
玉青占	2	19.0	5.3	4	40.0	13.4	4	15.0	7.4
华珍 371	2	14.0	4.0	2	14.0	4.6	3	12.0	2.7
福稻 299	2	11.0	1.6	2	11.0	3.1	4	25.0	5.7
垦选 9276	2	7.0	1.0	2	7.0	1.4	4	17.0	4.1

表 642　湖北省中稻 ZA 组区试品种稻瘟病抗性评价结论（2019 年）

品种名称	抗性指数	与 CK 比较	最高损失率抗级	抗性评价	严重病圃数(个)	综合表现
利丰占	2.4	显著优于	3	中抗	0	好
黄科香 2 号	3.2	优于	5	中感	0	较好
惠丰丝苗	2.0	显著优于	1	抗病	0	好
隆华占	2.6	显著优于	3	中抗	0	好
润珠香占	8.4	劣于	9	高感	1	淘汰
黄华占 CK	6.3		9	高感	0	差
谷神占	4.6	优于	5	中感	0	较好
黄泰占	4.6	优于	5	中感	0	较好
华香 111	2.2	显著优于	1	抗病	0	好
玉青占	3.8	优于	3	中抗	0	好
华珍 371	2.3	显著优于	1	抗病	0	好
福稻 299	2.8	显著优于	3	中抗	0	好
垦选 9276	2.1	显著优于	1	抗病	0	好

表 643　湖北省中稻 ZB 组区试品种稻瘟病抗性鉴定各病圃结果（2019 年）

品种名称	红庙病圃			两河病圃			望家病圃		
	叶瘟病级	病穗率(%)	损失率(%)	叶瘟病级	病穗率(%)	损失率(%)	叶瘟病级	病穗率(%)	损失率(%)
美香新占	2	9.0	2.4	3	18.0	5.4	6	30.0	8.0
浙两优 2652	4	30.0	12.8	7	100.0	92.0	3	9.0	1.7
旺两优 911	2	13.0	3.2	5	100.0	37.5	4	41.0	16.9
中两优 2877	4	18.0	6.3	5	58.0	24.5	4	34.0	12.3
春两优华占	2	8.0	1.0	2	8.0	1.6	3	10.0	1.9
黄华占 CK	4	17.0	5.5	6	90.0	44.4	5	47.0	24.7
C 两优 368	3	13.0	1.9	3	11.0	3.1	4	6.0	0.8
武两优华占	2	12.0	1.7	4	18.0	6.0	3	38.0	12.1
悦两优丝苗	2	9.0	1.1	3	12.0	3.3	2	13.0	3.5
旺两优 107	4	56.0	22.0	3	100.0	67.0	4	49.0	18.3
华两优 1512	2	6.0	0.8	3	7.0	2.0	5	23.0	7.2
A 两优 706	4	18.0	8.1	7	22.0	9.2	5	34.0	20.1

表 644　湖北省中稻 ZB 组区试品种稻瘟病抗性评价结论（2019 年）

品种名称	抗性指数	与 CK 比较	最高损失率抗级	抗性评价	严重病圃数(个)	综合表现
美香新占	3.3	优于	3	中抗	0	好
浙两优 2652	4.9	轻于	9	高感	0	差
旺两优 911	4.8	轻于	7	感病	0	一般
中两优 2877	4.7	轻于	5	中感	0	较好
春两优华占	1.8	显著优于	1	抗病	0	好
黄华占 CK	5.5		7	感病	0	一般
C 两优 368	2.4	优于	1	抗病	0	好
武两优华占	3.3	优于	3	中抗	0	好
悦两优丝苗	2.2	优于	1	抗病	0	好
旺两优 107	6.2	劣于	9	高感	0	差
华两优 1512	2.6	优于	3	中抗	0	好
A 两优 706	4.6	轻于	5	中感	0	较好

表 645　湖北省中稻 ZC 组区试品种稻瘟病抗性鉴定各病圃结果（2019 年）

品种名称	红庙病圃			两河病圃			望家病圃		
	叶瘟病级	病穗率(%)	损失率(%)	叶瘟病级	病穗率(%)	损失率(%)	叶瘟病级	病穗率(%)	损失率(%)
仙两优 757	2	16.0	6.2	3	30.0	10.2	4	57.0	26.8
徽两优得丰占	2	30.0	10.8	5	100.0	60.0	3	6.0	1.2
天源 6S/R179	2	12.0	1.7	2	8.0	1.6	4	31.0	13.3
创两优 412	2	8.0	1.2	2	27.0	8.1	4	11.0	3.3
黄华占 CK	4	58.0	22.8	5	80.0	38.5	5	51.0	26.4
华两优 2822	2	9.0	1.2	3	7.0	1.4	4	34.0	16.4
魅两优美占	2	12.0	1.8	2	9.0	2.4	3	14.0	2.7
春 9 两优华占	2	8.0	1.0	4	15.0	4.8	2	29.0	7.8
1808S/雅占	2	8.0	1.2	3	12.0	2.4	3	16.0	3.5
广两优 698	2	9.0	1.2	2	15.0	4.2	4	30.0	9.0
恒丰优粤农丝苗	2	4.0	0.5	2	8.0	2.2	3	11.0	3.1
两优楚禾占	2	9.0	2.4	2	20.0	5.8	4	35.0	18.6

表 646　湖北省中稻 ZC 组区试品种稻瘟病抗性评价结论（2019 年）

品种名称	抗性指数	与 CK 比较	最高损失率抗级	抗性评价	严重病圃数(个)	综合表现
仙两优 757	4.3	优于	5	中感	0	较好
徽两优得丰占	4.6	优于	9	高感	0	差
天源 6S/R179	2.8	显著优于	3	中抗	0	好
创两优 412	2.8	显著优于	3	中抗	0	好
黄华占 CK	6.3		7	感病	0	一般
华两优 2822	3.0	优于	5	中感	0	较好
魅两优美占	2.2	显著优于	1	抗病	0	好
春 9 两优华占	2.8	显著优于	3	中抗	0	好
1808S/雅占	2.3	显著优于	1	抗病	0	好
广两优 698	2.8	显著优于	3	中抗	0	好
恒丰优粤农丝苗	1.8	显著优于	1	抗病	0	好
两优楚禾占	3.4	优于	5	中感	0	较好

表 647　湖北省中稻 ZD 组区试品种稻瘟病抗性鉴定各病圃结果（2019 年）

品种名称	红庙病圃			两河病圃			望家病圃		
	叶瘟病级	病穗率(%)	损失率(%)	叶瘟病级	病穗率(%)	损失率(%)	叶瘟病级	病穗率(%)	损失率(%)
华两优 125	2	12. 0	3. 3	2	20. 0	6. 4	3	38. 0	20. 1
徽两优 768	2	9. 0	1. 1	2	12. 0	3. 6	4	15. 0	5. 4
G 两优 322	3	80. 0	35. 0	6	100. 0	67. 5	5	23. 0	6. 4
EK3S/R76	3	21. 0	7. 5	7	28. 0	10. 4	3	43. 0	25. 2
黄华占 CK	4	26. 0	10. 6	6	100. 0	74. 0	6	49. 0	22. 4
源两优 457	2	9. 0	1. 2	2	30. 0	10. 0	3	9. 0	2. 0
敦优 972	3	8. 0	1. 0	6	35. 0	14. 3	3	20. 0	6. 3
恒丰优金丝占	2	8. 0	1. 9	3	87. 0	37. 4	4	34. 0	16. 7
鄂香 4A/康农 R06	2	12. 0	1. 5	2	8. 0	2. 2	4	33. 0	15. 6
安优粤农丝苗	3	7. 0	0. 8	2	16. 0	4. 1	3	9. 0	2. 0
两优 1178	2	8. 0	1. 0	3	13. 0	2. 6	3	17. 0	6. 2
川康优新华占	2	7. 0	1. 0	2	9. 0	2. 4	2	7. 0	1. 6

表 648　湖北省中稻 ZD 组区试品种稻瘟病抗性评价结论（2019 年）

品种名称	抗性指数	与 CK 比较	最高损失率抗级	抗性评价	严重病圃数(个)	综合表现
华两优 125	3. 5	优于	5	中感	0	较好
徽两优 768	2. 6	显著优于	3	中抗	0	好
G 两优 322	6. 3	相当	9	高感	0	差
EK3S/R76	4. 5	优于	5	中感	0	较好
黄华占 CK	6. 1		9	高感	0	差
源两优 457	2. 5	显著优于	3	中抗	0	好
敦优 972	3. 4	优于	3	中抗	0	好
恒丰优金丝占	4. 5	优于	7	感病	0	一般
鄂香 4A/康农 R06	3. 1	优于	5	中感	0	较好
安优粤农丝苗	2. 1	显著优于	1	抗病	0	好
两优 1178	2. 6	显著优于	3	中抗	0	好
川康优新华占	1. 8	显著优于	1	抗病	0	好

表 649　湖北省水稻区试品种稻瘟病抗性两年评价结论（2018—2019 年）

区试组别	品种名称	2019 年评价结论		2018 年评价结论		2018—2019 年两年评价结论				
		抗性指数	最高损失率抗级	抗性指数	最高损失率抗级	最高抗性指数	与 CK 比较	最高损失率抗级	抗性评价	综合表现
早稻	鄂早 18CK	6.8	9	5.9	9	6.8		9	高感	差
	HD9802-7S/R144	5.8	9	4.1	5	5.8	轻于	9	高感	差
	两优 528	5.9	9	4.3	7	5.9	轻于	9	高感	差
	鄂早 18CK	6.8	9	6.4	9	6.8		9	高感	差
	福两优 653	2.5	3	1.9	1	2.5	显著优于	3	中抗	好
	鄂早 18CK	6.8	9	5.9	9	6.8		9	高感	差
	珈早 620	2.9	3	3.9	5	3.9	优于	5	中感	较好
	鄂早 18CK	6.8	9	6.4	9	6.8		9	高感	差
	两优 678	3.9	5	2.3	1	3.9	优于	5	中感	较好
早熟中稻	黄华占 CK	6.3	9	5.0	9	6.3		9	高感	差
	惠丰丝苗	2.0	1	2.0	1	2.0	显著优于	1	抗病	好
	隆华占	2.6	3	3.3	3	3.3	优于	3	中抗	好
	润珠香占	8.4	9	6.1	9	8.4	劣于	9	高感	差
	黄华占 CK	6.3	7	6.2	9	6.3		9	高感	差
	华两优 2822	3.0	5	2.2	1	3.0	优于	5	中感	较好
	黄华占 CK	6.1	9	5.0	9	6.1		9	高感	差
	敦优 972	3.4	3	2.5	3	3.4	优于	3	中抗	好
	华两优 125	3.5	5	4.2	5	4.2	优于	5	中感	较好
	恒丰优金丝占	4.5	7	2.0	1	4.5	优于	7	感病	一般
	鄂香 4A/康农 R06	3.1	5	3.3	3	3.3	优于	5	中感	较好
	黄华占 CK	6.3	9	6.2	9	6.3		9	高感	差
	垦选 9276	2.1	1	1.9	1	2.1	显著优于	1	抗病	好
	谷神占	4.6	5	4.1	9	4.6	优于	9	高感	差
	黄华占 CK	6.3	7	7.1	9	7.1		9	高感	差
	魅两优美占	2.2	1	2.6	3	2.6	显著优于	3	中抗	好
	黄华占 CK	6.3	9	7.1	9	7.1		9	高感	差
	利丰占	2.4	3	1.7	1	2.4	显著优于	3	中抗	好
	黄泰占	4.6	5	3.5	3	4.6	优于	5	中感	较好
	黄华占 CK	6.3	7	7.1	9	7.1		9	高感	差
	仙两优 757	4.3	5	2.0	1	4.3	优于	5	中感	较好
	黄华占 CK	5.5	7	7.1	9	7.1		9	高感	差
	浙两优 2652	4.9	9	2.9	3	4.9	优于	9	高感	差
	旺两优 911	4.8	7	3.8	3	4.8	优于	7	感病	一般
	中两优 2877	4.7	5	3.1	3	4.7	优于	5	中感	较好
	春两优华占	1.8	1	2.0	1	2.0	显著优于	1	抗病	好
	黄华占 CK	6.3	7	6.2	9	6.3		9	高感	差
	徽两优得丰占	4.6	9	2.3	1	4.6	优于	9	高感	差
	天源 6S/R179	2.8	3	2.2	1	2.8	显著优于	3	中抗	好
	创两优 412	2.8	3	2.4	3	2.8	显著优于	3	中抗	好

（续表）

区试组别	品种名称	2019 年评价结论		2018 年评价结论		2018—2019 年两年评价结论				
		抗性指数	最高损失率抗级	抗性指数	最高损失率抗级	最高抗性指数	与 CK 比较	最高损失率抗级	抗性评价	综合表现
早熟中稻	黄华占 CK	6.1	9	6.2	9	6.2		9	高感	差
	安优粤农丝苗	2.1	1	2.8	3	2.8	显著优于	3	中抗	好
中稻	丰两优四号 CK	7.8	9	5.8	7	7.8		9	高感	差
	荆两优 6671	3.0	5	2.2	1	3.0	显著优于	5	中感	较好
	丰两优四号 CK	7.6	9	5.8	7	7.6		9	高感	差
	广 8 优粤禾丝苗	3.4	5	2.7	3	3.4	显著优于	5	中感	较好
	丰两优四号 CK	7.7	9	5.8	7	7.7		9	高感	差
	荃优锦禾	2.6	3	2.3	1	2.6	显著优于	3	中抗	好
	丰两优四号 CK	7.7	9	6.7	7	7.7		9	高感	差
	领优华占	4.6	5	3.5	5	4.6	优于	5	中感	较好
	丰两优四号 CK	7.8	9	6.0	7	7.8		9	高感	差
	恩两优 454	2.7	3	2.0	1	2.7	显著优于	3	中抗	好
	C815S/望恢 143	3.3	3	2.4	1	3.3	显著优于	3	中抗	好
	丰两优四号 CK	7.7	9	6.0	7	7.7		9	高感	差
	福优 9188	2.3	1	2.6	1	2.3	显著优于	1	抗病	好
	丰两优四号 CK	7.8	9	5.9	7	7.8		9	高感	差
	E 两优 2071	2.9	3	2.7	3	2.9	显著优于	3	中抗	好
	丰两优四号 CK	7.7	9	5.9	7	7.7		9	高感	差
	巨 2 优 68	5.4	9	5.0	7	5.4	优于	9	高感	差
	丰两优四号 CK	7.3	9	6.8	9	7.3		9	高感	差
	创两优挺占	3.3	5	2.1	1	3.3	显著优于	5	中感	较好
	丰两优四号 CK	7.8	9	5.9	7	7.8		9	高感	差
	荃优 1175	2.1	1	1.9	1	2.1	显著优于	1	抗病	好
	华荃优 5195	6.9	9	3.2	3	6.9	轻于	9	高感	差
	丰两优四号 CK	8.0	9	6.8	9	8.0		9	高感	差
	天两优 688	3.3	3	2.8	3	3.3	显著优于	3	中抗	好
	丰两优四号 CK	7.8	9	6.8	9	7.8		9	高感	差
	荃优 368	3.1	5	1.4	1	3.1	显著优于	5	中感	较好
	丰两优四号 CK	7.3	9	6.2	9	7.3		9	高感	差
	华两优 2885	2.2	1	2.2	1	2.2	显著优于	1	抗病	好
	徽两优晶华占	2.4	3	1.8	1	2.4	显著优于	3	中抗	好
	益 46 两优 813	5.3	5	3.5	3	5.3	优于	5	中感	较好
	丰两优四号 CK	7.7	9	6.2	9	7.7		9	高感	高感
	荃优 8238	2.9	3	2.7	3	2.9	显著优于	3	中抗	好
	丰两优四号 CK	7.6	9	6.2	9	7.6		9	高感	差
	锦两优 115	5.3	7	3.2	3	5.3	优于	7	感病	一般
	丰两优四号 CK	7.8	9	6.2	9	7.8		9	高感	差
	荃优 106	3.8	5	2.5	3	3.8	显著优于	5	中感	较好
	荃优 425	3.3	3	2.9	3	3.3	显著优于	3	中抗	好

（续表）

区试组别	品种名称	2019 年评价结论		2018 年评价结论		2018—2019 年两年评价结论				
		抗性指数	最高损失率抗级	抗性指数	最高损失率抗级	最高抗性指数	与 CK 比较	最高损失率抗级	抗性评价	综合表现
中稻	丰两优四号 CK	7.8	9	6.0	7	7.8		9	高感	差
	荃优 3818	2.9	3	2.5	1	2.9	显著优于	3	中抗	好
	旌 3 优 4038	4.6	9	3.3	3	4.6	优于	9	高感	差
	丰两优四号 CK	7.6	9	6.0	7	7.6		9	高感	差
	两优粤禾丝苗	3.2	3	2.7	3	3.2	显著优于	3	中抗	好
	丰两优四号 CK	8.0	9	6.0	7	8.0		9	高感	差
	荆两优 1107	3.4	5	2.1	1	3.4	显著优于	5	中感	较好
	超两优全香占	3.8	5	3.3	3	3.8	显著优于	5	高感	差
	丰两优四号 CK	7.7	9	6.0	7	7.7		9	高感	差
	巨 2 优 67	4.8	7	3.5	3	4.8	优于	7	感病	一般
	扬两优 6 号 CK	7.5	9	7.1	9	7.5		9	高感	差
	甬优 4919	3.0	3	3.2	3	3.2	显著优于	3	中抗	好
	甬优 7055	5.0	5	4.0	5	5.0	优于	5	中感	较好
	粳两优 1835	7.8	9	5.6	7	7.8	相当	9	高感	差
	甬优 3804	3.2	3	3.8	3	3.8	显著优于	3	中抗	好
	甬优 6720	4.2	5	3.3	3	4.2	优于	5	中感	较好
	扬辐糯 4 号 CK	4.9	7	7.2	9	7.2		9	高感	差
	鄂糯优 98	5.9	9	4.1	7	5.9	轻于	9	高感	差
	龙王糯 99	4.0	5	4.1	7	4.1	优于	5	中感	较好
晚稻	金优 207CK	5.7	7	4.7	5	5.7		7	感病	一般
	荆楚优 8671	3.0	3	2.3	1	3.0	优于	3	中抗	好
	华两优 69	3.1	3	2.6	3	3.1	优于	3	中抗	好
	伍两优鄂莹丝苗	3.0	3	3.8	3	3.8	优于	3	中抗	好
	益 133 优 447	4.5	5	3.4	5	4.5	轻于	5	中感	较好
	金优 207CK	5.7	7	4.6	7	5.7		7	感病	一般
	尚两优丰占	5.1	5	2.6	3	5.1	轻于	5	中感	较好
	益 33 优 447	4.2	5	3.1	5	4.2	优于	5	中感	较好
	益 133 优 651	3.2	5	2.9	3	3.2	优于	5	中感	较好
	鄂晚 17CK	4.7	7	4.2	5	4.7		7	感病	一般
	粳两优 5066	5.4	7	4.2	5	5.4	劣于	7	感病	一般
	中种粳 6007	4.3	5	2.6	3	4.3	相当	5	中感	较好
	嘉优 926	4.4	7	2.1	1	4.4	相当	7	感病	一般
	长粳优 582	3.3	3	3.0	3	3.3	轻于	3	中抗	好
	汉粳 2 号	4.3	5	2.1	1	4.3	相当	5	中感	较好
	鄂优 926	3.7	5	2.0	1	3.7	轻于	5	中感	较好
	天隆优 619	4.0	5	3.4	5	4.0	轻于	5	中感	较好
	申稻 8 号	4.4	5	3.7	5	4.4	相当	5	中感	较好

3　小结与讨论

3.1　抗性评价结果检验

2002—2019 年各稻瘟病病圃年度发病程度指示品种病穗率平均抗级监测结果详见表 650。监测结果表明只有 2003 年为无效鉴定年，其余均为有效鉴定年。

表 650　稻瘟病病圃年度发病程度指示品种病穗率平均抗级监测结果（恩施 2002—2019 年）

监测年份	两河病圃		红庙病圃		龙洞病圃		把界病圃	青山病圃		年度评价结论
	早稻	中晚稻	早稻	中晚稻	早稻	中晚稻	中晚稻	早稻	中晚稻	
2002	7.0	8.0	1.6	1.4	3.5	4.0				有效
2003	4.3	3.8	2.0	0.3	2.6	1.5				无效
2004	7.5	8.2			4.3	4.2				有效
2005	7.9	9.0			3.7	2.3				有效
2006	7.4	8.6			4.7	5.1				有效
2007	7.5	8.4			1.9	0.4				有效
2008	9.0	9.0			5.5	3.5	8.2			有效
2009	8.1	8.4			1.4	0.9	5.8			有效
2010	9.0	7.0			9.0	4.7	6.3			有效
2011	9.0	9.0			5.8	5.0		9.0	7.0	有效
2012	9.0	8.2			7.0	4.0		8.3	6.4	有效
2013	8.6	7.9	9.0	6.1				8.6	7.0	有效
2014	9.0	8.8	9.0	5.7				9.0	7.5	有效
2015	9.0	8.5	9.0	6.3				9.0	8.8	有效
2016	9.0	8.7	9.0	6.8				9.0	8.0	有效
2017	9.0	7.3	9.0	5.8				9.0	6.5	有效
2018	9.0	7.5	9.0	6.2				9.0	6.8	有效
2019	9.0	8.3	9.0	7.3				9.0	7.7	有效
有效年频率(%)	95.8	87.5	53.8	53.8	45.5	27.3	100.0	100.0	100.0	
严重年频率(%)	75.0	79.2	53.8	15.4	18.2	0.0	33.3	100.0	77.8	

注：0~3 为轻病年；3.1~4.5 为中等偏轻年；4.6~6.5 为中等偏重年；6.6~9.0 为严重病年。

3.2　抗性评价结果利用

2003—2019 年湖北省水稻区试品种稻瘟病抗性分布统计结果详见表 651。17 年统计结果表明排除 2003 年无效鉴定年结果，整体上看呈现出抗病品种比例不断上升，高感品种持续下降的趋势。为更好利用抗病品种布局开展水稻病害绿色防控提供物质基础。

表 651　2003—2019 年湖北省水稻区试品种稻瘟病抗性分布统计结果

鉴定年份	实鉴份数	抗级分布（%）						综合表现（%）	
		0 级	1 级	3 级	5 级	7 级	9 级	好	淘汰
2003	132	0.0	21.2	54.5	12.1	4.5	7.6	75.8	1.5
2004	193	0.0	4.1	7.3	10.9	34.2	43.5	11.4	4.7

（续表）

鉴定年份	实鉴份数	抗级分布（%）						综合表现（%）	
		0级	1级	3级	5级	7级	9级	好	淘汰
2005	237	0.0	2.1	1.3	0.0	1.7	94.9	3.4	14.8
2006	125	0.0	3.2	5.6	8.0	41.6	41.6	8.8	14.4
2007	229	0.0	0.9	3.5	3.5	10.9	81.2	4.4	0.0
2008	207	0.0	0.0	1.0	4.3	6.8	87.9	1.0	14.0
2009	244	0.0	0.0	4.1	9.0	19.7	67.2	4.1	1.2
2010	235	0.0	2.1	12.8	18.3	15.7	51.1	2.1	22.1
2011	194	0.0	0.5	3.1	8.8	9.3	78.4	3.6	44.3
2012	200	0.0	0.0	11.5	20.5	18.5	49.5	11.5	9.0
2013	225	0.0	3.1	20.4	31.1	23.1	22.2	23.6	5.3
2014	247	0.0	2.0	9.7	9.3	7.3	71.7	11.7	26.7
2015	268	0.0	7.5	16.0	10.1	20.1	46.3	23.1	24.3
2016	361	0.0	9.1	29.9	19.1	15.5	26.3	38.0	8.6
2017	198	0.0	2.5	23.7	28.3	26.8	18.7	26.3	4.0
2018	193	0.0	28.5	39.9	19.2	5.7	6.7	67.4	3.1
2019	175	0.0	14.9	30.9	28.0	9.7	16.6	45.7	6.3

3.3 抗性鉴定工作的改进措施

第一，加强主鉴机构和病圃网络建设，在前期工作的基础上开展主鉴机构抗性鉴定资格论证，颁发市场准入资格证，实行鉴定结论专家负责制和鉴定费用市场化管理制度，为鉴定结论的真实性和准确性提供保障。同时为不断开放的品种审定市场化提供科学和法制基础。

第二，增加辅鉴圃生态模式菌株人工精准接种鉴定方法，提高鉴定结果的有效性和准确性。2002年以来水稻品种抗稻瘟病鉴定方法主要采用自然诱发鉴定法，由于病菌种群和自然环境变化的影响，其鉴定结果和年有效鉴定频率都受到了不同程度影响，因此精准接种能代表该生态稻区稻瘟病综合致病力的全谱生态模式菌株，能真实反映水稻品种抗性的持久性和应用价值。

第三，进一步完善现有品种抗性评价标准，提高抗病品种评价的科学性和准确性。2002年以来水稻品种抗稻瘟病评价标准很多，总体来看以单一评价指标为主，抗性指数虽然是一个综合评价指标，它以加权平均算法获得数据，可以综合反映生产上水稻品种抗病适应性，但和单一评价指标一样不能全面真实地体现水稻品种抗性反应实质。因此，2019年以前实施的评价标准只能帮助我们淘汰高感病品种，但抗病品种的结论是有待进一步商榷的。为此在前期研发的基础上，建立一个统一的综合抗级评价标准势在必行。

总之，随着改革的不断深入，水稻品种抗逆性鉴定工作如果要保持现状或进一步提高鉴定水平，就必须与时俱进。否则，随着时间推移，该工作面临的问题将越来越复杂。

2019年12月15日

2003—2019 年水稻品种稻瘟病抗性衰变监测分析报告

吴双清　王　林　吴　尧　揭春玉　韩　玉

（恩施州农科院植保土肥所）

科学合理评价水稻品种的抗病性是应用抗病品种布局实现水稻病害绿色防控的基础，抗病品种抗性衰变现象又直接影响抗病品种推广应用的可持续性。由于稻瘟病发生流行规律的复杂性和抗性鉴定方法的局限性，致使抗病品种抗性衰变规律极其复杂。为了探讨水稻品种抗稻瘟病全程监控技术体系下抗病品种抗性衰变规律及其科学合理的监测方法，笔者利用 2003 年以来主持湖北省和国家武陵山区水稻区试品种抗稻瘟病鉴定工作以及开展审定抗病品种抗性衰变监测工作所获得的监测数据，对不同抗病性水稻品种监测结果进行比较分析，制订一个可通用的抗性衰变监测标准。现总结汇报如下。

1　材料与方法

1.1　参鉴材料

2003—2019 年 3 年或 3 年以上参与湖北省、国家武陵山区以及恩施州水稻稻瘟病抗性监测品种 40 个。水稻稻瘟病抗性衰变监测品种统计资料详见表 1。

表 1　水稻稻瘟病抗性衰变监测品种统计资料

品种名称	品种来源	监测年限	品种名称	品种来源	监测年限
两优 287	湖北省种子管理局	9	泸优 2816	恩施州种子管理局	7
丰两优四号	湖北省种子管理局	9	川谷优 T16	恩施州种子管理局	8
丰两优香一号	湖北省种子管理局	12	全优 3301	恩施州种子管理局	8
鄂晚 17	湖北省种子管理局	13	荣优华占	恩施州种子管理局	8
鄂早 18	湖北省种子管理局	15	宜香优恩 62	恩施州种子管理局	9
黄华占	湖北省种子管理局	15	天优华占	恩施州种子管理局	10
金优 207	湖北省种子管理局	17	谷优 3301	恩施州种子管理局	10
扬两优 6 号	湖北省种子管理局	17	谷优 627	恩施州种子管理局	10
徽两优华占	恩施州种子管理局	3	谷优明占	恩施州种子管理局	10
全优 16	恩施州种子管理局	3	中 9 优 591	恩施州种子管理局	10
晶两优 1237	恩施州种子管理局	4	中 9 优恩 66	恩施州种子管理局	10
琪两优 534	恩施州种子管理局	4	深优 9734	恩施州种子管理局	10
沅两优华占	恩施州种子管理局	4	瑞优 399	恩施州种子管理局	10

（续表）

品种名称	品种来源	监测年限	品种名称	品种来源	监测年限
隆两优 1212	恩施州种子管理局	5	成优 981	恩施州种子管理局	10
恩两优 636	恩施州种子管理局	5	川香 8 号	恩施州种子管理局	11
晶两优 1212	恩施州种子管理局	6	福优 195	恩施州种子管理局	12
鹏两优 5437	恩施州种子管理局	6	绵 5 优 142	恩施州种子管理局	12
隆两优黄莉占	恩施州种子管理局	6	宜香优 208	恩施州种子管理局	12
晶两优华占	恩施州种子管理局	7	Ⅱ优 264	恩施州种子管理局	13
全优 527	恩施州种子管理局	7	宜香优 107	恩施州种子管理局	14

1.2 监测方法

通过在病区设置病圃，采用自然诱发鉴定法鉴定。与 2003—2019 年湖北省、国家武陵山区以及恩施州水稻区试品种稻瘟病抗性鉴定同步进行。其调查方法、记载标准以及资料整理均执行国家统一标准。

1.3 抗性监测体系

1.3.1 抗性监测指标

综合抗级和抗性指数。水稻品种稻瘟病年度综合抗性评价标准详见表 2。

表 2 水稻品种稻瘟病年度综合抗性评价标准

综合抗级	抗感类型	综合抗级评价指标			
		最高损失率抗级	最高叶瘟抗级	最高病穗率抗级	抗性指数
0	高抗 HR	0	0	0	0
1	抗 R	0~1	0~1	0~3	0~2
3	中抗 MR	0~3	0~3	0~5	0~4
5	中感 MS	0~5	0~5	0~7	0~5
7	感 S	0~7	0~7	0~9	0~6
9	高感 HS	0~9	0~9	0~9	0~9
重病区淘汰标准		综合抗级>5			
轻病区淘汰标准		抗性指数>6.5			

1.3.2 抗性监测结论检验

主鉴圃和辅鉴圃实行指示品种监测法检验制度。若指示品种穗瘟病穗率平均抗级>4.5 时，则认为该病圃当年抗性鉴定结果有效。只有有效病圃的鉴定结果才能作为抗性评价依据使用。

1.3.3 抗性监测结论利用

抗病品种监测评价结论是抗病品种能否继续推广应用的依据，也是完善抗病品种退出机制的科学依据。当抗病品种在病区连续 2 年综合抗级>5 级时，建议删除抗病品种标识，限制在病区推广应用。

2 结果与分析

感病品种抗性衰变监测结果详见表 3。抗病品种抗性衰变监测结果详见表 4。

表 3 感病品种抗性衰变监测结果

品种名称	品种来源	监测年限	监测年份	抗性指数	综合抗级	抗性评价
两优 287	湖北省种子管理局	9 年	2003	1. 4	5	中抗
			2004	4. 4	7	感病
			2006	7. 4	9	高感
			2007	5. 8	9	高感
			2008	7. 1	9	高感
			2009	6. 5	9	高感
			2010	7. 6	9	高感
			2011	7. 3	9	高感
鄂早 18	湖北省种子管理局	15 年	2005	4. 6	9	高感
			2006	5. 4	7	感病
			2011	5. 6	9	高感
			2012	5. 7	9	高感
			2013	5. 9	7	感病
			2014	6. 7	9	高感
			2015	5. 4	7	感病
			2016	5. 5	7	感病
			2017	6. 2	9	高感
			2018	6. 4	9	高感
			2019	6. 9	9	高感
鄂晚 17	湖北省种子管理局	13 年	2007	4. 6	7	感病
			2008	4. 4	7	感病
			2009	2. 8	7	感病
			2010	3. 3	7	感病
			2011	4. 4	7	感病
			2012	3. 5	7	感病
			2013	3. 8	7	感病
			2014	4. 2	7	感病
			2015	4. 7	7	感病
			2016	3. 9	5	中感
			2017	4. 3	7	感病
			2018	4. 2	7	感病
			2019	4. 7	9	高感
黄华占	湖北省种子管理局	15 年	2005	6. 1	9	高感
			2006	6. 7	9	高感
			2015	6. 8	9	高感
			2016	6. 7	9	高感
			2017	5. 1	7	感病
			2018	7. 1	9	高感
			2019	6. 3	9	高感

（续表）

品种名称	品种来源	监测年限	监测年份	抗性指数	综合抗级	抗性评价
金优 207	湖北省种子管理局	17 年	2003	2. 3	5	中感
			2004	5. 8	9	高感
			2005	7. 9	9	高感
			2006	6. 7	9	高感
			2007	5. 5	9	高感
			2008	6. 8	9	高感
			2009	4. 4	9	高感
			2010	4. 8	7	感病
			2011	5. 4	9	高感
			2012	4. 1	7	感病
			2013	4. 8	9	高感
			2014	6. 9	9	高感
			2015	5. 8	9	高感
			2016	5. 2	7	感病
			2017	4. 7	7	感病
			2018	4. 7	7	感病
			2019	5. 7	7	感病
丰两优香一号	湖北省种子管理局	12 年	2003	2. 5	5	中感
			2004	5. 5	9	高感
			2011	8. 7	9	高感
			2012	8. 0	9	高感
			2013	7. 9	9	高感
			2014	8. 7	9	高感
丰两优四号	湖北省种子管理局	9 年	2011	7. 3	9	高感
			2014	8. 3	9	高感
			2015	7. 6	9	高感
			2016	7. 9	9	高感
			2017	7. 9	9	高感
			2018	7. 2	9	高感
			2019	8. 0	9	高感
扬两优 6 号	湖北省种子管理局	17 年	2003	2. 2	3	中抗
			2004	4. 6	7	感病
			2007	5. 7	9	高感
			2008	6. 8	9	高感
			2009	6. 3	9	高感
			2010	7. 1	9	高感
			2011	7. 7	9	高感
			2012	6. 1	9	高感
			2013	6. 8	9	高感
			2014	8. 1	9	高感
			2015	7. 7	9	高感
			2016	7. 2	9	高感
			2017	6. 9	9	高感
			2018	7. 1	9	高感
			2019	7. 5	9	高感

表 4　抗病品种抗性衰变监测结果

品种名称	品种来源	监测年限	监测年份	抗性指数	综合抗级	抗性评价
徽两优华占	恩施州种子管理局	3 年	2017	1.8	3	中抗
			2018	2.4	3	中抗
			2019	2.1	5	中感
全优 16	恩施州种子管理局	3 年	2014	2.4	5	中感
			2015	1.7	3	抗病
			2016	1.7	3	中抗
晶两优 1237	恩施州种子管理局	4 年	2016	1.5	1	抗病
			2017	2.0	3	中抗
			2018	1.7	3	中抗
			2019	1.9	3	中抗
琪两优 534	恩施州种子管理局	4 年	2016	1.4	1	抗病
			2017	1.8	3	中抗
			2018	2.0	3	中抗
			2019	2.3	3	中抗
沅两优华占	恩施州种子管理局	4 年	2016	2.3	5	中感
			2017	2.4	3	中抗
			2018	2.0	3	中抗
			2019	1.9	3	中抗
隆两优 1212	恩施州种子管理局	5 年	2014	1.6	3	中抗
			2015	1.9	3	中抗
			2016	2.0	5	中感
			2017	2.3	5	中感
			2018	1.7	3	中抗
恩两优 636	恩施州种子管理局	5 年	2015	2.7	5	中感
			2016	3.2	5	中感
			2019	2.8	5	中感
晶两优 1212	恩施州种子管理局	6 年	2014	1.4	3	中抗
			2015	1.6	1	抗病
			2016	1.7	3	中抗
			2019	1.9	3	中抗
鹏两优 5437	恩施州种子管理局	6 年	2012	2.9	5	中感
			2013	2.0	5	中感
			2014	2.8	5	中感
			2016	1.7	3	中抗
			2017	1.6	1	抗病
隆两优黄莉占	恩施州种子管理局	6 年	2014	1.6	3	中抗
			2015	2.4	3	中抗
			2016	2.0	5	中感
			2019	2.0	3	中抗
晶两优华占	恩施州种子管理局	7 年	2013	1.3	1	抗病
			2014	1.8	3	中抗
			2015	1.6	1	抗病
			2016	1.6	1	抗病
			2019	1.9	3	中抗

（续表）

品种名称	品种来源	监测年限	监测年份	抗性指数	综合抗级	抗性评价
全优 527	恩施州种子管理局	7 年	2004	1.6	3	中抗
			2005	1.7	3	中抗
			2006	1.5	3	中抗
			2009	1.5	5	中感
			2010	1.8	3	中抗
泸优 2816	恩施州种子管理局	7 年	2013	2.0	5	中感
			2014	1.9	3	中抗
			2015	3.4	5	中感
			2018	2.0	3	中抗
			2019	4.0	7	感病
川谷优 T16	恩施州种子管理局	8 年	2011	2.4	5	中感
			2012	2.6	5	中感
			2013	2.3	5	中抗
			2016	2.8	5	中感
			2017	1.8	3	中抗
			2018	1.7	3	中抗
全优 3301	恩施州种子管理局	8 年	2009	1.3	3	中抗
			2010	1.8	3	中抗
			2011	2.1	3	中抗
			2016	2.2	3	中抗
荣优华占	恩施州种子管理局	8 年	2012	2.6	5	中感
			2013	1.9	3	中抗
			2014	1.8	3	中抗
			2015	3.2	7	感病
			2016	2.3	5	中感
			2017	2.7	5	中感
			2018	1.9	3	中抗
			2019	1.9	3	中抗
宜香优恩 62	恩施州种子管理局	9 年	2010	2.4	5	中感
			2011	2.0	5	中感
			2016	2.4	5	中感
			2017	2.2	3	中抗
			2018	2.2	3	中抗
谷优 3301	恩施州种子管理局	10 年	2007	1.4	3	中抗
			2008	1.6	3	中抗
			2009	1.1	3	中抗
			2016	1.8	3	中抗
谷优 627	恩施州种子管理局	10 年	2007	1.3	3	中抗
			2008	1.5	3	中抗
			2009	1.2	3	中抗
			2016	1.9	3	中抗
谷优明占	恩施州种子管理局	10 年	2007	1.7	3	中抗
			2008	1.9	3	中抗
			2009	1.3	3	中抗
			2016	2.5	5	中感

（续表）

品种名称	品种来源	监测年限	监测年份	抗性指数	综合抗级	抗性评价
深优 9734	恩施州种子管理局	10 年	2007	1. 4	3	中抗
			2008	2. 8	5	中感
			2009	1. 7	5	中感
			2016	2. 3	5	中感
天优华占	恩施州种子管理局	10 年	2009	0. 9	3	中抗
			2010	1. 9	5	中感
			2011	3. 4	5	中感
			2016	1. 8	3	中抗
			2017	2. 3	3	中抗
			2018	1. 8	3	中抗
中 9 优 591	恩施州种子管理局	10 年	2010	1. 7	3	中抗
			2011	2. 5	3	中抗
			2012	2. 3	5	中感
			2016	2. 2	5	中感
			2017	2. 7	5	中感
			2018	2. 3	3	中抗
			2019	2. 3	3	中抗
中 9 优恩 66	恩施州种子管理局	10 年	2010	1. 6	1	抗病
			2011	3. 4	5	中感
			2016	2. 6	5	中感
			2017	2. 8	5	中感
			2018	2. 5	5	中感
			2019	3. 2	5	中感
瑞优 399	恩施州种子管理局	10 年	2010	2. 5	5	中感
			2011	2. 0	5	中感
			2012	2. 3	5	中感
			2016	3. 6	7	感病
			2017	3. 5	5	中感
			2018	3. 5	7	感病
			2019	4. 9	7	感病
成优 981	恩施州种子管理局	10 年	2010	1. 9	3	中抗
			2011	2. 3	3	中抗
			2012	2. 6	5	中感
			2016	3. 3	7	感病
			2018	1. 8	3	中抗
			2019	2. 2	3	中抗
川香 8 号	恩施州种子管理局	11 年	2006	2. 1	5	中感
			2007	1. 3	3	中抗
			2008	1. 8	5	中感
			2016	2. 9	7	感病

（续表）

品种名称	品种来源	监测年限	监测年份	抗性指数	综合抗级	抗性评价
福优 195	恩施州种子管理局	12 年	2004	2.0	5	中感
			2005	1.6	3	中抗
			2006	2.0	3	中抗
			2007	2.0	3	中抗
			2008	2.8	5	中感
			2009	2.2	5	中感
			2010	1.9	3	中抗
			2011	2.9	5	中感
			2012	1.9	5	中感
			2013	2.5	5	中感
			2014	1.5	1	抗病
			2015	1.7	3	中抗
绵 5 优 142	恩施州种子管理局	12 年	2008	1.7	5	中感
			2009	1.6	5	中感
			2015	2.1	5	中感
			2016	2.2	5	中感
			2017	2.7	5	中感
			2018	2.3	3	中抗
			2019	2.7	3	中抗
宜香优 208	恩施州种子管理局	12 年	2008	2.7	5	中感
			2009	1.4	3	中抗
			2016	2.4	5	中感
			2017	2.1	3	中抗
			2018	2.4	5	中感
			2019	2.3	3	中抗
Ⅱ优 264	恩施州种子管理局	13 年	2004	1.3	3	中抗
			2005	1.9	5	中感
			2006	1.0	3	中抗
			2007	1.4	3	中抗
			2011	2.4	5	中感
			2012	2.9	5	中感
			2013	2.1	5	中感
			2014	3.5	7	感病
			2015	5.4	7	感病
			2016	3.2	5	中感
宜香优 107	恩施州种子管理局	14 年	2006	1.5	5	中感
			2007	1.8	5	中感
			2016	4.3	7	感病
			2017	5.6	9	高感
			2018	4.0	7	感病
			2019	6.8	9	高感

3　小结与讨论

3.1　抗性监测结果检验

2003—2019 年各稻瘟病病圃年度发病程度指示品种病穗率平均抗级监测结果详见表 5。监测结果表明只有 2003 年为无效鉴定年，其余均为有效鉴定年。

表 5　稻瘟病病圃年度发病程度指示品种病穗率平均抗级监测结果（恩施 2003—2019 年）

监测年份	两河病圃		红庙病圃		龙洞病圃		把界病圃	青山病圃		年度评价结论
	早稻	中晚稻	早稻	中晚稻	早稻	中晚稻	中晚稻	早稻	中晚稻	
2003	4.3	3.8	2.0	0.3	2.6	1.5				无效
2004	7.5	8.2			4.3	4.2				有效
2005	7.9	9.0			3.7	2.3				有效
2006	7.4	8.6			4.7	5.1				有效
2007	7.5	8.4			1.9	0.4				有效
2008	9.0	9.0			5.5	3.5	8.2			有效
2009	8.1	8.4			1.4	0.9	5.8			有效
2010	9.0	7.0			9.0	4.7	6.3			有效
2011	9.0	9.0			5.8	5.0		9.0	7.0	有效
2012	9.0	8.2			7.0	4.0		8.3	6.4	有效
2013	8.6	7.9	9.0	6.1				8.6	7.0	有效
2014	9.0	8.8	9.0	5.7				9.0	7.5	有效
2015	9.0	8.5	9.0	6.3				9.0	8.8	有效
2016	9.0	8.7	9.0	6.8				9.0	8.0	有效
2017	9.0	7.3	9.0	5.8				9.0	6.5	有效
2018	9.0	7.5	9.0	6.2				9.0	6.8	有效
2019	9.0	8.3	9.0	7.3				9.0	7.7	有效
有效年频率(%)	95.8	87.5	53.8	53.8	45.5	27.3	100.0	100.0	100.0	
严重年频率(%)	75.0	79.2	53.8	15.4	18.2	0.0	33.3	100.0	77.8	

注：0~3 为轻病年；3.1~4.5 为中等偏轻年；4.6~6.5 为中等偏重年；6.6~9.0 为严重病年。

3.2　抗性监测结果讨论

由表 3 可知，感病品种 9~17 年的监测结果表明：在有效监测年度内，感病品种始终表现为感病，没有出现抗性增强的现象。由表 4 可知。抗病品种 3~14 年监测结果表明：不同抗性水平的抗病品种抗性衰变规律复杂，抗性可持续表现为 5 年、7 年、10 年或 10 年以上等不同年限等级。在有效监测年度内，当 2 年连续综合抗级>5 时，抗性衰变速度加快，建议退出抗病品种序列。

3.3　抗性衰变监测工作的改进措施

在各级品种管理部门的统一组织下，开展如下工作：第一，建立水稻审定抗病品种资源库；第二，开展审定抗病品种跟踪监测；第三，制定抗病品种退出机制。只有这样，才能真正通过抗病品种布局绿色综合防控的目标。

2020 年 6 月 15 日